Wahrnehmungspsychologie

Ihr Bonus als Käufer dieses Buches

Als Käufer dieses Buches können Sie kostenlos unsere Flashcard-App „SN Flashcards" mit Fragen zur Wissensüberprüfung und zum Lernen von Buchinhalten nutzen. Für die Nutzung folgen Sie bitte den folgenden Anweisungen:

1. Gehen Sie auf **https://flashcards.springernature.com/login**
2. Erstellen Sie ein Benutzerkonto, indem Sie Ihre Mailadresse angeben und ein Passwort vergeben.
3. Verwenden Sie den Link aus einem der ersten Kapitel um Zugang zu Ihrem SN Flashcards Set zu erhalten.

Ihr persönlicher SN Flashards Link befindet sich innerhalb der ersten Kapitel.

Sollte der Link fehlen oder nicht funktionieren, senden Sie uns bitte eine E-Mail mit dem Betreff „**SN Flashcards** " und dem Buchtitel an **customerservice@springernature.com.**

E. Bruce Goldstein · Laura Cacciamani

Wahrnehmungs-psychologie

Der Grundkurs

10. vollständig überarbeitete und aktualisierte Auflage

Deutsche Auflage herausgegeben von Karl Gegenfurtner

 Springer

E. Bruce Goldstein
Department of Psychology
University of Pittsburgh
Pittsburgh, USA

Laura Cacciamani
College of Liberal Arts
California Polytechnic State University
San Luis Obispo, USA

ISBN 978-3-662-65145-2   ISBN 978-3-662-65146-9 (eBook)
https://doi.org/10.1007/978-3-662-65146-9

Die Deutsche Nationalbibliothek verzeichnet diese Publikation in der Deutschen Nationalbibliografie; detaillierte bibliografische Daten sind im Internet über http://dnb.d-nb.de abrufbar.

Übersetzung: Lydia Lundbeck und Barbara Brockmann

Einbandabbildung: © VectorMine / stock.adobe.com

Planung/Lektorat: Marion Krämer, Judith Danziger
Springer ist ein Imprint der eingetragenen Gesellschaft Springer-Verlag GmbH, DE und ist ein Teil von Springer Nature.
Die Anschrift der Gesellschaft ist: Heidelberger Platz 3, 14197 Berlin, Germany

Für Barbara: Es war ein langer verschlungener Weg, aber wir haben es tatsächlich bis zur 11. Auflage geschafft! Danke für deine unerschütterliche Liebe und Unterstützung während der gesamten Entstehungsgeschichte dieses Buches.
Ich widme dieses Buch auch den Herausgebern, mit denen ich auf meinem Weg zusammenarbeiten durfte, insbesondere Ken King, der mich 1977 dazu überredet hat, das Buch zu schreiben, und all denen, die ihm folgten: Marianne Taflinger, Jaime Perkins und Tim Matray. Ich danke Ihnen allen, dass Sie an mein Buch geglaubt und seine Entstehung unterstützt haben.
Bruce Goldstein

(© Bruce Goldstein)

Für Zack, der mich auf den verschlungenen Wegen durch die Welt der Wissenschaft unterstützt hat und der es klaglos über sich ergehen ließ, dass ich mich immer wieder bei ihm über die Forschung ausgelassen habe.
Und für meine Mutter Debbie, die für mich ein Leben lang ein Vorbild sein wird und die mir gezeigt hat, was es heißt, eine einfühlsame, willensstarke und unabhängige Frau zu sein.
Laura Cacciamani

(© Sarah Williams)

Vorwort des Herausgebers zur 10. deutschen Ausgabe

Wenn ein Lehrbuch in der 11. Auflage erscheint, dann benötigt es eigentlich kein großes Vorwort mehr; vielmehr ist es zum Standard geworden. Bruce Goldstein hat nicht nur bewiesen, dass er ein gutes Lehrbuch schreiben, sondern dass er es auch über Jahrzehnte auf dem aktuellen Stand der Forschung halten kann. Dafür ist eine bewundernswerte Ausdauer nötig, denn es müssen immer wieder Anpassungen der einzelnen Kapitel an den neuesten Wissensstand vorgenommen werden. Gleichzeitig muss das Buch als Ganzes auch den jeweiligen Erfordernissen des Studiums mit einer bewältigbaren Stoffmenge entsprechen und trotzdem das notwendige Grundwissen vermitteln. Die Veränderungen des Textes bestehen nicht einfach darin, immer mehr neues Material zu integrieren. Viel wichtiger ist es, Forschungsarbeiten und -richtungen ständig neu zu bewerten und auf die wichtigsten Arbeiten in kurzer Form einzugehen und solche, die nach 10–20 Jahren Forschung an Bedeutung verloren haben, zu reduzieren oder auch komplett herauszunehmen. Darin ist Bruce Goldstein ein wahrer Meister, und dies ist wohl auch der Grund, warum sein Lehrbuch trotz der wachsenden Anzahl wissenschaftlicher Fachbücher zur biologischen und allgemeinen Psychologie eines der wichtigsten geblieben ist.

Aus diesen Gründen ist es mir eine große Freude, die Herausgeberschaft für dieses Lehrbuch weiterhin zu übernehmen. Ich hoffe, ich konnte zusammen mit den Übersetzerinnen, Frau Lydia Lundbeck und Frau Barbara Rösner-Brockmann, und der Lektorin, Frau Stefanie Teichert, sowie allen beteiligten Mitarbeitenden des Springer-Verlags dazu beitragen, dass die jetzige 10. deutsche Auflage an die Qualität den früheren deutschen Auflagen heranreicht. Mein leider viel zu früh verstorbener Freund und Mentor, Professor Hans Irtel, hat als Herausgeber der 7. deutschen Auflage die Messlatte sehr hoch gelegt. Ich bin ihm sehr dankbar für alles, was ich von ihm lernen durfte.

Ganz großer Dank gebührt meinen studentischen Hilfskräften. Herr Nils Borgerding hat sich mit großem Eifer die Fragen für die Flashcards ausgedacht. Frau Amely Zeininger hat immer wieder alle Kapitel Korrektur gelesen und dabei noch so manchen Fehler entdeckt, der mir nicht ins Auge sprang. Ohne ihren unermüdlichen Einsatz wäre die deutsche Ausgabe wohl immer noch nicht fertig.

Allen Lesern wünsche ich viel Spaß bei der Lektüre und den Studierenden viel Erfolg!

Karl R. Gegenfurtner
Gießen
April 2022

Vorwort des Autors und der Autorin zur 11. englischen Auflage

Vor langer, langer Zeit klopfte Ken King, der Redakteur für Psychologie von Wadsworth Publishing Co., an die Tür zu meinem Büro in der Universität von Pittsburgh, trat ein und schlug mir vor, ein Lehrbuch mit dem Titel *Sensation and Perception* zu schreiben. Und so begann ich 1977 die erste Auflage von *Sensation and Perception* zu entwickeln. Es war in dem Jahr, als der Film „Star Wars" in die Kinos kam und als der erste Personal Computer für den Massenmarkt eingeführt wurde.

Während sich Luke Skywalker mit Darth Vader herumschlug und darum kämpfte, die Wege der Macht zu beherrschen, setzte ich mich mit der Fachliteratur über Wahrnehmung auseinander und bemühte mich, die Forschungsergebnisse als eine Geschichte darzustellen, um den Studierenden einen gleichermaßen interessanten und verständlichen Einblick in die Wahrnehmung zu geben.

Wie erzählt man eine Geschichte in einem Lehrbuch? Mit diesem Problem hatte ich zu kämpfen, als ich die erste Ausgabe schrieb, denn die damals verfügbaren Lehrbücher vermittelten zwar „die Fakten", aber auf eine Art und Weise, die für die Schüler nicht sehr anschaulich oder unterhaltsam war. Ich beschloss daher, die Geschichte der Wahrnehmungsforschung als eine fortlaufende Erzählung zu schreiben, in der eine Theorie auf die andere aufbaute, und die die Forschungsergebnisse in einen Bezug zu den Alltagserfahrungen setzt. Die Geschichte sollte auf der einen Seite den historischen Hintergrund der wissenschaftlichen Entdeckungen aufzeigen und auf der anderen Seite das Hintergrundwissen vermitteln, das zu den wissenschaftlichen Erkenntnissen führte. Das Ergebnis war die erste Ausgabe von *Sensation and Perception*, die 1980 veröffentlicht wurde (siehe nachfolgende Abbildung). Das Buch war ein Erfolg, vor allem, weil ich mich entschieden hatte,

Titelseite der ersten Ausgabe von *Sensation and Perception* (1980) mit einer Reproduktion des Gemäldes „Vega-Nor 1960" von Victor Vasarely. Das Original hängt in der Albright-Knox Art Gallery, Buffalo, New York

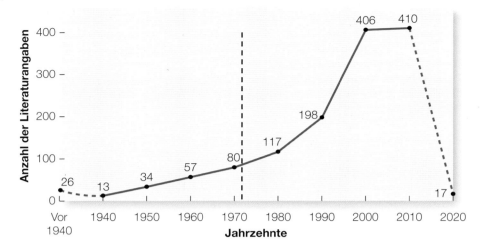

Die Quellenangaben in dieser Ausgabe, aufgeschlüsselt nach dem Jahrzehnt, in dem sie erschienen sind. 1970 beinhaltet beispielsweise alle Verweise aus den Jahren 1970 bis 1979. Das bedeutet, dass alle Quellenangaben rechts der gestrichelten vertikalen Linie 1980 oder später erschienen und somit in den Ausgaben zitiert sind, die auf die Erstausgabe folgten. Die Linie auf der rechten Seite ist gestrichelt, sie zieht eine Verbindung zu 2020. Das mit dem Jahr 2020 beginnende Jahrzehnt umfasst nur Quellenangaben aus 2020 und Anfang 2021, dem Erscheinungsjahr dieser Ausgabe

nicht nur Fakten zu präsentieren, sondern auch die Geschichte und die Hintergründe zu den Fakten.

Als die Produzenten von „Star Wars" ihren ersten Film herausbrachten, hatten sie keine Ahnung, dass sich daraus ein Riesenmarkt entwickeln würde, der heute noch besteht. Auch ich hatte bei Veröffentlichung der ersten Auflage von *Sensation and Perception* keine Ahnung, dass es die 1. von 11 Auflagen sein sollte.

Das Geburtsjahr des Buches, das Sie in der Hand halten, war gewissermaßen 1977, als die erste Auflage geschrieben wurde. Aber seitdem ist viel passiert. Ein Hinweis darauf gibt die Grafik in obenstehender Abbildung, die die Anzahl der Literaturangaben in dieser Ausgabe nach Jahrzehnt aufschlüsselt. Die meisten Verweise links von der gestrichelten Linie erschienen in der 1. Ausgabe. Die Verweise rechts von der gestrichelten Linie wurden nach der 1. Auflage veröffentlicht.

Ein weiteres Indiz für die Weiterentwicklung dieses Buches sind die Illustrationen. Die 1. Auflage enthielt 313 Abbildungen. Von diesen haben 116 den Weg in diese Neuauflage gefunden (allerdings mit der Änderung von schwarz-weiß auf farbig). In dieser Auflage sind 440 Abbildungen aufgeführt, die in der 1. Auflage nicht enthalten waren, insgesamt also 556.

So viel zur Vorgeschichte. Die meisten Leser dieses Buches dürften sich wahrscheinlich mehr für die Frage interessieren, was zuletzt an dem Buch verändert wurde. Um auf die Abbildungen zurückzukommen: 90 Abbildungen wurden in diese Auflage neu aufgenommen. Inhaltlich wurde noch viel mehr im Vergleich zur 10. Auflage geändert, darauf wird später eingegangen. Am wichtigsten ist aber, dass diese Auflage immer noch die Lehrinhalte und didaktischen Elemente enthält, die sich schon seit vielen Auflagen bewährt haben. Bei diesen didaktischen Elementen handelt es sich um folgende:

Didaktische Elemente

Die folgenden Elemente stellen das Engagement und Lernen der Studierenden in den Mittelpunkt:
- **Lernziele:** Die Lernziele geben eine Vorschau auf das, was die Studierenden von jedem Kapitel erwarten können. Sie stehen am Anfang eines Kapitels.

- **Übungsfragen:** Diese Fragen sind in der Mitte und am Ende jedes Kapitels eingefügt. Sie sind so allgemein gestellt, dass die Studierenden selbstständig zum Kern der einzelnen Fragen vordringen müssen. Hierdurch kommt den Studierenden eine aktivere Rolle bei der Wiederholung des Lehrstoffs zu.
- **Zum weiteren Nachdenken:** Dieser Abschnitt am Ende jedes Kapitels enthält Fragen, die über den Inhalt des Kapitels hinausführen und zu deren Beantwortung die Studierenden das Gelernte anwenden müssen.

Das folgende Element bietet den Studierenden die Möglichkeit, selber Übungen zur Wahrnehmung durchzuführen, die sich auf das gerade Gelesene beziehen:

- **Demonstrationen:** Die Demonstrationen in diesem Buch sind seit jeher ein beliebtes Element. Sie sind in den Fließtext integriert und bieten Studierenden aufgrund ihrer Einfachheit einen hohen Anreiz, sie während des Lesens auszuprobieren. Entsprechend hoch ist die Wahrscheinlichkeit, dass diese Demonstrationen auch ausgeführt werden. Eine Übersicht über die Demonstrationen ist dem Vorspann zum Buch zu entnehmen.

In den folgenden Elementen werden verschiedene inhaltliche Schwerpunkte gesetzt:

- **Methoden:** Es ist wichtig, den Studierenden nicht nur die Fakten zu präsentieren, sondern auch zu verdeutlichen, wie die Sachverhalte festgestellt wurden. Vom Text abgesetzte Methodenabschnitte, die jeweils in die inhaltliche Erläuterung integriert sind, heben die Bedeutung grundlegender Methoden hervor und erleichtern im gesamten Buch den Rückgriff auf Methodenwissen. Eine Übersicht über die Methoden ist dem Vorspann zum Buch zu entnehmen.
- **Weitergedacht:** Am Ende jedes Kapitels bietet ein entsprechender Abschnitt Gelegenheit dazu, besonders interessante Phänomene oder ein interessantes neues Forschungsergebnis zu betrachten. Beispiele hierfür sind das Puzzle der Gesichter (▶ Kap. 5), Aufmerksamkeitsfokussierung durch Meditation (▶ Kap. 6), der Mond im Wandel (▶ Kap. 10) und die Gemeinschaft der Sinne (▶ Kap. 16).
- **Entwicklungsaspekte:** Der in der 9. Auflage eingeführte Entwicklungsaspekt hat sich als sehr sinnvoll erwiesen und wurde daher in dieser Auflage beibehalten und noch erweitert. Diese Abschnitte am Ende der Kapitel konzentrieren sich auf die Wahrnehmung bei Säuglingen und Kleinkindern.

Veränderungen in dieser Auflage

Diese Auflage wurde in Bezug auf den didaktischen Aufbau erheblich verbessert. Der Text liest sich flüssiger und ist logischer gestaltet. Darüber hinaus wurde jedes Kapitel überarbeitet, um neue Erkenntnisse auf dem jeweiligen Forschungsgebiet besonders herauszustellen, die durch viele neue Literaturhinweise ergänzt wurden. Nachstehend finden Sie einige Beispiele für Neuerungen in dieser Auflage.

Neue Schlüsselbegriffe in dieser Auflage

Die folgenden Schlüsselbegriffe stehen für Methoden, Konzepte und Themen, die in dieser Auflage neu hinzugekommen sind:

- Aberration
- Adaptive Optiken für die Bildgebung
- Affektive Funktion von Berührung
- Alzheimer-Krankheit
- Aufgabenbezogene funktionelle Magnetresonanztomografie (fMRT)
- Automatische Spracherkennung
- Bildbezogene Faktoren

- Bogenförmiger Bewegungsablauf
- Cloze-Probability-Aufgabe
- COVID-19
- Dopamin
- Dreiermetrum
- Dystonie der Hand
- Early right anterior negativity (ERAN)
- Erfahrungsstichprobe (experience sampling)
- Erwachsenensprache
- Eyetracking mit mobilem Gerät
- Funktionelle Konnektivität
- Geruchsevozierte autobiografische Erinnerungen
- Halbton
- Handlungsaffordanz
- Interpersonelle Berührung
- Leichte kognitive Beeinträchtigung (IKB)
- Meditation
- Metrische Struktur
- Mikroneurografie
- Mind Wandering
- Multimodale Interaktionen
- Munsell-Farbsystem
- Musikalische Phrasen
- Musikalische Syntax
- Musikinduzierte autobiografische Erinnerung
- Neuheitspräferenzverfahren
- Prädiktive Aufmerksamkeitsverlagerung
- Prädiktive Codierung
- Seed-Position
- Soziale Berührung
- Soziale Berührungshypothese
- Sozialer Schmerz
- Sustentakularzellen
- Synkopierung
- Zeitliche Anordnung
- Zweiermetrum

Überarbeitungen und neue Inhalte

Jedes Kapitel wurde in Bezug auf die beiden folgenden Aspekte überarbeitet:
1. Aufbau: Unterkapitel und Abschnitte innerhalb der Kapitel wurden neu gegliedert/strukturiert, um die didaktische Aufbereitung zu verbessern.
2. Aktualisierung: Material über neue experimentelle Ergebnisse und Forschungsansätze auf dem Gebiet wurde hinzugefügt. Neue Themen finden sich in den Abschnitten „Der Entwicklungsaspekt" und „Weitergedacht".

▪▪ Wahrnehmungsprinzipien (▶ Kap. 1–4)

Die Anfangskapitel, die in grundlegende Konzepte und Forschungsansätze einführen, wurden komplett neu gegliedert, um den Buchanfang für die Studierenden einladender zu gestalten, einen logischeren und flüssigeren Ablauf zu schaffen und alle Sinne von Beginn an einzubeziehen. Da in ▶ Kap. 2 mehrere Sinne besprochen werden, wird ein von manchen Dozenten angesprochenes Problem behoben, die den Anfang der 10. Auflage als zu „zentriert auf das Sehen" empfanden. ▶ Kap. 2 beinhaltet auch einen neuen Abschnitt über strukturelle und funktionelle Konnektivität.

■■ **Die Wahrnehmung von Objekten und Szenen (▶ Kap. 5)**
▬ Aktualisierter Abschnitt über Objektwahrnehmung von Computern
▬ Prädiktive Codierung
▬ Der Entwicklungsaspekt: Die kindliche Wahrnehmung von Gesichtern: Vorverdrahtung funktioneller Konnektivität für Gesichter bei Säuglingen

■■ **Visuelle Aufmerksamkeit (▶ Kap. 6)**
▬ Prädiktive Aufmerksamkeitsverlagerung
▬ Ablenkung durch Smartphones: Die bloße Anwesenheit von Smartphones kann die Leistung beeinträchtigen.
▬ Weitergedacht: Aufmerksamkeitsfokussierung durch Meditieren
▬ Der Entwicklungsaspekt: Aufmerksamkeit von Babys und Lernen von Objektnamen: Eyetracking mit mobilem Gerät zur Messung der kindlichen Aufmerksamkeit

■■ **Handeln (▶ Kap. 7)**
▬ Neue Inhalte zu Propriozeption
▬ Individuelle Unterschiede bei der Wegfindung: Das Volumen von Teilen des Hippocampus offenbart Unterschiede in der Fähigkeit zur Wegfindung bei Taxi- und Busfahrern.
▬ Weitergedacht: Vorhersage ist alles
▬ Der Entwicklungsaspekt: Affordanzen bei Kindern

■■ **Bewegungswahrnehmung (▶ Kap. 8)**
▬ Bewegung und soziale Wahrnehmung
▬ Weitergedacht: Bewegung, Bewegung und nochmals Bewegung
▬ Der Entwicklungsaspekt: Säuglinge nehmen biologische Bewegung wahr: Veränderung der Bewegungswahrnehmung im 1. Lebensjahr

■■ **Farbwahrnehmung (▶ Kap. 9)**
▬ Funktionen der Farbwahrnehmung: Einfluss der Gesichtsfarbe auf die Beurteilung von Emotionen
▬ Neubewertung der Vorstellung von „Grundfarben"
▬ Soziale Funktionen von Farbe
▬ Farbareale im Kortex: Diese sind sandwichartig zwischen Arealen für Gesichter und Orte angeordnet.
▬ #TheDress zur Veranschaulichung von individuellen Unterschieden und Farbkonstanz
▬ Der Entwicklungsaspekt: Farbwahrnehmung bei Säuglingen: Neuheitspräferenzverfahren zur Untersuchung des Farbensehens von Säuglingen

■■ **Tiefen- und Größenwahrnehmung (▶ Kap. 10)**
▬ Ganz großes Kino einer Gottesanbeterin: Nachweis von binokularer Tiefenwahrnehmung
▬ Weitergedacht: Der wechselnde Mond

■■ **Hören (▶ Kap. 11)**
▬ Weitergedacht: Einem 11-jährigen Kind das Hören erklären

■■ **Hören in einer Umgebung (▶ Kap. 12)**
▬ Interaktionen zwischen Sehen und Hören
▬ Echoortung beim Menschen

■■ **Musik wahrnehmen (▶ Kap. 13)**
Hierbei handelt es sich um ein neues Kapitel, in dem der Bereich Musik stark erweitert wurde, der in der 10. Auflage Teil von ▶ Kap. 12 war.
▬ Musik und soziale Bindung
▬ Therapeutische Wirkung von Musik

- Die emotionale Antwort von Babys auf Musik
- Chemische Vorgänge bei musikinduzierten Emotionen
- Wirkung von Synkopierung auf durch Musik ausgelöste Bewegung
- Kulturübergreifende Ähnlichkeiten
- Musik und Vorhersage
- Verhaltensbezogene und physiologische Unterschiede zwischen Musik und Sprache
- Der Entwicklungsaspekt: Wie Babys auf den Beat reagieren

■■ Sprachwahrnehmung (▶ Kap. 14)
- Motorische Mechanismen bei der Sprachwahrnehmung
- Weitergedacht: Cochlea-Implantate
- Der Entwicklungsaspekt: Kindzentrierte Sprache

■■ Die Hautsinne (▶ Kap. 15)
- Kortikale Antworten auf Oberflächentextur
- Soziale Berührung und C-taktile Afferenzen (CT-Afferenzen)
- Top-down-Einflüsse auf soziale Berührung
- Schmerzreduktion durch soziale Berührung
- Berührungswahrnehmung vor und nach der Entbindung
- Weitergedacht: Plastizität und das Gehirn
- Der Entwicklungsaspekt: Soziale Berührung bei Säuglingen

■■ Die chemischen Sinne (▶ Kap. 16)
- Vergleich der Geschmackswelten von Menschen und Tieren
- Verlust des Geruchssinns durch COVID-19 und die Alzheimer-Krankheit
- Einfluss von Musik auf das Aroma
- Einfluss von Farbe auf das Aroma
- Weitergedacht: Das Zusammenspiel der Sinne

Eine Anmerkung zur Entstehung dieser Auflage

Diese Auflage wurde von mir (B. G.) und Laura Cacciamani auf der Grundlage der 10. Auflage erstellt. Laura hat die ▶ Kap. 1–5 überarbeitet und war daher maßgeblich für die Neugliederung der ▶ Kap. 1–4 verantwortlich, die in den Bereich der Wahrnehmung einführen und den Rahmen für die verschiedenen Aspekte der Wahrnehmung in den folgenden Kapiteln abstecken. Ich habe die ▶ Kap. 6–16 überarbeitet. Wir haben jeweils die Kapitel des anderen gelesen und kommentiert sowie Vorschläge zu Sprache und Inhalt gemacht, sodass es sich hier im wahrsten Sinne um ein Gemeinschaftsprojekt handelt.

Danksagungen

Es ist mir eine Freude, den folgenden Personen zu danken, die unermüdlich daran gearbeitet haben, dass aus dem Manuskript ein Buch geworden ist. Ohne diese Menschen würde es dieses Buch nicht geben, und sowohl Laura als auch ich sind ihnen allen sehr dankbar:

- *Cazzie Reyes*, stellvertretende Produktmanagerin, für die Bereitstellung von Quellenmaterial für das Buch;
- *Jacqueline (Jackie) Czel*, Content Managerin, für die Koordinierung aller Bestandteile des Buches während der Produktion;
- *Lori Hazzard*, leitende Projektmanagerin von MPS Limited, dafür, dass Du Dich um die unglaubliche Menge an Details gekümmert hast, die mein Manuskript in ein Buch verwandelt haben. Danke Lori, nicht nur dafür, dass du dich um die Details gekümmert hast, sondern auch für Deine Flexibilität und Bereitschaft, auf alle meine „Sonderwünsche" während des Produktionsprozesses einzugehen;
- *Bethany Bourgeois* für das eindrucksvolle Cover;
- *Heather Mann* für ihr kompetentes und kreatives Lektorat.

Neben der Hilfe, die wir von den Mitwirkenden in der Redaktion und der Produktion erhalten haben, wurden Laura und ich auch sehr von den Wahrnehmungsforschern unterstützt. Eine Sache habe ich in den Jahren des Schreibens gelernt, und zwar dass der Rat anderer Leute eine entscheidende Rolle spielt. Die Wahrnehmung ist ein weites Feld, und wir haben uns in erheblichem Maße auf den Rat von Experten in ihren speziellen Fachgebieten verlassen. Sie haben uns auf neue Forschungsergebnisse aufmerksam gemacht und unsere Inhalte auf ihre Korrektheit überprüft. Im Folgenden finden Sie eine Liste der „Sachverständigen", die das jeweilige Kapitel der 10. Auflage auf Richtigkeit und Vollständigkeit überprüft und Vorschläge zur Aktualisierung gemacht haben:

- ▶ Kap. 5:
  - *Joseph Brooks*, Keele University
- ▶ Kap. 6:
  - *Marisa Carrasco*, New York University
  - *John McDonald*, Simon-Fraser University
- ▶ Kap. 7:
  - *Sarah Creem-Reghr*, University of Utah
  - *Jonathan Marotta*, University of Manitoba
- ▶ Kap. 8:
  - *Emily Grossman*, University of California, Irvine
  - *Duje Tadin*, University of Rochester
- ▶ Kap. 9:
  - *David Brainard*, University of Pennsylvania
  - *Bevil Conway*, Wellesley College
- ▶ Kap. 10:
  - *Gregory DeAngeles*, University of Rochester
  - *Jenny Read*, University of Newcastle
  - *Andrew Welchman*, University of Cambridge
- ▶ Kap. 11:
  - *Daniel Bendor*, University College London
  - *Nicholas Lesica*, University College London
- ▶ Kap. 12:
  - *Yale Cohen*, University of Pennsylvania
  - *John Middlebrooks*, University of California, Irvine
  - *William Yost*, Arizona State University
- ▶ Kap. 13:
  - *Bill Thompson*, Macquarie University

- ▶ Kap. 14:
  - *Laura Dilley*, Michigan State University
  - *Phil Monahan*, University of Toronto
  - *Howard Nussbaum*, University of Chicago
- ▶ Kap. 15:
  - *Sliman Bensmaia*, University of Chicago
  - *Tor Wager*, Dartmouth College
- ▶ Kap. 16:
  - *Donald Wilson*, New York University

Ich danke auch den folgenden Personen, die Fotos und Forschungsunterlagen für die Abbildungen bereitgestellt haben, die in die Auflage neu aufgenommen wurden:

- *Sliman Bensmaia*, University of Chicago
- *Jack Gallant*, University of California, Berkeley
- *Daniel Kish*, Visoneers.org
- *Jenny Reed*, University of Newcastle
- *István Winkler*, University of Helsinki
- *Chen Yu*, Indiana University

Inhaltsverzeichnis

Über den Autor und die Autorin der englischen sowie den Herausgeber der deutschen Neuauflage

(© Barbara Goldstein)

E. Bruce Goldstein

ist emeritierter außerordentlicher Professor für Psychologie an der University of Pittsburgh und der Abteilung für Psychologie an der University of Arizona angeschlossen. Er erhielt den Chancellor's Distinguished Teaching Award der University of Pittsburgh für seine Lehrtätigkeit und das Verfassen von Lehrbüchern. Er erhielt seinen Bachelor-Abschluss in Chemieingenieurwesen an der Tufts University und seinen Doktortitel in experimenteller Psychologie an der Brown University; er war Postdoktorand an der Fakultät für Biologie der Harvard University, bevor er zur University of Pittsburgh wechselte. Bruce hat Artikel über eine Vielzahl von Themen veröffentlicht, u. a. über retinale und kortikale Physiologie, visuelle Aufmerksamkeit und die Wahrnehmung von Bildern. Er ist Verfasser folgender Bücher: kognitive Psychologie: *Connecting Mind, Research, and Everyday Experience*, 5. Auflage (Cengage, 2019), *The Mind: Consciousness, Prediction and the Brain* (MIT Press, 2020), und Herausgeber des *Blackwell Handbook of Perception* (Blackwell, 2001) und der zweibändigen *Sage Encyclopedia of Perception* (Sage, 2010). Derzeit unterrichtet er die folgenden Kurse am Osher Lifelong Learning Institute für über 50-Jährige, an der University of Pittsburgh, der Carnegie-Mellon University und der University of Arizona: „Your Amazing Mind", „Cognition and Aging", „The Social and Emotional Mind" und „The Mystery and Science of Shadows". Im Jahr 2016 gewann er den vom Alan Alda Center for Communicating Science gesponserten Wettbewerb „The Flame Challenge" für seinen Aufsatz „What Is Sound?" (Abschn. 11.8), der sich an 11-Jährige wendet.

(© Nesrine Majzoub)

Laura Cacciamani

ist Assistenzprofessorin für kognitive Neurowissenschaften in der Abteilung für Psychologie und Kindesentwicklung an der California Polytechnic State University, San Luis Obispo. Sie erhielt ihren Bachelor-Abschluss in Psychologie und Biowissenschaften von der Carnegie Mellon University und ihren Master und Doktortitel in Psychologie mit dem Nebenfach Neurowissenschaften an der University of Arizona. Sie absolvierte ein zweijähriges Postdoktorandenstipendium am Smith-Kettlewell Eye Research Institute und lehrte gleichzeitig an der California State University, East Bay, bevor sie an die Fakultät der California Polytechnic State University wechselte. Lauras Forschung konzentriert sich auf die neuronalen Mechanismen der Objektwahrnehmung und des Gedächtnisses sowie auf die Interaktionen zwischen den Sinnen. Sie hat Arbeiten veröffentlicht, in denen sie Verhaltens-, Neuroimaging- und Neurostimulationstechniken einsetzte, um diese Zusammenhänge an jungen und älteren Erwachsenen und blinden Menschen zu erforschen. Laura engagiert sich außerdem leidenschaftlich für Lehre, Mentoring und die Einbeziehung von Studierenden in die Forschung.

(© Doris Braun)

Karl R. Gegenfurtner

ist Professor für Psychologie an der Justus-Liebig-Universität Gießen. Er hat an der Universität Regensburg Psychologie studiert und anschließend am Psychology Department der New York University promoviert. Nach seiner Zeit als Postdoktorand im Center for Neural Science und im Howard Hughes Medical Institute an der New York University arbeitete er als wissenschaftlicher Mitarbeiter am Max-Planck-Institut für biologische Kybernetik in Tübingen. Nach einem Jahr als Professor für Biologische Psychologie an der Universität Magdeburg trat er 2001 seine jetzige Stelle in Gießen an. Er erforscht die Informationsverarbeitung im visuellen System und konzentriert sich dabei auf den Zusammenhang zwischen der elementaren Sinnesverarbeitung, höheren Prozessen der visuellen Kognition und sensomotorischer Integration. Sein Ziel ist es, die Frage zu beantworten, wie komplexe Szenen und Objekte wahrgenommen werden, wie sie im Gehirn repräsentiert sind und wie visuelle Information zur Handlungssteuerung benutzt wird. Seine Forschungsergebnisse über visuelle Wahrnehmung hat er in über 200 Artikeln in wissenschaftlichen Zeitschriften publiziert. Er ist der Autor von *Gehirn und Wahrnehmung* (Fischer Taschenbuch Verlag, 2003, 2011) und Herausgeber von *Color vision: From genes to perception* (Cambridge University Press, 2000). Seit 2014 ist er der Sprecher des von der Deutschen Forschungsgemeinschaft (DFG) geförderten Sonderforschungsbereichs/Transregio (SFB/TRR) 135 „Kardinale Mechanismen der Wahrnehmung". Seit 2019 wird er vom European Research Council mit dem Advanced Grant Color3.0 gefördert. Vor allem aber will er Mitarbeitern, Doktoranden und Studierenden all die Möglichkeiten bieten, die er selbst im Laufe seiner Karriere erfahren hat und nutzen durfte.

Methoden

Demonstrationen

Lernmaterialien zu *Wahrnehmungspsychologie: Der Grundkurs* im Internet – www.lehrbuch-psychologie.springer.com

- Das Lerncenter: Zum Lernen, Üben, Vertiefen und Selbsttesten
- Kapitelzusammenfassungen: Das steckt drin im Lehrbuch
- Foliensätze und Abbildungen für Dozentinnen und Dozenten zum Download
- Leseprobe

Weitere Websites unter ▶ www.lehrbuch-psychologie.springer.com

- Karteikarten: Prüfen Sie Ihr Wissen
- Glossar mit zahlreichen Fachbegriffen
- Verständnisfragen und Antworten
- Zusammenfassungen aller Buchkapitel
- Foliensätze sowie Tabellen und Abbildungen für Dozentinnen und Dozenten zum Download

- Karteikarten: Prüfen Sie Ihr Wissen
- Glossar mit zahlreichen Fachbegriffen
- Verständnisfragen und Antworten
- Zusammenfassungen aller Buchkapitel
- Foliensätze sowie Tabellen und Abbildungen für Dozentinnen und Dozenten zum Download

Jochen Müsseler · Martina Rieger *Hrsg.*

Allgemeine Psychologie

3. Auflage

EXTRAS ONLINE Springer

Christian Becker-Carus · Mike Wendt

Allgemeine Psychologie

Eine Einführung

2. Auflage

EXTRAS ONLINE Springer

- Kapitelzusammenfassungen
- Karteikarten: Überprüfen Sie Ihr Wissen
- Glossar mit zahlreichen Fachbegriffen
- Leseprobe

- Verständnisfragen und Antworten
- Glossar mit vielen Fachbegriffen
- Karteikarten: Überprüfen Sie Ihr Wissen
- Kapitelzusammenfassungen
- Foliensätze sowie Tabellen und Abbildungen für Dozentinnen und Dozenten zum Download

Ulrich Ansorge · Helmut Leder

Wahrnehmung und Aufmerksamkeit

2. Auflage

 Springer

David G. Myers · C. Nathan DeWall

Psychologie

4. Auflage

MOREMEDIA Springer

- Kapitelzusammenfassungen
- Karteikarten: Überprüfen Sie Ihr Wissen
- Glossar mit vielen Fachbegriffen
- Verständnisfragen und Antworten
- Foliensätze sowie Tabellen und Abbildungen für Dozentinnen und Dozenten zum Download

- Glossar als komplettes Psychologie-Lexikon
- Karteikarten, Verständnisfragen, „Master the Material" und „Prüfen Sie Ihr Wissen"
- Kommentierte Weblinks
- Zusammenfassungen aller Buchkapitel
- Foliensätze, Tabellen und Abbildungen für Dozentinnen und Dozenten zum Download

Einfach lesen, hören, lernen im Web – ganz ohne Registrierung!

Fragen? redaktion@lehrbuch-psychologie.de

Einführung in die Wahrnehmung

E. Bruce Goldstein und Laura Cacciamani

Inhaltsverzeichnis

E.B. Goldstein, L. Cacciamani, *Wahrnehmungspsychologie*, https://doi.org/10.1007/978-3-662-65146-9_1

1

🅰 Lernziele

Nachdem Sie dieses Kapitel durchgearbeitet haben, werden Sie in der Lage sein, ...

- die 7 Schritte des Wahrnehmungsprozesses zu erläutern,
- zwischen Top-down- und Bottom-up-Verarbeitung zu unterscheiden,
- zu erklären, wie Wissen Wahrnehmung beeinflussen kann,
- zu verstehen, wie Wahrnehmung untersucht werden kann, indem man die Beziehungen zwischen Reiz und Verhalten, Reiz und Physiologie sowie Physiologie und Verhalten betrachtet,
- die Begriffe „absolute Schwelle" und „Unterschiedsschwelle" zu erläutern und die verschiedenen Methoden, die zu ihrer Messung verwendet werden können,
- zu beschreiben, wie die Wahrnehmung oberhalb der Schwelle gemessen werden kann, indem Sie 5 Fragen über die Wahrnehmungswelt beantworten,
- die Bedeutung der Unterscheidung zwischen physikalischen Stimuli und Wahrnehmungsreaktionen zu verstehen.

Einige der in diesem Kapitel behandelten Fragen

- Warum sollte man dieses Buch lesen?
- Welche Schritte sind für den Wahrnehmungsprozess, vom Aufnehmen eines Reizes wie dem Betrachten eines Baums bis zur bewussten Wahrnehmung des Baums, erforderlich?
- Worin besteht der Unterschied zwischen der Wahrnehmung und dem Erkennen von etwas?
- Wie gehen Wahrnehmungspsychologen bei der Messung der verschiedenen Arten vor, durch die wir die Umwelt wahrnehmen?

1.1 Wie kann Wahrnehmung gemessen werden?

Im Juli 1958 veröffentlichte die *New York Times* einen faszinierenden Artikel mit dem Titel „Elektronisches ‚Gehirn' ist selbstständig lernfähig". In dem Artikel wurde ein neuer, potenziell revolutionärer technologischer Fortschritt beschrieben: „[...] ein elektronischer Computer namens Perceptron, der, wenn er in etwa einem Jahr fertiggestellt ist, voraussichtlich der erste nicht-lebende Mechanismus sein wird, der in der Lage ist, seine Umgebung ohne Training oder Kontrolle durch Menschen wahrzunehmen, zu erkennen und zu identifizieren."

Der erste Perceptron, der von dem Psychologen Frank Rosenblatt entwickelt wurde (1958), war ein zimmergroßer, 5 Tonnen schwerer Computer (◘ Abb. 1.1), der sich selbst beibringen konnte, zwischen einfachen Bildern zu

◘ **Abb. 1.1** Frank Rosenblatts ursprüngliche „Perceptron"-Maschine. (© Division of Rare and Manuscript Collections, Cornell University Library)

unterscheiden, z. B. Karten mit Markierungen auf der linken und auf der rechten Seite.

Rosenblatt behauptete, dieses Gerät könne „... lernen, Ähnlichkeiten oder Gemeinsamkeiten zwischen Mustern von optischen, elektrischen oder klanglichen Informationen zu erkennen, und zwar in analoger Weise zu den Wahrnehmungsprozessen eines biologischen Gehirns" (Rosenblatt, 1957). Eine wahrhaft verblüffende Behauptung! Und in der Tat gingen Rosenblatt und andere Computerwissenschaftler in den 1950er- und 1960er-Jahren davon aus, dass es nur etwa ein Jahrzehnt dauern würde, um eine „wahrnehmende Maschine" wie den Perceptron zu entwickeln, die ihre Umwelt mit menschenähnlicher Leichtigkeit verstehen und sich in ihr bewegen könnte.

Wie schlug sich Rosenblatts Perceptron bei dem Versuch, menschliche Wahrnehmung nachzubilden? Nicht sehr gut, denn es brauchte 50 Versuche, um die einfache Aufgabe – zu erkennen, ob eine Karte eine Markierung auf der linken oder rechten Seite hat – zu lernen, und es war nicht in der Lage, komplexere Aufgaben zu lösen. Es stellte sich heraus, dass Wahrnehmung viel komplexer ist, als es Rosenblatt mit seinem Perceptron angenommen hatte. Diese Erfindung traf daher auf unterschiedliche Resonanz, und schließlich wurde dieser Forschungszweig viele Jahre lang aufgegeben. Doch Rosenblatts Idee, dass ein Computer trainiert werden kann, Wahrnehmungsmuster zu erlernen,

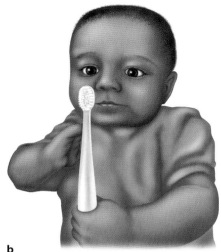

a   b

◻ **Abb. 1.2** Bilder, die ein Bildverarbeitungsprogramm als „ein großes Flugzeug auf einer Landebahn" (**a**) und „ein Junge mit einem Baseballschläger" (**b**) identifizierte. (Adaptiert nach Karpathy & Fei-Fei, 2015. © 2015 IEEE. Reprinted with permission)

legte den Grundstein für ein Wiederaufleben des Interesses an diesem Gebiet in den 1980er-Jahren. Heute betrachten viele Rosenblatts Arbeit als einen wichtigen Vorläufer der modernen künstlichen Intelligenz (Mitchell, 2019; Perez et al., 2017).

Heute, mehr als 60 Jahre später, ist die Wahrnehmung von Computern trotz großer Fortschritte bei der Bildverarbeitung immer noch nicht so gut wie die von Menschen (Liu et al., 2020). ◻ Abb. 1.2 zeigt Beispiele für Bilder, die ein Computer identifizieren sollte (Karpathy & Fei-Fei, 2015).

Beispielsweise identifizierte der Computer korrekterweise eine ähnliche Darstellung wie ◻ Abb. 1.2a, als „ein großes Flugzeug auf einer Landebahn". Allerdings treten auch Fehler auf, z. B. bei der Beschreibung eines Bilds ähnlich dem in ◻ Abb. 1.2b, das der Computer als „ein kleiner Junge mit einem Baseballschläger" beschreibt. Das Problem des Computers besteht darin, dass er nicht über einen so großen Informationsschatz verfügt, wie ihn Menschen von Geburt an ansammeln. Wenn ein Computer noch nie eine Zahnbürste gesehen hat, identifiziert er sie als etwas anderes mit einer ähnlichen Form. Und obwohl die vom Computer gelieferte Beschreibung des Flugzeugs korrekt ist, ist er nicht in der Lage zu erkennen, ob es sich vielleicht um ein Bild von Flugzeugen handelt, die auf einer Flugschau ausgestellt werden, und dass die Personen keine Passagiere, sondern Besucher der Flugschau sind. Zwar haben wir einen sehr langen Weg zurückgelegt, seitdem wir in den 1950er-Jahren erste Versuche bei der Entwicklung von Bildverarbeitungssystemen unternommen haben, aber bis heute ist der Mensch dem Computer immer noch weit überlegen.

Warum dachten frühe Computerwissenschaftler, sie könnten innerhalb von etwa 10 Jahren einen Computer konstruieren, der zu einer menschenähnlichen Wahrnehmung fähig ist, während es in Wirklichkeit mehr als 60 Jahre gedauert hat und wir erst in den letzten 10 Jahren entscheidende Fortschritte gemacht haben? Eine Antwort auf diese Frage besteht darin, dass sich Wahrnehmung – also die Erfahrungen, die sich aus der Stimulation der Sinne ergeben – normalerweise so leicht einstellt, dass wir oft nicht einmal einen zweiten Gedanken daran verschwenden. Wahrnehmung scheint „einfach zu passieren". Wir öffnen unsere Augen und sehen eine Landschaft, ein Universitätsgebäude oder eine Gruppe von Menschen. Wie Sie nach der Lektüre dieses Buches feststellen werden, sind die Mechanismen, die für die Wahrnehmung verantwortlich sind, jedoch äußerst komplex.

In diesem Buch werden wir anhand vieler weiterer Beispiele sehen, wie komplex und erstaunlich Wahrnehmung ist. Unser Ziel ist es, ein Verständnis dafür zu vermitteln, wie Menschen und Tiere wahrnehmen, angefangen bei den Empfängern – Augen, Ohren, Haut, Zunge, Nase und Mund – bis hin zum „Computer", dem Gehirn. Sie sollen nachvollziehen können, wie wir Dinge in unserer Umgebung wahrnehmen und mit ihnen interagieren.

In diesem Kapitel werden wir uns mit einigen praktischen Gründen beschäftigen, warum wir Wahrnehmung untersuchen, wie der Prozess der Wahrnehmung in einer Abfolge von Schritten abläuft und wie Wahrnehmung gemessen werden kann.

1.2 Warum sollte man dieses Buch lesen?

Eine besonders offensichtliche Antwort auf die Frage, warum man dieses Buch lesen sollte, ergibt sich aus Ihrem Studienplan. Die Lektüre könnte wichtig für Sie sein, um eine gute Note zu erreichen. Es gibt aber noch viele weitere Gründe, dieses Buch zu lesen. So liefert es Ihnen Informationen, die in anderen Lehrveranstaltungen und vielleicht sogar im späteren Berufsleben von Nutzen sind. Wenn Sie eine Promotion anstreben, um sich als Forscher oder Lehrer auf dem Gebiet der Wahrnehmung oder einer verwandten Disziplin zu spezialisieren, liefert Ihnen dieses Buch eine solide Grundlage, auf der Sie aufbauen können. Tatsächlich wurde ein Teil der wissenschaftlichen Studien, von denen Sie hier lesen werden, von Forschern durchgeführt, die durch frühere Ausgaben dieses Buches erstmals mit der Wahrnehmungspsychologie als wissenschaftlichem Gebiet in Berührung gekommen sind.

Die Buchinhalte sind auch für zukünftige Forschung in der Medizin oder in verwandten Disziplinen von Bedeutung, da ein großer Teil unserer Diskussion die Frage betrifft, wie der Körper funktioniert. Einige medizinische Anwendungsmöglichkeiten, die auf Erkenntnissen über die Wahrnehmung aufbauen, betreffen Hilfsmittel zur Wiederherstellung der Wahrnehmungsfähigkeit bei Menschen mit Hör- oder Sehverlust sowie Behandlungsmethoden bei Schmerz. Zu den Anwendungen gehören überdies autonome Fahrzeuge, die sich in unbekannten Umgebungen zurechtfinden können; Gesichtserkennungssysteme zur Identifikation von Personen bei Sicherheitskontrollen; Spracherkennungssysteme, die mit dem, was wir sagen, umgehen können; sowie die Ausgestaltung von Straßenschildern, die für Kraftfahrzeugfahrer unter vielen verschiedenen Bedingungen sichtbar sind.

Allerdings reichen die Gründe, sich für das Studium der Wahrnehmungspsychologie zu interessieren, über die technischen Anwendungen hinaus. Das Studium der Wahrnehmung hilft, sich die Natur der eigenen Wahrnehmungserfahrungen leichter bewusst zu machen. Viele der alltäglichen Erfahrungen, die Sie als selbstverständlich hinnehmen – jemandem zuhören, Nahrung schmecken oder ein Gemälde in einem Museum betrachten –, kann man tiefer verstehen, indem man sich Fragen stellt wie: „Warum verliere ich meinen Geschmackssinn, wenn ich eine Erkältung habe?", „Wie erzeugen Künstler in einem Bild den Eindruck räumlicher Tiefe?" oder „Warum klingt eine Fremdsprache, die man nicht beherrscht, wie ein kontinuierlicher Lautstrom, ohne Pausen zwischen den Wörtern?" Bei der Lektüre dieses Buches werden Sie nicht nur auf diese, sondern auch auf andere Fragen, an die Sie möglicherweise nicht gedacht haben, Antworten finden: „Warum sehe ich im Dunkeln keine Farben?", „Wie kann es sein, dass sich die Szenerie um mich herum scheinbar nicht bewegt, während ich sie durchschreite?" Somit werden Sie, auch wenn Sie keine Laufbahn als Arzt oder Entwickler autonomer Fahrzeuge anstreben, nach der Lektüre dieses Buches die Komplexität und die bemerkenswerten Mechanismen Ihrer Wahrnehmungserfahrungen besser verstehen und vielleicht auch die Welt um Sie herum aufmerksamer betrachten.

Da Wahrnehmung etwas ist, das Sie ständig erleben, ist es an sich schon interessant zu wissen, wie sie funktioniert. Vergegenwärtigen Sie sich einmal, was Sie gerade jetzt erleben. Wenn Sie sich umsehen oder vielleicht die vorliegende Buchseite berühren, gewinnen Sie möglicherweise den Eindruck, Sie würden genau das wahrnehmen, was „da draußen" in der Umwelt ist. Schließlich bringt die Berührung dieser Seite Sie in direkten Kontakt mit ihr, und wahrscheinlich glauben Sie, dass das, was Sie sehen und fühlen, wirklich vorhanden ist. Beim Studium der Wahrnehmung werden Sie aber auch lernen, dass alles, was Sie sehen, hören, schmecken, fühlen oder riechen, die Filtermechanismen Ihrer Sinne durchlaufen hat.

Überlegen Sie, was das bedeutet. Es gibt Dinge in Ihrer Umgebung, die Sie hören, sehen, ertasten – sprich wahrnehmen – wollen. Das aber geht nur, wenn diese Dinge Ihre Rezeptoren für Licht, Schall, Geschmack und Geruch oder Druck auf die Haut stimulieren. Wenn Sie mit Ihren Fingern über die Seiten dieses Buches streichen, fühlen Sie die Seite und ihre Textur, weil der Druck und die bewegungsbedingte Reibung kleine Rezeptoren unter der obersten Hautschicht aktivieren. Was immer Sie fühlen, hängt von der Aktivierung dieser Rezeptoren ab. Gäbe es die Rezeptoren nicht, würden Sie nichts fühlen, und hätten sie andere Eigenschaften, so würden Sie möglicherweise etwas ganz anderes wahrnehmen. Die Vorstellung, *dass Wahrnehmung von den Eigenschaften der Sinnesrezeptoren abhängt*, ist eines der Themen in diesem Buch.

Vor wenigen Jahren erhielt ich[1] eine E-Mail von einer Studentin (einer anderen Universität) zu genau der Zeit, als ich diesen Abschnitt des Buches schrieb. In ihrer E-Mail sandte mir „Jenny" eine Reihe von Kommentaren zum Buch. Was aber für mich als besonders relevant für die Frage „Warum sollte man dieses Buch lesen?" hervorstach, war der folgende Satz: „Durch die Lektüre Ihres Buches lernte ich die faszinierenden Prozesse kennen, die in jedem Moment in meinem Gehirn stattfinden und Dinge bewerkstelligen, über die ich noch nicht einmal nachdenke." Vielleicht haben Sie völlig andere Gründe als Jenny für die Lektüre dieses Buches; aber hoffentlich können Sie dabei einige Dinge herausfinden, die für Sie hilfreich oder faszinierend oder beides sind.

Als Käufer dieses Buchs können Sie kostenlos die App „SN Flashcards" mit Fragen zur Wissensüberprüfung und zum Lernen von Buchinhalten nutzen. Für die Nutzung befolgen Sie bitte diese Schritte:

1. Gehen Sie auf ► https://flashcards.springernature.com/login
2. Erstellen Sie ein Benutzerkonto, indem Sie Ihre Mailadresse angeben und ein Passwort vergeben.

---

1   Wer ist „ich"? An verschiedenen Stellen des Buches werden Sie Ich-Bezüge finden, beispielsweise „ich habe eine E-Mail erhalten", „ein Schüler in meiner Klasse", „ich erzähle meinen Schülern" oder „ich hatte eine interessante Erfahrung". Da dieses Buch von zwei Autoren verfasst wurde, mögen Sie sich vielleicht fragen, wer mit „ich" gemeint ist. Wenn nicht anders vermerkt, handelt es sich dabei um den Autor Bruce Goldstein, da die meisten Ich-Bezüge in dieser Ausgabe aus der Vorauflage übernommen wurden.

3. Verwenden Sie den folgenden Link, um Zugang zu Ihrem SN-Flashcards-Set zu erhalten: ► https://go.sn.pub/GJTy7N

Sollte der Link fehlen oder nicht funktionieren, senden Sie uns bitte eine E-Mail mit dem Betreff „SN Flashcards" und dem Buchtitel an customerservice@springernature.com.

1.3 Empfindung und Wahrnehmung

Wie Sie vielleicht bemerkt haben, wurde in unserer bisherigen Diskussion häufig das Wort „Wahrnehmung" verwendet. Das ähnliche Wort „Empfindung" (engl. „sensation"), das sich auch im englischen Titel dieser Auflage *Sensation and Perception* findet, wurde dagegen nicht erwähnt. Warum ist das so? Um diese Frage zu beantworten, sollten wir die Begriffe „Empfindung" und „Wahrnehmung" betrachten. Empfindung wird oft mit einfachen, „elementaren" Prozessen in Verbindung gebracht, die zu Beginn eines sensorischen Prozesses ablaufen, z. B. wenn Licht das Auge erreicht, Schallwellen in das Ohr eindringen oder Essen die Zunge berührt. Im Gegensatz dazu wird Wahrnehmung mit komplexen Prozessen assoziiert, die Mechanismen höherer Ordnung beinhalten wie Interpretation und Gedächtnis, die mit Gehirnaktivitäten verbunden sind – z. B. das Erkennen des Essens, das man gerade zu sich nimmt, und die Erinnerung an das letzte Mal, als man das Gericht gegessen hat. Daher wird oft vor allem in einführenden Psychologielehrbüchern die Unterscheidung getroffen, dass Empfindung das Erkennen elementarer Eigenschaften eines Reizes beinhaltet (Carlson, 2010), während Wahrnehmung die höheren Gehirnfunktionen umfasst, die an der Interpretation von Ereignissen und Objekten beteiligt sind (Myers, 2004).

Behalten wir diese Unterscheidung im Hinterkopf und betrachten wir ein Beispiel für den Sehsinn in ◘ Abb. 1.3. ◘ Abb. 1.3a ist sehr einfach: Es handelt sich um einen einzelnen Punkt. Nehmen wir für den Moment an, dass diese Einfachheit bedeutet, dass es keine Interpretation oder Prozesse höherer Ordnung gibt, es sich also um eine Empfindung handelt. Betrachten wir ◘ Abb. 1.3b mit 3 Punkten, könnten wir nun denken, dass wir es mit Wahrnehmung zu tun haben, denn die 3 Punkte lassen die Interpretation zu, dass sie die Ecken eines Dreiecks darstellen. Führen wir dies fort, könnte die ◘ Abb. 1.3c, die sich aus vielen Punkten zusammensetzt, ein „Haus" sein. Sicherlich muss es sich dabei um eine Wahrnehmung handeln, denn es geht um viele Punkte und unsere bisherigen Erfahrungen mit Häusern. Aber kehren wir zurück zu ◘ Abb. 1.3a, die wir einen Punkt genannt haben. Es stellt sich heraus, dass selbst ein so einfacher Reiz auf mehr als eine Weise gesehen werden kann. Ist dies ein schwarzer Punkt auf weißem Hintergrund oder ein Loch in einem weißen Blatt Papier? Wird unsere Erfahrung mit ◘ Abb. 1.3a nun, da eine Interpretation im Spiel ist, zu einer Wahrnehmung?

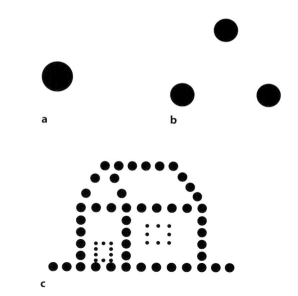

◘ **Abb. 1.3** **a** Ein Punkt, **b** ein Dreieck, **c** ein Haus. Was sagen diese Stimuli über Empfindungen und Wahrnehmungen aus? Diese Frage wird im Text diskutiert

Dieses Beispiel verdeutlicht, dass die Entscheidung, was eine Empfindung und was eine Wahrnehmung ist, nicht immer offensichtlich und auch nicht immer sinnvoll ist. Wie wir in diesem Buch sehen werden, gibt es Erfahrungen, die stark von Prozessen abhängen, die direkt am Anfang eines Sinnessystems in den Sinnesrezeptoren oder in deren Nähe stattfinden, und es gibt andere Erfahrungen, die von Interpretationen und vergangenen Erfahrungen abhängen, die auf im Gehirn gespeicherten Informationen beruhen. Wir vertreten den Standpunkt, dass es nicht zu unserem Verständnis darüber beiträgt, wie unsere Sinneserfahrungen zustande kommen, wenn einige Prozesse als Empfindung und andere als Wahrnehmung bezeichnet werden, weshalb in diesem Buch fast ausschließlich der Begriff Wahrnehmung verwendet wird.

Der Hauptgrund, den Begriff „Empfindung" nicht zu verwenden, liegt vielleicht darin, dass der Begriff Empfindung mit Ausnahme von Abhandlungen über die Geschichte der Wahrnehmungsforschung (Gilchrist, 2012) nur selten in modernen Forschungsarbeiten auftaucht (hauptsächlich in Abhandlungen über den Geschmackssinn, der sich auf Geschmacksempfindungen bezieht, und den Tastsinn, der sich auf Berührungen bezieht), während der Begriff Wahrnehmung sehr häufig verwendet wird. Obwohl einführende Lehrbücher in die Psychologie meist noch zwischen Empfindung und Wahrnehmung unterscheiden, wird diese Unterscheidung in der Forschung nicht mehr getroffen.

Warum heißt dieses Buch dann im englischen Original *Sensation and Perception*? Das ist geschichtlich begründet. Empfindung wurde in der frühen Geschichte der Wahrnehmungspsychologie diskutiert, und Kurse und Lehrbücher folgten diesem Beispiel und nahmen Empfindung in ihre

1

Titel auf. Aber während die Forscher schließlich aufhörten, den Begriff Empfindung zu verwenden, blieben die Titel der Kurse und Bücher gleich. Empfindungen sind also historisch wichtig (wir werden dies in ▶ Kap. 5 kurz erörtern), aber für uns fällt alles, bei dem es darum geht, zu verstehen, wie wir die Welt durch unsere Sinne erfahren, unter den Begriff „Wahrnehmung". Für die deutsche Ausgabe wurde dieser Tatsache Rechnung getragen und der Buchtitel *Wahrnehmungspsychologie* gewählt.

Nach dieser terminologischen Klärung können wir uns nun der Beschreibung von Wahrnehmung zuwenden, die eine Reihe von Schritten umfasst, die wir als Wahrnehmungsprozess bezeichnen. Diese Schritte beginnen mit einem Reiz in der Umwelt und enden mit der Wahrnehmung des Reizes, dem Erkennen und der Handlung in Bezug auf diesen Reiz.

1.4 Der Prozess der Wahrnehmung

Wahrnehmung steht am Ende eines langen verschlungenen Wegs, wie ihn die Beatles als „long and winding road" (McCartney, 1970) besungen haben. Dieser Weg beginnt außerhalb von Ihnen mit Umgebungsreizen, die von Bäumen, Häusern, zwitschernden Vögeln oder duftenden Blumen ausgehen, und endet mit wahrnehmungsbedingten Verhaltensreaktionen des Erkennens und der Handlung. Wir stellen diesen Weg vom *Reiz* (oder *Stimulus*) zur

Reaktion in 7 Schritten dar (◻ Abb. 1.4), die den **Wahrnehmungsprozess** bilden. Der Prozess beginnt mit einem Reiz aus der Umgebung, z. B. einem Baum, und endet mit der bewussten Wahrnehmung und Erkennen des Baums und der auf den Baum bezogenen Handlung (z. B. auf ihn zugehen, um ihn näher zu betrachten).

Obwohl dieses Beispiel der Wahrnehmung eines Baums den Sehsinn betrifft, sollten Sie beim Durchgehen dieser Schritte bedenken, dass dieser allgemeine Prozess auch für die anderen Sinne gilt. In diesem Kapitel und dem weiteren Verlauf dieses Buches werden wir immer wieder auf diesen Prozess zurückkommen, daher ist wichtig, sich klarzumachen, dass es sich um eine vereinfachte Darstellung des tatsächlichen Geschehens handelt. Zunächst einmal laufen bei jedem Schritt innerhalb eines „Kastens" verschiedene Dinge ab. Zum Beispiel lässt sich „neuronale Verarbeitung" nur verstehen, wenn man die Funktionen der als *Neuronen* bezeichneten Zellen und ihre wechselseitigen Einflüsse in Betracht zieht und darüber hinaus auch die Funktionsweisen verschiedenartiger Neuronen in verschiedenen Hirnregionen. Die Schrittfolge in ◻ Abb. 1.4 ist auch deshalb eine Vereinfachung, weil dem Wahrnehmungsprozess keine feste Abfolge der Schritte zugrunde liegen muss. Zum Beispiel müssen die Wahrnehmung („ich sehe etwas") und das Erkennen („das ist ein Baum"), wie die Forschung gezeigt hat, nicht unbedingt nacheinander erfolgen, sondern können auch gleichzeitig oder in umgekehrter Reihenfolge auftreten (Gibson & Peterson, 1994;

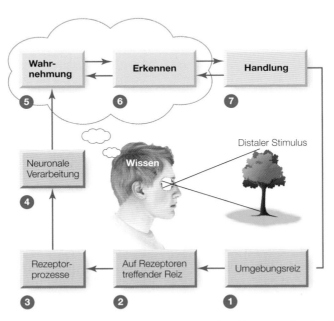

◻ **Abb. 1.4** Der Wahrnehmungsprozess. Diese 7 Schritte fassen – in Verbindung mit dem Wissen, über das jemand bereits verfügt – die wichtigsten Ereignisse zusammen, die aufeinanderfolgen, wenn jemand einen verfügbaren Reiz (beispielsweise einen Baum) sieht, wahrnimmt und erkennt und aufgrund der Wahrnehmung handelt. Informationen über den verfügbaren Reiz in der Umgebung (distaler Stimulus; Schritt 1) treffen auf die Rezeptoren, was zum proximalen Stimulus (Schritt 2) führt,

d. h. zu einer Repräsentation des Reizes auf der Netzhaut. Rezeptorprozesse (Schritt 3) umfassen die Transduktion und die Formung der Wahrnehmung durch die Eigenschaften der Rezeptoren. Die neuronale Verarbeitung (Schritt 4) umfasst Interaktionen zwischen den elektrischen Signalen, die sich in Netzwerken von Neuronen bewegen. Schließlich werden die Verhaltensreaktionen – Wahrnehmung, Erkennen und Handlung – erzeugt (Schritte 5–7)

Peterson, 2019). Und wenn Wahrnehmen oder Erkennen eine Handlung auslöst („schauen wir uns den Baum näher an"), kann diese Handlung Wahrnehmung und Erkennen verändern („bei näherem Hinsehen zeigt sich, dass die Eiche doch ein Ahorn ist"). Aus diesem Grund stehen in ◘ Abb. 1.4 zwischen den Schritten Wahrnehmung, Erkennen und Handlung jeweils 2 entgegengerichtete Pfeile. Darüber hinaus gibt es einen Pfeil von der „Handlung" zurück zum Reiz. Dadurch wird der Wahrnehmungsprozess zu einem „Kreislauf", in dem eine Handlung – z. B. auf den Baum zuzugehen – die Sicht des Beobachters auf den Baum verändert.

Trotz der Vereinfachungen ist das Flussdiagramm in ◘ Abb. 1.4 ein guter Wegweiser, um darüber nachzudenken, wie Wahrnehmung zustande kommt, und sich mit einigen Grundprinzipien vertraut zu machen, die unsere Diskussion in diesem Buch leiten. In diesem Kapitel wollen wir im ersten Teil die Schritte des Wahrnehmungsprozesses kurz beschreiben und dann im zweiten Teil auf die Messmethoden eingehen, mit denen man die Zusammenhänge zwischen den Reizen und deren Wahrnehmungen erfassen kann.

1.4.1 Distale und proximale Stimuli – Schritte 1 und 2

Es gibt körpereigene Reize, die Schmerz auslösen oder uns die Wahrnehmung der Körperhaltung ermöglichen. Vorläufig wollen wir uns aber auf Umgebungsreize konzentrieren, die von außen auf den Körper wirken, wie etwa ein Baum im Wald, den man sehen, hören, riechen und fühlen kann (und schmecken, wenn man abenteuerlustig sein möchte). Anhand dieses Beispiels werden wir untersuchen, was in den ersten beiden Schritten des Wahrnehmungsprozesses geschieht, in denen Umgebungsreize die Sinnesrezeptoren erreichen.

Wir beginnen mit dem Baum, den die Person im Blick hat (Schritt 1). Diesen Reiz bezeichnen wir als distalen Stimulus (distal bedeutet entfernt, also in der Umgebung). Die Wahrnehmung des Baums ist ja nicht darauf zurückzuführen, dass die Person den Baum ins Auge bekommt (das wäre schmerzhaft!), sondern beruht darauf, dass vom Baum ins Auge reflektiertes Licht die visuellen Rezeptoren erreicht. Das Rascheln der Blätter verursacht eine Schwankung des Schalldrucks, der ins Ohr gelangt und die Hörrezeptoren erreicht. Diese Repräsentation des Baums auf den Rezeptoren ist der proximale Stimulus (Schritt 2), so genannt wegen seiner Nähe zu den Rezeptoren.

Mit dem Licht und den Schallwellen, die auf die Rezeptoren treffen, kommt ein zentrales Prinzip der Wahrnehmung ins Spiel: das **Transformationsprinzip**. *Danach werden Reize und die von ihnen ausgelösten Reaktionen transformiert, d. h. verändert, bevor eine Wahrnehmung entsteht.*

Die erste Transformation entsteht z. B., wenn Licht auf den Baum fällt und von dort in das Auge des Betrachters reflektiert wird. Die Beschaffenheit des reflektierten Lichts hängt zunächst von den Lichtverhältnissen ab: Steht der Baum am Mittag im hellen Sonnenlicht oder an einem bedeckten Tag im diffusen Licht, oder wird er von unten durch einen Scheinwerfer beleuchtet? Außerdem wird das Reflexionslicht durch Eigenschaften des Baums wie Textur, Form und Reflexionsgrad seiner Oberflächen beeinflusst. Und schließlich haben die Eigenschaften der Atmosphäre, durch die das Licht hindurchtritt – etwa bei klarem Himmel, Dunst oder Nebel –, Einfluss auf die Streuung des Lichts. Wenn das reflektierte Licht ins Auge gelangt, wird es transformiert, indem es durch das optische System des Auges (in ► Kap. 3 näher dargestellt) auf der Netzhaut oder **Retina** dargestellt wird, einem 0,4 mm dicken Netzwerk aus Nervenzellen auf der Rückseite des Augapfels, das die Sinneszellen oder Rezeptoren für das Sehen enthält.

Die Tatsache, dass der Baum auf der Netzhaut abgebildet wird, verdeutlicht ein weiteres Wahrnehmungsprinzip, das **Repräsentationsprinzip**. Danach beruht das, was eine Person wahrnimmt, nicht auf unmittelbarem Kontakt mit den Umgebungsreizen, sondern auf deren Repräsentation, die durch die Aktivität der Rezeptoren und des gesamten Nervensystems gebildet wird.

Die Unterscheidung zwischen distalem Stimulus (Schritt 1) und proximalem Stimulus (Schritt 2) macht beides deutlich: Transformation und Repräsentation. Der distale Stimulus (Baum) wird in den proximalen Stimulus transformiert, und dieses Bild repräsentiert den Baum im Auge des Betrachters Diese Transformation von „Baum" in „Bild des Baums auf den Rezeptoren" ist nur die erste Transformation von einer ganzen Reihe weiterer Transformationen. Wir befinden uns erst bei Schritt 2 des Wahrnehmungsprozesses, und wir können schon ermessen, wie komplex unsere Wahrnehmung bei diesen Transformationen ist! Die nächstfolgende findet in den Rezeptoren selbst statt.

1.4.2 Rezeptorprozesse – Schritt 3

Sensorische **Rezeptoren** sind Sinneszellen, die auf Energieeinwirkung aus ihrer Umgebung ansprechen, wobei die Rezeptoren verschiedener Sinne auf verschiedene Energieformen spezialisiert sind. ◘ Abb. 1.5 zeigt Beispiele für Rezeptoren der einzelnen Sinne. So reagieren die visuellen Rezeptoren des Auges auf Licht, die Rezeptoren im Ohr auf Schalldruckschwankungen in der Luft, die Rezeptoren in der Haut auf Druck und die Geschmacks- und Geruchsrezeptoren auf chemische Substanzen, die in Mund und/oder Nase gelangen. Wenn auf die visuellen Rezeptoren in den Augen Licht fällt, reagieren sie auf zweierlei Weise: (1) Sie verwandeln verfügbare Lichtenergie in eine andere Energieform, nämlich in elektrische Energie; und (2) sie prägen

1

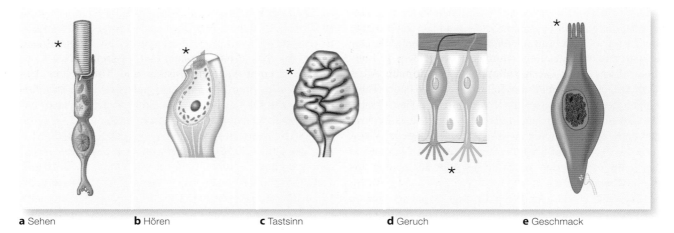

a Sehen   **b** Hören   **c** Tastsinn   **d** Geruch   **e** Geschmack

◻ **Abb. 1.5** Rezeptoren für **a** das Sehen, **b** das Hören, **c** den Tastsinn, **d** den Geruch und **e** den Geschmack. Jeder dieser Rezeptoren ist darauf spezialisiert, eine bestimmte Art von Umweltenergie in Elektrizität umzu-wandeln. Die Sterne zeigen die Stelle auf dem Rezeptorneuron, an der der Reiz wirkt, um den Prozess der Umwandlung einzuleiten

die Wahrnehmung, indem sie auf bestimmte Weise auf Reize antworten.

Diese Umwandlung einer Energieform (z. B. Licht, Schall oder Wärmeenergie) in eine andere Energieform (elektrische Energie) wird als **Transduktion** bezeichnet. Wenn Sie z. B. mit den Fingern die Rinde eines Baums berühren, führt die Stimulation der Druckrezeptoren in Ihren Fingern dazu, dass sie elektrische Signale erzeugen, die die Beschaffenheit der Rinde wiedergeben. Die Umwandlung von Umweltenergie in elektrische Energie ermöglicht es Ihren Sinnesrezeptoren, Umweltinformationen wie die Beschaffenheit der Baumrinde in eine Form umzuwandeln, die Ihr Gehirn verstehen kann.

Die Transduktion durch die Rezeptoren ist notwendig für die Wahrnehmung. Man kann sich Transduktion auch so vorstellen, dass die Sinnesrezeptoren wie eine Brücke zwischen der externen sensorischen Welt und unserer internen (neuronalen) Repräsentation dieser Welt fungieren. Im nächsten Schritt des Wahrnehmungsprozesses findet die weitere Verarbeitung dieser neuronalen Repräsentation statt.

1.4.3 Neuronale Verarbeitung – Schritt 4

Durch die Transduktion wird der Baum mittels elektrischer Signale in Tausenden von visuellen Rezeptoren repräsentiert (visuelle Rezeptoren, wenn Sie den Baum betrachten, auditorische Rezeptoren, wenn Sie das Rascheln der Blätter hören, usw.). Aber was geschieht mit diesen Signalen? Wie wir in ► Kap. 2 sehen werden, gelangen diese Signale in ein gewaltiges neuronales Netzwerk aus miteinander verbundenen Nervenzellen. Diese Neuronen (1) *leiten* die Signale durch die Netzhaut zum Gehirn und dann weiter innerhalb des Gehirns. Gleichzeitig werden die Signale bei der Fortleitung (2) *verarbeitet*. Die Veränderungen erge-

ben sich aus Interaktionen zwischen den Neuronen auf dem Weg der Signale von den Rezeptoren zum Gehirn. Manche Signale werden gehemmt oder kommen gar nicht erst im Gehirn an, während andere verstärkt werden und im Gehirn dann eine noch größere Wirkung entfalten. Diese Prozesse werden fortgesetzt, wenn Signale an verschiedene Stellen im Gehirn weitergeleitet werden.

Die Veränderungen, die die Signale auf ihrem Weg durch das gewaltige Netzwerk der Neuronen erfahren, sind Ausdruck der **neuronalen Verarbeitung**, die in späteren Kapiteln genauer beschrieben wird, wenn wir jeden Sinn einzeln betrachten. Allerdings gibt es Gemeinsamkeiten in der neuronalen Verarbeitung bei den Sinnen.

So werden durch Transduktion erzeugte elektrische Signale oft zu den für das jeweilige Sinnessystem primär „zuständigen" Kortexbereichen geleitet, den **primären sensorischen Kortexarealen**, wie in ◻ Abb. 1.6 gezeigt.

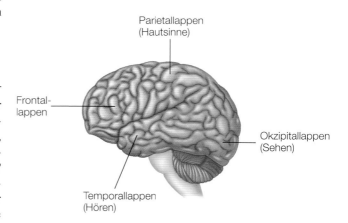

◻ **Abb. 1.6** Die 4 Kortexbereiche des Gehirns mit den primären sensorischen Kortexarealen für Sehen, Hören und die Hautsinne (Tastsinn, Temperatur- und Schmerzempfinden)

Der **Kortex** ist die 2 mm dicke Großhirnrinde, die die „Maschinerie" zur Wahrnehmung und für andere Funktionen wie Sprache, Gedächtnis, Gefühle und Denken enthält. Das primäre Areal für das Sehen umfasst den größten Teil des Hinterhaupts- oder **Okzipitallappens**; das primäre Areal für das Gehör liegt in einem Teil des Schläfen- oder **Temporallappens**; und das primäre Areal für die Hautsinne – Tastsinn, Temperatur- und Schmerzempfinden – liegt in einem Bereich des Scheitel- oder **Parietallappens**. Wenn wir jede Sinnesmodalität im Detail betrachten, werden wir sehen, dass außer den primären Arealen auch noch andere Areale mit den einzelnen Sinnen assoziiert sind. So empfängt der Stirn- oder Frontallappen Signale von allen Sinnessystemen und hat wichtige Funktionen bei Wahrnehmungsprozessen, die eine Koordination von Informationen benötigen, die über 2 oder mehr Sinne empfangen werden.

Die Abfolge der Transformationen, die zwischen den Rezeptoren und dem Gehirn und dann innerhalb des Gehirns stattfinden, hat zur Folge, dass sich das Muster der elektrischen Signale im Gehirn gegenüber den von den Rezeptoren ausgehenden elektrischen Signalen verändert hat. Wichtig ist aber, dass diese Signale, obwohl sie sich verändert haben, immer noch den Baum repräsentieren. Tatsächlich sind diese Veränderungen bei der Übermittlung und Verarbeitung der Signale entscheidend für den nächsten Schritt des Wahrnehmungsprozesses, die Verhaltensreaktion.

1.4.4 Verhaltensreaktion – Schritte 5 bis 7

Nach den Erläuterungen zu Transformation, Transduktion, Weiterleitung und Verarbeitung kommen wir abschließend zur Verhaltensreaktion (◘ Abb. 1.7). Sie gehört zu den erstaunlichsten Transformationen im Wahrnehmungsprozess, denn hierbei werden die elektrischen Signale in die bewusste Erfahrung der Wahrnehmung umgesetzt, die schließlich zum Erkennen (Schritt 6) führt. Wir können an diesem Punkt den Fall des Patienten Dr. P. betrachten, um den Unterschied aufzuzeigen, der zwischen Wahrnehmung, also dem bewussten Gewahrwerden des Baums, und dem Erkennen, d. h. dem Einordnen des Objekts in eine Kategorie wie „Baum", besteht, durch das dem Objekt eine Bedeu-

tung zugewiesen wird. Den Fall des Dr. P. beschreibt Oliver Sacks (1985) in der Titelgeschichte seines Buches *The Man Who Mistook His Wife for a Hat* (deutsche Ausgabe: *Der Mann, der seine Frau mit einem Hut verwechselte*).

Dr. P., ein bekannter Musiker und Musiklehrer, bemerkte zum ersten Mal, dass irgendetwas nicht mit ihm stimmte, als er Schwierigkeiten hatte, seine Studierenden visuell zu erkennen, obwohl er sie sofort am Klang ihrer Stimmen identifizieren konnte. Als Dr. P. jedoch auch vertraute Gegenstände falsch wahrnahm – beispielsweise sprach er eine Parkuhr wie einen Menschen an oder versuchte, ein Gespräch mit einer geschnitzten Verzierung an einem Möbelstück zu beginnen –, wurde klar, dass sein Problem etwas Ernsteres war als nur eine leichte Vergesslichkeit. War er blind oder wurde er vielleicht verrückt? Eine Augenuntersuchung zeigte, dass er gut sehen konnte, und zahlreiche andere Untersuchungen ergaben, dass er nicht verrückt war.

Das Problem von Dr. P. wurde schließlich als **visuelle Formagnosie** diagnostiziert – der Unfähigkeit, Objekte zu erkennen –, die durch einen Hirntumor hervorgerufen wurde. Er nahm die Einzelkomponenten von Objekten wahr, konnte das ganze Objekt aber nicht identifizieren. So beschrieb Dr. P. einen Handschuh wie in ◘ Abb. 1.8, den Sacks ihm zeigte, als „durchgängige aus sich selbst entfaltete Oberfläche. Sie scheint fünf Aussackungen zu haben, wenn man es so nennen kann". Als Sacks ihn fragte, was das sei, spekulierte Dr. P., es wäre „eine Art von Behälter. Es könnte beispielsweise ein Wechselgeldportemonnaie sein, für Münzen in fünf verschiedenen Größen". Der normalerweise mit Leichtigkeit ablaufende Prozess der Objekterkennung war bei Dr. P. durch seinen Hirntumor stark beeinträchtigt. Er konnte das Objekt wahrnehmen und einzelne Komponenten davon erkennen, die Komponenten in seiner Wahrnehmung jedoch nicht auf eine Art und Weise zusammenfügen, die es ihm ermöglicht hätte, das Objekt als Ganzes zu erkennen. Fälle wie dieser zeigen, dass Wahrnehmung und Erkennen nicht dasselbe sind.

Der letzte Schritt bei der Verhaltensreaktion ist die **Handlung** (Schritt 7), die motorische Aktivitäten als Antwort auf einen Stimulus einschließt. Man kann sich entscheiden, auf den Baum zuzugehen, ein Picknick darunter zu machen oder daran hochzuklettern. Selbst wenn jemand

◘ Abb. 1.7 Schritte 5 bis 7: Verhaltensreaktion aus Wahrnehmung, Erkennen und Handlung

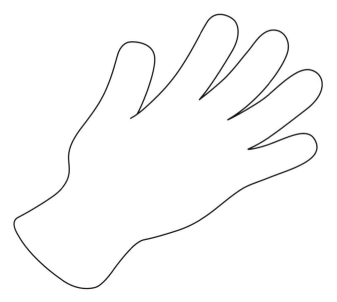

◘ Abb. 1.8 Wie Dr. P. – ein Patient mit einer visuellen Formagnosie – reagierte, als sein Neurologe ihm einen Handschuh zeigte und ihn fragte, was das sei

sich entscheidet, nicht direkt mit dem Baum zu interagieren, und bewegungslos an einem Platz verharrt, handelt er, etwa wenn er seine Augen und den Kopf bewegt, um verschiedene Teile des Baums zu betrachten.

Einige Forscher betrachten Handlung aufgrund ihrer Bedeutung für das Überleben als wichtiges Ergebnis des Wahrnehmungsprozesses. David Milner und Melvyn Goodale (1995) gehen davon aus, dass in der frühen Phase der Evolution der Arten das Hauptziel der visuellen Verarbeitung nicht darin bestand, eine bewusste Wahrnehmung oder ein „Bild" der Umwelt zu erschaffen, sondern sie dem Tier dabei helfen sollte, Beutetiere zu fangen, Hindernisse zu umgehen und Fressfeinde zu entdecken – dies sind allesamt entscheidende Funktionen für das Überleben.

Da Wahrnehmung oft zu Handlung führt – ob dies nun eine Steigerung der Wachsamkeit eines Tieres ist, wenn das Tier im Wald einen Zweig knacken hört, oder einfach die

Entscheidung, etwas genauer zu betrachten, das interessant erscheint –, ist der Wahrnehmungsprozess ständig im Wandel. So ändert sich im Auge das Netzhautbild des Baums auf der Retina, sobald eine Person ihre Augen oder ihren Körper relativ zum Baum bewegt, und diese Veränderungen erzeugen neue Repräsentationen und neue Transformationsketten. Obwohl wir den Wahrnehmungsprozess als eine Abfolge von Einzelschritten beschreiben können, die mit der verfügbaren Umweltinformation „beginnen" und mit Wahrnehmung, Erkennen und Handlung „enden", ist der gesamte Prozess dynamisch und ständigen Veränderungen unterworfen.

1.4.5 Wissen

Unser Diagramm des Wahrnehmungsprozesses beinhaltet einen weiteren Faktor: **Wissen**. Wissen umfasst jegliche Information, die der Wahrnehmende in eine Situation einbringt. „Wissen" steht in ◘ Abb. 1.4 ganz zentral im Kopf des Beobachters, da es gleich mehrere Schritte im Wahrnehmungsprozess beeinflussen kann. Bei Informationen, die vom Wahrnehmenden in eine Situation eingebracht werden, kann es sich um Jahre zuvor oder, wie in Demonstration 1.1 gezeigt, um gerade eben erworbenes Wissen handeln.

Ein Beispiel dafür, wie Jahre zuvor erworbenes Wissen den Wahrnehmungsprozess beeinflussen kann, ist die Fähigkeit, Objekte zu kategorisieren. Das tun Sie im Alltag jedes Mal, wenn Sie ein Objekt als „Baum", „Vogel" oder „Zweig" bezeichnen oder sonst irgendetwas benennen. All dies sind Beispiele für das Einordnen von Objekten in Kategorien, die wir als Kind lernen und die einen Teil unserer Wissensbasis bilden.

Eine weitere Möglichkeit, um den Effekt von Information zu beschreiben, die der Wahrnehmende in die Situation einbringt, besteht in der Unterscheidung zwischen Bottom-up- und Top-down-Verarbeitung. **Bottom-up-Verarbeitung** (auch als **daten-** oder **reizgesteuerte Verarbeitung** bezeichnet) ist eine Verarbeitung, die auf den bei den Rezeptoren eingehenden Reizen basiert. Die-

---

Demonstration 1.1

Wahrnehmung eines Bilds

Sehen Sie sich ◘ Abb. 1.9 an. Schließen Sie dann die Augen und blättern Sie weiter. An derselben Position auf der nun aufgeschlagenen Seite befindet sich ◘ Abb. 1.13. Öffnen und schließen Sie die Augen einmal schnell hintereinander, sodass Sie die Zeichnung in ◘ Abb. 1.13 nur ganz kurz sehen. Entscheiden Sie, was das Bild darstellt, und öffnen Sie daraufhin die Augen und lesen Sie die Erklärung darunter, bevor Sie weiterlesen.

Haben Sie ◘ Abb. 1.13 als Darstellung einer Ratte (oder Maus) identifiziert? Wenn dies der Fall war, waren Sie von der deutlich ratten- oder mausähnlichen Abbildung beeinflusst, die Sie zuerst gesehen haben. Menschen, die zuerst ◘ Abb. 1.16 anstatt ◘ Abb. 1.9 betrachten, identifizieren ◘ Abb. 1.13 üblicherweise als Menschen (probieren Sie dies mit jemandem aus). Diese Demonstration, die als **Ratte-Mann-Bild** bezeichnet wird, zeigt, wie gerade eben erworbenes Wissen („dieses Muster ist eine Ratte") die Wahrnehmung beeinflussen kann.

◘ Abb. 1.9 Zur Demonstration der Wahrnehmung eines Bilds. (Adaptiert nach Bugelski & Alampay, 1961. Copyright Canadian Psychological Association. Reprinted with permission.)

se Reize sind der Ausgangspunkt für die Wahrnehmung, da sie – mit Ausnahme von ungewöhnlichen Situationen wie drogeninduzierten Wahrnehmungen oder das „Sehen von Sternen" nach einem Schlag auf den Kopf – eine Aktivierung der Rezeptoren voraussetzt. In ◘ Abb. 1.10 sieht die Frau die Motte, weil das Bild der Motte auf ihrer Netzhaut den Wahrnehmungsprozess anstößt. Das retinale Bild entspricht den „eingehenden Daten", die die Grundlage der Bottom-up-Verarbeitung bilden.

Top-down-Verarbeitung (auch als **wissensbasierte Verarbeitung** bezeichnet) bezieht sich auf Verarbeitung, die auf Wissen basiert. Wenn die Frau das, was sie sieht, als „Motte" bezeichnet oder gar als „echte Motte" einordnet, greift sie auf ihr Wissen über all das zurück, was sie über Motten weiß. Derartiges Wissen ist nicht immer an der Wahrnehmung beteiligt, aber wie wir sehen werden, ist dies oft der Fall – manchmal sogar ohne dass wir uns dessen bewusst sind.

Um die Top-down-Verarbeitung einmal zu erleben, lesen Sie bitte den folgenden Satz:

B*CK*; B*CK* K*CH*N,
D*R B*CK*R H*T G*R*F*N

Wenn Sie den Satz lesen konnten, obwohl alle Vokale weggelassen wurden, haben Sie wahrscheinlich Ihr Wissen über deutsche Wörter und wie sie normalerweise zur Satzbildung aneinandergereiht werden, sowie Ihre Vertrautheit mit dem Kinderreim verwendet, um den Satz korrekt lesen zu können (Denes & Pinson, 1993).

Studierende fragen häufig, ob bei der Wahrnehmung immer Top-down-Verarbeitung beteiligt ist. Die Antwort lautet „sehr oft". Es gibt in einigen Situationen einfache Reize, die vermutlich einen Wahrnehmungsprozess ohne Top-down-Verarbeitung auslösen. Die Wahrnehmung eines hellen Lichtblitzes wird vermutlich nicht von früher gemachten Erfahrungen beeinflusst. Aber je komplexer die Reize werden, desto mehr Einfluss gewinnt die Top-down-Verarbeitung. Tatsächlich sind bei der Wahrnehmung einer alltäglichen Szene die Erfahrungen mitbeteiligt, die die jeweils wahrnehmende Person bereits gemacht hat, auch wenn sie sich dessen in den meisten Fällen nicht bewusst ist. Eines der Themen dieses Buches ist die wichtige Rolle, die unser Wissen über das gewohnte Erscheinungsbild der Dinge unserer Umgebung auf unsere Wahrnehmung ausübt.

1.5 Untersuchung der Wahrnehmung

Für ein besseres Verständnis der Wahrnehmungsforschung kann der Wahrnehmungsprozess von 7 Schritten (◘ Abb. 1.4) zu 3 Hauptkomponenten vereinfacht werden (◘ Abb. 1.11):

- Reiz (distaler und proximaler Reiz; Schritte 1 und 2)
- Physiologie (Rezeptoren und neuronale Verarbeitung; Schritte 3 und 4)
- Verhalten (Wahrnehmung, Erkennen und Handlung; Schritte 5 bis 7)

Das Ziel der Wahrnehmungsforschung liegt darin, die Beziehungen zwischen den 3 Hauptkomponenten, die wir mit den Pfeilen A, B und C dargestellt haben, zu verstehen.

◘ Abb. 1.10 Wahrnehmung wird von der Interaktion zwischen Bottom-up- und Top-down-Verarbeitung bestimmt. Der Ausgangspunkt der Bottom-up-Verarbeitung ist das Bild auf den Rezeptoren, Top-down-Verarbeitung hingegen beruht auf dem Wissen der Person. In diesem Beispiel löst **a** das Abbild der Motte auf der Retina der Wahrnehmenden die Bottom-up-Verarbeitung aus und **b** ihr Wissen über Motten trägt zur Top-down-Verarbeitung bei

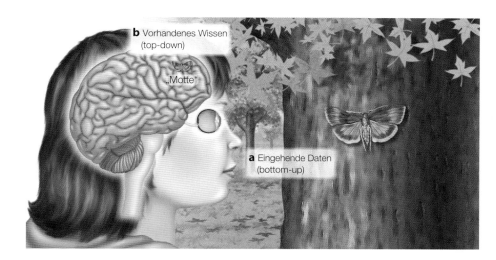

b Vorhandenes Wissen (top-down)

„Motte"

a Eingehende Daten (bottom-up)

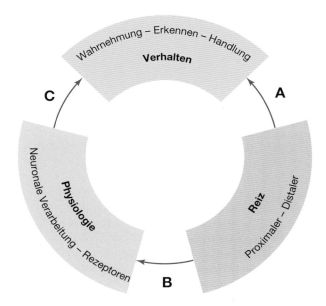

◻ Abb. 1.11 Vereinfachte Struktur des Wahrnehmungsprozesses. Die verschiedenfarbigen Bereiche geben die 3 wichtigsten Komponenten der 7 Schritte des Wahrnehmungsprozesses wieder: Reize (Schritte 1 und 2); Physiologie (Schritte 3 und 4) und die 3 Verhaltensreaktionen (Schritte 5 bis 7). Die 3 Zusammenhänge, die üblicherweise gemessen werden, sind (A) die **Reiz-Verhalten-Beziehung**, (B) die **Reiz-Physiologie-Beziehung** sowie (C) die **Physiologie-Verhalten-Beziehung**

Gegenstand der Untersuchung einiger Forschungsstudien ist z. B., wie wir von einem Reiz zu einem Verhalten gelangen (Pfeil A), wie z. B. der Druck, der durch die Berührung der Schulter (der Reiz) dazu führt, die Berührung zu spüren und darauf zu reagieren (Verhalten). In anderen Studien wurde untersucht, wie ein bestimmter Reiz die Physiologie beeinflusst (Pfeil B), z. B. wie der Druck auf die Schulter zu einem Neuronenfeuer führt. Und wieder andere Arbeiten befassen sich mit der Beziehung zwischen Physiologie und Verhalten (Pfeil C), z. B. wie das Neuronenfeuer zu dem Gefühl auf der Schulter führt.

In den folgenden Abschnitten verwenden wir ein visuelles Phänomen namens **Oblique-Effekt** (wörtlich „Schrägheitseffekt"), um zu zeigen, wie jede dieser Beziehungen untersucht werden kann, um den Wahrnehmungsprozess zu verstehen. Der Oblique-Effekt bedeutet, dass Menschen vertikale oder horizontale Linien besser sehen als Linien, die schräg ausgerichtet sind. Wir beginnen mit einer Betrachtung, wie der Oblique-Effekt im Zusammenhang mit der Reiz-Verhalten-Beziehung untersucht wurde.

1.5.1 Die Reiz-Verhalten-Beziehung (A)

Die **Reiz-Verhalten-Beziehung** stellt eine Beziehung zwischen Reizen (Schritte 1 und 2 in ◻ Abb. 1.4) und Verhaltensreaktionen wie Wahrnehmung, Erkennen und Handlung (Schritte 5 bis 7) dar. Dies war die wichtigste Beziehung, die in den ersten 100 Jahren, bevor physiologische

Methoden zur Verfügung standen, Gegenstand der wissenschaftlichen Wahrnehmungsforschung war, und sie ist auch heute noch ein wesentliches Forschungsgebiet.

Eine Möglichkeit, die Beziehung zwischen Stimulus und Verhalten zu untersuchen, ist die Verwendung der **Psychophysik**, bei der die Beziehungen zwischen dem Reiz (physisch) und der Verhaltensreaktion (psychisch) untersucht wird. Wir werden die verschiedenen psychophysikalischen Methoden später in diesem Kapitel ausführlicher behandeln. Betrachten wir zunächst einmal die Psychophysik am Beispiel des Oblique-Effekts.

Der Oblique-Effekt wurde nachgewiesen, indem Probanden Streifenmuster aus schwarzen und weißen Linien mit unterschiedlicher Orientierung, sogenannte Gitter, gezeigt wurden. Dabei wurde die Gittersehschärfe gemessen, also die feinste Linienstärke, die die Teilnehmer erkennen können. Eine Möglichkeit, die Gittersehschärfe zu messen, besteht darin, den Teilnehmern Gitter mit immer feineren Linien zu zeigen und sie zu bitten, die Orientierung des Gitters anzugeben (◻ Abb. 1.12). Irgendwann sind die Linien so schmal, dass sie nicht mehr als Linien erkennbar sind und die Fläche innerhalb des Kreises gleichmäßig gefüllt aussieht, sodass die Teilnehmer die Ausrichtung des Gitters nicht mehr bestimmen können. Die feinste Linienstärke, bei der ein Teilnehmer noch die richtige Ausrichtung angeben kann, ist die Gittersehschärfe. Die Ergebnisse zeigen, dass die Gittersehschärfe bei senkrecht oder waagerecht ausgerichteten Gittern am besten und bei schrägen Linien schlechter ist (Appelle, 1972). Dieses einfache psychophysikalische Experiment demonstriert eine Beziehung zwischen dem Reiz und dem Verhalten. In die-

◻ Abb. 1.12 Messung der Gittersehschärfe. Die feinste Linienstärke, bei der ein Teilnehmer die Linien in einem Streifenmuster aus schwarzen und weißen Linien wahrnehmen kann, ist die Gittersehschärfe des Teilnehmers. Muster mit unterschiedlichen Linienstärken werden einzeln nacheinander präsentiert, und der Proband hat die Aufgabe, die jeweilige Orientierung der Linien anzugeben. Irgendwann liegen die Linien so dicht beieinander, dass die Probandin die Orientierung nicht mehr angeben kann

Reize: vertikal, horizontal, schräg

a

Gehirnantwort: höhere Aktivität bei horizontalen und vertikalen Streifen

b

◻ **Abb. 1.13** Haben Sie eine Ratte oder ein Gesicht gesehen? Das Betrachten der eher rattenähnlichen Zeichnung in ◻ Abb. 1.9 erhöht die Wahrscheinlichkeit dafür, dass Sie diese Zeichnung ebenfalls als Ratte wahrnehmen. Hätten Sie jedoch zuerst die „Gesicht"-Version in ◻ Abb. 1.16 gesehen, so wäre es wahrscheinlicher gewesen, dass Sie diese Zeichnung als Gesicht wahrnehmen. (Adaptiert nach Bugelski & Alampay, 1961. Copyright Canadian Psychological Association. Reprinted with permission.)

◻ **Abb. 1.14** Coppola und Kollegen (1998) haben die Beziehung zwischen der Orientierung der Linien (Stimuli) und der Gehirnaktivität (Physiologie) bei Frettchen gemessen. Beim Betrachten von vertikalen und horizontalen Linien zeigte sich die größte Gehirnaktivität. (Foto: © jurra8/stock.adobe.com)

sem Fall ist der Stimulus das Gitter aus Linien und die Verhaltensreaktion besteht im Erkennen der Ausrichtung des Gitters.

1.5.2 Die Reiz-Physiologie-Beziehung (B)

Die zweite Reizbeziehung (Pfeil B in ◻ Abb. 1.11) ist die **Reiz-Physiologie-Beziehung**, die Beziehung zwischen Reizen (Schritte 1 und 2) und physiologischen Antworten darauf, wie Neuronenfeuer (Schritte 3 und 4). Ein Beispiel für ein solches Experiment, bei dem die Reiz-Physiologie-Beziehung untersucht wurde, haben David Coppola et al. (1998) durchgeführt (◻ Abb. 1.14a). Sie verwendeten dazu ein bildgebendes Verfahren, das *optical brain imaging*, mit dem sie die Aktivität im visuellen Kortex eines Frettchens messen konnten. Sie stellten fest, dass die horizontalen und vertikalen Orientierungen (Reize) zu stärkerer Hirnaktivierung (physiologische Reaktion) führten als schräg orientierte Linien[2]. Dies zeigt, wie der Oblique-Effekt im Kontext der Reiz-Physiologie-Beziehung untersucht wurde.

2　Da viele Erkenntnisse über die physiologischen Grundlagen der Wahrnehmung aus Untersuchungen an Tieren stammen, kommt vonseiten der Studierenden oft die Frage nach dem Umgang mit den Versuchstieren. Alle Tierexperimente in Deutschland und dem Rest der EU unterliegen strengen Vorschriften durch Tierschutzgesetze und -verordnungen. Diese stellen hohe Bedingungen an zulässige Tierversuche. So sind Tierversuche nur genehmigungsfähig, wenn es keine tierversuchsfreien Alternativen gibt, wenn die Belastung der Tiere auf das unerlässliche Maß reduziert ist, die nötige Anzahl und die Tierart der Versuchstiere gut begründet ist und wenn mit den Studien wichtige und bisher unbeantwortete Fragen adressiert werden. Tierversuche müssen immer vorher beantragt und von der zuständigen Behörde, unter Beteiligung einer behördlichen Expertenkommission, genehmigt werden. Studien an Tieren haben unter anderem entscheidende Hinweise zur Behandlung von Wahrnehmungsdefiziten wie Blindheit und Taubheit sowie zur Entwicklung von Schmerztherapien geliefert.

Obwohl das Reiz-Verhalten-Experiment an Menschen und das Reiz-Physiologie-Experiment an Frettchen durchgeführt wurden, ähneln sich die Ergebnisse. Horizontale und vertikale Ausrichtungen führen zu einer besseren Gittersehschärfe (Verhaltensreaktion) und einer stärkeren Gehirnaktivierung (physiologische Reaktion) als schräge Ausrichtungen. Aus der Ähnlichkeit von Verhalten und physiologischen Reaktionen auf Reize können Forscher oft auf eine Beziehung zwischen Physiologie und Verhalten schließen (Pfeil C in ◻ Abb. 1.11). In diesem Fall wäre das der Zusammenhang zwischen stärkeren physiologischen Reaktionen auf horizontal und vertikal ausgerichtete Linien und einer besseren Wahrnehmung von horizontalen und vertikalen Linien. In einigen Fällen haben die Forscher diesen Zusammenhang allerdings nicht nur vermutet, sondern auch die Beziehung zwischen Physiologie und Verhalten direkt gemessen.

1.5.3 Die Physiologie-Verhalten-Beziehung (C)

Die Beziehung zwischen Physiologie und Verhalten bezieht sich auf physiologische Reaktionen (Schritte 3 und 4 in ◻ Abb. 1.4) und Verhaltensreaktionen (Schritte 5 bis 7; Pfeil C in ◻ Abb. 1.11). Christopher Furmanski und Stephen Engel (2004) bestimmten die Physiologie-Verhalten-

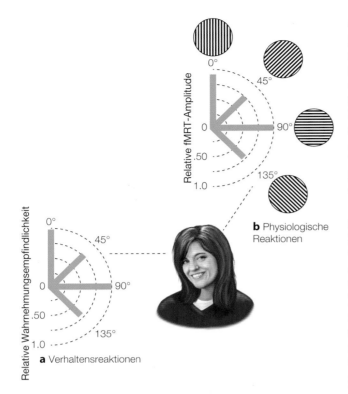

▣ Abb. 1.15 Furmanski und Engel (2000) führten sowohl verhaltensbezogene als auch physiologische Messungen der Reaktion der Teilnehmer auf unterschiedlich orientierte Gitter durch. **a** Die Balken zeigen die Empfindlichkeit gegenüber Gittern unterschiedlicher Orientierung. Die Empfindlichkeit ist am höchsten für die vertikalen (0°) und horizontalen Orientierungen (90°). **b** Die Balken zeigen die fMRT-Amplitude für verschiedene Orientierungen. Die Amplituden waren bei den 0°- und 90°-Orientierungen größer

riment hat den Vorteil, dass die verhaltensbezogenen und physiologischen Reaktionen bei denselben Teilnehmern gemessen wurden, was eine direkte Bewertung der Beziehung zwischen Physiologie und Verhalten erlaubt als in den zuvor beschriebenen Experimenten. Warum aber können Menschen waagerechte und senkrechte Gittermuster besser wahrnehmen? Die Antwort, auf die wir in ▶ Kap. 5 noch zurückkommen werden, hängt damit zusammen, dass die Entwicklung unseres Nervensystems durch die Art der Umgebungsreize beeinflusst wird – denn in der Umwelt kommen vertikale und horizontale Orientierungen häufiger vor als andere.

Wir haben nun gesehen, wie der Wahrnehmungsprozess durch die Beziehungen zwischen seinen 3 Hauptkomponenten, Reiz, Physiologie und Verhalten, untersucht werden kann. Wenn wir einen Schritt zurücktreten, wird deutlich, dass jede dieser 3 Beziehungen Informationen über verschiedene Aspekte des Wahrnehmungsprozesses liefert. Um die Wahrnehmung wirklich verstehen zu können, müssen also sowohl Verhaltens- als auch physiologische Aspekte einbezogen werden. Wie bereits weiter oben in diesem Kapitel besprochen, ist ebenfalls zu berücksichtigen, in welcher Weise Wahrnehmung durch Wissen, Erinnerungen und Erwartungen beeinflusst wird (wie bei dem Ratte-Mann-Bild in ▣ Abb. 1.13). Nur wenn wir sowohl das Verhalten als auch die Physiologie zusammen mit den potenziellen Einflüssen der wissensbasierten Verarbeitung untersuchen und messen, erhalten wir ein vollständiges Bild über die für die Wahrnehmung verantwortlichen Mechanismen.

Beziehung für verschiedene Gitterorientierungen, indem sie sowohl die Gehirnaktivierung als auch die Verhaltensreaktionen bei denselben Teilnehmern maßen. Die Messungen zum Verhalten wurden durchgeführt, indem der Unterschied zwischen hellen und dunklen Linien eines Gitters immer mehr verringert wurde, bis die Teilnehmer die Ausrichtung des Gitters nicht mehr erkennen konnten. Die horizontalen und vertikalen Ausrichtungen der Linien konnten die Teilnehmer noch bei geringeren Hell-Dunkel-Unterschieden erkennen als die schräg geneigten Linien. Das bedeutet, dass die Teilnehmer die horizontalen und vertikalen Orientierungen besser wahrnehmen konnten (▣ Abb. 1.15a). Die physiologischen Messungen wurden mithilfe der *funktionellen Magnetresonanztomografie* (fMRT) durchgeführt, die wir in ▶ Kap. 2 beschreiben. Es zeigte sich, dass die (physiologische) Gehirnantwort beim Erkennen horizontaler und vertikaler Linien stärker ausfällt als bei schräg geneigten Linien (▣ Abb. 1.15b).

Die Ergebnisse dieses Experiments stimmen also überein mit den Ergebnissen der beiden anderen Experimente zum Oblique-Effekt, die wir besprochen haben. Das Expe-

Übungsfragen 1.1

1. Nennen Sie einige der Gründe für die Untersuchung der Wahrnehmung.
2. Beschreiben Sie den Wahrnehmungsprozess als eine Abfolge von 7 Einzelschritten, beginnend mit dem distalen Stimulus bis hin zu den verhaltensbezogenen Ergebnissen der Wahrnehmung, des Erkennens und der Handlung.
3. Welche Rolle spielen höhere oder „kognitive" Verarbeitungsprozesse bei der Wahrnehmung? Vergewissern Sie sich, dass Sie den Unterschied zwischen Bottom-up- und Top-down-Verarbeitung verstehen.
4. Was bedeutet die Aussage, dass Wahrnehmung anhand unterschiedlicher Ansätze untersucht werden kann? Geben Sie an, wie diese Ansätze zur Bestimmung der 3 Beziehungen für den Oblique-Effekt angewendet wurden.

Abb. 1.16 Die „Gesicht"-Version des Ratte-Mann-Bilds. (Adaptiert nach Bugelski & Alampay, 1961. Copyright Canadian Psychological Association. Reprinted with permission.)

1.6 Messung der Wahrnehmung

Bisher haben wir uns den Wahrnehmungsprozess in mehreren Schritten vorgestellt (■ Abb. 1.4) und wir haben gezeigt, wie wir den Prozess anhand von 3 verschiedenen Beziehungen untersuchen können (■ Abb. 1.11). Aber was messen wir genau, um diese Beziehungen zu bestimmen? In diesem Abschnitt werden wir eine Reihe verschiedener Möglichkeiten zur Messung von Verhaltensreaktionen darstellen. In ▶ Kap. 2 werden wir dann beschreiben, wie physiologische Reaktionen gemessen werden können.

Was wird nun in einem Experiment gemessen, in dem es um die Beziehung zwischen Stimulus und Verhalten geht? Bei dem Experiment zum Oblique-Effekt, das wir oben beschrieben haben, wird die **absolute Schwelle** bestimmt, bei der die Streifenorientierung des Reizes gerade noch erkannt wird. Bei der Orientierung des Musters ist dies die kleinste Streifenbreite, bei der die Orientierung noch erkannt wird. Aber auch bei den anderen Sinnen finden wir weitere Beispiele. Wenn Sie z. B. einen Eintopf kochen und entscheiden, dass Sie Salz hinzufügen möchten, wäre der absolute Schwellenwert die kleinste Menge Salz, die Sie hinzufügen müssten, um den Unterschied gerade noch schmecken zu können. Für den Hörsinn könnte dies ein leises Flüstern sein, das man gerade noch hören kann.

Diese Beispiele zeigen, dass mit Schwellenwerten die Grenzen von Sinnessystemen dargestellt werden. Sie sind Maße für Mindestwerte – die kleinste Linienstärke, die erkannt werden kann, die kleinste Konzentration einer chemischen Substanz, die wir schmecken oder riechen können, die geringste Lautstärke, die wir hören können. Schwellenwerte haben einen wichtigen Platz in der Geschichte der Wahrnehmungspsychologie und der Psychologie im Allgemeinen. Daher wollen wir sie genauer betrachten, bevor wir auf andere Methoden zur Messung der Wahrnehmung eingehen. Wie wichtig die genaue Messung von Schwellen ist, wurde bereits früh in der Geschichte der Wahrnehmungsforschung erkannt.

1.6.1 Messen von Schwellen

Der deutsche Physiker und Wahrnehmungsforscher Gustav Fechner (1801–1887), Professor für Physik an der Universität Leipzig, führte eine Reihe von Methoden zur Messung von Schwellenwerten ein. Fechners Interessen waren breit gefächert, und er veröffentlichte Abhandlungen über Elektrizität, Mathematik, Farbwahrnehmung, Ästhetik (die Beurteilung von Kunst und Schönheit), den Geist, die Seele und die Natur des Bewusstseins. Aber seine bedeutendste Errungenschaft war der Vorschlag eines neuen Wegs zur Erforschung von geistigen Prozessen.

Zu beachten ist, dass es Mitte des 19. Jahrhunderts vorherrschende Meinung war, es sei unmöglich, geistige Prozesse zu untersuchen. Körper und Geist wurden als völlig voneinander getrennt angesehen: Die Menschen betrachteten den Körper als etwas Physisches, das man sehen, messen und studieren konnte, während der Geist als nicht physisch angesehen wurde, unsichtbar war und sich daher der Messung und der Untersuchung entzog. Zudem wurde damals behauptet, für den Geist sei es unmöglich, sich selbst zu untersuchen.

Fechner, dem diese Argumente vertraut waren, hatte seit Jahren über dieses Problem nachgedacht und kam, so wird erzählt, zu einer Erkenntnis, als er am Morgen des 22. Oktobers 1850 noch im Bett lag: Geist und Körper sind nicht als völlig voneinander getrennt anzusehen, sondern als 2 Seiten einer einzigen Realität (Wozniak, 1999). Vor allem aber schlug Fechner vor, dass der Geist untersucht werden kann, indem man die Veränderungen der physischen Reize (den körperlichen Teil der Beziehung) und die Erfahrung einer Person (den geistigen Teil) miteinander in Beziehung setzt. Dieser Vorschlag basierte auf der Beobachtung, dass mit der Stärke der physischen Stimulation, z. B. durch Erhöhung der Intensität eines Lichts, auch die Wahrnehmung der Helligkeit des Lichts zunimmt.

Zehn Jahre nach dieser Einsicht, veröffentlichte Fechner im Jahr 1860 sein bedeutendes Buch *Elemente der Psychophysik*, das eine Reihe von quantitativen Methoden zur Messung von Wahrnehmungsschwellen vorschlug: die Grenzmethode, die Konstanzmethode und die Herstellungsmethode (Methode 1.1). Diese Methoden, die als **klassische psychophysische Methoden** bezeichnet werden, bedeuteten einen wichtigen Schritt zur Psychologie als Wissenschaft, weil sie die ursprünglichen Methoden zur Messung von Schwellen für sensorische Stimuli sind.

Beachten Sie, dass die neuen Methoden, die in einem Methodenkasten erläutert werden, für die Wahrnehmungsforschung wesentlich sind. Widerstehen Sie der eventuellen Versuchung, diese Kästen zu überspringen – sie vermitteln Grundlagen zum Verständnis der meist unmittelbar anschließenden Experimente oder auch weiterer, an späteren Stellen im Buch erläuterter Experimente.

Die Grenzmethode, die Konstanzmethode und die Herstellungsmethode spielen nicht nur eine geschichtliche

Methode 1.1

Schwellenbestimmung

Fechners klassische Methoden zur Schwellenbestimmung sind die Grenzmethode, die Konstanzmethode und die Herstellungsmethode. Bei der **Grenzmethode** (bei Fechner als die Methode der eben merklichen Unterschiede beschrieben) bietet der Versuchsleiter Reize in entweder aufsteigender oder absteigender Reihenfolge dar, d. h. mit zu- oder abnehmender Stimulusintensität. ◻ Abb. 1.17 verdeutlicht beispielhaft die Ergebnisse eines Experiments zur Messung der Schwelle einer Person für die Wahrnehmung eines Tons.

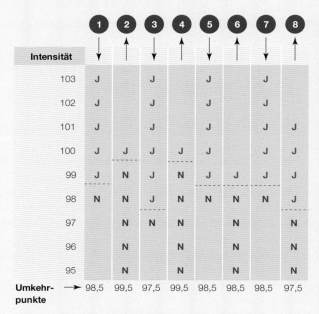

Schwelle = Mittelwert der Umkehrpunkte = 98,5

◻ **Abb. 1.17** Die Ergebnisse eines Experiments zur Schwellenbestimmung mittels der Grenzmethode. Die *gestrichelten Linien* bezeichnen den Umkehrpunkt für jede Reizsequenz. Die Schwelle – der Mittelwert aller Umkehrpunkte – liegt in diesem Experiment bei 98,5

Während des ersten Versuchsdurchgangs bietet der Versuchsleiter einen Tonstimulus mit einer Intensitätsstufe von 103 dar, und die Versuchsperson gibt durch ein Ja an, dass sie den Ton hört. Diese Antwort wird in der Tabelle durch ein J bei der Intensität von 103 dargestellt. Der Versuchsleiter vermindert daraufhin die Intensität, und die Versuchsperson gibt bei jeder Intensitätsstufe ein Urteil ab, bis sie irgendwann Nein äußert, weil sie den Ton nicht mehr gehört hat. Dieser Wechsel von Ja zu Nein stellt den Umkehrpunkt dar, und die Schwelle für diesen Versuchsdurchgang wird mit dem Mittelwert aus 99 und 98, also mit 98,5, veranschlagt. Der nächste Versuchs-

durchgang beginnt unterhalb der zuvor ermittelten Schwelle, sodass der Proband bei Intensitätsstufe 95 und den nächstfolgenden mit Nein antwortet, bis bei 100 ein Umkehrpunkt zum Ja erreicht wird – beachten Sie, dass dieser Umkehrpunkt nicht an der gleichen Stelle liegt wie beim ersten Durchgang. Durch einige Wiederholungen dieses Verfahrens, wobei in der Hälfte der Fälle über der Schwelle und in der anderen Hälfte darunter begonnen wird, lässt sich schließlich die Schwelle als Mittelwert der Umkehrpunkte aller Versuchsdurchgänge berechnen.

Die **Konstanzmethode** (von Fechner unter dem Namen der Methode der richtigen und falschen Fälle beschrieben) ähnelt der Grenzmethode, bei der verschiedene Reizintensitäten nacheinander präsentiert werden. Bei jedem Durchgang muss mit Ja oder Nein geantwortet werden, wenn der Reiz erkannt wird. Der Unterschied besteht darin, dass bei dieser Methode die Stimulusintensitäten in zufälliger Reihenfolge dargeboten werden, nicht in absteigender oder aufsteigender Reihenfolge. Nachdem jede Intensitätsstufe mehrmals dargeboten wurde, wird die Intensität als Schwelle definiert, die in 50 % der Versuchsdurchgänge zur Entdeckung führt.

Bei der **Herstellungsmethode** (in Fechners eigener Terminologie die sogenannte Methode der mittleren Fehler) verändert dagegen die Versuchsperson selbst und nicht der Versuchsleiter die Reizintensität, und zwar kontinuierlich, im Gegensatz zur diskreten Darbietung bei der Grenzmethode. Zum Beispiel kann der Proband instruiert werden, den Lautstärkeknopf so weit zurückzudrehen, bis er keinen Ton mehr hört, oder ihn wieder hochzudrehen, bis er den Ton gerade wieder wahrnehmen kann. Dies wird so lange durchgeführt, bis die Versuchsperson sagt, dass sie den Stimulus gerade eben noch erkennen kann. Diese gerade noch wahrnehmbare Reizintensität gilt dann als absolute Schwelle. Das Verfahren kann mehrfach wiederholt werden, wobei die Schwelle dann dem Durchschnitt der eingestellten Reizintensitäten entspricht.

Die Wahl zwischen diesen Methoden erfolgt üblicherweise auf der Grundlage der benötigten Genauigkeit und der verfügbaren Zeit. Die Konstanzmethode ist die genaueste Methode, denn sie beruht auf sehr vielen Einzelbeobachtungen und die Reize werden in zufälliger Reihenfolge präsentiert, sodass der Einfluss der Präsentation bei einem Durchgang auf die Beurteilung des Probanden beim nachfolgenden Durchgang minimiert wird. Der Nachteil dieser Methode liegt darin, dass sie die meiste Zeit in Anspruch nimmt. Die Herstellungsmethode ist die ungenaueste, aber schnellste Methode, weil die Probanden die Intensität in nur wenigen Durchgängen selbst einstellen.

a　　　　　　　　　　　　　　　　　　　　　　　b

◻ Abb. 1.18　a Wie eine dunkle Umgebung wahrgenommen werden könnte, wenn man sie kurz nach dem Aufenthalt im Licht sieht. **b** Wie die Szene wahrgenommen wird, nachdem man sich 10–15 min an die Dun-kelheit gewöhnt hat. Die verbesserte Wahrnehmung von Licht nach einer gewissen Zeit in der Dunkelheit entspricht einer Senkung des Schwellen-werts für das Sehen von Licht. (© Bruce Goldstein)

Schlüsselrolle, sondern sie werden auch heute noch in der Wahrnehmungsforschung verwendet, um die absolute Schwelle von Reizen in Bezug auf verschiedene Sinne und unter unterschiedlichen Bedingungen zu messen. Aufgrund der Bedeutung von Fechners Beitrag zu unserem Verständnis der Messung von Schwellenwerten ist der 22. Oktober, der Tag an dem Fechner mit seiner bahnbrechenden Erkenntnis erwachte, die zur Gründung der Psychophysik führte, unter Wissenschaftlern als „Fechner-Tag" bekannt. Tragen Sie dieses Datum in Ihren Kalender ein, wenn Sie einen weiteren Grund zum Feiern suchen! (Ein anderer Ansatz zur Messung der Reizwahrnehmung beim Menschen, genannt „The Signal Detection Approach" [der Ansatz der Signalentdeckungstheorie], wird in Anhang C beschrieben.)

Bislang haben wir in diesem Abschnitt erörtert, wie man die absolute Schwelle eines Reizes messen kann. Aber was wäre, wenn der Forscher statt der Messung der Erkennungsschwelle von nur einem Reiz („Schmecken Sie Salz in diesem Eintopf?") die Schwelle zwischen 2 Reizen messen möchte? Wenn Sie z. B. Ihre Kochkünste verfeinern möchten, können Sie eine zweite Portion Eintopf mit der gleichen Menge Salz kochen wie bei der ersten Charge. Nun möchten Sie wissen, wie viel Salz Sie der zweiten Portion hinzufügen müssen, um einen *Unterschied* im Salzgehalt *zwischen* den beiden Chargen festzustellen. In diesem Fall interessiert Sie die **Unterschiedsschwelle**, der minimale Unterschied, der zwischen 2 verschiedenen Stimuli bestehen muss, damit diese Stimuli gerade noch unterschieden werden können. Als Fechner die *Elemente der Psychophysik* veröffentlichte, beschrieb er darin nicht nur seine eigenen Methoden zur Messung der absoluten Schwelle, sondern auch die Arbeiten von Ernst Weber (1795–1878), einem Physiologen, der einige Jahre vor der

Veröffentlichung von Fechners Buch die sogenannte Unterschiedsschwelle für verschiedene Sinnesorgane gemessen hat (in Anhang A finden Sie weitere Einzelheiten über Schwellenwerte).

Die Methoden von Fechner und Weber ermöglichten nicht nur die Messung, wann Reize wahrgenommen werden, sondern auch die Bestimmung der *Mechanismen*, die für Erfahrungen verantwortlich sind. Was passiert z. B., wenn man einen dunklen Ort betritt und dann eine Weile dort bleibt. Zunächst können Sie vielleicht nicht viel sehen (◻ Abb. 1.18a), aber schließlich wird Ihre Sehkraft besser und Sie können Gegenstände erkennen, die für Sie vorher nicht sichtbar waren (◻ Abb. 1.18b). Diese Verbesserung kommt dadurch zustande, dass die Schwelle für das Sehen immer niedriger wird, je länger man in der Dunkelheit bleibt. Indem wir messen, wie sich die Schwelle einer Person von Moment zu Moment verändert, können wir nicht nur sagen, dass wir besser sehen, wenn wir uns länger im Dunkeln aufhalten, sondern wir können quantitativ beschreiben, was passiert, wenn sich die Sehfähigkeit einer Person im Dunkeln verbessert. Wir werden diesen Aspekt des Sehens (die sogenannte *Dunkeladaptionskurve*) in ▸ Kap. 3 behandeln.

So bedeutsam die Methoden zur Messung von Schwellenwerten auch sind, wir wissen, dass die Wahrnehmung weit mehr umfasst als nur das, was an der Schwelle passiert. Um die Fülle der Wahrnehmung zu verstehen, müssen wir in der Lage sein, neben den Schwellenwerten auch andere Aspekte der Erfahrung zusätzlich zu den Schwellenwerten messen zu können. Im nächsten Abschnitt werden wir Techniken zur Messung der Wahrnehmung beschreiben, wenn die Reizstärke über dem Schwellenwert liegt.

1.6.2 Die Messung von überschwelligen Wahrnehmungen

Um einige der Methoden zu beschreiben, mit denen Wahrnehmungsforscher überschwellige Wahrnehmungen messen, werden wir 5 Fragen zur Wahrnehmungswelt aufwerfen und darstellen, welche Techniken für ihre Beantwortung verwendet werden.

Frage 1: Was ist die wahrgenommene Größe eines Stimulus?

■■ Technik: Direkte Größenschätzung

Dinge sind groß und klein (ein Elefant/ein Käfer), laut und leise (Rockmusik/Flüstern), intensiv und gerade noch wahrnehmbar (Sonnenlicht/ein schwach leuchtender Stern), penetrant und schwach (starke Abgase/ein zarter Duft). Fechner war nicht nur an der Messung von Schwellenwerten mithilfe der klassischen psychophysikalischen Methoden interessiert, sondern es ging ihm auch um die Beziehung zwischen physikalischen Reizen (wie Rockmusik und Flüstern) und der Wahrnehmung ihrer Reizstärke (z. B. einen Reiz als *laut* und einen anderen als *leise* wahrzunehmen). Fechner schlug eine Gleichung vor, die die wahrgenommene Reizstärke und die Stimulusintensität zueinander in Beziehung setzte. Moderne Psychologen haben diese Gleichung modifiziert und eine Methode entwickelt, die zu Fechners Zeiten noch nicht zur Verfügung stand: die direkte **Größenschätzung** (Stevens, 1957, 1961; Methode 1.2).

Das hier verwendete Beispiel zur Einschätzung der Größenordnung bezieht sich auf den Hörsinn (Beurteilung der Lautstärke eines Geräuschs), aber wie bei anderen in diesem Kapitel vorgestellten Methoden kann die gleiche Technik auch auf andere Sinne angewendet werden. Ein weiteres Beispiel sind die Ergebnisse von Experimenten, bei denen die Helligkeit (und nicht die Lautstärke) mithilfe von Größenschätzungen gemessen wurde (▶ Abschn. 1.7). Die mathematischen Formeln, die die physikalische Intensität und die wahrgenommene Größe für die Helligkeit in Beziehung setzen, werden in Anhang B erläutert.

Frage 2: Um welchen Reiz handelt es sich?

■■ Technik: Tests zur Wiedererkennung

Wenn Sie Dinge benennen, kategorisieren Sie sie. Der Prozess des Kategorisierens, der als Wiedererkennung bezeichnet wird, wird in vielen verschiedenen Arten von Wahrnehmungsexperimenten untersucht. Eine Anwendung ist ein Test der Wahrnehmungsfähigkeit von Menschen mit Hirnschädigungen. Wie wir weiter oben in diesem Kapitel gesehen haben, führte die Hirnschädigung von Dr. P. dazu, dass er Schwierigkeiten hatte, gewöhnliche Objekte zu erkennen, z. B. einen Handschuh. Die Fähigkeit zur Wiedererkennung wird getestet, indem man die Probanden bittet, Gegenstände oder Bilder von Gegenständen zu benennen.

Wiedererkennungstests werden auch verwendet, um die Wahrnehmungsfähigkeit von Menschen ohne Hirnschädigung zu beurteilen. In ▶ Kap. 5 werden wir Experimente beschreiben, die zeigen, dass Menschen auch Bilder identifizieren können, die ihnen nur schnell blinkend präsentiert werden („das ist eine Bootsanlegestelle, die von Häusern gesäumt ist"), das Erkennen kleiner Details („das 2. Haus hat 5 Fensterreihen") benötigt allerdings mehr Zeit (◘ Abb. 1.19).

Methode 1.2

Direkte Größenschätzung

Das Verfahren bei einem Experiment zur Methode der direkten Größenschätzung ist relativ simpel: Der Versuchsleiter bietet zunächst einen „Standardreiz" dar (sagen wir beispielsweise ein Geräusch mittlerer Intensität) und weist diesem einen Wert von beispielsweise 10 zu. Anschließend bietet er weitere Geräusche verschiedener Intensitäten dar, und die Versuchsperson soll jedem Geräusch eine Zahl zuweisen, die proportional zur Lautstärke des ursprünglichen Geräuschs ist. Wenn das Geräusch gegenüber dem Standardreiz 2 Mal so laut erscheint, bekommt es also einen Wert von 20 zugewiesen, bei halber Lautstärke einen Wert von 5 und so weiter. Somit wird jeder Lautstärke von der Versuchsperson ein Wert entsprechend der Geräuschintensität zugewiesen. Dieser Wert für die „Lautstärke" ist die *wahrgenommene Größe* des Stimulus.

◘ **Abb. 1.19** Bei dem Experiment zum Wiedererkennen wird den Teilnehmern ein Stimulus in Form eines schnell blinkenden Fotos präsentiert. Die Teilnehmer werden aufgefordert, zu beschreiben, was sie sehen. Dabei können sie oft allgemeine Teile des Bilds erkennen, z. B. „Häuser am Wasser und ein Boot", brauchen aber mehr Zeit, um die Details wahrzunehmen. (© Bruce Goldstein)

Wiedererkennen ist nicht auf das Sehen beschränkt, es betrifft auch das Hören („das ist ein aufheulender Automotor"), Tastsinn („das fühlt sich an wie ein Apfel"), den Geschmack („mmh, Schokolade") und den Geruch („das ist eine Rose"). Da das Erkennen von Objekten für unser Überleben so wichtig ist, haben viele Wahrnehmungsforscher ihren Schwerpunkt von der Frage „Was sehen Sie?" (Wahrnehmung) auf die Frage „Wie wird das genannt?" (Erkennen) hin verlagert.

Frage 3: Wie schnell kann ich auf den Reiz reagieren?

▪▪ Technik: Reaktionszeit

Die Geschwindigkeit, mit der wir auf etwas reagieren, kann durch die Messung der Reaktionszeit bestimmt werden – der Zeit zwischen der Präsentation eines Reizes und der Reaktion der Person darauf. Ein Beispiel für ein Reaktionszeitexperiment ist die Aufforderung an die Teilnehmer, auf das +-Zeichen in der Anzeige in ◘ Abb. 1.20a zu schauen und die Aufmerksamkeit auf die Stelle A im linken Rechteck zu richten. Da der Teilnehmer auf das +-Zeichen *schaut*, aber seine *Aufmerksamkeit* auf den oberen Teil des linken Rechtecks richtet, ähnelt diese Aufgabe dem, was passiert, wenn man in eine Richtung blickt, die Aufmerksamkeit aber auf etwas seitlich davon gerichtet ist.

Während die Aufmerksamkeit auf den oberen Teil des linken Rechtecks gelenkt wurde, bestand die Aufgabe des Teilnehmers darin, so schnell wie möglich einen Knopf zu drücken, wenn an einer beliebigen Stelle auf dem Display ein dunkles Zeichen aufleuchtete. Die Ergebnisse, die in ◘ Abb. 1.20b dargestellt sind, zeigen, dass die Teilnehmer schneller reagierten, wenn das Ziel bei A aufblinkte, auf das sie ihre Aufmerksamkeit gerichtet hatten, im Vergleich zu B, das seitlich davon liegt (Egly et al., 1994). Diese Ergebnisse sind relevant für ein Thema, das wir in ► Kap. 7 erörtern werden: Wie wirkt sich das Telefonieren mit einem Mobiltelefon während des Fahrens auf die Fahrtauglichkeit aus?

Frage 4: Wie kann ich die Umgebung beschreiben?

▪▪ Technik: Phänomenologischer Bericht

Schauen Sie sich um. Beschreiben Sie, was Sie sehen. Sie können die Objekte benennen, die Sie erkennen, oder Sie können Muster von Licht und Schatten oder von Farben oder die Anordnung der Dinge im Raum beschreiben oder auch, dass 2 Objekte gleich oder verschieden groß oder verschiedenfarbig sind. Das Beschreiben der Umgebung ist der sogenannte phänomenologische Bericht. Sehen Sie z. B. 1 Vase oder 2 Gesichter in ◘ Abb. 1.21? In ► Kap. 5 werden wir sehen, wie solche Abbildungen verwendet werden, um zu untersuchen, auf welche Weise Menschen Objekte vor einem Hintergrund wahrnehmen. Phänomenologische Berichte sind wichtig, weil sie Wahrnehmungsphänomene definieren, die wir erklären wollen, und wenn ein Phänomen einmal identifiziert ist, können wir es mit anderen Methoden untersuchen.

Frage 5: Was kann ich damit machen?

▪▪ Technik: Körperliche Aufgaben und Urteile

Die bisherigen Fragen konzentrierten sich auf verschiedene Möglichkeiten der Messung dessen, was wir wahrnehmen. Diese letzte Frage bezieht sich nicht auf die Wahrnehmung, sondern auf die Handlungen, die der Wahrnehmung folgen (Schritt 7 des Wahrnehmungsprozesses). Viele Wahrnehmungsforscher glauben, dass eine der Hauptfunktionen der

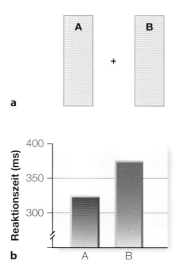

◘ **Abb. 1.20 a** Ein Experiment zu Reaktionszeit, bei dem die Teilnehmer aufgefordert werden, auf das +-Zeichen zu schauen, aber auf die Stelle bei A zu achten, und so schnell wie möglich eine Taste zu drücken, wenn irgendwo auf dem Bildschirm ein dunkles Zeichen aufleuchtet. **b** Reaktionszeit in Millisekunden (ms). Hier war die Reaktionszeit schneller, wenn das Zeichen bei A aufleuchtete, auf das die Teilnehmer ihre Aufmerksamkeit gerichtet hatten, als wenn es bei B aufleuchtete, auf das die Teilnehmer ihre Aufmerksamkeit nicht gerichtet hatten. (Daten aus Egly et al., 1994)

◘ **Abb. 1.21** Vase-Gesicht-Bild zur Darstellung, auf welche Weise Menschen Objekte vor einem Hintergrund wahrnehmen

Wahrnehmung darin besteht, uns zu befähigen, in unserer Umwelt zu agieren. Betrachten Sie es so: Morg, der Höhlenmensch, sieht einen gefährlichen Tiger im Wald. Er könnte dastehen und die Schönheit seines Fells oder die Kraft seiner Beine bewundern. Unternimmt er allerdings auch dann nichts, wenn der Tiger ihn sieht, verzichtet also darauf, sich zu verstecken oder zu fliehen, dürften seine Tage der Wahrnehmung wohl gezählt sein. Auf einer weniger dramatischen Ebene müssen wir dazu in der Lage sein, einen Salzstreuer zu sehen, um gezielt über den Tisch zu greifen und ihn in die Hand zu nehmen, oder von einem Ort auf dem Campus zum anderen in unseren Seminarraum zu gelangen. Bei Untersuchungen zu Wahrnehmung und Handlung, die wir in ▸ Kap. 7 beschreiben, sollen die Teilnehmer Aufgaben durchführen, die sowohl Wahrnehmung als auch Handlung beinhalten, z. B. unter verschiedenen Bedingungen ein Ziel erreichen, sich in einem Labyrinth orientieren oder ein Auto fahren.

Körperliche Aufgaben wurden auch untersucht, indem man Probanden darum gebeten hat, die Schwierigkeit von Aufgaben zu beurteilen, bevor sie sie tatsächlich ausführten. Wir werden z. B. in ▸ Kap. 7 sehen, dass Menschen, denen das Gehen Schmerzen bereitet, ein Objekt als weiter entfernt einschätzen als Menschen, die keine Schmerzen haben.

Die obigen Beispiele geben einen Hinweis auf die große Bandbreite der Methoden, die in der Wahrnehmungsforschung eingesetzt werden. Dieses Buch behandelt die oben beschriebenen und noch weitere Methoden in der Forschung. Wir werden zwar nicht alle Details zu den Methoden beschreiben, aber die wichtigsten von ihnen werden in Methodenkästen hervorgehoben, wie z. B. in den Abschnitten zur Schwellenbestimmung und zur Größenschätzung in diesem Kapitel gezeigt. Darüber hinaus werden viele physiologische Methoden in den folgenden Kapiteln vorgestellt. Beim Lesen dieses Buches wird deutlich werden, dass sowohl verhaltensbiologische als auch physiologische Methoden gleichermaßen wichtig sind und in Kombination ein umfassenderes Verständnis der Wahrnehmung ermöglichen, als es mit einer der beiden Methoden allein möglich ist.

1.7 Weitergedacht: Warum ist die Unterscheidung zwischen physikalischen und wahrnehmungsbezogenen Aspekten bedeutend?

Eine der wichtigsten Unterscheidungen in der Wahrnehmungslehre ist die Unterscheidung zwischen *physikalischen* und *wahrnehmungsbezogenen* Aspekten. Um den Unterschied zu verdeutlichen, betrachten wir die beiden Situationen in ◻ Abb. 1.22. In ◻ Abb. 1.22a wird das Licht einer Glühbirne mit einer physikalischen Intensität von 10

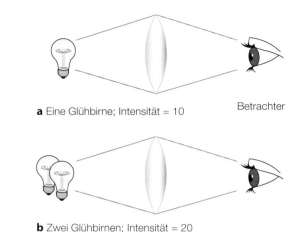

a Eine Glühbirne; Intensität = 10   Betrachter

b Zwei Glühbirnen; Intensität = 20

◻ **Abb. 1.22** Ein Teilnehmer (dargestellt als Auge) sieht Lichter mit unterschiedlicher physikalischer Intensität. Die beiden Lichter in **b** haben die doppelte physikalische Intensität wie das einzelne Licht in **a**. Werden Teilnehmer jedoch gebeten, die Helligkeit zu beurteilen (eine Beurteilung ihrer subjektiven Wahrnehmung), wird das Licht in **b** als nur etwa 20 oder 30 % heller als das Licht in **a** wahrgenommen

auf das Auge einer Person gerichtet. In ◻ Abb. 1.22b wird das Licht von 2 Glühbirnen mit einer Gesamtintensität von 20 auf das Auge der Person gebündelt. Bis jetzt war das alles *physikalisch*. Wenn wir die Lichtintensitäten mit einem Lichtmessgerät messen, würden wir feststellen, dass in ◻ Abb. 1.22b doppelt so viel Licht auf die Person fällt wie in ◻ Abb. 1.22a.

Aber was nimmt der Mensch wahr? Die *Wahrnehmung* des Lichts wird nicht durch die Bestimmung der Intensität des Lichts gemessen, sondern durch die Bestimmung der *wahrgenommenen Helligkeit* mit einer Methode wie der Größeneinschätzung, die wir weiter oben in diesem Kapitel beschrieben haben. Was geschieht mit der Helligkeit, wenn wir die Intensität von ◻ Abb. 1.22a auf ◻ Abb. 1.22b verdoppeln? ◻ Abb. 1.22b erscheint heller als ◻ Abb. 1.22a, aber nicht doppelt so hell. Wenn die Helligkeit von Licht in ◻ Abb. 1.22a mit 10 bewertet wird, wird die Helligkeit von Licht in ◻ Abb. 1.22b mit etwa 12 oder 13 bewertet (Stevens, 1962; siehe auch Anhang B). Es besteht also keine Eins-zu-eins-Beziehung zwischen der physikalischen Intensität des Lichts und unserer Wahrnehmungsreaktion auf das Licht.

Betrachten Sie als weiteres Beispiel für die Unterscheidung zwischen physikalischer Intensität und deren Wahrnehmung: das elektromagnetische Spektrum in ◻ Abb. 1.23. Hierbei handelt es sich um ein elektromagnetisches Wellenspektrum, das von Gammastrahlen am kurzwelligen Ende des Spektrums bis zu Radiowellen und Wechselströmen am langwelligen Ende reicht. Aber wir können nur den schmalen Energiebereich des sichtbaren Lichts zwischen dem ultravioletten und dem infraroten Spektralbereich sehen. Für ultraviolette und kürzere Wellenlängen sind wir blind (allerdings können Kolibris

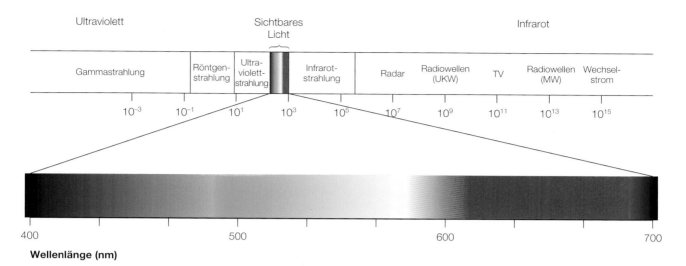

| Ultraviolett | | Sichtbares Licht | | | Infrarot | | | | | |

Abb. 1.23 Das *oben* dargestellte elektromagnetische Spektrum reicht von Gammastrahlen bis zu Wechselströmen. Das sichtbare Spektrum, *unten* abgebildet, macht nur einen kleinen Teil des elektromagnetischen Spektrums aus. Wir sind blind für Energie außerhalb des sichtbaren Spektrums

ultraviolette Wellenlängen sehen, die für uns unsichtbar sind). Auch die Wellen am oberen Ende des Spektrums im Infrarotbereich können wir nicht sehen. Aber das ist wahrscheinlich auch gut so – stellen Sie sich nur das visuelle Durcheinander vor, wenn wir alle Nachrichten sehen könnten, die über Handys durch die Luft übertragen werden!

Diese Beispiele verdeutlichen, dass Aufzeichnungen mit physikalischen Messgeräten und unsere Wahrnehmung 2 verschiedene Dinge sind. Ludy Benjamin bemerkt in seinem Buch *A History of Psychology* (1997), „wenn Veränderungen der physikalischen Stimuli immer zu ähnlichen Veränderungen in der Wahrnehmung dieser Stimuli führen [...] gäbe es keine Notwendigkeit für Psychologie; die menschliche Wahrnehmung könnte vollständig durch die Gesetze der Physik erklärt werden". Aber Wahrnehmung ist Psychologie, nicht Physik, und Wahrnehmungsreaktionen sind nicht notwendigerweise dasselbe wie Aufzeichnungen von physikalischen Messgeräten. Wir werden daher in diesem Buch sorgfältig darauf achten, zwischen physikalischen Stimuli und den Wahrnehmungsreaktionen auf diese Reize zu unterscheiden.

Übungsfragen 1.2

1. Worin besteht Fechners Beitrag zur Psychologie?
2. Beschreiben Sie die Unterschiede zwischen der Grenzmethode, der Konstanzmethode und der Herstellungsmethode.
3. Erklären Sie die 5 Fragen, anhand derer man die Umgebung beschreiben kann und die Messverfahren, die zur Beantwortung dieser Fragen verwendet werden.
4. Warum ist es wichtig, zwischen physikalischen und wahrnehmungsbezogenen Aspekten zu unterscheiden?

1.8 Zum weiteren Nachdenken

1. In diesem Kapitel wird argumentiert, dass Wahrnehmung zwar einfach erscheint, sich jedoch als extrem komplex erweist, wenn wir Vorgänge „hinter den Kulissen" betrachten, die nicht offensichtlich sind, wenn man Wahrnehmungserfahrungen hat. Nennen Sie hierfür ein Beispiel aus Ihrer eigenen Erfahrung, in dem ein „Ergebnis", das scheinbar leicht zu erreichen ist, tatsächlich einen komplizierten Vorgang beinhaltet, dessen sich die meisten Menschen nicht bewusst sind.
2. Beschreiben Sie eine Situation, in der Sie zunächst glaubten, etwas gesehen oder gehört zu haben, um dann festzustellen, dass Sie sich bei Ihrer ursprünglichen Wahrnehmung getäuscht hatten. Welche Rolle spielten Bottom-up- und Top-down-Verarbeitung bei dem Prozess, zuerst eine inkorrekte Wahrnehmung zu haben und dann zu erkennen, was tatsächlich gegenwärtig ist?

1.9 Schlüsselbegriffe

- Absolute Schwelle
- Bottom-up-Verarbeitung (reizgesteuerte Verarbeitung)
- Distaler Stimulus
- Elektromagnetisches Spektrum
- Empfindung
- Frontallappen
- Gittersehschärfe
- Grenzmethode
- Größenschätzung
- Handlung
- Herstellungsmethode
- Kategorisierung
- Klassische psychophysische Methoden

1

- Konstanzmethode
- Kortex
- Neuronale Verarbeitung
- Oblique-Effekt
- Okzipitallappen
- Parietallappen
- Phänomenologische Methode
- Physiologie-Verhalten-Beziehung
- Primäre sensorische Kortexareale
- Proximaler Stimulus
- Psychophysik
- Ratte-Mann-Bild
- Reaktionszeit
- Reiz-Physiologie-Beziehung
- Reiz-Verhalten-Beziehung

- Repräsentationsprinzip
- Schwelle
- Sensorische Rezeptoren
- Temporallappen
- Top-down-Verarbeitung (wissensbasierte Verarbeitung)
- Transduktion
- Transformationsprinzip
- Umgebungsreiz
- Unterschiedsschwelle
- Visuelle Formagnosie
- Wahrgenommene Größe
- Wahrnehmung
- Wahrnehmungsprozess
- Wiedererkennung
- Wissen

Grundlagen der Sinnesphysiologie

E. Bruce Goldstein und Laura Cacciamani

Inhaltsverzeichnis

Lernziele

Nachdem Sie dieses Kapitel durchgearbeitet haben, werden Sie in der Lage sein, ...

- die wichtigsten Bestandteile von Neuronen und ihre jeweilige Funktion zu beschreiben,
- zu erläutern, wie man elektrische Signale von Neuronen aufzeichnet und welche die grundlegenden Eigenschaften dieser Signale sind,
- die chemischen Grundlagen der elektrischen Signale in Neuronen zu beschreiben,
- zu beschreiben, wie elektrische Signale von einem Neuron zu einem anderen übertragen werden,
- die verschiedenen Formen zu verstehen, wie Neuronen unsere Sinneserfahrungen repräsentieren können,
- zu erklären, wie bildgebende Verfahren genutzt werden können, um Bilder von den Orten der Hirnaktivität zu erstellen,
- zwischen struktureller und funktioneller Konnektivität von Hirnarealen zu unterscheiden und zu beschreiben, wie die funktionelle Konnektivität ermittelt wird,
- das Leib-Seele-Problem zu erläutern.

Einige der in diesem Kapitel behandelten Fragen

- Wie funktionieren Neuronen und wie kann das Feuern von Neuronen unsere Wahrnehmung steuern?
- Wie spiegeln sich die Wahrnehmungsfunktionen in der Gehirnstruktur wider?
- Wie wird die Gehirnaktivität innerhalb eines Hirnareals und zwischen verschiedenen Hirnarealen gemessen?

Zwei Autos starten am selben Ort, um zum selben Ziel zu fahren. Auto A fährt über die Autobahn und hält nur kurz an Tankstellen. Auto B nimmt die landschaftlich schöne Route – über Nebenstraßen durch kleine Städte und Dörfer – und hält immer wieder bei Sehenswürdigkeiten an oder besucht Bekannte. Jeder dieser Halte kann die Weiterfahrt von Auto B beeinflussen, je nachdem, welche Neuigkeiten der Fahrer an den Haltestationen erfährt. So kann er auf eine Umleitung hingewiesen werden und entsprechend die Route ändern. Inzwischen fährt Auto A auf schnellstem Weg zum Ziel.

Die Ausbreitung elektrischer Signale im Nervensystem gleicht eher der Fahrt von Auto B. Der Weg von den Rezeptoren zum Kortex ist keine Autobahn. Jedes Signal, das von einem Rezeptor kommt, durchläuft ein komplexes Netzwerk von miteinander verbundenen Neuronen und begegnet dabei auf seinem Weg oft anderen Signalen, die es beeinflussen können.

Welcher Vorteil liegt in dieser komplizierten Route mit vielen Umwegen? Ginge es nur darum, dem Gehirn das Signal zu senden, dass ein bestimmter Rezeptor stimuliert wurde, so würde die Methode des kürzesten Wegs funktionieren. Aber die Aufgabe der elektrischen Signale im Nervensystem geht über die reine Meldefunktion hinaus.

Die Information, die im Gehirn ankommt und dann im Gehirn ihren Weg nimmt, ist weitaus vielfältiger. Wie wir in diesem und den nächsten Kapiteln sehen werden, gibt es Neuronen im Gehirn, die nur auf bestimmte Reize ansprechen, wie schräg geneigte Linien oder Gesichter oder Bewegung im Raum in einer bestimmten Richtung, Bewegung auf der Haut in einer bestimmten Richtung oder auf salzige Geschmacksnoten. Diese Neuronen haben ihre Fähigkeiten nicht dadurch erreicht, dass sie einfach passiv Signale auf direktem Weg vom Rezeptor zum Gehirn empfangen, sondern durch das Zusammenwirken der Signale vieler Neuronen – durch *neuronale Verarbeitung* (▶ Abschn. 1.4.3). Weil durch die Aktivität individueller Neuronen und die neuronale Verarbeitung durch große Neuronengruppen unsere Wahrnehmungserfahrungen erzeugt werden, ist es von entscheidender Bedeutung, die grundlegenden Mechanismen zu verstehen, die der neuronalen Antwort und der neuronalen Verarbeitung zugrunde liegen. Wir beschreiben zunächst die elektrischen Signale in Neuronen.

2.1 Elektrische Signale in Neuronen

Elektrische Signale treten in den Nervenzellen, den **Neuronen** auf. Die wichtigsten Bestandteile von Neuronen sind in ◨ Abb. 2.1 dargestellt. Im **Zellkörper** (**Soma**) laufen Prozesse ab, die die Zelle am Leben erhalten; **Dendriten** verzweigen sich aus dem Zellkörper heraus, um elektrische Signale von anderen Neuronen aufzunehmen; und entlang des **Axons**, auch **Nervenfaser** genannt, werden elektrische Signale weitergeleitet. Es gibt verschiedene Varianten dieser Grundstruktur: Einige Neuronen haben lange Axone, andere kurze oder auch gar keine. Besonders wichtig für die Wahrnehmung sind sensorische **Rezeptoren**, die darauf spezialisiert sind, auf Umgebungsreize zu antworten. Der Rezeptor links in ◨ Abb. 2.1 spricht auf Berührungsreize an.

Neuronen treten nicht einzeln und isoliert auf, sondern es gibt Milliarden von Neuronen im Nervensystem, und jedes Neuron ist mit vielen anderen Neuronen verbunden. Wie wir später in diesem Kapitel sehen werden, sind diese Verbindungen äußerst wichtig für die Wahrnehmung. In unserer Untersuchung, wie Neuronen und ihre Verbindungen die Wahrnehmung entstehen lassen, werden wir uns aber zunächst auf einzelne Neuronen konzentrieren.

Um herauszufinden, wie elektrische Signale im Gehirn die Wahrnehmung steuern, kann man die Signale einzelner Neuronen aufzeichnen – eine grundlegende und wichtige Methode. Folgendes Beispiel veranschaulicht, warum es bedeutsam ist, die Aktivität einzelner Neuronen messen zu können: Sie gehen in einen riesigen Raum, in dem sich Hunderte von Besuchern befinden, die gerade eine politische Rede gehört haben und sich nun darüber unterhalten. Der Raum ist voller Geräusche und Stimmengewirr. Wenn Sie nur dieses „Hintergrundrauschen" der Menge hören,

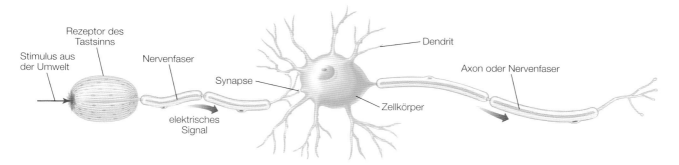

Abb. 2.1 Das *rechts* abgebildete Neuron besteht aus einem Zellkörper, Dendriten und einem Axon (Nervenfaser). Das *links* dargestellte Neuron, das Umweltreize aufnimmt, besitzt anstelle des Zellkörpers einen Rezeptor

können Sie über die Vorgänge lediglich aussagen, dass die Rede einige Aufregung verursacht hat. Um genauere Informationen über die Rede zu bekommen, müssen Sie hören, was einzelne Personen sagen.

So wie die Aussagen einzelner Personen wichtige Informationen über die Geschehnisse in einer großen Menschenmenge liefern, liefert die Aufzeichnung der Aktivitäten einzelner Neuronen wichtige Informationen über die Geschehnisse im Nervensystem. Hierbei ist es natürlich wichtig, die Aktivierungen möglichst vieler Neuronen aufzuzeichnen, da so wie unterschiedliche Personen im obigen Beispiel unterschiedliche Meinungen zu der Rede haben können, auch unterschiedliche Neuronen auf einen bestimmten Stimulus oder eine bestimmte Situation unterschiedlich reagieren können.

Mit der Möglichkeit, elektrische Signale von einzelnen Neuronen abzuleiten, begann eine neue Ära der Gehirnforschung. In den 1950er- und 1960er-Jahren konnte dank der Entwicklung moderner Elektronik und der Verfügbarkeit von Computern die Funktion von Neuronen genauer analysiert werden.

2.1.1 Die Aufzeichnung elektrischer Signale von Neuronen

Elektrische Signale werden von den Axonen, den Nervenfasern, mithilfe winziger Elektroden abgeleitet (Methode 2.1).

Wenn sich das Axon eines Neurons – die Nervenfaser – im Ruhezustand befindet, beträgt die Spannungsdifferenz zwischen den Elektroden −70 mV (Millivolt; 1 mV = 1/1000 V). Mit anderen Worten: Im Inneren eines Neurons herrscht eine um 70 mV negativere Spannung als außen Dieser Wert bleibt ungefähr gleich, solange keine Signale im Neuron auftreten und wird als **Ruhepotenzial** bezeichnet.

Abb. 2.2b zeigt, was passiert, wenn der Rezeptor stimuliert wird und im Axon ein Signal auftritt. Innerhalb des Axons steigt die Potenzialdifferenz gegenüber der Au-

ßenseite auf +40 mV an. Während sich das Signal über das Axon an der Elektrode vorbeibewegt, fällt das Potenzial auf der Innenseite wieder ab (Abb. 2.2c) und wird wieder zunehmend negativ, bis es schließlich das Ruhepotenzial erreicht (Abb. 2.2d). Dieser Anstieg und Abfall der Spannung innerhalb des Axons beim Durchgang des Signals wird als **Aktionspotenzial** bezeichnet und dauert etwa 1 ms. Wenn wir davon sprechen, dass Neuronen „feuern", verstehen wir darunter, dass das Neuron Aktionspotenziale hat.

Wenn Sie die Worte auf dieser Seite sehen, die Geräusche in Ihrer Umgebung hören und Ihr Essen zu sich nehmen, sind diese Erfahrungen alle auf elektrische Signale in Neuronen zurückzuführen. In diesem Kapitel beschäftigen wir uns zunächst damit, wie einzelne Neuronen funktionieren, dann untersuchen wir den Zusammenhang zwischen der Aktivität von Neuronengruppen und der Wahrnehmung. Wir beginnen mit der Beschreibung der grundlegenden Eigenschaften des Aktionspotenzials und seiner chemischen Basis.

2.1.2 Grundlegende Eigenschaften von Aktionspotenzialen

Die Tatsache, dass sich das Aktionspotenzial entlang des Axons ausbreitet, bedeutet, dass es eine **fortgeleitete Reaktion** ist: Sobald sie einmal ausgelöst wurde, pflanzt sie sich unaufhaltsam durch das ganze Axon fort, ohne dabei an Stärke zu verlieren. Das heißt, wenn wir unsere Signalelektrode in Abb. 2.2 näher am Ende des Axons positionieren und die fortgeleitete Reaktion messen würden, bräuchte diese zwar länger, um die Elektrode zu erreichen, aber sie wäre nach wie vor gleich stark (Anstieg von −70 auf +40 mV). Dies ist eine sehr bedeutende Eigenschaft von Aktionspotenzialen, da sie es Neuronen ermöglicht, Signale über große Distanzen zu übermitteln.

Eine weitere Eigenschaft des Aktionspotenzials besteht darin, dass es immer gleich stark ist, unabhängig von der Intensität des Reizes.

2

Abb. 2.2 **a** Vor der Stimulation des Rezeptors, wenn sich die Faser in Ruhe befindet, besteht zwischen Innen- und Außenseite der Faser eine Potenzialdifferenz von −70 mV. Diese Potenzialdifferenz wird von einem Voltmeter (*blauer Kreis*) gemessen und auf einen Bildschirm übertragen.
b Wenn der Rezeptor stimuliert wird, so wird ein Aktionspotenzial (*rotes Band*) erzeugt. Während sich das Aktionspotenzial entlang des Axons zur Signalelektrode bewegt, kommt es im Inneren zu einem Anstieg des Potenzials von −70 auf +40 mV. Dies ist die Anstiegsphase des Aktionspotenzials.
c Im weiteren Verlauf passiert das Aktionspotenzial die Elektrode und fällt dabei wieder ab. **d** Die Faser kehrt schließlich wieder in den Ruhezustand zurück

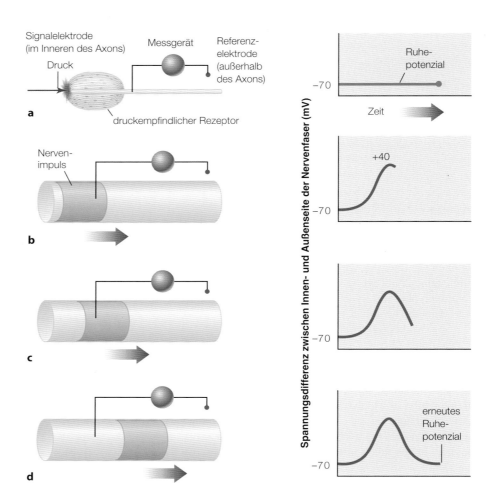

Die 3 Aufzeichnungen in ◼ Abb. 2.4 stellen das Antwortverhalten des Axons bei 3 verschiedenen Reizstärken durch Druck auf die Haut dar. Jedes Aktionspotenzial erscheint als vertikaler Strich oder Spike, da wir die Zeitachse verkleinert abgebildet haben, um mehrere Aktionspotenziale darzustellen.

◼ Abb. 2.4a zeigt, wie das Axon auf leichte Berührung der Haut reagiert, wohingegen ◼ Abb. 2.4b und 2.4c zeigen, wie sich das Antwortverhalten verändert, wenn der Druck erhöht wird. Der Vergleich dieser 3 Aufzeichnungen führt zu einer wichtigen Schlussfolgerung: Eine Veränderung der Reizstärke führt nicht zur Veränderung der Stärke der Aktionspotenziale, jedoch zu einer Veränderung der Häufigkeit ihres Auftretens, auch als *Feuerrate* bezeichnet.

Obwohl eine Erhöhung der Reizstärke eine Zunahme der Feuerrate bewirken kann, gibt es eine Obergrenze für die Anzahl der Nervenimpulse pro Sekunde (s), die entlang eines Axons weitergeleitet werden können. Diese Begrenzung beruht auf einer weiteren Eigenschaft des Axons, die als **Refraktärphase** bezeichnet wird – dies ist das Intervall zwischen dem Zeitpunkt des Auftretens eines Aktionspotenzials und dem Zeitpunkt, zu dem das nächste im Axon generiert werden kann. Da die Refraktärphase bei den meisten Neuronen etwa 1 ms beträgt, liegt die obere

Grenze der Feuerrate eines Neurons bei etwa 500–800 Nervenimpulsen/s.

Eine weitere wichtige Eigenschaft von Aktionspotenzialen zeigt sich zu Beginn jeder der 3 Aufzeichnungen in ◼ Abb. 2.4. Wie Sie sehen, treten Aktionspotenziale bereits vor der Stimulation des Rezeptors auf. Dieses Feuern in Abwesenheit von Reizen aus der Umwelt bezeichnet man als **Spontanaktivität**. Diese Spontanaktivität bildet ein Grundniveau der Feuerrate für das jeweilige Neuron. Eine Stimulation bewirkt gewöhnlich eine Feuerrate über dem Grundniveau der Spontanaktivität, kann aber in bestimmten Fällen auch zu einer Absenkung unter dieses Niveau führen, wie wir noch sehen werden.

2.1.3 Chemische Grundlage von Aktionspotenzialen

Was verursacht die raschen Veränderungen der elektrischen Potenziale entlang eines Axons? Da es sich um elektrische Signale handelt, liegt es nahe, an die Signalübertragung in Überlandleitungen oder Elektrokabeln im Haushalt zu denken. Aber bei Aktionspotenzialen wird die Elektrizität nicht

Methode 2.1

Einzelzellableitung

Das Verfahren zur Messung elektrischer Signale in einem einzelnen Neuron illustriert ◘ Abb. 2.2. Man verwendet 2 Mikroelektroden: eine *Signalelektrode*, deren Spitze in das Neuron reicht[1], und eine *Referenzelektrode* (auch *Nullelektrode* genannt), die in einem gewissen Abstand positioniert wird, sodass sie durch die elektrischen Signale des Neurons nicht beeinflusst wird (◘ Abb. 2.2a). Beide Elektroden sind mit einem Messgerät verbunden, das die durch elektrische Ladungen erzeugten Spannungsunterschiede zwischen den beiden Elektrodenspitzen misst. Das Ergebnis wird auf einem Bildschirm wie in ◘ Abb. 2.3 angezeigt – auf diesem Bildschirm sind elektrische Signale zu sehen, die in einer typischen Labormessung bei einem einzelnen Neuron aufgezeichnet wurden.

◘ **Abb. 2.3** Darstellung der elektrischen Signale, die bei einem einzelnen Neuron gemessen wurden, auf dem Bildschirm eines Oszilloskops. Das Signal gibt die Potenzialdifferenz zwischen 2 Elektroden anhand der gemessenen Spannungsdifferenz wieder, wobei das Oszilloskop den zeitlichen Verlauf dieser Differenz aufzeichnen kann. Auf dem Bildschirm überlagern sich viele Signale zu einer kräftigen Signalspur. Fotografiert in Tai Sing Lee's Labor an der Carnegie Mellon University. (© Bruce Goldstein)

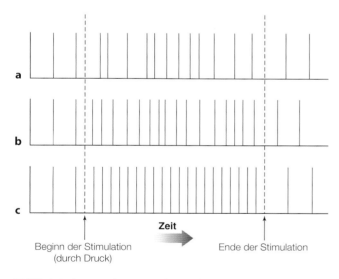

◘ **Abb. 2.4** Antwort einer Nervenfaser auf **a** leichte, **b** mittlere und **c** starke Stimulation. Die Steigerung der Stimulusintensität erhöht sowohl die *Feuerrate* als auch die Regelmäßigkeit, mit der dieses Neuron feuert, sie hat jedoch keinen Einfluss auf die Stärke der Aktionspotenziale

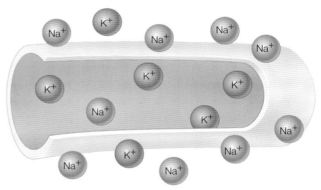

◘ **Abb. 2.5** Schematischer Querschnitt durch eine Nervenfaser: Außerhalb der Faser herrscht eine hohe Konzentration von Natriumionen (Na^+), innerhalb eine hohe Konzentration von Kaliumionen (K^+). Andere noch vorhandene Ionen wie negativ geladene Chloridionen (Cl^-) sind nicht dargestellt

in einer trockenen Umgebung wie bei elektrischen Leitungen erzeugt, sondern im nassen Milieu unseres Körpers.

---

1 In der Praxis werden die meisten Aufzeichnungen mit der Elektrodenspitze unmittelbar außerhalb des Neurons durchgeführt, da es schwierig ist, die Elektroden in das Neuron einzubringen, besonders bei sehr kleinen Neuronen. Wenn die Elektrodenspitze jedoch nahe genug am Neuron ist, kann die Elektrode die vom Neuron erzeugten elektrischen Signale erfassen.

Der Schlüssel zum Verständnis der „nassen" elektrischen Signale von Neuronen liegt in der Beschaffenheit der flüssigen Umgebung des Neurons. Neuronen sind in eine Lösung eingebettet, die reich ist an **Ionen** (elektrisch geladenen Molekülen; ◘ Abb. 2.5). Ionen entstehen, wenn Moleküle Elektronen hinzugewinnen oder verlieren, wie es auch geschieht, wenn sich chemische Verbindungen in Wasser lösen. Gibt man beispielsweise Kochsalz (Natriumchlorid, NaCl) in Wasser, so entstehen positiv geladene Natriumionen (Na^+) und negativ geladene Chloridionen (Cl^-). Die Lösung außerhalb des Axons eines Neurons ist reich an positiv geladenen Natriumionen (Na^+), während die Lösung innerhalb des Axons reich an positiv geladenen Kaliumionen (K$^+$) ist. Diese Verteilung der Ionen über die Membran des nicht erregten Neurons ist sowohl für die Aufrechterhaltung des Ruhepotenzials von −70 mV als auch für das Auslösen des Aktionspotenzials von Bedeutung.

Sie können sich nun vorstellen, wie diese Ionen zu einem Aktionspotenzial führen, indem Sie die Vorgänge vom Beobachtungsstandpunkt der Signalelektrode aus betrachten (◘ Abb. 2.6a). Alles ist ruhig, bis eingehende Signale von anderen Neuronen ein Aktionspotenzial auslösen, das am Axon entlangschießt. Während es sich nähert, beginnen immer mehr positiv geladene Natriumionen (Na$^+$-Ionen) durch die Membran ins Innere des Axons zu strömen (◘ Abb. 2.6b), weil sich in der Membran Kanäle öffnen, die selektiv Na$^+$-Ionen über die Membran auf die Innenseite des Axons passieren lassen. Mit dem Öffnen der Natriumkanäle steigt die selektive Durchlässigkeit oder **Permeabilität** der Membran für die Na$^+$-Ionen deutlich an. In diesem Fall ist die Permeabilität selektiv – die Membran ist für ganz bestimmte Ionen (Na$^+$-Ionen) durchlässig, aber nicht für andere. Das Einströmen der positiv geladenen Na$^+$-Ionen führt zu einem Ladungsanstieg im Inneren des Axons, was das Ruhepotenzial von −70 auf +40 mV steigen lässt. Eine Zunahme der positiven Ladung im Inneren des Neurons wird als **Depolarisation** bezeichnet. Diese schnelle und steile Depolarisation von −70 auf +40 mV während eines Aktionspotenzials ist die **Anstiegsphase des Aktionspotenzials** (◘ Abb. 2.6b).

Im weiteren Verlauf ist am Ort der Elektrode zu beobachten, dass sich bei einem Potenzial von +40 mV im Inneren des Neurons die Natriumkanäle schließen (und die Membran für Na$^+$-Ionen undurchlässig wird). Gleichzeitig öffnen sich die Kaliumkanäle (und die Membran wird für Ka$^+$-Ionen durchlässig). Weil sich mehr Ka$^+$-Ionen innerhalb des Neurons als außerhalb befinden, strömen positiv geladene Ka$^+$-Ionen aus dem Axon, wenn sich die Kanäle öffnen, und lassen die Ladung und das Potenzial im Inneren sinken. Ein Anstieg der negativen Ladung im Innern des Neurons wird als **Hyperpolarisation** bezeichnet. Mit der Hyperpolarisation von +40 mV zurück auf −70 mV (◘ Abb. 2.6c) wird wieder das Ruhepotenzial erreicht, und der Kaliumstrom endet (◘ Abb. 2.6d). Das bedeutet, dass das Aktionspotenzial beendet ist und sich das Neuron wieder im Ruhezustand befindet. Wenn Studierende diese Beschreibung des Einströmens von Na$^+$-Ionen in

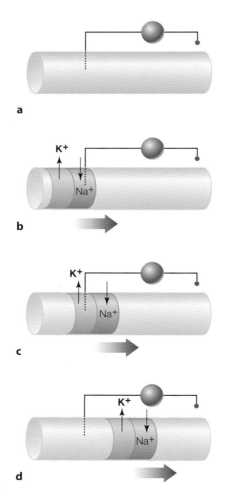
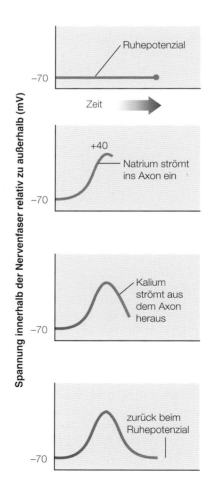

◘ **Abb. 2.6** Die Erzeugung eines Aktionspotenzials durch Natrium- und Kaliumionen (Na$^+$- und K$^+$-Ionen). **a** Solange sich die Nervenfaser im Ruhezustand befindet, gibt es keinen Ionenstrom und es wird das Ruhepotenzial von −70 mV gemessen. **b** Sobald jedoch ein Aktionspotenzial eintrifft, kommt es zum Ein- und Ausströmen von Ionen. Zunächst strömen positiv geladene Na$^+$-Ionen in das Axon ein, was zu einer Zunahme der positiven Ladung und des Potenzials im Inneren des Neurons führt (Anstiegsphase des Aktionspotenzials). **c** Dann strömen positiv geladene Ka$^+$-Ionen aus dem Inneren des Neurons nach außen und senken so die positive Ladung und das Potenzial im Inneren (Abklingen des Aktionspotenzials). **d** Wenn das Aktionspotenzial die Signalelektrode passiert hat, wird wieder das Ruhepotenzial erreicht

das Innere des Axons und des Ausströmens von K⁺-Ionen aus dem Axon gelesen haben, fragen sie sich oft, ob sich nicht Natrium im Inneren und Kalium außerhalb des Axons ansammeln müsste. Diese Ansammlung wird durch einen Mechanismus namens *Natrium-Kalium-Pumpe* verhindert, der fortwährend Natrium aus dem Axon heraus und Kalium in das Axon hinein befördert, wodurch die Konzentrationen von Natrium und Kalium auf dem ursprünglichen Niveau gehalten werden und das Axon weiterhin Aktionspotenziale bilden kann.

2.1.4 Informationsübertragung am synaptischen Spalt

Wir haben gesehen, dass die Aktionspotenziale, die durch Natrium- und Kaliumströme hervorgerufen werden, entlang des Axons mit unverminderter Stärke fortgeleitet werden. Was geschieht aber, wenn ein Aktionspotenzial am Ende des Axons ankommt? Wie wird die darin transportierte Nachricht an andere Neuronen übertragen? Das Problem dabei ist, dass es einen sehr kleinen Spalt zwischen den Neuronen gibt, der als **Synapse** bezeichnet wird (◘ Abb. 2.7). Die Entdeckung des synaptischen Spalts warf die Frage auf, wie die von einem Neuron erzeugten elektrischen Signale den Zwischenraum überwinden, der die Neuronen trennt. Wie wir sehen werden, liegt die Antwort darauf in einem bemerkenswerten chemischen Prozess, in den Moleküle, *Neurotransmitter* genannt, einbezogen sind.

Im frühen 20. Jahrhundert wurde entdeckt, dass die Aktionspotenziale selbst die Synapse nicht überschreiten. Stattdessen setzen sie einen chemischen Prozess in Gang, der am Ende des präsynaptischen Axons zur Freisetzung sogenannter **Neurotransmitter** führt, die in kleinen Bläschen, den synaptischen Vesikeln, im präsynaptischen Neuron gespeichert sind (◘ Abb. 2.7b). Die Neurotransmittermoleküle fließen durch den synaptischen Spalt zu **Bindungsstellen** am postsynaptischen Neuron, die auf bestimmte Neurotransmitter reagieren. Diese Rezeptoren existieren in vielen verschiedenen Formen, die den Formen bestimmter Neurotransmittermoleküle entsprechen (◘ Abb. 2.7c). Wenn ein Neurotransmitter auf einen Rezeptor mit der passenden Form trifft, aktiviert er diesen und löst dadurch eine Potenzialänderung im postsynaptischen Neuron aus. Ein Neurotransmitter ist daher wie ein Schlüssel, der nur in ein bestimmtes Schloss passt. Er wirkt nur dann auf das postsynaptische Neuron, wenn seine Form der des Rezeptors des postsynaptischen Neurons entspricht.

An der Synapse setzt also ein elektrisches Signal einen chemischen Prozess in Gang, der wiederum ein neues elektrisches Signal im postsynaptischen Neuron auslöst. Die Beschaffenheit dieses Signals hängt von der Art des

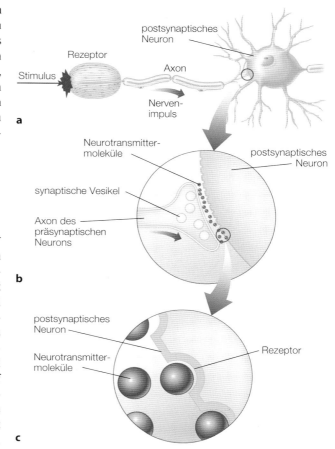

◘ **Abb. 2.7** Die synaptische Übertragung von einem Neuron auf ein anderes. **a** Ein Signal breitet sich durch das Axon eines Neurons aus und erreicht die Synapse an dessen Ende. **b** Der ankommende Nervenimpuls löst in den synaptischen Vesikeln des präsynaptischen Neurons die Freisetzung von Neurotransmittermolekülen (*rot*) aus. **c** Die Neurotransmittermoleküle passen in Rezeptoren am postsynaptischen Neuron und bewirken dort eine Potenzialänderung

ausgeschütteten Transmitters und der Beschaffenheit der Rezeptoren des postsynaptischen Neurons ab. An diesen Rezeptoren können 2 Antwortmuster auftreten: *exzitatorische Potenziale*, die erregend wirken, oder *inhibitorische*, die hemmen. Eine **exzitatorische Antwort** tritt auf, wenn das Neuron depolarisiert wird und so das Innere des Neurons positiver wird. ◘ Abb. 2.8a verdeutlicht diesen Effekt. Beachten Sie jedoch, dass diese Antwort erheblich schwächer ist als die Depolarisierung, die bei einem Aktionspotenzial abläuft. Um eine Depolarisation auf einem zur Erzeugung von Aktionspotenzialen im postsynaptischen Neuron hinreichenden Niveau zu erreichen (gestrichelte Linie in ◘ Abb. 2.8), muss die exzitatorische Antwort demnach stark genug sein.

Wie kann das postsynaptische Neuron einen so hohen Erregungszustand erreichen? Dazu ist in der Regel mehr als nur eine exzitatorische Antwort an einer einzelnen Synap-

2

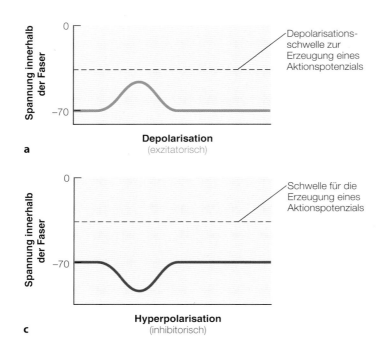

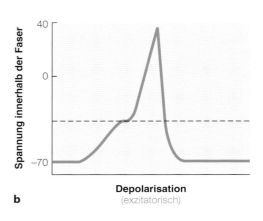

◧ Abb. 2.8 a Exzitatorische (erregende) Transmitter führen zu einer De-polarisation – im Neuron steigt das Potenzial durch Zunahme der positiven Ladungen an. **b** Sobald die Depolarisation eine bestimmte Schwelle er-reicht, die hier durch eine *gestrichelte Linie* gekennzeichnet ist, wird ein Aktionspotenzial angestoßen (getriggert). **c** Inhibitorische (hemmende) Transmitter führen zur Hyperpolarisation – im Neuron sinkt das Poten-zial wegen der Zunahme negativer Ladungen unter das Ruhepotenzial

se nötig. Dies ist beispielsweise dann der Fall, wenn eine große Menge von Neurotransmittern von einer Vielzahl präsynaptischer Neuronen gleichzeitig die Rezeptorstellen des empfangenden Neurons erreichen. Sobald die daraus resultierende Depolarisation stark genug ist, wird ein Akti-onspotenzial ausgelöst (◧ Abb. 2.8b). Diese Depolarisation ist eine **exzitatorische Antwort**, da die Potenzialänderung in die positive Richtung verläuft und so das Aktionspoten-zial „triggert".

Eine **inhibitorische Antwort** tritt auf, wenn das In-nere des postsynaptischen Neurons negativer wird, was als **Hyperpolarisation** bezeichnet wird. ◧ Abb. 2.8c ver-anschaulicht diesen Effekt. Hyperpolarisation ist eine in-hibitorische Antwort, da sie verhindern kann, dass die Depolarisation das für die Erzeugung von Aktionspoten-zialen notwendige Ausmaß erreicht.

Wir können diese Beschreibung der Effekte exzitatori-scher und inhibitorischer Transmitter wie folgt zusammen-fassen: Die Freisetzung exzitatorischer Transmitter erhöht die Wahrscheinlichkeit dafür, dass dieses Neuron Aktions-potenziale erzeugen wird, und ist mit hohen Feuerraten assoziiert. Im Gegensatz dazu senkt die Freisetzung in-hibitorischer Transmitter die Wahrscheinlichkeit, dass das betreffende Neuron Aktionspotenziale erzeugen wird, und geht mit der Absenkung von Feuerraten einher. Da ein typisches Neuron ständig beidem ausgesetzt ist, exzitatori-schen *und* inhibitorischen Transmittern, ist seine Antwort vom Zusammenspiel von Exzitation und Inhibition – al-so Erregung und Hemmung – abhängig (◧ Abb. 2.9). In ◧ Abb. 2.9a ist die Exzitation erheblich größer als die In-hibition, was zu einer hohen Feuerrate führt. Sobald jedoch die Inhibition stärker wird, während sich die Exzitation abschwächt, fällt die Feuerrate ab: In ◧ Abb. 2.9e ist die Feuerrate durch die Inhibition unter das Niveau der Spon-tanaktivität auf null gesunken.

Warum gibt es Inhibition? Wenn eine der Funktio-nen eines Neurons darin besteht, Informationen an andere Neuronen zu senden, weshalb sollten Aktionspotenziale in einem Neuron dann einen Prozess in Gang setzen, der die Feuerrate im nächsten Neuron reduziert oder ganz elimi-niert? Die Antwort lautet, dass die Funktion von Neuronen in der Übermittlung von Informationen *und* in deren Ver-arbeitung besteht und dass sowohl exzitatorische als auch inhibitorische Prozesse für diese Verarbeitung notwendig sind. In ▶ Kap. 3 werden wir sehen, wie exzitatorische und auch inhibitorische Prozesse zu diesen Verarbeitungspro-zessen beitragen.

2.2 Sensorische Codierung: Wie Neuronen Information repräsentieren

Nachdem wir nun die Grundlagen der neuronalen Funk-tionsweise kennengelernt haben, können wir einen Schritt weitergehen und uns damit beschäftigen, wie diese neuro-nalen Prozesse die Wahrnehmung steuern. Wie kommt es,

Erregung stärker (exzitatorisch)

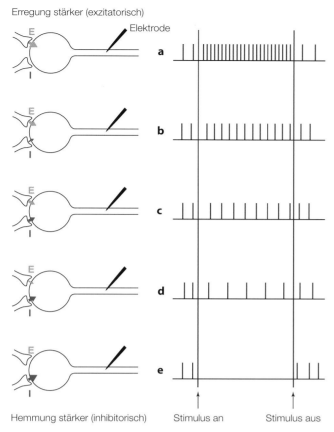

Hemmung stärker (inhibitorisch)　　Stimulus an　　Stimulus aus

☐ Abb. 2.9 Die Wirkung von exzitatorischen (*E*) und inhibitorischen (*I*) Eingangssignalen auf die Feuerrate eines Neurons. Die Stärke des exzitatorischen bzw. inhibitorischen Inputs ist jeweils durch die Größe der *Pfeile* an der Synapse dargestellt. Die von einer Elektrode aufgezeichneten Antworten des Neurons sind *rechts* wiedergegeben. Vor dem Einsetzen des Stimulus entspricht die Feuerrate der Spontanaktivität des Neurons. **a** Das Neuron erhält nur exzitatorischen Input und feuert mit hoher Rate. **b–e** Die Menge des exzitatorischen Transmitters nimmt ab, während die des inhibitorischen steigt. Mit zunehmender Inhibition im Verhältnis zur abnehmenden Exzitation sinkt die Feuerrate, bis sie auf null (unter die Spontanaktivität) abfällt

dass ein Neuron Informationen „repräsentiert", etwa den Geschmack von Salz in Ihrem Eintopf? Gibt es in Ihrem Gehirn ein „Salzneuron", das nur als Antwort auf Salz feuert und so bewirkt, dass Sie „Salzigkeit" wahrnehmen?

Oder ergibt sich aus dem Muster, mit dem eine Neuronengruppe in einem Gehirnareal oder vielleicht in vielen Hirnarealen feuert, unsere Wahrnehmung von Salzigkeit? Das Problem der neuronalen Repräsentation der Sinnesorgane wurde als Problem der sensorischen Codierung definiert, wobei sich die sensorische Codierung darauf bezieht, wie Neuronen verschiedene Merkmale der Umwelt repräsentieren.

2.2.1　Einzelzellcodierung

Eine Möglichkeit, wie Neuronen sensorische Informationen repräsentieren können, wird durch das obige Beispiel des „Salzneurons" demonstriert – die Vorstellung, dass ein Neuron eine Wahrnehmungserfahrung repräsentieren kann, wie etwa den Geschmack von Salz. Diese Vorstellung eines spezialisierten Neurons, das nur auf ein Konzept oder einen Reiz reagiert, wird **Einzelzellcodierung** genannt. Ein Beispiel für Einzelzellcodierung aus dem Bereich des Sehsinns wird in ☐ Abb. 2.10 dargestellt, die zeigt, wie 10 verschiedene Neuronen auf 3 verschiedene Gesichter reagieren (die tatsächlichen Feuerraten sind dabei irrelevant; sie dienen lediglich als Beispiel). Nur Neuron 4 antwortet auf Bills Gesicht, nur Neuron 9 auf das von Mary und nur Neuron 6 auf Raphaels Gesicht. Beachten Sie, dass das auf Bill spezialisierte Neuron nur auf Bill anspricht und nicht auf Marys oder Raphaels Gesicht. Darüber hinaus würde kein anderes Gesicht oder Objekt das „Bill-Neuron" beeinflussen – es antwortet nur auf Bills Gesicht.

Diese Annahme, dass ein bestimmtes Neuron nur einen spezifischen Reiz oder ein Konzept repräsentieren kann, stammt aus den 1960er-Jahren (Konorski, 1967; siehe auch Barlow, 1972; Gross, 2002). Zu dieser Zeit stellte Lettvin augenzwinkernd die These auf, Neuronen könnten so spezialisiert sein, dass es in Ihrem Gehirn ein Neuron geben könnte, das nur auf einen spezifischen Reiz, z. B. auf Ihre Großmutter reagiert. Dieser hoch spezialisierte Zelltyp, die **Großmutterzelle**, wie Lettvin sie nannte, würde auf Ihre Großmutter reagieren … „ob lebendig oder ausgestopft, von vorne oder hinten gesehen, auf dem Kopf oder in der Diagonale, ob als Karikatur, Fotografie oder Abstraktion" (Lettvin, zitiert in Gross, 2002). Laut Lettvin könnte schon allein der Gedanke an Ihre Großmutter, nicht nur der visuelle Reiz, Ihre Großmutterzelle feuern lassen. Mit dieser Argumentation hätten Sie auch eine „Großmutterzelle" für jedes Gesicht, jeden Reiz und jedes Konzept, das Ihnen jemals begegnet ist – ein spezielles Neuron für Ihren Professor, eines für Ihren besten Freund, eines für Ihren Hund und so weiter. Vielleicht haben Sie sogar Großmutterzellen, die auf spezifische Informationen in anderen Sinnesbereichen reagieren, beispielsweise ein Neuron für jedes Lied, das Sie kennen, oder für jedes Essen, das Sie zu sich genommen haben. Wäre es möglich, dass wir so spezifische Repräsentationen von Reizen und Konzepten haben, die uns begegnet sind?

Erkenntnisse, die einen gewissen Einblick in diese Frage geben, lieferten R. Quian Quiroga et al. (2005, 2008), die bei chirurgischen Eingriffen im Temporallappen von Epilepsiepatienten Einzelzellableitungen durchführten (wie sie vor und während solcher neurochirurgischen Eingriffe üblich sind, um bei dem jeweiligen Patienten für das individuelle Gehirn eine Art Lageplan zu erstellen). Diesen Patienten wurden Bilder von berühmten Persönlichkeiten aus verschiedenen Blickwinkeln und von Gebäuden

◻ **Abb. 2.10** Einzelzellcodierung. Jedes Gesicht führt bei
einem anderen Neuron zum Feuern. Das Feuern von Neuron 4
signalisiert „Bill", Neuron 9
signalisiert „Mary", Neuron 6
signalisiert „Raphael"

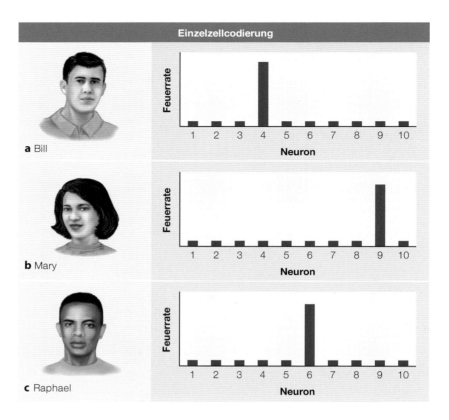

und Tieren präsentiert, um zu untersuchen, wie die Neuronen darauf reagierten. Es überrascht nicht, dass eine Reihe
von Neuronen auf manche dieser Reize reagierten. Überraschend war jedoch, dass einige Neuronen nur auf verschiedene Bilder einer einzigen Person oder eines Gebäudes
reagierten oder auch auf verschiedene Darstellungsformen,
die diese Person oder dieses Gebäudes repräsentierten.

◻ Abb. 2.11 zeigt z. B. ein bestimmtes Neuron, das
selektiv durch Fotos des in den USA populären Schauspielers Steve Carell zum Feuern gebracht wurde, aber nicht
auf Gesichter anderer Personen antwortete (Quiroga et al.,
2008). Es wurden auch Neuronen entdeckt, die nur auf die
Schauspielerin Halle Berry reagierten, auf Bilder von ihr
aus verschiedenen Filmen, eine Skizze von ihr und sogar
nur auf die Worte „Halle Berry" (Quiroga et al., 2005).
Diese Neuronen reagierten also nicht nur auf den visuellen Reiz des Gesichts der berühmten Person, sondern auch
auf das Konzept dieser bestimmten Person. Gleichermaßen
wurden andere Neuronen gefunden, die nur auf bestimmte Gebäude, wie das Opernhaus von Sydney reagierten
und nicht auf andere Gebäude oder Objekte, was darauf
hindeutet, dass es diese spezifischen Zellen nicht nur für
Menschen, sondern auch für Objekte gibt.

An dieser Stelle könnte man meinen, die Studie von
Quiroga et al. (2005, 2008) liefere Beweise für Großmutterzellen. Immerhin reagierten diese Neuronen auf hochspezi-
fische Reize! Dieser Befund scheint zwar mit der Theorie
von Großmutterzellen *im Einklang zu stehen*, ist aber *kein*

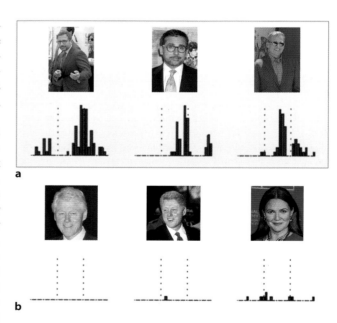

◻ **Abb. 2.11** Aufzeichnung der Aktivität eines Neurons im Temporallappen, das auf Fotos von Steve Carell – ähnlich den hier gezeigten (**a**) –
mit Feuern antwortet, bei Bildern anderer allgemein bekannten Personen
jedoch nicht reagiert (**b**). (Aus Quiroga et al., 2008. Reprinted with permission from Elsevier. Fotos v.l.n.r., v.o.n.u.: © Kazuki Hirata/Newscom/
HNW-Photo.com/picture alliance; © Dennis Van Tine/Geisler-Fotopress/
picture alliance; © JIM RUYMEN/newscom/picture alliance; © Â© Cor-
redor99/MediaPunch/picture alliance; © Photoshot/picture alliance; ©
NurPhoto/Image Press Agency/picture alliance)

Abb. 2.12 Sparsame Codierung. Jedes Gesicht wird durch ein bestimmtes Aktivitätsmuster einer kleinen Gruppe von Neuronen repräsentiert. So signalisiert das von den Neuronen 2, 3, 4 und 7 erzeugte Muster „Bill" (**a**), das von 4, 6 und 7 erzeugte Muster „Mary" (**b**), und das von 1, 2 und 4 erzeugte Muster „Raphael" (**c**)

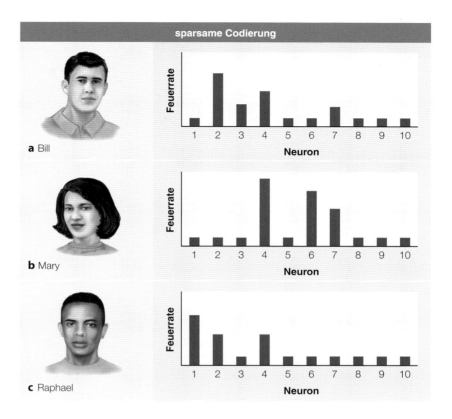

Beweis dafür, dass sie existieren. Sogar die Forscher selbst sagen, dass ihre Studie nicht unbedingt die Vorstellung von Großmutterzellen unterstützt. Quiroga et al. weisen darauf hin, dass sie nur 30 min Zeit hatten, um einzelne Neuronen abzuleiten, und sie vermutlich bei einer längeren Messzeit weitere Gesichter, Orte oder Objekte gefunden hätten, auf die dieses spezifische Neuron antwortet. Mit anderen Worten: Das „Steve-Carell-Neuron" könnte tatsächlich auch auf andere Gesichter oder Objekte reagiert haben, wenn mehr Optionen getestet worden wären.

Tatsächlich wird die Theorie der Großmutterzellen von Neurowissenschaftlern heutzutage in der Regel nicht anerkannt, da es keine schlüssigen Beweise gibt und sie biologisch unplausibel ist. Haben wir wirklich ein definiertes Neuron, um jedes einzelne Konzept, das uns begegnet, zu repräsentieren? Das ist unwahrscheinlich, wenn man bedenkt, wie viele Neuronen dafür erforderlich wären. Eine Alternative zum Konzept der Einzelzellcodierung ist die Annahme, dass bei der Repräsentation einer Wahrnehmungserfahrung eher eine Reihe von Neuronen als ein einziges beteiligt sind.

rung besteht darin, dass ein bestimmter Reiz durch ein Aktivitätsmuster von nur einer kleinen Gruppe von Neuronen repräsentiert wird, wobei die Mehrheit der Neuronen stumm bleibt. Um auf unser Beispiel mit den Gesichtern als Stimuli zurückzukommen, wie in ◘ Abb. 2.12 dargestellt, sollte bei der sparsamen Codierung Bills Gesicht durch das Feuern einiger weniger Neuronen (Neuron 2, 3, 4 und 7; ◘ Abb. 2.12a) repräsentiert werden, Marys Gesicht durch die Aktivität anderer Neuronen (Neuron 4, 6 und 7; ◘ Abb. 2.12b) und Raphaels Gesicht durch ein wieder anderes Muster einer dritten Neuronengruppe (Neuron 1, 2 und 4, ◘ Abb. 2.12c). Beachten Sie, dass ein einzelnes Neuron auf mehr als einen spezifischen Stimulus antwortet. Beispielsweise feuert Neuron 4 bei allen 3 Gesichtern, allerdings bei Marys Gesicht am stärksten.

Es gibt Hinweise darauf, dass bei der Repräsentation von Objekten im visuellen System oder von Tönen im auditorischen System oder auch von Düften im olfaktorischen System die Codierung durch das Aktivitätsmuster einer kleinen Gruppe von Neuronen erfolgt, so wie man es bei sparsamer Codierung erwartet (Olshausen & Field, 2004).

2.2.2 Sparsame Codierung

In ihrem Artikel von 2008 vertraten Quiroga et al. die Ansicht, dass ihre Ergebnisse eher eine *sparsame Codierung* als eine Einzelzellcodierung nahelegen. **Sparsame Codie-**

2.2.3 Populationscodierung

Während man bei der sparsamen Codierung davon ausgeht, dass der neuronalen Repräsentation das Aktivitätsmuster einer *kleinen* Zahl von Neuronen zugrunde liegt, wird bei

◘ Abb. 2.13 Populationscodierung. Jedes Gesicht wird durch ein bestimmtes Aktivitätsmuster einer großen Gruppe von Neuronen repräsentiert

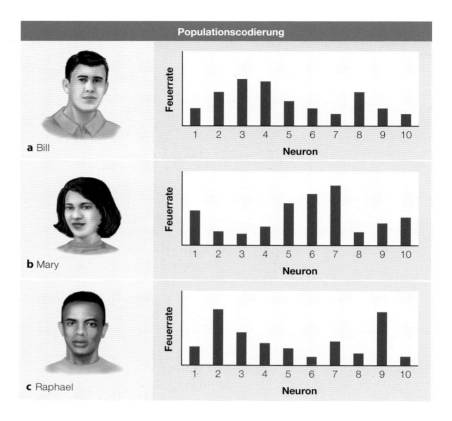

der Populationscodierung davon ausgegangen, dass unsere Erfahrungen durch das Aktivitätsmuster einer *großen* Zahl von feuernden Neuronen repräsentiert werden. Demnach wird Bills Gesicht durch das Muster der Feuerraten in ◘ Abb. 2.13a repräsentiert, Marys Gesicht durch ein anderes Muster (◘ Abb. 2.13b) und Raphaels Gesicht durch ein drittes Muster (◘ Abb. 2.13c). Ein Vorteil dieser über viele Neuronen verteilten Codierung besteht darin, dass sich so viele Reize codieren lassen, weil große Gruppen von Neuronen überaus viele verschiedene Muster erzeugen können. Wie wir in den nächsten Kapiteln sehen werden, spricht vieles für eine Populationscodierung bei allen unseren Sinneswahrnehmungen und auch bei anderen kognitiven Funktionen.

Wir können nun als Teil einer Antwort auf die Frage, wie das Feuern der Neuronen die Wahrnehmung repräsentieren kann, Folgendes festhalten: Wahrnehmungen – z. B. der Duft von Essen oder das Aussehen der Gegenstände auf dem Tisch vor Ihnen – werden durch die Aktivitätsmuster verschiedener Gruppen von Neuronen repräsentiert. Manchmal sind diese Gruppen klein (sparsame Codierung), manchmal groß (Populationscodierung).

Übungsfragen 2.1

1. Beschreiben Sie den Grundaufbau eines Neurons.
2. Beschreiben Sie, wie sich elektrische Signale eines einzelnen Neurons aufzeichnen lassen.
3. Was sind die Grundmerkmale eines Aktionspotenzials?
4. Beschreiben Sie, was passiert, wenn ein Aktionspotenzial über ein Axon geleitet wird. Geben Sie bei Ihrer Beschreibung an, wie sich Ladung und Potenzial auf der Innenseite der Faser verändern und wie diese Veränderungen mit dem Ein- und Ausströmen von Ionen durch die Membran zusammenhängen.
5. Wie werden elektrische Signale von einem Neuron zum anderen übermittelt? Vergewissern Sie sich, dass Sie den Unterschied zwischen exzitatorischen und inhibitorischen Antworten verstanden haben.
6. Was ist eine Großmutterzelle? Beschreiben Sie, wie Quiroga und Kollegen ihre Experimente mit Einzelableitungen von Neuronen bei chirurgischen Eingriffen an Epilepsiepatienten durchgeführt haben.
7. Was ist der sensorische Code? Beschreiben Sie Einzelzellcodierung, sparsame Codierung und Populationscodierung. Welche Codierungstypen sind bei sensorischen Systemen am wahrscheinlichsten?

2.3 Das Gesamtbild: Repräsentation im Gehirn

Bisher haben wir uns in diesem Kapitel hauptsächlich damit beschäftigt, wie neuronales Feuern die Informationen „repräsentiert", die es in der Welt gibt, z. B. ein Gesicht. Aber wie wir im Laufe dieses Buches bei der Untersuchung der einzelnen Sinne sehen werden, geht die Wahrnehmung über einzelne Neuronen oder sogar Neuronengruppen hinaus. Um ein umfassenderes Bild von der Physiologie der Wahrnehmung zu erhalten, müssen wir unsere Betrachtung über die Neuronen hinaus erweitern und auch die Repräsentation im Gehirn weiter fassen, indem wir die verschiedenen Hirnareale und die Verbindungen zwischen diesen Bereichen mit einbeziehen.

2.3.1 Von der Funktion zur Struktur

Wie lassen sich Wahrnehmungsfunktionen wie das Wahrnehmen von Gesichtern der Gehirnstruktur zuordnen? Die allgemeine Frage, wie man verschiedene Funktionen auf verschiedenen Hirnarealen abbilden kann, lässt sich bis in das 18. Jahrhundert zurückverfolgen, als der deutsche Physiologe Franz Joseph Gall und sein Kollege Johann Spurzheim Gefängnisinsassen und Patienten aus psychiatrischen Anstalten für ihre Versuche rekrutierten. Gall glaubte, einen Zusammenhang zwischen der Schädelform eines Menschen und seinen Fähigkeiten und Eigenschaften gefunden zu haben, die er „geistige Eigenschaften" nannte. Auf der Grundlage seiner Beobachtungen kam Gall zu der Erkenntnis, dass es etwa 35 verschiedene geistige Eigenschaften gäbe, die sich anhand der Wölbungen und Dellen auf dem Schädel eines Menschen verschiedenen Hirnarealen zuordnen lassen, wie in ▫ Abb. 2.14 dargestellt. Diesen Ansatz bezeichnete Spurzheim als **Phrenologie**. Eine Erhebung am Hinterkopf kann z. B. bedeuten, dass Sie ein liebevoller Mensch sind, während eine Wölbung an der Seite bedeutet, dass Sie eine gute musikalische Wahrnehmung haben.

Obwohl die Phrenologie inzwischen als überholt gilt, war sie der erste Ansatz, der verschiedene Funktionen verschiedenen Bereichen des Gehirns zuordnete – ein Konzept, das nach wie vor kontrovers diskutiert wird. Die Vorstellung, dass bestimmte Hirnareale darauf spezialisiert sind, auf bestimmte Arten von Reizen oder Funktionen zu reagieren, wird als **Modularität** und jeder spezifische Bereich als **Modul** bezeichnet.

Frühe Erkenntnisse über die Modularität von Funktionen stammen aus Fallstudien von Menschen mit Hirnschäden. Eine wichtige historische Fallstudie wurde von dem französischen Arzt Pierre Paul Broca (1824–1890) erstellt, dem ein Patient mit einem sehr spezifischen Verhaltensdefizit auffiel: Der Patient konnte nur noch die Silbe „tan" sprechen, obwohl sein Sprachverständnis und seine

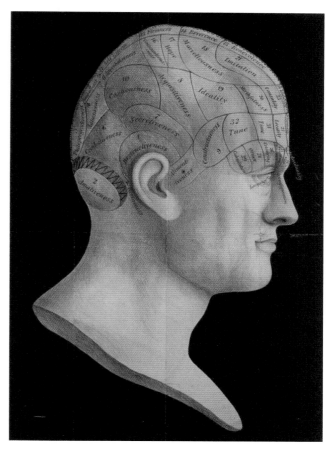

▫ **Abb. 2.14** Zuordnung verschiedener Funktionen zur äußeren Form des Kopfes laut der Phrenologie. (© Library of Congress, Prints & Photographs Division, Reproduction number LC-DIG-pga-07838 [digital file from original item] LC-USZC4-4556 [color film copy transparency] LC-USZCN4-195 [color film copy neg.] LC-USZ62-2550 [b&w film copy neg.])

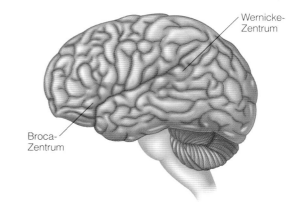

▫ **Abb. 2.15** Broca- und Wernicke-Areal. Das Broca-Areal ist im Frontallappen, das Wernicke-Areal im Schläfenlappen lokalisiert

kognitiven Fähigkeiten intakt zu sein schienen. Die Untersuchung von Tans Gehirns nach seinem Tod ergab, dass er eine Läsion im linken Frontallappen hatte (▫ Abb. 2.15). Bald darauf sah Broca andere Patienten mit ähnlichen

2

Hirnbildgebung (brain imaging)

In den 1980er-Jahren ermöglichte eine Technik namens **Magnetresonanztomografie (MRT)** oder magnetic resonance imaging (MRI), Bilder von Strukturen im Gehirn zu erzeugen. Seitdem hat sich die MRT zu einem Standardverfahren zur Erkennung von Tumoren und anderen Hirnanomalien entwickelt. Diese Technik eignet sich hervorragend, um Hirnstrukturen zu analysieren, sie kann jedoch keine neuronale Aktivität anzeigen. Mithilfe einer anderen Technik, der **funktionellen Magnetresonanztomografie (fMRT)** oder im Englischen functional magnetic resonance imaging (fMRI), können Forscher nun feststellen, wie unterschiedlichste Denkprozesse oder *Funktionen* (daher „funktionelles" MRT), verschiedene Gehirnareale aktivieren. Die fMRT macht sich die Eigenschaft zunutze, dass sich der Blutfluss in den aktivierten Hirnregionen erhöht. Die Messung des Blutflusses erfolgt auf der Grundlage, dass Hämoglobin, das für den Transport von Sauerstoff im Blut verantwortlich ist, ein Eisenatom enthält und daher magnetische Eigenschaften aufweist. Das im Kernspintomografen erzeugte starke Magnetfeld führt dazu, dass sich die Hämoglobinmoleküle im Blut wie winzige Magnete ausrichten. Hirnareale mit höherer Aktivierung verbrauchen mehr Sauerstoff, sodass die Hämoglobinmoleküle etwas von dem transportierten Sauerstoff verlieren. Dies verstärkt die magnetischen Eigenschaften des Hämoglobins, sodass diese Moleküle stärker auf das von außen eingebrachte Magnetfeld reagieren. Das fMRT-Gerät, der sogenannte Scanner, misst die relative Aktivierung verschiedener Gehirnareale anhand der Veränderungen der magnetischen Antwort des Hämoglobins.

Der Versuchsaufbau für eine fMRT-Messung ist in ◻ Abb. 2.16a dargestellt. Die Person ist dabei so positioniert, dass sich ihr Kopf im Scanner befindet. Während sie eine Aufgabe bearbeitet, z. B. bestimmten Geräuschen zu lauschen, wird die Gehirnaktivität aufgezeichnet. Allerdings kann die fMRT-Messung nicht die Aktivität einzelner Neuronen aufzeichnen. Stattdessen werden die kernspintomografischen Bilder von Unterbereichen des Gehirns auf ein einheitliches Maß gebracht, auf sogenannte Voxel, d. h. kleine würfelförmige Bereiche des Gehirns mit einer Seitenlänge von etwa 2 oder 3 mm. Aufgrund ihrer Größe enthält jedes Voxel viele Neuronen. Voxel sind keine Hirnstrukturen, sondern lediglich kleine Analyseeinheiten, die vom fMRT-Scanner erzeugt werden. Voxel kann man sich wie die kleinen quadratischen Pixel vorstellen, aus denen sich das Bild auf dem Computerbildschirm zusammensetzt; da das Gehirn jedoch dreidimensional ist, sind Voxel kleine Würfel anstelle kleiner Quadrate.

◻ Abb. 2.16b zeigt die Befunde eines fMRT-Scans. Eine Zu- oder Abnahme der Gehirnaktivität im Zusammenhang mit kognitiver Tätigkeit wird farblich angezeigt, wobei bestimmte Farben für die Intensität der Aktivierung stehen. In der Regel zeigen „wärmere" Farben wie Rot eine höhere Aktivierung an und „kühlere" wie Blau eine geringere Aktivierung. Werfen Sie einen Blick auf die gepixelte Darstellung des Gehirns in ◻ Abb. 2.16b: Jede dieser kleinen Einheiten ist ein Voxel!

Hier ist zu beachten, dass diese farbliche Unterteilung nicht direkt aus dem Gehirnscan hervorgeht. Sie wird erst durch eine Berechnung ermittelt, bei der die Gehirnaktivität während der kognitiven Aufgabe mit der Basisaktivität (z. B. im Ruhezustand des Teilnehmers) oder der Aktivität bei einer anderen Aufgabe verglichen wird. Die Ergebnisse dieser Berechnung, die eine Zu- oder eine Abnahme der Aktivität in bestimmten Hirnregionen anzeigen, werden dann in farbige Darstellungen wie in ◻ Abb. 2.16b umgewandelt.

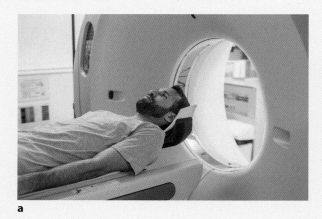

a

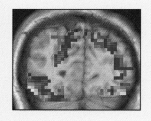

Aktivierung in Prozent

−1   0   +1   +2

b

◻ **Abb. 2.16** **a** Eine Person im fMRT-Scanner. **b** fMRT-Aufzeichnung. Jedes kleine Quadrat steht für ein Voxel. Die Farben zeigen an, ob die Gehirnaktivität in dem jeweiligen Voxel zu- oder abgenommen hat: *Rot* und *Gelb* zeigen eine Zunahme der Gehirnaktivität an, *Blau* und *Grün* eine Abnahme. (a: © LStockStudio/stock.adobe.com; b: Aus Ishai et al., 2000; © Ishai et al., *Journal of Cognitive Neuroscience*, The MIT Press 2000)

Störungen der Sprachproduktion, die eine Schädigung desselben Hirnbereichs aufwiesen. Daraus schloss Broca, dass es sich bei diesem Bereich um den Bereich der Sprachproduktion handeln musste, der nach ihm als **Broca-Areal** benannt wurde. Ein weiterer früher Forscher, Carl Wernicke (1848–1905), identifizierte einen Bereich im Schläfenlappen, der am Sprachverständnis beteiligt war; dieser wurde als **Wernicke-Areal** bekannt (◨ Abb. 2.15).

Das Broca- und das Wernicke-Areal lieferten frühe Beweise für Modularität. Seit Brocas und Wernickes bahnbrechender Pionierarbeit gab es viele weitere Studien, die einen Zusammenhang zwischen dem Ort der Hirnschädigung und bestimmten Auswirkungen auf das Verhalten herstellen konnten – ein Bereich, der heute als **Neuropsychologie** bekannt ist. Wir werden in diesem Buch weitere Beispiele von neuropsychologischen Fallstudien beschreiben und in ▶ Kap. 14 nochmals auf Broca und Wernicke eingehen. Die Neuropsychologie hat zwar Beweise für die Modularität geliefert, die Untersuchung von Patienten mit Hirnschäden ist aber aus mehreren Gründen schwierig, unter anderem weil das Ausmaß der Schädigung bei den Patienten sehr stark variieren kann. Eine Methode zur Untersuchung der Modularität, die eine größere Kontrolle gewährleistet, besteht in der Aufzeichnung von Gehirnreaktionen bei neurologisch normalen Menschen mithilfe von **bildgebenden Verfahren**, die es ermöglichen, Bilder vom Ort der Hirnaktivität zu erstellen.

Viele Forscher haben bildgebende Verfahren eingesetzt, um eine bestimmte Funktion einem spezifischen Bereich des Gehirns zuzuordnen. Ein Beispiel aus der Sprachwahrnehmung (in Anknüpfung an unsere Diskussion über Broca) ist eine Studie von Belin et al. (2000), die der Frage nachgingen, ob es ein Hirnareal gibt, das spezifisch auf das Hören einer Stimme reagiert, im Gegensatz zum Wahrnehmen anderer Geräusche. Die Teilnehmer lagen passiv im fMRT-Scanner und hörten in einigen Versuchsdurchgängen Sprachlaute, in anderen nicht sprachliche Laute wie Umweltgeräusche. Die Ergebnisse der Studie zeigten, dass ein Bereich im Temporallappen – der Sulcus temporalis superior (STS; ◨ Abb. 2.17) – durch Sprachlaute deutlich stärker aktiviert wurde als auf nicht sprachliche Laute. Dieser Bereich wurde aufgrund seiner hoch spezialisierten Reaktion als „Stimmareal" des Gehirns bezeichnet.

Die Tatsache, dass eine bestimmte Funktion – in diesem Fall die Stimmwahrnehmung – in dieser fMRT-Studie einem bestimmten Gehirnareal zugeordnet werden konnte, spricht für eine Modularität der Repräsentation. Im Laufe dieses Buches werden wir viele weitere Beispiele für die Modularität des Gehirns bei anderen Sinnen kennenlernen. In ▶ Kap. 5 werden wir z. B. Forschung behandeln, die darauf hindeutet, dass es für die Wahrnehmung von Gesichtern und für die anderer Objekte jeweils spezifische Hirnareale gibt. Aber wir werden auch erfahren, dass die Repräsentation im Gehirn oft über einzelne Module hinausgeht. Wie wir im Folgenden sehen werden, sind bestimmte

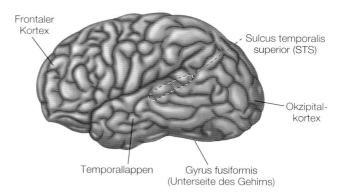

◨ Abb. 2.17 Position des Sulcus temporalis superior (*STS*) im Temporallappen. Hier befindet sich laut einer modularen Sichtweise der Sprachwahrnehmung das „Stimmareal", das vor allem durch gehörte Sprache aktiviert wird

Wahrnehmungen oft mit vernetzten Hirnarealen verbunden, die über den gesamten Kortex verteilt sein können.

2.3.2 Verteilte Repräsentation

Auch heute noch ist das Verständnis vom Gehirn als ein modulares System umstritten (Kanwisher, 2010). Aber seit Ende des 20. Jahrhunderts haben sich Forscher auch mit der Frage befasst, wie multiple Hirnareale zusammenarbeiten. Einer dieser Forscher ist der Kognitionsforscher Geoffrey Hinton, der zusammen mit seinen Kollegen James McClelland und David Rumelhart die These vertrat, dass das Gehirn Informationen in Mustern darstellt, die über den Kortex verteilt sind und sich nicht in einem einzigen Hirnareal befinden. Hierbei handelt es sich um das Konzept der sogenannten **verteilten Repräsentation** (distributed representation; Hinton et al. 1986). Der Ansatz der verteilten Repräsentation legt den Fokus auf die Aktivität in multiplen Hirnarealen und die Verbindungen zwischen diesen Arealen. Hintons lebenslange Arbeit an der verteilten Repräsentation in neuronalen Netzen und deren Modellierung durch Computerprogramme wurde 2018 mit dem Turing Award (auch bekannt als „Nobelpreis für Informatik") ausgezeichnet, ein Zeichen für die herausragende Bedeutung dieses Ansatzes.

Ein Beispiel für eine verteilte Repräsentation ist die Art und Weise, wie das Gehirn auf Schmerz reagiert. Wenn Sie einen schmerzhaften Stimulus erfahren, z. B. durch versehentliches Berühren einer heißen Herdplatte, besteht die Wahrnehmung aus mehreren Komponenten. Sie werden vermutlich gleichzeitig die sensorische Komponente („es fühlt sich brennend heiß an"), eine emotionale Komponente („es ist unangenehm") und eine reflexive motorische Komponente (Sie ziehen die Hand weg) erleben. Diese verschiedenen Aspekte des Schmerzes aktivieren eine Reihe von Strukturen, die über das Gehirn verteilt sind

2

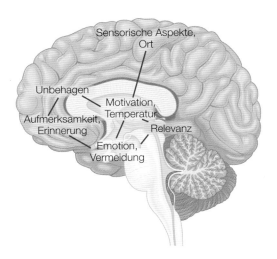

◘ Abb. 2.18 Bereiche, die an der Wahrnehmung von Schmerz beteiligt sind. Jeder Bereich ist für einen anderen Aspekt der Schmerzwahrnehmung zuständig

(◘ Abb. 2.18). Schmerz ist also ein gutes Beispiel dafür, wie ein einziger Reiz eine breit gefächerte Aktivität auslösen kann.

Ein weiteres Beispiel für eine verteilte Repräsentation ist in ◘ Abb. 2.19 dargestellt. ◘ Abb. 2.19a zeigt, dass die maximale Aktivität für Häuser, Gesichter und Stühle in gesonderten Bereichen des Kortex auftritt. Dieser Befund stimmt mit der Vorstellung überein, dass es Bereiche gibt, die auf bestimmte Reize spezialisiert sind. Betrachtet man jedoch ◘ Abb. 2.19b, die die gesamte Aktivität für jede Art von Reiz zeigt, lässt sich erkennen, dass Häuser, Gesichter und Stühle ebenfalls Aktivität in einem großflächigen Bereich des Kortex erzeugen (Ishai et al., 1999, 2000). Die

modulare und verteilte Repräsentation von Objekten werden wir eingehender in ▸ Kap. 5 untersuchen.

2.3.3 Verbindungen zwischen Gehirnarealen

Wir haben gesehen, wie eine bestimmte Wahrnehmungserfahrung mehrere Gehirnareale betreffen kann. Aber was ist mit den Verbindungen zwischen diesen Bereichen? Neuere Forschungen haben gezeigt, dass die Verbindungen zwischen Gehirnarealen für die Wahrnehmung ebenso wichtig sein können wie die Aktivität in jedem dieser Areale allein (Sporns, 2014).

Es gibt 2 verschiedene Ansätze zur Erforschung der Verbindungen zwischen Gehirnarealen. Die strukturelle Konnektivität ist die „Straßenkarte" aus Nervenfasern, die verschiedene Bereiche des Gehirns miteinander verbinden. Die funktionelle Konnektivität ist die mit einer bestimmten Funktion verbundene neuronale Aktivität, die durch dieses strukturelle Netzwerk strömt. Die Unterscheidung zwischen struktureller und funktioneller Konnektivität ist vergleichbar mit der, die wir in Methode 2.2 zu den bildgebenden Verfahren zur Gehirndarstellung beschrieben haben. Hier wird die Gehirnstruktur mit MRT und die Funktionsweise des Gehirns mit der fMRT gemessen.

Strukturelle und funktionelle Konnektivität lassen sich auch auf eine andere Art nachvollziehen. Stellen Sie sich das Straßennetz einer großen Stadt vor. Auf manchen Straßenzügen strömen die Autos in Richtung des Einkaufszentrums außerhalb der Stadt, während auf anderen Straßen die Autos in Richtung des Geschäfts- und Finanzviertels in die Stadt fahren. Eine Personengruppe nutzt die Straßen, um zum Einkaufen zu gelangen, eine andere Gruppe nutzt

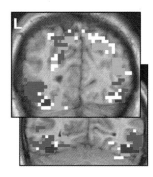
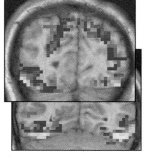
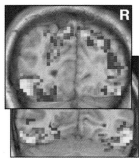

Häuser   Gesichter   Stühle

a Unterscheidung nach Kategorie   **b** Antwortstärke

stärkste Antwort auf:

▨ Häuser   ■ Gesichter
■ Stühle   □ kein Unterschied

Aktivierung (%)

−1   0   +1   +2

◘ Abb. 2.19 fMRT-Reaktionen des menschlichen Gehirns auf Häuser, Gesichter und Stühle. **a** Bereiche, die am stärksten aktiviert werden; **b** alle Bereiche, die von jeder Art von Stimulus aktiviert werden. Das belegt,

dass jede Art von Stimulus eine Vielzahl von Arealen aktiviert. (Aus Ishai et al., 2000; © Ishai et al., *Journal of Cognitive Neuroscience*, The MIT Press 2000; Legende: Bruce Goldstein)

die Straßen, um zur Arbeit zu fahren oder Geschäfte zu erledigen. Die Straßenkarte entspricht dabei den strukturellen Bahnen und Verbindungen des Gehirns und die verschiedenen Bewegungsmuster der funktionellen Konnektivität des Gehirns. So wie verschiedene Teile des Straßennetzes der Stadt daran beteiligt sind, verschiedene Ziele zu erreichen, so sind auch verschiedene Teile des neuronalen Netzes des Gehirns an der Umsetzung verschiedener kognitiver oder motorischer Aufgaben beteiligt.

Eine Möglichkeit zur Messung der funktionellen Konnektivität ist der Einsatz der fMRT zur Messung der Hirnaktivität im Ruhezustand. Um zu verstehen, was das bedeutet, kehren wir zur Methode 2.2, der Hirnbildgebung, zurück. Diese Methode beschreibt die fMRT-Messung, während eine Person eine bestimmte Aufgabe ausführt, z. B. bestimmten Geräuschen zu lauschen. Diese Art von fMRT-Aufnahmen wird **aufgabenbezogene fMRT** genannt. Es ist auch möglich, fMRT-Aufzeichnungen durchzuführen, wenn das Gehirn nicht mit einer bestimmten Aufgabe beschäftigt ist. Diese fMRT-Aufzeichnung wird als **Ruhezustands-fMRT** bezeichnet. Ein Ruhezustands-fMRT wird zur Messung der funktionellen Konnektivität eingesetzt, wie in Methode 2.3 gezeigt.

◘ Abb. 2.22 zeigt die Zeitreihen für die Ausgangsposition und eine Reihe von Testpositionen mit den zugehörigen Korrelationen. Die Testpositionen *Somatosensorik* und *Motor (R)* korrelieren stark mit der Reaktion an der Ausgangsposition, sie weisen also eine hohe funktionelle Konnektivität mit der Ausgangsposition auf. Das beweist, dass diese Strukturen Teil eines funktionellen Netzwerks sind. Alle anderen Positionen weisen niedrige Korrelationen auf und sind nicht Teil des Netzwerks.

Die funktionelle Konnektivität im Ruhezustand ist eine der wichtigsten Methoden zur Bestimmung der funktionellen Konnektivität, es gibt jedoch auch andere Methoden. Zum Beispiel lässt sich die funktionelle Konnektivität bestimmen, indem das aufgabenbezogene fMRT an den Ausgangs- und Testpositionen gemessen wird und die Korrelationen zwischen den beiden Reaktionen ermittelt werden.

Allerdings bedeutet die Aussage, dass zwischen 2 Bereichen eine funktionelle Verbindung besteht, nicht unbedingt, dass diese direkt über neuronale Bahnen kommunizieren. Zum Beispiel kann die Reaktion von 2 Bereichen stark korrelieren, weil beide aus einem anderen Bereich Inputs erhalten. Funktionelle Konnektivität und strukturelle Konnektivität sind also nicht dasselbe, aber es besteht zwischen ihnen ein Zusammenhang. So weisen Bereiche mit hoher struktureller Konnektivität oft auch ein hohes Maß an funktioneller Konnektivität auf (Van Den Heuvel & Pol, 2010).

Welche Rolle spielt es also, wenn bestimmte Hirnareale funktionell verbunden sind? Was verrät uns das konkret über die Wahrnehmung? Ein Beispiel dafür, wie funktionelle Konnektivität unser Verständnis von Wahrnehmung verbessern kann, ist die Möglichkeit, dass man

mit ihr Verhalten prognostizieren kann. In einem aktuellen Versuch untersuchten Sepideh Sadaghiani et al. (2015) mittels der momentanen funktionellen Konnektivität eines Netzwerks von Hirnarealen diesen Zusammenhang. Den Teilnehmern wurde die Aufgabe gestellt, ein sehr leises Geräusch zu erkennen, das nur in 50 % der Fälle wahrnehmbar war – es ging also um die *Erkennungsschwelle* der Teilnehmer (► Kap. 1). Die Forscher fanden heraus, dass sich aufgrund der Stärke der funktionellen Konnektivität unmittelbar *vor* der Erkennungsaufgabe vorhersagen ließ, mit welcher Wahrscheinlichkeit die Person das Geräusch hören würde. Die Person war also eher in der Lage, das Geräusch zu hören, wenn ihre neuronalen Verbindungen stärker ausgeprägt waren. Ähnliche Auswirkungen ließen sich in Bezug auf andere Sinneswahrnehmungen beobachten. So kann man beispielsweise anhand der funktionellen Konnektivität einer Person im Ruhezustand vorhersagen, ob sie einen heißen Reiz an ihrem Fuß als schmerzhaft empfinden wird (Ploner et al., 2010).

Durch die Untersuchung der strukturellen und der funktionellen Konnektivität zwischen den Hirnarealen in einem Netzwerk können sich Forscher, über die Aktivierung einzelner Hirnareale hinaus, ein umfassenderes Bild davon machen, wie das Gehirn unsere Wahrnehmungserfahrungen repräsentiert.

2.4 Weitergedacht: Das Leib-Seele-Problem

Das Hauptziel unserer bisherigen Diskussion bestand darin, die elektrischen Signale zu untersuchen, die die Verbindung zwischen der Umwelt und unserer Wahrnehmung der Umwelt herstellen. Dabei steht die Vorstellung, dass Nervenimpulse Objekte der Umwelt repräsentieren können, im Hintergrund – wie bei dem Text, den Bernita Rabinowitz, eine meiner Studentinnen, geschrieben hat:

» Ein Mensch nimmt einen Reiz wahr (einen Klang, Geschmack etc.). Das wird mit elektrischen Impulsen erklärt, die zum Gehirn gesendet werden. Das ist so unglaublich, so aufregend. Wie kann ein einziger elektrischer Impuls als Geschmack einer sauren Zitrone, ein anderer Impuls als ein Farbengewirr von leuchtendem Blau, Grün und Rot und ein wieder anderer als bitterkalter Wind wahrgenommen werden? Kann die gesamte komplexe Bandbreite unserer Wahrnehmung einfach mit elektrischen Impulsen erklärt werden, die das Gehirn stimulieren? Wie lassen sich all die vielfältigen und sehr konkreten Wahrnehmungen – die Bandbreite der Wahrnehmung von warm und kalt, von Farben, Klängen oder Schall, Düften und Aromen – so einfach und so abstrakt damit erklären, dass man die elektrischen Impulse unterscheidet?

Mit ihrer Frage, wie Wärme und Kälte, Farben, Schall, Düfte oder Aromen durch elektrische Impulse erklärt werden können, benennt Benita gleichzeitig das sogenannte **Leib-Seele-Problem**: Wie können auf der Seite des Kör-

Methode 2.3

Die Ruhezustandsmethode zur Messung funktioneller Konnektivität (resting state)

Funktionelle Konnektivität im Ruhezustand wird wie folgt gemessen:

1. Zunächst wird mithilfe einer aufgabenbezogenen fMRT eine Gehirnregion bestimmt, die mit der Ausführung einer bestimmten Aufgabe korreliert. Zum Beispiel verursacht eine Bewegung des Fingers eine fMRT-Antwort an der Stelle, die in ◘ Abb. 2.20a mit *Motor (L)* gekennzeichnet ist. Dieser Ort wird als Ausgangsposition (seed location) bezeichnet.

2. Dann wird das Ruhezustands-fMRT an der Ausgangsposition gemessen. Das Ruhezustands-fMRT der Ausgangsposition, gezeigt in ◘ Abb. 2.20b, ist eine Zeitreihenantwort, weil sie anzeigt, wie sich die Reaktion im Zeitablauf verändert.

3. Das Ruhezustands-fMRT wird außerdem an einer anderen Stelle, der Testposition, gemessen. Die Reaktion an der Testposition *Somatosensorik*, die in einem Bereich des Gehirns angesiedelt ist, der für die Wahrnehmung von Berührungen zuständig ist, ist in ◘ Abb. 2.20c dargestellt.

4. Abschließend wird die Korrelation zwischen den Reaktionen der Seed- und der Testposition berechnet. Mit diesem mathematischen Verfahren können die Reaktionen an der Ausgangs- und an der Testposition über die Zeit hinweg verglichen werden. In ◘ Abb. 2.21a wurden die Reaktion an der somatosensorischen Teststelle und die Seed-Reaktion übereinandergelegt. Die gute Übereinstimmung zwischen diesen Reaktionen ergibt eine hohe Korrelation, was auf eine hohe funktionelle Konnektivität hinweist. ◘ Abb. 2.21b zeigt die Seed-Reaktion und die Reaktion an einer anderen Teststelle. Die geringe Übereinstimmung zwischen diesen beiden Reaktionen weist auf eine niedrige Korrelation hin, was eine schwache oder gar keine funktionelle Konnektivität bedeutet.

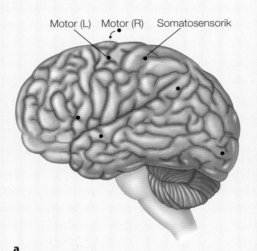

Motor (L)   Motor (R)   Somatosensorik

a

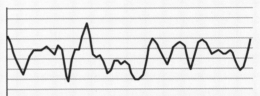

b Reaktion an der Ausgangsposition *Motor (L)*

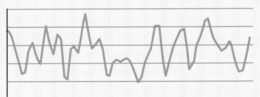

c Reaktion an der *somatosensorischen* Testposition

◘ **Abb. 2.20** Vorgehen bei der Bestimmung der funktionellen Konnektivität durch die Ruhezustands-fMRT-Methode. **a** Linke Hemisphäre des Gehirns, die die Seed-Position *Motor (L)* im linken motorischen Kortex und eine Reihe von Testpositionen zeigt, die jeweils durch einen Punkt gekennzeichnet sind. Die Testposition *Motor (R)* befindet sich im rechten motorischen Kortex des Gehirns auf der gegenüberliegenden Seite von *Motor (L)*. Die Testposition *Somatosensorik* befindet sich im *somatosensorischen* Kortex, der an der Wahrnehmung von Berührungen beteiligt ist. **b** Ruheniveau der fMRT-Reaktion an der Ausgangsposition Motor (L). **c** Ruheniveau der fMRT-Reaktion der *somatosensorischen* Testposition. Die Reaktionen in **b** und **c** dauern 4 s. (Reaktionen mit freundlicher Genehmigung von Ying-Hui Chou)

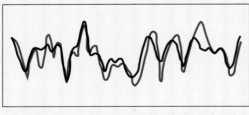
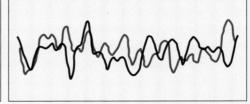

a Reaktion an der Ausgangsposition (schwarz) und an der somatosensorischen Testposition (rot)
Korrelation = 0,86

b Reaktion an der Ausgangsposition (schwarz) und an der somatosensorischen Testposition (rot)
Korrelation = 0,04

◘ **Abb. 2.21** Die Reaktionen an der Ausgangsposition (*schwarz*) und an den Testpositionen (*rot*) wurden übereinandergelegt. **a** Reaktion der *somatosensorischen* Testposition mit hoher Korrelation zur Reaktion an der Ausgangsposition (Korrelation = 0,86). **b** Reaktion einer anderen Testposition mit geringer Korrelation zur Reaktion an der Ausgangsposition (Korrelation = 0,04). (Reaktionen mit freundlicher Genehmigung von Ying-Hui Chou)

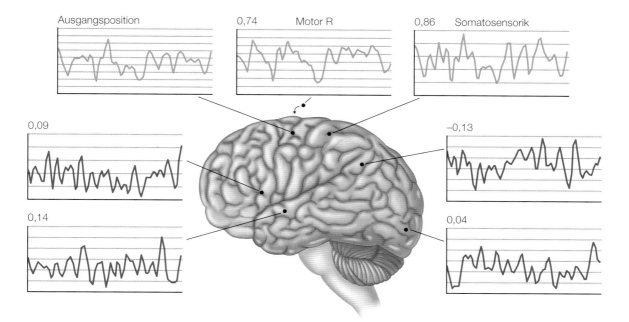

Abb. 2.22 Reaktionen im Ruhezustands-fMRT für die Ausgangsposition *Motor (L)*, die Testpositionen *Motor (R)*, *Somatosensorik* und 5 Testpositionen in anderen Teilen des Gehirns. Die Zahlen geben die Korrelationen zwischen der Reaktion an der Ausgangsposition und den Reaktionen an den jeweiligen Testpositionen an. Die Testpositionen *Motor (R)* und *Somatosensorik* wurden hervorgehoben, weil sie hohe Kor-relationen aufweisen, was auf eine hohe funktionelle Konnektivität mit der Ausgangsposition hinweist. Die anderen Orte haben niedrige Korre-lationen, bei ihnen gibt es daher keine funktionelle Verbindung mit der Ausgangsposition. (Reaktionen mit freundlicher Genehmigung von Ying-Hui Chou)

pers physikalische Prozesse wie Nervenimpulse in die reiche Vielfalt von Wahrnehmungen und Erfahrungen auf der Seite des Geists transformiert werden?

Wenn wir in den folgenden Kapiteln das Sehen be-sprechen und später in diesem Buch auch die anderen Sinne, werden wir viele Beispiele für Verbindungen zwi-schen elektrischen Signalen im Nervensystem und dem, was wir wahrnehmen, finden. Wir werden erfahren, dass beim Betrachten einer Szene unzählige Neuronen feuern – einige aufgrund grundlegender Merkmale eines Reizes (▶ Kap. 4), andere aufgrund ganzer Objekte wie Gesichter oder Körper (▶ Kap. 5).

Man könnte meinen, all diese Verbindungen zwischen elektrischen Signalen und der Wahrnehmung lieferten eine Lösung für das Leib-Seele-Problem. Das ist jedoch nicht der Fall, denn so beeindruckend diese Verbindungen auch sind, es sind alles nur *Korrelationen* – Demonstrationen von *Beziehungen* zwischen neuronalem Feuern und Wahr-nehmung (◘ Abb. 2.23a). Aber das Leib-Seele-Problem geht über die Frage hinaus, wie physiologische Reaktio-nen mit Wahrnehmung *korrelieren*. Es geht um die Frage, wie physiologische Prozesse unsere Erfahrung *kausal* ver-ursachen. Denken Sie darüber nach, was das bedeutet. Dem Leib-Seele-Problem liegt die Frage zugrunde, wie die Ner-venimpulse erzeugenden Kalium- und Natriumionenströme durch Membranen in Erfahrung *transformiert* werden, die wir erleben, wenn wir das Gesicht eines Freundes oder die Farbe einer roten Rose sehen (◘ Abb. 2.23b). Wenn ein Neuron als Antwort auf ein Gesicht oder die Farbe Rot feu-

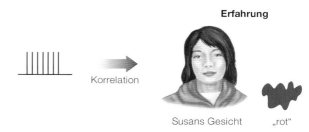

a Typisches physiologisches Experiment

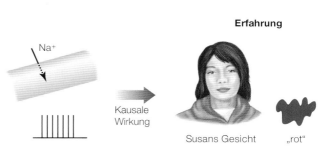

b Leib-Seele-Problem

Abb. 2.23 **a** Dies veranschaulicht die Situation der meisten physio-logischen Experimente, die wir in diesem Buch beschreiben werden, in denen Korrelationen zwischen physiologischen Reizantworten wie dem Feuern von Neuronen und Erfahrungen wie dem Wahrnehmen von „Su-sans Gesicht" oder „Rot" bestimmt werden. **b** Um das Leib-Seele-Problem zu lösen, reichen Korrelationen nicht aus. Es muss aufgezeigt werden, wie der Ionenfluss oder das Feuern von Neuronen die Erfahrung von „Susans Gesicht" oder der Farbe „Rot" kausal bewirken

ert, dann beantwortet dies noch lange nicht die Frage, wie aus diesem Feuern die subjektive Wahrnehmung eines Gesichts oder der Farbe Rot erzeugt wird.

Daher ist die physiologische Forschung, die wir in diesem Buch beschreiben, zwar äußerst wichtig für das Verständnis der physiologischen Mechanismen, die für die Wahrnehmung erforderlich sind, sie liefert jedoch keine Lösung für das Leib-Seele-Problem. Forscher (Baars, 2001; Crick & Koch, 2003) und Philosophen (Block, 2009) mögen das Leib-Seele-Problem diskutieren, aber Wissenschaftler im Labor führen Experimente von der Art durch, wie wir sie bisher besprochen haben. Es wird nach Korrelationen zwischen physiologischen Reaktionen und Erfahrung gesucht.

Übungsfragen 2.2

1. Was ist Phrenologie? Welche Erkenntnisse liefert sie über neuronale Repräsentation?
2. Erläutern Sie am Beispiel der Forschung von Broca, wie neuropsychologische Fallstudien eine modulare Sichtweise der neuronalen Repräsentation unterstützen können.
3. Beschreiben Sie die bildgebenden Verfahren zur Darstellung des Gehirns. Wie kann die fMRT zur Erforschung der Modularität verwendet werden?
4. Was ist verteilte Repräsentation? Geben Sie ein Beispiel für einen der Sinne.
5. Erläutern Sie den Unterschied zwischen struktureller und funktioneller Konnektivität. Welche Technik sollte verwendet werden, wenn man die neuronalen Verbindungen untersuchen möchte, die mit einer bestimmten Aufgabe verbunden sind? Warum?
6. Beschreiben Sie, wie die funktionelle Konnektivität ermittelt wird. Was ist die Ruhezustands-Methode?
7. Wie kann funktionelle Konnektivität Erkenntnisse über die Wahrnehmung liefern?
8. Was beinhaltet das Leib-Seele-Problem? Was veranlasst uns zu der Behauptung, dass der Nachweis von Zusammenhängen zwischen dem Feuern von Nerven und einem Stimulus wie einem Gesicht oder einer Farbe keine Lösung für das Leib-Seele-Problem bietet?

2.5   Zum weiteren Nachdenken

1. Da die langen Axone von Neuronen wie Elektrokabel aussehen und sowohl Neuronen als auch Elektrokabel Elektrizität weiterleiten, ist es verlockend, beide gleichzusetzen. Vergleichen Sie die Funktionsweise von Axonen und Elektrokabeln anhand ihrer Struktur und der Beschaffenheit der elektrischen Signale, die sie weiterleiten.

2. Wir haben beschrieben, dass Schmerz aus mehreren Komponenten besteht. Können Sie sich ein Beispiel vorstellen, bei dem andere Objekte oder Erfahrungen aus mehreren Komponenten bestehen? Wenn ja, was sagt das über die neuronale Repräsentation dieser Objekte oder Erfahrungen aus?

2.6   Schlüsselbegriffe

- Abklingen des Aktionspotenzials
- Aktionspotenzial
- Anstiegsphase des Aktionspotenzials
- Aufgabenbezogenes fMRT
- Axon
- Bildgebende Verfahren zur Gehirndarstellung
- Broca-Areal
- Dendriten
- Depolarisation
- Einzelzellcodierung
- Exzitatorische Antwort
- Fortgeleitete Reaktion
- Funktionelle Konnektivität
- Funktionelle Konnektivität im Ruhezustand
- Funktionelle Magnetresonanztomografie (fMRT)
- Großmutterzelle
- Hyperpolarisation
- Inhibitorische Antwort
- Ionen
- Leib-Seele-Problem
- Magnetresonanztomografie (MRI)
- Modul
- Modularität
- Nervenfaser
- Neuronen
- Neuropsychologie
- Neurotransmitter
- Permeabilität
- Phrenologie
- Populationscodierung
- Refraktärphase
- Rezeptoren
- Ruhepotenzial
- Ruhezustands-fMRT
- Seed-Position
- Sensorische Codierung
- Sparsame Codierung
- Spontanaktivität
- Strukturelle Konnektivität
- Synapse
- Testposition
- Verteilte Repräsentation
- Wernicke-Areal
- Zellkörper (Soma)

Das Auge und die Retina

E. Bruce Goldstein und Laura Cacciamani

Inhaltsverzeichnis

3

Nachdem Sie dieses Kapitel bearbeitet haben, werden Sie in der Lage sein, …

- die wichtigsten Strukturen des Auges zu identifizieren und zu beschreiben, wie sie zusammenarbeiten, um das Licht auf der Netzhaut zu bündeln,
- zu erklären, wie Licht in elektrische Signale umgewandelt wird,
- zwischen dem Einfluss von Stäbchen und Zapfen auf die Wahrnehmung in dunkler und heller Umgebung zu unterscheiden,
- anhand Ihrer Kenntnisse über die neuronale Verarbeitung zu erklären, wie Signale durch die Netzhaut wandern,
- zu beschreiben, wie laterale Hemmung und Konvergenz den Zentrum-Umfeld-Antagonismus in den rezeptiven Feldern der Ganglienzellen bewirken,
- die Entwicklung der Sehschärfe im 1. Lebensjahr zu verstehen.

Einige der in diesem Kapitel behandelten Fragen

- Wie beeinflusst der optische Apparat an der Vorderseite unseres Auges unsere Wahrnehmung?
- Wie beeinflussen chemische Stoffe im Auge, die sogenannten Sehpigmente, unsere Wahrnehmung?
- Wie kann die Art und Weise, wie die Neuronen in der Netzhaut „verdrahtet" sind, die Wahrnehmung beeinflussen?

Wir beginnen mit der Geschichte von Larry Hester, einem pensionierten Reifenverkäufer aus North Carolina. Mit Anfang 30 begann Larry, eine rapide Verschlechterung seiner Sehkraft zu bemerken. Er hatte schon immer schlecht gesehen, aber das war etwas anderes. Es sah fast so aus, als würde die Welt um ihn herum zusammenbrechen. Als er einen Augenarzt aufsuchte, erhielt er die schockierende Nachricht, dass er eine genetisch bedingte Augenkrankheit namens *Retinopathia pigmentosa* hatte, die zur völligen Erblindung führen würde, und dass es keine Möglichkeit gab, die Erblindung aufzuhalten (Graham, 2017).

Larry verlor sein Augenlicht und lebte für die nächsten 33 Jahre in völliger Dunkelheit. Doch dann geschah etwas Erstaunliches: Er erhielt die Möglichkeit, einen Teil seiner Sehkraft wiederzuerlangen, da er als Kandidat für eine neue Technologie, das sogenannte bionische Auge, ausgewählt wurde. Dafür werden Elektroden in den hinteren Teil des Auges implantiert. Mithilfe einer Kamera, die an einer Brille befestigt ist, werden Signale an die Elektroden gesendet, die Informationen an das visuelle System darüber weiterleiten, was „da draußen" in der Welt ist (Da Cruz et al., 2013; Humayun et al., 2016). Das bionische Auge stellt die Sehkraft zwar nicht vollständig wieder her, aber es ermöglicht der Person, Hell-Dunkel-Kontraste zu sehen, z. B. die Grenze zwischen dem Ende eines Objekts und dem

Beginn eines anderen – ein Konzept, auf das wir später in diesem Kapitel zurückkommen werden. Für jemanden mit normalem Sehvermögen mag das nicht sehr beeindruckend sein, aber für Larry, der sein halbes Leben lang nichts sehen konnte, war es eine unglaubliche Veränderung, plötzlich die Linien auf dem Zebrastreifen oder die Ränder des Gesichts seiner Frau sehen zu können. Es bedeutete, dass er die Sehfähigkeit wieder nutzen konnte, um mit seiner Welt zu interagieren. Wie Larry einmal in einem Interview beschrieb: „Licht ist so elementar. Für andere hätte es wahrscheinlich keine Bedeutung, aber für mich bedeutet es, dass ich sehen kann."

Larrys Geschichte zeigt, wie wichtig das Licht, die Augen und die Zellen im hinteren Teil der Augen sind. In den Augen findet ein großer Teil der neuronalen Verarbeitung statt. Dieses Kapitel konzentriert sich auf diese Prozesse und markiert den Beginn unserer Reise in den Sehsinn. Nachdem wir in diesem Kapitel die frühen Phasen des visuellen Wahrnehmungsprozesses erörtern, werden in ► Kap. 4 die späteren Phasen der Verarbeitung behandelt, die stattfinden, wenn die Signale das Auge verlassen und das Gehirn erreichen. In den ► Kap. 5 bis 10 werden dann spezifischere Aspekte des Sehens erörtert, z. B. die Wahrnehmung von Objekten, Bewegung und Farbe.

◨ Abb. 3.1 zeigt die ersten 4 Schritte des visuellen Prozesses. Die Abfolge der physikalischen Ereignisse in diesem Prozess sind am unteren Rand der Abbildung in schwarzer Schrift dargestellt. Wir beginnen mit Schritt 1, dem distalen Stimulus (dem Baum); dann geht es weiter zu Schritt 2, in dem das Licht vom Baum reflektiert wird und in das Auge eintritt, um den proximalen Stimulus auf den visuellen Rezeptoren zu erzeugen; dann zu Schritt 3, in dem die Rezeptoren das Licht in elektrische Signale umwandeln; und schließlich zu Schritt 4, in dem die elektrischen Signale „verarbeitet" werden, während sie sich durch ein Netzwerk von Neuronen bewegen. In diesem Kapitel werden wir zeigen, wie diese physikalischen Ereignisse die in der Abbildung in blauer Schrift beschriebenen Aspekte der Wahrnehmung beeinflussen:

1. Scharfes Sehen
2. Sehen bei schwachem Licht
3. Sehen kleiner Details

Wir beginnen mit einer Beschreibung des Lichts, des Auges und der Rezeptoren in der Netzhaut, die den hinteren Teil des Auges auskleiden.

3.1   Licht, Auge und visuelle Rezeptoren

Die Fähigkeit, einen Baum oder ein anderes Objekt zu sehen, hängt davon ab, dass Licht von diesem Objekt ins Auge reflektiert wird.

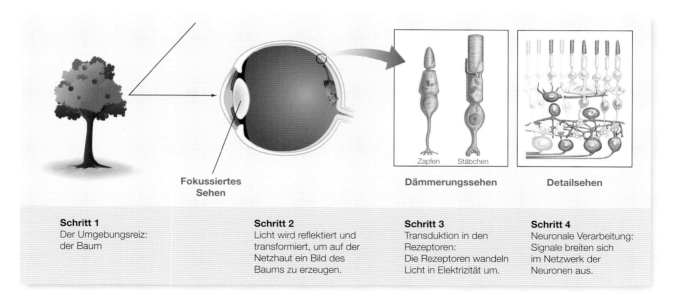

Schritt 1
Der Umgebungsreiz:
der Baum

Schritt 2
Licht wird reflektiert und
transformiert, um auf der
Netzhaut ein Bild des
Baums zu erzeugen.

Schritt 3
Transduktion in den
Rezeptoren:
Die Rezeptoren wandeln
Licht in Elektrizität um.

Schritt 4
Neuronale Verarbeitung:
Signale breiten sich
im Netzwerk der
Neuronen aus.

◘ Abb. 3.1 Kapitelvorschau. Dieses Kapitel beschreibt die ersten 3 Schritte des Wahrnehmungsprozesses beim Sehen und führt Schritt 4 ein. Die im jeweiligen Schritt ablaufenden physikalischen Prozesse sind unter der Abbildung in schwarzer Schrift angegeben; die Wahrnehmungen sind jeweils blau dargestellt

3.1.1 Licht – der Stimulus für das Sehen

Das Sehen basiert auf sichtbarem Licht, einem Frequenzband innerhalb des elektromagnetischen Spektrums. Das **elektromagnetische Spektrum** ist ein Kontinuum elektromagnetischer Energie. Dabei handelt es sich um von elektrischen Ladungen erzeugte Energie, die sich wellenförmig ausbreitet (◘ Abb. 1.23). Die Energie innerhalb dieses Spektrums kann über die **Wellenlänge** beschrieben werden – den Abstand zwischen 2 aufeinanderfolgenden Maxima der elektromagnetischen Wellen. Die Wellenlängen im elektromagnetischen Spektrum reichen von extrem kurzwelligen Gammastrahlen (mit einer Wellenlänge im Bereich von 10^{-12} m oder einem Billionstel Meter) bis hin zu langwelligen Radiowellen (mit einer Wellenlänge von etwa 10^4 m, also 10 km).

Sichtbares Licht, die von Menschen wahrnehmbare Energie innerhalb des elektromagnetischen Spektrums, umfasst Wellenlängen zwischen 400 und 700 Nanometern (nm); 1 nm entspricht 10^{-9} m. Die größte sichtbare Wellenlänge ist also knapp ein tausendstel Millimeter lang. Bei Menschen und einigen anderen Spezies ist die Wellenlänge des Lichts mit verschiedenen Farben des Spektrums assoziiert. Kurze Wellenlängen sehen blau aus, mittlere grün und lange gelb, orange oder rot.

3.1.2 Das Auge

Die **Augen** enthalten die Rezeptoren für das Sehen. Die ersten Augen waren Punktaugen bei primitiven Tieren wie Plattwürmern, die vor 570–500 Mio. Jahren während des Kambriums entstanden sind. Diese Tiere konnten Hell und Dunkel unterscheiden, aber keine Merkmale ihrer Umgebung wahrnehmen. Erst die Evolution höher entwickelter Augen mit optischen Systemen, die optische Bilder erzeugen und damit Informationen über Formen und Merkmale von Objekten und deren Anordnung in der visuellen Umgebung lieferten, eröffnete die Möglichkeit, Objekte im Detail zu sehen (Fernald, 2006).

Licht, das von Objekten der Umgebung reflektiert wird, tritt durch die **Pupille** ins Auge und wird von der durchsichtigen Hornhaut, der **Cornea**, und von der **Linse** fokussiert, sodass auf der **Retina** – einem Netzwerk aus Neuronen auf der Rückseite des Auges, das die Rezeptoren für das Sehen enthält – ein scharfes Bild der Objekte erzeugt wird (◘ Abb. 3.2a). Es gibt 2 Arten von visuellen Rezeptoren: Stäbchen und Zapfen, so genannt wegen der stäbchen- und zapfenförmigen Außensegmente (◘ Abb. 3.3). Die Außensegmente sind die Teile des Rezeptors, die lichtempfindliche Substanzen enthalten, die **Sehpigmente**, die sich durch einfallendes Licht verändern und elektrische Signale auslösen können. Diese Signale der Rezeptoren durchlaufen das Netzwerk der Neuronen in der Retina (◘ Abb. 3.2b) und verlassen das Auge an seiner Rückseite durch den **Sehnerv** (Nervus opticus), der eine Million Sehnervenfasern enthält, die Signale zum Gehirn leiten.

Die Stäbchen- und Zapfenrezeptoren haben nicht nur unterschiedliche Formen, sie sind auch unterschiedlich über die Netzhaut verteilt. ◘ Abb. 3.4 zeigt die Verteilung der Stäbchen und Zapfen, aus der wir Folgendes schließen können:

1. Es existiert ein kleines Areal, die **Fovea** (auch **Sehgrube**, **Gelber Fleck**), in dem nur Zapfen vorhanden sind.

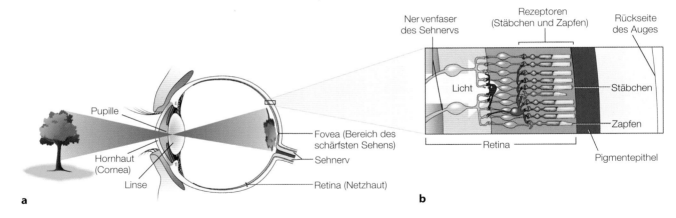

a

b

Abb. 3.2 **a** Der Baum wird auf der Retina fokussiert, die die Rückseite des Auges auskleidet. **b** Die Vergrößerung der Retina zeigt die Rezeptoren und andere Neuronen, die in ihrer Gesamtheit die Netzhaut bilden

Abb. 3.3 **a** Elektronenmikroskopische Aufnahme von Stäbchen und Zapfen, auf der die charakteristische stäbchen- und zapfenförmigen Außensegmente deutlich zu sehen sind. **b** Zeichnerische Darstellungen der Stäbchen- und Zapfenrezeptoren. In den Außensegmenten befinden sich die lichtempfindlichen Sehpigmente. (Aus Lewis et al., 1969. Reprinted with permission from Elsevier.)

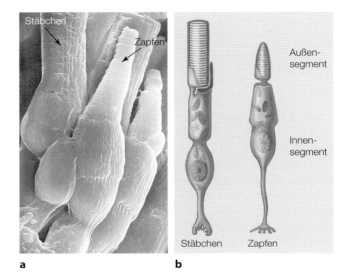

a

b

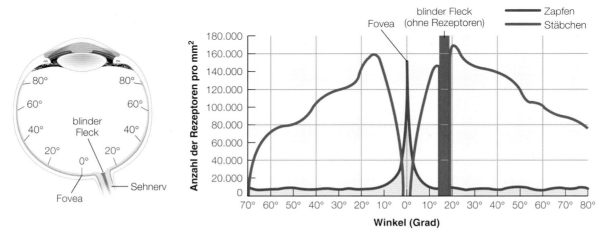

Abb. 3.4 Die Verteilung von Stäbchen und Zapfen auf der Retina. In der Abbildung des Auges auf der linken Seite sind Orte auf der Retina anhand ihrer Entfernung von der Fovea in Grad dargestellt (dies bezeichnet den korrespondierenden Winkel im Gesichtsfeld, bezogen auf direktes foveales Sehen als Nulllinie). Der braune vertikale Balken bei etwa 20° bezeichnet den Ort auf der Retina, an dem sich keine Rezeptoren befinden, da dort die Axone der Ganglienzellen als Sehnerv (Nervus opticus) aus dem Auge austreten. (Nach Lindsay & Norman, 1977)

a

b

◻ **Abb. 3.5   a** Die Makuladegeneration führt zu einer Degeneration der Fovea und eines kleinen Areals um diese herum, wodurch die erkrankte Person etwas, das sie direkt anblickt, nicht mehr sehen kann. **b** Bei der Retinopathia pigmentosa degeneriert zuerst die periphere Retina, was zu einem Verlust des Sehvermögens in der Peripherie führt. Der hieraus resultierende Zustand wird gelegentlich als „Tunnelblick" bezeichnet. (© Bruce Goldstein)

Wenn wir uns ein Objekt genau anschauen, fällt sein Bild auf die Fovea unserer Augen.

2. In der **peripheren Retina**, dem gesamten Bereich außerhalb der Fovea, sind sowohl Stäbchen als auch Zapfen vorhanden. Es ist von großer Bedeutung, dass trotz der Tatsache, dass in der Fovea *ausschließlich* Zapfen enthalten sind, sich die *meisten* Zapfen in der Peripherie befinden. Dies liegt daran, dass die Fovea so klein ist (etwa von der Größe dieses „o"), dass sie lediglich etwa 1 % bzw. 50.000 der 6 Mio. Zapfen in der Retina enthält (Tyler, 1997a, 1997b).

3. Es gibt viel mehr Stäbchen als Zapfen in der peripheren Retina, da sich zum einen die meisten Rezeptoren dort befinden und es zum anderen insgesamt etwa 120 Mio. Stäbchen und nur 6 Mio. Zapfen gibt.

Ein Weg, sich die unterschiedliche Verteilung von Stäbchen und Zapfen in der Retina zu vergegenwärtigen, besteht in der Betrachtung der Vorgänge beim Fehlen funktionsfähiger Rezeptoren in einem Areal der Retina. Bei der **Makuladegeneration**, einer Erkrankung, die vorwiegend bei älteren Menschen auftritt, werden die an Zapfen reiche Fovea und ein kleines Areal um diese herum zerstört (als **Makula** bezeichnet man in der Medizin die Fovea und einen kleinen Bereich um die Fovea). Diese Form der Degeneration erzeugt einen „blinden Bereich" im zentralen Gesichtsfeld: Sieht eine betroffene Person also etwas direkt an, so verliert sie es aus dem Blick (◻ Abb. 3.5a).

Die **Retinopathia pigmentosa**, die zur Erblindung von Larry Hester geführt hat, ist eine Degeneration der Retina, die von Generation zu Generation vererbt wird (wobei jedoch nicht jedes Mitglied einer Familie erkrankt). Diese Erkrankung betrifft zunächst die peripheren Stäbchen

und führt zu schlechtem Sehvermögen im peripheren Gesichtsfeld (◻ Abb. 3.5b). In schweren Fällen führt sie zu vollständiger Blindheit.

Nun wollen wir noch einen Netzhautbereich betrachten, in dem es gar keine Rezeptoren gibt. Der schwarze Balken in ◻ Abb. 3.6 zeigt eine Nahaufnahme der Stelle, an der die Nervenfasern, aus denen der Sehnerv besteht, das Auge verlassen. Wegen des Fehlens der visuellen Rezeptoren wird diese Stelle als **blinder Fleck** bezeichnet. Obwohl

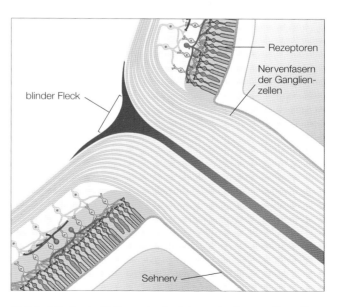

◻ **Abb. 3.6**   An der Stelle, an der der Sehnerv das Auge verlässt, gibt es keine Rezeptoren. In dieser Rezeptorlücke münden die Axone der Ganglienzellen in den Sehnerv. Das Fehlen von Rezeptoren an dieser Stelle erzeugt den blinden Fleck

3

Den blinden Fleck „sehen"

Sie können den blinden Fleck „wahrnehmen", wenn Sie dieses Buch auf Ihren Schreibtisch legen, das rechte Auge schließen und das Kreuz in ◨ Abb. 3.7 genau im Blick Ihres linken Auges halten. Achten Sie darauf, dass die Buchseite flach aufliegt, schauen Sie direkt darauf und bewegen Sie sich mit dem Kopf langsam darauf zu und wieder zurück. In einem Abstand von 15–30 cm verschwindet der Kreis. Dies ist der Punkt, an dem das Bild des Kreises auf den blinden Fleck fällt.

◨ **Abb. 3.7** Demonstration des blinden Flecks

Sie sich des blinden Flecks normalerweise nicht bewusst sind, können Sie ihn sich mit der Demonstration 3.1 bewusst machen.

Warum bemerken wir den blinden Fleck normalerweise nicht? Zum einen befindet sich der blinde Fleck etwas seitlich in unserem Gesichtsfeld, wo Objekte nicht scharf abgebildet werden. Deshalb – und weil wir nicht genau wissen, wo wir ihn suchen sollen (im Gegensatz zur Demonstration 3.1, bei der wir unsere Aufmerksamkeit auf den Kreis richten) – ist der blinde Fleck schwer zu erkennen.

Aber vor allem bemerken wir den blinden Fleck nicht, weil ein Mechanismus im Gehirn die Stelle im Gesichtsfeld „auffüllt", an der das Bild der Umwelt verschwindet (Churchland & Ramachandran, 1996). Demonstration 3.2 verdeutlicht diese Vervollständigung.

Die Demonstrationen 3.1 und 3.2 zeigen, dass das Gehirn den blinden Fleck nicht einfach „leer" lässt, sondern eine Wahrnehmung erzeugt, die mit dem Stimulusmuster der Umgebung übereinstimmt – der weißen Papierseite bzw. den Speichen im dunklen Rad. Diese „Vervollständigung" ist eine Vorschau auf eines der Themen des Buches, und zwar wie das Gehirn eine kohärente Wahrnehmung unserer Welt erzeugt. Doch kehren wir zunächst zum visuellen Prozess zurück, bei dem das von den Objekten in der Umgebung reflektierte Licht auf die Rezeptoren fokussiert wird (Schritt 2 in ◨ Abb. 3.1).

3.2 Licht wird auf die Retina fokussiert

Wenn Licht von einem Objekt ins Auge reflektiert wird, wird es durch ein optisches System fokussiert, das von Cornea und Linse gebildet wird (◨ Abb. 3.9a). Die **Cornea**, die transparente Hornhaut an der Vorderseite des Auges, macht 80 % der Brechkraft der Augenoptik aus. Sie ist

Vervollständigung des blinden Flecks

Schließen Sie das rechte Auge und halten Sie das Kreuz in ◨ Abb. 3.8 genau im Blick Ihres linken Auges. Schauen Sie wie in Demonstration 3.1 direkt darauf und bewegen Sie sich mit dem Kopf langsam darauf zu und wieder zurück, bis sich die weißen Linien durch den dunklen Punkt fortsetzen (Ramachandran, 1992).

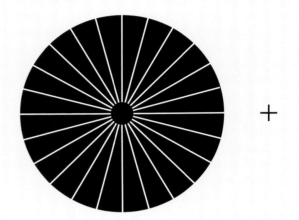

◨ **Abb. 3.8** Betrachten Sie diese Abbildung wie im Text beschrieben und beobachten Sie, was passiert, wenn die Mitte des Speichenrads auf den blinden Fleck fällt. (Nach Ramachandran, 1992)

jedoch starr, sodass sich ihre Brechkraft nicht verändert. Die **Linse**, die die restlichen 20 % der Brechkraft erbringt, kann ihre Form verändern, um die Brechkraft des Auges an Reize in verschiedenen Entfernungen anzupassen. Diese Formanpassung wird durch die *Ziliarmuskeln* erreicht, die die Brechkraft der Linse erhöhen, indem sie diese in eine rundere Form mit höherer Krümmung bringen (◨ Abb. 3.9b und 3.9c).

Wir können die Arbeitsweise der Linse verstehen, indem wir zunächst betrachten, was im normalsichtigen Auge geschieht, wenn wir ein mehr als 6 m entferntes Objekt betrachten. Lichtstrahlen, die das Auge aus dieser Distanz erreichen, sind praktisch parallel (◨ Abb. 3.9a), und diese parallelen Lichtstrahlen werden vom optischen System auf der Retina im Punkt A fokussiert. Wenn wir das Objekt jedoch näher an das Auge heranbewegen, so sind die Lichtstrahlen nicht länger parallel, und die Bildebene verlagert sich bis hinter die Retina in den Punkt B zurück (◨ Abb. 3.9b). Das Licht gelangt in dieser Situation natürlich nicht zur Bildebene, da es zuvor von der Retina aufgehalten wird. Bliebe nun alles so, würden sowohl das Bild des Objekts auf der Retina als auch unsere Wahrnehmung unscharf sein. Allerdings ist die Linse anpassungsfähig, und mithilfe der *Akkommodation* wird unscharfes Sehen vermieden.

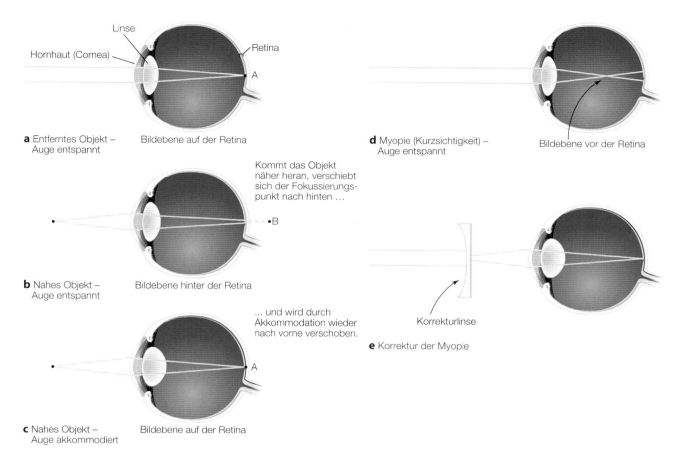

◻ Abb. 3.9 Das Auge fokussiert Lichtstrahlen. **a** Parallele Lichtstrahlen von einer Lichtquelle in mehr als 6 m Entfernung. Das Bild wird im Punkt A auf der Retina fokussiert. **b** Nichtparallele Lichtstrahlen von einer Lichtquelle, die näher beim Auge liegt. Das Auge ist entspannt, der Fokus des Bilds befindet sich hinter der Retina im Punkt B. **c** Nichtparallele Lichtstrahlen. Das Auge erreicht im akkommodierten Zustand (erkennbar an der runderen Linse) eine höhere Brechkraft, wodurch das Bild im Punkt A auf der Retina fokussiert wird. Diese Akkommodation wird durch die Tätigkeit der Ziliarmuskeln bewirkt, die nicht dargestellt sind. **d** Im myopischen (kurzsichtigen) Auge werden parallele Lichtstrahlen von einer entfernten Lichtquelle in einem Punkt vor der Retina fokussiert, sodass das Bild auf der Netzhaut unscharf erscheint. **e** Mit einer Korrekturlinse lässt sich das einfallende Licht so brechen, dass die Strahlen im Auge ein scharfes Bild auf der Retina erzeugen

3.2.1 Akkommodation

Um das Objekt scharf darzustellen, erhöht das Auge die eigene Brechkraft durch einen Prozess namens **Akkommodation**, bei dem eine Kontraktion der Ziliarmuskeln an der Vorderseite des Auges die Krümmung der Linse erhöht (◻ Abb. 3.9c). Diese erhöhte Krümmung führt zu einer stärkeren Brechung des durch die Linse hindurchtretenden Lichts, sodass die Bildebene nach vorn verlagert wird und ein scharfes Bild auf der Retina erzeugt. Das bedeutet, dass Ihre Augen, während Sie die Umgebung betrachten, ständig den Fokus anpassen, indem sie insbesondere bei nahen Objekten akkommodieren. Wie Demonstration 3.3 zeigt, ist das auch nötig, weil nicht alles gleichzeitig im Fokus ist.

Wenn Sie Ihre optische Bildebene während der Demonstration 3.3 nach vorn verlagern, so verändern Sie Ihre Akkommodation. Akkommodation ermöglicht es Ihnen, sowohl nahe als auch ferne Objekte zu fokussieren, wobei Objekte in unterschiedlichen Entfernungen nicht zur glei-

chen Zeit im Fokus sind. Akkommodation ermöglicht es also, Objekte in unterschiedlicher Entfernung zu fokussieren.

3.2.2 Refraktionsfehler

Die Akkommodation kann zwar dabei helfen, Dinge scharf zu stellen, ist aber nicht unfehlbar. Manchmal gelingt die Fokussierung des Bilds auf die Netzhaut auch mit der Akkommodation nicht. Es gibt eine Reihe von Fehlern, die die Fähigkeit der Hornhaut und/oder der Linse beeinträchtigen können, den visuellen Input auf die Netzhaut zu fokussieren. Diese werden als **Refraktionsfehler** bezeichnet.

Der erste Refraktionsfehler, den wir erörtern, tritt häufig beim normalen Alterungsprozess auf. Wenn Menschen älter werden, nimmt ihre Fähigkeit zur Akkommodation ab, weil sich die Augenlinse mit dem Alter verhärtet, sodass die Akkommodation nicht mehr ausreicht, um Objekte im

3

Demonstration 3.3

Die Entfernungseinstellung des Auges bewusst machen

Da die Akkommodation unbewusst abläuft, merken Sie normalerweise nicht, wie die Linse ständig ihre Brechkraft ändert, damit Sie in unterschiedlichen Entfernungen scharf sehen können. Diese nicht bewusste Anpassung funktioniert sogar so effizient, dass die meisten Menschen glauben, dass alles, ob nah oder fern, immer scharf abgebildet würde. Sie können sich selbst beweisen, dass dem nicht so ist, indem Sie einen Bleistift mit der Spitze nach oben mit dem ausgestreckten Arm halten und ein weit (mindestens 6 m) entferntes Objekt anschauen. Bewegen Sie dann, während Sie das ent-

fernte Objekt weiterhin fixieren, die Spitze des Bleistifts auf sich zu, ohne diese direkt anzuschauen (behalten Sie das entfernte Objekt im Fokus). Der Bleistift wird unscharf erscheinen.

Bewegen Sie den Bleistift dann noch näher heran, während Sie nach wie vor das entfernte Objekt fixieren. Sie sehen die Spitze nun unscharf und doppelt. Wenn der Bleistift etwa 30 cm entfernt ist, fixieren Sie die Spitze. Jetzt sehen Sie die Spitze scharf, doch der weit entfernte Gegenstand, den Sie zuvor scharf gesehen haben, ist jetzt unscharf.

Nahbereich zu sehen oder zu lesen. Diesem altersbedingten Verlust der Akkommodationsfähigkeit, der **Altersweitsichtigkeit** oder **Presbyopie** (für „altes Auge") genannt wird, kann durch das Tragen einer Lesehilfe begegnet werden, die Objekte in der Nähe scharf stellt, indem sie die von der Linse nicht mehr zur Verfügung gestellte Brechkraft ersetzt.

Ein weiterer Refraktionsfehler, der durch eine Sehhilfe behoben werden kann, ist die **Kurzsichtigkeit** oder **Myopie**, d. h. die Unfähigkeit, Objekte in der Ferne scharf zu sehen. Die Ursache dafür verdeutlicht ◘ Abb. 3.9d. Beim kurzsichtigen Auge fokussiert das optische System das Bild eines fernen Objekts, von dem das Licht parallel einfällt, in einem Punkt vor der Retina, sodass das Bild auf der Retina unscharf ist. Das kann an den folgenden beiden Ursachen liegen:

1. Bei der **refraktiven Myopie** ist die Lichtbrechung durch Hornhaut und Linse zu stark.
2. Bei der **axialen Myopie** ist der Augapfel zu lang.

Wie auch immer – in beiden Fällen werden Objekte in der Ferne nicht scharf abgebildet. Korrekturlinsen können bei diesem Problem Abhilfe leisten, wie in ◘ Abb. 3.9e dargestellt.

Bei **Weitsichtigkeit** oder **Hyperopie** können zwar die Objekte in der Ferne scharf gesehen werden, aber die nahen Objekte bereiten Schwierigkeiten. Beim weitsichtigen Auge liegt der Fokus für parallel einfallendes Licht hinter der Retina, oft weil der Augapfel zu kurz ist. Für junge Menschen ist das zumeist kein Problem, weil sie den Fokus durch Akkommodation nach vorn auf die Retina verschieben können. Ältere Menschen, die Schwierigkeiten mit der Akkommodation haben, verwenden oft Korrekturlinsen, die den Fokus nach vorn in die Retina verlagern.

Die Fokussierung eines scharfen Bilds auf der Retina ist der erste Schritt im visuellen Wahrnehmungsprozess. So wichtig das Netzhautbild für das scharfe Sehen ist, es ist damit noch keine Wahrnehmung erreicht. Die visuelle Wahrnehmung geschieht nicht im Auge, sondern im Gehirn. Damit das Gehirn eine visuelle Wahrnehmung er-

zeugen kann, muss das Licht, das auf die Retina fällt, die visuellen Rezeptoren in der Retina aktivieren. Damit kommen wir zum nächsten Schritt des visuellen Prozesses (Schritt 3 in ◘ Abb. 3.1): die Verarbeitung durch Fotorezeptoren.

3.3 Fotorezeptorprozesse

Nachdem wir nun wissen, wie das Licht reflektiert und auf die Netzhaut fokussiert wird, müssen wir als Nächstes verstehen, wie die Fotorezeptoren auf das einfallende Licht reagieren. Wie wir sehen werden, spielen die lichtempfindlichen Sehpigmente (◘ Abb. 3.2) eine Schlüsselrolle bei diesen Fotorezeptorprozessen. In diesem Abschnitt beschreiben wir zunächst die Transduktion und dann, wie die Fotorezeptoren die Wahrnehmung gestalten.

3.3.1 Transformation von Lichtenergie in elektrische Energie

Transduktion ist, wie wir in ▶ Kap. 1 gesehen haben, der Umwandlungsprozess von einer Energieform in eine andere. Bei der visuellen Wahrnehmung findet die Transduktion von Lichtenergie in elektrische Energie in den Fotorezeptoren statt, den *Stäbchen* und *Zapfen*. Der Ansatzpunkt dafür, wie die Stäbchen und Zapfen aus Licht Elektrizität machen, liegt in den Millionen von Molekülen der lichtempfindlichen Sehpigmente, die sich jeweils im Außensegment der Rezeptoren befinden (◘ Abb. 3.3). Die Sehpigmentmoleküle bestehen aus 2 Teilen: einem langen Protein namens *Opsin* und einem erheblich kleineren Teil namens *Retinal*. ◘ Abb. 3.10a zeigt ein Modell des an das Opsin gebundenen Retinals (Wald, 1968). Beachten Sie, dass nur ein kleiner Teil des Opsinmoleküls gezeigt ist, das in Wirklichkeit einige Hundert Male größer ist als das Retinal. Trotz seiner winzigen Größe im Vergleich zum Opsin ist das Retinal der entscheidende Teil des Sehpigmentmoleküls. Wenn das Retinal an das Opsin gebunden ist, ergibt

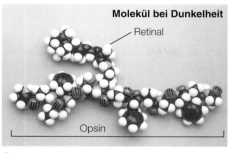

Molekül bei Dunkelheit

Retinal

Opsin

a

**durch Licht isome-
risiertes Retinal**

b

▣ **Abb. 3.10** Modell eines Sehpigmentmoleküls. Der horizontale Teil des Modells zeigt einen winzigen Ausschnitt des riesigen Opsinmoleküls nahe der Bindestelle des Retinals. Das kleinere nach oben gerichtete Molekül auf dem Opsin ist das lichtempfindliche Retinal. **a** Die Form des Retinalmoleküls vor der Lichtabsorption. **b** Das Retinal nach der Lichtabsorption. Diese Formveränderung, die als Isomerisation bezeichnet wird, löst eine Kette von Reaktionen aus, die die Entstehung eines elektrischen Signals im Rezeptor bewirken. (© Bruce Goldstein)

sich insgesamt ein Molekül, das sichtbares Licht absorbieren kann.

Wenn Licht auf die Netzhaut trifft, wird der erste Schritt der Transduktion eingeleitet: Das Sehpigmentmolekül absorbiert das Licht. Dies führt dazu, dass das Retinal innerhalb dieses Moleküls seine Form ändert, und zwar von einer gebogenen Form, wie in ▣ Abb. 3.10a dargestellt, zu einer geraden Form, wie in ▣ Abb. 3.10b dargestellt. Diese Formänderung, die als **Isomerisation** bezeichnet wird, löst eine chemische Kettenreaktion aus (▣ Abb. 3.11), die bei Tausenden geladenen Molekülen in den Rezeptoren elektrische Signale erzeugt (Baylor, 1992; Hamer et al., 2005). Durch diese Vervielfältigung kann die anfängliche Isomeri-

sation eines einzigen Sehpigmentmoleküls schließlich zur Aktivierung des gesamten Fotorezeptors führen. Jetzt ist ein elektrisches Signal entstanden, was bedeutet, dass die Transduktion abgeschlossen ist.

Als Nächstes wollen wir anhand der beiden verschiedenen Fotorezeptoren, der Stäbchen und der Zapfen, verdeutlichen, wie die Eigenschaften der Sehpigmente unsere Wahrnehmung beeinflussen. Wie wir sehen werden, beeinflussen deren unterschiedliche Sehpigmente 2 verschiedene Aspekte der visuellen Wahrnehmung:
1. Wie wir uns an eine dunkle Umgebung anpassen.
2. Wie gut wir Licht in verschiedenen Bereichen des sichtbaren Spektrums sehen können.

3.3.2 Dunkeladaptation

Bei der Erörterung der Messung der Wahrnehmung in ▶ Kap. 1 haben wir festgestellt, dass eine Person, die von einer hellen Umgebung an einen dunklen Ort geht, zunächst Schwierigkeiten hat, etwas zu sehen, dass sie aber nach einiger Zeit in der Dunkelheit in der Lage ist, Gegenstände zu erkennen, die vorher nicht sichtbar waren (▣ Abb. 1.18). Diese Zunahme der Sensitivität bei Dunkelheit bezeichnet man als **Dunkeladaptation**. Sie kann anhand einer **Dunkeladaptationskurve** gemessen werden. In diesem Abschnitt zeigen wir, wie die Stäbchen- und die Zapfenrezeptoren einen wichtigen Aspekt des Sehens steuern: die Fähigkeit des visuellen Systems, sich an schwache Beleuchtung anzupassen. Wir werden beschreiben, wie die Dunkeladaptationskurve gemessen wird und wie der Anstieg der Sensitivität bei Dunkelheit mit den Eigenschaften der Stäbchen- und der Zapfensehpigmente in Verbindung gebracht wird.

Messung der Dunkeladaptationskurve
Wir können nun wieder zu den visuellen Rezeptoren zurückkehren, um zu erläutern, wie Stäbchen und Zapfen eine bedeutende visuelle Wahrnehmungsleistung steuern:

ein Sehpigmentmolekül

▣ **Abb. 3.11** Schematische Darstellung der Kettenreaktion, die ausgelöst wird, wenn ein einziges Sehpigmentmolekül nach der Absorption eines Lichtquants isomerisiert wird. Jedes Sehpigmentmolekül aktiviert Hunderte weiterer Moleküle und diese wiederum Tausende weitere. Die Isomerisation eines einzelnen Sehpigmentmoleküls aktiviert dadurch ungefähr eine Million andere Moleküle, die den Rezeptor aktivieren

3

Methode 3.1

Messung der Dunkeladaptationskurve

Der erste Schritt bei der Messung einer Dunkeladaptationskurve besteht darin, den Teilnehmer auf einen kleinen Fixationspunkt schauen zu lassen, während er seine Aufmerksamkeit auf ein seitlich angeordnetes blinkendes Testlicht richtet (Abb. 3.12). Da der Teilnehmer direkt auf den Fixationspunkt blickt, fällt dessen Bild auf die Fovea, sodass das Bild des seitlich angeordneten Testlichts auf die periphere Netzhaut fällt, die sowohl Stäbchen als auch Zapfen enthält. Während der Teilnehmer noch im Hellen ist, dreht er einen Knopf, mit dem er die Intensität des blinkenden Lichts so einstellen kann, bis es gerade noch zu sehen ist (dies ist die in ▶ Kap. 1 vorgestellte *Herstellungsmethode*). Dieser Schwellenwert für das Sehen des Lichts, d. h. die Mindestmenge an Energie, die erforderlich ist, um das Licht gerade noch zu sehen, wird dann in *Empfindlichkeit* umgerechnet. Da die Empfindlichkeit = 1/Schwelle beträgt, bedeutet dies, dass eine *hohe Schwelle* einer *niedrigen Empfindlichkeit* entspricht. Die im Licht gemessene Empfindlichkeit wird als **helladaptierte Empfindlichkeit** bezeichnet, da sie gemessen wird, während die Augen an das Licht angepasst sind. Da das Raum- bzw. Anpassungslicht eingeschaltet ist, muss die Intensität des blinkenden Testlichts hoch sein, damit es gesehen wird. Zu Beginn des Experiments ist die Schwelle also hoch und die Empfindlichkeit niedrig.

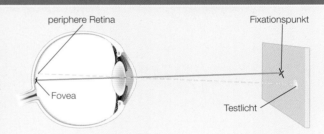

◘ **Abb. 3.12** Die Versuchsbedingungen in einem Experiment zur Messung der Dunkeladaptationskurve. In diesem Beispiel fällt das Bild des Fixationspunkts auf die Fovea und das Bild des Testlichts auf die periphere Retina

Sobald die helladaptierte Empfindlichkeit gegenüber dem blinkenden Testlicht bestimmt ist, wird das Anpassungslicht gelöscht, sodass sich der Teilnehmer im Dunkeln befindet. Der Teilnehmer stellt die Intensität des Blinklichts so ein, dass er es gerade noch sehen kann, wobei er die Zunahme der Dunkeladaptation verfolgt. Je empfindlicher der Teilnehmer für das Licht wird, desto mehr muss er die Intensität des Lichts verringern, damit es gerade noch sichtbar bleibt. Das Ergebnis, dargestellt als rote Kurve in ◘ Abb. 3.13, ist die **Dunkeladaptationskurve**.

---

die Fähigkeit des visuellen Systems zur Anpassung an schwache Beleuchtungen. Der erste Schritt zur Untersuchung dieser Dunkeladaptation besteht darin, eine sogenannte **Dunkeladaptationskurve** zu bestimmen, die die Lichtempfindlichkeit in Abhängigkeit von der Zeit seit dem Verlöschen des Lichts angibt (Methode 3.1).

Die Dunkeladaptationskurven zeigen, dass eine Person im Verlauf der Dunkeladaptation empfindlicher für das Testlicht wird und daher nach und nach dessen Intensität herunterregelt. Beachten Sie, dass die hohe Lichtempfindlichkeit einer niedrigen Schwelle entspricht – wenn sich die Kurve also abwärts bewegt, bedeutet dies eine Zunahme der Lichtempfindlichkeit. Die rote Dunkeladaptationskurve zeigt, dass die Lichtempfindlichkeit der Person in 2 Phasen zunimmt: Sie nimmt während der ersten 3–4 min nach dem Abschalten des Umgebungslichts rasch zu und stagniert dann, bis nach etwa 7–10 min die Lichtempfindlichkeit wieder zuzunehmen beginnt; diese Zunahme hält für weitere 20–30 min an (◘ Abb. 3.13). Die Empfindlichkeit am Ende der Dunkeladaptation, als **Empfindlichkeit des dunkeladaptierten Auges** bezeichnet, ist etwa 100.000 Mal größer als die Empfindlichkeit im helladaptierten Zustand, die vor dem Beginn der Dunkeladaptation gemessen wurde.

Die Dunkeladaptation spielt in einer Episode der „Mythbusters" auf dem Discovery Channel (2007) eine

Rolle, bei der es um Piratenmythen ging. Einer dieser Mythen besagt, dass Piraten die schwarze Augenbinde tragen würden, um immer mit einem Auge bei Dunkelheit sehen zu können. Wenn sie aus dem grellen Sonnenlicht ins dunkle Unterschiff unter Deck gingen, brauchten sie demnach nur die Augenbinde abzunehmen, um im Dunkeln zu sehen. Um herauszufinden, ob das funktioniert, führten die „Mythenknacker" verschiedene Aufgaben im Dunkeln aus, wobei sie zunächst beide Augen dem Licht aussetzten und danach ein Auge für 30 min abdeckten. Es überrascht nicht, dass die getesteten Personen die Aufgaben mithilfe des abgedeckten Auges besser ausführen konnten. Jeder, der einen Kurs in Wahrnehmungspsychologie absolviert hat, hätte den Mythenknackern erklären können, dass die Augenbinde aufgrund der Dunkeladaptation funktionieren wird.

Ob die Piraten aber tatsächlich aus diesem Grund Augenbinden trugen, sei dahingestellt. Dagegen spricht z. B. das Argument, dass durch die Augenbinde die Tiefenwahrnehmung verschlechtert wird, was für die Arbeit an Deck kein Vorteil gewesen sein dürfte. Warum 2 Augen für die Tiefenwahrnehmung wichtig sind, werden wir in ▶ Kap. 10 besprechen.

Die Mythenknacker haben zwar ein schönes Beispiel dafür geliefert, wie die Dunkeladaptation eines Auges das Sehen im Dunkeln erleichtern könnte, unser Fokus liegt

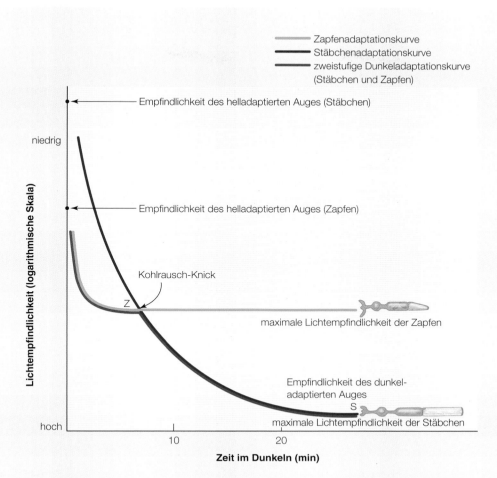

◧ Abb. 3.13 Drei Dunkeladaptationskurven. Die *rote Linie* ist die zweistufige Dunkeladaptationskurve mit einem „Zapfenteil" am Anfang und einem „Stäbchenteil" am Ende, die auftritt, wenn das Testlicht auf die periphere Retina fällt, wie in ◧ Abb. 3.12 dargestellt. Die *grüne Linie* ist die Zapfenadaptationskurve, die auftritt, wenn das Testlicht auf die Fovea fällt. Die *violette Linie* ist die Stäbchenadaptationskurve. Beachten Sie, dass der abwärtsgerichtete Verlauf dieser Kurven eine *Zunahme* der Empfindlichkeit abbildet. Die Kurven beginnen eigentlich am Punkt „Empfindlichkeit des helladaptierten Auges", es tritt jedoch eine kleine Verzögerung zwischen dem Löschen des Lichts und dem Beginn der Messung ein

aber auf einem anderen Thema: Wir wollen zeigen, dass der erste Teil der Dunkeladaptationskurve durch die Zapfen hervorgerufen wird, während der zweite Teil auf die Stäbchen zurückgeht. Wir werden dies anhand von 2 Experimenten aufzeigen, von denen eines die Zapfenadaptation und das andere die Stäbchenadaptation betrifft.

Messung der Zapfenadaptation

Die Tatsache, dass die rote Dunkeladaptationskurve in ◧ Abb. 3.13 2 Phasen aufweist, beruht darauf, dass das Testlicht auf die periphere Retina gelenkt wurde. Zur Messung der Dunkeladaptation der Zapfen allein müssen wir sicherstellen, dass das Bild des Testlichts ausschließlich Zapfen stimuliert. Wir erreichen dies, indem wir die Versuchsperson direkt auf das Testlicht blicken lassen, sodass dessen Abbild auf die ausschließlich Zapfen enthaltende Fovea fällt, und indem wir die Größe dieses Testlichts

so klein wählen, dass dessen Bild vollständig innerhalb der Fovea liegt. Die Dunkeladaptationskurve, die durch dieses Verfahren ermittelt wird, ist durch die grüne Linie in ◧ Abb. 3.13 dargestellt. Diese Kurve, die nur die Aktivitäten der Zapfen widerspiegelt, stimmt mit der frühen Phase unserer ursprünglichen Dunkeladaptationskurve überein, beinhaltet jedoch nicht die spätere Phase. Bedeutet dies, dass der Verlauf des zweiten Teils der Kurve auf die Stäbchen zurückzuführen ist? Durch ein zweites Experiment können wir nachweisen, dass dies der Fall ist.

Messung der Stäbchenadaptation

Wir wissen, dass die grüne Kurve in ◧ Abb. 3.13 lediglich durch Zapfenadaptation hervorgerufen wird, weil unser Testlicht auf die ausschließlich Zapfen enthaltende Fovea fokussiert war. Da die Zapfen zu Beginn der Dunkeladaptation lichtempfindlicher sind, kontrollieren sie unser Sehen während der frühen Phasen der Dunkeladaptation, und so erkennen wir nicht, was mit den Stäbchen geschieht. Um zu ermitteln, wie sich die Empfindlichkeit der Stäbchen zu Beginn der Dunkeladaptation verändert, müssen wir die Dunkeladaptation bei einer Person messen, deren Retina keine Zapfen aufweist. Solche Personen, die aufgrund eines seltenen genetischen Defekts keine Zapfen haben, bezeichnet man als **Stäbchenmonochromaten**. Ihre ausschließlich Stäbchen aufweisenden Retinae bietet uns die Möglichkeit, die Dunkeladaptation der Stäbchen ohne Interferenz durch die Zapfen zu messen. (Studierende fragen sich manchmal, warum wir das Testlicht nicht einfach in der Peripherie platzieren können, die hauptsächlich Stäbchen aufweist. Die Antwort lautet, dass es auch in der Peripherie einige Zapfen gibt, die die Dunkeladaptationskurve an ihrem Beginn beeinflussen.)

Da Stäbchenmonochromaten keine Zapfen aufweisen, wird die Empfindlichkeit des helladaptierten Auges, die wir vor dem Abschalten des Umgebungslichts messen, von den Stäbchen bestimmt. Die ermittelte Empfindlichkeit der „Stäbchen des helladaptierten Auges" in ◼ Abb. 3.13 ist viel geringer als die Empfindlichkeit des helladaptierten Auges, die wir im ursprünglichen Experiment gemessen haben. Sobald die Dunkeladaptation beginnt, steigert sich die Empfindlichkeit der Stäbchen, die ihr endgültiges Dunkeladaptationsniveau nach etwa 25 min erreichen (Rushton, 1961). Das Ende dieser Stäbchenadaptation bei dem Monochromaten fällt mit der zweiten Phase der Dunkeladaptationskurve zusammen.

Anhand der Ergebnisse dieser Dunkeladaptationsexperimente können wir den Prozess der Dunkeladaptation bei einer normalen Person wie folgt zusammenfassen: Sobald das Umgebungslicht abgeschaltet ist, nimmt die Empfindlichkeit sowohl von Stäbchen als auch von Zapfen allmählich zu. Da die Zapfen zu Beginn der Dunkeladaptation lichtempfindlicher sind, kontrollieren sie unser Sehen unmittelbar nach dem Ausschalten des Lichts. Man kann sich das so vorstellen, dass die Zapfen anfangs die Szene beherrschen, während die Stäbchen gleichsam hinter den Kulissen arbeiten. Nach etwa 3–5 min ist die Adaptation der Zapfen jedoch abgeschlossen, und die Kurve stagniert. Währenddessen steigt die Empfindlichkeit der Stäbchen stetig an, und nach etwa 7 min haben sie dieselbe Empfindlichkeit wie die der Zapfen erreicht. Ab diesem Zeitpunkt werden sie fortlaufend empfindlicher als die Zapfen und übernehmen die Kontrolle über das Sehen, sodass die Dunkeladaptationskurve nun die Stäbchenadaptation widerspiegelt. Den Punkt, an dem die Stäbchen beginnen, den Verlauf der Dunkeladaptationskurve zu bestimmen, bezeichnet man nach dem deutschen Physiologen Arnt Kohlrausch (1884–1969) als **Kohlrausch-Knick**.

Warum benötigen die Stäbchen etwa 20–30 min bis zum Erreichen ihrer maximalen Empfindlichkeit (der mit „S" bezeichnete Punkt), verglichen mit lediglich 3–4 min im Fall der Zapfen (mit „Z" bezeichnet)? Die Antwort auf diese Frage beinhaltet einen Vorgang namens *Sehpigmentrege-neration*, der in Stäbchen und Zapfen mit unterschiedlichen Geschwindigkeiten abläuft.

Sehpigmentregeneration

Im Zusammenhang mit der Transduktion haben wir bereits gesehen, dass das Retinal des Sehpigmentmoleküls durch Licht seine Form verändert. Wie in ◼ Abb. 3.10a dargestellt, ist es zunächst gebogen und ändert dann seine Form wie in ◼ Abb. 3.10b. Diese Änderung von gekrümmt zu gerade wird in den oberen Feldern von ◼ Abb. 3.14 gezeigt. Dort sehen wir auch, dass sich nach dieser Formänderung das Retinal schließlich vom Opsinteil des Sehpigmentmoleküls trennt. Diese Veränderung der Form und die Trennung vom Opsin führt dazu, dass das Sehpigmentmolekül eine hellere Farbe annimmt – ein Prozess, der als **Bleichung** bezeichnet wird. In ◼ Abb. 3.14a, einer Fotografie, die unmittelbar nach dem Bestrahlen mit Licht aufgenommen wurde, ist die Retina eines Froschs zu sehen. Die rote Farbe zeigt das Sehpigment an. Solange das Licht einwirkt, wird das Sehpigment zunehmend isomerisiert und das Retinal löst sich bei immer mehr Molekülen vom Opsin, wobei die Farbe der Retina zunehmend blasser wird (◼ Abb. 3.14b und 3.14c).

In diesem gebleichten Zustand können die Sehpigmente nicht mehr für das Sehen eingesetzt werden. Damit das Sehpigment erneut Lichtenergie in elektrische Energie transformieren kann, müssen Retinal und Opsin wieder verbunden werden und in die ursprüngliche Form des Sehpigmentmoleküls zurückkehren. Dieser Prozess, der als **Sehpigmentregeneration** bezeichnet wird, findet im Dunkeln statt.

Um die Regeneration besser zu verstehen, können wir uns das Sehpigmentmolekül auch als Lichtschalter vorstellen. Wenn Sie einen Lichtschalter einschalten, indem Sie seine Position ändern, können Sie ihn erst dann wieder neu einschalten, wenn Sie ihn vorher ausgeschaltet haben. Ebenso kann ein Sehpigmentmolekül, das einmal die Anwesenheit von Licht signalisiert hat, indem es isomerisiert (seine Position ändert) und wie in ◼ Abb. 3.14c gebleicht wird, die Anwesenheit von Licht erst dann wieder signalisieren, wenn sich das Retinal wieder an das Opsin bindet (◼ Abb. 3.14a). Die Pigmente reagieren in ihrem gebleichten Zustand also nicht mehr auf Licht und brauchen Zeit, um sich zu regenerieren, bevor sie wieder reaktionsfähig werden.

Während Sie sich wie jetzt beim Lesen dieses Buches im Hellen befinden, werden einige Ihrer Sehpigmentmoleküle gerade isomerisiert und bleichen aus, wie in ◼ Abb. 3.14 gezeigt, während andere sich regenerieren. Unter normalen Beleuchtungsbedingungen gibt es in Ihren Augen sowohl gebleichte als auch intakte Sehpigmentmoleküle. Wenn Sie den Raum verdunkeln, werden sich die gebleichten Moleküle weiter regenerieren, aber es kommt nicht mehr zur Isomerisation, sodass die Retina schließlich nur noch regenerierte, ungebleichte Sehpigmentmoleküle enthält.

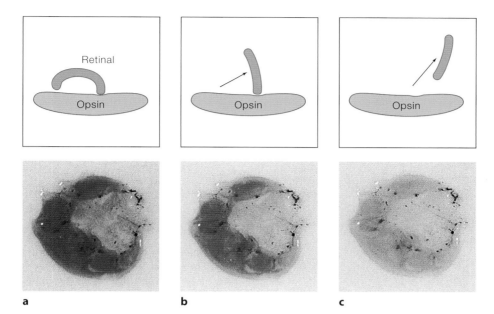

◘ Abb. 3.14 Die Retina eines Froschs wurde im Dunkeln aus dem Auge herauspräpariert und dann dem Licht ausgesetzt. Die *obere Bildreihe* zeigt die sich verändernden Konfigurationen zwischen Retinal und Opsin, nachdem das Retinal Licht absorbiert hat. Die Fotos in der *unteren Reihe* zeigen die Farbe der Netzhaut. **a** Dieses Bild wurde unmittelbar nach dem Einschalten des Lichts aufgenommen. Die dunkelrote Farbe wird durch die hohe Konzentration von Sehpigment in den Rezeptoren verursacht. Die Rezeptoren befinden sich hier noch im ungebleichten Zustand, in dem das Retinal an das Opsin gebunden ist. **b, c** Während das Sehpigment isomerisiert, trennen sich Retinal und Opsin und die Retina wird gebleicht. Dies zeigt sich in der helleren Farbe. (© Bruce Goldstein)

Diese Zunahme der Konzentration ungebleichter Sehpigmente bei der Regeneration im Dunkeln ist für die Zunahme der Empfindlichkeit bei der Dunkeladaptation verantwortlich. Den Zusammenhang zwischen Sehpigmentkonzentration und Empfindlichkeit hat William Rushton (1961) beim Menschen veranschaulicht, und zwar mit einem von ihm entwickelten Verfahren, das die zunehmende Verdunkelung der Retina während der Dunkeladaptation zeigte (ähnlich der Stadien in ◘ Abb. 3.14 von rechts nach links).

Rushtons Messungen zeigten, dass das Zapfenpigment 6 min, das Stäbchenpigment dagegen mehr als 30 min für eine vollständige Regeneration benötigt. Als er den Verlauf der Sehpigmentregeneration mit der physiologischen Dunkeladaptationsrate verglich, fand er heraus, dass die Dunkeladaptationsrate der Zapfen mit der Sehpigmentregenerationsrate des Zapfenpigments und die Dunkeladaptationsrate der Stäbchen mit der Sehpigmentregenerationsrate des Stäbchenpigments übereinstimmten. Diese Ergebnisse zeigen 2 wichtige Zusammenhänge zwischen Wahrnehmung und Physiologie:

1. Die Lichtempfindlichkeit unserer Augen hängt von der Konzentration einer chemischen Verbindung ab – dem Sehpigment.
2. Die Geschwindigkeit, mit der unsere Lichtempfindlichkeit sich im Dunkeln anpasst, hängt von einer chemischen Reaktion ab – der Regeneration des Sehpigments.

Was passiert mit dem Sehen, wenn irgendetwas das Sehpigment an der Regeneration hindert, wenn sich beispielsweise die Netzhaut vom *Pigmentepithel* ablöst (◘ Abb. 3.2b), einer Schicht, die Enzyme enthält, die für die Sehpigmentregeneration notwendig sind? Eine solche **Netzhautablösung** kann durch traumatische Verletzungen des Auges ausgelöst werden, etwa wenn ein Baseballspieler einen hart abgeschlagenen Ball ins Auge bekommt. Unter diesen Bedingungen können das Opsin und das Retinal, wenn sie nach dem Bleichen einmal getrennt sind, sich nicht wieder rekombinieren, und die betroffene Person wird in dem diesem Areal der Retina entsprechenden Teil des Gesichtsfelds blind. Diese Erblindung bleibt bestehen, sofern nicht frühzeitig die abgelöste Retina wieder an das Pigmentepithel angelegt wird, z. B. mithilfe eines Augenlasers.

3.3.3 Spektrale Empfindlichkeit

Unsere Erörterung zu den Stäbchen und Zapfen konzentrierte sich bislang auf die Regulierung der Dunkeladaptation. Darüber hinaus unterscheiden sich Stäbchen und Zapfen jedoch auch darin, wie sie auf Licht unterschiedlicher Wellenlängen innerhalb des *sichtbaren Spektrums* ansprechen (◘ Abb. 1.23). Diese Unterschiede in der Antwort von Stäbchen und Zapfen auf das sichtbare Spektrum lassen sich anhand der **spektralen Empfindlichkeit** bei Stäbchen- und Zapfensehen messen. Mit spektraler Empfindlichkeit ist die Sensitivität des Auges in Abhängig-

3

Methode 3.2

Messung der spektralen Hellempfindlichkeitskurve

Um die Empfindlichkeit auf Licht für alle Wellenlängen innerhalb des sichtbaren Spektrums zu bestimmen, präsentieren wir für jeden Messpunkt jeweils ein Testlicht einer bestimmten Wellenlänge und messen die Empfindlichkeit des Probanden. Licht, das nur eine Wellenlänge aufweist, wird als **monochromatisches Licht** bezeichnet. Es lässt sich mit speziellen Filtern erzeugen oder mit einem Gerät, das Spektroskop heißt. Um die spektrale Hellempfindlichkeit einer Person zu bestimmen, bestimmen wir die Schwelle für das Sehen dieser monochromatischen Lichter über das sichtbare Spektrum hinweg, wobei wir eine der psychophysischen Methoden zur Schwellenbestimmung verwenden, die wir in ▶ Kap. 1 behandelt haben. Allerdings wird die Schwelle nicht für alle Wellenlängen des kontinuierlichen Spektrums gemessen, sondern in regelmäßigen Messintervallen. So kann die erste Wellenlänge bei 400 nm liegen, die zweite bei 410 nm und so fort. Das Ergebnis ist die Kurve in ◘ Abb. 3.15a, die zeigt, dass die Schwelle für das Sehen des Lichtreizes am kurz- oder langwelligen Ende des Spektrums am höchsten und in der Mitte des Spektrums am niedrigsten ist; somit wird weniger

Licht benötigt, um Reize im mittleren Wellenlängenbereich des Spektrums wahrzunehmen, als es für die Wahrnehmung von Reizen am kurz- oder langwelligen Ende des Spektrums der Fall ist.

Die Fähigkeit, Licht verschiedener Wellenlängen über das gesamte sichtbare Spektrum wahrnehmen zu können, wird oft nicht wie in ◘ Abb. 3.15a anhand der Abhängigkeit der *Schwelle* von der Wellenlänge abgetragen, sondern anhand der *Empfindlichkeit* in Abhängigkeit von der Wellenlänge. Wir können die Schwelle in die Empfindlichkeit umrechnen, indem wir die Formel Empfindlichkeit = 1/Schwelle anwenden; unsere Schwellenkurve aus ◘ Abb. 3.15a wird dann zu der Empfindlichkeitskurve in ◘ Abb. 3.15b, die man als **spektrale Hellempfindlichkeitskurve** bezeichnet.

Nun können wir die **spektrale Hellempfindlichkeitskurve der Zapfen** messen, indem wir die Versuchspersonen direkt auf das Testlicht blicken lassen, sodass es nur die Zapfen in der Fovea erregt. Wir messen die **spektrale Hellempfindlichkeitskurve für Stäbchen**, indem wir die Empfindlichkeit nach vollständiger Dunkeladaptation messen (wodurch die Stäbchen am empfindlichsten sind) und das blinkende Testlicht seitlich des Fixationspunkts positionieren.

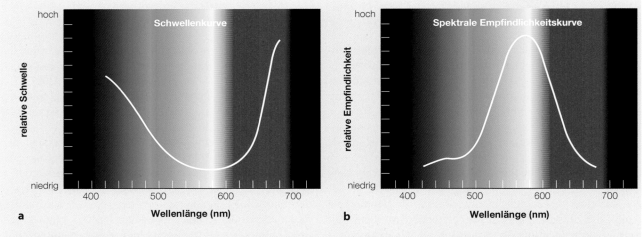

◘ **Abb. 3.15** **a** Die Schwelle für das Sehen eines Lichtreizes, aufgetragen gegen die Wellenlänge. **b** Die relative Empfindlichkeit, aufgetragen gegen die Wellenlänge – die sogenannte spektrale Hellempfindlichkeitskurve. (Adaptiert nach Wald, 1964)

---

keit von der Wellenlänge des Lichtstimulus gemeint. Die spektrale Empfindlichkeit wird durch die Bestimmung der **spektralen Hellempfindlichkeitskurve** gemessen, die die Beziehung zwischen Wellenlänge und Empfindlichkeit angibt.

Spektrale Hellempfindlichkeitskurven

Mit der psychophysischen Methode 3.2 lässt sich die spektrale Hellempfindlichkeitskurve ausmessen.

Die spektralen Hellempfindlichkeitskurven für Stäbchen und Zapfen, die in ◘ Abb. 3.16 dargestellt sind, zei-

gen die höhere Empfindlichkeit der Stäbchen für kurzwelliges Licht, wobei die Stäbchen die größte Empfindlichkeit bei etwa 500 nm und die Zapfen die größte Empfindlichkeit bei etwa 560 nm aufweisen. Dieser Unterschied in den Empfindlichkeiten von Stäbchen und Zapfen für unterschiedliche Wellenlängen bedeutet, dass wir während der Verlagerung des Sehens von den Zapfen zu den Stäbchen während der Dunkeladaptation (relativ betrachtet) empfindlicher für kurzwelliges Licht werden – dies ist Licht nahe dem blaugrünen Ende des Spektrums.

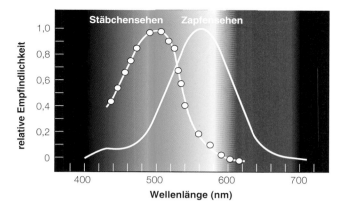

◘ Abb. 3.16 Spektrale Hellempfindlichkeitskurven für das Stäbchensehen (*links*) und das Zapfensehen (*rechts*). Die Maximalempfindlichkeit wurde für diese beiden Kurven mit 1,0 gleichgesetzt. Die relativen Empfindlichkeiten von Stäbchen und Zapfen hängen jedoch von den Adaptationsbedingungen ab: Die Zapfen sind im Hellen und die Stäbchen im Dunkeln empfindlicher. Die in die Stäbchenkurve eingezeichneten Kreise stellen das Absorptionsspektrum des Stäbchenpigments dar. (Nach Wald & Brown, 1958)

◘ Abb. 3.17 Die Blüten zur Demonstration des Purkinje-Effekts (siehe Text zur Erläuterung)

Sicherlich haben Sie die Auswirkung dieser Verlagerung der Empfindlichkeit hin zu kurzwelligem Licht schon einmal bemerkt, wenn Sie beobachtet haben, wie grünes Gras in der Abenddämmerung deutlicher sichtbar wird. Diese Verlagerung vom Zapfen- zum Stäbchensehen beim Dämmerungssehen beruht darauf, dass das Auge bei niedriger Beleuchtung mit der Dunkeladaptation beginnt, sodass die Stäbchen zunehmend die Wahrnehmung bestimmen. Die verbesserte Wahrnehmung von kurzwelligem Licht während der Dunkeladaptation wird als **Purkinje-Effekt** bezeichnet, benannt nach Johann Purkinje (1787–1869), der diesen Effekt 1825 beschrieben hat. Sie können diese Verschiebung der Farbempfindlichkeit selbst ausprobieren, indem Sie ein Auge 5–10 min schließen, sodass es dunkeladaptiert ist, und dann ◘ Abb. 3.17 abwechselnd mit je einem Auge betrachten. Dabei werden Sie feststellen, dass die rechte (blaue) Blüte verglichen mit der linken (roten) Blüte im dunkeladaptierten Auge deutlich heller erscheint.

Absorptionsspektren von Stäbchen und Zapfen

Ähnlich wie wir den Unterschied der Dunkeladaptation von Stäbchen und Zapfen auf eine Eigenschaft der Sehpigmente zurückführen können (die in den Zapfen schneller regenerieren als in den Stäbchen), lassen sich auch die Unterschiede der spektralen Hellempfindlichkeitskurven auf eine Eigenschaft der Sehpigmente zurückführen: die Absorptionsspektren der Stäbchen und Zapfen. Ein **Absorptionsspektrum** stellt den von einer Substanz absorbierten Lichtanteil als Funktion der Wellenlänge des Lichts dar. Die Absorptionsspektren der Sehpigmente von Stäbchen und Zapfen sind in ◘ Abb. 3.18 dargestellt. Das Stäbchenpigment hat die beste Absorption bei einer Wellenlänge des Lichts von 500 nm, im blaugrünen Bereich des Spektrums.

Es gibt 3 Absorptionsspektren für die Zapfen, da 3 verschiedene Zapfenpigmente existieren, die jeweils einen eigenen Rezeptortyp darstellen. Das kurzwellige Zapfenpigment (K) absorbiert am besten Licht mit einer Wellenlänge von 419 nm, das mittelwellige Zapfenpigment (M) von 531 nm und das langwellige Zapfenpigment (L) von 558 nm.

Die Absorption des Stäbchenpigments entspricht fast genau der spektralen Empfindlichkeitskurve der Stäbchen (◘ Abb. 3.18), und die kurz-, mittel- und langwelligen Zapfenpigmente addieren sich zu einer psychophysischen spektralen Empfindlichkeitskurve mit einem Maximum bei 560 nm. Da es weniger kurzwellige Rezeptoren gibt und deshalb auch einen viel geringeren Anteil des kurzwelligen Zapfenpigments, wird die spektrale Empfindlichkeitskurve der Zapfen vorwiegend von den mittel- und langwelligen Zapfenpigmenten bestimmt (Bowmaker & Dartnall, 1980; Stiles, 1953).

Aus den bisher angeführten Belegen ergibt sich, dass die Empfindlichkeiten von Stäbchen und Zapfen im Dunkeln (Dunkeladaptation) und die Empfindlichkeiten für bestimmte Lichtwellenlängen (spektrale Empfindlichkeit) von den Eigenschaften der Sehpigmente in Stäbchen und Zapfen bestimmt werden. Obwohl die Wahrnehmung, also die Erfahrung, die aus der Stimulation der Sinne resultiert, nicht im Auge stattfindet, haben die Vorgänge, die hier stattfinden, zweifellos Einfluss auf unsere visuelle Wahrnehmung.

Wir haben nun die ersten 3 Schritte im Wahrnehmungsprozess verfolgt: Ein Baum reflektiert Licht (Schritt 1), das im Auge eines Betrachters vom optischen System auf die Retina fokussiert wird (Schritt 2); die Fotorezeptoren beeinflussen die Wahrnehmung, weil sie Licht in elektrische Energie umwandeln (Schritt 3). Wir können nun zu Schritt 4 übergehen: der Weiterleitung und Verarbeitung der elektrischen Signale in der Netzhaut.

◘ Abb. 3.18 Absorptions-spektren des Stäbchenpigments (*S*) sowie der kurzwelligen (*K*), mittelwelligen (*M*) und langwelligen (*L*) Zapfenpigmente. (Nach Dartnall et al., 1983. Used with permission of the Royal Society of London. Permission convey-ed through Copyright Clearance Center, Inc.)

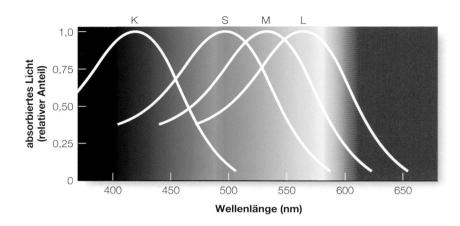

Übungsfragen 3.1

1. Erläutern Sie, inwiefern Licht der Stimulus für das Sehen ist, und beschreiben Sie dabei den Aufbau des Auges mit den Stäbchen- und den Zapfenrezeptoren. Wie sind Stäbchen und Zapfen über die Retina verteilt?

2. Wie wirken sich verschiedene Entfernungen zwischen einem Objekt und dem Auge darauf aus, wie das vom Objekt reflektierte Licht auf die Retina fokussiert wird?

3. Wie passt das Auge die Fokussierung des Lichts bei der Akkommodation an? Beschreiben Sie die folgenden Refraktionsfehler, bei denen kein scharfes Bild fokussiert werden kann: Presbyopie, Myopie, Hyperopie. Wie lassen sich diese Fehlsichtigkeiten beheben – mit korrigierenden Linsen oder operativer Behandlung?

4. Wo muss ein Forscher auf der Retina einen Stimulus platzieren, um die Dunkeladaptation der Zapfen zu untersuchen? Wie kann die Adaptation der Stäbchen ohne jegliche Interferenz durch die Zapfen gemessen werden? Wie hängt dies mit der Verteilung der Stäbchen und Zapfen in der Retina zusammen? Wie kann die Zapfenadaptation ohne störenden Einfluss der Stäbchen gemessen werden? Wie lässt sich die Stäbchenadaptation ohne Interferenz mit den Zapfen messen?

5. Beschreiben Sie, wie sich die Empfindlichkeit der Stäbchen und Zapfen verändert, wenn das Licht ausgeschaltet wird, und wie diese Veränderung der Empfindlichkeit 20–30 min lang in der Dunkelheit anhält. Wann beginnen die Stäbchen, sich anzupassen? Wann werden die Stäbchen empfindlicher als die Zapfen?

6. Was passiert mit Sehpigmentmolekülen, wenn sie (a) Licht absorbieren und (b) sich regenerieren? Worin besteht der Zusammenhang zwischen der Regeneration der Sehpigmente und der Dunkeladaptation?

7. Was ist die spektrale Empfindlichkeit? Wie wird eine spektrale Hellempfindlichkeitskurve sowohl für Zapfen als auch für Stäbchen bestimmt?

8. Was ist ein Pigmentabsorptionsspektrum? Wie lassen sich die Absorptionsspektren von Stäbchen- und Zapfenpigmenten vergleichen und in welchem Verhältnis stehen sie zur spektralen Empfindlichkeit von Stäbchen und Zapfen?

3.4 Die Reise der elektrischen Signale durch die Retina

Wir haben nun gesehen, wie entscheidend die Fotorezeptoren für die Wahrnehmung sind, da sie das einfallende Licht in ein elektrisches Signal umwandeln. Sie beeinflussen die Wahrnehmung auch dadurch, dass sich Stäbchen und Zapfen auf unterschiedliche Weise an die Dunkelheit anpassen und auf unterschiedliche Wellenlängen des Lichts reagieren. Wie wir in diesem Abschnitt erörtern werden, hat die Art und Weise, wie die Fotorezeptoren und die anderen Zellen in der Netzhaut „verschaltet" sind, ebenfalls einen erheblichen Einfluss auf unsere Wahrnehmung.

3.4.1 Konvergenz von Stäbchen und Zapfen

◘ Abb. 3.19a zeigt einen Querschnitt durch die Retina eines Affen, wobei die einzelnen Schichten durch Anfärben sichtbar gemacht wurden. ◘ Abb. 3.19b illustriert die 5 grundlegenden Typen von Neuronen, aus denen diese Schichten bestehen und die innerhalb der Retina zu **neuronalen Schaltkreisen** vernetzt sind – zu miteinander verbundenen Neuronengruppen. Die Stäbchen- und die Zapfenrezeptoren (R) senden ihre Signale an **Bipolarzellen** (B), die wiederum mit **Ganglienzellen** (G) verbunden sind. Die Rezeptoren und die Bipolarzellen haben keine Axone –

■ **Abb. 3.19** **a** Querschnitt durch eine Affenretina, die gefärbt wurde, um die verschiedenen Schichten zu zeigen. Das Licht fällt von unten ein. Die *violetten Punkte* sind die Zellkörper der Rezeptoren, Bipolarzellen und Ganglienzellen. **b** Querschnitt durch die Primatenretina mit den 5 wichtigsten Zelltypen und ihren Verknüpfungen. *A* = Amakrinzellen; *B* = Bipolarzellen; *G* = Ganglienzellen; *H* = Horizontalzellen; *R* = Rezeptoren. (Nach Dowling & Boycott, 1966)

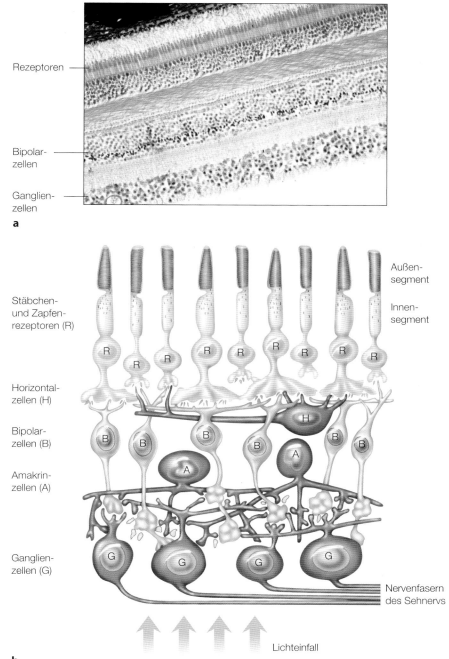

im Gegensatz zu den Ganglienzellen. Die Axone der Ganglienzellen bilden die Fasern, die das Auge in Form des Sehnervs verlassen (■ Abb. 3.6).

Außer den Rezeptoren, Bipolarzellen und Ganglienzellen gibt es in der Retina 2 weitere Typen von Neuronen, die die Netzhautneuronen verbinden: **Horizontalzellen** (H) und **Amakrinzellen** (A). Signale können sowohl zwischen den Rezeptoren über die Horizontalzellen als auch zwischen den Bipolarzellen und den Ganglienzellen durch die Amakrinzellen laufen. Wir werden später in diesem Kapitel

auf die Horizontal- und die Amakrinzellen zurückkommen. Hier wollen wir uns auf die direkten Verbindungen zwischen Rezeptoren und Ganglienzellen und insbesondere auf die *neuronale Konvergenz* konzentrieren.

Wahrnehmung wird durch neuronale Konvergenz bestimmt

Neuronale Konvergenz (oder kurz Konvergenz) tritt dann auf, wenn verschiedene Neuronen mit demselben Neuron synaptisch verbunden sind, also viele Axone in einem einzigen Neuron konvergieren. In der Retina findet in hohem Maße Konvergenz statt, da es 126 Mio. Rezeptoren, aber nur 1 Mio. Ganglienzellen gibt. Somit erhält jede Ganglienzelle durchschnittlich Signale von 126 Rezeptoren. Wir können nun zeigen, wie Konvergenz die Wahrnehmung beeinflussen kann, indem wir noch einmal zu dem Vergleich zwischen Stäbchen und Zapfen zurückkehren. Ein bedeutender Unterschied zwischen Stäbchen und Zapfen liegt darin, dass die Signale von den Stäbchen stärker konvergieren als die Signale von den Zapfen. Diesen Unterschied können wir uns dadurch bewusst machen, dass es 120 Mio. Stäbchen in der Retina gibt, aber nur 6 Mio. Zapfen. Im Durchschnitt bündeln sich die Signale von 120 Stäbchen auf eine Ganglienzelle, wohingegen nur 6 Zapfen Signale an eine einzelne Ganglienzelle senden.

Dieser Unterschied zwischen der Konvergenz von Stäbchen und Zapfen wird noch größer, wenn wir die fovealen Zapfen betrachten (zur Erinnerung: Die Fovea ist das kleine Areal, das ausschließlich Zapfen enthält). Viele der fovealen Zapfen haben „private Kanäle" zu Ganglienzellen, sodass jede dieser Ganglienzellen Signale von nur einem Zapfen erhält und keine Konvergenz stattfindet. Die stärkere Konvergenz der Stäbchen im Vergleich zu den Zapfen bedingt die folgenden Unterschiede bei der Wahrnehmung mit diesen beiden Rezeptortypen:

1. Die Stäbchen führen zu größerer Lichtempfindlichkeit als die Zapfen.
2. Die Zapfen führen zu besserer Detailwahrnehmung als die Stäbchen.

Höhere Lichtempfindlichkeit von Stäbchen durch Konvergenz

Beim dunkeladaptierten Auge weist das Stäbchensehen eine höhere Hellempfindlichkeit auf als das Zapfensehen (siehe die Dunkeladaptationskurve in ◘ Abb. 3.13). Deshalb dienen bei Dämmerlicht die Stäbchen dazu, lichtschwache Reize zu entdecken. Das lässt sich an einem Beispiel demonstrieren, das Astronomen und Sternfreunden seit Langem bekannt ist: Man kann einen weniger hellen Stern oft leichter erkennen, wenn man nicht direkt auf ihn, sondern ein wenig daneben schaut, denn dann fällt das Bild des Sterns nicht auf die vielen Zapfen in der Fovea, sondern auf die periphere Retina mit ihren vielen Stäbchen. Ein Grund dafür, dass das Stäbchensehen eine größere Lichtempfindlichkeit mit sich bringt als das Zapfensehen, besteht darin, dass weniger Licht nötig ist, um eine Antwort eines einzelnen Stäbchenrezeptors hervorzubringen, als dies bei einem einzelnen Zapfenrezeptor der Fall ist (Barlow & Mollon, 1982; Baylor, 1992). Es gibt jedoch noch einen weiteren Grund: Die Stäbchen weisen eine stärkere Konvergenz als die Zapfen auf.

Wir können uns nun veranschaulichen, wie die unterschiedliche Konvergenz von Stäbchen und Zapfen sich in unterschiedliche maximale Empfindlichkeiten der Stäbchen und Zapfen übersetzen lässt. ◘ Abb. 3.20 zeigt 2 neu-

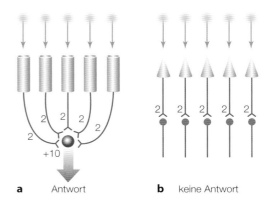

◘ **Abb. 3.20** Verschaltung der Stäbchen (**a**) und der Zapfen (**b**). Die *gelben Punkte* und die *Pfeile* über den Rezeptoren repräsentieren Lichtpunkte, die die Rezeptoren stimulieren. Die Zahlen stellen die Anzahl der Antworteinheiten dar, die von Stäbchen und Zapfen als Antwort auf eine Stärke des Lichtpunkts von 2,0 generiert werden

ronale Schaltkreise, in denen zum einen 5 Stäbchenrezeptoren auf eine Ganglienzelle konvergieren und zum anderen 5 Zapfenrezeptoren, die jeweils synaptisch mit einer eigenen Ganglienzelle verbunden sind. Wir haben die Bipolar-, Horizontal- und Amakrinzellen aus Gründen der Übersichtlichkeit weggelassen, unsere Schlussfolgerungen sind dadurch nicht weniger zutreffend.

Für unsere weiteren Überlegungen gehen wir davon aus, dass wir den einzelnen Stäbchen und Zapfen hinreichend kleine Lichtreize darbieten können. Nehmen wir weiter an, dass diese eine *Erregungseinheit* in der Ganglienzelle auslösen, und dass es 10 *Erregungseinheiten* braucht, bis die Ganglienzelle feuert. Jede Ganglienzelle kann alle Signale der Fotorezeptoren aufsummieren, um diese Schwelle von 10 Erregungseinheiten zu erreichen.

Wenn wir jeden Rezeptor Lichtreizen mit einer Stärke von 1,0 aussetzen, erhält die Stäbchenganglienzelle 5 Erregungseinheiten, jeweils eine von jedem der 5 Rezeptoren Jede Zapfenganglienzellen hingegen erhält nur 1 Erregungseinheit, eine von jedem Zapfenrezeptor. Bei einer Intensität von 1,0 erhält die Stäbchenganglienzelle aufgrund der Konvergenz mehr Erregungseinheiten als die Zapfenganglienzellen, aber nicht genug, um sie zum Feuern zu bringen.

Wenn wir die Lichtintensität jedoch auf 2,0 steigern, wie in ◘ Abb. 3.20 gezeigt, erhält die Stäbchenganglienzelle 2,0 Erregungseinheiten von jedem ihrer 5 Rezeptoren, insgesamt also 10 Erregungseinheiten. Diese Summe erreicht die Schwelle für die Stäbchenganglienzelle, die daraufhin feuert. Bei derselben Lichtintensität liegen die Zapfenganglienzellen immer noch unter der Schwelle, da jede nur 2 Erregungseinheiten erhält. Damit die Zapfenganglienzellen feuern, müssten wir die Lichtintensität auf 10,0 steigern.

Dieses Beispiel zeigt, dass weniger eintreffendes Licht nötig ist, um eine Ganglienzelle zu stimulieren, die Input von Stäbchen erhält, da viele Stäbchen auf diese eine Ganglienzelle konvergieren. Im Gegensatz dazu ist viel mehr Licht nötig, um eine Ganglienzelle zu stimulieren, die von Zapfen gespeist wird, da weniger Zapfen auf jede Ganglienzelle konvergieren. Dies zeigt, wie die höhere Empfindlichkeit der Stäbchen im Vergleich zu den Zapfen auf die größere Konvergenz der Stäbchen zurückzuführen ist.

Die Tatsache, dass die Hellempfindlichkeit der Stäbchen und Zapfen nicht durch die einzelnen Rezeptoren festgelegt ist, sondern durch die Konvergenz innerhalb der Gruppen von Rezeptoren, bedeutet Folgendes: Wenn wir Stäbchen- oder Zapfensehen beschreiben, beziehen wir uns auf die Art, wie *Gruppen* von Stäbchen oder Zapfen zu unserer Wahrnehmung beitragen und diese bestimmen.

Bessere Detailwahrnehmung von Zapfen durch geringe Konvergenz

Wegen der *höheren* Konvergenz der Stäbchen weist das Stäbchensehen eine höhere Hellempfindlichkeit als das Zapfensehen auf, aber das Zapfensehen hat wegen der *geringeren* Konvergenz die größere **Sehschärfe** – die größere Fähigkeit, Details zu sehen. Wenn Sie also auf der Sehtafel ihres Augenarztes sehr kleine Zeichen erkennen können, entspricht das einer hohen Sehschärfe (denken Sie in diesem Zusammenhang auch an die Gittersehschärfe in ▶ Kap. 1).

Um sich die Bedeutung der hohen Sehschärfe mittels der Zapfen klarzumachen, führen Sie sich einmal vor Augen, wann Sie zuletzt nach etwas gesucht haben, das sich unter verschiedenen anderen Dingen verbarg – vielleicht das Smartphone auf dem übervollen Schreibtisch oder das Gesicht eines Freundes in einer Menschenmenge. Um zu finden, was Sie suchen, müssen Sie Ihre Augen von einem Ort zum anderen wandern lassen. Wenn Sie dabei den Blick auf verschiedene Dinge richten, mustern oder scannen Sie die Umgebung mit Ihrer zapfenreichen Fovea (auf die ja beim direkten Anschauen eines Objekts dessen Bild fokussiert wird). Sie brauchen dazu die Fovea, weil dort die Sehschärfe am größten ist. Objekte, die auf der peripheren Retina abgebildet werden, können nicht so detailscharf gesehen werden (Demonstration 3.4).

In Demonstration 3.4 zeigen wir, dass die Sehschärfe in der Fovea besser ist als in der Peripherie. Da Sie hierbei helladaptiert sind, findet der Vergleich bei dieser Demonstration zwischen den dicht gepackten fovealen Zapfen und den weiter gestreuten peripheren Zapfen statt. Der Vergleich der fovealen Zapfen mit den Stäbchen zeigt noch größere Unterschiede in Bezug auf die Sehschärfe. Wir können diesen Vergleich durchführen, indem wir messen, wie sich die Sehschärfe im Verlauf der Dunkeladaptation verändert.

Die Veränderung der Sehschärfe bei der Dunkeladaptation simuliert das Bild des Buchregals in ◘ Abb. 3.21. Die obere Buchreihe verdeutlicht die Details, die wir bei

Foveale versus periphere Sehschärfe

D I H C N R L A Z I F W N S M Q Z K D X

Sie können im Selbstversuch demonstrieren, dass das foveale Sehen bei der Detailwahrnehmung dem peripheren Sehen überlegen ist, indem Sie das X in der Reihe von Buchstaben ansehen und dann – ohne Ihre Augen zu bewegen – prüfen, wie viele Buchstaben Sie links davon identifizieren können. Wenn Sie dies tun, ohne zu schummeln (die Augen bewegen gilt nicht!), so werden Sie feststellen, dass Sie zwar die Buchstaben direkt neben dem X lesen können, die auf oder nahe der Fovea abgebildet werden, jedoch nur einige wenige der Buchstaben weiter seitlich, die auf der peripheren Retina abgebildet werden.

◘ **Abb. 3.21** Simulation des Übergangs vom Zapfensehen (obere Buchreihe) zum Stäbchensehen (unten) im Verlauf der Dunkeladaptation. Das scharfe Sehen der unterschiedlichen Farben geht in eine verschwommene Wahrnehmung ohne Farben über. (© Bruce Goldstein)

guter Beleuchtung sehen, wenn die Zapfen unser Sehen beherrschen. Die Bücher in der mittleren Regalreihe repräsentieren die Situation bei Dämmerlicht mit einer Dunkeladaptation in der Mitte zwischen Hell und Dunkel, bei der die Stäbchen Einfluss gewinnen; und die unterste Buchreihe simuliert die geringe Sehschärfe beim Stäbchensehen. Die schlechte Sehschärfe der Stäbchen ist der Grund dafür, dass Details der Bücher im Regal bei schwacher Beleuchtung verschwinden. Außerdem verschwinden die Farben, denn Farbensehen hängt von den Zapfen ab, wie wir in ► Kap. 9 sehen werden.

Um zu verstehen, wie die größere Sehschärfe der Zapfen mit den Unterschieden bei den Verschaltungen von Zapfen bzw. Stäbchen zusammenhängt, können wir zu den neuronalen Schaltkreisen zurückkehren. Betrachten wir zunächst die Stäbchen in ◧ Abb. 3.22a. Wenn wir 2 getrennte Lichtpunkte auf benachbarte Stäbchen projizieren (links), regen die beiden Signale der Stäbchen die Ganglienzelle zum Feuern an, auf die sie konvergieren. Fallen die Lichtpunkte auf weiter entfernte Stäbchen (rechts), so schicken wiederum beide Stäbchen entsprechende Eingangssignale an die Ganglienzelle. In beiden Fällen bringt das die Ganglienzelle zum Feuern. Mithin liefert das Feuern der Ganglienzelle keinerlei Information darüber, wie dicht oder entfernt die beiden Lichtpunkte jeweils sind.

Betrachten wir nun die beiden Zapfen in ◧ Abb. 3.22b, die jeweils mit einer eigenen Ganglienzelle eine Synapse bilden. Wenn wir mit 2 benachbarten Lichtpunkten 2 benachbarte Zapfen stimulieren (links), werden 2 benachbarte Ganglienzellen zum Feuern angeregt. Wenn wir nun die Lichtpunkte in größerem Abstand darbieten, werden hingegen 2 durch einen größeren Abstand getrennte Ganglienzellen feuern. Daher führt die fehlende Konvergenz bei den Zapfen dazu, dass das Zapfensehen eine höhere Schärfe als das Stäbchensehen erreicht.

Konvergenz ist also ein zweischneidiges Schwert. Hohe Konvergenz führt zu hoher Hellempfindlichkeit, aber geringer Sehschärfe (bei den Stäbchen). Geringe Konvergenz geht mit niedriger Hellempfindlichkeit und großer Sehschärfe einher (bei den Zapfen). Insofern beeinflusst die Art der Verschaltungen von Stäbchen und Zapfen in der Retina unsere visuelle Wahrnehmung. Wir setzen nun unsere Beschreibung der Verarbeitungsprozesse in der Retina fort, indem wir uns eine Eigenschaft ansehen, die bei den retinalen Ganglienzellen entdeckt wurde und als *rezeptives Feld* bezeichnet wird.

3.4.2 Rezeptive Felder der Ganglienzellen

Die Signale der Fotorezeptoren wandern durch die Netzhaut und erreichen schließlich die retinalen Ganglienzellen (◧ Abb. 3.19). Die Axone der Ganglienzellen verlassen die Netzhaut als Fasern des Sehnervs (Nervus opticus; ◧ Abb. 3.23). Die bahnbrechenden Forschungsarbeiten von H. Keffer Hartline (1938, 1940), für die er 1967 mit dem Nobelpreis für Physiologie oder Medizin ausgezeichnet wurde, führte zur Entdeckung einer Eigenschaft von Neuronen, die als *rezeptives Feld* des Neurons bezeichnet wird.

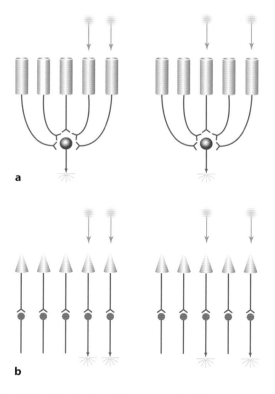

◧ **Abb. 3.22** Wie die Verschaltungen von Stäbchen und Zapfen das scharfe Sehen von Details beeinflussen. **a** Stäbchenverschaltung: Die Stimulation benachbarter Stäbchen (*links*) führt zum Feuern der Ganglienzelle; eine Stimulation von 2 getrennten Stäbchen hat den gleichen Effekt (*rechts*). **b** Zapfenverschaltung: Die Stimulation benachbarter Zapfen regt 2 benachbarte Ganglienzellen zum Feuern an (*links*), während die Stimulation von 2 getrennten Zapfen bei 2 getrennten Ganglienzellen ein Feuern bewirkt (*rechts*). Dass hier 2 Neuronen feuern, die durch einen Abstand getrennt sind, liefert die Information, dass 2 getrennte Lichtpunkte auf 2 getrennte Zapfen gefallen sind

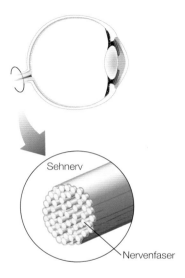

◧ **Abb. 3.23** Der Sehnerv, der das Auge auf der Rückseite verlässt, besteht beim Menschen aus ungefähr 1 Mio. Nervenfasern

Hartlines Entdeckung der rezeptiven Felder

In seiner bahnbrechenden Forschungsarbeit isolierte Hartline ein einzelnes Ganglienzellaxon von einem Froschaugenpräparat (◨ Abb. 3.24), indem er die Faser des Sehnervs nahe der Austrittsöffnung aus dem Auge löste. An dieser herauspräparierten Faser leitete Hartline Signale ab, die durch Beleuchten verschiedener Bereiche der Retina ausgelöst wurden, und fand dabei heraus, dass die isolierte Faser nur dann antwortete, wenn er eine ganz bestimmte winzige Fläche der Retina beleuchtete. Er bezeichnete diesen Bereich, der die Faser zum Feuern brachte, als das **rezeptive Feld** der Faser und beschrieb es als „die Region der Retina, die Beleuchtung erhalten muss, um eine Reaktion in einer bestimmten Faser auszulösen" (Hartline, 1938, S. 410).

Hartline betonte im Weiteren, dass das rezeptive Feld einer Faser eine größere Fläche einnimmt als die einzelnen Stäbchen oder Zapfen. Tatsächlich überdeckt das rezeptive Feld einer Faser Hunderte oder sogar Tausende von Rezeptoren, was bedeutet, dass die Faser Signale von all diesen unzähligen Rezeptoren erhält, wie wir im vorigen Abschnitt gesehen haben. Schließlich stellte Hartline fest, dass sich die rezeptiven Felder sehr vieler verschiedener Fasern überlappen (◨ Abb. 3.24b). Wenn also Licht auf einen bestimmten Punkt der Retina fällt, werden die Fasern vieler Ganglienzellen aktiviert.

Man kann sich die rezeptiven Felder anhand eines voll besetzten Fußballstadions vorstellen, in dem die Zuschauer jeweils einen Teil des Rasens mit einem Fernglas beobachten. Jeder verfolgt nur die Ereignisse in seinem kleinen Spielfeldbereich, wobei alle zusammen das gesamte Feld beobachten. Da es so viele Zuschauer gibt, werden sich einige ihrer Spielfeldbereiche ganz oder teilweise überlappen.

Um diese Fußballanalogie mit Hartlines rezeptiven Feldern in Beziehung zu bringen, müssen wir jeden Zuschauer durch eine Nervenfaser ersetzen, das Spielfeld durch die Retina und die individuellen Spielfeldbereiche durch die rezeptiven Felder. So wie die Zuschauer jeweils einen kleinen Bereich des Spielfelds beobachten und gemeinsam die gesamte Information über die Vorgänge auf dem gesamten Spielfeld sammeln, ist jede Faser des Sehnervs für einen bestimmten Bereich der Retina zuständig und gemeinsam nehmen alle Fasern die gesamte Information über das Geschehen in der Retina auf.

Kufflers Entdeckung der Zentrum-Umfeld-Struktur

Nach Hartlines Forschung über die rezeptiven Felder der Ganglienzellen in der Netzhaut des Froschs, untersuchte Stephen Kuffler (1953) die rezeptiven Felder von Ganglienzellen bei der Katze und fand eine Vielfalt von rezeptiven Feldern, die Hartline beim Frosch nicht beobachtet hatte. Später stellte sich heraus, dass die rezeptiven Felder bei der Katze (und, wie sich später zeigte, auch bei anderen Säugern wie Affen und Menschen) wie konzentrische Kreise in einer **Zentrum-Umfeld-Struktur** organisiert sind (◨ Abb. 3.25). Diese rezeptiven Felder reagieren im Bereich des Zentrums anders auf Licht als im Umfeld dieses Zentrums (Barlow et al., 1957; Hubel & Wiesel, 1965; Kuffler, 1953).

Wenn wir beispielsweise bei dem rezeptiven Feld in ◨ Abb. 3.25a einen Lichtpunkt im Zentrum präsentieren, steigt die Feuerrate – das Zentrum wird deshalb als *erregender Bereich* (+) des rezeptiven Felds bezeichnet. Eine Stimulation des Umfelds führt dagegen zu einer Senkung der Feuerungsrate – daher ist dies der *hemmende Bereich* (−) des rezeptiven Felds. Dieses gerade beschriebene rezeptive Feld wird daher als **rezeptives Feld mit erregendem Zentrum und hemmendem Umfeld** bezeichnet. Bei dem rezeptiven Feld in ◨ Abb. 3.25b, das auf Stimulation im Zentrum mit reduzierter Feuerrate antwortet und bei Stimulation der Umgebung mit erhöhter Feuerrate reagiert, liegt ein **rezeptives Feld mit hemmendem Zentrum und erregendem Umfeld** vor.

Die Entdeckung, dass das Zentrum und das Umfeld der rezeptiven Felder entgegengesetzt antworten, machten eine

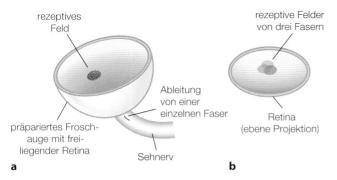

rezeptives Feld

präpariertes Froschauge mit freiliegender Retina

Ableitung von einer einzelnen Faser

Sehnerv

rezeptive Felder von drei Fasern

Retina (ebene Projektion)

a　　　　　　　　　　b

◨ Abb. 3.24　a Hartlines Experiment, in dem er für die Retina eines Froschs bestimmte, welcher Retinabereich bei Stimulation in einer einzelnen Faser des Sehnervs verstärktes Feuern auslöst. Dieser Bereich wird als rezeptives Feld bezeichnet. **b** Die rezeptiven Felder von 3 verschiedenen Fasern des Sehnervs haben überlappende rezeptive Felder, sodass die Stimulation im Überlappungsbereich mehrere Fasern des Sehnervs aktiviert

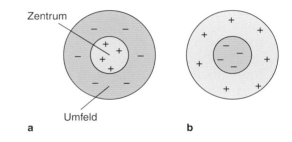

Zentrum

Umfeld

a　　　　　　　　　　b

◨ Abb. 3.25　Rezeptive Felder mit Zentrum-Umfeld-Struktur. **a** Erregung im Zentrum und Hemmung im Umfeld. **b** Hemmung im Zentrum und Erregung im Umfeld

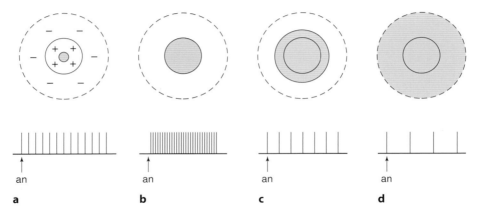

◘ Abb. 3.26 Die Antwort eines rezeptiven Felds vom Typ erregendes Zentrum, hemmendes Umfeld, während die Größe des Lichtpunkts gesteigert wird. Die gelben Bereiche zeigen das Areal, das durch Licht stimuliert wird. Die Antwort auf den Stimulus wird unter jedem rezeptiven Feld angegeben. **a** Schwache Antwort auf einen kleinen Lichtpunkt im erregenden Zentrum. **b** Stärkere Antwort, wenn der gesamte erregende Bereich stimu-liert wird. **c** Die Antwort schwächt sich nach und nach ab, wenn die Größe des beleuchteten Punkts zunimmt, sodass er einen Teil der hemmenden Umgebung stimuliert. Dies veranschaulicht den Zentrum-Umgebung-Antagonismus. **d** Wenn das gesamte hemmende Umfeld stimuliert wird, sinkt die Antwort weiter

Modifikation der Hartline'schen Definition des rezeptiven Felds erforderlich – als „der Retinabereich, über den eine Zelle im visuellen System durch Licht (exzitatorisch oder inhibitorisch) beeinflusst werden kann" (Hubel & Wiesel, 1961). Das Wort „beeinflusst" und der Verweis auf Erregung und Hemmung machen deutlich, dass jedwede Änderung der Feuerrate – Zunahme oder Abnahme – bei der Bestimmung eines rezeptiven Felds berücksichtigt werden muss.

Die Entdeckung der Zentrum-Umfeld-Struktur rezeptiver Felder war zudem insofern bedeutend, als das sie zeigte, dass infolge neuronaler Verarbeitung Neuronen am besten auf ganz bestimmte Lichtmuster antworten. Ein Beispiel ist ein Effekt namens **Zentrum-Umfeld-Antagonismus**, der in ◘ Abb. 3.26 dargestellt ist. Ein kleiner Lichtpunkt, der im erregenden Zentrum eines rezeptiven Felds dargeboten wird, erzeugt eine geringe Zunahme der Feuerrate (◘ Abb. 3.26a). Wenn die Größe des Lichtpunkts zunimmt, sodass das gesamte Zentrum des rezeptiven Felds abgedeckt ist, erhöht sich die Antwort der Ganglienzelle (◘ Abb. 3.26b).

Der Zentrum-Umfeld-Antagonismus kommt zum Tragen, wenn der Lichtpunkt groß genug wird, um auch das hemmende Umfeld mit abzudecken (◘ Abb. 3.26c und 3.26d). Eine Stimulation des hemmenden Umfelds wirkt gegen die erregende Antwort des Zentrums und führt zu einer Abnahme der Feuerungsrate des Neurons. Das Neuron reagiert somit am stärksten auf einen Lichtpunkt in der Größe des erregenden Zentrums des rezeptiven Felds.

Wie funktionieren die Zentrum-Umfeld-Struktur und der Zentrum-Umfeld-Antagonismus? Um diese Frage zu beantworten, müssen wir zu unserer Diskussion über neuronale Konvergenz zurückkehren und betrachten, wie Hemmung und Konvergenz zusammenwirken. Die Hemmung, die an den rezeptiven Feldern der Ganglienzellen im Zen-trum und in der Umgebung beteiligt ist, wird als *laterale Inhibition* bezeichnet – eine Inhibition (Hemmung), die sich seitlich (lateral) über die Retina ausbreitet.

Laterale Inhibition als Grundlage für die Zentrum-Umfeld-Struktur

Die wegweisenden Arbeiten zur lateralen Inhibition wurden von Keffer Hartline, Henry Wagner und Floyd Ratliff (1956) an einem niederen Tier namens *Limulus*, allgemein bekannt unter dem Namen Pfeilschwanzkrebs (◘ Abb. 3.27), durchgeführt. Die Forscher wählten den Pfeilschwanzkrebs wegen der Struktur seines Auges aus, denn das Auge von *Limulus* besteht aus Hunderten winziger Strukturen, den **Ommatidien**, und jedes Ommatidium

◘ Abb. 3.27 Ein *Limulus* oder Pfeilschwanzkrebs. Seine großen seitlichen Augen bestehen aus Hunderten von Ommatidien, von denen jedes einen einzigen Rezeptor enthält. (© Bruce Goldstein)

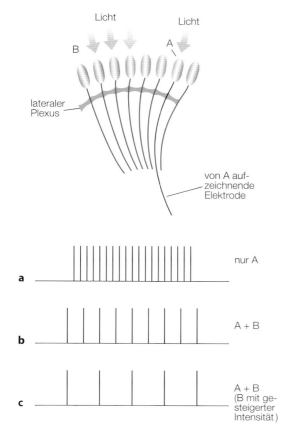

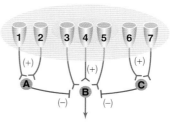

◼ Abb. 3.29 Ein neuronaler Schaltkreis mit 7 Rezeptoren, der zu einer Zentrum-Umfeld-Struktur des rezeptiven Felds passt. Die Rezeptoren 3, 4 und 5 liegen im erregenden Zentrum, die Rezeptoren 1, 2, 6 und 7 im hemmenden Umfeld

◼ Abb. 3.28 Demonstration der lateralen Inhibition bei *Limulus*. Die Diagramme unten zeigen die Antworten, die von einer Elektrode in der Nervenfaser von Rezeptor A aufgezeichnet wurden: **a** Lediglich Rezeptor A wird stimuliert. **b** Rezeptor A und die Rezeptoren bei B werden gleichzeitig stimuliert. **c** A und B werden stimuliert, B jedoch mit höherer Intensität. (Adaptiert nach Ratliff, 1965)

hat eine kleine Linse an der Oberfläche des Auges, die direkt über einem einzelnen Rezeptor sitzt. Jede Linse und jeder Rezeptor haben in etwa den Durchmesser einer Bleistiftspitze (was sehr groß ist im Vergleich zu den Rezeptoren des menschlichen Auges), sodass man einen einzelnen Rezeptor beleuchten und seine Signale ableiten kann, ohne die benachbarten Rezeptoren zu beleuchten.

Als Hartline und seine Kollegen die Signale von der Nervenfaser des Rezeptors A ableiteten, wie in ◼ Abb. 3.28 dargestellt, fanden sie heraus, dass das Beleuchten des Rezeptors eine starke Antwort hervorrief (◼ Abb. 3.28a). Wenn sie jedoch auch die 3 benachbarten Rezeptoren bei B beleuchteten, nahm die Antwort von Rezeptor A ab (◼ Abb. 3.28b). Die Forscher fanden weiterhin, dass eine Erhöhung der Lichtintensität bei B die Antwort von A weiter reduzierte (◼ Abb. 3.28c). Die Beleuchtung der benachbarten Rezeptoren hemmte somit das Feuern von Rezeptor A. Diese Abnahme der Feuerrate des Rezeptors A wird durch laterale Inhibition verursacht, die im Auge von *Limulus* durch die Fasern des *lateralen Plexus* von B nach A übertragen wird (◼ Abb. 3.28).

Ähnlich wie der laterale Plexus die Signale im *Limulus*-Auge seitlich überträgt, übertragen die Horizontal- und Amakrinzellen die Signale in der Retina von Menschen und Affen (◼ Abb. 3.19). Diese laterale Hemmung durch die Horizontal- und Amakrinzellen ist der Grund für den Zentrum-Umfeld-Antagonismus in den rezeptiven Feldern der Ganglienzellen mit Zentrum-Umfeld-Struktur.

Um die Beziehung zwischen der Zentrum-Umfeld-Struktur, Konvergenz und lateraler Inhibition zu verstehen, betrachten wir als Beispiel einen neuronalen Schaltkreis in der Retina, der das Zusammenwirken all dieser Prinzipien demonstriert. ◼ Abb. 3.29 zeigt einen neuronalen Schaltkreis mit 7 Rezeptoren. Das Zusammenwirken dieser Neuronen trägt zur Entstehung des rezeptiven Felds von Neuron B mit einem erregenden Zentrum und hemmenden Umfeld bei.

Die Rezeptoren 1 und 2 sind synaptisch mit dem Neuron A verbunden, die Rezeptoren 3, 4 und 5 mit Neuron B und 6 und 7 mit Neuron C. Alle diese Synapsen sind exzitatorisch, wie die Pluszeichen andeuten. Zusätzlich haben die Neuronen A und C Synapsen mit B, die beide inhibitorisch sind, wie durch die Minuszeichen verdeutlicht wird. Wir wollen nun überlegen, wie die Stimulation dieser Rezeptoren das Feuern von B beeinflusst. Stimulation der Rezeptoren 3, 4 und 5 führt zu einer Erhöhung der Feuerrate von B, weil ihre Synapsen mit B exzitatorisch sind. Das ist zu erwarten, weil diese Rezeptoren im erregenden Zentrum des rezeptiven Felds liegen.

Aber betrachten wir nun, was passiert, wenn die Rezeptoren 1 und 2 stimuliert werden. Beide Rezeptoren haben exzitatorische Synapsen mit A, sodass Licht, das auf diese Rezeptoren fällt, eine erhöhte Feuerrate bei A auslöst. Von A läuft dieses Signal nach B, wo es wegen der inhibitorischen Synapsen zu vermindertem Feuern von Neuron B führt. Das Gleiche gilt für den Fall, dass die Rezeptoren 6 und 7 beleuchtet werden, die ebenfalls im hemmenden Umfeld liegen. Somit führt Stimulation innerhalb des Zentrums (grüner Bereich) zu verstärktem Feuern von B, während Stimulation innerhalb des Umfelds (roter Bereich) die Feuerrate von B aufgrund der lateralen Inhibition senkt.

Neuron B summiert alle eingehenden Signale, um eine Reaktion zu erzeugen – ein allgemeines Prinzip von

3

Neuronen, das in ▶ Kap. 2 eingeführt wurde. Wenn das gesamte rezeptive Feld gleichzeitig beleuchtet wird, empfängt Neuron B sowohl ein exzitatorisches Signal aus dem Zentrum als auch inhibitorische Signale aus dem Umfeld durch laterale Inhibition. Diese Signale wirken gegeneinander und führen so zum Zentrum-Umfeld-Antagonismus. Tatsächlich erhält eine Ganglienzelle von weit mehr als 7 Rezeptoren Signale und die Verschaltung ist erheblich komplexer als in unserem Beispiel, aber das Grundprinzip dieses Schaltkreises zeigt, wie es funktioniert: Die Zentrum-Umfeld-Struktur entsteht durch das Zusammenspiel von Exzitation und lateraler Inhibition.

Zentrum-Umfeld-Struktur der rezeptiven Felder und Kontrastverstärkung

Die Zentrum-Umfeld-Struktur der rezeptiven Felder veranschaulicht, wie die Interaktion zwischen exzitatorischen und inhibitorischen Verbindungen die Reaktion einzelner Neuronen beeinflussen kann, z. B. wenn Ganglienzellen am besten auf kleine Lichtpunkte reagieren (◘ Abb. 3.26). Zusätzlich zur Bestimmung der optimalen Reize für die Ganglienzellen trägt die Zentrum-Umfeld-Struktur dazu bei, dass an **Kanten** eine **Kontrastverstärkung** wahrgenommen wird, d. h., es kommt zur Verstärkung des wahrgenommenen Kontrasts an den Grenzen zwischen den Regionen des Gesichtsfelds. Mit anderen Worten: Sie tragen dazu bei, dass Kanten klarer erscheinen, sodass wir sie leichter wahrnehmen können.

Zur Veranschaulichung der Kontrastverstärkung sehen wir uns in ◘ Abb. 3.30a die beiden nebeneinander liegenden Bänder an. Ein wichtiges Merkmal dieser Bänder wird deutlich, wenn wir die Intensität des reflektierten Lichts von Punkt A bis Punkt D messen (◘ Abb. 3.30b). Beachten Sie, dass über die gesamte Strecke zwischen A und B die Intensität gleich ist und dann an der Grenze abrupt sinkt, um dann auch zwischen C und D gleich zu bleiben.

Sie werden jedoch feststellen, dass die Lichtintensität von A nach B und dann von C nach D zwar gleich ist, die Wahrnehmung der Helligkeit jedoch nicht. An der Grenze zwischen B und C gibt es eine Aufhellung bei B links von der Kante und eine Verdunkelung bei C rechts von der Kante. Die wahrgenommenen hellen und dunklen Streifen an den Kanten, die nicht im physikalischen Lichtmuster vorhanden sind, werden als *Chevreul-Täuschung* bezeichnet, benannt nach dem französischen Chemiker Michel Eugene Chevreul (1789–1889). Als Leiter der Färberei in der Manufaktur von Gobelin-Wandteppichen interessierte er sich dafür, wie das Nebeneinander von Farben ihr Aussehen verändern kann. Die wahrgenommene Helligkeit der Bänder ist in ◘ Abb. 3.30c dargestellt. Das helle Band zeigt bei B einen Ausschlag nach oben, das dunkle Band bei C einen Ausschlag nach unten. Dadurch, dass der Rand auf der einen Seite heller und auf der anderen Seite dunkler erscheint, wirkt die Kante selbst schärfer und deutlicher, was eine Verstärkung der Wahrnehmung der Kanten darstellt.

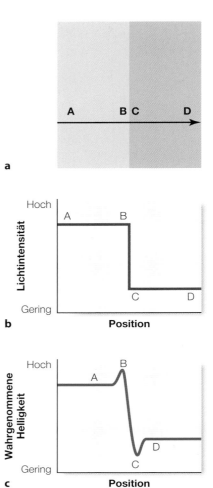

◘ **Abb. 3.30** Die Chevreul-Täuschung. Betrachten Sie die Grenzen zwischen hell und dunkel. **a** Gerade eben links von der Kante, nahe B, kann ein schwaches helles Band wahrgenommen werden und gerade eben rechts von der Kante, nahe C, ein schwaches dunkles Band. **b** Die Leuchtdichteverteilung der Fläche, mit einem Fotometer gemessen. **c** Eine Darstellung des bei **a** beschriebenen Wahrnehmungseffekts. Der kleine Berg der Kurve bei B beschreibt das helle Band, das Tal der Kurve bei C das dunkle. Diese Ausbuchtungen, die unsere Wahrnehmung repräsentieren, sind in der Leuchtdichteverteilung nicht vorhanden

Die Illusion von Hell-Dunkel-Kanten tritt auch in der Umgebung auf, insbesondere an der Grenze zwischen Licht und Schatten. Sie können dies feststellen, wenn Sie Schatten in Ihrer Nähe sehen, oder schauen Sie, ob Sie Hell-Dunkel-Kanten in ◘ Abb. 3.31 wahrnehmen. Diese Abbildung zeigt eine unscharfe Schattengrenze zwischen hell und dunkel, im Gegensatz zu der scharfen Grenze in der Abbildung der Chevreul-Täuschung. Helle und dunkle Bänder, die an unscharfen Grenzen entstehen, werden *Mach-Bänder* genannt, nach dem deutschen Physiker Ernst Mach (1836–1916). Es wird angenommen, dass derselbe Mechanismus für den Mach- und den Chevreul-Effekt verantwortlich ist.

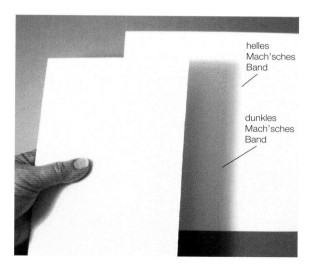

helles
Mach'sches
Band

dunkles
Mach'sches
Band

Abb. 3.31 Mit dieser Methode lassen sich durch die Erzeugung eines Schattens Mach'sche Bänder beobachten. Beleuchten Sie eine helle Oberfläche mit Ihrer Schreibtischlampe und werfen Sie mit einem Stück Papier einen Schatten mit unscharfer Kante. Wenn der Übergang von hell zu dunkel graduell und nicht wie bei der Chevreul-Täuschung stufenweise erfolgt, werden die Bänder als Mach'sche Bänder bezeichnet. (© Bruce Goldstein)

Geringere Inhibition als in A,
daher erscheint dieser Bereich heller (helles Band)

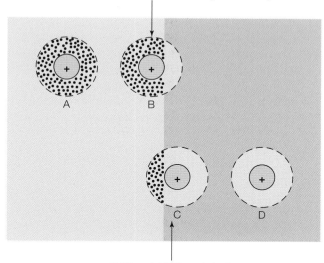

Größere Inhibition als in D,
daher erscheint dieser Bereich dunkler (dunkles Band)

Abb. 3.32 Veranschaulichung der Chevreul-Täuschung durch die Zentrum-Umfeld-Struktur der rezeptiven Felder und die laterale Inhibition. Bereiche des inhibitorischen Umfelds des rezeptiven Felds, die durch stärkere Lichtintensität auf der hellen Seite der Grenze beleuchtet werden, sind durch Punkte gekennzeichnet. Größere Bereiche mit hoher Lichtintensität führen zu einer stärkeren Inhibition, wodurch sich die neuronale Antwort vermindert

Anhand von ▪ Abb. 3.32 können wir nachvollziehen, wie die Zentrum-Umfeld-Struktur der rezeptiven Felder sowohl für die Verstärkung der Wahrnehmung von Kanten bei der Chevreul-Täuschung als auch für die Mach'schen Bänder eine Erklärung liefert, in der die rezeptiven Felder von 4 Ganglienzellen mit ihren erregenden Zentren und hemmenden Umfeldern gezeigt werden. Der Schlüssel zum Verständnis, wie diese Neuronen eine Verstärkung der Kantenwahrnehmung verursachen können, findet sich, wenn wir die Stärke der Inhibition für die verschiedenen Zellen miteinander vergleichen. Betrachten wir zunächst A und B. Der inhibitorische Bereich des rezeptiven Felds von A befindet sich vollständig im helleren Bereich (durch die Punkte gekennzeichnet) und erzeugt somit eine starke Inhibition, die die Feuerungsrate der Zelle senkt. Aber nur ein Teil des inhibitorischen Bereichs des rezeptiven Felds von Zelle B liegt im helleren Bereich, sodass die Reaktion von Zelle B größer ist als die Reaktion von Zelle A, wodurch das helle Band bei B entsteht.

Betrachten wir nun C und D. Zelle C erzeugt mehr Inhibition, weil ein Teil ihres inhibitorischen Umfelds in der helleren Region liegt, während das inhibitorische Umfeld von D überhaupt nicht in der helleren Region liegt. Daher ist die Reaktion von Zelle C geringer als die von Zelle D, wodurch das dunkle Band bei C entsteht.

Natürlich ist die tatsächliche Situation komplizierter, da Hunderte oder Tausende von Ganglienzellen auf die beiden Bänder feuern könnten. Aber unser Beispiel veranschaulicht, wie die neuronale Verarbeitung mittels Exzitation und Inhibition zu Wahrnehmungseffekten führen kann – in diesem Fall zur Kontrastverstärkung.

In diesem Kapitel sollte vor allem gezeigt werden, dass die Wahrnehmung das Ergebnis neuronaler Verarbeitung ist – in dem dargestellten Beispiel die neuronale Verarbeitung, die in der Zentrum-Umfeld-Struktur der rezeptiven Felder in der Netzhaut stattfindet. Wie wir im nächsten Kapitel sehen werden, wenn wir uns mit dem Gehirn beschäftigen, ändern sich die rezeptiven Felder, wenn wir uns auf höhere Ebenen des visuellen Systems zubewegen und die Neuronen der höheren Ebene auf komplexere Reize reagieren (auf Objekte statt nur auf Kanten), was es einfacher macht, Beziehungen zwischen der neuronalen Verarbeitung und der Wahrnehmung aufzuzeigen.

3.5 Weitergedacht: Frühe Prozesse haben starken Einfluss

Im Jahr 1990 startete eine Trägerrakete von Cape Canaveral, die das Weltraumteleskop „Hubble" in seine Umlaufbahn brachte. Die Aufgabe des Teleskops bestand darin, aus seiner günstigen Beobachtungsposition oberhalb der störenden Erdatmosphäre hochauflösende astronomische Aufnahmen zu liefern. Aber es brauchte nur wenige Tage,

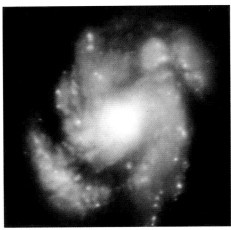

Weitwinkel Planetenkamera 1

a   **Vorher**

Weitwinkel Planetenkamera 2

b   **Nach der Korrektur**

■ **Abb. 3.33 a** Unscharfe Galaxienaufnahme des Hubble-Teleskops mit der ursprünglichen fehlerhaften Linse. **b** Aufnahme derselben Galaxie nach dem Einbau der Korrekturlinse. (© NASA Images)

um bei der Auswertung der gesammelten Daten einsehen zu müssen, dass etwas nicht stimmte. Die Hubble-Bilder von Sternen und Galaxien waren nicht sehr scharf, sondern unerwartet verwaschen (■ Abb. 3.33a). Als Ursache des Problems stellte sich dann heraus, dass es an einer falschen Krümmung der Linse lag. Man konnte zwar einige wenige Beobachtungen wie geplant durchführen, aber die Mission war ernsthaft gefährdet. Drei Jahre später war das Problem gelöst – mithilfe einer zweiten, korrigierenden Linse, die auf die ursprüngliche Linse aufgebracht wurde. Mit diese „Brille" konnte Hubble Sterne nun scharf sehen (■ Abb. 3.33b).

Dieser Ausflug in die Astronomie verdeutlicht, dass in einem System das, was am Anfang geschieht, enormen oder gar entscheidenden Einfluss auf das Ergebnis haben kann. So raffiniert die Computerausstattung und die

Auswertungsprogramme des Hubble-Teleskops auch waren, die Verzerrung durch die fehlgeschliffene Linse hatte fatale Folgen für die Bildschärfe der Aufnahmen. Auf ähnliche Weise ist es bei Problemen im optischen System des Auges, durch die das Bild auf der Retina unscharf wird, selbst mit noch so intensiver neuronaler Verarbeitung unmöglich, eine scharfe Wahrnehmung zu erzeugen.

Was wir sehen, ist zudem dadurch bestimmt, wie viel Licht ins Auge gelangt und die Rezeptoren aktivieren kann. In der Umwelt ist elektromagnetische Strahlung in einer riesigen Energiebandbreite vorhanden, aber durch die Sehpigmente in unseren Rezeptoren wird unsere Empfindlichkeit eingeschränkt, weil die Pigmente das Licht nur innerhalb eines schmalen Spektralbereichs absorbieren. Man kann sich die Wirkung der Sehpigmente als Filterwirkung vorstellen: Nur Licht, das – innerhalb des schmalen Wellenlängenbereichs – absorbiert wird, steht für die Wahrnehmung zur Verfügung. Wenn wir also nachts mit unseren Stäbchen sehen, nehmen wir Wellenlängen zwischen 420 und 580 nm wahr, wobei die Empfindlichkeit bei 500 nm maximal ist. Bei Tageslicht, wenn wir mit unseren Zapfen sehen, sind wir für längere Wellenlängen empfindlicher, und das Empfindlichkeitsmaximum verschiebt sich zu 560 nm.

Die Vorstellung, dass die Sehpigmente den wahrgenommenen Wellenlängenbereich erheblich einschränken, lässt sich an einem eindrücklichen Beispiel verdeutlichen: Honigbienen haben, wie wir im Kapitel über Farbensehen näher erläutern werden, ein Sehpigment, das Licht mit Wellenlängen von nur 300 nm absorbiert (■ Abb. 9.44). Dieses sehr kurzwelliges Licht absorbierende Pigment befähigt die Honigbiene dazu, auch die für uns unsichtbaren UV-Anteile des Lichts wahrzunehmen, die von manchen Blüten reflektiert werden (■ Abb. 3.34). Wie bereits in diesem Kapitel betont, findet Wahrnehmung zwar nicht im Auge statt, aber was wir sehen, wird durch das, was im Auge stattfindet, beeinflusst.

3.6 Der Entwicklungsaspekt: Sehschärfe im Säuglingsalter

Einige Kapitel dieses Buches werden den „Entwicklungsaspekt" einbeziehen und im Zusammenhang mit dem jeweiligen Kapitelthema die Wahrnehmungsleistungen von Säuglingen betrachten.

Eine der grundlegendsten methodischen Herausforderungen bei der Sehschärfebestimmung bei Säuglingen und Kleinkindern liegt darin, dass sie uns, wenn wir den Testreiz präsentieren, nicht sagen können: „Ja, ich sehe das." Aber diese Schwierigkeit hat die Entwicklungspsychologen nicht davon abgehalten, raffinierte Methoden zu finden, mit deren Hilfe sich feststellen lässt, was Säuglinge oder Kleinkinder wahrnehmen. Zu diesen Methoden gehört die **Präferenzmethode** (Methode 3.3).

a

b

◻ **Abb. 3.34** **a** Eine Schwarz-Weiß-Fotografie einer Blüte, wie sie von Menschen wahrgenommen wird. **b** Dieselbe Blüte in einer UV-Aufnahme, die zeigt, welches Muster UV-Sensoren registrieren. Honigbienen haben UV-empfindliche Sehpigmente und können dieses Muster im Prinzip registrieren – auch wenn wir nicht genau wissen, was sie tatsächlich sehen. (© Birna Rørslett)

Methode 3.3

Präferenzmethode

Der Schlüssel zur Messung der Wahrnehmung bei Säuglingen liegt darin, im übertragenen Sinne die richtige Frage zu stellen. Um zu verstehen, was dies bedeutet, wollen wir uns fragen, wie wir die Sehschärfe bei Säuglingen bestimmen können, also die Fähigkeit, Details zu sehen. Bei Erwachsenen wird üblicherweise die Frage gestellt, ob sie die Buchstaben auf einer Sehtafel im Sprechzimmer eines Arztes lesen können. Bei Säuglingen müssen wir jedoch eine andere Frage stellen und anders vorgehen. Eine Fragestellung, die bei kleinen Kindern angemessen ist, lautet: „Kannst du den Unterschied zwischen der rechten und der linken Vorlage erkennen?" Säuglinge können auf diese Frage auf indirekte Art antworten, indem sie bestimmte Reize in ihrer Umgebung bevorzugt betrachten. Bei der Präferenzmethode werden 2 Reize dargeboten, wie sie in ◻ Abb. 3.35 dargestellt sind. Der Versuchsleiter beobachtet die Augen des Säuglings, um festzustellen, wohin das Kind blickt. Dabei kann er nicht selbst sehen, welche Reize rechts oder links dargeboten werden, sodass ein störender Einfluss durch seine Bewertung der Reize vermieden wird. Betrachtet das Kind einen der beiden Reize etwas länger als den anderen, schließt der Versuchsleiter, dass es den Unterschied zwischen beiden wahrnehmen kann.

Diese Methode funktioniert, weil Säuglinge *spontane visuelle Präferenzen* zeigen, d. h., sie bevorzugen bestimmte Arten von Stimuli. Zur Bestimmung der Sehschärfe können wir beispielsweise die Tatsache ausnutzen, dass Säuglinge lieber konturierte als homogene Objekte anschauen (Fantz et al., 1962). Wenn wir also ein Streifenmuster und ein homogenes Feld darbieten wie in ◻ Abb. 3.35, wobei die homogene Vorlage ebenso viel Licht reflektiert wie das Streifenmuster, kann der Säugling die Streifen leicht erkennen und schaut deswegen bevorzugt auf die Seite mit dem Streifenmuster. Werden das Streifenmuster und die homogene Vorlage im Verlauf des Experiments zufällig auf der linken und der rechten Seite des Schirms dargeboten, schaut das Kind weiterhin bevorzugt auf die Seite mit den Streifen und sagt uns somit implizit: „Ich sehe das Streifenmuster."

Wenn wir die Streifen verschmälern, fällt es dem Kind schwerer, zwischen Streifenmuster und grauem Feld zu unterscheiden. Schließlich kann es die beiden Stimuli nicht mehr unterscheiden und schaut beide Vorlagen gleich oft an. Damit sagt es dem Versuchsleiter, dass die sehr feinen Linien und das graue Feld ununterscheidbar geworden sind. Deshalb können wir die Sehschärfe des Säuglings anhand der schmalsten Streifenbreite bestimmen, die noch zu einem Unterschied in der visuellen Präferenz führt.

◻ **Abb. 3.35** Ein Säugling wird mithilfe der Präferenzmethode untersucht. Die Mutter hält das Kind vor den Schirm, auf dem *rechts* ein Streifenmuster und *links* ein homogenes graues Feld zu sehen ist, die im Durchschnitt dieselbe Helligkeit aufweisen. Der Versuchsleiter, der nicht weiß, auf welcher Seite sich das Streifenmuster befindet, schaut durch das Guckloch zwischen den beiden Reizen und beurteilt, ob das Kind nach links oder rechts schaut

3

Wie gut können Säuglinge Details erkennen? Die rote Kurve in ◻ Abb. 3.36 zeigt, wie sich die Sehschärfe im ersten Lebensjahr verändert, die sich aus der Erfassung der Blickpräferenzen für Linienmuster wie in ◻ Abb. 3.35 ergibt. Die blaue Kurve gibt die Sehschärfe wieder, die mit einer anderen Methode bestimmt wurde: durch Messung elektrischer Signale, die als **visuell evozierte Potenziale** bezeichnet werden. Bei dieser Methode werden dem Säugling Elektroden auf der Kopfhaut direkt über dem visuellen Kortex mit einem klebrigen Gel befestigt. Dann wird in schnellem Wechsel ein graues Feld und ein Streifen- oder Schachbrettmuster dargeboten. Wenn die Streifen oder Quadrate groß genug sind, sodass das visuelle System sie auflösen kann, entsteht im visuellen Kortex ein visuell evoziertes Potenzial. Kann das Muster hingegen vom visuellen System nicht aufgelöst werden, bleibt die neuronale Antwort auf die Veränderung der Reizvorlage

aus. Die visuell evozierten Potenziale liefern somit ein objektives Maß für die Auflösungsfähigkeit des visuellen Systems.

Die visuell evozierten Potenziale liefern üblicherweise höhere Sehschärfen. Allerdings zeigen beide Verfahren, dass die Sehschärfe bei der Geburt noch sehr schwach ausgeprägt ist und im Alter von einem Monat bei etwa 50/1000 bis 50/1500 liegt (die Angabe 50/1.000 bedeutet hierbei, dass der Säugling einen Stimulus aus 50 cm Entfernung anschauen muss, um die gleiche Auflösung zu erreichen wie ein normalsichtiger erwachsener Betrachter aus 1000 cm Entfernung). Die Sehschärfe verbessert sich dann rasch in den ersten 6–9 Lebensmonaten (Banks & Salapatek, 1978; Dobson & Teller, 1978; Harris et al., 1976; Salapatek et al., 1976), anschließend folgt eine Stabilisierung. Die volle Erwachsenensehschärfe wird erst nach dem ersten Lebensjahr erreicht.

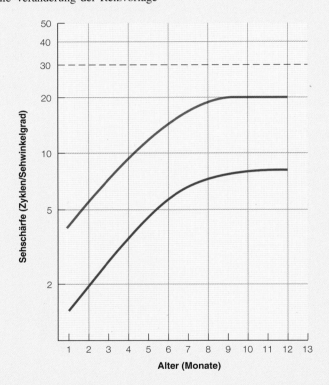

◻ **Abb. 3.36** Messung der Verbesserung der Sehschärfe im Laufe des ersten Lebensjahrs mit dem Verfahren visuell evozierter Potenziale (*obere Kurve*) und der Präferenzmethode (*untere Kurve*). Die Zahlen auf der senkrechten Achse geben die kleinste Streifenbreite (in Zyklen, d. h. Hell-Dunkel-Paaren, pro Sehwinkelgrad) an, die gerade noch zu einem Entdecken des Reizes führt. Streifenmuster mit feineren Streifen haben eine höhere Anzahl Streifen pro Sehwinkelgrad. Die *horizontale gestrichelte Linie* repräsentiert normale Erwachsenensehschärfe (20/20). (Kurve der visuell evozierten Potenziale nach Norcia & Tyler, 1985. Reprinted with permission from Elsevier; Kurve der Präferenzmethode nach Gwiazda et al., 1980 sowie Mayer et al., 1995, mit freundlicher Genehmigung)

Aus unseren Überlegungen zur Sehschärfe beim Erwachsenen im Kontext der Verschaltungen von Stäbchen und Zapfen erscheint es sinnvoll, als Möglichkeit in Betracht zu ziehen, dass sich die geringe Sehschärfe von Neugeborenen auf die Entwicklung der Rezeptoren zurückführen lässt. Wenn wir die Retina eines Neugeborenen untersuchen, stellen wir fest, dass dies tatsächlich der Fall ist. Die stäbchendominierte Peripherie ähnelt zwar der eines Erwachsenen, die Fovea weist jedoch noch sehr vereinzelte und schlecht entwickelte Zapfen auf (Abramov et al., 1982).

In 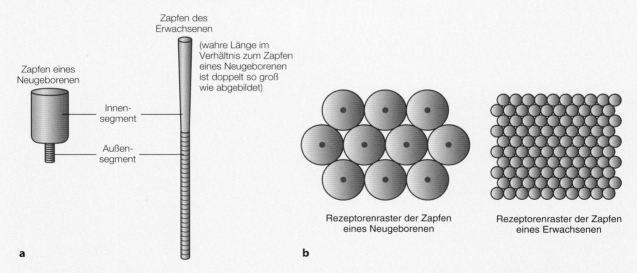 Abb. 3.37a wird die Form der Zapfen in der Fovea eines Neugeborenen und eines Erwachsenen miteinander verglichen. Zurückblickend auf unserer Erläuterung zur Transduktion erinnern Sie sich vielleicht daran, dass die Sehpigmente in den Außensegmenten der Rezeptoren enthalten sind, die an der Spitze des anderen Rezeptorteils, des Innensegments, sitzen. Die Zapfen des Neugeborenen haben dicke Innensegmente und sehr kleine Außensegmente, während die Innen- und die Außensegmente bei Erwachsenen größer sind und etwa denselben Durchmesser haben (Banks & Bennett, 1988; Yuodelis & Hendrickson, 1986). Diese Unterschiede in Form und Größe haben eine Reihe von Konsequenzen. Die geringere Größe des Außensegments bedeutet, dass die Zapfen eines Neugeborenen weniger Sehpigment enthalten und daher Licht nicht so effektiv absorbieren wie die Zapfen eines Erwachsenen. Zudem führen die dicken Innensegmente zu einem groben Rezeptorenraster mit großen Zwischenräumen zwischen den Außensegmenten (Abb. 3.37b). Dagegen sind die dünnen Zapfen eines Erwachsenen dicht gepackt und bilden ein feines Raster, das sich gut zum Erkennen feiner visueller Details eignet. Martin Banks und Patrick Bennett (1988) haben berechnet, dass die Außensegmente der Zapfen beim Erwachsenen etwa 68 % der Fovea bedecken, beim Neugeborenen hingegen nur 2 %. Das bedeutet, dass ein Großteil des in die Fovea eines Neugeborenen einfallenden Lichts in den Zwischenräumen zwischen den Zapfen verloren geht und daher für die Wahrnehmung nicht genutzt werden kann.

Somit haben Erwachsene eine gute Sehschärfe, weil die Zapfen im Gegensatz zu den Stäbchen eine geringe Konvergenz aufweisen und weil die Rezeptoren in der Fovea dicht gepackt sind. Beim Säugling hingegen lässt sich die schlechte Sehschärfe darauf zurückführen, dass die Zapfen weit auseinander liegen. Hinzu kommt, dass bei Neugeborenen der primäre visuelle Kortex noch nicht gut entwickelt ist und weniger Neuronen und Synapsen aufweist als beim Erwachsenengehirn. Die rasche Zunahme der Sehschärfe in den ersten 6–9 Monaten geht auf eine Zunahme der Neuronen und Synapsen zurück, die in diesem Alter gebildet werden, und auf die Tatsache, dass die Zapfen in der Netzhaut dichter gepackt werden.

Abb. 3.37 **a** Idealisierte Formen der Zapfen in der Fovea eines Neugeborenen und eines Erwachsenen (echte Zapfen sind nicht so gerade und zylindrisch). Die Zapfen in der Fovea sind viel schmaler und länger als die Zapfen in der übrigen Retina, daher sehen sie auch anders aus als die in Abb. 3.3 dargestellten. **b** Rezeptorenraster der Zapfen in der Fovea eines Neugeborenen und eines Erwachsenen. Die Außensegmente der Zapfen – hier durch *rote Punkte* dargestellt – sind beim Neugeborenen wegen der dicken Innensegmente weit voneinander entfernt. Dagegen sind die Zapfen des Erwachsenen mit ihren schlanken Innensegmenten dicht zusammengepackt. (Adaptiert nach Banks & Bennett, 1988)

3

Übungsfragen 3.2

1. Was ist Konvergenz? Wie können die Unterschiede der Konvergenz von Stäbchen und Zapfen (a) die höhere Empfindlichkeit der Stäbchen und (b) das bessere Detailsehen der Zapfen erklären?

2. Was ist das rezeptive Feld eines Neurons, und was sagt die Forschung von Hartline über rezeptive Felder aus?

3. Beschreiben Sie das Experiment, mit dem der Effekt der lateralen Inhibition bei *Limulus* demonstriert wurde.

4. Was ist der Zentrum-Umfeld-Antagonismus? Beschreiben Sie, wie laterale Inhibition und Konvergenz dem Zentrum-Umfeld-Antagonismus zugrunde liegen.

5. Erläutern Sie, wie die Zentrum-Umfeld-Struktur der rezeptiven Felder zu einer Kontrastverstärkung an den Kanten führen kann.

6. Was ist die Chevreul-Täuschung? Was lässt sich daraus über den Unterschied zwischen physikalischen und wahrnehmungsbezogenen Aspekten ableiten?

7. Was bedeutet es, wenn man sagt, dass frühe Prozesse die Wahrnehmung stark prägen? Nennen Sie Beispiele.

8. Wie ausgeprägt ist die Sehschärfe des Kleinkindes und wie verändert sie sich im Laufe des ersten Lebensjahres? Was ist der Grund für (a) die geringe Sehschärfe bei der Geburt und (b) die Zunahme der Sehschärfe in den ersten 6–9 Monaten?

3.7 Zum weiteren Nachdenken

1. Ellen sieht einen Baum. Sie sieht ihn deshalb, weil von ihm Licht in ihr Auge reflektiert wird, wie in ◘ Abb. 3.38 gezeigt. Eine Möglichkeit, dies zu beschreiben, besteht darin, zu sagen, dass im Licht Information über den Baum enthalten ist. Inzwischen steht Roger an der Seite und schaut geradeaus. Er sieht den Baum nicht, weil er in eine andere Richtung blickt. Er schaut aber dorthin, wo das vom Baum reflektierte Licht vorbeikommt, das die Information vom Baum zu Ellen transportiert. Während das Licht an Roger „vorbeigeht", sieht er nichts von dieser Information. Warum ist das so? (Hinweis 1: Denken Sie daran: „Objekte machen das Licht sichtbar." Hinweis 2: Der Weltraum sieht außerhalb von Objekten wie Sternen schwarz aus, obwohl er viel Licht enthält.)

2. In der Demonstration 3.1 „Die Entfernungseinstellung des Auges bewusst machen" haben Sie gesehen, dass wir Dinge nur dann klar wahrnehmen, wenn wir sie genau vor uns haben, sodass ihr Bild auf die zapfenreiche Fovea fällt. Nun gehört es zur allgemeinen Erfahrung,

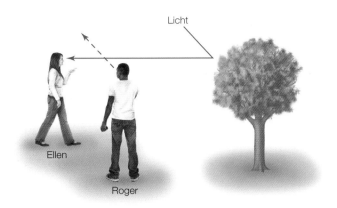

◘ **Abb. 3.38** Ellen sieht den Baum, weil von dort Licht in ihre Augen reflektiert wird. Roger sieht den Baum nicht, weil er nicht dorthin blickt. Aber er blickt genau dorthin, wo das Licht, das der Baum in Ellens Augen reflektiert, entlangläuft. Warum bemerkt er die Information nicht, die in diesem Reflexionslicht enthalten ist?

dass Dinge am Rand, die wir nicht direkt ansehen, keineswegs verschwommen erscheinen. Wie kann es angesichts der Ergebnisse dieser Demonstration sein, dass die gesamte Szene „scharf" oder „im Fokus" erscheint?

3. Hier ist eine kleine Übung, durch die Sie den Prozess der Dunkeladaptation besser kennenlernen können: Finden Sie einen dunklen Ort, wo Sie einige Beobachtungen machen, während Sie dunkeladaptieren. Ein Wandschrank ist ein geeigneter Ort hierfür, da sich die Intensität des Lichts innerhalb des Wandschranks verändern lässt, indem man die Tür öffnet oder schließt. Die Idee dabei ist, eine Umgebung mit schwachen Beleuchtungsverhältnissen zu erzeugen (vollständiges Fehlen von Licht, so wie in einer Dunkelkammer mit abgeschaltetem Notlicht, ist zu dunkel). Nehmen Sie dieses Buch mit in den Wandschrank, auf dieser Seite aufgeschlagen (wenn Sie dieses Buch in elektronischer Form lesen, machen Sie sich einen Ausdruck auf Papier von ◘ Abb. 3.39, die Sie mit in den Schrank nehmen). Schließen Sie die Schranktür ganz und öffnen Sie sie dann langsam, bis Sie den weißen Kreis ganz links in ◘ Abb. 3.39 gerade noch erkennen können, jedoch keinen der anderen oder zumindest nur sehr schwach. Während Sie in der Dunkelheit sitzen, machen Sie sich bewusst, dass Ihre Lichtempfindlichkeit zunimmt, indem Sie beobachten, wie die Kreise rechts in der Abbildung über einen Zeitraum von etwa 20 min hinweg sichtbar werden. Beachten Sie auch, dass ein Kreis, sobald er einmal sichtbar geworden ist, im Laufe der Zeit immer besser sichtbar wird. Wenn Sie einen Kreis direkt anschauen, wird er verschwinden, also bewegen Sie Ihre Augen jedes Mal darum herum. Die Kreise werden außerdem leichter zu sehen sein, wenn Sie unmittelbar darüber schauen.

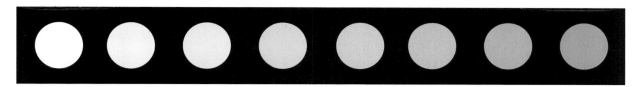

◻ Abb. 3.39 Testkreise zur Dunkeladaptation

4. Suchen Sie Schatten, in Innenräumen wie draußen, und überprüfen Sie, ob Sie Mach'sche Bänder an den Grenzen der Schatten sehen können. Erinnern Sie sich daran, dass Mach'sche Bänder leichter zu sehen sind, wenn der Rand eines Schattens leicht verwischt ist. Mach'sche Bänder sind nicht real in dem Muster aus Licht und Dunkelheit vorhanden, daher müssen Sie sicherstellen, dass die Bänder nicht im Lichtmuster vorhanden sind, sondern von Ihrem Nervensystem erzeugt werden.

3.8 Schlüsselbegriffe

- Absorptionsspektrum
- Akkommodation
- Amakrinzellen
- Augen
- Außensegmente
- Axiale Myopie
- Bipolarzellen
- Bleichung
- Blinder Fleck
- Chevreul-Täuschung
- Cornea (durchsichtige Hornhaut)
- Dunkeladaptation
- Dunkeladaptationskurve
- Empfindlichkeit des dunkeladaptierten Auges
- Empfindlichkeit des helladaptierten Auges
- Erregender Bereich
- Fotorezeptoren
- Fovea/Sehgrube/Augenmitte/gelber Fleck
- Ganglienzellen
- Hemmender Bereich
- Horizontalzellen
- Hyperopie
- Isomerisation
- Kontrastverstärkung
- Kohlrausch-Knick
- Konvergenz
- Linse
- Mach'sche Bänder
- Makuladegeneration
- Monochromatisches Licht
- Myopie/Kurzsichtigkeit
- Netzhautablösung
- Neuronale Konvergenz
- Neuronale Schaltkreise
- Ommatidien
- Periphere Retina
- Präferenzmethode
- Presbyopie/Altersweitsichtigkeit
- Pupille
- Purkinje-Effekt
- Refraktionsfehler
- Refraktive Myopie
- Retina/Netzhaut
- Retinopathia pigmentosa
- Rezeptives Feld
- Rezeptives Feld mit erregendem Zentrum und hemmendem Umfeld
- Rezeptives Feld mit hemmendem Zentrum und erregendem Umfeld
- Sehpigmente
- Sehpigmentregeneration
- Sehschärfe
- Sichtbares Licht
- Spektrale Empfindlichkeit
- Spektrale Hellempfindlichkeitskurve
- Spektrale Hellempfindlichkeitskurve der Stäbchen
- Spektrale Hellempfindlichkeitskurve der Zapfen
- Stäbchen
- Stäbchenmonochromaten
- Transduktion
- Visuell evozierte Potenziale
- Weitsichtigkeit
- Wellenlänge
- Zapfen
- Zentrum-Umfeld-Antagonismus
- Zentrum-Umfeld-Struktur

Der visuelle Kortex und darüber hinaus

E. Bruce Goldstein und Laura Cacciamani

Inhaltsverzeichnis

4

⊕ Lernziele

Nachdem Sie dieses Kapitel durchgearbeitet haben, werden Sie in der Lage sein, …

- zu erklären, wie die visuellen Signale vom Auge zum Corpus geniculatum laterale und dann zum visuellen Kortex gelangen,
- die verschiedenen Zelltypen im visuellen Kortex zu unterscheiden und ihre Funktion bei der Wahrnehmung zu erläutern,
- Experimente zu beschreiben, die den Zusammenhang zwischen Neuronen, sogenannten Merkmalsdetektoren, und der Wahrnehmung veranschaulichen,
- zu erläutern, wie die Wahrnehmung von visuellen Objekten und Szenen von neuronalen „Karten" und „Säulen" im Kortex abhängt,
- die visuellen Bahnen außerhalb des visuellen Kortex zu beschreiben, einschließlich der Was- und Wo-Ströme, und zu erklären, wie die Funktionen dieser Ströme untersucht worden sind,
- zu beschreiben, welche Neuronen es auf höheren Ebenen gibt, inwiefern sie an der Wahrnehmung von Objekten beteiligt sind und welche Verbindung zwischen Neuronen auf höherer Ebene und dem visuellen Gedächtnis besteht,
- zu erläutern, was mit „flexiblen" rezeptiven Feldern gemeint ist.

Einige der in diesem Kapitel behandelten Fragen

- Wohin geht das umgewandelte visuelle Signal, nachdem es die Netzhaut verlassen hat?
- Wie ist die visuelle Information im Kortex organisiert?
- Wie verändern sich die neuronalen Antworten beim Übergang zu immer höheren Ebenen des visuellen Systems?

Als wir in ► Kap. 3 mit der Untersuchung des Wahrnehmungsprozesses beim Sehen begonnen haben, haben wir festgestellt, dass eine Vielzahl von Veränderungen in der Netzhaut stattfindet, bevor das Gehirn involviert ist. Jetzt werden wir uns auf die nachfolgenden Phasen des Sehprozesses konzentrieren, indem wir uns damit befassen, wie elektrische Signale vom Auge zum visuellen Kortex gesendet werden, was passiert, wenn sie dort ankommen, und wohin sie als Nächstes gehen.

Historisch erforschte man die Funktionen der verschiedenen Teile des Gehirns oft ausgehend von Fallstudien an Menschen mit Hirnschäden. Unser Wissen darüber, wie das Gehirn auf visuellen Input reagiert, lässt sich bis zum Russisch-Japanischen Krieg von 1904 bis 1905 zurückverfolgen. Während dieses Krieges behandelte der japanische Arzt Tatsuji Inouye Soldaten, die Schusswunden am Kopf überlebt hatten, und machte dabei eine interessante Beobachtung. Er stellte fest, dass bei Soldaten mit einer Wunde am Hinterkopf die Sicht beeinträchtigt war. Und nicht nur das, der verletzte Kopfbereich korrelierte außerdem mit

dem Bereich des Gesichtsfelds, der verloren gegangen war. Befand sich die Schusswunde z. B. auf der rechten Gehirnseite, so hatte der Soldat Sehstörungen auf der linken Seite des Gesichtsfelds und umgekehrt (Glickstein & Whitteridge, 1987).

Zwar gab es bereits vor Inouyes Beobachtungen am Menschen andere frühe Forschungen zur Rolle des Gehirns beim Sehen (Colombo et al., 2002), doch seine Beiträge behandelten nicht nur die Funktion (dass der hintere Teil des Gehirns am Sehen beteiligt ist), sondern auch die Organisation (dass die Position im Gehirn die Position des Gesichtsfelds abbildet).

4.1 Von der Retina zum visuellen Kortex

Wie gelangt das visuelle Signal von der Netzhaut zum visuellen Bereich des Kortex? Und wenn es den Kortex erreicht hat, wie wird es verarbeitet?

4.1.1 Die Bahn zum Gehirn

Die Bahn von der Retina zum Gehirn ist in ◘ Abb. 4.1 dargestellt. Das erste, was auf dieser Reise passiert, ist, dass die visuellen Signale von beiden Augen die Rückseite des Auges über den Sehnerv verlassen und an einer Stelle zusammentreffen, die Chiasma opticum heißt. Das Chiasma opticum ist ein x-förmiges Faserbündel an der Unterseite des Gehirns. Interessanterweise kann man, wenn man ein menschliches Gehirn in die Hand nimmt und umdreht, das Chiasma opticum tatsächlich sehen.

Am Chiasma opticum kreuzen einige der Fasern zu der Seite des Gehirns, die gegenüber von dem Auge liegt, aus dem sie stammen. Das Ergebnis dieser Kreuzung ist, dass alle Fasern, die dem rechten Gesichtsfeld entsprechen, unabhängig vom Auge, auf der linken Seite oder Hemisphäre des Gehirns enden und umgekehrt. Auf diese Weise reagiert jede Hemisphäre des Gehirns auf die entgegengesetzte oder **kontralaterale** Seite des Gesichtsfelds. Dies ist an der Farbcodierung in ◘ Abb. 4.1b zu erkennen. Das Gesichtsfeld wird danach bestimmt, was die Person gerade fixiert; alles rechts vom zentralen Fokuspunkt ist das rechte Gesichtsfeld (verarbeitet von der linken Hemisphäre) und alles, was sich links davon befindet, ist das linke Gesichtsfeld (verarbeitet von der rechten Hemisphäre). Wichtig ist der Umstand, dass beide Augen beide Gesichtsfelder sehen können. Das können Sie selbst prüfen, indem Sie Ihren Finger hochhalten und direkt auf ihn schauen. Sie werden feststellen, dass Sie immer noch den linken bzw. rechten Bereich neben Ihrem Finger sehen können, auch wenn Sie Ihr linkes oder rechtes Auge schließen.

Nach dem Zusammentreffen am Chiasma opticum und dem Übergang zur kontralateralen Hemisphäre setzt sich die Reise des visuellen Signals zum Kortex fort. Ungefähr 90 % der Signale von der Netzhaut gelangen zum Corpus

◻ **Abb. 4.1** **a** Seitenansicht
des visuellen Systems mit den
wichtigsten Stationen entlang der
Sehbahn, in denen Verarbeitung
stattfindet: das Auge, der Sehnerv,
das Corpus geniculatum laterale
(*CGL*) und der primäre visuelle
Kortex. **b** Das visuelle System,
von der Unterseite des Gehirns
aus gesehen mit dem Colliculus
superior, in dem ein kleiner Teil
der Signale von der Retina ein-
geht. Das Chiasma opticum ist der
Ort, an dem einige der Fasern von
jedem Auge auf die andere Seite
des Gehirns übergehen, sodass sie
die kontralaterale (gegenüberlie-
gende) Hemisphäre des visuellen
Kortex erreichen. Dies ist farblich
angezeigt, die *roten Pfeile* sind
die Fasern, die Informationen über
das rechte Gesichtsfeld übertragen, die *blauen Pfeile* die Fasern,
die Informationen über das linke
Gesichtsfeld übertragen

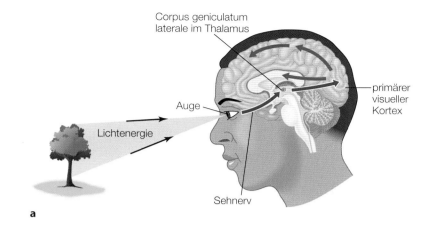

a

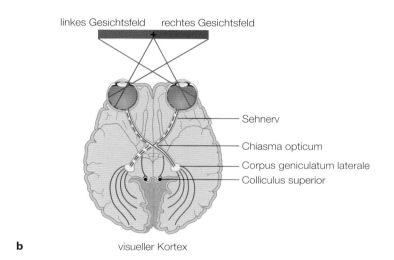

b

geniculatum laterale (CGL), der sich im Thalamus jeder
Hemisphäre befindet, während sich die anderen 10 % der
Fasern zum **Colliculus superior** bewegen (◻ Abb. 4.1b),
der für die Kontrolle von Augenbewegungen wichtig ist.
Beim Sehvorgang und auch bei anderen Sinnen dient der
Thalamus als Schaltstation, an der eingehende sensorische
Informationen oft einen Zwischenstopp einlegen, bevor sie
den zerebralen Kortex erreichen.

In ▶ Kap. 3 haben wir rezeptive Felder eingeführt und
gezeigt, dass die rezeptiven Felder der Ganglienzellen eine Zentrum-Umfeld-Struktur aufweisen (Kuffler, 1953).
Wie sich herausstellte, haben die Neuronen im CGL ebenfalls rezeptive Felder mit einer Zentrum-Umfeld-Struktur
(Hubel & Wiesel, 1961). Die Tatsache, dass sich die rezeptiven Felder zwischen der Netzhaut und den Neuronen im
CGL strukturell kaum verändern, warf die Frage auf, welche Funktion das CGL hat.

Ein Vorschlag zur Erklärung der Funktion des CGL ergibt sich aus der Beobachtung, dass das Signal vom CGL
zum Kortex schwächer ist als das beim CGL eingehende
Signal (◻ Abb. 4.2). Diese Abschwächung der vom CGL
ausgehenden Signale ließ die Vermutung aufkommen, dass
eine der Funktionen des CGL in der Regulation der neu-

◻ **Abb. 4.2** Informationsfluss
zum und vom Corpus geniculatum
laterale (*CGL*). Die Dicke der
Pfeile gibt die Stärke der Signale
wieder

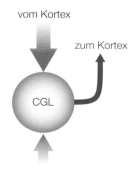

ronalen Information zwischen Retina und Kortex besteht
(Casagrande & Norton, 1991; Humphrey & Saul, 1994).

Eine weitere wichtige Eigenschaft des CGL besteht darin, dass es mehr Signale vom Kortex erhält als von der
Retina (Sherman & Koch, 1986; Wilson et al., 1984). Dieser Rücklauf von Kortexinformationen ist ein Feedback,
das bei der Regulation des Informationsflusses beteiligt
sein könnte. Nach dieser Auffassung könnte die Information, die das CGL als Rückmeldung vom Gehirn bekommt,

4

eine Rolle beim Festlegen der Informationen spielen, die an das Gehirn gesendet werden. Wie wir im weiteren Verlauf dieses Buches noch sehen werden, gibt es gute Belege für ein Feedback und seine Rolle bei der Wahrnehmung (Gilbert & Li, 2013).

Vom CGL wandert das visuelle Signal dann zum *Okzipitallappen*, dem **primären visuellen Kortex**, dem Ort, an dem Signale von der Netzhaut und dem CGL zuerst den Kortex erreichen. Der primäre visuelle Kortex wird auch als **striärer Kortex** oder **Area striata** (**Streifenfeld**) bezeichnet, weil er im Querschnitt Streifen erkennen lässt. Er wird mit **V1** abgekürzt, um ihn als erstes visuelles Areal im Kortex zu kennzeichnen. Wie die blauen Pfeile in ◘ Abb. 4.1a zeigen, laufen visuelle Signale von dort aus auch zu anderen Regionen des Kortex. Auf diese Thematik werden wir später in diesem Kapitel zurückkommen.

Wir haben gesehen, wie die Signale, die das Auge verlassen, sich am Chiasma opticum kreuzen, im CGL einen Zwischenstopp einlegen und dann zum visuellen Kortex geleitet werden. Als Nächstes werden wir sehen, wie die Neuronen im visuellen Kortex auf diese eingehenden Signale reagieren.

4.1.2 Die rezeptiven Felder von Kortexneuronen

Unsere Betrachtung der rezeptiven Felder in ▶ Kap. 3 konzentrierte sich auf die rezeptiven Felder der Ganglienzellen mit Zentrum-Umfeld-Struktur. Nachdem das Konzept der rezeptiven Felder eingeführt worden war, erkannten die Forscher, dass sich die Auswirkungen der Verarbeitung über verschiedene Ebenen des visuellen Systems nachverfolgen ließen, indem man untersucht, welche spezifischen Lichtmuster zu besonders starken Antworten bei Neuronen auf verschiedenen Ebenen des Systems führen. Dies war auch die Vorgehensweise von David Hubel und Thorsten Wiesel, die einen wichtigen Beitrag zur Erforschung der rezeptiven Felder leisteten. Tatsächlich war ihre Arbeit für das Fachgebiet so wichtig, dass sie beide 1981 den Nobelpreis für Physiologie oder Medizin erhielten. Hubel und Wiesel (1965) beschrieben ihr Vorgehen zum Verständnis der rezeptiven Felder wie folgt:

» Ein Ansatz [...] besteht darin, die Retina mit Lichtmustern zu stimulieren, während von einzelnen Zellen oder

---

Methode 4.1

Stimuluspräsentation zur Untersuchung rezeptiver Felder

Das rezeptive Feld eines Neurons wird bestimmt, indem man einen Reiz, etwa einen Lichtpunkt, an verschiedenen Stellen der Retina platziert, um herauszufinden, in welchen Bereichen der Reiz entweder eine exzitatorische oder eine inhibitorische Antwort des untersuchten Neurons oder gar keine Antwort auslöst. Das Tier, gewöhnlich eine Katze oder ein Affe, wird betäubt und blickt auf eine Projektionswand, auf der die Lichtreize dargeboten werden (◘ Abb. 4.3). Mittels einer Brille wird sichergestellt, dass die Reize scharf auf der Netzhaut abgebildet werden.

Da die Augen der Katze bewegungslos bleiben, entspricht jeder Punkt auf der Projektionswand einem Punkt auf der Retina der Katze – ein Punkt A auf der Projektionswand wird im Punkt A auf der Retina abgebildet, B in B und C in C. Die Präsentation der Stimuli auf einer Projektionswand bietet einige Vorteile. Die Stimuli lassen sich leichter kontrollieren als bei der direkten Projektion von Licht auf die Retina, insbesondere bei sich bewegenden Reizen. Sie sind schärfer, und komplexe Reize wie Gesichter oder ganze Szenerien können leichter dargeboten werden.

Ein wichtiger Punkt, der bei den rezeptiven Feldern stets zu berücksichtigen ist, unabhängig von der jeweils verwendeten Präsentationsmethode, ist die Tatsache, dass sich *jedes rezeptive Feld auf der Rezeptorfläche* befindet. In unseren Beispielen ist die Rezeptorfläche die Retina, wir werden aber später sehen, dass es auch Rezeptorflächen im taktilen System auf der Hautoberfläche gibt. Wichtig ist auch das Wissen, dass es keine Rolle spielt, wo sich das Neuron befindet – es

kann in der Retina oder im Kortex, der für die visuelle Wahrnehmung zuständig ist, oder anderswo im Gehirn liegen. Aber das rezeptive Feld befindet sich immer auf der Rezeptorfläche, denn dort gehen die Stimuli ein.

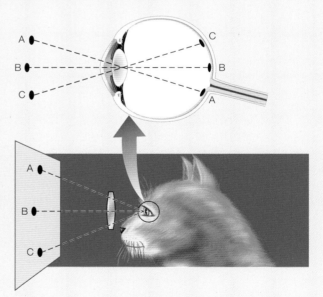

◘ **Abb. 4.3** Methode zur Untersuchung rezeptiver Felder, indem man eine Projektionswand nutzt, auf der der Reiz dargeboten wird. Jede Position auf der Projektionswand entspricht einer Position auf der Retina. Rezeptive Felder können von Neuronen überall im visuellen System abgeleitet werden, das rezeptive Feld befindet sich jedoch immer auf der Retina

Fasern entlang der Sehbahn abgeleitet wird. Für jede Zelle kann der optimale Stimulus bestimmt werden, und man kann die gemeinsamen Merkmale von Zellen auf jeder Ebene in der Sehbahn feststellen und jede Ebene mit der nächsten vergleichen. (Hubel & Wiesel, 1965, S. 229)

In ihrer Forschung über rezeptive Felder modifizierten Hubel und Wiesel frühere Methoden der Stimulation der Retina mit Licht. Anstatt die Augen der Versuchstiere direkt zu beleuchten, blickten diese auf eine Projektionswand, auf der die Reize dargeboten wurden.

Als Hubel und Wiesel Lichtpunkte auf verschiedenen Teilen der Retina abbildeten, fanden sie im striären Kortex Zellen mit rezeptiven Feldern, die – wie die rezeptiven Felder mit der Zentrum-Umfeld-Struktur in der Retina und CGL – erregende und hemmende Zonen haben. Allerdings sind diese Zonen nebeneinander anstatt in der Zentrum-Umfeld-Konfiguration angeordnet (◘ Abb. 4.4a). Zellen mit diesen rezeptiven Feldern nennt man **einfache Kortexzellen**. Aufgrund der nebeneinanderliegenden Anordnung erregender und hemmender Zonen des rezeptiven Felds antwortet eine einfache Zelle mit einem solchen rezeptiven Feld am stärksten auf einen vertikalen Balken aus Licht, einer Linie oder einer Ecke (◘ Abb. 4.4b). Hubel und Wiesel fanden heraus, dass die einfachen Zellen nicht nur auf Balken reagieren, sondern auf Balken mit einer bestimmten Orientierung. Wie in ◘ Abb. 4.4b gezeigt, antwortet diese Zelle mit der höchsten Feuerrate, wenn der Lichtbalken nur auf die erregende Region des rezeptiven Felds fällt.

Sobald aber der Lichtbalken aus seiner optimalen Orientierung heraus gedreht wird, schwächt sich das Feuern ab (◘ Abb. 4.4c).

Diese Präferenz einfacher Kortexzellen für Lichtbalken mit bestimmten Orientierungen ist in der **Orientierungs-Tuningkurve** in ◘ Abb. 4.4d dargestellt. Diese Kurve, die sich aus der Messung des Antwortverhaltens einer einfachen Kortexzelle auf Lichtbalken mit verschiedenen Orientierungen ergibt, zeigt, dass das Neuron mit 25 Nervenimpulsen pro Sekunde auf einen vertikal ausgerichteten Lichtbalken antwortet und dass die Stärke der Antwort abnimmt, wenn der Balken aus der vertikalen Orientierung herausgedreht wird und dadurch hemmende Bereiche des rezeptiven Felds stimuliert werden. Ein gegenüber der Vertikalen um 20° gedrehter Balken ruft nur noch eine sehr schwache Antwort hervor. Diese bestimmte einfache Zelle reagiert auf Lichtbalken mit vertikaler Orientierung am stärksten (mit anderen Worten: sie „bevorzugt" vertikal orientierte Balken), während andere einfache Zellen im visuellen Kortex auf andere Orientierungen reagieren; daher gibt es für jede der in der Umwelt vorkommenden Orientierungen die passenden Neuronen.

Hubel und Wiesel konnten mithilfe kleiner Lichtpunkte zwar die rezeptiven Felder einfacher Kortexzellen wie der in ◘ Abb. 4.5 kartieren, aber sie mussten auch feststellen, dass viele der Zellen im Kortex gar nicht auf die kleinen Lichtpunkte antworteten. In seiner Nobelpreisrede beschreibt Hubel, wie er und Wiesel zunehmend frustrierter

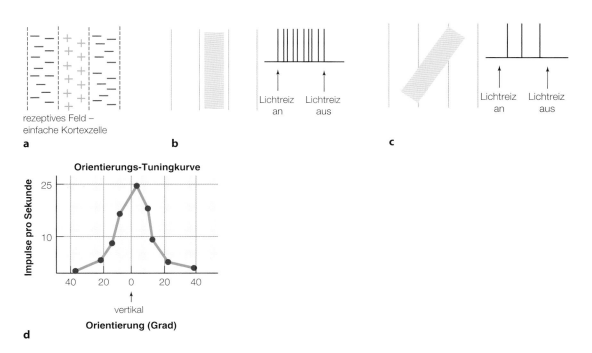

◘ Abb. 4.4   a Beispiel für ein rezeptives Feld einer einfachen Kortexzelle. **b** Diese Zelle antwortet am stärksten auf einen vertikalen Lichtbalken, der die exzitatorische Zone des rezeptiven Felds abdeckt. **c** Die Antwort nimmt ab, wenn der Balken gedreht wird, sodass er auch die inhibitorische Zone abdeckt. **d** Orientierungs-Tuningkurve einer einfachen kortikalen Zelle für ein Neuron, das am stärksten auf einen vertikalen Balken antwortet (Orientierung = 0)

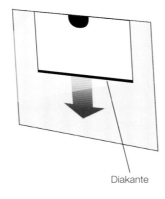

Diakante

■ Abb. 4.5 Als Hubel und Wiesel ein Dia in ihren Projektor schoben, löste die sich nach unten bewegende Diakante unerwartete Aktivität in einem Neuron aus

wurden, während sie versuchten, diese kortikalen Neuronen zum Feuern zu bringen. Da passierte etwas Seltsames: Als sie ein Dia mit einem punktförmigen Stimulus in ihren Diaprojektor[1] schoben, ging ein kortikales Neuron plötzlich „los wie ein Maschinengewehr" (Hubel, 1982). Wie sich herausstellte, antwortete das Neuron nicht auf den Lichtpunkt in der Mitte des Dias, den Hubel und Wiesel als Stimulus verwenden wollten, sondern auf das Bild der Diakante, das sich über die Projektionswand abwärts bewegte, während das Dia in den Projektor gesteckt wurde (■ Abb. 4.5). Als Hubel und Wiesel dies entdeckten, änderten sie ihre Stimuli und verwendeten statt kleiner Lichtpunkte sich bewegende Linien und konnten damit auch Zellen finden, die auf diese antworten. Wie bei den einfachen Kortexzellen war auch hier jede Zelle auf eine bestimmte Orientierung der sich bewegenden Linie spezialisiert.

Hubel und Wiesel (1965) entdeckten, dass viele Kortexzellen am stärksten auf sich bewegende balkenartige Stimuli mit bestimmter Orientierung reagieren. **Komplexe Zellen** antworten wie einfache Zellen am stärksten auf Balken mit einer bestimmten Orientierung. Im Gegensatz zu einfachen Zellen, die auch auf kleine Lichtpunkte oder stationäre Stimuli antworten, reagieren dagegen die meisten komplexen Zellen nur, wenn sich ein korrekt ausgerichteter Lichtbalken über das gesamte rezeptive Feld bewegt. Darüber hinaus antwortet ein Teil der komplexen Zellen (ungefähr 10 %) am besten auf eine bestimmte Bewegungsrichtung (■ Abb. 4.6a). Da komplexe Zellen nicht auf stationäre Lichtstimuli antworten, werden ihre rezeptiven

---

1   Ein Diaprojektor ist ein Gerät, das bis zum Aufkommen der Digitaltechnik die Methode der Wahl war, um Bilder auf eine Leinwand zu projizieren. Dias wurden in den Projektor eingelegt, und die Bilder auf den Dias wurden auf die Leinwand projiziert. Obwohl Dias und Diaprojektoren durch digitale Bildgebungsgeräte ersetzt wurden, ist es immer noch möglich, Diaprojektoren im Internet zu kaufen; die Produktion des beliebten Kodachrome-Diafilms, der für die Aufnahmen von Familienurlauben verwendet wurde, wurde jedoch 2009 eingestellt.

Felder nicht anhand von Plus- oder Minuszeichen gekennzeichnet, sondern durch den Umriss der Fläche, deren Stimulation jeweils eine Antwort im zugehörigen Neuron auslöst.

Ein weiterer Typ von Zellen im visuellen Kortex, die **endinhibierten Zellen**, feuern als Antwort auf sich bewegende Linien einer bestimmten Länge oder auf sich bewegende Ecken oder Winkel. Die Zelle in ■ Abb. 4.6b antwortet am stärksten auf eine Ecke, die sich über das rezeptive Feld aufwärts bewegt. Die Nervenimpulse rechts zeigen, dass die Antwort dieser Zelle bei mittlerer Eckengröße am stärksten ist.

Hubels und Wiesels Befund, dass manche Zellen im visuellen Kortex nur auf sich bewegende Linien antworten und andere z. B. nur auf Ecken, war eine extrem wichtige Entdeckung, da sie die Vorstellung verallgemeinerte, dass Neuronen auf bestimmte Lichtmuster reagieren – eine Vorstellung, die im Zusammenhang mit den Zentrum-Umfeld-Strukturen von rezeptiven Feldern aufgekommen war. Die Verallgemeinerung ist plausibel, da der Zweck des visuellen Systems darin besteht, uns die Wahrnehmung von Objekten in der Umwelt zu ermöglichen, und viele Objekte zumindest grob durch Linien verschiedener Orientierungen repräsentiert werden können. Die Entdeckung von Hubel und Wiesel, dass Neuronen selektiv auf orientierte Linien oder Reize einer bestimmten Größe antworten, war daher ein wichtiger Schritt bei der Untersuchung, wie Neuronen auf komplexere Objekte reagieren.

■ Tab. 4.1, in der die Eigenschaften der 4 bisher behandelten Typen von Neuronen zusammengefasst werden, veranschaulicht eine bedeutende Tatsache in Bezug auf die Neuronen im visuellen System: Wenn wir uns weiter von der Retina entfernen, feuern Neuronen als Antwort auf komplexere Stimuli. Retinale Ganglienzellen antworten

■ Tab. 4.1 Eigenschaften von Neuronen in der Retina, im CGL und im Kortex

Zelltyp	Eigenschaften des rezeptiven Felds
Ganglienzelle	Rezeptives Feld vom Zentrum-Umfeld-Typ; antwortet am stärksten auf kleine Lichtpunkte, jedoch auch auf andere Stimuli
Corpus geniculatum laterale (CGL)	Rezeptive Felder vom Zentrum-Umfeld-Typ; sehr ähnlich denen der rezeptiven Felder von Ganglienzellen
Einfache Kortexzelle	Exzitatorische und inhibitorische Zonen nebeneinander angeordnet; antwortet am stärksten auf Balken einer bestimmten Ausrichtung
Komplexe Kortexzelle	Antwortet am stärksten auf Bewegung eines korrekt ausgerichteten Balkens über das rezeptive Feld; manche Zellen antworten am stärksten auf eine bestimmte Bewegungsrichtung
Endinhibierte Kortexzelle	Antwortet auf Ecken, Winkel oder Balken einer bestimmten Länge und einer bestimmten Orientierung

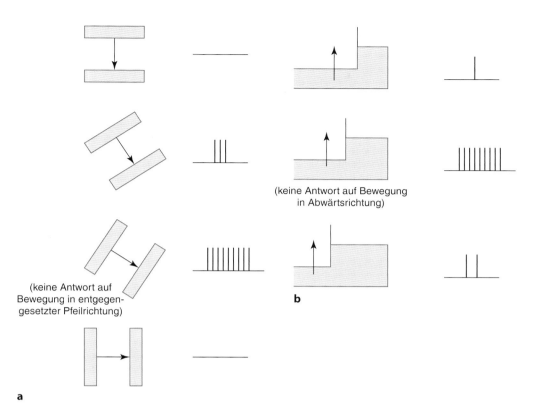

a

◻ Abb. 4.6 a Abgeleitete Antwort einer komplexen Zelle im visuellen Kortex der Katze. Der Stimulusbalken wird über das rezeptive Feld hin- und herbewegt. Diese Zelle feuert am stärksten, wenn der Balken eine bestimmte Orientierung hat und sich von links nach rechts bewegt. **b** Antwort einer endinhibierten Zelle aus dem visuellen Kortex der Katze. Der Stimulus wird durch das helle Areal *links* veranschaulicht. Diese Zelle antwortet am stärksten auf eine mittelgroße Ecke, die sich nach oben bewegt

am stärksten auf Lichtpunkte, wohingegen endinhibierte Zellen am stärksten auf Balken einer bestimmten Länge antworten, die sich in eine bestimmte Richtung bewegen. Da einfache, komplexe und endinhibierte Zellen als Reaktion auf bestimmte Merkmale des Stimulus feuern, beispielsweise Orientierung oder Bewegungsrichtung, werden sie manchmal als **Merkmalsdetektoren** bezeichnet. Als Nächstes werden wir untersuchen, inwiefern diese Merkmalsdetektoren im visuellen Kortex wichtig für die Wahrnehmung sind.

4.2 Die Rolle von Merkmalsdetektoren bei der Wahrnehmung

Die neuronale Verschaltung stattet Neuronen im visuellen Kortex mit Eigenschaften aus, die sie zu Merkmalsdetektoren machen, die am stärksten auf eine bestimmte Stimulusart antworten. Wenn man misst, wie Neuronen auf die Orientierung von Linien antworten, untersucht man die *Beziehung von* Reiz *und Physiologie* (Pfeil B in ◻ Abb. 4.7), die wir in ▸ Kap. 1 eingeführt haben. Aber die Messung dieser Beziehung beweist nicht, dass diese Neuronen irgendetwas mit der Wahrnehmung der Linien bestimmter Orientierung zu tun haben. Eine Möglichkeit, die Ver-

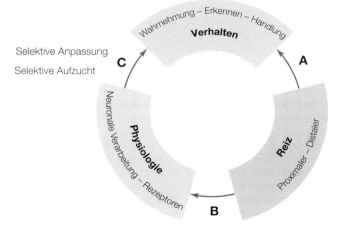

◻ Abb. 4.7 Dreiteiliges Modell des Wahrnehmungsprozesses, aus ◻ Abb. 1.11 mit den 3 Beziehungen von Reiz und Verhalten (*A*), Reiz und Physiologie (*B*) sowie Physiologie und Verhalten (*C*). „Selektive Adaptation" und „selektive Aufzucht" beziehen sich auf Experimente, die im Text beschrieben werden und die dazu entwickelt wurden, die Beziehung C zu messen

bindung zwischen dem Feuern dieser Neuronen und dem Verhalten herzustellen (Pfeil C), besteht in der Verwendung einer psychophysischen Methode namens *selektive Adaptation*.

4.2.1 Selektive Adaptation und Merkmalsdetektoren

Wenn wir einen Stimulus mit einer bestimmten Eigenschaft betrachten, werden Neuronen feuern, die auf dieses Merkmal „abgestimmt" sind. Nach dem Konzept der selektiven Adaptation führt dieses Feuern von Neuronen mit einer spezifischen Empfindlichkeit für die jeweilige Eigenschaft des Stimulus dazu, dass diese Neuronen durch das Feuern „ermüden" und adaptieren. Die Adaptation hat 2 physiologische Auswirkungen:

1. Die Feuerrate des Neurons nimmt ab.
2. Das Neuron feuert, wenn der Stimulus erneut dargeboten wird, mit geringerer Rate.

Nach dem Konzept der selektiven Adaptation führt so etwa die Darbietung einer vertikalen Linie zum Feuern von Neuronen, die auf vertikale Linien antworten; hält die Darbietung allerdings länger an, beginnen diese Neuronen irgendwann, weniger zu feuern. Diese Adaptation ist selektiv, da nur die Neuronen adaptieren, die auf vertikale Linien antworten, andere Neuronen jedoch nicht (Methode 4.2).

Die Grundannahme bei diesem Vorgehen in Methode 4.2 lautet: Wenn die selektive Adaptation an das Streifenmuster mit starkem Kontrast in Schritt 2 die Feuerrate bei den Neuronen senkt, die die Wahrnehmung von senkrechten Linien steuern, dann sollte die Kontrastschwelle zunehmen, sodass es schwerer wird, vertikale Streifenmuster mit geringem Kontrast wahrzunehmen. Mit anderen Worten: Wenn die Merkmalsdetektoren für vertikale Linien adaptiert sind, müsste ein vertikales Streifenmuster stärkere Hell-Dunkel-Unterschiede aufweisen, um wahrgenommen werden zu können. ◨ Abb. 4.10a zeigt, dass genau das eintritt: In der Kontrastschwellenkurve liegt die stärkste Vergrößerung des Hell-Dunkel-Unterschieds, der zur Wahrnehmung der Streifen erforderlich ist, bei der vertikalen Orientierung, auf die selektiv adaptiert wurde.

Methode 4.2

Psychophysische Messung des Effekts von selektiver Adaptation auf Orientierung

Die Messung des Effekts von selektiver Adaptation auf Orientierung beinhaltet die folgenden 3 Schritte:

1. Zunächst wird die Kontrastschwelle einer Versuchsperson für Linien- oder Streifenmuster verschiedener Orientierungen gemessen (◨ Abb. 4.8a). Dabei wird die **Kontrastschwelle** durch den gerade noch merklichen Unterschied der Lichtintensität zweier benachbarter Streifen bestimmt. Die Kontrastschwelle für die Sichtbarkeit eines Gitters wird gemessen, indem man die Intensitätsunterschiede zwischen den hellen und dunklen Streifen verringert, bis sie gerade noch gesehen werden. So lassen sich die Streifen bei den 4 Testmustern links in ◨ Abb. 4.9 leicht erkennen, weil die Kontraste über der Kontrastschwelle liegen, während die geringen Helligkeitsunterschiede im rechten Muster bereits nah an die Kontrastschwelle herankommen.
2. Die Versuchsperson wird anschließend an eine Orientierung adaptiert, indem sie für 1 oder 2 min einen „*Adaptationsstimulus*" mit einer bestimmten Orientierung betrachtet. In unserem Beispiel ist der *Adaptationsstimulus* ein Muster aus senkrechten Streifen (◨ Abb. 4.8b).
3. Dann wird erneut die Kontrastschwellen der Versuchsperson für dieselben Teststimuli wie in Schritt 1 gemessen (◨ Abb. 4.8c).

a Messung der Kontrastschwelle für verschiedene Orientierungen

b Adaptation an ein Streifenmuster mit hohem Kontrast

c erneute Messung der Kontrastschwelle für die gleichen Orientierungen wie zuvor

◨ **Abb. 4.8 a–c** Teststimuli für ein Experiment zur selektiven Adaptation, wie es im Text beschrieben ist

◨ **Abb. 4.9** Streifenmuster mit unterschiedlichem Kontrast für die Bestimmung der Kontrastschwelle, d. h. des geringsten Hell-Dunkel-Unterschieds, bei dem eine Person die Streifen gerade noch bemerkt. Beim *linken* Streifenmuster liegt der Kontrast deutlich oberhalb der Schwelle, bei den *mittleren* Testmustern sinkt er und liegt beim *rechten* Streifenmuster sehr nah an der Schwelle. (Aus Womelsdorf et al., 2006)

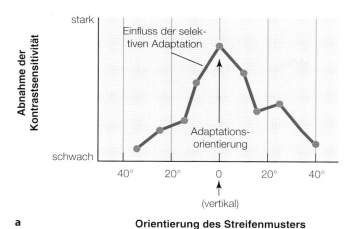

a Orientierung des Streifenmusters

b Orientierung des Streifenmusters

Abb. 4.10 a Ergebnisse eines psychophysischen Experiments zur selektiven Adaptation. Die Kurve zeigt, dass die Adaptation der Versuchsperson an das vertikale Streifenmuster eine starke Abnahme ihrer Fähigkeit zur Entdeckung des Streifenmusters bei erneuter Darbietung verursacht, jedoch kaum Auswirkungen auf Streifenmuster hat, die gegenüber der Vertikalen gedreht sind. **b** Orientierungs-Tuningkurve der einfachen kortikalen Zelle aus Abb. 4.4

Das entscheidende Ergebnis bei diesem Experiment ist, dass die psychophysische Kurve nur bei bestimmten Orientierungen eine selektive Adaptation anzeigt, entsprechend den Neuronenantworten, die nur bei bestimmten Orientierungen eine hohe Feuerrate aufweisen. Der Vergleich der psychophysisch gemessenen Adaptationskurve (Abb. 4.10a) und der Orientierungs-Tuningkurve (Abb. 4.10b) zeigt eine hohe Ähnlichkeit im Kurvenverlauf (die psychophysische Kurve ist etwas breiter, weil der Adaptationsreiz auch einige Neuronen beeinflusst, die auf Orientierungen antworten, die geringfügig von der zur Adaptation benutzten Orientierung abweichen).

Diese weitgehende Übereinstimmung zwischen der Orientierungsspezifität von Neuronen und dem Einfluss der selektiven Adaptation auf die Wahrnehmung spricht dafür, dass die Merkmalsdetektoren – in diesem Fall einfache Zellen im visuellen Kortex – bei der Wahrnehmung eine Rolle spielen. Das Experiment zur selektiven Adaptation misst, wie ein physiologischer Effekt (Adaptation der Merkmalsdetektoren für eine bestimmte Orientierung) sich auf die Wahrnehmung (Abnahme der Sensitivität für diese Orientierung) auswirkt. Diese Belege für den Zusammenhang zwischen Merkmalsdetektoren und Wahrnehmung bedeuten, dass uns in einer komplexen Szenerie wie einer belebten Straße oder einem Einkaufszentrum die Merkmalsdetektoren, die bei bestimmten Orientierungen feuern, bei der Konstruktion der Wahrnehmung dieser Szene unterstützen.

4.2.2 Selektive Aufzucht und Merkmalsdetektoren

Weitere Hinweise auf den Einfluss der Merkmalsdetektoren im visuellen Kortex auf die Wahrnehmung ergaben sich aus Experimenten, in denen die Methode der selektiven Auf-

zucht eingesetzt wurde. Die Idee hinter dieser **selektiven Aufzucht** ist, dass ein Tier in einer Umgebung aufgezogen wird, die lediglich bestimmte Arten von Stimuli beinhaltet, und schließlich in seinem Nervensystem überwiegend solche Neuronen aufweist, die an diese Stimuli angepasst sind – eine Folge der als *neuronale Plastizität* bekannten Eigenschaft des Nervensystems. **Neuronale Plastizität** oder **erfahrungsabhängige Plastizität** bezeichnet die Tatsache, dass die Antworteigenschaften von Neuronen durch die Wahrnehmungserfahrungen eines Tiers oder eines Menschen verändert werden können. Dementsprechend sollte die Aufzucht eines Tiers in einer Umgebung, die nur vertikale Linien beinhaltet, zur Ausbildung von einfachen Zellen im visuellen Kortex führen, die vorwiegend auf vertikale Orientierungen antworten.

Diese Vorhersage scheint im Widerspruch zu dem gerade beschriebenen Experiment zur selektiven Adaptation zu stehen, bei dem die wiederholte Darbietung vertikaler Linien die neuronale Antwort auf senkrechte Linien *verringert*. Allerdings ist diese Anpassung ein kurzzeitiger Effekt. Präsentiert man die vertikalen Linien für die Dauer von einigen Minuten, so schwächt sich die neuronale Antwort auf diese Orientierung ab. Selektive Aufzucht ist jedoch ein Einfluss über längere Zeit. Unter diesen Bedingungen wird die ausgewählte Orientierung über Tage oder Wochen präsentiert und aktiviert selektiv die auf diese Orientierung antwortenden Neuronen. Gleichzeitig werden Neuronen, die für die nicht vorhandenen Orientierungen empfindlich wären, nicht aktiviert und verlieren dadurch ihre Fähigkeit, auf diese Orientierungen zu antworten.

Die Wirkungsweise selektiver Aufzucht lässt sich mit dem einfachen Prinzip *use it or lose it* („nutze es oder vergiss es") beschreiben. In einem klassischen Experiment zur selektiven Aufzucht setzten Colin Blakemore und Grahame Cooper (1970) Kätzchen in mit Streifen ausgekleidete Röhren (Abb. 4.11a), sodass jedes Kätzchen lediglich einer

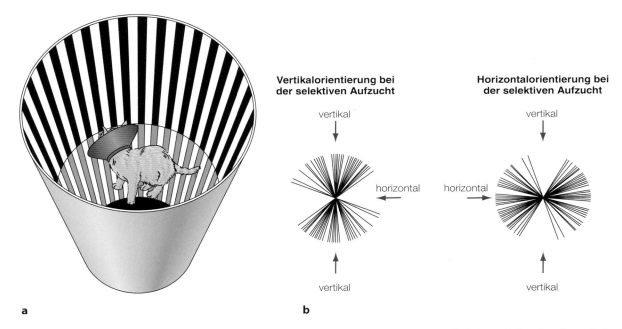

Vertikalorientierung bei der selektiven Aufzucht

Horizontalorientierung bei der selektiven Aufzucht

a   b

◻ **Abb. 4.11 a** Die mit Streifen ausgekleidete Röhre, die Blakemore und Cooper (1970) in ihren Experimenten zur selektiven Aufzucht verwendeten. **b** Die Verteilung der optimalen Ausrichtungen von 72 einfachen Zellen einer Katze, die in einer Umgebung aus vertikalen Streifen aufgezogen wurde (*links*), und von 52 einfachen Zellen einer Katze, die in einer Umgebung aus horizontalen Streifen aufgezogen wurde. (Aus Blakemore & Cooper, 1970)

Orientierung ausgesetzt war, entweder vertikal oder horizontal. Die Kätzchen wurden nach der Geburt 2 Wochen im Dunkeln gehalten und danach täglich für 5 Stunden in die Röhre gesetzt; den Rest des Tages verbrachten sie im Dunkeln. Da die Kätzchen auf einem Plexiglasboden saßen und sich die Röhre über und unter ihnen erstreckte, gab es keine sichtbaren Ecken oder Kanten außer den Streifen an der Wand der Röhre. Die Kätzchen trugen Halskrausen, die verhindern sollten, dass sie vertikale Streifen durch das Drehen des Kopfs als schräg oder horizontal sahen. Nach Blakemore und Cooper (1970, S. 477) waren die Kätzchen „durch die Monotonie ihrer Umgebung nicht beunruhigt und saßen für längere Zeit ruhig da und betrachteten die Röhrenwand".

Als das Verhalten der Kätzchen nach 5 Monaten selektiver Aufzucht untersucht wurde, schienen sie blind für Orientierungen zu sein, die sie nicht in der Röhre gesehen hatten. Ein Kätzchen, das in einer Umgebung aus vertikalen Streifen aufgezogen worden war, beachtete beispielsweise einen vertikalen Stab, ignorierte jedoch einen horizontalen Stab. Im Anschluss an die Verhaltensuntersuchung führten Blakemore und Cooper Einzelzellableitungen im visuellen Kortex durch und bestimmten die Stimulusorientierung, die bei jeder der untersuchten Zellen die stärkste Antwort hervorrief.

◻ Abb. 4.11b zeigt die Ergebnisse dieses Experiments. Die einzelnen Linien geben die Orientierungen wieder, auf die einzelne Kortexzellen bevorzugt ansprachen. Bei einer Katze, die in einer vertikal ausgerichteten Umgebung

aufgezogen wurde, gibt es viele Neuronen, die am stärksten auf vertikale oder nahezu vertikale Stimuli antworten. Die auf horizontale Linien ansprechenden Neuronen waren offenbar verschwunden, weil sie nicht genutzt worden waren. Bei den in einer horizontalen Umgebung aufgezogenen Katzen war es umgekehrt. Die Parallele zwischen der Orientierungssensitivität von Neuronen im Kortex der Katze und der verhaltensbezogenen Antwort der Katze auf eben diese Orientierung lieferte einen weiteren Hinweis auf die Rolle der Merkmalsdetektoren bei der Wahrnehmung von Orientierung. Die Zusammenhänge zwischen Merkmalsdetektoren und Wahrnehmung gehörten zu den wichtigen Entdeckungen der Wahrnehmungsforschung der 1960er- und 1970er-Jahre.

In Zusammenhang mit diesem Ergebnis steht der in ▶ Abschn. 1.5 beschriebene Oblique-Effekt – die Tatsache, dass Menschen vertikale und horizontale Linien besser wahrnehmen als schräge Linien. Das Entscheidende am Oblique-Effekt ist nicht nur, dass die Menschen horizontale oder vertikale Linien besser sehen, sondern dass das Gehirn stärker auf das Erkennen von horizontalen und vertikalen Linien reagiert als auf schräge Linien (◻ Abb. 1.14). Möglicherweise ist aber auch die Antwort menschlicher Neuronen analog zu den Neuronen der Kätzchen, die sich durch Orientierungsselektivität entweder an die horizontale oder an die vertikale Umgebung angepasst haben, lediglich Ausdruck der Tatsache, dass horizontale und vertikale Linien in unserer Umgebung häufiger vorkommen als schräge Linien (Coppola et al., 1998).

Bisher haben wir gesehen, wie die Neuronen des visuellen Kortex als Reaktion auf bestimmte Merkmale feuern, z. B. auf spezifische Ausrichtungen von Linien, die Konturen von Objekten in unserer visuellen Welt formen. Wir haben auch anhand von Experimenten zur selektiven Anpassung und selektiven Aufzucht erfahren, wie diese „Merkmalsdetektoren" mit der Wahrnehmung in Zusammenhang stehen. Wir werden uns nun damit beschäftigen, wie diese Neuronen im visuellen Kortex organisiert sind.

4.3 Räumliche Organisation im visuellen Kortex

Wenn wir eine visuelle Szene betrachten, haben die Dinge ihren Ort im visuellen Feld. Links steht ein Haus, daneben ein Baum, und auf der anderen Seite des Hauses parkt ein Auto in der Auffahrt. Diese Organisation von Objekten im visuellen Raum wird zu einer Organisation im Auge transformiert, wenn das Bild der Szene auf der Netzhaut entsteht. Die räumliche Organisation auf der Ebene des Netzhautbilds ist leicht nachzuvollziehen, weil es sich dabei tatsächlich um ein Bild der Szene handelt. Sobald aber das Haus, der Baum und das Auto in elektrische Signale umgewandelt wurden, werden die von jedem Objekt erzeugten Signale als „neuronale Karten" so organisiert, dass Objekte, die auf der Retina nah beieinander liegende Bilder erzeugen, durch neuronale Signale dargestellt werden, die sich im Kortex nah beieinander befinden.

4.3.1 Die neuronale Karte im striären Kortex (V1)

Wir beginnen mit der Frage, wie verschiedene Punkte im retinalen Bild *räumlich* im striären Kortex repräsentiert werden. Um dies herauszufinden, werden wir die Retina an verschiedenen Stellen stimulieren und bestimmen, wo im Kortex daraufhin Neuronen feuern. ◻ Abb. 4.12 zeigt einen Mann, der einen Baum betrachtet. Dabei werden die Punkte A, B, C und D des Baums an den Punkten A, B, C und D auf der Retina abgebildet. Im visuellen Kortex führt der Reiz am Punkt A der Netzhaut zum Feuern eines Neurons am Punkt A. Der Stimulus am Punkt B der Netzhaut aktiviert ein Neuron am Ort B und so weiter. Dieses Beispiel zeigt, wie Punkte auf dem Netzhautbild zur Aktivierung von Neuronen im Kortex führen.

Dieses Beispiel zeigt auch eine Korrespondenz zwischen den Orten im Kortex und den Orten auf der Netzhaut. Die Kartierung der Orte auf der Retina, von denen elektrische Signale ausgehen, und den korrespondierenden Orten im Kortex, wird als **retinotope Karte** bezeichnet. Diese räumliche Karte drückt aus, dass 2 dicht benachbarte Punkte eines Objekts oder die entsprechenden beiden dicht

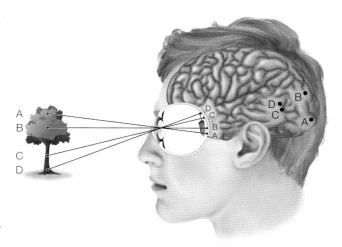

◻ **Abb. 4.12** Beim Blick auf die Baumkrone werden die Punkte *A*, *B*, *C* und *D* auf dem Baum auf der Netzhaut in den Punkten *A*, *B*, *C* und *D* abgebildet, von denen elektrische Signale ausgehen, die im Kortex Neuronen an den Punkten *A*, *B*, *C* und *D* aktivieren. Obwohl der Abstand zwischen *A* und *B* bzw. *C* und *D* auf der Retina annähernd gleich ist, haben die korrespondierende Punkte im Kortex größere Abstände. Dies ist ein Beispiel für die kortikale Vergrößerung, die für foveale und foveanahe Bereiche der Netzhaut mehr Raum bereitstellt

benachbarten Punkte auf der Netzhaut auch dicht beieinander liegende Neuronen im Kortex aktivieren (Silver & Kastner, 2009).

Betrachten wir die retinotope Karte etwas genauer, denn sie weist eine bemerkenswerte Eigenschaft auf, die für die Wahrnehmung wichtig ist. Die Punkte A, B, C und D im Kortex entsprechen zwar den Punkten A, B, C und D der Netzhaut, aber die *Abstände* zwischen den Orten sind aufschlussreich. In ◻ Abb. 4.12 blickt der Mann auf die Blätter an der Spitze des Baums, sodass die Punkte A und B in der Nähe der Fovea abgebildet werden, während die Bildpunkte von C und D in den Bereich der peripheren Retina fallen. Obwohl die Abstände zwischen A und B bzw. C und D auf der Netzhaut gleich sind, ergeben sich im Kortex unterschiedliche Abstände. A und B liegen im Kortex weiter auseinander als C und D. Das bedeutet, dass elektrischen Signalen, die mit dem Teil des Baums einhergehen, dem der Blick des Betrachters am nächsten ist, mehr Platz im Kortex gewährt wird als Signalen, die mit Teilen des Baums einhergehen, die sich am Rand des Gesichtsfelds, d. h. in der Peripherie befinden. Mit anderen Worten, die räumliche Repräsentation der visuellen Szene auf dem Kortex ist verzerrt: Der zapfenreichen Fovea und ihrer näheren Umgebung wird mehr Raum gewidmet als der peripheren Retina.

Obwohl die Fovea nur etwa 0,01 % der Gesamtfläche der Netzhaut einnimmt, belegt sie mit ihren Signalen 8–10 % der retinotopen Karte des Kortex (Van Essen & Anderson, 1995). Man bezeichnet diese überproportionale Raumzuweisung für die kleine Fovea als **kortikale Vergrößerung**. Der Maßstab dieser Vergrößerung, der als

4

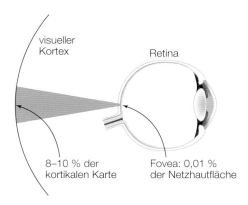

Abb. 4.13 dargestellt.

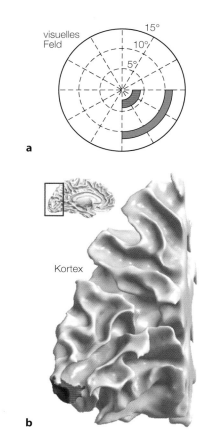

■ Abb. 4.13 Der Vergrößerungsfaktor im visuellen System. Das kleine Areal in der Fovea wird durch ein großes Areal im visuellen Kortex repräsentiert

kortikaler Vergrößerungsfaktor bezeichnet wird, ist in ■ Abb. 4.13 dargestellt.

Die kortikale Vergrößerung im menschlichen Kortex wurde mithilfe der funktionellen Magnetresonanztomografie (*fMRT*) bestimmt (▶ Abschn. 2.3.1). Robert Dougherty et al. (2003) präsentierten den Testpersonen im fMRT-Scanner Stimuli, wie in ■ Abb. 4.14a dargestellt. Dabei blickte die Person geradeaus auf die Mitte des Schirms, sodass der Mittelpunkt des Schirms auf der Fovea abgebildet wurde. Während des Experiments wurde ein Lichtreiz an 2 Orten präsentiert: (1) in einem zentralen Bereich (rot) in der Nähe der Fovea und (2) in einem weiter außen liegenden Bereich (blau) der peripheren Retina. ■ Abb. 4.14b zeigt die Kortexareale, die durch diese beiden Reize aktiviert wurden. Sie verdeutlicht die kortikale Vergrößerung: Die Stimulation des kleinen Netzhautbereichs unmittelbar neben der Fovea aktivierte einen viel größeren Kortexbereich (rot) als die Stimulation des großen peripheren Retinabereichs (blau; vgl. auch Wandell, 2011).

Die vergrößerte Repräsentation der Fovea veranschaulicht auch ■ Abb. 4.15, in der die Repräsentation der Buchstaben auf einer Papierseite im Kortex gezeigt wird (Wandell et al., 2009). Beachten Sie, dass der Buchstabe a auf der Mitte der Seite (roter Pfeil) – dort, wohin die Person blickt – von einer viel größeren kortikalen Fläche im Kortex repräsentiert wird als Buchstaben weitab von der Blickrichtung. Die zusätzliche Kortexfläche für zentral im Blickfeld stehende Buchstaben und Wörter ermöglicht zusätzliche neuronale Verarbeitungskapazität bei Aufgaben wie Lesen, die eine hohe Sehschärfe erfordern (Azzopardi & Cowey, 1993).

Beim Betrachten einer Szene führt der Vergrößerungsfaktor ganz allgemein dazu, dass Information aus dem Teil der Szene, den man geradeaus vor sich sieht, einen größeren Bereich im visuellen Kortex einnimmt als eine gleich große, weiter außen liegende Fläche im peripheren visuellen Feld. Man kann sich das anhand von Demonstration 4.1 verdeutlichen.

■ Abb. 4.14 a Der *rote* und der *blaue* Bereich im visuellen Feld repräsentieren die Ausdehnung von Reizen, die einer in einem fMRT-Scanner liegenden Person dargeboten wurden. **b** Der *rote* bzw. *blaue* Kortexbereich repräsentiert das jeweils durch eine der Stimulationen in **a** aktivierte Areal. (Aus Dougherty et al., 2003, © Association for Research in Vision and Ophthalmology)

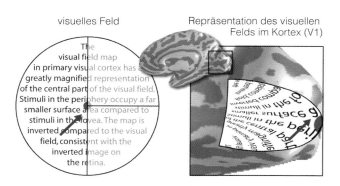

■ Abb. 4.15 Demonstration der kortikalen Vergrößerung. Im *linken* Text liegt der Buchstabe a in Blickrichtung des Betrachters (*roter Pfeil*). Der durch diesen Text aktivierte Kortexbereich ist *rechts* gezeigt. Der *rot* markierte Punkt bei a verdeutlicht die Vergrößerung im Bereich der Fovea gegenüber der peripheren Retina. (Nach Wandell et al., 2009)

Der entscheidende Punkt in Demonstration 4.1 ist, dass Ihr Finger, der auf der Fovea abgebildet wird, auf dem Kortex die gleiche Fläche einnimmt wie die auf der peripheren Retina abgebildete Hand, ohne dass Sie deshalb den Fin-

Kortikale Vergrößerung Ihres Fingers

Halten Sie Ihren linken Arm nach vorn und strecken Sie Ihren Zeigefinger nach oben. Blicken Sie nun auf den Zeigefinger und halten Sie währenddessen auch Ihre rechte Hand etwa in Armlänge vor Ihre Augen, sodass sich die Rückseite der rechten Hand etwa 30 cm neben dem linken Zeigefinger befindet. Unter diesen Umständen aktiviert Ihr linker Zeigefinger (während Sie ihn betrachten) eine genauso große Kortexfläche wie Ihre gesamte rechte Hand.

ger so *groß* wie ihre Hand wahrnehmen. Aber Sie sehen die *Details* Ihres Fingers viel genauer als die Details Ihrer Hand. Mehr Kortexfläche entspricht demnach einer besseren Detailwahrnehmung und weniger einer gesteigerten Größe. Dies ist ein Beispiel dafür, dass das, was wir wahrnehmen, nicht genau dem „Bild" im Gehirn entspricht. Wir kommen darauf in Kürze zurück.

4.3.2 Kortexorganisation in Säulen

Wir haben die retinotope Karte des Gehirns erstellt, indem wir die Aktivität nahe der Oberfläche des Kortex gemessen haben. Nun stellt sich die Frage, was unter der Oberfläche passiert. Um diese Frage zu beantworten, haben Forscher Aufzeichnungselektroden in den visuellen Kortex eingeführt.

Positions- und Orientierungssäulen

Hubel und Wiesel (1965) haben in einer Reihe von Experimenten Neuronen in verschiedenen Kortexschichten abgeleitet, auf die sie mit einer eingeführten Elektrode stießen. Wenn sie die Elektrode senkrecht in den Kortex einer Katze einführten, stellte sich heraus, dass die jeweils getroffenen Neuronen ein rezeptives Feld an ungefähr derselben Stelle der Retina hatten. Dieser Befund ist in ◘ Abb. 4.16 für 4 Neuronen entlang des Einstichkanals (◘ Abb. 4.16a) und deren sich in demselben Netzhautbereich überlappenden rezeptiven Felder (◘ Abb. 4.16b) illustriert. Aus diesem Befund schlossen Hubel und Wiesel, dass der Kortex in **Positionssäulen** organisiert ist, die senkrecht zur Oberfläche des Kortex verlaufen, und dass die Neuronen innerhalb einer Positionssäule rezeptive Felder an demselben Ort auf der Netzhaut aufweisen.

Als Hubel und Wiesel ihre Elektroden immer tiefer in den Kortex einführten, bemerkten sie nicht nur, dass die Neuronen entlang des senkrechten Einstichkanals der Elektrode rezeptive Felder an demselben Ort auf der Netzhaut aufwiesen, sondern auch, dass diese Neuronen alle bevorzugt auf Reize mit derselben Orientierung reagierten.

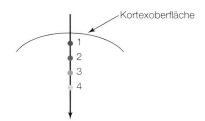

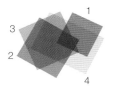

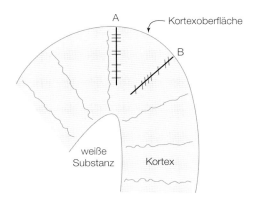

a Seitenansicht des Kortex

b Positionen der rezeptiven Felder auf der Retina

◘ **Abb. 4.16** Positionssäulen im visuellen Kortex. Wird eine Elektrode senkrecht zur Kortexoberfläche eingeführt, so trifft sie im Verlauf ihres Wegs auf Neuronen, deren rezeptive Felder einander überlappen. Die rezeptiven Felder der Neuronen an den nummerierten Punkten in **a** sind durch die nummerierten Quadrate in **b** dargestellt

◘ **Abb. 4.17** Orientierungssäulen im visuellen Kortex. Alle kortikalen Neuronen entlang der *Strecke A* antworten am stärksten auf horizontale Balken (dargestellt durch die kurzen roten Linien, die die Strecke kreuzen). Alle Neuronen entlang der *Strecke B* antworten am stärksten auf Balken mit einer Ausrichtung von 45°

Mithin antworteten alle Zellen entlang des Wegs der an Punkt A eingeführten Elektrode in ◘ Abb. 4.17 am stärksten auf horizontale Linien, während diejenigen entlang des Wegs der an Punkt B eingeführten Elektrode am stärksten auf Linien in einem Winkel von etwa 45° antworteten. Aus diesen Ergebnissen schlossen Hubel und Wiesel, dass der Kortex auch in **Orientierungssäulen** organisiert ist, wobei jede Säule Zellen enthält, die am stärksten auf eine bestimmte Orientierung reagieren.

Hubel und Wiesel zeigten weiterhin, dass benachbarte Säulen Zellen mit leicht unterschiedlichen bevorzugten Orientierungen aufweisen. Als sie eine Elektrode schräg (also nicht senkrecht) in den Kortex einführten und die Elektrode verschiedene Orientierungssäulen durchquerte, stellte sich heraus, dass sich die bevorzugten Orientierun-

4

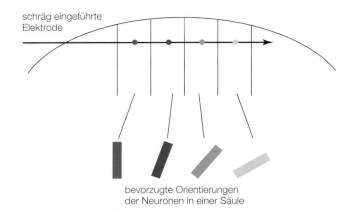

schräg eingeführte
Elektrode

bevorzugte Orientierungen
der Neuronen in einer Säule

◻ **Abb. 4.18** Wird eine Elektrode schräg zur Kortexoberfläche eingeführt, so durchquert sie verschiedene Orientierungssäulen. Die bevorzugten Orientierungen der Neuronen jeder Säule (hier durch Balken in
unterschiedlichen „Säulenfarben" dargestellt) variieren entlang des Einstichkanals der Elektrode in einem regelmäßigen Muster. Der Einstichweg
der Elektrode ist hier übertrieben groß dargestellt

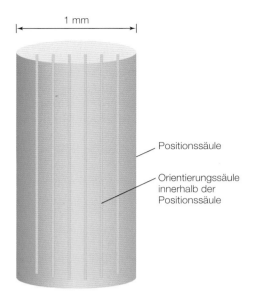

1 mm

Positionssäule

Orientierungssäule
innerhalb der
Positionssäule

◻ **Abb. 4.19** Eine Positionssäule, die Orientierungssäulen für jede mögliche Orientierung enthält. Eine solche Säule, die Hubel und Wiesel als
Hypersäule bezeichneten, nimmt Informationen über alle Orientierungen
auf, die innerhalb eines kleinen Bereichs der Netzhaut eingehen

gen der Neuronen in einem regelmäßigen Muster änderten;
beispielsweise befand sich eine Säule aus Zellen, die bevorzugt bei einer Orientierung von 90° antworten, neben
der Säule aus Neuronen, die bevorzugt auf eine Ausrichtung von 85° antworten (◻ Abb. 4.18). Und als Hubel und
Wiesel ihre Elektrode schließlich 1 mm parallel zur Kortexoberfläche verschoben, fanden sie heraus, dass die Elektrode dabei Orientierungssäulen durchquerte, die das gesamte
Spektrum von Orientierungen repräsentierten. Interessanterweise entspricht 1 mm Abstand genau der Abmessung
einer Positionssäule.

Eine Positionssäule –
viele Orientierungssäulen

Die Größe der Positionssäulen von etwa 1 mm bedeutet,
dass eine Positionssäule genug Platz für viele Orientierungssäulen bietet, die gemeinsam alle möglichen Orientierungen abdecken. Die Positionssäule in ◻ Abb. 4.19 dient
somit für einen Ort auf der Retina (wo alle Neuronen dieser
Säule ihre rezeptiven Felder am nahezu gleichen Ort haben)
und enthält für jede mögliche Orientierung Neuronen, die
darauf spezifisch ansprechen.

Machen Sie sich klar, was das bedeutet. Neuronen in
dieser Positionssäule erhalten Signale von einer bestimmten Stelle der Netzhaut, die einem kleinen Bereich des
visuellen Felds entspricht. Da diese Positionssäule für alle
möglichen Orientierungen einige spezifisch darauf anspre-
chende Neuronen enthält, kann jede Ecke oder Linie, die
an der mit der Positionssäule korrespondierenden Stelle der
Retina abgebildet wird, je nach ihrer Orientierung, durch
einige der Neuronen in dieser Säule repräsentiert werden.

Eine Positionssäule mit einem vollständigen Satz von
Orientierungssäulen für alle möglichen Orientierungen haben Hubel und Wiesel als *Hypersäule* bezeichnet. Eine

solche Säule erhält Informationen aus einem kleinen Bereich der Netzhaut und ist deshalb maßgeschneidert für die
Verarbeitung von Informationen aus einem kleinen Bereich
des visuellen Felds.[2]

4.3.3 Beteiligung von V1-Neuronen
und Säulen an der Wahrnehmung
einer Szene

Nachdem wir die Neuronen des visuellen Kortex, ihre
Reaktion auf Stimuli und ihre Anordnung in Säulen besprochen haben, lassen Sie uns ein Fazit ziehen und überlegen,
welche Rolle diese Prozesse spielen, wenn wir eine visuelle
Szene wahrnehmen.

Es ist ein schwieriges Unterfangen herauszufinden, wie
die Millionen Neuronen im Kortex antworten, während wir
eine Szene wie die in ◻ Abb. 4.20a betrachten. Wir werden
das Problem vereinfachen, indem wir uns auf einen kleinen Bereich der Szene konzentrieren – den Baumstamm

---

2   Außer den Positions- und Orientierungssäulen beschrieben Hubel und
Wiesel auch **okuläre Dominanzsäulen**. Die meisten Neuronen spre-
chen besser auf die Signale aus dem einen Auge als auf die des
anderen Auges an. Diese Bevorzugung des einen Auges wird als **okuläre Dominanz** bezeichnet, und Neuronen mit derselben okulären
Dominanz sind im Kortex in okulären Dominanzsäulen organisiert.
Das heißt, jedes Neuron in einem senkrechten Einstichkanal einer
Elektrode, die die Dominanzsäule trifft, antwortet bevorzugt auf die
Signale entweder des rechten oder des linken Auges. Es gibt entsprechend 2 Dominanzsäulen innerhalb einer Hypersäule, für jedes Auge
eine.

Abb. 4.20 a Eine Waldszene in Pennsylvania. **b** Der Stamm eines einzelnen Baums. Die Kreise bei *A*, *B* und *C* markieren die Bereiche des Baumstamms, die in 3 Bereichen der Retina auf rezeptiven Feldern abgebildet werden. (© Bruce Goldstein)

a   b

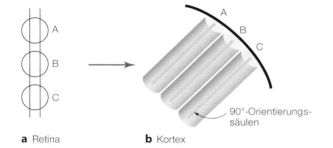

a Retina   **b** Kortex

90°-Orientierungs-säulen

Abb. 4.21 a Rezeptive Felder *A*, *B* und *C* auf der Retina für die Baumstammbereiche in ■ Abb. 4.20b. Die Neuronen, die mit jedem rezeptiven Feld assoziiert sind, befinden sich in verschiedenen Positionssäulen. **b** Drei Positionssäulen im Kortex. Die Neuronen, die auf die senkrechte Orientierung des Baumstamms ansprechen, befinden sich in den orange markierten Orientierungssäulen innerhalb der Positionssäulen

Abb. 4.22 Die Kreise und Ellipsen im Foto der Waldszene repräsentieren den Bereich im visuellen Feld, dessen Informationen an eine einzelne Positionssäule im visuellen Kortex gelangen. Tatsächlich gibt es wesentlich mehr Säulen als hier dargestellt, die sich zudem überlappen, sodass sie die gesamte Szene abdecken. Diese Überlappung der rezeptiven Felder der Positionssäulen wird *Parkettierung* genannt. (© Bruce Goldstein)

in ■ Abb. 4.20b. Von diesem Stamm wiederum betrachten wir nur die 3 Abschnitte innerhalb der Kreise A, B und C.

■ Abb. 4.21a zeigt, wie dieser Stammabschnitt auf der Netzhaut abgebildet wird. Jeder Kreis repräsentiert die Fläche, für die eine korrespondierende Positionssäule zuständig ist. ■ Abb. 4.21b zeigt die Positionssäulen im Kortex. Vergessen Sie nicht, dass jede Positionssäule einen kompletten Satz von Orientierungssäulen enthält (■ Abb. 4.19). Deshalb wird der senkrechte Baumstamm Neuronen in den 90°-Orientierungssäulen innerhalb der Positionssäulen (orange dargestellt) aktivieren.

Der kontinuierliche Stamm wird also durch das Feuern von Neuronen in getrennten Säulen des Kortex repräsentiert, die auf eine bestimmte Orientierung reagieren. Es mag zwar etwas überraschen, dass der kontinuierliche Stamm durch diskrete Kortexsäulen repräsentiert wird, aber es entspricht einfach einer bereits erwähnten Eigenschaft des visuellen Systems: Die Repräsentation eines Objekts im Kortex muss dem Reiz nicht *ähneln*, sondern lediglich In-

formationen enthalten, die den Reiz *repräsentieren*. Die Repräsentation des Baumstamms im visuellen Kortex ist im Feuern von Neuronen in verschiedenen kortikalen Säulen enthalten. Wie wir bald erfahren werden, müssen die Informationen in den einzelnen Säulen an irgendeinem Ort im Kortex zusammengeführt werden, um unsere Wahrnehmung des Baums zu erzeugen.

Bevor wir jedoch beschreiben, wie die Objekte durch neuronale Aktivität im visuellen Kortex repräsentiert werden, wollen wir zu unserer Szene zurückkehren (■ Abb. 4.22). Die Kreise und Ellipsen repräsentieren jeweils einen Bereich, aus dem Informationen zu einer Positionssäule gelangt. Gemeinsam decken diese Positionssäulen das gesamte visuelle Feld ab – ein Effekt, der als *Parkettierung* (tiling) bezeichnet wird. Ähnlich wie eine Wand mit Fliesen oder ein Fußboden mit Parketthölzern vollständig überdeckt werden kann, lässt sich das visuelle Feld mit benachbarten (und oft sich überlappenden) Positionssäulen abdecken (Nassi & Callaway, 2009). (Kommt Ihnen das bekannt vor? Erinnern Sie sich an die Analogie des Fußballstadions aus ► Kap. 3? Die Zuschauer beobachteten jeweils nur einen kleinen Teil des Spielfelds und deckten gemeinsam wie die rezeptiven Felder der Ganglienzellen das gesamte Feld ab.)

Die Vorstellung, dass jeder Teil einer Szenerie durch Aktivität in vielen Positionssäulen repräsentiert wird, bedeutet, dass eine Szene aus vielen Objekten im striären Kortex durch ein unglaublich komplexes Aktivierungsmuster der feuernden Neuronen repräsentiert wird. Man stelle sich den Prozess, den wir für nur 3 kleine Stammbereiche beschrieben haben, hundert- und tausendfach vervielfältigt vor. Und diese Repräsentation im striären Kortex ist nur der erste Schritt bei der Repräsentation des Baums. Wie wir nun sehen werden, werden die Signale des striären Kortex zur weiteren Verarbeitung an eine Reihe anderer Kortexareale gesendet.

Übungsfragen 4.1

1. Beschreiben Sie den Verarbeitungsweg von der Retina zum Gehirn. Was ist damit gemeint, wenn man sagt, das visuelle System sei kontralateral organisiert?
2. Welche Funktion wird für das Corpus geniculatum laterale (CGL) vermutet? Inwiefern ähneln die rezeptiven Felder des CGL den rezeptiven Feldern der Ganglienzellen?
3. Beschreiben Sie die Merkmale einfacher, komplexer und endinhibierter Zellen im visuellen Kortex. Warum werden diese Zellen als Merkmalsdetektoren bezeichnet?
4. Wie wurde die psychophysische Methode der selektiven Adaptation angewandt, um eine Verbindung zwischen Merkmalsdetektoren und der Wahrnehmung von Orientierung herzustellen? Versichern Sie sich, dass Sie die Überlegungen hinter einem Experiment zur selektiven Adaptation verstehen, und ebenso, wie wir mithilfe dieser psychophysischen Verfahren Schlussfolgerungen über die Physiologie ziehen können.
5. Wie wurde die Methode der selektiven Aufzucht angewandt, um eine Verbindung zwischen Merkmalsdetektoren und Wahrnehmung zu demonstrieren? Stellen Sie sicher, dass Sie das Konzept der neuronalen Plastizität verstehen.

6. Wie wird die Netzhaut in Form einer Karte im striären Kortex abgebildet? Was ist kortikale Vergrößerung und welche Funktion hat sie?
7. Beschreiben Sie die Positions- und Orientierungssäulen im striären Kortex. Was ist damit gemeint, dass Positions- und Orientierungssäulen miteinander kombiniert sind? Was ist eine Hypersäule?
8. Welche Rolle spielen die V1-Neuronen und Säulen bei der Wahrnehmung einer Szene? Beginnen Sie mit der Repräsentation eines Baumstamms im Kortex und dehnen Sie dann Ihre Überlegungen auf die gesamte Szene aus.

4.4 Über den visuellen Kortex hinaus

Bislang haben wir untersucht, wie das visuelle Signal von der Retina zum visuellen Kortex gelangt und inwiefern V1-Neuronen die wichtigsten Bestandteile oder Merkmale der visuellen Szene (Ecken und Linien) extrahieren. Nun werden wir betrachten, was mit diesen Signalen auf ihrem Weg durch das visuelle System geschieht.

Nachdem das visuelle Signal im striären Kortex (V1) verarbeitet wurde, gelangt es in andere visuelle Areale im Okzipitallappen und darüber hinaus – Bereiche, die üblicherweise als V2, V3, V4 und V5 bezeichnet werden (◘ Abb. 4.23). Diese Areale werden häufig als extrastriärer Kortex bezeichnet, da sie außerhalb des striären Kortex liegen.

Wenn wir uns von V1 zu den höher gelegenen extrastriären Arealen bewegen, nimmt die Größe der rezeptiven Felder schrittweise zu. V1-Neuronen reagieren auf einen sehr kleinen Bereich der Retina (was einem sehr kleinen Bereich des Gesichtsfelds entspricht). Ihre rezeptiven Felder sind, wie wir gesehen haben, gerade groß genug, um eine Linie oder eine Ecke zu erfassen. Die rezeptiven Fel-

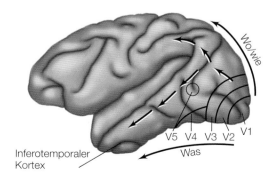

◘ **Abb. 4.23** Die Hierarchie der kortikalen Areale und Ströme im visuellen System. Das visuelle Signal fließt vom striären Kortex (Areal *V1*) im hinteren Teil des Gehirns zum extrastriären Kortex (Areale *V2-V5*) über *Was-* (ventraler Strom) und *Wo*-Ströme (dorsaler Strom)

der von V2-Neuronen sind geringfügig größer, die der V3-Neuronen noch größer und so weiter (Smith et al., 2001). Auf diese Weise baut sich die Darstellung der visuellen Szene auf, wenn wir uns in der Hierarchie der extrastriären Kortexbereiche nach oben bewegen. Immer mehr Komponenten der visuellen Szene wie Ecken, Farben, Bewegung und sogar ganze Formen und Objekte werden hinzugefügt.

Nachdem das visuelle Signal den Okzipitallappen verlassen hat, bewegt es sich durch verschiedene „Ströme" oder Verarbeitungswege, die unterschiedliche Funktionen erfüllen. Einige der ersten Forschungen zu diesen Verarbeitungswegen wurden von Leslie Ungerleider und Mortimer Mishkin durchgeführt, die 2 Ströme mit unterschiedlichen Funktionen nachweisen konnten, die die Informationen aus dem striären und extrastriären Kortex an andere Hirnareale weiterleiten.

4.4.1 Ströme für Informationen über Was und Wo

Ungerleider und Mishkin (1982) benutzten ein **Läsionsverfahren**, um den funktionellen Aufbau des visuellen Systems besser zu verstehen. Dabei wird bestimmt, wie die Entfernung oder Zerstörung eines spezifischen Hirnareals das Verhalten eines Tiers beeinflusst (Methode 4.3).

Ungerleider und Mishkin stellten Affen 2 Aufgaben: (1) eine Aufgabe zur Objektunterscheidung und (2) eine Aufgabe zur Ortsunterscheidung. Bei der **Objektunterscheidungsaufgabe** wird einem Affen ein Objekt, beispielsweise ein rechteckiger Bauklotz, gezeigt und anschließend eine Wahlaufgabe wie in ◻ Abb. 4.24a gestellt, in der sowohl das „vertraute" Objekt (der rechteckige Klotz) als auch ein anderes Objekt (wie hier der dreieckige Klotz), das Zielobjekt, dargeboten werden. Wenn der Affe in der Lage war, beide Objekte zu unterscheiden, und das Zielobjekt zur Seite schob, erhielt er eine Belohnung in Form von Futter, das in einer Vertiefung unter dem Zielobjekt versteckt war. Bei der **Ortsunterscheidungsaufgabe** (◻ Abb. 4.24b) besteht die Aufgabe des Affen

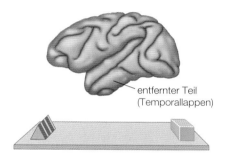

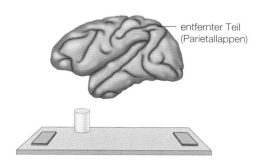

a Objektunterscheidung

b Ortsunterscheidung

◻ **Abb. 4.24** Die beiden Arten von Unterscheidungsaufgaben, wie sie Ungerleider und Mishkin (1982) benutzten. **a** Objektunterscheidung: Es soll der Klotz mit der richtigen Form ausgewählt werden. Läsionen am Temporallappen (*farbig*) machen die Erfüllung dieser Aufgabe schwierig. **b** Ortsunterscheidung: Es soll die (hier abgedeckte) Vertiefung ausgewählt werden, die sich näher an dem großen Zylinder befindet. Läsionen am Parietallappen erschweren die Erfüllung dieser Aufgabe. (Aus Mishkin et al., 1983. Reprinted with permission from Elsevier.)

darin, diejenige Abdeckung der Vertiefung mit dem Futter zu entfernen, die sich näher an der Landmarke befindet, in diesem Fall ein großes zylinderförmiges Objekt.

Bei der in dem Experiment vorgenommenen Läsion wurde bei einigen Affen ein Teil der Parietallappen und bei anderen Affen ein Teil der Temporallappen entfernt. Nach der Läsion zeigte die Verhaltensbeobachtung, dass Affen mit entfernten Bereichen in den Temporallappen sehr

---

Methode 4.3

Läsionsverfahren

Das Ziel eines Läsionsexperiments besteht in der Untersuchung der Funktion eines bestimmten Gehirnareals. Dieses Ziel wird erreicht, indem man zunächst die Fähigkeiten eines Tiers auf der Verhaltensebene testet. In den meisten Läsionsexperimenten dienten Affen als Versuchstiere, da ihr visuelles System dem des Menschen sehr ähnelt und man Affen so trainieren kann, dass Wahrnehmungsfähigkeiten wie Sehschärfe, Farbsehen, Tiefen- und Objektwahrnehmung auf der Verhaltensebene messbar werden (Mishkin et al., 1983).

Im Anschluss an die Bestimmung der perzeptuellen Fähigkeit, eine Aufgabe zu erfüllen, wird ein bestimmtes Gehirnareal entweder chirurgisch oder durch Injektion von Chemikalien außer Funktion gesetzt. Idealerweise sollte hierbei nur ein Areal betroffen sein und der Rest des Gehirns intakt bleiben. Nach der Läsion wird der Affe nochmals getestet, um zu bestimmen, inwiefern seine Wahrnehmungsfähigkeiten von der Läsion betroffen sind.

4

große Schwierigkeiten bei der Objektunterscheidungsaufgabe hatten. Dieses Ergebnis deutet darauf hin, dass der in die Temporallappen führende Verarbeitungsstrom für die Bestimmung der *Identität* eines Objekts erforderlich ist. Ungerleider und Mishkin bezeichnen den Strom vom striären Kortex (Area V1) zum Temporallappen deshalb als den **Was-Strom** (◨ Abb. 4.23).

Im Gegensatz hierzu hatten Affen nach der Entfernung von Teilen der Parietallappen Schwierigkeiten mit der Ortsunterscheidungsaufgabe. Dieser Befund legt nahe, dass der zu den Parietallappen führende Verarbeitungsstrom für die Bestimmung der Position eines Objekts verantwortlich ist. Aus diesem Grund bezeichnen Ungerleider und Mishkin den Strom vom Areal V1 zum Parietallappen als den **Wo-Strom**.

Die Was- und Wo-Ströme werden auch als **ventraler Verarbeitungsstrom** und **dorsaler Verarbeitungsstrom** bezeichnet, da der untere Teil des Gehirns (in dem sich der Temporallappen befindet) den ventralen Teil des Gehirns darstellt und der obere Teil (in dem der Parietallappen lokalisiert ist) den dorsalen Teil bildet. Diese Terminologie ist auf der Tatsache begründet, dass *dorsal* den Bereich des Rückens oder des oberen Teils des Kopfs bezeichnet. Die dorsale Flosse eines Hais oder Delfins ist daher die Flosse auf dem Rücken, die aus dem Wasser herausragt. ◨ Abb. 4.25 zeigt, dass im Falle von aufrecht gehenden Spezies wie Menschen der dorsale Teil des Gehirns der oben liegende Teil ist (stellen Sie sich einen Menschen mit einer Rückenflosse auf dem Kopf vor). *Ventral* bezeichnet das Gegenteil von dorsal; somit wäre es in diesem Fall der untere Teil des Gehirns.

Die Entdeckung von 2 Verarbeitungsströmen im Kortex – einer zur Identifizierung von Objekten (was) und einer für deren Lokalisierung (wo) – veranlasste einige Forscher, sich nochmals mit der Retina und dem CGL zu beschäftigen. Mithilfe beider Methoden, Einzellableitung und Läsionsverfahren, fanden sie heraus, dass manche

der unterschiedlichen Eigenschaften des ventralen und des dorsalen Stroms auf 2 verschiedene Arten von retinalen Ganglienzellen zurückzuführen sind, die Signale an verschiedene Schichten des CGL übertragen (Schiller et al., 1990). Somit können die kortikalen ventralen und dorsalen Ströme zumindest teilweise bis zur Retina und zum CGL zurückverfolgt werden.

Obwohl zahlreiche Belege dafür existieren, dass der dorsale und der ventrale Verarbeitungsstrom unterschiedliche Funktionen erfüllen, müssen dabei 2 Aspekte beachtet werden (Gilbert & Li, 2013; Merigan & Maunsell, 1993; Ungerleider & Haxby, 1994):
1. Die Verarbeitungsströme sind nicht vollständig getrennt, da Verbindungen zwischen ihnen existieren.
2. Die Signale fließen nicht nur „aufwärts" im Verarbeitungsstrom vom Okzipitallappen in Richtung Parietal- und Temporallappen, sondern auch „abwärts".

Es scheint plausibel, dass ein Informationsaustausch zwischen den beiden Verarbeitungsströmen stattfindet, da wir in unserer alltäglichen Lebensumwelt Objekte sowohl identifizieren als auch lokalisieren müssen. Wir koordinieren diese beiden Tätigkeiten jedes Mal routinemäßig, wenn wir ein Objekt identifizieren („da ist ein Bleistift") und uns merken, wo es ist („er liegt dort drüben, neben dem Computer"). Es scheint also 2 verschiedene Ströme zu geben, aber auch einen gewissen Informationsaustausch zwischen ihnen. Der „abwärts" gerichtete Informationsfluss, der als *Feedback* bezeichnet wird, beeinflusst durch Information aus höheren kortikalen Arealen die in das visuelle System einströmenden Signale (Gilbert & Li, 2013). Dieses Feedback ist einer der Mechanismen hinter der Top-down-Verarbeitung, die wir in ▶ Kap. 1 vorgestellt haben.

4.4.2 Ströme für Informationen über Was und Wie

Das Konzept eines dorsalen und eines ventralen Verarbeitungsstroms wird im Allgemeinen akzeptiert, aber David Milner und Melvyn Goodale (1995; vgl. auch Goodale & Humphrey, 1998, 2001) haben vorgeschlagen, dass der dorsale Strom nicht nur das Wo eines Objekts anzeigt, sondern vor allem zur Steuerung einer Handlung dient, wie des Ergreifens eines Objekts. Das Ausführen dieser Handlung würde das Wissen um die Position des Objekts einschließen (konsistent mit dem Konzept eines Wo-Stroms), doch es beinhaltet auch eine physische Interaktion mit dem Objekt. Am Ergreifen eines Bleistifts sind also Informationen über die Position des Bleistifts und *außerdem* darüber, wie eine Person ihre Hand zum Bleistift bewegen soll, beteiligt. Nach diesem Konzept liefert der dorsale Verarbeitungsstrom Information über das *Wie* in Bezug auf eine reizbezogene Handlung.

Für die Theorie, der zufolge der dorsale Strom am Wie der Handlungssteuerung beteiligt ist, spricht die Entde-

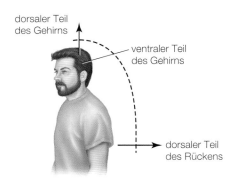

◨ **Abb. 4.25** Wie im Text beschrieben, bezeichnet *dorsal* die rückwärtige Oberseite eines Organismus. Bei aufrecht gehenden Spezies wie Menschen bezeichnet dorsal die Rückseite des Körpers *und* die Oberseite des Kopfs, wie durch die *Pfeile* und die *gekrümmte gestrichelte Linie* dargestellt. *Ventral* bezeichnet das Gegenteil von dorsal

Doppelte Dissoziation in der Neuropsychologie

Ein grundlegendes Prinzip der Neuropsychologie besagt, dass wir die Auswirkungen von Hirnschädigungen durch die Untersuchung von **Dissoziationen** und insbesondere **doppelten Dissoziationen** feststellen können, die 2 Personen betreffen: eine Person mit einer bestimmten Hirnschädigung, die mit einer Funktionsstörung A einhergeht, während Funktion B intakt bleibt, und eine zweite Person, bei der eine andere Hirnschädigung die Funktion A nicht beeinträchtigt, aber nun Funktion B stört.

Ungerleider und Mishkin haben ein Beispiel für die doppelte Dissoziation bei Affen geliefert. Der Affe mit einer Schädigung des Temporallappens konnte Objekte nicht mehr unterscheiden (die Funktion A ist gestört), während seine Ortsunterscheidung (Funktion 2) intakt war. Bei einem zweiten Affen führte eine Läsion im Parietallappen zur Unfähigkeit, die Ortsunterscheidungsaufgabe (Funktion B) zu lösen, während er Objekte unbeeinträchtigt unterscheiden konnte (Funktion A). Beide Affen bilden also ein Paar mit doppelter Dissoziation. Die Tatsache, dass Objekt- und Ortsunterscheidung getrennt und auf unterschiedliche Weise gestört werden können, lässt darauf schließen, dass diese Funktionen unabhängig voneinander operieren.

Dieselbe Überlegung lässt sich im Falle von Menschen mit Hirnschädigungen anwenden. Betrachten wir hierzu bei-spielsweise eine hypothetische Situation, in der eine Frau namens Alice, die eine Schädigung ihres Temporallappens erlitten hat, Schwierigkeiten bei der Erkennung von Objekten hat, jedoch keine Schwierigkeiten bei deren Lokalisation (◻ Tab. 4.2a). Bert hingegen hat eine Läsion im Parietallappen und zeigt genau entgegengesetzte Symptome; er kann Objekte erkennen, hat jedoch Schwierigkeiten, diese zu lokalisieren (◻ Tab. 4.2b). Diese beiden Fälle von Alice und Bert stellen gemeinsam eine doppelte Dissoziation dar und zeigen, dass die Lokalisierung und das Identifizieren von Objekten auf voneinander unabhängigen, getrennten Mechanismen basieren. Beachten Sie hierbei, dass man zur Demonstration einer doppelten Dissoziation 2 Menschen mit entgegengesetzten Symptomen ausfindig machen muss.

◻ **Tab. 4.2** Doppelte Dissoziation

	Funktion 1: Objekt-identifikation	Funktion 2: Objekt-lokalisation
a Alice: Schädigung des Temporallappens (ventraler Strom)	Nicht vorhanden	Vorhanden
b Bert: Schädigung des Parietallappens (dorsaler Strom)	Vorhanden	Nicht vorhanden

ckung von Neuronen im parietalen Kortex von Affen, die in folgenden Fällen antworten: (1) wenn der Affe ein Objekt anblickt und (2) wenn er danach greift (Sakata et al., 1992; vgl. auch Taira et al., 1990). Doch der deutlichste Beweis für die Existenz eines dorsalen „Handlungsstroms", oder Wie-Stroms, kommt aus der **Neuropsychologie** – der Untersuchung der Auswirkung von Hirnschädigungen auf das menschliche Verhalten (▸ Kap. 2). Besonders interessant sind dabei Fälle, in denen eine doppelte Dissoziation (Methode 4.4) zwischen 2 Wahrnehmungsfunktionen und 2 Hirnregionen gezeigt werden kann.

Der Fall der Patientin D. F.

Milner und Goodale (1995) wandten die Methode der Bestimmung von Doppeldissoziationen an, als sie die Patientin D. F. untersuchten, eine 34-jährige Frau, die infolge einer durch ein Gasleck in ihrem Haus verursachten Kohlenmonoxidvergiftung eine Schädigung ihres ventralen Verarbeitungsstroms erlitten hatte. Aufgrund dieser Hirnschädigung war D. F. nicht mehr in der Lage, die Orientierung einer von ihr in der Hand gehaltenen Karte mit verschiedenen Orientierungen eines Schlitzes in Übereinstimmung zu bringen. Dies zeigt sich im linken Kreis in ◻ Abb. 4.26a, in dem ihre Versuche dargestellt sind, eine Karte so auszurichten, dass sie in einen senkrechten Schlitz passt. Eine perfekte Leistung hierbei würde durch eine vertikale Linie bei jedem Durchgang angezeigt, allerdings variiert die Ausrichtung bei den meisten Versuchen von D. F. deutlich und die Ergebnisse sind sehr weit gestreut. Der rechte Kreis zeigt die Genauigkeit der Ausrichtungsleistung bei einer gesunden Kontrollgruppe.

Da D. F. Schwierigkeiten mit dem Ausrichten einer Karte entsprechend der Orientierung eines Schlitzes hatte, scheint eine plausible Schlussfolgerung zu sein, dass sie ebenfalls Schwierigkeiten damit haben würde, die Karte durch den Schlitz zu stecken; denn hierfür müsste sie die Karte entsprechend der Orientierung des Schlitzes drehen. Als D. F. jedoch aufgefordert wurde, die Karte so durch den Schlitz zu stecken, wie sie einen Brief einwerfen würde, konnte sie dies tun! D. F. war zwar visuell nicht in der Lage, die Ausrichtung der Karte mit der des Schlitzes in Übereinstimmung zu bringen. Sobald sie die Karte auf den Schlitz zubewegte, konnte sie dies jedoch tun (◻ Abb. 4.26b). Die Leistung von D. F. war somit in der *statischen* Orientierungsaufgabe schlecht, jedoch gut, sobald *Handlung* ins Spiel kam (Murphy et al., 1996). Milner und Goodale (1995) interpretierten die Leistung von D. F. als Indiz dafür, dass es einen Mechanismus für die Beurteilung von Ausrichtungen und einen anderen für die Koordination von Sehen und Handlung gibt (Goodale, 2014).

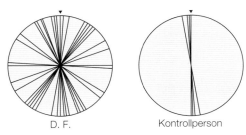

a statischer Orientierungsabgleich

D. F.   Kontrollperson

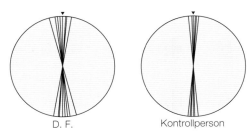

b aktives Einführen der Karte in den Schlitz

D. F.   Kontrollperson

◻ Abb. 4.26 Die Leistungen von D. F. und einer Person ohne Hirnschädigung bei 2 Aufgaben: **a** Beurteilung der Orientierung eines Schlitzes; **b** das Einführen einer Karte in diesen Schlitz. (Aus Milner & Goodale, 1995, © Oxford University Press)

Diese Befunde im Fall von D. F. demonstrieren eine doppelte Dissoziation, weil es andere Patienten mit den entgegengesetzten Symptomen gibt. Diese Patienten können visuelle Orientierungen beurteilen, die beschriebene Aufgabe, die Sehen und Handlung kombiniert, jedoch nicht ausführen. Wie wir aufgrund der Schädigung des ventralen Stroms bei D. F. erwarten würden, leiden diese letztgenannten Patienten an Schädigungen des dorsalen Stroms.

Aufgrund dieser Befunde schlagen Milner und Goodale (1995) vor, dass der ventrale Verarbeitungsstrom, wie von Ungerleider und Mishkin vorgeschlagen, nach wie vor als Was-Strom bezeichnet werden sollte, dass jedoch der Begriff **Wie-Strom** oder **Handlungsstrom** den dorsalen Strom treffender beschreiben würde, da dieser bestimme, *wie* eine Person eine *Handlung* ausführt. Dies hat dazu geführt, dass manche Wissenschaftler den dorsalen Strom als Wo-Strom und andere ihn als Wie-Strom bezeichnen.

Das Verhalten von Personen ohne Hirnschädigung

Normalerweise sind wir uns im Alltag der beiden visuellen Verarbeitungsströme für das Was und das Wie nicht bewusst, denn sie arbeiten nahtlos zusammen, wenn wir Objekte wahrnehmen und diese Objekte verwenden. Erst ein klinischer Fall wie der von Patientin D. F., bei der ein Strom gestört ist, macht die Existenz dieser beiden Ströme deutlich. Aber wie sieht es bei Personen ohne Hirnschädigung aus? In psychophysischen Experimenten, bei denen gemessen wurde, wie gesunde Probanden visuelle Täuschungen wahrnehmen und darauf reagieren, konnte eine

ähnliche Dissoziation zwischen Wahrnehmung und Handlung demonstriert werden, wie sie für D. F. offensichtlich war.

◻ Abb. 4.27a zeigt den Stimulus, mit dem Tzvi Ganel et al. (2008) in einem Experiment eine Trennung von Wahrnehmung und Handlung bei nicht hirngeschädigten Probanden zeigten. Der Reiz induziert eine visuelle Täuschung: Linie 1 ist tatsächlich länger als Linie 2 (◻ Abb. 4.27b), aber Linie 2 erscheint länger.

Ganel et al. stellten bei dem Experiment 2 Aufgaben:
1. Einschätzung der Linienlänge, wobei die Probanden die wahrgenommene Linienlänge durch den Abstand zwischen Daumen und Zeigefinger anzeigen sollten (◻ Abb. 4.27c).
2. Eine Greifaufgabe, bei der die Linien jeweils mit einer Greifbewegung zwischen die Finger genommen werden sollten.

Mit Sensoren an den Fingern der Probanden wurde der Abstand zwischen den Fingern bei dieser Greifbewegung gemessen. Es ist bekannt, dass die Grifföffnung zwischen Daumen und Zeigefinger während der Transportphase der Hand, also lange bevor das Objekt tatsächlich ergriffen wird, eng an die Objektgröße gekoppelt ist. Diese beiden Aufgaben wurden deshalb gestellt, weil sie auf verschiedenen Verarbeitungsströmen beruhen. Der Längenschätzung unterliegt hauptsächlich der ventrale Was-Strom, für die Greifaufgabe ist der dorsale Wo- bzw. Wie-Strom wichtiger.

Die Ergebnisse dieses Experiments in ◻ Abb. 4.27d zeigen, dass die Probanden bei der Längenschätzung Linie 1 (die tatsächlich längere Linie) für kürzer hielten als Linie 2, aber in der Greifaufgabe spreizten sie ihre Finger bei Linie 1 weiter auseinander, um einen größeren Abstand abzumessen. Die Täuschung funktioniert offenbar nur bei der Wahrnehmungsaufgabe (Längenschätzung), aber nicht bei der Handlungsaufgabe (Greifbewegung). Dieser Befund spricht dafür, dass Handlung und Wahrnehmung auf verschiedenen Mechanismen beruhen. Ein Schluss, der aus Beobachtungen an hirngeschädigten Patienten gezogen worden war, wird so auch durch die Wahrnehmungsleistungen von nicht hirngeschädigten Personen bestätigt. Generell sind die Befunde zum Vergleich von Wahrnehmung und Handlung bei gesunden Probanden aber uneinheitlich und werden sehr kontrovers diskutiert (siehe Franz & Gegenfurtner, 2008)

4.5 Neuronen auf höheren Ebenen des visuellen Systems

Bislang haben wir in diesem Kapitel gesehen, wie das visuelle Signal von der Retina zum visuellen Kortex und dann weiter zu den extrastriären Arealen und den Was- und Wo-/Wie-Verarbeitungsströmen gelangt (wobei zu beachten ist, dass die Signale sowohl „aufwärts" als auch

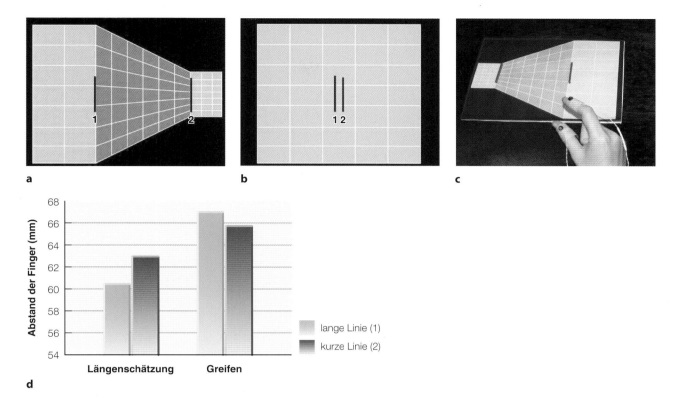

Abb. 4.27 a Die Größentäuschung, die Ganel et al. (2008) verwendeten, lässt *Linie 1* kürzer erscheinen als *Linie 2* (die Liniennummern wurden den Probanden nicht gezeigt). **b** Die Abbildung beider Linien aus **a** nebeneinander macht deutlich, dass *Linie 2* deutlich kürzer ist als *Linie 1*. **c** Die Probanden sollten bei diesem Experiment den Abstand zwischen ihren Fingern benutzen, um entweder bei einer Wahrnehmungsaufgabe die Länge der Linien anzuzeigen oder um bei einer Greifaufgabe die Linien zwischen die Finger zu nehmen. Der Abstand zwischen den Fingern wurde mit entsprechenden Sensoren gemessen. **d** Ergebnisse des Experiments von Ganel et al. für die Längenschätzung und die Greifaufgabe. Bei der Längenschätzung zeigt sich die Täuschung – die tatsächlich längere Linie wird kürzer eingeschätzt. Beim Greifen dagegen war der Fingerabstand der Probanden, den tatsächlichen Bedingungen entsprechend, größer für die längere *Linie 1*. (Aus Ganel et al., 2008, mit freundlicher Genehmigung von SAGE Publications Inc. Journals)

„abwärts" durch diese Bahnen fließen). Nun werden wir untersuchen, wie Informationen auf höheren Ebenen des visuellen Systems dargestellt werden, indem wir die Reaktionen der einzelnen Neuronen innerhalb dieser Bereiche betrachten.

4.5.1 Neuronale Antworten im inferotemporalen Kortex

In diesem Kapitel haben wir uns auf das Feuern einzelner Neuronen konzentriert, als wir die Merkmalsdetektoren im visuellen Kortex behandelten und ihre Reaktion auf die wesentlichen Elemente einer visuellen Szene. Betrachten wir nun erneut die neuronalen Reaktionen, allerdings auf einer höheren Ebene – im Temporallappen.

Ein Bereich des Temporallappens, der im Mittelpunkt zahlreicher Forschungen stand, ist der **inferotemporale Kortex** (**IT-Kortex**) (Abb. 4.23). Zu Beginn dieses Kapitels haben wir bereits erwähnt, dass die rezeptiven Felder der Neuronen im visuellen System größer werden, wenn

wir uns auf eine höhere Ebene bewegen, z. B. vom striären zum extrastriären Kortex. Wie sich herausstellt, setzt sich diese Größenzunahme der rezeptiven Felder im Was-Strom fort, sodass die Neuronen an der Spitze dieses Stroms im IT-Kortex die größten rezeptiven Felder haben – groß genug, um ganze Objekte im Gesichtsfeld zu erfassen. Es wäre daher nur logisch, wenn die IT-Neuronen nicht auf einfache Merkmale wie Linien oder Ecken reagieren wie die V1-Neuronen, sondern auf komplexere Objekte ansprechen, die einen größeren Teil des Gesichtsfelds einnehmen.

Diese Erkenntnis stammt aus frühen Experimenten von Charles Gross und seinen Mitarbeitern (1972), die Signale einzelner Neuronen im IT-Kortex von Makaken ableiteten. In diesen Experimenten präsentierten Gross und sein Forschungsteam den betäubten Tieren verschiedene Reize mithilfe eines Projektionsschirms: Linien, Quadrate und Kreise. Manche Reize waren hell, andere dunkel. Die dunklen Reize wurden erzeugt, indem auf den hellen Schirm dunkle Figuren aufgebracht wurden, die aus einem Karton ausgeschnitten worden waren.

Die eigentliche Entdeckung, dass Neuronen im IT-Kortex auf komplexe Reize antworten, stellte sich wenige

Abb. 4.28 Einige der von Gross et al. (1972) verwendeten Formen zur Untersuchung des Antwortverhaltens von Neuronen im IT-Kortex von Makaken Die Formen sind danach geordnet, wie stark die von ihnen ausgelöste Antwort des einzelnen Neurons ausfiel: 1 = keine Antwort; 2, 3 = geringe Antwort usw. bis 6 = Maximalstärke der Antwort. (Aus Gross et al., 1972, mit freundlicher Genehmigung der American Physiological Society)

Abb. 4.29 Antwortstärke eines Neurons im IT-Kortex eines Affen, das auf Gesichter antwortet, jedoch nicht auf Reize, die keine Gesichter enthalten. (Nach Daten von Rolls & Tovee, 1995; Fotos: © Bruce Goldstein)

Tage nach Beginn eines Experiments ein, als das Team auf ein Neuron stieß, das sich weigerte, auf einen der Standardreize zu antworten. Nichts ging, bis einer der Experimentatoren mit der Hand auf irgendetwas im Raum zeigte und dabei ein Schatten der Hand auf den Schirm fiel. Die Schattenhand rief einen Aktivitätsausbruch bei dem Neuron hervor. Die Experimentatoren waren nun etwas auf der Spur und sie testeten das Neuron, um zu sehen, welche Art von Reizen eine neuronale Antwort hervorrief. Sie versuchten es mit vielen verschiedenen Reizen, darunter auch mit einem Scherenschnitt einer Affenhand. Nach vielen Tests fanden sie heraus, dass das Neuron auf eine handähnliche Form mit nach oben weisenden Fingern antwortete (Abb. 4.28; Rocha-Miranda, 2011; vgl. auch Gross et al., 2002, 2008). Als die Forscher ihre Stimuli um andere Formen erweiterten, fanden sie schließlich auch einige Neuronen, die auf Gesichter am stärksten antworten.

Neuronen, die auf komplexe Objekte des täglichen Lebens wie Hände und Gesichter am stärksten ansprechen, waren eine bahnbrechende Entdeckung. Offenbar gab es jenseits des im primären visuellen Kortex, den Hubel und Wiesel untersucht hatten, eine neuronale Verarbeitung, die Neuronen geschaffen hatte, die am besten auf sehr spezifische Arten von Reizen ansprachen. Aber solche revolutionären Ergebnisse werden manchmal nicht gleich akzeptiert, und die Gross'schen Ergebnisse, die 1969 und 1972 publiziert wurden (Gross et al., 1969, 1972) blieben lange weitgehend unbeachtet. Schließlich begannen in den 1980er-Jahren andere Forscher, Neuronen im IT-Kortex des Affen abzuleiten, die speziell auf Gesichter und andere komplexe Objekte ansprachen (Perrett et al., 1982; Rolls, 1981).

1995 fanden Edmund Rolls und Martin Tovee viele Neuronen im IT-Kortex von Affen, die am besten auf Gesichter reagierten, und bestätigten damit Gross' erste Erkenntnisse, dass IT-Neuronen auf bestimmte Arten von komplexen Reizen reagieren. Abb. 4.29 zeigt die Ergebnisse für ein Neuron, das stark auf Gesichter, aber kaum auf alle anderen Arten von Stimuli antwortete. Das Interessante an solchen „Gesichtsneuronen" ist, wie sich herausstellte, dass sie in bestimmten Arealen im Temporallappen von Affen besonders zahlreich vorkommen. Doris Tsao et al. (2006) präsentierten 2 Affen 96 Bilder von Gesich-

tern, Körpern, Früchten, modernen elektronischen Geräten (Gadgets), Händen und von zufällig zusammengewürfelten Mustern, während gleichzeitig Signale von Neuronen im „Gesichtsareal" abgeleitet wurden. Diese Neuronen wurden als „gesichtsselektiv" eingestuft, wenn sie mindestens doppelt so stark auf Gesichter ansprachen wie auf Nichtgesichter. Nach diesem Kriterium erwiesen sich 97 % der abgeleiteten Zellen als gesichtsselektiv. Den hohen Grad an Gesichtsselektivität in diesem Areal illustriert Abb. 4.30, die die mittlere Aktivierung durch die 96 Reize für beide Affen wiedergibt. Die Aktivierung ist bei den 16 Gesichtern weit höher als bei den übrigen Objekten.

Charles Gross war mit seiner Entdeckung der spezifischen IT-Neuronen eindeutig auf der richtigen Spur. Seine Theorie wurde später durch Studien bestätigt, in denen gesichtsselektive Neuronen, die im IT-Kortex gruppiert sind, nachgewiesen wurden. Wie sich später herausstellte, gibt es auch Evidenz für Gesichtsselektivität im menschlichen Gehirn (Kanwisher et al., 1997; McCarthy et al., 1997). Wir werden im nächsten Kapitel untersuchen, wie das menschliche Gehirn auf Gesichter und andere komplexe Objekte reagiert.

Wir können diese Idee der neuronalen Aktivität für komplexe Objekte noch einen Schritt weiterführen und unseren Blick darauf lenken, dass die von uns beschriebenen Prozesse nicht nur Wahrnehmungen erzeugen, sondern auch Informationen liefern, die in unserem Gedächtnis ge-

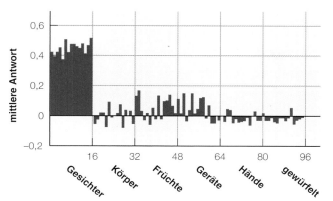

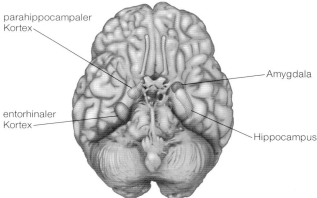

◘ Abb. 4.30 Die Ergebnisse aus dem Experiment von Tsao et al. (2006), bei dem die Aktivität von Neuronen im Temporallappen von Affen für Reize wie Gesichter und verschiedene andere Objekte aufgezeichnet wurde. (Aus Tsao et al., 2006. Used with permission of the American Association for the Advancement of Science. Permission conveyed through Copyright Clearance Center, Inc.)

◘ Abb. 4.31 Der Hippocampus, der entorhinale Kortex, der parahippocampale Kortex und die Amygdala in der Ansicht von unten auf das Gehirn

speichert werden, damit wir uns später an Wahrnehmungserfahrungen erinnern können. Diese Verbindung zwischen Wahrnehmung und Gedächtnis wurde in einer Reihe von Experimenten untersucht, bei denen die Reaktion von einzelnen Neuronen im menschlichen Hippocampus gemessen wurde, also dem Bereich, der für die Bildung und die Speicherung von Erinnerungen zuständig ist.

4.5.2 Wo Wahrnehmung auf Erinnerung trifft

Einige der Signale, die den IT-Kortex verlassen, erreichen Strukturen im medialen Temporallappen (MTL) wie den parahippocampalen Kortex, den entorhinalen Kortex oder den Hippocampus (◘ Abb. 4.31). Diese MTL-Strukturen sind besonders wichtig für das Gedächtnis. Ein klassisches Beispiel für den Einfluss des Hippocampus liefert der Fall des Epilepsiepatienten H. M., bei dem der Hippocampus auf beiden Seiten des Gehirns entfernt wurde, um bedrohliche epileptische Anfälle zu verhindern, nachdem andere Therapien gescheitert waren (Scoville & Milner, 1957).

Nach der Operation verschwanden die Anfälle, aber H. M. verlor auch die Fähigkeit, Erfahrungen im Gedächtnis zu speichern. Wenn H. M etwas erlebte, etwa den Besuch seines Arztes, konnte er sich beim nächsten Mal, wenn der Arzt kam, nicht mehr daran erinnern, ihn bereits gesehen zu haben. H. M. war in diese unglückliche Lage gekommen, weil die Chirurgen 1953 noch nicht wussten, dass der Hippocampus für das Abspeichern im Langzeitgedächtnis entscheidend ist. Nachdem man jedoch die verheerenden Folgen einer Entfernung des Hippocampus auf beiden Seiten des Gehirns erkannt hatte, wurde eine derartige Operation nicht mehr vorgenommen.

Den Zusammenhang zwischen dem Hippocampus und der visuellen Wahrnehmung haben wir bereits in ► Kap. 2 gesehen, als wir die Einzelzellcodierung und die Untersuchungen von R. Quian Quiroga et al. (2005, 2008) behandelten. Wie diese Experimente gezeigt haben, gibt es im Hippocampus Neuronen, die auf bestimmte Reize wie das Opernhaus von Sidney oder Steve Carell ansprechen (◘ Abb. 2.11). Wie sich herausgestellt hat, reagieren diese Hippocampus- und MTL-Neuronen nicht nur auf die visuelle Wahrnehmung bestimmter Objekte oder Konzepte, sondern auch auf die *Erinnerungen* an diese Konzepte.

Die Verbindung zwischen den auf visuelle Reize ansprechenden MTL-Neuronen und dem Gedächtnis wurde durch eine Studie von Hagan Gelbard-Sagiv et al. (2008) nachgewiesen. Dabei wurde Epilepsiepatienten mit implantierten Elektroden im Bereich des MTL eine Reihe von extrem kurzen Videoclips gezeigt, die jeweils 5–10 s dauerten und einige Male wiederholt wurden, während die Aktivität von MTL-Neuronen aufgezeichnet wurde. Die Clips zeigten bekannte Personen, Landmarken, unbekannte Menschen oder Tiere bei unterschiedlichen Tätigkeiten. Bei den Patienten, die die Clips sahen, feuerten einige Neuronen besonders stark bei einem bestimmten Clip – beispielsweise sprach in einem Fall ein Neuron besonders stark auf einen Clip aus der Serie „Die Simpsons" an.

Dieses Feuern bei spezifischen Clips entspricht dem Befund von Quiroga bei unbewegten Bildern als Stimulus. Allerdings geht die Studie von Gelbard-Sagiv einen Schritt weiter, da die Patienten während der Aufzeichnung der neuronalen Aktivität auch nach ihrer Erinnerung an die gesehenen Clips gefragt wurden. Ein Ergebnis ist in ◘ Abb. 4.32 gezeigt – die Antwort des Neurons, das bei dem Simpsons-Clip am heftigsten gefeuert hatte. Die Kommentare des Patienten zu seinen Erinnerungen an die Clips sind unter der Kurve und der Sprachaufzeichnung wiedergegeben. Zunächst erinnerte sich der Patient, dass es etwas über New York gewesen sei, dann an den Hollywood-Schriftzug in den Bergen von Los Angeles. Auf diese Erin-

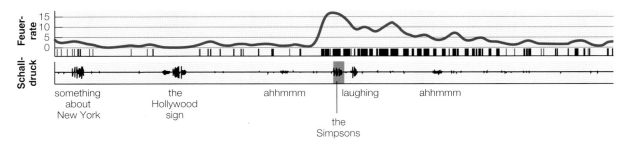

Abb. 4.32 Die Aktivität eines Neurons im medialen Temporallappen (MTL) eines Epilepsiepatienten im Verlauf der Erinnerung an zuvor präsentierte Videoclips. Bei der Präsentation der Videoclips hatte dieses Neuron besonders stark auf einen Clip aus der Fernsehserie „Die Simpsons" angesprochen. Die *untere Zeile* gibt die Beschreibung des Patienten während der Erinnerungsversuche an die gesehenen Clips im Original-

kommentar wieder. Man sieht, dass das Neuron auf die Erinnerungen an New York oder den Hollywood-Schriftzug bei Los Angeles eine geringe Aktivität zeigt, aber beim Stichwort „Die Simpsons" eine starke Antwort erkennen lässt. (Aus Gelbard-Sagiv et al., 2008. Used with permission of the American Association for the Advancement of Science. Permission conveyed through Copyright Clearance Center, Inc.)

nerungen antwortet das Neuron kaum, aber die Erinnerung an die Simpsons ruft eine starke Antwort hervor, die sich während der weiteren Erinnerung an die Episode fortsetzt (wobei sich der Beginn dieser Erinnerung indirekt durch das Lachen ausdrückt). Befunde wie dieser unterstützen die Vermutung, dass die Neuronen im MTL, die auf das *Wahrnehmen* spezifischer Objekte oder Ereignisse ansprechen, auch beim *Erinnern* dieser Objekte und Ereignisse beteiligt sind (siehe auch Moran Cerf et al., 2010, mit zusätzlichen Informationen zu dem Thema, wie Gedanken das Feuern von Neuronen beeinflussen können).

In diesem Kapitel haben wir gesehen, wie einzelne Neuronen auf verschiedenen Stufen auf einen visuellen Reiz und sogar auf Erinnerungen an diesen visuellen Reiz reagieren. In den folgenden Kapiteln werden wir weitere spezifische Aspekte des Sehens, darunter auch die Funktionen anderer Gehirnbereiche bei den hier vorgestellten Verarbeitungsströmen untersuchen.

4.6   Weitergedacht: „Flexible" rezeptive Felder

In ► Kap. 3 haben wir das rezeptive Feld eines Neurons als Konzept eingeführt und es als *den Bereich der Retina definiert, der bei Stimulation das Feuern des Neurons beeinflusst*. Als wir uns dann im weiteren Verlauf zu höheren Ebenen des visuellen Systems vorgearbeitet hatten, blieb das rezeptive Feld immer noch der Bereich, der das Feuern beeinflusst, aber der Stimulus wurde spezifischer – Linien mit einer bestimmten Orientierung, geometrische Formen und Gesichter.

In unserer Untersuchung der rezeptiven Felder war nie die Rede davon, dass sich der Bereich, der das rezeptive Feld definiert, ändern könnte. Rezeptive Felder sind nach dem, was wir bisher beschrieben haben, statische, fest verdrahtete Eigenschaften von Neuronen. Ein entscheidendes Thema dieses Buches, und auch eines großen Teils der Wahrnehmungsforschung, ist jedoch die Erkenntnis,

dass wir ein Wahrnehmungssystem brauchen, das flexibel ist und sich an unsere Bedürfnisse und an die aktuelle Ausgangssituation anpasst, weil wir in einer sich ständig verändernden Umgebung leben, permanent in Bewegung sind, neue Situationen erleben und uns unsere eigenen Ziele und Erwartungen schaffen. In diesem Abschnitt werden wir die Vorstellung einführen, dass das visuelle System flexibel ist und dass Neuronen sich an veränderte Bedingungen anpassen können. Hier wirft gewissermaßen eine Theorie ihre Schatten voraus, denn die Erkenntnis, dass sensorische Systeme flexibel sind, wird im gesamten Buch immer wiederkehren.

Ein Beispiel dafür, wie die Reaktion eines Neurons durch etwas beeinflusst werden kann, das außerhalb des rezeptiven Felds des Neurons geschieht, sind die Ergebnisse eines Experiments von Mitesh Kapadia et al. (2000). Sie zeichneten Neuronen im visuellen Kortex eines Affen auf. ☐ Abb. 4.33a zeigt die Reaktion eines Neurons auf einen vertikalen Balken, der sich im rezeptiven Feld des Neurons befindet, das durch das Quadrat gekennzeichnet ist. In ☐ Abb. 4.33b ist zu sehen, dass 2 vertikale Balken außerhalb des rezeptiven Felds des Neurons die Reaktion des Neurons kaum beeinflussen. ☐ Abb. 4.33c zeigt, was passiert, wenn die Balken „außerhalb des rezeptiven Felds" zusammen mit dem Balken „innerhalb des Felds" präsentiert werden. Hier antwortet das Neuron mit einem starken Feuern! Demnach ist die klassische Definition, nach der das rezeptive Feld eines Neurons *der Bereich der Retina ist, der bei Stimulation das Feuern des Neurons beeinflusst*, zwar immer noch zutreffend, wir können allerdings feststellen, dass die Reaktion auf eine Stimulation *innerhalb* des rezeptiven Felds durch etwas beeinflusst werden kann, was *außerhalb* des rezeptiven Felds geschieht.

Die Wirkung der Stimulation außerhalb des rezeptiven Felds wird als **kontextuelle Modulation** bezeichnet. Die starke Reaktion, die beim gemeinsamen Auftreten aller 3 Linien zusammen erfolgt, kann als ein Beispiel für ein Phänomen in der Wahrnehmung gesehen werden, das als *perzeptuelle Organisation* bezeichnet wird. Es ist in ☐ Abb. 4.33d dargestellt. Hier werden Linien mit derselben

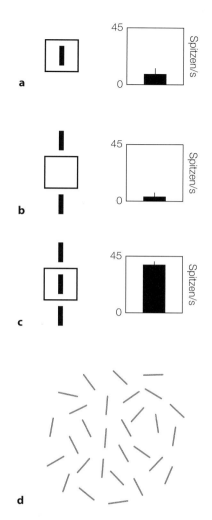

□ **Abb. 4.33** Ein Neuron im primären visuellen Kortex (V1) des Affen antwortet **a** mit einer geringen Reaktion auf einen vertikalen Balken, der kurz innerhalb des rezeptiven Felds (angezeigt durch das Quadrat) gezeigt wird; **b** mit wenig oder keiner Reaktion auf 2 vertikale Balken, die außerhalb des rezeptiven Felds präsentiert werden; **c** mit einer starken Reaktion, wenn die 3 Balken zusammen präsentiert werden. **d** Diese verstärkte Reaktion, die durch Reize außerhalb des rezeptiven Felds verursacht wird, bezeichnet man als kontextuelle Modulation – ein Muster, bei dem die 3 gleich ausgerichteten Linien hervorstechen. (a–c: Aus Kapadia et al., 2000, mit freundlicher Genehmigung der American Physiological Society)

ein erstaunliches Ergebnis, denn es bedeutet, dass durch die Aufmerksamkeit die Organisation des visuellen Systems teilweise verändert wird. Es zeigt sich, dass rezeptive Felder nicht ortsgebunden sind, sondern an die Position wechseln können, auf die eine Person ihre Aufmerksamkeit richtet. Dadurch konzentriert sich die neuronale Verarbeitungsleistung auf die Stelle, die für die Person in diesem Moment wichtig ist. Wenn wir weiter erforschen, wie das Nervensystem unsere Wahrnehmungen erzeugt, werden wir andere Beispiele dafür finden, wie die Flexibilität unseres Nervensystems uns dabei hilft, uns in einer sich ständig verändernden Umgebung zurechtzufinden.

Übungsfragen 4.2

1. Was ist der extrastriäre Kortex? Wie unterscheiden sich die rezeptiven Felder der extrastriären Neuronen von den rezeptiven Feldern der striären Neuronen?
2. Wie konnte mithilfe des Läsionsverfahrens die Existenz des dorsalen und des ventralen Verarbeitungsstroms gezeigt werden? Welche Funktionen haben diese beiden Ströme?
3. Wie wurde die doppelte Dissoziation für den Nachweis genutzt, dass die Funktion des dorsalen Stroms in der Verarbeitung von Information zur Koordinierung von visueller Wahrnehmung und Handlung besteht? Wie lässt sich die Annahme der beiden primären Ströme mit Befunden eines Verhaltensexperiments belegen, bei dem die Teilnehmer keine Hirnschädigungen hatten?
4. Beschreiben Sie die Experimente von Gross an Neuronen im IT-Kortex des Affen. Warum blieben seine Ergebnisse Ihrer Meinung nach zunächst unbeachtet?
5. Beschreiben Sie die Zusammenhänge zwischen visueller Wahrnehmung und Gedächtnis, wie sie sich aus den Experimenten ergeben, in denen Neuronen im medialen Temporallappen und im Hippocampus abgeleitet wurden. Beschreiben Sie dazu die Experimente mit stehenden Bildern und mit Videoclips.
6. Beschreiben Sie die beiden Experimente, mit denen die „Flexibilität" der rezeptiven Felder nachgewiesen wurde.

Ausrichtung als eine Gruppe wahrgenommen, die sich von der umgebenden Unordnung abhebt. Die Wahrnehmungsorganisation wird uns in ▶ Kap. 5 zur Wahrnehmung von Objekten und Szenen nochmals begegnen.

In ▶ Kap. 6 werden wir uns mit den vielfältigen Auswirkungen der visuellen Aufmerksamkeit beschäftigen. Wenn wir einer Sache unsere Aufmerksamkeit schenken, wird sie uns bewusster, wir können schneller darauf reagieren und sie vielleicht sogar anders wahrnehmen. Wie wir sehen werden, kann die Aufmerksamkeit sogar das rezeptive Feld eines Neurons an einen anderen Ort verschieben (□ Abb. 6.23). Diese Verschiebung des rezeptiven Felds ist

4.7 Zum weiteren Nachdenken

1. Ralph wandert entlang eines Pfads durch den Wald. Der Weg ist stellenweise uneben, und Ralph muss vermeiden, über gelegentlich herumliegende Steine, Baumwurzeln oder Löcher im Boden zu stolpern. Nichtsdestotrotz ist er in der Lage, dem Weg zu folgen, ohne ständig hinabzuschauen und darauf zu achten, wohin er seine Füße setzt. Dies ist praktisch, da Ralph sich gern im Wald nach interessanten Vögeln und anderen Tie-

ren umschaut. Wie lässt sich diese Beschreibung von Ralphs Verhalten zu der Tätigkeit dorsaler und ventraler Ströme im visuellen System in Beziehung setzen?

2. Zelle A antwortet am stärksten auf vertikale Linien, die sich nach rechts bewegen. Zelle B antwortet am stärksten auf Linien in einem 45°-Winkel, die sich nach links bewegen. Beide Zellen haben eine exzitatorische Synapse auf Zelle C. Wie antwortet Zelle C auf eine sich bewegende vertikale Linie? Und wie auf eine 45°-Linie? Was würde geschehen, wenn die Synapse zwischen B und C inhibitorisch wäre?

3. Wir haben gesehen, dass die mit einem Objekt in seiner Umgebung assoziierte neuronale Antwort nicht notwendigerweise identisch mit einem Bild des Objekts oder diesem auch nur ähnlich ist. Können Sie sich Situationen in Ihrem Alltagsleben vorstellen, in denen Objekte oder Konzepte durch Dinge repräsentiert werden, die diesen Objekten oder Konzepten nicht besonders ähneln?

4.8 Schlüsselbegriffe

- Colliculus superior
- Chiasma opticum
- Corpus geniculatum laterale (CGL)
- Doppelte Dissoziation
- Dorsaler Verarbeitungsstrom
- Einfache Kortexzellen
- Endinhibierte Zellen
- Erfahrungsabhängige Plastizität
- Extrastriärer Kortex
- Handlungsstrom
- Hippocampus
- Hypersäule
- Inferotemporaler Kortex (IT-Kortex)
- Komplexe Zellen
- Kontextuelle Modulation
- Kontralateral
- Kontrastschwelle
- Kortikale Vergrößerung
- Kortikaler Vergrößerungsfaktor
- Läsionsverfahren
- Merkmalsdetektoren
- Neuronale Plastizität
- Objektunterscheidungsaufgabe
- Orientierungssäulen
- Orientierungs-Tuningkurve
- Ortsunterscheidungsaufgabe
- Parkettierung
- Positionssäulen
- Primärer visueller Kortex
- Retinotope Karte
- Selektive Adaptation
- Selektive Aufzucht
- Striärer Kortex
- V1
- Ventraler Verarbeitungsstrom
- Was-Strom
- Wie-Strom
- Wo-Strom

Die Wahrnehmung von Objekten und Szenen

E. Bruce Goldstein und Laura Cacciamani

Inhaltsverzeichnis

5

🔵 Lernziele

Nachdem Sie dieses Kapitel bearbeitet haben, werden Sie in der Lage sein, ...

- zu erläutern, warum die Objektwahrnehmung sowohl für Menschen als auch für Computer eine Herausforderung darstellt,
- die Gestaltpsychologie und die Gesetze der Wahrnehmungsorganisation zu erklären,
- die Figur-Grund-Unterscheidung zu definieren und die Faktoren zu benennen, mit deren Hilfe bestimmt werden kann, welcher Bereich als Figur wahrgenommen wird,
- die Theorie der Wiedererkennung durch Komponenten zu beschreiben und zu erklären, welche Rolle sie für unsere Fähigkeit spielt, Objekte aus verschiedenen Blickwinkeln zu erkennen,
- die Rolle von Vorerfahrungen, Schlussfolgerungen und Voraussagen für die Wahrnehmung zu erläutern,
- Experimente zu beschreiben, die zeigen, wie das Gehirn auf Gesichter, Körper und Szenen reagiert, und was unter „neuronalem Gedankenlesen" zu verstehen ist,
- sich kritisch mit der These auseinanderzusetzen, dass Gesichter etwas „Besonderes" sind,
- die Entwicklung der Gesichtererkennung bei Säuglingen zu erörtern.

Einige der in diesem Kapitel behandelten Fragen

- Warum können Computer nur schwer mit der menschlichen Fähigkeit zur Objektwahrnehmung mithalten?
- Warum behaupten einige Wahrnehmungspsychologen, dass „das Ganze mehr ist als die Summe seiner Teile"?
- Lässt sich durch Beobachtung der Gehirnaktivität bestimmen, was Menschen wahrnehmen?
- Sind Gesichter etwas Besonderes im Vergleich zu anderen Objekten wie Autos oder Häusern? Wie nehmen Säuglinge Gesichter wahr?

Robert sitzt auf dem obersten Rang des Heimstadions der Baseballmannschaft Pittsburgh Pirates und blickt zum Stadtzentrum hinter dem Fluss hinüber (◻ Abb. 5.1). Er sieht auf der linken Seite einen Block aus etwa 10 Gebäuden, die er leicht eines nach dem anderen beschreiben kann. In Blickrichtung sieht er ein kleineres Gebäude vor einem etwas Größeren und erkennt mühelos, dass es sich um 2 getrennte Gebäude handelt. Als er Richtung Fluss sieht, bemerkt er ein gelbes Band über der Tribüne. Es ist ihm sofort klar ist, dass es sich um eine Mauer handelt, die nicht zum Stadion gehört, sondern dass sie ebenfalls auf der anderen Seite des Flusses liegt.

Alle diese Wahrnehmungen kommen Robert ganz natürlich und mühelos vor. Aber wenn wir die Szene genauer betrachten, wird deutlich, dass sie einige Rätsel aufgibt (Demonstration 5.1).

Demonstration 5.1

Einige Rätsel beim Wahrnehmen einer Szene

Betrachten Sie die mit Buchstaben gekennzeichneten Bereiche in ◻ Abb. 5.1 und beantworten Sie die folgenden Fragen – geben Sie dazu auch kurz Ihre Begründung an:

- Worum handelt es sich bei der dunklen Fläche A?
- Sind die Flächen B und C in die gleiche Richtung orientiert?
- Gehören die Flächen B und C zu demselben Gebäude oder zu verschiedenen Bauwerken?
- Setzt sich das Gebäude D hinter A weiter nach links fort?

Es dürfte Ihnen leicht fallen, die Fragen in Demonstration 5.1 zu beantworten, aber vermutlich haben Sie bei der Suche nach einer „Begründung" für diese Antworten Schwierigkeiten. Woher wissen Sie, dass beispielsweise die dunkle Fläche A in ◻ Abb. 5.1 ein Schatten ist? Könnte es nicht auch eine dunkel angestrichene Fassade vor dem hellen Gebäude sein? Und entscheiden Sie für Gebäude D, dass es sich hinter A weiter fortsetzt? Es könnte auch einfach dort enden, wo A beginnt. Wir könnten zu allem, was in dieser Szene auftaucht, ähnliche Fragen stellen, denn ein spezielles Reizmuster kann, wie wir noch sehen werden, durch viele unterschiedliche Objekte hervorgerufen werden.

Eine der Botschaften dieses Kapitels wird sein, dass man über das Hell-Dunkel-Muster hinausgehen muss, das als Abbildung einer Szene auf der Netzhaut entsteht, wenn man verstehen will, was in der Umgebung „da draußen" wahrgenommen wird. Man kann sich dieses „Hinausgehen über das Netzhautbild" als Prozess klarmachen, wenn man bedenkt, wie schwer es selbst bei Hochleistungscomputern ist, ihnen einfache Wahrnehmungsfähigkeiten einzuprogrammieren, über die Menschen mühelos verfügen.

Ein Beispiel für Computerfehler haben wir in ▶ Kap. 1 in einer aktuellen Studie gesehen, die zeigt, wie Computer beim Erlernen der Identifizierung von Objekten in einer Szene manchmal Fehler machen, die Menschen nicht passieren würden, wie die Verwechslung einer Zahnbürste mit einem Baseballschläger (◻ Abb. 1.2). In dieser Studie wurde der Computer so programmiert, dass er Beschreibungen einer Szene auf der Grundlage der im Bild erkannten Objekte erstellt (Karpathy & Fei-Fei, 2015). Um die Beschreibung „ein Junge hält einen Baseballschläger" zu erstellen, musste der Computer zunächst die Objekte im Bild erkennen und dann diese Objekte mit bestehenden, gespeicherten Darstellungen dieser Objekte abgleichen – ein Prozess, den man als **Objekterkennung** bezeichnet. In diesem Fall erkannte der Computer die Objekte als (1) einen Jungen und (2) einen Baseballschläger und erstellte dann eine Beschreibung der Szene.

Andere Bildverarbeitungssysteme wurden entwickelt, um zu lernen, wie Objekte erkannt werden können, und

■ **Abb. 5.1** Beim Betrachten dieser Stadtansicht sind *links* verschiedene Gebäude und in der *Mitte* ein kleines rechteckiges Gebäude vor einem etwas größeren Haus leicht zu erkennen. Auch kann man mühelos erkennen, dass die helle gelbe Mauer hinter der Tribüne auf der anderen Flussseite liegt. Diese Wahrnehmungsleistungen fallen Menschen leicht, aber für ein Computersystem sind sie überaus schwierig. (© Bruce Goldstein)

a   b

■ **Abb. 5.2** Beispiele für die Ergebnisse einer computergestützten Objekterkennung in Bildern. Die Beschriftungen und Kästchen in diesen Bildern wurden von dem Computerprogramm erstellt. **a** Der Computer hat das Boot und die Person richtig erkannt. **b** Der Computer hat die Autos richtig erkannt, bezeichnet die Person jedoch als Flugzeug. (Aus Redmon et al., 2016. © 2016 IEEE. Reprinted with permission)

zwar nicht indem eine Szene beschrieben, sondern vielmehr indem die genaue Position der Objekte in dieser Szene erkannt wird. ■ Abb. 5.2 zeigt, wie Computer dies tun können, indem sie Kästchen um die erkannten Objekte platzieren (Redmon et al., 2016, 2018). Diese Objekterkennung und -lokalisierung kann nahezu ohne Verzögerung in Echtzeit erfolgen (Boyla et al., 2019).

Diese Art von Technologie ist die Grundlage für Entwicklungen wie selbstfahrende Fahrzeuge, die eine schnelle und präzise Erkennung von Objekten benötigen, um sich sicher in der Umgebung bewegen zu können. Denken Sie an all die Objekte, die ein solches Fahrzeug während der Fahrt auf der Straße schnell und genau erkennen muss – Fußgänger, Radfahrer, Schlaglöcher und Bordsteine sowie Fahrbahnmarkierungen. Diese Technologie ist äußerst beeindruckend und befindet sich wahrscheinlich auch in Ihrer Nähe, denn Mobiltelefone arbeiten ständig mit Objekterkennung, die in der Lage ist, Ihr Gesicht aus verschiedenen Blickwinkeln und bei unterschiedlichen Lichtverhältnissen zu erkennen, um Ihr Gerät zu entsperren, oder bei einer App, die eine bestimmte Pflanzenart auf einem von Ihnen aufgenommenen Bild identifiziert.

Der Bereich der Bildverarbeitung hat sich vor allem in den letzten 10 Jahren stark weiterentwickelt. Allein von 2012 bis 2017 sank die durchschnittliche Fehlerquote der Bildverarbeitungssysteme von 16 % auf nur noch 2 % (Liu et al., 2020), was bedeutet, dass sie nur in 2 % der Fälle falsch lagen – eine Zahl, die wahrscheinlich seit Erstellung dieses Buches (bis Sie es in Händen halten) noch weiter gesunken sein wird. Computer arbeiten tatsächlich so präzise, dass ihre Objekterkennungsleistung in manchen Situationen der des Menschen entspricht oder diese sogar übertrifft (Geirhos et al., 2018) – eine spannende (und vielleicht beängstigende) Aussicht!

Doch trotz all dieser Fortschritte können diese Computersysteme die Feinheiten des menschlichen Sehens noch immer nicht vollständig nachbilden. Sie versagen oft bei der Identifizierung von Objekten unter ungünstigen Bedingungen, z. B. wenn ein Bild unscharf ist oder wenn ungewöhnliche bzw. unerwartete Situationen dargestellt sind. Ein Beispiel für einen solchen Fehler, der durch eine ungewöhnliche Situation entsteht, finden Sie in ◘ Abb. 5.2b mit der Verfolgungsjagd (Redmon et al., 2016). Menschen können das Objekt in der Luft eindeutig als eine Person identifizieren, die von Auto zu Auto springt, aber da Per-sonen normalerweise nicht durch die Luft fliegen, hat das Computerprogramm auch wegen der Form des Bildes, das Objekt fälschlicherweise als Flugzeug identifiziert.

Interessanterweise ist die Wahrnehmung von Objekten und Szenen für Computer zwar schwierig, für den Menschen jedoch einfach – so einfach, dass wir oft nicht einmal darüber nachdenken müssen („natürlich ist das ein Mensch, der durch die Luft springt, und kein Flugzeug"). Dies ist ein weiteres Beispiel dafür, dass wir uns zwar dem Ziel annähern, eine „wahrnehmende Maschine" zu schaffen, aber wir immer noch weit davon entfernt sind, die gesamte Komplexität der menschlichen Wahrnehmung abzubilden.

5.1 Warum ist maschinelles Sehen so schwierig?

Wir wollen nun betrachten, weshalb die Programmierung von „sehenden" Computern so schwierig ist. Vergessen Sie dabei nicht, dass die Beschreibungen aufzeigen sollen, dass Wahrnehmungen, die Menschen mit Leichtigkeit bewältigen, selbst leistungsstärkste Computer vor enorme Schwierigkeiten stellen.

5.1.1 Der Stimulus an den Rezeptoren ist mehrdeutig

Wenn Sie auf diese Buchseite schauen, entsteht auf Ihrer Netzhaut ein Bild des Seitenrands, das mehrdeutig ist. Das mag befremden, weil zum einen die rechteckige Form der Seite offensichtlich ist und sich zum anderen das Bild eines Objekts auf der Retina geometrisch leicht bestimmen lässt, wenn die Form des Objekts und seine Entfernung bekannt sind – man braucht dazu nur die Sehstrahlen zu den Kanten des Objekts bis zur Retina zu verlängern, wie in ◘ Abb. 5.3 dargestellt.

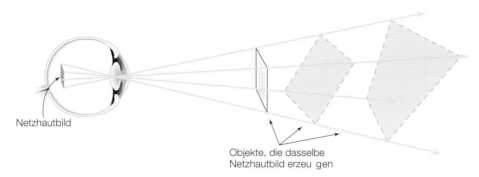

Netzhautbild

Objekte, die dasselbe Netzhautbild erzeu gen

◘ **Abb. 5.3** Die Projektion des Buches (*rotes Objekt*) auf die Netzhaut ergibt sich geometrisch, indem man die korrespondierenden Punkte des Bilds auf der Netzhaut mit denen des Objekts verbindet (*durchgezogene Linien*) – hier die Ecken des Quadrats und seines retinalen Bilds. Das Prinzip der umgekehrten Projektion wird veranschaulicht durch die Verlängerung der Sehstrahlen aus dem Auge über das Buch hinaus (*ge-strichelte Linien*). Auf diese Weise können wir sehen, dass das durch das Buch erzeugte Bild auch durch eine unendliche Anzahl anderer Objekte erzeugt werden kann, darunter auch das gedrehte Trapez und das große Rechteck, das hier gezeigt wird. Deshalb ist das Bild auf der Netzhaut mehrdeutig

Allerdings beschäftigt sich das Wahrnehmungssystem nicht mit der geometrischen Abbildung des Objekts auf der Retina. Es *beginnt* erst mit dem Netzhautbild, und seine Aufgabe besteht darin, anhand des Bilds das Objekt „da draußen" zu bestimmen, das dieses Bild *erzeugt* hat. Die Aufgabe, anhand des zweidimensionalen Bilds auf der Retina das Objekt zu bestimmen, wird als **Problem der inversen Projektion** bezeichnet, weil man dabei vom Netzhautbild die Sehstrahlen vom Auge ausgehend zieht, wie in ◻ Abb. 5.3 dargestellt. ◻ Abb. 5.3 zeigt einen quadratischen Stimulus (durchgezogene rote Kanten), der ein quadratisches Bild auf der Retina erzeugt. Sie zeigt auch, dass es eine Anzahl anderer Stimuli (gestrichelte blaue Kanten) gibt, die exakt dasselbe Bild auf der Retina erzeugen können. Ein größeres Quadrat, das weiter entfernt ist, ein gedrehtes Trapez und ebenso eine unendliche Anzahl weiterer Objekte können dasselbe Bild auf der Retina erzeugen. Wenn aber jedes Bild auf der Netzhaut von nahezu unendlich vielen verschiedenen Objekten erzeugt werden kann, lässt sich leicht nachvollziehen, dass das Netzhautbild mehrdeutig ist.

Künstler haben sich die Tatsache zunutze gemacht, dass zweidimensionale Projektionen wie das Bild auf der Netzhaut von vielen verschiedenen Objekten erzeugt werden können, um interessante Kunstwerke zu schaffen.

◻ Abb. 5.4 zeigt z. B. eine künstlerische Installation von Shigeo Fukuda. Ein Punktstrahler ist dabei auf einen Stapel von Flaschen und Gläsern gerichtet, sodass ein zweidimensionaler Schatten auf die Wand fällt, der wie die Silhouette einer jungen Dame mit Schirm aussieht. Dieser Schatten ist eine zweidimensionale Projektion des Flaschenstapels, die entsteht, wenn der Lichtstrahler genau an der richtigen Stelle platziert wird. Ebenso ist es möglich, dass das zweidimensionale Bild auf der Netzhaut nicht genau das widerspiegelt, was „da draußen" in der Umgebung ist.

Diese Ambiguität des Netzhautbilds zeigt sich, wenn man die Szene in ◻ Abb. 5.5a mit einem Steinkreis betrachtet. In einem anderen Blickwinkel aufgenommen wird deutlich, dass die Steine in ◻ Abb. 5.5b gar nicht im Kreis angeordnet sind. Wie bei dem Rechteckbild auf der Retina, das durch nichtquadratische Objekte erzeugt werden kann, kann hier eine nicht kreisförmige Anordnung von Steinen auf der Retina kreisförmig abgebildet werden.

Die in den ◻ Abb. 5.4 und 5.5 dargestellten Kunstwerke sind dafür konzipiert, uns zu täuschen und Bilder so erscheinen zu lassen, dass sie nicht dem tatsächlichen Objekt entsprechen, indem sie auf ganz bestimmten Betrachtungsbedingungen beruhen. In der Regel treten solche Illusionen jedoch nicht auf, weil das visuelle System das inverse Projektionsproblem löst, indem es aus allen mög-

◻ **Abb. 5.4** „Bonjour Madamoiselle", ein Kunstwerk von Shigeo Fukuda, das zeigt, wie ein auf eine Oberfläche projiziertes Bild (der Schatten an der Wand, der wie eine junge Dame mit Schirm aussieht) nicht immer genau das wiedergibt, was der Realität entspricht (ein instabiler Stapel von Flaschen und Gläsern; © Estate of Shigeo Fukuda)

a   b

◻ Abb. 5.5 Eine Land-Art-Skulptur von Thomas Macaulay. **a** Vom passenden Standpunkt aus betrachtet (von dem Balkon im zweiten Stock der Blackhawk Mountain School of Art, Black Hawk, Colorado) scheinen die Steine kreisförmig angeordnet zu sein. **b** Das Betrachten der Steine aus dem Erdgeschoss liefert eine zutreffendere Ansicht ihrer Anordnung. (© Thomas Macaulay, Blackhawk Mountain School of Art, Blackhawk, Colorado, USA)

lichen Objekten dasjenige festlegt, das zu dem jeweiligen Netzhautbild passt. Das Problem der inversen Projektion mag für das menschliche visuelle System leicht zu bewältigen sein, für Computersysteme stellt es eine enorme Herausforderung dar.

5.1.2 Objekte können verdeckt oder unscharf sein

Manchmal sind Objekte verdeckt oder unscharf. Können Sie den Bleistift und die Brille in ◻ Abb. 5.6 finden, bevor Sie weiterlesen? Obwohl man möglicherweise ein bisschen suchen muss, können Menschen den Bleistift im Vordergrund und den Brillenbügel, der hinter dem Computer hervorschaut, entdecken, obwohl von diesen Objekten nur ein kleiner Teil sichtbar ist. Menschen nehmen auch das Buch, die Schere und das Papier als verschiedene Objekte wahr, obwohl diese teilweise durch andere Objekte verdeckt sind.

Dieses Problem mit verdeckten Objekten tritt immer dann auf, wenn ein Objekt die Sicht auf ein anderes Objekt teilweise blockiert. Solche Verdeckungen eines Objekts durch ein anderes kommen in der Umwelt extrem häufig vor, aber Menschen verstehen mit Leichtigkeit, dass das verdeckte Objekt nach wie vor existiert, und können ihr Wissen über die Umwelt für die Entscheidung darüber benutzen, was dort vermutlich vorhanden ist.

Menschen können auch Objekte erkennen, die nicht scharf fokussiert sind, wie die Gesichter in ◻ Abb. 5.7. Prüfen Sie einmal, wie viele Personen Sie identifizieren können, und lesen Sie dann die Auflösung am Ende des

◻ Abb. 5.6 Ein Ausschnitt der Unordnung auf dem Schreibtisch des Autors. Können Sie den verdeckten Bleistift (leicht) und die Brille des Autors (schwierig) entdecken? (© Bruce Goldstein)

Kapitels. Trotz der detailarmen Darstellung dieser Bilder können viele Menschen die meisten der dargestellten Personen identifizieren, wohingegen Computer bei dieser Aufgabe sehr schlecht abschneiden (Li et al., 2018).

5.1.3 Objekte sehen aus verschiedenen Blickwinkeln unterschiedlich aus

Eine andere Schwierigkeit für Computersysteme ergibt sich daraus, dass Objekte oft aus wechselnden Blickwinkeln gesehen werden. Dadurch verändert sich das retinale Bild

⬛ Abb. 5.7 Wer sind diese Personen? Am Ende dieses Kapitels finden Sie die Auflösung. (v.l.n.r.: © [M] CAROLINE BREHMAN/EPA/picture alliance; © [M] BREUEL-BILD/picture alliance; © [M] Shawn Thew/dpa/picture alliance; © [M] Kay Nietfeld/dpa/picture alliance; ©

[M] Eric Best/Landmark Media/LMKMEDIA/Newscom/picture alliance; © [M] David Edwards/Newscom/picture alliance; © [M] Photoshot/picture alliance)

a   b   c

⬛ Abb. 5.8 Ihre Fähigkeit, jede dieser Ansichten als von demselben Stuhl stammend zu erkennen, ist ein Beispiel für Blickwinkelinvarianz. (© Bruce Goldstein)

dieser Objekte ständig. Menschen nehmen das Objekt in ⬛ Abb. 5.8 mühelos als denselben Stuhl aus unterschiedlichen Perspektiven wahr, aber für einen Computer ist das nicht so offensichtlich. Die menschliche Fähigkeit, ein Objekt aus unterschiedlichen Blickwinkeln heraus zu erkennen, bezeichnet man als **Blickwinkelinvarianz**. Wie wir bereits gesehen haben, ermöglicht die menschliche Fähigkeit zur Blickwinkelinvarianz, unterschiedliche Ansichten von Gesichtern individuellen Personen zuzuordnen, während ein computerbasiertes Gesichtserkennungssystem damit Schwierigkeiten hätte (⬛ Abb. 5.8).

Die Schwierigkeiten, vor die jede wahrnehmungsfähige Maschine gestellt ist, illustrieren, dass der Wahrnehmungsprozess komplexer ist, als es zunächst scheint (wie Sie bereits aus ⬛ Abb. 1.1 wissen). Aber wie genau bewältigt das menschliche Wahrnehmungssystem diese Komplexität? Wir beginnen bei der Beantwortung dieser Frage mit der *Wahrnehmungsorganisation*.

Segmentierung
Das Gebäude rechts befindet sich vor dem Gebäude links.

Gruppierung
Sämtliche hellen Flächen gehören zu einem Objekt (Gebäude).

Segmentierung
Die beiden Gebäude sind voneinander durch eine Grenze getrennt.

⬛ Abb. 5.9 Beispiele für Gruppierung und Segmentierung bei der Stadtansicht von Pittsburgh. (© Bruce Goldstein)

5.2 Wahrnehmungsorganisation

Die **Wahrnehmungsorganisation** ist der Prozess, der einzelne Elemente aus unserer Umgebung perzeptuell zu einer Einheit verbindet und so die Wahrnehmung von Objekten hervorbringt. Bei diesem Prozess werden eingehende Reize in zusammenhängende Einheiten wie Objekte zu-

sammengefasst. Die Wahrnehmungsorganisation umfasst die folgenden beiden Komponenten: Gruppierung und Segmentierung (⬛ Abb. 5.9, Peterson & Kimchi, 2013). **Gruppierung** bezeichnet den Prozess, durch den visuelle Elemente zu Einheiten oder Objekten zusammengefasst werden. Wenn Roger im Stadtbild von Pittsburgh also die einzelnen Gebäude als Einheiten wahrnimmt, dann hat er

◘ Abb. 5.10   Helle und dunkle Flecken lassen sich zur Wahrnehmung eines Dalmatiners organisieren. (In ◘ Abb. 5.57 am Ende des Kapitels sind die Umrisse des Dalmatiners mit einer *roten Linie* gekennzeichnet.)

die visuellen Elemente der Szene zu Gebäuden gruppiert. Wenn Sie in ◘ Abb. 5.10 einen Dalmatiner erkennen, dann haben Sie die dunklen Flecken zu einem Hund bzw. Schatten auf dem Boden als Hintergrund gruppiert.

Der Gruppierungsprozess geht mit einem Prozess der **Segmentierung** Hand in Hand, durch den im Stimulusmuster bestimmte Bereiche oder Objekte getrennt werden. Wenn wir in ◘ Abb. 5.9 2 unterschiedliche Gebäude wahrnehmen, mit Grenzen an den Stellen, wo ein Gebäude beginnt oder endet, ist Segmentierung im Spiel.

◘ Abb. 5.11   Gemäß den Vorstellungen des Strukturalismus wird eine Anzahl von Empfindungen (durch die *Punkte* dargestellt) zusammengeführt, um unsere Wahrnehmung des Gesichts zu erzeugen

5.2.1 Der gestaltpsychologische Ansatz zur perzeptuellen Gruppierung

Was bewirkt, dass einige Elemente gruppiert und dadurch zum Teil eines Objekts werden? Antworten auf diese Frage wurden bereits zu Beginn des 20. Jahrhunderts von den **Gestaltpsychologen** gegeben, die untersuchten, wie sich ein Gesamtbild – die Gestalt – aus kleineren Teilen ergibt.

Die Gestaltpsychologie lässt sich anhand einer ihr vorausgehenden Herangehensweise zur Psychologie verstehen, die als *Strukturalismus* bezeichnet wird. Dieser Denkansatz wurde von Wilhelm Wundt begründet, der 1879 an der Universität Leipzig das erste experimentalpsychologische Labor eingerichtet hatte. Der **Strukturalismus** in der Psychologie unterscheidet zwischen *Empfindungen* – elementaren Prozesse, die durch die Stimulation der Sinne zustande kommen – und *Wahrnehmungen* – etwa dem komplexen bewussten Erleben eines Objekts. Die Strukturalisten betrachteten Empfindungen als Analogie zu den Atomen der Chemie. So wie Atome sich zu komplexen molekularen Strukturen verbinden, so verbinden sich Empfindungen zu komplexen Wahrnehmungen. Empfindungen

können mit sehr einfachen Ereignissen wie einem einzelnen Lichtblitz verbunden sein, während die Wahrnehmung die große Mehrheit der vielfältigen sensorischen Erfahrungen umfasst. Wenn Sie z. B. ◘ Abb. 5.11 betrachten, nehmen Sie ein Gesicht wahr, aber aus der Sicht des Strukturalismus ist entscheidend, dass am Beginn vielzählige Empfindungen stehen, die durch die einzelnen Punkte angedeutet sind.

Die Gestaltpsychologen wiesen die Vorstellung zurück, dass sich Wahrnehmungen durch einfaches Aufaddieren der Empfindungen ergäben. Der Psychologe Max Wertheimer machte 1911 eine Erfahrung, die ihn dazu brachte, diese Idee zu verwerfen, als er im Urlaub eine Zugfahrt durch Deutschland unternahm (Boring, 1942). Als Wertheimer in Frankfurt aus dem Zug stieg, um sich die Beine zu vertreten, beobachtete er ein Phänomen, das als *Scheinbewegung* bezeichnet wird.

Scheinbewegung

Bei seiner Ankunft am Frankfurter Bahnhof kaufte sich Wertheimer ein Spielzeugstroboskop. Das Stroboskop ist ein mechanisches Gerät, das durch den schnellen Wech-

◻ Abb. 5.12 Die Bedingungen, unter denen Scheinbewegung entsteht. **a** Ein Lichtpunkt leuchtet auf. **b** Kurze Dunkelphase, danach **c** Aufleuchten eines Lichtpunkts an einer etwas anderen Position. **d** Die resultierende Wahrnehmung, symbolisch durch den *Pfeil* angedeutet, ist eine Bewegung des Lichtpunkts von links nach rechts. Obwohl der Raum zwischen den Punkten dunkel ist, wird das Aufleuchten der beiden Lichter als Bewegung wahrgenommen

a Erster Lichtblitz

b Dunkelheit

c Zweiter Lichtblitz

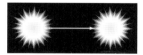

d Blitz – dunkel – Blitz

◻ Abb. 5.13 Beim Börsenticker am Times Square in New York scheinen die Buchstaben und Zahlen langsam über die Anzeigetafel zu laufen, während Hunderte kleiner Lichtquellen aufblinken oder verlöschen. (© plus49/ Construction Photography/Photosh/picture alliance)

sel zweier leicht unterschiedlicher Bilder die Illusion von Bewegung erzeugt. Dies führte Wertheimer zu der Frage, wie die strukturalistische Vorstellung der Erzeugung von Wahrnehmungen aus elementaren Empfindungen die von ihm beobachtete Illusion von Bewegung erklären könnte.

◻ Abb. 5.12 illustriert das Prinzip der als **Scheinbewegung** bezeichneten Illusion von Bewegung, obwohl sich kein Objekt bewegt, wie sie durch ein Stroboskop erzeugt wird. Stimuli, die Scheinbewegung erzeugen können (in diesem Fall durch blinkende Lichter), weisen 3 grundlegende Merkmale auf:

1. Ein Bild (◻ Abb. 5.12a) leuchtet auf und verschwindet wieder.
2. Danach herrscht für einen Sekundenbruchteil Dunkelheit (◻ Abb. 5.12b).
3. Das zweite Bild (◻ Abb. 5.12c) leuchtet kurz auf und verschwindet wieder.

Physikalisch gibt es also nichts als aufleuchtende Bilder mit einer kleinen Dunkelheitsphase dazwischen. Wir nehmen diese Dunkelheit aber nicht wahr, weil unser visuelles System die Dunkelheitsphase mit etwas füllt – mit der Wahrnehmung eines sich bewegenden Bilds (◻ Abb. 5.12d). Ein modernes Beispiel für Scheinbewegung liefern viele Anzeigetafeln wie die in ◻ Abb. 5.13 mit laufenden Textzeilen für Nachrichten und Filme. Der Wahrnehmung von Bewegung kann man sich dabei kaum entziehen, und es fällt schwer, sich vorzustellen, wie die scheinbar laufende Schrift (bei Nachrichten) oder ein schnelles Aufleuchten von aneinandergereihten Bildern (bei Filmen) durch Aufblinken einzelner Lichtpunkte erzeugt wird.

Wertheimer zog aus seinen Beobachtungen der Scheinbewegung 2 Schlussfolgerungen: Erstens schlussfolgerte er, dass sich Scheinbewegung nicht mit elementaren Empfindungen erklären lässt, denn es gibt nichts in der Dunkel-

heit zwischen den Reizen. Seine zweite Schlussfolgerung wurde zu einem der Grundprinzipien der Gestaltpsychologie: *Das Ganze ist mehr als die Summe seiner Teile*, denn das visuelle System erzeugt die Wahrnehmung von Bewegung, wo tatsächlich keine vorhanden ist. Die Vorstellung, dass das Ganze mehr ist als die Summe seiner Teile, wurde zum Schlachtruf der Gestaltpsychologen. Heute würden wir es so zusammenfassen: Ganzheit war *in*, Empfindungen waren *out* (siehe ► Abschn. 1.2 zum Begriff „Empfindung").

Scheinkonturen

Ein weiteres Phänomen, das gegen elementare Empfindungen spricht und demonstriert, dass das Ganze mehr ist als die Summe seiner Teile, ist in ◻ Abb. 5.14 dargestellt. Die Figur besteht aus schwarzen Kreisscheiben mit ausgeschnittenen Segmenten, wie sie in den 1980er-Jahren in einem Videospielklassiker unter dem Namen „Pac Man" bekannt wurde. Wir beginnen mit den beiden Pac Men in ◻ Abb. 5.14a. Zwischen den ausgeschnittenen „Mündern" scheint eine Kante zu verlaufen, die jedoch verschwindet, sobald man einen der Pac Men verdeckt. Diese einsame Kante wird zu einem Dreieck, wenn wie in ◻ Abb. 5.14b ein dritter Pac Man hinzukommt. Zusammen erzeugen diese 3 Pac Men die Illusion eines Dreiecks, die sich zusätzlich durch Linien wie in ◻ Abb. 5.14c verstärkt. Mit elementaren Empfindungen lassen sich die Konturen nicht erklären, da entlang der **Scheinkontur** im weißen Bereich keine entsprechende Empfindung vorhanden ist. Die Idee, dass das Ganze mehr ist als die Summe seiner Teile, hat die Gestaltpsychologen dazu veranlasst, eine Reihe von Gestaltgesetzen bzw. *Prinzipien der Wahrnehmungsorganisation* vorzuschlagen, um zu erklären, wie Elemente gruppiert werden, um größere Objekte zu schaffen.

◻ Abb. 5.14 Die Scheinkonturen in **b** und **c** können nicht durch elementare Empfindungen verursacht sein, weil es im mittleren Bereich nur eine weiße Fläche gibt

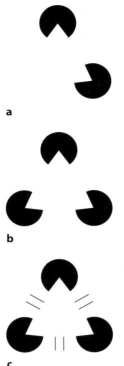

5.2.2 Gestaltprinzipien

Nachdem die Gestaltpsychologen die Vorstellung infrage gestellt hatten, dass Wahrnehmungen sich als Summe aus elementaren Empfindungen erklären lassen, schlugen sie als Erklärung „Gestaltgesetze" der Wahrnehmungsorganisation vor, die im heutigen Sprachgebrauch als **Gestaltprinzipien** bezeichnet werden und festlegen, wie die Elemente einer Szene gruppiert werden. Ausgangspunkt für jedes dieser Prinzipien ist das, was gewöhnlich in der Umgebung vorhanden ist. Betrachten Sie als Beispiel das Seil in ◻ Abb. 5.15a. Obwohl sich die verschiedenen Schlingen an vielen Stellen kreuzen, erfassen Sie das Seil vermutlich nicht stückweise anhand einzelner Schlingen, sondern als einen durch alle Schlingen verlaufenden Strang

(◻ Abb. 5.15b). Die Gestaltpsychologen, die sehr genaue Beobachter waren, stützten sich auf derartige Wahrnehmungen, um das Prinzip des **guten Verlaufs** aufzustellen.

Guter Verlauf

Das **Prinzip des guten Verlaufs** besagt Folgendes: Punkte, die als gerade oder sanft geschwungene Linien gesehen werden, wenn man sie verbindet, werden als zusammengehörig wahrgenommen. Linien werden tendenziell so gesehen, als folgten sie dem einfachsten Weg. In ◻ Abb. 5.16 nehmen wir das Kabel, das vom Punkt A ausgeht, entsprechend eines stetigen Verlaufs zum Punkt B wahr. Der Weg kann nicht stetig zu den Punkten C oder D fortgesetzt werden, da diese Wege einen scharfen Knick erfordern und daher das Prinzip des guten Verlaufs verletzen würden. Das Prinzip des guten Verlaufs besagt auch, dass man *bei Objekten, die von anderen Objekten teilweise verdeckt werden, eine kontinuierliche Fortsetzung des Objekts im verdeckten Bereich wahrnimmt*. Das Seil in ◻ Abb. 5.15 verdeutlicht, wie der Verlauf eines Objekts bei teilweisen Verdeckungen als kontinuierlich wahrgenommen wird.

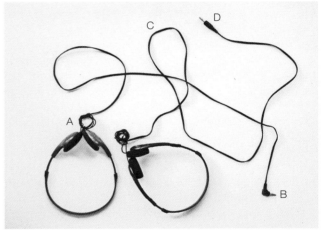

◻ Abb. 5.16 Das Prinzip des guten Verlaufs hilft uns, 2 separate Kabel wahrzunehmen, selbst wenn diese einander überschneiden. (© Bruce Goldstein)

◻ Abb. 5.15 a Ein Seilknäuel am Strand. **b** Das Prinzip des guten Verlaufs hilft uns, die verschlungenen Windungen als ein sich kontinuierlich fortsetzendes Seil wahrzunehmen. (© Bruce Goldstein)

a   b

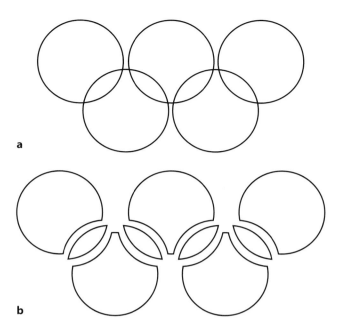

a

b

Abb. 5.17 **a** Diese Gestalt wird üblicherweise als Anordnung von 5 Kreisen wahrgenommen, nicht als Anordnung der 9 Formen, wie in **b** gezeigt

a   b

Abb. 5.18 **a** Diese Darstellung wird als Anordnung horizontaler Zeilen, vertikaler Spalten oder beides wahrgenommen. **b** Diese Anordnung wird als Anordnung vertikaler Spalten wahrgenommen

Abb. 5.19 Die Fotografie „Waves" von Wilma Hurskainen entstand genau in dem Moment, als der weiße Wellensaum mit dem weißen Saum der Kleidung zusammenfiel. Die Farbähnlichkeit führt zur Gruppierung: Die ähnlichen Farben der Kleidung und der Szene werden gruppiert. Bei dem weißen Wellensaum führt zudem das Prinzip des guten Verlaufs dazu, dass er mit dem weißen Kleidungssaum gruppiert wird. (© Wilma Hurskainen)

Prägnanz

Das **Prinzip der Prägnanz**, auch als Prinzip der Einfachheit oder Prinzip der guten Gestalt bezeichnet, besagt: *Jedes Reizmuster wird so gesehen, dass die resultierende Struktur so einfach wie möglich ist.* Das vertraute olympische Symbol in **Abb.** 5.17a ist ein Beispiel für einen Fall, in dem das Prinzip der Prägnanz greift. Wir sehen diese Darstellung als 5 Kreise und nicht als größere Anzahl komplizierterer Formen wie in der Explosionsansicht des olympischen Symbols in **Abb.** 5.17b. Das Prinzip des guten Verlaufs trägt auch zur Wahrnehmung der 5 Kreise bei. Erkennen Sie, warum das so ist?

Ähnlichkeit

Die meisten Menschen nehmen **Abb.** 5.18a entweder als horizontale Zeilen von Kreisen, vertikale Spalten von Kreisen oder beides wahr. Wenn wir jedoch die Farbe einiger Spalten ändern, wie in **Abb.** 5.18b dargestellt, nehmen die meisten Menschen vertikale Spalten von Kreisen wahr. Diese Wahrnehmung veranschaulicht das **Prinzip der Ähnlichkeit**: *Ähnliche Dinge erscheinen zu Gruppen geordnet.* Dieses Prinzip bewirkt, dass Kreise mit derselben Farbe gruppiert werden. Ein eindrucksvolles Beispiel der Gruppierung durch Farbe wird in **Abb.** 5.19 gezeigt. Die Gruppierung kann auch aufgrund einer Ähnlichkeit von Form, Größe oder Orientierung erfolgen.

Eine Gruppierung erfolgt auch im Falle auditorischer Reize. So können beispielsweise Töne verschiedener Tonhöhe, die in geringem zeitlichem Abstand aufeinanderfolgen, zu einer Melodie gruppiert werden. Wir werden dies und andere auditorische Gruppierungseffekte behandeln, wenn wir Organisationsprozesse beim Hören (▶ Kap. 12) und bei der Wahrnehmung von Musik (▶ Kap. 13) erörtern.

Nähe

Unsere Wahrnehmung der **Abb.** 5.20 als 3 Gruppen von Kerzen veranschaulicht das **Prinzip der Nähe**. Es besagt, dass *Dinge, die sich nahe beieinander befinden, als zusammengehörig erscheinen.*

5

◻ Abb. 5.20 Die Kerzen werden aufgrund des Prinzips der Nähe in 3 Gruppen eingeteilt. Können Sie weitere Gestaltprinzipien in diesem Foto entdecken? (© Bruce Goldstein)

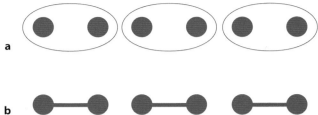

◻ Abb. 5.21 Gruppierung durch **a** gemeinsame Region und **b** Verbundenheit von Elementen

Gemeinsames Schicksal

Nach dem **Prinzip des gemeinsamen Schicksals** werden *Dinge, die sich in die gleiche Richtung bewegen, als zusammengehörig wahrgenommen*. Wenn Sie also einen Schwarm aus Hunderten von Vögeln sehen, die alle in dieselbe Richtung fliegen, so nehmen Sie den Schwarm als Einheit wahr, und wenn einige Vögel in eine andere Richtung davonfliegen, so bilden sie eine neue Einheit. Beachtenswert ist dabei, dass das Prinzip des gemeinsamen Schicksals auch dann wirksam bleibt, wenn die Objekte innerhalb der Gruppe einander nicht ähneln. Der entscheidende Punkt ist, dass sich alle Objekte der Gruppe in die gleiche Richtung bewegen.

Das gemeinsame Schicksal kann sich nicht nur auf Veränderungen der räumlichen Position beziehen, wie die ersten Gestaltpsychologen meinten, sondern auch auf Veränderungen der Lichtverhältnisse, wenn wir Elemente in unserem Gesichtsfeld, die gleichzeitig heller oder dunkler werden, als eine Einheit wahrnehmen (Sekuler & Bennett, 2001). Wenn Sie z. B. auf einem Rockkonzert sind und einige der Bühnenlichter gleichzeitig an- und ausgehen, könnten Sie sie als eine Gruppe wahrnehmen.

Die gerade beschriebenen Prinzipien wurden von den Gestaltpsychologen im frühen 20. Jahrhundert eingeführt. Die beiden nun folgenden zusätzlichen Prinzipien haben Wahrnehmungspsychologen später hinzugefügt.

Gemeinsame Region

◻ Abb. 5.21a veranschaulicht das **Prinzip der gemeinsamen Region**: *Elemente, die innerhalb einer gemeinsamen Region liegen*, *werden gruppiert*. Obwohl die Punkte innerhalb der Ellipsen weiter voneinander entfernt sind als die nah beieinander liegenden Punkte in benachbarten Ellipsen, nehmen wir die Punkte innerhalb der Ellipsen als zusammengehörig wahr. Diese Wahrnehmung ergibt sich

daraus, dass wir jede Ellipse als abgegrenzten Bereich wahrnehmen (Palmer, 1992; Palmer & Rock, 1994). Beachten Sie, dass in diesem Beispiel die gemeinsame Region gegenüber der Nähe dominiert – nach dem Prinzip der Nähe müssten die Punkte mit den kleinsten Abständen gruppiert werden. Die Abstände sind zwar zwischen den Punkten verschiedener Regionen geringer, aber sie werden nicht mehr wie die Kerzen in ◻ Abb. 5.20 nach Nähe gruppiert.

Verbundenheit von Elementen

Das **Prinzip der Verbundenheit von Elementen** besagt, dass *verbundene Elemente innerhalb einer Region mit gemeinsamen visuellen Charakteristiken wie Helligkeit, Farbe, Textur oder Bewegung als Einheit gesehen werden* (Palmer & Rock, 1994). Beispielsweise werden die verbundenen Punkte in ◻ Abb. 5.21b gruppiert, weil die Verbundenheit dominiert – ähnlich wie bei der gemeinsamen Region in ◻ Abb. 5.21a.

Die beschriebenen Gestaltprinzipien liefern Vorhersagen dafür, wie wir das, was gewöhnlich in unserer Umgebung vor sich geht, wahrnehmen. Deshalb sagen viele meiner Studierenden, die Gestaltprinzipien seien nichts Besonderes, sondern nur Beschreibungen dessen, was im Alltag für uns offensichtlich ist. Ich erwidere darauf, dass wir Szenen wie die Stadtansicht in ◻ Abb. 5.1 oder die Stadionszene in ◻ Abb. 5.22 nur deshalb so mühelos wahrnehmen, weil wir Beobachtungen zu den häufig wiederkehrenden Merkmalen unserer Umgebung nutzen, um die Szene zu organisieren. So nehmen wir – ohne darüber nachzudenken – an, dass in ◻ Abb. 5.22 die Beine der 3 Männer sich hinter den grauen Brettern des Tribünengeländers fortsetzen, weil in unserer Umgebung im Allgemeinen die sichtbaren Teile von verdeckten Objekten (wie die Beine), die eine gemeinsame Farbe und Orientierung aufweisen, zu demselben Objekt gehören, egal wodurch dieses Objekt verdeckt wird.

Menschen denken gewöhnlich nicht darüber nach, dass solche Situationen nur aufgrund von Vorannahmen wahrgenommen werden, aber das ist genau das, was tatsächlich passiert. Die „Annahme", die wir bei der Wahrnehmung machen, scheint so selbstverständlich zu sein, weil wir so viel Erfahrung mit solchen Objekten in unserer Umgebung haben. Da diese „Annahme" uns als „sichere Sache"

Abb. 5.22 Ein alltägliches Bild: Objekte wie hier die Beine werden durch andere Objekte wie hier die Bretter des Geländers verdeckt. Da die Beine sich gradlinig fortsetzen und auf beiden Seiten der Bretter die gleiche Farbe und Textur der Jeans aufweisen, ist es sehr wahrscheinlich, dass sie sich hinter den Brettern fortsetzen. (© Bruce Goldstein)

erscheint, halten wir die Gestaltprinzipien für selbstverständlich und betrachten sie als offensichtlich. Aber in Wirklichkeit sind diese Prinzipien nichts weniger als die grundlegenden Merkmale der Funktionsweise des visuellen Systems, von denen es abhängt, wie unsere Wahrnehmung die Elemente unserer Umgebung zu größeren Einheiten organisiert.

5.2.3 Perzeptuelle Segmentierung

Die Gestaltpsychologen interessierten sich auch für die Merkmale einer Szene, auf denen die **perzeptuelle Segmentierung** beruht: die Trennung der Objekte voneinander, wie sie etwa bei den Gebäuden in ◘ Abb. 5.1 wahrgenommen wird. Ein Ansatz zur Untersuchung der perzeptuellen Segmentierung ist die Betrachtung des Problems der **Figur-Grund-Unterscheidung**. Wenn wir ein einzelnes Objekt sehen, wird es üblicherweise als **Figur** wahrgenommen, die sich von ihrem Hintergrund abhebt, der in diesem Zusammenhang als **Grund** bezeichnet wird. Wenn Sie z. B. an Ihrem Schreibtisch sitzen, würden Sie wahrscheinlich ein Buch oder Papiere auf Ihrem Schreibtisch als Figur und die Schreibtischoberfläche als Grund wahrnehmen, oder wenn Sie vom Schreibtisch zurücktreten, könnten Sie den Schreibtisch als Figur und die Wand dahinter als Grund sehen. Die Gestaltpsychologen interessierten sich für die Bestimmung der Eigenschaften der Figur und des Grunds und die Klärung der Frage, weshalb wir ein Areal als Figur und ein anderes als Grund wahrnehmen.

Die Merkmale von Figur und Grund

Eine Untersuchungsmethode der Gestaltpsychologen für die Eigenschaften von Figur und Grund war die Verwendung von Darstellungen wie derjenigen in ◘ Abb. 5.23, die im Jahre 1915 von dem dänischen Psychologen Edgar Rubin entwickelt wurde. Diese Darstellung ist eine **Kippfigur**, denn die Wahrnehmung kippt zwischen 2 Interpretationen hin und her: Man kann die Figur entweder als 2 einander ansehende dunkle Gesichter vor einem hellen Hintergrund oder als helle Vase vor einem dunklen Hintergrund wahrnehmen. Zu den Merkmalen von Figur und Grund gehören folgende:

- Die Figur wirkt „dinghafter" und ist leichter im Gedächtnis zu behalten als der Grund. Wenn Sie also die Vase als Figur sehen, erscheint sie als Objekt, an das man sich später erinnern kann. Sehen Sie hingegen dieselbe weiße Fläche als Grund, so ist sie scheinbar kein Objekt und deshalb schwieriger zu erinnern.
- Die Figur wird als vor dem Hintergrund stehend gesehen. Wenn die Vase als Figur gesehen wird, scheint sie sich vor dem dunklen Hintergrund zu befinden (◘ Abb. 5.24a); und wenn die Gesichter als Figur ge-

Abb. 5.23 Eine Version von Rubins Gesichter-Vase-Kippfigur

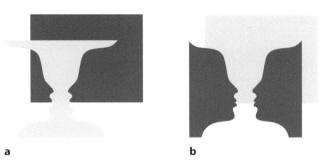

a   b

Abb. 5.24 **a** Wenn die Rubin-Vase als Figur gesehen wird, so scheint sie sich vor einem homogenen dunklen Hintergrund zu befinden. **b** Wenn die Gesichter als Figur gesehen werden, befinden sie sich scheinbar vor einem homogenen hellen Hintergrund

sehen werden, so befinden sie sich scheinbar vor dem hellen Hintergrund (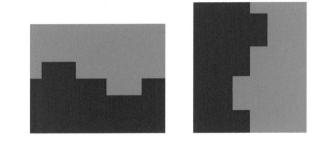 Abb. 5.24b).

- Im Bereich der Grenzen, die der Grund mit der Figur gemeinsam hat, wird der Grund als ungeformtes Material ohne eigene Gestalt gesehen und scheint sich hinter die Figur zu erstrecken. Das bedeutet nicht, dass der Grund völlig formlos oder gestaltlos sein muss. Oft weist er außerhalb des Bereichs, in dem er an die Figur grenzt, durch Grenzen mit anderen Objekten eine eigene Form auf, z. B. die eines Quadrats in ◻ Abb. 5.24.

- Die Kontur, die die Figur vom Grund trennt, scheint zur Figur zu gehören. Betrachten Sie z. B. die Rubin-Vase mit Gesichtskontur in ◻ Abb. 5.23. Wenn die beiden Gesichter als Figur wahrgenommen werden, gehört die Trennlinie zwischen dem grauen Hintergrund und den blauen Gesichtern zu den Gesichtern. Dieses Merkmal der Figur wird als **Besitz der Kontur** bezeichnet und bedeutet, dass die gemeinsame Kontur von Figur und Grund mit der Figur assoziiert wird. Wenn die Wahrnehmung von der Vase zu den Gesichtern umkippt, verschiebt sich auch der Besitz der Kontur zu den Gesichtern.

Bildmerkmale, die bestimmen, welche Fläche als Figur wahrgenommen wird

Wie entscheidet Ihr visuelles System bei einem Bild wie Rubins Gesichter-Vase-Kippfigur in ◻ Abb. 5.23, welche Region den Rand „besitzt" und daher als Figur wahrgenommen wird? Um dies zu beantworten, kehren wir zu den Gestaltpsychologen zurück, die eine Reihe von Faktoren innerhalb eines Bilds identifiziert haben, die bestimmen, welche Flächen wir als Figur wahrnehmen. Diese **bildbezogenen Faktoren** (figural cues) sind nicht mit den Gestaltprinzipien der Wahrnehmungsorganisation zu verwechseln: Während die Prinzipien der Wahrnehmungsorganisation bestimmen, wie die Elemente innerhalb eines Bildes *gruppiert* werden, bestimmen die bildbezogenen Faktoren, wie ein Bild in Figur und Grund *segmentiert* wird.

Ein bildbezogener Faktor, den die Gestaltpsychologen vorschlugen, betrifft die Lage einer Fläche im Blickfeld: Je weiter unten sich eine Fläche befindet, desto wahrscheinlicher wird sie als Figur wahrgenommen (Ehrenstein, 1930; Koffka, 1935). Diesen Zusammenhang haben viele Jahre später Shaun Vecera et al. (2002) experimentell bestätigt, indem sie Stimuli wie die in ◻ Abb. 5.25a für 150 ms darboten und die Probanden befragten, ob sie das rote oder das grüne Areal als Figur gesehen hätten. Die in ◻ Abb. 5.25b dargestellten Ergebnisse zeigen, dass die Probanden bei den in einen oberen und unteren Teil getrennten Darstellungen mit höherer Wahrscheinlichkeit das untere Areal als Figur wahrnahmen, im Falle der in einen linken und einen rechten Teil getrennten Darstellungen zeigte sich jedoch nur eine geringe Präferenz für das linke Areal. Aus diesem Befund schließen Vecera et al., dass es keine Präferenz

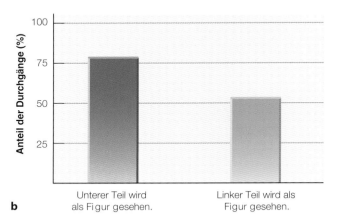

b

◻ Abb. 5.25   a Stimuli aus Vecera et al. (2002). **b** Prozentualer Anteil der Fälle, in denen das untere oder das linke Areal als Figur gesehen wurde. (Copyright © 2002 by the American Psychological Association. Reproduced with permission.)

in der Links-rechts-Auswahl für die Bestimmung der Figur gibt, jedoch eine eindeutige Präferenz dafür, Objekte im unteren Teil einer Darstellung als Figur zu sehen.

Die Schlussfolgerung aus diesem Experiment, dass tatsächlich tiefer gelegene Flächen im Bild eher als Figur wahrgenommen werden, ergibt Sinn angesichts der Tatsache, dass in Szenen wie in ◻ Abb. 5.26 der untere Bildteil als Figur und der Himmel als Grund erscheint. Typisch an dieser Szene ist, dass wir so etwas immer wieder im Alltag sehen. Dabei ist dann normalerweise die „Figur" aller Wahrscheinlichkeit nach unterhalb des Horizonts zu sehen.

Eine weitere Vermutung der Gestaltpsychologen beinhaltet, dass die konvexe (vorgewölbte) Seite von Konturen eher als Figur wahrgenommen wird als die konkave (nach innen gewölbte) Seite (Kanizsa & Gerbino, 1976). Mary Peterson und Elizabeth Salvagio (2008) demonstrierten dies anhand von Bildvorlagen wie die in ◻ Abb. 5.27a, die sie ihren Probanden mit der Frage vorlegten, ob das rote Quadrat sich auf oder außerhalb der wahrgenommenen Figur befand. Sofern die Probanden die dunkle Fläche als Figur wahrnahmen, musste das Quadrat für sie auf der Figur sein. Entsprechend der Annahme der Gestaltpsychologen wurden konvexe Flächen wie die dunkle Fläche in ◻ Abb. 5.27a in 89 % der Versuchsdurchgänge als Figur wahrgenommen.

◘ Abb. 5.26 Die Landschaft in der unteren Hälfte des Blickfelds wird als Figur, der Himmel als Grund wahrgenommen. (© Bruce Goldstein)

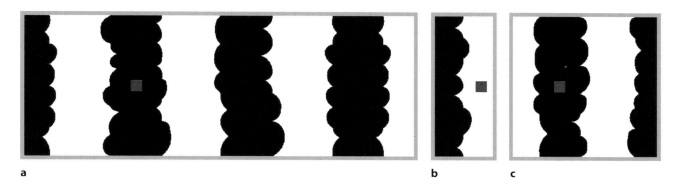

a   b   c

◘ Abb. 5.27 Stimuli aus dem Experiment von Peterson und Salvagio (2008). **a** Vorlage mit 8 Elementen. **b** Vorlage mit 2 Komponenten. **c** Vorlage mit 4 Komponenten. Die Probanden sollten angeben, ob sich das rote Quadrat auf der Figur befindet oder außerhalb davon auf dem Grund

Aber Peterson und Salvagio beließen es nicht bei der Bestätigung der Annahmen der Gestaltpsychologen und präsentierten auch Bildmaterial, das weniger Elemente aufwies (◘ Abb. 5.27b und c). Hierdurch reduzierte sich bei einem Testmuster mit nur 2 Elementen die Wahrscheinlichkeit, dass konvexe Flächen eher als Figur gesehen werden, auf 58 %. Nach Peterson und Salvagio bedeutet dieses Ergebnis, dass wir, um die perzeptuelle Segmentierung zu verstehen, weiter gehen müssen, als einfach nur Faktoren wie die Konvexität zu identifizieren. Offensichtlich beruht perzeptuelle Segmentierung nicht nur auf den Gegebenheiten an den einzelnen Grenzen, sondern auf dem gesamten Geschehen in einer Szene. Das erscheint auch sinnvoll,

da die Wahrnehmung gewöhnlich für Szenen erfolgt, die sich über weite Bereiche erstrecken. Wir werden auf diesen Punkt in diesem Kapitel noch zurückkommen, wenn wir betrachten, wie wir Szenen wahrnehmen.

Wahrnehmungsprinzipien und Erfahrung – was bestimmt, welche Fläche als Figur wahrgenommen wird?

Die Betonung der Wahrnehmungsprinzipien durch die Gestaltpsychologen führte dazu, dass sie die Rolle der früheren Erfahrungen einer Person bei der Bestimmung der Wahrnehmung unterschätzten. Sie glaubten, dass die Wahr-

5

Abb. 5.28 **a** Ein „W" auf einem „M". **b** In der Kombination entsteht ein neues Muster, das die Wahrnehmung der ursprünglichen Initialen überlagert. (Aus Wertheimer, 1912)

Abb. 5.29 Stimulus aus dem Experiment von Gibson und Peterson (1994. Copyright © 1994, American Psychological Association). **a** Die schwarze Fläche wird eher als Figur wahrgenommen als die weiße, weil sie bedeutungshaltig ist. **b** Der Einfluss der Bedeutung sinkt, wenn die schwarze Fläche auf den Kopf gestellt wird

nehmung zwar durch Erfahrung beeinflusst, aber durch inhärente Prinzipien außer Kraft gesetzt werden kann. Der Gestaltpsychologe Max Wertheimer (1912) hat mit folgendem Beispiel demonstriert, wie solche Prinzipien die Erfahrung außer Kraft setzen können. Die meisten Menschen nehmen die Darstellung in ◨ Abb. 5.28a als „W" wahr, das auf dem „M" steht, vor allem wegen der Erfahrung mit diesen beiden Buchstaben. Werden diese Buchstaben jedoch wie in ◨ Abb. 5.28b kombiniert, so nehmen wir 2 Vertikale mit einem Muster dazwischen wahr. Die durch das Prinzip des guten Verlaufs wahrgenommenen Vertikalen stellen die dominierende Wahrnehmung dar und überlagern die Einflüsse früherer Erfahrung mit dem Sehen der Buchstaben W und M.

Die gestaltpsychologische Sicht, dass frühere Erfahrung und die Bedeutung der Stimuli (wie „W" und „M") eine untergeordnete Rolle bei der Wahrnehmungsorganisation spielen, zeigt sich auch in der Annahme, dass die Trennung von Figur und Grund eines der ersten Dinge ist, die im Wahrnehmungsprozess stattfinden. Die Gestaltpsychologen gehen davon aus, dass die Figur vom Grund getrennt werden muss, bevor sie erkannt werden kann.

Aber Bradley Gibson und Mary Peterson (1994) zeigten in einem Experiment, dass dies nicht der Fall sein kann, da sich die Figur-Grund-Konstellation vom Bedeutungsgehalt eines Stimulus beeinflussen lässt. Sie demonstrierten dies mit einem Stimulus wie dem in ◨ Abb. 5.29a, der auf 2 Arten wahrgenommen werden kann: (1) als stehende Frau (der dunkle Teil der Darstellung) und (2) als eine weniger bedeutungshaltige Form (der helle Teil der Darstellung). Wenn die Forscher derartige Stimuli für den Bruchteil einer Sekunde darboten und die Versuchspersonen dann fragten, welches Areal die Figur zu sein schien, so wiesen die Probanden eine höhere Wahrscheinlichkeit dafür auf, den bedeutungshaltigen Teil der Darstellung (in diesem Beispiel die Frau) als Figur zu benennen.

Woher rührt diese größere Wahrscheinlichkeit der Versuchspersonen, die Frau wahrzunehmen? Eine Möglichkeit besteht darin, dass sie das schwarze Areal als vertrautes Objekt erkannt hatten. Stellten Gibson und Peterson die Darstellung auf den Kopf, sodass die Fläche schwerer als Frau zu erkennen war, nahmen die Versuchspersonen sie mit geringerer Wahrscheinlichkeit als Figur wahr. Die Tatsache, dass der Bedeutungsgehalt die Charakterisierung einer Fläche als Figur beeinflussen kann, verdeutlicht, dass der Erkennungsprozess entweder vor oder zu dem Zeitpunkt stattfinden muss, zu dem die Figur vom Grund getrennt wird (Peterson, 1994, 2001, 2019).

Die Prinzipien und die Forschung, die wir bislang beschrieben haben, konzentrierten sich großteils darauf, wie unsere Wahrnehmung einzelner Objekte von den Gestaltprinzipien und den Prinzipien der Figur-Grund-Trennung abhängen, die bestimmen, welche Teile einer Szene als Figur oder Grund wahrgenommen werden. Wenn Sie die Abbildungen in diesem Abschnitt noch einmal durchgehen, werden Sie feststellen, dass es sich zumeist um einfache Darstellungen handelt, die konstruiert wurden, um ein bestimmtes Prinzip der Wahrnehmungsorganisation zu verdeutlichen. Im nächsten Abschnitt werden wir uns mit einem moderneren Ansatz der Objektwahrnehmung, der sogenannten *Theorie der Erkennung durch Komponenten* befassen.

Übungsfragen 5.1

1. Was sind einige der Probleme, die Objektwahrnehmung für Computer schwierig machen, jedoch nicht für Menschen?
2. Was ist Strukturalismus, und warum schlugen die Gestaltpsychologen eine Alternative zu dieser Betrachtungsweise der Wahrnehmung vor?
3. Wie haben die Gestaltpsychologen die Wahrnehmungsorganisation erklärt?
4. Wie haben die Gestaltpsychologen die Figur-Grund-Trennung beschrieben? Was sind einige grundlegende Merkmale von Figur und Grund?
5. Welche Merkmale eines Stimulus führen dazu, dass eine Fläche bevorzugt als „Figur" wahrgenommen wird? Vergewissern Sie sich, dass Sie das Experiment von Vecera et al. verstanden haben, in dem gezeigt wurde, dass der untere Teil einer Darstellung tendenziell eher als Figur wahrgenommen wird, und dass Ihnen klar ist, warum Peterson und Salvagio behaupten, dass sich die Segmentierung nur verstehen lässt, wenn man untersucht, was in der gesamten Szene vor sich geht.
6. Beschreiben Sie die gestaltpsychologischen Vorstellungen zur Rolle von Erfahrung und Bedeutung bei der Figur-Grund-Trennung.
7. Beschreiben Sie das Experiment von Gibson und Peterson, das die Rolle der Bedeutungshaltigkeit bei der Figur-Grund-Trennung zeigt.

5.3 Erkennung durch Komponenten

Im vorangegangenen Abschnitt haben wir erörtert, wie wir ein visuelles Bild organisieren, indem wir Bildelemente zu zusammenhängenden Einheiten gruppieren und Objekte von ihrem jeweiligen Grund trennen. Nun werden wir von der Organisation zur Erkennung übergehen und erörtern, wie das Erkennen der einzelnen Objekte funktioniert. Wie erkennen Sie z. B. den schwarzen Bereich in ◘ Abb. 5.29a als Silhouette einer Frau?

Eine Theorie der Objekterkennung, die sogenannte Theorie der **Erkennung durch Komponenten** oder RBC-Theorie (nach dem englischen Begriff „**R**ecognition **B**y **C**omponents"), wurde in den 1980er-Jahren von Irving Biederman vorgeschlagen (Biederman, 1987). Die RBC-Theorie besagt, dass Objekte aus einzelnen geometrischen Komponenten bestehen, die **Geone** genannt werden, und dass wir Objekte anhand der Anordnung dieser Geone erkennen. Geone sind dreidimensionale Formen, wie Pyramiden, Würfel und Zylinder. ◘ Abb. 5.30a zeigt einige Beispiele für Geone, wobei das nur eine kleine Auswahl ist; Biederman hat 36 verschiedene Geone vorgeschlagen, aus denen die meisten Objekte, denen wir begegnen, zusammengesetzt und erkannt werden können. Geone sind die Bausteine von Objekten, und dieselben Geone können auf unterschiedliche Weise angeordnet werden, um verschiedene Objekte zu bilden, wie in ◘ Abb. 5.30b gezeigt. Der Zylinder könnte z. B. ein Teil des Bechers oder der Sockel der Lampe sein.

Ein wichtiger Aspekt der RBC-Theorie ist die Blickwinkelinvarianz, also die Tatsache, dass ein bestimmtes Objekt aus verschiedenen Blickwinkeln erkannt werden kann. Die RBC-Theorie berücksichtigt dies, denn selbst wenn die Tasse in ◘ Abb. 5.30b von der Seite und nicht von

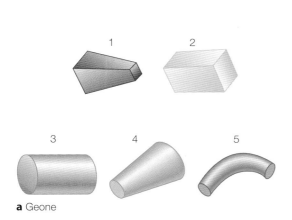

a Geone

b Objekte

◘ **Abb. 5.30** **a** Einige Geone. **b** Einige Objekte, die aus diesen Geonen zusammengesetzt sind. Die Nummern auf den Objekten zeigen an, welche Geone verwendet wurden. Beachten Sie, dass erkennbare Objekte durch die Kombination von nur 2 oder 3 Geonen gebildet werden können. Be-

achten Sie auch, dass die Beziehungen zwischen den Geonen wichtig sind, wie die Tasse zeigt. (Aus Biederman, 1987. © 1987 by the American Psychological Association. Reproduced with permission.)

vorne betrachtet wird, besteht sie immer noch aus denselben Geonen und wird daher immer noch als Tasse erkannt.

Die RBC-Theorie bot einen einfachen und eleganten Ansatz für die Objektwahrnehmung, der die Blickwinkelinvarianz einschloss. Allerdings gibt es viele Aspekte der Objektwahrnehmung, die die RBC-Theorie nicht erklären konnte. So berücksichtigt sie beispielsweise nicht die Gruppierung oder Organisation wie die Gestaltprinzipien. Und einige Objekte können nicht einfach durch Zusammenstellungen von Geonen dargestellt werden (wie Wolken am Himmel, die typischerweise keine geometrischen Komponenten haben). Die RBC-Theorie lässt auch keine Unterscheidung zwischen Objekten innerhalb einer bestimmten Kategorie zu, beispielsweise 2 verschiedene Arten von Kaffeetassen oder Vogelarten, die aus denselben Grundformen bestehen können. Während die RBC-Theorie in der Geschichte insofern eine Rolle spielte, als sie die Menschen zum Nachdenken darüber angeregt hat, wie das visuelle System Objekte darstellt, hat sich die Forschung auf diesem Gebiet weiterentwickelt und betrachtet Objekte nicht mehr nur als eine Ansammlung geometrischer Komponenten, sondern auch als Teil bedeutungsvollerer, realer Szenen.

5.4 Wahrnehmung von Szenen und Objekten in Szenen

Eine **Szene** ist eine Ansicht der Umgebung (einer realen Umwelt), die (1) Hintergrundelemente enthält und (2) vielfältige Objekte aufweist, die untereinander und in Bezug auf den Hintergrund bedeutungshaltig organisiert sind (Epstein, 2005; Henderson & Hollingworth, 1999). Eine Möglichkeit, zwischen Objekt und Szene zu unterscheiden, besteht darin, dass Objekte etwas Kompaktes sind, *an* denen Handlungen ausgeführt werden können, während Szenen etwas sind, *in* denen Handlungen stattfinden. Wenn wir beispielsweise die Straße hinuntergehen und einen Brief einwerfen, führen wir *in* der Straße (der Szene) eine Handlung *am* Briefkasten (dem Objekt) aus.

5.4.1 Wahrnehmung der Bedeutung einer Szene

Die Wahrnehmung von Szenen konfrontiert uns mit dem Paradoxon, dass Szenen einerseits häufig groß und komplex sind, wir sie andererseits aber meist schon innerhalb von Sekundenbruchteilen erfassen können. Das, was eine Szene im Wesentlichen inhaltlich beschreibt, ist der Inhalt oder die **Bedeutung einer Szene** (gist of scene). Ein Beispiel dafür, wie schnell man die Bedeutung einer Szene wahrnehmen kann, liefert das Zappen durch verschiedene TV-Kanäle, bei dem man schnell die Programme wechselt und sofort die Bedeutung der flimmernden Bilder erfasst: eine Verfolgungsjagd mit dem Auto, Quizkandidaten, eine Szene im Freien mit einer Berglandschaft im Hintergrund. Bei diesen Bildern genügt eine Sekunde oder noch weniger, um sie zu erfassen, auch wenn man wohl nicht alle einzelnen Objekte identifizieren kann. Beim Zappen nehmen Sie die Bedeutung einer Szene wahr (Oliva & Torralba, 2006).

Wie lange dauert es genau, bis man das Wesentliche einer Szene erfasst hat? Mary Potter (1976) zeigte ihren Probanden ein Bild als Zielreiz und präsentierte ihnen dann eine Sequenz von 16 sehr kurz dargebotenen Bildern, für die angegeben werden sollte, ob das Zielbild gezeigt wurde oder nicht. Selbst wenn die Bilder nur 250 ms ($\frac{1}{4}$ s) zu sehen waren, konnten die Probanden die Aufgabe mit nahezu 100%iger Genauigkeit erfüllen. Auch wenn das Zielbild vorab nicht gezeigt, sondern nur mit wenigen Worten beschrieben wurde, etwa als „händeklatschendes Mädchen" (◘ Abb. 5.31), wurde eine Genauigkeit von fast 90 % erreicht.

Für den Nachweis, wie schnell Menschen Szenen wahrnehmen, verfolgten Li Fei-Fei et al. (2007) einen anderen Ansatz. Sie präsentierten Bilder von Szenen unterschiedlich kurz – zwischen 27 und 500 ms – und baten ihre Probanden zu notieren, was sie sahen. Dieses Vorgehen ist ein schönes Beispiel für die in ► Kap. 1 beschriebene phänomenologische Methode. Fei-Fei verwendete zudem ein Maskierungsverfahren, um sicherzustellen, dass die Bilder exakt innerhalb des geplanten Zeitraums zu sehen waren (Methode 5.1).

Beschreibung   250 ms   250 ms   250 ms

◘ **Abb. 5.31** Das Experiment von Potter (1976) begann mit der Präsentation eines Zielbilds oder, wie hier, eines beschreibenden Texts, nach dem in sehr rascher Folge 6 Bilder dargeboten wurden, die jeweils nur 250 ms zu sehen waren. Die Betrachter sollten angeben, ob das Zielbild gezeigt worden war oder nicht. Hier sind nur 3 der 16 Bilder wiedergegeben, wobei das Zielmotiv als zweites Bild in der Sequenz erschien. Nicht bei allen Durchgängen war das Zielbild unter den 16 Bildern vorhanden. (© Bruce Goldstein)

Mädchen klatscht in die Hände

Methode 5.1

Erreichen extrem kurzer Präsentationszeiten durch Maskierung

Wie müssen wir vorgehen, wenn wir einen Stimulus nur 100 ms lang sichtbar präsentieren wollen? Man könnte meinen, dass es dazu genügt, den Stimulus genau 100 ms lang darzubieten, aber das genügt nicht, weil die Wahrnehmung jedes visuellen Stimulus noch für etwa 250 ms nach dem Verschwinden des Stimulus bestehen bleibt – dieses Phänomen bezeichnet man als **Persistenz des Sehens**. Somit wird ein für 100 ms dargebotenes Bild so wahrgenommen, als ob es

350 ms gezeigt worden wäre. Um Auswirkungen der Persistenz des Sehens auszuschließen, ist es daher notwendig, einen Maskierungsreiz einzublenden; dies ist normalerweise ein Muster aus zufällig orientierten Linien, das sofort nach der Darbietung des Bilds gezeigt wird. Hierdurch wird die Persistenz des Sehens beendet und die Zeit, in der das Bild wahrnehmbar ist, auf 100 ms begrenzt. Ein **Maskierungsreiz** wird deshalb sehr oft nach dem Testreiz eingeblendet, um die Verlängerung der Stimuluswahrnehmung aufgrund der Persistenz des Sehens zu unterbinden.

27 ms   Person AM: Sieht aus wie etwas Schwarzes in der Mitte mit vier davon ausgehenden Linien vor einem hellen Hintergrund.

40 ms   Person KM: Das erste, was ich erkenne, ist ein dunkler Fleck in der Mitte. Er könnte rechteckig sein, mit einer krummen Oberseite – aber das ist nur geraten.

67 ms   Person EC: Eine Person, glaube ich, die sitzt oder kriecht. Blickt zur linken Seite des Bilds. Wir sehen vor allem ihr Profil. Sie waren an einem Tisch oder dort, wo ein Objekt vor ihnen stand (auf der linken Seite im Bild).

500 ms Person WC: Das sieht aus wie ein Vater oder sonst jemand, der einem kleinen Jungen hilft. Der Mann hatte etwas Ähnliches in der Hand wie einen LCD-Schirm oder einen Laptop. Sie sahen aus, als stünden sie an einem Arbeitsplatz.

☐ **Abb. 5.32** Im Experiment von Fei-Fei (2007) beschrieben die Probanden die Fotografie nach unterschiedlichen Präsentationszeiten. (Foto: Alice O'Donnell; Übersetzung der Beschreibungen aus Fei-Fei et al., 2007, Abb. 13)

Typische Ergebnisse aus Fei-Feis Experiment sind in ☐ Abb. 5.32 wiedergegeben. Bei sehr kurzen Darbietungszeiten nahmen die Probanden nur helle und dunkle Flächen auf den Bildern wahr. Ab einer Darbietungszeit von 67 ms konnten sie einige großflächige Objekte (eine Person, einen Tisch) erkennen und bei 500 ms (1/2 s) schließlich auch kleinere Objekte (den Jungen, den Laptop). Bei einem anderen Bild, das ein reich ausgestattetes Wohnzimmer um 1800 zeigt, konnten die Betrachter innerhalb von 67 ms erfassen, dass es sich um ein Zimmer in einem Haus handelt, und nach 500 ms Details wie Stühle und Porträts identifizieren. Demnach wird zuerst die Bedeutung einer Szene erfasst, und erst danach werden Details und kleinere Objekte innerhalb der Szene wahrgenommen.

Was befähigt einen Betrachter, den Inhalt einer Szene auf einen Blick zu erfassen? Aude Oliva und Antonio Torralba (2001, 2006) schlagen vor, dass dabei Informationen genutzt werden, die sehr schnell wahrgenommen werden können und mit bestimmten Typen von Szenen assoziiert sind. Oliva und Torralba bezeichneten diese Informationen als **globale Bildmerkmale** und nennen insbesondere die folgenden Merkmale:

- *Natürlichkeit:* Natürliche Umgebungen wie Meeresküsten oder Wälder weisen texturierte Bereiche und geschwungene Konturen auf, während die von Menschen geschaffenen Umgebungen wie Straßenzüge durch gerade Linien, vor allem Horizontalen und Vertikalen, beherrscht werden (☐ Abb. 5.33).
- *Offenheit:* Offene Szenen wie die an einem Meer zeichnen sich oft durch eine sichtbare Horizontlinie und vergleichsweise wenige Objekte aus. Auch die Straßenszene ist offen, wenn auch nicht in dem Maße wie die Meeresszene. Der Wald ist ein Beispiel für eine Szene mit geringer Offenheit.
- *Rauheitsgrad:* Glatte Szenen mit geringem Rauheitsgrad weisen wie das Meer weniger kleine Elemente auf als komplexe Szenen wie ein Wald, der eine höhere Rauheit hat.
- *Expansionsgrad:* Die Konvergenz paralleler Linien, etwa bei Eisenbahnschienen, die in der Ferne zusammenlaufen, oder auch bei der Straße in ☐ Abb. 5.33 weist auf einen hohen Expansionsgrad hin. Dieses Merkmal hängt insbesondere vom Standpunkt des Betrachters ab. Beispielsweise würde in der Straßenszene der Expansionsgrad sinken, wenn man direkt auf eine Gebäudefassade blicken würde.
- *Farbe:* Manche Szenen haben charakteristische Farben, wie Blau beim Meer oder Grün und Braun beim Wald (Castelhano & Henderson, 2008; Goffaux et al., 2005).

Globale Bildmerkmale sind *holistisch* und lassen sich *schnell wahrnehmen*. Sie sind Eigenschaften der Szene als Ganzes und hängen nicht von zeitraubenden Prozessen wie Detailwahrnehmung, Objekterkennen oder Trennung

◻ Abb. 5.33 Drei Szenen mit unterschiedlichen globalen Bildmerkmalen (Erläuterung siehe Text; © Aude Oliva)

der Objekte ab. Eine weitere Besonderheit der globalen Merkmale liegt darin, dass sie bestimmte Informationen über die Struktur einer Szene und ihre räumliche Anordnung beinhalten. Beispielsweise beziehen sich Offenheit und Expansion unmittelbar auf den räumlichen Lageplan der Szene, und auch die Natürlichkeit sagt etwas über die Anordnung aus, die entweder von Natur aus so strukturiert ist oder vom Menschen gemachte Strukturen enthält.

Globale Bildmerkmale helfen nicht nur dabei zu erklären, wie wir den Inhalt von nur kurz gesehenen Szenen erfassen können, sondern sie verdeutlichen auch eine andere Wahrnehmungseigenschaft: Frühere Erfahrungen beim Wahrnehmen unserer Umgebung spielen für das, was wir erkennen, durchaus eine Rolle. Wir lernen beispielsweise, dass Blau mit klarem Himmel assoziiert ist, dass Landschaften oft grün und glatt sind und dass senkrechte und waagerechte Linien mit Gebäuden einhergehen. Solche Merkmale, die in einer Umgebung häufig anzutreffen sind, werden oft auch als **Regelmäßigkeiten in der Umgebung** bezeichnet. Wir werden sie nun etwas genauer beschreiben.

5.4.2 Regelmäßigkeiten in der Umgebung: Informationen für die Wahrnehmung

Moderne Wahrnehmungspsychologen vertreten die Auffassung, dass die Wahrnehmung durch 2 Arten von Regelmäßigkeiten beeinflusst wird: *physikalische* und *semantische Regelmäßigkeiten*.

Physikalische Regelmäßigkeiten

Unter **physikalischen Regelmäßigkeiten** versteht man physikalische Merkmale der Umgebung, die entsprechend bestimmter Regeln auftreten. Zum Beispiel gibt es mehr senkrechte und waagerechte Linien in unserer Umgebung als schräg geneigte Orientierungen. Das gilt sowohl für die von Menschen gestalteten Umgebungen mit Bauwerken, die viele Horizontalen und Vertikalen aufweisen, als auch für natürliche Umwelten, in denen Pflanzen eher senkrecht nach oben wachsen als geneigt (◻ Abb. 5.34; Coppola et al., 1998). Es ist deshalb kein Zufall, dass Menschen horizontale und vertikale Orientierungen leichter erkennen als schräge – was wir als Oblique-Effekt in ▶ Kap. 1 beschrie-

◻ Abb. 5.34 In diesen beiden Szenen aus der Natur sind horizontale und vertikale Ausrichtungen häufiger als schräge Ausrichtungen. Diese Szenen wurden bewusst wegen des großen Anteils an Vertikalen ausgewählt. Aber auch zufällig aufgenommene Fotos von Naturszenen enthalten mehr horizontale und vertikale als schräge Ausrichtungen. Dies gilt auch für von Menschen geschaffene Gebäude und Objekte. (© Bruce Goldstein)

ben haben (Appelle, 1972; Campbell et al., 1966; Orban et al., 1984). Ein weiteres Beispiel für eine physikalische Regelmäßigkeit stellt es dar, wenn ein Objekt ein anderes teilweise bedeckt und die Kontur des teilweise bedeckten Objekts „auf der anderen Seite herauskommt", wie es bei dem Seil in ◻ Abb. 5.15 der Fall ist.

Ein weiteres Beispiel sehen wir in ◻ Abb. 5.35. ◻ Abb. 5.35a zeigt Vertiefungen im Sand, die Menschen dort hinterlassen haben. Wenn wir dieses Bild jedoch auf

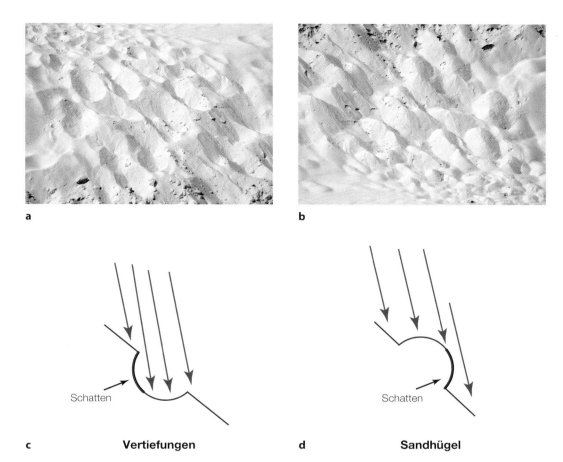

Abb. 5.35 **a** Vertiefungen im Sand, die Menschen dort hinterlassen haben. **b** Wenn wir dieses Bild jedoch auf den Kopf stellen, werden die Vertiefungen im Sand zu Sandhügeln. **c** Wie Licht von oben und von links eine Vertiefung beleuchtet und einen Schatten auf der linken Seite verursacht. **d** Das gleiche Licht, das eine Erhebung beleuchtet, verursacht einen Schatten auf der rechten Seite. (© Bruce Goldstein)

den Kopf stellen, wie in ◻ Abb. 5.35b dargestellt, dann werden die Vertiefungen im Sand zu Sandhügeln. Unsere Wahrnehmung in diesen beiden Situationen wurde durch die **Licht-von-oben-Heuristik** erklärt: Wir nehmen gewöhnlich an, dass das Licht von oben kommt, weil das Licht in unserer Umgebung meist von oben kommt – Sonnenlicht ebenso wie auch die meiste künstliche Beleuchtung (Kleffner & Ramachandran, 1992). ◻ Abb. 5.35c zeigt, wie Licht, das von oben und von links kommt, eine Vertiefung beleuchtet und einen Schatten auf der linken Seite hinterlässt. ◻ Abb. 5.35d zeigt, wie dasselbe Licht einen Hügel beleuchtet und einen Schatten auf der rechten Seite hinterlässt. Unsere Wahrnehmung von beleuchteten Formen wird durch die Art der Schattierung beeinflusst, und weil das Gehirn davon ausgeht, dass das Licht von oben kommt.

Eine der Ursachen für die menschliche Fähigkeit, Objekte und Szenen viel besser wahrnehmen und erkennen zu können als Computern, liegt darin, dass unser visuelles System daran gewöhnt ist, auf die physikalischen Merkmale unserer Umgebung zu reagieren, z. B. auf die Ausrichtung von Objekten und die Richtung des Lichts. Diese Gewöhnung geht allerdings über die physikalischen

Merkmale hinaus. Sie beruht auch darauf, dass wir gelernt haben, welche Objekte typischerweise in bestimmten Szenen auftreten.

Semantische Regelmäßigkeiten

In den Sprachwissenschaften wird die Bedeutung von Wörtern oder Sätzen unter dem Begriff der *Semantik* gefasst. Auf Szenen angewandt, bezieht sich Semantik auf die Bedeutung einer Szene. Dabei ist die Bedeutung oft mit dem, was innerhalb der Szene geschieht, verknüpft. Beispielsweise gehören zu den Vorgängen in einer Küche das Zubereiten von Mahlzeiten, einschließlich des Kochens, und vielleicht auch das Essen oder zur Abflughalle eines Flughafens das Warten am Schalter, das Einchecken mit Gepäck und das Passieren der Sicherheitskontrolle. Die **semantischen Regelmäßigkeiten** beziehen sich auf die Funktionsmerkmale, die mit typischen Vorgängen in den verschiedenartigen Szenen verbunden sind.

Eine Möglichkeit zu zeigen, dass Menschen die semantischen Regelmäßigkeiten kennen, besteht darin, sie darum zu bitten, sich eine bestimmte Szene oder ein Objekt bildlich vorzustellen (Demonstration 5.2).

Demonstration 5.2

Visualisierung von Szenen und Objekten

Die Aufgabe ist einfach – stellen Sie sich bildlich oder gedanklich die folgenden Szenen und Objekte vor:

1. Ein Büro
2. Die Kleiderabteilung eines Kaufhauses
3. Ein Mikroskop
4. Einen Löwen

Die meisten Menschen, die in einer modernen Gesellschaft aufgewachsen sind, können sich ein Büro oder eine Kleiderabteilung mühelos vorstellen. Was dabei in unserem Zusammenhang interessiert, sind die Details, die zur vorgestellten Szene gehören. Die meisten Menschen stellen sich ein Büro mit Schreibtisch, Computer, Regal und Stuhl als Ausstattung vor. Und eine Kleiderabteilung könte in der Vorstellung mit Kleiderständern, Umkleidekabinen und vielleicht einer Kasse ausgestattet sein.

Was hatten Sie vor Augen, als Sie sich ein Mikroskop oder einen Löwen vorgestellt haben? Viele Menschen berichten, dass sie in der Vorstellung nicht nur ein einzelnes Objekt sehen, sondern ein Objekt innerhalb einer Umgebung. Vielleicht haben Sie sich das Mikroskop auf einem Labortisch und den Löwen in einer Savanne oder einem Zoo vorgestellt? Diese Demonstration soll Ihnen verdeutlichen, dass unsere Visualisierungen Informationen enthalten, die auf unserem Wissen über verschiedene Arten von Szenen basieren. Dieses Wissen darüber, was eine bestimmte Szene typischerweise enthält, wird als **Szenenschema** bezeichnet.

Ein Beispiel für das Wissen, das wir im Zusammenhang mit bestimmten Szenen über die darin typischerweise ent-

haltenen Objekte haben, liefert ein klassisches Experiment von Steven Palmer (1975), der die Stimuli in ◘ Abb. 5.36 verwendete. Palmer bot den Probanden zunächst eine kontexthaltige Szenerie wie die in ◘ Abb. 5.36 links dar und ließ dann kurz eines der Zielbilder rechts aufblitzen. Als Palmer die Versuchspersonen bat, das im Zielbild enthaltene Objekt zu identifizieren, erreichten die Probanden dies in 80 % der Fälle für ein Objekt wie das Brot (das in einer Küchenszenerie angemessen platziert ist), jedoch nur in 40 % der Fälle für Objekte wie den Briefkasten oder die Trommel, die nicht in die Szenerie passen. Offenbar verwendeten Palmers Probanden ihr Wissen über Küchen, um etwa das kurz aufleuchtende Bild des Brots zu identifizieren.

Den Einfluss semantischer Regelmäßigkeiten illustriert auch „die multiple Persönlichkeit eines Flecks" (Oliva & Torralba, 2007) in ◘ Abb. 5.37a. Der Fleck wird, je nach Orientierung und Bildkontext, als ein anderes Objekt wahrgenommen. In ◘ Abb. 5.37b erscheint der Fleck als Objekt auf einem Tisch, in ◘ Abb. 5.37c als Schuh einer Person, die sich bückt, und in ◘ Abb. 5.37d sind es ein Auto und ein Fußgänger, der die Straße überquert. Dabei handelt es sich in allen 4 Abbildungen um einen undefinierbaren Fleck.

Obwohl wir Regelmäßigkeiten in der Umwelt zur besseren Wahrnehmung nutzen, sind wir uns oft nicht bewusst, welche Informationen wir dabei verwenden. Dieser Aspekt der Wahrnehmung ist vergleichbar mit dem, was beim Sprachgebrauch geschieht. Auch wenn wir in Gesprächen mühelos Wörter aneinanderreihen, um Sätze zu bilden, kennen wir möglicherweise nicht die grammatikalischen Regeln über die Kombinationsmöglichkeiten von Wörtern. In ähnlicher Weise nutzen wir unser Wissen über Regelmäßigkeiten in der Umwelt zur besseren Wahrnehmung, auch wenn wir nicht in der Lage sind, die spezifischen verwendeten Informationen zu benennen.

◘ **Abb. 5.36** Stimuli aus dem Experiment von Palmer (1975). Die *links* abgebildete Szene wird zuerst dargeboten, anschließend wird die Versuchsperson aufgefordert, eines der kurz aufleuchtenden, *rechts* abgebildeten Objekte zu identifizieren

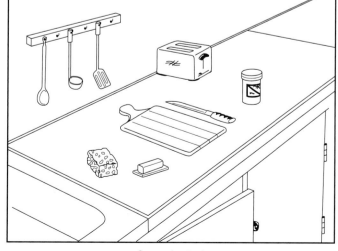
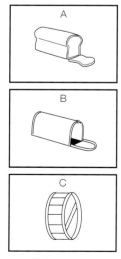

Szenenkontext   Zielobjekt

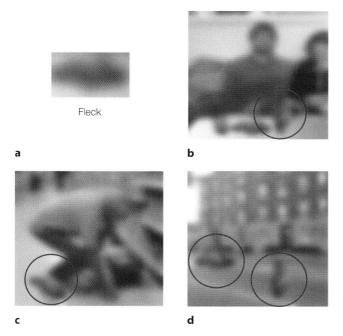

Fleck

a **b**

c **d**

◧ Abb. 5.37 „Die multiple Persönlichkeit eines Flecks". Wir nehmen einen Fleck (*in den roten Kreisen*) je nach Kontext verschieden wahr, weil unser Wissen unsere Deutung der Objekte beeinflusst. (Aus Oliva & Torralba, 2007. Reprinted with permission from Elsevier.)

5.4.3 Einfluss von Schlussfolgerungen auf die Wahrnehmung

Wir nutzen unser Wissen über physikalische und semantische Regelmäßigkeiten wie die oben beschriebenen, um zu *erschließen*, was in einer Szene vorhanden ist. Die Idee, dass menschliche Wahrnehmung solche Schlüsse einbezieht, ist nicht neu. Wir können ihre Ursprünge bis zu Hermann von Helmholtz (1866/1911) zurückverfolgen, der die *Theorie der unbewussten Schlüsse* eingeführt hat.

Helmholtz' Theorie der unbewussten Schlüsse

Helmholtz machte zahlreiche grundlegende Entdeckungen in der Physiologie und der Physik. Darüber hinaus entwickelte er das Ophthalmoskop (das Gerät, mit dem ein Augenoptiker oder Augenarzt in Ihr Auge schaut) und stellte Theorien zur Objektwahrnehmung, zum Farbsehen und zum Hören auf. Einer der Beiträge von Helmholtz zur Wahrnehmung beruht auf seiner Erkenntnis, dass das Bild auf der Netzhaut mehrdeutig ist. Wir haben gesehen, dass die Mehrdeutigkeit einer Abbildung auf der Netzhaut bedeutet, dass ein bestimmtes Muster von Reizen auf der Netzhaut durch viele verschiedene mögliche Objekte in der Umgebung verursacht werden kann (◧ Abb. 5.3). Was stellt z. B. das Reizmuster in ◧ Abb. 5.38a dar? Für die meisten Menschen ergibt sich aus diesem Muster die Wahrnehmung eines blauen Rechtecks vor einem ro-

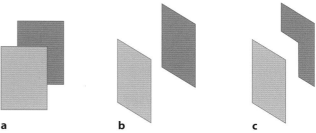

a **b** **c**

◧ Abb. 5.38 Die Darstellung in **a** sieht wie in **b** aus – ein blaues Rechteck vor einem roten Rechteck. Doch es könnten auch, wie in **c** gezeigt, ein blaues Rechteck und eine passend platzierte sechsseitige rote Form sein

ten Rechteck, wie in ◧ Abb. 5.38b dargestellt. Doch wie ◧ Abb. 5.38c zeigt, könnte diese Darstellung auch durch eine sechsseitige rote Form verursacht worden sein, die sich entweder vor oder hinter dem blauen Rechteck oder genau daneben befindet.

Die Frage von Helmholtz lautete: „Wie entscheidet das Wahrnehmungssystem, dass dieses Muster auf der Retina durch überlappende Rechtecke entstanden ist?" Er beantwortete diese Frage mit dem **Wahrscheinlichkeitsprinzip der Wahrnehmung**, dem zufolge wir das Objekt wahrnehmen, das die *größte Auftretenswahrscheinlichkeit* dafür aufweist, das von uns empfangene Reizmuster verursacht zu haben. Diese Einschätzung, was am wahrscheinlichsten ist, erfolgt laut Helmholtz durch einen Prozess, der als **Theorie der unbewussten Schlüsse** bezeichnet wird und besagt, dass einige unserer Wahrnehmungen das Ergebnis unbewusster Annahmen sind, die wir über die Welt machen. So schlussfolgern wir aufgrund von Erfahrungen mit ähnlichen Situationen in der Vergangenheit, dass es wahrscheinlich ist, dass ◧ Abb. 5.38a ein Rechteck ist, das ein anderes Rechteck verdeckt.

Helmholtz' Beschreibung des Wahrnehmungsprozesses ähnelt dem Problemlöseprozess. Bei der Wahrnehmung besteht das Problem darin festzustellen, welches Objekt ein bestimmtes Reizmuster verursacht hat, und dieses Problem wird durch einen Prozess gelöst, in dessen Verlauf das Wahrnehmungssystem das Wissen des Beobachters über die Umgebung nutzt, um zu erschließen, um welches Objekt es sich handelt.

Der Gedanke, dass Schlussfolgerungen für die Wahrnehmung wichtig sind, ist in der Geschichte der Wahrnehmungsforschung immer wieder in verschiedener Weise aufgegriffen worden. In der modernen Forschung ist Helmholtz' Theorie der unbewussten Schlüsse als Möglichkeit zur **Vorhersage** neu aufgenommen worden – die Idee, dass unsere früheren Erfahrungen uns dabei helfen, fundierte Vermutungen darüber anzustellen, was wir wahrnehmen werden. Aber was genau ist der Prozess, durch den wir Vorhersagen treffen? Ein Ansatz, wie Vorhersagen in der Objektwahrnehmung genutzt werden können, ist unter dem Namen *Bayes'sche Inferenz* bekannt.

Bayes'sche Inferenz

Im Jahr 1763 schlug Thomas Bayes die sogenannte **Bayes'sche Inferenz** vor (Geisler, 2008, 2011; Kersten et al., 2004; Yuille & Kersten, 2006), nach der unsere Einschätzung der Wahrscheinlichkeit eines Ergebnisses durch die folgenden beiden Faktoren bestimmt wird:

1. Die **A-priori-Wahrscheinlichkeit** oder einfach der **Prior**, d. h. unsere ursprüngliche Annahme, mit welcher Wahrscheinlichkeit ein Ergebnis eintritt.
2. Das Ausmaß der Übereinstimmung des Ergebnisses mit den bestehenden Erkenntnissen. Dieser zweite Faktor wird als die **Wahrscheinlichkeit des Ergebnisses** bezeichnet.

Um die Bayes'sche Inferenz zu veranschaulichen, betrachten wir zunächst ◻ Abb. 5.39a, die Marias A-priori-Wahrscheinlichkeiten für 3 Arten von Gesundheitsproblemen zeigt. Maria glaubt, dass eine Erkältung oder Sodbrennen mit großer Wahrscheinlichkeit auftreten können, eine Lungenerkrankung aber mit geringerer Wahrscheinlichkeit. Mit diesen A-priori-Wahrscheinlichkeiten im Kopf (zusammen mit vielen anderen Überzeugungen über Gesundheitsprobleme), stellt Maria fest, dass ihr Freund Charles einen starken Husten hat. Sie vermutet, dass die 3 möglichen Ursachen eine Erkältung, Sodbrennen oder eine Lungenerkrankung sein könnten. Sie recherchiert weiter und findet heraus, dass Husten oft mit einer Erkältung oder einer Lungenerkrankung, nicht aber mit Sodbrennen einhergeht (◻ Abb. 5.39b). Diese Zusatzinformation, also die *Wahrscheinlichkeit*, wird mit Marias Prioren kombiniert und führt zu der Schlussfolgerung, dass Charles wahrscheinlich erkältet ist (◻ Abb. 5.39c; Tenenbaum et al., 2011). In der Praxis beinhaltet die Bayes'sche Inferenz ein mathematisches Verfahren, bei dem der Prior mit der Wahrscheinlichkeit multipliziert wird, um die Wahrscheinlichkeit des Ergebnisses zu bestimmen. Man geht also von einer A-priori-Wahrscheinlichkeit aus und verwendet dann zusätzliche Evidenz, um sie zu aktualisieren und eine Schlussfolgerung zu ziehen (Wolpert & Ghahramani, 2005).

Wenden wir diese Idee auf die Objektwahrnehmung an, so kehren wir zum Problem der inversen Projektion aus ◻ Abb. 5.3 zurück. Vergegenwärtigen Sie sich, dass das Problem der inversen Projektion auftritt, weil eine riesige Anzahl möglicher Objekte mit einem bestimmten Bild auf der Netzhaut in Verbindung gebracht werden kann. Das Problem besteht also darin, zu bestimmen, was „da draußen" ein bestimmtes Netzhautbild verursacht. Glücklicherweise müssen wir uns nicht nur auf das Abbild auf der Retina verlassen, da wir die meisten Wahrnehmungssituationen mit A-priori-Wahrscheinlichkeiten auf der Grundlage unserer früheren Erfahrungen wahrnehmen.

Aufgrund eines Priors in Ihrem Kopf, gehen Sie davon aus, dass Bücher rechteckig sind. Wenn Sie also ein Buch auf Ihrem Schreibtisch betrachten, gehen Sie zunächst davon aus, dass das Buch rechteckig ist. Die Wahrscheinlichkeit, dass das Buch rechteckig ist, wird durch zusätzliche Evidenz bestimmt wie dem retinalen Bild des Buches sowie der Wahrnehmung der Entfernung des Buches und dem Blickwinkel, aus dem Sie das Buch betrachten. Wenn dieser zusätzliche Aspekt mit Ihrem Prior übereinstimmt, dass das Buch rechteckig ist, ist die Wahrscheinlichkeit hoch, richtig zu liegen, und die Wahrnehmung „rechteckig" wird verstärkt. Weitere Prüfungen durch Ändern des Blickwinkels und der Entfernung können die Schlussfolgerung, dass

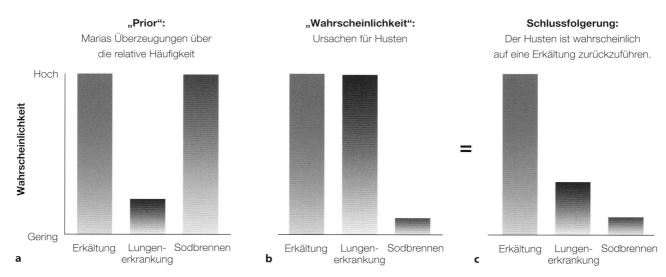

◻ **Abb. 5.39** Diese Diagramme stellen hypothetische Wahrscheinlichkeiten dar, um das Prinzip der Bayes'schen Inferenz zu veranschaulichen. **a** Marias Überzeugungen über die relative Häufigkeit einer Erkältung, einer Lungenerkrankung und von Sodbrennen. Diese Überzeugungen sind ihre Prioren. **b** Weitere Daten weisen darauf hin, dass Erkältungen und Lungenerkrankungen mit Husten verbunden sind, Sodbrennen jedoch nicht. Anhand dieser Daten wird Wahrscheinlichkeit geschätzt. **c** Nimmt man die Prioren und die Wahrscheinlichkeit der Daten zusammen, kommt man zu dem Schluss, dass Charles' Husten wahrscheinlich auf eine Erkältung zurückzuführen ist

es sich um ein Rechteck handelt, noch verstärken. Beachten Sie, dass Sie sich dieses Prüfverfahrens nicht unbedingt bewusst sind – es geschieht automatisch und schnell. Bei diesem Prozess ist es wesentlich, dass das Netzhautbild zwar immer noch den Ausgangspunkt für die Wahrnehmung der Form des Buches darstellt, aber durch das Hinzufügen der vorherigen Prioren der Person sich die möglichen Formen reduzieren, die dieses Bild verursachen könnten.

Bei der Bayes'schen Inferenz wird die Idee von Helmholtz neu formuliert, nach der wir wahrnehmen, was am wahrscheinlichsten den erhaltenen Reiz verursacht hat – entsprechend unserer Grundannahmen und den Wahrscheinlichkeiten unserer Beobachtungen. Es ist nicht immer einfach, diese Wahrscheinlichkeiten zu benennen, insbesondere wenn es um komplexe Wahrnehmungen geht. Da die Bayes'sche Inferenz jedoch ein spezifisches Verfahren zur Bestimmung dessen bietet, was in der Umgebung vorkommen könnte, haben Forscher sie zur Entwicklung von Bildverarbeitungssystemen verwendet. Damit können die Systeme ihr Wissen über die Umgebung einsetzen, um die Muster, mit denen ihre Sensoren stimuliert werden, exakter in Schlussfolgerungen über die Umgebung zu übersetzen.

Wir haben nun erörtert, wie wir unsere früheren Erfahrungen nutzen können, um vorherzusagen, was in der Welt am wahrscheinlichsten vorkommt. Aber wie setzt das Gehirn diese Vorhersagen tatsächlich um? Eine neuere Theorie, die sogenannte *prädiktive Codierung*, liefert eine Erklärung.

Umsetzung von Vorhersagen im Gehirn

Die **prädiktive Codierung** ist eine Theorie, die beschreibt, wie das Gehirn unsere früheren Erfahrungen – oder unsere „Prioren", wie Bayes es ausdrückt – nutzt, um vorherzusagen, was wir wahrnehmen werden (Panichello et al., 2013; Rao & Ballard, 1999). Zunächst wird festgestellt, dass die Vorhersagen unseres Gehirns über die Welt auf höheren Ebenen des visuellen Systems abgebildet werden – z. B. am oberen Ende der in ▶ Kap. 4 vorgestellten Was- und Wo-/Wie-Ströme, über die die Neuronen auf komplexere Informationen wie ganze Objekte und Szenen reagieren. Nach der prädiktiven Codierung wird das Signal, wenn ein neuer visueller Input die Rezeptoren erreicht und im visuellen System nach oben gesendet wird, mit den Vorhersagen abgeglichen, die von höheren Ebenen nach unten fließen (◻ Abb. 5.40). Mit anderen Worten: Das Gehirn stellt fest, ob das, was wir sehen, mit dem übereinstimmt, was wir zu sehen erwarten. Wenn das eingehende Signal mit der Vorhersage auf höherer Ebene übereinstimmt, passiert nichts (◻ Abb. 5.40a). Stimmt das eingehende Signal jedoch nicht mit der Vorhersage überein, wird ein Vorhersagefehlersignal erzeugt, das an die höheren Ebenen zurückgesendet wird, damit die bestehende Vorhersage geändert werden kann (◻ Abb. 5.40b). Auf diese Weise können unsere aktuellen Erfahrungen die bestehenden Repräsentationen im Gehirn verändern, um bessere Vorhersagen zu treffen und zu „lernen", was zu erwarten ist.

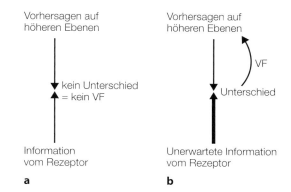

◻ **Abb. 5.40** Die allgemeine Idee hinter der prädiktiven Codierung. **a** Informationen von den Rezeptoren fließen nach oben und werden mit den Vorhersagen des Gehirns verglichen, die von den höheren Ebenen nach unten fließen. Wenn es keinen Unterschied zwischen dem Signal von den Rezeptoren und den Vorhersagen auf höherer Ebene gibt, liegt kein Vorhersagefehler (VF) vor. **b** Wenn etwas Unerwartetes passiert, stimmen die Rezeptorinformationen nicht mit den Vorhersagen des Gehirns überein und ein Vorhersagefehlersignal wird nach oben gesendet, um die Vorhersagen zu korrigieren

Ein Beispiel für die Funktionsweise der prädiktiven Codierung in der realen Welt: Nehmen wir an, Sie gehen über den Campus, um zu Ihrem Seminar zu gelangen, und alles ist so, wie Sie es erwarten – es gibt nichts Ungewöhnliches oder Auffälliges in Ihrer visuellen Szene. In diesem Fall stimmt der eingehende visuelle Input genau mit den Vorhersagen Ihres Gehirns überein, die darauf basieren, dass Sie denselben Weg schon viele Male zuvor gegangen sind (◻ Abb. 5.40a). Nehmen wir nun aber an, ein Huhn springt aus dem Gebüsch und läuft quer über Ihren Weg. Sie haben noch nie ein Huhn auf dem Campus gesehen, also stimmt diese visuelle Information nicht mit den Erwartungen Ihres Gehirns überein und ein Vorhersagefehlersignal wird erzeugt und an höhere Ebenen des visuellen Systems gesendet (◻ Abb. 5.40b). Jetzt wird die Darstellung des Campus im Gehirn aktualisiert, um die Möglichkeit eines vorbeilaufenden Huhns zu berücksichtigen. Das ist eine gute Sache, denn nun werden Sie beim nächsten Mal, wenn Sie den Weg entlanggehen, eher nach einem Huhn Ausschau halten, was Sie letztendlich in die Lage versetzt, besser auf eine solche Situation zu reagieren, sollte sie wieder auftreten.

Die prädiktive Codierung ähnelt der Idee von Helmholtz, dass wir unsere vergangenen Erfahrungen nutzen, um Rückschlüsse auf das zu ziehen, was wir wahrnehmen werden. Die prädiktive Codierung geht jedoch noch einen Schritt weiter, indem sie die Vorhersage mit den Vorgängen im Gehirn verknüpft. Die Vorstellung, dass das Gehirn Vorhersagen trifft, ist ein wichtiges Konzept, das in der jüngeren Wahrnehmungsforschung an Bedeutung gewonnen hat – nicht nur für die Objektwahrnehmung, sondern auch für andere Arten der Wahrnehmung. Ein Beispiel, auf das wir später noch eingehen werden, ist die Geschmackswahrnehmung. Wenn Sie einen bestimmten Geschmack erwarten, etwa Kamillentee, weil Sie ihn im Café bestellt haben, aber stattdessen Kaffee auf Ihrer Zunge schmecken, wären Sie wahrscheinlich überrascht und Ihr Gehirn würde ein Vorhersagefehlersignal erhalten, da die Vorhersage nicht mit der Erfahrung übereinstimmt.

In späteren Kapiteln werden wir weitere Beispiele sehen, die die Bedeutung der Vorhersage veranschaulichen. Wie wir hier erörtert haben, gibt die prädiktive Codierung jedoch keinen Aufschluss darüber, was im Gehirn vor sich geht. Im nächsten Abschnitt werden wir uns ansehen, was wir über neuronale Antworten auf Objekte und Szenen wissen.

Übungsfragen 5.2

1. Was ist die Theorie der Wahrnehmung durch Komponenten? Wie erklärt sie die Invarianz des Blickwinkels?
2. Was weist darauf hin, dass wir die Bedeutung einer Szene sehr schnell erfassen? Welche Informationen unterstützen uns dabei, das Wesentliche einer Szene zu identifizieren?
3. Was sind Regelmäßigkeiten in der Umgebung? Nennen Sie Beispiele für physikalische Regelmäßigkeiten und diskutieren Sie die Zusammenhänge zwischen diesen Regelmäßigkeiten und den Gestaltprinzipien.
4. Was sind semantische Regelmäßigkeiten? Wie beeinflussen semantische Regelmäßigkeiten unsere Wahrnehmung von Objekten in Szenen? Welche Beziehung besteht zwischen semantischen Regelmäßigkeiten und dem Szenenschema?
5. Beschreiben Sie Helmholtz' Theorie der unbewussten Schlüsse. Was sagt uns diese über Wahrnehmung und Schlüsse?
6. Beschreiben Sie die Bayes'sche Inferenz. Haben Sie das Beispiel „Krankheit" in ◼ Abb. 5.39 verstanden? Und wissen Sie, wie Bayes'sche Inferenz auf die Objektwahrnehmung angewendet werden kann?
7. Was ist prädiktive Codierung? Nennen Sie ein Beispiel dafür, wie das Gehirn Vorhersagen zur Wahrnehmung einer realen Situation nutzen könnte.

5.5 Objektwahrnehmung und neuronale Aktivität

Wenn wir uns umschauen, sehen wir Objekte, die im Raum angeordnet sind, wodurch eine Szene entsteht. Bislang haben wir die Wahrnehmung von Objekten und Szenen unter dem Gesichtspunkt diskutiert, wie sie durch die Beschaffenheit der Umgebungsreize bestimmt wird. Nun betrachten wir die neuronale Seite der Objekt- und der Szenenwahrnehmung. Wir erinnern uns, dass wir in ▶ Kap. 4

erörtert haben, wie Studien mit Einzelzellableitungen bei Affen gezeigt haben, dass bestimmte Neuronen, die in einem bestimmten Bereich des Temporallappens gruppiert sind, auf spezifische komplexe Reize wie Gesichter reagieren können. Aber wie sieht es beim Menschen aus? Wie reagieren unsere Gehirne, wenn wir Gesichter, Objekte und Szenen wahrnehmen?

5.5.1 Antworten des Gehirns auf Objekte und Gesichter

Im letzten Kapitel haben wir erörtert, wie der ventrale (Was-)Strom des Gehirns, der sich vom Okzipitallappen in den Temporallappen erstreckt, an der Erkennung von Objekten beteiligt ist. Ein Bereich, der innerhalb dieses Stroms beim Menschen isoliert wurde, wird als **lateraler Okzipitalkomplex (LOC)** bezeichnet. ◼ Abb. 5.41 zeigt die Lage des LOC sowie einige andere Hirnbereiche, die wir in diesem Abschnitt besprechen werden. Forschungsstudien mit bildgebenden Verfahren zur Gehirndarstellung (Methode 2.2) haben ergeben, dass der LOC aktiv ist, wenn die Person irgendeine Art von Objekt betrachtet, z. B. ein Tier, ein Gesicht, ein Haus oder ein Werkzeug, aber nicht bei der Betrachtung einer Oberfläche oder eines Objekts mit durcheinandergebrachten Teilen (Malach et al., 1995; Grill-Spector, 2003). Außerdem wird der LOC durch Objekte unabhängig von ihrer Größe, Ausrichtung, Position oder anderen grundlegenden Merkmalen aktiviert.

Der LOC baut auf der Verarbeitung auf, die in niedrigeren visuellen Arealen wie V1 stattfindet, in denen die Neuronen auf einfache Linien und Kanten reagieren (▶ Kap. 4). Zu dem Zeitpunkt, an dem das Signal den ventralen Pfad hinaufläuft und den LOC erreicht, sind diese Linien bereits zu einem vollständigen Objekt zusammengesetzt. Wichtig ist es jedoch, dass der LOC zwar eine Rolle bei der Objektwahrnehmung zu spielen scheint, aber nicht zwischen verschiedenen Arten von Objekten wie Gesichtern und anderen Objekten unterscheidet. Als Nächstes werden wir erörtern, wie spezifischere Objektkategorien dargestellt werden.

Neuronale Korrelate der Gesichtswahrnehmung

In einer wegweisenden Studie aus dem Jahr 1997 untersuchten Nancy Kanwisher et al. mithilfe der funktionellen Magnetresonanztomografie (fMRT) die Gehirnaktivität als Antwort auf Bilder von Gesichtern und anderen Objekten wie Haushaltsgegenständen, Häusern und Händen. Als sie die Antworten auf die anderen Gegenstände von der Antwort auf die Gesichter subtrahierten, fanden sie heraus, dass sich die verbleibende Aktivierung in einem Areal im Gyrus fusiformis auf der Unterseite des Gehirns direkt unter dem inferotemporalen Kortex (IT-Kortex) lokalisieren ließ, der in ▶ Kap. 4 vorgestellt wurde (◼ Abb. 5.41) und

Vorderer Teil des Gehirns

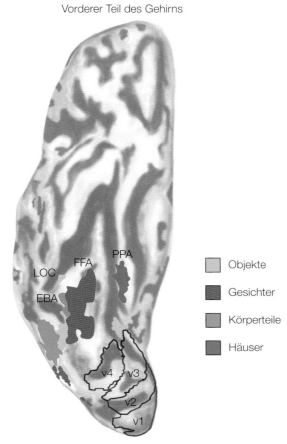

Objekte

Gesichter

Körperteile

Häuser

Hinterer Teil des Gehirns

◻ **Abb. 5.41** Einige Gehirnareale, die an verschiedenen Aspekten der Objekt- und der Szenenwahrnehmung beteiligt sind, hier in der Ansicht von unten auf eine Hemisphäre des Gehirns. Diese Areale sind relativ zu den visuellen Arealen V1–V4 dargestellt, die wir in ▶ Kap. 4 vorgestellt haben (◻ Abb. 4.23). *EBA* = extrastriäres Körperareal; *FFA* = fusiformes Gesichtsareal; *LOC* = lateraler Okzipitalkomplex; *PPA* = parahippocampales Ortsareal. (Aus Grill-Spector, 2009. Used with permission of SAGE Publications, Inc. Permission conveyed through Copyright Clearance Center, Inc.)

den sie als **fusiformes Gesichtsareal** (fusiform face area, kurz FFA) bezeichneten. Dieses Gebiet entspricht in etwa den Gesichtsarealen im temporalen Kortex des Affen. Diese und viele andere Experimente haben gezeigt, dass das FFA darauf spezialisiert ist, auf Gesichter zu antworten (Kanwisher, 2010).

Ein weiterer Hinweis auf einen speziellen Gehirnbereich für die Wahrnehmung von Gesichtern ergibt sich aus der Tatsache, dass die Schädigung des Temporallappens zu **Prosopagnosie** führt – zu Schwierigkeiten beim Erkennen von Gesichtern bei vertrauten Personen. Dann werden selbst die Gesichter nahestehender Personen oder auch das eigene Gesicht im Spiegel nicht mehr erkannt, obwohl diese Personen sofort identifiziert werden können, wenn sie anfangen zu sprechen (Burton et al., 1991; Hecaen & Angelerques, 1962; Parkin, 1996). Das FFA scheint also eine Schlüsselrolle bei der Gesichtswahrnehmung zu spielen. Dieser Befund unterstützt die Sichtweise einer modularen neuronalen Repräsentation, nach der die Aktivität in einem bestimmten Hirnbereich (oder Modul) eine bestimmte Funktion repräsentiert (▶ Kap. 2). Andere Forschungsergebnisse deuten jedoch darauf hin, dass das FFA nicht der einzige Bereich ist, der an der Gesichtswahrnehmung beteiligt ist. Wenn wir z. B. ein Gesicht betrachten, geht unsere Erfahrung über die bloße Identifizierung („das ist ein Gesicht") hinaus. Wir können auch auf die folgenden zusätzlichen Aspekte von Gesichtern reagieren:

1. Emotionale Aspekte („sie lächelt, also ist sie vermutlich glücklich", „wenn ich sein Gesicht ansehe, macht mich das glücklich")
2. Wohin jemand schaut („sie sieht mich an")
3. Wie sich Teile des Gesichts bewegen („ich kann ihn besser verstehen, wenn ich sehe, wie sich seine Lippen bewegen")
4. Wie attraktiv ein Gesicht ist („er hat ein hübsches Gesicht")
5. Ob das Gesicht vertraut ist („ich kenne sie von irgendwoher")

Gesichter sind komplex und lösen viele verschiedene Reaktionen aus. Wie in ◻ Abb. 5.42 und ◻ Tab. 5.1 gezeigt, sind diese verschiedenen Reaktionen mit Aktivitäten an vielen

◻ **Abb. 5.42** Hirnareale, die durch verschiedene Aspekte von Gesichtern aktiviert werden. Die *gestrichelte Linie* für die Amygdala zeigt an, dass sie sich im Inneren des Gehirns, unterhalb des Kortex, befindet. *A* = Amygdala; *FFA* = fusiformes Gesichtsareal; *FL* = Frontallappen; *OC* = Okzipitaler Kortex; *STS* = Sulcus temporalis superior

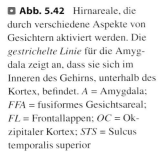

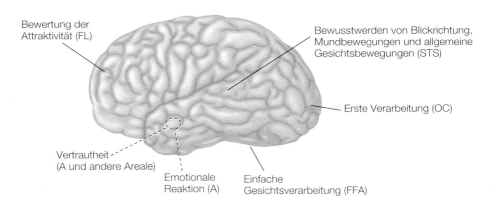

Bewertung der Attraktivität (FL)

Bewusstwerden von Blickrichtung, Mundbewegungen und allgemeine Gesichtsbewegungen (STS)

Erste Verarbeitung (OC)

Vertrautheit (A und andere Areale)

Emotionale Reaktion (A)

Einfache Gesichtsverarbeitung (FFA)

5

◻ **Tab. 5.1** Hirnareale, die durch verschiedene Aspekte von Gesichtern aktiviert werden. (Nach Calder et al., 2007; Gobbini & Haxby, 2007; Grill-Spector et al., 2004; Ishai et al., 2004; Natu & O'Toole, 2011; Pitcher et al., 2011; Puce et al., 1998; Winston et al., 2007)

Hirnareal	Funktion
Okzipitaler Kortex (OC)	Erste Verarbeitung
Fusiformes Gesichtsareal (FFA)	Einfache Gesichtsverarbeitung
Amygdala (A)	– Emotionale Reaktionen (Gesichtsausdrücke und emotionale Reaktionen des Beobachters) – Vertrautheit (vertraute Gesichter verursachen eine stärkere Aktivierung der Amygdala und anderer mit Emotionen verbundener Bereiche)
Frontallappen (FL)	Bewertung der Attraktivität
Sulcus temporalis superior (STS)	– Blickrichtung – Mundbewegungen – Allgemeine Gesichtsbewegungen

verschiedenen Stellen im Gehirn verbunden – ein Konzept, das mit der Annahme einer verteilten neuronalen Repräsentation übereinstimmt.

Neuronale Repräsentation anderer Objektkategorien

Wie werden andere (nicht gesichtsbezogene) Kategorien von Objekten im Gehirn repräsentiert? Neben dem FFA, das Neuronen enthält, die durch Gesichter aktiviert werden, wurde ein weiteres spezialisiertes Areal im temporalen Kortex identifiziert: Das **extrastriäre Körperareal** (extrastriate body area, kurz EBA) wird durch Bilder von Körpern und Körperteilen aktiviert, nicht aber durch Gesichter oder andere Objekte, wie in ◻ Abb. 5.43 gezeigt (Downing et al., 2001; Grill-Spector & Weiner, 2014). Andere Untersuchungen legen nahe, dass Kategorien wie belebte oder unbelebte Objekte spezifische Bereiche aktivieren (Konkle & Caramazza, 2013; Martin, 2007; Martin et al., 1996).

◻ **Abb. 5.43** Das extrastriäre Körperareal (*EBA*) wird durch Körper (*oben*), aber nicht durch andere Reize aktiviert (*unten*). (Aus Kanwisher, 2003, Fig. 79.1, p. 1180, © 2003 Massachusetts Institute of Technology, by permission of The MIT Press.)

Auch wenn einige spezialisierte Hirnareale identifiziert worden sind, ist es unrealistisch zu glauben, dass wir für jede Kategorie von Objekten ein eigenes Gehirnareal haben. Wahrscheinlicher ist eine Verteilung der neuronalen Repräsentation von Objekten auf verschiedene Hirnareale, wie wir es bei Gesichtern gesehen haben (◻ Abb. 5.42). Als Beleg kann ein fMRT-Experiment von Alex Huth et al. (2012) herangezogen werden, bei dem Teilnehmer 2 h lang Filmclips ansahen, während ihre Hirnaktivität mithilfe von einem Hirnscanner gemessen wurde. Um zu analysieren, wie einzelne Hirnareale durch verschiedene Objekte und Handlungen in den Filmen aktiviert wurden, erstellte Huth eine Liste mit 1705 verschiedenen Objekten und Handlungskategorien und legte fest, welche Kategorien in jeder Filmszene vorkamen.

◻ Abb. 5.44 zeigt 4 Videoclips und die dazugehörigen Kategorien. Indem Huth ermittelte, wie verschiedene Hirnareale durch die einzelnen Filmclips aktiviert wurden und anschließend seine Ergebnisse mithilfe eines komplexen statistischen Verfahrens analysierte, konnte er feststellen, auf welche Art von Reizen jedes Hirnareal reagierte. Zum Beispiel antwortete ein Bereich gut auf Straßen, Gebäude, Wege, Innenräume und Fahrzeuge.

◻ Abb. 5.45 zeigt einige der Kategorien, auf die verschiedene Bereiche im Gehirn antworten. Ähnliche Objekte und Handlungen führen im Gehirn zu einer Aktivierung nah beieinander liegender Bereiche. Es gibt 2 Bereiche für Menschen und 2 für Tiere, weil jeder Bereich unterschiedliche Merkmale von Menschen oder Tieren repräsentiert. So entspricht beispielsweise das mit „Mensch" gekennzeichnete Areal im unteren Teil bzw. an der Unterseite des Gehirns dem FFA, das auf alle Aspekte von Gesichtern reagiert. Das menschliche Areal weiter oben im Gehirn reagiert speziell auf Gesichtsausdrücke.

Einige Forschungsergebnisse dieser neurowissenschaftlichen Untersuchungen deuten zwar darauf hin, dass es verschiedene Module für verschiedene Funktionen gibt, allerdings zeigen die Ergebnisse auch, dass die Repräsentation oft über diese Module hinausgeht, sodass unserer Wahrnehmung von Objekten und Gesichtern eine Kombination aus modularer und verteilter Repräsentation zugrunde zu liegen scheint.

5.5.2 Neuronale Antworten auf Szenen

Nicht lange nach der Entdeckung der Rolle des FFA für die Wahrnehmung von Gesichtern, identifizierten Russell Epstein und Nancy Kanwisher ein weiteres spezialisiertes Areal im Schläfenlappen, das auf Orte, nicht aber auf Objekte oder Gesichter reagiert. Sie nannten diese Region das **parahippocampale Ortsareal** (parahippocampal place area, kurz PPA), das in ◻ Abb. 5.46 zu sehen ist. Mithilfe der fMRT zeigten Epstein und Kanwisher, dass das PPA durch Bilder aktiviert wurde, die Innen- und Außenszenen darstellten (Aguirre et al., 1998; Epstein et al., 1999;

Videoclip	Kategorien	Videoclip	Kategorien
	Bergkuppe (S) Wüste (S) Himmel (S) Wolke (S) Bürste (S)		Großstadt (S) Autobahn (S) Hochhäuser (S) (Verkehr) (S) Himmel (S)
	Frau (S) Reden (V) Gestikulieren (V) Buch (S)		Büffel (S) Gehen (V) Gras (S) Fluss (S)

◘ **Abb. 5.44** Vier Bilder aus den Videoclips, die den Teilnehmern des Experiments von Huth et al. (2012) präsentiert wurden. Die Wörter auf der *rechten Seite* listen die in den Bildern vorkommenden Kategorien auf. *S* = Substantiv; *V* = Verb. (Aus Huth et al., 2012. Reprinted with permission from Elsevier.)

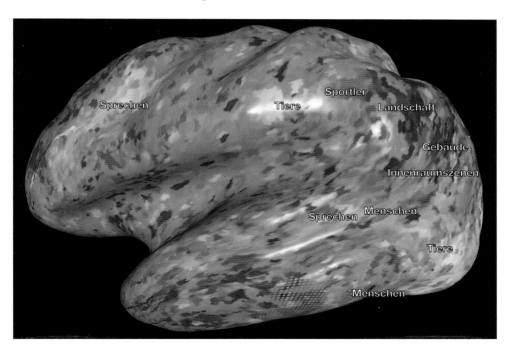

◘ **Abb. 5.45** Die Ergebnisse des Experiments von Huth et al. (2012) zeigen die Regionen im Gehirn, in denen das Gehirn mit der größten Wahrscheinlichkeit durch die angegebenen Kategorien aktiviert wird. Die Farben kennzeichnen Bereiche, die ähnlich reagieren. Zum Beispiel sind die beiden mit „Tiere" markierten Bereiche gelb. (Mit freundlicher Genehmigung von Alex Huth)

◘ **Abb. 5.46** **a** Das parahippocampale Ortsareal (*PPA*) wird durch Bilder von Orten aktiviert (*obere Reihe*), jedoch nicht durch andere Reize (*untere Reihe*). (Aus Kanwisher, 2003, Fig. 79.1, p. 1180, © 2003 Massachusetts Institute of Technology, by permission of The MIT Press.)

Epstein & Kanwisher, 1998). Wichtig für dieses Areal sind offenbar Informationen über die räumliche Anordnung, da eine erhöhte Aktivierung sowohl bei der Darbietung leerer Räume als auch bei der Darbietung vollständig möblierter Räume auftritt (Kanwisher, 2003).

Aber welche Funktion hat das PPA eigentlich? Einige Forscher haben die Frage gestellt, ob das PPA wirklich ein Areal für Orte ist, wie der Name andeutet. Einige dieser Forscher bevorzugen den Begriff *parahippocampaler Kortex (PHC)*, der die Lage des Areals im Gehirn angibt, ohne eine Aussage über seine Funktion zu machen.

Eine Theorie für die Funktion des PPA/PHC ist die **Hypothese der räumlichen Anordnung** von Russell Epstein (2008), der vorschlägt, dass das PPA/PHC auf die *Oberflächengeometrie* oder die *geometrische Anordnung* einer Szene reagiere. Dieser Vorschlag basiert teilweise auf der Tatsache, dass Szenen stärkere Reaktionen hervorrufen als Gebäude. Epstein glaubt jedoch nicht, dass Gebäude völlig irrelevant sind, da die Antwort auf Gebäude stärker ist als auf Objekte im Allgemeinen. Epstein erklärt dies damit, dass Gebäude „Teilszenen" sind, die mit dem Raum assoziiert werden, und kommt zu dem Schluss, dass die Funktion des PPA/PHC darin besteht, auf Eigenschaften von Objekten zu reagieren, die für die *Orientierung in einer Szene* oder die *Lokalisierung eines Ortes* relevant sind (siehe auch Troiani et al., 2014). Wenn wir in ► Kap. 7 ausführlicher auf die Orientierung in der Umgebung eingehen, werden wir weitere Belege für die Verbindung zwischen dem parahippocampalen Kortex und der Orientierung betrachten und sehen, dass auch andere nah gelegene Hirnareale an der Orientierung beteiligt sind.

Die Hypothese der räumlichen Anordnung ist nur eine der vorgeschlagenen Funktionen des PPA/PHC. Andere haben vermutet, dass die Rolle des PPA/PHC darin besteht, den dreidimensionalen Raum generell zu repräsentieren, auch wenn es keine Szene gibt (Mullally & Maguire, 2011). Diese Hypothese stützt sich auf fMRT-Studien, die zeigen, dass das PPA/PHC nicht nur bei vollständigen Szenen aktiviert wird, sondern auch bei Objekten, die ein Gefühl für die Umgebung vermitteln, und bei Bildern, die den Eindruck eines dreidimensionalen Raums erwecken, wie beispielsweise der Vordergrund der Szene in ◘ Abb. 5.26 (Zeidman et al., 2012). Wieder andere Forscher haben vorgeschlagen, dass die Funktion des PPA/PHC darin besteht, kontextuelle Beziehungen darzustellen – also die Organisation verwandter Objekte im Raum, z. B. Gegenstände, die in eine Küche gehören (Aminoff et al., 2013). Andere haben Beweise dafür vorgelegt, dass das PPA/PHC in verschiedene Bereiche unterteilt ist, die unterschiedliche Funktionen haben können, z. B. in eine Unterregion für die visuelle Analyse einer Szene und eine andere für die Verbindung dieser visuellen Informationen mit einer Erinnerung an die Szene (Baldassano et al., 2016; Rémy et al., 2014). Obwohl die Diskussion über die Funktion des PPA/PHC unter den Forschern andauert, ist man sich allgemein einig, dass es für die Raumwahrnehmung wichtig

ist – unabhängig davon, ob der Raum durch einzelne Objekte oder die umfangreicheren, mit Szenen verbundenen Bereiche definiert ist.

Wie wir bei dem FFA und der Gesichtswahrnehmung gesehen haben, ist das PPA nicht das einzige Gebiet, das an der Szenenwahrnehmung beteiligt ist. Tatsächlich gibt es mindestens 2 weitere Areale im Okzipital- und im Temporallappen, die selektiv auf Szenen zu reagieren scheinen (Epstein & Baker, 2019). Studien zur Messung der funktionellen Konnektivität (Methode 2.3) haben sogar gezeigt, dass diese Areale zusammen mit dem PPA aktiviert werden (Baldassano et al., 2016). Dies ist ein weiterer Beleg für eine verteilte Repräsentation, der zufolge beim Betrachten einer Szene mehrere miteinander verbundene Hirnareale beteiligt sind.

5.5.3 Die Verbindung zwischen Wahrnehmung und Gehirnaktivität

Bei einem Spaziergang oder z. B. auf dem Weg zu Ihrem Seminar sehen Sie wahrscheinlich viele Gesichter und Gebäude. Vielleicht sind Sie sich gar nicht bewusst, dass Sie all diese Gesichter und Gebäude gesehen haben. Wenn Sie sich z. B. auf das Gebäude vor Ihnen konzentrieren, übersehen Sie möglicherweise Ihren Freund, der Ihnen zuwinkt. Ist in dieser Situation Ihr FFA immer noch aktiv, um auf das Gesicht Ihres Freundes zu reagieren? Oder müssen Sie Ihre Wahrnehmung vom Gebäude auf das Gesicht Ihres Freundes richten, damit Ihr FFA reagiert? Diese Beziehung zwischen der Wahrnehmung (z. B. des Gesichts oder des Gebäudes) und der Gehirnaktivität wurde mit einer Technik untersucht, bei der dem linken und dem rechten Auge unterschiedliche Bilder präsentiert wurden.

Bei der alltäglichen visuellen Wahrnehmung sind die Netzhautbilder in beiden Augen nicht exakt deckungsgleich, weil sich die Augen nicht in derselben Position befinden und jedes Auge die Umgebung aus einem etwas anderen Blickwinkel sieht. Aber diese Netzhautbilder sind doch ähnlich genug, um zu einer einzigen Wahrnehmung verarbeitet zu werden.

Wenn aber jedem Auge ein ganz anderes Bild dargeboten wird, kann das Gehirn diese Bilder nicht zur Deckung bringen, und es kommt zu einer Situation, die man als **binokulare Rivalität** bezeichnet. Dabei nimmt der Betrachter entweder das Bild des rechten Auges oder das des linken Auges wahr, aber nicht beide Bilder gleichzeitig.[1]

---

1   Dieses Alles-oder-nichts-Prinzip bei der binokularen Rivalität, durch die nur eines der beiden Bilder wahrgenommen wird (Haus oder Gesicht), tritt zuverlässig immer dann auf, wenn die präsentierten Bilder nur einen kleinen Teil des visuellen Felds einnehmen. Bei größeren Bildern nehmen Probanden manchmal gleichzeitig Teile von beiden Bildern wahr. Bei den hier beschriebenen Experimenten wurde jedoch zu jedem Zeitpunkt nur eines der beiden Bilder wahrgenommen, wobei das Bild innerhalb kurzer Zeit wechseln konnte.

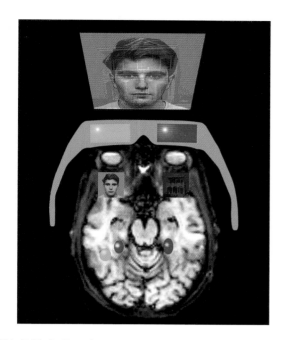

Abb. 5.47 Im Experiment von Tong et al. (1998) sahen die Probanden ein grünes Gesicht und ein rotes Haus durch eine Spezialbrille, durch deren Gläser nur rotes bzw. grünes Licht treten konnte, sodass das Haus dem rechten Auge und das Gesicht dem linken Auge präsentiert wurde. Wegen der binokularen Rivalität wechselte die Wahrnehmung zwischen Gesicht und Haus. Wenn die Probanden das Haus wahrnahmen, trat erhöhte Aktivität im parahippocampalen Ortsareal (PPA) beider Hirnhemisphären auf (*rot*). Wenn sie das Gesicht wahrnahmen, erhöhte sich die Aktivität im fusiformen Gesichtsareal (FFA) in der linken Hirnhälfte (*grün*). (Aus Tong et al., 1998. Reprinted with permission from Elsevier.)

Frank Tong et al. (1998) nutzten die binokulare Rivalität, um die Beziehung zwischen Wahrnehmung und neuronaler Aktivität beim Menschen mittels fMRT zu untersuchen. Sie präsentierten jeweils mithilfe einer Brille mit gefärbten Gläsern einem Auge das Bild eines menschlichen Gesichts und dem anderen Auge das Bild eines Hauses (Abb. 5.47). Die Gläser der Brille waren für rotes bzw. grünes Licht transparent, sodass das grüne Gesicht und das rote Haus jeweils nur für ein Auge sichtbar waren. Da in jedem Auge ein anderer Stimulus abgebildet wurde, kam es zur binokularen Rivalität, sodass entweder ein Gesicht oder ein Haus wahrgenommen wurde, wobei die Wahrnehmung innerhalb weniger Sekunden wechselte, obwohl beide Bilder auf den beiden Netzhäuten unverändert blieben.

Die Probanden drückten bei Tongs Experiment einen bestimmten Knopf, wenn sie das Haus wahrnahmen, und einen anderen Knopf beim Gesicht, und währenddessen wurden mittels fMRT die Aktivitäten im PPA und im FFA der Probanden gemessen. Beim Betrachten des Hauses nahm die Aktivität im PPA zu (und im FFA ab); beim Betrachten des Gesichts stieg die Aktivität im FFA (und sank im PPA). Obwohl die beiden Bilder auf den Netzhäuten beider Augen unverändert blieben, veränderte sich die Gehirnaktivität in Abhängigkeit von der jeweiligen

Wahrnehmung einer Person. Dieses und andere ähnliche Experiment sorgten für einiges Aufsehen unter den Hirnforschern, weil Aktivität und Wahrnehmung synchron gemessen wurden und weil sie eine dynamische Beziehung zwischen Wahrnehmung und Hirnaktivität zeigten, wobei sich Veränderungen der Wahrnehmung und Veränderungen der Aktivität wechselseitig widerspiegelten.

5.5.4 Gehirnaktivität entschlüsseln

Wir haben zahlreiche Beispiele für Experimente vorgestellt, in denen Reize wie Objekte, Gesichter und Szenen präsentiert und die Reaktion des Gehirns gemessen wurden. Einige Forscher haben den Prozess umgedreht und durch Messungen diejenigen Reize bestimmt, die eine Reaktion im Gehirn einer Person ausgelöst haben. Dazu verwenden sie ein Verfahren, das wir als *neuronales Gedankenlesen* bezeichnen (Methode 5.2).

Als Yukiyasu Kamitani und Frank Tong (2005) das oben beschriebene Verfahren anwandten, waren sie in der Lage, anhand des Aktivitätsmusters von 400 Voxeln im visuellen Kortex die Orientierungen von 8 verschiedenen Gittern vorherzusagen, die eine Person beobachtete (Abb. 5.48b).

Die Entwicklung eines Decodierers, der ziemlich genau vorhersagt, was eine Person wahrnimmt, war ein bemerkenswerter Schritt. Aber wie sieht es mit komplexen Stimuli wie komplexen Szenen in unserer alltäglichen Umgebung aus? Die Erweiterung der Stimuluspalette von 8 Streifenorientierungen auf alle möglichen Szenen in unserer Umwelt bedeutet einen gewaltigen Sprung. Jüngere Arbeiten zur Entwicklung solch komplexer Decodierer zeigen bereits erstaunlich gute Ergebnisse.

Eine solche Studie wurde von Shinji Nishimoto et al. (2011) durchgeführt. Ihr Ziel war es, einen Decodierer zu entwickeln, der in der Lage ist, das von den Teilnehmern in einem Film Gesehene allein durch ihre Gehirnaktivierung zu rekonstruieren. In der Kalibrierungsphase zeigten sie den Teilnehmern zunächst über 7000 s lang Filmausschnitte im fMRT-Scanner, während die Muster der Voxelaktivierung im visuellen Kortex aufgezeichnet wurden. Der Decodierer erhielt diese Voxelaktivierungsmuster und „lernte", wie das Gehirn des Teilnehmers typischerweise auf verschiedene visuelle Stimuli reagierte. Wie einer der Autoren dieser Studie, Jack Gallant, beschrieb, ist es fast so, als würde der Computer ein „Wörterbuch" erstellen, das Übersetzungen der Reize in den Filmclips und der Gehirnreaktionen der Teilnehmer auf diese Stimuli enthält (Ross, 2011).

In der Testphase sahen die Teilnehmer dann neue Filmclips, die sie in der Kalibrierungsphase nicht gesehen hatten. Ziel war es, festzustellen, ob der Decodierer anhand des „Wörterbuches" – der in der Kalibrierungsphase erfassten Aktivierungsmuster der Teilnehmer – vorhersagen konnte, was sie in diesen neuen Filmclips Sekunde für

Methode 5.2

Neuronales Gedankenlesen

Beim **neuronalen Gedankenlesen** wird eine neuronale Reaktion, in der Regel die mittels fMRT gemessene Hirnaktivierung, verarbeitet, um festzustellen, was eine Person wahrnimmt oder denkt. Wie wir in Methode 2.2 gesehen haben, misst die fMRT die Aktivität in *Voxeln*; das sind kleine würfelförmige Volumenelemente im Gehirn von 2–3 mm Kantenlänge. Beim neuronalen Gedankenlesen kommt es auf das *Muster* der Aktivierung über mehrere Voxel hinweg an, das häufig mit einer Technik namens **Multivoxel-Musteranalyse (MVPA)** gemessen wird. Das Muster der aktivierten Voxel hängt von der Aufgabe und der Art des wahrgenommenen Reizes ab. ◨ Abb. 5.48a zeigt z. B. 8 Voxel, die durch einen schräg nach rechts orientierten Schwarz-Weiß-Gitterreiz aktiviert werden. Die Betrachtung einer anderen Ausrichtung (z. B. schräg nach links) aktiviert ein anderes Muster von Voxeln.

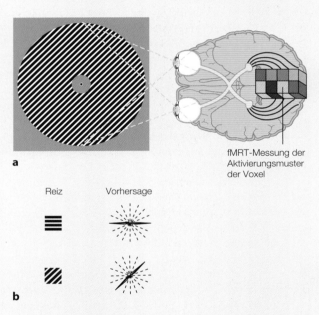

a

Reiz   Vorhersage

b

◨ **Abb. 5.48 a** Das Betrachten eines Streifenmusters (*links*) mit unterschiedlichen Orientierungen verursacht ein Aktivierungsmuster von Voxeln. Die Würfel in der Gehirnzeichnung geben die Antworten für 8 Voxel wieder. Die Unterschiede der Schattierung stellen das Aktivierungsmuster durch die betrachtete Orientierung dar. **b** Die Ergebnisse des Experiments von Kamitani und Tong (2005) für 2 Orientierungen. Die Streifenmuster waren der Reiz, der dem Betrachter dargeboten wurde. Die rechts davon angegebenen Orientierungen entsprechen den Vorhersagen des Orientierungsdecodierers. Dieser Decodierer konnte die 8 getesteten Richtungen alle korrekt vorhersagen. (Aus Kamitani & Tong, 2005)

◨ Abb. 5.49 veranschaulicht das grundlegende Verfahren für neuronales Gedankenlesen am Beispiel dieser orientierten Gitter (Kamitani & Tong, 2005). Zunächst wird die Beziehung zwischen dem Stimulus und dem Voxelmuster bestimmt, indem die Reaktion des Gehirns auf eine Reihe verschiedener Stimuli (in diesem Fall verschiedener Orientierungen) mithilfe der fMRT gemessen wird (◨ Abb. 5.49a). Wir nennen dies die Kalibrierungsphase. Anschließend wird anhand dieser Daten ein **Decodierer** erstellt, d. h. ein Computerprogramm, das auf der Grundlage der in der Kalibrierungsphase beobachteten Voxelaktivierungsmuster den wahrscheinlichsten Reiz vorhersagen kann (◨ Abb. 5.49b). In der Testphase schließlich wird die Leistung des Decodierers getestet, indem die Hirnaktivierung gemessen wird, während eine Person wie zuvor verschiedene Reize betrachtet, aber dieses Mal wird der Decodierer verwendet, um den von der Person wahrgenommenen Reiz vorherzusagen (◨ Abb. 5.49c). Wenn dies funktioniert, sollte es möglich sein, allein anhand der Hirnaktivierung vorherzusagen, welchen Reiz eine Person sieht.

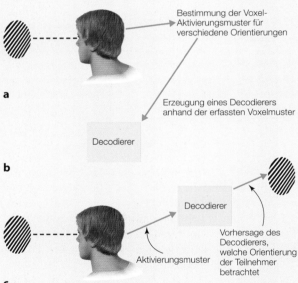

a

b

c

◨ **Abb. 5.49** Das Prinzip des neuronalen Gedankenlesens. **a** In der Kalibrierungsphase schaut der Teilnehmer auf verschiedene Orientierungen, und mithilfe der fMRT werden die Voxelaktivierungsmuster für jede Richtung bestimmt. **b** Auf der Grundlage der in **a** erfassten Voxelmuster wird ein Decodierer erzeugt. **c** In der Testphase blickt ein Teilnehmer auf eine Orientierung, und der Decodierer analysiert die Voxelmuster aus dem visuellen Kortex des Teilnehmers. Anhand dieses Voxelmusters sagt der Decodierer die Orientierung voraus, die der Teilnehmer gerade betrachtet

Sekunde sahen. Mit anderen Worten: Der Decodierer sollte das in der Testphase ermittelte Gehirnaktivierungsmuster auswerten und dann in dem während der Kalibrierungsphase erstellten Wörterbuch „nachschlagen", um vorherzusagen, welchen Stimulus die Person sieht.

Interessanterweise konnte der Decodierer nicht nur den Stimulus ermitteln, der am ehesten der Gehirnaktivierung entsprach (z. B. dass der Teilnehmer eine „Person" sah), sondern er konnte auch das Aussehens dieses Stimulus rekonstruieren (die „Person" befand sich auf der linken Seite des Bildschirms und hatte dunkles Haar). Um diese Rekonstruktion vorzunehmen, zog der Decodierer eine Datenbank mit Filmclips aus dem Internet heran (Ausschnitte, die nicht während der Kalibrierung oder des Tests verwendet wurden), die 18 Mio. Sekunden umfassten, und wurde so programmiert, dass er die Clips auswählte, die dem Stimulus am ehesten entsprachen, den er im Wörterbuch der Gehirnaktivierungsmuster „nachgeschlagen" hatte (d. h. Clips, die eine Person auf der linken Seite des Bildschirms mit dunklem Haar zeigten). Der Decodierer bildete dann einen Durchschnitt aus all diesen übereinstimmenden Clips, um eine visuelle Rekonstruktion oder eine „Vermutung" zu erstellen, was der Teilnehmer höchstwahrscheinlich während jeder Sekunde des Films gesehen hatte – alles in allem eine verblüffende rechnerische Leistung!

Konnte der Decodierer also tatsächlich die Gedanken der Teilnehmer lesen und erraten, was sie in den Filmclips während der Testphase sahen? Die linke Spalte in ◪ Abb. 5.50 zeigt Bilder aus Filmausschnitten, die der Teilnehmer beobachtet hat. Die rechte Spalte zeigt die Vermutung des Computers aufgrund der Gehirnaktivierung des Teilnehmers durch das, was er gesehen hatte. Obwohl einige feine Details fehlen, können Sie sehen, dass der Decodierer insgesamt eine ziemlich gute Arbeit geleistet hat! Er konnte feststellen, dass der Teilnehmer z. B. ein Gesicht und nicht eine abstrakte Form gesehen hatte.

Die Studie von Nishimoto et al. (2011) liefert starke Hinweise dafür, dass neuronales Gedankenlesen möglich sein wird, und andere neuere Studien bestätigen dies ebenfalls für das Sehen und sogar auch für andere Sinne wie das Hören (Formisano et al., 2008; Huth et al., 2016). Die derzeitigen Methoden des Gedankenlesens sind allerdings noch eingeschränkt. So ist beispielsweise eine „Kalibrierungsphase" erforderlich, d. h., die Forscher müssen zunächst Reize präsentieren, um das Aktivierungsmuster des Gehirns festzustellen, das erst nachfolgend zur Bestimmung von neuen Reizen verwendet werden kann. Ein Decodierer kann also nicht einfach die Gedanken einer Person lesen, sondern er muss zunächst ermitteln, wie das Gehirn einer Person auf bestimmte Eingaben reagiert. Die von den Forschern als Inputs (und potenzielle Outputs) gewählten Stimuli sind daher ebenfalls begrenzt. Letztendlich werden jedoch viel größere Bilddatenbanken zu viel größeren Übereinstimmungen führen. Außerdem wird die

a Präsentierter Filmclip   **b** Auf Grundlage der Hirnaktivität rekonstruierter Filmclip

◪ **Abb. 5.50** Ergebnisse eines Experiments zum neuronalen Gedankenlesen. *Linke Spalte*: Bilder aus Filmclips; *rechte Spalte*: vom Computer erzeugtes Bild. (Aus Nishimoto et al., 2011. Reprinted with permission from Elsevier.)

Genauigkeit zunehmen, sobald wir mehr darüber erfahren, wie die neuronale Aktivität verschiedener Hirnregionen die Merkmale von Objekten und Szenen wiedergibt. Natürlich braucht ein ultimativer Decodierer keine Kalibrierungsphase mehr und er muss seinen Output auch nicht mehr mit riesigen Datenbanken abgleichen. Er wird wohl nur das Aktivierungsmuster der Voxel analysieren und das Bild der Szene daraus ableiten. Derzeit gibt es nur einen „Decodierer", der das schafft – unser Gehirn (dabei ist anzumerken, dass auch das Gehirn eine „Datenbank" mit Information zur Umgebung nutzt – das wissen wir aufgrund der Rolle, die Regelmäßigkeiten in der Umgebung bei der Wahrnehmung von Szenen spielen). Wir sind noch weit davon entfernt, einen solchen ultimativen Decodierer im Labor zu entwickeln, allerdings sind die bereits existierenden Decodierer erstaunliche Errungenschaften, die wir noch vor Kurzem als Science-Fiction betrachtet hätten.

5.6 Weitergedacht: Das Rätsel der Gesichter

Nachdem wir nun beschrieben haben, wie die Wahrnehmung organisiert ist und wie wir Objekte und Szenen wahrnehmen, wollen wir uns nun auf einen besonderen Typ von Objekten konzentrieren: auf Gesichter. Wir legen auf Gesichter einen besonderen Fokus, weil wir in unserer Umgebung überall Gesichtern begegnen und weil sie eine wichtige Informationsquelle sind. Gesichter lassen die Identität einer Person erkennen, die für soziale Interaktionen wichtig ist (wer ist die Person, die mich gerade begrüßt?) und bei der Sicherheitskontrolle eine wichtige Rolle spielt (wenn am Flughafen die Pässe der Einreisenden verlangt werden). Gesichter drücken Stimmungen und Emotionen aus und verraten, wohin eine Person blickt. Und das Gesicht einer Person kann beim Betrachter ein Werturteil auslösen (scheint unfreundlich, attraktiv etc.).

Gesichter sind auch Gegenstand zahlreicher Forschungen, wobei ihnen bzw. ihrer Wahrnehmung teilweise eine besondere Bedeutung zugeschrieben wird. Wenn Probanden z. B. so schnell wie möglich auf Bilder blicken sollen, die entweder Gesichter, Tiere oder Autos zeigen, lösen Gesichter die schnellsten Augenbewegungen aus: Die Augenbewegungen erfolgen bei Gesichtern innerhalb von 138 ms gegenüber 170 ms bei Tieren und 188 ms bei Fahrzeugen. Diese Ergebnisse haben zu der Vermutung geführt, dass Gesichter etwas Besonderes sind, sodass sie effizienter und schneller als andere Objektklassen verarbeitet werden können (Crouzet et al., 2010; Farah et al., 1998).

Ein Forschungsergebnis, das viele Male repliziert wurde, betrifft Bilder, die auf den Kopf gestellt sind: Gesichter lassen sich, wenn sie invertiert sind, deutlich schwerer iden-

tifizieren oder vergleichen (Busigny & Rossion, 2010). Bei anderen Objekten treten zwar ähnliche Effekte auf, sie fallen allerdings erheblich geringer aus (Abb. 5.51).

Durch das Invertieren eines Gesichts wird es schwieriger, die Informationen zur Konfiguration von Merkmalen wie die Beziehungen zwischen Augen, Nase und Mund zu verarbeiten. Diese Wirkung der Inversion wurde als Hinweis darauf gedeutet, dass Gesichter holistisch verarbeitet werden (Freire et al., 2000). Mithin scheint unsere Fähigkeit, Tausende von Gesichtern unterscheiden zu können, darauf zu beruhen, dass wir die Konstellation der Merkmale eines Gesichts – die Anordnung von Augen, Nase und Mund – entdecken können. Diese Forschung legt nahe, dass Gesichter etwas Besonderes sind, weil sie ganzheitlicher oder holistischer verarbeitet werden als andere Objekte.

Eine weitere Besonderheit von Gesichtern liegt darin, dass es Neuronen gibt, die, wie wir in diesem und in vorhergehenden Kapiteln gesehen haben, selektiv auf Gesichter ansprechen und in bestimmten Gehirnbereichen besonders zahlreich vorkommen. Ein solcher Bereich, den wir weiter oben in diesem Kapitel beschrieben haben, ist der Bereich im Gyrus fusiformis, den Nancy Kanwisher als *fusiformes Gesichtsareal (FFA)* bezeichnet hat, weil es selektiv auf Gesichter zu reagieren scheint (Kanwisher et al., 1997). Spätere Forschungen haben jedoch gezeigt, dass es im FFA auch Neuronen gibt, die auf andere Objekte als Gesichter reagieren (Haxby et al., 2001), aber der Name *fusiformes Gesichtsareal* ist geblieben, und es ist wahrscheinlich, dass das FFA, auch wenn es nicht ausschließlich auf Gesichter reagiert, eine wichtige Rolle bei der Wahrnehmung von Gesichtern spielt. Natürlich gibt es in der Physiologie der Gesichtswahrnehmung mehr als nur das

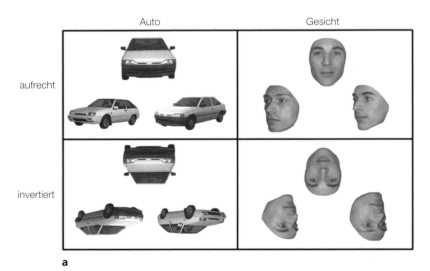

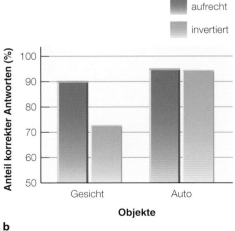

a

b

 Abb. 5.51 a Stimuli aus dem Experiment von Busigny und Rossion (2010), bei dem Frontalansichten eines Autos bzw. eines Gesichts gezeigt und anschließend die Aufgabe gestellt wurde, von verschiedenen Seitenansichten eines Autos bzw. Gesichts diejenige auszuwählen, die dasselbe Auto bzw. Gesicht zeigt. Beispielsweise ist bei dem aufrechten Auto die Seitenansicht rechts mit dem Zielobjekt identisch. **b** Der Anteil richti-

ger Antworten ist hier für aufrechte Bilder (*blau*) bzw. invertierte Bilder (*orange*) wiedergegeben. Beachten Sie, dass es unter diesen Bedingungen bei den Autos kaum einen Unterschied gibt, während sich bei den Gesichtern der Anteil richtiger Antworten von 89 % auf nur 73 % reduziert. (Aus Busigny & Rossion, 2010. Reprinted with permission from Elsevier.)

FFA. Wie wir bei der Beschreibung der neuronalen Korrelate der Gesichtswahrnehmung gesehen haben, sind neben dem FFA zahlreiche weitere Bereiche an der Gesichtswahrnehmung beteiligt (◘ Abb. 5.42). Gesichter scheinen also etwas Besonderes zu sein, weil sie in unserer Umgebung eine wichtige Rolle spielen und in vielen Bereichen des Gehirns Aktivität auslösen.

Aber wir sind noch nicht fertig mit den Gesichtern, denn sie stehen im Mittelpunkt einer der interessantesten Kontroversen der Wahrnehmung, bei der es um die **Expertise-Hypothese** geht, also einer Hypothese, der zufolge unsere Fähigkeit, Gesichter wahrzunehmen, und die starke Reaktion auf Gesichter im FFA darauf beruht, dass wir „Experten" in der Wahrnehmung von Gesichtern geworden sind, weil wir ihnen unser ganzes Leben lang begegnen.

Isabel Gauthier et al. (1999) untermauerten die Expertise-Hypothese, indem sie mittels fMRT das Aktivierungsniveau im FFA als Antwort auf das Betrachten von Gesichtern und Objekten namens „Greebles" bestimmten. „Greebles" sind Gruppen von computergenerierten „Wesen", die alle dieselbe Grundkonfiguration aufweisen, sich jedoch in Bezug auf die Form ihrer einzelnen Bestandteile unterscheiden (◘ Abb. 5.52a). Anfangs wurden den Versuchspersonen sowohl menschliche Gesichter als auch Greebles gezeigt. Die Ergebnisse für diesen Teil des Experiments, dargestellt durch die linken Balken in ◘ Abb. 5.52b, zeigen, dass die Neuronen im FFA kaum auf die Greebles, jedoch stark auf die Gesichter antworten.

Die Versuchspersonen wurden dann 4 Tage lang für jeweils 7 Stunden in „Greeble-Erkennung" trainiert. Nach den Trainingssitzungen waren die Probanden zu „Greeble-Experten" geworden, was sich an ihrer Fähigkeit zeigte, viele verschiedene Greebles sehr schnell bei den Namen zu nennen, die sie während des Trainings gelernt hatten. Die rechten Balken in ◘ Abb. 5.52b zeigen, dass die neuronalen Antworten in den FFA der Versuchspersonen nach

dem Training auf die Greebles ungefähr genauso hoch waren wie auf Gesichter.

Auf der Grundlage dieses Ergebnisses schlugen Gauthier et al. vor, dass das FFA vielleicht doch nicht nur ein „Gesichtsareal" ist, sondern stattdessen ein beliebiges Objekt repräsentiert, für das die Person ein Experte ist (was zufällig Gesichter einschließt). Tatsächlich konnten sie zeigen, dass Neuronen im FFA von Menschen, die Experten im Erkennen von Autos und Vögeln sind, nicht nur stark auf menschliche Gesichter antworten, sondern auch auf Autos (im Fall der Autoexperten) und Vögel (im Fall der Vogelexperten; vgl. Gauthier et al., 2000). In ähnlicher Weise konnte auch in einem Experiment mit Schachexperten und -novizen gezeigt werden, dass das Betrachten der Figuren auf einem Schachbrett eine höhere Aktivierung im FFA der Schachexperten auslöst als im FFA der Schachnovizen (Bilalić et al., 2011).

Was bedeutet das alles? Bislang können wir über die Frage, ob Gesichter von Natur aus etwas Besonderes sind oder ob ihre „Besonderheit" einfach auf unsere umfangreiche Erfahrung mit ihnen zurückzuführen ist, lediglich mit Sicherheit sagen, dass sie immer noch Gegenstand der wissenschaftlichen Diskussion ist. Einige Forscher sind der Ansicht, dass Erfahrung wichtig ist, um das FFA als Modul für Gesichter festzulegen (Bukach et al., 2006; Tanaka & Curran, 2001); andere argumentieren, dass die Rolle des FFA als Gesichtsareal weitgehend auf Verschaltungen beruht, die nicht von der Erfahrung abhängen (Kanwisher, 2010). Diese Debatte über die Besonderheit von Gesichtern und das FFA zeigt, dass trotz aller Forschungsarbeiten zur Gesichts- und zur Objektwahrnehmung, die in den letzten 30 Jahren durchgeführt wurden, immer noch Kontroversen und Ungewissheiten bestehen.

5.7 Der Entwicklungsaspekt: Die kindliche Wahrnehmung von Gesichtern

Was sehen Neugeborene und Säuglinge? Im Abschnitt zum Entwicklungsaspekt in ► Kap. 3 haben wir gesehen, dass Säuglinge im Vergleich zu Erwachsenen eine geringere Sehschärfe haben, in ► Kap. 2 wurde dargelegt, dass die Fähigkeit, Details zu erkennen, im Laufe des ersten Lebensjahres rasch zunimmt. Daraus sollten wir aber nicht den Schluss ziehen, dass Neugeborene oder Säuglinge gar nichts sehen können. Im Nahbereich können sie einige Grobstrukturen entdecken, wie die Simulation in ◘ Abb. 5.53 für einen Abstand von etwa 60 cm verdeutlicht. Bei der Geburt ist der wahrgenommene Kontrast zwischen hellen und dunklen Bereichen im visuellen Feld noch so gering, dass das Gesicht schwer zu bestimmen ist, wobei einige Bereiche mit sehr hohem Kontrast sichtbar sind. Mit 8 Wochen verfügt ein Säugling bereits über eine hinreichend gute Kontrastwahrnehmung, um etwas Ähnliches wie ein Gesicht erkennen zu können. Ein 3–4 Monate

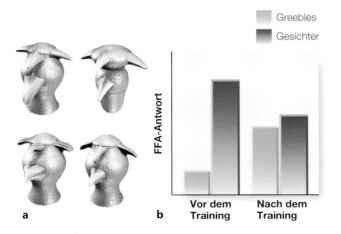

◘ **Abb. 5.52 a** Die von Gauthier verwendeten Greeble-Stimuli. Die Teilnehmer wurden trainiert, die verschiedenen Greebles zu benennen. **b** Gehirnreaktionen auf Greebles und Gesichter vor und nach dem Greeble-Training. (Aus Gauthier et al., 1999)

5

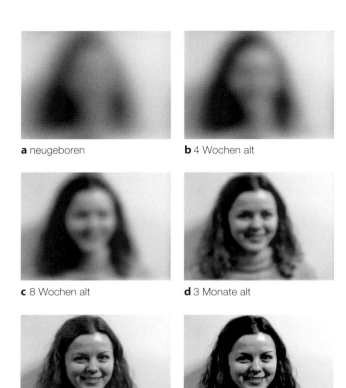

a neugeboren　　**b** 4 Wochen alt

c 8 Wochen alt　　**d** 3 Monate alt

e 6 Monate alt　　**f** erwachsen

◻ **Abb. 5.53** Simulation der Wahrnehmung eines Gesichts in etwa 60 cm Entfernung, wie sie sich nach der Geburt verändert. (© Bruce Goldstein; Simulation: © Alex Wade)

alter Säugling kann bereits den Unterschied zwischen Gesichtern feststellen, die fröhlich, überrascht oder verärgert aussehen oder einen neutralen Ausdruck zeigen (LaBarbera et al., 1976; Young-Browne et al., 1977), und zwischen Katze und Hund unterscheiden (Eimas & Quinn, 1994).

Menschliche Gesichter gehören zu den wichtigsten Stimuli in der Umgebung eines Säuglings. Wenn ein Neugeborenes aus seinem Bettchen hinaufschaut, sieht es die Gesichter vieler interessierter Erwachsener im visuellen Feld über sich auftauchen. Am häufigsten sieht es gewöhnlich das Gesicht seiner Mutter, und es weist einiges darauf hin, dass es dieses Gesicht bereits kurz nach der Geburt erkennt.

Mithilfe der Blickpräferenz fanden Ian Bushnell et al. (1989) heraus, dass 2 Tage alte Neugeborene bei der Alternative, das Gesicht der Mutter oder ein fremdes Gesicht anzusehen, in 63 % der Blickzeit das Gesicht der Mutter anschauten. Da dieser Wert deutlich über der Zufallswahrscheinlichkeit von 50 % liegt, schlossen Bushnell et al. daraus, dass ein 2 Tage altes Neugeborenes bereits das Gesicht seiner Mutter erkennen kann.

Um herauszufinden, welche Information die Neugeborenen für das Erkennen des Gesichts der Mutter benutzten, variierten Oliver Pascalis et al. (1995) die Darbietungs-

bedingungen. Wenn die Haaransätze in beiden Gesichtern durch pinkfarbene Kopftücher verdeckt wurden, wurde das Gesicht der Mutter nicht mehr bevorzugt. Offenbar liefert die kontraststarke Hell-Dunkel-Kante zwischen dem dunklen Haaransatz und der hellen Stirn wichtige Information über die physische Merkmale, anhand derer der Säugling seine Mutter erkennt (ein weiterer experimenteller Beleg dieser Tatsache findet sich bei Bartrip et al., 2001).

In einem Experiment, bei dem John Morton und Mark Johnson (1991) Neugeborene bereits innerhalb der ersten Stunde nach der Geburt beobachteten, wurden mehr oder weniger gesichtsähnliche Stimuli (◻ Abb. 5.54) im Blickfeld des Neugeborenen horizontal hin- und herbewegt und das Gesicht des Säuglings auf Video aufgezeichnet. Anschließend wurden diese Videobänder von neutralen Beobachtern bewertet, die protokollierten, ob der Säugling den Kopf oder die Augen drehte, um dem Stimulus zu folgen. Hierbei wussten die Beobachter nicht, welcher Stimulus jeweils gerade dargeboten worden war. Wie die Ergebnisse in ◻ Abb. 5.54 zeigen, folgten die Neugeborenen einem sich bewegenden Gesicht weiter mit den Augen als anderen Stimuli, was Morton und Johnson zu der Annahme veranlasste, dass Säuglinge mit Informationen über die Struktur von Gesichtern geboren werden. Zur Unterstützung dieses Vorschlags wurde in einer Neuroimaging-Studie von Teresa Farroni et al. (2013) festgestellt, dass bei 1–5 Tage alten Neugeborenen bewegte Gesichter – z. B. das Video eines Erwachsenen, der das Spiel „Kuckuck" spielt, mehr Aktivität in visuellen Hirnarealen auslösten als bewegte Reize, die keine Gesichter zeigten, z. B. ein Video von Zahnrädern und Kolben. Diese Neuroimaging-Studie ergänzt die verhaltensbiologischen Erkenntnisse, die auf eine angeborene Veranlagung zur Wahrnehmung von Gesichtern hindeuten.

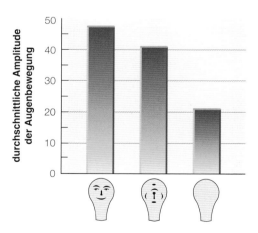

◻ **Abb. 5.54** Die bei jedem der 3 bewegten Stimuli gemessenen Amplituden der Augenbewegungen. Bei dem gesichtsähnlichen Stimulus drehten die Neugeborenen die Augen im Durchschnitt weiter als bei dem Stimulus mit zufällig verteilten Gesichtsmerkmalen oder dem leeren Stimulus. (Nach Morton & Johnson, 1991. Copyright © 1991, American Psychological Association)

Darüber hinaus gibt es Hinweise auf den Einfluss von Erfahrung auf die kindliche Gesichtswahrnehmung. So beobachtete Bushnell (2001) Neugeborene während der ersten 3 Tage ihres Lebens, um festzustellen, ob zwischen ihrem Blickverhalten und der Dauer der mit der Mutter verbrachten Zeit ein Zusammenhang bestand. Das Ergebnis war, dass Säuglinge im Alter von 3 Tagen eine größere Wahrscheinlichkeit für das bevorzugte Anschauen des Gesichts der Mutter gegenüber dem einer fremden Person zeigten, je mehr Zeit sie mit der Mutter verbracht hatten. Die beiden Kinder, die am wenigsten Kontakt mit der Mutter gehabt hatten (durchschnittlich 1,5 h), schauten die Gesichter der Mutter und der fremden Person gleich lange an. Demgegenüber schauten die beiden Kinder, die den meisten Kontakt mit der Mutter gehabt hatten (durchschnittlich 7,5 h), das Gesicht ihrer Mutter in 68 % der Zeit an. Die Analyse der Ergebnisse von allen Kindern führten Bushnell zu dem Schluss, dass sich die Gesichtswahrnehmung sehr rasch nach der Geburt entwickelt, dass aber die Erfahrung im Betrachten von Gesichtern ebenfalls einen Einfluss hat.

Die kindliche Fähigkeit zur Erkennung von Gesichtern entwickelt sich in den ersten Monaten rasant, aber das ist nur der Anfang. Mit 3–4 Monaten können Säuglinge einige Gesichtsausdrücke erkennen, die Fähigkeit, Gesichter zu identifizieren, erreicht aber erst in der Adoleszenz oder im frühen Erwachsenenalter das Niveau von Erwachsenen (Grill-Spector et al., 2008, Mondloch et al., 2003, 2004).

Wie sieht es mit der Physiologie aus? In einer kürzlich durchgeführten Studie wurde die funktionelle Konnektivität in den Gehirnen von Säuglingen im Alter von 27 Tagen gemessen. Funktionelle Konnektivität liegt vor, wenn die neuronale Aktivität in zwei verschiedenen Bereichen des Gehirns korreliert (▶ Abschn. 2.3.3). Frederik Kamps et al. (2020) maßen die funktionelle Konnektivität bei schlafenden Säuglingen mit der Ruhezustandsmethode (Methode 2.3) und stellten eine funktionelle Verbindung zwischen dem visuellen Kortex, in dem Informationen über Gesichter zuerst den Kortex erreichen, und dem fusiformen Gesichtsareal her – 2 Bereiche, die bei Säuglingen noch nicht gut entwickelt sind, die aber bei Erwachsenen mit der Wahrnehmung von Gesichtern in Verbindung gebracht werden.

Kamps folgert aus diesem Ergebnis, dass „Konnektivität Vorrang hat vor der Funktion" im sich entwickelnden Kortex. Demnach ist die Verbindung zwischen dem visuellen Kortex und dem späteren FFA bereits vorher angelegt und bildet die Grundlage für die weitere Entwicklung der Erkennungsfähigkeiten von Gesichtern beim Säugling.

Aber die Entwicklung der Physiologie der Gesichtswahrnehmung erstreckt sich über viele Jahre. Wie ◻ Abb. 5.55 zeigt, ist das FFA (rot) bei einem 8-jährigen Kind im Verhältnis zum gleichen Areal eines Erwachsenen klein (Golarai et al., 2007; Grill-Spector et al., 2008). Dagegen ist das PPA (grün) beim Kind und Erwachsenen relativ gleich groß.

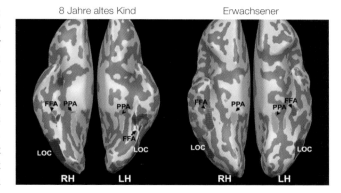

8 Jahre altes Kind   Erwachsener

◻ **Abb. 5.55** Selektive Aktivierungen bei der Betrachtung von Gesichtern (*rot*), Orten (*grün*) und Objekten (*blau*) im Gehirn eines repräsentativen 8 Jahre alten Kinds bzw. eines Erwachsenen. Die Areale für Orte und Objekte sind beim Kind gut entwickelt, aber das Gesichtsareal ist im Vergleich zum Erwachsenen klein. (Aus Grill-Spector et al., 2008. Reprinted with permission from Elsevier.)

Die langsame Entwicklung des Gesichtsareals könnte mit der Entwicklung der Fähigkeiten beim Erkennen von Gesichtern und ihrem emotionalen Ausdruck verknüpft sein, insbesondere auch mit der Wahrnehmung der Konfiguration von Gesichtsmerkmalen (Scherf et al., 2007). Offenbar sind Gesichter von Geburt an bis ins Erwachsenenalter etwas Besonderes – beginnend mit den ersten Reaktionen des Neugeborenen bis hin zur Entfaltung der gesamten Komplexität unserer Gesichtswahrnehmung in höherem Alter.

Übungsfragen 5.3

1. Welche Rolle spielt der laterale Okzipitalkomplex (LOC) bei der Wahrnehmung?

2. Beschreiben Sie die Belege, die darauf hindeuten, dass das FFA an der Wahrnehmung von Gesichtern beteiligt ist. Achten Sie darauf, dass Ihre Antwort auch eine Beschreibung der Prosopagnosie beinhaltet.

3. Erörtern Sie, wie andere (nicht gesichtsbezogene) Objektkategorien im Gehirn repräsentiert werden, einschließlich der fMRT-Studie von Huth et al. Was sagt dies über modulare versus verteilte Repräsentationen aus?

4. Welche Rolle spielt das PPA/PHC bei der Wahrnehmung von Szenen? Beschreiben Sie die Funktion des PPA/PHC gemäß der Hypothese der räumlichen Anordnung. Welche anderen Funktionen wurden diesem Bereich außerdem zugeschrieben?

5. Beschreiben Sie das Experiment von Tong, in dem er einem Auge das Bild eines Hauses und dem anderen Auge das Bild eines Gesichts zeigte. Was haben die Ergebnisse gezeigt?

6. Was ist eine Multivoxel-Musteranalyse? Beschreiben Sie, wie Decodierer es ermöglichen, anhand der mit fMRT gemessenen Gehirnaktivität vorherzusagen, was eine Person während dieser Messung als Stimulus gesehen hat.

7. Beschreiben Sie 2 Experimente, die zeigen, dass neuronales Gedankenlesen möglich ist. Worin bestehen die Grenzen dieser Experimente?

8. Warum denken einige Forscher, dass Gesichter etwas Besonderes sind? Was zeigen die Experimente zu Augenbewegungen und mit invertierten Gesichtern?

9. Welche Hirnareale sind neben dem fusiformen Gesichtsareal (FFA) noch an der Wahrnehmung von Gesichtern beteiligt?

10. Was ist die Expertise-Hypothese? Beschreiben Sie, wie Ergebnisse von fMRT-Studien diese Idee unterstützen. Erläutern Sie das Experiment, bei dem Gesichter durch Messung der funktionellen Konnektivität untersucht wurden.

11. Was weist darauf hin, dass bereits Neugeborene Gesichter erkennen können? Was weist darauf hin, dass die Fähigkeit zur Wahrnehmung der vollen Komplexität von Gesichtern erst spät in der Adoleszenz oder im Erwachsenenalter voll entfaltet ist?

◘ Abb. 5.56 Ist hier etwas mit den Beinen der beiden nicht in Ordnung? Oder ist es nur ein Wahrnehmungsproblem? (© Charles Feil)

5.8 Zum weiteren Nachdenken

1. Als Reaktion auf die Ankündigung eines selbstfahrenden Fahrzeugs von Google sagt Harry: „So, jetzt haben wir endlich gezeigt, dass die Wahrnehmung von Computern genauso gut ist wie die von Menschen." Was würden Sie auf diese Aussage antworten?

2. Vecera zeigte, dass Regionen im unteren Teil eines Stimulus eine größere Wahrscheinlichkeit dafür aufweisen, als Figur wahrgenommen zu werden. Wie steht dieser Befund mit der Idee in Zusammenhang, dass unser visuelles System auf Regelmäßigkeiten in der Umwelt abgestimmt ist?

3. Wenn Sie ◘ Abb. 5.56 betrachten, bemerken Sie irgendetwas Merkwürdiges bei den Beinen der Strandgänger? Wirken sie auf den ersten Blick verwirrend? Was an dem Bild bewirkt, dass die Wahrnehmung die Beine auf diese Weise organisiert? Können Sie Ihre Wahrnehmung auf irgendwelche Gesetze der Wahrnehmungsorganisation zurückführen? Können Sie sie mit kognitiven Prozessen erklären, die auf Erfahrung beruhen?

4. In der weiteren Erforschung zum neuronalen Gedankenlesen wurden potenzielle Anwendungen der Decodierung der neuronalen Aktivität einer Person untersucht. So hat sich beispielsweise gezeigt, dass die Multivoxel-Musteranalyse (MVPA) in der Lage ist, allein anhand des jeweils typischen Musters der Gehirnaktivierung festzustellen, ob jemand die Wahrheit sagt oder lügt (Davatzikos et al., 2005; Jiang et al., 2015). Fallen Ihnen weitere praktische Anwendungen des neuronalen Gedankenlesens ein? Welche ethischen Auswirkungen hat diese faszinierende Technik (wenn überhaupt)?

Antwort für ◘ Abb. 5.7: Will Smith, Taylor Swift, Barack Obama, Hillary Clinton, Jackie Chan, Ben Affleck, Oprah Winfrey.

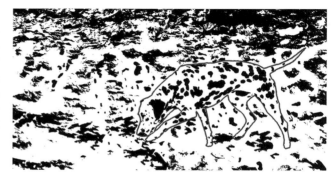

◘ Abb. 5.57 Der Dalmatiner aus ◘ Abb. 5.10

5.9 Schlüsselbegriffe

- A-priori-Wahrscheinlichkeit
- Bayes'sche Inferenz
- Bedeutung einer Szene
- Besitz der Kontur
- Bildbezogene Faktoren
- Binokulare Rivalität
- Blickwinkelinvarianz
- Decodierer
- Expertise-Hypothese
- Extrastriäres Körperareal (EBA)
- Figur
- Figur-Grund-Unterscheidung
- Fusiformes Gesichtsareal (FFA)
- Geone
- Gestaltprinzipien
- Gestaltpsychologen
- Globale Bildmerkmale
- Grund
- Gruppierung
- Hypothese der räumlichen Anordnung
- Kippfigur
- Lateraler Okzipitalkomplex (LOC)
- Licht-von-oben-Heuristik
- Maskierungsreiz
- Multivoxel-Musteranalyse (MVPA)
- Neuronales Gedankenlesen
- Objekterkennung
- Parahippocampales Ortsareal (PPA)
- Persistenz des Sehens

- Physikalische Regelmäßigkeiten
- Prädiktive Codierung
- Prägnanz
- Prinzip der Ähnlichkeit
- Prinzip der Einfachheit
- Prinzip der gemeinsamen Region
- Prinzip der guten Gestalt
- Prinzip der Nähe
- Prinzip der Prägnanz
- Prinzip der Verbundenheit von Elementen
- Prinzip des gemeinsamen Schicksals
- Prinzip des guten Verlaufs
- Prior
- Problem der inversen Projektion
- Prosopagnosie
- Regelmäßigkeiten in der Umgebung
- Scheinbewegung
- Scheinkontur
- Segmentierung
- Semantische Regelmäßigkeiten
- Strukturalismus
- Szene
- Szenenschema
- Theorie der unbewussten Schlüsse
- Theorie der Wiedererkennung durch Komponenten/ RBC-Theorie
- Vorhersage
- Wahrnehmungsorganisation
- Wahrscheinlichkeit
- Wahrscheinlichkeitsprinzip der Wahrnehmung

Visuelle Aufmerksamkeit

E. Bruce Goldstein und Laura Cacciamani

Inhaltsverzeichnis

© Der/die Autor(en), exklusiv lizenziert an Springer-Verlag GmbH, DE, ein Teil von Springer Nature 2023
E.B. Goldstein, L. Cacciamani, *Wahrnehmungspsychologie*, https://doi.org/10.1007/978-3-662-65146-9_6

⊜ Lernziele

Nachdem Sie dieses Kapitel bearbeitet haben, werden Sie in der Lage sein, ...

- frühe Experimente zur Aufmerksamkeit zu beschreiben, bei denen die Techniken des dichotischen Hörens, des Hinweisreizverfahrens und der visuellen Suche eingesetzt wurden,
- zu beschreiben, wie wir eine Szene durch Augenbewegungen abtasten und warum diese Augenbewegungen nicht dazu führen, dass wir die Szene als verwischt wahrnehmen,
- 4 verschiedene Ursachen zu beschreiben, die unsere Blickrichtung festlegen, sowie die Experimente, die die jeweiligen Ursachen belegen,
- zu beschreiben, wie Aufmerksamkeit physiologische Reaktionen beeinflusst,
- zu verstehen, was passiert, wenn wir nicht aufmerksam sind und wenn Ablenkung die Aufmerksamkeit beeinträchtigt,
- zu beschreiben, wie Aufmerksamkeitsstörungen uns etwas über die grundlegenden Mechanismen der Aufmerksamkeit aufzeigen,
- den Zusammenhang zwischen Meditation, Aufmerksamkeit und Mind-Wandering zu verstehen,
- zu beschreiben, wie mobile Eyetracker verwendet wurden, um die Begriffsbildung bei Babys zu erforschen.

Einige der in diesem Kapitel behandelten Fragen

- Warum widmen wir einigen Teilen einer Szenerie Aufmerksamkeit, anderen jedoch nicht?
- Müssen wir einer Sache Aufmerksamkeit widmen, um sie wahrzunehmen?
- Wie wirkt sich Ablenkung auf das Verhalten am Steuer aus?
- Wie wirkt sich eine Schädigung des Gehirns auf die räumliche Aufmerksamkeit eines Menschen aus?

In ▶ Kap. 5 haben wir gesehen, dass unsere Wahrnehmung von Objekten und Szenen nicht allein durch das Bild auf der Retina erklärt werden kann. Das Bild auf der Netzhaut ist zwar wichtig, aber wenn wir verstehen wollen, wie die vom Bild auf der Retina bereitgestellten Informationen in Wahrnehmung umgewandelt werden, müssen wir auch Erklärungen in Betracht ziehen, die eine mentale Verarbeitung beinhalten, z. B. die Helmholtz'sche unbewusste Inferenz und die prädiktive Codierung.

Die Vorstellung, dass die mentale Verarbeitung beim Erfassen unserer Wahrnehmungen eine wichtige Rolle spielt, zieht sich wie ein roter Faden durch dieses Buch. Auch in diesem Kapitel wird er wieder aufgegriffen, wenn wir beschreiben, wie wir bestimmten Dingen Aufmerksamkeit schenken und andere außer Acht lassen und wie sich dieses Verhalten auf die visuelle Verarbeitung auswirkt.

Die Auffassung, dass wir unsere **Aufmerksamkeit** auf bestimmte Dinge richten und andere nicht beachten, hat bereits im 19. Jahrhundert William James (1842–1910), der erste Psychologieprofessor der Harvard University entwickelt, James stützte sich nicht auf Versuchsergebnisse, sondern auf seine eigenen persönlichen Beobachtungen, wenn er in seinem Werk *The Principles of Psychology* von 1890 die Aufmerksamkeit wie folgt beschrieb:

» Millionen Dinge [...] sind meinen Sinnen gegenwärtig, erreichen aber niemals wirklich die Welt des bewussten Erlebens. Warum? Weil sie für mich nicht von Interesse sind. Mein bewusstes Erleben ist das, was ich zu beachten beschließe [...] Jeder weiß, was Aufmerksamkeit ist. Sie ist die Inbesitznahme eines einzigen von mehreren, offenbar gleichzeitig möglichen Gedankenvorgängen durch das Bewusstsein, und zwar in klarer und lebhafter Weise [...] Sie bedeutet Rückzug von einigen Dingen, um wirksam mit anderen umgehen können. (James, 1890)

Laut James konzentrieren wir uns also auf einige Dinge, wobei wir andere ausschließen. Während Sie eine Straße entlanggehen, treten die Dinge, denen Sie Aufmerksamkeit widmen – ein Kommilitone, den Sie erkennen, die rote Fußgängerampel an einer Kreuzung, die Tatsache, dass jeder außer Ihnen einen Regenschirm dabei zu haben scheint –, viel stärker in Erscheinung als viele andere Dinge der Umgebung. Der Grund, die Aufmerksamkeit auf diese Dinge zu richten, liegt darin, dass es für Sie wichtig ist, den Studienfreund zu begrüßen, nicht bei Rot über die Straße zu gehen oder sich auf Regen einzustellen.

Es gibt jedoch noch einen anderen Grund, warum wir unsere Aufmerksamkeit auf bestimmte Dinge richten und andere gar nicht beachten. Unser visuelles System hat bei der Informationsverarbeitung nur eine begrenzte Kapazität (Carrasco, 2011; Chun et al., 2011). Das visuelle System beugt der eigenen Überlastung vor, indem es nicht alles Mögliche gleich gut verarbeitet, sondern sich „von einigen Dingen zurückzieht, um wirksam mit anderen Dingen umgehen" zu können, wie James es beschrieben hat.

6.1 Was ist Aufmerksamkeit?

Aufmerksamkeit ist der Prozess, der dazu führt, dass bestimmte sensorische Informationen selektiv gegenüber anderen Informationen verarbeitet werden. Die Schlüsselwörter in der obigen Definition sind *selektiv verarbeitet*, denn sie bedeuten, dass irgendetwas Besonderes mit dem geschieht, auf das man seine Aufmerksamkeit richtet.

Diese Definition ist zwar korrekt, erfasst aber nicht das breite Spektrum an Dingen, auf das wir unsere Aufmerksamkeit richten, etwa ein bestimmtes Objekt (ein Fußballspieler, der über das Feld rennt; ein Gebäude auf dem Campus), einen bestimmten Ort (ein Treffpunkt, an dem man sich mit jemandem verabredet hat; die Projektionsleinwand in einem Klassenzimmer), ein bestimmtes Geräusch (ein Gespräch auf einer Party; eine Straßensirene) oder einen bestimmten Gedankengang („was unternehme ich heute Abend?", „wie löst man diese Matheaufgabe?").

Wir können nicht nur verschiedenen Dingen unsere Aufmerksamkeit schenken, sondern wir können auch auf unterschiedliche Weise aufmerksam sein. Eine Art der Aufmerksamkeit ist die **offene (overte) Aufmerksamkeit**, bei der der Blick von einer Richtung zu einer anderen wechselt, um ein bestimmtes Objekt oder einen Ort genauer zu betrachten. **Verdeckte (coverte) Aufmerksamkeit** ist dadurch gekennzeichnet, dass wir unsere Aufmerksamkeit verlagern können, ohne die Blickrichtung zu ändern. Zum Beispiel wäre das der Fall, wenn Sie die Person, mit der Sie sprechen, ansehen, aber eine andere Person im Auge behalten, die sich abseits der Blickrichtung befindet.

6.2 Die Vielfalt in der Aufmerksamkeitsforschung

Wir können also festhalten, dass wir unsere Aufmerksamkeit auf unterschiedliche Dinge richten und auf unterschiedliche Weise einsetzen können. Im Folgenden werden wir 3 verschiedene Herangehensweisen zur Aufmerksamkeit beschreiben. Diese Ansätze zeigen, wie vielfältig die Aufmerksamkeitsforschung ist, gleichzeitig sind sie Beispiele für klassische Experimente aus der frühen Zeit der modernen Aufmerksamkeitsforschung, die in den 1950er-Jahren begann.

6.2.1 Aufmerksamkeit für auditive Information: Die Experimente von Cherry und Broadbent zum selektiven Hören

Eines der ersten modernen Experimente zur Aufmerksamkeit beruhte auf dem Hören. Colin Cherry (1953) verwendete eine Technik namens **dichotisches Hören**, wobei *dichotisch* bedeutet, dass dem linken und dem rechten Ohr unterschiedliche Reize dargeboten werden. Bei Cherrys Experiment ging es um **selektive Aufmerksamkeit**, denn die Aufgabe des Probanden war es, sich selektiv auf die Nachricht zu konzentrieren, die auf ein Ohr eingespielt wurde, die sogenannte beachtete Nachricht, und laut zu wiederholen, was er oder sie hört. Diese Methode, die gehörten Worte laut nachzusprechen, wird als **Shadowing** (Beschatten) bezeichnet (◘ Abb. 6.1).

Cherry fand heraus, dass seine Probanden mühelos eine gesprochene Nachricht, die einem Ohr dargeboten wird, wiedergeben konnten; sie wussten auch, ob der Sprecher der unbeachteten Nachricht männlich oder weiblich war; sie konnten sich aber nicht an die Nachricht erinnern, die auf das andere Ohr eingespielt worden war (Shadowing).

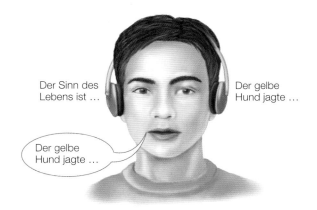

◘ **Abb. 6.1** Bei der Beschattungstechnik (Shadowing) zum dichotischen Hören wiederholt eine Person laut die Wörter einer eingespielten Nachricht, während sie diese hört. Dadurch wird sichergestellt, dass die Probanden ihre Aufmerksamkeit auf die beachtete Nachricht richten

Andere Experimente zum dichotischen Hören bestätigten, dass die Menschen die Informationen, die dem anderen Ohr präsentiert werden, nicht wahrnehmen. Neville Moray (1959) wies z. B. nach, dass sich Probanden nicht an ein Wort, das 35 Mal auf dem unbeachteten Kanal eingespielt wurde, erinnern konnten. Die Fähigkeit, sich auf einen Reiz zu konzentrieren und dabei andere Reize auszublenden, wird als **Cocktailparty-Effekt** bezeichnet, weil Menschen dazu in der Lage sind, sich auf geräuschvollen Partys auf das zu konzentrieren, was eine einzelne Person sagt, auch wenn viele Gespräche gleichzeitig stattfinden.

Auf der Grundlage von Ergebnissen wie diesen entwickelte Donald Broadbent (1958) ein Modell der Aufmerksamkeit, das erklären soll, wie die Fokussierung auf eine Nachricht erfolgt und warum die Informationen aus anderen Nachrichten ausgeblendet werden. Das von ihm entwickelte Modell war in der Psychologie der 1950er-Jahre revolutionär. Es handelte sich um ein Flussdiagramm, das Aufmerksamkeit als eine Abfolge mehrerer Phasen darstellte. Dieses Flussdiagramm lieferte den Forschern einen Ansatz, um Aufmerksamkeit als eine Informationsverarbeitung zu betrachten, ähnlich den zu der damaligen Zeit eingeführten Flussdiagrammen für Computer.

Das in ◘ Abb. 6.2 dargestellte Flussdiagramm von Broadbent zeigt, wie eine Reihe von Nachrichten eine Filtereinheit erreicht, die die relevante Nachricht durchlässt und alle anderen Nachrichten herausfiltert. Die relevante Nachricht wird dann von der Detektoreinheit erkannt und wahrgenommen. Wir werden an dieser Stelle nicht auf die Details von Broadbents Modell eingehen. Seine Hauptbedeutung besteht darin, ein methodisches Schema entwickelt zu haben, wie durch Aufmerksamkeit der relevante Stimulus für eine weitere Verarbeitung verfügbar wird. Wie wir im Folgenden sehen werden, verfolgte Michael Posner einen anderen Ansatz, der den Schwerpunkt auf die Wirkung der Aufmerksamkeit bei der Verarbeitung legte.

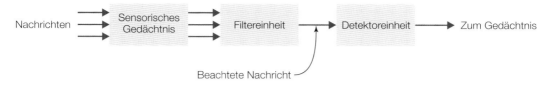

Abb. 6.2 Flussdiagramm von Broadbents Filtermodell der Aufmerksamkeit

6.2.2 Aufmerksamkeit für einen Ort im Raum: Michael Posners Hinweisreizverfahren

Wir richten unsere Aufmerksamkeit häufig auf bestimmte Orte, etwa wenn wir beim Autofahren beachten, was vor uns auf der Straße passiert. Unsere Aufmerksamkeit ist auf die Vorgänge an diesem Ort gerichtet, was es uns ermöglicht, auf alles, was genau dort passiert, besonders schnell zu reagieren. Aufmerksamkeit für einen bestimmten Ort wird als **räumliche Aufmerksamkeit** bezeichnet. In einer klassischen Untersuchung stellten Michael Posner et al. (1978) die Frage, ob die auf einen bestimmten Ort gerichtete Aufmerksamkeit die Fähigkeit einer Person verbessert, auf Reize, die dort präsentiert werden, zu reagieren. Um das herauszufinden, entwickelten sie das sogenannte **Hinweisreizverfahren** oder **Precueing** (Methode 6.1).

Die Ergebnisse dieses Experiments (■ Abb. 6.3c) zeigen, dass die Probanden bei Detektionsaufgaben sehr viel schneller bei validen Durchgängen reagierten als bei nicht validen. Posner erklärte das mit einer effizienteren Informationsverarbeitung *an dem Ort, auf den die Aufmerksamkeit gerichtet ist*. Dieser Befund und ähnliche Ergebnisse späterer Untersuchungen haben zu der Vorstellung geführt, dass Aufmerksamkeit die Verarbeitung verbessert wie ein Scheinwerfer (■ Abb. 6.4) oder eine Zoomlinse, die auf einen bestimmten Ort gerichtet werden können (Marino & Scholl, 2005).

6.2.3 Aufmerksamkeit als ein Mechanismus zur Bindung von Objektmerkmalen: Anne Treismans Merkmalsintegrationstheorie

Schauen Sie sich den Stimulus an, der von Anne Treisman und Hilary Schmidt (1982) eingesetzt wurde. Einem Probanden wurde dazu kurz eine Reizvorlage wie in ■ Abb. 6.5 gezeigt und er wurde aufgefordert, zuerst die schwarzen Ziffern und danach seine Wahrnehmungen an jeder der 4 Positionen wiederzugeben, an der die Objekte zuvor gewesen waren. Die Probanden gaben die Ziffern korrekt an, aber bei etwa einem Fünftel der Versuchsdurchgänge glaubten sie, an den 4 Orten Objekte gesehen zu haben, die jeweils Merkmalskombinationen von 2 verschiedenen Stimuli darstellten. Nach der Präsentation des in ■ Abb. 6.5 dargestellten Stimulus, in dem das kleine Dreieck rot und der kleine Kreis grün waren, könnte ein Proband beispielsweise angeben, ein kleines grünes Dreieck gesehen zu haben. Solche Kombinationen von Merkmalen verschiedener Stimuli bezeichnet man als **illusionäre Verknüpfungen**.

Auf der Grundlage dieser Ergebnisse und weiterer Erkenntnisse aus anderen Experimenten formulierte Treisman die **Merkmalsintegrationstheorie** (Feature Integration Theory, kurz FIT; Treisman & Gelade, 1980; Treisman, 1985). Eine frühe Version der Theorie, die in ■ Abb. 6.6 dargestellt ist, definiert den ersten Schritt bei der Verarbei-

---

Methode 6.1

Das Hinweisreizverfahren

Das allgemeine Prinzip beim Hinweisreizverfahren besteht darin, einen Hinweisreiz für den Ort, an dem ein Stimulus auftauchen wird, zu präsentieren und zu untersuchen, ob dieser Hinweisreiz die Verarbeitung des Testreizes verbessert. Bei dem Experiment von Posner und seinen Mitautoren blickten die Probanden während des gesamten Experiments, ohne ihre Augen zu bewegen, auf einen festen Punkt – auf das +-Zeichen in der in ■ Abb. 6.3 wiedergegebenen Vorlage. Zunächst erschien ein Hinweispfeil, der auf die Seite zeigte, an der der Testreiz erscheinen würde. In ■ Abb. 6.3a weist der Pfeil darauf hin, dass die Aufmerksamkeit auf die

rechte Seite gelenkt werden soll (beachten Sie, dass die Probanden die Augen nicht bewegen sollten, also ein Fall von verdeckter Aufmerksamkeit vorliegt). Die Probanden hatten die Aufgabe, möglichst schnell einen Knopf zu drücken, sobald der Testreiz – ein Quadrat – erschien. ■ Abb. 6.3a zeigt einen zutreffenden Hinweisreiz, bei dem der Testreiz in Pfeilrichtung erschien. Aber nur 80 % der Versuchsdurchgänge waren verlässliche oder *valide Durchgänge* – bei 20 % der Testdurchgänge wies der Hinweispfeil in die falsche Richtung und der Testreiz erschien auf der entgegengesetzten Seite (■ Abb. 6.3b). Bei diesen *nicht validen Durchgängen* lenkt der unzutreffende Hinweis die Aufmerksamkeit des Betrachters nach links, während der Testreiz rechts dargeboten wird.

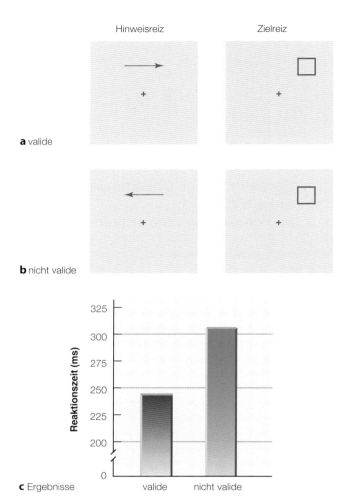

a valide

b nicht valide

c Ergebnisse

Abb. 6.3 Das Hinweisreizverfahren im Experiment von Posner et al. (1978) mit **a** einem zutreffenden (validen) und **b** einem nicht zutreffenden (nicht valiiden) Hinweisreiz (Erläuterung siehe Text). **c** Die Ergebnisse des Experiments zeigen, dass die Reaktionszeit bei valiiden Durchgängen mit korrektem Hinweisreiz deutlich geringer ist – sie beträgt 245 ms gegenüber 305 ms bei nicht valiiden Durchgängen. (Nach Posner et al., 1978)

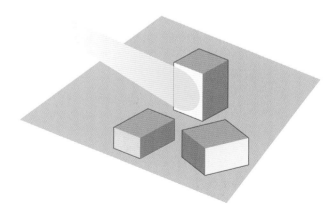

Abb. 6.4 Die räumliche Aufmerksamkeit lässt sich mit einem Scheinwerfer vergleichen, der auf einen bestimmten Teil einer Szene gerichtet ist

Abb. 6.5 Stimuli für das Experiment von Treisman und Schmidt (1982. Reprinted with permission from Elsevier.). Wenn die Probanden ihre Aufmerksamkeit zunächst auf die Zahlen richten und dann zu den anderen Objekten befragt werden, treten einige illusionäre Verknüpfungen bei den Objektangaben wie „grünes Dreieck" auf

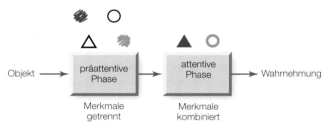

Abb. 6.6 Flussdiagramm der Merkmalsintegrationstheorie von Treisman (1988). Merkmale wie Farbe und Form treten in der präattentiven Phase unabhängig voneinander auf und werden dann in der attentiven Phase der Verarbeitung zu Objekten kombiniert

tung eines Objekts als **präattentive Phase**. In dieser Phase werden die Merkmale eines Objekts rasch und unbewusst analysiert und treten unabhängig voneinander auf. Beispielsweise würden das rote Dreieck bei der Analyse in dieser Phase in die unabhängigen Merkmale „rot" und „Dreieck" und der grüne Kreis in „grün" und „rund" zerlegt. In einer zweiten Phase, der **attentiven Phase** der **Verarbeitung** (□ Abb. 6.6) ist die Aufmerksamkeit beteiligt, und es kommt zu einer bewussten Wahrnehmung. Die bewusste Wahrnehmung erfordert einen Vorgang, der **Bindung** genannt wird. Dabei werden individuelle Merkmale so kombiniert, dass der Betrachter ein „rotes Dreieck" oder einen „grünen Kreis" sieht. Mit anderen Worten: Beim normalen Sehen kombiniert die Aufmerksamkeit die Merkmale eines Objekts, damit wir das Objekt richtig wahrnehmen. Scheinverknüpfungen können auftreten, wenn – wie im Experiment – die Aufmerksamkeit vom Objekt abgelenkt wird.

Treismans Theorie führte zu zahlreichen Experimenten, die die These von 2 Phasen der Verarbeitung, einer unbewussten ohne Beteiligung der Aufmerksamkeit (die präattentive Phase) und einer bewussten mit Beteiligung der Aufmerksamkeit (die Phase der fokussierten Aufmerksamkeit) stützten. In einem weiteren Ansatz zur Untersuchung

Visuelle Suche

Bei dieser Demonstration besteht Ihre Aufgabe darin, ein Zielobjekt zu finden, das von anderen, ablenkenden Gegenständen umgeben ist. Versuchen Sie zunächst, die horizontale Linie in ❏ Abb. 6.7a zu finden. Suchen Sie dann die horizontale grüne Linie in ❏ Abb. 6.7b. Die erste Aufgabe ist eine **Merkmalssuche**, da das Ziel gefunden werden kann, indem man nach einem einzigen Merkmal Ausschau hält – „horizontal“. Die zweite Suche hingegen ist eine **Konjunktionssuche**, da es notwendig ist, nach einer Konjunktion (einer Und-Verknüpfung) von 2 oder mehr Merkmalen, „horizontal“ und „grün“, Ausschau zu halten. Bei dieser Aufgabe konnten Sie sich nicht nur auf „horizontal“ konzentrieren, da es auch horizontale rote Linien gab, und nicht nur auf „grün“, da es vertikale grüne Linien gab. Sie mussten nach der *Konjunktion* von horizontal *und* grün suchen.

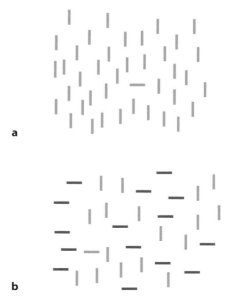

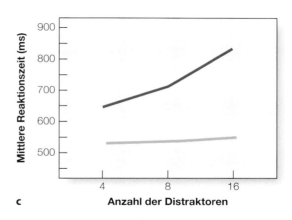

der Rolle der Aufmerksamkeit bei der Bindung wird eine **visuelle Suchaufgabe** verwendet (Demonstration 6.1). Visuelle Suche ist dabei das, was wir jedes Mal tun, wenn wir nach einem Objekt in einer Menge anderer Objekte Ausschau halten, wie bei der Suche nach Waldo in einem der „Where's Waldo?"-Bilder (Handford, 1997; in Deutschland bekannt unter dem Namen „Wo ist Walter?").

Die Demonstration 6.1 verdeutlicht den Unterschied zwischen den beiden Stufen der Theorie von Treisman. Die Merkmalsuche konnte schnell und einfach durchgeführt werden, weil man nicht nach dem horizontalen Balken suchen musste. Der Reiz „sprang einem ins Auge". Es ist ein Beispiel für eine automatische Verarbeitung, die keine bewusste Suche erfordert. Im Gegensatz dazu setzte die Konjunktionssuche eine bewusste Suche voraus, was der gerichteten Aufmerksamkeit in der Stufe der attentiven Verarbeitung entspricht, denn es galt, die Verbindung zwischen 2 Eigenschaften zu finden. Treisman konnte den Unterschied zwischen den beiden Suchvorgängen nachweisen, indem sie die Probanden, wie in der Demonstration beschrieben, unter Verwendung einer unterschiedlichen Anzahl von Distraktoren nach Zielen suchen ließ. ❏ Abb. 6.7c veranschaulicht die Ergebnisse eines typischen Experiments dieser Art. Es zeigt sich, dass die Geschwindigkeit der Merkmalsuche von der Anzahl der Distraktoren (grüne Linie) nicht beeinflusst wird, wohl aber die Geschwindigkeit der Konjunktionssuche (rote Linie): Sie wird langsamer, je mehr Distraktoren hinzugefügt werden. Dieser Unterschied entspricht dem Unterschied zwischen der schnellen präattentiven und der langsameren fokussierten Aufmerksamkeitsphase der Merkmalsintegrationstheorie.

In einem Beitrag zum 40-jährigen Bestehen der Merkmalsintegrationstheorie weisen Arni Kristjansson und

❏ **Abb. 6.7** **a** Beispiel zur Merkmalssuche. **b** Beispiel zur Konjunktionssuche. Finden Sie die waagerechte Linie in **a** und dann die waagerechte *und* grüne Linie in **b**! Welche Suche dauert länger? **c** Typisches Ergebnis visueller Suchexperimente, bei denen die Anzahl der Distraktoren für verschiedene Suchaufgaben verändert wird. Die Reaktionszeit für die Merkmalssuche (*grüne Linie*) wird durch die Menge der Distraktoren nicht beeinflusst, ein Anstieg der Distraktoren erhöht jedoch die Reaktionszeit für die Konjunktionssuche (*rote Linie*)

Howard Egeth (2019) darauf hin, dass die Forschung diese Theorie in den 40 Jahren seit ihrer Entwicklung nicht immer unterstützt hat, sodass man Teile von ihr ändern oder aufgeben musste. Doch obwohl die Theorie heute hauptsächlich von historischer Bedeutung ist, weisen Kristjansson und Egeth darauf hin, dass sie in der frühen Aufmerksamkeitsforschung extrem wichtig war und dass „dank dieser Theorie die Aufmerksamkeit in jeder Analyse der visuellen Wahrnehmung eine wichtige Rolle spielt".

Die Arbeiten von Cherry, Broadbent, Posner und Treisman lieferten den Beweis, dass Aufmerksamkeit ein zentraler Prozess in der Wahrnehmung ist. Die Arbeit von Broadbent war wichtig, weil sie das erste Flussdiagramm

entwarf, um zu veranschaulichen, wie sich die Aufmerksamkeit zwischen relevanten Reizen und Reizen, die ausgeblendet werden, unterscheidet. Posners Forschung zeigte,
wie verdeckte (coverte) Aufmerksamkeit die Verarbeitung
eines Stimulus verbessern kann. Treismans Erkenntnisse betonten die Rolle der Aufmerksamkeit, um kohärente
Objekte wahrnehmen zu können, und veranlassten viele
andere Wissenschaftler dazu, in der Aufmerksamkeitsforschung visuelle Suchexperimente einzusetzen.

All diese frühen Experimente verbindet, dass sie auf
unterschiedliche Art und Weise zeigten, wie die Aufmerksamkeit die Wahrnehmung beeinflussen kann. Sie bildeten
die Ausgangsbasis für einen wesentlichen Bereich der Aufmerksamkeitsforschung, die wir im weiteren Verlauf dieses
Kapitels beschreiben werden. Zunächst werden wir die
Mechanismen untersuchen, die Aufmerksamkeit erzeugen,
und danach, wie die Aufmerksamkeit Einfluss auf das Erleben unserer Umwelt nimmt. Im nächsten Abschnitt werden
wir einen wichtigen Mechanismus betrachten, der Aufmerksamkeit erzeugt – die Verlagerung der Aufmerksamkeit von einem Ort zum anderen durch Augenbewegungen.

6.3 Was passiert, wenn wir eine Szene durch Bewegung unserer Augen abtasten?

Overte (offene) Aufmerksamkeit ist dadurch gekennzeichnet, dass Sie Ihre Augen von einem Ort zum anderen
bewegen. Sie können diesen Vorgang einmal durchspielen,
indem Sie nach Objekten in einer Szene suchen. Versuchen
Sie es und zählen Sie alle Vögel mit weißen Köpfen in
◘ Abb. 6.8.

6.3.1 Eine Szene mit Blickbewegungen abtasten

Bei Ihrer Suche nach den Vögeln mit weißen Köpfen ist
Ihnen wahrscheinlich aufgefallen, dass Sie die Szene mit
Ihren Augen abtasten und von einer Stelle zur anderen
schauen mussten. Dieses **visuelle Abtasten** ist erforderlich,
weil ein gutes Detailsehen nur möglich ist, wenn man etwas direkt anschaut, wie die Demonstration 3.4 in ▶ Kap. 3
zeigt. Hier hatte sich herausgestellt, dass es schwierig war,
die Buchstaben auf der linken Seite zu erkennen, wenn man
den Buchstaben auf der rechten Seite betrachtete.

Dieser Unterschied ergibt sich aus dem Aufbau der Retina. Objekte, die Sie anschauen (zentrales Sehen), fallen
auf die Fovea (▶ Abschn. 3.1.1), die ein viel besseres Detailsehen ermöglicht als Objekte abseits der Blickrichtung
(peripheres Sehen), die auf die periphere Netzhaut fallen.
Als Sie die Szene in ◘ Abb. 6.8 durchsuchten, haben Sie
Ihre Fovea nacheinander jeweils auf ein Objekt gerichtet
und es fixiert. Um nach dieser **Fixation** die Augen auf
ein anderes Objekt zu richten, haben Sie eine **sakkadische
Augenbewegungen** gemacht – eine kleine ruckartige Bewegung von einer Fixation zur nächsten.

Es überrascht nicht, dass Sie bei der Suche nach Details in der Szene Ihre Augen über das Bild bewegt haben.
Es mag Sie aber erstaunen zu erfahren, dass Sie auch
dann, wenn Sie ein Objekt oder eine Szene betrachten, ohne etwas Bestimmtes zu suchen, Ihre Augen etwa 3 Mal
pro Sekunde bewegen und öfter als 200.000 Mal am Tag.
Dieses schnelle Abtasten ist in ◘ Abb. 6.9 für die Blickbewegungen beim Betrachten eines Brunnenbilds gezeigt –
es ergab sich bei dem Betrachter ein Fixationsmuster (gelbe
Punkte) zwischen den Sakkaden (rote Linien). Das Scannen
dieser Szene ist ein Beispiel für overte Aufmerksamkeit.

◘ **Abb. 6.8** Zählen Sie alle Vögel mit weißen (keinen gelben) Köpfen auf diesem Foto. (© Bruce Goldstein)

◖ Abb. 6.9 Der Blickbewegungsverlauf einer Person beim Betrachten eines Bilds von einem Brunnen. Fixationen werden durch die *gelben Punkte* repräsentiert und Blickbewegungen durch die *roten Linien*. Diese Person betrachtete bevorzugt bestimmte Bildbereiche, ignorierte jedoch andere Bereiche. (Messwerte von James Brockmole; Foto: © Frank Fell/ robertharding/picture alliance)

Aber auch die coverte Aufmerksamkeit, die Objekten abseits der Blickrichtung gilt, ist hier beteiligt, weil sie zu der Entscheidung beiträgt, wohin wir als Nächstes schauen werden. Verdeckte und offene Aufmerksamkeit arbeiten daher oft zusammen.

6.3.2 Wie verarbeitet das Gehirn die Bilder, die es über die Augenbewegungen erhält?

Wir haben gesehen, dass Augenbewegungen unsere Aufmerksamkeit auf das lenken, was wir sehen wollen. Aber bei der Verlagerung des Blicks von einer Stelle zur anderen bewirken Augenbewegungen noch etwas anderes: Sie führen dazu, dass das Bild auf der Netzhaut verwischt wird. Betrachten Sie z. B. ◖ Abb. 6.10a, die den Blickverlauf zeigt, wenn eine Person zunächst den Finger fixiert und dann den Blick auf das Ohr richtet. Während durch diese Augenbewegung die overte Aufmerksamkeit vom Finger zum Ohr verlagert wird, huscht ein Bild von allem, was sich zwischen dem Finger und dem Ohr befindet, über die Netzhaut (◖ Abb. 6.10b). Aber wir sehen kein verschwommenes Bild[1], sondern eine statische Szene. Wie kann das sein?

Die Antwort auf diese Frage liefert das **Reafferenzprinzip** (Helmholtz, 1863; von Holst & Mittelstaedt, 1950; Subramanian et al., 2019; Sun & Goldberg, 2016; Wurtz, 2018). Der erste Schritt zum Verständnis des Reafferenzprinzips erfordert die genaue Betrachtung der 3 Signale im Zusammenhang mit den Augenbewegungen (◖ Abb. 6.11):

1. Ein **motorisches Signal** entsteht, wenn ein Signal vom Gehirn an die Augenmuskeln gesendet wird.
2. Eine **Efferenzkopie** ist eine Kopie des motorischen Signals. Es tritt immer dann auf, wenn es ein motorisches Signal gibt.
3. Das **Signal für eine retinale Bildverschiebung (SRB)** entsteht, wenn durch die Augenbewegung das Bild einer statischen Szene über die Retina huscht.

Nach dem Reafferenzprinzip verfügt das Gehirn über eine Struktur namens **Komparator**. Der Komparator arbeitet nach der folgenden Regel: Wenn ihn nur die Efferenzkopie oder das SRB erreicht, wird eine Bewegung wahrgenommen. Wenn aber beide Signale den Komparator erreichen, wird keine Bewegung wahrgenommen. Weil aber beide Signale gleichzeitig den Komparator erreichen, wenn das Auge die Szene abtastet, wird keine Bewegung wahrgenommen und das Bild bleibt statisch. Dabei ist zu hervorzuheben, dass der Komparator kein einzelnes Gehirnareal, sondern eine Reihe verschiedener Strukturen umfasst (Sommer & Wurtz, 2008). Wichtig für uns ist in diesem Zusammenhang nicht die genaue Position des Komparators, sondern dass es einen Mechanismus gibt, der beiden Informationen Rechnung trägt: sowohl derjenigen zur Stimulation der Rezeptoren als auch derjenigen zu den Augenbewegungen. Er entscheidet somit

---

1 Ein wichtiger Grund warum wir kein verschwommenes Bild sehen, ist die sakkadische Suppression. Die Wahrnehmung wird während der Blickbewegung unterdrückt. Zudem führen die meisten schnellen Blicksprünge zu extrem hohen retinalen Geschwindigkeiten, für die unser Sehsystem unempfindlich ist.

a

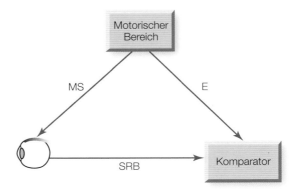

Abb. 6.11 Schematische Darstellung des Reafferenzprinzips. Warum sehen wir kein verschwommenes Bild, wenn wir unsere Augen von einer Stelle zur anderen bewegen? 1. Ein motorisches Signal (*MS*) wird vom motorischen Bereich an die Augenmuskeln gesendet; 2. eine Efferenzkopie (*E*), eine Kopie des motorischen Signals, wird an den Komparator gesendet; 3. das Auge bewegt sich als Reaktion auf das motorische Signal. Diese Bewegung bewirkt, dass ein Bild über die Netzhaut huscht und dabei ein Signal für eine retinale Bildverschiebung (*SRB*) erzeugt, das von der Netzhaut zum Komparator wandert, wo es auf die Efferenzkopie trifft. Wenn das motorische Signal auf die Efferenzkopie trifft, verhindert diese, dass das Bild als verschwommen wahrgenommen wird, so wie es durch die Bewegung des Auges auf der Retina entstanden war

Abb. 6.12 Warum lächelt diese Frau? Weil sie jedes Mal, wenn sie auf das Augenlid über ihrem Augapfel drückt, die Welt schwanken sieht. (© Bruce Goldstein)

b

Abb. 6.10 **a** Fixation auf den Finger der Person, gefolgt von einer Augenbewegung und einer Fixation auf das Ohr der Person. **b** Während das Auge vom Finger zum Ohr wandert, fallen verschiedene Bilder auf die Fovea. Einige dieser Bilder werden durch die Bildausschnitte in den Kreisen dargestellt. Da sich das Auge bewegt, sind diese Bilder keine Standbilder mehr, sondern werden, während das Auge die Szene vom Finger zum Ohr abtastet, auf der Netzhaut als verschwommen dargestellt. (© Bruce Goldstein)

darüber, ob eine Bewegungswahrnehmung stattfindet oder nicht.

Was sollte gemäß diesem Mechanismus geschehen, wenn sich die Augen bewegen, aber keine Kopie des motorischen Signals gesendet wird? In dieser Situation empfängt der Komparator nur ein Signal, das SRB, sodass die Szene als bewegt erscheint. Sie können diese Situation erzeugen, indem Sie ein Auge schließen und sanft auf das Augenlid des anderen Auges drücken, sodass sich der Augapfel leicht bewegt (◘ Abb. 6.12). Damit lösen Sie ein SRB aus, weil eine Augenbewegung stattfindet, aber es gibt keine Efferenzkopie, weil kein Signal an die Augenmuskeln gesendet wird. Da der Komparator nur ein einziges Signal empfängt, scheint sich die Szene zu bewegen. Stellen Sie

sich vor, wie störend es wäre, wenn Ihre Augen beim Abtasten einer Szene jedes Mal diese Art Bewegung auslösen würden. Glücklicherweise entsteht durch die von der Efferenzkopie gelieferten Informationen ein statisches Bild von der Welt, während unsere Augen über eine Szene wandern (Wurtz, 2013).

Die Efferenzkopie löst zwar das Problem des verschwommenen Netzhautbilds, indem sie dem Gehirn signalisiert, dass sich das Auge bewegt, aber die Augenbewegung wirft ein weiteres Problem auf: Durch jede Augenbewegung verändert sich die Szene. Zuerst ist ein

Finger im Zentrum einer Szene, dann erscheint kurz darauf ein Ohr, einen Moment später steht wieder etwas anderes im Mittelpunkt. Was auf der Netzhaut abläuft, ist so etwas wie eine Serie von Schnappschüssen, die auf eine Weise verarbeitet werden, dass wir keine „Schnappschüsse" sehen, sondern eine statische Szene.

Glücklicherweise sorgt das Reafferenzprinzip nicht nur dafür, dass unsere Welt als statisch abgebildet wird, auch wenn sich unsere Augen bewegen, sondern es löst auch das Schnappschussproblem, indem es dem Gehirn hilft, sich auf Kommendes vorzubereiten. Dies konnte durch Martin Rolfs et al. (2011) nachgewiesen werden. Dabei wurde die Fähigkeit von Probanden gemessen, die Neigung einer Linie zu beurteilen, die in der Nähe eines Ziels aufleuchtete, auf das sie ihre Augen zubewegen sollten. Die Forscher fanden heraus, dass sich die Leistung der Teilnehmer bei der Neigungsaufgabe verbesserte, *bevor* das Auge begann, sich auf das Ziel zuzubewegen. Dieser Befund in Verbindung mit den Erkenntnissen aus vielen physiologischen Experimenten zeigt, dass sich die Aufmerksamkeit bereits dem Ziel zuwendet, bevor das Auge beginnt, sich darauf zuzubewegen – ein Phänomen, das als **prädiktive Aufmerksamkeitsverlagerung** (prädiktives Remapping) bezeichnet wird (Melcher, 2007; Rao et al., 2016). Obwohl die Details dieses Prozesses noch auszuarbeiten sind,

scheint dieses Remapping einer der Gründe dafür zu sein, warum wir eine statische, kohärente Szene sehen, auch wenn sie auf einer Reihe von „Schnappschüssen" auf der Netzhaut beruht.

6.4 Faktoren, die visuelles Abtasten beeinflussen

William James Aussage, „Aufmerksamkeit bedeutet Rückzug von einigen Dingen, um wirksam mit anderen umgehen zu können", führt zu der Frage, was uns dazu veranlasst, unsere Aufmerksamkeit auf Dinge zu lenken, mit denen wir uns beschäftigen wollen, und weg von Dingen, denen wir uns entziehen wollen. Wir werden diese Frage beantworten, indem wir einige Dinge beschreiben, die einen Einfluss darauf haben, worauf Menschen durch ihre Augenbewegungen ihre Aufmerksamkeit richten.

6.4.1 Visuelle Salienz

Manche Dinge in der Welt ziehen unsere Aufmerksamkeit auf sich, weil sie sich von ihrem Hintergrund abheben. Zum Beispiel ist der Mann mit der roten Jacke in ◘ Abb. 6.13

◘ **Abb. 6.13** Die rote Jacke ist hochsalient, weil ihre Farbe im Vergleich zum Rest der Szene auffällig ist. (© Revierfoto/dpa/picture alliance)

Demonstration 6.2

Aufmerksamkeitsfesselung (attentional capture)

Jede Form in ◨ Abb. 6.14 enthält eine vertikale oder eine horizontale Linie. Wie ist die Linie im grünen Kreis ausgerichtet? Beantworten Sie zunächst die Frage, bevor Sie weiterlesen.

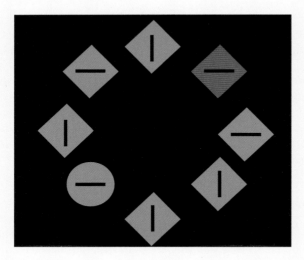

◨ **Abb. 6.14** Ein Beispiel für Aufmerksamkeitsfesselung: Wenn Probanden aufgefordert werden, den grünen Kreis zu finden, schauen sie oft zuerst auf die rote Raute. (Aus Theeuwes, 1992)

auffällig, weil die Farbe seiner Jacke in starkem Kontrast zu den vornehmlich blauen und schwarzen Kleidungsstücken aller anderen in der Szene steht. Bei Bereichen einer Szene, die sich durch Farbe, Kontrast, Bewegung oder Orientie-

rung deutlich von ihrer Umgebung unterscheiden, spricht man von **visueller Salienz**. Visuell saliente Objekte können die Aufmerksamkeit auf sich ziehen, wie Sie in Demonstration 6.2 sehen können.

Es war wahrscheinlich nicht allzu schwierig, den grünen Kreis zu finden und festzustellen, dass er eine horizontale Linie enthält. Haben Sie vielleicht zuerst auf die rote Raute geschaut? Die meisten Menschen tun das. Die Frage ist, warum sie das tun. Sie wurden gebeten, einen grünen Kreis zu finden, und die rote Raute ist weder grün noch ein Kreis. Dennoch fällt den Menschen die rote Raute auf, weil sie hochgradig salient ist und weil saliente Dinge die Aufmerksamkeit der Betrachter auf sich ziehen (Theeuwes, 1992). Forscher verwenden den Begriff **Aufmerksamkeitsfesselung** (attentional capture), um Situationen wie diese zu beschreiben, in denen ein Reiz aufgrund seiner Eigenschaften die Aufmerksamkeit scheinbar gegen den Willen einer Person fesselt. Auch wenn Aufmerksamkeitsfesselung uns davon ablenken kann, was wir eigentlich tun wollen, ist es ein wichtiges Mittel, um die Aufmerksamkeit zu lenken, denn auffällige Reize wie schnelle Bewegungen oder laute Geräusche können unsere Aufmerksamkeit wecken, um uns vor einer Gefahr zu warnen, z. B. wenn sich ein Tier oder Objekt schnell auf uns zubewegt.

Um zu bestimmen, wie visuelle Salienz die Aufmerksamkeit in Szenen ohne salientes Objekt beeinflusst, haben Forscher einen Ansatz entwickelt, bei dem sie die Merkmale wie Farbe, Orientierung oder Helligkeit an jedem Ort der Szene analysieren und die Ergebnisse dieser Analyse in einer **Salienzkarte** kombinieren (Itti & Koch, 2000; Parkhurst et al., 2002; Torralba et al., 2006). ◨ Abb. 6.15a zeigt eine visuelle Szene und ◨ Abb. 6.15b die zugehörige Salienzkarte, die von Derrick Parkhurst et al. (2002) berechnet wurde. Bereiche mit höherer visueller Salienz werden durch hellere Bereiche in der Salienzkarte dar-

a visuelle Szene

b Salienzkarte

◨ **Abb. 6.15 a** Visuelle Szene. **b** Die Salienzkarte der Szene, die durch eine Analyse von Farbe, Kontrast und Orientierungen in der Szene ermittelt wurde. Hellere Areale bedeuten höhere Salienz. (Adaptiert nach Parkhurst et al., 2002. Reprinted with permission from Elsevier.)

gestellt. Es fällt auf, dass die in ◘ Abb. 6.15a gezeigte Brandung in ◘ Abb. 6.15b besonders auffällig ist. Dies ist darauf zurückzuführen, dass die Brandung einen abrupten Übergang in Bezug auf Farbe, Helligkeit und Textur im Vergleich zu Himmel, Strand und Meer darstellt. Die Wolken am Himmel und die Insel am Horizont stechen aus ähnlichen Gründen hervor. Parkhurst et al. präsentierten ihren Probanden eine Reihe von Bildern, um die Fixationen während des Betrachtens zu messen, und verglichen die Fixationsmuster mit den zugehörigen Salienzkarten. Dabei stellte sich heraus, dass die allerersten Fixationen vorwiegend in den hochsalienten Bereichen auftraten. Aber schon nach wenigen Fixationen zeigte sich der Einfluss von kognitiven Prozessen auf die Blickbewegungen, die durch Faktoren wie Interessen und Ziele des Betrachters bestimmt werden. Wie wir im nächsten Abschnitt sehen werden, werden diese Interessen und Ziele ihrerseits durch die Erfahrungen des Betrachters beim Beobachten seiner Umgebung beeinflusst.

6.4.2 Interessen und Ziele des Beobachters

Die Tatsache, dass nicht nur die Salienz bestimmt, wohin wir blicken, lässt sich mithilfe der ◘ Abb. 6.9 zeigen, in der die Blickbewegungen beim Betrachten des Brunnenbilds dargestellt sind. Beachten Sie, dass diese Person nie das leuchtend blaue Wasser fixierte, obwohl es wegen der hohen Kontraste, Farbe und der Position im Vordergrund eine hohe Salienz aufweist. Diese Person beachtete auch nicht die Steine, Säulen und Fenster und mehrere andere markante architektonische Details. Stattdessen konzentrierte sich die Person auf Besonderheiten des Brunnens, die sie interessanter fand – etwa die Statuen. Wahrscheinlich hat die *Bedeutung* der Statuen die Aufmerksamkeit dieses Betrachters auf sie gezogen. Allerdings bedeutet die Tatsache, dass diese Person die meiste Zeit damit verbracht hat, die Statuen anzuschauen, nicht unbedingt, dass auch alle anderen Betrachter ihre Blicke darauf richten würden. So wie es viele individuelle Unterschiede zwischen Menschen gibt, findet man auch viele individuelle Varianten beim Abtasten einer Szene bei verschiedenen Betrachtern (Castelhano & Henderson, 2008; Noton & Stark, 1971). So könnte jemand, der sich für Gebäudearchitektur interessiert, mehr auf die Fenster und Säulen des Gebäudes schauen als auf die Statuen.

Die Aufmerksamkeit kann auch durch die Ziele einer Person beeinflusst werden. In einer klassischen Studie zeichnete Alfred Yarbus (1967) die Augenbewegungen von Versuchspersonen auf, die man aufgefordert hatte, Repins Gemälde „Unerwartete Besucher" (◘ Abb. 6.16a) anzuschauen und dann entweder das Alter der Personen zu schätzen (◘ Abb. 6.16b), sich die Kleidung der Personen zu merken (◘ Abb. 6.16c) oder sich an die Position der Per-

◘ **Abb. 6.16** Yarbus (1967) bat Probanden, das Gemälde in **a** zu betrachten und zeichnete ihre Augenbewegungen auf, während sie entweder **b** das Alter der Personen bestimmten, **c** sich an die Kleidung der Personen erinnern sollten oder **d** sich an die Positionen der Personen und Gegenstände im Raum erinnern sollten. Die Scanpfade zeigen, dass die Augenbewegungen der Versuchsteilnehmer stark von der Aufgabe beeinflusst werden. (a: Unerwartete Besucher, 1884–88, Öl auf Leinwand, Repin, Ilya Efimovich [1844–1930], Tretjakow-Galerie, Moskau, Russland, © Bridgeman Images; Lucs-kho; b–d: Aus Yarbus, 1967)

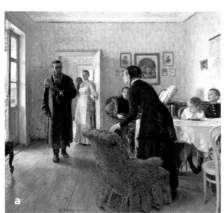

a

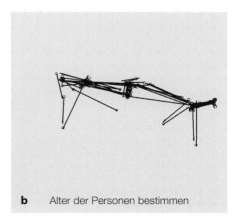

b Alter der Personen bestimmen

c Sich an die Kleidung erinnern

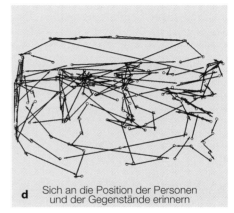

d Sich an die Position der Personen und der Gegenstände erinnern

sonen und Gegenstände zu erinnern (◘ Abb. 6.16d). Es ist offensichtlich, dass die Muster der Augenbewegungen von den Informationen abhingen, an die sich die Teilnehmer erinnern sollten.

Neuere Arbeiten haben gezeigt, dass die Interessen und Ziele von Personen tatsächlich aus den Augenbewegungen entschlüsselt werden können (Borji & Itti, 2014). So zeichneten John Henderson und seine Mitarbeiter (2013) die Augenbewegungen von Testpersonen auf, die entweder ein bestimmtes Objekt in einer Szene suchen oder versuchen sollten, sich die gesamte Szene für einen späteren Test zu merken. Nach dem Experiment konnten die Forscher bei jedem Versuch anhand der Augenbewegungen der Personen erkennen, welche Aufgabe sie zu erfüllen hatten. Ändern sich die Intentionen und Aufgaben der Menschen, ändert sich selbstverständlich auch der Fokus, unter dem sie eine Szene betrachten.

6.4.3 Szenenschemata

Aufmerksamkeit wird außerdem durch **Szenenschemata** beeinflusst, d. h. durch das Wissen eines Betrachters über das, was in einer bestimmten Kategorie von Szenen typischerweise vorkommt (man denke an unsere Erläuterung der Regelmäßigkeiten in der Umgebung aus ▸ Kap. 5). ◘ Abb. 6.17 zeigt ein Beispiel der Bildpaare, die Melissa Vo und John Henderson (2009) ihren Probanden präsentierten, um diesen Einfluss zu untersuchen. Die Probanden schauten länger auf den Drucker in ◘ Abb. 6.17a, der in einer Küche unwahrscheinlich ist, als auf den Topf in ◘ Abb. 6.17b. Die Tatsache, dass Menschen länger auf Dinge blicken, die in einer Szene deplatziert wirken, lässt erkennen, dass die Aufmerksamkeit vom Wissen darüber abhängt, was gewöhnlich in solch einer Szene anzutreffen ist.

Ein weiteres Beispiel für den Einfluss kognitiver Faktoren auf der Basis von Umgebungswissen liefert ein Experiment von Hiroyuki Shinoda et al. (2001). Sie maßen die Fixationen bei Personen, die in einem Fahrsimulator Verkehrszeichen entdecken sollten, während sie in einer computergenerierten Umgebung ihr Auto steuerten. Es zeigte sich, dass Stoppschilder an Kreuzungen häufiger erkannt wurden als Stoppschilder, die in der Mitte eines Straßenblocks standen, und dass 45 % der Fixationen aller Betrachter in der Nähe der Kreuzungen auftraten. Bei diesem Beispiel wendeten die Betrachter eine gelernte Regelmäßigkeit im Straßenverkehr an (Stoppschilder stehen gewöhnlich an Straßenecken), um ihren Blick zum richtigen Zeitpunkt auf die richtigen Orte zu lenken.

◘ **Abb. 6.17** Stimuli von Vo und Henderson (2009, © Association for Research in Vision and Ophthalmology). Die Betrachter dieser Bilder blickten länger auf den Drucker (**a**) als auf den Topf (**b**). Die gelben Rechtecke zur Markierung waren im Experiment nicht zu sehen

6.4.4 Aufgabenanforderungen

Die obigen Beispiele zeigen, dass Wissen über Umgebungsmerkmale einen Einfluss darauf hat, worauf und wie Menschen ihre Aufmerksamkeit ausrichten. Das Beispiel, bei dem die Probanden im Fahrsimulator durch eine computergenerierte Umwelt fahren, unterscheidet sich jedoch von den übrigen Beispielen. Der Unterschied besteht darin, dass die Probanden mit dieser dynamischen Umgebung interagierten, statt Bilder statischer Szenen zu betrachten. Solche Situationen, in denen die Aufmerksamkeit ständig auf andere Orte gerichtet werden muss, während die Probanden gleichzeitig mit einer Aufgabe beschäftigt sind, treten unter anderem dann auf, wenn wir uns in unserer Umgebung bewegen oder wenn wir bestimmte Aufgaben ausführen.

Da es bei vielen Aufgaben erforderlich ist, die Aufmerksamkeit im Verlauf der Ausführung auf verschiedene Orte zu verlagern, überrascht es kaum, dass die Abfolge

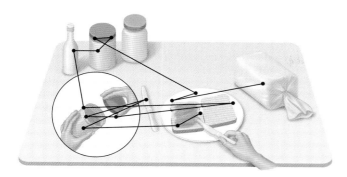

■ **Abb. 6.18** Fixationssequenz einer Person bei der Zubereitung eines Erdnussbutterbrots. Als Erstes wird die Brotscheibe fixiert. (Aus Land & Hayhoe, 2001. Reprinted with permission from Elsevier.)

der Einzelschritte bei einer Aufgabe bestimmt, wann die verschiedenen Orte angesehen werden. Betrachten Sie als Beispiel die Augenbewegungen in ■ Abb. 6.18, die gemessen wurden, während sich eine Person ein Erdnussbutterbrot zubereitete. Der Zubereitungsprozess beginnt hierbei damit, dass eine Scheibe Brot aus der Packung genommen und auf den Teller gelegt wird. Diese Tätigkeit wird von einer Augenbewegung von der Brottüte zum Teller begleitet. Danach fixiert die Person das Erdnussbutterglas, bevor sie es hochhebt, und blickt zum Deckel, bevor der Deckel entfernt wird. Die Aufmerksamkeit wird dann auf das Messer gerichtet, kurz bevor es dann zur Hand genommen wird, um die Erdnussbutter aufzunehmen und auf dem Brot zu verteilen (Land & Hayhoe, 2001).

Der zentrale Befund dieses Experiments – und auch eines anderen Experiments, in dem die Augenbewegungen gemessen wurden, während eine Person Tee zubereitete (Land et al., 1999) – besteht darin, dass die Augenbewegungen der Versuchsperson in erster Linie von der Aufgabe bestimmt wurden. Die Versuchsperson fixierte nur sehr selten Objekte oder Areale, die für die Aufgabe unwichtig waren. Weiterhin gingen die Augenbewegungen in der Regel einer Handlung um einen Sekundenbruchteil voraus. So fixierte die Versuchsperson beispielsweise zuerst das Erdnussbutterglas und griff anschließend danach, um es aufzunehmen. Dies ist ein Beispiel für eine Just-in-time-Strategie – die Augenbewegungen erfolgen genau zu dem Zeitpunkt, an dem sie gebraucht werden, um die für die Handlung benötigte Information zu liefern (Hayhoe & Ballard, 2005; Tatler et al., 2011).

Die Beispiele, die wir im Zusammenhang mit dem visuellen Abtasten basierend auf kognitiven Faktoren und Aufgabenanforderungen beschrieben haben, haben etwas gemeinsam: Sie alle liefern den Beweis, das visuelles Abtasten beeinflusst wird von den *Vorhersagen* der Menschen über das, was wahrscheinlich passiert (Henderson, 2017). Visuelles Abtasten nimmt vorweg, was Personen als Nächstes tun werden, wenn sie sich ein Brot mit Erdnussbutter oder Marmelade machen; visuelles Abtas-

ten antizipiert, dass Stoppschilder höchstwahrscheinlich an Kreuzungen zu finden sind; und dieses Abtasten wird dann unterbrochen, wenn eine Person ein Objekt länger betrachten möchte, weil ihre Erwartungen nicht erfüllt werden, z. B. wenn unerwartet ein Drucker in der Küche auftaucht.

Übungsfragen 6.1

1. Welche beiden Hauptaussagen macht William James zur Aufmerksamkeit (Hinweis: darüber, was es ist und was es bewirkt)? Nennen Sie 2 Gründe dafür, dass wir uns auf einige Dinge konzentrieren und andere ignorieren.
2. Definieren Sie Aufmerksamkeit, offene Aufmerksamkeit und verdeckte Aufmerksamkeit.
3. Beschreiben Sie Cherrys dichotisches Hörexperiment. Was hat es nachgewiesen?
4. Was ist das zentrale Merkmal von Broadbents Modell der Aufmerksamkeit?
5. Was ist räumliche Aufmerksamkeit? Beschreiben Sie Posners Experiment zur Beschleunigung der Reaktion auf Orte. Vergewissern Sie sich, dass Sie die Methode der Hinweisreize und die Rolle der verdeckten Aufmerksamkeit verstanden haben. Was zeigen diese Experimente?
6. Was besagt die Merkmalsintegrationstheorie?
7. Beschreiben Sie 2 Arten der visuellen Suche: Merkmalssuche und Konjunktionssuche. Wie beeinflusst die Anzahl der Distraktoren im Bild diese beiden Arten der Suche?
8. Welcher Zusammenhang besteht zwischen diesen beiden Arten der Suche und den beiden Stufen der Merkmalsintegrationstheorie von Treisman?
9. Was ist der Unterschied zwischen zentralem und peripherem Sehen, und inwiefern ist das für die Augenbewegungen relevant?
10. Was sind Fixationen? Was sind sakkadische Augenbewegungen?
11. Beschreiben Sie mithilfe der Reafferenztheorie, warum wir eine Szene nicht als verschwommen wahrnehmen, wenn wir unsere Augen bewegen.
12. Warum scheint sich die Szene zu bewegen, wenn wir auf unser Augenlid drücken?
13. Beschreiben Sie die prädiktive Aufmerksamkeitsverlagerung. Warum ist sie notwendig?
14. Beschreiben Sie die folgenden Faktoren, die unsere Blickrichtung beeinflussen: visuelle Salienz, Ziele des Beobachters, Szenenschemata und visuelles Abtasten bei Aufgabenanforderungen. Nennen Sie Beispiele oder beschreiben Sie Versuche für jeden dieser Faktoren.

6.5 Vorteile der Aufmerksamkeit

Was gewinnen wir durch Aufmerksamkeit? Gemäß unserer Beschreibung von offener Aufmerksamkeit, die mit Augenbewegungen verbunden ist, ließe sich diese Frage so beantworten, dass wir durch die Aufmerksamkeitsverlagerung über unsere Augenbewegungen Orte von Interesse klarer sehen können. Das ist äußerst wichtig, denn es rückt die Dinge, für die wir uns interessieren, ins Zentrum, wo sie leicht zu sehen sind.

Einige Wissenschaftler haben sich jedoch für einen anderen Ansatz in der Aufmerksamkeitsforschung entschieden, indem sie nicht die Faktoren gemessen haben, die die Augenbewegungen beeinflussen, sondern die Vorgänge untersuchten, die bei verdeckter Aufmerksamkeit ausgelöst werden, also bei einer Aufmerksamkeitsverlagerung ohne Augenbewegungen wie in Posners Hinweisreizverfahren, das wir am Anfang des Kapitels beschrieben haben (▶ Abschn. 6.2.2). Posner untersuchte die verdeckte Aufmerksamkeit, weil sie eine Möglichkeit bietet, die Vorgänge im Kopf unter Ausschluss der Augenbewegungen zu untersuchen. Wir werden uns nun mit neueren Forschungen zur verdeckten Aufmerksamkeit beschäftigen, die nachweisen, wie die Verlagerung unserer Aufmerksamkeit „im Kopf" unsere Reaktionsgeschwindigkeit auf Orte und Objekte und unsere Wahrnehmung von Objekten beeinflussen kann.

Wir werden nun einige Experimente betrachten, in denen Folgendes gezeigt wurde:
1. Wenn sich die Aufmerksamkeit auf einen bestimmten Teil eines Objekts konzentriert, wirkt sich dieser aufmerksamkeitssteigernde Effekt auch auf andere Teile des Objekts aus.
2. Aufmerksamkeit kann das Erscheinungsbild beeinflussen.

6.5.1 Aufmerksamkeit beschleunigt das Reagieren

Posners Hinweisreizverfahren wies nach, wie verdeckte Aufmerksamkeit eine schnellere Reaktion auf hinweisreizbezogene Orte zur Folge hatte. Betrachten Sie z. B. das in ◨ Abb. 6.19 dargestellte Experiment von Robert Egly et al. (1994). Während die Probanden ihre Augen auf das +-Zeichen zwischen den Rechtecken richteten, blinkte an einem davon der obere Rand kurz auf (◨ Abb. 6.19a). Das war der Hinweisreiz dafür, wo der Zielreiz möglicherweise erscheinen würde (◨ Abb. 6.19b). Im gezeigten Beispiel deutet der Hinweisreiz darauf hin, dass der Zielreiz wahrscheinlich bei A im oberen Rechteckbereich auftauchen wird, wo er tatsächlich auch präsentiert wurde.

Die Aufgabe bestand darin, einen Knopf zu drücken, wenn der Zielreiz irgendwo auf dem Bildschirm erschien

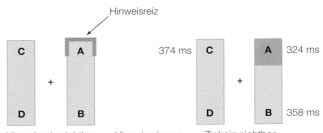

◨ **Abb. 6.19** Im Experiment von Egly et al. (1994) erschien zunächst ein Hinweisreiz an einer Stelle auf dem Bildschirm (**a**), anschließend nach Ausblenden des Hinweisreizes ein Zielreiz (**b**), der an einer von 4 möglichen Stellen A, B, C oder D präsentiert wurde. Die Zahlen sind die Reaktionszeiten in Millisekunden nach dem Erscheinen der Zielreize an den Positionen A, B und C, nachdem der Hinweisreiz bei A erschienen war (die Buchstabenbezeichnungen für die Positionen tauchten im Experiment nicht auf). (Aus Egly et al., 1994. Copyright © 1994 by the American Psychological Association. Reproduced with permission.)

(◨ Abb. 6.19b). Für 3 Positionen des Zielreizes sind in diesem Beispiel die Reaktionszeiten in Millisekunden verzeichnet, die sich bei einem Hinweis auf die Position A ergaben. Die Reaktionszeiten waren am kürzesten, wenn der Zielreiz bei A erschien, wo sein Auftauchen durch den Hinweisreiz angekündigt worden war. Das wichtigste Ergebnis dieses Experiments ist jedoch, dass die Versuchspersonen schneller reagierten, wenn der Zielreiz bei B (Reaktionszeit = 358 ms) in demselben Rechteck wie A erschien, als wenn er bei C (Reaktionszeit = 374 ms) im benachbarten Rechteck auftauchte. Warum ist das so? Es kann nicht darauf zurückzuführen sein, dass B näher an A läge – die Abstände von B und C zu A sind identisch. Der Vorteil zugunsten von B ergibt sich, weil B mit A *in demselben Objekt*, auf das die Aufmerksamkeit gerichtet wurde, liegt. Durch die Aufmerksamkeit, die der Hinweisreiz auf A lenkt, ergibt sich eine maximale Verkürzung der Reaktionszeit für A, der Effekt dehnt sich aber auf das gesamte Objekt aus, sodass auch bei B eine gewisse Verkürzung der Reaktionszeit auftritt. Diese Beschleunigung der Reaktion durch Ausbreitung des Effekts auf das gesamte Objekt wird als **Objektidentitätsvorteil** bezeichnet (Marino & Scholl, 2005).

6.5.2 Aufmerksamkeit beeinflusst das Erscheinungsbild

Lässt sich aus der Tatsache, dass Aufmerksamkeit die Reaktionszeiten verkürzen kann, der Schluss ziehen, dass Aufmerksamkeit auch das Aussehen eines Objekts verändern kann? Nicht unbedingt. Es könnte sein, dass der Zielreiz immer gleich aussieht, aber die Aufmerksamkeit

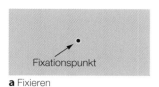

a Fixieren

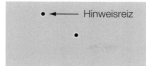

b Hinweisreiz leuchtet kurz auf

c Gitter leuchten kurz auf

◘ **Abb. 6.20** Das Experiment von Carrasco et al. (2004) wird im Text erläutert

die Fähigkeit des Betrachters erhöht, den Knopf schneller zu drücken. Um die Frage zu beantworten, ob Aufmerksamkeit das Aussehen eines Objekts verändert, brauchen wir ein Experiment, bei dem auch die Wahrnehmungsantwort gemessen wird und nicht nur die Reaktionszeit.

In einem Beitrag mit dem Titel „Attention Alters Appearance" (Aufmerksamkeit verändert das Erscheinungsbild) wiesen Marisa Carrasco et al. (2004) nach, dass die Aufmerksamkeit den wahrgenommenen Kontrast zwischen abwechselnd hellen und dunklen Streifen beeinflusst. Dies ist in ◘ Abb. 6.20c dargestellt. Der **wahrgenommene Kontrast** bezieht sich darauf, wie stark der Kontrast zwischen den hellen und dunklen Streifen von der Testperson empfunden wird.

Bei Carrascos Experiment, das ◘ Abb. 6.20 illustriert, wurde wie folgt verfahren:

a. Die Probanden wurden instruiert, ihre Augen auf den kleinen Fixationspunkt zu richten und diesen während des gesamten Versuchs zu fixieren.
b. Ein Hinweisreiz leuchtete rechts oder links vom Fixationspunkt 67 ms lang auf. Obwohl den Testpersonen gesagt wurde, dass dieser Punkt für den weiteren Versuchsablauf keine Bewandtnis hatte, lenkte er ihre verdeckte Aufmerksamkeit nach links oder rechts.
c. Zwei Streifenmuster, die jeweils entweder nach rechts oder nach links orientiert waren, wurden 40 ms lang präsentiert. Der Kontrast der Streifenmuster wurde zufällig variiert, sodass bei manchen Durchgängen das rechte Gitter den höheren Kontrast aufwies, bei anderen das linke und bei wieder anderen beide Gitter den gleichen Kontrast hatten. Die Probanden gaben durch Drücken einer Taste an, ob das Streifenmuster mit dem größeren Kontrast nach links oder nach rechts orientiert war.

Carrasco fand heraus, dass bei beiden Streifenmustern mit demselben Kontrast die Versuchspersonen mit höherer Wahrscheinlichkeit die Orientierung desjenigen Musters

angaben, auf dessen Seite der Hinweisreiz zu sehen war. Obwohl die beiden Gitter gleich waren, schien daher das Gitter, das die Aufmerksamkeit auf sich zog, einen höheren Kontrast zu haben (siehe auch Liu et al., 2009).

Neben dem wahrgenommenen Kontrast wird auch eine Reihe anderer Wahrnehmungsmerkmale durch die Aufmerksamkeit beeinflusst. Zum Beispiel werden Objekte, auf die eine Person ihre Aufmerksamkeit richtet, als größer, schneller und farbenprächtiger wahrgenommen (Anton-Erxleben et al., 2007; Fuller & Carrasco, 2006; Turatto et al., 2007). Zudem erhöht Aufmerksamkeit die Sehschärfe (Montagna et al., 2009). So lieferten über 100 Jahre nach William James' Behauptung, dass Aufmerksamkeit ein Objekt „klarer und lebhafter" erscheinen lasse, Wissenschaftler experimentelle Belege dafür, dass Aufmerksamkeit ein Objekt tatsächlich deutlicher in Erscheinung treten lässt (vergleiche auch Carrasco & Barbot, 2019).

Die bisher beschriebenen Experimente zeigen, dass Aufmerksamkeit sowohl beeinflussen kann, wie eine Person auf einen Reiz *antwortet*, als auch, wie die Person den Reiz *wahrnimmt*. Es sollte daher nicht überraschen, dass diese Aufmerksamkeitseffekte mit Veränderungen des physiologischen Antwortverhaltens einhergehen.

6.6 Physiologie der Aufmerksamkeit

Viele Experimente konnten zeigen, dass Aufmerksamkeit die physiologische Antwort auf verschiedene Weise beeinflusst. Wir beginnen mit den Belegen dafür, dass Aufmerksamkeit die neuronale Antwort des Objekts erhöht, auf das sie gerichtet ist.

6.6.1 Aufmerksamkeit auf ein Objekt erhöht die Aktivität in spezifischen Gehirnbereichen

In einem Experiment von Kathleen O'Craven et al. (1999) sahen die Versuchspersonen ein Gesicht und ein Haus, die übereinander projiziert waren (◘ Abb. 6.21a). Vielleicht erinnern Sie sich an das Experiment in ▶ Kap. 5, bei dem einem Auge das Bild eines Hauses und dem anderen das Bild eines Gesichts präsentiert wurde (◘ Abb. 5.47). Bei diesem Experiment führten die in beiden Augen verschiedenen Bilder zu binokularer Rivalität, sodass die Wahrnehmung zwischen beiden Bildern wechselte. Wurde ein Gesicht wahrgenommen, so war im fusiformen Gesichtsareal (FFA) Aktivität zu verzeichnen, bei der Wahrnehmung des Hauses trat Aktivität im parahippocampalen Ortsareal (PPA) auf.

Bei O'Cravens Experiment wurden die übereinander projizierten Bilder von Gesicht und Haus beiden Augen präsentiert, sodass es nicht zu einer binokularen Rivalität

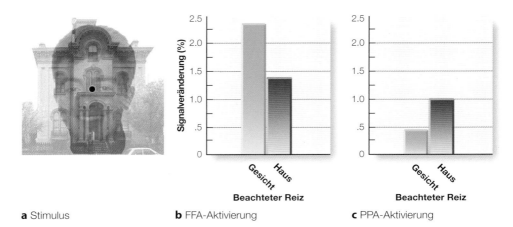

a Stimulus   **b** FFA-Aktivierung   **c** PPA-Aktivierung

Abb. 6.21 a Der überlagerte Stimulus von Haus und Gesicht im Experiment von O'Craven et al. (1999). **b** Aktivierung im fusiformen Gesichtsareal (FFA), wenn die Probanden die Aufmerksamkeit auf das Haus bzw. das Gesicht richteten. **c** Aktivierung im parahippocampalen Ortsareal (PPA) bei Aufmerksamkeit auf Haus bzw. Gesicht. (Nach Daten von O'Craven et al., 1999)

kam. Statt die Wahrnehmung durch binokulare Rivalität entscheiden zu lassen, forderte O'Craven die Probanden auf, ihre Aufmerksamkeit auf eines der beiden überlagerten Bilder zu richten. Bei jedem Bildpaar wurde das eine Motiv ein wenig hin und her bewegt, während das andere unbewegt blieb. Die Probanden wurden instruiert, beim Betrachten des Bildpaars ihre Aufmerksamkeit auf einen der folgenden Aspekte zu richten:

- Entweder auf das unbewegte oder das bewegte Haus
- Entweder auf das bewegte oder ruhige Gesicht
- Auf die Bewegungsrichtung

Entsprechend wurde die Aktivität im FFA und PPA sowie im medialen temporalen Kortex (MT-Kortex) und im medialen superioren temporalen Kortex (MST-Kortex) gemessen, die im medialen Bereich des Temporallappens liegen und auf Bewegung ansprechen (wir werden diese Areale in ▶ Kap. 8 behandeln).

Die Ergebnisse für die Bedingungen der auf das Haus bzw. das Gesicht gerichteten Aufmerksamkeit zeigt Abb. 6.21. Aufmerksamkeit für das bewegte oder unbewegte *Gesicht* führte zu erhöhter Aktivität im FFA (Abb. 6.21b), während das bewegte oder unbewegte *Haus* die Aktivität im PPA erhöhte (Abb. 6.21c). Außerdem erhöhte sich bei Bewegung die Aktivität in den beiden für Bewegung zuständigen Gehirnarealen, dem MT- und dem MST-Kortex, egal ob ein Haus oder Gesicht der bewegte Reiz war. Demnach beeinflusst die auf verschiedene Objekttypen gerichtete Aufmerksamkeit die Aktivität in solchen Gehirnbereichen, in denen Informationen über diesen Objekttyp verarbeitet werden (siehe auch Çukur et al., 2013).

6.6.2 Aufmerksamkeit auf einen Ort erhöht die Aktivität in spezifischen Gehirnbereichen

Was passiert im Gehirn, wenn Menschen ihre Aufmerksamkeit verdeckt von einem Ort zu einem anderen verlagern, während sie ihre Augen auf demselben Punkt fixiert halten? Ritobrato Datta und Edgar DeYoe (2009; siehe auch Chiu & Yantis, 2009) beantworteten diese Frage, indem sie die Veränderungen der Gehirnaktivität bei verdeckter Aufmerksamkeit für wechselnde Orte maßen. Sie zeichneten die Gehirnaktivität mit funktioneller Magnetresonanztomografie (fMRT) auf, während die Probanden ihre Augen fest auf den Mittelpunkt des Reizes richteten (Abb. 6.22a) und dann verdeckt ihre Aufmerksamkeit auf verschiedene Orte innerhalb des Musters verlagerten. Weil sich die Augen nicht bewegten, veränderte sich auch nicht das visuelle Bild auf der Retina. Dennoch stellten sie fest, dass sich die Aktivitätsmuster im visuellen Kortex veränderten, in Abhängigkeit davon, wohin die Versuchsperson ihre Aufmerksamkeit richtete.

In Abb. 6.22b geben die Farben die Aktivitäten in verschiedenen Gehirnbereichen wieder, die bei verdeckter Aufmerksamkeit für die mit Buchstaben gekennzeichneten Orte im Reizmuster (Abb. 6.22a) gemessen wurden. Man beachte, dass der gelbe „Hotspot", der Ort der größten Aktivierung, nahe der Mitte liegt, wenn der Proband seine Aufmerksamkeit auf den Bereich A richtet, d. h. auf die Stelle, auf die er gerade schaut. Verlagert er jedoch seine Aufmerksamkeit auf die Bereiche B und C, ohne seine Augen von der Mitte abzuwenden, verschiebt sich der Bereich der größten Gehirnaktivität aus dem Mittelpunkt des visuellen Felds nach außen.

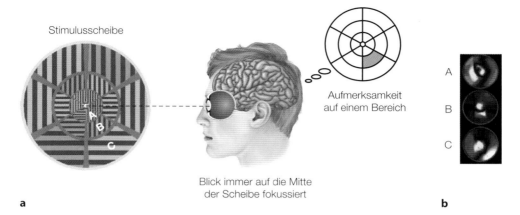

◻ Abb. 6.22 **a** Im Experiment von Datta und DeYoe (2009) richteten die Probanden ihre Aufmerksamkeit auf verschiedene Orte im Stimulusmuster, während ihre Augen den Mittelpunkt fixierten. **b** Aktivierung im Gehirn bei verdeckter Aufmerksamkeit auf die mit Ziffern gekennzeichneten Orte im Stimulusmuster. Der Mittelpunkt der kreisförmigen fMRT-Bilder entspricht dem Ort im Gehirn, der mit dem Mittelpunkt des Stimulus korrespondiert. Die gelben Bereiche geben die jeweils am stärksten aktivierten Gehirnbereiche wieder. (Aus Datta & DeYoe, 2009. Reprinted with permission from Elsevier.)

Anhand der Daten, die sie für alle Orte auf dem Reizmuster zusammentrugen, erstellten Datta und DeYoe „Aufmerksamkeitskarten", die zeigen, wie Aufmerksamkeit für einen bestimmten Raumbereich zur Aktivierung eines bestimmten Gehirnbereichs führt. Diese Aufmerksamkeitskarten gleichen den retinotopen Karten aus ▶ Kap. 4 (◻ Abb. 4.12), die wiedergeben, wie Objekte an verschiedenen Orten auf der Retina zu Aktivierung verschiedener Gehirnbereiche führen. Allerdings ändert sich im Experiment von Datta und DeYoe die Gehirnaktivierung nicht deshalb, weil der Stimulus auf unterschiedlichen Orten auf der Retina abgebildet wird, sondern weil die Aufmerksamkeit der Probanden jeweils auf verschiedene Orte im visuellen Feld gerichtet ist.

Was dieses Experiment noch interessanter macht, sind die Befunde, die sich nach dem Aufstellen der Aufmerksamkeitskarten ergaben, als die Probanden ihre Aufmerksamkeit auf einen den Experimentatoren unbekannten Ort richteten. Anhand des Orts, an dem das gelbe Aktivierungsmaximum im Gehirn einer Person auftrat, konnten die Experimentatoren mit 100%iger Genauigkeit den Ort vorhersagen, dem diese Person Aufmerksamkeit zugewendet hatte. Dies erinnert an das Experiment zum „Gedankenlesen" im Gehirn aus ▶ Kap. 5, bei dem die jeweils von einer Person gesehene Orientierung eines Streifenmusters anhand der Analyse ihrer Gehirnaktivität vorhergesagt werden konnte (◻ Abb. 5.48). Bei den Aufmerksamkeitsexperimenten wird die Gehirnaktivität analysiert, die durch die *Aufmerksamkeitszuwendung zu einem Ort* ausgelöst wird, um diesen Ort vorherzusagen.

6.6.3 Aufmerksamkeit verschiebt rezeptive Felder

In ▶ Kap. 4 haben wir gezeigt, wie die Präsentation vertikaler Balken außerhalb des rezeptiven Felds eines Neurons die *Feuerrate* auf einen vertikalen Balken innerhalb des rezeptiven Felds erhöhen kann (◻ Abb. 4.33). Wir beschreiben nun eine Situation, in der der *Ort* des rezeptiven Felds eines Neurons durch Aufmerksamkeit verschoben werden kann. Thilo Womelsdorf et al. (2006) wiesen dies nach, indem sie die Aktivität von Neuronen aus dem Temporallappen eines Affen ableiteten. ◻ Abb. 6.23a zeigt die Lage des rezeptiven Felds eines Neurons, wenn der Affe den weißen Punkt mit den Augen fixiert, jedoch seine Aufmerksamkeit auf die durch den Pfeil gekennzeichnete Stelle mit der Raute richtet. ◻ Abb. 6.23b zeigt, wie sich die Lage des rezeptiven Felds verschiebt, wenn sich die Aufmerksamkeit des Affen auf den durch den Pfeil gekennzeichneten Kreis verschiebt. In beiden Beispielen kennzeichnet die Farbe Gelb den Bereich der Retina, dessen Stimulierung zur stärksten Aktivierung des Neurons führt.

Diese Verschiebung des rezeptiven Felds ist ein erstaunliches Ergebnis, da sie zeigt, dass rezeptive Felder nichts Ortsfestes sind, sondern sich abhängig davon, worauf der Affe seine nach Aufmerksamkeit richtet, verändern können. Die neuronale Verarbeitungsleistung konzentriert sich dort, wo der Affe sie im jeweiligen Moment braucht. Wir werden im Folgenden weiter der Frage nachgehen, wie das Nervensystem unsere Wahrnehmungen erzeugt, und andere Beispiele dafür finden, wie uns die Anpassungsfähigkeit des Nervensystems dabei hilft, in unserer sich ständig verändernden Umwelt zu agieren.

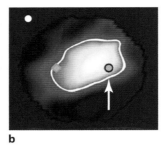

a **b**

◘ **Abb. 6.23** Rezeptive Felder, die kartiert wurden, als ein Affe auf einen Fixationspunkt (*weiß*) schaute, aber seine Aufmerksamkeit auf 2 verschiedene Orte im visuellen Feld richtete, die durch *Pfeile* angezeigt sind: auf **a** die Raute oder **b** den Kreis. Auf dem Bildschirm, den der Affe sah, waren keine *Pfeile* zu sehen. Die gelben Netzhautbereiche entsprechen den Bereichen des rezeptiven Felds, deren Stimulation das Neuron am stärksten aktivieren. Beachten Sie, dass sich das rezeptive Feld verschiebt, wenn der Affe die Aufmerksamkeit von der Raute zum Kreis verlagert. (Aus Womelsdorf et al., 2006)

6.7 Was passiert bei fehlender Aufmerksamkeit?

Wir haben gesehen, wie Aufmerksamkeit bei einem Reiz die Reaktion *und* die Wahrnehmung beeinflusst. Aber was passiert, wenn wir keine Aufmerksamkeit aufwenden? Eine Antwort wäre, dass wir Dinge, denen wir keine Aufmerksamkeit schenken, nicht wahrnehmen. Schließlich werden Sie, wenn Sie nach links blicken, das, was weit rechts liegt, kaum wahrnehmen. Wie die Forschung jedoch gezeigt hat, übersehen wir nicht nur Dinge, die außerhalb unseres Blickfelds liegen, sondern fehlende Aufmerksamkeit kann auch dazu führen, dass wir etwas, das wir direkt vor Augen haben, nicht wahrnehmen. Ein Beispiel dafür ist ein Phänomen, das als **Unaufmerksamkeitsblindheit** bezeichnet wird.

Unter dem Titel *Inattentional Blindness* veröffentlichten Arien Mack und Irvin Rock 1998 ein Buch, in dem Experimente beschrieben werden, die zeigen, wie Personen deutlich sichtbare Stimuli vor ihren Augen aufgrund fehlender Aufmerksamkeit übersehen. In Anknüpfung an ein solches Experiment von Mack und Rock präsentierten Ula Cartwright-Finch und Nilli Lavie (2007) das in ◘ Abb. 6.24 gezeigte Kreuz, das in 5 Durchgängen kurz aufleuchtete. Die Aufgabe der Probanden bestand darin, anzugeben, welcher Balken des Kreuzes länger ist, der horizontale oder der vertikale. Dies war eine schwierige Aufgabe, weil das Kreuz nur kurz zu sehen war, sich die Länge der Balken kaum unterschied und in jedem Durchgang ein anderer Balken länger war. Dann wurde in einem sechsten Versuchsdurchgang ein kleines Testquadrat (◘ Abb. 6.24b) hinzugefügt. Unmittelbar anschließend wurden die Betrachter gefragt, ob sie irgendetwas auf dem Schirm bemerkt hätten, das zuvor nicht zu sehen war. Von

20 Probanden berichteten nur 2, dass sie das Quadrat gesehen hätten. Mit anderen Worten: Die meisten Personen waren „blind" für das Quadrat, obwohl es sich dicht am Kreuz befunden hatte.

Bei dieser Demonstration der Unaufmerksamkeitsblindheit wurde ein kurz aufleuchtender geometrischer Teststimulus verwendet. Aber ähnliche Effekte treten bei alltäglicheren Reizen auf, die über längere Zeit sichtbar sind. Stellen Sie sich z. B. vor, Sie stehen vor dem Schaufenster eines Kaufhauses und betrachten die Auslagen, dann werden Sie vermutlich die Lichtreflexe auf der Scheibe nicht bemerken. Sobald Sie Ihre Aufmerksamkeit auf diese Reflexe richten, werden Sie weniger auf die Auslagen achten.

Wie sich Aufmerksamkeit auf die Wahrnehmung verschiedener gleichzeitiger Vorgänge in einer Szene auswirkt, haben Daniel Simons und Christopher Chabris (1999) untersucht. Sie erstellten einen 75 s langen Film, in dem 2 Teams mit je 3 Spielern zu sehen waren. Ein Team hatte weiße T-Shirts, das andere schwarze. Jedes der beiden Teams spielte sich einen Basketball durch Werfen und Dribbeln zu, während die Spieler sich zufällig hin- und herbewegten (◘ Abb. 6.25). Die Versuchspersonen wurden instruiert, die Anzahl der Ballwechsel des „weißen" Teams zu zählen, wodurch ihre Aufmerksamkeit auf dieses Team konzentriert wurde. Nach etwa 45 s geschah etwas Unerwartetes: Für 5 s lief entweder eine Frau mit einem Regenschirm oder eine Person in einem Gorillakostüm durch das Bild, während beide Teams ganz normal weiterspielten.

Nachdem die Versuchspersonen das Video gesehen hatten, wurden sie gefragt, ob sie ungewöhnliche Ereignisse

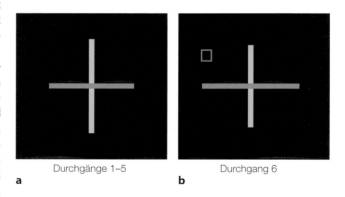

Durchgänge 1–5   Durchgang 6
a   **b**

◘ **Abb. 6.24** Ein Experiment zur Unaufmerksamkeitsblindheit. **a** In 5 Versuchsdurchgängen wird ein Kreuz präsentiert, bei dem jeweils ein Balken ein wenig länger ist als der andere. Die Probanden beurteilen in jedem Durchgang, ob der horizontale oder der vertikale Balken länger ist. **b** Beim sechsten Versuchsdurchgang wird ein geometrisches Testquadrat hinzugefügt, während die Probanden wieder dieselbe Aufgabe ausführen. Anschließend wird jede Person gefragt, ob sie bei diesem Durchgang etwas Besonderes bemerkt hätten, das anders war als zuvor. (Aus Cartwright-Finch & Lavie, 2007, reprinted with permission from Elsevier, und Lavie, 2010, mit freundlicher Genehmigung von Sage Publications)

oder etwas anderes als die 6 Spieler gesehen hätten. Fast die Hälfte – 46 % – der Versuchspersonen hatten die Frau oder den Gorilla nicht wahrgenommen. Dieses Experiment zeigt, dass Beobachtern, die einer Reihe von Ereignissen ihre Aufmerksamkeit widmen, ein anderes Ereignis entgehen kann, selbst wenn es unmittelbar vor ihren Augen stattfindet (Goldstein & Fink, 1981; Neisser & Becklen, 1975).

In der Tradition der Experimente mit Unaufmerksamkeitsblindheit entwickelten Forscher eine weitere Möglichkeit, die Verbindung zwischen Aufmerksamkeit und Wahrnehmung zu untersuchen. Anstelle der Darbietung mehrerer Stimuli zur selben Zeit boten sie die Reize nacheinander dar. Um zu verstehen, wie dies funktioniert, eignet sich Demonstration 6.3.

Haben Sie entdeckt, was in ◻ Abb. 6.27 anders ist? Menschen haben oft Schwierigkeiten, die Veränderung zu entdecken, selbst wenn diese offensichtlich ist und man weiß, wo man hinsehen muss (versuchen Sie es noch einmal und nutzen Sie den Hinweis am Ende dieses Kapitels). Ronald Rensink et al. (1997) führten ein ähnliches Experiment durch, in dem sie ein Bild darboten, gefolgt von einer grauen Fläche, dann wieder dasselbe Bild, in dem jedoch ein bestimmtes Objekt fehlte, wieder gefolgt von der grauen Fläche, dann das ursprüngliche Bild und so weiter. Die Bilder wurden auf diese Weise abwechselnd dargeboten, bis die Versuchspersonen in der Lage waren, den Unterschied zwischen den beiden Bildern anzugeben. Rensink et al. (1997) fanden heraus, dass die Bilder ziemlich oft abwechselnd dargeboten werden mussten, bevor der Unterschied wahrgenommen wurde. Diese Schwierigkeit, Veränderungen in Szenerien zu entdecken, wird als **Veränderungsblindheit** bezeichnet (Rensink, 2002).

Veränderungsblindheit tritt regelmäßig bei Unterhaltungsfilmen auf, wenn sich in einer Szene einiges verändert, das eigentlich gleichbleiben sollte. In „Der Zauberer von Oz" (1939) wechselt Dorothys (Judy Garlands) Frisur mehrmals von kurz zu lang und von lang wieder zu kurz. In „Pretty Woman" (1990) greift Vivian (Julia Roberts) beim Frühstück nach einem Croissant, das plötzlich in einen Pfannkuchen mutiert. Und auf magische Weise hat Harry (Daniel Radcliffe) in „Harry Potter und der Stein der Weisen" (2001) plötzlich von einer Einstellung zur nächsten während eines Gesprächs in der großen Halle den Sitzplatz gewechselt. Diese Veränderungen in Filmszenen heißen **Kontinuitätsfehler**. Sie sind im Internet gut dokumentiert und unter dem Suchbegriff „Kontinuitätsfehler in Filmen" zu finden.

Die Experimente zu Unaufmerksamkeits- und Veränderungsblindheit zeigen uns etwas auf: Wenn wir unsere Aufmerksamkeit auf etwas richten, verpassen wir etwas anderes. Unaufmerksamkeits- und Veränderungsblindheit wurden zwar in Laborexperimenten nachgewiesen, es gibt im wirklichen Leben aber viele Beispiele für Dinge, die uns ablenken, indem sie unsere Aufmerksamkeit „stehlen". Dazu gehört in hohem Maße das Smartphone, dem vorgeworfen wird, „der Hauptschuldige in einem System zu sein, das unsere Aufmerksamkeit vereinnahmt" (Budd, 2017).

Demonstration 6.3

Das Entdecken von Veränderungen

Betrachten Sie ◻ Abb. 6.26 für einen kurzen Moment, blättern Sie dann um und versuchen Sie festzustellen, was in ◻ Abb. 6.27 anders ist. Tun Sie dies jetzt.

◻ **Abb. 6.25** Standbild aus dem „Gorilla-Film" im Experiment von Simons und Chabris (1999. Reprinted by Permission of SAGE Publications.)

◻ **Abb. 6.26** Stimulus zur Demonstration der Veränderungsblindheit (Erläuterung siehe Text; © Bruce Goldstein)

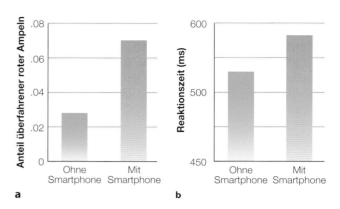

Abb. 6.27 Stimulus zur Demonstration der Veränderungs-blindheit (Erläuterung siehe Text; © Bruce Goldstein)

Abb. 6.28 Ergebnisse des Handy-Experiments von Strayer und Johnston (2001). Wenn die Teilnehmer mit einem Handy telefonierten, übersahen sie **a** mehr rote Ampeln und **b** brauchten länger, um zu bremsen. (Aus Strayer & Johnston, 2001. Mit freundlicher Genehmigung von SAGE Publications Inc. Journals.)

6.8 Ablenkung durch Smartphones

Von allen Ablenkungen, die durch Smartphones ausgelöst werden, sind vermutlich die Auswirkungen auf das Autofahren am meisten untersucht worden. Wir werden uns zunächst damit beschäftigen und dann beschreiben, wie sich die Ablenkung durch Smartphones auf andere Tätigkeiten auswirkt.

6.8.1 Ablenkungen am Steuer durch das Smartphone

Das Autofahren ist eine widersprüchliche Sache: In vielen Situationen sind wir so versiert, dass wir auf „Autopilot" fahren können, z. B. auf einer schnurgeraden Autobahn bei wenig Verkehr. In anderen Fällen kann das Fahren jedoch sehr anstrengend werden, etwa wenn der Verkehr zunimmt oder plötzlich eine Gefahrenlage entsteht. In diesem Fall sind Ablenkungen, die die Aufmerksamkeit am Steuer herabsetzen, besonders gefährlich.

Wie gravierend Unaufmerksamkeit beim Fahren ist, wurde in einem Forschungsprojekt namens 100-Car Naturalistic Driving Study (Dingus et al., 2006) untersucht. In dieser Studie wurden in 100 Fahrzeugen das Verhalten der Fahrer und ihr Sichtbereich aus den Front- und den Heckscheiben mit einem Videorekorder aufgezeichnet. Diese Aufzeichnungen dokumentierten bei mehr als 2 Mio. Fahrkilometern 82 Unfälle und 771 Beinaheunfälle. Bei 80 % der Unfälle und 67 % der Beinahe-Crashs war der Fahrer 3 s vor dem Unfall in irgendeiner Weise unaufmerksam. Ein Mann schaute in einer Stop-and-go-Situation ständig nach unten und nach rechts, er sortierte offenbar Papiere, bis er mit einem Geländewagen zusammenstieß. Eine Frau, die einen Hamburger aß, schaute mit gesenktem Kopf unter

das Armaturenbrett, kurz bevor sie auf das Auto vor ihr auffuhr. Größtenteils lenkte das Bedienen eines Smartphones oder eines ähnlichen Geräts die Fahrer ab. Diese Art der Ablenkung war zu mehr als 22 % an den Beinaheunfällen beteiligt, und diese Zahl dürfte aufgrund der zunehmenden Smartphonenutzung seit der Studie noch gestiegen sein.

In einem Laborexperiment über die Auswirkungen von Smartphones stellten David Strayer und William Johnston (2001) den Teilnehmern eine simulierte Fahraufgabe, bei der sie so schnell wie möglich an einer roten Ampel bremsen sollten. Telefonierten die Probanden bei dieser Aufgabe, überfuhren sie doppelt so viele rote Ampeln, als wenn sie nicht telefonierten (◻ Abb. 6.28a). Auch die Reaktionszeit beim Bremsen erhöhte sich (◻ Abb. 6.28b). Die vielleicht wichtigste Erkenntnis aus diesem Experiment ist, dass es bei der Leistung der Probanden keine Rolle spielte, ob sie eine Freisprechanlage oder ein Handgerät benutzten.

Unter Berücksichtigung solcher Ergebnisse und vieler anderer Experimente zu den Auswirkungen von Mobiltelefonen auf das Fahren, kamen Strayer et al. (2013) zu dem Schluss, dass das Telefonieren mentale Ressourcen verbraucht, die andernfalls für das Autofahren eingesetzt würden (siehe auch Haigney & Westerman, 2001; Lamble et al., 1999; Spence & Read, 2003; Violanti, 1998). Dieser Zusammenhang zwischen dem Telefonieren während des Fahrens und der Nutzung mentaler Ressourcen ist wichtig. Das Problem ist nicht das Lenken mit einer Hand. Es liegt darin, dass weniger geistige Ressourcen zur Verfügung stehen, um sich auf das Fahren zu konzentrieren.

Obwohl die Forschung eindeutig beweist, dass das Telefonieren während der Fahrt gefährlich ist, glauben viele Menschen, dass dies für sie nicht gilt. Zum Beispiel schrieb einer meiner Studenten als Antwort in einer Seminararbeit: „Ich glaube nicht, dass mein Fahrverhalten durch das Telefonieren beeinträchtigt wird. [. . .] Meine Generation

◘ Abb. 6.29 Straßenszene mit Passanten, die sich mit ihren Smartphones beschäftigen. (© Mangostar/stock.adobe.com)

hat das Autofahren gelernt, als Handys bereits auf dem Markt waren. Ich hatte eines, bevor ich Auto gefahren bin, also habe ich mit dem Autofahren gelernt, gleichzeitig zu telefonieren und zu fahren." Wenn so eine Meinung vertreten wird, ist es offensichtlich, warum 27 % der Erwachsenen angeben, dass sie manchmal während der Fahrt texten, obwohl alles dafürspricht, dass dies gefährlich ist (Seiler, 2015; Wiederhold, 2016). Eine Studie des Virginia Tech Transportation Institute z. B. ergab, dass Lkw-Fahrer, die während der Fahrt Textnachrichten verschicken, ein 23 Mal höheres Risiko haben, einen Unfall oder Beinaheunfall zu verursachen als Lkw-Fahrer, die keine SMS schreiben (Olson et al., 2009). Aufgrund von Untersuchungen wie diesen, die darauf hindeuten, dass das Schreiben von SMS noch gefährlicher ist als Telefonieren, haben die meisten US-Bundesstaaten nun Gesetze gegen das Senden von Textnachrichten während der Fahrt erlassen.

Die wichtigste Botschaft lautet: Alles, was die Aufmerksamkeit ablenkt, kann die Fahrleistung beeinträchtigen. Und Telefone sind nicht das einzige Gerät im Auto, das die Aufmerksamkeit des Fahrers vereinnahmt. Die meisten Autos verfügen heute über Bildschirme, die dieselben Apps anzeigen können, die sich auch auf Ihrem Smartphone befinden. Mit manchen sprachgesteuerten Apps können Fahrer Kinobesuche oder Abendessen reservieren, SMS oder E-Mails senden und empfangen und Beiträge auf Facebook posten. Ein frühes System in PKWs von Ford wurde als „Infotainment-System" bezeichnet. Aber eine Studie der American Automobile Association (AAA) Foundation for Traffic Safety, einer Stiftung für Verkehrssicherheit, zur *Messung der kognitiven Ablenkung im Auto* zeigt, dass zu viele Informationen und zu viel Unterhaltung während der Fahrt vielleicht keine gute Sache sind. Die Studie ergab, dass sprachgesteuerte Aktivitäten eine stärkere Ablenkung darstellen und damit potenziell

gefährlicher sind als Smartphones, die man in der Hand hält oder mit der Freisprecheinrichtung bedient. Die Studie kommt zu dem Schluss, dass „eine neue Technologie längst nicht sicher ist und während des Fahrens genutzt werden kann, nur weil man gleichzeitig die Straße im Blick behalten kann" (Strayer et al., 2013).

Forschungsergebnisse wie diese zeigen, dass die Aufmerksamkeit nicht nur dadurch beeinträchtigt wird, wohin wir während der Fahrt schauen, sondern auch, woran wir denken. Aber die Wirkung der Medien auf die Aufmerksamkeit geht weit über das Autofahren hinaus, wie Szenen wie die in ◘ Abb. 6.29 zeigen. Sie belegen, dass man nicht in einem Auto sitzen muss, um vom Smartphone in den Bann gezogen zu werden! Wir werden nun Forschungsergebnisse vorstellen, die zeigen, dass Smartphones und das Internet im Allgemeinen negative Auswirkungen auf viele Aspekte unseres Verhaltens haben können.

6.8.2 Weitere Ablenkungen durch das Smartphone

» „Die Verbreitung des Smartphones hat eine Ära beispielloser Vernetzung eingeleitet. Verbraucher auf der ganzen Welt sind jetzt in ständiger Verbindung mit weit entfernten Freunden, haben Zugang zu unzähligen Unterhaltungsangeboten und praktisch grenzenlosen Informationen [...] Noch vor einem Jahrzehnt wäre dieser Zustand der ständigen Erreichbarkeit unvorstellbar gewesen; heute ist er allem Anschein nach unverzichtbar." (Ward et al., 2017)

Viele Forschungsstudien haben die intensive Nutzung von Smartphones und Internet dokumentiert. Zum Beispiel geben 92 % der College-Studenten an, dass sie während der Vorlesungszeit SMS geschrieben, im Internet gesurft,

Bilder verschickt oder soziale Netzwerke besucht haben (Tindell & Bohlander, 2012). Durch die Überprüfung der Handyrechnungen von College-Studenten (mit deren Einwilligung!) haben Judith Gold et al. (2015) festgestellt, dass sie durchschnittlich 58 Textnachrichten am Tag versenden. Rosen et al. (2013) wiesen nach, dass Studenten während einer 15-minütigen Lernphase im Durchschnitt weniger als 6 min arbeiteten, dann unterbrachen Sie das Lernen, um Dehnübungen zu machen, fernzusehen, Webseiten zu besuchen oder Technologien wie SMS oder Facebook zu nutzen. Besonders bemerkenswert ist, wie plötzlich diese Entwicklung über uns gekommen ist. Im Jahr 2007 besaßen nur 4 % der US-amerikanischen Erwachsenen ein Smartphone (Radwanick, 2012), aber 2019, nur 12 Jahre später, nutzten in den USA schon 82 % der Erwachsenen und 96 % im Alter von 18 bis 29 Jahren ein Smartphone (Pew Research Center, 2019; Ward et al., 2017).

Wie oft schauen Sie auf Ihr Handy? Wenn Sie ständig Ihr Handy checken, lässt sich Ihr Verhalten mit **operanter Konditionierung** erklären, einer Art des Lernens, bei der das Verhalten durch Belohnungen (sogenannte Verstärker) gesteuert wird, die auf das Verhalten folgen (Skinner, 1938). Ein Grundprinzip der operanten Konditionierung besagt, dass der beste Weg, ein Verhalten aufrechtzuerhalten, darin besteht, es intermittierend zu verstärken. Wenn Sie also auf Ihr Handy schauen, ob eine Nachricht eingegangen ist, und sie ist nicht da, dann besteht immer die Möglichkeit, dass sie da sein wird, wenn Sie das nächste Mal schauen. Und wenn sie schließlich erscheint, wurde Ihr Verhalten intermittierend verstärkt, mit dem Resultat, dass Sie zukünftig öfter auf Ihr Smartphone klicken. Die Abhängigkeit mancher Menschen von ihrem Handy wird mit dem folgenden Sticker von Ephemera Inc. auf den Punkt gebracht: „Nach einem langen Wochenende ohne dein Smartphone lernst du, was wirklich wichtig im Leben ist: Dein Smartphone." (siehe Bosker, 2016, mit weiteren Informationen, wie Smartphones programmiert sind, damit die Benutzer ständig zum Klicken angehalten werden).

Das permanente Umschalten von einer Aktivität zur anderen wurde als „kontinuierliche partielle Aufmerksamkeit" beschrieben (Rose, 2010), und genau hier liegt das Problem, denn wie wir beim Autofahren gesehen haben, beeinträchtigt Ablenkung von einer Aufgabe die Leistungsfähigkeit. Es ist nicht überraschend, dass Menschen, die mehr texten, tendenziell schlechtere Noten haben (Barks et al., 2011; Kuznekoff et al., 2015; Kuznekoff & Titsworth, 2013; Lister-Landman et al., 2015). In extremen Fällen sind manche Menschen sogar „süchtig" nach dem Internet, wobei Sucht so definiert wird, dass sich die Internetnutzung negativ auf mehrere Lebensbereiche (z. B. soziale, akademische, emotionale und familiäre Bereiche) einer Person auswirkt (Shek et al., 2016).

Was ist die Lösung? Angesichts der Tatsache, dass der Computer und das Internet aus dem Leben nicht mehr wegzudenken sind, liegt laut Steven Pinker (2010) „die Lösung nicht darin, über die Technologie zu jammern, sondern Strategien der Selbstbeherrschung zu entwickeln, wie wir es auch mit jeder anderen Versuchung im Leben tun". Das klingt zwar gut, aber manchmal ist es schwierig, starken Versuchungen zu widerstehen. Für manche Menschen ist das beispielsweise Schokolade, für andere das Checken des Smartphones. Also könnte es eine Lösung sein, sich ein Limit zu setzen, wie oft Sie auf Ihr Handy schauen.

Was die Sache noch interessanter macht, ist das Ergebnis einer aktuellen Studie, die zeigt, dass selbst wenn Sie sich entscheiden, sich nicht auf Ihr Smartphone einzulassen, allein schon seine bloße Anwesenheit negative Auswirkungen auf das Gedächtnis und die Intelligenz haben kann. Adrian Ward et al. (2017) demonstrierten dies in einem Experiment. Die Teilnehmer sollten Tests absolvieren, bei denen kognitive Funktionen gemessen wurden, die abhängig von der Aufmerksamkeit sind. Die Teilnehmer wurden in 3 Gruppen eingeteilt, und zwar nach dem Ort, wo sich ihr Smartphone befand, als sie die Tests machten. Die Gruppe „anderer Raum" ließ ihr Handy und andere Gegenstände außerhalb des Testraums. Die Gruppe „Hosentasche/Tasche" nahm ihre Sachen mit in den Testraum, das Handy behielten die Probanden dort, wo sie es normalerweise aufbewahrten, nämlich in ihrer Hosentasche oder Tasche. Die „Schreibtisch"-Gruppe nahm nur ihr Handy mit in den Testraum und legte es mit der Vorderseite nach unten auf den Schreibtisch. Alle Teilnehmer wurden angewiesen, ihre Smartphones auf lautlos zu stellen, indem sie Klingeln und Vibrieren ausschalteten.

Ein Ergebnis der Studie ist in ◻ Abb. 6.30 dargestellt, die zeigt, wie die Teilnehmer bei einem Test zur Leistung des Arbeitsgedächtnisses abschnitten. Das Arbeitsgedächtnis ist eine Gedächtnisfunktion, die dazu dient, Informationen vorübergehend im Gedächtnis zu halten und zu verarbeiten, während man Aufgaben wie Verstehen, Lösen von Problemen und logisches Denken erledigt (Baddeley & Hitch, 1974; Goldstein & Brockmole, 2019). Die Ergebnisse zeigen, dass die Leistung unter den Bedingungen „Schreibtisch" und „Tasche" signifikant niedriger war als die Leistung unter der Bedingung „anderer Raum". Somit führte allein die Tatsache, dass das Handy in Reichweite war, zu einer verringerten Leistung des Arbeitsgedächtnisses. Ward zeigte auch, dass das Handy auf dem Schreibtisch bei einem Intelligenztest zu einem schlechteren Ergebnis führte.

Auf der Grundlage dieser Ergebnisse vermuteten Ward und seine Mitarbeiter, dass ein potenziell kostenintensiver Nebeneffekt beim Einsatz von Handys der „Smartphoneinduzierte Braindrain" ist. Um diesen Abfluss von Intelligenz zu verhindern, schlagen sie vor „festgelegte und geschützte Zeiten der Trennung" einzurichten, ähnlich wie bei der Testgruppe im „anderen Raum", die physisch von ihren Handys getrennt war. Das mag leichter gesagt sein als getan, aber zumindest erscheint es unklug, das Telefon offen auf dem Schreibtisch liegen zu lassen, da es Ihre Aufmerksamkeit ablenken könnte, auch wenn Sie glauben, es zu ignorieren.

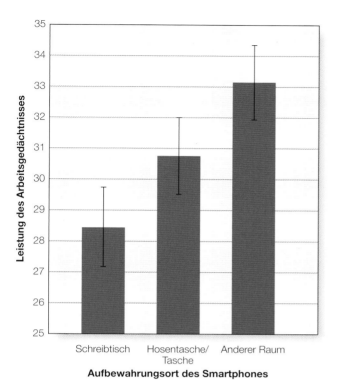

◙ Abb. 6.30 Wie die Nähe eines Smartphones die Leistung des Arbeitsgedächtnisses beeinflusst. Das Arbeitsgedächtnis war geringer, wenn sich das Smartphone in demselben Raum befand – entweder auf dem Schreibtisch oder in der Tasche oder Hosentasche der Testperson –, verglichen mit der Situation, wenn es sich in einem anderen Raum befand. (Aus Ward et al., 2017, © University of Chicago Press)

6.9 Aufmerksamkeitsstörungen: Räumlicher Neglect und Extinktion

Wir haben festgestellt, dass wir bei Konzentration auf eine Sache andere Dinge übersehen können. Das ergibt sich aus der Tatsache, dass wir unsere Aufmerksamkeit jeweils nur auf einen Ort richten können. Es gibt sogar eine neuro-

logische Erkrankung namens **räumlicher Neglect**, bei der dieses Phänomen in weitaus größerem Ausmaß auftritt.

Betrachten wir z. B. den Fall von Burgess, einem 64-jährigen Mann, bei dem nach einem Schlaganfall Strukturen in seinem Parietallappen auf der rechten Seite seines Gehirns geschädigt waren. Burgess überhörte Geräusche und übersah Menschen und Gegenstände, die sich auf der linken Seite seines Blickfelds befanden. Wenn er eine Straße entlangging, hielt er sich auf dem Bürgersteig ganz rechts und streifte dabei Mauern und Hecken. Er bemerkte keine potenziellen Gefahren, die von links kamen, und konnte deshalb nicht alleine aus dem Haus gehen (Hoffman, 2012).

Diese Vernachlässigung der Seite, die der geschädigten Hemisphäre des Gehirns gegenüberliegt, wurde in klinischen Tests gemessen. Wie in ◙ Abb. 6.31 dargestellt, zeichnen Patienten mit räumlichem Neglect nur die rechte Seite eines Objekts, wenn sie aufgefordert werden, es aus dem Gedächtnis zu zeichnen (◙ Abb. 6.31a), markieren nur Zielkreise auf der rechten Seite eines Bildschirms (◙ Abb. 6.31b) und setzen eine Markierung weit rechts, wenn sie die Mitte einer Linie anzeichnen sollen (◙ Abb. 6.31c). Diese Ausrichtung nach rechts spiegelt sich auch im täglichen Verhalten wider, wenn die Betroffenen z. B. nur das essen, was auf der rechten Seite eines Tellers liegt, und nur die rechte Gesichtshälfte rasieren oder eincremen. Mit anderen Worten: Menschen, die aufgrund einer Schädigung der rechten Hemisphäre an Neglect leiden, verhalten sich so, als ob die linke Hälfte ihrer visuellen Welt nicht mehr existieren würde (Driver & Vuillemier, 2001; Harvey & Rossit, 2012).

Eine Erklärung für derartige Symptome könnte sein, dass die Person auf der linken Seite ihres Blickfelds blind ist. Dies war in der Tat eine frühe Erklärung für den Neglect (Bay, 1950). Doch ein Experiment von Edoardo Bisiach und Claudio Luzzatti (1978) konnte diese Vermutung widerlegen. Sie baten einen Patienten mit Neglect, Dinge zu beschreiben, die er sah, wenn er sich vorstellte, an einem Ende der Piazza del Duomo in Mailand zu stehen, einem

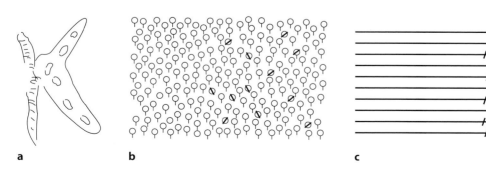

◙ Abb. 6.31 Testergebnisse eines Patienten mit räumlichem Neglect. **a** Bei einem aus dem Gedächtnis gezeichneten Seestern fehlt die linke Seite. **b** Bei der Aufgabe, die Zielscheiben ohne senkrechten Stiel zu markieren, kennzeichnete der Patient nur Scheiben auf der rechten Seite. **c** Bei der Aufgabe, eine Markierung in der Mitte jeder horizontalen Linie zu setzen, wurde die Markierung rechts von der Mitte platziert. (Aus Harvey & Rossit, 2012. Reprinted with permission from Elsevier.)

◘ **Abb. 6.32** Piazza del Duomo in Mailand. Als sich der Patient von Bisiach und Luzzatti (1978) vorstellte, an Position A zu stehen, konnte er Objekte benennen, die durch ein kleines a gekennzeichnet sind. Wenn er sich vorstellte, am Standort B zu sein, konnte er Objekte benennen, die durch ein kleines b angezeigt werden. (Aus Bisiach & Luzzatti, 1978. Reprinted with permission from Elsevier.)

Ort, der ihm vor seiner Gehirnschädigung vertraut gewesen war (◘ Abb. 6.32).

Die Antworten des Patienten zeigten, dass er die linke Seite seines mentalen Bilds genauso vernachlässigte wie die linke Seite seiner Wahrnehmungen. Wenn er sich also vorstellte, er stünde an Position A, vernachlässigte er die linke Seite und nannte nur Objekte zu seiner Rechten (mit kleinem a gekennzeichnet). Wenn er sich vorstellte, an Position B zu stehen, vernachlässigte er weiterhin die linke Seite und nannte wiederum nur Objekte, die sich rechts von ihm befanden (mit kleinem b gekennzeichnet). Neglect kann also auch dann auftreten, wenn sich die Person eine Szene mit geschlossenen Augen vorstellt. Andere Untersuchungen haben auch gezeigt, dass Patienten mit visuellem Neglect durchaus Objekte auf der linken Seite sehen, wenn man sie auffordert, auf das zu achten, was sich auf der linken Seite ihres Umfelds befindet. Das Problem beim Neglect scheint also eher ein Mangel an *Aufmerksamkeit* gegenüber allem zu sein, was sich links im Gesichtsfeld einer Person befindet, als ein Verlust des *Sehvermögens* auf der linken Seite.

Die Antworten des Patienten zeigten, dass er die linke Seite seines mentalen Bilds genauso vernachlässigte wie die linke Seite seiner Wahrnehmungen. Wenn er sich also vorstellte, er stünde an Position A, vernachlässigte er die linke Seite und nannte nur Objekte zu seiner Rechten (mit kleinem a gekennzeichnet). Wenn er sich vorstellte, an Position B zu stehen, vernachlässigte er weiterhin die linke Seite und nannte wiederum nur Objekte, die sich rechts von ihm befanden (mit kleinem b gekennzeichnet). Neglect kann also auch dann auftreten, wenn sich die Person eine

Szene mit geschlossenen Augen vorstellt. Andere Untersuchungen haben auch gezeigt, dass Patienten mit visuellem Neglect durchaus Objekte auf der linken Seite sehen, wenn man sie auffordert, auf das zu achten, was sich auf der linken Seite ihres Umfelds befindet. Das Problem beim Neglect scheint also eher ein Mangel an *Aufmerksamkeit* gegenüber allem zu sein, was sich links im Gesichtsfeld einer Person befindet, als ein Verlust des *Sehvermögens* auf der linken Seite.

Eine Erkrankung, die häufig mit Neglect einhergeht, die **Extinktion**, kann im Labor wie folgt nachgewiesen werden. Eine Patientin wird aufgefordert auf ein „Fixationskreuz" zu schauen, sodass ihr Blick immer geradeaus gerichtet bleibt. Leuchtet ein Licht an ihrer linken Seite auf, gibt sie an, das Licht zu sehen. Das bedeutet, dass sie auf ihrer linken Seite nicht blind ist. Leuchten jedoch 2 Lichter gleichzeitig auf, eines auf der linken und eines auf der rechten Seite, erklärt sie, ein Licht auf der rechten Seite zu sehen, sagt aber nicht, dass sie ein Licht auf der linken Seite sieht. Wenn also ein konkurrierender Stimulus auf der rechten Seite präsentiert wird, wird ihr das, was auf der linken Seite vor sich geht, nicht mehr bewusst.

Extinktion gibt Aufschluss über die Aufmerksamkeitsverarbeitung, denn sie deutet darauf hin, dass einer Person die Reize auf der linken Seite nicht bewusst werden, weil sie mit den Reizen auf der rechten Seite konkurrieren, wobei die linke Seite schließlich unterlegen ist. Gibt es also einen Reiz nur auf der linken Seite, werden die von diesem Reiz erzeugten Signale an das Gehirn weitergeleitet, und die Patienten sehen den Reiz. Wenn jedoch ein zusätzlicher Reiz auf der rechten Seite hinzukommt, wird zwar das gleiche Signal immer noch auf der linken Seite erzeugt, aber der Patient „sieht" links nichts, weil seine Aufmerksamkeit durch den stärkeren Reiz auf der rechten Seite abgelenkt wurde.

„Sehen" oder „bewusstes Erkennen" ist also eine Kombination aus Signalen, die von Reizen an das Gehirn gesendet werden, *und* der Aufmerksamkeit auf diese Reize. Dies geschieht auch bei nicht Hirngeschädigten, die sich oft nicht bewusst sind, was abseits ihrer Aufmerksamkeit geschieht – aber es gibt einen Unterschied. Sie mögen vielleicht Dinge verpassen, die abseits vor sich gehen, aber sie sind sich bewusst, dass es ein „Abseits" gibt!

Es gibt noch wesentlich mehr über das Phänomen der Extinktion zu entdecken, denn es hat sich herausgestellt, dass Extinktion für bestimmte Arten von Reizen zum Teil ausgeschaltet werden kann. Wenn links ein Ring präsentiert wird, den der Patient noch nie gesehen hat, und rechts eine Blüte, die ebenfalls noch nie zuvor gesehen wurde, sehen Patienten mit visuellem Neglect den Ring nur in 12 % der Versuche (◘ Abb. 6.33a; Treisman, 1985; Treisman & Gelade, 1980). Die Extinktion ist also hoch, wenn sich der Ring auf der linken Seite befindet. Wenn die Reize allerdings vertauscht werden, sodass die Blüte auf der linken Seite erscheint, steigt die Wahrnehmung des linken Objekts auf 35 % an (◘ Abb. 6.33b). Wird schließlich eine Spin-

12 %

a   Ring auf der linken,
Blüte auf der rechten Seite

35 %

b   Blüte auf der linken,
Ring auf der rechten Seite

78 %

c   Spinne auf der linken,
Ring auf der rechten Seite

◘ Abb. 6.33 Eine Reihe von Tests zur Bestimmung des Grades der Extinktion für verschiedene Paare von Reizen. Die Zahl unter dem linken Bild gibt jeweils den Prozentsatz der Versuchsdurchgänge an, in denen ein Patient dieses Bild identifizierte, der normalerweise einen Neglect von Objekten auf der linken Seite des Blickfelds zeigt. **a** Ring auf der linken Seite, Blüte auf der rechten Seite; **b** Blüte auf der linken Seite, Ring auf der rechten Seite; **c** Spinne auf der linken Seite, Ring auf der rechten Seite. (Aus Vuilleumier & Schwartz, 2001a, Abb. 1b, mit freundlicher Genehmigung von Wolters Kluwer Health, Inc.)

ne auf der linken Seite präsentiert, wird sie in 78 % der Versuche gesehen (◘ Abb. 6.33c; Vuilleumier & Schwartz, 2001a). In einem ähnlichen Experiment sahen Patienten links von ihnen eher traurige oder lächelnde Gesichter als neutrale (Vuilleumier & Schwartz, 2001b).

Warum ist es wahrscheinlicher, dass der Patient die Spinne sieht? Die Antwort scheint offensichtlich: Die Spinne erregt Aufmerksamkeit, vielleicht weil sie bedrohlich wirkt und eine emotionale Reaktion hervorruft, die Form einer Blüte hingegen nicht. Aber woher wissen die Patienten, dass auf der linken Seite die Form einer Spinne oder einer Blüte dargestellt ist? Müssen sie nicht in diesem Fall die Spinne oder die Blume gesehen haben? Aber wenn sie sie gesehen haben, warum können sie dann, wie im Fall des Rings und der Blüte, oft nicht sagen, dass sie sie gesehen haben?

Offenbar werden die Blume und die Spinne vom Gehirn auf einer unterbewussten Ebene verarbeitet, um ihre Identität festzustellen, und anschließend bestimmt ein weiterer Prozess, welche Reize für das bewusste Sehen ausgewählt werden. Die Identifizierung auf einer unbewussten Ebene, bevor die Aufmerksamkeit einsetzt, ist ein Beispiel für die **präattentive Verarbeitung**, die wir zu Beginn des Kapitels im Zusammenhang mit Anne Treismans Merkmalsintegrationstheorie der Aufmerksamkeit beschrieben haben (▶ Abschn. 6.2.3). Der Patient ist sich der präat-

tentiven Verarbeitung nicht bewusst, weil sie verdeckt und innerhalb eines Sekundenbruchteils abläuft. Der Patient ist sich allerdings bewusst, welche Reize ausgewählt werden, um die Aufmerksamkeit zu wecken, die zum bewussten Sehen führt (Rafel, 1994; Vuilleumier & Schwartz, 2001a, 2001b). So liefern Neglect und Extinktion weitere Beispiele für die Rolle der Aufmerksamkeit bei der Schaffung unserer bewussten Erkenntnis über die Umwelt.

6.10 Weitergedacht: Aufmerksamkeitsfokussierung durch Meditieren

Zwei Menschen sitzen auf einem Stuhl, die Füße auf dem Boden, die Augen geschlossen. Was geht in ihren Köpfen vor? Das können wir ihnen natürlich nicht ansehen, aber wir wissen, dass sie meditieren. Was hat es damit auf sich, und was hat das mit Aufmerksamkeit zu tun?

Meditation ist eine sehr alte Praxis, die ihren Ursprung in der buddhistischen und hinduistischen Kultur hat. Sie umfasst verschiedene Wege, den Geist zu beschäftigen (Basso et al., 2019). Bei einer verbreiteten Form der Meditation, der sogenannten fokussierten Aufmerksamkeit, richtet die Person ihren Fokus auf ein bestimmtes Objekt, das kann der Atem, ein Klang, ein Mantra (eine Silbe, ein Wort oder eine Gruppe von Wörtern) oder ein visueller Reiz sein. Es gibt auch andere Arten der Meditation, z. B. die offen beobachtende Meditation, bei der die Person beobachtet, wie Gedanken, Emotionen und Empfindungen auftauchen, ohne dass sie sie bewertet, sowie die Meditation der liebenden Güte, bei der die Person Gedanken der Liebe, der Freundlichkeit und der Empathie gegenüber anderen und sich selbst erzeugt. Im weiteren Verlauf dieses Abschnitts werden wir die **Meditation der fokussierten Aufmerksamkeit** näher betrachten.

Diese Form der Meditation wird in den Vereinigten Staaten am häufigsten praktiziert, besonders beliebt sind die beiden Meditations-Apps „Calm" und „Headspace". Der Schwerpunkt liegt hier auf dem Ein- und dem Ausatmen. Diese Apps machen Millionengeschäfte mit jeweils über 1 Mio. zahlenden Abonnenten. Das zeugt von der wachsenden Beliebtheit der Meditation, ebenso wie die Tatsache, dass der Prozentsatz der Erwachsenen in den USA, der in den letzten 12 Monaten meditiert hat, von 4,1 % im Jahr 2012 auf 14,2 % im Jahr 2017 gestiegen ist, was 35 Mio. Erwachsenen im Jahr 2017 entspricht (Clarke et al., 2018).

Kehren wir zu unseren Meditierenden zurück, die wir mit geschlossenen Augen sitzen gelassen haben. Vielleicht ist der beste Weg, um ihre Erfahrung zu beschreiben, darüber nachzudenken, was wohl in ihren Köpfen vorging, bevor sie sich zum Meditieren hingesetzt haben. Kennzeichnend für den Geist ist, dass er sehr aktiv ist. Die Beschäftigung mit bestimmten Aufgaben wie Lernen oder das Lösen von Problemen erfordert aufgabenorientierte

Aufmerksamkeit. Aber manchmal wird diese aufgabenorientierte Aufmerksamkeit von Gedanken unterbrochen, die nichts mit der Aufgabe zu tun haben. Vielleicht haben Sie es schon erlebt, wie ihre Gedanken beim Lernen abschweiften, und Sie über etwas nachdachten, das später stattfinden wird oder früher am Tag passiert ist. Diese Art von nicht aufgabenbezogener geistiger Aktivität wird als Tagträumen oder **Mind-Wandering** bezeichnet.

Matthew Killingsworth und Daniel Gilbert (2010) ermittelten die Prävalenz von Mind-Wandering mithilfe einer Technik, die **Erfahrungsstichprobe** heißt. Sie basierte in diesem Fall auf einer iPhone-App, die zu unregelmäßigen Zeiten piepte, während die Testpersonen ihrem normalen Tagesablauf nachgingen. Die Probanden berichteten, dass sie beim Hören des Pieptons in 47 % der Fälle geistig abwesend waren. Dieses wissenschaftlich basierte Ergebnis würde buddhistische Meditierende wahrscheinlich nicht überraschen, sie haben den Begriff „Monkey Mind" geprägt, das Gedankenkarussell, bei dem man unkontrolliert ständig von Gedanke zu Gedanke springt, oft zulasten fokussierter Aufmerksamkeit oder Entspannung.

Wenn sich unsere Meditierenden zur Meditation hinsetzen, besteht ihre Aufgabe also darin, das Gedankenkarussell auszuschalten! Um dies zu erreichen, lenken sie ihre Aufmerksamkeit auf die ein- und ausströmende Luft, sodass ihr Bewusstsein auf das Ein- und das Ausatmen fokussiert ist. Aber das Gedankenkarussell tritt immer wieder auf den Plan, und wenn der Meditierende merkt, dass er an etwas anderes denkt als an seinen Atem, nimmt er den Gedanken zur Kenntnis, ohne sich mit ihm zu beschäftigen, und kehrt mit seiner Aufmerksamkeit zurück zum Atem.

Meditation beruht also auf einem Zyklus aus konzentrierter Aufmerksamkeit, einer Unterbrechung durch das Umherschweifen der Gedanken, dem Gewahrwerden der Unterbrechung und dem erneuten Fokussieren der Aufmerksamkeit auf den Atem. Dieser Ablauf zeigt, dass wir unsere Aufmerksamkeit nicht nur auf ein bestimmtes Objekt, einen Ort oder eine Tätigkeit richten können, was einen Großteil dieses Kapitels ausmacht, sondern wir können Aufmerksamkeit auch dazu nutzen, „den Kopf frei zu bekommen", indem wir durch Meditation den manchmal lästigen „Affen" abstellen, der ständig in unserem Kopf plappert. Je geübter wir in Meditation werden, desto länger können wir in der Phase des Zyklus der fokussierten Aufmerksamkeit verbringen (Hasenkamp et al., 2012).

Es gibt eine alte Überlieferung über den Zen-Meister Ikkyu aus dem 15. Jahrhundert, der auf die Frage nach der Quelle der höchsten Weisheit antwortete: „Aufmerksamkeit, Aufmerksamkeit, Aufmerksamkeit!" (Austin, 2009). Was ist damit gemeint? Man könnte es auf den Zyklus der Aufmerksamkeitsfokussierung und -verlagerung anwenden, den wir gerade beschrieben haben. Eine andere Interpretation ist, dass wir das Wort Aufmerksamkeit durch das Wort „Bewusstsein" ersetzen könnten (Beck, 1993).

Abgesehen von philosophischen Diskussionen über die Bedeutung der Aufmerksamkeit in der Meditation und im Leben im Allgemeinen, gibt es viele wissenschaftliche Belege dafür, dass Meditation viele positive Auswirkungen hat, beispielsweise Schmerzlinderung (Zeidan & Vago, 2016), Stressabbau (Goyal et al., 2014), die Verbesserung kognitiver Funktionen wie Gedächtnisleistungen (Basso et al., 2019) und – wenig verwunderlich – eine Steigerung der Fähigkeit, die Aufmerksamkeit zu fokussieren (Moore & Malinowski, 2009; Semple, 2010). Andere Experimente haben gezeigt, dass Meditation nicht nur Auswirkungen auf das Verhalten hat, sondern auch die Aktivität in Gehirnarealen beeinflusst, die mit der Koordination von Denken und Handeln verbunden sind (Fox et al., 2016), und eine Reorganisation neuronaler Netzwerke bewirkt, die sich über große Bereiche des Gehirns erstrecken (Tang et al., 2017).

6.11 Der Entwicklungsaspekt: Aufmerksamkeit von Babys und Lernen von Objektnamen

Wie lernen Babys Objektnamen? Die Antwort auf diese Frage ist kompliziert, aber ein wichtiger Teil der Antwort lautet „indem sie bei der Interaktion mit einem Erwachsenen, in der Regel einem Elternteil, aufmerksam sind". Man kann es auch so ausdrücken, dass Babys normalerweise Wörter von einer Bezugsperson lernen, die meistens ein Elternteil ist. Bei dieser Interaktion gibt es 2 entscheidende Aspekte: Zunächst richtet das Kind seine Aufmerksamkeit auf ein bestimmtes Objekt. Während das Baby das Objekt noch aufmerksam betrachtet, benennt die Bezugsperson das Objekt.

Bis vor Kurzem war es schwierig, die Wechselwirkung zwischen Aufmerksamkeit und Benennung zu erforschen, weil man nicht genau messen konnte, wohin ein Baby seine Aufmerksamkeit richtet. Dieses Problem wurde allerdings durch die Entwicklung von **Eyetracking mit mobilen Geräten** (head-mounted eye tracker) gelöst (Methode 6.2).

Chen Yu et al. (2018) verwendeten Eyetracker, die am Kopf befestigt sind, um zu messen, wohin 9 Monate alte Babys und ein Elternteil ihre Aufmerksamkeit richteten, wenn sie zusammen mit Spielsachen spielten. Die Stimme der Eltern wurde aufgezeichnet, um zu erfassen, wohin das Baby schaute und wann der Elternteil ein Spielzeug benannte.

Unter Berücksichtigung sowohl der Blick- als auch der Sprachdaten identifizierten Yu et al. Benennungsereignisse von hoher Qualität. In diesen Situationen benannte das Elternteil den Gegenstand, während das Kind ihn ansah. Für jedes Kind multiplizierten sie die Qualität der Benennungen – den Anteil der Wort-Objekt-Zuordnungen, die gemacht wurden, während das Kind das Objekt ansah – mit der Quantität der Benennung, d. h., wie oft das Elternteil das Objekt benannte. ◘ Abb. 6.36 zeigt den kindlichen Wortschatz im Alter von 12 Monaten gegenüber dem Messwert aus Qualität × Quantität, der mit 9 Monaten ermittelt

Eyetracking mit mobilen Geräten

Bei Erwachsenen wurde die Blickerfassung gemessen, indem man ihren Kopf mit einer Kinnstütze ruhig hielt und dann ihre Blickbewegungen erfasste, wenn sie das Bild einer Szene mit den Augen absuchten (◘ Abb. 6.9). Diese Technik hat wertvolle Erkenntnisse über die Aufmerksamkeit geliefert, ist aber eine künstliche Ausgangssituation und außerdem nicht für Babys geeignet.

Das Eyetracking mit mobilem Gerät löst die beiden Probleme, eine künstliche Situation zu erzeugen und für Babys ungeeignet zu sein, denn die Testperson wird mit 2 Geräten ausstattet (Borjon et al., 2018):

1. Eine am Kopf befestigte Blickfeldkamera, die das allgemeine Sichtfeld der Testperson und die Ausrichtung ihres Kopfes erfasst
2. Eine Kamera, die über das Auge der Testperson den genauen Ort erfasst, auf den die Person innerhalb dieses Blickfelds schaut

◘ Abb. 6.34 zeigt ein Baby und seine Mutter, die beim Spielen mobile Eyetracker tragen. In ◘ Abb. 6.35 sieht man Aufzeichnungen, die anzeigen, worauf das Kind und seine Mutter jeweils ihre Aufmerksamkeit richteten. Sie schauten 3 verschiedene Spielsachen sowie das Gesicht ihres Gegenübers an, wobei die violette Farbe den Blick auf das Gesicht des Gegenübers anzeigt und die anderen Farben die Aufmerksamkeit, die auf das jeweilige Spielzeug gerichtet ist. Die Fixationen des Kindes sind im oberen Testverlauf, die der Mutter im unteren Testverlauf zu sehen. Die violette Farbe in der unteren Aufzeichnung belegt, dass die Mutter oft das Gesicht des Kindes anschaut. Im Gegensatz dazu konzentrieren sich die Fixationen des Kindes auf die Spielsachen.

◘ **Abb. 6.34** Baby und Mutter tragen Eyetracker, die am Kopf befestigt sind. Die Geräte erfassen, wohin die Probanden schauen, während sie mit Spielzeug spielen. Die Mutter trägt außerdem ein Mikrofon, mit dem sich aufzeichnen lässt, was sie sagt. (Aus Yu et al., 2018, mit freundlicher Genehmigung von John Wiley and Sons)

Wir können 2 verschiedene Arten der kindlichen Aufmerksamkeit unterscheiden. Die schwarzen Pfeile über der Aufzeichnung des Kindes zeigen den Beginn von Phasen *anhaltender Aufmerksamkeit*, d. h. Aufmerksamkeit gegenüber einem Objekt, die 3 s oder länger dauert. Die roten Pfeile unterhalb der Aufzeichnung veranschaulichen Phasen *gemeinsamer Aufmerksamkeit*, d. h. Phasen von mindestens 0,5 s, in denen das Kind und die Mutter auf dasselbe Objekt schauen.

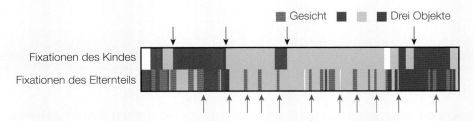

■ Gesicht ■ ■ Drei Objekte

Fixationen des Kindes
Fixationen des Elternteils

◘ **Abb. 6.35** Worauf Babys und Eltern ihre Aufmerksamkeit lenken, wenn sie mit Spielsachen spielen (Erläuterung siehe Text). (Aus Yu et al., 2018, mit freundlicher Genehmigung von John Wiley and Sons)

wurde, wobei jeder Datenpunkt ein einzelnes Eltern-Kind-Paar darstellt. Die große Spannweite des Messwerts aus Qualität × Quantität ist ein Ausdruck dafür, dass es große individuelle Unterschiede in der Häufigkeit gab, mit der die Eltern Objekte benannten: Die Häufigkeit reichte von 4,4 bis 16,4 Objektzuordnungen pro Minute. Der Zusammenhang zwischen der Benennung und dem späteren Wortschatz ist besonders wichtig, weil ein größerer früher Wortschatz mit besseren zukünftigen Sprachfähigkeiten

und Schulleistungen einhergeht (Hoff, 2013; Murphy et al., 2014).

Die Beziehung zwischen dem Wortschatz mit 12 Monaten und den Wort-Objekt-Zuordnungen im Alter von 9 Monaten (◘ Abb. 6.36) basiert auf Benennungen, die während der anhaltenden Aufmerksamkeit des Kindes ausgesprochen wurden – wenn also die Aufmerksamkeit des Kindes 3 s oder länger auf ein Objekt gerichtet war. Untersuchten Yu et al. jedoch Wort-Objekt-Zuordnungen, die

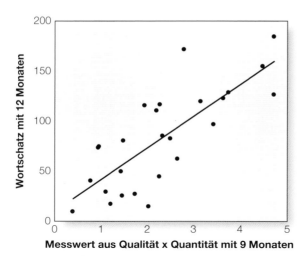

Abb. 6.36 Der Zusammenhang zwischen dem kindlichen Wortschatz mit 12 Monaten und der Qualität der Benennung, die in dem Experiment von Yu et al. (2018) gemessen wurde (Details siehe Text)

gemacht wurden, wenn keine anhaltende Aufmerksamkeit, sondern nur gemeinsame Aufmerksamkeit vorlag (d. h., wenn das Kind und der Erwachsene ein Objekt gleichzeitig betrachteten, der Blick des Kindes aber weniger als 3 s auf den Gegenstand gerichtet war), zeigte sich, dass eine Benennung keine Rückschlüsse auf den späteren Wortschatz zuließ. Die entscheidende Voraussetzung für die Begriffsbildung bei Kleinkindern ist daher zum einen die fokussierte Aufmerksamkeit für ein Objekt über einen anhaltenden Zeitraum, zum anderen das Hören des entsprechenden Begriffs.

Wenn bei gemeinsamer Aufmerksamkeit keine Begriffsbildung stattfindet, welchen Sinn hat sie dann? Chen Yu und Linda Smith (2016) untersuchten diese Frage, indem sie ermittelten, wohin 11–13 Monate alte Kleinkinder und ihre Eltern blickten, während sie mit Spielzeug spielten. Yu und Smith fanden heraus, dass 65 % der anhaltenden Aufmerksamkeit auf ein Spielzeug zusammen mit gemeinsamer Aufmerksamkeit auftraten und dass die anhaltende Aufmerksamkeit der Kinder länger andauerte, wenn die gemeinsame Aufmerksamkeit ebenfalls auftrat. Außerdem gingen längere Phasen der gemeinsamen Aufmerksamkeit mit einer längeren Phase anhaltender Aufmerksamkeit einher. Fazit dieser Ergebnisse ist, dass Eltern, wenn sie Interesse an einem Objekt zeigen, indem sie es anschauen, dieses Interesse auf das Kind übertragen, indem sie andere Dinge tun, z. B. über den Gegenstand sprechen und ihn anfassen. Dies regt das Kind dazu an, das Objekt länger zu betrachten (Suarez-Rivera et al., 2019).

Zu Beginn unserer Betrachtung haben wir festgestellt, dass Kleinkinder in der Regel mit einer Bezugsperson lernen, meist einem Elternteil. Dabei schauen Babys nur selten in das Gesicht der Eltern, wenn sie mit einem Spielzeug spielen (Abb. 6.35), denn für das Kind ist vor allem das Spielzeug wichtig. Stattdessen lernen Kleinkinder den Namen eines Objekts, indem sie

1. dem Aufmerksamkeitsreiz der Eltern folgen, der sich dadurch äußert, dass die Erwachsenen über einen Gegenstand sprechen und ihn berühren;
2. den Namen des Objekts hören, während ihre Aufmerksamkeit auf das Objekt gerichtet ist.

Übungsfragen 6.2
1. Beschreiben Sie Eglys Experiment, mit dem der Objektidentitätsvorteil nachgewiesen wurde.
2. Beschreiben Sie Carrascos Experiment, mit dem sie zeigen konnte, dass Aufmerksamkeit das Aussehen von Dingen verändern kann.
3. Beschreiben Sie O'Cravens Experiment, in dem Versuchspersonen Reize gezeigt wurden, bei denen ein Gesicht und ein Haus übereinander projiziert waren. Was zeigte dieses Experiment über die Wirkung von Aufmerksamkeit auf die Antwort bestimmter Gehirnareale?
4. Beschreiben Sie Dattas und DeYoes Experiment, in dem gezeigt wurde, wie Aufmerksamkeit für verschiedene Orte das Gehirn aktiviert. Was ist eine Aufmerksamkeitskarte? Worum geht es beim Experiment zum „geheimen Ort"? Vergleichen Sie dieses Experiment mit den am Ende von ▶ Kap. 5 beschriebenen Experimenten zum „Gedankenlesen" im Gehirn.
5. Beschreiben Sie das Experiment von Womelsdorf et al., bei dem Neuronen aus dem Temporallappen eines Affen abgeleitet wurden. Wie wiesen sie nach, dass Aufmerksamkeit die Position der rezeptiven Felder beeinflusst?
6. Beschreiben Sie die folgenden beiden Situationen, die veranschaulichen, wie fehlende Aufmerksamkeit zu fehlender Wahrnehmung führen kann: (a) Unaufmerksamkeitsblindheit und (b) Entdecken von Veränderungen.
7. Welche Beweise gibt es dafür, dass Telefonieren mit dem Smartphone oder das Schreiben von Textnachrichten am Steuer gefährlich ist?
8. Welche Belege gibt es dafür, dass eine intensive Nutzung von Smartphones und Internet unter bestimmten Bedingungen negative Auswirkungen auf die Leistung haben kann?
9. Beschreiben Sie das Experiment, mit dem nachgewiesen wurde, dass die Ergebnisse von Gedächtnis- und Intelligenztests allein dadurch beeinflusst werden können, dass sich das Smartphone in Reichweite befindet.
10. Was ist räumlicher Neglect? Wodurch wird er verursacht? Beschreiben Sie das Experiment, mit dem nachgewiesen wurde, dass die Nichtbeachtung von

Reizen auf der linken Seite nicht darauf zurückzuführen ist, dass man auf der linken Seite blind ist.

11. Was ist Extinktion? Was demonstriert das Experiment mit der Spinne über bewusste und unbewusste Aufmerksamkeitsverarbeitung?
12. Welcher Zusammenhang besteht zwischen Meditation und Aufmerksamkeit?
13. Beschreiben Sie, wie Yu et al. (2018) mobile Eyetracker einsetzten, um die Aufmerksamkeit von Kleinkindern und ihren Eltern während des Spiels mit Spielsachen zu messen. Welche Schlussfolgerung lässt sich aus dieser Studie ziehen?

6.12 Zum weiteren Nachdenken

1. Wenn Salienz von den Merkmalen einer Szene wie Kontrast, Farbe und Orientierung bestimmt wird, weshalb ist es dann möglicherweise korrekt zu sagen, dass die Salienz eines Objekts erhöht wird, wenn man die Aufmerksamkeit darauf richtet?
2. Wie hängen die Regelmäßigkeiten in der Umgebung (die wir in ▶ Kap. 5 diskutiert haben) mit den kognitiven Faktoren zusammen, die bestimmen, wohin eine Person schaut?
3. Können Sie sich aufgrund Ihrer eigenen Erfahrungen Situationen vorstellen, die den Experimenten zur Veränderungsblindheit ähneln und in denen Ihnen ein Objekt entging, das jedoch leicht zu sehen war, sobald Sie von seiner Gegenwart wussten? Was steckt Ihrer Ansicht nach hinter Ihrem anfänglichen Versagen beim Sehen dieses Objekts?

Hinweis für die Demonstration 6.3 zum Entdecken von Veränderungen in ▶ Abschn. 6.7: *Achten Sie auf das Schild im linken unteren Teil des Bilds.*

6.13 Schlüsselbegriffe

- Attentive Phase
- Aufmerksamkeit
- Aufmerksamkeitsfesselung
- Beschatten
- Bindung
- Cocktailparty-Effekt
- Dichotisches Hören
- Efferenzkopie
- Erfahrungsstichprobe
- Extinktion
- Eyetracking mit mobilem Gerät
- Fixation
- Hinweisreizverfahren
- Illusionäre Verknüpfung
- Komparator
- Konjunktionssuche
- Kontinuitätsfehler
- Meditation
- Meditation der fokussierten Aufmerksamkeit
- Merkmalsintegrationstheorie
- Merkmalssuche
- Mind-Wandering
- Motorisches Signal
- Objektidentitätsvorteil
- Offene (overte) Aufmerksamkeit
- Operante Konditionierung
- Präattentive Phase
- Präattentive Verarbeitung
- Prädiktive Aufmerksamkeitsverlagerung
- Precueing
- Räumlicher Neglect
- Räumliche Aufmerksamkeit
- Reafferenztheorie
- Sakkadische Augenbewegungen
- Salienzkarte
- Selektive Aufmerksamkeit
- Shadowing
- Signal für eine retinale Bildverschiebung (SRB)
- Szenenschema
- Unaufmerksamkeitsblindheit
- Veränderungsblindheit
- Verdeckte (coverte) Aufmerksamkeit
- Visuelle Salienz
- Visuelle Suche
- Wahrgenommener Kontrast

Handeln

E. Bruce Goldstein und Laura Cacciamani

Inhaltsverzeichnis

7

🔄 Lernziele

Nachdem Sie dieses Kapitel bearbeitet haben, werden Sie in der Lage sein, …

- den ökologischen Ansatz der Wahrnehmung zu verstehen,
- zu erläutern, welche Informationen von Menschen genutzt werden, um sich beim Gehen und beim Fahren zu orientieren,
- zu verstehen, wie das „GPS-System" des Gehirns kortikale Karten erstellt, die Tieren und Menschen bei der Orientierung helfen,
- zu beschreiben, wie die Ausführung einfacher körperlicher Handlungen von Interaktionen zwischen den sensorischen und den motorischen Einheiten des Nervensystems abhängt und welche Rolle Vorhersagen dabei spielen,
- zu erkennen, welche Vorgänge in unserem Körper uns dazu befähigen, Handlungen anderer Menschen zu verstehen,
- zu verstehen, was es heißt, dass Wahrnehmung dazu dient, mit der Umwelt zu interagieren,
- die Aussage „Vorhersage ist alles" nachzuvollziehen,
- zu beschreiben, was eine Affordanz bei Kindern ist und wie dieses Phänomen in der Forschung untersucht wurde.

Einige der in diesem Kapitel behandelten Fragen

- Wie hängen eigene Bewegungen und die Wahrnehmung der Umgebung zusammen?
- Wie finden wir den Weg von einem Ort zum anderen?
- Wie interagieren sensorische und motorische Funktionen, wenn wir nach einer Ketchupflasche greifen?
- Welches Antwortverhalten zeigen die als Spiegelneuronen bezeichneten kortikalen Neuronen, wenn eine Person eine Handlung ausführt oder dieselbe Handlung bei einer anderen Person beobachtet?

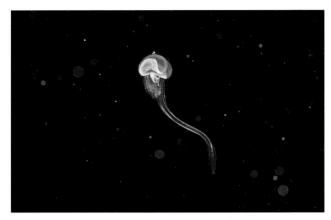

a Seescheide im Larvenstadium

b Eine Kolonie ausgewachsener Seescheiden, die an einem Felsen hängen

🔲 **Abb. 7.1 a** Eine schwimmende Seescheide. Das Rückenmark ist mit einem primitiven Gehirn verbunden, und sie hat Augen. **b** Eine Kolonie von ausgewachsenen Seescheiden, die an einem Felsen hängen. Das Rückenmark, das Gehirn und die Augen sind verschwunden. (a: © Alexander Semenov/Science Photo Library; b: © GeraldRobertFischer/stock.adobe.com)

Was hat „Handlung" mit Wahrnehmung zu tun? Eine mögliche Antwort auf diese Frage bietet die Seescheide, ein im Larvenstadium kaulquappenartiges Lebewesen mit einem Rückenmark, das mit einem primitiven Gehirn verbunden ist, mit Augen und mit einem Schwanz, mit dem sich die Seescheide im Wasser fortbewegen kann (🔲 Abb. 7.1a). Schon früh in ihrem Leben gibt die Seescheide jedoch jede Fortbewegung auf und sucht sich auf einem Felsen, auf dem Meeresboden oder am Rumpf eines Schiffes einen Platz, um sich festzusetzen (🔲 Abb. 7.1b). Sobald die Seescheide den Ort gefunden hat, an dem sie für den Rest ihres Lebens bleiben wird, hat sie keine Verwendung mehr für ihr Auge, ihr Gehirn oder ihren Schwanz, die sich daher zurückbilden (Beilock, 2012).

Die Seescheide hat also, sobald sie sich fest verankert hat und völlig unbeweglich ist, keine Verwendung mehr für die Wahrnehmungsfähigkeiten des Gehirns. Nichts an-

deres geschah in den meisten frühen Forschungsarbeiten zur Wahrnehmung, bei denen die menschlichen Teilnehmer ähnlich wie Seescheiden wie festgewachsen auf ihren Stühlen gesessen und auf Reize oder Szenen auf einem Computerbildschirm reagiert haben. Eine Analogie zwischen gehirnlosen Seescheiden und Teilnehmern an Wahrnehmungsstudien zu ziehen, geht sicherlich zu weit. Aber tatsächlich sind Menschen im Gegensatz zu ausgewachsenen Seescheiden im Wachzustand fast ständig in Bewegung, und eine Funktion ihres Gehirns besteht darin, sie in die Lage zu versetzen, aktiv in der Umwelt zu handeln. Paul Cisek und John Kalaska (2010) stellten sogar fest, dass die Hauptaufgabe des Gehirns darin besteht, „Organismen mit der Fähigkeit auszustatten, anpassungsfähig mit ihrer Umwelt zu interagieren".

Um die Wahrnehmung zu verstehen, müssen wir also einen Schritt über die Diskussion im vorigen Kapitel hinausgehen, in dem wir beschrieben haben, wie Menschen ihre Aufmerksamkeit auf bestimmte Objekte oder Bereiche in der Umwelt richten. Nun müssen wir unsere Perspektive erweitern und betrachten die Wechselwirkung zwischen der Wahrnehmung und unserer Fähigkeit, mit der Umwelt zu interagieren.

Wie sieht nun diese Interaktion aus? Nehmen wir an, Sie haben gerade Ihre Vorlesung gehört und sind auf dem Weg zur Mensa, um zu Mittag zu essen. Das ist kein großes Problem, denn Sie kennen sich gut aus, weil Sie sich in Ihrem Kopf einen Plan vom Universitätsgelände erstellt haben. Wie können Sie sich nun, nachdem Sie Ihre mentale Karte konsultiert haben, auf Ihrem Weg orientieren? Das scheint eine einfache Frage zu sein, denn in einer vertrauten Umgebung tun Sie das ohne nachzudenken. Aber wie wir sehen werden, spielen Wahrnehmung und Gedächtnis eine wichtige Rolle bei der Orientierung.

Eine weitere Interaktion mit der Umwelt findet statt, während Sie zu Mittag essen. Sie greifen über den Tisch, nehmen Ihr Getränk in die Hand und heben es an Ihre Lippen. Auch dies tun Sie ohne viel Nachdenken oder Anstrengung, aber es beinhaltet komplexe Wechselwirkungen zwischen Wahrnehmung und Handlung. In diesem Kapitel geht es darum, wie die Wahrnehmung funktioniert, wenn wir uns in unserer Umwelt bewegen und mit ihr interagieren. Zunächst betrachten wir die frühen Ideen von James J. Gibson, der den *ökologischen Ansatz* der Wahrnehmungsforschung vertrat.

7.1 Der ökologische Ansatz der Wahrnehmungsforschung

Während des 20. Jahrhunderts bestand lange Zeit die vorherrschende Vorgehensweise der Forschung darin, sich nicht bewegenden Versuchspersonen Objekte im Labor zu präsentieren. In den 1970er- und 1980er-Jahren vertrat eine Gruppe von Psychologen unter der Leitung von J. J. Gibson jedoch die Ansicht, dass diese traditionelle Art der Wahrnehmungsuntersuchung fehlerhaft sei, da die Teilnehmer in kleinen Testräumen einfache Reize betrachten müssten und dabei außer Acht gelassen werde, was eine Person wahrnehme, wenn sie natürliche, reale Aufgaben wie das Gehen auf einer Straße oder das Trinken eines Glases Wasser ausführt. Die Wahrnehmung, so argumentierte Gibson, habe sich so entwickelt, dass wir uns in der Welt bewegen und auf sie einwirken können. Daher hielt er es für besser, die Wahrnehmung in Situationen zu untersuchen, in denen sich Menschen durch die Umgebung bewegen und mit ihr interagieren. Gibsons Ansatz, der sich auf die Wahrnehmung in natürlichen Kontexten konzentrierte, wird als **ökologischer Ansatz der Wahrnehmungsforschung** bezeichnet. Ein Ziel des ökologischen Ansatzes ist die Untersuchung, wie Eigenbewegung Informationen für die Wahrnehmung liefert, die herangezogen werden, um sich in der Umwelt zu bewegen.

7.1.1 Der sich bewegende Betrachter erzeugt Informationen zu seiner Umgebung

Um zu verstehen, was es heißt, dass eine Bewegung Wahrnehmungsinformationen erzeugt, stellen Sie sich vor, Sie fahren eine unbefahrene Straße entlang. Es sind keine anderen Autos oder Menschen zu sehen, sodass alles in Ihrer Umgebung – Häuser, Bäume, Verkehrsschilder – bewegungslos vor Ihnen steht. Aber obwohl sich all diese Objekte in Ruhe befinden, führt Ihre Eigenbewegung dazu, dass sich diese Objekte *relativ* zu Ihnen bewegen – Häuser und Bäume scheinen, während Sie durch die Windschutzscheibe sehen, auf Sie zuzukommen oder beim Blick durch das Seitenfenster an Ihnen vorbeizuziehen. Und auch die Straße vor Ihnen scheint sich auf Sie zuzubewegen. Sofern Sie mit hohem Tempo über eine Brücke fahren, kommt von allen Seiten etwas auf Sie zu – die Brückenpfeiler neben und über Ihnen und die Straße bewegen sich entgegengesetzt zu Ihrer Fahrtrichtung (◘ Abb. 7.2).

Die oben beschriebene Bewegung, bei der die Bewegung eines Beobachters eine Bewegung von Objekten und der Szene relativ zum Beobachter erzeugt, wird **optischer Fluss** genannt. Nach Gibson liefert der optische Fluss Informationen darüber, wie schnell und in welche Richtung wir uns selbst bewegen. Der optische Fluss hat 2 wichtige Merkmale:

1. Der optische Fluss ist in der Nähe des Beobachters schneller als in größerer Entfernung, wie in ◘ Abb. 7.2 anhand der Länge der Pfeile angedeutet. Dieser Unterschied im Ausmaß des Flusses – die Abnahme der Fließgeschwindigkeit von der Entfernung zum Auto – wird als **Bewegungsgradient** bezeichnet. Der Bewegungsgradient liefert Informationen über die Geschwindigkeit des Betrachters. Nach Gibson nutzt der Beob-

◘ **Abb. 7.2** Die Brückenpfeiler und die Straße scheinen uns beim Blick aus dem fahrenden Auto mit hoher Geschwindigkeit entgegenzukommen, wobei die Konturen verfließen. Diese Bewegung wird als optischer Fluss bezeichnet. (© Barbara Goldstein)

achter diese Informationen, um die eigene Bewegungs-
geschwindigkeit zu bestimmen.

2. Es gibt einen Punkt, in dem keine Bewegung sichtbar
   ist: der Punkt, auf den sich der Betrachter zubewegt.
   Dieser Punkt wird als **Expansionspunkt** bezeichnet. In
   ◘ Abb. 7.2 ist er durch die punktförmige Markierung
   dargestellt und befindet sich am Ende der Brücke, wo
   das Auto ankommen wird, wenn es auf seinem Kurs
   bleibt.

Ein weiteres wichtiges Konzept des ökologischen Ansatzes
ist der Begriff der **invarianten Information**. Dabei handelt
es sich um Informationen, die ungeachtet der Bewegung
des Betrachters konstant bleiben. Der optische Fluss liefert
eine invariante Information, die immer dann zur Verfügung
steht, wenn sich der Betrachter auf eine bestimmte Weise
in seiner Umgebung bewegt.

So gibt der Expansionspunkt immer den Zielpunkt der
Bewegung an. Wenn der Betrachter seine Bewegungsrichtung ändert, können sich die Objekte in der Szene ändern,
aber es gibt nach wie vor einen Expansionspunkt. Auch
wenn sich für den bewegten Betrachter vieles innerhalb der
Szene verschiebt, liefern der optische Fluss und der Expansionspunkt Informationen dazu, wie schnell und in welche
Richtung sich eine Person bewegt. Wenn wir in ▸ Kap. 10
die Tiefenwahrnehmung betrachten, werden wir auf weitere Quellen invarianter Information stoßen, die Gibson
vorgeschlagen hat und die Hinweise auf die Größe und den
Abstand eines Objekts zum Betrachter liefern.

7.1.2 Reaktionen auf durch Bewegung erzeugte Informationen

Nachdem wir die Informationen, die der sich bewegende
Betrachter erzeugt hat, bestimmt haben, besteht der nächste
Schritt darin, festzustellen, ob die Menschen diese Informationen nutzen. Um zu untersuchen, ob Menschen den
optischen Fluss als Informationsquelle nutzen, hat man
computergenerierte Darstellungen sich bewegender Punkte
verwendet, die optischen Fluss vermittelten, und die Probanden nach der wahrgenommenen Richtung der eigenen
Fortbewegung gefragt. Die Aufgabe war, anhand des optischen Flusses zu beurteilen, wohin sie sich relativ zu einem
Referenzpunkt bewegen würden. Beispiele für solche Reize sind in ◘ Abb. 7.3 dargestellt. Dabei stellen die Linien
jeweils die Bewegungsabläufe der einzelnen Punkte dar.
Längere Linien bedeuten eine schnellere Bewegung (wie
in ◘ Abb. 7.2). Je nach Bewegungsbahn und Geschwindigkeit der Punkte können unterschiedliche Bewegungsmuster
erzeugt werden. ◘ Abb. 7.3a zeigt den optischen Fluss für
eine geradeaus gerichtete Bewegung in Richtung der vertikalen Linie am Horizont, ◘ Abb. 7.3b zeigt den optischen
Fluss für die Bewegung nach rechts von der Referenzlinie.
Wenn die Versuchspersonen derartige Reize betrachteten,
konnten sie ihre Bewegungsrichtung relativ zu der verti-

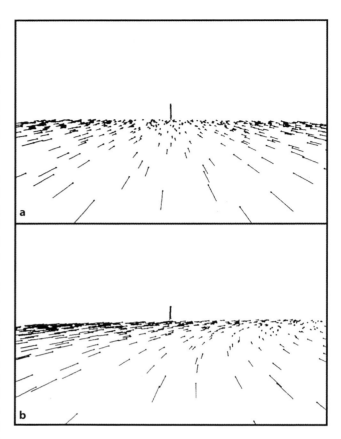

◘ **Abb. 7.3   a** Der optische Fluss, der von einer Person erzeugt wird, die
sich geradeaus auf eine vertikale Linie am Horizont zubewegt. Die Länge
der Linien im optischen Flussmuster stellt die Geschwindigkeit der Person dar. **b** Optischer Fluss, wie er von einer Person erzeugt wird, die sich
entlang einer Kurve nach rechts fortbewegt. (Aus Warren, 1995. Reprinted
with permission from Elsevier.)

kalen Linie mit einer Genauigkeit von 0,5 bis 1° korrekt
einschätzen (Warren, 1995, 2004; vgl. auch Fortenbaugh
et al., 2006; Li et al., 2006).

◘ Abb. 7.4 zeigt, wie Eigenbewegung Informationen
erzeugt, die ihrerseits genutzt werden, um die weitere
Bewegung zu steuern. Beispielsweise erzeugt ein Autofahrer beim Fahren entlang der Straße einen optischen Fluss
und damit Informationen, die er beim Steuern des Autos
benutzt. Ein weiteres Beispiel für Bewegung, die Informationen für die weitere Bewegungssteuerung liefert, ist
ein Salto.

Wir können uns das Problem der Bewegungssteuerung
klarmachen, indem wir uns einen Turner vorstellen, der
einen Rückwärtssalto springen will (◘ Abb. 7.5). Welche Herausforderungen das beinhaltet, wird deutlich, wenn
man bedenkt, dass der Sportler innerhalb von 600 ms den
Salto ausführen und dann im Moment des Auftreffens
auf dem Boden genau die korrekte Körperhaltung einge-
nommen haben muss. Dies kann erreicht werden, indem
man die erforderliche Bewegungsabfolge in einer kriti-
schen Zeitperiode quasi automatisiert ablaufen lässt. Im

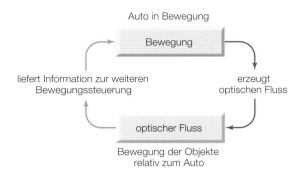

□ **Abb. 7.4** Die Beziehung zwischen Bewegung und optischem Fluss ist reziprok, da die Bewegung des Betrachters einen optischen Fluss erzeugt und dieser Fluss dann wiederum Informationen für die Kontrolle weiterer Bewegungen liefert. Dies ist das Grundprinzip hinter einem Großteil unserer Interaktion mit der Umwelt

□ **Abb. 7.5** „Schnappschüsse" eines Saltos. Der Beginn der Bewegung ist *links* dargestellt, das Ende *rechts*. (Aus Bardy & Laurent, 1998. Copyright © 1998 by the American Psychological Association. Reproduced with permission.)

Fall einer solchen automatisierten Bewegung sollte es keinen Unterschied machen, ob die Augen dabei offen oder geschlossen sind. Bardy und Laurent (1998) fanden jedoch heraus, dass Experten Salti mit geschlossenen Augen schlechter ausführten. Filmaufnahmen zeigten, dass die Sportler bei geöffneten Augen in der Luft offenbar noch Korrekturbewegungen ausführten. So konnte ein Sportler, der die Körperstreckung einen Sekundenbruchteil zu spät begann, dies durch eine raschere Ausführung der verbleibenden Bewegungen kompensieren. Beim Ausführen eines Saltos werden also ebenso wie beim Autofahren die Informationen, die von der eigenen Bewegung erzeugt werden, zur Bewegungsregulierung genutzt.

7.1.3 Die Sinne arbeiten zusammen

Eine weitere Idee von Gibson war, dass die Sinne nicht isoliert voneinander arbeiten. Er vertrat die Ansicht, dass man Sehen, Hören, Fühlen, Riechen und Schmecken nicht als getrennte Sinne betrachten, sondern auch berücksichtigen sollte, welche Informationen sie in Bezug auf bestimmte Verhaltensweisen liefern. Ein Beispiel dafür, wie ein

Gleichgewichthalten

Die Fähigkeit, das eigene Gleichgewicht zu halten, nehmen Sie wahrscheinlich als selbstverständlich hin. Stehen Sie also auf. Heben Sie einen Fuß vom Boden und balancieren Sie auf einem Bein. Dann schließen Sie die Augen und beobachten, was passiert.

ursprünglich nur *einem* Sinn zugeschriebenes Verhalten durch einen weiteren Sinn unterstützt wird, ist das Gleichgewicht.

Ihre Fähigkeit, zu stehen oder zu gehen und dabei das Gleichgewicht zu halten, beruht auf Sinnessystemen, die es Ihnen ermöglichen, Ihren Körper im Verhältnis zur Schwerkraft wahrzunehmen. Zu dieser körpereigenen Wahrnehmung tragen das Vestibularsystem des Innenohrs, aber auch Rezeptoren in Muskeln und Gelenken bei. Gibson (und andere) behaupteten, dass auch visuelle Informationen eine bedeutende Rolle für das Gleichgewicht spielen. Dies können wir nutzen, um das Zusammenspiel der Sinne zu verdeutlichen, wenn wir betrachten, was passiert, wenn keine visuellen Informationen verfügbar sind wie in Demonstration 7.1.

Wurde das Gleichgewichthalten schwieriger, nachdem Sie die Augen geschlossen hatten? Das passiert, weil das Sehen uns einen Bezugsrahmen liefert, auf dessen Grundlage die Muskeln leichter jene Ausgleichsbewegungen ausführen können, die für das Gleichgewicht nötig sind (Aartolahti et al., 2013; Hallemans et al., 2010; Lord & Menz, 2000).

Die Bedeutung eines visuellen Bezugsrahmens für das Gleichgewicht wurde auch anhand der Frage untersucht, was mit einer Person geschieht, wenn ihre visuellen und Gleichgewichtssinne widersprüchliche Informationen zur Körperhaltung liefern. David Lee und Eric Aronson (1974) brachten z. B. 13–16 Monate alte Kleinkinder in einen „Schaukelraum" (□ Abb. 7.6). In diesem Raum bleibt der Boden stationär, Wände und Decke können jedoch vor- und zurückschaukeln. □ Abb. 7.6a zeigt, wie sich die Wand auf das Kind zubewegt und dabei einen optischen Fluss (rechts) hervorruft. Dieses Muster ähnelt dem optischen Fluss, der erzeugt wird, wenn man über eine Brücke fährt wie in □ Abb. 7.2.

Der optische Fluss, den das Kleinkind wahrnimmt, erzeugt bei ihm den Eindruck einer Vorwärtsbewegung des eigenen Körpers. Denn die einzige natürliche Situation, in der sich die ganze Welt plötzlich auf Sie zubewegt, ist eine Situation, in der Sie sich vorwärtsbewegen (oder vornüberfallen). Dieser Eindruck löst bei der näher kommenden Wand eine Kompensationsbewegung nach hinten aus (□ Abb. 7.6b). Bewegt sich die Wand von dem Kind weg, so entsteht der Eindruck einer Rückwärtsbewegung

7

◘ Abb. 7.6 Der Schaukelraum von Lee und Aronson. **a** Das Bewegen des Raums nach vorn erzeugt dasselbe Muster des optischen Flusses (*rechts*) wie beim Rückwärtsschwanken der Person (**b**). Um dieses scheinbare Schwanken nach rückwärts zu kompensieren, schwanken die Probanden wiederum nach vorn (**c**) und verlieren oft sogar das Gleichgewicht und fallen hin. (Nach Lee & Aronson, 1974)

a Wand bewegt sich zum Kind   Boden bleibt unbewegt

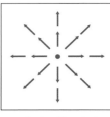

optischer Fluss bei Wandbewegung zum Kind

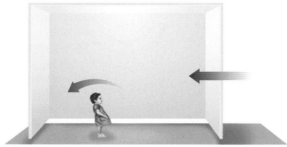

b Kompensationsbewegung nach hinten

c Wand bewegt sich weg vom Kind. Dies führt zu einer Kompensationsbewe gung nach vorne

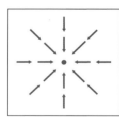

optischer Fluss bei Wandbewegung vom Kind weg

und das Kind beugt sich nach vorn, um diese zu kompensieren (◘ Abb. 7.6c). Einige der 13–16 Monate alten Kinder ließen sich in dem Experiment von Lee und Aronson von dem Schaukeln der Wand nicht beeinflussen, aber 26 % von ihnen schwankten, 23 % stolperten und 33 % fielen hin, obwohl sich der Boden während des gesamten Experiments nicht bewegte.

Auch Erwachsene wurden vom Schaukelraum beeinflusst. Lee beschreibt ihr Verhalten so: „das Schaukeln des Experimentalraums um lediglich 6 mm verursachte eine Körperschwankung der erwachsenen Versuchspersonen in Phase mit dieser Schwingung. Die Probanden hingen wie Marionetten visuell an ihrer Umgebung und waren sich der Ursache ihrer Bewegung nicht bewusst" (Lee, 1980, S. 173). Erwachsene, die sich nicht abstützten, stolperten und fielen in einigen Fällen ebenso hin wie die Kleinkinder. Die Experimente mit dem Schaukelraum zeigen also, dass das Sehen die üblichen Quellen für Gleichgewichtsin-

formationen, die vom Innenohr und den Rezeptoren in den Muskeln und Gelenken geliefert werden, außer Kraft setzen kann (siehe auch Fox, 1990; Stoffregen et al., 1999; Warren et al., 1996).

7.1.4 Affordanzen: Wozu Objekte verwendet werden

Gibsons Schwerpunkt auf dem Verständnis der Wahrnehmung in natürlichen Umgebungen erstreckte sich auch darauf, wie Menschen mit Objekten interagieren. In diesem Zusammenhang führte Gibson das Konzept der **Affordanzen** ein, d. h. von Informationen, die Verwendungsmöglichkeiten eines Objekts anzeigen. Affordanzen sind nach Gibson (1979) das, was die Umgebung einem Tier *anbietet*, mit dem sie es *versorgt* oder *ausstattet*. Ein Stuhl oder irgendetwas anderes, auf dem man sitzen kann, bietet sich zum Sitzen an; ein Objekt, das die richtige Größe und Form hat, um es in die Hand zu nehmen, bietet sich zum Greifen an und so weiter.

Das bedeutet, dass die Wahrnehmung eines Objekts nicht nur die physikalischen Merkmale wie Form, Größe, Farbe und Orientierung einschließt, die das Wiedererkennen ermöglichen, sondern auch die Verwendung des Objekts. Wenn Sie beispielsweise eine Tasse sehen, nehmen Sie Informationen auf wie die, dass es sich um eine etwa 10 cm hohe, weiße Kaffeetasse mit Henkel handelt, die man ergreifen kann, in die man Flüssigkeit füllen kann oder die man sogar werfen kann. Solche Affordanzen gehen über einfaches Erkennen der Tasse hinaus und liefern Hinweise für unser Handeln. Man kann es auch so ausdrücken, dass die Handlungsmöglichkeiten Teil unserer Wahrnehmung sind.

Gibsons Schwerpunkt auf

1. der Untersuchung des handelnden Beobachters,
2. der Identifizierung unveränderlicher Informationen in der Umgebung, die der Beobachter für die Wahrnehmung nutzt,
3. der Betrachtung der Sinne als ein aufeinander abgestimmtes Zusammenspiel und
4. der Konzentration auf Objektaffordanzen

war für seine Zeit revolutionär. Doch obwohl die Wahrnehmungsforscher Gibsons Ideen kannten, wurden die meisten Forschungen auf traditionelle Weise fortgesetzt – mit Versuchspersonen, die bewegungslos die Stimuli in einer Laborumgebung betrachteten. Natürlich ist es nicht falsch, Probanden im Labor zu testen, und ein Großteil der in diesem Buch beschriebenen Forschungen beruht auf diesem Ansatz. Gibsons Idee jedoch, dass die Wahrnehmung so untersucht werden sollte, wie sie oft auch erlebt wird, nämlich von Menschen, die sich bewegen und sich in einer natürlicheren Umgebung befinden, setzte sich schließlich in den 1980er-Jahren durch, und heute ist die Wahrnehmung in einer natürlichen Umgebung eines der Hauptthemen der Wahrnehmungsforschung.

Eine moderne Methode, Affordanzen zu untersuchen, besteht darin, das Verhalten von Patienten mit Hirnschädigungen zu beobachten. Glyn Humphreys und Jane Riddoch (2001) haben Affordanzen bei Tests mit dem Patienten M. P. untersucht, der an einer Schädigung im Temporallappen litt, durch die seine Fähigkeit zur Benennung von Objekten beeinträchtigt war. M. P. wurden bei diesem Test 2 Hinweise auf einzelne Objekte präsentiert, entweder (1) der Name („Tasse") oder (2) eine Beschreibung der Funktion („etwas, aus dem man trinken kann"). Dann wurden ihm 10 Objekte gezeigt, unter denen er möglichst schnell das zu dem Hinweis passende Objekt finden sollte – was er mit dem Drücken eines Knopfs signalisierte. Die Ergebnisse dieses Tests zeigten, dass M. P. ein Objekt genauer und schneller identifizieren konnte, wenn sich der

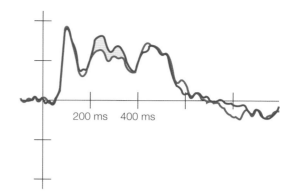

◻ **Abb. 7.7** EEG-Reaktion auf Werkzeuge (*rot*) und Nichtwerkzeuge (*blau*). Zu erkennen ist, dass die Reaktion auf Werkzeuge zwischen 210 und 270 ms nach ihrer Darbietung größer ist. (Aus Proverbio, 2011. Reprinted with permission from Elsevier.)

Hinweis auf die Funktion bezog. Humphreys und Riddoch schlossen aus diesem Befund, dass M. P. sein Wissen über die Affordanzen des Objekts heranzog, um es leichter identifizieren zu können.

In einem anderen modernen Ansatz wurde die Reaktion des Gehirns auf Objekte aufgezeichnet. Alice Proverbio et al. (2011) zeichneten das Elektroenzephalogramm (EEG) einer Person auf. Dabei werden Elektroden auf der Kopfhaut angebracht, die die Impulse von Tausenden von Neuronen unter den Elektroden auffangen. Während der Aufzeichnung des EEGs betrachtete die Person 150 Bilder von Werkzeugen, 150 Bilder von Objekten, die keine Werkzeuge waren, und 25 Bilder von Pflanzen. Ihre Aufgabe bestand darin, auf die Pflanzen durch Drücken einer Taste zu reagieren und die anderen Bilder zu ignorieren. ◻ Abb. 7.7 zeigt den Vergleich der Reaktion auf die Werkzeuge (rot) und die Nichtwerkzeuge (blau) und veranschaulicht, dass die Werkzeuge zwischen 210 und 270 ms nach der Präsentation eine größere Reaktion hervorriefen als die Nichtwerkzeuge. Proverbio bezeichnet diese Reaktion als **Handlungsaffordanz**, da sie sowohl die Affordanz des Objekts (z. B. „Hämmern" bei einem Hammer) als auch die damit verbundene Handlung (der Griff, der erforderlich ist, um den Hammer zu halten und die Bewegungen beim Einschlagen eines Nagels) einbezieht.

Im Folgenden werden wir uns in diesem Kapitel auf Forschungen konzentrieren, die sich mit Situationen befassen, in denen Wahrnehmung und Handlung in der Umwelt gemeinsam auftreten:

1. Gehen oder Fahren in natürlicher Umgebung
2. Das Finden des Wegs von einem Ort zum anderen
3. Das Greifen von Gegenständen
4. Das Beobachten anderer Menschen bei ihren Handlungen

7.2 Auf Kurs bleiben: Gehen und Fahren

In Anlehnung an Gibson hat eine Reihe von Forschern darüber nachgedacht, welche Arten von Informationen Menschen beim Gehen oder beim Autofahren verwenden. Wahrnehmungsinformationen wie der optische Fluss, den wir erörtert haben, sind wichtig, es kommen aber auch andere Informationsquellen ins Spiel.

7.2.1 Gehen

Wie bleibt jemand auf Kurs, wenn er oder sie auf einen bestimmten Ort zugeht? Wir haben bereits erörtert, wie der optische Fluss unveränderliche Informationen über die Bewegungsrichtung und die Geschwindigkeit einer Person liefern kann. Daneben können aber auch andere Informationen genutzt werden. So richtet man etwa bei der **visuellen Richtungsstrategie** seinen Körper auf ein Ziel hin aus. Dies wird in ◨ Abb. 7.8 gezeigt, in der das Ziel

auf den Baum zugehen

nach rechts vom Ziel abweichen

a   b

Korrigieren des Kurses

Ankunft am Baum

c   d

◨ **Abb. 7.8   a** Wenn man direkt auf einen Baum zugeht, bleibt er im Mittelpunkt des visuellen Felds. **b** Kommt man jedoch nach rechts vom Weg ab, verschiebt sich der Baum im visuellen Feld nach links. **c** Wird die Richtung korrigiert, rückt der Baum wieder in die Mitte und bleibt dort, bis er in **d** erreicht ist. (© Bruce Goldstein)

ein Baum ist (◨ Abb. 7.8a). Wenn man vom Weg abweicht, verschiebt sich das Ziel nach links oder nach rechts (◨ Abb. 7.8b), und die Bewegungsrichtung kann korrigiert werden, indem das Ziel wieder zentriert wird (◨ Abb. 7.8c und 7.8d; Fajen & Warren, 2003; Rushton et al., 1998).

Ein weiterer Anhaltspunkt dafür, dass Informationen aus dem optischen Fluss nicht in jedem Fall notwendig für die Navigation in der Umwelt sind, ist die Tatsache, dass wir auch bei minimalen Informationen aus dem optischen Fluss (etwa bei Dunkelheit oder in einem Schneesturm) unseren Weg finden können (Harris & Rogers, 1999). Jack Loomis et al. (1992; Philbeck et al., 1997) demonstrierten dies, indem sie den optischen Fluss vollständig eliminierten. Beim „blinden Gehen" wurde den Probanden zunächst ein Ziel in bis zu 12 m Entfernung gezeigt, zu dem sie dann mit geschlossenen Augen gehen sollten.

Bei diesen Experimenten gelang es den Probanden, das Ziel geradewegs anzusteuern und dann einen Bruchteil von 1 m davon entfernt stehen zu bleiben. Die Versuchspersonen schafften dies sogar dann, wenn sie zuerst ein Stück seitwärts gehen, sich dann dem Ziel zuwenden und dieses ansteuern sollten, wobei sie ihre Augen die ganze Zeit geschlossen hielten. Einige Resultate bei diesem rechtwinkligen Weg zeigt ◨ Abb. 7.9. Die Probanden gingen zunächst von der Startposition aus nach links, dann wurde ihnen gesagt, sie sollten bei Punkt 1 oder 2 ihre Richtung ändern und auf das 6 m entfernte Ziel zugehen. Dass die Probanden sehr nahe am Ziel stehen blieben, zeigt, dass wir auch ohne jegliche visuellen Stimuli auf kurze Distanzen sicher navigieren können (vergleiche auch Sun et al., 2004). Die Teilnehmer des Experiments zum blinden Gehen meisterten diese Aufgabe, indem sie ihr Wissen über ihre eigenen Bewegungen (z. B. können Muskelbewegungen dem Läufer ein Gefühl für seine Geschwindigkeit und Richtungsänderungen vermitteln) mit ihrer Erinnerung an

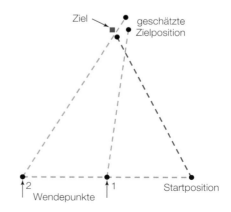

Ziel

geschätzte Zielposition

2   1   Startposition

Wendepunkte

◨ **Abb. 7.9**   Die Ergebnisse eines Experiments zum blinden Gehen (Philbeck et al., 1997). Die Probanden betrachteten das Ziel in 6 m Entfernung, schlossen dann die Augen und gingen nach links. An Punkt 1 oder Punkt 2 wandten sie sich dann nach rechts dem Ziel zu und gingen weiter, bis sie es ihrer Meinung nach erreicht hatten

die Position des Ziels während des Gehens kombinierten. Der Prozess, mit dem Menschen und Tiere ihre Position in der Umgebung im Auge behalten, während sie sich bewegen, wird als **räumliche Aktualisierung** (spatial updating) bezeichnet (siehe Wang, 2003).

Auch wenn Menschen auf Objekte und Orte ohne Informationen über den optischen Fluss zugehen können, so bedeutet das nicht, dass sie diese Informationen nicht nutzen, wenn sie verfügbar sind. Der optische Fluss liefert wichtige Informationen über Richtung und Geschwindigkeit beim Gehen (Durgin & Gigone, 2007), und diese Informationen können mit der visuellen Richtungsstrategie und räumlichen Aktualisierungsprozessen kombiniert werden, um das Gehverhalten zu steuern (Turano et al., 2005; Warren et al., 2001).

7.2.2 Autofahren

Eine weitere alltägliche Handlung, bei der die Menschen ihre Umgebung im Auge behalten müssen, ist das Autofahren. Um festzustellen, ob Menschen auch in der natürlichen Lebensumwelt Information aus dem optischen Fluss verwenden, statteten Michael Land und David Lee (1994) in Großbritannien ein Auto mit speziellen Messinstrumenten aus und maßen den Einschlagwinkel des Lenkrads, die Geschwindigkeit und – mittels einer kamerabasierten Blickregistrierung – die Blickrichtung der Versuchsperson. Nach Gibson zeigt der Expansionspunkt den Zielpunkt einer Bewegung an. Land und Lee fanden jedoch, dass die Versuchspersonen im Auto beim Geradeausfahren zwar auch geradeaus blickten, allerdings eher auf einen Punkt, der näher an der Vorderfront des Fahrzeugs liegt, als direkt auf den Expansionspunkt, der weiter weg liegt (◘ Abb. 7.10a).

Land und Lee fanden heraus, dass die Fahrer auf einer kurvigen Strecke den Expansionspunkt nicht nutzen, da sich der Zielpunkt der Bewegung beim Durchfahren einer Kurve ja ständig ändert und der Expansionspunkt dabei kein guter Indikator ist, um das Fahrzeug in die gewünschte Fahrtrichtung zu lenken. In einer Kurve schauen die Fahrer nicht direkt auf die Straße, sondern haben den Tangentialpunkt der Kurve am Straßenrand im Blick, wie in

◘ Abb. 7.10b dargestellt. So kann der Fahrer immer die Position des Autos relativ zu den Fahrbahnmarkierungen in der Mitte oder an den Seiten der Straße verfolgen. Indem der Fahrer einen konstanten Abstand zwischen dem Fahrzeug und den Linien auf der Straße einhält, kann das Fahrzeug in die richtige Richtung gesteuert werden (siehe Kandel et al., 2009; Land & Horwood, 1995; Macuga et al., 2019; Rushton & Salvucci, 2001; Wilkie & Wann, 2003).

7.3 Wegfindung

Im letzten Abschnitt haben wir die Informationen in der unmittelbaren Umgebung betrachtet, die Fußgänger und Autofahrer auf dem Weg zu einem für sie sichtbaren Ziel heranziehen. Allerdings bewegen wir uns häufig zu Zielen, ohne diese bereits sehen zu können, etwa wenn wir über den Campus von einem Hörsaal zu einem anderen gehen oder mit dem Auto in einen einige Kilometer weit entfernten Ort fahren. Diese Form der Navigation, bei der wir einen Weg mit vielen Richtungswechseln durchlaufen, bezeichnet man als **Weg-** oder **Routenfindung**.

7.3.1 Die Bedeutung von Landmarken

Eine bedeutende Informationsquelle sind **Landmarken** – markante Objekte entlang der Route, die uns darauf hinweisen, in welche Richtung wir uns wenden müssen. Sahar Hamid et al. (2010) untersuchten, wie sich Probanden Landmarken zunutze machen, wenn sie in einer labyrinthartigen Umgebung navigieren müssen, die ihnen auf einem Bildschirm dargeboten wird und Alltagsobjekte als Landmarken für die Orientierung enthält. Zuerst lernten die Probanden durch Navigieren innerhalb des Wegelabyrinths den Lageplan (Trainingsphase); danach sollten sie den Weg von einem Ausgangspunkt zu einem Zielort finden (Testphase). Während des Trainings und der Testphase wurden die Blickbewegungen der Probanden mit einem am Kopf befestigten Eyetracker gemessen (ähnlich wie das Fixationsmuster beim Streichen eines Erdnussbutterbrots in ► Kap. 6). Das Labyrinth enthielt 2 Arten von Landmar-

◘ **Abb. 7.10** Ergebnisse des Experiments von Land und Lee (1994). Da diese Studie in Großbritannien durchgeführt wurde, fuhren die Probanden auf der linken Straßenseite. Die Ellipsen zeigen die Bereiche, auf die die Fahrer **a** beim Fahren auf einem geraden Streckenabschnitt und **b** in einer Linkskurve am häufigsten blickten

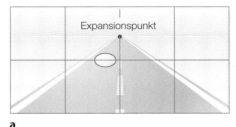

a

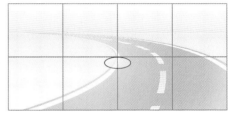

b

7

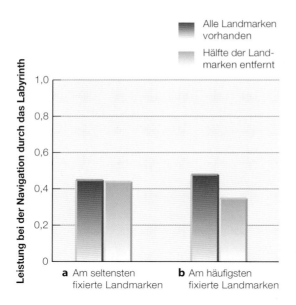

Alle Landmarken vorhanden

Hälfte der Landmarken entfernt

a Am seltensten fixierte Landmarken

b Am häufigsten fixierte Landmarken

Leistung bei der Navigation durch das Labyrinth

◘ **Abb. 7.11** Bei der Navigation in einem labyrinthartigen Wegenetz wirkt sich das Fehlen von Landmarken (*türkis*) unterschiedlich aus, je nachdem, ob sie zuvor (*rot*) kurz oder lange fixiert wurden. **a** Wird die Hälfte der am wenigsten fixierten Landmarken entfernt, hat das keinen Effekt auf die Navigationsleistung. **b** Wird hingegen die Hälfte der am längsten fixierten Landmarken entfernt, nimmt die Navigationsleistung deutlich ab. (Nach Hamid et al., 2010)

ken – die einen standen an *Entscheidungspunkten*, an denen die Probanden entscheiden mussten, in welche Richtung sie sich wenden, und die anderen entlang gerader Wegabschnitte, ohne im Hinblick auf Richtungsentscheidungen Informationen beizusteuern.

Die gemessenen Blickbewegungen zeigten, dass die Probanden länger auf die Landmarken an den Entscheidungspunkten bei Abbiegungen oder Kreuzungen des Wegs blickten als auf die Landmarken auf geraden Wegabschnitten. Nachdem die Hälfte aller Landmarken entfernt worden war, zeigte sich beim Test der Navigationsleistung, dass sich das Entfernen von Landmarken, die weniger lang fixiert worden waren (und eher auf geraden Wegabschnitten gestanden hatten), kaum auswirkte (◘ Abb. 7.11a), während das Entfernen von Landmarken, die die Probanden länger betrachtet hatten, zu einer erheblichen Beeinträchtigung der Navigationsleistung führte (◘ Abb. 7.11b).

Es leuchtet ein, dass die am längsten betrachteten Landmarken auch für die Navigation bevorzugt genutzt werden. Ebenso wurde festgestellt, dass Landmarken an Entscheidungspunkten mit höherer Wahrscheinlichkeit erinnert werden (Miller & Carlson, 2011; Schinazi & Epstein, 2010).

In Hamids Untersuchungen wurde anhand von Verhaltensreaktionen wie Blickbewegungen, Navigationsleistungen und Wiedererkennen gemessen, wie Landmarken die Wegfindung beeinflussen. Aber was passiert im Gehirn? Gabriele Janzen und Miranda van Turennout (2004) untersuchten diese Frage, indem sie Probanden zunächst

eine Filmsequenz betrachten ließen, in der eine Kamerafahrt durch ein „virtuelles Museum" dargestellt war (◘ Abb. 7.12). Entlang der Korridore in diesem Museum wurden Objekte („Ausstellungsstücke") platziert, wovon sich einige an Entscheidungspunkten wie dem in ◘ Abb. 7.12a befanden, an dem man sich nach links wenden muss. Andere Objekte befanden sich an nicht wegentscheidenden Punkten wie dem in ◘ Abb. 7.12b.

Nachdem sie den Weg durch das Museum im Film betrachtet hatten, wurden die Probanden in einen fMRT-Scanner (fMRT = funktionelle Magnetresonanztomografie) gebracht, wo ihnen eine Wiedererkennungsaufgabe gestellt und ihre Gehirnaktivierung gemessen wurde. ◘ Abb. 7.12c zeigt die Aktivierung in einem Bereich des Gehirns, der mit der Navigation in Verbindung gebracht wird, dem rechtsseitigen Gyrus parahippocampalis (◘ Abb. 4.31). Das linke Balkenpaar verdeutlicht, dass bei den erinnerten Entscheidungspunktobjekten die Aktivierung größer war als bei Objekten an nicht entscheidenden Punkten (linkes Balkenpaar). Das bemerkenswerte Ergebnis jedoch liegt darin, dass dieser Vorteil von Entscheidungspunktobjekten auch bei den Objekten auftrat, die beim Wiedererkennungstest nicht erinnert worden waren (rechtes Balkenpaar).

Janzen und van Turennout schließen aus diesem Befund, dass das Gehirn automatisch Objekte auswählt, die als Landmarken dienen und die die Navigation kontrollieren. Somit antwortet das Gehirn nicht nur auf das Objekt, sondern auch auf die Relevanz des Objekts für die Navigationskontrolle. Wenn Sie also das nächste Mal einen Weg finden wollen, den sie schon einmal gefahren sind, aber noch nicht sicher kennen, dann werden wichtige Landmarken durch Aktivität in Ihrem Gyrus parahippocampalis automatisch hervorgehoben, damit Sie wissen, wo Sie abbiegen müssen – selbst wenn Sie sich nicht daran erinnern können, das betreffende Objekt schon einmal gesehen zu haben (siehe auch Janzen, 2006; Janzen et al., 2008). Es gibt nicht nur Beweise dafür, dass bestimmte Neuronen im Gehirn Orientierungspunkte erfassen, sondern auch dafür, dass das Gehirn eine Karte der Umgebung erstellt.

7.3.2 Kognitive Karten: Das „GPS" des Gehirns

Haben Sie schon einmal die Erfahrung gemacht, dass Sie nicht genau wissen, wo Sie sich befinden, z. B. wenn Sie aus einer U-Bahn-Station kommen und nicht wissen, in welche Richtung Sie blicken, oder wenn Sie sich bei einem Waldspaziergang verlaufen haben? Joshua Julian et al. (2018) sind der Meinung, diese Erfahrung verdeutliche, dass wir meistens räumlich orientiert sind – aber nicht immer. Die Vorstellung, dass wir in der Regel wissen, wo wir uns im Raum befinden, hat zu der Idee geführt, dass wir eine Karte in unserem Kopf haben, eine sogenannte **kognitive Karte**, die uns dabei hilft, den Überblick zu behalten, wo wir uns befinden.

Abb. 7.12 a, b Zwei Orte in dem „virtuellen Museum" das die Versuchspersonen im Experiment von Janzen und van Turennout (2004) betrachteten. **c** Die Gehirnaktivierung während der Wiedererkennungsaufgabe in Bezug auf Objekte an Entscheidungspunkten (*rote Balken*) und an nicht entscheidenden Punkten (*blaue Balken*). Beachten Sie, dass die Gehirnaktivierung bei den Entscheidungspunktobjekten auch dann höher war, wenn diese Objekte nicht wiedererkannt wurden. (Adaptiert nach Janzen & van Turennout, 2004)

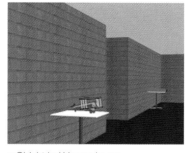

a Objekt bei Verzweigung

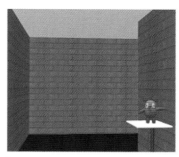

b Objekt entlang des Weges

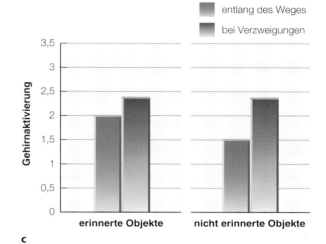

c

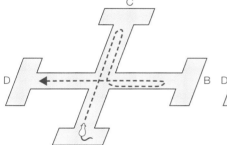

a erkundet das Labyrinth

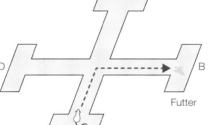

b wendet sich nach rechts, um das Futter zu erreichen

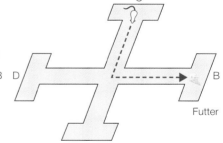

c wendet sich nach links, um das Futter zu erreichen

Abb. 7.13 Von Tolman verwendetes Labyrinth. **a** Die Ratte erkundet zunächst das Labyrinth. **b** Die Ratte lernt, sich nach rechts zu wenden, um das Futter bei B zu erreichen, wenn sie bei A beginnt. **c** Wenn sie bei C steht, wendet sich die Ratte nach links, um das Futter bei B zu erreichen. In diesem Experiment wurden Vorkehrungen getroffen, um zu verhindern, dass die Ratte aufgrund von Hinweisen wie dem Geruch weiß, wo sich das Futter befindet

Frühe Forschungen zu kognitiven Karten wurden von Edward Tolman durchgeführt, der untersuchte, wie Ratten lernen, durch Labyrinthe zu laufen, um Belohnungen zu finden. In einem seiner Experimente setzte Tolman (1938) eine Ratte in ein Labyrinth wie das in ■ Abb. 7.13. Zunächst erkundete die Ratte das Labyrinth, indem sie jede der Gassen auf und ab lief (■ Abb. 7.13a). Nach dieser anfänglichen Erkundungsphase wurde die Ratte bei A platziert und das Futter bei B, und die Ratte lernte schnell, an der Kreuzung nach rechts zu gehen, um an das Futter zu gelangen (■ Abb. 7.13b). Nach den damaligen einfachen Lerntheorien sollte die regelmäßig erfolgende Futterbelohnung für die Ratte, wenn sie nach rechts abbog, die Reaktion „nach rechts abbiegen" verstärken und damit die Wahrscheinlichkeit erhöhen, dass die Ratte in Zukunft nach rechts abbog, um Futter zu erhalten.

Nachdem er jedoch Vorkehrungen getroffen hatte, um sicherzustellen, dass die Ratte den Standort des Futters nicht anhand des Geruchs bestimmen konnte, setzte Tolman die Ratte bei C ab, und etwas Interessantes geschah: Die Ratte bog an der Kreuzung links ab, um das Futter bei B zu erreichen (◻ Abb. 7.13c). Dieses Ergebnis zeigt, dass die Ratte während des Trainings nicht nur eine Abfolge von Bewegungen gelernt hat, um zum Futter zu gelangen, sondern sie in der Lage war, ihre kognitive Karte des räumlichen Aufbaus des Labyrinths zu nutzen, um das Futter zu finden (Tolman, 1948).

Mehr als 30 Jahre nach Tolmans Experimenten zeichnete John O'Keefe die Aktivität einzelner Neuronen im Hippocampus einer Ratte auf (◻ Abb. 4.31) und stellte fest, dass Neuronen feuerten, wenn sich die Ratte an einem bestimmten Ort in der Box befand, und dass verschiedene Neuronen bevorzugt auf unterschiedliche Orte reagierten (O'Keefe & Dostrovsky, 1971; O'Keefe & Nadel, 1978). Eine ähnliche Messung, wie sie von O'Keefe durchgeführt wurde, ist in ◻ Abb. 7.14a dargestellt. Die grauen Linien zeigen die Strecke, die eine Ratte auf ihrem Weg in einer Aufnahmebox gelaufen ist. Darauf sind die Stellen eingezeichnet, an denen 4 verschiedene Neuronen feuerten. In diesem Beispiel feuerte das „lila Neuron" nur, wenn sich das Tier im oberen rechten Teil der Box befand, und das „rote Neuron" feuerte nur, wenn die Ratte in der unteren linken Ecke war. Diese Neuronen werden als **Ortszellen** bezeichnet, weil sie nur feuern, wenn sich ein Tier an einem bestimmten Ort in der Umgebung befindet. Der Bereich der Umgebung, in dem eine Ortszelle feuert, wird als ihr **Ortsfeld** bezeichnet.

Die Entdeckung der Ortszellen war ein wichtiger erster Schritt, um herauszufinden, wie das „GPS-System" des Gehirns funktioniert. Weitere Forschungen ergaben, dass in einem Bereich nahe dem Hippocampus, dem entorhinalen Kortex (◻ Abb. 4.31), Neuronen in regelmäßigen, gitterartigen Mustern angeordnet sind. Hierbei handelt es sich um sogenannte **Gitterzellen**. ◻ Abb. 7.14b zeigt 3 Arten von Gitterzellen, die durch orange, blaue und grüne Punkte gekennzeichnet sind (Fyhn et al., 2008; Hafting et al., 2005).

Eine mögliche Funktion von Gitterzellen besteht darin, Informationen über die Bewegungsrichtung zu liefern (Moser et al., 2014a, 2014b). Zum Beispiel würde eine Bewegung entlang des rosa Pfeils zu Antworten in der „orangen Zelle", dann in der „blauen Zelle" und dann in der „grünen Zelle" führen. Eine Bewegung in andere Richtungen würde zu unterschiedlichen Feuermustern in den Gitterzellen führen. Die Gitterzellen sind also möglicherweise in der Lage, Entfernungs- und Richtungsinformationen zu codieren, während sich ein Tier bewegt. Vermutlich arbeiten Orts- und Gitterzellen zusammen, weil sie miteinander verbunden sind.

Die Erforschung dieser Zellen und ihrer Vernetzungen ist noch lange nicht abgeschlossen, aber diese Entdeckungen sind bereits als so wichtig anerkannt, dass John O'Keefe, May-Britt Moser und Edvard Moser 2014 gemeinsam den Nobelpreis für Medizin oder Physiologie für ihre Entdeckung der Orts- und Gitterzellen erhielten.

Orts- und Gitterzellen sind deshalb besonders wichtig, weil neuere Experimente darauf hindeuten, dass ähnliche Zellen auch beim Menschen existieren könnten. Joshua Jacobs et al. (2013) fanden beim Menschen Neuronen, die den Gitterzellen von Ratten ähneln, indem sie das Feuern einzelner Neuronen bei Patienten aufzeichneten, die auf eine Operation zur Behandlung schwerer Epilepsie vorbereitet wurden (vergleiche ▶ Abschn. 4.5.2). ◻ Abb. 7.15 zeigt die Ergebnisse für ein Neuron im entorhinalen Kortex eines Patienten. Die roten Bereiche, die eine hohe Feuerfrequenz anzeigen, bilden ein Gittermuster, das dem der Ratte ähnelt. Obwohl die menschlichen Muster nicht so deutlich

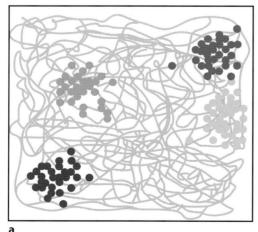

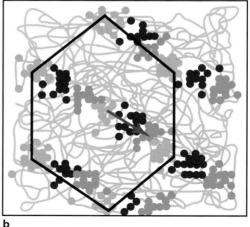

a   b

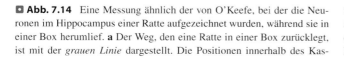
◻ **Abb. 7.14** Eine Messung ähnlich der von O'Keefe, bei der die Neuronen im Hippocampus einer Ratte aufgezeichnet wurden, während sie in einer Box herumlief. **a** Der Weg, den eine Ratte in einer Box zurücklegt, ist mit der *grauen Linie* dargestellt. Die Positionen innerhalb des Kastens, an denen 4 Ortszellen feuerten, sind durch *rote, blaue, lila* und *grüne Punkte* hervorgehoben. **b** Die Positionen innerhalb des Kastens, an denen drei Gitterzellen feuerten, sind durch *orange, blaue* und *grüne Punkte* gekennzeichnet (Einzelheiten siehe Text)

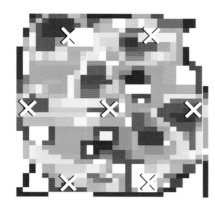

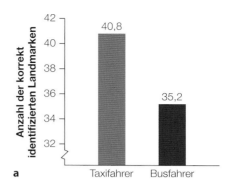

Abb. 7.15 Die Farben zeigen das Feuern eines Neurons im entorhinalen Kortex eines Teilnehmers an Stellen in dem Bereich an, den der Teilnehmer in der virtuellen Umgebung besucht hat. *Rot* zeigt die Stellen an, die mit einer hohen Feuerrate verbunden sind. Beachten Sie, dass sie in einem sechseckigen Layout angeordnet sind, ähnlich wie in früheren Experimenten an Ratten beobachtet wurde. (Aus Jacobs et al., 2013)

sind wie die der Ratten, ließen die Ergebnisse von 10 verschiedenen Patienten Jacobs zu dem Schluss kommen, dass diese Neuronen, ähnlich wie die Rattengitterzellen, dem Menschen helfen, Karten der Umgebung zu erstellen. Zellen, die den Ortszellen von Ratten ähnlich sind, wurden auch beim Menschen entdeckt (Ekstrom et al., 2003). Wenn Sie sich also das nächste Mal unterwegs orientieren müssen, sollten Sie sowohl Ihr Wissen über Landmarken als auch die Neuronen berücksichtigen, die Ihnen signalisieren, wo Sie sind und wohin Sie gehen.

7.3.3 Individuelle Unterschiede bei der Wegfindung

So wie unterschiedliche Menschen unterschiedliche kognitive Fähigkeiten haben, ist auch die Fähigkeit, sich zu orientieren, von Mensch zu Mensch verschieden. Unterschiede in der Orientierungsfähigkeit sind stark auf Erfahrung zurückzuführen. Menschen die darin geübt sind, in einer bestimmten Umgebung von einem Ort zum anderen zu gelangen, sind oft gut im Wegfinden.

Dieser Trainingseffekt wurde in einem Experiment von Eleanor Maguire et al. (2006) untersucht, die 2 Gruppen von Teilnehmern getestet haben:

1. Londoner Busfahrer, die immer auf bestimmten Routen durch die Stadt fahren
2. Londoner Taxifahrer, die zu vielen verschiedenen Orten in der Stadt gelangen müssen

Abb. 7.16a zeigt die Ergebnisse eines Experiments, bei dem die Busfahrer und die Taxifahrer gebeten wurden, Bilder von Londoner Landmarken zu identifizieren. Wie zu erwarten, schnitten die Taxifahrer besser ab als die Busfahrer, da sie mehr Erfahrung mit unterschiedlichen Strecken haben. Als dann ein Hirnscan der Bus- und der Taxifahrer

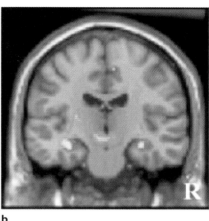

Abb. 7.16 **a** Ergebnisse der Taxi- und der Busfahrer bei einem Test zu Landmarken in London. Ein perfektes Ergebnis ist 48. **b** Querschnitt durch das Gehirn. Gelb zeigt an, dass das Volumen des Hippocampus bei Londoner Taxifahrern größer ist als bei Londoner Busfahrern, wie durch Magnetresonanztomografie (MRT) ermittelt. (Aus Maguire et al., 2006, by permission of Oxford University Press.)

erstellt wurde, stellte Maguire fest, dass bei den Taxifahrern der hintere (posteriore) Teil des Hippocampus ein größeres Volumen aufwies (Abb. 7.16b) und der vordere (anteriore) Teil ein geringeres Volumen.

Dieses Ergebnis ähnelt den Resultaten der in ▶ Kap. 4 beschriebenen Experimente zur erfahrungsabhängigen Plastizität. Erinnern Sie sich, dass Kätzchen, die in einer Umgebung mit vertikalen Streifen aufgezogen wurden, mehr Neuronen in ihrem Kortex aufwiesen, die auf vertikale Streifen reagierten (Abb. 4.11). In ähnlicher Weise haben Taxifahrer mit viel Erfahrung beim Navigieren einen größeren posterioren Hippocampus. Wichtig ist in diesem Zusammenhang außerdem, dass die Fahrer mit dem größten hinteren Hippocampus auch über die längste Erfahrung verfügten. Dieses Ergebnis spricht für eine erfahrungsabhängige Plastizität (mehr Erfahrung führt zu einem größeren Hippocampus) und schließt die Möglichkeit aus, dass Menschen mit einem größeren Hippocampus einfach eher Taxi- als Busfahrer werden.

Gibt es Belege für hippocampusbezogene Unterschiede, wenn Menschen, die keine Taxifahrer sind, sich orientieren? Iva Brunec et al. (2019) beantworteten diese Frage, indem sie eine Gruppe junger Erwachsener einen Fragebogen ausfüllen ließen, um herauszufinden, inwieweit sie beim Navigieren auf kartenbasierte Strategien zurückgreifen. Sie wurden z. B. gefragt: „Wenn Sie eine Route planen, stellen Sie sich eine Karte Ihrer Route vor?" Personen, die im Fragebogen beim Einsatz von Kartenstrategien höhere Werte erzielten, schnitten bei einem Navigationstest besser ab und hatten auch einen größeren hinteren Hippocampus und einen kleineren vorderen, genau wie die Londoner Taxifahrer.

Als entscheidendes Ergebnis all dieser Studien zeigt sich, wie vielschichtig Wegfindung ist. Sie hängt von zahlreichen Informationsquellen ab und ist auf viele Strukturen im Gehirn verteilt. Das ist nicht überraschend, wenn man bedenkt, dass Wegfindung das Sehen und das Erkennen von Objekten entlang einer Route (Wahrnehmung) ebenso umfasst wie das Beachten bestimmter Objekte (Aufmerksamkeit) sowie die Nutzung von Informationen, die auf früheren Wegen durch die Umgebung gespeichert wurden (Gedächtnis). Die Kombination all dieser Informationen wird zudem zum Erstellen von Karten genutzt, die uns helfen, das, was wir wahrnehmen, in Beziehung dazu zu setzen, wo wir uns gerade befinden und wohin wir als Nächstes gehen wollen.

Übungsfragen 7.1

1. Was können wir aus der Geschichte über Seescheiden lernen?
2. Was hat J. J. Gibson bewogen, den ökologischen Ansatz der Wahrnehmungspsychologie einzuführen?
3. Was ist der optische Fluss? Was sind die beiden Merkmale des optischen Flusses? Beschreiben Sie das Experiment, bei dem untersucht wurde, ob Menschen ihre Bewegungsrichtung anhand des optischen Flusses bestimmen können.
4. Was bedeutet invariante Information? Wie hängt Invarianz mit dem optischen Fluss zusammen?
5. Was sind selbst erzeugte Informationen eines sich bewegenden Betrachters? Beschreiben Sie die Rolle dieser Informationen beim Rückwärtssalto. Wie unterscheiden sich Experten und Anfänger beim Sprung mit geschlossenen Augen?
6. Worin besteht der Sinn der Demonstration „Gleichgewichthalten"?
7. Beschreiben Sie die Experimente zum Schaukelraum. Welche Prinzipien verdeutlichen sie?
8. Was sind Affordanzen? Beschreiben Sie die Befunde der Tests mit dem hirngeschädigten Patienten M. P., die die Wirkungsweise von Affordanzen illustrieren.
9. Beschreiben Sie das Experiment, bei dem die EEG-Reaktion auf Werkzeuge mit der Reaktion auf andere Objekte verglichen wurde. Was ist eine Handlungsaffordanz?

10. Was sagen die Untersuchungen zum Autofahren und zum Gehen über die Art, wie der optische Fluss zur Navigation genutzt wird (oder auch nicht)? Welche anderen Informationsquellen gibt es bei der Navigation?
11. Was bedeutet Wegfindung? Beschreiben Sie die Untersuchung von Hamid et al. zur Rolle von Landmarken.
12. Beschreiben Sie wie Janzen und van Turennout in ihrem Experiment die Gehirnaktivität von Probanden gemessen haben, die sich an Objekte erinnerten, die sie beim Wegfinden im virtuellen Museum gesehen hatten. Was haben Janzen und van Turennout über das Gehirn und die Orientierung herausgefunden?
13. Was hat Tolmans Experiment mit den Ratten im Labyrinth gezeigt?
14. Beschreiben Sie die Rattenexperimente, bei denen Orts- und Gitterzellen entdeckt wurden. Wie könnten diese Zellen den Ratten bei der Wegfindung helfen?
15. Beschreiben Sie das Experiment von Jacobs et al., mit dem der Nachweis für menschliche Gitterzellen erbracht wurde.
16. Erläutern Sie das Experiment mit den Taxifahrern und das mit den Nichttaxifahrern. Was haben beide Experimente über die Physiologie individueller Unterschiede bei der Wegfindung gezeigt?
17. Was bedeutet es, Wegfindung als vielseitig zu bezeichnen? Wie lassen sich bei der Wegfindung Wechselwirkungen zwischen Wahrnehmung, Aufmerksamkeit, Gedächtnis und Handlung erkennen?

7.4 Interagieren mit Objekten: Die Hand ausstrecken, ein Objekt ergreifen und anheben

Bislang haben wir beschrieben, wie wir uns in der visuellen Umgebung und von einem Ort zum anderen bewegen, z. B. beim Autofahren oder Gehen. Ein weiterer Aspekt des Handelns ist jedoch die Interaktion mit Objekten in der Umgebung. Um zu erörtern, wie Menschen mit Objekten interagieren, betrachten wir die Abfolge von Ereignissen in ◘ Abb. 7.17, in der die folgenden Ereignisse auftreten, die in einem äußerst wichtigen (!) Ergebnis gipfeln, nämlich einen Klecks Ketchup auf einen Hamburger zu geben:

a. Die Hand nach der Flasche ausstrecken
b. Ergreifen der Flasche
c. Anheben und Umdrehen der Flasche
d. Mit der anderen Hand auf die Flasche schlagen, um den Ketchup auf den Hamburger zu geben

■ Abb. 7.17 Schritte, die dazu führen, einen Klecks Ketchup auf einen Hamburger zu geben. Die Person **a** streckt die rechte Hand nach der Flasche aus, **b** ergreift die Flasche, **c** hebt die Flasche an und **d** gibt einen Schlag auf den Boden der Flasche, die so gedreht wurde, dass sich die Öffnung über dem Hamburger befindet. (© Bruce Goldstein)

Normalerweise führen wir die Handlungen in ■ Abb. 7.17 schnell und ohne nachzudenken aus. Aber wie wir sehen werden, sind mehrere Sinne erforderlich, um Ketchup auf den Hamburger zu geben. Dazu gehören zum einen motorische Signale, die vom Gehirn gesendet werden, um eine Bewegung zu erzeugen. Zum anderen gibt es Vorhersagemechanismen, die eine Efferenzkopie, also eine Kopie der entsprechenden Signale (► Abschn. 6.3.2), umfassen und dazu beitragen, ein genaues Greifen und Heben zu ermöglichen und den Griff so anzupassen, dass die Ketchupflasche fest ergriffen wird. Wir beginnen mit dem Ausstrecken und dem Ergreifen.

7.4.1 Die Physiologie des Ausstreckens und des Ergreifens

Das Ausstrecken der Hand zur Flasche ist der erste Schritt. Eine Möglichkeit, das Greifen zu verstehen, besteht darin, sich anzusehen, was dabei im Gehirn vor sich geht.

Gehirnareale für das Ausstrecken nach etwas und das Ergreifen

Ein wichtiger Durchbruch für die physiologische Forschung zum Greifen war die Entdeckung des ventralen Was-Stroms und des dorsalen Wo- bzw. Wie-Stroms, die wir in ► Kap. 4 beschrieben haben (■ Abb. 4.23).

Erinnern Sie sich an den Fall der Patientin D. F., die aufgrund einer Schädigung ihres Temporallappens Schwierigkeiten beim Erkennen von Objekten und Beurteilen ihrer Orientierungen hatte, aber gleichwohl eine Karte in einen „Briefschlitz" werfen konnte, indem sie sie passend zu dessen Orientierung in den Schlitz steckte. Die Vorstellung, dass es einen Verarbeitungsstrom für die Wahrnehmung

von Objekten und einen anderen für das Handhaben von Objekten gibt, ermöglicht es zu verstehen, was vor sich geht, wenn jemand nach einer Ketchupflasche greift.

Der erste Schritt, das Erkennen der Flasche unter den anderen Dingen auf dem Tisch, erfolgt über den ventralen (Was-)Strom. Der nächste Schritt, das Greifen nach der Flasche, betrifft den dorsalen (Handlungs-)Strom. Im weiteren Verlauf des Greifvorgangs werden die Lage der Flasche und ihre Form über den ventralen Strom wahrgenommen, während die Positionierung der Finger zum Ergreifen der Flasche über den dorsalen Strom erfolgt. Das Ausstrecken nach der Flasche und das Ergreifen beinhaltet also die kontinuierliche Wahrnehmung von Form und Position der Flasche, die Haltung der Hand und der Finger in Bezug auf die Flasche und die Abstimmung der Handlungen, um die Flasche zu greifen (Goodale, 2011).

Aber diese Interaktion zwischen den dorsalen und den ventralen Strömen ist noch nicht alles. Bestimmte Bereiche des Gehirns sind ebenfalls am Greifen beteiligt. Einer der wichtigsten Gehirnbereiche für das (Er-)Greifen ist der Parietallappen. Im parietalen Kortex befindet sich beim Affen ein Bereich, der am Ergreifen von Objekten beteiligt ist und als **parietale Greifregion** bezeichnet wird (■ Abb. 7.18).

Diese Region enthält Neuronen, die das Ausstrecken nach (reaching) und Ergreifen von (grasping) Objekten regulieren (Connolly et al., 2003; Vingerhoets, 2014). Es gibt Hinweise darauf, dass es wie im Kortex des Affen auch im menschlichen Parietallappen mehrere verschiedene Greifregionen gibt (Filimon et al., 2009).

Die Aufzeichnung einzelner Neuronen im Parietallappen von Affen hat gezeigt, dass Neuronen in einem Bereich neben der parietalen Greifregion auf bestimmte Arten von Handgriffen reagieren. Dies wurde von Patrizia Fattori et al. (2010) mithilfe des in ■ Abb. 7.19 dargestellten Verfahrens gezeigt:

Abb. 7.18 Der Kortex von Affen zeigt die Lage der parietalen Greifregion und des Areals des prämotorischen Kortex, in dem Spiegelneuronen gefunden wurden. Darüber hinaus wurden 2 an der Bewegungswahrnehmung beteiligte Areale gefunden, die hier ebenfalls dargestellt sind: der mediale temporale Kortex (MT-Kortex) und der mediale superiore temporale Kortex (MST-Kortex). Diese Bereiche werden in ▶ Kap. 8 behandelt

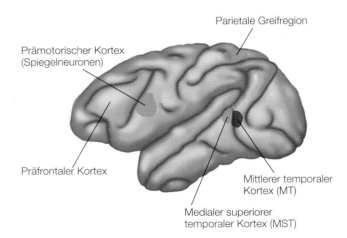

7

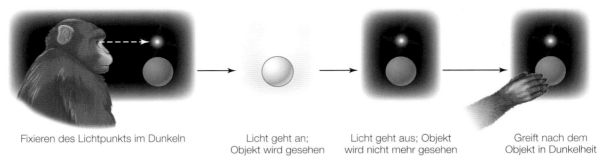

Fixieren des Lichtpunkts im Dunkeln   Licht geht an; Objekt wird gesehen   Licht geht aus; Objekt wird nicht mehr gesehen   Greift nach dem Objekt in Dunkelheit

Abb. 7.19 Die Aufgabe des Affen beim Experiment von Fattori et al. (2010). Der Affe fixiert, während er im Dunkeln sitzt, einen kleinen Lichtpunkt oberhalb der Kugel. Er sieht das Objekt, das er ergreifen soll, wenn kurz das Licht eingeschaltet wird, und greift dann, wenn der fixierte Lichtpunkt die Farbe wechselt, im Dunkeln nach dem Objekt, das er schließlich in die Hand nimmt. (Nach Fattori et al., 2010)

Abb. 7.20 Die Ergebnisse des Experiments von Fattori et al. (2010) zeigen, wie 3 verschiedene Neuronen auf die Greifbewegungen bei den verschiedenen Objekten antworten. **a** Vier Objekte. Welche Art der Greifbewegung bei jedem Objekt verwendet wird, ist oberhalb des Objekts angegeben. **b** Reaktion des Neurons A auf das Ergreifen jedes Objekts. Dieses Neuron antwortet am stärksten auf das Zugreifen mit der ganzen Hand. **c** Neuron B wird am stärksten durch den spezifischeren Pinzettengriff aktiviert. **d** Neuron C schließlich zeigt bei allen Handgriffarten eine erhöhte Aktivität. (Nach Fattori et al., 2010)

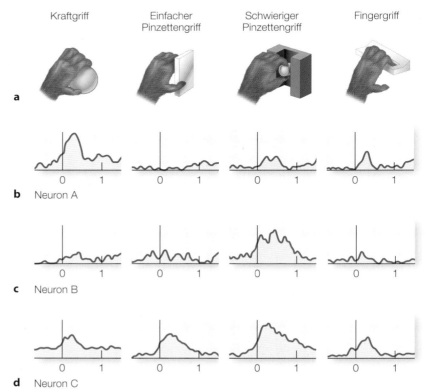

1. Der Affe fixiert bei Dunkelheit einen kleinen Lichtpunkt.
2. Für eine halbe Sekunde wird Licht eingeschaltet, sodass der Affe das Objekt sehen kann, das er ergreifen soll.
3. Das Licht wird gelöscht.
4. Nach einer kurzen Pause wird die Farbe des Fixationspunkts gewechselt, was dem Affen signalisiert, dass er das Objekt ergreifen soll.

Die entscheidende Phase bei diesem Experiment ist der Moment, in dem der Affe im Dunkeln seine Hand zum Objekt hin bewegt. Der Affe kennt das Objekt vom Sehen aus der Phase mit eingeschaltetem Licht (im abgebildeten Beispiel war es ein Ball) und passt während der Bewegung seine Handhaltung jeweils an das gesehene Objekt an. Wie ◨ Abb. 7.19a zeigt, ergaben sich für die verschiedenen Objekte, die bei diesem Experiment verwendet wurden, auch unterschiedliche Handhaltungen beim Greifen.

Der wichtigste Befund des Experiments besteht im Nachweis, dass es Neuronen gibt, die auf bestimmte Handgriffe antworten. Beispielsweise spricht Neuron A in ◨ Abb. 7.20b am besten auf Zugreifen mit der ganzen Hand an, während Neuron B die stärkste Aktivierung beim einfachen Pinzettengriff zeigt (◨ Abb. 7.20c). Es gibt auch Neuronen, die auf mehrere Handgriffe ansprechen, wie Neuron C (◨ Abb. 7.20d). Beachten Sie, dass diese Neuronen nicht aufgrund der visuellen Stimulation feuerten, sondern aufgrund der Vorhersage des Affen über die Form des zu ergreifenden Objekts.

In einem Nachfolgeexperiment mit denselben Affen entdeckten Fattori et al. (2012) Neuronen, die nicht nur dann ansprachen, wenn ein Affe sich anschickte, nach einem bestimmten Objekt zu greifen, sondern auch bereits dann erhöhte Aktivität zeigten, wenn der Affe das zu greifende Objekt sah. Ein Beispiel dafür ist ein Neuronentyp, den Fattori **visuomotorische Greifzelle** nennt. Solch ein Neuron antwortet zunächst, wenn der Affe ein bestimmtes Objekt sieht, und im Laufe der Zeit auch dann, wenn der Affe die Handhaltung zum Ergreifen des Objekts entsprechend verändert. Dieser Neuronentyp ist also sowohl bei der Wahrnehmung (Identifizieren des Objekts und/oder seine Affordanzen durch das Sehen) als auch bei der Handlung (Ausstrecken nach dem Objekt und Ergreifen des Objekts) beteiligt (siehe auch Breveglieri et al., 2018).

Propriozeption

Wir haben gesehen, dass es Hirnareale und Neuronen gibt, die die Hand auf ihrem Weg zum Ergreifen eines Objekts leiten. Aber es gibt noch einen weiteren Mechanismus, der dazu beiträgt, die Hand auf Kurs zu halten. Dieser Mechanismus ist die **Propriozeption**, die Fähigkeit, die Position und die Bewegung des Körpers wahrzunehmen. Die Propriozeption hängt von Neuronen ab, die sich überall im Körper befinden, wie in ◨ Abb. 7.21 für einen menschlichen Arm dargestellt. Propriozeptive Rezeptoren im Ellbogengelenk, in der Muskelspindel und in der Sehne signalisieren die Position und die Bewegung des Arms.

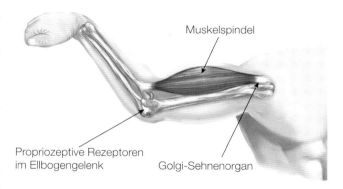

◨ **Abb. 7.21** Propriozeptive Neuronen befinden sich im Ellbogengelenk, in der Sehne und in der Muskelspindel des Arms. (Nach Tuthill & Azim, 2018)

Wir halten die Propriozeption für etwas Selbstverständliches, weil sie ohne unser bewusstes Zutun funktioniert. Wenn der Propriozeptionssinn jedoch verloren geht, hat das gravierende Folgen, wie der Fall von Ian Waterman zeigt. Im Alter von 19 Jahren erlitt er Komplikationen bei einer Grippeerkrankung, durch die die sensorischen Neuronen von seinem Hals abwärts geschädigt wurden. Ian konnte die Position seiner Gliedmaßen nicht mehr wahrnehmen und spürte auch keine Berührungen mehr. Obwohl er seine Muskeln noch anspannen konnte, war er nicht in der Lage, seine Bewegungen zu koordinieren. Nach jahrelangem Training war er schließlich in der Lage, Handlungen auszuführen, aber er musste sich ausschließlich auf seinen Sehsinn verlassen, um die Position und die Bewegung seiner Gliedmaßen zu überprüfen.

Wenn Ian ständig seine Bewegungen visuell überprüfen muss, hat das nichts mit dem zu tun, was passiert, wenn Propriozeption verfügbar ist, denn neben den visuellen Informationen beim Ergreifen von Objekten stehen noch 2 weitere Informationsquellen zur Verfügung:
1. Propriozeptive Informationen, die auch Informationen über die Position Ihrer Hand und Ihres Arms liefern
2. Die Efferenzkopie

Erinnern Sie sich an ▶ Kap. 6: Wenn Signale aus dem motorischen Bereich gesendet werden, um die Augenmuskeln zu bewegen, liefert eine Efferenzkopie Vorabinformationen darüber, wie sich die Augen bewegen werden. Wenn beim Greifen Signale aus dem motorischen Bereich gesendet werden, um den Arm und die Hand zu bewegen, liefert eine Efferenzkopie Vorabinformationen über die Bewegungen, die dazu beitragen, die Arm- und Handbewegungen auf dem Weg zu ihrem Ziel zu halten (Tuthill & Azim, 2018; Wolpert & Flanagan, 2001).

◨ Abb. 7.22 zeigt, was mit dem Greifen geschieht, wenn keine Efferenzkopie verfügbar ist. In diesem Experiment greift der Teilnehmer nach rechts, bis er einen Ton hört, der ihm signalisiert, dass er nach links zum Ziel greifen soll. Die Teilnehmer konnten dies präzise tun, wie die blaue Linie zeigt. Wird die Efferenzkopie jedoch durch elektrische

7

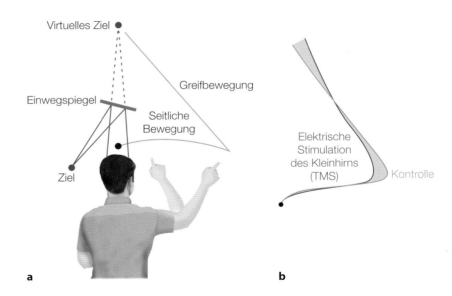

◻ **Abb. 7.22** **a** Der Teilnehmer bewegt den Arm nach rechts und greift dann, auf einen Ton reagierend, nach dem Ziel. **b** *Blaue Linie* = genaues Greifen. *Rote Linie* = wie das Greifen abgelenkt wird, wenn die Efferenzkopie durch elektrische Stimulation unterbrochen wird. (Aus Shadmehr et al., 2010. Used with permission of Annual Review. Permission conveyed through Copyright Clearance Center, Inc.)

◻ **Tab. 7.1** Signale, die das Greifen steuern

Signal	Zweck
Optisch	Überprüfen der Handhaltung
Propriozeptiv	Spüren der Hand-/Armposition
Efferenzkopie	Bereitstellen von Informationen aus motorischen Signalen darüber, wohin sich die Hand/der Arm bewegen wird

Stimulation des Kleinhirns, eines für die Steuerung der Motorik wichtigen Bereichs, unterbrochen, verfehlt der Griff das Ziel, wie durch die rote Linie angezeigt wird (Miall et al., 2007; Shadmehr et al., 2010). In ◻ Tab. 7.1 sind die 3 Informationsquellen zusammengefasst, die dazu beitragen, unsere Hand zu einem Ziel zu führen.

7.4.2 Anheben der Flasche

Nachdem die Flasche in ◻ Abb. 7.17 ergriffen wurde, wird sie angehoben, und die Person macht eine Vorhersage, um die Kraft zu bestimmen, mit der die Flasche angehoben werden soll. Diese Vorhersage berücksichtigt die Größe der Flasche, wie voll sie ist und frühere Erfahrungen mit dem Anheben ähnlicher Objekte. Es gibt also unterschiedliche Vorhersagen, wenn die Flasche voll oder fast leer ist. Wenn die Vorhersage richtig ist, wird die Flasche mit genau der richtigen Kraft angehoben. Was aber, wenn die Person denkt, dass die Flasche voll ist, sie sich aber als fast leer herausstellt? In diesem Fall wendet die Person zu viel Kraft auf und hebt die Flasche zu stark an.

Dieser Effekt der falschen Vorhersage des Gewichts wird durch die **Größen-Gewichts-Täuschung** demonstriert, bei der einem Probanden 2 Gewichte präsentiert

werden. Obwohl das Gewicht auf der linken Seite klein aussieht und das Gewicht auf der rechten Seite groß, sind beide Gewichte genau gleich schwer (◻ Abb. 7.23). Der Proband wird aufgefordert, die Griffe an der Oberseite der beiden Gewichte zu ergreifen und sie auf ein Signal hin gleichzeitig anzuheben. Was dann geschieht, überrascht ihn, denn er hebt das große Gewicht auf der rechten Seite viel höher als das kleine Gewicht auf der linken Seite und sagt, das größere Gewicht fühle sich leichter an (dabei sind beide Gewichte gleich schwer!). Die Größen-Gewichts-Täuschung, die erstmals vom französischen Arzt Augustin Charpentier im Jahr 1891 beschrieben wurde, zeigt, dass wir bei der Betrachtung von 2 unterschiedlich großen Objekten davon ausgehen, dass das größere Objekt schwerer ist, sodass wir mehr Kraft aufwenden, um es anzuheben. Daher wird es höher gehoben und fühlt sich überraschenderweise leichter an (Buckingham, 2014).

7.4.3 Anpassen des Griffs

Wenn wir Ketchup auf unseren Hamburger geben wollen, müssen wir die Flasche anheben und drehen, sodass sich die Öffnung über dem Burger befindet. Da der Ketchup aber oft nicht kooperiert, ist ein schneller Schlag mit der anderen Hand erforderlich (◻ Abb. 7.24), um ihn aus der Flasche zu bekommen. Es ist natürlich wichtig, die Flasche fest genug zu halten, damit sie nicht durch den Schlag abrutscht. ◻ Abb. 7.24a zeigt, dass die Kraft, mit der die Flasche gehalten wird (grün) genau dann zunimmt, wenn die Person den Schlag ausführt (rot). ◻ Abb. 7.24b zeigt jedoch, dass der erhöhte Kraftaufwand später erfolgt als der Schlag, wenn eine andere Person den Schlag ausführt. Warum wird der Griff in ◻ Abb. 7.24a schnell und genau angepasst? Weil eine Efferenzkopie Informationen über den Zeitpunkt und die Kraft des Schlags liefert. Wenn

◻ Abb. 7.23 Diese Person, die sich darauf vorbereitet, die beiden Gewichte gleichzeitig zu heben, wird die Größen-Gewichts-Täuschung erleben, denn beide Gewichte sind gleich schwer, obwohl sie unterschiedlich groß sind

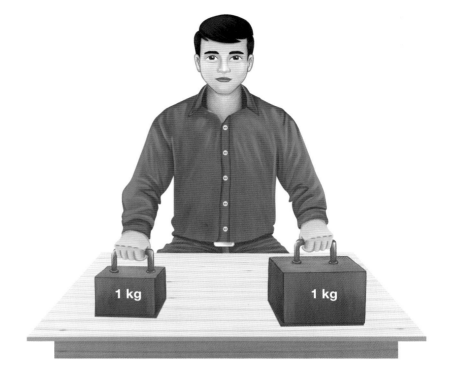

◻ Abb. 7.24 a Eine Person, die sich darauf vorbereitet, einen Schlag auf den Boden der Ketchupflasche auszuführen. Der motorische Befehl an die schlagende (linke) Hand wird von einer Efferenzkopie begleitet. Aufgrund dieser Vorhersage wird der motorische Befehl an die rechte Hand (nicht abgebildet) gesendet, damit diese die Flasche mit einer Kraft (*grün*) ergreift, die genau der Kraft und dem Zeitpunkt des Schlags (*rot*) entspricht, sodass die Flasche festgehalten wird, wenn der Schlag ausgeführt wird. **b** Wenn eine andere Person auf die Flasche schlägt, kann die Kraft des bevorstehenden Schlags nicht vorhergesagt werden, sodass der verstärkte Kraftaufwand später erfolgt als der Schlag auf die Flasche und zudem erhöht werden muss, um ein Abrutschen der Flasche zu verhindern. (Aus Wolpert & Flanagan, 2001. Reprinted with permission from Elsevier.)

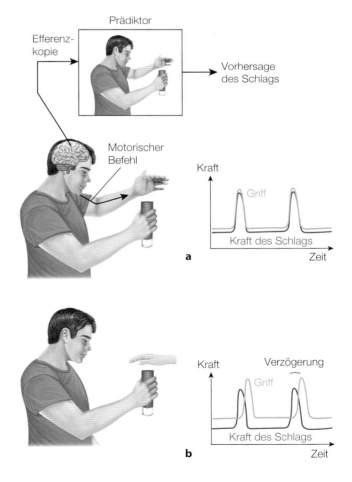

eine andere Person den Schlag ausführt, gibt es keine Efferenzkopie, sodass es keine Vorhersage darüber gibt, was passieren wird.

Einfache, alltägliche Handlungen hängen daher sowohl von der ständigen Interaktion zwischen sensorischen und motorischen Einheiten des Nervensystems ab als auch von der ständigen Vorhersage dessen, was als Nächstes passieren wird: wie weit man greift, wie man die Hand ausrichtet, um die Dinge richtig zu greifen, wie fest man zugreift – all dies hängt von den betreffenden Objekten und der bevorstehenden Aufgabe ab. Wenn Sie einen Stift zum Schreiben in die Hand nehmen, müssen Sie die Finger anders halten und mit einer anderen Kraft greifen, als wenn Sie eine Ketchupflasche in die Hand nehmen oder einen Stift aufheben, um ihn an einen anderen Platz auf Ihrem Schreibtisch zu legen. Wenn man bedenkt, wie viele Handlungen Sie jeden Tag ausführen, sind viele Vorhersagen nötig. Zum Glück müssen Sie normalerweise nicht darüber nachdenken, denn Ihr Gehirn erledigt das für Sie.

7.5 Beobachten der Handlungen anderer

Wir führen nicht nur eigene Handlungen aus, sondern beobachten auch die Handlungen anderer. Dieses Zuschauen bei Handlungen wird besonders deutlich, wenn wir in Filmen im Kino oder beim Fernsehen den Handlungen anderer zusehen, aber auch wenn wir in unserer Umgebung auf jemanden treffen, der irgendetwas tut. Zu den aufregendsten Ergebnissen der Forschung im Zusammenhang mit Wahrnehmung und Handeln gehört die Entdeckung von Neuronen im prämotorischen Kortex (◨ Abb. 7.18), die man als *Spiegelneuronen* bezeichnet.

7.5.1 Spiegelungen von Handlungen anderer im Gehirn

Zu Beginn der 1990er-Jahre untersuchte ein Forscherteam unter Leitung von Giacomo Rizzolatti, wie Neuronen im prämotorischen Kortex von Affen antworten, während die Affen bestimmte Handlungen ausführten – etwa beim Greifen nach Spielzeug oder Futter. Ihr Ziel bestand darin, Zusammenhänge zwischen dem Feuern der Neuronen und der jeweiligen Handlung zu finden. Aber dabei machten sie, wie es in der Forschung manchmal so geht, eine unerwartete Beobachtung: Als einer der Experimentatoren etwas Futter in die Hand nahm und der untersuchte Affe das zufällig sah, begannen Neuronen im Kortex des Affen unerwartet zu feuern. Unerwartet dabei war, dass die Neuronen, die auf die Beobachtung des Ergreifens von Futter ansprachen, dieselben waren, die zuvor bereits gefeuert hatten, wenn der Affe selbst nach Futter gegriffen hatte (Gallese et al., 1996).

An diese erste Beobachtung schlossen sich viele weitere Experimente an, die zur Entdeckung der **Spiegelneuronen** führten – Neuronen, die sowohl dann feuern, wenn der Affe jemanden beim Ergreifen von Futter beobachtet (◨ Abb. 7.25a), als auch dann, wenn er selbst das Futter ergreift (◨ Abb. 7.25b; Rizzolatti et al., 2006). Man spricht von Spiegelneuronen, weil die neuronale Antwort, wenn der Versuchsleiter ein Objekt ergreift, ähnlich der ist, wenn der Affe selbst die Handlung ausführen würde. Wird nur das Futter betrachtet, so bleibt die neuronale Antwort des Siegelneurons aus, und auch beim Beobachten, wie es mit einer Zange gegriffen wird (◨ Abb. 7.25c), ergibt sich nur eine schwache neuronale Aktivierung (Gallese et al., 1996; Rizzolatti et al., 2000). Dieses letzte Ergebnis deutet darauf hin, dass Spiegelneuronen darauf spezialisiert sein können, auf nur eine Art von Handlung zu antworten, so wie das Ergreifen eines Objekts oder dessen Platzierung an einem bestimmten Ort.

Das bloße Auffinden eines Neurons, das reagiert, wenn ein Tier eine bestimmte Handlung beobachtet, sagt uns jedoch nicht, warum das Neuron feuert. Wir könnten z. B. fragen, ob die Spiegelneuronen in Rizzolattis Studie auf die Erwartung, Futter zu erhalten, reagierten und nicht auf die spezifischen Handlungen des Versuchsleiters. Es stellt sich heraus, dass dies keine vernünftige Erklärung sein kann, da die Art des Objekts tatsächlich kaum einen Unterschied ausmachte. Die Neuronen antworteten ebenso stark, wenn der Affe den Versuchsleiter beim Aufnehmen eines dreidi-

◨ **Abb. 7.25** Das Antwortverhalten eines Spiegelneurons. **a** Die Antwort, wenn der Affe den Versuchsleiter beim Ergreifen von Futter auf einem Tablett beobachtet. **b** Die Antwort, wenn der Affe das Futter selbst ergreift. **c** Die Antwort, wenn der Affe den Versuchsleiter beim Ergreifen des Futters mit einer Zange beobachtet. (Aus Gallese et al., 1996, mit freundlicher Genehmigung von Oxford University Press)

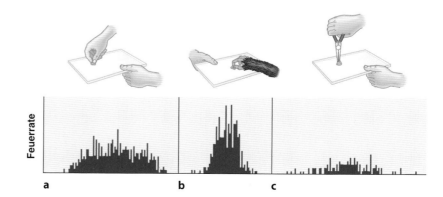

mensionalen Objekts beobachtete, bei dem es sich nicht um Futter handelte.

Könnte es sein, dass die Spiegelneuronen einfach auf ein bestimmtes Bewegungsmuster ansprechen? Dagegen spricht, dass das Spiegelneuron nicht feuert, wenn der Affe sieht, wie der Experimentator das Futter mit einer Zange ergreift. Außerdem gibt es weitere Hinweise darauf, dass Spiegelneuronen nicht nur auf bestimmte Bewegungsmuster antworten. So wurden im prämotorischen Kortex Neuronen entdeckt, die auf Geräusche ansprechen, die mit bestimmten Handlungen assoziiert sind. Sie werden als **audiovisuelle Spiegelneuronen** bezeichnet. Diese Neuronen antworten, wenn ein Affe eine manuelle Handlung ausführt *und* wenn er das Geräusch hört, das mit dieser Handlung assoziiert ist (Kohler et al., 2002). Die in ◻ Abb. 7.26 dargestellten Ergebnisse zeigen beispielsweise das Antwortverhalten eines Neurons, das feuert, wenn der Affe den Versuchsleiter beim Knacken einer Erdnuss sieht und hört (◻ Abb. 7.26a), wenn der Affe den Versuchsleiter hierbei lediglich sieht (◻ Abb. 7.26b), wenn der Affe nur das Geräusch hört (◻ Abb. 7.26c) und wenn *der Affe* die Erdnuss

selbst knackt (◻ Abb. 7.26d). Das bedeutet, dass allein das *Hören* oder das *Sehen*, wie eine Erdnuss geknackt wird, eine Aktivität auslöst, die auch mit der *Handlung* des Wahrnehmenden, eine Erdnuss zu knacken, verbunden ist. Diese Spiegelneuronen antworten also auf das, was „geschieht" – auf das Knacken der Erdnuss – und weniger auf ein spezifisches Bewegungsmuster.

An dieser Stelle werden Sie sich vielleicht fragen, ob es auch im menschlichen Gehirn Spiegelneuronen gibt. Schließlich haben wir bisher nur von Affengehirnen gesprochen. Einige Forschungen mit Menschen deuten darauf hin, dass auch unsere Gehirne Spiegelneuronen enthalten. So haben Forscher, die mithilfe von Elektroden die Gehirnaktivität von Menschen mit Epilepsie aufzeichneten, um festzustellen, welcher Teil ihres Gehirns die Anfälle auslöst, die Aktivität von Neuronen aufgezeichnet, die zum Teil dieselben Spiegeleigenschaften aufweisen wie die bei Affen identifizierten (Mukamel et al., 2010). Weitere Arbeiten mit neurologisch normalen Personen, deren Gehirnaktivität mittels fMRT untersucht wurde, legen zudem nahe, dass diese Neuronen über den gesamten Frontal-, Parietal- und Temporallappen (◻ Abb. 7.27) in einem Netzwerk verteilt sind, das allgemein als **Spiegelneuronensystem** bezeichnet wird (Caspers et al., 2010; Cattaneo & Rizzolatti, 2009; Grosbras et al., 2012; Molenberghs et al., 2012). Es muss jedoch noch viel mehr geforscht werden, um festzustellen, ob und wie dieses Spiegelneuronensystem die Wahrnehmung und das Handeln beim Menschen unterstützt. Im nächsten Abschnitt stellen wir einige Arbeiten vor, die vielversprechend erscheinen, um die Rolle der Spiegelneuronen bei der menschlichen Wahrnehmung und Leistung zu ermitteln.

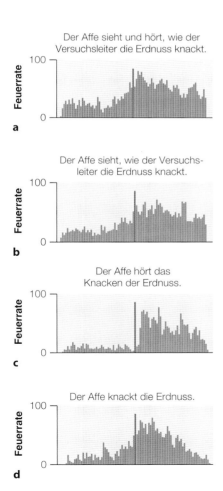

a — Der Affe sieht und hört, wie der Versuchsleiter die Erdnuss knackt.
b — Der Affe sieht, wie der Versuchsleiter die Erdnuss knackt.
c — Der Affe hört das Knacken der Erdnuss.
d — Der Affe knackt die Erdnuss.

◻ **Abb. 7.26** Das Antwortverhalten eines audiovisuellen Spiegelneurons auf 4 unterschiedliche Reize. (Aus Kohler et al., 2002, © The American Association for the Advancement of Science)

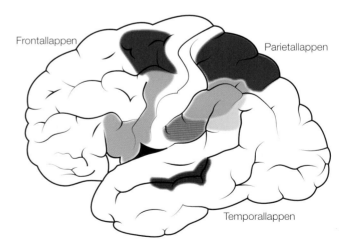

◻ **Abb. 7.27** Kortikale Bereiche im menschlichen Gehirn, die mit dem Spiegelneuronensystem in Verbindung stehen. Die Farben geben an, welche Art von Handlungen in den einzelnen Regionen verarbeitet werden (von oben nach unten): *Lila* = Greifen; *Blau* = Bewegungen der oberen Gliedmaßen; *Orange* = Werkzeuggebrauch; *Grün* = nicht auf Objekte gerichtete Bewegungen; *Dunkelblau* = Bewegungen der oberen Gliedmaßen. (Adaptiert nach Cattaneo & Rizzolatti, 2009)

7.5.2 Vorhersage der Intentionen anderer

Einige Forscher vermuten, dass die Spiegelneuronen nicht nur darauf antworten, *was* vorgeht, sondern *warum* es geschieht oder – genauer – welche *Intention* hinter dem Geschehen steckt. Um zu verstehen, was damit gemeint ist, gehen wir in ein Café und beobachten eine Person, wie sie nach ihrer Kaffeetasse greift. Wir können uns fragen, warum sie danach greift. Eine offensichtliche Antwort ist: Sie will Kaffee trinken. Sofern wir sehen, dass die Tasse leer ist, können wir auch vermuten, dass sie die Tasse zurück zur Theke bringt, um sie wieder auffüllen zu lassen. Wenn wir aber wissen, dass sie nie mehr als eine Tasse trinkt, könnten wir überlegen, dass sie die Tasse in die Ablage für das schmutzige Geschirr stellen wird. Mit derselben Handlung können also verschiedene Intentionen verbunden sein.

Welche Hinweise gibt es darauf, dass die Antwort der Spiegelneuronen durch die verschiedenen Intentionen beeinflusst wird? Mario Iacoboni et al. (2005) lieferten solche Hinweise in einem Experiment, bei dem sie die Gehirnaktivität von Personen während des Betrachtens von Filmszenen aufzeichneten, die mit 2 unterschiedlichen Intentionen verbunden waren (◘ Abb. 7.28). Die Standbilder rechts illustrieren die Filmhandlung – das Greifen nach einem Becher mit Tee. Aber es gibt wichtige Kontextunterschiede zwischen den beiden Filmsequenzen. In dem einen Fall ist der Tisch frisch gedeckt, die Kekse sind unberührt, und die Tasse ist noch voll. In der zweiten Sequenz ist der Tisch unaufgeräumt, es fehlen Kekse, und die Tasse ist leer. Iacoboni nahm an, dass die Betrachter der ersten Filmhandlung schließen, dass nach der Tasse gegriffen wird, um daraus zu trinken, während bei dem zweiten Film vermutet wird, dass die Tasse beim Aufräumen des Tischs weggestellt werden soll.

In Iacobonis Experiment wurden als Kontrolle 2 andere Filmausschnitte präsentiert: 2 Kontextfilme zeigten den Tisch und 2 Handlungsfilme das Ergreifen eines Bechers auf einem ansonsten leeren Tisch. Diese Kontrollfilme wurden deshalb präsentiert, weil sie das Objekt und die Handlung ohne die Hinweise zeigten, die eine bestimmte Intention vermuten lassen.

Beim Vergleich der Gehinaktivität, die beim Betrachten der Intentions- bzw. Kontrollfilme ausgelöst wurde, stellte Iacoboni fest, dass in Gehirnbereichen, die die Eigenschaften von Spiegelneuronen aufweisen, das Betrachten der Intentionsfilme eine höhere Aktivität auslöste als das Betrachten der Kontext- bzw. Handlungsfilme. ◘ Abb. 7.29 zeigt, dass die Aktivität bei dem Handlungsfilm ohne Kontexthinweis am geringsten war, bei dem Intentionsfilm zum Aufräumen etwas höher ausfiel und den höchsten Wert unter der Intentionsbedingung Trinken erreichte. Aufgrund der höheren Aktivitäten bei den Intentionsfilmen schloss Iacoboni, dass beim Verstehen von Intentionen hinter den Filmhandlungen der Spiegelneuronenbereich beteiligt ist. Er argumentierte wie folgt: Würden die Spiegelneuronen ausschließlich die Handlung – das Greifen nach dem Becher – signalisieren, so hätte die Antwort unter allen Bedingungen ähnlich ausfallen müssen, egal in welchem

Kontrollfilm: Kontext   **Kontrollfilm: Handlung**   **Intentionsfilm**

vor dem Tee   Trinken

nach dem Tee   Aufräumen

◘ **Abb. 7.28** Standbilder aus den Filmszenen zu Kontext, Handlung und Intention, die Iacoboni et al. (2005) ihren Probanden zeigten. Jede Spalte entspricht einer der Versuchsbedingungen. In der Kontextbedingung gab es 2 Videoclips, eine vor dem Tee (alles ist an seinem Platz) und eine nach dem Tee (alles ist durcheinander). In der Handlungsbedingung wurden die beiden Arten des Greifens (den Becher mit der ganzen Hand greifen oder den Becher am Griff anfassen) gleich häufig gezeigt. Im Intentionsfilm war der Kontext „Trinken" derselbe wie „vor dem Tee", nur dass die Hand hinzugefügt wurde, und der Kontext „Aufräumen" entsprach dem Kontext „nach dem Tee". Die beiden Arten von Handgriffen (mit der ganzen Hand oder nur am Griff der Tasse) wurden während der Videoclips „Trinken" und „Aufräumen" gleich oft gezeigt. (© 2005 Iacoboni et al. This is an open-access article distributed under the terms of the Creative Commons Attribution License, which permits unrestricted use, distribution, and reproduction in any medium, provided the original work is properly cited.)

◨ **Abb. 7.29** Die Ergebnisse des Experiments von Iacoboni et al. (2005) zeigen die prozentuale Veränderung der Gehirnaktivität während des Betrachtens der beiden Intentionsfilme zum Trinken bzw. Aufräumen im Vergleich zum Handlungsfilm. Das wichtigste Ergebnis ist, dass unter der Intentionsbedingung die Reaktion auf das Trinken deutlich größer ist als die Reaktion auf das Aufräumen. Allerdings gibt es keinen Unterschied zwischen Trinken und Aufräumen unter der Kontextbedingung

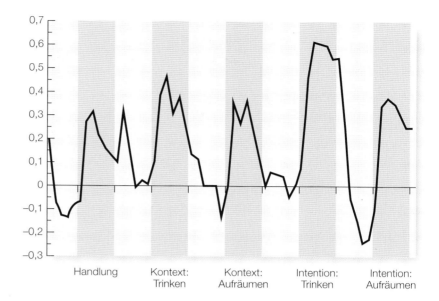

Kontext die Tasse gezeigt wurde. Spiegelneuronen codieren nach Ansicht von Iacoboni das Warum einer Handlung und antworten unterschiedlich auf unterschiedliche Intentionen.

Wenn Spiegelneuronen tatsächlich Intentionen signalisieren, wie machen sie das? Eine Möglichkeit wäre, dass die Antwort dieser Neuronen durch die motorische Ereigniskette bestimmt wird, die in einem bestimmten Handlungskontext zu erwarten ist (Fogassi et al., 2005; Gallese, 2007). Wenn beispielsweise jemand eine Tasse mit Kaffee ergreift, weil er die Absicht hat, daraus zu trinken, dann ist als nächster Schritt zu erwarten, dass er die Tasse zum Mund führt und an den Lippen ansetzt, um einen Schluck zu nehmen. Hat er jedoch die Intention, den Tisch abzuräumen, so könnte die zu erwartende Handlung darin bestehen, dass er die Tasse zum Spülbecken bringt. Aus dieser Sicht antworten Spiegelneuronen, die unterschiedliche Intentionen signalisieren, auf beides: die jeweils gerade ausgeführte Handlung und die im jeweiligen Kontext wahrscheinliche Handlungsfolge.

Die genaue Funktion der menschlichen Spiegelneuronen wird gegenwärtig weiter erforscht (Caggiano et al., 2009; Rizzolatti & Sinigaglia, 2016). Außer der Annahme, dass die Spiegelneuronen Handlungen und die dahinter stehenden Intentionen signalisieren, gibt es verschiedene andere Erklärungen, die Forscher vorgeschlagen haben. Danach helfen uns Spiegelneuronen beim Verstehen von
- Kommunikation auf der Grundlage des Gesichtsausdrucks (Buccino et al., 2004; Ferrari et al., 2003),
- emotionalen Ausdrucksformen (Dapretto et al., 2006),
- Gesten, Körperbewegungen und Stimmungen (Gallese, 2007; Geiger et al., 2019),
- der Bedeutung von Sätzen (Gallese, 2007) und
- Unterschieden zwischen uns und anderen (Uddin et al., 2007).

Wie angesichts dieser Liste zu erwarten ist, wurde auch vermutet, dass Spiegelneuronen eine wichtige Rolle bei der Steuerung von sozialen Interaktionen spielen (Rizzolatti & Sinigaglia, 2010; Yoshida et al., 2011) und dass Störungen, die durch beeinträchtigte soziale Interaktionen gekennzeichnet sind, z. B. Autismus-Spektrum-Störungen, mit einer gestörten Funktion des Spiegelneuronensystems verbunden sein können (Oberman et al., 2005, 2008; Williams et al., 2001).

Wie bei vielen neu entdeckten Phänomenen ist die Funktion der Spiegelneuronen unter den Forschern umstritten. Einige Forscher vermuten, dass Spiegelneuronen eine wichtige Rolle beim menschlichen Verhalten spielen (wie oben erwähnt), andere sind da vorsichtiger (Cook et al., 2014; Hickock, 2009). An der Idee, dass Spiegelneuronen dazu dienen, die Absichten von Menschen zu erkennen, wird z. B. kritisiert, dass die Reaktion der Spiegelneuronen so schnell nach der Beobachtung einer Handlung erfolgt, dass nicht genug Zeit bleibt, um die Handlung zu verstehen. Es wurde daher vermutet, dass Spiegelneuronen dabei helfen könnten, eine Handlung zu erkennen und zu bewerten, dann aber ein langsamerer Prozess erforderlich wäre, um ein Verständnis für die Absichten einer Person hinter der Handlung zu erlangen (Lemon, 2015).

Vergegenwärtigen Sie sich die Situation nach der Entdeckung der Merkmalsdetektoren in den 1960er-Jahren, als einige Forscher vermuten, dass sich mit den Merkmalsdetektoren erklären ließe, wie wir Objekte wahrnehmen. Angesichts des damaligen Wissensstands war das auch eine begründete Annahme. Aber als später Neuronen gefunden wurden, die selektiv auf Gesichter, Orte oder Körper ansprechen, modifizierten die Forscher ihre anfänglichen Annahmen, um den neuen Erkenntnissen Rechnung zu tragen. Aller Wahrscheinlichkeit nach wird es auch bei den Spiegelneuronen eine ähnliche Entwicklung geben. Einige der vermuteten Funktionen werden sich bestätigen, bei anderen wird es Revisionen oder Modifikationen geben.

7.6 Handlungsbasierte Ansätze der Wahrnehmung

Der traditionelle Ansatz der Wahrnehmungspsychologie stellt die Frage in den Mittelpunkt, wie die Umgebung im Nervensystem bzw. im bewussten Erleben des Betrachters *repräsentiert* wird. Nach dieser Vorstellung geht es etwa bei der visuellen Wahrnehmung darum, das, was wir sehen, in eine mentale Repräsentation umzusetzen. Wenn Sie also auf eine Szene mit Häusern, Bäumen, Rasen und Menschen blicken, repräsentiert Ihre Wahrnehmung der Häuser, der Bäume, des Rasens und der Menschen all das, was sich „da draußen" Ihrem Blick darbietet, und erfüllt so den Zweck, die Umgebung zu repräsentieren.

Aber wie Sie vielleicht aufgrund der vorhergehenden Abschnitte dieses Kapitels ahnen, glauben inzwischen einige Forscher, dass die Wahrnehmung nicht dazu dient, uns eine Repräsentation der äußeren Umgebung zu verschaffen, sondern unser Handeln zu leiten, das für das Überleben entscheidend ist (Brockmole et al., 2013; Goodale, 2014; Witt, 2011a).

Die Bedeutung des Handelns für das Überleben hat Melvyn Goodale (2011) wie folgt beschrieben: „Viele Forscher verstehen inzwischen, dass sich Gehirne nicht entwickelt haben, um uns zum Denken (oder Wahrnehmen) zu befähigen, sondern um uns dazu zu befähigen, uns in der Welt zu bewegen und mit ihr zu interagieren. Letztlich steht alles Denken (und damit auch alle Wahrnehmung) im Dienst des Handelns." So gesehen kann uns die Wahrnehmung wichtige Informationen über die Umwelt liefern, aber wir müssen einen Schritt weitergehen und anhand der verfügbaren Informationen handeln, um zu überleben und damit den nächsten Tag erleben und wahrnehmen zu können (Milner & Goodale, 2006).

Die Vorstellung, dass Wahrnehmung dazu dient, uns zum Handeln in unserer Umwelt zu befähigen, haben einige Forscher noch einen Schritt weitergetrieben, indem sie die Aussage, dass Handlung von der Wahrnehmung abhängt, umkehrten und nun behaupten, dass Wahrnehmung vom Handeln abhängt. Die **handlungsspezifische Wahrnehmungshypothese** (Witt, 2011a) besagt, dass Menschen ihre Umgebung im Hinblick auf ihre Fähigkeit, darin handeln zu können, wahrnehmen. Diese Feststellung beruht auf Befunden aus vielen Experimenten, von denen einige mit Sport zu tun haben. Zum Beispiel präsentierten Jessica Witt und Dennis Proffitt (2005) bei einem Experiment, das sie mit Softballspielern unmittelbar nach einem Spiel durchführten, eine Serie von Kreisen, aus denen jeweils der Kreis herausgegriffen werden sollte, dessen Größe dem Softball am nächsten kam. Als Witt und Proffitt die Größenschätzungen der Spie-

ler mit ihren durchschnittlichen Trefferquoten verglichen, die die Spieler jeweils als Schlagmann im gerade abgeschlossenen Spiel erreicht hatten, stellte sich heraus, dass Spieler, die den Ball häufiger getroffen hatten, größere Kreise gewählt hatten als die weniger treffsicheren Spieler.

Andere Experimente zur Wahrnehmung von Sportlern zeigten, dass Tennisspieler, die gerade ein Spiel gewonnen haben, die Höhe des Netzes niedriger einschätzen als die Verlierer (Witt & Sugovic, 2010), und dass die besseren Torschützen beim amerikanischen Football den Raum zwischen den senkrechten Torstangen größer wahrnehmen als die schlechteren Torschützen (Witt & Dorsch, 2009). Das Experiment mit den Footballspielern war besonders interessant, denn der Effekt trat nur dann auf, wenn alle Schützen zuvor 10 Mal versucht hatten, das Tor zu treffen. Vor diesen Versuchen, ein Tor zu erzielen, unterschieden sich die Größenschätzungen guter und schlechter Schützen nicht.

Die Beispiele aus dem Sport betreffen alle eine Beurteilung, die nach einer guten bzw. einer schlechten Leistung abgegeben wurde. Sie sprechen dafür, dass die Wahrnehmung durch die Leistung beeinflusst wird. Aber wie sieht das in Situationen aus, in denen die Probanden keine Aufgabe ausführen, sondern nur Erwartungen darüber haben, wie schwer es wäre, eine Aufgabe auszuführen? Was käme beispielsweise dabei heraus, wenn Probanden mit sehr unterschiedlicher körperlicher Leistungsfähigkeit Entfernungen abschätzen? Um diese Frage zu beantworten, baten Jessica Witt et al. (2009) Personen mit chronischen Rücken- und/oder Beinschmerzen, die Entfernung zu verschiedenen Objekten in einem langen Flur zu schätzen. Im Vergleich zu Menschen ohne Schmerzen überschätzte die Gruppe mit chronischen Schmerzen durchweg die Entfernung zu den Objekten. Witt erklärte ihre Ergebnisse damit, dass die allgemeine Fitness von Menschen Einfluss darauf hat, wie sie die Schwierigkeit verschiedener körperlicher Aktivitäten einschätzen, was wiederum die Wahrnehmung dieser Handlungen beeinflusst. So nehmen Menschen mit Schmerzen, die das Gehen erschweren, ein Objekt als weiter entfernt wahr, auch wenn sie es nur ansehen. Außerdem schätzen ältere Menschen, die im Allgemeinen eine geringere körperliche Leistungsfähigkeit haben als jüngere Menschen, Entfernungen weiter ein als jüngere Erwachsene (Sugovic & Witt, 2013).

Allerdings bezweifeln einige Forscher, ob die Wahrnehmungsschlüsse in einigen der beschriebenen Experimente tatsächlich eine Wahrnehmung messen. Die Probanden könnten auch durch einen Beurteilungsfehler beeinflusst worden sein, der durch ihre Erwartung des weiteren Geschehens in der jeweiligen Situation hervorgerufen wird. Beispielsweise könnte die *Erwartung* der Teilnehmer, dass Objekte weiter entfernt erscheinen, wenn eine Person Schwierigkeiten beim Gehen hat, dazu führen, dass sie sagen, dass das Objekt weiter entfernt erscheint, obwohl ihre Wahrnehmung der Entfernung in Wirklichkeit nicht beeinträchtigt war (Durgin et al., 2009, 2012; Loomis & Philbeck, 2008; Woods et al., 2009).

Diese Erklärung verdeutlicht ein grundlegendes Problem bei Messungen zur Wahrnehmung. Im Allgemeinen beruhen diese Messungen auf den Angaben, die die Probanden machen, und es gibt keine Garantie, dass diese Angaben jeweils exakt die tatsächliche Wahrnehmung beschreiben. Deshalb könnte es – wie schon erwähnt – verschiedene Situationen geben, in denen die Probanden nicht angegeben haben, was sie tatsächlich wahrnahmen, sondern das, von dem sie glaubten, dass sie es wahrgenommen haben sollten. Aus diesem Grund haben Forscher Anstrengungen unternommen, um Experimente durchzuführen, in denen die Auswirkungen von Handlungen auch dann nachgewiesen werden konnten, wenn keine offensichtlichen Erwartungen oder Aufgabenanforderungen vorlagen (Witt, 2011a, 2011b; Witt et al., 2010). Eine vertretbare Schlussfolgerung, die bei vielen Experimenten berücksichtigt wird, besteht darin, dass in einigen Experimenten die Urteile der Teilnehmer zwar durch ihre Erwartungen beeinflusst werden können, aber in anderen Experimenten ihre Urteile durchaus eine echte Beziehung zwischen ihrer Handlungsfähigkeit und ihrer Wahrnehmung widerspiegeln.

7.7 Weitergedacht: Vorhersage ist alles

Wir haben den Begriff „Vorhersage" erstmals in ▶ Abschn. 5.4 zur Wahrnehmung von Objekten und Szenen eingeführt, als wir erörterten, wie die Gestaltgesetze der Wahrnehmungsorganisation vorhersagen, was wir in bestimmten Situationen wahrnehmen werden. Aber die Geschichte der Vorhersage in der Wahrnehmung begann eigentlich mit Helmholtz' Theorie der unbewussten Schlüsse (▶ Abschn. 5.4.3). Helmholtz benutzte das Wort „Vorhersage" nicht, als er seine Theorie vorschlug, aber denken Sie einmal über seine Theorie nach: Wir nehmen das Objekt wahr, das am wahrscheinlichsten das Bild auf der Netzhaut verursacht hat. Mit anderen Worten: Die Wahrnehmung eines Objekts beruht auf einer Vorhersage darüber, was *wahrscheinlich* da draußen ist.

Die Vorhersage kam auch in ▶ Kap. 6 zur visuellen Aufmerksamkeit vor, als wir sahen, dass Menschen ihren Blick oft dorthin richten, wo sie etwas erwarten (▶ Abschn. 6.4). In ▶ Abschn. 6.3.2 wurde auch erläutert, wie die Efferenzkopie anzeigt, wohin sich das Auge als Nächstes bewegen wird. Die Efferenzkopie tritt auf, bevor die Bewegung stattfindet, und ist daher eine Vorhersage. Die Efferenzkopie sagt im Grunde: „Das kommt als Nächstes." Und zum Glück hilft uns diese Botschaft, unsere Wahrnehmung der Welt stabil zu halten, sogar wenn das sich bewegende Auge ein verschwommenes Bild auf der Netzhaut erzeugt.

Diese Beispiele für Vorhersagen aus ▶ Kap. 5 und 6 haben 2 Dinge gemeinsam:

1. Wir sind uns ihrer Funktionsweise in der Regel nicht bewusst.
2. Sie funktionieren extrem schnell – in Bruchteilen einer Sekunde. Diese schnelle Funktionsweise ist sinnvoll, weil wir Objekte fast augenblicklich sehen und weil sich die Augen sehr schnell bewegen.

In diesem Kapitel sind wir ebenfalls mehrmals auf die Vorhersage gestoßen, vor allem bei der Frage, wie wir den Ketchup auf den Hamburger geben. Die Efferenzkopie kam als eine der Informationsquellen wieder ins Spiel; sie hilft uns dabei, unseren Griff so anzupassen, dass er stark genug ist, um die Flasche vor dem Abrutschen zu bewahren, wenn wir darauf schlagen.

Die Vorhersage ist auch an einigen anderen Dingen beteiligt, die wir in diesem Kapitel besprochen haben, insbesondere am Verstehen von Absichten anderer Menschen und an der Einschätzung des Schwierigkeitsgrads bestimmter Handlungen, der auf Vorhersagen über die Interaktion mit der Umwelt beruhen kann, d. h. unserer Einschätzung, wie schwierig es sein wird, eine bestimmte Handlung auszuführen.

Im Vergleich zu den Vorhersagen über Bewegungen von *Objekt* und *Augen*, die in den ▶ Kap. 5 und 6 beschrieben werden, finden die Handlungsvorhersagen in diesem Kapitel auf einer längeren Zeitskala statt – in Sekunden und nicht in Sekundenbruchteilen. Außerdem können wir einige Vorhersagen bewusst treffen, z. B. wenn wir versuchen vorherzusagen, wie schwer ein Gegenstand ist, den wir heben müssen, oder wenn wir versuchen, die Absichten einer anderen Person zu erkennen.

Im nächsten Kapitel werden wir untersuchen, wie die Vorhersage (und unsere alte Bekannte, die Efferenzkopie) eine Rolle bei der Wahrnehmung von Bewegung spielt. Daneben werden Vorhersagen in den folgenden Kapiteln wichtig sein:

— ▶ Kap. 10 „Tiefen- und Größenwahrnehmung": Unsere Wahrnehmung der Größe wird durch unsere Wahrnehmung der Tiefe bestimmt.
— ▶ Kap. 13 „Wahrnehmung von Musik": Die Vorhersage ist ein zentrales Merkmal der Musikwahrnehmung, denn der Mensch erwartet, dass sich eine musikalische Komposition auf eine bestimmte Weise entfaltet. Wenn unerwartete Noten oder Phrasen auftauchen, können wir die Musik manchmal als störend oder interessanter empfinden, je nachdem, wie sehr die Musik von unseren Erwartungen abweicht.
— ▶ Kap. 14 „Sprachwahrnehmung": Die Vorhersage ist an unserer Fähigkeit beteiligt, Wörter, Sätze und Geschichten wahrzunehmen. Die Vorhersage beeinflusst auch, wie wir unsere eigene Stimme wahrnehmen, wenn wir sprechen.
— ▶ Kap. 15 „Die Hautsinne": Die Vorhersage beeinflusst unsere Erfahrung, wenn wir berührt werden, sodass es sich anders anfühlen kann, wenn man sich selbst berührt, als wenn man von jemand anderem berührt wird.

Das ist ein Grund, warum man sich nicht selbst kitzeln kann!

— ▶ Kap. 16 „Die chemischen Sinne": Die Tatsache, dass das Geschmackserlebnis von dem beeinflusst wird, was wir zu schmecken erwarten, zeigt sich in den starken Reaktionen, die Menschen erleben, wenn sie erwarten, etwas Bestimmtes zu schmecken, aber stattdessen ein anderer Geschmack im Mund entsteht.

Aus diesen Beispielen wird deutlich, dass die Vorhersage ein allgemeines Phänomen ist und in vielen Wahrnehmungsbereichen auftritt. Ein Grund dafür ist die Anpassungsfähigkeit: Zu wissen, was als Nächstes kommt, kann das Überleben sichern. Wie wir in den folgenden Kapiteln sehen werden, kann die Vorhersage uns nicht nur wissen lassen, was auf uns zukommt, sondern sie kann die Art unserer Wahrnehmungen beeinflussen.

7.8 Der Entwicklungsaspekt: Affordanzen bei Kindern

Ein Kleinkind, das seine Umwelt krabbelnd erkundet (◘ Abb. 7.30a), sieht die Welt aus einem niedrigen Blickwinkel. Wenn das Kind jedoch älter wird und stehen und gehen kann, ändert sich seine Sicht auf die Welt (◘ Abb. 7.30b). Diese beiden Situationen wurden kürzlich unter Berücksichtigung der kindlichen Affordanzen untersucht. Zur Erinnerung: Affordanzen wurden von J. J. Gibson als das beschrieben, *was die Umwelt einem Tier anbietet, was es zur Verfügung stellt oder liefert* (▶ Abschn. 7.1.4). Bei der Betrachtung der Affordanzen bei Kleinkindern geht es darum, was die Umwelt dem Kind bietet, damit es sich durch die Umwelt bewegen kann, zuerst krabbelnd, dann gehend. Sehr junge Säuglinge können noch nicht viel tun, sodass die Bandbreite der Möglichkeiten relativ gering ist. Doch mit der körperlichen und der motorischen Entwicklung ergeben sich neue Möglichkeiten, mit der Umwelt zu interagieren, und es eröffnen sich neue Handlungsmöglichkeiten.

Kleinkinder lernen mit etwa 8 Monaten zu krabbeln (Spanne zwischen 6 und 11 Monaten) und mit etwa 12 Monaten zu laufen (Spanne zwischen 9 und 15 Monaten; Martorell et al., 2006). Beim Gehen bewegen sich Kleinkinder im Vergleich zum Krabbeln mehr, legen größere Distanzen zurück, bewegen sich schneller, tragen häufiger Gegenstände und haben, was vielleicht am wichtigsten ist, ein erweitertes Sichtfeld auf die Welt (Adolph & Tamis-LeMonda, 2014). ◘ Abb. 7.31 zeigt, wie Krabbelkinder hauptsächlich den Boden vor ihren Händen sehen, aber wenn sie auf beiden Füßen stehen und gehen, rückt der ganze Raum ins Blickfeld und schafft neue Möglichkeiten für das Sehen und das Handeln (Adolph & Hoch, 2019; Kretch et al., 2014). In dem Maße, wie Kinder neue Arten der Fortbewegung erlernen, gewinnen sie neue Möglichkeiten, von einem Ort zum anderen zu gelangen.

a

b

◘ **Abb. 7.30** Die Sicht des Kleinkinds auf die Welt ändert sich, wenn es vom Krabbeln zum Stehen übergeht. (© Joanna Oseman)

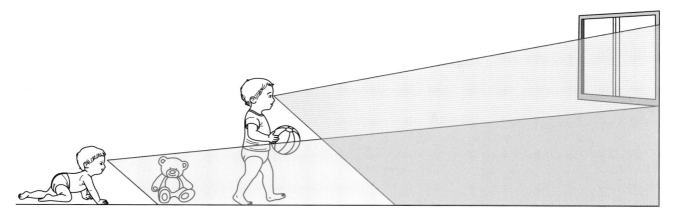

Kari Kretch und Karen Adolph (2013) testeten mit dem in ◻ Abb. 7.32 gezeigten verstellbaren Gefälle die Fähigkeit krabbelnder und laufender Kleinkinder zur Wahrnehmung von Affordanzen für die Fortbewegung. Alle Kinder waren gleich alt (12 Monate), aber die eine Hälfte verfügte über Krabbelerfahrung (Mittelwert: 18 Wochen Krabbelerfahrung), die andere Hälfte hatte gerade mit dem Laufen begonnen (Mittelwert: 5 Wochen Lauferfahrung).

Das Gerät wurde in 1-cm-Schritten verstellt, um ein Gefälle zu erzeugen, das von klein (eine leicht überwindbare Stufe von 1 cm) bis groß (eine unüberwindbar hohe Klippe von 90 cm) reichte. Die Kleinkinder begannen jeden Versuch mit Blick auf den Abgrund – Krabbelkinder auf Händen und Knien und laufende Kinder aufrecht. Die Betreuer standen am unteren Ende des Gefälles und ermutigten die Kinder, zu krabbeln oder zu gehen, indem sie Spielzeug und Süßigkeiten als Anreize verwendeten. Speziell ausgebildete Versuchsleiter begleiteten die Kinder, um sie aufzufangen, falls sie die Hindernisse falsch wahrnahmen und stürzten.

Jedes Kleinkind krabbelte oder lief über die kleine, 1 cm hohe Stufe. Bei höheren Stufen verhielten sich jedoch die erfahrenen Krabbler und die Laufanfänger sehr unterschiedlich. Die erfahrenen Krabbler versuchten nur, über Hindernisse zu krabbeln, die sie schaffen konnten. Wenn das Gefälle ihre Fähigkeiten überstieg, blieben sie an der Kante stehen oder rutschten rückwärts mit den Füßen voran hinunter. Keiner versuchte, über die 90-cm-Klippe zu krabbeln. Bei den Laufanfängern sah das ganz anders aus. Sie überquerten munter sowohl kleine als auch große Gefälle bei jedem Versuch, ohne Rücksicht auf die Affordanzen. In 50 % der Fälle versuchten sie sogar, die 90-cm-Klippe zu überqueren, sodass die Versuchsleiter sie in der Luft auffangen mussten.

Was bedeuten diese Ergebnisse? Die Laufanfänger hatten im Durchschnitt nur 5 Wochen Lauferfahrung, aber davor waren sie erfahrene Krabbler mit etwa 16 Wochen Krabbelerfahrung, genau wie die erfahrenen Krabbler, die die Affordanzen richtig eingeschätzt hatten und sich weigerten, vorwärts über einen hohen Abgrund zu krabbeln. Man sollte meinen, Kleinkinder hätten in all diesen Wochen der Krabbelerfahrung gelernt, hohe Stufen zu vermeiden – unabhängig davon, ob sie krabbeln oder laufen. Doch das ist nicht der Fall. Nachdem sich Krabbelkinder aufgerichtet haben und zu laufen beginnen, müssen sie neu lernen, die Affordanzen für ihre neue aufrechte Haltung einzuschätzen, die ein neuer, höherer Blickwinkel bietet. Und tatsächlich, im Alter von 18 Monaten, nachdem die Laufanfänger etwa 23 Wochen Lauferfahrung gesammelt hatten, nahmen sie Affordanzen wieder richtig wahr.

Genau wie erfahrene Krabbler versuchten auch erfahrene Läufer nur, ein Gefälle zu überwinden, das sie auch schaffen konnten. Bei 100 % der Versuche blieben sie am Rand der 90-cm-Klippe stehen. Durch Krabbelerfahrung lernen Säuglinge also, die Affordanzen des Krabbelns zu erkennen, und durch Geherfahrung lernen sie, die Affordanzen des Gehens wahrzunehmen. Die Körper-Umwelt-Beziehungen beim Krabbeln und beim Gehen sind völlig unterschiedlich, wenn Informationen gesammelt werden, und der Blickwinkel unterscheidet sich so stark, dass das Lernen aus der sich früher entwickelnden Fähigkeit nicht auf die sich später entwickelnde Fähigkeit übertragen werden kann.

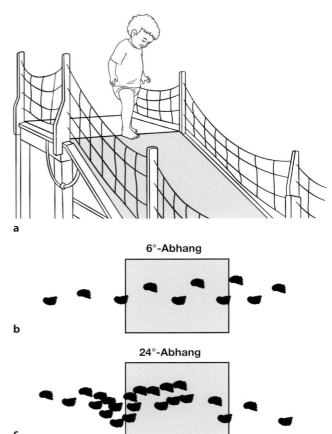

6°-Abhang

24°-Abhang

◻ **Abb. 7.33** **a** Ein Kleinkind bei der Entscheidung, ob es einen Abhang hinuntergehen soll. **b** Fußabdrücke, die das Laufmuster für einen 6°-Abhang zeigen. **c** Fußabdrücke für den steileren 24°-Abhang. (Aus Adolph & Hoch, 2019. Used with permission of Annual Review. Permission conveyed through Copyright Clearance Center, Inc.)

Ein weiterer Aspekt der kindlichen Affordanzen ist – neben der Erfahrung – die Planung. Kleinkinder müssen wahrnehmen, was auf sie zukommt, bevor es passiert, damit sie ihr Verhalten entsprechend anpassen können. Simone Gil et al. (2009) haben gezeigt, dass kleine Kinder lernen, ihre Handlungen im Voraus zu planen, wenn sie Abhänge mit unterschiedlicher Steigung von 0 bis 50° in 2°-Schritten hinuntergehen (◻ Abb. 7.33a). In den ersten Wochen des Gehens marschieren sie „geradewegs über den Rand unglaublich steiler Abhänge und müssen von den Versuchsleitern gerettet werden" (Gil et al., 2009, S. 1). Doch mit jeder Woche Lauferfahrung sind die Kinder besser in der Lage, die Affordanzen von flachen und steilen Hängen zu unterscheiden und ihr Laufverhalten entsprechend anzupassen.

Die ◻ Abb. 7.33b und 7.33c zeigen die Fußabdrücke eines erfahrenen Kleinkindes, das sich einem flachen und einem steilen Abhang nähert. Das Kleinkind machte lange, gleichmäßige Schritte, während es den flachen 6°-Abhang hinunterging, setzte aber die Füße eng voreinander, bevor es über den steilen 24°-Abhang ging. Diese engen Schritte zeigen, dass das Kind vorausgesehen hatte, was auf es zukommen würde, und sich dann entsprechend darauf einstellte. So wie Erwachsene ihre Hand beim Greifen nach einer Flasche der Form der Flasche anpassen, um sie zu greifen, ändern Kleinkinder ihre Schrittlänge, wenn sie sich einem Abhang nähern, um sich dem Grad der Neigung anzupassen, in der Erwartung, dass sie auf der schrägen Fläche laufen werden.

Die Botschaft dieser Experimente ist klar: Wenn Sie das nächste Mal ein Kleinkind krabbeln oder laufen sehen, denken Sie daran, dass es nicht nur seine Arme und Beine bewegt. Es erlernt neue Wege der Interaktion mit der Umwelt und es lernt, Affordanzen wahrzunehmen und für Handlungen zu nutzen.

Übungsfragen 7.2

1. Warum wird eine Szene als unbewegt wahrgenommen, obwohl sich ihr Bild bei einer Augenbewegung über die Netzhaut bewegt?
2. Was ist eine Efferenzkopie?
3. Wie lassen sich Handlungen wie das Greifen nach einer Ketchupflasche mithilfe des ventralen Was-Stroms und des dorsalen Wie-Stroms beschreiben?
4. Was ist die parietale Greifregion? Beschreiben Sie die Experimente von Fattori et al. zu den „Greifneuronen".
5. Was ist Propriozeption? Was geschah mit Ian Waterman?
6. Welche 3 Informationsquellen gibt es, um die Position der Hand und des Arms beim Greifen zu bestimmen?
7. Wie wirkt sich die Unterbrechung der Efferenzkopie auf das Greifverhalten aus?
8. Beschreiben Sie die Größen-Gewichts-Täuschung. Was sagt sie uns darüber, wie Erwartungen das Heben beeinflussen?
9. Beschreiben Sie, wie sich der Griff einer Person um eine Ketchupflasche verändert, wenn sie (a) mit der anderen Hand auf die Flasche schlägt und (b) wenn jemand anderes auf die Flasche schlägt. Warum gibt es einen Unterschied?
10. Was sind Spiegelneuronen? Was spricht dafür, dass Spiegelneuronen nicht einfach auf ein spezifisches Bewegungsmuster ansprechen?
11. Gibt es Belege für die Existenz von Spiegelneuronen im menschlichen Gehirn?
12. Beschreiben Sie Iacobonis Experiment, das auf Spiegelneuronen schließen lässt, die auf Intentionen antworten.
13. Welcher Mechanismus könnte beim Ansprechen von Spiegelneuronen auf Intentionen beteiligt sein?
14. Welche Funktionen werden den Spiegelneuronen zugeschrieben? Wie gut sind diese Funktionen wissenschaftlich bestätigt?
15. Beschreiben Sie den handlungsbasierten Ansatz der Wahrnehmungspsychologie. Zeigen Sie dabei, (1) warum einige Forscher meinen, dass sich das Gehirn im Laufe der Evolution entwickelt hat, um uns Handlungen zu ermöglichen, und (2) auf welche Weise der experimentelle Nachweis für einen Zusammenhang zwischen Wahrnehmung und Handlungsfähigkeit erbracht wurde.
16. Welchen Beleg gibt es für die Aussage, „Vorhersagen sind überall"?
17. Nennen Sie ein Beispiel für eine Affordanz bei Kleinkindern. Welchen Beweis gibt es, dass Kleinkinder Affordanzen entwickeln? Was verraten uns die Laufmuster von Kleinkindern über ihre Affordanzen?

7.9 Zum weiteren Nachdenken

1. Wir haben gesehen, dass Sportler offenbar visuelle Information berücksichtigen, während sie einen Salto ausführen. Beim Synchronspringen führen 2 Sportler simultan einen Sprung von 2 benachbarten Sprungbrettern aus. Sie werden danach beurteilt, wie gut sie den Sprung ausführen und wie synchron sie dies tun. Welche Stimuli in der Umwelt müssen Synchronspringer Ihrer Ansicht nach berücksichtigen, um erfolgreich zu sein?
2. Können Sie spezifische Umweltinformationen identifizieren, die Ihnen bei der Ausführung von Handlungen in der Umwelt helfen? Diese Frage ist oft für Sportler von besonderer Bedeutung.
3. Man kann häufig beobachten, dass Menschen die Geschwindigkeit reduzieren, wenn sie mit dem Auto durch einen langen Tunnel fahren. Erklären Sie die mögliche Rolle des optischen Flusses in dieser Situation.
4. Wenn Spiegelneuronen Intentionen signalisieren, was sagt das über die Rolle von Top-down- bzw. Bottom-up-Verarbeitung für die Antwort der Spiegelneuronen aus?
5. Wie könnte Ihrer Meinung nach die Antwort Ihrer Spiegelneuronen beim Beobachten einer Handlung dadurch beeinflusst werden, wie gut Sie die handelnde Person kennen?
6. Inwieweit entspricht Ihre eigene Erfahrung beim Handeln in Ihrer Umwelt (wie beim Bergsteigen oder beim Sport) den Befunden der Experimente zur handlungsbasierten Wahrnehmung?

7.10 Schlüsselbegriffe

- Affordanzen
- Audiovisuelle Spiegelneuronen
- Bewegungsgradient
- Expansionspunkt
- Gitterzellen
- Größen-Gewichts-Täuschung
- Handlungsaffordanz
- Handlungsspezifische Wahrnehmungshypothese
- Invariante Information
- Kognitive Karte

- Landmarken
- Ökologischer Ansatz der Wahrnehmungsforschung
- Optischer Fluss
- Ortsfeld
- Ortszellen
- Parietale Greifregion
- Propriozeption
- Räumliche Aktualisierung
- Spiegelneuronen
- Visuelle Richtungsstrategie
- Visuomotorische Greifzelle
- Wegfindung

7

Bewegungswahrnehmung

E. Bruce Goldstein und Laura Cacciamani

Inhaltsverzeichnis

Lernziele

Nachdem Sie dieses Kapitel bearbeitet haben, werden Sie in der Lage sein, . . .

- 5 verschiedene Funktionen der Bewegungswahrneh-mung zu beschreiben,

- zwischen realer Bewegung und Bewegungstäuschung zu unterscheiden und die Forschungsergebnisse über den Zusammenhang zwischen ihnen zu verstehen,

- zu beschreiben, wie wir Bewegung wahrnehmen, wenn wir unsere Augen bewegen, um ein sich be-wegendes Objekt zu verfolgen, und wenn sich bei starrem Blick ein Objekt über unser Gesichtsfeld be-wegt,

- die vielfältigen neuronalen Mechanismen zu verste-hen, die der Bewegungswahrnehmung zugrunde lie-gen,

- zu erläutern, warum wir mehr als nur die Reaktionen einzelner Neuronen betrachten müssen, um die Phy-siologie der Bewegungswahrnehmung nachvollziehen zu können,

- zu verstehen, wie die Wahrnehmung von Körperbewe-gungen sowohl verhaltensbezogen als auch physiolo-gisch untersucht wurde,

- zu beschreiben, was es heißt, dass wir Bewegung in Standbildern wahrnehmen können,

- zu beschreiben, wie Säuglinge biologische Bewegung wahrnehmen.

Einige der in diesem Kapitel behandelten Fragen

- Warum verfallen manche Tiere in Schreckstarre, wenn sie Gefahr spüren?

- Wie erzeugen Filme aus Standbildern Bewegung?

- Was ist das Besondere an der Körperbewegung von Men-schen und Tieren?

Auf besonders dramatische Weise lässt sich vielleicht die Bedeutung der Bewegungswahrnehmung für das tägliche Leben (und Überleben) anhand von Fallstudien veran-schaulichen, in denen Menschen beschrieben werden, die durch Krankheit oder ein Trauma eine Schädigung von Ge-hirnregionen erlitten haben, die für die Wahrnehmung und das Verständnis von Bewegung zuständig sind. Das Krank-heitsbild, bei dem Bewegung nur unter großen Schwierig-keiten oder gar nicht wahrgenommen wird, bezeichnet man als **Bewegungsblindheit**, **Bewegungsagnosie** oder **Akine-topsie**. Der berühmteste und sehr gut dokumentierte Fall von Akinetopsie ist der einer 43-jährigen Frau, die als L. M. bekannt wurde (Zihl et al., 1983, 1991).

Nach einem Schlaganfall hatte die Patientin die Fä-higkeit verloren, Bewegung wahrzunehmen, und war nicht mehr in der Lage, einfache Tätigkeiten auszuführen, z. B. eine Tasse Tee einzuschenken. Wie sie es beschrieb, „schien die Flüssigkeit gefroren zu sein, wie ein Gletscher". Da sie nicht erkennen konnte, wie sich die Tasse langsam

füllte, wusste sie nicht, wann sie mit dem Eingießen auf-hören musste. Ihr Zustand zog weitere, schwerwiegendere Probleme nach sich. Sie hatte Probleme, Gesprächen zu fol-gen, da sie die Bewegungen von Gesicht und Mund eines Sprechers nicht wahrnehmen konnte, Menschen tauchten unvermittelt auf oder verschwanden wieder, weil sie nicht sehen konnte, wie sie sich näherten oder entfernten. Das Überqueren einer Straße stellte sie vor ernsthafte Schwie-rigkeiten, da ein heranfahrendes Auto zunächst weit ent-fernt schien, dann aber urplötzlich in unmittelbarer Nähe auftauchen konnte. Ihre Behinderung war daher nicht nur eine Unannehmlichkeit bei der sozialen Interaktion, son-dern so gefährlich für sie, dass sie sich nur selten in die Welt der sich bewegenden – und potenziell gefährlichen – Objekte hinauswagte.

8.1 Funktionen der Bewegungswahrnehmung

Die Erfahrung von L. M. und den wenigen anderen Men-schen mit Akinetopsie zeigt, dass die Unfähigkeit, Bewe-gungen wahrzunehmen, ein großes Handicap ist. Schaut man sich genauer an, was die Bewegungswahrnehmung für uns leistet, zeigen sich eine ganze Reihe von Funktionen.

8.1.1 Erkennen von Reizen

Das Erkennen steht ganz oben auf der Liste, weil es über-lebenswichtig ist. Wir müssen Dinge erkennen können, die potenziell gefährlich sind, um ihnen aus dem Weg zu ge-hen. Stellen Sie sich vor, Sie lesen gerade ein Buch unter Ihrem Lieblingsbaum auf dem Campus und ein verirrter Baseball fliegt auf Sie zu. Reflexartig, ohne zu überlegen, blicken Sie von Ihrem Buch auf und weichen schnell dem Ball aus. Dies ist ein Beispiel für die in ▶ Abschn. 6.4.1 besprochene **Aufmerksamkeitsfesselung**, die unsere Auf-merksamkeit automatisch auf saliente Objekte lenkt. Be-wegung ist ein höchst salienter Aspekt der Umgebung und erregt daher unsere Aufmerksamkeit (Franconeri & Si-mons, 2003).

Die Bewegungswahrnehmung ist für Raubtiere extrem wichtig, denn durch Bewegung verrät sich ein Beutetier. Solange es unbewegt verharrt, ist es aufgrund seiner Tar-nung schwer zu sehen (◻ Abb. 8.1), wird aber sichtbar, wenn es sich bewegt. Einen ähnlichen Zweck erfüllt die Bewegung für die Beutetiere. Sie können sich nähernde Raubtiere sichten, sobald sich diese bewegen.

Oder nehmen wir ein Beispiel für eine weniger exis-tenzielle Funktion der Bewegungswahrnehmung: Stellen Sie sich vor, Sie versuchen, Ihren Freund unter den vie-len Gesichtern in einem Stadion auszumachen. Ihre Augen wandern über die Menge, und Ihnen wird schnell klar, dass Sie keine Ahnung haben, wohin Sie schauen müssen. Aber

Abb. 8.1 Selbst perfekt getarnte Tiere wie dieser **a** Blattschwanzgecko und die **b** Pygmäenseepferdchen würden sofort entdeckt werden, sobald sie sich bewegen. (a: © Pav-Pro Photography/stock.adobe.com; b: © Hans Gert Broeder/stock.adobe.com)

plötzlich sehen Sie jemanden winken und erkennen, dass es Ihr Freund ist. Die Erkennungsfunktion der Bewegungswahrnehmung kommt Ihnen zu Hilfe!

8.1.2 Wahrnehmen von Objekten

Bewegung hilft uns, Objekte auf verschiedene Weise wahrzunehmen. Wie sich jedoch in unserer Erläuterung des Problems des zweidimensionalen Netzhautbilds in ▶ Kap. 5 gezeigt hat, rufen alle Objekte in der Umwelt mehrdeutige Bilder auf der Retina hervor. Vor diesem Hintergrund wird deutlich, wie die Bewegung relativ zu einem Objekt dazu beitragen kann, einige seiner Merkmale zu erkennen, die bei statischer Beobachtung nicht sichtbar werden (Abb. 8.2a). Bewegt man sich beispielsweise um das „Pferd" in Abb. 8.2b herum, so wird erkennbar, dass seine Form nicht ganz das ist, was man aufgrund

der ursprünglichen Perspektive erwartet hätte. Somit liefert unsere Bewegung relativ zu Objekten ständig zusätzliche Informationen über diese Objekte, und – besonders wichtig in diesem Kapitel – auch die Bewegung der Objekte relativ zu uns bietet ähnliche Zusatzinformationen. Beobachter nehmen Formen schneller und genauer wahr, wenn ein Objekt in Bewegung ist (Wexler et al., 2001).

Bewegung hat auch eine Ordnungsfunktion, die kleinere Elemente zu größeren Einheiten zusammenfasst. Die Bewegung einzelner Vögel wird dann wahrgenommen, wenn die Vögel in einem Schwarm im Synchronflug vorbeiziehen. Wenn sich ein Mensch oder ein Tier bewegt, laufen die Bewegungen der einzelnen Körperteile – Arme, Beine und Rumpf – so koordiniert ab, dass sie eine besondere Art von Bewegung erzeugen, die man als biologische Bewegung bezeichnet, die wir später in diesem Kapitel besprechen werden.

Abb. 8.2 **a** Die Bewegung macht die Form und viele Eigenschaften dieses Autos sichtbar. **b** Bei diesem „Pferd" wird die wahre Gestalt erkennbar, wenn man um es herumläuft. (b: © Bruce Goldstein)

a

b

8.1.3 Verstehen von Ereignissen

Wenn wir beobachten, was um uns herum vor sich geht, beobachten wir normalerweise zeitliche Abläufe als eine Folge von Ereignissen. Schauen wir uns als Beispiel einmal Ereignisse an, die in einem Café ablaufen können. Sie beobachten, wie ein Mann das Lokal betritt, an der Theke stehen bleibt, sich kurz mit dem Barista unterhält, der nach hinten geht und mit einem Pappbecher mit Kaffee zurückkommt. Der Kunde drückt zum Verschließen den Deckel auf den Becher, bezahlt, wirft eine Münze in die Trinkgeldkasse, dreht sich um und verlässt das Café.

Diese Beschreibung gibt nur einen kleinen Teil all der Ereignisse wieder, die in der beobachteten Zeitspanne vorgehen. Und ähnlich wie wir einzelne Objekte in einer statischen Szene perzeptuell gliedern, können wir auch zeitliche Abläufe in eine Folge von Ereignissen gliedern, wobei ein **Ereignis** definiert ist als ein Vorgang, der in einem bestimmten Zeitintervall an einem bestimmten Ort mit einem beobachtbaren Anfang und Ende abläuft (Zacks & Tversky, 2001; Zacks et al., 2009). In unserem Café sind beispielsweise das Bestellen des Kaffees, das Ergreifen der Kaffeetasse, das Werfen des Wechselgelds in die Trinkgeldkasse oder das Verlassen des Cafés Ereignisse. Eine **Ereignisgrenze** ist durch den Zeitpunkt bestimmt, an dem ein Ereignis endet und ein neues Ereignis beginnt. Die Verbindung zwischen Bewegungs- und Ereigniswahrnehmung wird offensichtlich, wenn wir bedenken, dass Ereignisgrenzen häufig mit Veränderungen in der Art der Bewegung zusammenfallen. Beim Bestellen tritt ein anderes Bewegungsmuster auf als beim Annehmen des Pappbechers und so weiter.

Jeffrey Zacks et al. (2009) haben den Zusammenhang zwischen Ereignis- und Bewegungswahrnehmung gemessen, indem sie ihren Probanden Filme zum Bezahlen einer Rechnung oder zum Geschirrspülen zeigten und ihnen die Aufgabe stellten, einen Knopf zu drücken, sobald ihrem Eindruck nach eine bedeutungshaltige Handlungseinheit endet und eine neue beginnt (Newtson & Engquist, 1976; Zacks et al., 2001). Beim Vergleich der so bestimmten Ereignisgrenzen mit den Körperbewegungen der handelnden Person, die mit einem Bewegungstrackingsystem gemessen wurden, stellte Zacks fest, dass Ereignisgrenzen besonders häufig dann wahrgenommen wurden, wenn sich die Geschwindigkeit oder Beschleunigung der Hände des Akteurs veränderte. Aus den Ergebnissen bei diesem und anderen Experimenten schloss Zacks, dass die Bewegungswahrnehmung eine wichtige Rolle beim Aufteilen von Handlungen in bedeutungshaltige Ereignisse spielt.

8.1.4 Soziales Interagieren

Interaktionen mit anderen Menschen gehen mit Bewegung auf vielen Ebenen einher. Die Akinetopsie von L. M. erschwerte ihr die Interaktion mit anderen Menschen, denn sie konnte nicht erkennen, wer sprach, weil sie die Bewegung der Lippen nicht sehen konnte. Auf einer höheren Ebene nutzen wir Bewegungssignale, um die Absichten einer Person zu erkennen. Wenn Sie jemanden auf der anderen Straßenseite sehen, der mit den Armen fuchtelt, ruft er dann ein Taxi oder verscheucht er eine Fliege? Ein Experiment von Atesh Koul et al. (2019) zeigte, dass die Geschwindigkeit und das Timing der Bewegung helfen können, Fragen dieser Art zu beantworten. In ihrem Experiment sollten die Testpersonen eine Hand beobachten, die nach einer Flasche greift, mit der Absicht, entweder daraus zu trinken oder eine Tasse vollzuschenken. Sie wurden gebeten, „einschenken" oder „trinken" anzugeben. Als die Versuchsleiter die Bewegungsinformationen wie Geschwindigkeit und Bewegungsrichtung der Hand und die Art, wie die Hand zugriff, mit den Beurteilungen der Teilnehmer verglichen, stellten sie fest, dass die Teilnehmer diese Informationen benutzten, um zu entscheiden, warum die Hand nach der Tasse griff (siehe auch Cavallo et al., 2016).

Andere Experimente wiesen nach, dass Bewegungsmerkmale genutzt werden können, um Emotionen zu interpretieren (Melzer et al., 2019). Die Verbindung zwischen Bewegungsabsicht und Emotion ist so stark, dass sie geometrischen Objekten menschliche Eigenschaften verleihen kann.

Dies haben Fritz Heider und Marianne Simmel (1944) in einem berühmten Experiment gezeigt. Sie präsentierten einen 2,5-minütigen Animationsfilm und baten ihre Probanden zu beschreiben, was in dem Film passiert ist. Der Film handelte von einem „Haus" und 3 „Hauptfiguren" – 1 Punkt und 2 unterschiedlich großen Dreiecken (◘ Abb. 8.3). Diese 3 Figuren bewegten sich im Haus und seiner Umgebung und interagierten manchmal miteinander.

Obwohl es sich bei den 3 Figuren um geometrische Formen handelte, erfanden die Probanden Geschichten, um die Bewegungen als Handlungen zu erklären, wobei sie den Figuren menschenähnliche Eigenschaften und Persönlichkeiten zuwiesen. Beispielsweise wurden der Punkt und das kleine Dreieck als verliebtes Paar beschrieben, das allein im Haus bleiben wollte, aber von dem großen Dreieck (dem starken Mann) gestört wurde, als der ins Haus kam. Das kleine Dreieck mochte diese Einmischung gar nicht und griff das große Dreieck an. In anderen Studien haben Forscher gezeigt, wie solche einfachen Bewegungsszenarien Vorstellungen wie Lust, Schmeichelei, Verfolgung, Kampf, Spott, Furcht und Verführung erzeugen können (Abell et al., 2000; Barrett et al., 2005; Castelli et al., 2000; Csibra, 2008; Gao et al., 2009). Wer hätte gedacht, dass die Welt geometrischer Objekte so spannend ist?

Es ist schon eine tolle Sache, wenn man bewegten geometrischen Objekten soziales Handeln attestiert, aber richtig spannend wird es erst, wenn wir mit Menschen in sozialen Situationen interagieren. Es gibt in der zwischenmenschlichen Interaktion viele soziale Hinweisreize, dazu gehören Gesichtsausdruck, Sprache, Tonfall, Augenkontakt

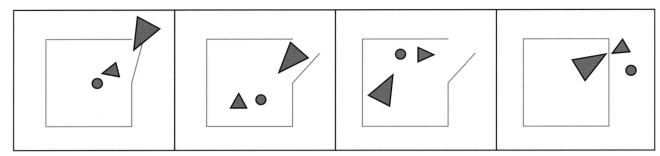

Abb. 8.3 Standbilder aus einem Animationsfilm ähnlich dem von Heider und Simmel (1944). Die Figuren bewegten sich innerhalb und außerhalb ihres „Hauses" und interagierten dabei einige Male. Die Art der Bewegungen bewirkten, dass die Betrachter des Films bei ihren Beschreibungen häufig Geschichten erfanden, in denen den Figuren Gefühle, Motivationen und Persönlichkeiten zugeschrieben wurden

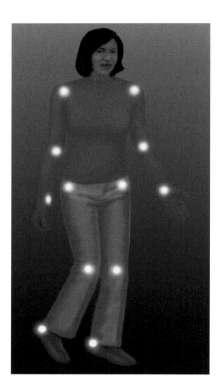

Abb. 8.4 Ein Lichtpunktläuferstimulus, bei dem an einer Person Lämpchen für ein Experiment zur Bewegung beim Gehen im Dunkeln angebracht werden. Im tatsächlichen Experiment ist der Raum vollständig dunkel, und nur die Lichter und ihre Bewegung sind zu sehen

und Körperhaltung. Die Forschung hat aber gezeigt, dass Bewegungen sogar dann soziale Informationen liefern können, wenn diese anderen Hinweise nicht vorhanden sind.

Laurie Centelles et al. (2013) nutzten z. B. eine Methode, die Bewegung des menschlichen Körpers über **Lichtpunktläufer** (point-light-walkers) darzustellen. Dabei werden kleine Lämpchen an den Gelenken einer Person angebracht (Johansson, 1973, 1975; Abb. 8.4) und dann die Muster gefilmt, die von den Lichtpunkten erzeugt werden, wenn die Personen im Dunkeln umhergehen oder andere Tätigkeiten ausführen. Wenn sich eine Person mit den Lämpchen bewegt, sehen die Beobachter eine „sich bewegende Person", ohne einen anderen Hinweisreiz, der in sozialen Situationen auftreten kann. Die Beobachter in Centelles' Experiment sahen den Reiz, der von 2 Personen mit Lämpchen unter 2 verschiedenen Voraussetzungen ausging:

1. Soziale Interaktion: Die Personen interagierten auf verschiedene Weise.
2. Keine soziale Interaktion: Die Personen waren nahe beieinander, agierten aber unabhängig voneinander.

Die Beobachter waren in der Lage anzugeben, ob die beiden Personen miteinander interagierten oder unabhängig voneinander handelten. Interessanterweise konnte eine Gruppe von Beobachtern mit Autismus-Spektrum-Störung, die dadurch gekennzeichnet ist, dass die Betroffenen Schwierigkeiten mit sozialen Interaktionen im realen Leben haben, weniger gut als die anderen Beobachter den Unterschied zwischen sozialen und nichtsozialen Beziehungen erkennen. Viele weitere Studien haben gezeigt, dass Bewegung Informationen liefert, die soziale Interaktionen erleichtern (Barrett et al., 2005; Koppensteiner, 2013).

8.1.5 Handeln

Unsere Diskussion in ▶ Kap. 7 über Handeln war voller Bewegung. Sich in unbekanntem Terrain zurechtzufinden oder über einen belebten Bürgersteig zu gehen, sind Beispiele dafür, wie unsere eigene Bewegung von unserer Bewegungswahrnehmung abhängt. Wir nehmen die ruhende Szene wahr, die an uns vorbeizieht, während wir über den Gehweg schlendern. Wir achten auf die Bewegungen anderer Menschen, um nicht mit ihnen zusammenzustoßen.

Auch beim Sport ist die Bewegungswahrnehmung von entscheidender Bedeutung. Das gilt für Sie als Zuschauer, wenn Sie beim Fußball einen Doppelpass verfolgen oder erleben, wie der Ball nach einer weit geschlagenen Flanke beim Mitspieler landet. Das gilt aber auch dann, wenn Sie selbst spielen.

Kommen wir zum Schluss noch einmal auf die Ketch-upflasche zurück, die wir in ▶ Kap. 7 besprochen haben (◧ Abb. 7.17). Jede Phase unseres Handelns – die Hand nach der Flasche auszustrecken, sie zu ergreifen, sie anzuheben – all das erzeugt eine Bewegung, die wir kontrollieren müssen, damit unser Ketchup auf den Burger kommt.

Aus der obigen Beschreibung geht hervor, dass die Wahrnehmung von Bewegung in unserem Leben auf vielen Ebenen eine Rolle spielt: Erkennen von Reizen, Wahrnehmen von Objekten, Verstehen von Ereignissen, soziales Interagieren mit anderen und Ausführen physischer Handlungen wie Gehen auf dem Bürgersteig, Sport schauen oder nach einer Flasche Ketchup greifen. Wir werden nun erfahren, wie Forscher die Bewegungswahrnehmung untersucht haben.

8.2 Untersuchung der Bewegungswahrnehmung

Eine zentrale Frage bei der wissenschaftlichen Untersuchung von Bewegungswahrnehmung ist, *wann wir überhaupt Bewegung wahrnehmen*.

8.2.1 Wann nehmen wir Bewegung wahr?

Die Antwort mag offensichtlich erscheinen: Wir nehmen Bewegung wahr, wenn sich etwas in unserem visuellen Feld bewegt. Dies ist ein Beispiel für **reale Bewegung**. Wenn wir ein Auto vorbeifahren sehen oder wahrnehmen, wie Fußgänger vorübergehen oder auch ein Insekt über den Tisch krabbelt, handelt es sich um reale Bewegung. Es gibt allerdings 3 Arten von Bewegungstäuschungen, d. h. Bewegungswahrnehmungen von Reizen, die sich nicht wirklich bewegen.

Die **Scheinbewegung** ist die bekannteste und am besten untersuchte Art der Bewegungstäuschung. Wir haben das Konzept der Scheinbewegung in ▶ Kap. 5 vorgestellt, als wir die Beobachtungen von Max Wertheimer beschrieben haben. Wertheimer hatte festgestellt, dass die Darbietung zweier statischer Stimuli, die im richtigen zeitlichen Abstand an leicht versetzten Positionen aufeinanderfolgen, die Wahrnehmung einer Bewegung zwischen diesen beiden Positionen hervorrufen kann (◧ Abb. 8.5a, siehe auch ◧ Abb. 5.12). Diese Wahrnehmung bezeichnet man als Scheinbewegung (auch *stroboskopische Bewegung* genannt), da tatsächlich keine (reale) Bewegung zwischen den beiden Stimuli stattfindet. Der Effekt der Scheinbewegung ist die Grundlage für die Bewegung, die wir in Filmen, im Fernsehen und auf elektronischen Laufschriften wahrnehmen (◧ Abb. 8.5b).

Induzierte Bewegung tritt auf, wenn die Bewegung eines (meist großen) Objekts die Wahrnehmung der Bewegung eines anderen Objekts induziert. Sie kennen diesen

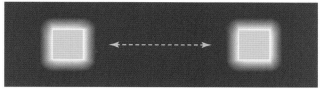

| a | Aufleuchten | dunkel | Aufleuchten |

b

◧ **Abb. 8.5** Scheinbewegung **a** zwischen 2 Lichtstimuli, die sich scheinbar vor- und zurückbewegen, wenn sie schnell nacheinander aufleuchten und **b** bei einem Textband einer Leuchtreklame. Die Bewegung der Worte scheint uns so offensichtlich, dass wir oft nicht mehr erkennen können, dass hier in Wirklichkeit bewegungslose Lichtpunkte aufleuchten und wieder dunkel werden. (© Bruce Goldstein)

Effekt, wenn Sie schon einmal gesehen haben, wie der Mond in einer stürmischen Nacht durch die Wolken zu rasen scheint. In Wirklichkeit steht der Mond still, doch die Bewegung der Wolken erweckt den Anschein, als würde sich der Mond bewegen. Die Bewegung eines großen Objekts (hier die Wolken, die einen großen Teil des Gesichtsfelds einnehmen) lässt das tatsächlich statische Objekt (Mond) bewegt erscheinen.

Bewegungsnacheffekte treten dann auf, wenn nach dem Betrachten eines bewegten Stimulus ein unmittelbar anschließend betrachteter statischer Stimulus sich in die entgegengesetzte Richtung zu bewegen scheint (Glasser et al., 2011). Ein Beispiel für den Bewegungsnacheffekt ist die sogenannte **Wasserfalltäuschung** (Addams, 1834; ◧ Abb. 8.6): Wenn Sie zuerst für 30–60 s einen Wasserfall betrachten (vergewissern Sie sich, dass er nur einen Teil Ihres Gesichtsfelds einnimmt) und dann einen statischen Teil der Szenerie, so scheint sich alles, was Sie sehen – Felsen, Bäume, Gras – für einige Sekunden nach oben zu bewegen. Wenn gerade kein Wasserfall verfügbar ist, können Sie vielleicht auch bei Ihrem nächsten Kinobesuch diese Illusion auslösen, indem Sie den Abspann am Ende des Films aufmerksam verfolgen und dann zur Seite blicken. Das funktioniert am besten, wenn Sie im Kino weiter hinten sitzen.

Forscher auf dem Gebiet der Bewegungswahrnehmung haben alle oben beschriebenen Arten der Wahrnehmung von Bewegung untersucht – und auch noch einige andere (Blaser & Sperling, 2008; Cavanagh, 2011). Unser Ziel hier ist jedoch nicht das Verstehen jeglicher Art von Bewegungswahrnehmung, sondern das Verstehen einiger allgemeiner Grundprinzipien, die der Bewegungswahrnehmung zugrunde liegen. Hierzu werden wir uns auf reale Bewegungen und Scheinbewegungen konzentrieren.

8.2.2 Reale Bewegungen und Scheinbewegungen im Vergleich

Viele Jahre lang betrachteten Forscher die durch kurz dargebotene statische Bilder erzeugte Scheinbewegung und die durch physikalische Ortsveränderung der Objekte erzeugte reale Bewegung als getrennte Phänomene, denen unterschiedliche Mechanismen zugrunde liegen. Jedoch gibt es zahlreiche Belege dafür, dass diese beiden Arten von Bewegung vieles gemeinsam haben. Beispielsweise präsentierten Axel Larsen et al. (2006) einer Versuchsperson 3 verschiedenartige Reize im fMRT-Scanner (fMRT = funktionelle Magnetresonanztomografie):

1. Als Kontrollbedingung wurden 2 gleichzeitig an verschiedenen Positionen aufleuchtende Quadrate gezeigt (◘ Abb. 8.7a).
2. Als reale Bewegung wurde 1 Quadrat gezeigt, das sich zwischen 2 Positionen hin- und herbewegte (◘ Abb. 8.7b).
3. Schließlich leuchteten bei der Scheinbewegung 2 Quadrate kurz nacheinander an 2 verschiedenen Positionen auf, sodass der Anschein einer Bewegung erzeugt wurde (◘ Abb. 8.7c).

◘ **Abb. 8.6** Ein Bild der Wasserfälle von Foyers in der Nähe von Loch Ness in Schottland, wo Robert Addams (1834) zum ersten Mal die Wasserfalltäuschung erlebt hat. Betrachtet man 30–60 s lang die Abwärtsbewegung des Wasserfalls, so kann das dazu führen, dass man unbewegte Objekte wie Felsen und Bäume, die sich seitlich vom Wasserfall befinden, so wahrnimmt, als würden sie sich nach oben bewegen. (© Alizada Studios/stock.adobe.com)

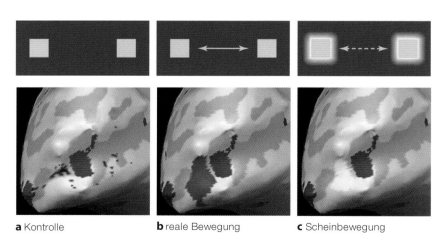

a Kontrolle   **b** reale Bewegung   **c** Scheinbewegung

◘ **Abb. 8.7** Drei Bedingungen im Experiment von Larsen et al. (2006). **a** Kontrollbedingung, bei der 2 Quadrate an verschiedenen Positionen gleichzeitig aufleuchteten. **b** Reale Bewegung, bei der sich 1 kleines Quadrat zwischen 2 Positionen hin- und herbewegte. **c** Scheinbewegung, bei der 2 Quadrate kurz hintereinander an 2 verschiedenen Positionen aufleuchteten. Die Stimuli sind jeweils oben gezeigt und die zugehörigen Aktivierungsmuster darunter. In **c** wird das Gehirn in einem Bereich aktiviert, der den Raum zwischen den Lichtpunkten repräsentiert, in dem Bewegung wahrgenommen wird, obwohl dort keine Stimuli präsentiert wurden. (Aus Larsen et al., 2006, © The MIT Press 2006)

Die Ergebnisse sind jeweils unter der Anzeige mit den 2 Quadraten wiedergegeben. Die blau hervorgehobene Gehirnregion in ◻ Abb. 8.7a gibt die Aktivierung durch den Kontrollstimulus mit 2 gleichzeitig aufleuchtenden Lichtpunkten wieder, die keine Bewegungswahrnehmung erzeugen. Jeder Lichtpunkt aktiviert einen anderen Bereich des Gehirns. In ◻ Abb. 8.7b verdeutlicht die rote Fläche den Kortexbereich, der durch die Bewegung des Lichtpunkts aktiviert wird. Und der gelbe Bereich in ◻ Abb. 8.7c wird bei der Scheinbewegung aktiviert. Die Aktivierung durch die Scheinbewegung gleicht also der durch echte Bewegung. Die beiden nacheinander aufleuchtenden Lichtpunkte aktivieren einen Bereich des Gehirns, der den Raum zwischen ihren beiden Positionen repräsentiert, obwohl kein Lichtpunkt am korrespondierenden Ort dargeboten wurde.

Wegen der Ähnlichkeit der neuronalen Aktivierungsmuster, die reale Bewegungen und Scheinbewegungen auslösen, werden beide Bewegungstypen gemeinsam untersucht, um allgemeine Grundmechanismen zu finden, die in beiden Fällen wirksam sind. Diesem Ansatz wollen wir in diesem Kapitel folgen, weil es um die Grundmechanismen der Bewegungswahrnehmung geht. Wir beginnen mit der Beschreibung von 2 Situationen aus dem realen Leben, in denen wir Bewegung wahrnehmen.

8.2.3 Zwei Situationen aus dem realen Leben, die wir erklären wollen

◻ Abb. 8.8a zeigt eine Situation, in der Jeremy von links nach rechts geht und Maria Jeremys Bewegung mit den Augen folgt. In diesem Fall bleibt Jeremys Abbild auf Marias Retina statisch, obwohl Maria Jeremys Bewegung wahrnimmt. Demzufolge kann die Bewegungswahrnehmung bei einem Objekt nicht einfach nur damit erklärt werden, dass sich das Bild dieses Objekts auf der Retina bewegt.

◻ Abb. 8.8b zeigt eine Situation, in der Maria geradeaus schaut, als Jeremy vorbeigeht. Da Maria ihre Augen nicht bewegt, bewegt sich das Bild von Jeremy über Marias Retina. Die Erklärung dieser Bewegungswahrnehmung ergibt sich in diesem Fall einfach aus der Verschiebung des Bilds von Jeremy über Marias Netzhaut hinweg, das dabei nacheinander verschiedene Rezeptoren stimuliert und so Jeremys Bewegung signalisiert.

Im Folgenden werden wir verschiedene Ansätze zur Erklärung der Bewegungswahrnehmung betrachten, und zwar
1. die Situation, wenn das Auge sich bewegt, um einem sich bewegenden Objekt zu folgen (◻ Abb. 8.8a), und
2. die Situation, wenn das Auge sich nicht bewegt, jedoch ein Objekt sich über das Gesichtsfeld bewegt (◻ Abb. 8.8b).

Wir beginnen dabei mit einem Konzept, das auf dem ökologischen Ansatz in der visuellen Wahrnehmung von J. J. Gibson beruht, den wir in ▶ Abschn. 7.1 beschrieben haben.

8.3 Der ökologische Ansatz in der Bewegungswahrnehmung

Gibson (1950, 1966, 1979), dessen Ansatz wir in ▶ Kap. 7 eingeführt haben, versuchte herauszufinden, welche Informationen aus der Umgebung bei der Wahrnehmung genutzt werden können (▶ Abschn. 7.1). Er betrachtete die Informationen in der Umwelt als **optisches Feld** – dies ist die Struktur, die durch Oberflächen, Texturen und Konturen in der Umwelt entsteht – und konzentrierte sich darauf, wie Bewegungen des Beobachters das optische Feld verändern. Schauen wir uns an, wie das im Fall von Jeremy und Maria in ◻ Abb. 8.8 funktioniert.

Während Jeremy von links nach rechts läuft (◻ Abb. 8.8a) und Maria ihm mit den Augen folgt, werden durch seine Bewegung nacheinander verschiedene Teile des optischen Felds verdeckt und wieder aufgedeckt. Das Ergebnis wird als **lokale Störung des optischen Felds** bezeichnet. Diese lokale Störung tritt auf, wenn ein Objekt, hier Jeremy, sich relativ zur Umgebung bewegt und dabei den statischen Hintergrund zu- und aufdeckt. Dies führt dazu, dass Maria Jeremys Bewegung wahrnimmt, obwohl das Bild von ihm auf der Netzhaut statisch bleibt.

Wenn Maria in ◻ Abb. 8.8b ohne Bewegung ihrer Augen geradeaus blickt, als Jeremy vorbeigeht, bewegt sich das Bild von Jeremy über ihre Retina. Aber für Gibson ist das Entscheidende für die Bewegung, dass die lokale Bewegungsinformation im optischen Feld die gleiche ist, als wenn Maria ohne Bewegung ihrer Augen geradeaus blickt. Ob Maria nun Jeremy mit den Augen folgt oder nicht, die lokalen Veränderungen der Umgebungsinformation sind der Hinweis, dass Jeremy sich bewegt.

Der Ansatz von Gibson erklärt nicht nur, warum Maria in den unter ◻ Abb. 8.8a und 8.8b beschriebenen Situationen Bewegungen wahrnimmt, sondern auch, warum sie keine Bewegung wahrnimmt, wenn sie ihre Augen über die statische Szene bewegt. Während sich Marias Augen nämlich von links nach rechts bewegen, bewegt sich alles um sie herum – Wand, Fenster, Papierkorb, Uhr und Möbel – auf die linke Seite ihres Gesichtsfelds (◻ Abb. 8.8c). Die Tatsache, dass sich entsprechend der Augenbewegung das optische Feld als Ganzes bewegt, wird als **globaler optischer Fluss** bezeichnet. Dieser globale optische Fluss signalisiert, dass die Umwelt sich nicht bewegt, der Beobachter jedoch bewegt sich, entweder mit einer Körper- oder mit einer Augenbewegung, wie in diesem Beispiel. Somit wird nach Gibson Bewegung wahrgenommen, wenn ein Teil der visuellen Szene sich relativ zur Gesamtszene bewegt; und wenn sich das optische Feld als Ganzes bewegt oder ruht, wird keine Bewegung wahrgenommen. Diese Erklärung ist zwar plausibel, doch wir werden im nächsten Abschnitt sehen, dass auch andere Informationsquellen zu berücksichtigen sind, um richtig zu verstehen, wie wir Bewegung in unserer Umgebung wahrnehmen.

■ **Abb. 8.8** Drei Bewegungssituationen. **a** Maria folgt Jeremys Bewegung mit den Augen. **b** Maria steht und blickt geradeaus, während Jeremy vor ihr vorbeigeht. **c** Maria bewegt ihre Augen von links nach rechts

a Jeremy geht an Maria vorbei, während Maria geradeaus schaut (dies verursacht lokale Störung im optischen Feld)

b Jeremy geht an Maria vorbei, während Maria ihm mit den Augen folgt (dies verursacht lokale Störung im optischen Feld)

c Maria sucht den Raum mit den Augen von links nach rechts ab (dies verursacht einen globalen o ptischen Fluss nach links)

8.4 Reafferenzprinzip und Bewegungswahrnehmung

Während Gibsons ökologischer Ansatz die Informationen aus der Umgebung in den Mittelpunkt stellt, erklärt ein anderer Ansatz die Bewegungswahrnehmungen in ■ Abb. 8.8 anhand der neuronalen Signale, die vom Auge zum Gehirn laufen. Dies führt uns wieder zur **Efferenzkopie** zurück, die wir in ► Abschn. 6.3.2 eingeführt haben, um zu erklären, warum wir eine Szene nicht verschwommen sehen, wenn wir unsere Augen bewegen, um die Szene zu erfassen. Wir werden nun untersuchen, wie das Reafferenzprinzip bei der Bewegungswahrnehmung ins Spiel kommt.

Wie wir in ► Kap. 6 festgestellt haben, werden nach dem **Reafferenzprinzip** 3 Signale unterschieden:
1. Das Signal für eine **retinale Bildverschiebung (SRB)**, das entsteht, wenn ein Bild sich über die Netzhaut bewegt
2. Das **motorische Signal**, das vom motorischen Bereich an die Augenmuskeln gesendet wird und dazu führt, dass sich das Auge bewegt
3. Die **Efferenzkopie**, die eine Kopie des motorischen Signals ist

Nach dem Reafferenzprinzip wird eine Bewegung wahrgenommen, wenn im Gehirn eine Struktur namens **Komparator** (tatsächlich handelt es sich um mehrere Gehirnstrukturen) genau ein Signal erhält – entweder das SRB oder die Efferenzkopie. Wenn aber beide Signale gleichzeitig den Komparator erreichen und sich vollständig aufheben, dann wird keine Bewegung wahrgenommen. Das sollten wir im Hinterkopf behalten, wenn wir uns nun ansehen, wie das Reafferenzprinzip die Wahrnehmung in den 3 verschiedenen Bewegungssituationen (�“ Abb. 8.8) erklären würde.

◘ Abb. 8.9a zeigt, welche Signale auftreten, wenn Maria Jeremy mit den Augen folgt. Es gibt eine Efferenzkopie, denn Maria bewegt ihre Augen. Es gibt jedoch kein SRB, denn das Bild von Jeremy bleibt auf Marias Netzhaut an der gleichen Stelle. Der Komparator empfängt also nur ein Signal, und Maria nimmt Jeremys Bewegung wahr.

◘ Abb. 8.9b zeigt die Situation, wie Jeremy durch Marias Blickfeld läuft, ohne dass sie ihre Augen bewegt. Es gibt ein SRB, weil sich Jeremys Bild über Marias Netzhaut bewegt, es gibt aber keine Efferenzkopie, weil sich Marias Augen nicht bewegen. Da nur ein Signal den Komparator erreicht, wird eine Bewegung wahrgenommen.

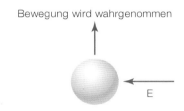

a Auge folgt dem bewegten Reiz

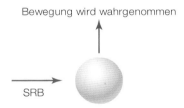

b Auge statisch; Reiz bewegt sich

c Auge bewegt sich über statische Szene

◘ **Abb. 8.9** Modell des Reafferenzprinzips. **a** Wenn nur die Efferenzkopie (*E*) den Komparator erreicht, wird Bewegung wahrgenommen. **b** Wenn nur das Signal für eine retinale Bildverschiebung (SRB) das Gehirn erreicht, wird ebenfalls Bewegung wahrgenommen. **c** Wenn E und SRB zusammen den Komparator erreichen und sich gegenseitig aufheben, wird keine Bewegung wahrgenommen

◘ Abb. 8.9c zeigt die Situation, bei der Marias Augen den Raum absuchen. Es gibt eine Efferenzkopie, weil sich ihre Augen bewegen, und es gibt ein SRB, weil sich das Bild über ihre Netzhaut bewegt. Beide Signale erreichen den Komparator und heben sich gegenseitig auf. Es wird keine Bewegung wahrgenommen. (Etwas zum Nachdenken: Wie ließe sich diese Vorstellung von der Efferenzkopie auf die Situation in ▶ Abschn. 6.3.2 ◘ Abb. 6.10] anwenden, in der die Frage behandelt wird, warum Menschen kein verschwommenes Bild sehen, wenn das Auge vom Finger zum Ohr wandert?)

Diese Situation wurde auch von einem physiologischen Ansatz aus untersucht, indem man den Schwerpunkt darauf legte, wie das bewegte Bild nacheinander die Rezeptoren auf der Netzhaut stimuliert. Wir werden diesen Ansatz nun erläutern und dabei zunächst einen neuronalen Schaltkreis, den sogenannten Reichardt-Detektor vorstellen.

Übungsfragen 8.1

1. Beschreiben Sie 5 unterschiedliche Funktionen der Bewegungswahrnehmung.
2. Was ist ein Ereignis? Welche Beweise gibt es dafür, dass Bewegung hilft, Ereignisgrenzen zu lokalisieren? Welche Beziehung besteht zwischen Ereignissen und unserer Fähigkeit, vorherzusagen, was als Nächstes passieren wird?
3. Beschreiben Sie 4 unterschiedliche Situationen, in denen Bewegungswahrnehmung auftreten kann. Welche dieser Situationen sind reale Bewegungen und welche führen zu Bewegungstäuschungen?
4. Nennen Sie einige Belege dafür, dass reale Bewegungen und Scheinbewegungen ähnliche neuronale Antworten auslösen.
5. Beschreiben Sie Gibsons ökologischen Ansatz für die Bewegungswahrnehmung. Welchen Vorteil bietet dieser Ansatz? Führen Sie aus, wie dieser Ansatz die Situationen in ◘ Abb. 8.8 erklärt.
6. Beschreiben Sie, wie das Reafferenzprinzip die Bewegungswahrnehmung erklärt, die sich in ◘ Abb. 8.8a und 8.8b feststellen lässt.

8.5 Der Reichardt-Detektor

Wir werden nun die Bewegungswahrnehmung erklären, die in ◘ Abb. 8.9b auftritt, wenn die Bewegung von einem unbewegten Auge gesehen wird. Dazu nutzen wir den neuronalen Schaltkreis in ◘ Abb. 8.10, der von Werner Reichardt (1961, 1987) vorgeschlagen wurde und den man inzwischen als **Reichardt-Detektor** bezeichnet.

Der Schaltkreis des Reichardt-Detektors besteht aus den beiden Neuronen A und B, die ihre Signale an eine Ausgabeeinheit senden. Die **Ausgabeeinheit** vergleicht

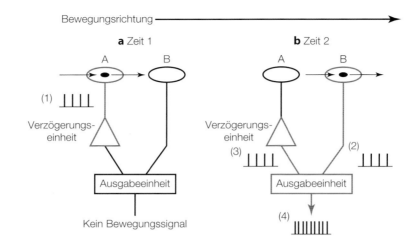

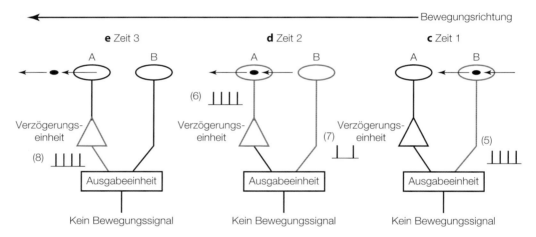

Abb. 8.10 Der Reichardt-Detektor. Aktivierte Strukturen sind rot gekennzeichnet. Die Ausgabeeinheit erzeugt nur dann ein Signal, wenn die Signale von A und B gleichzeitig bei ihr eintreffen. *Oben*: Die Bewegung nach rechts löst ein Signal von der Ausgabeeinheit aus. *Unten*: Die Bewegung nach links löst kein Signal aus (Erläuterung siehe Text)

die Signale von Neuron A und B. Entscheidend für die Schaltung ist die **Verzögerungseinheit**, die die Signale von A auf dem Weg zur Ausgabeeinheit verlangsamt. Die Ausgabeeinheit hat zudem eine wichtige Eigenschaft: Sie multipliziert die Antworten von A und B, um das Bewegungssignal zu erzeugen, das zur Wahrnehmung der Bewegung führt.

Betrachten wir nun, wie dieser Schaltkreis antwortet, wenn Jeremy, dessen Position durch den roten Punkt gekennzeichnet ist, sich von links nach rechts bewegt. Wenn Jeremy sich wie in Abb. 8.10a von links nähert, wird zuerst Neuron A aktiviert. Dies wird durch die Signale („Spikes") in Datensatz 1 dargestellt. Diese Reaktion bewegt sich in Richtung Ausgabeeinheit, wird aber durch die Verzögerungseinheit verlangsamt. Während dieser Verzögerung bewegt sich Jeremy weiter und stimuliert das Neuron B (Abb. 8.10b), das ebenfalls ein Signal an die Ausgabeeinheit sendet (Datensatz 2). Wenn das Timing richtig ist, erreicht das verzögerte Signal von A (Datensatz 3) die Ausgabeeinheit genau dann, wenn das Signal von B (Datensatz 2) eintrifft. Da die Ausgabeeinheit die Antworten von A und B multipliziert, entsteht ein starkes Bewegungssignal (Datensatz 4). Wenn Jeremy sich also mit der richtigen Geschwindigkeit von links nach rechts bewegt, ist ausreichend Signal vorhanden, und Maria nimmt Jeremys Bewegung wahr.

Eine wichtige Eigenschaft des in Abb. 8.10 dargestellten Schaltkreises besteht darin, dass ein Bewegungssignal als Antwort auf eine Bewegung von links nach rechts erzeugt wird, jedoch kein Signal auf eine Bewegung von rechts nach links. Warum das so ist, verstehen wir, wenn wir uns anschauen, was passiert, wenn Jeremy von rechts nach links geht. Wenn er sich von rechts nähert (Abb. 8.10c), aktiviert Jeremy zuerst das Neuron B, das seine Signale direkt an die Ausgabeeinheit (Datensatz 5) sendet. Jeremy bewegt sich weiter und aktiviert Neuron A (Abb. 8.10d), das ein Signal erzeugt (Datensatz 6). Zu diesem Zeitpunkt ist die Antwort von B schwächer geworden, weil B nicht mehr stimuliert wird (Datensatz 7), und als die Antwort von A schließlich die Verzögerungseinheit durchläuft und die Ausgabeeinheit erreicht, ist die Reaktion von B bereits auf null gesunken (● Abb. 8.10e). Wenn die Ausgabeeinheit das verzögerte Signal von Neuron A mit dem Nullsignal von Neuron B multipliziert, ist das Ergebnis gleich null, sodass kein Bewegungssignal erzeugt wird.

Kompliziertere Versionen dieses Schaltkreises, die bei Amphibien, Nagetieren, Primaten und Menschen entdeckt wurden (Borst & Egelhaaf, 1989), schaffen richtungssensitive Neuronen, die nur in eine bestimmte Bewegungsrichtung feuern. Das visuelle System enthält viele solcher Schaltkreise, die jeweils auf eine andere Bewegungsrichtung abgestimmt sind. Im Zusammenspiel können sie Signale erzeugen, die die Bewegungsrichtung im gesamten Gesichtsfeld anzeigen.

8.6 Reaktionen einzelner Neuronen auf Bewegung

Der Reichardt-Detektor ist ein neuronaler Schaltkreis, der auf Bewegungen in eine bestimmte Richtung reagiert. Solche richtungsselektiven Neuronen wurden in der Netzhaut des Kaninchens durch Horace Barlow et al. (1964) und von Neuronen im visuellen Kortex der Katze durch David Hubel und Thorsten Wiesel (1959, 1965) abgeleitet. Die bewegungserkennenden Neuronen von Hubel und Wiesel sind die in ▶ Abschn. 4.1.2 beschriebenen komplexen Zellen, die auf Bewegungen in eine bestimmte Richtung reagieren.

Der visuelle Kortex ist zwar wichtig für die Bewegungswahrnehmung, er ist jedoch nur die erste Region in einer Reihe von vielen Hirnarealen, die daran beteiligt sind (Cheong et al., 2012; Gilaie-Dotan et al., 2013). Wir werden uns hier auf das Areal im mittleren temporalen Kortex (kurz MT-Areal; ● Abb. 7.18) konzentrieren, in dem es viele richtungssensitive Zellen gibt. Es gibt Hinweise darauf,

dass dieses kortikale MT-Areal auf die Verarbeitung von Bewegungsinformation spezialisiert ist, wie sie bei Experimenten mit bewegten Punktmustern geliefert wird, bei denen die Bewegungsrichtungen einzelner Punkte variiert werden können.

8.6.1 Experimente mit dynamischen Punktmustern

● Abb. 8.11a illustriert ein solches dynamisches Punktmuster, bei dem sich Punkte in einem Feld alle in zufällige Richtungen bewegen. William Newsome et al. (1995) verwendeten den Begriff der **Kohärenz** als prozentuales Maß für dieselbe Bewegungsrichtung der Punkte des Musters. Wenn sich alle Punkte in zufällige Richtungen bewegen, beträgt die Kohärenz null. ● Abb. 8.11b gibt eine Kohärenz von 50 % wieder, wobei die Punkte gleicher Richtung dunkel hervorgehoben sind. ● Abb. 8.11c stellt eine Kohärenz von 100 % dar, da sich alle Punkte in dieselbe Richtung bewegen.

Newsome et al. (1995) verwendeten diese dynamischen Punktmuster, um das Verhältnis zu bestimmen, das zwischen der Fähigkeit eines Affen besteht, die Bewegungsrichtung der Punkte zu beurteilen, und der Antwort eines Neurons im MT-Areal in Kortex des Affen. Sie fanden heraus, dass bei zunehmender Kohärenz der Punktmuster (1) das MT-Neuron stärker feuerte und (2) der Affe die Bewegungsrichtung mit größerer Genauigkeit beurteilte. Tatsächlich hingen das Feuern des MT-Neurons und das Verhalten des Affen so eng zusammen, dass die Forscher das eine aus dem anderen vorhersagen konnten. Wenn die Kohärenz der Punkte beispielsweise 0,8 % betrug, unterschied sich die Antwort des MT-Neurons in allen Durchgängen nicht nennenswert von seiner Spontanaktivität, und der Affe konnte die Bewegungsrichtung nur mit

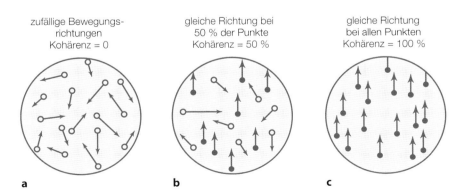

zufällige Bewegungsrichtungen
Kohärenz = 0

gleiche Richtung bei
50 % der Punkte
Kohärenz = 50 %

gleiche Richtung
bei allen Punkten
Kohärenz = 100 %

a   b   c

● **Abb. 8.11** Die dynamischen Punktmuster der Experimente von Britten et al. (1992). Diese Muster stellen computererzeugte Reize aus bewegten Punkten dar. Jeder Punkt taucht für eine kurze Zeitspanne von 20–30 ms auf, dann verschwindet er und wird durch einen anderen zufällig positionierten Punkt ersetzt. Der prozentuale Anteil von Punkten, die sich in dieselbe Richtung bewegen, entspricht der Kohärenz. **a** Kohärenz = 0, **b** Kohärenz = 50 %, **c** Kohärenz = 100 %. (Aus Britten et al., 1992; © 1992 by Society for Neuroscience)

Abb. 8.12 Der Wahrnehmungsprozess aus ▶ Kap. 1 (■ Abb. 1.11). Newsome untersuchte die Beziehung C zwischen Physiologie und Wahrnehmung, indem er gleichzeitig das Antwortverhalten von Neuronen und die Wahrnehmung des Affen maß. Andere Untersuchungen, die wir besprochen haben, haben die Beziehung A zwischen Reiz und Wahrnehmung gemessen (wenn z. B. das Aufblinken von 2 Punkten eine scheinbare Bewegung erzeugt) und die Beziehung B zwischen Reiz und Physiologie (wenn z. B. ein bewegter Balken ein kortikales Neuron zum Feuern bringt)

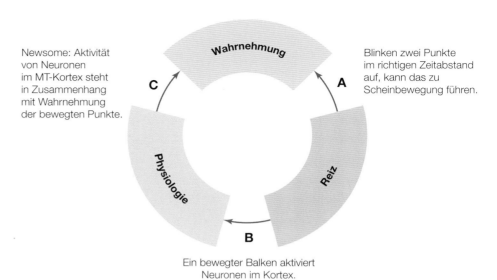

Newsome: Aktivität von Neuronen im MT-Kortex steht in Zusammenhang mit Wahrnehmung der bewegten Punkte.

Blinken zwei Punkte im richtigen Zeitabstand auf, kann das zu Scheinbewegung führen.

Ein bewegter Balken aktiviert Neuronen im Kortex.

der Ratewahrscheinlichkeit richtig beurteilen. Wurde allerdings die Kohärenz erhöht, steigerte sich auch die Fähigkeit des Affen, die Bewegungsrichtung zu erkennen. Bei einer Kohärenz von 12,5 % – in einem Muster mit 200 Punkten bewegten sich 25 in dieselbe Richtung – feuerte das MT-Neuron jedoch stets öfter als bei reiner Spontanaktivität, und der Affe beurteilte die Bewegungsrichtung in praktisch jedem Durchgang korrekt.

Das Experiment von Newsome weist eine Beziehung zwischen der Bewegungswahrnehmung des Affen und dem neuronalen Feuern in seinem MT-Kortex nach. Das Bemerkenswerte an Newsomes Experiment ist, dass er die Wahrnehmung und die neuronale Aktivität bei denselben Affen gemessen hat. Kehren wir noch einmal zurück zu dem Wahrnehmungsprozess, den wir in ▶ Kap. 1 (■ Abb. 1.11) eingeführt haben. Er ist in ■ Abb. 8.12 erneut dargestellt. Wir können jetzt feststellen, dass Newsome in seinem Versuch die Beziehung C gemessen hat: die Beziehung zwischen Physiologie und Wahrnehmung. Wir können uns die Bedeutung von Newsomes Experimenten klarmachen, indem wir die 3 Grundbeziehungen in ■ Abb. 8.12 genauer betrachten: Die gleichzeitige Messung von Physiologie und Wahrnehmung in einem Organismus vervollständigt unser Dreieck der Wahrnehmungsprozesse, das auch die Beziehung A zwischen Stimulus und Wahrnehmung, d. h. in welchem Zusammenhang die Bewegung der Reize und unsere Wahrnehmung stehen, und die Beziehung B zwischen Stimulus und Physiologie, d. h. in welchem Zusammenhang die Bewegung der Reize und das Feuern der Neuronen stehen, beinhaltet. Alle 3 Beziehungen sind wichtig für das Verständnis der Bewegungswahrnehmung, Newsomes Demonstration ist jedoch besonders bemerkenswert, weil es schwierig ist, gleichzeitig die Wahrnehmung und die Physiologie zu messen. Diese Beziehung ist auch nachgewiesen worden durch

1. Läsionen (Zerstören) oder Deaktivieren von Teilen oder des gesamten MT-Kortex und
2. elektrische Stimulierung von Neuronen im MT-Kortex.

8.6.2 Läsionen des MT-Kortex

Ein Affe mit intaktem MT-Kortex kann die Richtung bewegter Punktmuster bereits bei geringer Kohärenz von 2–5 % richtig wahrnehmen. Aber nach einer Läsion des MT-Kortex kann er erst bei einer deutlich höheren Kohärenz von 10–20 % die Bewegungsrichtung erkennen (Newsome & Paré, 1988; vgl. auch Movshon & Newsome, 1992; Newsome et al., 1995; Pasternak & Merigan, 1994).

8.6.3 Deaktivierung des MT-Kortex

Weitere Beweise für die Verbindung zwischen Neuronen im MT-Kortex und der Bewegungswahrnehmung lieferten Experimente mit menschlichen Teilnehmern, bei denen eine **transkranielle Magnetstimulation** (TMS) eingesetzt wurde, die die normale Funktion von Neuronen vorübergehend unterbricht (Methode 8.1).

Als die Forscher die TMS am MT-Kortex anwandten, hatten die Versuchspersonen Schwierigkeiten, die Richtung zu bestimmen, in die sich ein Punktemuster bewegte (Beckers & Homberg, 1992). Diese Wirkung war zwar von kurzer Dauer, aber es zeigte sich bei diesen Testpersonen eine Art Akinetopsie, ähnlich wie bei der in diesem Kapitel beschriebenen Patientin L. M.

Transkranielle Magnetstimulation (TMS)

Eine Möglichkeit zu untersuchen, ob ein bestimmter Gehirnbereich bei einer bestimmten Funktion eine Rolle spielt, besteht darin, diese Gehirnstruktur zu entfernen, wie oben für den MT-Kortex von Affen beschrieben. Es ist möglich, beim Menschen ein bestimmtes Gehirnareal vorübergehend außer Funktion zu setzen, indem man die jeweilige Struktur einem starken magnetischen Wechselfeld aussetzt, das von stromdurchflossenen Spulen außerhalb des Kopfs induziert wird (◘ Abb. 8.13). Wenn dieses Feld in Form elektromagnetischer Pulsfolgen für einige Sekunden auf ein bestimmtes Areal trifft, wird dessen Funktion für einige Sekunden oder Minuten gestört. Führt diese Störung zu einer Beeinträchtigung bei einem spezifischen Verhalten, so kann man daraus schließen, dass dieses Areal an dem entsprechenden Verhalten beteiligt ist.

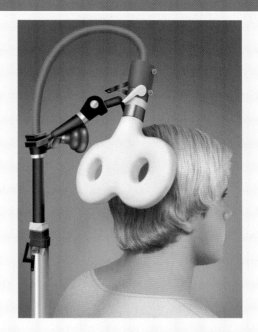

◘ **Abb. 8.13** Eine TMS-Spule ist am Hinterkopf positioniert, um dort ein magnetisches Feld zu erzeugen

8.6.4 Stimulierung des MT-Kortex

Der Zusammenhang zwischen MT-Kortex und Bewegungswahrnehmung wurde nicht nur erforscht, indem man die normale neuronale Aktivität unterbrach, sondern auch, indem man die Aktivität der Neuronen mit der Methode der *Mikrostimulation* (Methode 8.2) verstärkte.

Mikrostimulation

Zur Mikrostimulation wird eine sehr feine Elektrode in den Kortex eingeführt und ein schwacher elektrischer Strom durch die Elektrodenspitze ins Gewebe geleitet. Dieser winzige Elektroschock stimuliert Neuronen, die sich in unmittelbarer Nähe der Spitze befinden, und bewirkt, dass sie feuern – so als würden sie durch chemische Neurotransmitter stimuliert, die von anderen Neuronen an ihren Synapsen beim Eintreffen elektrischer Signale ausgeschüttet werden. Nachdem man also Neuronen lokalisiert hatte, die in Einzelzellableitung auf bestimmte Reize ansprachen (► Abschn. 2.1.1), kann man nun Mikrostimulationstechniken einsetzen, um diese Neuronen sogar dann zu stimulieren, wenn die Reize gar nicht visuell dargeboten werden.

William Newsome und Kollegen (Salzman et al. 1990) wandten die Mikrostimulation in einem Experiment an, bei dem ein Affe während der Mikrostimulation bewegte Punktmuster vor sich sah und deren Bewegungsrichtung anzeigte. Die Punkte bewegten sich dabei mit einer gewissen Kohärenz entweder in die Richtung, die von den mikrostimulierten Neuronen bevorzugt wurde, oder aber in die Gegenrichtung. In ◘ Abb. 8.14a bewegen sich die Punkte ganz zufällig, also mit 0 % Kohärenz, und solange keine Mikrostimulation gegeben wird, gab der Affe in diesem Fall in 50 % der Durchgänge die Vorzugsrichtung und in 50 % der Fälle die entgegengesetzte Richtung an. Wenn jedoch, wie in ◘ Abb. 8.14b gezeigt, eine Säule von MT-Neuronen stimuliert wurde, die besonders auf Bewegungen nach rechts anspricht, verhielt sich der Affe beim Anzeigen der Richtung so, als würde sich ein Teil der Punkte nach rechts bewegen. Dass Newsome und Kollegen die Richtungswahrnehmung des Affen durch Mikrostimulation verschieben konnten, belegt den Zusammenhang zwischen MT-Neuronen und Bewegungswahrnehmung nachdrücklich.

Neben dem MT-Kortex ist ein weiteres Areal des Kortex bei der Wahrnehmung von Bewegung entscheidend beteiligt: der mediale superiore temporale Kortex, kurz MST-Kortex. Das kortikale MST-Areal ist an den Augenbewegungen beteiligt und daher besonders wichtig für die räumliche Bestimmung eines sich bewegenden Objekts.

a ohne Stimulation

b mit Stimulation

◨ Abb. 8.14 a Ein Affe beurteilt die wahrgenommene Bewegung der sich zufällig bewegenden Punkte ohne Mikrostimulation. Es zeigt sich keine Richtungspräferenz. **b** Wenn gleichzeitig Neuronen elektrisch gereizt werden, die bevorzugt auf nach rechts gerichtete Bewegungen spezialisiert sind, zeigt der Affe für den gleichen zufälligen Reiz eine wahrgenommene Bewegung nach rechts an

Die Fähigkeit eines Affen, nach einem sich bewegenden Objekt zu greifen, wird z. B. sowohl durch Mikrostimulation als auch durch Läsion des MST-Areals beeinflusst (Ilg, 2008).

8.7 Über die Reaktionen einzelner Neuronen auf Bewegung hinaus

Wir haben eine Reihe von Forschungsarbeiten beschrieben, in denen untersucht wurde, wie einzelne Neuronen auf Bewegung feuern. So wichtig diese Studien auch sind, allein der Nachweis, dass ein bestimmtes Neuron auf Bewegung reagiert, erklärt nicht, wie wir Bewegung im wirklichen Leben wahrnehmen. Warum das so ist, wird deutlich, wenn

man bedenkt, wie mehrdeutig Bewegung sein kann, wenn einzelne Neuronen sie signalisieren, und wie sehr Bewegung von dem abweichen kann, was wir wahrnehmen (Park & Tadin, 2018). Schauen wir uns z. B. an, wie ein einzelnes richtungsselektives Neuron auf die Bewegung einer senkrecht gehaltenen Stange wie in ◨ Abb. 8.15a reagieren würde.

Wir konzentrieren uns dabei auf die Mitte der Stange, die im Wesentlichen einem senkrechten Stab entspricht. Die Ellipse kennzeichnet das rezeptive Feld eines Neurons im Kortex, das antwortet, wenn sich ein senkrechter Stab durch sein rezeptives Feld nach rechts bewegt. ◨ Abb. 8.15a zeigt, wie die Stange am linken Rand des rezeptiven Felds erscheint. Die Stange bewegt sich dann nach rechts über das rezeptive Feld des Neurons hinweg (roter Pfeil), und das Neuron feuert.

Aber was passiert, wenn wie in ◨ Abb. 8.15b die Fahnenträgerin eine Treppe hinaufsteigt? Jetzt bewegt sich die Stange schräg nach rechts oben (blaue Pfeile). Wir können das feststellen, weil wir die Frau, die Fahne und die Enden der Stange sehen können, aber das Neuron kann die Bewegung nur durch das begrenzte rezeptive Feld sehen und bekommt deshalb lediglich die Information über die Bewegung nach rechts (rote Pfeile). Dies wird als das **Aperturproblem** bezeichnet, weil das rezeptive Feld des Neurons wie eine Blende funktioniert, die nur einen kleinen Teil der Szene freigibt.

8.7.1 Das Aperturproblem

Anhand der folgenden Demonstration können Sie sehen, warum das Neuron nur Informationen über eine Bewegung des Balkens nach rechts erhält (Demonstration 8.1).

Wenn es Ihnen gelungen ist, sich nur auf den Bleistiftausschnitt innerhalb der Öffnung zu konzentrieren, haben Sie vermutlich den Eindruck gehabt, dass sich die Vorderkante des Bleistifts innerhalb der Öffnung nach rechts bewegt, egal ob sich der Bleistift (1) nach rechts oder (2) schräg nach rechts oben bewegt. In beiden Fällen bewegt sich die Bleistiftkante innerhalb der Öffnung horizontal nach rechts (roter Pfeil). Man kann dies auch so ausdrücken: Die Bewegungsrichtung einer innerhalb einer Öffnung betrachteten Kante scheint *senkrecht zur Kantenrichtung* zu verlaufen, selbst wenn die tatsächliche Bewegung in einer anderen Richtung erfolgt. Da die Kante in unserem Beispiel vertikal ausgerichtet ist, scheint sie sich in der Öffnung horizontal zu bewegen.

Da die Kantenbewegung in beiden Situationen gleich ist, würde ein einzelnes richtungsspezifisches Neuron in beiden Fällen ähnlich feuern. Es ist dann nicht möglich, anhand der Aktivität dieses einzelnen Neurons vorauszusagen, ob sich der Bleistift nach rechts oder schräg nach oben bewegt.

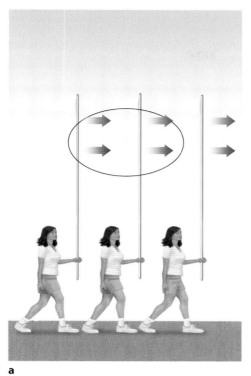

a

b

Abb. 8.15 Das Aperturproblem. **a** Die Fahnenstange bewegt sich horizontal nach rechts (*blaue Pfeile*). Innerhalb der Ellipse im Blickfeld des Betrachters, die das rezeptive Feld eines kortikalen Neurons repräsentiert, bewegt sich die Stange ebenfalls horizontal nach rechts (*rote Pfeile*). **b** Wenn die Fahnenträgerin die Treppe hinaufsteigt, bewegt sich die Fahne schräg nach oben (*blaue Pfeile*), aber innerhalb der Ellipse verschiebt sich die Stange nach rechts über das rezeptive Feld des Neurons wie in **a** (*rote Pfeile*). Das Neuron „sieht" also wie in **a** dieselbe Rechtsbewegung, obwohl die Fahne einmal nach rechts und im anderen Fall nach rechts oben getragen wird

---

Demonstration 8.1

Die Bewegung eines Balkens in einem kleinen Bildausschnitt (Apertur)

Bilden Sie eine kleine Öffnung von 2–3 cm Durchmesser, indem Sie mit Daumen und Zeigefinger der linken Hand einen Kreis formen, wie in ▪ Abb. 8.16 dargestellt (alternativ können Sie auch ein kreisförmiges Loch in ein Blatt Papier schneiden). Dann halten Sie einen Bleistift senkrecht und bewegen Sie ihn hinter dem Kreis von links nach rechts, wie durch die blauen Pfeile in ▪ Abb. 8.16a dargestellt. Während Sie dies tun, achten Sie auf die Richtung, in die sich der Bleistift *innerhalb der Öffnung* zu bewegen scheint. Anschließend halten Sie den Bleistift wiederum senkrecht hinter den Kreis (▪ Abb. 8.16b) und bewegen Sie ihn hinter der Öffnung im 45°-Winkel aufwärts. Achten Sie auch hierbei darauf, in welche Richtung sich der Bleistift *innerhalb der Öffnung* zu bewegen scheint.

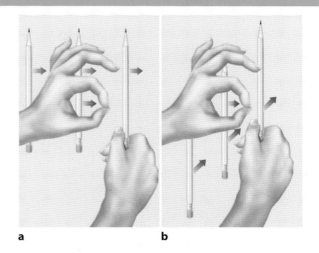

a   b

Abb. 8.16 Bewegung des Bleistifts in einem kleinen Bildausschnitt

8.7.2 Lösungen des Aperturproblems

Für das Aperturproblem gibt es mindestens 2 Lösungen (Bruno & Bertamini, 2015). Die erste wurde von einem meiner Studenten aufgezeigt, der die Demonstration 8.1 (◘ Abb. 8.16) ausprobiert hat. Er stellte fest, dass sich die Bleistiftkante in der Öffnung nach rechts zu bewegen schien, egal ob die reale Bewegung nach rechts oder schräg nach oben gerichtet war. Wenn er allerdings den Bleistift so bewegte, dass die Bleistiftspitze in der Öffnung sichtbar war wie in ◘ Abb. 8.17, ließ sich klar sagen, dass sich der Stift schräg nach oben bewegt. Mithin könnte ein Neuron die Informationen nutzen, die das Ende eines Objekts (die Bleistiftspitze) liefert, um die Bewegungsrichtung zu bestimmen. Tatsächlich wurden im striären Kortex Neuronen gefunden, die auf das Ende bewegter Objekte ansprechen und diese Informationen signalisieren könnten (Pack et al., 2003).

Die zweite Lösung besteht darin, die Informationen von vielen Neuronen zu bündeln oder zu kombinieren. Einen Hinweis darauf, dass die Antworten vieler Neuronen zusammengefasst werden, liefern Studien, bei denen die Aktivität von Neuronen im MT-Kortex eines Affen aufgezeichnet wird, während der Affe auf bewegte Lichtbalken mit gleicher Orientierung, aber unterschiedlichen Bewegungsrichtungen schaut wie in den beiden Situationen mit dem Stab oder Bleistift. Zum Beispiel fanden Christopher Pack und Richard Born (2001) heraus, dass die Antwort der Neuronen im MT-Kortex des Affen zu Beginn – jeweils etwa 70 ms nach Beginn der Darbietung der Balken – durch die *Orientierung* der Balken bestimmt wurde. Die erste Antwort der Neuronen war somit in den beiden Situationen identisch (rote Pfeile in ◘ Abb. 8.15). Später im Verlauf

der neuronalen Antwort jedoch – 140 ms nach Beginn der Darbietung der Balken – begannen diese Neuronen auf die *tatsächliche Bewegungsrichtung* der Balken zu antworten (blaue Pfeile in ◘ Abb. 8.15). Anscheinend erhalten die Neuronen im MT-Kortex Informationen von verschiedenen Neuronen im striären Kortex und kombinieren anschließend diese Signale, um die Bewegungsrichtung der Balken zu bestimmen.

All das bedeutet letztlich, dass die „einfache" Situation, in der sich ein Objekt im visuellen Feld eines gerade nach vorn blickenden Betrachters bewegt, wegen des Aperturproblems keineswegs einfach ist. Das visuelle System löst dieses Problem offenbar, indem es einerseits Antworten von Neuronen im striären Kortex nutzt, die auf Objektenden ansprechen, sowie andererseits Informationen von Neuronen im MT-Kortex verwendet und die Antworten vieler richtungsspezifischer Neuronen bündelt (vgl. auch Rust et al., 2006; Smith et al., 2005; Zhang & Britten, 2006).

8.8 Bewegung und der menschliche Körper

Experimente mit Punkten und Linien als Stimuli haben sehr viel über die Wahrnehmung von Bewegung zutage gefördert, wie aber sieht die Bewegungswahrnehmung bei komplexeren Reizen aus, die in unserer Umgebung sehr häufig vorkommen und durch Bewegungen von Menschen und Tieren hervorgerufen werden? Wir wollen nun 2 Experimente betrachten, mit denen untersucht wurde, wie Bewegungen des menschlichen Körpers wahrgenommen werden.

8.8.1 Scheinbewegungen des Körpers

Wir haben in diesem Kapitel bereits die Scheinbewegung beschrieben, die stroboskopisch durch nacheinander aufleuchtende Lichtpunkte an benachbarten Positionen erzeugt wird. Obwohl beide Lichtpunkte ortsfest sind, wird eine Hin- und Herbewegung wahrgenommen, wenn die Lichtpunkte im richtigen Zeitabstand abwechselnd aufleuchten. Diese Bewegung folgt einem allgemeinen Prinzip, das als **Regel des kürzesten Wegs** bezeichnet wird: Die Scheinbewegung erfolgt tendenziell in Richtung des kürzesten Wegs zwischen 2 Reizen.

Maggie Shiffrar und Jennifer Freyd (1990, 1993) zeigten ihren Probanden Fotos wie die in ◘ Abb. 8.18a, die im schnellen Wechsel aufeinanderfolgten. Beachten Sie, dass sich beim linken Foto die Hand der Frau vor dem Gesicht befindet, während sie beim rechten Foto hinter dem Kopf gehalten wird. Nach der Regel des kürzesten Wegs sollte beim schnellen Wechsel der Fotos die Bewegung entlang der kürzesten Verbindung zwischen den beiden Handpositionen wahrgenommen werden, d. h., die Probanden müssten eine Bewegung der Hand durch den Kopf der Frau wahrnehmen wie in ◘ Abb. 8.18b. Das ist, sofern die

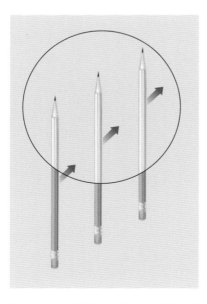

◘ **Abb. 8.17** Im rezeptiven Feld eines Neurons (*Kreis*) bewegt sich die Bleistiftspitze schräg nach oben. Sie liefert Information, die die Bewegungsrichtung anzeigt

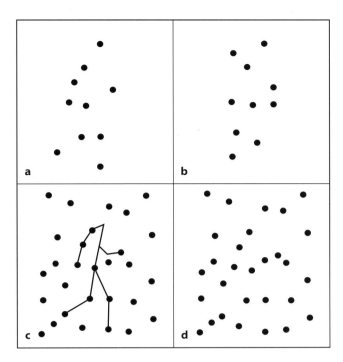

◘ Abb. 8.20 a Biologischer Bewegungsreiz, **b** zusammengewürfelter Stimulus, **c** Stimulus mit hinzugefügtem „Bildrauschen". Die zum Geher gehörenden Punkte sind durch *Linien* illustriert, die den Beobachtern nicht gezeigt wurden. **d** Reiz aus Sicht des Beobachters. (Aus Grossman et al., 2005. Reprinted with permission from Elsevier.)

lation die Funktionen des MT-Kortex beim Wahrnehmen bewegter Punkte stören konnte, sodass der Affe die Bewegungsrichtung nicht mehr korrekt wahrnahm, zeigten Emily Grossman et al. (2005) mittels TMS, dass eine Störung der Funktion des STS beim Menschen die Wahrnehmung biologischer Bewegungen verschlechtert (Methode 8.1).

Die Probanden in Grossmans (2005) Experiment sahen Lichtpunktläuferstimuli zu Handlungen wie Gehen, Treten oder Werfen (◘ Abb. 8.20a) oder auch zusammengewürfelte Lichtpunktmuster (◘ Abb. 8.20b). Die Aufgabe bestand darin zu beurteilen, ob es sich um eine biologische Bewegung handelte oder nicht. Normalerweise ist das eine sehr einfache Aufgabe, aber Grossman erhöhte die Schwierigkeit, indem sie einige zufällige Punkte als „Bildrauschen" hinzufügte (◘ Abb. 8.20c, 8.20d). Dabei wurde der Rauschanteil so eingestellt, dass der jeweilige Betrachter die biologische und die zusammengewürfelte Bewegung in 71 % der Fälle korrekt unterscheiden konnte.

Das entscheidende Ergebnis dieses Experiments ist der Befund, dass eine TMS des STS-Areals, das durch biologische Bewegung aktiviert wird, zu einer deutlichen Abnahme der Fähigkeit führte, biologische Bewegungen zu erkennen. Bei anderen bewegungssensitiven Arealen wie dem MT-Kortex bewirkte dieselbe Stimulation hingegen keine Veränderung bei der Wahrnehmung biologischer Bewegungen. Aus diesen Ergebnissen schloss Grossman, dass für die Wahrnehmung biologischer Bewegungen eine

ungestörte Funktion des Areals für biologische Bewegungen – des STS – notwendig ist. Der gleiche Schluss ergibt sich aus klinischen Studien mit Personen, die nach einer Schädigung in diesem Gehirnbereich beim Erkennen von biologischen Bewegungen Schwierigkeiten hatten (Battelli et al., 2003). Die Fähigkeit, biologische Bewegungen von sich zufällig bewegenden Punkten zu unterscheiden, wird nachweislich auch dadurch beeinträchtigt, wenn TMS in anderen an der Wahrnehmung biologischer Bewegungen beteiligten Gehirnregionen angewendet wird. Hierzu zählt z. B. der präfrontale Kortex (PFC, ◘ Abb. 7.18; Van Kemenade et al., 2012). All dies zeigt, dass biologische Bewegungen mehr sind als nur Bewegungen – sie stellen einen besonderen Bewegungstyp dar, auf den bestimmte Gehirnregionen spezialisiert sind.

8.9 Bewegungsantworten auf statische Bilder

Betrachten Sie ◘ Abb. 8.21. Die meisten Menschen nehmen dieses Foto als Momentaufnahme einer Handlung wahr: Skifahren, d. h. Bewegung. Es ist nicht schwer, sich vorzustellen, wie sich die Bewegung unmittelbar nach dem Schnappschuss fortgesetzt hat. Eine Situation wie diese, bei der ein statisches Bild eine Handlung darstellt, die Bewegung beinhaltet, bezeichnet man als **implizite Bewegung**. Obwohl in dieser Situation keine realen oder scheinbaren Bewegungen vorliegen, haben verschiedene Experimente gezeigt, dass die Wahrnehmung einer impliziten Bewegung von vielen Mechanismen bestimmt wird, die wir in diesem Kapitel beschrieben haben.

Jennifer Freyd (1983) präsentierte bei einem Experiment zur impliziten Bewegung ihren Probanden für jeweils kurze Zeit Momentaufnahmen von Bewegungen wie dem Sprung von einer Mauer in ◘ Abb. 8.22. Freyd vermutete, dass Menschen beim Betrachten derartiger Bilder die Handlung gleichsam aus der Erstarrung lösen und wahrnehmen, was höchstwahrscheinlich als Nächstes passieren wird. Dann aber sollten die Betrachter sich auch an das „erinnern", was das Bild über die spätere Entwicklung der Situation unmittelbar nach dem Schnappschuss vermittelt. Für das Bild, das den Sprung von einer Mauer zeigt, könnte der Betrachter sich beispielsweise daran erinnern, dass sich die springende Person bereits näher am Boden befand (wie in ◘ Abb. 8.22b), als es auf der tatsächlich präsentierten Momentaufnahme der Fall war.

Um dies zu testen, zeigte Freyd den Probanden eine Momentaufnahme wie in ◘ Abb. 8.22a in einer mittleren Sprungphase. Nach einer Pause präsentierte Freyd dann entweder dasselbe Bild, eine Momentaufnahme einer späteren Sprungphase mit geringerem Abstand des Springers zum Boden (◘ Abb. 8.22b) oder einer Momentaufnahme einer früheren Sprungphase mit größerem Abstand zum Boden (◘ Abb. 8.22c). Die Probanden sollten so schnell

Abb. 8.21 Ein Foto mit impliziter Bewegung. (© Wlad Go/stock.adobe.com)

Abb. 8.22 Stimuli, wie sie Freyd (1983) verwendete (Erläuterung siehe Text)

a erstes Bild　　　**b** späterer Zeitpunkt　　　**c** früherer Zeitpunkt

wie möglich angeben, ob das zweite Bild mit dem ersten übereinstimmte oder nicht.

Freyd untersuchte, wie sich die Beurteilungszeiten der Probanden unterschieden, wenn das zweite Bild früher – „rückwärts" in der Zeit – oder später – „vorwärts" in der Zeit – aufgenommen worden war als das zuerst präsentierte Bild. Sie stellte fest, dass die Probanden länger brauchten, wenn das zweite Bild später, in Vorwärtsrichtung der Zeit aufgenommen worden war. Sie schloss daraus, dass die Beurteilung in Vorwärtsrichtung der Zeit schwieriger ist, weil die Probanden die spätere Abwärtsbewegung antizipieren und das später aufgenommene Bild mit dem ursprünglich gesehenen Bild durcheinanderbringen.

Die Vorstellung, dass die Bewegung in einer Momentaufnahme vom Betrachter mental fortgesetzt wird, bezeichnet man als **repräsentationalen Impuls** (David & Senior, 2000; Freyd, 1983). Der repräsentationale Impuls ist ein Beispiel für den Einfluss von Erfahrung auf die Wahrnehmung, denn er hängt von unserem Wissen darüber ab, wie Situationen, die Bewegung beinhalten, typischerweise verlaufen.

Wenn implizite Bewegung dazu führt, dass sich ein Objekt im Geiste des Betrachters weiterbewegt, scheint die Annahme plausibel, dass sich diese mental fortgesetzte Bewegung bei der betreffenden Person in einer Gehirnaktivierung widerspiegelt. Als Zoe Kourtzi und Nancy Kanwisher (2000) die fMRT-Antwort des MT- und des MST-Kortex auf die Darbietung von Bildern wie denen in ◻ Abb. 8.23 maßen, fanden sie heraus, dass Gehirnareale, die bei der Wahrnehmung real ablaufender Bewegung

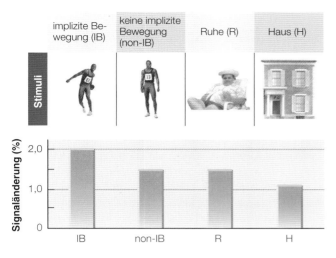

○ **Abb. 8.23** Beispiele für Bilder, wie sie von Kourtzi und Kanwisher (2000) benutzt wurden: *IB* = Darstellung impliziter Bewegung, *non-IB* = keine Darstellung impliziter Bewegung, *R* = Darstellung einer Ruheposition, *H* = Darstellung eines Hauses. Die Höhe der Balken unter jedem Bild zeigt die durchschnittliche fMRT-Antwort des MT-Kortex auf diese Art von Bild. (Aus Kourtzi & Kanwisher, 2000, mit freundlicher Genehmigung von Zoe Kourtzi)

beteiligt sind, auch auf *Bilder* antworten, die Bewegungen lediglich implizieren. Bilder mit impliziter Bewegung riefen dabei stärkere Antworten hervor als Bilder ohne implizite Bewegung oder Bilder von Ruhepositionen oder von Häusern. Es zeigte sich also bei der impliziten Bewegung, die sich ein Betrachter von Bildern mental vorstellt, eine Gehirnaktivität ähnlich der, wie sie entsprechend bei der real fortgesetzten Bewegung auftritt (vergleiche Lorteije et al., 2006; Senior et al., 2000).

Aufbauend auf der Vorstellung, dass das Gehirn auf implizite Bewegung antwortet, fragten sich Jonathan Winawer et al. (2008), inwieweit statische Bilder, die Bewegung implizieren wie in ○ Abb. 8.21, auch zu Bewegungsnacheffekten führen können (▶ Abschn. 8.2.1). Um dies zu überprüfen, führten sie ein psychophysisches Experiment durch, in dem statische Bilder mit impliziter Bewegung in einer bestimmten Richtung präsentiert wurden, um zu untersuchen, ob diese Bilder einen Bewegungsnacheffekt in die entgegengesetzte Richtung auslösen können. Wir haben zu Beginn dieses Kapitels einen Bewegungsnacheffekt bei der Wasserfalltäuschung beschrieben, durch den sich statische Objekte in unmittelbarer Umgebung aufwärts zu bewegen scheinen (○ Abb. 8.6). Es gibt Hinweise darauf, dass diese Wahrnehmung entsteht, weil das Betrachten des Wasserfalls über längere Zeit zur Abnahme der Aktivität von Neuronen führt, die auf Abwärtsbewegungen spezifisch ansprechen, sodass nach dem Ende der Bewegungen ein Überschuss an Aktivität der Aufwärtsneuronen entsteht (Barlow & Hill, 1963; Mather et al., 1998).

Um zu untersuchen, ob implizite Bewegung den gleichen Effekt hat, boten Winawer et al. ihren Probanden statische Bilder mit impliziter Bewegung als Reize dar.

Bei jedem Versuchsdurchgang wurde eine Sequenz von Bildern betrachtet, die alle eine implizite Bewegung entweder nach rechts oder nach links repräsentierten. Nach einer Adaptationsphase von 60 s wurde die bereits beschriebene Aufgabe gestellt, in einem Muster bewegter Punkte die Bewegungsrichtung bei unterschiedlicher Kohärenz anzuzeigen (○ Abb. 8.11).

Das entscheidende Ergebnis dieses Experiments bestand darin, dass die Probanden zu Beginn, vor dem Betrachten der Bilder mit impliziter Bewegung, mit gleicher Wahrscheinlichkeit zufällige Bewegungen im Punktmuster (Kohärenz = 0) als nach rechts bzw. links gerichtet beurteilten. Nachdem sie jedoch Bilder mit impliziter Bewegung nach rechts gesehen hatten, nahmen sie die zufälligen Bewegungen der Punkte häufiger als nach links gerichtet wahr; entsprechend erhöhte eine implizite Bewegung nach links die Wahrscheinlichkeit, bei den Punkten eine Bewegung nach rechts wahrzunehmen. Da dieses Ergebnis dem entspricht, was nach einer Adaptation an reale Bewegung auftritt, schloss Winawer, dass das längere Betrachten von Bildern mit impliziter Bewegung ebenfalls die Aktivität von Neuronen verringert, die selektiv auf eine bestimmte Bewegungsrichtung antworten.

8.10 Weitergedacht: Bewegung, Bewegung und nochmals Bewegung

Eine allseits bekannte Frage über Immobilien lautet: „Welche 3 Kriterien sind entscheidend für den Wert eines Hauses?" Und die Antwort ist: die Lage, die Lage und die Lage. Unser Thema hat keinerlei Bezug zu Immobilien, doch wir können uns mit einem Blick auf die letzten 3 Kapitel eine Frage stellen, und wir erhalten eine Antwort, die große Ähnlichkeit mit dem Immobilienthema hat: „Worum ging es in den ▶ Kap. 6, 7 und 8?" Die Antwort lautet: um Bewegung, Bewegung und nochmals Bewegung. In ▶ Kap. 6 zur visuellen Aufmerksamkeit wurde zwar nicht nur Bewegung behandelt, aber Bewegung war auch dort durchaus ein Thema, weil die Augen ständig in Bewegung sind, wenn wir eine Szene visuell abtasten, und Bewegung einer der wichtigsten Aspekte in der Umgebung ist, der unsere Aufmerksamkeit erregt. In ▶ Kap. 7 zum Handeln ging es um alle Arten von Bewegung: Gehen, Fahren, eigenständiges Bewegen in der Umwelt, Greifen, Beobachten, wie andere Menschen sich bewegen, und Untersuchen, wie sich Säuglinge bewegen. Thema war somit eindeutig die körperliche Bewegung. Und das vorliegende Kapitel schließlich bietet einen Perspektivwechsel, denn unsere Untersuchung verlagerte sich von der *Ausführung von Bewegungen* hin zur *Bewegungswahrnehmung* und zu der Frage, wie wir uns ihre vielen Funktionen zunutze machen.

Dahinter steht eine wichtige Botschaft: Bewegung in all ihren Formen ist für das Überleben unerlässlich. Sie gibt uns Orientierung, hilft uns, potenzielle Gefahren zu vermeiden, auf viele verschiedene Arten in der Umwelt zu agieren und auf sie zu reagieren, und sie ermöglicht uns den Zugang zu einer Fülle von Informationen über die Umwelt. Weil Bewegung derart entscheidend ist, ist es nicht verwunderlich, dass wir 3 Kapitel brauchten, um sie darzustellen. Wir werden nun eine kurze Pause von der Bewegung einlegen, um in ▶ Kap. 9 das Farbensehen zu besprechen, um dann in ▶ Kap. 10 wieder auf Bewegung zurückkommen, wenn wir zeigen, wie Bewegungen uns dabei helfen, Tiefe wahrzunehmen. Auch in ▶ Kap. 12 zum Thema bewegter Geräusche sowie in ▶ Kap. 15, wenn wir uns damit befassen, wie wir Bewegung auf unserer Haut wahrnehmen, steht sie wieder im Mittelpunkt. Bewegung stellt sich also als ein zentrales Phänomen in unserem Leben und damit auch in der Wahrnehmung heraus.

8.11 Der Entwicklungsaspekt: Säuglinge nehmen biologische Bewegung wahr

In vielen Untersuchungen zur biologischen Bewegungswahrnehmung wird die Meinung vertreten, dass unsere eigenen Erfahrungen mit Menschen und Tieren unerlässlich für die Entwicklung der Fähigkeit sind, biologische Bewegungen wahrzunehmen. Belege für diese Behauptung stammen zum Teil aus Studien zur kindlichen Entwicklung, die gezeigt haben, dass sich die Fähigkeit eines Kindes, biologische Bewegungen in Lichtpunktbildern zu erkennen, mit zunehmendem Alter verbessert (Freire et al., 2006; Hadad et al., 2011). Tatsächlich deuten einige Studien darauf hin, dass bei Aufgaben mit Lichtpunktbildern erst in der frühen Adoleszenz ein Leistungsniveau erreicht wird, dass dem eines Erwachsenen gleichkommt (Hadad et al., 2011). Aber auch wenn es Jahre dauern kann, bis das Leistungsniveau eines Erwachsenen erreicht ist, deuten andere Forschungsergebnisse darauf hin, dass die Fähigkeit, biologische von nichtbiologischen Bewegungen zu

unterscheiden, möglicherweise schon von Geburt an vorhanden ist.

Eine Beweislinie, die darauf hindeutet, dass die Wahrnehmung biologischer Bewegungen nicht von visuellen Erfahrungen abhängt, stammt aus Tierversuchen. So präsentierten Giorgio Vallortigara et al. (2005) neugeborenen Küken ohne Seherfahrung 2 Bewegungsdarstellungen, (1) die „laufende Henne", ein Lichtpunktbild, das von einer laufenden Henne stammen könnte, und (2) die gleiche Anzahl von sich zufällig bewegenden Punkten (◼ Abb. 8.24a). Wurden diese Bilder an den gegenüberliegenden Seiten eines Podests gezeigt (◼ Abb. 8.24b), hielten die Küken sich die meiste Zeit in der Nähe des Bilds mit biologischen Bewegungen auf. Dies zeigt, dass die Küken in der Lage waren, die Darstellungen mit biologischen Bewegungen zu erkennen, und sie tatsächlich auch bevorzugten, obwohl sie keine Seherfahrung hatten. Küken müssen also, so folgerte Vallortigara, Mechanismen für die Wahrnehmung haben, die schon vor dem Schlüpfen auf biologische Bewegungen abgestimmt sind.

Beeindruckt von Vallortigaras Experimenten mit frisch geschlüpften Küken, fragten sich Francesca Simion et al. (2008), ob nicht auch menschliche Neugeborene ähnliche Mechanismen zur Erkennung biologischer Bewegungen aufweisen könnten. Um dies herauszufinden, führten die Forscher eine Variante der Kükenstudie mit 1 und 2 Tage alten Neugeborenen durch, indem sie ihre visuelle Präferenz erfassten (Methode 3.3).

Simion führte ihr Experiment auf der Entbindungsstation eines Krankenhauses mit voll ausgetragenen Neugeborenen durch. Die Säuglinge saßen in der Studie auf dem Schoß eines Erwachsenen, während ihnen 2 Filme gleichzeitig auf nebeneinander aufgebauten Computermonitoren dargeboten wurden (◼ Abb. 8.24c). Auf einem Bildschirm sahen die Säuglinge 14 sich zufällig bewegende Lichtpunkte. Auf dem anderen Bildschirm wurde ihnen ein Film gezeigt, in dem die 14 sich bewegenden Lichtpunkte die-

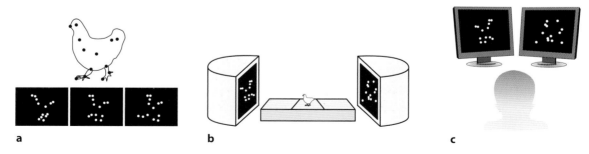

a   b   c

◼ **Abb. 8.24   a** *Oben*: Platzierung von Lichtpunkten an einer erwachsenen Henne. *Unten*: Standbilder aus einem Animationsfilm, die eine laufende Henne darstellen und auch zufällig sich bewegende Punkte. **b** Die von Vallortigara et al. (2005) verwendete Testapparatur zur Messung der Reaktionen von Küken auf biologische Bewegungsreize. Die Stimuli wurden auf den Monitoren an den beiden Enden eines Podests dargeboten. Die Vorliebe eines Kükens für einen Reiz gegenüber einem anderen lässt sich

anhand der Zeit ermitteln, die das Küken an den beiden Enden des Podests verbringt (© 2005 Vallortigara et al.). **c** Die von Simion et al. (2008) verwendete Testvorrichtung zur Messung der Reaktionen von Neugeborenen auf biologische Bewegungen. Die Vorliebe des Neugeborenen für einen Reiz gegenüber einem anderen wurde anhand der Zeit ermittelt, die das Neugeborene mit dem Betrachten der einzelnen Reize verbrachte

selbe laufende Henne darstellten, die Vallortigara in seinem Experiment mit den Küken eingesetzt hatte. Simion verwendete die Animation der laufenden Henne, weil sie den Neugeborenen vor ihrer Teilnahme an der Studie aus ethischen Gründen keine Seherfahrung vorenthalten durfte. Die Neugeborenen hatten möglicherweise vor dem Experiment wenige, äußerst begrenzte Erfahrungen mit menschlichen Bewegungen gemacht, aber es war sehr unwahrscheinlich, dass sie zuvor Hühner gesehen hatten, die im Krankenhaus herumliefen.

Die Forscher wollten wissen, ob diese Neugeborenen genau wie frisch geschlüpfte Küken die Bilder mit biologischen Bewegungen den sich zufällig bewegenden Lichtpunkten vorzogen. Sie verglichen daher die Zeit, die die Säuglinge jeweils damit verbrachten, die beiden Filme anzuschauen. Sie fanden heraus, dass die Säuglinge 58 % ihrer Zeit damit verbrachten, auf die Henne aus Lichtpunkten zu schauen, was statistisch gesehen mehr ist als die Zeit, die sie auf die Darstellung der sich zufällig bewegenden Lichtpunkte verwandten. Daraus schlossen Simion und ihre Kollegen, dass Menschen, genau wie Küken, mit der Fähigkeit geboren werden, biologische Bewegungen zu erkennen.

Aus ihren Ergebnissen schlossen Vallortigara und auch Simion, dass die Fähigkeit zur Wahrnehmung biologischer Bewegung unabhängig von Erfahrung ausgebildet ist. Es gibt jedoch auch Hinweise darauf, dass sich die Wahrnehmung biologischer Bewegungen mit dem Alter verändert.

Wenn Neugeborene sensitiv auf biologische Bewegung reagieren, könnte man logischerweise voraussetzen, dass sich diese Fähigkeit verbessert, wenn sie mehr Erfahrung mit biologischer Bewegung machen. Untersuchungen an älteren Säuglingen zeigen jedoch, dass die Reaktion auf biologische Bewegungen im Alter von 1 oder 2 Monaten auf null zurückgeht, mit 3 Monaten dann wieder einsetzt und in den nächsten 2 Lebensjahren und auch später zunimmt (Sifre et al., 2018).

Was geht da vor? Eine Idee ist, dass hier 2 verschiedene Mechanismen beteiligt sind. Bei der Geburt reagiert ein reflexartiger Mechanismus sensitiv auf biologische Bewegung. Dies ist für das Neugeborene nützlich, weil es damit auf seine Bezugspersonen reagieren kann. Mit 2 Monaten funktioniert dieser Mechanismus nicht mehr, aber es entwickelt sich mit etwa 3 Monaten ein zweiter Mechanismus. Dieser Mechanismus ist dadurch gekennzeichnet, dass er immer leistungsfähiger wird, je mehr Erfahrung der Säugling durch die Beobachtung biologischer Bewegungen sammelt. Dies hilft dem Säugling, auf einer komplexeren Ebene mit seinen Bezugspersonen in Beziehung zu treten, da er sich von einem statischen Beobachter sich bewegender Personen zu einem aktiven Beobachter entwickelt. Das Krabbeln und Laufen hilft ihm zudem dabei, soziale Fähigkeiten zu entwickeln, indem er mit anderen Lebewesen, die biologische Bewegungen zeigen, interagiert (► Abschn. 7.8).

Übungsfragen 8.2

1. Beschreiben Sie die Funktionsweise des neuronalen Schaltkreises des Reinhardt-Detektors und vergewissern Sie sich, dass Sie verstanden haben, warum der Schaltkreis eine Bewegung in eine Richtung auslöst, aber keine Bewegung in die entgegengesetzte Richtung.

2. Welche Hinweise gibt es dafür, dass der MT-Kortex auf die Bewegungsverarbeitung spezialisiert ist? Beschreiben Sie die Serie von Experimenten, in der bewegte Punktmuster als Stimuli verwendet wurden, während (1) Einzelzellableitungen an Neuronen im MT-Kortex durchgeführt wurden bzw. (2) der MT-Kortex lädiert war und (3) Neuronen im MT-Kortex stimuliert wurden. Welchen Schluss erlauben die Ergebnisse dieser Experimente in Bezug auf die Rolle des MT-Kortex für die Bewegungswahrnehmung?

3. Beschreiben Sie das Aperturproblem – warum die Antwort einzelner richtungsselektiver Neuronen nicht genügend Information liefert, um die Bewegungsrichtung erkennen zu können. Beschreiben Sie auch, wie das Gehirn das Aperturproblem lösen könnte.

4. Beschreiben Sie die Experimente zu den Scheinbewegungen eines Arms. Wie unterscheiden sich die Ergebnisse bei unterschiedlich schnell präsentierten Bildreizen? Wie unterscheidet sich die Gehirnaktivität bei schnellen bzw. langsamen Präsentationen?

5. Was sind biologische Bewegungen, und wie wurden sie mithilfe von Lichtpunktläuferstimuli untersucht?

6. Beschreiben Sie die Experimente, die zeigen, dass der Sulcus temporalis superior (STS) auf die Wahrnehmung biologischer Bewegungen spezialisiert ist.

7. Was ist implizite Bewegung? Was ist ein repräsentationaler Impuls? Beschreiben Sie (1) Hinweise im Verhalten, die repräsentationalen Impuls demonstrieren, (2) physiologische Experimente zur Gehirnaktivität bei Bildreizen mit impliziter Bewegung und (3) das Experiment zum Einfluss von Fotos mit impliziter Bewegung beim Bewegungsnacheffekt.

8. Beschreiben Sie, wie Experimente mit jungen Tieren und Säuglingen eingesetzt wurden, um die Entstehung von biologischer Bewegungswahrnehmung zu ermitteln. Was sind die Beweise dafür, dass es möglicherweise 2 Mechanismen der frühen biologischen Bewegungswahrnehmung gibt?

8.12 Zum weiteren Nachdenken

1. Wir haben die Funktion des Reichardt-Detektors in der Wahrnehmung von realer Bewegung beschrieben, bei der wir Dinge sehen, die sich physikalisch bewegen, beispielsweise Autos auf der Straße und Personen auf dem Bürgersteig. Erklären Sie, wie der in ◘ Abb. 8.10 dargestellte Detektor auch dazu verwendet werden könnte, verschiedene Arten von Scheinbewegungen zu erkennen, z. B. im Fernsehen, im Kino, auf unseren Computerbildschirmen und auf elektronischen Laufschriften wie in Las Vegas oder auf dem Times Square.

2. In diesem Kapitel haben wir einige Prinzipien beschrieben, die auch bei der Objektwahrnehmung gültig sind (▶ Kap. 5). Suchen Sie in ▶ Kap. 5 nach Beispielen für die folgenden Fälle:
   - Es gibt Neuronen, die darauf spezialisiert sind, auf bestimmte Reize zu antworten (▶ Abschn. 8.6).
   - Komplexere Stimuli werden in höheren kortikalen Arealen verarbeitet (▶ Abschn. 8.8.2).
   - Erfahrung kann die Wahrnehmung beeinflussen (▶ Abschn. 8.9).
   - Es gibt Parallelen zwischen Physiologie und Wahrnehmung.

3. Am Ende dieses Kapitels haben wir ausgeführt, dass der repräsentationale Impuls zeigt, wie Wissen die Wahrnehmung beeinflussen kann. Weshalb könnten wir ebenso gut sagen, dass der repräsentationale Impuls eine Interaktion zwischen Wahrnehmung und Gedächtnis veranschaulicht?

8.13 Schlüsselbegriffe

- Akinetopsie
- Aperturproblem
- Ausgabeeinheit
- Bewegungsagnosie
- Bewegungsnacheffekt
- Bewegungstäuschung
- Biologische Bewegung
- Efferenzkopie
- Ereignis
- Ereignisgrenze
- Globaler optischer Fluss
- Implizite Bewegung
- Induzierte Bewegung
- Kohärenz
- Komparator
- Lichtpunktläufer
- Lokale Störung des optischen Felds
- Medialer temporaler Kortex (MT-Kortex)
- Mikrostimulation
- MT-Areal
- Motorisches Signal
- Optisches Feld
- Reafferenzprinzip
- Reale Bewegung
- Regel des kürzesten Wegs
- Reichhardt-Detektor
- Repräsentationaler Impuls
- Scheinbewegung
- Signal für eine retinale Bildverschiebung (SRB)
- Transkranielle Magnetstimulation (TMS)
- Verzögerungseinheit
- Wasserfalltäuschung

Farbwahrnehmung

E. Bruce Goldstein und Laura Cacciamani

Inhaltsverzeichnis

🔘 Lernziele

Nachdem Sie dieses Kapitel bearbeitet haben, werden Sie
in der Lage sein, ...

- eine Reihe wichtiger Funktionen der Farbwahrnehmung zu beschreiben,
- die Beziehung zwischen der Wellenlänge des Lichts
  und der Farbe zu verstehen und zu erklären, was passiert, wenn Wellenlängen gemischt werden,
- zu verstehen, wie wir Millionen von Farben wahrnehmen können, obwohl es nur 6 oder 7 Farben im
  sichtbaren Spektrum gibt,
- die trichromatische Theorie des Farbsehens zu beschreiben und zu erläutern, wie diese Theorie Farbenblindheit erklärt,
- die Gegenfarbentheorie des Farbensehens zu beschreiben und darzustellen, warum einige Forscher
  die vorgeschlagene Verbindung zwischen der neuronalen Reaktion der Gegenfarbenzellen und der Farbwahrnehmung infrage gestellt haben,
- die Grenzen unseres Verständnisses davon nachzuvollziehen, wie Farbe in der Hirnrinde repräsentiert
  wird,
- Experimente zu beschreiben, die zeigen, dass wir weit
  mehr Faktoren als Wellenlängen in Betracht ziehen
  müssen, um die Farbwahrnehmung vollständig zu verstehen,
- Die Bedeutung der Aussage zu verstehen, dass wir
  Farbe aus farblosen Wellenlängen wahrnehmen,
- zu erläutern, wie Verhaltensexperimente zur Untersuchung des Farbensehens von Kindern eingesetzt
  wurden.

Einige der in diesem Kapitel behandelten Fragen

- Warum entsteht durch das Mischen von gelber und blauer
  Farbe Grün?
- Warum sehen Farben in Innenräumen und im Freien
  gleich aus?
- Nimmt jeder Mensch Farben auf die gleiche Weise wahr?

Farbe gehört zu den auffälligsten und tiefgreifendsten
Wahrnehmungsqualitäten in unserer Umwelt. Farbe beeinflusst uns, wenn wir auf das Lichtzeichen einer Ampel
achten, farblich zusammenpassende Kleidung auswählen
oder uns an den Farben eines Gemäldes erfreuen. Wir haben Lieblingsfarben (Blau ist am beliebtesten; Terwogt &
Hoeksma, 1994), wir verbinden Farben mit Gefühlen, Rot
steht mit Wut und Grün mit Neid im Zusammenhang (Terwogt & Hoeksma, 1994; Valdez & Mehribian, 1994) und
wir verbinden einzelne Farben mit bestimmten Bedeutungen (beispielsweise Rot mit Gefahr, Violett mit Adel und
Grün mit Umwelt). Doch trotz dieser Bedeutung der Farben
nehmen wir die Farbwahrnehmung als selbstverständlich
hin, und erst der Verlust der Farbwahrnehmung macht uns –
ähnlich wie im Falle anderer Wahrnehmungsfähigkeiten –

ihre Bedeutung deutlich. Wie schwer dieser Verlust ist,
zeigt sich am Falle des Patienten I., eines Malers, der im
Alter von 65 Jahren nach einem durch einen Autounfall bedingten Schädeltrauma jede Farbwahrnehmung verlor.

Der Neurologe Oliver Sacks berichtet, dass er im
März 1986 von Herrn I., der sich selbst als einen ziemlich erfolgreichen Maler bezeichnete, einen verängstigten
Brief erhielt. In diesem Brief beschrieb der Maler, wie
er nach einem Autounfall seine Fähigkeit verloren hatte,
Farben wahrzunehmen. Und er berichtete von seinen irri-
tierenden Erlebnissen: „Mein Hund ist grau, die Tomaten
sind schwarz, der Fernseher zeigt ein graues Einerlei ..."
In den Tagen nach seinem Unfall wurde der Maler mehr
und mehr depressiv. Sein Studio, normalerweise voller Bilder mit leuchtenden Farben, war grau und langweilig, die
Bilder bedeutungslos. Die Lebensmittel, alle grau, konnte
er nur noch schwer essen. Und die Sonnenuntergänge, die
er zuvor als roten Farbenzauber gesehen hatte, waren zu
schwarzen Schlieren am Himmel geworden (Sacks, 1995).

Die Farbenblindheit des Patienten I., eine sogenannte **zerebrale Achromatopsie**, wurde durch eine Hirnver-
letzung hervorgerufen, nachdem er ein Leben lang Farben gesehen hatte. Die meisten Fälle von Farbenblindheit und **Farbfehlsichtigkeit** (teilweiser Farbenblindheit,
die wir später in diesem Kapitel behandeln werden) bestehen hingegen bereits von Geburt an, infolge eines genetisch bedingten Fehlens von einem oder mehreren Typen
der Zapfenrezeptoren. Die meisten farbenblind geborenen
Menschen empfinden die Einschränkung ihrer Farbwahrnehmung nicht als störend, da sie ja noch nie andere Farben
gesehen haben. Allerdings ähneln manche ihrer Beschreibungen, wie etwa der Abdunkelung von Rottönen, denen
des Patienten I. Diese Menschen klagen ebenso wie der
Patient I. oft über Schwierigkeiten, Objekte voneinander
zu unterscheiden – so wie I., der seinen braunen Hund
auf hellen Straßen gut erkennen konnte, aber vor einem
unregelmäßigen Hintergrund aus Blättern nur noch mit
Schwierigkeiten.

Der Maler I. bewältigte schließlich seine starke psychologische Reaktion und begann eindrucksvolle Schwarz-
Weiß-Bilder zu malen. Seine Beschreibung der Wahrnehmungserfahrungen der Farbenblindheit dokumentiert in
eindrucksvoller Weise die zentrale Rolle von Farbe in
seinem Leben (weitere Beschreibungen von Fällen vollständiger Farbenblindheit finden sich bei Heywood et al.,
1991; Nordby, 1990; Young et al., 1980 sowie Zeki, 1990).
Neben der Schönheit, mit der sie unser Leben bereichert,
hat Farbe auch noch andere Funktionen.

9.1 Funktionen der Farbwahrnehmung

Farbe erfüllt wichtige Signalfunktionen, sowohl natürliche
als auch von Menschen gemachte. Die natürliche Umwelt
und die von Menschen gestaltete Umgebung liefern uns
viele Signale, anhand derer wir Dinge identifizieren und

a   **b**

■ **Abb. 9.1** **a** Rote Beeren in grünem Blattwerk. **b** Dieselben Beeren sind ohne Farbensehen viel schwieriger zu entdecken. (© Bruce Goldstein)

a   **b**

■ **Abb. 9.2** Im Experiment von Tanaka und Presnell (1999) erkannten die Probanden die Früchte in ihrer natürlichen Farbe (**a**) schneller als die unpassend gefärbten Früchte (**b**)

klassifizieren können. Wir wissen, dass eine Banane reif ist, nachdem sie sich gelb gefärbt hat, und wir wissen, dass wir anhalten müssen, wenn die Ampel rot wird.

Zusätzlich zu dieser Signalfunktion erleichtert Farbe uns die Wahrnehmungsorganisation (Smithson, 2015), die wir in ▶ Kap. 5 behandelt haben und durch die kleine Elemente perzeptuell zu größeren Objekten gruppiert und Objekte von ihrem Hintergrund getrennt gesehen werden (■ Abb. 5.18 und 5.19).

Farbe spielt für die Wahrnehmungsorganisation vieler Spezies eine überlebenswichtige Rolle. Nehmen wir als Beispiel einen Affen, der im Dschungel auf Nahrungssuche ist. Einem Affen mit guter Farbwahrnehmung fällt es leicht, rote Früchte vor einem grünen Hintergrund zu erkennen (■ Abb. 9.1a), ein farbenblinder Affe hätte jedoch Schwierigkeiten, die Früchte zu finden (■ Abb. 9.1b). Die Farbwahrnehmung vergrößert die Kontraste zwischen Objekten, die ohne die Farbunterschiede sehr viel ähnlicher aussehen würden.

Die Verbindung zwischen guter Farbwahrnehmung und der Fähigkeit zur Entdeckung farbiger Nahrung führte manche Forscher zu der Annahme, dass sich die Farbwahrnehmung bei Affen und Menschen evolutionär für das Entdecken von Früchten entwickelt habe (Mollon, 1989, 1997; Sumner & Mollon, 2000; Walls, 1942). Diese Ansicht erscheint plausibel, wenn man bedenkt, welche Schwierigkeiten farbenblinde Menschen mit der scheinbar einfachen Aufgabe haben, Beeren zu sammeln. Knut Nordby (1990, S. 308), ein vollständig farbenblinder Wissenschaftler, der die Welt nur in Grautönen sah, beschrieb seine Erfahrungen so: „Beerensammeln ist immer ein großes Problem. Ich muss oft mit den Fingern zwischen den Blättern herumtasten und die Beeren an der Form erfühlen."

Unsere Fähigkeit zur Farbwahrnehmung hilft uns nicht nur beim Entdecken von Objekten, die ansonsten in ihrer Umgebung verschwinden würden, sondern auch beim Erkennen und beim Identifizieren von deutlich zu sehenden Objekten. James W. Tanaka und L. M. Presnell (1999) demonstrierten dies, indem sie Versuchspersonen zur Identifizierung von Objekten wie denen in ■ Abb. 9.2 aufforderten, die entweder in ihren normalen Farben (wie die

gelben Bananen) oder unpassenden Farben (wie die violetten Bananen) dargeboten wurden. Das Ergebnis war, dass die Probanden die passend gefärbten Objekte schneller und präziser identifizieren konnten. Das Wissen um die Farben vertrauter Objekte hilft uns somit beim Erkennen dieser Objekte (Oliva & Schyns, 2000; Tanaka et al., 2001). Über die Betrachtung einzelner Objekte hinaus hilft uns Farbe auch, natürliche Umgebungen zu erkennen (Gegenfurtner & Rieger, 2000) und das Wesentliche einer Szene schnell zu erfassen (Castelhano & Henderson, 2008; ■ Abb. 5.33).

Es wurde auch vermutet, dass Farbe ein Hinweis auf Gefühle sein kann, die durch Gesichtsausdrücke vermittelt werden. Christopher Thorstenson et al. (2019) fanden heraus, dass Teilnehmer in einem Experiment die Gefühle eines Gesichts mit mehrdeutigen Emotionen, wie in ■ Abb. 9.3 gezeigt, grün gefärbt eher mit einem Ausdruck von Ekel und rot gefärbt mit einem Ausdruck von Wut in Verbindung brachten.

Im Folgenden werden wir untersuchen, wie unser Nervensystem die Wahrnehmung von Farbe erzeugt. Wir beginnen mit der Beziehung zwischen Farbe und Licht und werden dann 2 Theorien des Farbensehens betrachten.

9.2 Farbe und Licht

Isaac Newton (1642–1727) beschäftigte sich während eines Großteils seiner wissenschaftlichen Laufbahn mit den Eigenschaften von Licht und Farbe. Eines seiner berühmtesten Experimente ist in ■ Abb. 9.4a dargestellt (Newton, 1704). Zunächst bohrte Newton ein Loch in einen Fensterladen, sodass ein Sonnenstrahl in den Raum fiel. Als er das Prisma 1 in den Strahlengang stellte, wurde der weiß erscheinende Lichtstrahl in die in ■ Abb. 9.4b gezeigten Komponenten des visuellen Spektrums aufgeteilt. Warum geschah dies? Damals dachten viele Menschen, dass Glasprismen (die eine verbreitete Neuheit waren) dem Licht Farbe *hinzufügen*. Newton war jedoch der Meinung, dass weißes Licht eine Mischung aus verschiedenfarbigem Licht ist und dass das Prisma das weiße Licht in seine einzelnen Bestandteile zerlegt. Um diese Hypothese zu untermauern, stellte Newton ein Brett in den Lichtstrahl der verschiedenen Farben. Die Löcher in der Platte ließen nur bestimmte

9

Abb. 9.3 Wie nehmen Sie jeweils die Emotionen der verschiedenen Darstellungen desselben Gesichts wahr? Es hat sich gezeigt, dass die Farbe die Beurteilung von Emotionen beeinflusst, wobei Rot mit „Wut" und Grün mit „Ekel" in Verbindung gebracht wird. (© Christopher Baker)

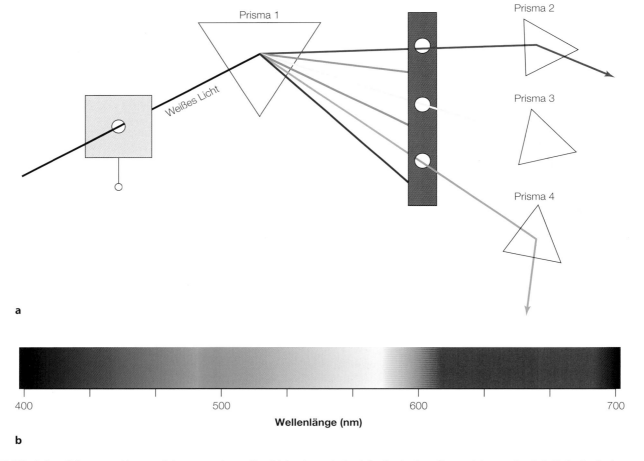

Abb. 9.4 **a** Schema von Newtons Prismenexperiment. Das Licht tritt durch ein Loch in einem Fensterladen ein und wird dann durch das Prisma geleitet. Die Farben des Spektrums werden anschließend zerlegt, indem sie durch Löcher in einem Brett geleitet werden. Jede Farbe des Spektrums wird dann durch ein weiteres Prisma geleitet. Die verschiedenen Farben werden unterschiedlich stark gebrochen. **b** Das sichtbare Spektrum

Strahlen durch, während die übrigen abgeblockt wurden. Jeder Strahl, der durch das Brett fiel, durchlief dann ein weiteres Prisma, die Prismen 2, 3 und 4 für die rot, gelb und blau aussehenden Lichtstrahlen.

Newton bemerkte 2 wichtige Dinge an dem Licht, das durch das zweite Prisma fiel. Erstens veränderte das zweite Prisma nicht die Farbe des hindurchfallenden Lichts. Zum Beispiel sah ein roter Lichtstrahl weiterhin rot aus, nachdem er das zweite Prisma durchquert hatte. Für Newton bedeutete dies, dass die einzelnen Farben des Spektrums im Gegensatz zu weißem Licht keine Mischungen aus anderen Farben sind. Zweitens war das Ausmaß, in dem die Strahlen aus jedem Teil des Spektrums durch das zweite Prisma „gebrochen" wurden, unterschiedlich. Rote Strahlen wurden nur wenig gebrochen, gelbe etwas stärker und violette am stärksten. Aus dieser Beobachtung schloss Newton, dass das Licht in jedem Teil des Spektrums durch unterschiedliche physikalische Eigenschaften definiert ist und dass diese physikalischen Unterschiede zu unserer Wahrnehmung der verschiedenen Farben führen.

Während seiner gesamten Laufbahn führte Newton intensive Diskussionen mit anderen Wissenschaftlern darüber, worin die physikalischen Unterschiede in verschiedenfarbigem Licht bestehen. Newton war der Meinung, dass Prismen verschiedenfarbige Lichtteilchen trennten, während andere meinten, das Prisma trenne das Licht in verschiedenfarbige Wellen. Klarheit in diesen Fragen kam im 19. Jahrhundert, als Wissenschaftler schlüssig nachwiesen, dass die Farben des Spektrums mit unterschiedlichen Wellenlängen des Lichts verbunden sind (■ Abb. 9.4b). Wellenlängen von etwa 400–450 nm erscheinen violett, 450–490 nm blau; 500–575 nm grün, 575–590 nm gelb, 590–620 nm, orange und 620–700 nm, rot. Folglich hängt unsere Farbwahrnehmung entscheidend von den Wellenlängen des Lichts ab, das in unsere Augen gelangt.

9.2.1 Reflexion und Transmission

Die Farben des *Lichts*, die wir im Spektrum wahrnehmen, stehen also in Beziehung zu den entsprechenden Wellenlängen; aber wie ist es mit der Farbe von *Objekten*? Die Farben von Objekten werden größtenteils durch die Wellenlängen des Lichts bestimmt, das von diesen Objekten in unsere Augen *reflektiert* wird. Dabei entstehen durch **selektive Reflexion**, ein Prozess bei dem bestimmte Wellenlängen besonders stark reflektiert werden, **bunte Farben** wie Rot, Grün oder Blau. Das in ■ Abb. 9.5a dargestellte Blatt Papier reflektiert Licht mit langen Wellenlängen und absorbiert Licht mit kurzen und mittleren Wellenlängen. Infolgedessen erreichen nur die langen Wellenlängen unser Auge, und das Papier erscheint rot. **Unbunte Farben** wie Weiß, Schwarz oder Grau entstehen, wenn alle Wellenlängen gleichermaßen reflektiert werden. Da das Blatt Papier in ■ Abb. 9.5b alle Wellenlängen des Lichts gleichmäßig reflektiert, erscheint es weiß.

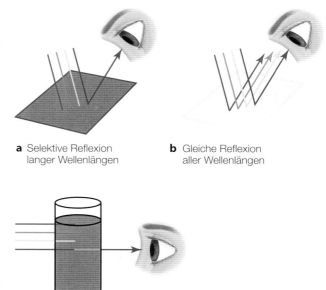

a Selektive Reflexion langer Wellenlängen

b Gleiche Reflexion aller Wellenlängen

c Selektive Transmission langer Wellenlängen

■ **Abb. 9.5** Weißes Licht enthält alle Wellenlängen des Spektrums. Ein Strahl weißen Lichts wird hier dargestellt durch Strahlen mit den Wellenlängen Blau, Grün, Gelb und Rot. **a** Wenn weißes Licht auf die Oberfläche des Papiers trifft, wird das langwellige Licht selektiv reflektiert und die übrigen Wellenlängen werden absorbiert. Wir nehmen das Papier daher als rot wahr. **b** Wenn alle Wellenlängen gleichmäßig reflektiert werden, sehen wir es weiß. **c** In diesem Beispiel der selektiven Transmission wird das langwellige Licht durchgelassen und die anderen Wellenlängen werden von der Flüssigkeit absorbiert

Objekte reflektieren jedoch in der Regel nicht nur eine einzige Wellenlänge des Lichts. ■ Abb. 9.6a zeigt die **spektralen Reflektanzkurven**, die den prozentualen Anteil des von Salat und Tomaten reflektierten Lichts bei jeder Wellenlänge im sichtbaren Spektrum darstellen. Beachten Sie, dass beide Gemüsesorten eine ganze Reihe von Wellenlängen reflektieren, aber jedes Gemüse selektiv mehr Licht in einem Teil des Spektrums reflektiert. Die Tomaten reflektieren selektiv langwelliges Licht in unsere Augen, während Salat hauptsächlich mittlere Wellenlängen reflektiert. Folglich erscheinen Tomaten rot und Salat grün. In ■ Abb. 9.6b können Sie auch die Reflektanzkurven für Salat und Tomaten mit den Kurven für die achromatischen (schwarzen, grauen und weißen) Papierstücke vergleichen, die weitgehend horizontal verlaufen, was auf eine gleiche Reflektanz über das gesamte Spektrum hinweist. Der Unterschied zwischen Schwarz, Grau und Weiß hängt mit der Gesamtmenge an Licht zusammen, die von einem Objekt reflektiert wird. Das schwarze Papier in ■ Abb. 9.6b reflektiert weniger als 10 % des auftreffenden Lichts, während das weiße Papier mehr als 80 % des Lichts reflektiert.

Die meisten Farben in unserer Umgebung kommen dadurch zustande, dass verschiedene Objekte unterschiedliche Wellenlängen selektiv reflektieren. Bei transparenten

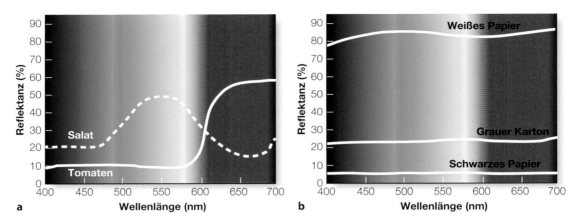

◘ Abb. 9.6 Spektrale Reflektanzkurven für **a** Salat und Tomaten, **b** weißes, graues und schwarzes Papier. (a: Adaptiert nach Williamson & Cummins, 1983; b: Adaptiert nach Clulow, 1972)

◘ Tab. 9.1 Die Beziehung zwischen vorwiegend reflektierten oder transmittierten Wellenlängen und wahrgenommener Farbe

Reflektierte oder transmittierte Wellenlängen	Wahrgenommene Farbe
Kurz	Blau
Mittel	Grün
Lang	Rot
Lang und mittel	Gelb
Lang, mittel und kurz	Weiß

Materialien wie Glas, Flüssigkeiten oder Plastik erzeugt eine **selektive Transmission** des Lichts (chromatische) Farben, indem bei bestimmten Wellenlängen ein höherer Prozentsatz des Lichts durch das Objekt oder die Substanz durchgelassen wird (◘ Abb. 9.5c). So lässt Kirschsaft beispielsweise selektiv langwelliges Licht passieren und erscheint rot, während Pfefferminztee selektiv mittelwelliges Licht passieren lässt und grün erscheint. Spektrale **Transmissionskurven** – die den Anteil des durchgelassenen Lichts in Abhängigkeit von der Wellenlänge wiedergeben – sehen ähnlich aus wie die Reflektanzkurven in ◘ Abb. 9.6. ◘ Tab. 9.1 verdeutlicht die Beziehung zwischen den reflektierten oder transmittierten Wellenlängen und der wahrgenommenen Farbe.

9.2.2 Farbmischung

Die Vorstellung, dass die Farbwahrnehmung großenteils von der Wellenlänge des Lichts abhängt, das in unsere Augen fällt, bietet auch eine Erklärung dafür, was passiert, wenn wir verschiedene Farben mischen. Wir werden dabei 2 Arten von Farbmischungen beschreiben, die beim Vermischen von Farbpigmenten bzw. bei der Überlagerung von farbigem Licht auftreten.

Subtraktive Farbmischung bei Pigmentfarben

Im Kindergarten haben Sie gelernt, dass das Mischen von gelber und blauer Farbe Grün ergibt. Warum ist das so? Betrachten wir die Farben in ◘ Abb. 9.7a. Der blaue Farbklecks absorbiert langwelliges Licht und reflektiert kurze Wellenlängen und etwas Licht im mittleren Wellenlängenbereich (siehe die Reflektanzkurve für „blaue Farbe" in ◘ Abb. 9.7b). Der gelbe Farbklecks absorbiert kurzwellige Anteile des Lichts und reflektiert Licht im mittleren und langen Wellenlängenbereich (siehe die Reflektanzkurve für „gelbe Farbe" in ◘ Abb. 9.7b).

Den Schlüssel zum Verständnis dieser Farbmischung finden wir in dieser Erklärung: *Jede gemischte Pigmentfarbe absorbiert dieselben Wellenlängen, die jedes Pigment allein absorbiert, auch in der Farbmischung, sodass in der Mischung nur diejenigen Wellenlängen reflektiert werden, die von keiner der ursprünglichen Farben absorbiert wurden.* Wie in ◘ Tab. 9.2 dargestellt, absorbiert der blaue Farbklecks das langwellige Licht, während der gelbe Farbklecks das kurzwellige Licht absorbiert. Mischt man sie zusammen, so sind die einzigen Wellenlängen, die diese Absorption überstehen, einige der mittleren Wellenlängen, die als Grün wahrgenommen werden. Da die blauen und gelben Kleckse alle Wellenlängen subtrahieren, mit Ausnahme einiger, die mit Grün assoziiert werden, wird das Mischen von Farbpigmenten als **subtraktive Farbmischung** bezeichnet.

Die Farbmischung wird als Grün wahrgenommen, weil beide Pigmentfarben Wellenlängen des grünen Spektralbereichs teilweise reflektieren (beachten Sie, dass die Überschneidung zwischen den Kurven für blaue und gelbe Farbe in ◘ Abb. 9.7b mit dem Spitzenwert der Reflexionskurve für grüne Farbe zusammenfällt). Wenn die blaue Pigmentfarbe nur Blauanteile und die gelbe nur Gelbanteile reflektieren würde, aber keine Wellenlängen im grünen Übergangsbereich, dann hätten diese Farben keine gemeinsame Reflexionsfarbe und die Mischung würde nicht farbig, sondern schwarz aussehen. Wie Objekte reflektieren aber auch die meisten Pigmente Licht in einem breiten

◘ Tab. 9.2 Subtraktive Farbmischung bei blauem und gelbem Pigment

	Wellenlängen		
	Kurz	**Mittel**	**Lang**
Blaue Pigmentfarbe	Reflektiert alle	Reflektiert einige	Absorbiert alle
Gelbe Pigmentfarbe	Absorbiert alle	Reflektiert einige	Reflektiert einige
Mischung von blauer und gelber Pigmentfarbe	Absorbiert alle	reflektiert einige	Absorbiert alle

Anteile des Spektrums, die von blauer und gelber Pigmentfarbe sowie der Mischung absorbiert und reflektiert werden. Die Wellenlängen, die bei der Farbmischung reflektiert werden, sind in der entsprechenden Farbe hervorgehoben. Das Licht, das normalerweise als Grün wahrgenommen wird, ist das einzige Licht, das von beiden Farben gemeinsam reflektiert wird.

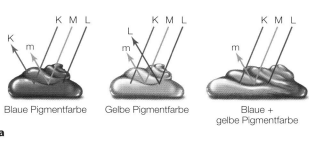

Blaue Pigmentfarbe   Gelbe Pigmentfarbe   Blaue + gelbe Pigmentfarbe

a

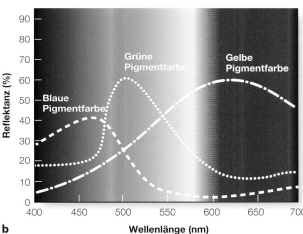

b

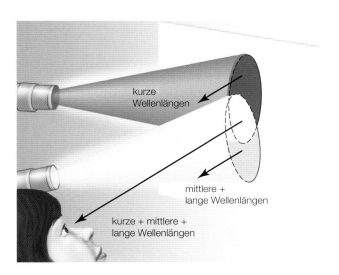

◘ Abb. 9.8 Farbmischung bei Licht. Die Überlagerung eines blauen und eines gelben Lichts erzeugt die Wahrnehmung von Weiß im Überlappungsbereich. Dies ist ein Beispiel für additive Farbmischung

◘ Abb. 9.7 Farbmischung bei Pigmentfarben. Die Mischung von blauer und gelber Pigmentfarbe erzeugt eine grün erscheinende Pigmentfarbe. Dies ist ein Beispiel für subtraktive Farbmischung

Spektrum von Wellenlängenbereichen. Würden die Pigmentfarben nicht so viele Wellenlängen reflektieren, dann gäbe es die vielen Mischfarben, die wir als selbstverständlich betrachten, nicht.

Additive Farbmischung bei Licht

Überlegen wir nun, was passiert, wenn wir blaues und gelbes Licht mischen. Wenn man blau erscheinendes Licht auf eine weiße Fläche projiziert und es mit gelb erscheinendem Licht überlagert, wird der Überlagerungsbereich als weiß wahrgenommen (◘ Abb. 9.8). Das mag überraschen angesichts unserer lebenslangen Erfahrung beim Mischen von gelber und blauer Malfarbe, die Grün ergibt und unseren Überlegungen über das Mischen von Farbpigmenten

oben. Aber es wird verständlich, wenn man die Wellenlängen des Mischlichts betrachtet, die unser Auge erreichen. Da das Licht auf eine weiße Fläche projiziert wird, die bei allen Wellenlängenkomponenten den gleichen Anteil des einfallenden Lichts reflektiert, kommt von allen Wellenlängen, die die Fläche treffen, derselbe Anteil im Auge des Betrachters an (wie bei der Reflektanzkurve des weißen Papiers in ◘ Abb. 9.5). Das blaue Licht besteht aus kurzwelligen Komponenten. Solange nur dieses Licht auf die weiße Fläche fällt, wird kurzwelliges Licht ins Auge des Betrachters reflektiert (◘ Tab. 9.3). Entsprechend wird das gelbe Licht, das sich aus mittleren und langen Wellenlängen zusammensetzt, reflektiert.

Den Schlüssel zum Verständnis dieser Farbmischung finden wir in dieser Erklärung: *Alle Wellenlängen, die bei Licht nur einer Farbe reflektiert werden, werden genauso auch bei der Überlagerung beider Lichter reflektiert.* Bei der Überlagerung von blauem und gelbem Licht werden also die jeweils entsprechenden beiden Wellenlängenbänder ins Auge des Betrachters reflektiert. Insgesamt addieren sich also, wie ◘ Abb. 9.9 zeigt, im reflektierten Licht die

◻ Tab. 9.3 Additive Farbmischung bei blauem und gelbem Licht

	Wellenlängen		
	Kurz	**Mittel**	**Lang**
Blaues Licht	Reflektiert	Nicht reflektiert	Nicht reflektiert
Gelbes Licht	Nicht reflektiert	Reflektiert	Reflektiert
Überlagerung von gelbem und blauem Licht	reflektiert	reflektiert	reflektiert

Anteile des Spektrums, die von einer weißen Fläche reflektiert werden, wenn sie mit blauem und gelbem Licht beleuchtet wird. Die Wellenlängen, die bei der Farbmischung reflektiert werden, sind in der entsprechenden Farbe hervorgehoben.

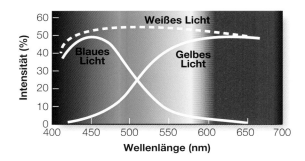

◻ Abb. 9.9 Spektralverteilung von blauem und gelbem Licht. Die *gestrichelte Kurve*, die die Summe der blauen und gelben Verteilungen ist, stellt die Wellenlängenverteilung für weißes Licht dar. Wenn also blaues und gelbes Licht einander überlagern, addieren sich die Wellenlängen und das Ergebnis ist die Wahrnehmung von Weiß

kurzwelligen Anteile und die mittel- bis langwelligen Anteile, was zu der Wahrnehmung von Weiß führt. Da sich die reflektierten Wellenlängenanteile bei dieser Überlagerung von Licht addieren, bezeichnet man diese Farbmischung als **additive Farbmischung**.

Wir können die Ergebnisse zur Farbmischung folgendermaßen zusammenfassen:

- Die Farben des *Lichts* hängen mit den Wellenlängen des sichtbaren Spektrums zusammen.
- Die Farben von Objekten hängen mit den Wellenlängen zusammen, die *reflektiert* (undurchsichtiges Objekt) bzw. *transmittiert* (durchsichtiges Objekt) werden.
- Die Farben, die bei der Farbmischung entstehen, hängen ebenfalls mit den ins Auge fallenden Wellenlängen zusammen. Wenn *Pigmentfarben* gemischt werden, dann werden weniger Wellenlängen reflektiert, weil jedes einzelne Pigment Wellenlängen von der Mischung *abzieht* (subtraktive Farbenmischung). Wenn *Lichter* gemischt werden, dann werden mehr Wellenlängen reflektiert, weil jedes einzelne Licht Wellenlängen zur Mischung *hinzufügt* (additive Farbenmischung).

Wir werden in diesem Kapitel später noch sehen, dass auch andere Faktoren als die Wellenlängen des Lichts, das in unsere Augen gelangt, unsere Farbwahrnehmung beeinflussen. So kann die Farbe, die wir bei einem Objekt

wahrnehmen, davon abhängen, vor welchem Hintergrund wir es sehen, von den Farben, denen Betrachter in ihrer Umgebung ausgesetzt sind, und auch davon, wie die Betrachter die Beleuchtung einer Szene interpretieren. Aber vorerst konzentrieren wir uns weiterhin auf den Zusammenhang von Wellenlänge und Farbe.

9.3 Wahrnehmungsdimensionen der Farbe

Isaac Newton beschrieb das sichtbare Spektrum (◻ Abb. 9.4b) in seinen Experimenten in 7 Farben: Rot, Orange, Gelb, Grün, Blau, Indigo und Violett. Seine Verwendung von 7 Farbbegriffen hatte jedoch wahrscheinlich mehr mit Mystik als mit Wissenschaft zu tun, da er das sichtbare Spektrum (7 Farben) mit der Tonleiter in der Musik (7 Töne), dem Lauf der Zeit (7 Tage in der Woche), der Astronomie (damals waren 7 Planeten bekannt) und der Religion (7 Todsünden) harmonisieren wollte.

Moderne Sehforscher neigen dazu, Indigo aus der Liste der **Spektralfarben** auszuschließen, weil es dem Menschen schwerfällt, es von Blau und Violett zu unterscheiden. Darüber hinaus gibt es auch viele **Nichtspektralfarben** – Farben, die nicht im Spektrum erscheinen, weil sie Mischungen aus anderen Farben sind, z. B. Magenta (eine Mischung aus Blau und Rot). Letztendlich ist die Anzahl der Farben, die wir unterscheiden können, enorm: Wenn Sie schon einmal beschlossen haben, Ihre Schlafzimmerwand zu streichen, werden Sie in der Farbenabteilung Ihres örtlichen Baumarkts eine schwindelerregende Anzahl von Farben entdeckt haben. Die großen Farbhersteller haben Tausende von Farben in ihren Katalogen, und Ihr Computermonitor kann Millionen verschiedener Farben anzeigen. Obwohl die Schätzungen darüber, wie viele Farben der Mensch unterscheiden kann, stark variieren, geht man davon aus, dass wir unter optimalen Bedingungen etwa 2,3 Mio. Farben unterscheiden können (Linhares et al., 2008).

Wie können wir Millionen von Farben wahrnehmen, wenn wir das sichtbare Spektrum mit nur 6 oder 7 Farben beschreiben können? Es gibt 3 Wahrnehmungsdimensionen von Farbe, die zusammen die große Anzahl von Farben erzeugen, die wir wahrnehmen können. Bisher haben wir

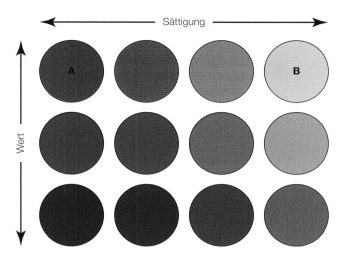

◻ Abb. 9.10 Diese 12 Farbfelder haben denselben Farbton (*rot*). Die Sättigung nimmt von links nach rechts und die Helligkeit von oben nach unten ab

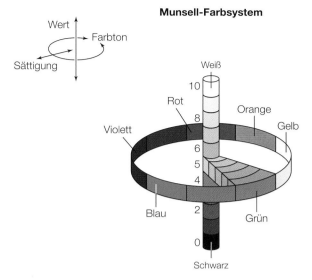

Munsell-Farbsystem

◻ Abb. 9.11 Das Munsell-Farbsystem. Der Farbton ist in einem Kreis um die Vertikale angeordnet, die den Wert darstellt. Die Sättigung nimmt mit der Entfernung von der zentralen vertikalen Achse zu

Farben wie Blau, Grün und Rot als chromatische Farben bezeichnet. Ein anderer Begriff ist **Farbton**. ◻ Abb. 9.10 zeigt eine Reihe von Farbfeldern, von denen wir die meisten als Rottöne bezeichnen würden. Diese Farben erscheinen deshalb unterschiedlich, weil sie in den beiden anderen Dimensionen der Farbe, *Sättigung* und *Wert* (auch *Helligkeit* genannt) variieren.

Die **Sättigung** bezieht sich auf die Intensität der Farbe. Wenn Sie in ◻ Abb. 9.10 die Farbfelder von links nach rechts anschauen, sehen Sie, dass den Farbfeldern immer mehr Weiß hinzugefügt wurde, wodurch die Sättigung abnimmt. Wenn Farbtöne **entsättigt** werden, können sie blass oder verwaschen wirken. Farbfeld A in ◻ Abb. 9.10 erscheint beispielsweise als tiefes, leuchtendes Rot, während Farbfeld B in einem entsättigten, gedämpften Rosa erscheint. Der **Wert** oder die **Helligkeit** bezieht sich auf die Hell-Dunkel-Dimension der Farbe. Wenn Sie die Spalten in ◻ Abb. 9.10 von oben nach unten betrachten, sehen Sie, dass der Wert abnimmt, je dunkler die Farben werden.

Eine weitere nützliche Methode zur Veranschaulichung der Beziehung zwischen Farbton, Sättigung und Helligkeit ist die systematische Anordnung von Farben in einem dreidimensionalen **Farbraum**. ◻ Abb. 9.11a zeigt die Dimensionen von Farbton, Sättigung und Wert im **Munsell-Farbsystem**, das von Albert Munsell in den frühen 1900er-Jahren entwickelt wurde und heute noch weitverbreitet ist.

Verschiedene Farbtöne sind um einen Zylinder herum angeordnet, wobei wahrnehmungsmäßig ähnliche Farbtöne nebeneinanderliegen. Beachten Sie, dass die Anordnung der Farbtöne um den Zylinder mit der Anordnung der Farben im sichtbaren Spektrum in ◻ Abb. 9.4b übereinstimmt. Die Sättigung wird dargestellt, indem die gesättigten Farben am äußeren Rand des Zylinders und die ungesättigten Farben in der Mitte angeordnet werden. Der Wert wird durch die Höhe des Zylinders dargestellt, wobei hellere

Farben oben und dunklere Farben unten sind. Der Farbraum schafft somit ein Koordinatensystem, in dem die Wahrnehmung jeder Farbe durch Farbton, Sättigung und Wert definiert werden kann.

Nachdem wir die grundlegenden Eigenschaften von Farbe und Farbmischung eingeführt haben, werden wir uns nun mit der Verbindung zwischen dem Farbensehen und den Zapfenrezeptoren in der Retina beschäftigen.

Übungsfragen 9.1

1. Beschreiben Sie den Fall von Herrn I. Inwiefern wird durch diesen Fall Farbwahrnehmung veranschaulicht?
2. Was sind die diversen Funktionen des Farbensehens?
3. Welche physikalische Eigenschaft ist am stärksten mit Farbwahrnehmung assoziiert? Wie wird dies durch Unterschiede des Reflexions- und des Transmissionsverhaltens verschiedener Objekte demonstriert?
4. Beschreiben Sie die additive und die subtraktive Farbmischung. Wie hängen diese Farbmischungen mit den Wellenlängen des Lichts zusammen, das in das Auge des Betrachters reflektiert wird?
5. Was sind Spektralfarben? Was sind Nichtspektralfarben? Wie viele verschiedene Farben kann der Mensch unterscheiden?
6. Was sind Farbton, Sättigung und Wert? Beschreiben Sie, wie das Munsell-Farbsystem die verschiedenen Eigenschaften von Farbe darstellt.

9.4 Die Dreifarbentheorie des Farbensehens

Wir wenden uns nun der Physiologie zu und beginnen mit der Retina und physiologischen Prinzipien, die auf der Wellenlänge beruhen.

9.4.1 Kurzer geschichtlicher Hintergrund

Wir beginnen mit der Erörterung der retinalen Grundlage des Farbensehens, indem wir auf Newtons Prismenexperiment zurückkommen (Abb. 9.4). Als Newton das weiße Licht in seine Bestandteile zerlegte, um das sichtbare Spektrum darzustellen, ging er davon aus, dass jeder Bestandteil des Lichtspektrums die Retina unterschiedlich stimulieren muss, damit wir Farben wahrnehmen können. Er vermutete, dass „Lichtstrahlen, die auf den Augenhintergrund fallen, Schwingungen in der Retina hervorrufen. Diese Schwingungen, die sich entlang der Fasern der Sehnerven ins Gehirn fortpflanzen, verursachen den Sinn des Sehens" (Newton, 1704). Heute wissen wir, dass elektrische Signale und nicht „Schwingungen" über den Sehnerv an das Gehirn weitergeleitet werden, aber Newton war auf dem richtigen Weg, als er annahm, dass die mit verschiedenen Lichtern verbundene Aktivität die Wahrnehmung von verschiedenen Farben erzeugt.

Newtons Idee einer Verbindung zwischen jeder Schwingungsgröße und jeder Farbe wurde etwa 100 Jahre später vom britischen Physiker Thomas Young (1773–1829) aufgenommen und kritisch beurteilt. Young nahm an, dass eine bestimmte Stelle auf der Retina nicht in der Lage sein kann, die große Bandbreite der erforderlichen Schwingungen zu verarbeiten. Seine Worte waren:

» Da es fast unmöglich ist, sich vorzustellen, dass jeder rezeptive Punkt auf der Retina eine unendliche Anzahl von Teilchen enthält, von denen jedes in der Lage ist, in perfektem Einklang mit jeder möglichen Schwingung zu vibrieren, wird es notwendig, die Anzahl z. B. auf die drei Hauptfarben Rot, Gelb und Blau zu beschränken. (Young, 1802)

Das Zitat von Young wird hier aufgenommen, weil es so wichtig ist. Dieser Ansatz, dass das Farbensehen auf 3 Hauptfarben beruht, markiert die Geburtsstunde dessen, was heute als **Dreifarbentheorie des Farbensehens** bezeichnet wird, die besagt, dass das Farbensehen auf der Aktivität von 3 verschiedenen Rezeptorsystemen basiert. Zu seiner Zeit war Youngs Theorie jedoch kaum mehr als eine aufschlussreiche Idee, die, wenn sie richtig wäre, eine elegante Lösung für das Rätsel der Farbwahrnehmung bieten würde. Young selbst hatte jedoch wenig Interesse an der Durchführung von Experimenten, um seine Ideen zu überprüfen, und veröffentlichte nie eine Forschungsarbeit zum Nachweis seiner Theorie (Gurney, 1831; Mollon, 2003; Peacock, 1855).

So blieb es James Clerk Maxwell (1831–1879) und Hermann von Helmholtz (dessen Theorie der unbewussten Schlüsse wir in ▶ Kap. 5 erörtert haben) vorbehalten, den erforderlichen experimentellen Nachweis für die Dreifarbentheorie des Farbensehens zu erbringen (Helmholtz, 1860; Maxwell, 1855). Obwohl Maxwell seine Experimente vor Helmholtz durchführte, wurde Helmholtz' Name mit Youngs Idee der 3 Rezeptoren verbunden und die Dreifarbentheorie des Farbensehens wurde als **Young-Helmholtz-Farbentheorie** bekannt. Dass die Dreifarbentheorie des Farbensehens als Young-Helmholtz- und nicht als Young-Maxwell-Farbentheorie bekannt wurde, ist auf Helmholtz' Ansehen in der Wissenschaftswelt und auf die Bedeutung seines Handbuchs der physiologischen Optik (1860) zurückzuführen, in dem er die Idee der 3 Rezeptorsysteme beschrieb (Heesen, 2015; Sherman, 1981).

Auch wenn Maxwell die „Namensrechte" für seine Entdeckungen im Bereich des Farbensehens verweigert wurden, so gilt er doch im Jahr 1999 laut einer Umfrage unter führenden Physikern für seine Arbeiten im Bereich des Elektromagnetismus als drittgrößter Physiker aller Zeiten, nach Newton und Einstein (Durrani & Rogers, 1999). Im nächsten Abschnitt werden wir Maxwells Farbabgleichexperimente ausführlich beschreiben, wenn wir Beweise für die Dreifarbentheorie betrachten.

9.4.2 Beleg für die Dreifarbentheorie durch Farbabgleich

Die Dreifarbentheorie wird gestützt durch die Ergebnisse eines psychophysikalischen Verfahrens, das als **Farbabgleich** bezeichnet wird (Methode 9.1).

Die wichtigste Erkenntnis aus Maxwells Farbabgleichexperiment war, dass jede Referenzfarbe hergestellt werden konnte, sofern die Betrachter das *Verhältnis von 3 Wellenlängen* im Vergleichsfeld korrekt mischen konnten. Mit 2 Wellenlängen konnten die Teilnehmenden zwar einige, aber nicht alle Referenzfarben herstellen. Aber sie brauchten nie 4 Wellenlängen, um eine Referenzfarbe korrekt zu mischen.

Ausgehend von der Beobachtung, dass Personen mit normalem Farbensehen 3 Wellenlängen benötigen, um mit jeder Farbe im Spektrum Farbübereinstimmung herzustellen, schlussfolgerte Maxwell, dass das Farbensehen auf 3 Rezeptorsystemen mit unterschiedlichen spektralen Empfindlichkeiten basiert (erinnern Sie sich an die in ▶ Kap. 3 beschriebene Tatsache, dass spektrale Empfindlichkeit die Empfindlichkeit für Wellenlängen über das sichtbare Spektrum hinweg beschreibt, wie in Abb. 3.15 dargestellt). Nach der Dreifarbentheorie stimuliert Licht einer bestimmten Wellenlänge die 3 Rezeptorsysteme in unterschiedlichem Ausmaß und das Aktivitätsmuster in den 3 Systemen führt zur Wahrnehmung einer Farbe. Somit wird jede Wellenlänge im Nervensystem durch ein eigenes Aktivitätsmuster in den 3 Rezeptorsystemen codiert.

Farbabgleich

Der Ablauf eines **Farbabgleichexperiments** ist in ◨ Abb. 9.12 dargestellt. Die Versuchsleitung präsentiert eine Referenzfarbe, die durch Bestrahlung eines „Referenzfelds" mit Licht einer einzigen Wellenlänge erzeugt wird. Die Versuchsperson reguliert die Stärke von 3 Wellenlän-

genkomponenten derart, dass die Mischfarbe mit der Farbe im „Referenzfeld" übereinstimmt. In diesem Beispiel wird den Betrachtern ein 500-nm-Licht im Referenzfeld auf der linken Seite gezeigt. Dann werden sie aufgefordert, Lichter mit Wellenlängen von 420 nm, 560 nm und 640 nm in einem Vergleichsfeld so zu mischen, dass die Farbe dieses Vergleichsfelds mit der Farbe im Referenzfeld übereinstimmt.

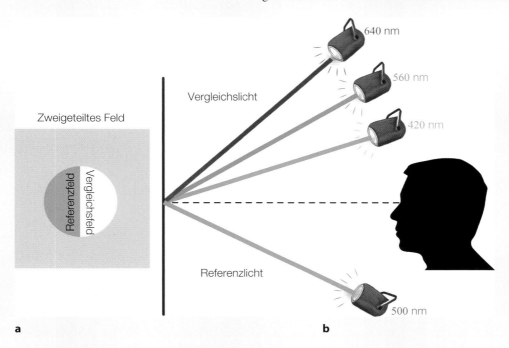

◨ **Abb. 9.12** Ein Farbabgleichexperiment. **a** Die Sicht der Versuchsperson auf das zweigeteilte Feld. Das Vergleichsfeld ist hier leer. **b** Das Vergleichsfeld wird farbig, sobald die Versuchsperson die Mischung von Lichtern dreier Wellenlängen so reguliert, dass dessen Farbe mit der Farbe im Referenzfeld übereinstimmt

Die Geschichte der Physiologie der Dreifarbentheorie ist eine Geschichte der späten Anerkennung, denn zwischen der Idee von 3 Rezeptormechanismen und dem tatsächlichen Nachweis ihrer physiologischen Existenz vergingen fast 100 Jahre.

9.4.3 Messung der Eigenschaften der Zapfenrezeptoren

In den Jahren 1963 und 1964 machten mehrere Forscherteams im Bereich der Physiologie, die an der Identifikation der in der Dreifarbentheorie angenommenen Rezeptorsysteme arbeiteten, eine Entdeckung, die diese Theorie untermauerte. Mithilfe der **Mikrospektrofotometrie**, die es ermöglicht, einen schmalen Lichtstrahl auf einen einzelnen Zapfenrezeptor zu richten, konnten die Zapfen in der menschlichen Retina näher untersucht werden. Durch die Einstrahlung von Licht mit verschiedenen Wellenlängen wurde festgestellt, dass es 3 Arten von Zapfen

mit den in ◨ Abb. 9.13 dargestellten Absorptionsspektren gibt.

Die Absorptionsmaxima liegen hierbei in den kurzwelligen (K) 419 nm, mittelwelligen (M) 531 nm und langwelligen (L) 558 nm Bereichen des Spektrums (Brown & Wald, 1964; Dartnall et al., 1983; Marks et al., 1964).

Die Reaktion der Sehforscher auf diese Messungen war interessant. Einerseits wurden die Messungen der Zapfenspektren als eine beeindruckende und wichtige Errungenschaft gefeiert. Andererseits behaupteten einige aufgrund der Ergebnisse der fast 100 Jahre zuvor durchgeführten Farbabgleichexperimente, sie hätten es ja schon immer gewusst. Aber die neuen Messungen waren wichtig, weil sie nicht nur mit der durch den Farbabgleich belegten Dreifarbentheorie übereinstimmten, sondern auch die genauen Spektren der 3 Zapfenmechanismen bestimmten und, überraschenderweise eine große Überlappung zwischen den L- und M-Zapfen aufzeigten.

Ein weiterer Fortschritt bei der Beschreibung der Zapfen wurde durch den Einsatz **adaptiver optischer Bildge-**

9

■ **Abb. 9.13** Absorptionsspektren der 3 Zapfenpigmente. (Aus Dartnall et al., 1983. Used with permission of the Royal Society of London. Permission conveyed through Copyright Clearance Center, Inc.)

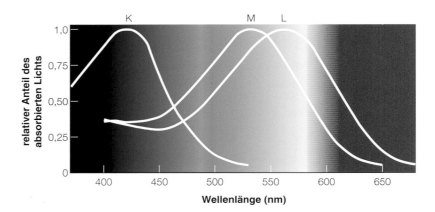

bung erzielt, die es ermöglichte, in das Auge einer Person zu schauen und Bilder zu machen, die zeigten, wie die Zapfen auf der Oberfläche der Netzhaut angeordnet sind. Dies war eine beeindruckende Leistung, denn die Hornhaut und die Linse des Auges enthalten Unregelmäßigkeiten, sogenannte **Aberrationen**, die das Licht auf seinem Weg zur Retina verzerren. Wenn Ihr Augenarzt oder Optiker mit einem Ophthalmoskop in Ihr Auge schaut, kann er zwar Blutgefäße und die Oberfläche der Retina sehen, aber das Bild ist zu unscharf, um einzelne Rezeptoren zu erkennen.

Mithilfe der adaptiven Optik kann ein scharfes Bild erzeugt werden, indem zunächst gemessen wird, wie das optische System des Auges das auf der Retina ankommende Bild verzerrt, und anschließend ein Bild durch einen verformbaren Spiegel aufgenommen wird, der die vom Auge verursachte Verzerrung ausgleicht. Das Ergebnis ist ein klares Bild des **Zapfenmosaiks** wie in ■ Abb. 9.14, das die fovealen Zapfen zeigt. In diesem Bild sind die Zapfen eingefärbt, um die K-, M- und L-Zapfen zu unterscheiden.

■ Abb. 9.15 zeigt die Beziehung zwischen den Antworten der 3 Rezeptorsysteme und unserer Farbwahrnehmung. In ■ Abb. 9.15 werden die Antwortstärken der K-, M- und L-Rezeptoren durch die Größe der Rezeptoren dargestellt. So wird beispielsweise kurzwelliges Licht, das im Spektrum blau erscheint durch eine starke Antwort des K-Rezeptors, eine schwächere Antwort des M-Rezeptors und eine noch schwächere Antwort des L-Rezeptors signalisiert. Gelb wird durch eine sehr schwache Antwort des K-Rezeptors und starke, etwa gleiche Antworten der M- und L-Rezeptoren signalisiert. Weiß entspricht einer identischen Aktivität aller Rezeptoren.

Die in ■ Abb. 9.15 dargestellten Antwortmuster der Rezeptoren zeigen, wie unterschiedliche Wellenlängen des Lichts die 3 Arten von Zapfenrezeptoren aktivieren. Später in diesem Kapitel werden wir sehen, dass diese Verbindung zwischen Wellenlängen und Rezeptoraktivität nur ein Teil der Erklärung des Farbensehens ist, da unsere Farbwahrnehmung auch von Faktoren wie unserem Adaptationszustand, der Beschaffenheit unserer Umgebung und unserer Interpretation der Beleuchtung beeinflusst wird. Wir werden jedoch jetzt die Erklärung der Verbindung zwischen der

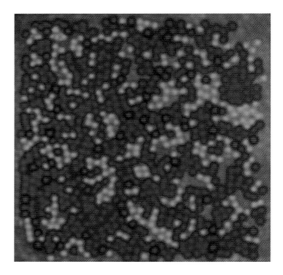

■ **Abb. 9.14** Zapfenmosaik mit L- (*rot*), M- (*grün*), und K-Zapfen (*blau*) in der Fovea. Die Farben wurden hinzugefügt, nachdem die Bilder erstellt wurden. (Aus Roorda & Williams, 1999)

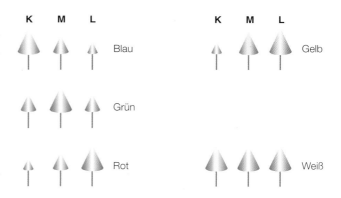

■ **Abb. 9.15** Erregungsmuster der 3 Zapfentypen als Antwort auf verschiedene Farben. Die Größe der Zapfen symbolisiert die Stärke der Rezeptorantwort

Farbwahrnehmung und der Aktivität der Zapfen fortsetzen, indem wir auf die Ergebnisse der Farbabgleichexperimente zurückkommen, die zur Idee der Dreifarbentheorie führten.

9.4.4 Trichromatismus: Zapfen und der trichromatische Farbabgleich

Erinnern Sie sich daran, dass in einem Farbabgleichexperiment die Farbe in einem Vergleichsfeld durch das Regulieren von 3 verschiedenen Wellenlängenkomponenten mit der Farbe in einem Referenzfeld in Übereinstimmung gebracht wird (◼ Abb. 9.12). Dieses Ergebnis ist interessant, da sich die Lichter in den beiden Feldern physikalisch unterscheiden (sie bestehen aus unterschiedlichen Wellenlängen), perzeptuell jedoch identisch sind (sie sehen gleich aus). Diese Situation, in der 2 physikalisch unterschiedliche Stimuli perzeptuell identisch sind, bezeichnet man als **Metamerie**, und die beiden farbgleichen Lichter in einem Farbabgleichexperiment nennt man **Metamere**.

Der Grund für das identische Aussehen von Metameren besteht darin, dass sie beide dasselbe Aktivitätsmuster in den 3 Zapfenrezeptortypen hervorrufen. Wenn die Anteile eines roten Lichts mit 620 nm und eines grünen Lichts mit 530 nm so reguliert werden, dass die Farbe der Mischung der Farbe eines gelb erscheinenden 580-nm-Lichts entspricht, so erzeugen die beiden gemischten Wellenlängen dasselbe Aktivitätsmuster in den Zapfenrezeptoren wie das einzelne 580-nm-Licht (◼ Abb. 9.16). Das grüne 530-nm-Licht erzeugt eine starke Antwort im M-Rezeptor und das rote 620-nm-Licht eine starke Antwort im L-Rezeptor. Zusammen rufen sie eine starke Antwort im M- und im L-Rezeptor und eine viel schwächere Antwort im K-Rezeptor hervor. Dies ist das Aktivitätsmuster für Gelb, und es ist dasselbe Muster wie für das 580-nm-Licht. Trotz der *physikalischen Unterschiede* führen die Lichter in beiden Feldern zu denselben physiologischen Antwortmustern im Gehirn und werden deshalb als identisch wahrgenommen.

Wir können den Zusammenhang zwischen den Ergebnissen von Farbabgleichexperimenten und den Zapfenpigmenten auch verstehen, indem wir betrachten, was mit der Farbwahrnehmung geschieht, wenn es weniger als 3 Arten

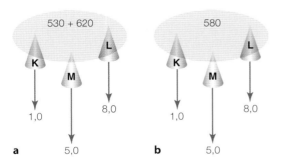

◼ **Abb. 9.16** Das Prinzip der Metamerie. Die Anteile der 530- und 620-nm-Lichter im Feld links wurden so reguliert, dass die Mischung (**a**) mit dem 580-nm-Licht (**b**) identisch zu sein scheint. Die Zahlen repräsentieren die Antwortstärken der K-, M- und L-Rezeptoren. Es gibt keinen Unterschied der Antworten beider Rezeptorgruppen, weshalb die beiden Felder perzeptuell nicht zu unterscheiden sind

von Rezeptoren gibt. Wir beginnen mit der Frage, was passiert, wenn es nur einen einzigen Rezeptortyp gibt.

9.4.5 Monochromatismus: Farbensehen mit nur einem Sehpigment

Monochromatismus ist eine seltene Form der Farbenblindheit, die in der Regel vererbt wird und nur bei etwa 10 von 1 Mio. Menschen auftritt (LeGrand, 1957). Monochromaten haben in der Regel keine funktionierenden Zapfen, sodass ihr Sehvermögen nur durch die Stäbchen erzeugt wird. Ihr Sehvermögen weist daher sowohl bei schwachem als auch bei hellem Licht die Merkmale des Stäbchensehens auf, sodass sie nur in Helligkeitsabstufungen (weiß, grau und schwarz) sehen und daher als **farbenblind** bezeichnet werden können. Jemand mit normalem Farbsehvermögen kann erfahren, wie es ist, ein Monochromat zu sein, indem er einige Minuten im Dunkeln sitzt. Wenn die Dunkeladaptation abgeschlossen ist (◼ Abb. 3.13), wird das Sehen von den Stäbchen gesteuert, wodurch die Welt in Grautönen erscheint.

Da Monochromaten alle Wellenlängen als Grautöne wahrnehmen, können sie jede Wellenlänge einstellen, indem sie eine andere Wellenlänge auswählen und deren Intensität verändern. Daher benötigt ein Monochromat nur eine Wellenlänge, um eine Übereinstimmung mit einer beliebigen anderen Wellenlänge im Spektrum herzustellen. Es lässt sich leicht verstehen, warum Farbwahrnehmung bei einer Person mit nur einem Rezeptortyp nicht möglich ist, wenn wir überlegen, wie eine Person mit nur einem Sehpigment 2 Lichter mit Wellenlängen von 480 und 600 nm wahrnehmen würde, die Menschen mit normalem Farbensehen als blau bzw. rot wahrnehmen. Das in ◼ Abb. 9.17a dargestellte Absorptionsspektrum für das eine Sehpigment zeigt, dass das Pigment 10 % des 480-nm-Lichts und 5 % des 600-nm-Lichts absorbiert.

Um zu verstehen, was unsere Person mit ihrem einen Sehpigment beim Betrachten der beiden Lichter wahrnimmt, müssen wir auf die Beschreibung der Sehpigmente in ▶ Kap. 3 zurückgreifen und uns daran erinnern, dass bei der Absorption von Licht das *Retinal* seine Form ändert – in einem Prozess, der als Isomerisation bezeichnet wird (wir beschreiben Licht in diesem Buch zwar meist anhand der Wellenlänge, kommen hier aber auf die Energie zurück, die in den *Photonen* gebündelt ist, den kleinsten Energiepaketen, aus denen sich Licht zusammensetzt). Ein Photon, das von einem Pigmentmolekül absorbiert wird, löst dort eine Isomerisation aus. Diese Isomerisation wiederum stößt einen Prozess der Aktivierung im Rezeptor an, der ein elektrisches Signal aussendet, das letztlich zur Wahrnehmung des Lichts führt.

Wenn die Lichtintensität bei beiden Wellenlängen so eingestellt ist, dass jeweils 1000 Photonen auf das eine Sehpigment des Betrachters treffen, dann werden

9

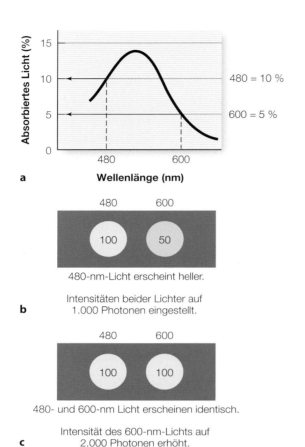

a Absorptionsspektrum eines Sehpigments

b 480-nm-Licht erscheint heller.

Intensitäten beider Lichter auf
1.000 Photonen eingestellt.

480- und 600-nm Licht erscheinen identisch.

Intensität des 600-nm-Lichts auf
2.000 Photonen erhöht.

c

◻ Abb. 9.17 a Absorptionsspektrum eines Sehpigments, das von Licht
mit einer Wellenlänge von 480 nm 10 % absorbiert und von 600-nm-Licht
nur 5 %. **b** Wenn die Intensitäten beider Lichter auf 1000 Photonen eingestellt werden, dann isomerisiert das 480-nm-Licht 100 Sehpigmentmoleküle (10 %) und das 600-nm-Licht 50 (5 %), was durch Multiplikation der
Intensität mit dem Prozentsatz des absorbierten Lichts ermittelt wird. Da
mehr Sehpigmente durch das 480-nm-Licht isomerisiert werden, erscheint
es heller. **c** Wird die Intensität des 600-nm-Lichts auf 2000 Photonen
eingestellt, so isomerisieren beide Wellenlängen die gleiche Zahl von Photonen und werden deshalb auch als gleich wahrgenommen

die absorbierten Photonen dieses Pigment isomerisieren.
Wie ◻ Abb. 9.17b zeigt, isomerisiert das 480-nm-Licht
1000 × 10 % = 100 Moleküle, während das 600-nm-Licht
nur 1000 × 5 % = 50 Moleküle isomerisiert. Das 480-
nm-Licht wird also, weil es doppelt so viele Moleküle
isomerisiert, eine stärkere Rezeptorantwort auslösen und
die Wahrnehmung einer größeren Helligkeit hervorrufen
als das 600-nm-Licht. Wenn wir jedoch die Lichtintensität des 600-nm-Lichts auf 2000 Photonen verdoppeln, wie
in ◻ Abb. 9.17c dargestellt, dann wird auch dieses Licht
100 Sehpigmentmoleküle isomerisieren.

Wenn nun das Licht mit 1000 Photonen bei 480 nm
und das Licht mit 2000 Photonen bei 600 nm die gleiche
Anzahl von Sehpigmentmolekülen isomerisieren, wird das
dazu führen, dass beide Lichter gleich hell wahrgenommen werden. Dabei spielt die unterschiedliche Wellenlänge

der absorbierten Photonen keine Rolle mehr, weil das **Univarianzprinzip** gilt. Es besagt, dass die Absorption eines
Photons unabhängig von der Wellenlänge immer denselben
Effekt hat. Danach ist die Wellenlänge nicht mehr identi-
fizierbar. Isomerisation ist Isomerisation, unabhängig von
der Wellenlänge des absorbierten Photons. Das Univarianzprinzip bedeutet, dass im Rezeptor die *Wellenlänge* des
absorbierten Lichts nicht mehr identifiziert werden kann,
sondern nur noch die *Gesamtzahl* der absorbierten Photonen erkennbar ist. Deshalb ist es möglich, die Intensitäten
verschiedener Lichter so anzupassen, dass bei einem einzigen Sehpigment die Antworten gleich ausfallen und die
Lichter trotz ihrer unterschiedlichen Wellenlängen gleich
aussehen.

Das bedeutet, dass eine Person mit nur einem Sehpigment jede Wellenlänge beim Farbabgleich auf die *Intensität*
jeder Referenzwellenlänge einstellen kann, wobei sie die
verschiedenen Wellenlängen als unterschiedliche Schattie-
rungen von Grau wahrnimmt. Indem sie die Intensitäten
entsprechend einstellt, kann sie 2 Lichter mit verschiedenen Wellenlängen wie 480 nm und 600 nm gleich aussehen
lassen.

Mit unserem Beispiel von nur einem Sehpigment haben
wir gezeigt, dass man mehr als einen Rezeptortyp braucht,
um chromatische Farben wahrzunehmen. Wir betrachten
nun, was passiert, wenn es 2 Arten von Zapfen gibt.

9.4.6 Dichromatismus: Farbensehen
        mit zwei Sehpigmenten

Betrachten wir, was passiert, wenn die Retina 2 Sehpigmente enthält mit Absorptionsspektren, wie in ◻ Abb. 9.18
durch die gestrichelte Kurve dargestellt.

Wenn wir uns das Verhältnis der Reaktionen der beiden
Pigmente für verschiedene Wellenlängen ansehen, können
wir erkennen, dass Pigment 1 das 480-nm-Licht stärker
absorbiert als Pigment 2 und eine entsprechend stärkere
Reaktion im Rezeptor hervorruft; das 600-nm-Licht führt
dagegen bei Pigment 2 zur höheren Absorption und stärkeren Reaktion als in Pigment 1. Diese Verhältnisse bleiben
gleich, unabhängig von der Lichtintensität. Das Verhältnis der Absorptionsanteile beträgt bei 480 nm Wellenlänge
stets 10:2 bzw. bei 600 nm 5:10. Das visuelle System kann
also, genau wie beim Vorhandensein von 3 Sehpigmenten,
die Information, die im Absorptionsverhältnis enthalten ist,
heranziehen, um die beiden Wellenlängen zu unterscheiden.

Mithilfe von 2 Sehpigmenten können also Angaben darüber gemacht werden, um welche Wellenlängen es sich
handelt. Menschen, die lediglich über 2 Arten von Zapfenpigmenten verfügen, sogenannte **Dichromaten**, sehen Farben genauso wie durch unsere Berechnungen vorhergesagt,
aber weil sie nur 2 Arten von Zapfen haben, verwechseln
sie einige Farben, die **Trichromaten**, also Menschen mit
3 Zapfenpigmenten, unterscheiden können.

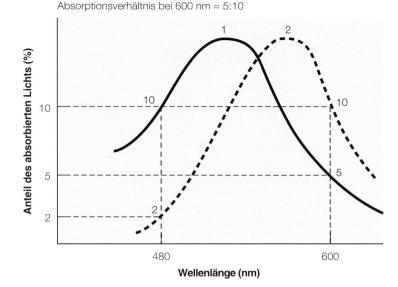

◻ Abb. 9.18 Wird ein zweites Sehpigment hinzugefügt, so gibt es neben der Absorptionskurve aus ◻ Abb. 9.17 eine zweite (*gestrichelte*) Kurve. Anhand dieser Kurven lassen sich Wellenlängen wie 480 nm und 600 nm unterscheiden, indem man das Verhältnis der absorbierten Lichtanteile heranzieht. Beim 480-nm-Licht beträgt es 10:2 (*blaue gestrichelte Linie*), beim 600-nm-Licht 5:10 (*rote gestrichelte Linie*). Diese Verhältnisse sind unabhängig von der Intensität des einfallenden Lichts

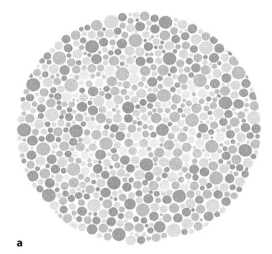

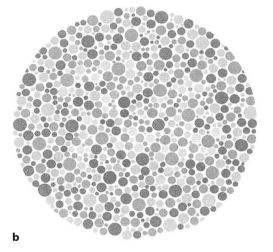

a   **b**

◻ Abb. 9.19 Ein Beispiel einer Ishihara-Tafel für die Untersuchung auf Farbfehlsichtigkeit. **a** Ein Betrachter mit normalem Farbensehen erkennt die Zahl 74, wenn er die Tafel unter einer Standardbeleuchtung sieht. **b** So sieht die Tafel für eine Person mit einer Form von Rot-Grün-Farbfehlsichtigkeit aus

Ein Dichromat wie unser Betrachter mit den 2 Sehpigmenten in ◻ Abb. 9.16 benötigt nur 2 Wellenlängen, um eine Farbübereinstimmung mit allen anderen Wellenlängen des Spektrums herzustellen. Demnach besteht eine Möglichkeit, Farbfehlsichtigkeit festzustellen, darin, den Prozess des Farbabgleichs einzusetzen und die Mindestanzahl von Wellenlängen zu bestimmen, die benötigt wird, um eine Übereinstimmung mit anderen Wellenlängen herzustellen.

Eine andere Möglichkeit zur Diagnose von Farbfehlsichtigkeit ist ein Test zum Farbensehen, der auf Reizen beruht, den sogenannten **Ishihara-Tafeln**. In der Beispieltafel in ◻ Abb. 9.19a sehen Personen mit normaler Farbwahrnehmung die Zahl 74. Personen mit einer Rot-Grün-Sehschwäche sehen vielleicht ein Muster wie in ◻ Abb. 9.19b, in dem die 74 nicht sichtbar ist.

Wenn eine Farbfehlsichtigkeit bei einer Person festgestellt worden ist, bleibt immer noch die Frage: Welche Farben sieht ein Dichromat im Vergleich zu einem Trichromaten? Um das herauszufinden, müssen wir einen **unilateralen Dichromaten** ausfindig machen – eine Person mit trichromatischem Sehen auf einem Auge und dichromatischem Sehen auf dem anderen. Da beide Augen des unilateralen Dichromaten mit demselben Gehirn verbunden sind, kann diese Person eine Farbe mit dem dichromatischen Auge betrachten und dann angeben, welcher mit dem trichromatischen Auge gesehenen Farbe sie entspricht. Unilaterale Dichromaten sind zwar extrem selten, doch die wenigen untersuchten Fälle erlauben uns einen Einblick in die Farbwahrnehmung eines Dichromaten (Alpern et al., 1983; Graham et al., 1961; Sloan & Wollach, 1948). Betrachten wir nun die 3 Arten von Dichromaten und ihr Farbempfinden.

Es existieren 3 Hauptformen von **Dichromasie**: *Protanopie*, *Deuteranopie* und *Tritanopie*. Die beiden häufigsten Formen, Protanopie und Deuteranopie, werden durch ein Gen auf dem X-Chromosom vererbt (Nathans et al., 1986). Männer (XY) besitzen nur ein X-Chromosom, sodass ein Defekt des Sehpigmentgens auf diesem Chromosom zu Farbfehlsichtigkeit führt. Frauen (XX) mit ihren beiden X-Chromosomen sind hingegen seltener farbfehlsichtig, weil für normales Farbensehen nur ein normales Gen vonnöten ist. Diese Formen des abweichenden Farbensehens nennt man geschlechtsgebunden, da Frauen das Gen für Farbfehlsichtigkeit tragen können, ohne selbst farbfehlsichtig zu sein. Aus diesem Grund sind viel mehr Männer als Frauen Dichromaten.

Bei unserer nun folgenden Beschreibung des Farberlebens von Dichromaten beziehen wir uns auf die Wahrnehmung bunter Papierblumen bei Trichromaten und die entsprechende Erscheinung des sichtbaren Spektrums, wie in ◘ Abb. 9.20a und 9.21a gezeigt:

- **Protanopie** betrifft etwa 1 % aller Männer und 0,02 % aller Frauen. Sie führt zu einer Wahrnehmung der Farben des Spektrums wie in ◘ Abb. 9.20b. Einem protanopen Menschen fehlt das langwellige Pigment. Infolgedessen nimmt er kurzwelliges Licht als blau wahr; mit zunehmender Wellenlänge erscheint ihm das Blau immer weniger gesättigt, bis er bei 492 nm Grau wahrnimmt (◘ Abb. 9.21b). Die Wellenlänge, bei der der Protanop Grau wahrnimmt, wird als **neutraler Punkt** bezeichnet. Bei Wellenlängen oberhalb dieses neutralen Punkts nimmt der Protanop ein Gelb wahr, das mit zunehmender Wellenlänge immer weniger gesättigt erscheint.
- **Deuteranopie** betrifft etwa 1 % der Männer und 0,01 % der Frauen. Sie führt zu einer Wahrnehmung der Farben des Spektrums wie in ◘ Abb. 9.20c. Einem deuteranopen Menschen fehlt das mittelwellige Pigment, deshalb nimmt er bei kurzen Wellenlängen Blau und bei langen Wellenlängen Gelb wahr, wobei der neutrale Punkt bei etwa 498 nm liegt (◘ Abb. 9.21c; Boynton, 1979).
- **Tritanopie** ist sehr selten und betrifft lediglich etwa 0,002 % der Männer und 0,001 % der Frauen. Einem tritanopen Menschen fehlt das kurzwellige Pigment. Er sieht Farben, wie in ◘ Abb. 9.20d gezeigt, und nimmt im Spektrum (◘ Abb. 9.21d) bei kurzen Wellenlängen Blau und bei langen Wellenlängen Rot wahr, wobei der neutrale Punkt bei 570 nm liegt (Alpern et al., 1983).

Neben dem Monochromatismus und dem Dichromatismus gibt es eine weitere auffällige Art von Farbfehlsichtigkeit, den **anomalen Trichromatismus**. Ein anomaler Trichromat benötigt 3 Wellenlängen zur Herstellung der Farbübereinstimmung mit einer beliebigen anderen Wellenlänge, genau wie ein normaler Trichromat. Allerdings mischt ein

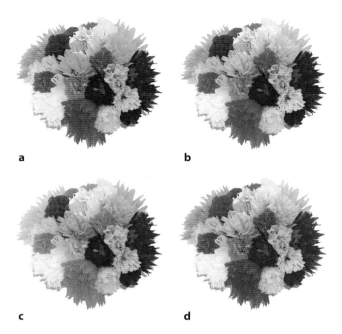

◘ Abb. 9.20 Bunte Papierblumen, wie sie **a** Trichromaten erscheinen, im Vergleich zu **b** Protanotopen, **c** Deuteranopen und **d** Tritanopen. (Foto von Bruce Goldstein, Farbsimulation von Jay Neitz und John Carroll)

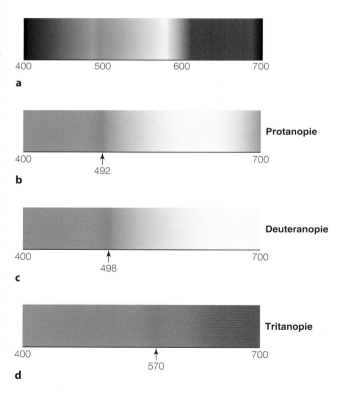

◘ Abb. 9.21 Die Farbwahrnehmungen von **a** Trichromaten, **b** Protanotopen, **c** Deuteranopen und **d** Tritanopen. Die Zahl unter dem *Pfeil* bezeichnet die Wellenlänge des neutralen Punkts, also der Wellenlänge, bei der Grau wahrgenommen wird. (Spektren von Jay Neitz und John Carroll)

anomaler Trichromat diese Wellenlängen zu anderen Anteilen als ein Trichromat und kann darüber hinaus dicht beieinanderliegende Wellenlängen nicht so gut unterscheiden.

Die Geschichte, die wir über die Verbindung zwischen den Zapfenrezeptoren und dem Farbensehen erzählt haben, spielt sich ausschließlich in den Rezeptoren in der Retina ab. Aber es steckt mehr dahinter als das Geschehen in den Rezeptoren, denn Signale werden von den Rezeptoren durch die Retina zum Corpus geniculatum laterale im Thalamus geleitet, von dort zum visuellen Kortex und schließlich zu anderen Bereichen des Kortex. Ewald Hering (1834–1918) bemerkte ein Ergebnis dieser weiteren Verarbeitung, lange bevor die Forscher begannen, die Natur dieser Verarbeitung zu verstehen. Diese Erkenntnis beschreibt er in seiner Gegenfarbentheorie des Farbsehens.

Übungsfragen 9.2

1. Was kritisierte Thomas Young an Newtons Idee, dass Farbe durch Schwingungen entsteht?
2. Wie hat Young das Farbensehen erklärt? Warum wird seine Erklärung Young-Helmholtz-Farbentheorie genannt?
3. Beschreiben Sie Maxwells Farbabgleichexperimente. Wie stützen die Ergebnisse die Dreifarbentheorie des Farbensehens?
4. Welcher Zusammenhang besteht zwischen dem Trichromatismus und den Zapfenrezeptoren und den Sehpigmenten?
5. Was ist Metamerie? Welchen Zusammenhang gibt es zwischen Metamerie und den Ergebnissen der Farbabgleichexperimente?
6. Was ist Monochromatismus? Wie bringt ein Monochromat die Lichter in einem Farbabgleichexperiment in Übereinstimmung? Nimmt ein Monochromat chromatische Farben wahr?
7. Was ist das Prinzip der Univarianz? Wie erklärt das Prinzip der Univarianz die Tatsache, dass ein Monochromat jede Wellenlänge im Spektrum anpassen kann, indem er die Intensität einer anderen Wellenlänge verändert?
8. Beschreiben Sie, wie Absorptionsspektren von Sehpigmenten eine Erklärung dafür liefern können, wie die Bestimmung von Wellenlängen erfolgen kann, wenn es nur 2 Rezeptortypen gibt.
9. Wie verändern sich die Ergebnisse des Farbabgleichs bei einer Person mit 2 Arten von Zapfenrezeptoren im Vergleich zu einem Menschen mit 3 Arten von Zapfenrezeptoren?
10. Was ist Dichromatismus? Welches Verfahren wurde verwendet, um festzustellen, wie Dichromaten im Vergleich zu Trichromaten Farben wahrnehmen?
11. Welches sind die 3 Arten von Dichromatismus?

9.5 Die Gegenfarbentheorie des Farbensehens

Was bedeutet Gegensatz? Für das Farbensehen bedeutet es, dass es Farbpaare gibt, die einander hemmende oder antagonistische Reaktionen hervorrufen. Herings Theorie, die sogenannte **Gegenfarbentheorie des Farbensehens**, besagt, dass es 2 Farbpaare gibt, nämlich Rot/Grün und Blau/Gelb (Hering, 1878, 1964). Er wählte diese Farbpaare auf der Grundlage phänomenologischer Beobachtungen aus, in denen Beobachter die Farben so beschrieben, wie sie sie erlebten.

9.5.1 Verhaltensbasierte Belege für die Gegenfarbentheorie

Es gibt 2 Belege für die Gegenfarbentheorie: ein phänomenologischer und ein psychophysischer Beleg.

Phänomenologischer Beleg

Der phänomenologische Beleg, der auf Farberfahrungen beruht, war für Herings Ansatz der Gegenfarbentheorie von zentraler Bedeutung. Seine Annahmen zu Gegenfarben basierten auf den *Farberfahrungen* von Personen beim Betrachten eines Farbkreises wie in ☐ Abb. 9.22. Ein **Farbkreis** ordnet wahrnehmungsmäßig ähnliche Farben nebeneinander im Kreis an, genau wie der in ☐ Abb. 9.11 dargestellte Farbraum. Eine weitere Eigenschaft des Farb-

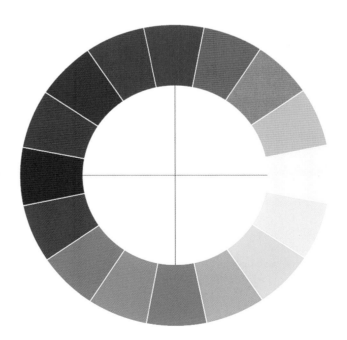

☐ **Abb. 9.22** Der von Hering beschriebene Farbkreis. Die Farben auf der linken Seite erscheinen bläulich, die Farben auf der rechten Seite gelblich, die Farben auf der oberen Seite rötlich und die Farben auf der unteren Seite grünlich. Linien verbinden Komplementärfarben

kreises besteht darin, dass die einander gegenüberliegenden Farben Komplementärfarben sind, d. h. Farben, die sich gegenseitig aufheben, wenn man sie mischt, sodass sie Weiß oder Grau ergeben. Der Unterschied zwischen einem Farbkreis und einem Farbraum besteht darin, dass sich der Farbkreis nur auf den Farbton konzentriert, ohne Variationen durch Sättigung oder Helligkeit zu berücksichtigen.

Hering identifizierte 4 **Primärfarben** – Rot, Gelb, Grün und Blau – und postulierte, dass jede der anderen Farben aus Kombinationen dieser Primärfarben besteht. Dies wurde mit einem Verfahren namens **Farbtonskalierung** demonstriert, bei dem den Teilnehmern Farben aus dem Farbkreis vorgelegt wurden und sie die Anteile von Rot, Gelb, Blau und Grün angeben sollten, die sie in jeder Farbe wahrnahmen. Ein Ergebnis war, dass jede der Primärfarben „rein" war. Zum Beispiel gibt es kein Gelb, Blau oder Grün im Rot. Das andere Ergebnis war, dass die Teilnehmer alle Zwischenfarben wie Violett oder Orange als Mischungen aus 2 oder mehr Primärfarben wahrnahmen. Diese Ergebnisse veranlassten Hering, die Primärfarben als **Urfarben** zu bezeichnen.

Hering vertrat die Auffassung, dass unsere Farberfahrung aus den 4 Primärfarben besteht, die in 2 entgegengesetzten Paaren angeordnet sind: Gelb/Blau und Rot/Grün. Neben diesen chromatischen Farben betrachtete Hering auch Schwarz und Weiß als achromatisches Farbpaar.

So genial Herings Vorschlag für einen Gegenfarbenmechanismus auch war, die Theorie wurde aus 3 Gründen nicht allgemein akzeptiert:

1. Ihr Hauptkonkurrent, die trichromatische Theorie, wurde von Helmholtz vertreten, der in der wissenschaftlichen Gemeinschaft großes Ansehen genoss.
2. Herings phänomenologische Belege, die auf der Beschreibung des Aussehens von Farben beruhten, konnten nicht mit Maxwells quantitativen Farbabgleichungen konkurrieren.
3. Es war zu dieser Zeit kein neuronaler Mechanismus bekannt, der auf antagonistische Weise reagieren konnte.

Psychophysikalischer Beleg

Die Idee der Gegenfarbentheorie erhielt in den 1950er-Jahren durch die Experimente zur **Farbaufhebung** von Leo Hurvich und Dorthea Jameson (1957) einen neuen Impuls. Der Zweck der Experimente zur Farbaufhebung bestand darin, quantitative Messungen der Stärke der Blau-Gelb- und Rot-Grün-Komponenten der **Gegenfarbenmechanismen** vorzunehmen. Methode 9.2 zeigt, wie sie die Farbaufhebung verwendeten, um die Stärke des Blaumechanismus zu bestimmen.

In ◘ Abb. 9.23 sind die blaue und die grüne Kurve invertiert worden, um die Tatsache zu betonen, dass Blau (in der Abbildung negativ dargestellt) gegenfarbig zur gelben

---

Methode 9.2

Farbaufhebung

Wir beginnen mit einem 430-nm-Licht, das blau erscheint. Leo Hurvich und Dorthea Jameson (1957) kamen zu dem Schluss, dass Gelb die Gegenfarbe von Blau ist und es daher aufhebt. Daher konnten sie den Blauanteil in einem 430-nm-Licht bestimmen, indem sie feststellten, wie viel Gelb hinzugefügt werden muss, um die Wahrnehmung von „Blau" aufzuheben. Der blaue Punkt in ◘ Abb. 9.23 gibt die Menge an Gelb an, die dem 430-nm-Licht hinzugefügt werden muss, um den „Blauanteil" aufzuheben. Sobald dies für das 430-nm-Licht bestimmt ist, wird die Messung für 440 nm und über das gesamte Spektrum wiederholt, bis die Wellenlänge erreicht ist, bei der es keinen Blauanteil gibt, was durch den Kreis angezeigt wird.

Die Farbaufhebungsmethode wurde dann eingesetzt, um die Stärke des Gelbmechanismus zu bestimmen, indem ermittelt wurde, wie viel Blau hinzugefügt werden muss, um die Gelbfärbung bei jeder Wellenlänge aufzuheben. Für Rot und Grün wird die Stärke des Rotmechanismus bestimmt, indem gemessen wird, wie viel Grün hinzugefügt werden muss, um die Wahrnehmung von „Rot" aufzuheben; zur Messung der Stärke des Grünmechanismus, wird geprüft, wie viel Rot hinzugefügt werden muss, um die Wahrnehmung von „Grün" aufzuheben.

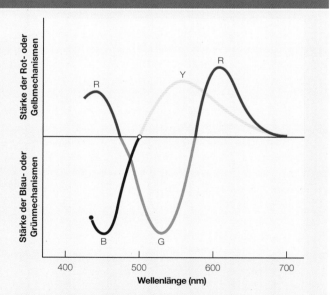

◘ **Abb. 9.23** Ergebnisse der Experimente von Hurvich und Jameson (1957) zur Farbaufhebung. Bei den Blau-Gelb-Bestimmungen ist die blaue Kurve invertiert, um zu verdeutlichen, dass Blau die Gegenfarbe von Gelb ist, und bei den Rot-Grün-Bestimmungen ist die grüne Kurve invertiert, weil Grün die Gegenfarbe von Rot ist

Kurve ist (positiv dargestellt) und Grün (negativ) gegenfarbig zu Rot ist (positiv). Diese Kurven könnten genauso gut umgekehrt sein, dann wären Blau und Grün positiv und Gelb und Rot negativ.

Hurvichs und Jamesons Experimente zur Farbaufhebung waren ein wichtiger Schritt zur Akzeptanz der Gegenfarbentheorie, weil sie über Herings phänomenologische Beobachtungen hinausgingen, indem sie quantitative Messungen der Stärke der Gegenfarbenmechanismen lieferten.

9.5.2 Die Physiologie der Gegenfarbentheorie

Noch entscheidender für die Akzeptanz der Gegenfarbentheorie war die Entdeckung der **Gegenfarbenzellen** in der Retina und im Corpus geniculatum laterale, die auf Licht aus einem Teil des Spektrums exzitatorisch und auf Licht aus einem anderen Teil des Spektrums inhibitorisch antworteten (DeValois, 1960; Svaetichin, 1956).

In einer frühen Arbeit, in der über Gegenfarbenzellen im Corpus geniculatum laterale des Affen berichtet wurde, zeichnete Russell DeValois (1960) die Aktivität eines Neurons auf, das auf kurzwelliges Licht mit einer Erhöhung der Feuerrate antwortet und auf langwelliges Licht mit einer Abnahme des Feuerns reagiert (siehe auch Svaetichin, 1956). Spätere Studien identifizierten Gegenfarbenzellen mit unterschiedlichen rezeptiven Feldanordnungen. ◻ Abb. 9.24 zeigt 3 Anordnungen des rezeptiven Felds: kreisförmige einfache Gegenfarbenzellen (◻ Abb. 9.24a), kreisförmige Doppelgegenfarbenzellen

(◻ Abb. 9.24b) und nebeneinanderliegende einfache Gegenfarbenzellen (◻ Abb. 9.24c; Conway et al., 2010).

Die Entdeckung der Gegenfarbenzellen lieferte physiologische Belege für die Gegenfarbentheorie. Der Schaltkreis in ◻ Abb. 9.25 verdeutlicht, wie die Gegenfarbenzellen durch Signale von Zapfen erzeugt werden können. Der L-Zapfen in ◻ Abb. 9.25a sendet ein erregendes Signal an die Bipolarzelle (▶ Kap. 3), während der M-Zapfen ein hemmendes Signal dorthin schickt. Hierdurch entsteht eine L^+M^--Gegenfarbenzelle, die auf langwelliges rotes Licht, das den L-Rezeptor aktiviert, exzitatorisch antwortet, während sie auf mittelwelliges grünes Licht bzw. das Signal vom M-Rezeptor inhibitorisch antwortet. ◻ Abb. 9.25b zeigt, wie durch ein exzitatorisches Signal vom M-Zapfen und einem inhibitorischen Signal des L-Zapfens eine M^+L^--Zelle gebildet wird.

◻ Abb. 9.25c zeigt, dass auch die K^+ML^--Gegenfarbenzellen Signaleingänge erhalten, die von Zapfen ausgehen. Vom K-Zapfen geht ein exzitatorisches Signal dort ein, ebenso ein inhibitorisches von Zelle A, bei der gemeinsam die exzitatorischen Signale von L und M eintreffen. Diese Verschaltung ergibt Sinn, wenn wir bedenken, dass wir Gelb wahrnehmen, wenn sowohl die M- als auch die L-Zapfen feuern (◻ Abb. 9.15). Daneben erzeugt Zelle A, die von diesen beiden Rezeptoren aktiviert wird, die negative „Gelb-Antwort" des K^+ML^--Mechanismus. ◻ Abb. 9.25d zeigt die Verbindungen zwischen den Neuronen, die die Zelle ML^+K^- (oder G^+B^-) bilden. Antagonistische Reaktionen wurden auch in einer Reihe weiterer Kortexbereiche beobachtet, einschließlich des primären visuellen Kortex (V1; Gegenfurtner & Kiper, 2003; Nunez et al., 2018).

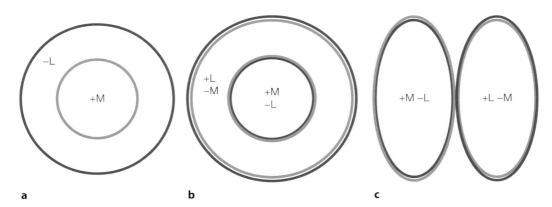

a   b   c

◻ **Abb. 9.24** **a** Rezeptive Felder einer kreisförmigen einfachen Gegenfarbenzelle im Kortex. Dieses M^+L^--Neuron hat ein rezeptives Feld mit Zentrum-Umfeld-Struktur. Es feuert verstärkt auf mittlere Wellenlängen, wenn das Zentrum des rezeptiven Felds beleuchtet wird, und verringert das Feuern, wenn langwelliges Licht auf das Umfeld fällt. **b** Eine kreisförmige Doppelgegenfarbenzelle. Das Feuern nimmt zu, wenn das Zentrum mit Licht mittlerer Wellenlänge und das Umfeld mit langwelligem Licht bestrahlt wird. Die Feuerrate nimmt ab, wenn das Zentrum mit lang-

welligem Licht und das Umfeld des rezeptiven Felds mit mittelwelligem Licht beleuchtet wird. **c** Nebeneinanderliegende einfache Gegenfarbenzellen im Kortex. Das Neuron mit diesem rezeptiven Feld wird am stärksten durch einen senkrechten Lichtbalken mit mittlerer Wellenlänge aktiviert, dessen Bild auf die linke Seite des rezeptiven Felds fällt, während gleichzeitig ein Lichtbalken mit langer Wellenlänge auf die rechte Seite fällt. (Aus Conway et al., 2010. Copyright © 2010 the authors 0270-6474/10/3014955-09$15.00/0)

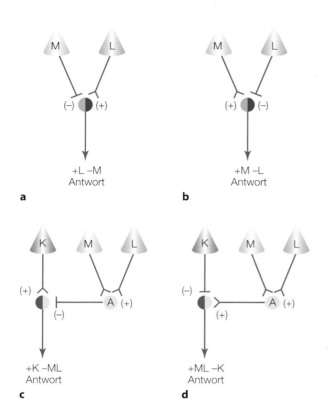

9

Abb. 9.25 Diese neuronalen Schaltkreise veranschaulichen, wie a L^+M^--, b M^+L^--, c K^+ML^-- und d ML^+K^--Mechanismen durch erregende und hemmende Eingänge von den 3 Typen von Zapfenrezeptoren realisiert werden können (Erläuterung siehe Text)

Jüngste Forschungen haben ergeben, dass einfache Gegenfarbenzellen wie in den ◻ Abb. 9.24a und ◻ Abb. 9.24c auf große Farbflächen und Doppelgegenfarbenzellen wie in ◻ Abb. 9.24b auf Farbmuster und Ränder reagieren (Nunez et al., 2018).

9.5.3 Diskussion über das Konzept der Urfarben

Die Ergebnisse der Farbaufhebungsexperimente und die Entdeckung der Gegenfarbenzellen wurden von Forschern in den 1950er- und 1960er-Jahren als Bestätigung für Herings Gegenfarbentheorie des Farbensehens angesehen. Die Tatsache, dass es Neuronen gibt, die auf verschiedene Teile des Spektrums in antagonistischer Weise reagieren, unterstützt Herings Gegenfarbentheorie. Bedenken Sie jedoch, dass Hering auch meinte, dass Blau, Gelb, Rot und Grün Urfarben seien. Die vermutete Besonderheit der Urfarben veranlasste die Forscher, die die ersten Aufnahmen von Gegenfarbenzellen machten, ihnen Namen wie B^+G^- und R^+G^- zu geben, die den Urfarben entsprachen. Diese Bezeichnungen implizieren, dass diese Neuronen für unsere Wahrnehmung dieser Farben verantwortlich sind. Diese

Idee wurde jedoch durch neuere Forschungen infrage gestellt.

Gegen die Idee, dass es eine direkte Verbindung zwischen dem Feuern der Gegenfarbenzellen und der Wahrnehmung primärer Farben oder Urfarben gibt, lässt sich argumentieren, dass die Wellenlängen, die maximale Exzitation und Inhibition auslösen, nicht mit den Wellenlängen übereinstimmen, die mit den Urfarben assoziiert sind (Skelton et al., 2017). Um auf die zuvor beschriebenen Experimente zur Farbtonskalierung zurückzukommen, haben neuere Forschungen diese Experimente mit anderen Farben – Orange, Limettengrün, Lila und Türkis – wiederholt und ähnliche Ergebnisse wie bei Rot, Grün, Blau und Gelb erzielt. Das bedeutet, Orange, Limettengrün, Lila und Türkis erschienen „rein", d. h., Orange erschien so, als enthielte es kein Limettengrün, kein Lila und kein Türkis (Bosten & Boehm, 2014).

Was bedeutet das alles? Die Gegenfarbenzellen sind sicherlich wichtig für die Farbwahrnehmung, denn entsprechend der Antwort der Gegenfarben wird Farbe im Kortex repräsentiert. Einige Forscher sind allerdings der Meinung, dass uns die Vorstellung von Urfarben möglicherweise nicht dabei hilft, herauszufinden, wie neuronale Antworten zu bestimmten Farben führen. Offenbar ist M^+L^- nicht einfach gleich G^+R^- und damit direkt mit der Wahrnehmung von Grün und Rot verbunden (Ocelak, 2015; Witzel et al., 2019).

Wenn die Antworten der M^+L^--Neuronen nicht mit der Wahrnehmung von Grün und Rot in Verbindung gebracht werden können, welche Funktion haben diese Neuronen dann? Eine Idee ist, dass Gegenfarbenzellen die *Differenz* der Antworten von Zapfenpaaren anzeigen. Wir können uns anhand von ◻ Abb. 9.26 klarmachen, wie das auf neuronaler Ebene funktioniert. ◻ Abb. 9.26 zeigt, wie ein L^+M^--Neuron, das vom L-Zapfen exzitatorische Signale und vom M-Zapfen inhibitorische Signale erhält, auf Licht mit unterschiedlichen Wellenlängen von 500 nm bzw. 600 nm reagiert. Das 500-nm-Licht erzeugt, wie aus ◻ Abb. 9.26a zu entnehmen ist, ein inhibitorisches Signal der Stärke −80 und ein exzitatorisches von +50, sodass sich beide Signale beim L^+M^--Neuron zu −30 summieren. Das 600-nm-Licht löst ein exzitatorisches Signal von +75 und ein inhibitorisches von −25 aus und summiert sich beim L^+M^--Neuron zu +50 (◻ Abb. 9.26b). Diese Differenzen können wichtige Informationen darstellen, um mit der großen Überschneidung der Spektren von M- und L-Zapfen umzugehen.

Neuronen, in deren rezeptiven Feldern die Zonen nebeneinander angeordnet sind, wurden ebenfalls herangezogen, um einen Zusammenhang zwischen Farbe und Form zu belegen. Diese Neuronen können selbst dann durch farbige Streifen bestimmter Orientierung zum Feuern angeregt werden, wenn die Farben benachbarter Streifen so eingestellt werden, dass sie gleich hell erscheinen. Mit anderen Worten: Diese Zellen feuern, wenn die Form der Streifen nur noch anhand der Farbunterschiede bestimmt

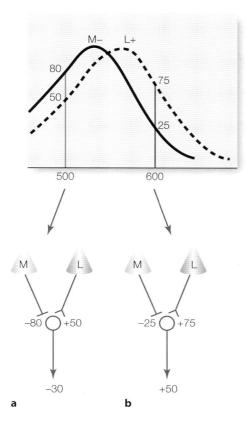

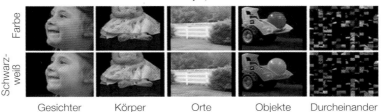

Abb. 9.26 Wie Gegenfarbenzellen die Unterschiede zwischen den Rezeptorantworten auf verschiedene Wellenlängen bestimmen. **a** Die Antwort des L$^+$M$^-$-Neurons auf 500-nm-Licht ist negativ, weil beim M-Rezeptor eine inhibitorische Antwort ausgelöst wird, die die exzitatorische Antwort des L-Rezeptors übertrifft. Dadurch wird die Wirkung des 500-nm-Lichts auf dieses Neuron eine Abnahme jeder Aktivität mit sich bringen. **b** Die Antwort auf 600-nm-Licht ist positiv – die Wellenlänge löst eine verstärkte Antwort beim Neuron aus

werden kann. Solche Befunde wurden als Beleg für einen engen Zusammenhang zwischen der Farb- und der Formverarbeitung im Kortex angeführt (Friedman et al., 2003; Johnson et al., 2008a). Wenn Sie also auf eine farbige Szene schauen, dann füllen die wahrgenommenen Farben nicht nur die Flächen und Objekte aus, sondern markieren auch die Kanten und Formen dieser Objekte und Flächen.

9.6 Farbareale im Kortex

Welche kortikalen Mechanismen liegen der Farbwahrnehmung zugrunde? Existiert im Kortex ein bestimmtes Areal, das auf die Verarbeitung von Farbinformation spezialisiert ist? Wäre ein solches Farbzentrum vorhanden, so würde Farbe ähnlich wie Gesichter, Körper oder Orte ein eigenes Areal belegen, vergleichbar dem fusiformen Gesichtsareal (FFA), dem extrastriären Körperareal (EBA) oder dem parahippocampalen Ortsareal (PPA) aus ▶ Kap. 5. Die Vorstellung eines auf Farbe spezialisierten Kortexareals vertritt Semir Zeki (1983a, 1983b, 1990) aufgrund seines Befunds, dass beim Affen im Kortex viele Neuronen außerhalb des primären visuellen Kortex in einem visuellen Bereich, das Areal V4 genannt wird, auf Farbe ansprechen.

Allerdings gibt es andere Hinweise, die viele Forscher dazu veranlasst haben, die Vorstellung von einem Farbzentrum aufzugeben und die Annahme vorzuziehen, dass sich die Farbverarbeitung auf verschiedene Kortexbereiche verteilt. Die Erkenntnis, dass es eine Reihe von farbverarbeitenden Arealen gibt, wird noch interessanter, wenn die Lage dieser Areale mit den Arealen verglichen wird, die für die Verarbeitung von Gesichtern und Orten verantwortlich sind.

Rosa Lafer-Sousa et al. (2016) fertigten Hirnscans von Teilnehmern an, die sich 3 s lange Videoclips mit Bildern wie denen in ▪ Abb. 9.27 ansahen. ▪ Abb. 9.28a zeigt Daten einer Hirnhemisphäre einer einzelnen Person. Beachten Sie, dass die für Farbe zuständigen Bereiche zwischen den Arealen liegen, in denen Informationen über Gesichter und Orte verarbeitet werden. ▪ Abb. 9.28b zeigt diesen „Sandwich-Effekt" in einer anderen Ansicht des Gehirns, in der die Ergebnisse einer Reihe von Teilnehmern kombiniert wurden. Gesichter, Farben und Orte werden mit verschiedenen Gehirnregionen assoziiert, die sich nebeneinander befinden.

Anhand einiger Hirnschädigungen lässt sich aufzeigen, dass Form und Farbe unabhängig voneinander im Gehirn verarbeitet werden. Erinnern Sie sich an die Patientin D. F. aus ▶ Kap. 4, die eine Karte versenden konnte, aber nicht in der Lage war, die Karte entsprechend einem senkrechten Schlitz zu orientieren oder Objekte zu identifizieren (▪ Abb. 4.26). Dieser Fall wurde beschrieben, um eine Dis-

3-Sekunden-Videoclips, 16-Sekunden-Blöcke

Farbe

Schwarz-weiß

Gesichter   Körper   Orte   Objekte   Durcheinander

Abb. 9.27 Bilder aus 3 s langen Videoclips, die den Teilnehmern während des Experiments von Lafer-Sousa et al. (2016) gezeigt wurden. Während die Teilnehmer die Filme ansahen, wurden Hirnscans angefertigt. (Aus Lafer-Sousa et al., 2016, Copyright © 2016 Lafer-Sousa et al. This article is freely available online through the J Neurosci Author Open Choice option.)

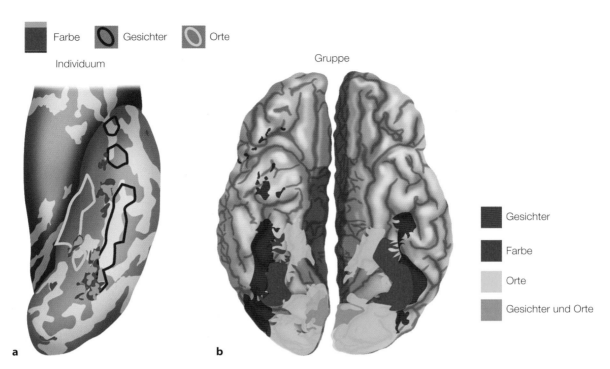

◰ **Abb. 9.28 a** Kortikale Bereiche, die am besten auf Farbe (*rote* und *blaue Bereiche*), Gesichter (*blau umrandet*) und Orte (*grün umrandet*) in einer Gehirnhemisphäre eines Individuums reagierten. **b** Bereiche für Farbe (*rot*), Gesichter (*blau*), Orte (*hellgrün*) und Gesichter und Orte (*dun-*

kelgrün), die aus Gruppendaten ermittelt wurden. (Aus Lafer-Sousa et al., 2016, Copyright © 2016 Lafer-Sousa et al. This article is freely available online through the J Neurosci Author Open Choice option.)

soziation zwischen Handlung und Objektwahrnehmung zu veranschaulichen. Aber trotz ihrer Schwierigkeiten bei der Identifizierung von Objekten war ihre Farbwahrnehmung relativ unbeeinträchtigt. Ein anderer Patient hatte jedoch das gegenteilige Problem: Seine Farbwahrnehmung war gestört, aber in Bezug auf Formen war seine Wahrnehmung normal (Bouvier & Engel, 2006). Diese doppelte Dissoziation bedeutet, dass Farbe und Form unabhängig voneinander verarbeitet werden (Methode 4.3).

Aber auch wenn die Mechanismen für Farbe, Gesichter und Orte voneinander unabhängig sind, liegen die Gehirnareale für Gesichter und Orte doch nebeneinander. Diese Nachbarschaft ist wahrscheinlich der Grund dafür, dass 72 % der Patienten mit Achromatopsie (Farbenblindheit), wie Herr I., den wir zu Beginn des Kapitels beschrieben haben, auch an Prosopagnosie leiden, also Probleme beim Erkennen von Gesichtern haben. Die Farbverarbeitung im Kortex ist also sowohl von anderen Funktionen getrennt als auch gleichzeitig eng mit ihnen verbunden. Diese Beziehung könnte der Grund dafür sein, dass Farbe eine Rolle bei der Wahrnehmungsorganisation (▶ Abschn. 5.2), der Aufmerksamkeit (▶ Abschn. 6.4) und der Wahrnehmung von Bewegung spielen kann (Ramachandran, 1987).

Wir haben nun viele Daten, die zeigen, wie Neuronen auf verschiedene Wellenlängen reagieren und wie Farbe mit zahlreichen Bereichen im Kortex assoziiert wird, aber wir wissen immer noch nicht, wie die Signale von den

3 Zapfentypen umgewandelt werden, um unsere Farbwahrnehmung zu erzeugen (Conway, 2009).

Übungsfragen 9.3
1. Was sagt die Gegenfarbentheorie des Farbensehens von Hering aus?
2. Was war Herings phänomenologischer Beleg für die Gegenfarbentheorie?
3. Warum wurde Herings Theorie nicht allgemein anerkannt?
4. Beschreiben Sie die Experimente von Hurvich und Jameson zur Farbaufhebung. Wie wurde das Ergebnis zur Unterstützung der Gegenfarbentheorie verwendet?
5. Was ist der physiologische Beleg für Gegenfarbentheorie?
6. Was sind Urfarben?
7. Beschreiben Sie die neueren Farbtonskalierungsexperimente, bei denen andere Farben als Rot, Grün, Blau und Gelb als „Primärfarben" verwendet wurden. Welche Auswirkungen haben die Ergebnisse dieser Experimente?
8. War es möglich, eine Verbindung zwischen dem Feuern von Gegenfarbenzellen und unserer Wahrnehmung bestimmter Farben herzustellen?

9. Welche Funktionen werden den Gegenfarbenzellen, abgesehen von ihrer Rolle bei der Farbwahrnehmung, noch zugeschrieben?

10. Wo wird Farbe im Kortex verarbeitet? Wie hängen die Farbareale mit Bereichen für die Verarbeitung von Gesichtern und Orten zusammen?

9.7 Farbe in der Welt: Jenseits von Wellenlängen

Im Laufe eines normalen Tages sehen wir Objekte unter vielen verschiedenen Lichtverhältnissen: im Sonnenlicht am Morgen, im Sonnenlicht am Nachmittag, in Innenräumen im Licht einer Glühlampe, in Innenräumen im Licht einer Leuchtstoffröhre und so weiter. Bislang haben wir in diesem Kapitel nur unsere Farbwahrnehmung mit dem Licht in Verbindung gebracht, das von Gegenständen reflektiert wird. Was geschieht, wenn sich das auf ein Objekt einfallende Licht ändert? In diesem Abschnitt werden wir uns mit der Beziehung zwischen der Farbwahrnehmung und dem Licht in unserer Umgebung beschäftigen.

9.7.1 Farbkonstanz

Stellen Sie sich vor, es ist Mittag. Die Sonne steht hoch am Himmel, und Sie gehen zu einer Lehrveranstaltung. Da bemerken Sie einen Kommilitonen, der ein grünes Sweatshirt trägt. Einige Minuten später, während Sie in der Lehrveranstaltung sitzen, bemerken Sie dasselbe grüne Sweatshirt erneut. Die Tatsache, dass das Sweatshirt sowohl draußen im Sonnenlicht als auch drinnen im künstlichen Licht von Glühbirnen grün aussieht, erscheint vielleicht nicht besonders bemerkenswert. Letztlich *ist* das Sweatshirt doch grün, oder? Angesichts der Interaktion zwischen der Beleuchtung und den Eigenschaften des Sweatshirts können wir

verstehen, dass es eine bemerkenswerte Leistung des visuellen Systems ist, das Sweatshirt draußen wie drinnen übereinstimmend als grün wahrzunehmen. Diese Leistung bezeichnet man als **Farbkonstanz** – wir nehmen die Farben von Objekten als vergleichsweise konstant wahr, selbst unter veränderter Beleuchtung.

Wir können uns verdeutlichen, weshalb Farbkonstanz eine beeindruckende Leistung ist, indem wir die Interaktion zwischen der Beleuchtung – durch Sonnenlicht oder eine Glühlampe – und den Reflexionseigenschaften eines Objekts wie dem grünen Sweatshirt – betrachten. Behandeln wir zuerst die Beleuchtung. ◻ Abb. 9.29a zeigt die Energieanteile der Wellenlängen, die in Sonnen- bzw. Glühlampenlicht enthalten sind (die traditionellen Wolfram-Glühlampen werden inzwischen durch LED-Lampen ersetzt – also „Licht emittierende Dioden"). Das Sonnenlicht weist bei allen Wellenlängen annähernd die gleiche Energie auf, was für weißes Licht typisch ist. Das Licht von traditionellen Glühlampen enthält hingegen bei langen Wellenlängen deutlich mehr Energie (weshalb es etwas gelblich erscheint), wohingegen LED-Lampen meistens Licht mit wesentlich kürzeren Wellenlängen aussenden (weshalb es leicht blau erscheint).

Betrachten Sie nun die Interaktion zwischen den Wellenlängen, die durch die Beleuchtung erzeugt werden, und denen, die von dem grünen Sweatshirt reflektiert werden. Die Reflektanzkurve des Sweatshirts ist durch die grüne Linie in ◻ Abb. 9.29b dargestellt. Das Sweatshirt reflektiert vorwiegend mittelwelliges Licht, wie wir es von einem grünen Objekt erwarten würden.

Wie viel Licht tatsächlich vom Sweatshirt reflektiert wird, hängt allerdings nicht nur von der Reflektanzkurve ab, sondern auch von der Zusammensetzung und Intensität des Lichts, mit dem das Sweatshirt in unserer täglichen Umgebung beleuchtet wird. Um die spektrale Verteilung des Lichts, das vom Sweatshirt in das Auge gelangt, unter den verschiedenen Beleuchtungsbedingungen zu bestimmen, müssen wir für jede Wellenlänge den Anteil im jeweiligen Licht berücksichtigen und mit dem zugehörigen

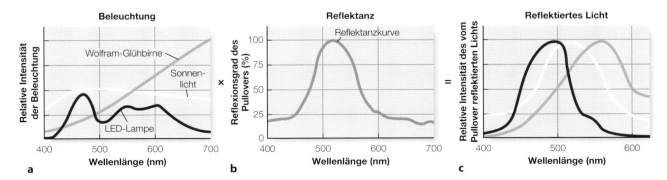

◻ **Abb. 9.29** Bestimmung der Wellenlängen, die von einem grünen Pullover bei unterschiedlicher Beleuchtung reflektiert werden. Das vom Pullover reflektierte Licht wird bestimmt, indem man die Beleuchtungsstärke von Sonnenlicht, von einer traditionellen Wolfram-Glühbirne und von einer LED-Lampe (**a**) mit dem Reflexionsgrad des Pullovers (**b**) multipliziert. Das Ergebnis ist das vom Pullover reflektierte Licht (**c**). Das Maximum jeder der Kurven in **c** wurde auf denselben Wert gesetzt, um die Wellenlängenverteilungen besser vergleichen zu können

Wert der Reflektanzkurve des Sweatshirts multiplizieren. Diese Berechnung zeigt in ◨ Abb. 9.29c, dass das Sweatshirt relativ mehr langwelliges Licht reflektiert, wenn man es unter Wolfram-Licht (rote Kurve) betrachtet, als wenn man es unter LED-Licht (blaue Kurve in ◨ Abb. 9.29c) betrachtet. Wenn wir das Sweatshirt trotz der unterschiedlichen Zusammensetzung des von ihm ins Auge reflektierten Lichts bei diesen unterschiedlichen Beleuchtungen gleichermaßen als grün wahrnehmen, ist das ein Beispiel für Farbkonstanz. Ohne die Farbkonstanz würde die Farbe des Sweatshirts bei abweichenden Beleuchtungsbedingungen unterschiedlich aussehen (Delahunt & Brainard, 2004; Olkkonen et al., 2010).

Wie kommt es, dass das grüne Sweatshirt trotz unterschiedlicher Beleuchtungen grün aussieht? Diese Frage lässt sich nur beantworten, wenn man verschiedene Wahrnehmungsmechanismen berücksichtigt, die zur Farbkonstanz beitragen (Smithson, 2005). Dazu betrachten wir zunächst, wie die Lichtempfindlichkeit des Auges durch die Farbe der Beleuchtung der Umgebung bestimmt wird – und sich daran durch *Farbadaptation* anpasst.

Farbadaptation

Einer der Gründe für das Auftreten von Farbadaptation zeigt sich anhand der Ergebnisse von Demonstration 9.1.

Demonstration 9.1

Rotadaptation

Beleuchten Sie ◨ Abb. 9.30 mit hellem Licht von Ihrer Schreibtischlampe und schauen Sie das Farbfeld dabei aus sehr kurzer Entfernung mit Ihrem linken Auge für 30–45 s an (halten Sie die Buchseite dicht vor Ihr linkes Auge), während Sie Ihr rechtes Auge geschlossen halten. Betrachten Sie danach verschiedene farbige Objekte in Ihrer Umgebung, zuerst mit dem linken und dann mit dem rechten Auge.

◨ **Abb. 9.30** Adaptationsfeld für die Demonstration zur Rotadaptation

Sie haben vielleicht bemerkt, dass durch die Adaptation Ihres linken Auges an das Rot die Rottöne von Objekten in der Umgebung reduziert werden. Dies ist ein Beispiel dafür, wie sich die Farbwahrnehmung durch **Farbadaptation** – längere Einwirkung einer chromatischen Farbe – ändern kann. Die Adaptation an das rote Licht reduziert die Empfindlichkeit Ihres langwelligen Zapfenpigments selektiv, was Ihre Empfindlichkeit für Rot senkt und dazu führt, dass Sie Rot und Orange mit dem linken (adaptierten) Auge weniger gesättigt sehen als mit dem rechten Auge.

Die Vorstellung, dass Farbadaptation eine Ursache für Farbkonstanz ist, wurde in einem Experiment von Keiji Uchikawa et al. (1989) untersucht. Die Probanden betrachteten isolierte Stücke von Farbpapieren unter 3 Bedingungen (◨ Abb. 9.31):
- *Baseline:* Papier und Betrachter wurden mit weißem Licht beleuchtet (◨ Abb. 9.31a).
- *Betrachter ohne Adaptation:* Das Papier wurde mit rotem Licht beleuchtet, der Aufenthaltsbereich des Betrachters mit weißem (die Beleuchtung des Objekts wird verändert, der Proband farbadaptiert aber nicht; ◨ Abb. 9.31b).
- *Betrachter nach Rotadaptation:* Sowohl das Papier als auch der Aufenthaltsbereich des Betrachters wurden mit rotem Licht beleuchtet (die Beleuchtung des Objekts wird verändert, und die Person wird rotadaptiert; ◨ Abb. 9.31c).

Die in den 3 Versuchsbedingungen erzielten Ergebnisse sind über der jeweiligen Versuchsbedingung dargestellt. In der „Baseline-Bedingung" wird ein grünes Stück Papier als grün wahrgenommen. In der Bedingung ohne Farbadaptation nimmt der Proband das Papier als in Richtung Rot verschoben wahr. Hier trat also keine Farbkonstanz auf, weil der Betrachter nicht an das rote Licht adaptiert war, mit dem das Papier beleuchtet wurde. In der Bedingung mit Rotadaptation verschob sich die Farbwahrnehmung jedoch nur minimal in Richtung Rot. Somit hat die Farbadaptation zu **partieller Farbkonstanz** geführt – die Farbwahrnehmung in Bezug auf das Objekt verschiebt sich, jedoch nicht in demselben Ausmaß wie beim Fehlen von Farbadaptation. Das Auge kann mithin seine Empfindlichkeit für verschiedene Wellenlängen anpassen, um die Farbwahrnehmung unter verschiedenen Beleuchtungsbedingungen annähernd konstant zu halten.

Das Prinzip ist das gleiche wie bei einem Raum, der vom gelblichen Wolfram-Licht einer Glühlampe beleuchtet wird. Das Auge adaptiert an das im Kunstlicht vorhandene langwellige Licht, was die Empfindlichkeit Ihres Auges für langwelliges Licht reduziert. Hierdurch hat das von Objekten reflektierte langwellige Licht nun weniger starke Auswirkungen als vor der Adaptation, und dies gleicht den größeren Anteil des reflektierten langwelligen Lichts im Wolfram-Licht aus. Aufgrund dieser Adaptation hat das Wolfram-Licht also nur einen kleinen Effekt auf Ihre Farbwahrnehmung.

Wahrnehmung:
Das Papier ist grün.

Wahrnehmung:
Das Papier erscheint rötlicher.

Wahrnehmung:
Das Papier erscheint kaum rötlicher,
eher gelblicher.

a Baseline

b Betrachter nicht adaptiert

c Betrachter rotadaptiert

■ **Abb. 9.31** Die 3 Versuchsbedingungen im Experiment von Uchikawa et al. (1989; Erläuterung siehe Text)

■ **Abb. 9.32** Wie die Farbadaptation an die dominierenden Farben der Umgebung die Wahrnehmung der Farben in einer Landschaft beeinflusst. **a** Die vorherrschende Farbe ist sommerliches Grün. **c** Das Betrachten der Landschaft führt zu einer Grünadaptation, sodass Grün weniger sensitiv wahrgenommen wird. **b** Die dominierende Farbe im Winter ist Gelb, **d** das Gelb wird entsprechend abgeschwächt wahrgenommen. (Nach Webster, 2011; © Bruce Goldstein)

Sommerfarben

Winterfarben

a

b

c

d

nach Adaptation an die
Sommerfarben

nach Adaptation an die
Winterfarben

Ein ähnlicher Effekt tritt in unserer natürlichen Umgebung ein, wenn die vorherrschenden Farben sich im Laufe der Jahreszeiten ändern. So kann dieselbe Landschaft bei sattem Grün im Sommer (wie in ■ Abb. 9.32a) oder in ihren Winterfarben zu sehen sein (■ Abb. 9.32b). Wie das Grün bzw. Winterbraun die Farbempfindlichkeit der Rezeptoren in den Zapfen beeinflussen könnte, hat Michael Webster (2011) berechnet, um zu bestimmen, wie die Farbadaptation an das Sommergrün bzw. das Winterbraun die Wahrnehmung von Grün bzw. Winterbraun „dämpft" (■ Abb. 9.32c und 9.32d). Diese Verflachung der vorherrschenden Farben durch die Farbadaptation zeigt sich beim Vergleich der wahrgenommenen Farben in der Landschaft in ■ Abb. 9.32c und 9.32d. Die Farben erscheinen ähnlicher, als es ohne Farbadaptation der Fall wäre. Außerdem werden durch die Farbadaptation unterschiedliche Farbtöne deutlicher wahrgenommen – etwa das Gelb des Felds bei sommerlichem Grün und bei den Winterfarben das Grün der Bäume.

Gedächtnisfarben (vertraute Farbe)

Ein weiterer Einfluss, der die Farbkonstanz begünstigt, ist unser Wissen um die Farben, die Objekte unserer Umgebung erfahrungsgemäß haben. Diese aus der Erinnerung bekannten Farben, bei denen das Wissen unsere Wahrnehmung beeinflusst, bezeichnet man als **Gedächtnisfarben**. Wie die Forschung gezeigt hat, beurteilen Menschen, weil sie die Farben von vertrauten Objekten wie einem roten

Stoppschild oder einem grünen Baum kennen, die Farben solcher vertrauter Objekte als bunter und gesättigter als bei unvertrauten Objekten, die exakt dieselben Wellenlängen reflektieren (Ratner & McCarthy, 1990).

Thorsten Hansen et al. (2006) demonstrierten den Einfluss der Gedächtnisfarben, indem sie den Betrachtern Bilder von Früchten mit typischen Farben – Zitronen, Orangen und Bananen – auf einem grauen Hintergrund zeigten. Wurden die Fruchtbilder entsprechend ihren spektralen Anteilen an das Grau des Hintergrunds angepasst, so gaben die Betrachter trotzdem an, dass die Früchte leicht gefärbt erschienen. Beispielsweise erschien eine Banane, die sich in ihrer spektralen Zusammensetzung nicht vom grauen Hintergrund unterschied, etwas gelblich, und entsprechend sah eine Orange leicht orange getönt aus. Wenn den Betrachtern aber ein einfacher Lichtfleck vor demselben grauen Hintergrund gezeigt wurde, wurde der Lichtfleck bei gleicher spektraler Zusammensetzung tatsächlich als grau bezeichnet. Das ließ Hansen et al. vermuten, dass bei den Betrachtern ihr Wissen über die typischen Farben der Früchte tatsächlich die Wahrnehmung der Farben veränderte. Der Einfluss des Gedächtnisses auf unsere Farbwahrnehmung ist zwar gering, aber er könnte gleichwohl etwas zu unserer Fähigkeit beitragen, die Farben vertrauter Objekte bei unterschiedlichen Beleuchtungen richtig und konstant wahrzunehmen.

Farbkonstanz bei unterschiedlichen Lichtverhältnissen

◻ Abb. 9.33 zeigt 2 Bilder desselben Hauses, die bei unterschiedlichen Lichtverhältnissen und zu verschiedenen Tageszeiten aufgenommen wurden. Der Farbkorrekturmechanismus der Kamera wurde ausgeschaltet, sodass Änderungen der Lichtverhältnisse zu Farbunterschieden zwi-

schen den beiden Bildern führten. Die Person, die diese Bilder aufgenommen hat, berichtete jedoch, dass die Seitenwand des Hauses beide Male gelb aussah (Brainard et al., 2006). Während die Kamera die Änderung der Lichtverhältnisse außer Acht ließ, berücksichtigte sie aber das visuelle System des menschlichen Betrachters. Das visuelle System wendet dabei den Mechanismus der chromatischen Adaptation an, den wir bereits erörtert haben (Gupta et al., 2020).

Aber es gibt noch andere Mechanismen, die ebenfalls eine Rolle spielen. Einige Wissenschaftler haben gezeigt, dass die Farbkonstanz optimal funktioniert, wenn ein Objekt von Objekten mit vielen verschiedenen Farben umgeben ist; dies ist oft der Fall, wenn wir Objekte in der Umwelt betrachten (Foster, 2011; Land, 1983, 1986; Land & McCann, 1971). Es hat sich auch gezeigt, dass die Farbkonstanz unter bestimmten Bedingungen besser ist, wenn Objekte mit beiden Augen betrachtet werden (was zu einer besseren Tiefenwahrnehmung führt) als mit nur einem Auge (Yang & Shevell, 2002), und dass die Farbkonstanz besser ist, wenn ein Objekt in einer dreidimensionalen Umgebung betrachtet wird, als wenn der Beobachter die Szene durch ein Kaleidoskop betrachtet, bei dem die Szene durcheinander dargestellt wird (Mizokami & Yaguchi, 2014). Offenbar helfen uns die Umgebung und die Bedingungen beim Betrachten, Farbkonstanz zu erreichen, weil das visuelle System – auf noch nicht vollständig geklärte Weise – die Informationen in einer Umgebung nutzt, um die Eigenschaften der Lichtverhältnisse abzuschätzen und entsprechende Korrekturen vorzunehmen (Brainard, 1998, 2006; Mizokami, 2019; Smithson, 2005). Die wichtigste Erkenntnis in Bezug auf die Farbkonstanz ist, dass wir, obwohl sie in Hunderten von Experimenten untersucht wurde, immer noch nicht völlig verstehen, wie das visuelle System die Lichtverhältnisse berücksichtigt. Im nächsten Abschnitt befassen wir uns mit einem weiteren Phänomen, das mit der Farbkonstanz zusammenhängt und sich als schwierig zu erklären erwiesen hat.

#TheDress

Am 26. Februar 2015 wurde ein Foto eines gestreiften Kleides, das dem in ◻ Abb. 9.34 ähnelt, unter **#TheDress** ins Internet gestellt. Welche Farben sehen Sie auf diesem Foto? Das tatsächliche Kleid war blau-schwarz gestreift (◻ Abb. 9.35), und viele Menschen sahen die Farben so. Aber viele andere sahen es als ein Kleid mit weißen und goldenen Streifen, und eine kleinere Gruppe sah schwarze und weiße Streifen oder sie sahen ganz andere Farben. Die Veröffentlichung erregte Aufsehen. Warum berichteten die Menschen, dass sie beim Betrachten desselben Bilds unterschiedliche Farben sahen?

Schnell meldeten sich die Sehforscher in der Diskussion zu Wort. Der erste Schritt bestand darin, große Gruppen von Menschen zu befragen, um das Phänomen zu bestätigen. Eine Umfrage ergab, dass 57 % der Befragten Blau und Schwarz und 30 % Weiß und Gold sahen, während

◻ **Abb. 9.33** Fotografien eines Hauses, die zu verschiedenen Tageszeiten und unter unterschiedlichen Lichtverhältnissen aufgenommen wurden. Da der Farbkorrekturmechanismus der Kamera ausgeschaltet war, änderte sich die Farbe der Seitenwand durch die veränderten Lichtverhältnisse von gelb nach grün. Der Fotograf berichtet jedoch, dass das Seitenteil zu beiden Tageszeiten gelb aussah. (Aus Brainard et al., 2006, © Association for Research in Vision and Ophthalmology)

Abb. 9.35 Das Kleid präsentiert von Cecilia Bleasdale, die das Bild ins Internet gestellt hat. Dieses Bild zeigt die blauen und schwarzen Streifen, die man wahrnimmt, wenn man das reale Kleid betrachtet. (© Sarah Lee/eyevine/Redux)

Abb. 9.34 Eine Darstellung eines gestreiften Kleides, das dem Kleid ähnelt, das von verschiedenen Menschen unterschiedlich wahrgenommen wurde. Das Originalbild finden Sie unter „The Dress" bei Wikipedia

die anderen 13 % andere Farben wahrnahmen (Lafer-Sousa et al., 2015). Eine andere Umfrage kam zu ganz anderen Ergebnissen: 27 % sahen Blau und Schwarz und 59 % Weiß und Gold (Wallisch, 2017). Aber wie auch immer die Zahlen lauteten, es stand außer Frage, dass Blau und Schwarz bzw. Weiß und Gold die beiden vorherrschenden Wahrnehmungen waren.

Angesichts all der Forschungsarbeiten, die vor 2015 im Bereich des Farbensehens durchgeführt worden waren, könnte man meinen, die Sehforscher sollten in der Lage sein, eine Erklärung für diese unterschiedlichen Wahrnehmungen zu finden. Das war jedoch nicht der Fall. In den Jahren nach #TheDress erschienen mehr als ein Dutzend Artikel in wissenschaftlichen Fachzeitschriften, in denen erörtert wurde, wie die unterschiedliche Wahrnehmung von Menschen durch folgende Faktoren beeinflusst werden könnte: die Wellenlängen, die durch das optische

System des Auges auf die Retina übertragen werden, das Verhältnis von L- zu M-Zapfen, die Verarbeitung höherer Ordnung, die menschliche Sprache, die Art und Weise, wie das Bild auf verschiedenen Geräten angezeigt wird, und die Interpretation der Beleuchtung des Kleides. Es gibt einige Hinweise darauf, dass Unterschiede in der Lichtdurchlässigkeit von Hornhaut und Linse einen kleinen Beitrag zu diesem Effekt leisten könnten (Rabin et al., 2016). Aber die wichtigsten Erklärungen gehen davon aus, dass Unterschiede in Bezug auf die Interpretation der Beleuchtung für den Effekt verantwortlich sind. Und diese Erklärungen basieren auf dem Phänomen der Farbkonstanz.

Und so wird das Phänomen mithilfe der Farbkonstanz erklärt: Wir haben gesehen, dass die Wahrnehmung der Farbe eines Objekts in der Regel relativ konstant bleibt, selbst wenn das Objekt unter verschiedenen Beleuchtungen gesehen wird. Dies ist darauf zurückzuführen, dass das visuelle System die Beleuchtung berücksichtigt und Änderungen der Beleuchtung im Wesentlichen „korrigiert", sodass die Wahrnehmung des Objekts auf den Reflexionseigenschaften der Oberfläche des Objekts beruht.

Erstens hat das reale Kleid blaue und schwarze Streifen, wie in Abb. 9.35 gezeigt. Was würde also mit der Wahrnehmung eines schwarz-blauen Kleides passieren, wenn die Beleuchtung reich an langen Wellenlängen wäre, wie das „gelbliche" Licht alter Glühbirnen? Der Mechanismus der Farbkonstanz wird das visuelle System dazu veranlassen, die Wirkung der langen Wellenlängen zu verringern, sodass das Blau in etwa gleich bleibt, da blaue Objekte in der Regel wenig langwelliges Licht reflektieren, während das Schwarz dunkler und vielleicht ein wenig blauer erscheint.

Was aber, wenn man annimmt, dass ein schwarz-blaues Kleid von „kühlerem" Licht beleuchtet wird, ähnlich dem Tageslicht, das mehr kurzwelliges „bläuliches" Licht enthält? Wenn man bei der Beleuchtung der blauen Streifen kurze Wellenlängen abzieht, würden die blauen Streifen als Weiß wahrgenommen werden, und wenn man bei der Beleuchtung der schwarzen Streifen kurze Wellenlängen abzieht, würde die Wahrnehmung der schwarzen Streifen in Richtung Gelb gehen. Wenn der Grund für „Schwarz wird Gelb" nicht klar ist, denken Sie daran, dass ein schwarzes Objekt einen kleinen Teil aller Wellenlängen gleichermaßen reflektiert. Zieht man die kurzen Wellenlängen ab, bleiben die mittleren und langen Wellenlängen, die mit gelbem Licht assoziiert werden.

Einige Belege, die mit dieser Idee übereinstimmen, wurden von Pascal Wallisch (2017) geliefert, der die Ergebnisse einer Online-Umfrage unter mehr als 13.000 Personen darstellte. Die Teilnehmer gaben an, wie sie das Kleid wahrnehmen und auch, ob sie sich selbst als „Lerchen" (sie stehen früh auf und gehen früh zu Bett) oder „Eulen" (gehen spät zu Bett und stehen spät auf) einstufen. Ein wichtiger Unterschied zwischen Lerchen und Eulen besteht darin, dass Lerchen mehr natürliches Licht erhalten, das mehr kurze Wellenlängen enthält, als Eulen, die länger wach bleiben und gelblichem, künstlichem Licht mit einem hohen Anteil an langen Wellenlängen ausgesetzt sind.

◨ Abb. 9.36 zeigt die Ergebnisse von 2 Erhebungen, die im Abstand von 1 Jahr durchgeführt wurden und aus denen hervorgeht, dass Lerchen das Kleid eher als weiß-gold gestreift sehen als Eulen. Dieses Ergebnis deutet darauf hin, dass die Vorerfahrungen der Menschen mit verschiedenen Arten von Beleuchtung ihre Annahmen über die Beleuchtung des Kleides beeinflussen und dass diese Annahmen wiederum ihre Wahrnehmung der Farben des Kleides beeinflussen. Allerdings eignet sich das Wissen, ob jemand eine Lerche oder eine Eule ist, nicht, um eine Prognose zu treffen, wie er das Kleid sehen wird. Immerhin sahen in der zweiten Umfrage etwa 35 % der Lerchen das Kleid als blau-schwarz und 47 % der Eulen als weiß-gold gestreift.

Ergebnisse wie die von Wallisch und viele andere Überlegungen haben viele Sehforscher zu der Annahme veranlasst, dass der „korrigierende" Mechanismus der Farbkonstanz die wahrscheinlichste Erklärung für „The Dress" ist, auch wenn wir das Phänomen immer noch nicht ganz verstehen. Eines ist sicher: „The Dress" bestätigt etwas, das wir bereits wussten: Unsere Farbwahrnehmung wird nicht allein durch die Wellenlängen des Lichts bestimmt, das in unsere Augen eintritt. Es spielen auch andere Faktoren eine Rolle, darunter Annahmen über die Lichtverhältnisse.

Außerdem zeigt „The Dress", dass wir noch viel darüber lernen müssen, wie das Farbensehen funktioniert. Wie die Farbsehforscher David Brainard und Anya Hulbert (2015) in einem 4 Monate nach dem Erscheinen von „The Dress" veröffentlichten Kommentar feststellten, „wird ein vollständiges Verständnis der individuellen Unterschiede in der Wahrnehmung des Kleides letztendlich Daten er-

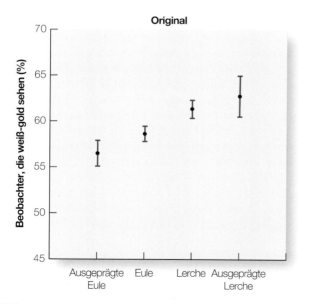

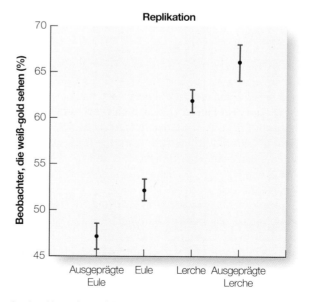

◨ **Abb. 9.36** Prozentsatz der Beobachter, die angeben, die Streifen im Foto von „The Dress" als weiß und golden wahrzunehmen, in Abhängigkeit davon, ob sie eine „Eule" (geht spät zu Bett) oder eine „Lerche" (steht früh auf, geht früh zu Bett) sind. Die beiden Datensätze wurden im Abstand von 1 Jahr erhoben. Eine „Lerche" zu sein, erhöht die Wahrscheinlichkeit für die Wahrnehmung weiß-goldener Streifen. (Aus Wallisch, 2017)

fordern, die die Wahrnehmung von ‚The Dress' auf einer Person-zu-Person-Basis mit einem vollständigen Satz von individuellen Differenzmessungen des Farbensehens in Beziehung setzen." Und Michael Webster (2018) stellte in einem Kommentar, der 3 Jahre nach dem Erscheinen von „The Dress" veröffentlicht wurde, fest, dass „wir gelegentlich daran erinnert werden, wie wenig wir wissen. Das Bild von ‚The Dress' machte deutlich, dass unser Verständnis von Farbe noch nicht an einem Punkt ist, an dem wir es leicht erklären können. In der Tat bleiben sehr viele Aspekte des Farbensehens ein Rätsel und Gegenstand intensiver Forschungsaktivitäten, und es tauchen ständig neue Erkenntnisse auf, die einige der grundlegendsten Annahmen über Farbe infrage stellen oder das Feld in neue Richtungen erweitern."

Interessanterweise wurde ein ähnliches Phänomen bei Sprache beobachtet: Eine Tonaufnahme, die erstellt wurde, um die korrekte Aussprache von „Laurel" anzuzeigen, wurde auf 2 verschiedene Arten wahrgenommen, wenn sie über ein minderwertiges Aufnahmegerät wiedergegeben wurde. Einige Personen hörten „Laurel", andere „Yanny". Als Reaktion auf dieses Ergebnis verkündeten Daniel Pressnitzer et al. (2018): „Endlich hatte die Welt das auditive Äquivalent zum visuellen Phänomen, das als #TheDress bekannt ist." Wie wir in ▶ Kap. 14 zur Sprachwahrnehmung erörtern werden, ist die Erklärung für Laurel/Yanny eine andere als die für „The Dress". Beiden gemeinsam ist jedoch, dass sie zeigen, dass 2 Menschen denselben Reiz unterschiedlich wahrnehmen können.

9.7.2 Helligkeitskonstanz

Wir nehmen nicht nur chromatische Farben wie Rot und Grün selbst unter sich ändernder Beleuchtung als relativ konstant wahr, sondern auch achromatische Farben wie Weiß, Grau und Schwarz erscheinen uns trotz wechselnder Beleuchtung gleich. Betrachten wir als Beispiel einen schwarzen Labrador, der im Wohnzimmer auf seiner Decke liegt, beleuchtet von einer Lampe. Ein kleiner Teil des Lichts, das auf sein Fell trifft, wird reflektiert, und wir nehmen ihn als schwarz wahr. Wenn der Labrador aus dem

Haus in das helle Sonnenlicht läuft, sieht das Fell immer noch schwarz aus. Obwohl jetzt mehr Licht ins Auge reflektiert wird, bleibt die Wahrnehmung des Ausmaßes an achromatischer Farbe (Weiß, Grau und Schwarz) gleich. Die Konstanz von achromatischer Farbe unter Beleuchtungsveränderungen bezeichnet man als **Helligkeitskonstanz**.

Das Problem des visuellen Systems besteht hierbei darin, dass die Menge des von einem Objekt zum Auge gelangenden Lichts von 2 Faktoren abhängt: zum einen von der Beleuchtung – und damit der *gesamten Lichtenergie*, die auf die Oberfläche des Objekts trifft – und zum anderen von der **Reflektanz** des Objekts – dem *Anteil des Lichts*, den das Objekt reflektiert. Wenn es zu einer Helligkeitskonstanz kommt, wird unsere Helligkeitswahrnehmung nicht von der *Intensität der Beleuchtung* bestimmt, die auf ein Objekt trifft, sondern durch den jeweils reflektierten Anteil des einfallenden Lichts, d. h. die *Reflektanz* des Objekts. Schwarz aussehende Objekte reflektieren etwa 10 % des Lichts. Grau aussehende Objekte reflektieren etwa 10–70 % des Lichts (abhängig von der Graustufe) und weiß aussehende Objekte wie die Seiten dieses Buches reflektieren 80–95 % des Lichts. Somit hängt unsere Wahrnehmung der Helligkeit eines Objekts nicht mit der *Lichtmenge* zusammen, die von diesem Objekt reflektiert wird und sich je nach Beleuchtung ändern kann, sondern vom *Anteil* des von diesem Objekt reflektierten Lichts, der unabhängig von der Beleuchtung derselbe bleibt.

Sie können sich das Auftreten von Helligkeitskonstanz veranschaulichen, wenn Sie sich ein durch Kunstlicht beleuchtetes Schachbrett vorstellen wie dasjenige in ▪ Abb. 9.37. Bei diesem Schachbrett haben die weißen Felder eine Reflektanz von 90 % und die schwarzen Felder eine Reflektanz von 9 %. Wenn die Lichtstärke im Zimmer 100 Lichteinheiten beträgt, reflektieren die weißen Felder insgesamt 90 Einheiten und die schwarzen Felder nur 9 (▪ Abb. 9.37a). Wenn wir nun jedoch das Schachbrett hinaus ins helle Sonnenlicht bringen, wo die Beleuchtungsstärke 10.000 Einheiten beträgt, so reflektieren die weißen Felder 9000 Einheiten und die schwarzen Felder 900 Einheiten an Licht (▪ Abb. 9.37b). Obwohl nun draußen die schwarzen Felder viel mehr Licht reflektieren, als die wei-

▪ **Abb. 9.37** Ein Schachbrett aus schwarzen und weißen Feldern unter der Beleuchtung durch **a** Kunstlicht und **b** durch Sonnenlicht

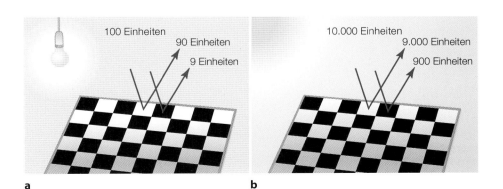

100 Einheiten
90 Einheiten
9 Einheiten

10.000 Einheiten
9.000 Einheiten
900 Einheiten

a   b

ßen Felder dies drinnen getan haben, sehen sie immer noch schwarz aus. Unsere Wahrnehmung hängt von der Reflektanz ab, dem Anteil des reflektierten Lichts, und nicht von der absoluten Lichtmenge, die reflektiert wird. Was ist der Grund für diese Helligkeitskonstanz? Dafür gibt es eine Reihe möglicher Erklärungen.

Das Verhältnisprinzip

Eine Beobachtung in Bezug auf unsere Helligkeitswahrnehmung ist, dass die Helligkeit bei gleichmäßiger Ausleuchtung – also bei über das gesamte Objekt identischer Ausleuchtung wie in unserem Beispiel mit dem Schachbrett – durch das Verhältnisprinzip bestimmt wird. Das **Verhältnisprinzip** besagt, dass 2 Flächen, die unterschiedlich viel Licht reflektieren, gleich aussehen, wenn die *Verhältnisse* ihrer Reflektanz zu den Reflektanzen ihrer Umfelder dieselben sind (Jacobson & Gilchrist, 1988; Wallach, 1963). Betrachten Sie als Beispiel ein schwarzes Feld des Schachbretts. Das Verhältnis der reflektierten Lichtintensitäten des schwarzen Felds und der benachbarten weißen Felder beträgt bei geringer Beleuchtungsstärke $9 : 90 = 0{,}1$ und bei hoher Beleuchtungsstärke $900 : 9000 = 0{,}1$. Da das Verhältnis der Reflektanzen in beiden Fällen gleich ist, bleibt unsere Wahrnehmung der weißen und schwarzen Felder dieselbe.

Das Verhältnisprinzip funktioniert im Falle flacher, gleichmäßig beleuchteter Objekte wie unserem Schachbrett zwar gut, aber die Dinge werden bei Objekten in dreidimensionalen Szenerien, die ungleichmäßig beleuchtet sein können, etwas komplizierter.

Helligkeitswahrnehmung unter ungleichmäßiger Beleuchtung

Wenn Sie sich umsehen, stellen Sie vermutlich fest, dass die Beleuchtung über die gesamte Szenerie nicht so gleichmäßig ist, wie es bei unserem zweidimensionalen Schachbrett der Fall war. Die Beleuchtung in dreidimensionalen Szenerien ist normalerweise ungleichmäßig, da ein Objekt einen Schatten auf ein anderes wirft oder ein Teil eines Objekts dem Licht zugewandt ist, während ein anderer Teil desselben Objekts vom Licht abgewandt ist. In ◘ Abb. 9.38 verläuft ein Schatten über eine Wand. Hier müssen wir feststellen, ob die Veränderungen des Aussehens, die wir über den Verlauf der Wand beobachten, durch Veränderungen von Helligkeit oder Farbe einzelner Teile der Wand oder durch Unterschiede in der Beleuchtung der Wand verursacht werden.

Das Problem für das Wahrnehmungssystem besteht darin, dass es die ungleichmäßige Beleuchtung irgendwie berücksichtigen muss. Dieses Problem lässt sich so formulieren, dass das Wahrnehmungssystem zwischen Reflektanz- und Beleuchtungskanten unterscheiden muss. Eine **Reflektanzkante** ist eine Kante, an der sich die Reflektanz der Oberfläche ändert. Somit ist die Grenze zwischen den Arealen (a) und (c) in ◘ Abb. 9.38 eine Reflektanzkante. Eine **Beleuchtungskante** ist eine Kante, an der sich die Beleuchtung ändert. Die Grenze zwischen (a) und (b), dem Schattenbereich, ist also eine Beleuchtungskante, weil Bereich (a) mehr Licht empfängt als Bereich (b).

In der Literatur werden mehrere Erklärungen dafür vorgeschlagen, wie das visuelle System zwischen diesen

◘ **Abb. 9.38** Diese ungleichmäßig beleuchtete Wand enthält sowohl Reflektanz- – zwischen (*a*) und (*c*) – als auch Beleuchtungskanten – zwischen (*a*) und (*b*). Das Wahrnehmungssystem muss zwischen diesen beiden Typen von Kanten unterscheiden, um die tatsächlichen Eigenschaften der Wand und auch anderer Teile der Szene exakt wahrzunehmen. (© Bruce Goldstein)

beiden Typen von Kanten unterscheidet (für Details vergleiche Adelson, 1999; Gilchrist, 1994; Gilchrist et al., 1999). Die Grundidee hinter diesen Erklärungen ist, dass das visuelle System zur Berücksichtigung der Beleuchtung mehrere Informationsquellen nutzt.

Information durch Schatten

Damit Helligkeitskonstanz erreicht wird, muss das visuelle System in der Lage sein, die durch Schatten erzeugte ungleichmäßige Beleuchtung zu berücksichtigen. Es muss feststellen, dass diese Veränderung der Beleuchtung durch eine Beleuchtungskante und nicht durch eine Reflektanzkante verursacht wird. Offensichtlich gelingt dies dem visuellen System, denn obwohl Schatten die Helligkeit verringern, sehen Sie die Oberflächen im Schatten üblicherweise nicht als grau oder schwarz. Bei der Mauer in ◘ Abb. 9.39 beispielsweise gehen Sie davon aus, dass die schattigen und nichtschattigen Bereiche aus Ziegelsteinen dieselbe Helligkeit und Farbe besitzen, aber dass auf einige Bereiche weniger Licht fällt als auf andere.

Wie kann das visuelle System wissen, dass die durch den Schatten herbeigeführte Intensitätsveränderung eine Beleuchtungs- und keine Reflektanzkante ist? Möglicherweise berücksichtigt es hierbei unter anderem die bedeutungshaltige Form des Schattens. In diesem speziellen Beispiel wissen wir, dass der Schatten von einem Baum geworfen wurde, und daher wissen wir auch, dass sich die Beleuchtung ändert und nicht die Farbe der Mauerziegelsteine. Einen weiteren Hinweis liefert die Beschaffenheit der Kontur des Schattens, wie Demonstration 9.2 veranschaulicht.

Das Verdecken des Halbschattens führt bei den meisten Menschen zur Wahrnehmung einer Veränderung im Aussehen des schattigen Bereichs. Offenbar hat der Schatten dem visuellen System die Information geliefert, dass der dunkle Bereich neben dem Becher ein weniger beleuchteter

---

Halbschatten und Helligkeitswahrnehmung

Platzieren Sie ein Objekt, z. B. einen Becher, auf einem weißen Blatt Papier auf Ihrem Schreibtisch. Beleuchten Sie den Becher dann aus schräger Richtung mit Ihrer Schreibtischlampe und positionieren Sie die Lampe dabei so, dass ein Schatten mit unscharfem Rand erzeugt wird wie in ◘ Abb. 9.40a (im Allgemeinen lässt das Annähern der Lampe an den Becher den Rand des Schattens unschärfer werden). Der unscharfe Rand des Schattens wird als **Halbschatten** bezeichnet. Nehmen Sie nun einen schwarzen Marker und zeichnen Sie eine dicke schwarze Linie wie in ◘ Abb. 9.40b, sodass Sie den Halbschatten nicht mehr sehen können. Was geschieht mit Ihrer Wahrnehmung des schattigen Bereichs innerhalb der schwarzen Linie?

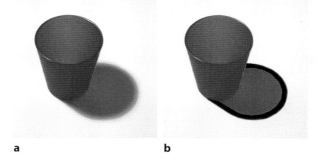

a   **b**

◘ **Abb. 9.40** **a** Ein Becher und sein Schatten. **b** Derselbe Becher und sein Schatten, wobei der Halbschatten durch eine schwarze Linie verdeckt ist. (© Bruce Goldstein)

Demonstration 9.3

Helligkeitswahrnehmung an Faltkanten

Stellen Sie eine gefaltete weiße Karteikarte aufrecht hin, sodass sie wie die Außenkante eines Raums aussieht, und beleuchten Sie die Karte dann so, dass eine Seite beleuchtet ist und die andere im Schatten liegt. Wenn Sie nun die Kante betrachten, können Sie mit Leichtigkeit erkennen, dass die Karte zu beiden Seiten der Kante aus demselben weißen Material besteht, aber die nicht beleuchtete Seite im Schatten liegt (◘ Abb. 9.41a). Mit anderen Worten: Sie nehmen die Kante zwischen der beleuchteten und der schattigen „Wand" als Beleuchtungskante wahr.

Machen Sie ein Loch in eine weitere Karteikarte und positionieren Sie diese in kurzem Abstand vor der Kante der gefalteten Karte. Betrachten Sie die Kante mit einem Auge durch das Loch, und zwar aus einem Abstand von etwa 30 cm von der gelochten Karte (◘ Abb. 9.41b). Nun nehmen Sie die Kante als flache Oberfläche wahr, und Ihre Wahrnehmung der linken und rechten Oberflächen wird sich verändern.

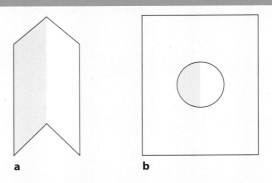

◘ Abb. 9.41 Das Betrachten einer schattierten Kante. **a** Beleuchten Sie die gefaltete Karte so, dass sich eine Seite im Licht und die andere im Schatten befindet. **b** Betrachten Sie die Karte durch ein kleines Loch, sodass die beiden Seiten der Kante sichtbar sind, wie hier gezeigt

Schattenbereich und die diffuse Grenze eine Beleuchtungskante ist. Nach dem Überdecken des Halbschattens durch eine scharfe Randlinie fehlt diese Information, sodass der Schattenbereich als Fläche mit anderer Reflektanz wahrgenommen wird. In dieser Szene gibt es Helligkeitskonstanz, wenn der Halbschatten da ist, aber nicht, wenn er fehlt.

Die Orientierung von Oberflächen

Demonstration 9.3 liefert ein Beispiel dafür, wie Information über die Orientierung von Oberflächen unsere Helligkeitswahrnehmung beeinflusst.

Bei der Demonstration 9.3 wurde die ursprünglich von Ihnen wahrgenommene Beleuchtungskante in die falsche Wahrnehmung einer Reflektanzkante umgewandelt, sodass die im Schatten liegende Seite der weißen Karte als grau wahrgenommen wird. Diese falsche Wahrnehmung tritt ein, weil beim Betrachten der beiden Kartenseiten durch ein kleines Loch die Informationen über die Beleuchtungsbedingungen und die Orientierung der Karte verloren gehen. Damit Helligkeitskonstanz funktioniert, benötigt das visuelle System adäquate Informationen über die Beleuchtungsbedingungen. Ohne diese bricht die Helligkeitskonstanz zusammen, und ein Schatten kann als dunkel gefärbte Fläche erscheinen.

◘ Abb. 9.42a ist ein weiteres Beispiel für eine mögliche Verwechslung zwischen der Wahrnehmung eines Bereichs als „im Schatten" liegend und der Wahrnehmung, dass er aus „dunklem Material" besteht. Dieses Foto einer Marienstatue wurde bei Nacht in der Grotte Unserer Lieben Frau von Lourdes an der Universität von Notre Dame aufgenommen. Als ich (Bruce Goldstein) die Statue bei Nacht beobachtete, war mir nicht klar, ob der dunkle Bereich über Marias Armen blau gefärbt war wie die Schärpe oder ob

er sich einfach im Schatten befand. Ich vermutete, dass es sich um Schatten handelte, aber durch die fast perfekte Farbübereinstimmung zwischen diesem Bereich und der Schärpe fragte ich mich, ob der Bereich über Marias Armen eventuell doch blau war. Da die Statue auf einem hohen Felsvorsprung steht, war es nicht leicht, dies festzustellen, und so kehrte ich am nächsten Morgen zurück, um die Statue bei Tageslicht zu betrachten. ◘ Abb. 9.42b zeigt, dass der dunkle Bereich tatsächlich ein Schatten war. Das Rätsel war gelöst! Wie bei der Farbwahrnehmung lassen wir uns manchmal von den Beleuchtungsverhältnissen oder mehrdeutigen Informationen täuschen, aber meistens nehmen wir die Helligkeit korrekt wahr.

9.8 Weitergedacht: Farbwahrnehmung aufgrund von farblosen Wellenlängen

Unsere bisherigen Überlegungen gingen vor allem von der Vorstellung aus, dass es einen Zusammenhang zwischen Wellenlänge und Farbe gibt. Das sichtbare Spektrum des Lichts mit all seinen Farben (◘ Abb. 9.43a) illustriert diese Vorstellung sehr eindrucksvoll. Aber dieser Zusammenhang zwischen Wellenlänge und Farbe kann täuschen, wenn man annimmt, dass die Wellenlängen farbig seien und man sagen könne: 450-nm-Licht ist blau, 500-nm-Licht ist grün und so weiter. Tatsächlich haben die Wellenlängen selbst keine Farben. Dies lässt sich demonstrieren, wenn man betrachtet, was mit unserer Farbwahrnehmung bei Dämmerung oder stark heruntergedimmter Beleuchtung passiert. Bei zunehmend schwächerer Beleuchtung passen wir uns der Dunkelheit an und unser Sehen verlagert sich auf die

☐ Abb. 9.42 **a** Eine Marienstatue, die nachts von unten beleuchtet wird. **b** Die gleiche Statue bei Tag. (© Bruce Goldstein)

☐ Abb. 9.43 **a** Das sichtbare Spektrum. **b** Bei schwacher Beleuchtung verschiebt sich das Maximum der Hellempfindlichkeit zu kürzeren Wellenlängen und die Farben verschwinden

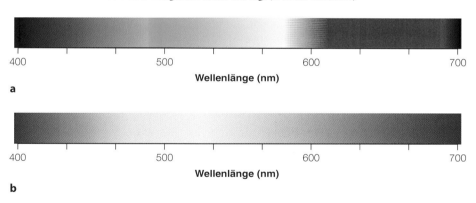

Stäbchen (▶ Kap. 3). Farben wie Blau, Grün und Rot werden zunehmend fahl und verschwinden schließlich ganz. Am Ende wird das bunte Spektrum grau – ein Band mit mehr oder weniger hellen Graustufen (☐ Abb. 9.43b). Dieser Effekt der Dunkeladaptation (▶ Kap. 3) verdeutlicht, dass das Nervensystem Farbe durch die Aktivität der Zapfen aus Wellenlängen konstruiert.

Die Ansicht, dass Farbe *keine* Eigenschaft der Wellenlängen ist, hat bereits Isaac Newton in seinem Werk *Opticks* (1704) vertreten:

» [...] streng genommen sind die Strahlen nicht gefärbt; in ihnen liegt nichts als eine gewisse Kraft und Fähigkeit, die Empfindung dieser oder jener Farbe zu erregen [...] so sind die Farben an den Objekten nichts Anderes, als die Fähigkeit, diese oder jene Strahlen reichlicher zu reflektieren als die anderen [...] und diese Bewegung bis in unser Empfindungsorgan zu verbreiten. (Newton, 1704)

Newton vertritt also die Vorstellung, dass die von uns als Antwort auf die Stimulation durch bestimmte Wellenlängen gesehenen Farben nicht in den Lichtstrahlen selbst enthalten sind. Stattdessen werden nur Farbempfindungen durch die verschiedenen Lichtstrahlen erregt. Heute würden wir es modern eher so ausdrücken, dass Lichtstrahlen einfach eine Form der Energie sind, sodass es nichts „Blaues" in den kurzen Wellenlängen und nichts „Rotes" in den langen Wellenlängen gibt. Wir nehmen die Farben wahr, weil unser Nervensystem in bestimmter Weise auf diese Energie reagiert.

Wir können die Rolle des Nervensystems bei der Erzeugung von Farbwahrnehmung besser verstehen, wenn wir nicht nur die Veränderungen zwischen Stäbchen- und Zapfensehen betrachten, sondern überlegen, warum Menschen wie der Maler I., der sein Farbensehen bei einem Unfall verlor, keine Farben wahrnehmen können, obwohl

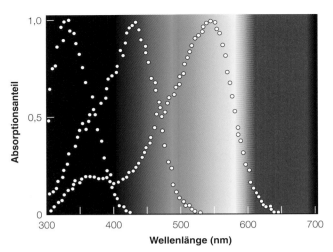

◘ Abb. 9.44 Absorptionsspektren der Sehpigmente der Honigbiene

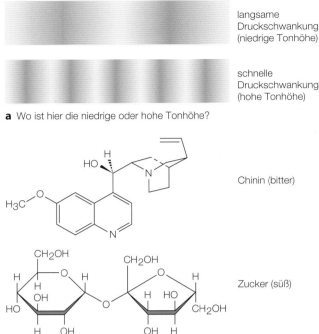

a Wo ist hier die niedrige oder hohe Tonhöhe?

Chinin (bitter)

Zucker (süß)

b Wo ist hier der bittere oder süße Geschmack?

◘ Abb. 9.45 a Beim Hören sind hohe und tiefe Töne mit schnellen bzw. langsamen Druckschwankungen in der Luft (bei kurzen und langen Wellenlängen der Schallwellen) assoziiert, obwohl Druckwellen selbst nicht klingen. Die Wahrnehmung der Tonhöhe entsteht durch die Reaktion des auditiven Systems auf die Schallwellen. **b** Moleküle sind nicht bitter oder süß, sondern das Nervensystem erzeugt Geschmack und Geruch dadurch, wie es auf die chemischen Reize antwortet

sie dieselben Lichtreize sehen wie Personen mit normalem Farbensehen. Auch viele Tiere nehmen Farben nicht wie Menschen wahr – manche sehen gar keine Farben, andere weniger und wieder andere mehr als Menschen – je nachdem, wie ihr visuelles System beschaffen ist.

◘ Abb. 9.44 zeigt die Absorptionskurve des Sehpigments einer Honigbiene. Dieses Pigment, das kurzwelliges Licht absorbiert, ermöglicht es den Honigbienen, Licht in einem kurzwelligen Spektralbereich wahrzunehmen, der für Menschen nicht sichtbar ist (Menzel & Backhaus, 1989; Menzel et al., 1986). Was glauben Sie, welche „Farbe" Bienen bei einer Wellenlänge von 350 nm wahrnehmen? Sie können jetzt versucht sein, auf Blau zu tippen, weil Menschen das kurzwellige sichtbare Licht als Blau wahrnehmen, aber Sie können es nicht mit Sicherheit wissen, denn wie Newton sagte, sind Lichtstrahlen nicht „gefärbt". Es steckt keine Farbe in den Wellenlängen, daher erzeugt das Nervensystem der Biene ihre eigene Farberfahrung. Nach allem, was wir wissen, ist das Farbempfinden der Honigbiene bei kurzen Wellenlängen sehr verschieden von unserem und könnte daher selbst bei Wellenlängen in der Mitte des Spektrums anders sein, die sowohl Menschen als auch Honigbienen wahrnehmen.

Die Vorstellung, dass die Farberfahrung vom Nervensystem erzeugt wird, trifft auch für andere Sinne als das Sehen zu. Beispielsweise werden wir in ▶ Kap. 11 feststellen, dass unser Hörerleben durch Druckschwankungen in der Luft ausgelöst wird. Aber warum nehmen wir langsame Druckschwankungen als tiefe Töne und schnelle Druckschwankungen als hohe Töne wahr? Steckt irgendetwas wie Tonhöhe in den Druckschwankungen bei Schallwellen (◘ Abb. 9.45a)? Oder wenn wir den Geschmackssinn betrachten, der uns etwas als bitter oder süß wahrnehmen lässt, je nach der chemischen Struktur, wo in der chemischen Formel steckt Bitterkeit oder Süße, die wir schmecken (◘ Abb. 9.45b)? Wieder liegt die Antwort darin, dass diese Wahrnehmung nicht auf die Molekülstruktur

zurückzuführen ist, sondern sie durch das Nervensystem erzeugt wird, das durch die physikalischen und chemischen Reize aktiviert wird.

In diesem Buch wird immer wieder angesprochen, dass unser Erleben durch das Nervensystem gefiltert wird und dass die Eigenschaften unseres Nervensystems bestimmen, was wir wahrnehmen. Beispielsweise wissen wir, dass unsere Fähigkeit, bei Dämmerlicht zu sehen und feine Details zu erkennen, damit zusammenhängt, wie Stäbchen und Zapfen auf die anderen Neuronen in der Retina konvergieren (▶ Kap. 3). Das Konzept, um das es hier geht, beinhaltet nicht nur, dass das Nervensystem die Wahrnehmung *formt* wie im Fall des Stäbchen- und des Zapfensehens, sondern dass es beim Farbensehen, Hören oder Geruch und Geschmack die eigentliche Essenz unserer Erfahrung *erzeugt*.

9.9 Der Entwicklungsaspekt: Farbwahrnehmung bei Säuglingen

Wir wissen, dass unsere Farbwahrnehmung von der Reaktion von 3 verschiedenen Zapfenrezeptortypen abhängt (◻ Abb. 9.13). Da die Zapfen bei der Geburt nur schwach entwickelt sind, sollte man annehmen, dass Neugeborene nicht über gutes Farbensehen verfügen. Die Forschung hat jedoch gezeigt, dass sich das Farbensehen schnell entwickelt und bereits im Alter von 3 bis 4 Monaten recht gut ausgeprägt ist.

In einem klassischen Experiment haben Marc Bornstein et al. (1976) untersucht, ob Säuglinge im Alter von 4 Monaten dieselben Farbkategorien des Spektrums wahrnehmen wie Erwachsene. Menschen mit einem normalen trichromatischen Farbempfinden sehen das Spektrum als eine Folge von Farbkategorien, die am kurzwelligen Ende mit Blau beginnt und sich dann über Grün, Gelb und Orange zu Rot fortsetzt. Dabei gibt es zwischen den einzelnen Farben recht abrupte Übergänge (siehe das Spektrum in ◻ Abb. 9.4b).

Um festzustellen, ob Säuglinge zwischen diesen Farbkategorien unterscheiden können, wandten Bornstein et al. (1976) die sogenannte **Habituationsmethode** an. Sie habituierten Säuglinge an ein 510-nm-Licht, das für Trichromaten grün erscheint (◻ Abb. 9.21a), indem sie dieses Licht wiederholt darboten und maßen, wie lange der Säugling darauf blickte (◻ Abb. 9.46). Die Abnahme der Blickzeiten (grüne Punkte) zeigt, dass Habituation auftritt, wenn sich der Säugling an die Farbe gewöhnt.

Das Habituationsverfahren beruht auf der Tatsache, dass Säuglinge gerne neue Reize betrachten. Ein anderes Licht wird also die Aufmerksamkeit des Säuglings erregen, wenn es dieses Licht als neu und anders wahrnimmt. Dies geschieht, wenn ein 480-nm-Licht im 16. Versuchsdurchgang dargeboten wird, das für einen erwachsenen Trichromaten blau aussieht und deshalb für Erwachsene zu einer anderen Kategorie gehört als das 510-nm-Licht. Jetzt wurde eine Zunahme der Blickzeiten beobachtet, eine **Dishabituation**, die zeigt, dass das 480-nm-Licht auch für die Kinder eine andere Kategorie ist. Wurde das Experiment jedoch nach der Habituation an das 510-nm-Licht mit einem 540-nm-Licht wiederholt, dessen Wellenlänge sich im Spektrum auf der anderen Seite des Übergangs zwischen Blau und Grün befindet (und einem Trichromaten auch als grün erscheint also zu derselben Kategorie gehört), trat keine Dishabituation auf. Das 540-nm-Licht gehört für die Kinder offenbar zu derselben Kategorie wie das 510-nm-Licht. Aus diesen und anderen Ergebnissen schließen die Autoren, dass 4 Monate alte Säuglinge dieselben Farbkategorien wahrnehmen wie erwachsene Trichromaten.

In einem weiteren Experiment wurde ein anderes Verfahren, das sogenannte **Neuheitspräferenzverfahren**, zur Untersuchung des Farbensehens von Säuglingen verwendet. Anna Franklin und Ian Davies (2004) ließen 4- bis

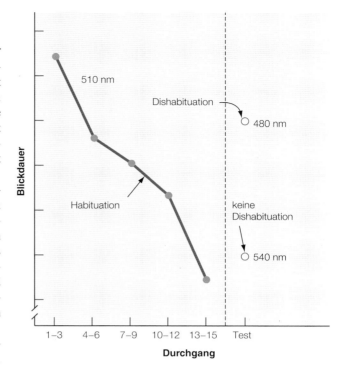

◻ **Abb. 9.46** Die Ergebnisse von Bornstein et al. (1976). Die Blickzeiten nehmen in den ersten 15 Durchgängen ab, während das Kind an das wiederholt dargebotene 510-nm-Licht habituiert. Die Punkte auf der rechten Seite geben die Blickzeiten für die beiden Reize im 16. Durchgang wieder, deren Wellenlängen bei 480 nm bzw. 540 nm lagen

6-monatige Säuglinge ein Display wie in ◻ Abb. 9.47a betrachten, in dem 2 nebeneinanderliegende Quadrate die gleiche Farbe hatten. Im ersten Teil, dem Gewöhnungsteil, des Experiments gewöhnten sich die Säuglinge daran – ihre Blickdauer auf die farbigen Flächen verringerte sich, wenn der Stimulus wiederholt präsentiert wurde. Im zweiten Teil des Experiments, dem Teil der Neuheitspräferenz, wurde eine neue Farbe in einem der Quadrate präsentiert wie in ◻ Abb. 9.47b und das Blickmuster der Säuglinge erneut gemessen.

Um festzustellen, ob die Säuglinge unterschiedliche Farben über Kategoriengrenzen hinweg wahrnehmen, wurden den Säuglingen im Neuheitspräferenzverfahren 2 Arten von Paaren gezeigt. Bei der Bedingung „innerhalb einer Farbkategorie" befand sich die neue Farbe innerhalb einer Kategorie wie in ◻ Abb. 9.47c, wobei beide Farben von Erwachsenen als Grün wahrgenommen werden. Bei der Bedingung „verschiedene Kategorien" gehörte die neue Farbe zu einer anderen Kategorie wie in ◻ Abb. 9.47d, wobei die neue Farbe von Erwachsenen als Blau wahrgenommen wird. Franklin und Davies fanden heraus, dass, wenn die Farben in den Quadraten beide zu einer Kategorie gehörten, die von Erwachsenen als dieselbe Farbe wahrgenommen wird, die Blickzeiten der Säuglinge gleichmäßig auf die beiden Quadrate verteilt waren. Gehörten die Far-

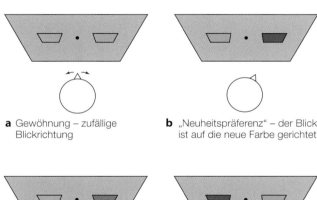

a Gewöhnung – zufällige Blickrichtung

b „Neuheitspräferenz" – der Blick ist auf die neue Farbe gerichtet

c Bedingung „innerhalb einer Farbkategorie"

d Bedingung „verschiedene Farbkategorien"

◘ **Abb. 9.47** Im Experiment von Franklin und Davies (2004) werden die Blickzeiten von 4- bis 6-monatigen Säuglingen gemessen während **a** des Gewöhnungsteils des Experiments, in dem die beiden Quadrate identisch sind, **b** des „Neuheitspräferenzteils" des Experiments, in dem eines der Quadrate ausgetauscht wird, **c** der Bedingung „innerhalb einer Farbkategorie", in der sich die beiden Quadrate in derselben Farbkategorie befinden, und **d** der Bedingung „verschiedene Kategorien", in der Quadrate verschiedener Farbkategorien dargeboten werden

ben jedoch zu unterschiedlichen Kategorien, schauen die Säuglinge in etwa 70 % der Zeit auf die neu präsentierte Farbe.

Franklin und Davies erhielten dasselbe Ergebnis für andere Farbpaare (Rot/Rosa und Blau/Lila) und kamen zu dem Schluss, dass „4 Monate alte Säuglinge zumindest bis zu einem gewissen Grad über Farbkategorien wie Erwachsene zu verfügen scheinen". In einem anderen Experiment, in dem mehr Farben bei 6 Monate alten Babys verglichen wurden, kamen Alice Skelton et al. (2017) zu dem Schluss, dass die Babys blaue, grüne, violette, gelbe und rote Kategorien unterscheiden können.

Das Besondere an diesen Ergebnissen ist, dass Säuglinge diese Kategorisierung von Farben vor dem Spracherwerb leisten. Dies hat Forscher zu dem Schluss geführt, dass die Einteilung von Farben in Kategorien nicht von Prozessen höherer Ordnung wie der Sprache abhängt, sondern von frühen Mechanismen bestimmt wird, die auf den Zapfenrezeptoren und deren Verschaltung basieren (Maule & Franklin, 2019).

Wie immer, wenn in der Forschung Schlüsse darüber gezogen werden, wie bestimmte Dinge dem Individuum jeweils erscheinen, ist auch hier zu beachten, dass die Erkenntnis, dass die Säuglinge die Farben genauso kategorisieren wie die Erwachsenen, noch nichts darüber aussagt, wie sie die Farben *wahrnehmen* (Dannemiller, 2009). So wenig man wissen kann, inwieweit 2 Erwachsene, die dasselbe Licht als „rot" bezeichnen, wirklich das gleiche Rot wahrnehmen, so wenig kann man wissen, was Säuglinge wirklich wahrnehmen, wenn ihr Blickverhalten darauf hin-

deutet, dass sie den Unterschied zwischen 2 Wellenlängen bemerken. Überdies gibt es Hinweise darauf, dass sich die Farbwahrnehmung in der Kindheit bis zum Teenageralter verändert (Teller, 1997). Allerdings kann man mit Sicherheit sagen, dass die Grundlagen für das trichromatische Sehen bereits bei etwa 4 Monate alten Säuglingen vorhanden sind.

Übungsfragen 9.4

1. Was ist Farbkonstanz? Wie sähe unsere Wahrnehmungswelt ohne Farbkonstanz aus?
2. Beschreiben Sie die chromatische Adaptation. Wie wird sie durch das Experiment von Uchikawa demonstriert?
3. Wie funktioniert die Farbkonstanz, wenn man einen Raum betritt, der mit Kunstlicht beleuchtet wird? Wie funktioniert sie, wenn sich Lichtverhältnisse aufgrund von Jahreszeiten ändern?
4. Welche Hinweise gibt es dafür, dass das Gedächtnis einen geringen Einfluss auf die Farbwahrnehmung haben kann?
5. Beschreiben Sie die Mechanismen, die dazu beitragen, Farbkonstanz auch unter unterschiedlichen Lichtverhältnissen zu erreichen.
6. Was bedeutet es, wenn man sagt, dass die Umgebung dazu beiträgt, Farbkonstanz zu erreichen?
7. Was ist #TheDress? Welche Erklärungen wurden vorgeschlagen, um dieses Phänomen zu erklären?
8. Was ist Helligkeitskonstanz? Beschreiben Sie die Rolle von Beleuchtungsstärke und Reflexion bei der Bestimmung der wahrgenommenen Helligkeit.
9. Wie hängt das Verhältnisprinzip mit der Helligkeitskonstanz zusammen?
10. Warum ist ungleichmäßige Beleuchtung ein Problem für das visuelle System? Welche beiden Arten von Kanten sind mit ungleichmäßiger Beleuchtung verbunden?
11. Wie wird die Helligkeitswahrnehmung durch Schatten beeinflusst? Welche Information liefert der Rand des Schattens über den Schatten?
12. Beschreiben Sie die Demonstration der „gefalteten Karte". Wie wird durch diese Demonstration gezeigt, wie Helligkeit durch unsere Wahrnehmung der Orientierung von Oberflächen beeinflusst wird?
13. Was bedeutet die Aussage, Farbe wird vom Nervensystem erzeugt?
14. Beschreiben Sie das Habituationsverfahren und das Verfahren der Neuheitspräferenz, mit denen gezeigt wurde, dass Säuglinge Farben genauso kategorisieren wie Erwachsene. Welche Schlussfolgerung wurde aus diesen Experimenten gezogen? Was sagen diese Ergebnisse über das Wahrnehmungserleben der Säuglinge aus?

9.10　Zum weiteren Nachdenken

1. Eine Person mit normalem Farbensehen nennt man einen Trichromaten. Diese Person muss 3 Wellenlängen mischen, um eine Farbübereinstimmung mit allen anderen Wellenlängen herzustellen, und besitzt 3 Zapfenpigmente. Eine farbfehlsichtige Person nennt man einen Dichromaten. Diese Person benötigt nur 2 Wellenlängen, um eine Farbübereinstimmung mit allen anderen Wellenlängen herzustellen, und verfügt nur über 2 funktionstüchtige Zapfenpigmente. Ein hypothetischer Tetrachromat würde 4 Wellenlängen benötigen, um eine Farbübereinstimmung mit allen anderen Wellenlängen herzustellen, und sollte 4 Zapfenpigmente aufweisen. Wenn ein Trichromat auf einen Tetrachromaten träfe, würde der Tetrachromat dann glauben, dass der Trichromat farbfehlsichtig wäre? In welcher Weise wäre die Farbwahrnehmung des Tetrachromaten „besser" als die des Trichromaten?

2. Im Zusammenhang mit Farbfehlsichtigkeit haben wir festgestellt, dass sich schwer bestimmen lässt, wie Menschen mit Farbfehlsichtigkeit die Farben wahrnehmen und erleben. Diskutieren Sie, wie diese Schwierigkeit mit der Vorstellung zusammenhängt, dass die Farbwahrnehmung durch unser Nervensystem erzeugt wird.

3. Wenn Sie aus dem Freien, das durch Sonnenlicht beleuchtet wird, in einen durch Wolfram-Licht beleuchteten Innenraum gehen, bleibt ihre Farbwahrnehmung ziemlich konstant. Unter manchen Beleuchtungen, so wie der durch Straßenlaternen mit sogenannten Natriumdampflampen, die manchmal Autobahnen oder Parkplätze beleuchten, scheinen sich die Farben aber zu verändern. Weshalb glauben Sie, funktioniert Farbkonstanz nur unter manchen Beleuchtungen?

4. ◪ Abb. 9.48 zeigt 2 Objekte mit identischer Helligkeitsverteilung (Knill & Kersten, 1991): Das Objekt in ◪ Abb. 9.48b wurde aus dem Objekt in ◪ Abb. 9.48a erzeugt, indem bei unveränderter waagerechter Helligkeitsverteilung die oberen und unteren Kanten verändert wurden (wenn Sie diese Kanten bei beiden Bildern abdecken, können Sie sich davon überzeugen).

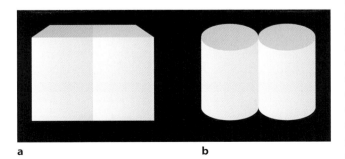

a　　　　　　　　**b**

◪ **Abb. 9.48**　Die waagerechte Helligkeitsverteilung ist in **a** und **b** gleich, erscheint aber unterschiedlich. (© David Knill und Daniel Kersten)

Trotz der identischen Helligkeitsverteilung scheint in ◪ Abb. 9.48a die Oberfläche auf der linken Seite dunkel und rechts hell, während die beiden Zylinder in ◪ Abb. 9.48b beide nahezu gleich wahrgenommen werden. Wie lässt sich das anhand der Helligkeitskonstanz erklären?

9.11　Schlüsselbegriffe

- #TheDress
- Aberration
- Adaptive optische Bildgebung
- Additive Farbmischung
- Anomaler Trichromat
- Beleuchtungskante
- Bunte Farben
- Deuteranopie
- Dichromat
- Dishabituation
- Dreifarbentheorie des Farbensehens
- Entsättigt
- Farbabgleich
- Farbadaptation
- Farbaufhebung
- Farbenblind
- Farbfehlsichtigkeit
- Farbkonstanz
- Farbkreis
- Farbraum
- Farbtonskalierung
- Farbton
- Gedächtnisfarben
- Gegenfarbentheorie des Farbensehens
- Gegenfarbenzellen
- Habituationsmethode
- Halbschatten
- Helligkeitskonstanz
- Ishihara-Tafeln
- Metamere
- Metamerie
- Mikrospektrophotometrie
- Monochromat
- Monochromatismus
- Munsell-Farbsystem
- Neuheitspräferenzverfahren
- Neutraler Punkt
- Partielle Farbkonstanz
- Primärfarben
- Protanopie
- Reflektanz
- Reflektanzkante
- Sättigung
- Selektive Reflexion
- Selektive Transmission

- Simultaner Farbkontrast
- Spektrale Reflektanzkurven
- Spektralfarben
- Subtraktive Farbmischung
- Transmissionskurven
- Trichromat
- Tritanopie
- Unbunte Farben

- Unilateraler Dichromat
- Univarianzprinzip
- Urfarben
- Verhältnisprinzip
- Wert oder Helligkeit
- Young-Helmholtz-Farbentheorie
- Zapfenmosaik
- Zerebrale Achromatopsie

9

Tiefen- und Größenwahrnehmung

E. Bruce Goldstein und Laura Cacciamani

Inhaltsverzeichnis

© Der/die Autor(en), exklusiv lizenziert an Springer-Verlag GmbH, DE, ein Teil von Springer Nature 2023
E.B. Goldstein, L. Cacciamani, *Wahrnehmungspsychologie*, https://doi.org/10.1007/978-3-662-65146-9_10

Nachdem Sie dieses Kapitel bearbeitet haben, werden Sie in der Lage sein, ...

- das Hauptproblem im Zusammenhang mit der Wahrnehmung von räumlicher Tiefe auf Grundlage der zweidimensionalen Informationen auf der Netzhaut zu beschreiben,

- die verschiedenen monokularen (durch das Sehen mit einem Auge erhaltenen) Hinweise für die räumliche Tiefe zu beschreiben,

- zu verstehen, wie die beiden Augen zusammenarbeiten, um binokulare (durch das Sehen von beiden Augen erhaltene) Hinweise für die Wahrnehmung von räumlicher Tiefe zu erzeugen,

- zu beschreiben, wie neuronale Signale, die von beiden Augen kommen, kombiniert werden, um die Wahrnehmung von räumlicher Tiefe zu erzeugen,

- zu verstehen, wie Tiere – von Affen und Katzen über Tauben bis hin zu Insekten – räumliche Tiefe wahrnehmen,

- zu verstehen, dass die Größenwahrnehmung eines Objekts davon abhängt, dass man in der Lage ist, seine Entfernung richtig wahrzunehmen,

- zu beschreiben, wie die Beziehung zwischen der Wahrnehmung von Größe und räumlicher Tiefe zur Erklärung von Größentäuschungen herangezogen wurde,

- Verfahren zu beschreiben, die eingesetzt wurden, um zu bestimmen, welche Art von Informationen Babys zur Wahrnehmung von räumlicher Tiefe einsetzen.

Einige der in diesem Kapitel behandelten Fragen

- Wie können wir trotz des zweidimensionalen Netzhautbilds räumliche Tiefe sehen?

- Weshalb können wir räumliche Tiefe mit beiden Augen besser wahrnehmen als mit einem?

- Weshalb scheinen Leute nicht kleiner zu werden, wenn sie sich von uns entfernen?

Unser letztes Kapitel über das Sehen befasst sich mit der Wahrnehmung von räumlicher Tiefe und Größe. Auf den ersten Blick könnte man meinen, dass Tiefe und Größe getrennte Bereiche der Wahrnehmung sind, aber tatsächlich sind sie eng miteinander verbunden. Warum das so ist, veranschaulicht 🔲 Abb. 10.1a. Was sehen Sie auf diesem Foto? Die meisten Menschen sehen das Bild eines sehr kleinen Mannes, der auf einem Stuhl steht. Dies ist jedoch eine Sinnestäuschung, die durch eine falsche Wahrnehmung der Entfernung des Mannes von der Kamera erzeugt wurde. Der Mann scheint auf einem Stuhl zu stehen, der sich neben der Frau befindet, aber in Wirklichkeit steht er auf einer Plattform neben dem schwarzen Vorhang (🔲 Abb. 10.1b). Die optische Täuschung, dass der Mann auf einem Stuhl steht, wird durch die Kameraeinstellung

erzeugt. Dabei wurde die Kamera so eingestellt, dass eine Holzkonstruktion gegenüber von der Frau auf die Plattform trifft, sodass der Eindruck entsteht, es handele sich um einen Stuhl. Da der Eindruck erweckt wird, die Frau würde ein Getränk in das Glas des Mannes einschenken, verstärkt sich die falsche Wahrnehmung von der Entfernung des Mannes, und unsere falsche Wahrnehmung seiner räumlichen Tiefe führt zu einer falschen Wahrnehmung seiner Größe.

Die Sinnestäuschung in 🔲 Abb. 10.1 wurde bewusst erzeugt, um Ihr Gehirn zu überlisten und die räumliche Tiefe und Größe des Mannes falsch einzuschätzen. Doch warum verwechseln wir in unserer täglichen Wahrnehmung der Welt einen kleinen Mann, der in der Nähe steht, nicht mit einem großen Mann, der weit weg ist? Wir werden diese Frage beantworten, indem wir die vielen Möglichkeiten beschreiben, wie wir verschiedene Quellen optischer und umweltbezogener Informationen nutzen, um räumliche Tiefe und Größe von Objekten in unserem täglichen Umfeld zu ermitteln.

10.1 Tiefenwahrnehmung

Sie können leicht erkennen, dass diese Buch- oder Bildschirmseite etwa 35 cm von Ihnen entfernt ist; und wenn Sie sich umsehen, so stellen Sie fest, dass sich in verschiedenen Entfernungen andere Objekte befinden. Diese Entfernungen reichen von der Distanz zu Ihrer Nasenspitze (sehr nah!) über die Distanz zur anderen Seite des Raums oder zum Ende der Straße bis zum Horizont, je nachdem, wo Sie sich befinden. Das Beeindruckende an der Fähigkeit, die Entfernungen von Objekten in Ihrer dreidimensionalen Umwelt zu sehen, ist die Tatsache, dass diese wahrgenommenen Objekte – ebenso wie die gesamte Szenerie – auf einem zweidimensionalen Bild auf Ihrer Netzhaut basieren.

Um das Phänomen der Wahrnehmung dreidimensionaler räumlicher Tiefe aufgrund eines zweidimensionalen Bilds auf der Retina zu verstehen, konzentrieren wir uns zunächst auf 2 Punkte der Szene, auf B und H, die in 🔲 Abb. 10.2a dargestellt sind. Das Licht wird von diesen Punkten des nahegelegenen Baums (B) und des weiter entfernten Hauses (H) auf die Retina des Auges reflektiert. Wenn wir nur diese Orte auf der ebenen Oberfläche der Retina betrachten (🔲 Abb. 10.2b), so können wir nicht wissen, welche Strecke das Licht bis zu den Punkten B und H auf der Netzhaut zurückgelegt hat. Nach allem, was wir wissen, könnte das Licht, das jeweils einen der beiden Punkte auf der Retina stimuliert, aus 30 cm Distanz oder von einem fernen Stern stammen. Wir müssen unsere Perspektive offensichtlich über das Betrachten einzelner Punkte auf der Netzhaut hinaus erweitern, um zu bestimmen, wo sich die Objekte im Raum befinden.

Wenn wir unsere Perspektive auf das gesamte Netzhautbild ausdehnen, so erhöhen wir die Menge der verfügbaren

◘ Abb. 10.1 Der Beuchet-Stuhl. **a** Die falsche Wahrnehmung der räumlichen Tiefe des Mannes führt zu einer falschen Wahrnehmung der Größe des Mannes. **b** Wenn die Sinnestäuschung eines „Stuhls" aufgehoben ist, kann die tatsächliche räumliche Tiefe des Mannes bestimmt werden und er erweist sich als normal groß. (© Peter Thompson)

a

b

10

a Auge und Szene

b Bild der Szene auf der Netzhaut

◘ Abb. 10.2 a Das Haus ist weiter entfernt als der Baum. Die Punkte *H* (auf dem Haus gelegen) und *B* (auf dem Baum gelegen) fallen jedoch auf die Punkte *H'* und *B'* auf der zweidimensionalen Oberfläche der Retina. **b** Die beiden retinalen Bildpunkte liefern jeweils nur für sich betrachtet keinerlei Information über die Entfernung des jeweiligen Objekts

Information, da wir nun die retinalen Bilder des Hauses und des Baums mit einbeziehen können. Da das gesamte Netzhautbild jedoch immer noch zweidimensional ist, haben wir noch keine Erklärung dafür, wie wir von diesem flachen Bild auf der Retina zu einer dreidimensionalen Wahrnehmung der Szene gelangen.

Ein Weg, auf dem Forscher dieses Problem angegangen sind, besteht in der Untersuchung, welche Information in diesem zweidimensionalen Bild mit der räumlichen Tiefe in der Szene korreliert ist. Diese Herangehensweise bezeichnet man als **Untersuchung der Tiefenhinweise**.

Wenn beispielsweise ein Objekt ein anderes teilweise verdeckt, so wie es bei dem im Vordergrund stehenden Baum und dem Haus in ◘ Abb. 10.2a der Fall ist, so muss das zum Teil verdeckte Objekt weiter entfernt sein als das es verdeckende Objekt. Diese Konstellation, die als **Verdeckung** oder **Okklusion** bezeichnet wird, ist ein Hinweis dafür, dass sich ein Objekt vor einem anderen befindet. Nach der Theorie der Tiefenhinweise wird die Verbindung zwischen diesem Hinweis und räumlicher Tiefe im Verlauf der Umwelterfahrung gelernt. Einmal gelernt, erfolgt die Assoziation zwischen solchen Hinweisreizen und Tiefe automatisch, sodass wir die Welt anhand der Tiefenhinweise in 3 Dimensionen erleben. Es wurden eine Reihe verschiedener Arten von Tiefenhinweisen identifiziert, die räumliche Tiefe in einer Szene signalisieren. Sie lassen sich in die folgenden 3 Hauptgruppen unterteilen:

1. *Okulomotorisch:* Diese Tiefenhinweise basieren auf unserer Fähigkeit, die Stellung unserer Augen und die Spannung in unseren Augenmuskeln wahrzunehmen.
2. *Monokular:* Diese Tiefenhinweise basieren auf den visuellen Informationen, die auch mit nur einem Auge verfügbar ist.
3. *Binokular:* Tiefenhinweise, die auf visuelle Informationen in beiden Augen angewiesen sind.

10.2 Okulomotorische Tiefenhinweise

Die **okulomotorischen Tiefenhinweise** entstehen durch

1. Konvergenz, die nach innen gerichtete Bewegung der Augen, die beim Betrachten nahe gelegener Objekte auftritt;
2. Akkommodation, die Veränderung der Form der Augenlinse beim Fokussieren von Objekten in unterschiedlicher Distanz.

Das Gefühl in Ihren Augen

Betrachten Sie Ihren Finger, wenn Sie diesen auf Armeslänge entfernt von sich halten. Bewegen Sie dann den Finger langsam auf Ihre Nase zu und achten Sie dabei auf die zunehmende Anspannung im Inneren Ihrer Augen.

Hinter diesen Tiefenhinweisen steckt die Erkenntnis, dass wir es *fühlen* können, wenn die Augen für das Betrachten naher Objekte konvergieren. Außerdem fühlen wir die Anspannung der Augenmuskeln, wenn diese die Form der Linse verändern, um ein nahe gelegenes Objekt zu fokussieren. Die mit Konvergenz und Akkommodation in Zusammenhang stehenden Empfindungen in Ihren Augen können Sie anhand von Demonstration 10.1 nachvollziehen.

Diese Empfindungen werden zum einen durch die Veränderung des Konvergenzwinkels ausgelöst, während Ihre Augenmuskeln die Augen nach innen wenden, wie in ◘ Abb. 10.3a dargestellt, und zum anderen durch die Veränderung der Form der Linse, während das Auge zum Fokussieren auf das nahe Objekt akkommodiert (◘ Abb. 3.9). Wenn Sie Ihren Finger wieder wegbewegen, flacht die Linse ab, und die Augen bewegen sich von der Nase aus gesehen nach außen, bis beide gerade nach vorn gerichtet sind (◘ Abb. 10.3b). Konvergenz und Akkommodation zeigen, dass ein Objekt nahe ist; diese Tiefenhinweise sind bis zu einer Distanz von etwa einer Armeslänge nützlich, wobei der Nutzen der Konvergenz überwiegt (Cutting & Vishton, 1995; Mon-Williams & Tresilian, 1999; Tresilian et al., 1999).

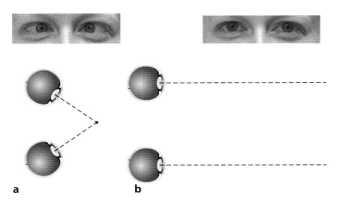

a   **b**

◘ **Abb. 10.3** **a** Konvergenz der Augen tritt dann auf, wenn eine Person ein sehr nahes Objekt betrachtet. **b** Die Augen blicken gerade nach vorn, wenn die Person ein weit entferntes Objekt betrachtet

10.3 Monokulare Tiefenhinweise

Monokulare Tiefenhinweise können auch mit lediglich einem Auge genutzt werden. Sie umfassen die bereits bei den okulomotorischen Tiefenhinweisen beschriebene Akkommodation und *bildbezogene* Tiefenhinweise – die in einem zweidimensionalen Bild enthaltenen Informationen zur räumlichen Tiefe – sowie *bewegungsinduzierte* Tiefenhinweise – die durch Bewegung erzeugten Tiefeninformationen.

10.3.1 Bildbezogene Tiefenhinweise

Bildbezogene Tiefenhinweise bieten Informationen über räumliche Tiefe, die in einem zweidimensionalen Bild dargestellt werden können, so wie in den Abbildungen in diesem Buch oder den Netzhautbildern (Goldstein, 2001).

Verdeckung

Wir haben den Tiefenhinweis der Verdeckung bereits angesprochen. Verdeckung tritt auf, wenn ein Objekt durch ein davor platziertes anderes Objekt ganz oder teilweise nicht mehr sichtbar ist. Das zum Teil verdeckte Objekt wird als weiter entfernt gesehen, so wie die Berge in ◘ Abb. 10.4, die als weiter entfernt als der Kaktus und der Hügel wahrgenommen werden. Beachten Sie, dass Verdeckung keine Information über die absolute Entfernung eines Objekts liefert; sie zeigt lediglich relative Entfernung an. Wir wissen, dass das zum Teil verdeckte Objekt weiter entfernt ist, wie viel weiter es entfernt ist, können wir aber nur aufgrund der Verdeckung nicht sagen.

Relative Höhe

In ◘ Abb. 10.4a befinden sich in der Szene einige Objekte oben im Bild, andere unten. Die Höhe im Bild entspricht der Höhe im Blickfeld, und Objekte, die höher im Gesichtsfeld liegen, sind normalerweise weiter entfernt. Dies illustriert ◘ Abb. 10.4b anhand der gestrichelten Linien 1, 2 und 3 in Höhe der Motorradfahrer und einem der Telefonmasten. Beachten Sie, dass die Linien in größerer Bildhöhe unterhalb von weiter entfernten Objekten verlaufen. Sie können dieses Prinzip „höher ist weiter entfernt" demonstrieren, wenn Sie beim Betrachten einer Szene Ihren Finger dorthin richten, wo ein Objekt den Boden berührt. Dabei werden Sie feststellen, dass bei allen Objekten, die sich auf einer ebenen Fläche befinden (nicht auf einem Hügel!), die Position Ihres Fingers bei weiter entfernten Objekten höher liegt. Durch den Tiefenhinweis der **relativen Höhe** werden Objekte, deren Grundfläche im Gesichtsfeld näher am Horizont liegt, üblicherweise als weiter entfernt gesehen. Dies bedeutet, dass Objekte auf dem Boden umso weiter entfernt gesehen werden, je höher sie im Gesichtsfeld sind (Linien 1, 2 und 3). Objekte am Himmel, die im Gesichtsfeld über dem Horizont liegen, erscheinen umso weiter entfernt,

a

b

Abb. 10.4 **a** Eine Szene in Tucson, Arizona, die eine Anzahl von Tiefenhinweisen enthält: Verdeckung (der Kaktus verdeckt den Hügel, der wiederum den Berg verdeckt), perspektivische Konvergenz (die Ränder der Straße konvergieren in der Ferne), relative Größe (das weiter entfernte Motorrad ist kleiner als das nähere) und relative Höhe (das weiter entfernte Motorrad befindet sich höher im Gesichtsfeld, die weiter entfernte Wolke tiefer). **b** Die *Linien 1*, *2* und *3* entsprechen zunehmenden Höhen im visuellen Feld bei zunehmender Entfernung der Objekte, die sich unter dem Horizont befinden. Die *Linien 4* und *5* zeigen, dass Objekte wie Wolken, die über dem Horizont liegen, bei geringerer Höhe als weiter entfernt wahrgenommen werden. Die Wolke bei *5* erscheint daher weiter entfernt vom Betrachter als die Wolke bei *4*. (© Bruce Goldstein)

je *tiefer* (und horizontnäher) sie sich im Gesichtsfeld befinden (Linien 4 und 5).

Bekannte und relative Größe

Wir benutzen den Tiefenhinweis der vertrauten Größe, wenn wir aufgrund unseres Vorwissens über die Größe von Objekten Entfernungen beurteilen. Wir sehen dies anhand der Münzen in ◻ Abb. 10.5a. Wenn Sie mit der realen Größe von US-amerikanischen 10-Cent-, 25-Cent und 50-Cent-Münzen vertraut sind (◻ Abb. 10.5b) und von diesem Wissen beeinflusst werden, dann sind Sie wahrscheinlich der Ansicht, dass die 10-Cent-Münze sich näher bei Ihnen befindet als die 25-Cent-Münze. Ein Experiment von William Epstein (1965) zeigt, dass unser Wissen über die Größe eines Objekts unter bestimmten Bedingungen unsere Wahrnehmung der Entfernung zu dem Objekt beeinflusst (siehe auch McIntosh & Lashley, 2008). Das Reizmaterial in Epsteins Untersuchung bestand aus gleich großen Fotografien von 10-Cent-, 25-Cent- und 50-Cent-Münzen (◻ Abb. 10.5a), die in derselben Entfernung zum Betrachter positioniert wurden. Indem Epstein diese in einem dunklen Raum aufstellte, sie mit einem Punktstrahler beleuchtete und sie von den Versuchspersonen mit nur einem Auge betrachten ließ, erzeugte er die Illusion, dass es sich um reale Münzen handelte.

Als die Probanden die Entfernungen der Münzfotografien schätzten, hielten sie die 10-Cent-Münze für am nächsten, die 25-Cent-Münze für etwas weiter entfernt und die 50-Cent-Münze für am weitesten entfernt liegend. Die Urteile der Betrachter wurden also von ihrem Wissen über die reale Größe dieser Münzen beeinflusst. Das Ergebnis ließ sich jedoch nicht reproduzieren, wenn die Probanden die Szene mit beiden Augen betrachteten. Hierbei stand ihnen, wie wir im Zusammenhang mit dem binokularen Sehen noch diskutieren werden, Informationen zur Verfügung, die zeigten, dass die Münzen gleich weit entfernt waren. Der Tiefenhinweis der vertrauten Größe ist also am effektivsten, wenn keine anderen Informationen über räumliche Tiefe zur Verfügung stehen (vergleiche auch Coltheart, 1970; Schiffman, 1967).

a

b

Abb. 10.5 **a** Fotografien wie die von Epstein (1965) in seinem Experiment zur vertrauten Größe verwendeten. Jede Münze wurde so fotografiert, dass sie dieselbe Größe wie eine echte 25-Cent-Münze hat. **b** Die tatsächliche Größe einer 10-Cent-Münze, einer 25-Cent-Münze und einer 50-Cent-Münze

Ein Tiefenhinweis im Zusammenhang mit der vertrauten Größe ist die relative Größe. Der Tiefenhinweis der **relativen Größe** beruht darauf, dass bei 2 gleich großen

Objekten dasjenige, das weiter entfernt ist, einen kleineren Bereich im Gesichtsfeld einnimmt als das nähere. Wenn wir z. B. wissen (oder annehmen), dass die beiden Telefonmasten oder die beiden Motorräder in ◼ Abb. 10.4 ungefähr gleich groß sind, können wir herausfinden, welcher Mast bzw. welches Motorrad näher ist als das andere Objekt.

Perspektivische Konvergenz

Wenn Sie Eisenbahnschienen betrachten, die in der Ferne zusammenzulaufen, erleben Sie die **perspektivische Konvergenz** – parallele Linien scheinen sich in einem weit entfernten Schnittpunkt zu treffen. Diesen Tiefenhinweis haben Künstler der Renaissance häufig verwendet, um den Eindruck von Tiefe in ihren Bildern zu erreichen, beispielsweise Pietro Perugino in seinem Fresko „Christus übergibt Petrus die Schlüssel" (◼ Abb. 10.6). Beachten Sie, dass Perugino zusätzlich zur perspektivischen Konvergenz durch die Steinplatten des Platzes auch einen Tiefenhinweis durch die relative Größe nutzt, indem er die Menschen in der Bildmitte kleiner darstellt. Auch ◼ Abb. 10.4 illustriert beides: perspektivische Konvergenz (der Straße) und relative Größe (der Motorräder).

Perspektive

Die **atmosphärische Perspektive** entsteht, weil wir mit zunehmender Entfernung eines Objekts durch zunehmend mehr Luft und feine schwebende Partikel (Staub, Wassertröpfchen, durch Luftverschmutzung freigesetzte Teilchen) schauen müssen. Aus diesem Grund erscheinen weiter entfernte Objekte weniger scharf und bläulicher als näher gelegene Objekte. ◼ Abb. 10.7 stellt die atmosphärische Perspektive dar. Die Details im Vordergrund sind klar umrissen und scharf, doch werden die visuellen Details mit zunehmender Distanz immer verwaschener.

Der Grund für diesen Blaustich bei weit entfernten Objekten ist der gleiche wie beim Himmelsblau. Das Sonnenlicht enthält zwar ein breites Spektrum von Wellenlängen, aber die Luft in der Atmosphäre streut bei klarer Sicht bevorzugt kurzwelliges Licht. Dieses Streulicht verleiht dem Himmel die blaue Farbe und erzeugt an den unterschiedlichen Schwebeteilchen zwischen uns und den Objekten, die wir betrachten, ebenfalls einen Blaustich, der umso stärker ist, je weiter wir blicken. Je mehr unterschiedliche Teilchen in der – feuchten oder verschmutzten – Luft schweben, desto dichter wird der diffuse Schleier, den das Streulicht erzeugt.

◼ **Abb. 10.6** Pietro Peruginos Fresko „Christus übergibt Petrus die Schlüssel" in der Sixtinischen Kapelle. Die zu einem gemeinsamen Fluchtpunkt laufenden Fugen der Steinplatten illustrieren perspektivische Konvergenz. Die Größenunterschiede der Menschen im Vorder- und im Mittelgrund illustrieren die relative Größe. (© akg-images/picture alliance)

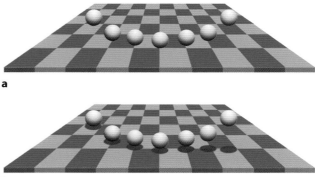

☐ **Abb. 10.7**   Eine Szenerie an der Küste von Maine, die die atmosphärische Perspektive veranschaulicht. (© Bruce Goldstein)

10

Würden Sie auf dem Mond stehen – wo es keine Atmosphäre und demzufolge auch keine atmosphärische Perspektive gibt –, so würden Sie ferne Krater genauso klar und ohne Blaustich sehen wie nah gelegene Krater. Auf der Erde jedoch gibt es die atmosphärische Perspektive, deren Stärke von der Zusammensetzung der Atmosphäre abhängt.

Texturgradient

Wenn eine Vielzahl von Objekten ähnlicher Struktur gleichmäßig über eine Szene verteilt ist wie in ☐ Abb. 10.8, erzeugen sie einen **Texturgradienten**, der zu einer Tiefenwahrnehmung führt, bei der Elemente, die näher beieinander liegen, als weiter entfernt wahrgenommen werden.

☐ **Abb. 10.8**   Ein im Death Valley aufgenommenes Foto. Der bei wachsender Entfernung immer kleiner werdende Abstand zwischen den Gesteinsbrocken ist ein Beispiel für einen Texturgradienten. (© Bruce Goldstein)

Schatten

Schatten – die Abnahme der Lichtintensität durch Abschirmung von Licht – können Informationen zur Position von Objekten liefern. Betrachten Sie z. B. ☐ Abb. 10.9a, die 7 Kugeln und 1 Schachbrett zeigt. Hier ist die Position der Kugeln unklar: Sie könnten auf dem Brett liegen oder oberhalb davon schweben. Kommen jedoch die Schatten hinzu wie in ☐ Abb. 10.9b, so werden die Positionen der Kugeln deutlich – die Kugeln auf der linken Seite liegen auf dem Brett, während die Kugeln auf der rechten Seite über dem Brett schweben. Wie dieses Beispiel zeigt, können Schatten dazu beitragen, die Positionen von Objekten wahrzunehmen (Mamassian, 2004; Mamassian et al., 1998).

Schatten verstärken darüber hinaus das dreidimensionale Erscheinungsbild von Objekten. Zum Beispiel lassen die Schatten in ☐ Abb. 10.9 die hellen Kreisscheiben dreidimensional erscheinen, und auch die Konturen der Berge in ☐ Abb. 10.10 sind anhand der Schatten im Morgenlicht deutlicher zu erkennen als später am Tag, wenn die Sonne direkt im Zenit steht und die Konturen der weitgehend schattenfreien Berge fast flach erscheinen.

10.3.2 Bewegungsinduzierte Tiefenhinweise

Alle bisher beschriebenen Tiefenhinweise wirken, wenn sich der Beobachter nicht bewegt. Wenn wir uns jedoch entscheiden, den Kopf zu bewegen oder ein paar Schritte zu gehen, ergeben sich weitere Tiefenhinweise, die unsere Wahrnehmung räumlicher Tiefe noch effektiver machen. Wir werden im Folgenden 2 bewegungsinduzierte Tiefenhinweise beschreiben: die Bewegungsparallaxe und das fortschreitende Zu- oder Aufdecken von Flächen.

Bewegungsparallaxe

Die **Bewegungsparallaxe** tritt auf, wenn wir während unserer Fortbewegung nahe gelegene Objekte an unserer Seite rasch vorbeigleiten sehen, entferntere Objekte sich hingegen langsamer an uns vorbeizubewegen scheinen. Beim

Kapitel 10 · Tiefen- und Größenwahrnehmung

◘ Abb. 10.10 **a** Im Morgenlicht lassen die Schatten die Berge deutlich hervortreten. **b** Wenn die Sonne im Zenit steht, verschwinden die Schatten weitgehend und die Konturen der Berge sind nur schwer zu erkennen. (© Bruce Goldstein)

◘ Abb. 10.11 Ein Auge bewegt sich **a** an einem nahe gelegenen Baum und **b** an einem weiter entfernten Haus vorbei. Da der Baum näher ist, bewegt sich sein Bild auf der Netzhaut über eine größere Entfernung (*gestrichelte Linie*) als das Bild des Hauses

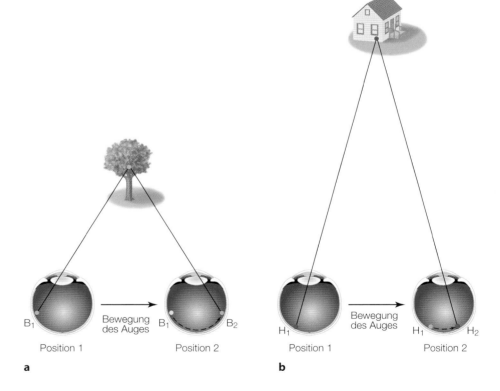

Blick aus dem Seitenfenster eines fahrenden Autos oder Zugs sehen wir nahe gelegene Objekte schemenhaft vorbeihuschen, wohingegen Objekte am Horizont sich nur wenig zu bewegen scheinen. Auch wenn Sie beim Blick aus dem Fenster Ihre Augen fest auf ein Objekt richten, scheinen sich Objekte, die sich weiter entfernt oder näher als das von Ihnen fixierte Objekt befinden, in entgegengesetzte Richtungen zu bewegen.

Warum Bewegungsparallaxe auftritt, können wir verstehen, indem wir verfolgen, wie sich bei einem nahen Objekt (der Baum in ◘ Abb. 10.11a) und bei einem weiter entfernten Objekt (das Haus in ◘ Abb. 10.11b) die Bilder auf der Retina eines Auges bewegen, während das Auge sich von Position 1 zu Position 2 bewegt. Betrachten wir zunächst den Baum: ◘ Abb. 10.11a zeigt, wie sich das Bild des Baums auf der Retina während der Bewegung des Au-

10

Zu- und Aufdecken

Schließen Sie ein Auge und halten Sie Ihre Hände wie in ◩ Abb. 10.12 so vor Ihr Gesicht, dass der rechte Arm voll ausgestreckt ist und die linke Hand etwa auf halber Entfernung vor der rechten Hand zu sehen ist. Bewegen Sie nun, während Sie auf Ihre rechte Hand sehen, den Kopf zur linken Seite und halten Sie dabei Ihre Hände in unveränderter Position. Im Verlauf Ihrer Kopfbewegung wird die linke Hand die rechte zunehmend verdecken. Dieses Verdecken des weiter entfernten Objekts wird als **Zudecken** bezeichnet. Wenn Sie nun den Kopf wieder zurück nach rechts bewegen, wird die rechte Hand zunehmend aufgedeckt. Dieses **Aufdecken** des weiter entfernten Objekts tritt wie das Zudecken immer dann auf, wenn wir uns in unserer Umgebung bewegen, und liefert die Informationen, dass die auf- oder die zugedeckten Flächen oder Objekte weiter entfernt sind als die verdeckenden Objekte (Kaplan, 1969).

◩ **Abb. 10.12** Die Handposition bei der Demonstration zum Zu- und Aufdecken (Erläuterungen siehe Text). (© Bruce Goldstein)

ges von Position 1 zu Position 2 von B1 nach B2 verschiebt, wie die gestrichelte Linie zeigt. Wie ◩ Abb. 10.11b verdeutlicht, bewegt sich das Bild des Hauses jedoch in der gleichen Zeit lediglich um die erheblich kürzere Strecke von H1 nach H2. Somit legt das Bild des Baums eine viel weitere Strecke auf der Retina zurück als das Bild des Hauses in der gleichen Zeit und scheint sich daher schneller zu bewegen.

Bewegungsparallaxe ist für viele Tierarten eine der wichtigsten Quellen für Informationen über räumliche Tiefe. Heuschrecken bewegen z. B. ihren Körper von einer Seite zur anderen, bevor sie zum Sprung auf ein Objekt, z. B. eine Beute, ansetzen. Auf diese Weise erzeugen sie Signale für eine Bewegungsparallaxe, die ihnen die Entfernung zu ihrem Fraßobjekt anzeigt (Wallace, 1959). Indem man die Umgebungsinformationen für die Heuschrecke künstlich so manipuliert, dass sich die Signale für ihre Bewegungsparallaxe verändern, können Forscher Heuschrecken „austricksen", sodass sie entweder zu kurz oder über ihr Ziel hinausspringen (Sobel, 1990). Diese Tiefeninformation durch Bewegungsparallaxe wurde auch genutzt, um Roboter mit der Fähigkeit auszustatten, beim Navigieren in ihrer Umgebung die Entfernungen von Hindernissen zu bestimmen (Srinivasan & Venkatesh, 1997). Weiterhin wird Bewegungsparallaxe in großem Umfang eingesetzt, um in Trickfilmen und Videospielen den Eindruck räumlicher Tiefe zu erzeugen.

Zu- oder Aufdecken

Wenn sich ein Beobachter zur Seite bewegt, werden manche Objekte in seinem Blickfeld durch davorstehende Ob-

jekte verdeckt und andere Objekte wieder sichtbar. Sie können dazu Demonstration 10.2 ausprobieren.

Integration von monokularen Tiefenhinweisen

Wir haben bis hierher einige der monokularen Tiefenhinweise beschrieben, die zu unserer Wahrnehmung räumlicher Tiefe beitragen. Aber man muss sich im Klaren darüber sein, dass jeder dieser Hinweisreize nur eine Schätzung der Objekttiefe erlaubt und dass ein einzelner Hinweisreiz für sich genommen in bestimmten Situationen nicht aussagekräftig ist. Zum Beispiel ist die relative Höhe am hilfreichsten, wenn sich die Objekte auf einer ebenen Fläche befinden und wir sehen können, wo sie den Boden berühren; der Schatten ist am hilfreichsten, wenn die Szene schräg beleuchtet wird; die vertraute Größe ist am hilfreichsten, wenn wir die Größe der Objekte bereits kennen, und so weiter. Wie darüber hinaus in ◩ Tab. 10.1 dargestellt, sind diese Tiefenhinweise bei unterschiedlichen Entfernungen wirksam – einige nur bei kurzer Distanz (Konvergenz und Akkommodation), einige bei kurzer und mittlerer Distanz (Bewegungsparallaxe, Zu- und Aufdecken), einige bei großer Distanz (atmosphärische Perspektive, relative Höhe, Texturgradient) und einige über den gesamten Bereich der Tiefenwahrnehmung (Verdeckung und relative Größe; Cutting & Vishton, 1995). Bei einem Objekt in unmittelbarer Nähe setzen wir daher nicht auf atmosphärische Perspektive, sondern verlassen uns stattdessen mehr auf Konvergenz, Verdeckung oder relative Größe. Außerdem liefern einige Tiefenhinweise nur Infor-

◪ Tab. 10.1 Tiefenhinweise, die relative Tiefe anzeigen

Tiefenhinweis	0–2 m	2–20 m	Über 20 m
Verdeckung	✓	✓	✓
Zu- und Aufdecken	–	✓	✓
Relative Höhe	–	✓	✓
Atmosphärische Perspektive	–	–	✓

◪ Tab. 10.2 Tiefenhinweise, die zur Bestimmung der tatsächlichen Tiefe beitragen

Tiefenhinweis	0–2 m	2–20 m	Über 20 m
Relative Größe	✓	✓	✓
Texturgradienten	–	✓	✓
Bewegungsparallaxe	✓	✓	–
Akkommodation	✓	–	–
Konvergenz	✓	–	–

mationen über die relative Tiefe (◪ Tab. 10.1), während andere zu einer genaueren Bestimmung der tatsächlichen Tiefe beitragen können (◪ Tab. 10.2). Kein Tiefenhinweis ist perfekt. Kein Tiefenhinweis lässt sich in jeder Situation einsetzen. Aber durch die Kombination verschiedener verfügbarer Tiefenhinweise können wir die Tiefe realistisch einschätzen.

10.4 Binokulare Tiefenhinweise

Welche Bedeutung monokulare Hinweise für die Tiefenwahrnehmung haben, wird deutlich, wenn man ein Auge schließt. Denn auch mit einem Auge können Sie immer noch sagen, was nah und was fern gelegen ist. Schließt man ein Auge, geht jedoch ein Teil der Informationen, die das Gehirn für die Berechnung der Tiefe von Objekten verwendet, verloren. Das beidäugige Tiefensehen schließt Mechanismen ein, die den Unterschieden der Netzhautbilder im linken und rechten Auge Rechnung tragen. Demonstration 10.3 illustriert diese Unterschiede.

Beim Wechsel der Betrachtung mit dem linken Auge zur Betrachtung mit dem rechten Auge werden Sie bemerkt haben, dass Ihr naher Finger sich relativ zu dem weiter entfernten nach links zu bewegen schien. ◪ Abb. 10.13 stellt dar, was sich auf Ihren Netzhäuten abgespielt hat. Die durchgezogene Linie in ◪ Abb. 10.13a zeigt, dass bei geöffnetem linkem Auge die Bilder der beiden Finger auf denselben Ort der Netzhaut gefallen sind. Dies ist so, weil Sie beide Objekte direkt angesehen haben und dadurch beide Bilder auf die Fovea fielen. Die durchgezogenen Linien in ◪ Abb. 10.13b zeigen, dass das Bild des weiter entfern-

Demonstration 10.3

2 Augen – 2 Blickwinkel

Schließen Sie Ihr rechtes Auge. Halten Sie einen Finger Ihrer linken Hand bei ausgestrecktem linkem Arm vor Ihr Gesicht und bringen Sie nun den entsprechenden Finger Ihrer rechten Hand in eine Position auf halber Armlänge (ca. 30 cm), sodass der rechte Finger den weiter entfernten linken Finger verdeckt. Dann öffnen Sie Ihr rechtes Auge und schließen Sie das linke. Wenn Sie nun das linke Auge öffnen und das rechte schließen, wie verändert sich die Position Ihres nahen Fingers relativ zum entfernten?

ten Fingers bei geöffnetem rechtem Auge nach wie vor auf die Fovea fiel, da Sie ihn direkt angesehen haben, das Bild des nahen Fingers sich nun jedoch seitlich versetzt befand.

Aus Sicht des linken Auges liegen zwar beide Finger auf einer Linie, aber das rechte Auge blickt gleichsam hinter dem nahen Finger vorbei, wodurch der entfernte Finger sichtbar wird. Die unterschiedlichen Ansichten der Augen sind die Grundlage für **stereoskopisches Sehen**, das **stereoskopische Tiefenwahrnehmung** erzeugt – Tiefenwahrnehmung, die aus den Eingangssignalen der beiden Augen berechnet wird. Bevor wir die Mechanismen beschreiben, wollen wir betrachten, worin die qualitativen Unterschiede zwischen der stereoskopischen Tiefenwahrnehmung und der monokularen Tiefenwahrnehmung bestehen.

10.4.1 Tiefenwahrnehmung mit beiden Augen

Zur Verdeutlichung der qualitativen Unterschiede zwischen monokularer und stereoskopischer Tiefenwahrnehmung eignet sich die Krankengeschichte von Susan Barry, einer Neurowissenschaftlerin am Mount Holyoke College. Diese Geschichte, die zuerst der Neurologe Oliver Sacks (2006, 2010) als Fall der „Stereo-Sue" aufgriff und die Barry (2011) in ihrem eigenen Buch *Fixing my Gaze* beschrieb, beginnt in ihrer Kindheit mit einer Fehlstellung der Augen beim Sehen. Sie war ein Schielkind. Wenn sie etwas ansah, blickte nur das eine Auge dorthin, während das andere Auge in eine andere Richtung daran vorbeisah. Anders als bei den meisten Menschen, bei denen die beiden Augen auf denselben Punkt gerichtet sind und koordiniert bei der Wahrnehmung zusammenarbeiten, waren sie bei Susan unkoordiniert. Susans Form des Schielens und eine weitere Krankheit, bei der die Augen nach außen gerichtet sind, werden als **Strabismus** bezeichnet. Die Augenfehlstellung führt dazu, dass das visuelle System ein Auge bei der Wahrnehmung unterdrückt, um Doppelbilder zu vermeiden. Die betroffenen Personen sehen die Welt also immer nur mit einem Auge.

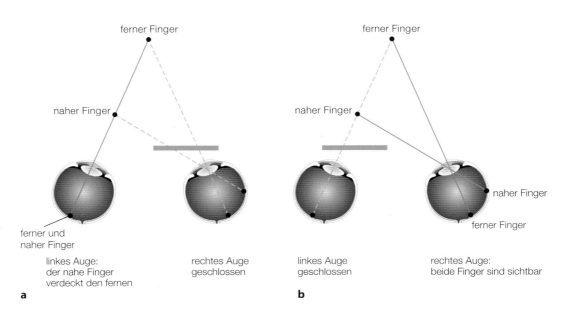

ferner Finger

naher Finger

ferner und
naher Finger

linkes Auge:
der nahe Finger
verdeckt den fernen

rechtes Auge
geschlossen

a

ferner Finger

naher Finger

naher Finger

ferner Finger

linkes Auge
geschlossen

rechtes Auge:
beide Finger sind sichtbar

b

■ **Abb. 10.13** Die Position der Bilder auf der Retina in Demonstration 10.3. **a** Beide Bilder fallen bei geöffnetem *linkem* Auge auf die Fovea. **b** Bei geöffnetem *rechtem* Auge fallen die Bilder des nahen bzw. weiter entfernten Fingers auf unterschiedliche Orte

10

Susan wurde als Kind mehrfach operiert, um die Fehlstellungen der Augen zu korrigieren, sodass anderen ihr Strabismus weniger auffiel, aber ihre Wahrnehmung war nach wie vor von einem Auge dominiert. Ihre Tiefenwahrnehmung beruhte nur auf monokularen Tiefenhinweisen, aber sie kam damit ganz gut zurecht. Sie konnte Auto fahren, Ball spielen und die meisten Dinge tun, die Menschen mit stereoskopischem Sehen tun. So beschreibt sie ihre Wahrnehmungen in ihrer College-Klasse wie folgt.

» Ich schaue mich um. Der Unterrichtsraum schien mir nicht völlig flach. Ich wusste, dass der Student vor mir zwischen mir und der Tafel saß, weil er mir die Sicht auf die Tafel verdeckte. Wenn ich aus den Fenstern des Raums sah, wusste ich, welche Bäume weiter entfernt waren, denn sie sahen kleiner aus als die näher stehenden. (Barry, 2011, Kap. 1)

Obwohl Susan Barry diese monokularen Hinweise zu Tiefenwahrnehmung nutzen konnte, kam sie aufgrund ihrer Kenntnis der neurowissenschaftlichen Literatur und vieler Erfahrungen, die sie in ihrem Buch beschrieb, zu der Überzeugung, dass sie trotz der Operationen in ihrer Kindheit nach wie vor nur monokular sehen konnte. Sie ließ sich deshalb augenärztlich untersuchen, wobei sich bestätigte, dass sie nur mit einem Auge sah. Daraufhin begann sie sofort, mit Sehübungen die Koordination beider Augen zu verbessern, und erlebte bereits nach einem Tag erstmals eine stereoskopische Tiefenwahrnehmung. Sie beschrieb das so:

» Ich setzte mich in mein Auto auf den Fahrersitz, steckte den Schlüssel ins Zündschloss und schaute auf das Lenkrad. Es war ein ganz gewöhnliches Lenkrad vor einem ganz gewöhnlichen Armaturenbrett, aber es nahm an die-

sem Tag eine ganz andere Dimension an. Das Steuerrad schwebte in seinem eigenen Raum, mit fühlbar leerem Zwischenraum zwischen dem Lenkrad und dem Armaturenbrett. Ich schloss ein Auge, und das Lenkrad sah wieder ‚normal‘ aus; es lag flächig vor dem Armaturenbrett. Ich öffnete das Auge wieder, und das Lenkrad schwebte erneut vor mir. (Barry, 2011, Kap. 6)

Von nun an hatte Susan Barry viele weitere Wahrnehmungserlebnisse, die sie zum Staunen brachten, ähnlich wie es jemand erleben würde, der noch nie stereoskopisches Sehen erlebt hat und zum ersten Mal eine 3-D-Brille aufsetzt und plötzlich alles räumlich zu sehen beginnt. Man muss jedoch beachten, dass Barry nicht auf einen Schlag räumlich sehen konnte wie jemand, der von Geburt an über stereoskopische Tiefenwahrnehmung verfügt. Ihr stereoskopisches Sehen trat anfangs nur bei nahen Objekten auf und dehnte sich erst mit dem weiteren Training auf weiter entfernte Objekte aus. Aber was sie erlebte, illustriert auf dramatische Weise die Fülle des räumlichen Sehens, das die stereoskopische Tiefenwahrnehmung zusätzlich zur monokularen Tiefenwahrnehmung bietet.

Die zusätzliche Erfahrung von Tiefe, zu der stereoskopische Tiefenwahrnehmung beiträgt, zeigt sich auch im Unterschied zwischen Standardfilmen und 3-D-Filmen. Standardfilme projizieren Bilder auf einen flachen Bildschirm und erzeugen so eine Tiefenwahrnehmung, die auf monokularen Tiefenhinweisen wie Verdeckung, relativer Höhe, Schatten und Bewegungsparallaxe basiert. Dreidimensionale Filme fügen eine stereoskopische Tiefenwahrnehmung hinzu. Dies wird durch den Einsatz von 2 Kameras erreicht, die nebeneinander angeordnet sind. Wie bei jedem Ihrer Augen erhält jede Kamera eine

a Linke Kamera

b Rechte Kamera

c Überlagerung der Kamerabilder

⬛ **Abb. 10.14 a, b** 3-D-Filme werden mit 2 nebeneinander angeordneten Kameras gefilmt, sodass jede Kamera eine etwas andere Ansicht der Szene aufnimmt. **c** Die Bilder werden dann auf dieselbe 2-D-Oberfläche projiziert. Ohne 3-D-Brille sind beide Bilder für beide Augen sichtbar. Die 3-D-Brille trennt die Bilder so, dass das eine nur vom linken und das andere nur vom rechten Auge gesehen wird. Wenn das linke und das rechte Auge diese unterschiedlichen Bilder erhalten, entsteht eine stereoskopische Tiefenwahrnehmung. (© Bruce Goldstein)

leicht unterschiedliche Sicht auf die Szene (⬛ Abb. 10.14a und 10.14b). Diese beiden Bilder werden dann auf der Filmleinwand übereinandergelegt (⬛ Abb. 10.14c).

Bei einer 3-D-Brille trennen die Gläser die beiden sich überlappenden Bilder, sodass jedes Auge nur eines der Bilder empfängt. Diese Bildtrennung kann auf verschiedene Weise erreicht werden. Bei der Methode, die in 3-D-Filmen am häufigsten eingesetzt wird, nutzt man polarisiertes Licht – Lichtwellen, die nur in eine Richtung schwingen. Ein Bild ist so polarisiert, dass seine Lichtwellen senkrecht zur Ausbreitungsrichtung schwingen, während das andere so polarisiert ist, dass seine Lichtwellen horizontal zur Ausbreitungsrichtung schwingen.

Die Brille, die Sie tragen, hat polarisierte Gläser, die nur vertikal polarisiertes Licht in ein Auge und horizontal polarisiertes Licht in das andere Auge lässt. Diese beiden unterschiedlichen Betrachtungsperspektiven kopieren, was in der realen 3-D-Welt passiert – und plötzlich scheinen sich einige Objekte hinter dem Bildschirm zu befinden, während andere scheinbar weit vor dem Bildschirm aufragen.

10.4.2 Querdisparität

Die **Querdisparität** (auch **binokulare Disparität**), der Unterschied zwischen den Netzhautbildern im linken und im rechten Auge, ist die Grundlage des stereoskopischen Tiefensehens. Im Folgenden wollen wir die Informationen betrachten, die jeweils von der Retina des linken bzw. des rechten Auges zum Gehirn gelangen und dort benutzt werden, um einen Eindruck von Tiefe zu erzeugen.

Korrespondierende Netzhautpunkte

Wir wollen zunächst das Konzept der **korrespondierenden Netzhautpunkte** vorstellen – der Punkte auf jeder der beiden Netzhäute, die sich überlagern würden, wenn man eine Retina auf die andere legen könnte (⬛ Abb. 10.15). Wir können die korrespondierenden Netzhautpunkte anhand

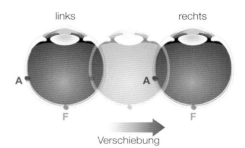

⬛ **Abb. 10.15** Korrespondierende Netzhautpunkte auf beiden Retinae. Zur Bestimmung korrespondierender Netzhautpunkte stellen Sie sich vor, dass beide Augen übereinandergelegt würden. Der grüne Punkt *F* kennzeichnet die Fovea, auf die das Bild eines Objekts fällt, wenn der Betrachter geradeaus darauf blickt; *A* ist ein Punkt in der peripheren Retina. Bilder in der Fovea befinden sich immer an korrespondierenden Netzhautpunkten. Die beiden Punkte *A* sind ebenfalls korrespondierende Netzhautpunkte, weil sie im gleichen Abstand auf der gleichen Seite zur Fovea liegen

von Owen in ⬛ Abb. 10.16a verdeutlichen, der geradeaus auf Julies Gesicht blickt. ⬛ Abb. 10.16b zeigt, wo Julies Gesicht auf den Netzhäuten des rechten bzw. des linken Auges abgebildet wird. Da Owen Julie geradeaus vor sich sieht, fällt das Bild ihres Gesichts in beiden Augen auf die Fovea, wie die beiden (mit F bezeichneten) roten Punkte verdeutlichen. Die Foveae sind korrespondierende Netzhautbereiche, und folglich wird Julies Gesicht auf korrespondierende Netzhautpunkte abgebildet.

Außerdem fallen auch die Bilder anderer Objekte auf korrespondierende Netzhautpunkte. Betrachten Sie als Beispiel den Baum in ⬛ Abb. 10.16b. Das Bild des Baums liegt in beiden Fällen relativ zur Fovea am gleichen Platz und hat den gleichen Abstand zur Fovea (schwarze Pfeile). Das Bild des Baums fällt also auf korrespondierende Netzhautpunkte (wenn Sie beide Augen übereinanderlegen könnten, würden die Bilder von Julies Gesicht bzw. des Baums übereinanderliegen). Was immer eine Person geradeaus vor sich sieht (wie Julies Gesicht), wird auf korrespondieren-

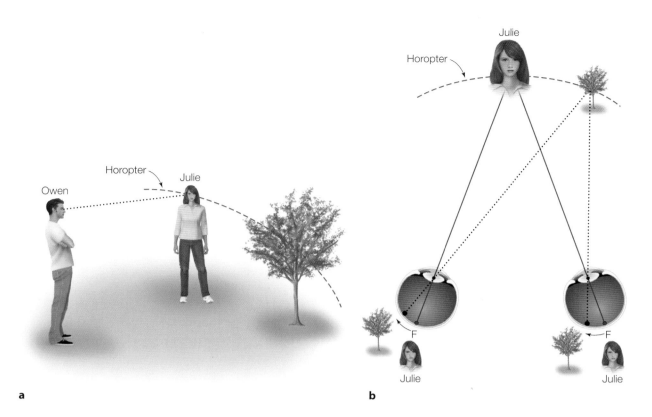

Abb. 10.16 a Owen blickt geradeaus in Julies Gesicht und hat den Baum seitlich im Blickfeld. **b** Owens Augen mit den retinalen Bildern von Julies Gesicht bzw. des Baums. Julies Gesicht wird in beiden Augen auf der Fovea abgebildet, sodass sich die retinalen Bilder an korrespondierenden Netzhautpunkten befinden. Die *Pfeile* verdeutlichen, dass sich den Netzhautpunkten abgebildet. Auch bei einigen anderen die Bilder des Baums im gleichen Abstand links von der Fovea befinden, d. h., auch sie fallen auf korrespondierende Netzhautpunkte. Die *gestrichelte blaue Linie* entspricht dem Horopter. Objekte, die auf dem Horopter liegen, werden an korrespondierenden Netzhautpunkten abgebildet

den Netzhautpunkten abgebildet. Auch bei einigen anderen Objekten (wie dem Baum) fallen die Bilder auf korrespondierende Netzhautpunkte. Julie, der Baum und alle übrigen Objekte, die auf korrespondierenden Netzhautpunkten abgebildet werden, befinden sich auf einer Fläche im Raum, die man als **Horopter** bezeichnet. Die blauen gestrichelten Linien in ◪ Abb. 10.16a und 10.16b entsprechen einem Teil des Horopters.

Nichtkorrespondierende Netzhautpunkte und absolute Disparität

Objekte, die sich nicht auf dem Horopter befinden, werden auf **nichtkorrespondierenden (disparaten) Netzhautpunkten** abgebildet. Dies ist in ◪ Abb. 10.17a dargestellt, die wieder Julie mit ihren retinalen Bildern an korrespondierenden Netzhautpunkten zeigt, und eine weitere Person, Bill, die sich vor dem Horopter befindet. Da Bill sich nicht auf dem Horopter befindet, fällt sein Bild auf nichtkorrespondierende Netzhautpunkte. Das Ausmaß, in dem die Positionen der beiden retinalen Bilder von korrespondierenden Netzhautpunkten *abweichen*, wird als **absolute Disparität** bezeichnet. Absolute Querdisparität wird zumeist als Winkel angegeben. In ◪ Abb. 10.17a ist das der

Winkel (blauer Pfeil) zwischen dem korrespondierenden Netzhautpunkt auf dem rechten Auge zur Bildposition im linken Auge von Bill (blauer Punkt) und der gegenwärtigen Bildposition im rechten Auge (roter Punkt).

◪ Abb. 10.17b zeigt, dass die Querdisparität auch auftritt, wenn sich Objekte hinter dem Horopter befinden, also weiter entfernt sind als ein fixiertes Objekt.

Obwohl Objekte, die vor dem Horopter (◪ Abb. 10.17a) und hinter dem Horopter (◪ Abb. 10.17b) erscheinen, zu einer Disparität auf der Netzhaut führen, ist die Disparität in den beiden Situationen eine andere. Um diesen Unterschied zu verstehen, sollten wir uns überlegen, was jedes einzelne Auge in ◪ Abb. 10.17a, b sieht. Die Bilder in ◪ Abb. 10.17a unten zeigen, was das linke und rechte Auge jeweils sieht, wenn Bill vor Julie steht. In dieser Situation sieht das linke Auge Bill auf der rechten Seite von Julie, während das rechte Auge Bill auf der linken Seite von Julie sieht. Dieses Disparitätsmuster, bei dem das linke Auge ein Objekt (z. B. Bill) rechts vom Fixationspunkt des Beobachters (z. B. Julie) und das rechte Auge dasselbe Objekt links vom Fixationspunkt sieht, nennt man **gekreuzte Disparität** (Sie können sich dies merken, wenn Sie daran denken, dass Sie Ihre Augen „kreuzen" müssten, um Bill zu fixieren). Gekreuzte Disparität tritt immer dann

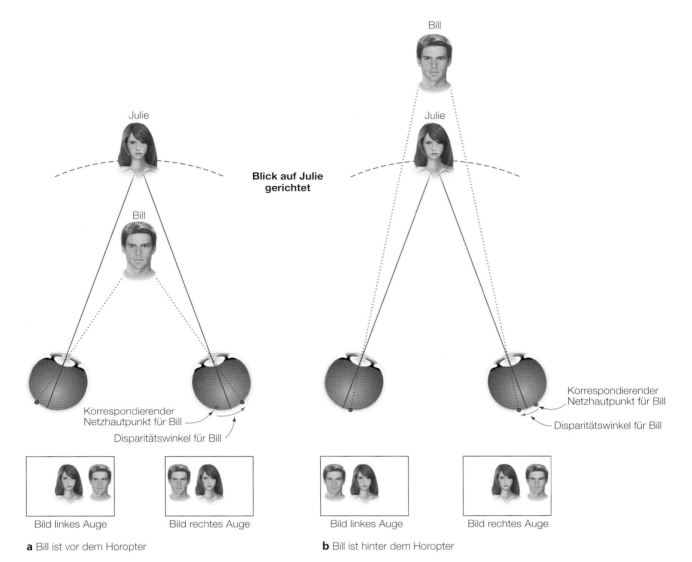

Blick auf Julie gerichtet

Korrespondierender Netzhautpunkt für Bill

Disparitätswinkel für Bill

Korrespondierender Netzhautpunkt für Bill

Disparitätswinkel für Bill

Bild linkes Auge   Bild rechtes Auge   Bild linkes Auge   Bild rechtes Auge

a Bill ist vor dem Horopter   **b** Bill ist hinter dem Horopter

◨ **Abb. 10.17   a** Wenn ein Betrachter zu Julie blickt, fallen die retinalen Bilder von Julies Gesicht auf korrespondierende Netzhautpunkte. Weil sich Bill vor dem Horopter befindet, wird er auf nichtkorrespondierenden Netzhautpunkten abgebildet. Die Querdisparität (*blauer Pfeil*) entspricht dem Winkelabstand zwischen dem korrespondierenden Netzhautpunkt, an dem Bills Bild wie im linken Auge erscheinen würde, und der tatsächlichen Bildposition. **b** Disparität entsteht auch, wenn sich Bill hinter dem Horopter befindet. Die Bilder *im unteren Teil* der Abbildung zeigen, wie die Positionen von Julie und Bill von jedem Auge gesehen werden

auf, wenn sich ein Objekt näher am Beobachter als der Fixationspunkt des Beobachters befindet.

Betrachten wir nun, was passiert, wenn sich ein Objekt hinter dem Horopter befindet. Die Bilder in ◨ Abb. 10.17b unten zeigen, was jedes einzelne Auge sieht, wenn sich Bill hinter Julie befindet. Bei dieser Konstellation sieht das linke Auge Bill links von Julie und das rechte Auge sieht Bill rechts von Julie. Dieses Disparitätsmuster, bei dem das linke Auge ein Objekt links vom Fixationspunkt des Beobachters und das rechte Auge dasselbe Objekt rechts vom Fixationspunkt sieht, wird als **ungekreuzte Disparität** bezeichnet (um Bill zu fixieren, müssten Sie Ihre Augen „entkreuzen"). Ungekreuzte Disparität tritt auf, wenn ein Objekt hinter dem Horopter liegt. Anhand der Feststellung,

ob ein Objekt gekreuzte oder ungekreuzte Disparität erzeugt, kann das visuelle System also bestimmen, ob sich dieses Objekt vor oder hinter dem Fixationspunkt einer Person befindet.

Die absolute Disparität zeigt den Abstand zum Horopter an

Aus der Feststellung, ob die absolute Disparität gekreuzt oder nicht gekreuzt ist, lässt sich ableiten, ob sich ein Objekt vor oder hinter dem Horopter befindet. Das ist natürlich eine wichtige Information, aber sie ist nur ein Teil des Ganzen. Um die räumliche Tiefe genau wahrzunehmen, müssen wir auch die Entfernung zwischen einem Objekt und dem

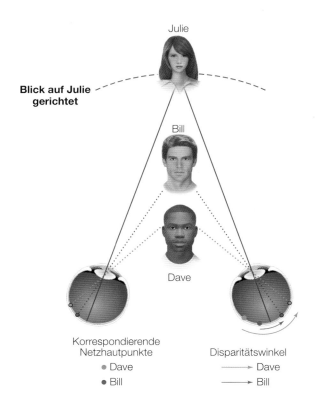

Blick auf Julie gerichtet

Julie

Bill

Dave

Korrespondierende
Netzhautpunkte
● Dave
● Bill

Disparitätswinkel
⟶ Dave
⟶ Bill

■ **Abb. 10.18** Objekte, die weiter vom Horopter entfernt sind, besitzen eine größere Querdisparität. In diesem Fall befinden sich sowohl Dave als auch Bill vor dem Horopter, aber Dave ist weiter vom Horopter entfernt als Bill. Das zeigt sich, wenn man den langen *grünen Pfeil* (Daves Disparität) mit dem kleinen *blauen Pfeil* (Bills Disparität) vergleicht

Horopter kennen. Diese Information erhalten wir über das Ausmaß der Disparität in Verbindung mit einem Objekt. ■ Abb. 10.18 zeigt, dass die Querdisparität umso größer ist, je weiter sich das Objekt vom Horopter entfernt befindet. Nach wie vor blickt der Betrachter auf Julie, und Bill befindet sich vor dem Horopter, wo er in ■ Abb. 10.17a war, aber nun haben wir Dave hinzugefügt, der noch weiter vom Horopter entfernt ist als Bill. Wenn wir die Querdisparität bei Dave (langer grüner Pfeil) mit der bei Bill (kleiner blauer Pfeil in ■ Abb. 10.17a) vergleichen, sehen wir, dass sie deutlich größer ist. Genauso nimmt die absolute Disparität zu, wenn sich Objekte hinter dem Horopter in zunehmenden Abständen befinden. Die Querdisparität liefert deshalb Informationen über den Abstand eines Objekts vom Horopter – je größer die Querdisparität, desto größer der Abstand vom Horopter. Es gibt noch eine weitere Art von Disparität, die sogenannte *relative Disparität*, die damit zusammenhängt, wie wir die Entfernung zwischen 2 Objekten beurteilen. In unserer Untersuchung werden wir uns weiterhin auf die absolute Disparität konzentrieren.

10.4.3 Von der Geometrie (Disparität) zur Wahrnehmung (Stereopsis)

Wie wir gesehen haben, liefern die Informationen über die Disparität in den Bildern auf der Netzhaut Hinweise auf den relativen Abstand eines Objekts vom Blickziel des Betrachters. Beachten Sie jedoch, dass sich unsere Beschreibung der Disparität auf die *Geometrie* bezog – auf die Vermessung der Positionen, die die Bilder der Objekte auf der Netzhaut einnehmen; dabei wurde auf die *Wahrnehmung*, d. h. auf den räumlichen Eindruck der Tiefe eines Objekts oder seine räumliche Beziehung zu anderen Objekten, noch nicht eingegangen (■ Abb. 10.19). Wir betrachten nun den Zusammenhang zwischen der Disparität und dem, was ein Betrachter wahrnimmt und was wir mit dem bereits eingeführten Begriff der **Stereopsis** oder des **stereoskopischen Sehens** bezeichnen.

Um nachzuweisen, dass Disparität zur Stereopsis führt, müssen wir die Disparität von anderen Tiefenhinweisen wie Okklusion und relative Höhe isolieren, denn die anderen Hinweisreize können auch zu unserer Tiefenwahrnehmung beitragen. Durch die Erstellung von stereoskopischen Bildern zufälliger Punktmuster zeigte Bela Julesz (1971), dass Versuchspersonen räumliche Tiefe in Darstellungen wahrnehmen können, die außer Disparität keine Tiefeninformation enthalten. Zwei solcher Punktmuster, die ein **Zufallspunktstereogramm** bilden, sind in ■ Abb. 10.20 dargestellt. Diese Muster wurden folgendermaßen erstellt: Zunächst erzeugte ein Computer 2 identische Zufallsmuster aus Punkten. Dann wurde in dem Muster auf der rechten Seite ein quadratischer Ausschnitt der Punkte nach rechts verschoben.

Bei dem Stereogramm in ■ Abb. 10.20a wurde ein Ausschnitt um eine Einheit nach rechts verschoben. Diese Verschiebung ist zu geringfügig, als dass man sie in den Punktmustern sehen könnte, doch die Diagramme unter den

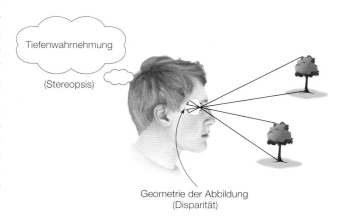

Tiefenwahrnehmung

(Stereopsis)

Geometrie der Abbildung
(Disparität)

■ **Abb. 10.19** *Disparität* ist mit Geometrie verbunden – mit den relativen Positionen der retinalen Bilder von Objekten. Stereoskopisches Sehen ist mit der *Wahrnehmung* verbunden – dem räumlichen Eindruck von Tiefe, der durch Disparität erzeugt wird

Abb. 10.20 a Ein Zufallspunktstereogramm. **b** Das Herstellungsprinzip des Stereogramms (Erläuterung siehe Text)

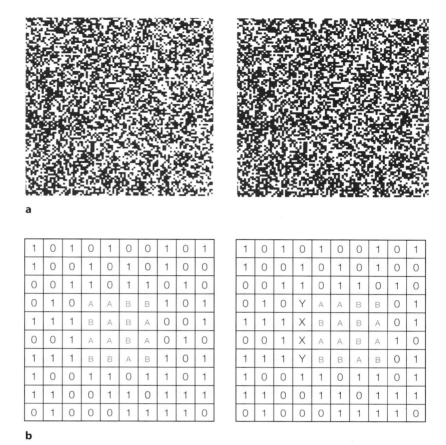

Mustern veranschaulichen das Prinzip (■ Abb. 10.20b). In diesen Diagrammen stehen 0, A und X für die schwarzen Punkte; 1, B und Y für die weißen Punkte. Die mit A und B bezeichneten Punkte sind im rechten Muster um eine Einheit nach rechts verschoben. X und Y bezeichnen Bereiche, die durch die Verschiebung freigelegt werden und mit neuen schwarzen und weißen Punkten ausgefüllt werden müssen, um das Muster wieder zu vervollständigen.

Wenn man in ■ Abb. 10.20a die Punktmuster betrachtet, gelangen Informationen vom linken und vom rechten Bild zu Ihrem linken und rechten Auge und es ist schwierig oder sogar unmöglich zu sagen, inwieweit sich Punkte verschoben haben. Das visuelle System nimmt aber einen Unterschied wahr, wenn wir die visuellen Informationen trennen und das linke Bild vom linken Auge und das rechte vom rechten gesehen wird. Mit 2 nebeneinander liegenden Bildern (anstatt leicht überlappenden wie in ■ Abb. 10.14c) kann diese Trennung erreicht werden. Hierfür wird ein Stereoskop (■ Abb. 10.21) verwendet, das mithilfe von 2 Linsen das linke Bild auf das linke Auge und das rechte Bild auf das rechte Auge fokussiert. Wenn es auf diese Weise dargeboten wird, führt die Disparität zur Wahrnehmung eines kleinen Quadrats, das vor dem Hintergrund schwebt. Da die Querdisparität in diesen Stereogrammen die einzige Tiefeninformation darstellt, kann unsere Wahrnehmung räumlicher Tiefe nur von ihr herrühren.

Psychophysische Experimente – insbesondere solche mit den Zufallspunktstereogrammen von Julesz – zeigen, dass Querdisparität eine Wahrnehmung räumlicher Tiefe hervorruft. Bevor wir die für die Tiefenwahrnehmung verantwortlichen Mechanismen jedoch völlig verstehen können, müssen wir noch eine weitere Frage beantworten: Wie findet das visuelle System die Teile von Bildern im linken und im rechten Auge, die zusammengehören? Diese Frage bezeichnet man als **Korrespondenzproblem** und wurde, wie wir sehen werden, noch nicht vollständig gelöst.

10.4.4 Das Korrespondenzproblem

Kommen wir noch einmal auf die stereoskopischen Bilder in ■ Abb. 10.14c zurück. Wenn wir diese Bilder durch eine 3-D-Brille betrachten, sehen wir wegen der Disparität zwischen den Netzhautbildern im rechten und im linken Auge verschiedene Teile des Bilds in unterschiedlicher Tiefe. So erscheinen der Kaktus und das Fenster im Stereoskop in unterschiedlichen Entfernungen, weil sie in unterschiedlichem Ausmaß Disparität erzeugen. Um diese Querdisparitäten zu berechnen, muss das visuelle System die beiden retinalen Bilder des Kaktus und des Fensters auf der linken und der rechten Retina miteinander vergleichen.

a

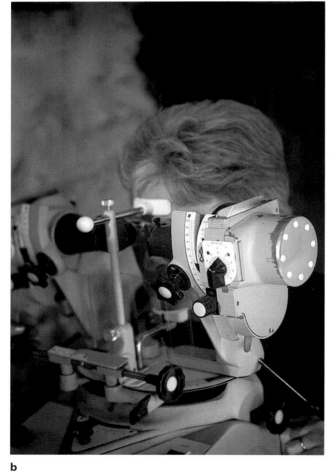

b

Abb. 10.21   **a** Ein antikes und **b** ein modernes Stereoskop. (a: © patta-mod/stock.adobe.com; b: © RF BSIP/stock.adobe.com)

Eine Möglichkeit, wie das visuelle System dies tun könnte, ist der Abgleich der Bilder auf der linken und der rechten Retina anhand spezifischer Merkmale der Objekte. Mit dieser Erklärung scheint die Lösung des Korrespondenzproblems recht einfach zu sein: Da die meisten Dinge

auf der Welt recht gut voneinander zu unterscheiden sind, lässt sich das Bild eines Objekts auf der linken Retina leicht mit dem Bild desselben Objekts auf der rechten Retina verknüpfen. Um noch einmal auf ◻ Abb. 10.14 zurückzukommen, könnte beispielsweise die obere rechte Fensterscheibe im linken Bild, die auf die Retina des linken Auges fällt, mit der oberen rechten Fensterscheibe im rechten Bild, die auf die Retina des rechten Auges fällt, verknüpft werden, und so weiter. Aber die Bestimmung korrespondierender Punkte auf der Grundlage von Objektmerkmalen kann nicht die ganze Antwort auf das Korrespondenzproblem sein, denn diese Strategie funktioniert nicht für das Zufallspunktstereogramm von Julesz (◻ Abb. 10.20).

Wie schwierig der Vergleich ähnlicher Teile eines Stereogramms ist, können Sie einschätzen, wenn Sie das linke und das rechte Bild des Stereogramms in ◻ Abb. 10.20a zu vergleichen versuchen. Die meisten Menschen empfinden diese Aufgabe als extrem schwierig, weil sie immer wieder zwischen den beiden Bildern hin- und herblicken und dabei kleine Teile der Bilder nacheinander vergleichen müssen. Doch obwohl es natürlich viel schwieriger und zeitaufwendiger ist, ähnliche Merkmale in einem Zufallspunktstereogramm zu vergleichen als in der alltäglichen Lebensumwelt, schafft das visuelle System es dennoch irgendwie, ähnliche Teile der beiden Stereogrammbilder zu vergleichen, ihre Disparität zu berechnen und eine Wahrnehmung räumlicher Tiefe zu erzeugen.

Am Beispiel des Zufallspunktstereogramms wird deutlich, dass das visuelle System ziemlich Erstaunliches vollbringt, wenn es das Korrespondenzproblem löst. Forscher aus so unterschiedlichen Fachrichtungen wie der Psychologie, den Neurowissenschaften, der Mathematik und der Technik haben mehrere Erklärungsansätze unterbreitet, die darauf abzielen, zu erklären, wie das visuelle System das Korrespondenzproblem löst (Goncalves & Welchman, 2017; Henriksen et al., 2016; Kaiser et al., 2013; Marr & Poggio, 1979). Doch trotz dieser Bemühungen steht eine vollständig befriedigende Erklärung noch aus.

10.5   Die Physiologie der binokularen Tiefenwahrnehmung

Die Vorstellung, dass binokulare Disparität Informationen zur Position von Objekten im Raum liefert, bedeutet implizit, dass es Neuronen geben muss, die unterschiedlich hohe Disparitäten signalisieren. Diese Neuronen werden als **binokulare Tiefenzellen** oder **disparitätsempfindliche Neuronen** bezeichnet. Sie wurden entdeckt, als Forscher in den 1960er- und 1970er-Jahren Neuronen nachweisen konnten, die auf Disparität im primären visuellen Kortex, dem V1-Areal, antworten (Barlow et al., 1967; Hubel & Wiesel, 1970). Eine derartige Zelle antwortet am stärksten, wenn auf dem rechten und dem linken Auge dargebote-

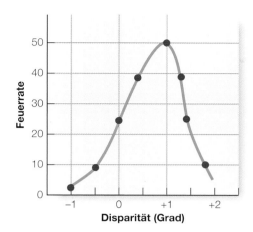

◨ Abb. 10.22 Die Disparitäts-Tuningkurve eines disparitätsempfindlichen Neurons. Diese Kurve zeigt die neuronale Antwort, während die auf dem linken und rechten Auge dargebotenen Reize unterschiedliche Disparitäten hervorrufen. (Aus Uka & DeAngelis, 2003, Copyright © 2003 Society for Neuroscience)

ne Stimuli eine bestimmte absolute Disparität hervorrufen (Hubel et al., 2015; Uka & DeAngelis, 2003). ◨ Abb. 10.22 zeigt eine **Disparitäts-Tuningkurve** für ein solches Neuron. Dieses bestimmte Neuron antwortet am stärksten, wenn die Augen so stimuliert werden, dass sie eine absolute Disparität von etwa 1° aufweisen.

Der Zusammenhang zwischen binokularer Disparität und dem Feuern binokularer Tiefenzellen ist ein Beispiel für den Zusammenhang zwischen Reiz und Physiologie im Wahrnehmungsprozess (B in ◨ Abb. 10.23). Dieses

Diagramm, das wir in ◨ Abb. 1.11 eingeführt und in ◨ Abb. 8.12 wieder aufgegriffen haben, zeigt auch die beiden anderen Zusammenhänge. Die Beziehung zwischen Reiz und Wahrnehmung (A) entspricht dem Zusammenhang zwischen binokularer Disparität und Tiefenwahrnehmung. Die letzte Beziehung zwischen Physiologie und Wahrnehmung (C) betrifft den Nachweis des Zusammenhangs von disparitätssensitiven Neuronen und Tiefenwahrnehmung. Dieser Nachweis wurde auf verschiedene Weise erbracht.

Ein früher Beleg für eine Verbindung zwischen binokularen Neuronen und Wahrnehmung ergab sich aus der selektiven Aufzucht, wie wir sie in ▶ Kap. 4 im Zusammenhang mit der Beziehung zwischen Merkmalsdetektoren und Wahrnehmung beschrieben haben (◨ Abb. 4.11). Unter Anwendung dieses Verfahrens für die Tiefenwahrnehmung haben Randolph Blake und Helmut Hirsch (1975) Katzen so aufgezogen, dass diese in ihren ersten 6 Lebensmonaten mit beiden Augen abwechselnd nur monokular sehen konnten, wobei täglich zwischen den Augen hin- und hergewechselt wurde. Nachdem Blake und Hirsch in diesen 6 Monaten visuelle Reize nur monokular dargeboten hatten, leiteten sie Neuronen im Kortex der Katze ab und fanden, dass diese Katzen einerseits nur sehr wenige binokulare Neuronen hatten und andererseits nur schwache Leistungen bei Tests zur Tiefenwahrnehmung erzielten. Der Verlust binokularer Neuronen führt also zum Verlust stereoskopischen Sehens und bestätigt, was alle bereits vermutet hatten: dass disparitätsempfindliche Neuronen für das stereoskopische Sehen verantwortlich sind (vergleiche auch Olson & Freeman, 1980).

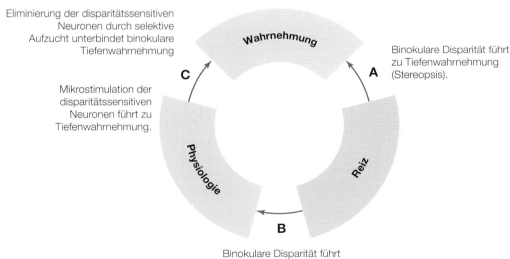

◨ Abb. 10.23 Die 3 Beziehungen im Wahrnehmungsprozess in Anwendung auf die Disparität. Die im Text beschriebenen Experimente verdeutlichen die Beziehung zwischen Disparität und Wahrnehmung (A) und zwischen Disparität und physiologischer Reaktion (B). Der abschließende Schritt besteht darin, die Verbindung zwischen der physiologischen Antwort auf Disparität und der Wahrnehmung (C) zu prüfen. Sie wurde anhand selektiver Aufzucht zur Elimination disparitätssensitiver Neuronen und durch Mikrostimulation zur Aktivierung disparitätsselektiver Neuronen nachgewiesen

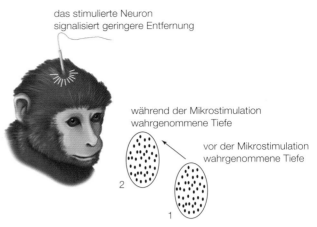

das stimulierte Neuron
signalisiert geringere Entfernung

während der Mikrostimulation
wahrgenommene Tiefe

vor der Mikrostimulation
wahrgenommene Tiefe

2

1

□ **Abb. 10.24** Die fMRT-Reaktion auf Disparität in Zufallspunktstereogrammen wird durch die farbigen Bereiche dargestellt. Es zeigt sich, dass Reaktionen auf stereoskopische Tiefe im Kortex weitverbreitet sind. Sie lassen sich in einem Großteil des visuellen Kortex im Okzipitallappen und in Teilen des parietalen Kortex nachweisen. (Aus Minini et al., 2010, mit freundlicher Genehmigung der American Physiological Society)

□ **Abb. 10.25** Im Experiment von DeAngelis et al. (1998) wurden im Kortex des Affen, während er ein Zufallspunktstereogramm sah, Neuronen stimuliert, die auf eine bestimmte, von der Disparität des Musters abweichende Disparität selektiv antworten. Diese Stimulation verschob beim Versuchstier die Tiefenwahrnehmung des Punktmusters von der Position *1* zu Position *2*

Die frühe Forschung zu disparitätsselektiven Neuronen konzentrierte sich auf Neuronen im primären visuellen Kortex, dem V1-Areal. Spätere Studien zeigten jedoch, dass Neuronen, die sensitiv auf Disparität reagieren, in vielen Bereichen außerhalb des V1-Areals zu finden sind (Minini et al., 2010; Parker et al., 2016; □ Abb. 10.24). Gregory DeAngelis et al. (1998) untersuchten disparitätsselektive Neuronen im mittleren temporalen Kortex (MT-Kortex), indem sie Mikrostimulationen (Methode 8.1 zur transkraniellen Magnetstimulation [TMS]) einsetzten, um die Neuronen in diesem Bereich über eine elektrisch geladene Elektrode zu aktivieren. Da Neuronen, die für dieselben Disparitäten empfindlich sind, oft in Clustern organisiert sind, aktiviert die Stimulation eines dieser Cluster eine Neuronengruppe, die am besten auf eine bestimmte Disparität reagiert (Hubel et al., 2015).

DeAngelis trainierte Affen darauf, die Tiefe bei Bildern anzuzeigen, die unterschiedliche Disparitäten hervorrufen. Es war zu vermuten, dass ein Affe Tiefe wahrnehmen würde, weil die Disparität der beiden Netzhautbilder disparitätssensitive Neuronen im Kortex aktiviert.

Aber als DeAngelis eine Gruppe von disparitätsempfindlichen Neuronen stimulierte, die auf eine andere Disparität als die in den beiden Netzhautbildern abgestimmt waren, verschob der Affe seine Beurteilung der räumlichen Tiefe, und zwar in Richtung der von den stimulierten Neuronen signalisierten Disparität (□ Abb. 10.25). Die Befunde aus den Experimenten zur selektiven Aufzucht und zur Mikrostimulation zeigen, dass binokulare Tiefenzellen einen physiologischen Mechanismus für die Tiefenwahrnehmung darstellen und damit die Verbindung zwischen Physiologie und Wahrnehmung in □ Abb. 10.23.

10.6   Tiefeninformation bei verschiedenen Tieren

Menschen nutzen eine Reihe von Informationsquellen in ihrer Umgebung zur Tiefenwahrnehmung. Aber wie sieht es bei verschiedenen Tierarten aus? Viele Tiere haben eine ausgezeichnete Tiefenwahrnehmung. Katzen fangen ihre Beute mit einem zielsicheren Sprung; Affen schwingen sich von Ast zu Ast; und eine gewöhnliche Fliege kann einen Abstand von etwa 10 cm genau einhalten, wenn das Männchen einem Weibchen folgt. Es besteht kein Zweifel, dass viele Tiere Entfernungen in ihrer Umgebung genau abschätzen können. Aber welche Tiefeninformationen nutzen sie dabei? Wenn man die Informationsquellen der verschiedenen Tiere untersucht, stellt man fest, dass alle in diesem Kapitel beschriebenen Hinweise im Tierreich genutzt werden. Dabei nutzen manche Tiere viele Hinweise, während andere nur 1 oder 2 heranziehen.

Um binokulare Disparität nutzen zu können, müssen sich die visuellen Felder der Augen überlappen. Tiere wie Katzen, Affen oder auch der Mensch haben **frontale Augen** mit überlappenden visuellen Feldern (□ Abb. 10.26) und können Disparität für die Tiefenwahrnehmung nutzen.

Neben Katzen, Affen und Menschen nutzen auch Eulen (Willigen, 2011), Pferde (Timney & Keil, 1999) und Insekten (Rossel, 1983) Disparität zur Tiefenwahrnehmung. Zum Nachweis, ob Insekten Disparität zur Tiefenwahrnehmung einsetzen, nutzte Samuel Rossel (1983) die Gottesanbeterin, ein Insekt mit großen überlappenden Augenfeldern. Er platzierte die Gottesanbeterin mit dem Kopf nach unten (eine Position, die Gottesanbeterinnen oft einnehmen) und brachte Prismen vor ihren Augen an, wie in □ Abb. 10.27a dargestellt. Als Rossel eine

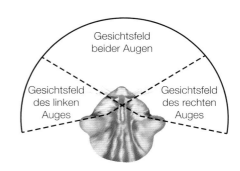

◻ **Abb. 10.26** Frontale Augen wie bei einer Katze haben überlappende visuelle Felder, was zu einer guten stereoskopischen Tiefenwahrnehmung führt. (© Bruce Goldstein)

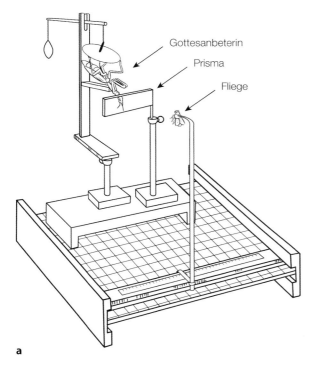

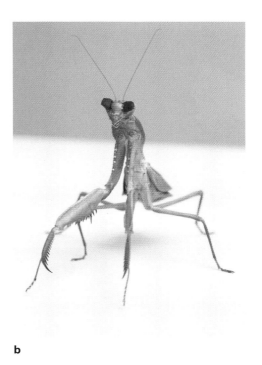

a

b

◻ **Abb. 10.27** **a** Der von Rossel (1983) verwendete Apparat zum Nachweis, ob die Gottesanbeterin sensitiv für binokulare Disparität ist. Die Gottesanbeterin sitzt kopfüber und hat Prismen vor den Augen. Vor der Gottesanbeterin ist eine Fliege angebracht. **b** Eine Gottesanbeterin mit rotvioletten Gläsern, mit der sie Stereoprojektionen auf einem Bildschirm dreidimensional wahrnehmen kann. (b: © Newcastle University, UK)

Fliege auf die Gottesanbeterin zubewegte und feststellte, wann die Gottesanbeterin mit ihren Fangbeinen die Fliege packte, stellte er fest, dass offenkundig die Entfernung der Fliege, die durch die Prismenstärke festgelegt war, den Ausschlag gab, wann die Gottesanbeterin zuschlug. Mit anderen Worten: Der Grad der Disparität steuerte, in welcher Entfernung die Gottesanbeterin die Fliege wahrnahm.

Für ein neueres Experiment mit einer Gottesanbeterin wurde ein „Insektenkino" konstruiert, bei dem die Gottesanbeterin eine rot-violette Brille trug, wie in ◻ Abb. 10.27b gezeigt. Diese Versuchsanordnung hat den Vorteil, dass die Disparität gesteuert werden kann, indem der Abstand zwischen den roten und violetten Bildern auf der Projektionsfläche verändert wird. Damit konnten Rossels Ergebnisse bestätigt und erweitert werden (Nityananda et al., 2016, 2018).

Tiere mit **lateralen Augen** wie etwa Kaninchen (◻ Abb. 10.28) haben wesentlich weniger Überlappung und können daher Disparität für das Tiefensehen nur in einem schmalen überlappenden Feld nutzen. Tiere mit lateralen Augen gewinnen allerdings durch den Verzicht auf Disparität ein größeres Blickfeld – und das ist extrem wichtig für Tiere, die immer auf der Hut vor Fressfeinden sein müssen.

Die Taube ist ein Beispiel für ein Tier mit lateralen Augen, die jedoch so positioniert sind, dass sich die visuellen Felder beider Augen in einem 35°-Winkel im Bereich des Schnabels überlappen. Das ist genau der Bereich, in dem die Taube bevorzugt mit dem Schnabel nach Körnern pickt. Wie psychophysische Experimente mit Tauben zeigen, verfügen Tauben in einem kleinen Teil ihres visuellen Felds, der im Schnabelbereich liegt, über binokulare Tiefenwahrnehmung (McFadden, 1987; McFadden & Wild, 1986).

◻ Abb. 10.28 Laterale Augen wie beim Kaninchen bieten Panoramasicht, aber nur in einem schmalen überlappenden Feld stereoskopische Tiefenwahrnehmung. (© Bruce Goldstein)

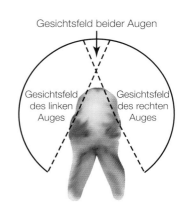

Gesichtsfeld beider Augen

Gesichtsfeld des linken Auges

Gesichtsfeld des rechten Auges

Die Bewegungsparallaxe ist für Insekten möglicherweise der wichtigste Hinweis beim Einschätzen von Entfernungen, und sie wenden diese Methode auf verschiedene Weise an (Collett, 1978; Srinivasan & Venkatesh, 1997). Wir haben bereits erwähnt, dass beispielsweise Heuschrecken die Information durch Bewegungsparallaxe nutzen, die sie durch ein seitliches Hin- und Herbewegen ihres Kopfes erzeugen, während sie die Beute im Blick behalten. T. S. Collett vermaß diese Peering-Amplitude, d. h. das Ausmaß dieser Kopfbewegung, während die Heuschrecke Beute in unterschiedlichem Abstand sah. Er fand heraus, dass die Seitenbewegung des Kopfes umso stärker ausfiel, je weiter die anvisierte Beute von der Heuschrecke entfernt war. Weil sich durch die Kopfbewegung auf der Netzhaut die Bilder naher Objekte stärker verschieben als die retinalen Bilder weiter entfernter Objekte, wird für dieselbe Objektbildverschiebung auf der Retina bei weit entfernten Objekten eine größere Peering-Amplitude der Kopfbewegung benötigt. Möglicherweise beurteilen Heuschrecken die Entfernung, indem sie feststellen, wie weit sie ihren Kopf bewegen müssen, damit das Bild des Objekts auf der Netzhaut um eine bestimmte Entfernung verschoben wird (vergleiche auch Sobel, 1990).

Diese Beispiele zeigen, wie anhand unterschiedlicher Informationen durch Lichtmuster Tiefe wahrgenommen werden kann. Fledermäuse jedoch nehmen eine Form von Energie wahr, die wir gewöhnlich mit Schall verbinden, und nutzen sie zur Tiefenwahrnehmung. Sie verwenden dazu **Echoortung**, ähnlich dem *Sonar* von Unterseebooten, das im Zweiten Weltkrieg eingesetzt wurde; Fledermäuse senden Schallimpulse aus, deren Echos ihnen Information über die Positionen von Objekten liefern. Donald Griffin (1944) hat dieses biologische Sonarsystem, mit dem die Fledermäuse um Hindernisse navigieren, erstmals als Echoortung beschrieben.

Die Fledermäuse senden dabei Schallimpulse mit Frequenzen weit über dem menschlichen Hörbereich aus und schätzen die Entfernungen anhand der Zeitdifferenz zwischen dem Aussenden des Impulses und der Rückkehr des Echos ab (◻ Abb. 10.29). Da sie Schallechos benutzen, um Objekte wahrzunehmen, können sie Hindernisse auch bei völliger Dunkelheit vermeiden (Suga, 1990). Wir können

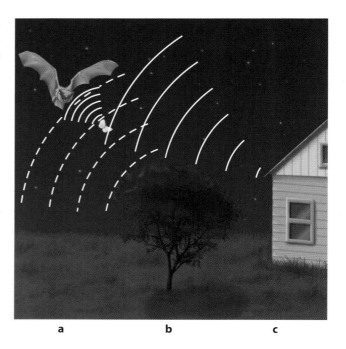

a   b   c

◻ Abb. 10.29 Bei der Echoortung sendet die Fledermaus hochfrequente Schallimpulse aus und nimmt die Echos von verschiedenen Objekten der Umgebung wahr. Die Abbildung zeigt das schematisch für die Schallreflexion **a** an einem Insekt, **b** einem etwa 2 m entfernten Baum und **c** einer etwa 4 m entfernten Hausecke. Von weiter entfernten Objekten kommt das Echo später zurück. Indem die Fledermaus die unterschiedlichen Zeiten registriert, zu denen die Echos bei ihr eintreffen, kann sie die Positionen der Objekte in ihrer Umgebung orten

zwar nicht wissen, was eine Fledermaus wahrnimmt, wenn die Echos zu ihr zurückkommen, aber wir wissen, dass die zeitliche Folge dieser Echos die Tiefeninformation liefert, mit deren Hilfe die Fledermaus Objekte in ihrer Umgebung lokalisieren kann (zum Thema menschliche Echoortung siehe ▶ Kap. 12; für eine Beschreibung, wie Fische mit elektrischen Organen und Rezeptoren durch Elektroortung Tiefe wahrnehmen, vergleiche von der Emde et al., 1998).

Anhand dieser Beispiele können wir sehen, dass Tiere sehr unterschiedliche Arten von Informationen nutzen, um Tiefe wahrzunehmen, wobei der jeweilige Informationstyp davon abhängt, welche spezifischen Bedürfnisse ein Tier hat und welche anatomische und physiologische Körperkonstitution es aufweist.

Übungsfragen 10.1

1. Was ist das Grundproblem der Tiefenwahrnehmung, und wie löst der Ansatz der Tiefenhinweise dieses Problem?

2. Welche monokularen Tiefenhinweise liefern Informationen über räumliche Tiefe in der Umgebung?

3. Inwiefern können wir aus dem Vergleich zwischen dem Erfahrungsbericht von „Stereo-Sue" und der Erfahrung beim Betrachten von 2-D- und 3-D-Filmen lernen, wie das Stereosehen die Tiefenwahrnehmung qualitativ verändert?

4. Was versteht man unter binokularer Disparität? Worin besteht der Unterschied zwischen gekreuzter und ungekreuzter Disparität? Was ist der Unterschied zwischen absoluter und relativer Disparität? Wie hängen relative und absolute Disparität mit der räumlichen Tiefe von Objekten in einer Szene zusammen?

5. Was ist Stereopsis? Was weist darauf hin, dass Stereopsis durch Disparität erzeugt wird?

6. Was wird durch die Wahrnehmung räumlicher Tiefe in einem Zufallspunktstereogramm demonstriert?

7. Was ist das Korrespondenzproblem? Wurde dieses Problem bereits gelöst?

8. Beschreiben Sie die 3 Beziehungen im Wahrnehmungsprozess (◻ Abb. 10.23) und nennen Sie Beispiele für jede der Beziehungen, die in der psychophysischen und physiologischen Forschung zu Tiefenwahrnehmung bestimmt wurden.

9. Beschreiben Sie, wie frontale Augen die Disparität für das Tiefensehen beeinflussen. Beschreiben Sie das Experiment mit der Gottesanbeterin. Was hat es bewiesen?

10. Beschreiben Sie, wie laterale Augen die Disparität für das Tiefensehen beeinflussen. Wie nutzen manche Insekten Bewegungsparallaxe für das Tiefensehen? Wie setzen Fledermäuse Schallechos ein, um Objekte wahrzunehmen?

10.7 Größenwahrnehmung

Nachdem wir die Tiefenwahrnehmung beschrieben haben, wollen wir uns nun der Größenwahrnehmung zuwenden. Wie wir zu Beginn dieses Kapitels festgestellt haben, hängen die Größen- und die Tiefenwahrnehmung zusammen. Die folgende Geschichte, die auf einer wahren Begebenheit in einer antarktischen Forschungseinrichtung beruht, schildert die Erlebnisse eines Hubschrauberpiloten, der durch einen „Whiteout" flog:

» Eines der heimtückischsten Wetterphänomene beim Fliegen ist der sogenannte Whiteout, der plötzlich und unerwartet auftreten kann. Während Frank seinen Helikopter über die antarktische Eiswüste steuert, wird blendend helles Licht von oben durch die Wolken und von unten durch den Schnee reflektiert. Das macht es schwierig, den Horizont zu sehen, Details auf der Oberfläche des Schnees zu erkennen oder einfach nur oben und unten zu unterscheiden. Frank ist sich der Gefahr bewusst, denn er kannte Piloten, die unter ähnlichen Bedingungen mit voller Geschwindigkeit direkt in das Eis hineingeflogen sind. Er glaubt, weit unten im Schnee ein Fahrzeug zu sehen, und wirft eine Rauchgranate ab, um seine Höhe abzuschätzen. Zu seinem Erschrecken fällt die Granate nur etwa einen Meter, bevor sie auf dem Boden aufschlägt. Frank wird klar: Das, was er für einen Lastwagen gehalten hat, ist in Wirklichkeit eine weggeworfene Schachtel. Er zieht den Steuerknüppel zurück und steigt steil nach oben. Mit schweißnassem Gesicht wird ihm klar, dass er nur knapp dem Tod durch Whiteout entkommen ist.

Diese Schilderung zeigt, dass unsere Fähigkeit zur Wahrnehmung der Größe eines Objekts manchmal drastisch von unserer Fähigkeit zur Wahrnehmung der Entfernung des Objekts beeinflusst werden kann. Eine kleine Schachtel kann beim Fehlen zuverlässiger Information über ihre Entfernung für einen aus der Ferne gesehenen Lastwagen gehalten werden (◻ Abb. 10.30). Die Idee, dass wir Fehlwahrnehmungen der Größe erliegen können, wenn keine zuverlässige Tiefeninformation vorliegt, wurde in einem klassischen Experiment von A. H. Holway und Edwin Boring (1941) demonstriert.

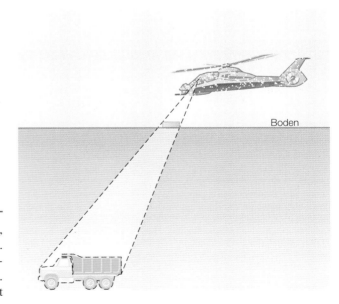

◻ **Abb. 10.30** Wenn ein Helikopterpilot bei einem Whiteout seine Fähigkeit zur Entfernungswahrnehmung einbüßt, kann er eine nahe kleine Schachtel mit einem weit entfernten Lastwagen verwechseln

10.7.1 Das Experiment von Holway und Boring

Bei dem Experiment von Holway und Boring saßen die Probanden am Kreuzungspunkt zweier Flure und sahen eine leuchtende Testscheibe, wenn sie in den rechten Flur blickten, und beim Blick in den linken Flur eine leuchtende Vergleichsscheibe (◘ Abb. 10.31). Die Vergleichsscheibe war stets in derselben Entfernung von etwa 3 m von den Probanden aufgestellt, während die Testscheiben in unterschiedlichen Entfernungen zwischen etwa 3 und 36 m präsentiert wurden. Die an festem Ort positionierte Vergleichsscheibe konnte auf verschiedene Größen eingestellt werden, und die Aufgabe bestand darin, den Durchmesser der Vergleichsscheibe so einzustellen, dass er mit dem der Testscheibe übereinstimmte.

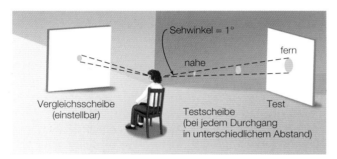

◘ **Abb. 10.31** Das Prinzip hinter der Versuchsanordnung im Experiment von Holway und Boring (1941). Die Probanden stellen den Durchmesser der Vergleichsscheibe im linken Flur so ein, dass er mit dem Durchmesser der Testscheibe im rechten Flur übereinstimmt. Jede der Testscheiben erscheint unter einem Sehwinkel von 1°. Diese Zeichnung ist nicht maßstabsgetreu; die tatsächliche Entfernung der weiter entfernten Testscheibe variierte zwischen etwa 3 und 36 m

Ein wichtiges Merkmal der Testreize bestand darin, dass sie alle auf der Netzhaut gleich groß abgebildet wurden. Wie diese Übereinstimmung der Bildgrößen erreicht wurde, können wir verstehen, indem wir den Begriff des Sehwinkels heranziehen.

Sehwinkel

Der **Sehwinkel** ist der Winkel, unter dem ein Objekt relativ zum Auge des Betrachters erscheint. ◘ Abb. 10.32a zeigt beispielsweise, wie wir den Sehwinkel bei einem visuellen Reiz (in diesem Fall eine Person) bestimmen können, indem wir von der Augenlinse des Betrachters aus Linien zu den äußeren Punkten (an Kopf und Füßen) der Person ziehen. Der Winkel zwischen den Linien ist der Sehwinkel. Beachten Sie, dass der Sehwinkel sowohl von der Größe des Objekts als auch von der Entfernung zum Betrachter abhängt: Wenn die Person also wie in ◘ Abb. 10.32b näher kommt, so wird ihr Sehwinkel größer.

Der Sehwinkel gibt uns Aufschluss darüber, wie groß das Objekt auf der Augenrückseite abgebildet wird. Ein 360°-Winkel entspricht dem vollen Kreisumfang des Auges, sodass 1° in Bezug zum Augenumfang dem Verhältnis 1/360 entspricht; das sind etwa 0,3 mm in einem durchschnittlichen erwachsenen Auge. Um ein Gefühl für den Sehwinkel zu bekommen, strecken Sie einen Arm vollständig aus und betrachten Sie Ihren Daumen, so wie die Frau in ◘ Abb. 10.33. Der Sehwinkel des auf Armlänge entfernten Daumens beträgt etwa 2°. Somit hat ein Objekt, das von dem auf Armlänge entfernten Daumen gerade eben abgedeckt wird, einen Sehwinkel von etwa 2° (wie ein Teil des Smartphones in ◘ Abb. 10.33).

Diese „Daumentechnik" stellt eine Möglichkeit dar, den ungefähren Sehwinkel jedes Objekts in der Umgebung zu bestimmen; und sie veranschaulicht auch eine wichtige Eigenschaft des Sehwinkels: Ein nahes kleines Objekt (wie

◘ **Abb. 10.32 a** Der Sehwinkel hängt von der Größe des Objekts (in diesem Fall der Frau) und dessen Entfernung vom Betrachter ab. **b** Wenn sich die Frau dem Betrachter nähert, nehmen sowohl der Sehwinkel als auch die Größe des retinalen Bilds zu. Dieses Beispiel zeigt, wie die Halbierung der Distanz zwischen Objekt und Betrachter die Größe des Bilds auf der Netzhaut verdoppelt

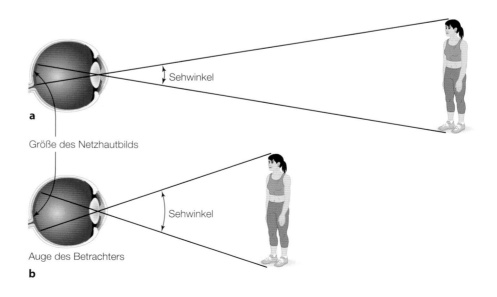

◘ Abb. 10.33 Die „Daumentechnik" zur Bestimmung des Sehwinkels eines Objekts. Wenn der Daumen eine Armlänge entfernt ist, hat jedes beliebige Objekt, das von ihm abgedeckt wird, einen Sehwinkel von etwa 2°. Der Daumen der Frau deckt etwa die Breite ihres Smartphones ab, also können wir sagen, dass der Sehwinkel der gesamten Breite des Smartphones etwa 2° beträgt. Beachten Sie, dass sich der Sehwinkel ändert, wenn der Abstand zwischen der Frau und dem Smartphone variiert wird

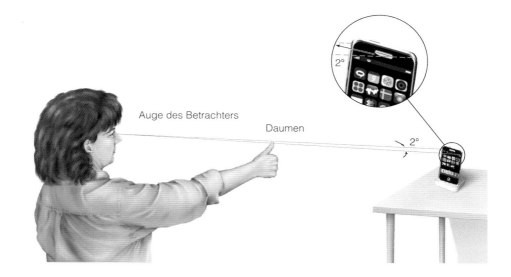

Auge des Betrachters

Daumen

◘ Abb. 10.34 Der Sehwinkel zwischen den beiden Fingern ist genauso groß wie der Sehwinkel, unter dem der Eiffelturm erscheint. (© Jennifer Bittel)

der Daumen) und ein entferntes größeres Objekt (wie das Smartphone) können denselben Sehwinkel einnehmen. Ein gutes Beispiel dafür zeigt das Foto in ◘ Abb. 10.34, das eine meiner Studentinnen aufgenommen hat. Um das Foto zu machen, hielt sie ihre Finger so, dass der Eiffelturm gerade dazwischen passte. Der Abstand zwischen ihren Fingern, die etwa 30 cm von ihren Augen entfernt waren, füllt den gleichen Sehwinkel aus wie der mehrere Hundert Meter entfernte Eifelturm.

Holways und Borings Untersuchung zur Größenwahrnehmung in einem Flur

Die Tatsache, dass Objekte unterschiedlicher Größe denselben Sehwinkel einnehmen können, wurde bei den Testscheiben im Experiment von Holway und Boring ausgenutzt. Wie aus ◘ Abb. 10.31 ersichtlich, wurden kleine Scheiben in der Nähe der Versuchsperson und größere Scheiben weiter entfernt positioniert, sodass alle Scheiben einen Sehwinkel von 1° aufwiesen. Da Objekte mit identischem Sehwinkel auf der Netzhaut gleich groß abgebildet werden, wurden bei allen Testscheiben die retinalen Bilder auf den Netzhäuten der Probanden in gleicher Größe abgebildet, unabhängig davon, wo die Testscheiben im Flur positioniert waren.

Im ersten Teil des Experiments von Holway und Boring standen den Probanden viele Tiefenhinweise zur Verfügung, sodass sie die Entfernung der Testscheiben leicht beurteilen konnten – zu diesen Hinweisen gehörten die binokulare Disparität, die Bewegungsparallaxe und die Schattierung. Die Ergebnisse, die in ◘ Abb. 10.35 dargestellt sind, zeigen, wie die Probanden ihre Urteile trotz identischer Größe aller retinalen Bilder auf der Grundlage der physikalischen Größe der Scheiben fällten. Wenn sie eine große Testscheibe betrachteten, die sich weit entfernt befand (die „ferne" Scheibe in ◘ Abb. 10.31), so vergrößerten sie die Vergleichsscheibe entsprechend (angezeigt durch den mit F beschrifteten Punkt der Linie 1 in ◘ Abb. 10.35). Wenn sie jedoch einen kleinen Testreiz betrachteten, der nahe war (die „nahe" Scheibe in ◘ Abb. 10.31), so verkleinerten sie die Vergleichsscheibe (gekennzeichnet durch den mit N beschrifteten Punkt in ◘ Abb. 10.35). Solange gute Tiefenhinweise verfügbar waren, entsprachen die Größenbeurteilungen der Probanden den tatsächlich gezeigten Scheibengrößen.

Holway und Boring bestimmten daraufhin, wie genau die Urteile der Probanden ausfielen, wenn ihnen weni-

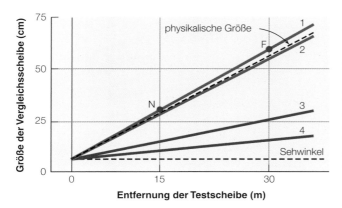

◻ Abb. 10.35 Die Ergebnisse des Experiments von Holway und Boring. Die mit *physikalische Größe* beschriftete gestrichelte Linie ist das Ergebnis, das zu erwarten wäre, wenn die Probanden den Durchmesser der Vergleichsscheibe genau mit dem Durchmesser jeder einzelnen Testscheibe in Übereinstimmung bringen würden. Die mit *Sehwinkel* beschriftete Linie ist das Ergebnis, das zu erwarten wäre, wenn die Probanden den Durchmesser der Vergleichsscheibe genau mit dem Sehwinkel jeder Testscheibe in Übereinstimmung bringen würden. Die *Linien 1–4* zeigen die Beurteilungen bei zunehmend wegfallenden Tiefenhinweisen, wie im Text beschrieben

ger Tiefeninformationen zur Verfügung standen. Zu diesem Zweck ließen sie die Testscheiben zunächst mit nur einem Auge betrachten, sodass die binokulare Disparität wegfiel (Linie 2 in ◻ Abb. 10.35), anschließend sollten die Probanden durch eine Lochblende auf die Testscheibe blicken, sodass die Bewegungsparallaxe fehlte (Linie 3), und schließlich wurden im Flur Vorhänge angebracht, um Reflexionen und Schattierung zu verhindern (Linie 4). Wie die Ergebnisse dieser Experimente zeigen, wurden die Größenbeurteilungen mit jeder Eliminierung von Tiefeninformationen ungenauer. Wenn sämtliche Tiefeninformationen wegfielen, wurde die Größenschätzung der Betrachter gar nicht mehr von der Größe der Testscheibe bestimmt, son-

dern nur noch durch die relative Größe der Bilder der Test- und der Vergleichsscheibe auf der Netzhaut.

Da alle Testscheiben in Holways und Borings Experiment gleich große retinale Abbilder erzeugten, wurden sie als etwa gleich groß wahrgenommen, sobald alle Tiefeninformationen eliminiert waren. Somit zeigen die Ergebnisse dieses Experiments, dass die Größenschätzung auf der tatsächlichen Größe von Objekten beruht, wenn viele Tiefeninformationen vorhanden sind, und dass die Größenschätzung sehr stark vom Sehwinkel eines Objekts beeinflusst wird, wenn Tiefeninformationen fehlen.

Ein Beispiel dafür, wie Größenwahrnehmung durch den Sehwinkel bestimmt wird, ist unsere Wahrnehmung der Größen von Sonne und Mond, die aufgrund eines kosmischen Zufalls denselben Sehwinkel einnehmen. Diese Tatsache wird während einer Sonnenfinsternis besonders deutlich. Wir sehen dann zwar die strahlende Korona der Sonne etwas über den Mond hinausgehen, doch die Mondscheibe verdeckt die Sonnenscheibe nahezu vollständig (◻ Abb. 10.36).

Wenn wir die Sehwinkel von Sonne und Mond berechnen, ist das Ergebnis bei beiden 0,5°. Wie Sie in ◻ Abb. 10.36 sehen, ist der Mond relativ klein (3476 km Durchmesser), aber nahe (384.405 km Entfernung), wohingegen die Sonne groß (1.392.000 km Durchmesser), aber fern (149.600.000 km Entfernung) ist. Obwohl diese beiden Himmelskörper sich extrem stark in ihrer Größe unterscheiden, nehmen wir sie als gleich groß wahr, da wir ihre Entfernung nicht abschätzen können und sich unser Urteil deshalb auf ihre Sehwinkel stützen.

Ein weiteres Beispiel ist die Tatsache, dass wir Objekte aus hoch fliegenden Flugzeugen heraus als sehr klein wahrnehmen. Da wir keine Möglichkeit haben, die Entfernung des Flugzeugs vom Boden genau abzuschätzen, nehmen wir die Größe der Objekte aufgrund ihrer Sehwinkel wahr, die sehr klein sind, weil wir uns so hoch über ihnen befinden.

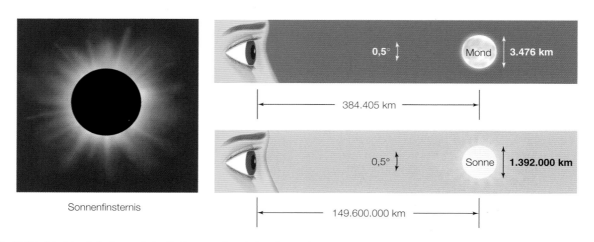

◻ Abb. 10.36 Die Mondscheibe verdeckt die Sonne während einer Sonnenfinsternis nahezu vollständig, da Sonne und Mond denselben Sehwinkel haben

10.7.2 Größenkonstanz

Zu den auffälligsten Eigenschaften der Campusszene an der University of Arizona, die in ◨ Abb. 10.37 zu sehen ist, gehört, dass die Palmen entlang der Straße auf dem Foto immer kleiner werden. Wenn Sie selbst auf dem Campus stehen und diese Szene sehen würden, würden die weiter entfernten Bäume einen kleineren Teil des visuellen Felds einnehmen, genau wie auf dem Foto, aber trotzdem würden die weiter entfernten Bäume Ihnen in Ihrer Wahrnehmung nicht kleiner erscheinen als die nahen. Die weiter entfernten Bäume nehmen zwar einen kleineren Teil Ihres Gesichtsfelds – sprich einen kleineren Sehwinkel – ein, scheinen aber trotzdem eine konstante Größe zu haben. Die Tatsache, dass unsere Wahrnehmung von Objekten vergleichsweise konstant bleibt, wenn wir sie aus unterschiedlichen Entfernungen betrachten, wird als **Größenkonstanz** bezeichnet.

Zur einführenden Vorstellung der Größenkonstanz bitte ich (Bruce Goldstein) in meiner Lehrveranstaltung jemanden aus der ersten Sitzreihe, meine Größe zu schätzen, während ich etwa 1 m vor ihm stehe. Die Schätzung der Studenten ist normalerweise recht genau, ungefähr 1,75 m. Dann mache ich einen großen Schritt zurück, sodass ich nun etwa 2 m entfernt stehe, und bitte die Person erneut, meine Größe zu schätzen. Sie werden wahrscheinlich nicht überrascht sein, dass die zweite Größenschätzung annähernd dasselbe Ergebnis liefert. Der springende Punkt ist hier, dass meine Größe von der Person immer als in etwa konstant wahrgenommen wird, trotz der Halbierung der Größe meines Bilds auf ihrer Netzhaut bei der Verdoppelung der Entfernung auf etwa 2 m. Dies ist Größenkonstanz. Demonstration 10.4 veranschaulicht die Größenkonstanz noch auf eine andere Weise.

◨ **Abb. 10.37** Die Palmen erscheinen, wenn man sie in der realen Umgebung betrachtet, alle gleich groß, obwohl sie mit zunehmender Entfernung immer kleinere Sehwinkel einnehmen. (© Bruce Goldstein)

Größenwahrnehmung bei entfernten Objekten

Halten Sie in jeder Hand eine 20-Cent-Münze so zwischen den Fingerspitzen, dass Sie die Vorderseiten beider Münzen sehen können. Halten Sie eine Münze etwa 30 cm vor Ihr Gesicht und die andere auf Armlänge entfernt. Betrachten Sie die Münzen mit beiden Augen und machen Sie sich ihre Größe bewusst. Unter diesen Bedingungen nehmen die meisten Menschen beide Münzen als etwa gleich groß wahr. Nun schließen Sie ein Auge und halten Sie die Münzen so, dass sie in Ihrem Blickfeld nebeneinanderliegen. Beachten Sie, wie sich Ihre Wahrnehmung der Größe der entfernteren Münze verändert und sie nun kleiner erscheint als die nähere Münze. Dies demonstriert, wie sich die Größenkonstanz unter Bedingungen mit unzureichender Tiefeninformation verschlechtert.

Studierende schlagen häufig vor, die Größenkonstanz damit zu erklären, dass wir mit den Größen der Objekte vertraut sind, aber die Forschung hat gezeigt, dass die Betrachter auch die Größe unbekannter Objekte aus unterschiedlichen Entfernungen genau bestimmen können (Haber & Levin, 2001).

Größenkonstanz als Ergebnis einer Berechnung

Der Zusammenhang zwischen Größenkonstanz und Tiefenwahrnehmung führte zu der Vermutung, dass Größenkonstanz auf einem Mechanismus der Konstanzskalierung beruht, der die Distanz eines Objekts berücksichtigt und als **Größen-Distanz-Skalierung** bezeichnet wird (Gregory, 1966). Diese Größen-Distanz-Skalierung folgt der Gleichung

$$G_W = K \times (G_R \times D_W),$$

wobei G_W die wahrgenommene Größe des Objekts ist, K eine Konstante, G_R die Größe des retinalen Bilds und D_W die wahrgenommene Distanz des Objekts (da wir vor allem an der Größe G_R des Bilds auf der Netzhaut und der wahrgenommenen Entfernung D_W interessiert sind, können wir den konstanten Proportionalitätsfaktor K in der weiteren Diskussion weglassen).

Nach der Gleichung für die Größen-Distanz-Beziehung wird bei einer Person, während sie sich von Ihnen entfernt, das Bild G_R auf Ihrer Netzhaut kleiner, aber gleichzeitig wird die wahrgenommene Distanz D_W der Person größer. Diese beiden Veränderungen gleichen sich aus, und im Ergebnis nehmen Sie die Größe G_W der Person als konstant wahr. Wird dagegen nur die wahrgenommene Distanz größer, bei konstantem Netzhautbild, dann verändert sich auch die wahrgenommene Größe des Objekts, wie die Demonstration 10.5 verdeutlicht.

Größen-Distanz-Skalierung und das Emmert'sche Gesetz

Sie können sich die Größen-Distanz-Skalierung vor Augen führen, indem Sie den roten Kreis in ◗ Abb. 10.38 mit Ihrer Schreibtischlampe beleuchten (oder die Bildschirmhelligkeit an Ihrem Computer erhöhen) und für etwa 60 s auf das +-Zeichen schauen. Betrachten Sie anschließend den weißen Bereich neben dem Kreis und blinzeln Sie, um dessen Nachbild vor der Buchseite schweben zu sehen. Bevor das Nachbild verschwindet, schauen Sie auf eine weit entfernte Wand im Raum. Sie können dann feststellen, dass die wahrgenommene Größe des Nachbilds davon abhängt, wohin Sie schauen. Wenn Sie eine entfernte Oberfläche betrachten, etwa die Zimmerwand, sehen Sie ein großes Nachbild, das weit entfernt zu sein scheint. Betrachten Sie hingegen eine nahe

Oberfläche wie ein Blatt Papier, sehen Sie ein kleines Nachbild, das nahe zu sein scheint.

◗ **Abb. 10.38** Schauen Sie für 60 s auf das kleine +-Zeichen

◗ **Abb. 10.39** Das geometrische Prinzip hinter der Beobachtung, dass die Größe des Nachbilds zunimmt, wenn es vor einer weit entfernten Oberfläche betrachtet wird

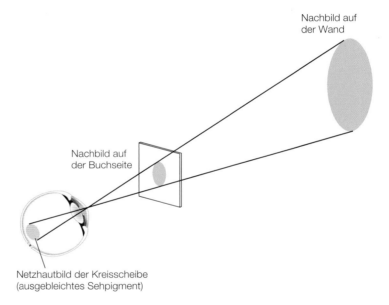

Nachbild auf der Wand

Nachbild auf der Buchseite

Netzhautbild der Kreisscheibe (ausgebleichtes Sehpigment)

◗ Abb. 10.39 veranschaulicht das Prinzip hinter dem Effekt, den Sie gerade erlebt haben; dieser Effekt wurde zuerst im Jahre 1881 von Emil Emmert (1844–1911) beschrieben. Beim Betrachten des Kreises in ◗ Abb. 10.38 bleicht das Sehpigment in einem kleinen kreisförmigen Bereich auf Ihrer Retina aus. Dieses gebleichte Areal der Retina bestimmt beim Nachbild die Bildgröße G_R auf der Retina und bleibt während der Demonstration konstant, egal wohin Sie schauen.

Die wahrgenommene Größe G_W des Nachbilds wird, wie in ◗ Abb. 10.39 dargestellt, von der Distanz der Oberfläche bestimmt, vor der Sie das Nachbild betrachten. Diese Beziehung zwischen der scheinbaren Distanz eines Nachbilds und dessen wahrgenommener Größe ist unter dem Namen **Emmert'sches Gesetz** bekannt: Je weiter ein Nachbild entfernt ist, desto größer wirkt es. Dies

ergibt sich aus unserer Gleichung der Größen-Distanz-Skalierung, $G_W \sim G_R \times D_W$. Die Größe G_R des gebleichten Bereichs auf der Retina bleibt konstant, also führt eine Steigerung der Distanz D_W zu einer Steigerung des Produkts $G_R \times D_W$. Deshalb nehmen wir die Größe G_W des Nachbilds vor der weit entfernten Wand als ausgedehnter wahr.

Der Effekt der Größen-Distanz-Skalierung, der bei der Nachbilddemonstration wirkt, zeigt sich genauso, wenn wir Objekte in unserer Umgebung betrachten. Das visuelle System berücksichtigt auch in diesem Fall beides, sowohl die Größe eines Objekts im visuellen Feld (d. h. auf der Netzhaut) als auch dessen Entfernung, um sie für unsere Größenwahrnehmung zu verrechnen. Dieser Prozess, der ohne unser Zutun abläuft, verhilft uns zu einer konstanten Wahrnehmung einer stabilen Umwelt. Stellen Sie sich vor, wie verwirrend es wäre, wenn Objekte plötzlich ge-

a   b

◻ **Abb. 10.40** **a** Die Größe des Stuhls ist nicht eindeutig, **b** bis eine Person daneben steht. (© Adam Burton/robertharding/picture alliance)

schrumpft oder vergrößert erscheinen würden, nur weil wir sie uns zufällig aus der Ferne oder aus der Nähe anschauen. Dank der Größenkonstanz passiert das zum Glück nicht.

Weitere Informationen für die Größenwahrnehmung

Bislang haben wir den Zusammenhang zwischen Größenkonstanz und Tiefenwahrnehmung und die Wirkungsweise der Größen-Distanz-Skalierung betont, aber es gibt auch noch andere Informationsquellen in der Umwelt, die uns zur Größenkonstanz verhelfen. Eine dieser Informationsquellen für die Größenwahrnehmung ist die relative Größe. Wir benutzen die Größe vertrauter Objekte in der Umwelt oft als Maßstab für die Beurteilung der Größe anderer Objekte. ◻ Abb. 10.40 zeigt 2 Ansichten von Henry Bruce' Skulptur „The Giant's Chair". Auf ◻ Abb. 10.40a lässt sich nur schwer beurteilen, wie groß der Stuhl ist. Wenn man davon ausgeht, dass die Kamera auf dem Boden aufgestellt war, könnte man meinen, dass er eine ganz normale Größe für einen Stuhl hat. ◻ Abb. 10.40b führt uns jedoch zu einer anderen Einschätzung. Die Person neben dem Stuhl beweist, dass der Stuhl außerordentlich groß ist. Die Tatsache, dass unsere Wahrnehmung der Größe von Objekten durch die Größen nahe gelegener Objekte beeinflusst werden kann, zeigt sich beispielsweise darin, dass wir die Körpergrößen von Basketballspielern häufig falsch einschätzen: Alles, was wir zum Vergleich sehen, sind andere Basketballspieler. Doch sobald eine Person von durchschnittlicher Körpergröße neben einem dieser Spieler steht, wird deren tatsächliche Größe deutlich.

Eine weitere Informationsquelle für die Größenwahrnehmung ist die Beziehung zwischen Objekten und Textur-

◻ **Abb. 10.41** Zwei Zylinder auf einem Texturgradienten. Die Tatsache, dass die Grundflächen beider Zylinder dieselbe Anzahl von Einheiten auf dem Gradienten überdecken, zeigt, dass die Grundfläche beider Zylinder dieselbe Größe hat. (© Bruce Goldstein)

information des jeweiligen Hintergrunds. Wie wir bereits in ◻ Abb. 10.8 gesehen haben, entsteht ein Texturgradient durch gleiche Elemente in einer Umgebung, die mit zunehmender Entfernung immer dichter zusammenzurücken scheinen. ◻ Abb. 10.41 zeigt 2 Zylinder auf dem Texturgradienten einer gepflasterten Straße. Obwohl es für uns schwierig ist, die räumliche Tiefe des nahen und des weiter entfernten Zylinders wahrzunehmen, können wir sagen,

dass sie gleich groß sind, da sie beide denselben Flächen-
anteil eines Pflastersteins überdecken.

10.8 Tiefenillusionen und Größentäuschungen

Optische Täuschungen faszinieren uns, weil sie zeigen,
wie unser visuelles System „ausgetrickst" werden kann
und keine angemessene Wahrnehmung mehr zeigt (Bach
& Poloschek, 2006). Wir haben bereits eine Reihe von visuellen Illusionen beschrieben. Zu ihnen gehören verschiedene Helligkeitsillusionen wie die Chevreul-Täuschung
(■ Abb. 3.30) und die Mach'schen Bänder (■ Abb. 3.10),
die als kleine Helligkeitsunterschiede an Schattengrenzen
gesehen werden, obwohl diese Unterschiede im physikalischen Lichtmuster nicht vorhanden sind. Weitere Täu-
schungseffekte haben wir bei der Veränderungsblindheit
(■ Abb. 6.19) behandelt, bei der die Veränderungen in verschiedenen Bildern in einer Szene unbemerkt bleiben. Und
schließlich ist die Scheinbewegung (■ Abb. 8.5), bei der
sich die visuellen Reize nicht bewegen, eine Illusion.

Wir wollen nun einige Größentäuschungen, bei denen
eine Fehlwahrnehmung der Größe auftritt, beschreiben.
Dabei werden wir sehen, dass die bereits beschriebene
Beziehung zwischen Größenkonstanz und Tiefenwahrnehmung dazu verwendet wurde, manche dieser Illusionen
zu erklären. Wir erläutern zunächst die Müller-Lyer-Täuschung.

10.8.1 Die Müller-Lyer-Täuschung

Bei der **Müller-Lyer-Täuschung** (■ Abb. 10.42) scheint
die rechte vertikale Linie länger zu sein als die linke, obwohl sie beide exakt gleich lang sind (messen Sie nach).
Um diese Illusion zu erklären, hat man eine Reihe von
Mechanismen vorgeschlagen. Eine einflussreiche frühe Erklärung zieht die Größen-Distanz-Skalierung heran.

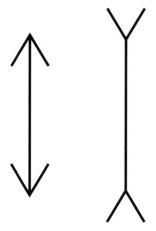

■ **Abb. 10.42** Die Müller-Lyer-
Täuschung. *Beide Linien* sind in
Wirklichkeit gleich lang

Fälschlich angewandte Größenkonstanz-Skalierung

Weshalb führt die Müller-Lyer-Täuschung zu einer falschen Größenwahrnehmung? Richard Gregory (1966) erklärt die Täuschung auf der Grundlage eines Mechanismus, den er als **fälschlich angewandte Größenkonstanz-Skalierung** bezeichnet. Er weist darauf hin, dass
die Größenkonstanz uns normalerweise bei der Aufrechterhaltung einer stabilen Objektwahrnehmung hilft, indem
sie die Entfernung berücksichtigt. Dadurch erscheint eine
1,80 m große Person auch als 1,80 m groß, unabhängig von
der Entfernung. Nach Gregory führen gerade diejenigen
Mechanismen, die uns bei der Aufrechterhaltung stabi-
ler Wahrnehmungen in der dreidimensionalen Welt helfen,
manchmal zu Täuschungen, wenn sie auf gezeichnete Figuren in der zweidimensionalen Papierebene angewandt
werden.

Wir können sehen, was bei der fälschlich angewandten Größenkonstanz-Skalierung geschieht, indem wir die
linke und die rechte Linie in ■ Abb. 10.42 mit den hervorgehobenen Linien links und rechts an dem Gebäude in
■ Abb. 10.43 vergleichen. Gregory zufolge lassen die Winkel an der rechten Linie in ■ Abb. 10.43 diese Linie als
Teil einer Innenecke wirken; und die Winkel an der linken
Linie lassen diese entsprechend als Teil einer Außenecke
wirken. Da Innenecken üblicherweise weiter entfernt sind
als Außenecken (so auch in diesem Beispiel), nehmen wir
die rechte Linie als weiter entfernt wahr, und durch die Größen-Distanz-Skalierung erscheint sie länger (erinnern Sie
sich an die Gleichung $G_W = K \times G_R \times D_W$; die Größen der
retinalen Bilder G_R beider Linien sind identisch, daher wird
die wahrgenommene Größe G_W durch die wahrgenommene Distanz D_W bestimmt).

An dieser Stelle könnten Sie nun einwenden, dass die
Müller-Lyer-Darstellungen ja vielleicht für Gregory wie
Innen- und Außenecken aussehen, für Sie jedoch nicht
(oder dass sie dies zumindest nicht taten, bis Gregory Ihnen
antrug, sie auf diese Weise zu sehen). Doch Gregory zufolge ist es nicht notwendig, sich darüber bewusst zu sein,
dass diese Linien dreidimensionale Strukturen repräsentieren können. Das Wahrnehmungssystem berücksichtigt die
in den Müller-Lyer-Darstellungen enthaltene Tiefeninformation, ohne dass Ihnen dies bewusst wird, und durch die
Größen-Distanz-Skalierung werden die wahrgenommenen
Größen (in diesem Fall die Längen der Linien) entsprechend angepasst.

Gregorys Theorie der optischen Täuschungen blieb jedoch nicht unwidersprochen. Darstellungen wie die „Hantelform" der Müller-Lyer-Täuschung in ■ Abb. 10.44, die
keine offensichtliche Perspektive oder Tiefe enthalten, führen ebenfalls zur Täuschung. Weiterhin zeigten Patricia
DeLucia und Julian Hochberg (1985, 1986, 1991; Hochberg, 1987), dass die Müller-Lyer-Täuschung auch bei
Darstellungen wie der in ■ Abb. 10.45 auftritt. In dieser dreidimensionalen Darstellung erscheint der Abstand

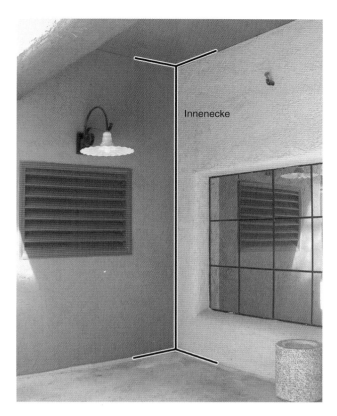

Abb. 10.43 Nach Gregory (1966) entspricht die Müller-Lyer-Linie im Bild *links* dem Verlauf einer Außenecke und die Linie im Bild *rechts* dem Verlauf einer Innenecke. Beachten Sie, dass die beiden *vertikalen Linien* gleich lang sind (messen Sie nach!). (© Bruce Goldstein)

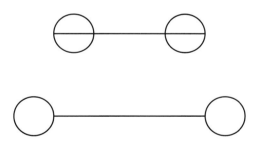

Abb. 10.44 Die „Hantelform" der Müller-Lyer-Täuschung. Wie bei der ursprünglichen Müller-Lyer-Täuschung sind *beide Linien* in Wirklichkeit gleich lang

zwischen den Ecken B und C größer als der Abstand zwischen A und B, obwohl sie gleich groß sind. Und es ist offensichtlich, dass sich die Zwischenräume der Winkelgruppen nicht in unterschiedlicher räumlicher Tiefe befinden. Sie können diesen Effekt selbst erleben, indem Sie Demonstration 10.6 ausprobieren.

Wenn Sie den Abstand y kleiner als den Abstand x gewählt haben, so entspricht dies exakt dem Ergebnis, das man aufgrund der zweidimensionalen Müller-Lyer-Täuschung erwarten würde, bei der der Abstand zwischen den nach außen gerichteten Winkeln größer erscheint als der Abstand zwischen den nach innen gerichteten Winkeln. Sie

Demonstration 10.6

Die Müller-Lyer-Täuschung mit Büchern

Nehmen Sie 3 gleich große Bücher und stellen Sie 2 davon im 90°-Winkel aufgeschlagen an die Positionen A und B, wie in ◘ Abb. 10.45. Dann stellen Sie das dritte Buch – ohne nachzumessen! – so an Position C, dass der Abstand y genauso groß zu sein scheint wie der Abstand x. Überprüfen Sie Ihre Anordnung der Bücher aus der Sicht von oben und auch aus anderen Blickwinkeln. Wenn Sie sich überzeugt haben, dass die Abstände x und y etwa gleich erscheinen, messen Sie diese nach. Sind sie wirklich gleich?

können die Täuschung aus ◘ Abb. 10.45 auch auf andere Weise ausprobieren, indem Sie die Abstände x und y nachmessen und nachfolgend gegebenenfalls korrigieren, sodass sie gleich groß sind. Schauen Sie sich dann an, wie groß die Abstände beim Betrachten wirken. Die Tatsache, dass sich die Müller-Lyer-Täuschung mit dreidimensionalen Stimuli oder der „Hantelform" in ◘ Abb. 10.44 hervorrufen lässt, ist mit Gregorys Theorie nur schwer zu erklären.

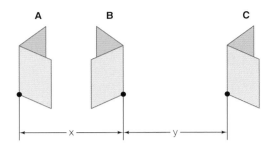

Abb. 10.45 Eine dreidimensionale Müller-Lyer-Täuschung. Die 60 cm hohen Winkel stehen auf dem Boden. Obwohl die Abstände *x* und *y* identisch sind, scheint der Abstand *y* größer zu sein, genau wie bei der zweidimensionalen Müller-Lyer-Täuschung

Theorie der Wahrnehmungskompromisse

R. H. Day (1989 1990) stellte die **Theorie der Wahrnehmungskompromisse** auf, der zufolge unsere Wahrnehmung der Länge der Linien von 2 konfligierenden Hinweisreizen abhängt: von (1) der tatsächlichen Länge der Linien und (2) der Gesamtlänge der Figuren. Nach Day werden diese beiden konkurrierenden Hinweisreize zu einem Kompromiss bei der Längenwahrnehmung zusammengefasst. Da die Gesamtlänge der rechten Figur mit nach außen gerichteten Winkeln in ◻ Abb. 10.42 größer ist, erscheint die vertikale Linie länger.

Eine andere Version der Müller-Lyer-Täuschung, die in ◻ Abb. 10.46 gezeigt ist, führt zur Wahrnehmung eines größeren Abstands zwischen 2 Punkten – der Punktabstand in der unteren Figur erscheint größer, obwohl dieser Abstand in beiden Figuren gleich ist. Nach Days Theorie der konfligierenden Hinweisreize erscheint der Abstand der Punkte in der unteren Figur größer, weil diese Figur mehr Raum einnimmt. Beachten Sie, dass die Theorie der Wahrnehmungskompromisse auch auf die Hantelfigur in ◻ Abb. 10.44 anwendbar ist. Während Gregory die Tiefeninformation für das Zustandekommen derartiger Täuschungen verantwortlich macht, lehnt Day diese Erklärung

ab und betrachtet die Hinweisreize für die Längenwahrnehmung als entscheidend. Betrachten wir nun einige weitere optische Täuschungen und die zu ihrer Erklärung vorgeschlagenen Mechanismen.

10.8.2 Die Ponzo-Täuschung

Bei der **Ponzo-Täuschung**, wie sie in ◻ Abb. 10.47 als Bahngleistäuschung dargestellt ist, haben die beiden Tiere auf den Bahnschwellen im Bild auf der Buchseite die gleiche Größe und den gleichen Sehwinkel, aber das obere erscheint größer. Nach Gregorys Theorie der fälschlich angewandten Größenkonstanz-Skalierung erscheint das obere Tier wegen der Tiefeninformation größer, die durch die konvergierenden Bahngleise erzeugt wird und das obere Tier weiter entfernt erscheinen lässt. Wie bei der Müller-Lyer-Täuschung rechnet der Skalierungsmechanismus die größere räumliche Tiefe ein (obwohl in Wirklichkeit keine räumliche Tiefe existiert, da die Täuschung auf einer zweidimensionalen Buchseite abgebildet ist), und wir nehmen das obere Tier als größer wahr (für eine weitere Erklärung der Ponzo-Täuschung vergleiche auch Prinzmetal et al., 2001; Shimamura & Prinzmetal, 1999).

Abb. 10.47 Die Ponzo-Täuschung. Die beiden Tiere zwischen den Bahngleisen sind auf der Buchseite gleich groß (messen Sie nach), aber das *obere* wirkt größer, weil es weiter entfernt zu sein scheint. (© William Vann/▶ www.edupic.net; mit freundlicher Genehmigung von M. J. Bravo, Rutgers University)

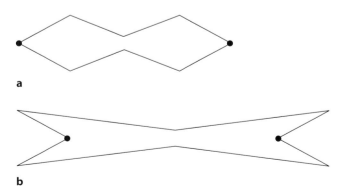

Abb. 10.46 Eine weitere Version der Müller-Lyer-Täuschung. Der Abstand zwischen den Punkten in **a** wirkt kleiner als in **b**, obwohl beide Abstände identisch sind. (Nach Day, 1989)

10.8.3 Der Ames'sche Raum

Im **Ames'schen Raum** wirken 2 gleich große Menschen so, als ob sie sich in Bezug auf die Körpergröße sehr stark unterscheiden würden (Ittelson, 1952). Wie ◻ Abb. 10.48a zeigt, sieht die Frau auf der linken Seite viel größer aus als der Mann rechts, aber wenn sie wie in ◻ Abb. 10.48b die Seiten wechseln, scheint der Mann viel größer als die Frau zu sein, obwohl beide Personen in Wirklichkeit etwa gleich groß sind. Der Grund für diese falsche Wahrnehmung liegt in der Konstruktionsweise des Raums. Die hintere Wand und die Fenster darin sind geometrisch so gestaltet, dass der Raum von einem bestimmten Standpunkt des Betrachters wie ein ganz normales rechteckiges Zimmer aussieht; in Wirklichkeit jedoch ist der Raum so gebaut, dass seine rechte Ecke fast doppelt so weit vom Betrachter entfernt ist wie seine linke Ecke (◻ Abb. 10.49).

Was geschieht im Ames'schen Raum? Durch seine Konstruktion nimmt die Person rechts einen viel kleineren Sehwinkel ein als die Person links. Wir glauben, in einen normalen rechteckigen Raum zu blicken und 2 Personen zu betrachten, die sich ungefähr in der gleichen Entfernung von uns befinden, also nehmen wir diejenige mit dem kleineren Sehwinkel auch als körperlich kleiner wahr. Dies können wir verstehen, indem wir noch einmal auf unsere Gleichung der Größen-Distanz-Skalierung zurückkommen, $G_W = K \times G_R \times D_W$. Da die wahrgenommene Distanz D_W bei beiden Personen dieselbe ist, die Größe des retinalen Bilds G_R der Person rechts jedoch geringer, fällt ihre wahrgenommene Größe G_w ebenfalls geringer aus.

Eine weitere Erklärung des Ames'schen Raums beruht nicht auf Größen-Distanz-Skalierung, sondern auf relativer Größe. Dieser Erklärung zufolge wird unsere Wahrnehmung der Körpergröße beider Personen dadurch bestimmt, in welchem Ausmaß sie den Abstand zwischen Boden und Decke des Raums ausfüllen. Da die Person links vom Boden bis zur Decke reicht und die Person rechts nur einen kleinen Teil davon ausfüllt, nehmen wir die Person links als größer wahr (Sedgwick, 2001).

10.9 Weitergedacht: Der wechselnde Mond

Hin und wieder steht der Mond in den Schlagzeilen. „Es wird einen Supermond geben", wird da verkündet, weil der Mond näher als sonst an der Erde sein wird. Durch diese Annäherung, die durch die leicht elliptische Umlaufbahn des Mondes verursacht wird, soll der Supermond größer als sonst erscheinen. In Wirklichkeit ist der Supermond aber nur etwa 14 % größer als normal, ein Phänomen, das weit von „super" entfernt ist und den meisten Menschen nicht einmal auffallen würde, wenn sie nicht in den Nachrichten davon gehört hätten.

◻ **Abb. 10.48** Der Ames'sche Raum. Obwohl der Mann und die Frau ungefähr gleich groß sind, wirkt entweder **a** die Frau größer oder **b** der Mann, weil die Form des Raums verzerrt ist. (© Stephanie Pilick/dpa/picture alliance)

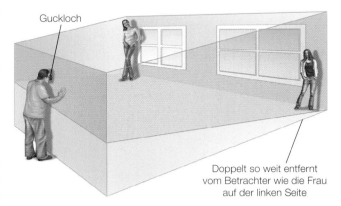

◻ **Abb. 10.49** Die wirkliche Form des Ames'schen Raums. Die Frau *rechts* ist in Wahrheit fast doppelt so weit vom Beobachter entfernt wie die Frau *links*; wenn man den Raum jedoch durch eine Lochblende betrachtet, so wird dieser Entfernungsunterschied nicht wahrgenommen. Damit der Raum durch das Guckloch betrachtet normal aussieht, muss die rechte Seite des Raums vergrößert werden

◘ Abb. 10.50 Eine künstlerische Darstellung der Mondtäuschung, in der der Mond nahe am Horizont und hoch am Himmel gleichzeitig zu sehen ist. Beachten Sie, dass der Horizontmond größer dargestellt ist und einen größeren Sehwinkel aufweist als der höher am Himmel stehende Mond. Am realen Nachthimmel sind die Sehwinkel allerdings gleich

10

◘ Abb. 10.51 Zeitrafferaufnahme, die zeigt, dass der Sehwinkel des Mondes konstant bleibt, wenn er über dem Horizont aufsteigt. (© MI-GUEL CLARO/Science Photo Library)

Um den Mond größer wahrzunehmen, hat es sich als am besten erwiesen, sich nicht auf eine minimale Veränderung der Mondentfernung zu verlassen, sondern auf Ihren Verstand. Sie haben vielleicht schon einmal bemerkt, dass der Mond nahe am Horizont viel größer wirkt als hoch am Himmel. Dieser Effekt wird als **Mondtäuschung** bezeichnet (◘ Abb. 10.50).

Es heißt, dieser Effekt soll sich in Ihrem Verstand abspielen, weil unabhängig davon, ob der Mond nahe am Horizont oder hoch am Himmel steht, der Sehwinkel gleich bleibt. Das ist zwangsläufig so, weil die physikalische Größe des Mondes (3476 km Durchmesser) und seine Entfernung von der Erde (384.405 km) während der gesamten Nacht gleich bleiben. Der konstante Sehwinkel des Mondes ist in ◘ Abb. 10.51 dargestellt, einer Zeitrafferaufnahme des aufsteigenden Mondes. Diese Kamera lässt sich nicht vom Mond täuschen, sie zeichnet lediglich die Größe des Mondbilds am Himmel auf. Sie können diese konstant gleiche Größe selbst demonstrieren, indem Sie den Mond durch eine Blende mit einem 6-mm-Loch – wie es durch einen normalen Bürolocher erzeugt wird – betrachten, wenn er nahe am Horizont ist und wenn er sich hoch am Himmel befindet, wobei Sie die Blende etwa auf Armlänge von sich entfernt halten. Aus der Sicht der meisten Menschen passt der Mond immer genau in dieses Loch, wo auch immer er sich am Himmel gerade befindet.

Was veranlasst den Geist, den Mond zu vergrößern, wenn er nahe am Horizont steht? Gemäß der Erklärung durch die **wahrgenommene Entfernung** hat die Antwort etwas mit der Tiefenwahrnehmung des Mondes zu tun. Der Mond nahe am Horizont scheint weiter entfernt zu sein, weil er über einer Landschaft oder einem Gelände voller Tiefeninformation gesehen wird. Wenn er hingegen in einer Position hoch am Himmel bei klarer Sicht in einer Umgebung gesehen wird, die kaum Tiefeninformationen enthält, scheint er weniger weit entfernt zu sein. Die Vorstellung, dass der Horizont als weiter entfernt wahrgenommen wird als der Himmel über dem Betrachter, wird durch die folgende Beobachtung gestützt: Wenn Menschen die Entfernung zum Horizont und zum Zenit schätzen, erscheint ihnen der Horizont weiter entfernt. Das Himmelsgewölbe wirkt also „abgeflacht" (◘ Abb. 10.52).

◘ Abb. 10.52 Wenn man Beobachter in einer klaren, mondlosen Nacht auffordert, den Himmel als Fläche zu sehen und die Entfernungen zum Horizont (*H*) und zum Zenit (dem obersten Punkt des Himmelsgewölbes) zu vergleichen, so erscheint ihnen der Horizont weiter entfernt. Dies führt zu dem hier dargestellten „abgeflachten" Himmelsgewölbe

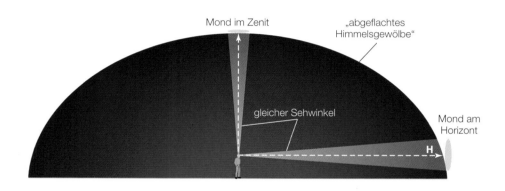

Der Schlüssel zur Erklärung der Mondtäuschung liegt nach der Theorie der wahrgenommenen Entfernung also in der Größen-Distanz-Skalierung entsprechend der Gleichung $G_W = K \times G_R \times D_W$. Die Bildgröße auf der Netzhaut G_R ist bei beiden Mondpositionen gleich (weil ja der Sehwinkel gleich bleibt, der die retinale Bildgröße bestimmt), aber D_W ist größer, wenn der Mond nah am Horizont steht, daher erscheint auch der Mond größer (Kaufman & Kaufman, 2000). Das ist im Grunde die gleiche Erklärung, wie wir sie bei der Demonstration 10.5 zur Größenskalierung nach dem Emmert'schen Gesetz für die Nachbilder angeführt haben, die vor unterschiedlich weit entfernten Flächen gesehen werden (King & Gruber, 1962).

Lloyd Kaufman und Irvin Rock (1962a, 1962b) haben eine Reihe von Experimenten durchgeführt, die den Zusammenhang der Mondtäuschung mit der wahrgenommenen Entfernung stützten. In einem dieser Experimente konnten sie zeigen, dass der tief stehende Mond – über dem Gelände betrachtet, wodurch er weiter entfernt wirkte – 1,3 Mal größer zu sein schien als der Mond hoch am Himmel. Wurde das Gelände jedoch durch eine Lochblende abgedeckt, verschwand die Täuschung.

Einige Forscher stellen die Behauptung infrage, dass der tief stehende Mond weiter entfernt zu sein scheint, wie es in ◘ Abb. 10.52 beim abgeflachten Himmelsgewölbe dargestellt wird, da einige Betrachter den tief stehenden Mond als vor dem Himmel im Raum schwebend wahrnehmen (Plug & Ross, 1994).

Eine weitere Theorie zur Mondtäuschung ist die Erklärung durch den **Sehwinkelkontrast**, der zufolge der hoch am Himmel stehende Mond kleiner wirkt, weil die enorme Ausdehnung des umgebenden Himmels ihn vergleichsweise kleiner erscheinen lässt. Steht der Mond hingegen nahe am Horizont, ist er von weniger Himmel umgeben, wodurch er größer wirkt (Baird et al., 1990).

Obwohl Wissenschaftler seit Jahrhunderten Theorien zur Erklärung der Mondtäuschung aufstellen, gibt es noch immer keine Einigung über die Erklärung (Hershenson, 1989). Offensichtlich sind hier neben den beschriebenen Faktoren noch zahlreiche weitere Einflüsse beteiligt, beispielsweise die atmosphärische Perspektive (der Blick durch Nebel nahe dem Horizont kann die wahrgenommene Größe steigern), Farbeffekte (eine rote Färbung steigert die wahrgenommene Größe) und okulomotorische Faktoren (die bei der Betrachtung des Horizonts oft auftretende Konvergenz der Augen kann die wahrgenommene Größe steigern; Plug & Ross, 1994). So wie viele unterschiedliche Quellen für Tiefeninformationen beim Zustandekommen unserer Wahrnehmung räumlicher Tiefe zusammenwirken, sind vermutlich auch viele verschiedene Faktoren an der Mondtäuschung und vielleicht auch an den anderen Täuschungen beteiligt.

10.10 Der Entwicklungsaspekt: Tiefenwahrnehmung bei Säuglingen

Ab welchem Alter können Säuglinge verschiedene Arten von Tiefeninformationen nutzen?

Ein 3 Tage alter Säugling sitzt in einer speziell entwickelten Babyschale in einem dunklen Raum und blickt auf einen optischen Flussreiz (► Kap. 7) aus sich bewegenden Punkten, der auf 2 Monitoren dargeboten wird, die zu beiden Seiten des Säuglingskopfes positioniert sind. Wenn sich der Fluss von vorne nach hinten bewegt, wie das bei einer Vorwärtsbewegung in die Tiefe geschieht (◘ Abb. 7.3a), schiebt sich der Kopf des Säuglings nach hinten, und zwar umso stärker, je höher die Strömungsgeschwindigkeit ist. Das heißt, dass 3 Tage alte Säuglinge sensitiv gegenüber dem optischen Fluss reagieren (Jouen et al., 2000). Und im Alter von 3 Wochen blinzeln Säuglinge als Reaktion auf einen Reiz, der sich auf ihr Gesicht zuzubewegen scheint (Nanez, 1988). Beide Beobachtungen deuten darauf hin, dass Säuglinge, die weniger als 1 Monat alt sind, bereits auf Tiefenreize reagieren.

Aber wie steht es um die verschiedenen Tiefeninformationen, die wir in diesem Kapitel beschrieben haben? Verschiedene Tiefeninformationen werden zu verschiedenen Zeitpunkten der Entwicklung wirksam. Die binokulare Disparität tritt schon im Alter zwischen 3 und 6 Monaten ein, die bildbezogenen Tiefenhinweise werden wenig später ab dem 4. und 7. Lebensmonat genutzt.

10.10.1 Binokulare Disparität

Eine Voraussetzung für die Nutzung von Querdisparität ist die Fähigkeit zur **binokularen Fixation**, sodass beide Augen geradeaus auf das Objekt blicken und die Foveae auf exakt denselben Ort ausgerichtet sind. Neugeborene sind nur eingeschränkt zur binokularen Fixierung in der Lage, besonders bei Objekten, deren Entfernung sich ändert (Slater & Findlay, 1975).

Richard Aslin (1977) bestimmte anhand einiger einfacher Beobachtungen, wann sich die Fähigkeit zur binokularen Fixation entwickelt. Er filmte die Augen von Säuglingen, während ein Ziel auf das Kind zu und von diesem weg bewegt wurde. Richtet der Säugling beide Augen auf das Ziel, müssten die Augen divergieren (sich nach außen drehen), wenn sich das Ziel entfernt, und konvergieren (sich nach innen drehen), wenn das Ziel näher kommt. Aslins filmische Daten zeigen, dass bei 1 und 2 Monate alten Säuglingen zwar gelegentlich Divergenz und Konvergenz auftreten, dass aber erst ab einem Alter von etwa 3 Monaten beide Augen zuverlässig auf das Ziel hin ausgerichtet werden können.

Doch selbst wenn im Alter von etwa 3 Monaten binokulare Fixation vorhanden ist, garantiert dies nicht, dass der Säugling die aus der binokularen Disparität resultierenden Informationen für die Wahrnehmung räumlicher Tiefe nutzen kann. Zur Untersuchung dieser Frage boten Robert Fox et al. (1980) 2–6 Monate alten Säuglingen Zufallspunktstereogramme dar (vergleichbar dem Zufallspunktstereogramm in ◘ Abb. 10.20).

Der Vorteil solcher Zufallspunktstereogramme ist, dass die darin enthaltenen Informationen aufgrund der binokularen Disparität zu Stereopsis führt. Das geschieht nur dann, wenn 2 Bedingungen erfüllt sind:
1. Das Stereogramm muss mit einem Gerät betrachtet werden, das beiden Augen jeweils nur eines der beiden Bilder darbietet.
2. Das visuelle System des Betrachters muss in der Lage sein, diese Disparität in eine Wahrnehmung räumlicher Tiefe umzuwandeln.

Wenn wir also einem Säugling, dessen visuelles System die Disparitätsinformation noch nicht nutzen kann, ein Zufallspunktstereogramm zeigen, sieht er eben nur eine zufällige Anordnung von Punkten und keine räumliche Tiefe.

Im Experiment von Fox et al. trugen die Säuglinge eine spezielle Brille und saßen auf dem Schoß ihrer Mutter vor einem Bildschirm (◘ Abb. 10.53). Die Kinder sahen ein Zufallspunktstereogramm, das einem Beobachter mit stereoskopischem Sehen als im Raum schwebendes, sich nach links oder rechts bewegendes Rechteck erscheinen sollte. Hierbei nahm Fox an, dass ein zur Nutzung von Querdisparität fähiger Säugling dem sich bewegenden Rechteck mit den Augen folgen würde. Wie sich zeigte, war dies bei Säuglingen unter 3 Monaten nicht der Fall, aber Säuglinge zwischen 3 und 6 Monaten folgten dem Rechteck mit ihren Blicken. Fox schloss aus diesem Befund, dass sich die Fähigkeit zur Nutzung von Disparitätsinformationen für die Wahrnehmung räumlicher Tiefe im Alter zwischen 3,5

und 6 Monaten entwickelt. Dieser Zeitpunkt für die Entwicklung binokularer Tiefenwahrnehmung wurde auch in anderen Untersuchungen mithilfe vieler verschiedener Methoden bestätigt (Held et al., 1980; Shimojo et al., 1986; Teller, 1997).

10.10.2 Bildbezogene Tiefenhinweise

Eine weitere Quelle für Tiefeninformationen sind bildbezogene Tiefenhinweise. Diese können erst später genutzt werden als die binokulare Disparität, da sie von Umwelterfahrungen und der Entwicklung der kognitiven Fähigkeiten abhängen. Im Allgemeinen beginnen Säuglinge im Alter zwischen 4 und 7 Monaten, bildbezogene Tiefenhinweise wie Verdeckung, vertraute Größe, relative Größe, Schatten, Linearperspektive und Texturgradienten zu nutzen (Kavšek et al., 2009; Shuwairi & Johnson, 2013; Yonas et al., 1982). Wir werden nun die Forschungen zu 2 Tiefenhinweisen genauer beschreiben: vertraute Größe und Schatten.

Tiefe durch vertraute Größe

Granrud et al. (1985) führten ein zweistufiges Experiment durch, um herauszufinden, ob Säuglinge ihr Wissen über die Größe von Objekten zur Tiefenwahrnehmung nutzen können. In der *Habituationsphase* spielten 5–7 Monate alte Säuglinge 10 min lang mit 2 hölzernen Objekten. Eines davon war groß (◘ Abb. 10.54a), das andere klein (◘ Abb. 10.54b). In der *Testphase*, etwa 1 min nach der Habituationsphase, wurden dem Kind die Objekte in ◘ Abb. 10.54c und 10.54d von gleicher Größe in gleicher Entfernung dargeboten. Die Vorhersage für dieses Experiment lautete, dass diejenigen Säuglinge, die vertraute Größe nutzen konnten, das Objekt in ◘ Abb. 10.54c als näher wahrnehmen würden, falls sie sich an ihre Erfahrungen während der Habituationsphase erinnerten, dass dieses Objekt kleiner war als das andere. Wenn ein Säugling das grüne Objekt als klein erinnerte, dann müsste er es

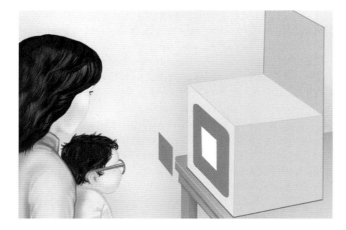

◘ **Abb. 10.53** Der Versuchsaufbau im Experiment von Fox et al. (1980). Es wurde untersucht, ob Säuglinge in der Lage sind, Querdisparität als Quelle für Informationen über räumliche Tiefe zu nutzen. Wenn der Säugling diese Fähigkeit hat, sieht er ein Rechteck, das sich vor dem Bildschirm nach rechts oder links bewegt. (Nach Shea et al., 1980)

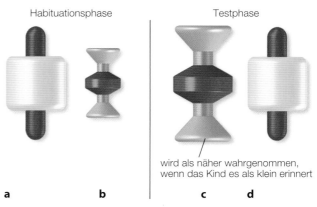

◘ **Abb. 10.54** Die Reize im Experiment von Granrud et al. (1985) zur Nutzung vertrauter Größe bei Säuglingen (Erläuterung siehe Text)

Greifpräferenz

Das Verfahren stützt sich auf die Beobachtung, dass 2 Monate alte Säuglinge nach allen Objekten in ihrer Nähe greifen, während 5 Monate alte Säuglinge nur selten nach Objekten greifen, die sich außerhalb ihrer Reichweite befinden (Yonas & Hartman, 1993). Die Tiefensensitivität von Säuglingen wird gemessen, indem man 2 Objekte nebeneinander präsentiert. Wie bei der Blickpräferenz (▶ Kap. 3) werden die Positionen der Objekte rechts oder links während der verschiedenen Versuchsdurchgänge gewechselt. Die Fähigkeit zur Tiefenwahrnehmung wird dann anhand des bevorzugten Greifens nach dem Objekt ermittelt, bei dem die Tiefenin-

formation auf eine geringe Entfernung hinweist. Werden die Objekte in unterschiedlicher Raumtiefe präsentiert, nutzen die Säuglinge die binokulare Information und greifen in nahezu 100 % der Fälle nach dem näheren Objekt. Um zu prüfen, inwieweit die Säuglinge bildbezogene Hinweise nutzen, wird ein Auge mit einer Augenklappe verdeckt (um binokulare Tiefenhinweise zu eliminieren, die die bildbezogenen Tiefenhinweise außer Kraft setzen würden). Sofern die Säuglinge auf die bildbezogene Tiefeninformation ansprechen, greifen sie in etwa 60 % der Fälle bevorzugt nach dem näheren Objekt.

dann, wenn es einen größeren Sehwinkel einnimmt, als dasselbe Objekt in geringerer Entfernung wahrnehmen. Wie können wir feststellen, ob ein Baby ein Objekt als näher wahrnimmt als ein anderes? Die gängigste Methode ist die Beobachtung des Greifverhaltens eines Säuglings.

Als Granrud et al. die Testobjekte den Säuglingen präsentierten, griffen die 7 Monate alten Kinder nach dem Objekt in ◨ Abb. 10.54c, wie es zu erwarten ist, wenn dieses Objekt in ihrer Wahrnehmung näher erscheint als das Objekt in ◨ Abb. 10.54d. Die 5 Monate alten Säuglinge griffen jedoch nicht bevorzugt nach diesem Objekt, was zeigt, dass die jüngeren Kinder noch nicht in der Lage waren, vertraute Größe als Quelle für Informationen über räumliche Tiefe zu nutzen. Diese Fähigkeit, vertraute Größe als Tiefenhinweis zu nutzen, scheint sich im Alter zwischen 5 und 7 Monaten zu entwickeln (Methode 10.1).

Dieses Experiment ist jedoch nicht nur interessant, weil es zeigt, wann sich die Fähigkeit zur Wahrnehmung von Tiefe anhand der vertrauten Größe des jeweiligen Objekts entwickelt, sondern auch, weil die Reaktion des Säuglings in der Testphase von einer zusätzlichen kognitiven Fähigkeit abhängt – der Fähigkeit, sich an die Größe der Objekte zu erinnern, mit denen er in der Habituationsphase gespielt hatte. Somit beruht die Reaktion des 7 Monate alten Säuglings sowohl auf seiner Wahrnehmung als auch auf seiner Erinnerung.

Tiefe durch Schatten

Wir wissen, dass Schatten Informationen zur Position eines Objekts in Bezug zu einer Fläche liefern, wie ◨ Abb. 10.9 illustriert. Um herauszufinden, ab welchem Alter Säuglinge diese Information nutzen können, präsentierten Albert Yonas und Carl Granrud (2006) 5 bzw. 7 Monate alten Säuglingen Bildvorlagen wie in ◨ Abb. 10.55. Bei dem gezeigten Beispiel geben Erwachsene und ältere Kinder übereinstimmend an, dass das Objekt auf der rechten Seite näher sei als das linke Objekt. Wenn jedoch Säuglinge dasselbe Bild monokular sahen (um binokulare Tiefenin-

◨ **Abb. 10.55** Reize, die 5 und 7 Monate alten Säuglingen beim Experiment von Yonas und Granrud (2006). zum Einfluss von Tiefe durch Schatten präsentiert wurden: Beim *rechten* Reiz ist der Schatten weiter vom Objekt entfernt und das Objekt wird als näher wahrgenommen

formationen auszuschalten, die deutlich machen würden, dass die Objekte in Wirklichkeit flach sind), dann griffen sie jeweils in 50 % der Fälle zum rechten bzw. linken Objekt, zeigten also keine Präferenz für das rechte Objekt. Sieben Monate alte Säuglinge griffen jedoch in 59 % der Fälle zum rechten Objekt. Daraus schlossen Yonas und Granrud, dass 7 Monate alte Säuglinge die Tiefeninformation durch Schatten wahrnehmen.

Dieser Befund stimmt mit anderen Forschungsergebnissen überein, denen zufolge sich die Sensitivität für bildbezogene Tiefenhinweise im Alter zwischen 5 und 7 Monaten entwickelt (Kavšek et al., 2009). Was diesen Befund jedoch besonders interessant macht, ist der implizite Nachweis, dass die Säuglinge fähig waren, die dunklen Flächen unter dem Spielzeug als Schatten und nicht als dunkle Markierungen auf einer Fläche bei ihrer Verhaltensreaktion einzubeziehen. Wahrscheinlich wird diese Fähigkeit, ähnlich wie bei anderen Tiefenhinweisen, großenteils durch Lernen aus Interaktionen mit den Objekten der Umgebung ausgebildet. In diesem Fall brauchen die Säuglinge Erfahrungswissen über Schatten, insbesondere das Wissen, dass Licht gewöhnlich von oben einfällt (▶ Abschn. 10.3.1).

Die von uns beschriebene Forschung zeigt, dass sich die Tiefenwahrnehmung bei Kindern im 1. Lebensjahr entwickelt. Sie beginnt mit unwillkürlichen Reaktionen auf Bewegung und potenziell bedrohliche Reize in den ersten Wochen, bis hin zur binokularen Disparität mit 3–6 Monaten und bildbezogenen Tiefenhinweisen im Alter von 4 bis 7 Monaten. So beeindruckend diese frühe Entwicklung auch sein mag, darf man jedoch nicht außer Acht lassen, dass es viele Jahre, bis in die späte Kindheit hinein dauert, bis die verschiedenen Quellen für Tiefeninformationen so koordiniert arbeiten und ineinandergreifen, dass sie die ausgereifte Tiefenwahrnehmung eines Erwachsenen erreichen (Nardini et al., 2010).

Übungsfragen 10.2

1. Beschreiben Sie das Experiment von Holway und Boring. Was sagen uns die Ergebnisse dieses Experiments darüber, wie Größenwahrnehmung durch Tiefenwahrnehmung beeinflusst wird?
2. Nennen Sie einige Beispiele für Situationen, in denen unsere Wahrnehmung der Größe eines Objekts durch den Sehwinkel dieses Objekts bestimmt wird. Unter welchen Bedingungen ist dies der Fall?
3. Was ist Größenkonstanz und unter welchen Bedingungen tritt sie auf?
4. Was ist die Größen-Distanz-Skalierung? Auf welche Weise erklärt sie die Größenkonstanz?
5. Beschreiben Sie 2 Arten von Informationen (über die räumliche Tiefe hinaus), die unsere Größenwahrnehmung beeinflussen kann.
6. Beschreiben Sie, wie Größentäuschungen, so wie die Müller-Lyer-Täuschung, die Ponzo-Täuschung, der Ames'sche Raum und die Mondtäuschung, durch Größen-Distanz-Skalierung erklärt werden können.
7. Nennen Sie einige Probleme bei der Erklärung (a) der Müller-Lyer-Täuschung und (b) der Mondtäuschung mittels der Größen-Distanz-Skalierung. Welche alternativen Erklärungsansätze wurden hierzu vorgeschlagen?
8. Welche Erkenntnisse gibt es dafür, dass Säuglinge im ersten Lebensmonat auf einige räumliche Tiefenreize reagieren?
9. Beschreiben Sie Experimente, die nachweisen, in welchem Alter Säuglinge Tiefe wahrnehmen können, indem sie binokulare Disparität oder – monokular – bildbezogene Tiefenhinweise nutzen. Was entwickelt sich zuerst? Welche Methoden wurden angewendet?

10.11 Zum weiteren Nachdenken

1. Eine der Glanzleistungen der Kunst besteht im Erzeugen des Eindrucks räumlicher Tiefe auf einer zweidimensionalen Leinwand. Gehen Sie in ein Museum oder betrachten Sie Bilder in einem Buch über Kunst und identifizieren Sie die Tiefeninformation, die die Tiefenwahrnehmung in diesen Bildern steigert. Sie werden bemerken, dass Sie in manchen Bildern weniger räumliche Tiefe wahrnehmen, insbesondere in abstrakten Bildern. Tatsächlich schaffen manche Künstler absichtlich Bilder, die als „flach" wahrgenommen werden. Welche Schritte muss ein Künstler unternehmen, um dies zu erreichen?
2. Es wird gesagt, dass Texturgradienten Informationen für die Tiefenwahrnehmung liefern, da Elemente in einer Szenerie mit zunehmender Distanz dichter gepackt erscheinen. Die Beispiele in den ◘ Abb. 10.6 und 10.8 enthalten gleich große Elemente mit regelmäßiger Anordnung über einen großen Abstand hinweg. Jedoch sind Elemente mit regelmäßiger Anordnung in der Umwelt eher die Ausnahme als die Regel. Betrachten Sie Ihre nähere Umgebung, drinnen wie draußen, und prüfen Sie, (1) ob Texturgradienten vorhanden sind, die einen Einfluss auf die Tiefenwahrnehmung haben, und entscheiden Sie dann, (2) ob Texturgradienten eine Rolle bei der Tiefenwahrnehmung spielen könnten, auch wenn die Texturen in Ihrer Umgebung nicht so offensichtlich sind wie in den Beispielen.
3. Wie könnten Sie den Beitrag des binokularen Sehens zur Tiefenwahrnehmung ermitteln? Eine Möglichkeit wäre, ein Auge zu schließen und zu beobachten, welchen Einfluss dies auf Ihre Wahrnehmung hat. Versuchen Sie es und beschreiben Sie alle Veränderungen, die Sie bemerken. Dann überlegen Sie sich einen Weg, die Genauigkeit der Tiefenwahrnehmung quantitativ zu messen, und zwar sowohl beim binokularen als auch beim monokularen Sehen.

10.12 Schlüsselbegriffe

- Absolute Disparität
- Akkommodation
- Ames'scher Raum
- Atmosphärische Perspektive
- Aufdecken
- Bewegungsparallaxe
- Bildbezogene Tiefenhinweise
- Binokulare Disparität
- Binokulare Fixation
- Binokulare Tiefenzelle
- Disparitätsempfindliches Neuron
- Disparitäts-Tuningkurve
- Disparitätswinkel
- Echoortung

- Emmert'sches Gesetz
- Fälschlich angewandte Größenkonstanz-Skalierung
- Frontale Augen
- Gekreuzte Disparität
- Größen-Distanz-Skalierung
- Größenkonstanz
- Horopter
- Konvergenz
- Korrespondenzproblem
- Korrespondierende Netzhautpunkte
- Laterale Augen
- Mondtäuschung
- Monokularer Tiefenhinweis
- Müller-Lyer-Täuschung
- Nichtkorrespondierende (disparate) Netzhautpunkte
- Okklusion
- Okulomotorischer Tiefenhinweis
- Perspektivische Konvergenz
- Ponzo-Täuschung
- Querdisparität

- Relative Disparität
- Relative Größe
- Relative Höhe
- Sehwinkel
- Sehwinkelkontrast
- Stereopsis
- Stereoskop
- Stereoskopisches Sehen
- Stereoskopische Tiefenwahrnehmung
- Strabismus
- Texturgradient
- Theorie der Wahrnehmungskompromisse
- Ungekreuzte Disparität
- Untersuchung der Tiefenhinweise
- Verdeckung
- Vertraute Größe
- Wahrgenommene Entfernung
- Zudecken
- Zufallspunktstereogramm

Hören

E. Bruce Goldstein und Laura Cacciamani

Inhaltsverzeichnis

© Der/die Autor(en), exklusiv lizenziert an Springer-Verlag GmbH, DE, ein Teil von Springer Nature 2023
E.B. Goldstein, L. Cacciamani, *Wahrnehmungspsychologie*, https://doi.org/10.1007/978-3-662-65146-9_11

Lernziele

Nachdem Sie dieses Kapitel bearbeitet haben, werden Sie
in der Lage sein, ...

- die physikalischen Aspekte des Schalls, einschließlich
  Schallwellen, Töne, Schalldruck und Schallfrequenzen, zu beschreiben,
- die Wahrnehmungsaspekte von Schall, einschließlich
  der Schwellenwerte, Lautstärke, Tonhöhe und Klangfarbe, zu beschreiben,
- die Struktur des Ohrs zu erläutern, die einzelnen Elemente zu identifizieren und zu beschreiben, wie Schall
  auf diese Elemente einwirkt, damit elektrische Signale erzeugt werden,
- zu beschreiben, wie verschiedene Frequenzen von
  Schallschwingungen in neuronale Aktivität im Hörnerv umgesetzt werden,
- zu verstehen, welche Belege dafür erbracht wurden,
  dass die Wahrnehmung der Tonhöhe davon abhängt,
  wo *und* wann die Schwingungen im Innenohr auftreten,
- zu erläutern, was auf dem Weg der Nervenimpulse
  vom Ohr zum Kortex passiert und wie die Tonhöhe
  im Kortex repräsentiert wird,
- einige der Gründe für Hörverlust darzustellen,
- die Verfahren zu beschreiben, die zur Messung der
  Hörschwellen von Säuglingen und zur Ermittlung ihrer Fähigkeit, die Stimme der Mutter zu erkennen,
  verwendet wurden.

Einige der in diesem Kapitel behandelten Fragen

- Wenn ein Baum im Wald umfällt und niemand ist da, um
  es zu hören, gibt es dann ein Geräusch?
- Wie führen die durch Schallsignale hervorgerufenen
  Schwingungen im Innenohr zur Wahrnehmung unter-
  schiedlicher Tonhöhen?
- Wie kann Lärm die Hörrezeptoren zerstören?

Eine meiner Studentinnen hat die besondere Bedeutung, die
das Hören für ihr Leben hat, in dem folgenden Text beschrieben:

» Hören hat in meinem Leben einen besonderen Stellen-
wert. Ich gelte von Geburt an gesetzlich als blind, d. h.,
auch wenn ich noch über ein Restsehen verfüge, ist mein
Sehvermögen hochgradig beeinträchtigt und nicht korri-
gierbar. Obwohl ich eigentlich nicht schüchtern und nicht
leicht in Verlegenheit zu bringen bin, mag ich es nicht,
wenn ich durch meine Sehschwäche die Aufmerksamkeit
anderer auf mich ziehe [...] Es gibt viele Möglichkeiten,
um meine Sehschwäche zu kompensieren, wie etwa bei
einer Lehrveranstaltung nahe an der Tafel zu sitzen oder
die Notizen eines Freunds abzuschreiben. Manchmal habe
ich hierzu jedoch nicht die Möglichkeit. Dann verlasse ich
mich ganz auf das Hören [...] Mein Gehör ist extrem gut.

Um eine Person in meiner unmittelbaren Umgebung zu erkennen, muss ich mich zwar nicht ausschließlich auf mein
Gehör verlassen, wenn jedoch jemand aus etwas größerer
Entfernung meinen Namen ruft, ist dies absolut erforderlich. In diesem Fall kann ich die Person an ihrer Stimme
erkennen, selbst wenn ich sie nicht sehen kann.

Wegen ihrer eingeschränkten Sehkraft ist das Gehör für
Jill sehr wichtig. Aber selbst Menschen mit gutem Sehvermögen sind mehr auf das Gehör angewiesen, als ihnen
vielleicht bewusst ist. Im Gegensatz zum Sehen, das davon abhängt, dass das Licht von den Objekten zum Auge
gelangt, kann der Schall auch um Ecken herum unser Ohr
erreichen und macht uns auf Ereignisse aufmerksam, die
wir sonst nicht bemerkt hätten. Während ich beispielsweise hier in meinem Büro im Fachbereich Psychologie
sitze, höre ich Dinge, die mir entgehen würden, wenn mir
ausschließlich das Sehen zur Verfügung stünde: die Unterhaltung von Leuten auf dem Korridor, ein unten auf der
Straße vorbeifahrendes Auto und die Sirene eines Rettungswagens auf dem Weg zum Krankenhaus. Hätte ich kein
Gehör, wäre meine Wahrnehmungsumwelt in diesem Moment auf das begrenzt, was ich in meinem Büro und der
Szenerie direkt vor dem Fenster sehen könnte. Obwohl
die Stille es mir möglicherweise erleichtert, mich auf das
Schreiben dieses Buchs zu konzentrieren, wäre ich mir ohne Gehör vieler Umweltereignisse nicht bewusst.

Unsere Fähigkeit, Ereignisse zu hören, die wir nicht sehen können, hat bei Menschen und Tieren eine wichtige
Signalfunktion. Für ein im Wald lebendes Tier signalisiert
das Rascheln von Blättern oder das Knacken eines Zweigs
möglicherweise das Herannahen eines Feinds. Auch Menschen, die in der Stadt leben, erhalten vielerlei Signale
durch das Hören, wie etwa durch den Warnton eines Rauch-
melders, die Sirene eines Rettungswagens, das charakteristische Schreien eines Babys, dem etwas fehlt, oder die
vielsagenden Geräusche, die Probleme bei einem Automotor anzeigen. Das Gehör informiert uns nicht nur über
Dinge, die wir nicht sehen können, sondern – was vielleicht
am wichtigsten ist – es bereichert unser Leben durch Musik
und erleichtert die Kommunikation durch Sprache.

Dieses Kapitel ist das 1. von 4 Kapiteln über das Hören.
Wie beim Sehen beginnen wir mit einigen grundlegenden
Fragen zum Hörreiz: Wie können wir die Druckverände-
rungen in der Luft beschreiben, die als Hörreiz an unsere
Ohren gelangen? Wie wird der Reiz gemessen? Welche
Wahrnehmungen löst er aus? Wir beschreiben dann die
Anatomie des Ohrs und wie die Druckveränderungen durch
die Strukturen des Ohrs gelangen, um die Hörrezeptoren zu
stimulieren.

Nachdem wir diese grundlegenden Fakten über den
Hörreiz und die Struktur des auditorischen Systems ge-
klärt haben, können wir uns einer der zentralen Fragen der
Hörforschung zuwenden: Welches ist der physiologische
Mechanismus für unsere Wahrnehmung der Tonhöhe, d. h.
der Qualität, die die Noten auf einer musikalischen Ska-

la ordnet, z. B. wenn wir auf einer Klaviertastatur von links nach rechts gehen, von den tiefen zu den hohen Tönen? Wir werden sehen, dass die Suche nach dem physiologischen Mechanismus der Tonhöhe zu einer Reihe verschiedener Theorien geführt hat und dass wir zwar viel darüber wissen, wie das auditorische System die Tonhöhe erzeugt, dass aber immer noch viele offene Fragen zu klären sind.

Gegen Ende dieses Kapitels vervollständigen wir unsere Beschreibung der Struktur des auditorischen Systems, indem wir den Weg vom Ohr zum auditorischen Kortex beschreiben. Damit ist die Grundlage für die nächsten 3 Kapitel geschaffen, in denen wir unseren Horizont über die Tonhöhe hinaus erweitern und untersuchen werden, wie das Hören in der natürlichen Umgebung abläuft, die viele Schallquellen enthält (▶ Kap. 12), und welche Mechanismen für unsere Fähigkeit verantwortlich sind, komplexe Reize wie Musik (▶ Kap. 13) und Sprache (▶ Kap. 14) wahrzunehmen. Ausgangspunkt für all dies ist der Wahrnehmungsprozess, den wir in ▶ Kap. 1 eingeführt haben und der mit dem distalen Reiz beginnt – dem Reiz in der Umgebung.

Der distale Stimulus für das Sehen, in unserem Beispiel in ◻ Abb. 1.4, war ein Baum, den unser Betrachter sehen konnte, weil Licht von der Oberfläche des Baums in seine Augen reflektiert wurde. Die Informationen, die das Licht über den Baum vermittelt, erzeugen in den visuellen Rezeptoren eine Repräsentation des Baums.

Aber was passiert, wenn ein Vogel im Baum anfängt zu singen? Die Aktion des Stimmorgans des Vogels wird in einen Schallreiz transformiert – in Druckschwankungen in der Luft. Diese Druckschwankungen lösen eine Reihe von Ereignissen aus, die zu einer Repräsentation des Vogelgezwitschers in den Ohren führt, von denen neuronale Signale zum Gehirn ausgehen, deren Verarbeitung schließlich die Wahrnehmung des Vogelgezwitschers erzeugt.

Wir werden sehen, dass Schallreize sehr einfache periodische Druckschwankungen sein können, wie sie oft bei Laboruntersuchungen eingesetzt werden, aber auch kompliziertere Schwingungsformen aufweisen können wie die Töne von unserem zwitschernden Vogel, von Musikinstrumenten oder von Lauten beim Sprechen. Die Eigenschaften all dieser Druckschwankungen in der Luft bestimmen unser Hörvermögen und werden in verschiedene Klangqualitäten umgewandelt, sodass wir einen Ton als leise oder laut bzw. als hoch oder tief, als angenehm oder schrill wahrnehmen. Wir beginnen mit den Schallreizen und ihren Wirkungen.

11.1   Die physikalischen Aspekte von Tönen

Wenn man das Hören verstehen will, besteht der erste Schritt darin, zu klären, was wir unter Schall bzw. einem Ton oder einem Geräusch verstehen, und dessen Merkmale zu beschreiben. Eine Möglichkeit zur Klärung, was ein Geräusch ist, besteht darin, die folgende Frage zu betrachten:

Wenn ein Baum im Wald umfällt und niemand ist da, um es zu hören, gibt es dann ein Geräusch?

Diese Frage ist hilfreich, weil sie zeigt, dass wir das Wort „**Geräusch**" sowohl als physikalischen Stimulus als auch als Wahrnehmungsreaktion verwenden können. Die Antwort auf die Frage nach dem fallenden Baum hängt davon ab, welche der folgenden Definitionen von Schall wir verwenden:

- Physikalische Definition: Geräusch, Klang oder *Ton* ist eine *Druckschwankung* in der Luft oder anderen Medien.
- Wahrnehmungsdefinition: Geräusch, Klang oder Ton ist *Erfahrung*, die wir machen, wenn wir hören.

Die Antwort auf die eingangs gestellte Frage, ob ein fallender Baum ein Geräusch erzeugt, lautet „ja", wenn wir die physikalische Definition verwenden, denn er verursacht Druckveränderungen, unabhängig davon, ob jemand da ist, um sie zu hören oder nicht. Die Antwort auf die Frage ist „nein", wenn wir die Wahrnehmungsdefinition verwenden, denn wenn niemand im Wald ist, wird es keine Erfahrung geben.

Dieser Unterschied zwischen physikalischen und wahrnehmungsbezogenen Begriffen ist wichtig, wenn wir in diesem und in den nächsten 3 Kapiteln über das Hören sprechen. Glücklicherweise ist es in der Regel leicht, aus dem Kontext, in dem die Begriffe verwendet werden, zu erkennen, ob sich „Ton" auf den physikalischen Stimulus oder auf die Wahrnehmung dieses Reizes bezieht. Wenn etwa vom durchdringenden Ton einer Trompete die Rede ist, geht es um die Wahrnehmung, aber bei einem Ton mit der Frequenz von 1000 Hz geht es um den physikalischen Reiz, den Schall. Wir werden im Folgenden den Begriff *Schall* oder *Schallreiz* in Verbindung mit dem physikalischen Stimulus verwenden und die Wahrnehmung davon unterscheiden.

11.1.1   Schall als Druckschwankung

Ein Schallreiz entsteht, wenn Bewegungen oder Schwingungen eines Objekts Druckänderungen in Luft, Wasser oder irgendeinem anderen elastischen Medium hervorrufen, das Schwingungen übertragen kann. Betrachten wir zunächst einen Lautsprecher, wie er sich in Ihrem Radio oder Ihrer Stereoanlage befindet. Ein Lautsprecher ist ein Gerät, das Schwingungen über eine Membran auf die umgebende Luft überträgt, indem dort Druckschwankungen erzeugt werden. In extremen Fällen, etwa wenn man bei einem Rockkonzert in der Nähe eines Lautsprechers steht, kann man diese Vibrationen spüren, aber auch bei niedrigen Lautstärken sind die physikalischen Schwingungen vorhanden.

Die vom Lautsprecher erzeugten Vibrationen wirken sich auf die umgebende Luft aus, wie in ◻ Abb. 11.1a dargestellt. Wenn sich die Lautsprechermembran nach au-

Abb. 11.1 **a** Die Auswirkungen einer schwingenden Lautsprechermembran auf die umgebende Luft. *Dunkle* Gebiete stellen Zonen mit hohem Luftdruck dar und *helle* Gebiete Zonen mit niedrigem Luftdruck. **b** Wenn ein Kieselstein ins Wasser geworfen wird, scheinen sich die entstehenden Wellen auswärts zu bewegen. Tatsächlich bewegt sich das Wasser jedoch auf und ab, wie die Bewegung des Spielzeugboots zeigt. Dasselbe gilt für die vom Lautsprecher erzeugten Schallwellen in **a**

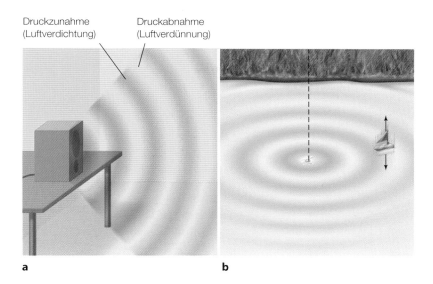

Druckzunahme (Luftverdichtung)

Druckabnahme (Luftverdünnung)

a　　　　　　　**b**

ßen bewegt, schiebt sie die Luftmoleküle vor der Membran zusammen und erzeugt so eine lokale *Verdichtung* der Moleküle. Diese erhöhte Luftdichte geht mit einer Drucksteigerung einher, die über den normalen Luftdruck hinausgeht. Zieht sich die Membran dann nach innen zurück, strömen die Luftmoleküle in den frei werdenden Raum zurück, was die Dichte der Moleküle vor der Membran reduziert und den Luftdruck entsprechend sinken lässt – es handelt sich um eine *Verdünnung* der Luft. Dieser Vorgang der Verdichtung und der Verdünnung wiederholt sich viele Hundert oder Tausend Male pro Sekunde, wodurch der Lautsprecher ein wechselndes Muster von Zonen mit hohem und niedrigem Druck in der Luft erzeugt, in dem benachbarte Luftmoleküle sich gegenseitig beeinflussen. Dieses Muster von Druckänderungen, das sich mit 340 m/s durch Luft (und mit 1500 m/s durch Wasser) ausbreitet, bezeichnet man als **Schallwelle**.

Aufgrund von Abb. 11.1a könnten Sie den Eindruck gewinnen, die Schallwelle würde dazu führen, dass sich Luft vom Lautsprecher aus in die Umgebung bewegt. Obwohl sich die *Druckschwankungen* vom Lautsprecher aus in den Raum bewegen, bleiben aber die hin- und herschwingenden *Luftmoleküle* jeweils an ihrem Ort. Der tatsächliche Vorgang ist analog zu den Wellen, die ein ins Wasser geworfener Kieselstein hervorruft (Abb. 11.1b). Während sich die Wellen ausbreiten, bewegt sich die Wasseroberfläche an einem bestimmten Ort auf und ab. Dies wird erkennbar, wenn Sie beobachten, dass die Wellen ein Spielzeugboot anheben und wieder herabfallen lassen – es bewegt sich nicht vom Ursprung der Wellen weg auswärts.

11.1.2　Reine Töne

Um die Druckänderungen bei Schallwellen zu beschreiben, betrachten wir zunächst eine besonders einfache Wellenform, die einer mathematischen Sinusfunktion folgt und als

Sinusschwingung bezeichnet wird (Abb. 11.2a). Schallwellen, bei denen die Druckschwankungen sinusförmig verlaufen (Abb. 11.2b), werden als **reine Töne** oder *Sinustöne* bezeichnet. Sie sind auch in der Natur manchmal zu finden. Das Pfeifen eines Menschen oder sehr hohe Töne einer Flöte kommen reinen Tönen sehr nahe. Stimmgabeln, die aufgrund ihrer Konstruktion sinusförmig schwingen, produzieren reine Töne; und schließlich sind die computergenerierten Reize für Laboruntersuchungen des Hörens, die eine Lautsprechermembran zu einer sinusförmigen Be-

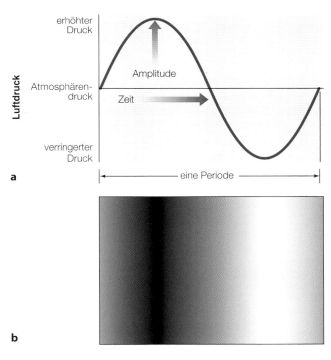

erhöhter Druck

Amplitude

Atmosphärendruck

Zeit

verringerter Druck

a

eine Periode

b

Abb. 11.2 **a** Sinusförmige Druckschwankungen bei einem reinen Sinuston. **b** Verdichtungen und Verdünnungen des Luftdrucks sind wie in Abb. 11.1 durch ein *dunkleres* und ein *helleres* Raster angedeutet

wegung antreiben, reine Töne. Eine solche sinusförmige Schwingung lässt sich anhand zweier Größen beschreiben: der **Amplitude**, d. h. dem Ausmaß der Druckänderungen, und der **Frequenz**, der Anzahl der Schwingungszyklen, die bei dieser Druckänderung pro Sekunde auftreten.

Schallfrequenz

Die Frequenz wird anhand der Zahl der Schwingungszyklen pro Sekunde angegeben – anhand der Anzahl der sich wiederholenden Druckschwankungen einer Schallwelle. Die Frequenz wird in **Hertz** (Hz) angegeben; 1 Hz entspricht 1 Zyklus pro Sekunde. ◻ Abb. 11.3 zeigt die Druckschwankungen bei 3 Frequenzen, die von hoch (oben) bis niedrig (unten) reichen. Der mittlere Stimulus in ◻ Abb. 11.3, der sich in 1/100 s 5 Mal wiederholt, ist ein 500-Hz-Ton. Wie wir sehen werden, können Menschen Schallschwingungen mit Frequenzen zwischen 20 und 20.000 Hz hören, wobei die höheren Frequenzen in der Regel als die höheren Töne wahrgenommen werden.

Amplitude und Dezibelskala

Eine Möglichkeit, die Schallamplitude zu bestimmen, wäre, den Druckunterschied zwischen den Maxima und Minima der Schallwelle zu messen. In ◻ Abb. 11.4 sind 3 reine Sinustöne unterschiedlicher Amplitude dargestellt.

Die Amplituden sind bei den Schallwellen in unserer Umgebung extrem unterschiedlich, wie ◻ Tab. 11.1 zeigt. Vom sehr leisen Flüstern und dem extremen Lärm eines startenden Düsenflugzeugs wächst die Amplitude auf das Zehnmillionenfache. Wie wir im Laufe dieses Kapitels sehen werden, besteht ein Zusammenhang zwischen der Amplitude einer Schallwelle und der wahrgenommenen Lautstärke.

Wir können diesen extrem großen Amplitudenbereich wie folgt veranschaulichen: Angenommen, die Amplitude der mittleren Sinusschwingung in ◻ Abb. 11.4, die als Schwankungsbreite mit einer Länge von 1 cm auf der Seite dargestellt ist, entspräche einer Druckschwankung, die wir gerade noch bemerken, beispielsweise einem Flüstern,

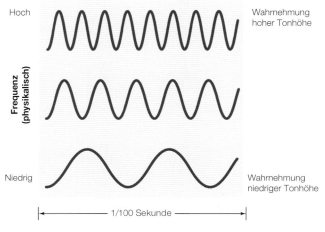

◻ **Abb. 11.3** Drei reine Sinustöne mit unterschiedlichen Frequenzen. Höhere Frequenzen gehen mit der Wahrnehmung höherer Tonhöhen einher

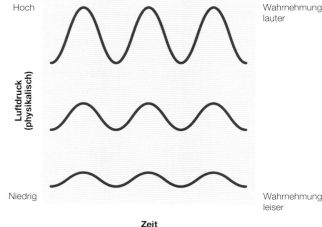

◻ **Abb. 11.4** Drei reine Sinustöne mit unterschiedlichen Amplituden. Eine größere Amplitude geht mit einer Wahrnehmung größerer Lautheit einher

◻ **Tab. 11.1** Relative Amplituden und Schalldruckpegel einiger Schallquellen

Geräusch	Relative Amplitude	Schalldruckpegel (dB)
Gerade noch hörbare Schallquelle (Schwelle)	1	0
Blätterrascheln	10	20
Ruhiges Wohngebiet	100	40
Normales Gespräch	1000	60
U-Bahn-Expresszug	100.000	100
Startendes Propellerflugzeug	1.000.000	120
Startendes Düsenflugzeug (Schmerzschwelle)	10.000.000	140

dann müssten wir für die Druckschwankung bei einem sehr lauten Schall, etwa einem Rockkonzert, eine Amplitude von mehreren Kilometern Länge zeichnen. Da das nicht besonders praktisch wäre, verwenden Forscher auf dem Gebiet der Akustik eine physikalische Einheit namens **Dezibel**, die den Schalldruck in einer leichter handhabbaren Einheit, dem sogenannten *Pegelmaß* angibt (Methode 11.1).

Methode 11.1

Das Dezibel: logarithmische Einheiten im Pegelmaß

Der Schalldruck lässt sich anhand des **Schalldruckpegels** in Dezibeleinheiten wie folgt berechnen:

$$\text{dB-Wert} = 20 \times \log_{10}(p/p_0)$$

Das entscheidende Formelelement ist der Logarithmus (log), der angewandt wird, wenn Messwerte über viele Zehnerpotenzen variieren. Ein Beispiel dafür ist der Filmklassiker von Charles Eames (1977), der unter dem deutschen Titel „Zehn Hoch" erschien. Die erste Einstellung zeigt einen Mann auf einer Picknickdecke in einem Park am Ufer in Chicago, von dem sich die Kamera immer weiter entfernt – so, als würde die Szene von einer startenden Raumfähre aus gefilmt. Alle 10 s verzehnfacht sich der Maßstab bei der Aufnahme, als würde sich die Geschwindigkeit des Raumschiffs und mit ihr die Größe des Blickfelds rapide vergrößern. Von dem 10×10 m großen Quadrat mit dem Mann auf der Picknickdecke zoomt die Kamera zum 100×100 m großen Quadrat, auf dem der Michigansee sichtbar wird, und dann immer schneller sich entfernend bei 10.000 m auf die gesamte Erde und erreicht bei einer Billiarde Kilometern schließlich den Rand der Milchstraße. Tatsächlich geht der Film noch einige Größenordnungen weiter, aber wir brechen hier ab.

Wenn so große Zahlen auftreten, wird es leichter, sie zu handhaben – und in geeignetem Maßstab in Abbildungen darzustellen –, wenn man sie als Potenzen schreibt und logarithmische Skalen wie das Pegelmaß verwendet. Der Logarithmus einer Zahl, die als Potenz einer Basiszahl angegeben ist, entspricht dem zur Basis hochgestellten Exponenten. Der *gewöhnliche Zehnerlogarithmus* (log) entspricht dem Exponenten zur Basis 10 in einer Zehnerpotenz. Andere Basen werden für verschiedene Bereiche verwendet. Logarithmen zur Basis 2, sogenannte binäre Logarithmen, werden z. B. in der Informatik verwendet.

Gewöhnliche Logarithmen sind in ◼ Tab. 11.2 illustriert. Wichtig an der Tabelle ist die Erkenntnis, dass die Multiplikation einer Zahl mit dem Faktor 10 lediglich eine Vergrößerung um eine log-Einheit entspricht. So ist der Zehnerlogarithmus $\log 10 = \log 10^1 = 1$, $\log 100 = \log 10^2 = 2$ usw. Ein logarithmischer Maßstab verwandelt also sehr große Zahlen in handlichere Einheiten. Die Zunahme der Längendimensionen im Eames-Film von 1 m bis zu einer Billiarde Meter oder 10^{15} m lässt sich so auf 15 Einheiten reduzieren. Die Schalldrücke in unserer Umgebung variieren zwar nicht in so astronomischen Ausmaßen wie in dem Film, aber immerhin zwischen 1 und 10.000.000, also 7 Zehnerpotenzen oder 7 logarithmischen Einheiten.

◼ **Tab. 11.2** Zehnerlogarithmus und Zehnerpotenzen

Zahl	Zehnerpotenz	Logarithmus (log $_{10}$)
1	10^0	0
10	10^1	1
100	10^2	2
1000	10^3	3
10.000	10^4	4

Lassen Sie uns nun zu den anderen Größen in der Gleichung für den Schalldruckpegel, $\text{dB} = 20 \times \log(p/p_0)$ kommen. Der dB-Wert ergibt sich aus dem Logarithmus des Quotienten aus Schalldruck p dividiert durch den Referenzdruck p_0, wobei dieser Logarithmus mit dem Faktor 20 multipliziert wird. Dabei wird als Referenzdruck gewöhnlich 20 µPa (20 Mikropascal) angenommen – das entspricht ungefähr dem Schalldruck, bei dem ein 1000-Hz-Sinuston gerade noch gehört werden kann. Schauen wir uns diese Berechnung für 2 Schalldrücke genauer an.

Wenn der Schalldruck eines Stimulus = 2000 mPa beträgt, ergibt sich

$$\text{dB-Wert} = 20 \times \log(2000/20) = 20 \times \log 100$$
$$= 20 \times \log 10^2 = 20 \times 2 = 40.$$

Entsprechend erhalten wir für einen Schalldruck von 20.000 µPa:

$$\text{dB-Wert} = 20 \times \log(20.000/20) = 20 \times \log 1000$$
$$= 20 \times \log 10^3 = 20 \times 3 = 60.$$

Beachten Sie, dass das Multiplizieren des Schalldrucks mit 10 zur Addition von 20 dB führt. Wie Sie der rechten Spalte von ◼ Tab. 11.1 entnehmen können, entspricht der Anstieg der relativen Druckamplitude von 1 auf 10.000.000 in Dezibel nur einem Anstieg von 0 auf 140. Wir brauchen also keine kilometerhohen Druckamplituden zu zeichnen.

Diese Dezibelwerte werden in der Regel mit der Notation SPL (sound pressure level) für Schalldruckpegel versehen, um anzuzeigen, dass dieses Pegelmaß in Bezug auf den Schalldruck und den zugehörigen Referenzdruck p_0 von 20 µPa angegeben wird. Oft wird auch etwas ungenau von Schallpegel gesprochen.

11.1.3 Komplexe Töne und Frequenzspektren

Wir haben reine Sinustöne betrachtet, um Frequenz und Amplitude zu beschreiben. Reine Sinustöne sind wichtig, weil sie die Grundbausteine oder Komponenten von Schallwellen sind und bei der Erforschung des Hörens intensiv genutzt werden. In unserer Umgebung bekommen wir jedoch nur selten reine Sinustöne zu hören. Wie bereits erwähnt, ergibt sich der Klang von Musikinstrumenten oder der menschlichen Sprache aus komplizierteren Wellenformen, bei denen die Druckschwankungen nicht sinusförmig verlaufen.

◻ Abb. 11.5a zeigt die Wellenform, wie sie bei einem Musikinstrument erzeugt wird, dessen Ton sich aus verschiedenen Sinusschwingungen zusammensetzt. Beachten Sie, dass sich die Wellenform **periodisch** wiederholt (4 Mal in ◻ Abb. 11.5). Es handelt sich bei dieser Wellenform also wie beim reinen Sinuston um eine periodische Druckschwankung. Der Zeitskala in ◻ Abb. 11.5 entnehmen wir, dass sich die Wellenform 4 Mal in 20 ms wiederholt, al-

so pro Sekunde $50 \times 4 = 200$ Mal, weil 20 ms $= (1/50)$ s ist. Diese Frequenz von 200 Hz ist die **Grundfrequenz**.

Komplexe Wellenformen wie die in ◻ Abb. 11.5a setzen sich aus verschiedenen Sinuskomponenten zusammen, die sich zu dieser Wellenform überlagern. Jede Sinuskomponente wird als **Harmonische** oder **Teilton** bzw. **Partialton** bezeichnet. Die 1. **Harmonische** ist eine Sinusschwingung mit der Grundfrequenz, die üblicherweise auch als **Grundton** bezeichnet wird. Bei der Wellenform in ◻ Abb. 11.5b hat der Grundton die Frequenz von 200 Hz, mit der sich auch die ganze Wellenform periodisch wiederholt.

Höhere Harmonische sind Teiltöne, deren Frequenzen ganzzahligen Vielfachen der Grundfrequenz entsprechen. Demnach hat die 2. Harmonische (der 1. **Oberton**) eine Frequenz von 2×200 Hz $= 400$ Hz (◻ Abb. 11.5c), die 3. Harmonische (der 2. Oberton) eine Frequenz von 3×200 Hz $= 600$ Hz (◻ Abb. 11.5d) und so weiter. Wenn man den Grundton und die höheren Harmonischen addiert, erhält man den komplexen Schallreiz aus ◻ Abb. 11.5a, der auch als Klang bezeichnet wird.

Eine andere Möglichkeit, die Harmonischen eines Klangs zu verstehen, besteht darin, ihre **Frequenzspektren** zu betrachten, die rechts in ◻ Abb. 11.5 dargestellt sind. Beachten Sie, dass die horizontale Achse jetzt die Frequenz angibt, nicht die Zeit wie bei der linken Seite. Die Position der Linien entspricht jeweils der Frequenz einer Harmonischen, wobei auf der senkrechten Achse die zugehörigen Amplituden angegeben sind. Die Frequenzspektren bieten eine Möglichkeit, die komplexe Zusammensetzung eines Klangs anhand der Komponenten darzustellen, die sich zu einer komplexen Wellenform überlagern.

Ein Ton in dem sich viele Harmonische mit Frequenzen, die einem ganzzahligen Vielfachen der Grundfrequenz entsprechen, überlagern, muss nicht immer alle diese Frequenzkomponenten enthalten, damit sich die Wellenform mit der Grundfrequenz periodisch wiederholt. ◻ Abb. 11.6 zeigt, was passiert, wenn die 1. Harmonische eines komplexen Tons entfällt. Die Wellenform in ◻ Abb. 11.6a entspricht der periodischen Wellenform in ◻ Abb. 11.5a, deren Grundfrequenz bei 200 Hz liegt. Im Frequenzspektrum in ◻ Abb. 11.6b fehlt die 200-Hz-Komponente, weil die 1. Harmonische mit der Grundfrequenz von 200 Hz aus der Schwingung entfernt wurde. Beachten Sie, dass sich auch die Wellenform deutlich ändert. Obwohl die 200-Hz-Harmonische wegfällt, wiederholt sich die Wellenform weiterhin mit der Grundfrequenz von 200 Hz. Das Gleiche gilt, wenn man höhere Harmonische ausblendet. Ohne die 400-Hz-Harmonische fehlt zwar im Frequenzspektrum die 400-Hz-Komponente, aber die Grundfrequenz bleibt unverändert bei 200 Hz.

Vielleicht erstaunt es Sie, dass sich die Grundfrequenz durch das Wegfallen einzelner Harmonischer nicht verändert. Aber wenn Sie sich die Frequenzspektren ansehen, werden Sie bemerken, dass der Frequenzabstand zwischen den Harmonischen der Wiederholungsfrequenz der Wellen-

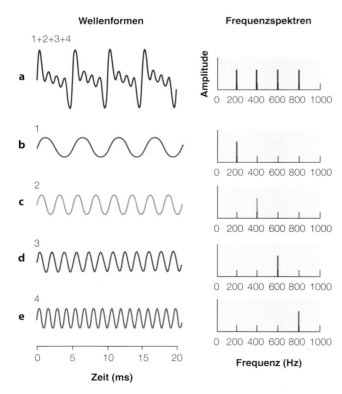

◻ **Abb. 11.5** Wellenformen (*links*) und Frequenzspektren (*rechts*). Vertikale Ausschläge zeigen Druckveränderungen an. Die horizontale Zeitskala ist *unten* dargestellt. **a** Ein komplexer periodischer Ton mit einer Grundfrequenz von 200 Hz. Die vertikale Achse ist der „Druck"; **b** die Grundschwingung (1. Harmonische) bei 200 Hz; **c** die 2. Harmonische bei 400 Hz; **d** die 3. Harmonische bei 600 Hz; **e** die 4. Harmonische bei 800 Hz. Frequenzspektren für jeden der Töne auf der *linken* Seite. (Adaptiert nach Plack, 2005)

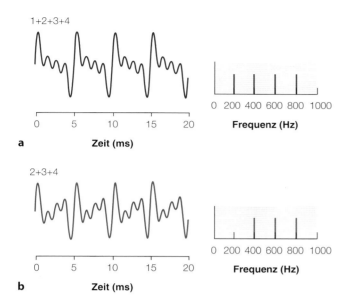

a   Zeit (ms)

b   Zeit (ms)

□ **Abb. 11.6 a** Wellenform und Frequenzspektrum des Tons aus
□ Abb. 11.5a. **b** Derselbe Ton mit fehlender 1. Harmonischer. (Adaptiert
nach Plack, 2005)

form von 200 Hz entspricht. Dieser Frequenzabstand bleibt
gleich, egal ob eine Harmonische ausgeblendet wird, und
enthält die Information über die Grundfrequenz der Wellenform.

11.2 Die Seite der Wahrnehmung

Unsere bisherige Erläuterung war auf die physikalische
Seite des Schallreizes gerichtet. Alles, was wir bislang
beschrieben haben, lässt sich mit akustischen Messungen
der Schalldruckschwankungen in der Luft nachvollziehen.
Es muss kein Mensch da sein, der den Baum fallen hört,
um die dabei entstehenden Schallwellen zu messen. Aber
jetzt wollen wir eine Person (oder ein Tier) einbeziehen
und betrachten, was tatsächlich gehört wird. Wir werden
2 Wahrnehmungsdimensionen betrachten:

1. Die Lautheit, bei der es um Unterschiede in der wahrgenommenen Lautheit eines Geräuschs geht, z. B. um den
   Unterschied zwischen einem Flüstern und einem Schrei
2. Die Tonhöhe, bei der es um Unterschiede in der Tonhöhe geht, was die Unterschiede von tiefen und hohen
   Tönen umfasst, z. B. wenn wir die Tasten auf einer Klaviertastatur von links nach rechts spielen

11.2.1 Hörschwellen und Lautheit

Wir betrachten Lautheit, indem wir die folgenden bei-
den grundlegenden Fragen zum Hören stellen: „Kannst
Du das hören?" und „Wie laut ist das?" Diese beiden
Fragen gehören zum Thema Hörschwelle (der kleinsten

eben merklichen Schallintensität) und Lautheit (wie laut
wir Schall zwischen „gerade noch hörbar" und „sehr laut"
wahrnehmen).

Lautheit und Schalldruckpegel

Als **Lautheit** bezeichnet man eine Wahrnehmungsqualität,
die eng mit dem Schalldruckpegel eines Hörreizes verknüpft ist. Deshalb wird der Schalldruckpegel in Dezibel
oft mit Lautheit in Verbindung gebracht, wie in □ Tab. 11.1
gezeigt. Dort wird ein Schallereignis mit einem Schalldruckpegel von 0 dB als kaum merklich und ein Pegel von
120 dB als extrem laut (und schädlich für die Rezeptoren
im Innenohr) eingestuft.

Die Beziehung zwischen dem Schalldruckpegel (physikalisch) und der Lautheit (wahrnehmungsbezogen) wurde
von S. S. Stevens anhand der Methode der Größenschätzung bestimmt (□ Abb. 1.17). □ Abb. 11.7 zeigt den Zusammenhang zwischen Schalldruckpegel und Lautheit für
einen reinen Sinuston von 1000 Hz. Als Vergleichsgröße
diente bei diesem Experiment die Lautheit, die bei einem
Schalldruckpegel von 40 dB SPL wahrgenommen wurde.
Diese Lautheit wurde als Einheit verwendet, hat also den
Wert 1 in Lautheitseinheiten. Die Einheit der Lautheit wird
als Sone bezeichnet. Ein reiner Sinuston von 1000 Hz, der
10 Mal lauter empfunden wird als der Vergleichston bei
40 dB, hat eine Lautheit von 10 sone. Wie die gestrichelten Linien in □ Abb. 11.7 zeigen, erhöht sich die Lautheit
fast auf das Doppelte, wenn der Schalldruckpegel von 40
auf 50 dB steigt.

Man könnte aufgrund von □ Tab. 11.1 und □ Abb. 11.7
glauben, dass ein höherer Schalldruckpegel generell auch

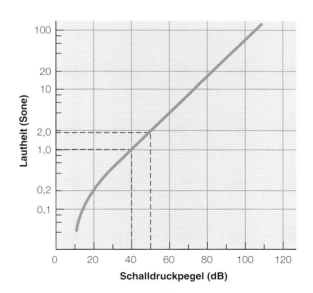

□ **Abb. 11.7** Die Lautheit eines 1000-Hz-Tons als Funktion seines
Schalldrucks, die durch die Methode der direkten Größenschätzung ermittelt wurde. Die *gestrichelte Linie* zeigt, dass eine Steigerung der Intensität
von 40 auf 50 dB fast zu einer Verdoppelung der Lautheit führt. (Adaptiert
nach Gulick et al., 1989)

größerer Lautheit entspricht. Aber ganz so einfach ist es nicht. Ob und wie laut wir etwas hören, hängt nicht nur vom Schalldruckpegel ab, sondern auch von der Frequenz. Ein Weg, sich die Bedeutung der Frequenz beim Hören klarzumachen, besteht darin, sich die *Hörschwellenkurve* anzusehen.

Hörschwellen im gesamten Frequenzbereich: Die Hörschwellenkurve

Es ist eine grundlegende Tatsache, dass wir Schall nur innerhalb eines bestimmten Frequenzbereichs hören. Das heißt, es gibt Frequenzen, die wir nicht hören; und es gibt innerhalb des Bereichs der hörbaren Frequenzen einige, die wir besser hören als andere. Bei manchen Frequenzen ist die Hörschwelle vergleichsweise niedrig – sie können schon bei geringen Schalldruckschwankungen gehört werden –, während andere Frequenzen hohe Hörschwellen haben und nur bei hohen Druckschwankungen gehört werden können. Dies verdeutlicht die untere Kurve in ◻ Abb. 11.8, die als **Hörschwellenkurve** bezeichnet wird. Diese Hörschwellenkurve gibt an, wie sich die Hörschwelle je nach Frequenz verschiebt, und sie zeigt, dass wir Schall nur im Frequenzbereich zwischen etwa 20 und 20.000 Hz hören können. Im Bereich zwischen 2000 und 4000 Hz ist unsere Sensitivität besonders hoch (und die Hörschwelle besonders niedrig) – das ist genau der Frequenzbereich, der besonders wichtig für das Sprachverstehen ist.

Oberhalb der Hörschwellenkurve schließt sich ein grün markierter Bereich an, der als **Hörfläche** bezeichnet wird,

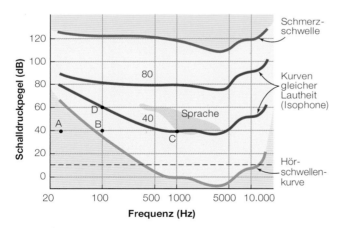

weil wir reine Sinustöne mit Frequenzen und Schalldrücken in diesem Bereich hören können. Bei einem Schalldruck unterhalb der Hörschwelle hören wir nichts. Beispielsweise würden wir einen 30-Hz-Ton mit einem Schalldruckpegel von 40 dB SPL (Punkt A) nicht hören. Die obere Kurve, die die Hörfläche begrenzt, ist die Schmerzschwelle. Schall mit so hohen Druckschwankungen können wir schmerzhaft fühlen und er kann unser Gehör schädigen. Der menschliche Hörbereich ist auf Frequenzen zwischen 20 und 20.000 Hz beschränkt, aber Tiere können auch andere Frequenzen wahrnehmen. Elefanten z. B. können auch Schallreize mit Frequenzen unter 20 Hz hören. Und Hunde können Frequenzen bis über 40.000 Hz hören, Katzen sogar bis über 50.000 Hz und Delfine sogar 150.000 Hz.

Aber was passiert zwischen der Hörschwellenkurve und der Schmerzschwelle? Um diese Frage zu beantworten, können wir uns eine beliebige Frequenz heraussuchen und einen Punkt wie B wählen, der gerade nicht mehr auf der Hörschwellenkurve, sondern etwas oberhalb davon liegt. Da sich dieser Punkt nur wenig oberhalb der Hörschwelle befindet, wird der Ton sehr leise klingen. Wenn wir nun den Schalldruckpegel hochschrauben, indem wir die vertikale Linie nach oben verschieben (siehe auch ◻ Abb. 11.7), dann wird der Ton lauter. Das bedeutet, dass jede Frequenz ihre eigene Hörschwelle hat – einen Schalldruckpegel, unterhalb dessen sie nicht gehört wird; diese Schwellenwerte werden in der Hörschwellenkurve wiedergegeben. In dem Ausmaß, in dem der Schalldruckpegel diese Schwelle überschreitet, wird der Ton lauter wahrgenommen.

Wie Frequenz und Lautheit zusammenhängen, lässt sich noch auf eine andere Weise verstehen. Dazu betrachten wir die roten Kurven in ◻ Abb. 11.8, die als **Isophone** oder **Kurven gleicher Lautheit** bezeichnet werden. Diese Kurven geben für die verschiedenen Frequenzen an, bei welchem Schalldruckpegel jeweils dieselbe Lautheit empfunden wird wie bei 1000 Hz. Das entsprechende Maß wird als **Lautstärkepegel** bezeichnet und in phon angegeben. Bei einem 1000-Hz-Ton entspricht der Schalldruckpegel also genau dem Lautstärkepegel, wie z. B. bei Punkt C in ◻ Abb. 11.8, der einen Schalldruckpegel von 40 dB SPL und einen Lautstärkepegel von 40 phon aufweist. Eine Isophone wird bestimmt, indem ein reiner Sinuston mit einer bestimmten Frequenz und einem bestimmten Schalldruckpegel einem Hörer präsentiert wird, der anhand des Vergleichs mit einem Sinuston anderer Frequenzen den Lautstärkepegel jeweils so einstellt, dass er diesen Ton als gleich laut empfindet wie den Standard. Beispielsweise wurde die 40-phon-Kurve in ◻ Abb. 11.8 bestimmt, indem die Lautstärke eines 1000-Hz-Tons bei einem Schalldruckpegel von 40 dB (Punkt C) als Vergleichsstandard verwendet und mit Sinustönen verschiedener Frequenzen verglichen wurde. Bei einem 100-Hz-Ton muss ein Schalldruckpegel von 60 dB (Punkt D) eingestellt werden, damit er genauso laut wahrgenommen wird wie der 1000-Hz-Ton mit 40 dB.

Beachten Sie, dass die Hörschwellenkurve und die mit 40 gekennzeichnete Kurve gleicher Lautheit bei hohen

◻ **Abb. 11.8** Die Hörschwellenkurve und die Hörfläche. Hören ist im *grün* markierten Bereich zwischen der Hörschwellenkurve und der Schmerzschwelle möglich. Töne, die aufgrund bestimmter Kombinationen aus Schalldruckpegel und Frequenz in den *hellroten* Bereich unter der Hörschwellenkurve fallen, können nicht gehört werden. Töne im Bereich oberhalb der Schmerzschwelle (*gelbe Fläche*) verursachen Schmerzen und können das Gehör schädigen. Die Schnittpunkte der *gestrichelten Linie* mit der Hörschwellenkurve zeigen, welche Frequenzen bei einem Schalldruckpegel von 10 dB gehört werden können. (Nach Fletcher & Munson, 1933. Reprinted with permission. Copyright 1933, Acoustic Society of America.)

und tiefen Frequenzen ansteigen, während die mit 80 gekennzeichnete Kurve gleicher Lautheit zwischen 30 und 5000 Hz fast flach ist, was bedeutet, dass Töne mit einem Schalldruckpegel von 80 dB SPL zwischen diesen Frequenzen ungefähr gleich laut sind. Bei der Hörschwelle kann also der Pegel für verschiedene Frequenzen sehr unterschiedlich sein, aber bei einem Pegel oberhalb der Schwelle können verschiedene Frequenzen eine ähnliche Lautstärke bei gleichem Dezibelpegel haben.

11.2.2 Tonhöhe

Die **Tonhöhe** ist eine Wahrnehmungsqualität, mit der wir einen Ton als hoch oder tief beschreiben. Sie lässt sich definieren als die *Eigenschaft von Hörempfindungen, mit deren Hilfe sich die Töne der Tonleiter ordnen lassen* (Bendor & Wang, 2005). Die Vorstellung, dass die Tonhöhe mit der musikalischen Skala verbunden ist, spiegelt sich in einer anderen Definition der Tonhöhe wider, die besagt, *die Tonhöhe ist der Aspekt der auditiven Empfindung, dessen Variation mit musikalischen Melodien verbunden ist* (Plack, 2014). Auch wenn die Tonhöhe oft mit Musik verknüpft wird, ist sie auch eine Eigenschaft beim Sprechen mit hoher oder tiefer Stimme oder bei anderen natürlichen Schallereignissen.

Die Tonhöhe hängt sehr eng mit der physikalischen Grundfrequenz zusammen, mit der sich eine Wellenform wiederholt. Niedrige Grundfrequenzen gehen mit tiefen Tönen einher (wie bei der Tuba) und hohe Grundfrequenzen mit hohen (wie bei der Piccoloflöte). Beachten Sie aber, dass die Tonhöhe eine psychologische Qualität ist und keine physikalische Eigenschaft von Schall. Die Tonhöhe kann insofern nicht physikalisch gemessen werden. Man kann nicht sagen, dass ein Schallreiz eine Tonhöhe von 200 Hz hätte, sondern wir können nur sagen, dass wir einen bestimmten Ton oder Klang als tief oder hoch *wahrnehmen*.

Eine Möglichkeit, über die Tonhöhe zu sprechen, ergibt sich anhand der Klaviertastatur. Schlägt man einen Ton auf der linken Seite an, so erklingt ein tiefer Basston, und wenn man dann die Tasten immer weiter nach rechts bis zur letzten Taste anschlägt, steigt die Tonhöhe, bis wir sie als so etwas wie glockenhell empfinden. Die physikalische Eigenschaft, die mit der Wahrnehmung tiefer und hoher Töne zusammenhängt, ist die *Grundfrequenz*. Genauer gesagt hat der tiefste Ton des Klaviers eine Grundfrequenz von 27,5 Hz und der höchste eine von 4166 Hz (◻ Abb. 11.9). Die zunehmende Grundfrequenz geht mit der Wahrnehmung verschiedener Tonhöhen einher.

Außer der zunehmenden Tonhöhe bemerken wir noch etwas anderes, wenn wir auf der Klaviertastatur nacheinander immer höhere Töne anschlagen: Die Töne wiederholen sich entsprechend den Notenwerten a, h, c, d, e, f, g, die den Klaviertasten zugeordnet sind. Und wir bemerken, dass die Töne bei Tasten mit gleichen Buchstaben gleichartig klingen. Aufgrund dieser Ähnlichkeit sagt man, dass Töne mit denselben Buchstaben die gleiche **Tonigkeit** oder **Tonchroma** aufweisen. Jedes Mal, wenn wir beim Tonleiterspielen auf der Klaviertastatur wieder bei demselben Buchstaben ankommen, haben wir ein Intervall namens **Oktave** erreicht. Solche Töne, die durch Oktaven getrennt sind, haben die gleiche Tonigkeit – in ◻ Abb. 11.9 sind sie rot hervorgehoben und durch Pfeile gekennzeichnet.

Bei Tönen derselben Tonigkeit unterscheiden sich die Grundfrequenzen jeweils um ein Vielfaches von 2 voneinander. So hat der tiefste Ton auf der Klaviertastatur, das Subkontra-A″, eine Grundfrequenz von 27,5 Hz, gefolgt vom Kontra-A′ bei 55 Hz, dem großen A bei 110 Hz und so weiter. Die Verdoppelung der Grundfrequenz bei jeder Oktave entspricht den Harmonischen zur tiefsten Frequenz und führt zur selben Tonigkeit. Deshalb können ein Mann und eine Frau einstimmig denselben Ton singen, obwohl die Männerstimme eine Oktave tiefer oder noch tiefer klingt.

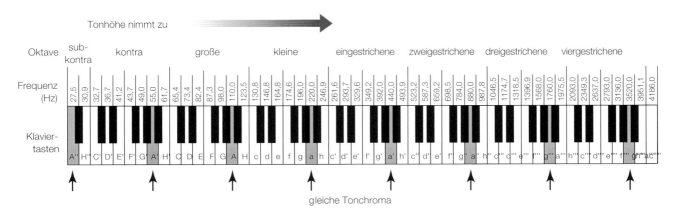

◻ **Abb. 11.9** Eine Klaviertastatur mit den Frequenzen jedes Tons. *Von links nach rechts* steigen die Frequenz und die Tonhöhe mit jeder Taste an. Bei Tasten mit denselben Bezeichnungen wie A′, A, a, a′ (*rot mar-* kiert) sind die Töne jeweils eine Oktave voneinander getrennt und weisen die gleiche Tonigkeit auf

Der Zusammenhang zwischen Tonhöhe und Grundfrequenz wird durch die Klaviertastatur anschaulich illustriert, aber die Frequenz ist nicht die ganze Geschichte. Die Wellenform wiederholt sich mit der Grundfrequenz, und zwar auch dann, wenn wie in ◘ Abb. 11.6 die 1. Harmonische fehlt. Die Wiederholungsfrequenz entspricht konstant der Grundfrequenz. Diese Konstanz hat zur Folge, dass das Fehlen einer Harmonischen die Wahrnehmung der Tonhöhe nicht verändert. Diese Wahrnehmungskonstanz bei der Tonhöhe wird als **Effekt des fehlenden Grundtons** bezeichnet.

Der fehlende Grundton hat praktische Konsequenzen. Überlegen Sie, was vor sich geht, wenn wir mit jemandem telefonieren und dessen Stimme zuhören. Das Telefon gibt die Frequenzkomponenten unter 300 Hz nicht wieder, aber trotzdem erkennen wir problemlos die Tiefe einer männlichen Stimme mit einer Grundfrequenz von um die 100 Hz, weil die virtuelle Tonhöhe durch die noch vorhandenen höheren Harmonischen erzeugt wird (Truax, 1984).

Wir können uns die Wirkung des fehlenden Grundtons auch veranschaulichen, indem wir uns vorstellen, einen lang anhaltenden Ton zu hören, der durch das Streichen einer Geige in einem ruhigen Raum erzeugt wird. Dann schalten wir eine geräuschvolle Klimaanlage ein, die ein lautes, niederfrequentes Brummen erzeugt. Auch wenn es durch das Geräusch der Klimaanlage schwierig ist, die unteren Harmonischen des Geigentons zu hören, bleibt die Tonhöhe unverändert (Oxenham, 2013).

11.2.3 Klangfarbe

Obwohl eine fehlende Harmonische die Wahrnehmung der Tonhöhe nicht verändert, ändert sich sehr wohl die **Klangfarbe**, die auch als **Timbre** bezeichnet wird. Klangfarbe ist die Wahrnehmungsqualität, die bei Tönen gleicher Lautheit, Tonhöhe und Tondauer unterschiedlich sein kann. Wenn beispielsweise auf einer Flöte und einer Oboe derselbe Ton gleich laut gespielt wird, können wir diese Instrumente immer noch unterscheiden. Wir können den Klang der Flöte als *klar* und den der Oboe als *näselnd* beschreiben. Bei gleicher Lautheit, Tonhöhe und Tondauer können also Unterschiede auftreten, die in unterschiedlichen Klangfarben bestehen.

Die Klangfarbe hängt eng mit der harmonischen Struktur eines Tons zusammen. In ◘ Abb. 11.10 sind die Frequenzspektren eines Tons gezeigt, der von einer Gitarre, einem Fagott und einem Altsaxofon gespielt wurde – in diesem Beispiel das kleine g mit einer Grundfrequenz von 196 Hz. Bei diesen Instrumenten unterscheiden sich die Harmonischen in ihren relativen Anteilen ebenso wie in ihrer Zahl. Beispielsweise hat der Ton bei der Gitarre mehr hochfrequente Harmonische (Obertöne) als bei dem Fagott oder dem Altsaxofon. Zwar sind alle vorhandenen Harmonischen ganzzahlige Vielfache der Grundfrequenz, aber nicht alle Harmonischen sind in jedem Frequenzspektrum

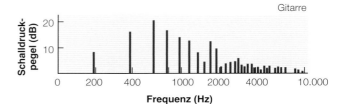

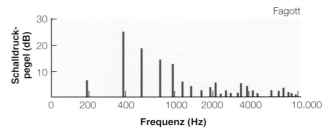

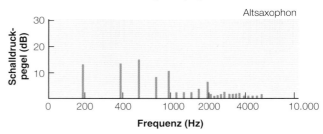

◘ **Abb. 11.10** Die Frequenzspektren einer Gitarre, eines Fagotts und eines Altsaxofons, jeweils beim Spielen des Tons g mit einer Grundfrequenz von 196 Hz. Die Position der *Linien* auf der Abszisse stellt die Frequenzen der Harmonischen dar und der Ordinatenwert jeweils den Schalldruckpegel. (Nach Olson, 1967, © Dover)

vertreten – so fehlen beim Fagott und Altsaxofon einige hochfrequente Harmonische. Auch bei der menschlichen Stimme kann man unterschiedliche Klangfarben feststellen. So sagen wir manchmal, dass jemand „durch die Nase spricht" oder eine „weiche Stimme hat" und charakterisieren damit die Klangfarbe.

Die Unterschiede zwischen den Harmonischen sind bei Musikinstrumenten nicht das Einzige, was ihnen unterschiedliche Klangfarben verleiht. Das Timbre wird auch durch die **Einschwingzeit** (während der sich der Ton aufbaut und anklingt) und die **Abklingzeit** (in der ein Ton verklingt) beeinflusst. Wenn man beispielsweise in einer Tonaufnahme eine Klarinette einen hohen Ton spielen hört und anschließend denselben Ton von einer Flöte, dann lässt sich die unterschiedliche Klangfarbe leicht erkennen, solange das Anblasen, Halten und Verklingen des Tons zu hören ist. Aber sobald die erste halbe Sekunde zu Tonbeginn und die letzte halbe Sekunde am Ende gelöscht werden, wird es schwierig, die beiden Instrumente zu unterscheiden (Berger, 1964; vgl. auch Risset & Mathews, 1969).

Eine andere Möglichkeit, die Unterscheidung von Instrumenten zu erschweren, besteht darin, den Ton bei einer Bandaufnahme rückwärts abzuspielen. Das verändert zwar nicht die Struktur der Harmonischen, aber ein Klavier klingt dann eher wie eine Orgel, weil das Verklingen scheinbar zum Einschwingen und der Anschlag zum abrupten Verstummen des Tons wird (Berger, 1964; Erickson, 1975). Die Klangfarbe hängt also sowohl von der Struktur der Harmonischen während der stabilen Phase als auch vom Einschwingen und Abklingen davor bzw. danach ab.

Bislang haben wir Schallereignisse wie Sinustöne und Töne, die mit Musikinstrumenten gespielt werden, betrachtet, die alle **periodisch** sind. Das heißt, die Wellenform der Druckschwankungen wiederholt sich, wie beispielsweise bei dem Ton in ◧ Abb. 11.5a. Es gibt auch **aperiodische Schallereignisse**, bei denen sich keine Wellenform wiederholt. Beispiele für solch einen aperiodischen Schall sind knallende Türen oder auch sprechende Personen und schließlich das Rauschen eines Radios, bei dem kein Sender eingestellt ist. Nur periodische Schallereignisse können eine Wahrnehmung der Tonhöhe erzeugen. In diesem Kapitel wollen wir uns auf reine Sinustöne und die Töne von Musikinstrumenten beschränken, weil sie am häufigsten als Hörreize in der Grundlagenforschung zur Funktion des auditorischen Systems verwendet wurden. Im nächsten Abschnitt wollen wir damit beginnen zu beschreiben, wie Töne im auditorischen System zu Hörwahrnehmungen verarbeitet werden.

Übungsfragen 11.1

1. Beschreiben Sie einige Funktionen des Hörens. Berücksichtigen Sie besonders, welche Information uns Schall liefert, die über das Sehen nicht zugänglich ist.

2. Worin unterscheiden sich der physikalische Schallreiz und die Wahrnehmung von Geräuschen? (Denken Sie an den fallenden Baum im Wald.)

3. Wie lässt sich Schall anhand von Druckschwankungen in der Luft beschreiben? Was ist ein reiner Sinuston? Was ist die Frequenz eines Tons?

4. Was ist die Amplitude einer Schallwelle? Weshalb wurde das Pegelmaß in Dezibel zur Messung der Schalldruckamplitude entwickelt? Ist der Schalldruckpegel wahrnehmungsbezogen oder physikalisch?

5. Was sind komplexe Töne? Was sind Harmonische? Und was versteht man unter Frequenzspektren?

6. Wie wirkt sich das Entfernen der 1. Harmonischen auf die Wiederholungsfrequenz bei der Wahrnehmung der Tonhöhe aus?

7. Welche Beziehung besteht zwischen Schalldruckpegel und Lautheit? Welche dieser Größen ist physikalisch und welche wahrnehmungsbezogen?

8. Was ist die Hörschwellenkurve und was sagt sie uns über die Beziehung zwischen physikalischen Merkmalen (wie dem Schalldruckpegel und der Frequenz) eines Tons und Wahrnehmungseigenschaften (wie Hörschwelle und Lautstärkepegel)?

9. Was ist die Tonhöhe und was die Tonigkeit (Tonchroma)?

10. Was besagt der Effekt des fehlenden Grundtons?

11. Was ist die Klangfarbe? Beschreiben Sie die physikalischen Merkmale von Tönen und wie diese Merkmale die Klangfarbe bestimmen.

11.3 Vom Schalldruck zum elektrischen Signal

Nachdem wir die Schallreize und ihre Wahrnehmung beschrieben haben, können wir uns nun den Vorgängen im Ohr zuwenden. Was wir nun beschreiben wollen, ist der Teil unserer Geschichte, der mit dem Eintreffen des Schalls im Ohr beginnt und uns auf eine Reise tief ins Innere des Ohrs zu den Hörrezeptoren führt.

Bevor wir etwas hören können, muss das auditorische System 3 Dinge bewerkstelligen. Erstens muss der Schallstimulus zu den Rezeptoren transportiert werden, zweitens muss dieser Stimulus von Druckschwankungen in elektrische Signale umgewandelt werden, und drittens müssen diese elektrischen Signale so verarbeitet werden, dass sie Reizqualitäten wie Tonhöhe, Lautheit, Klangfarbe und Position widerspiegeln.

Wir beginnen unsere Beschreibung damit, dass wir dem Schallreiz auf seinem Weg durch das Labyrinth des Ohrs bis hin zu den Rezeptoren folgen. Dabei handelt es sich nicht einfach um Schallausbreitung durch eine Folge von dunklen Gängen. Vielmehr versetzt der eintreffende Schallreiz Strukturen in den Gehörgängen in Schwingungen, die von einer Struktur zur nächsten übertragen werden, beginnend beim Trommelfell und endend bei den Hörrezeptoren, den Haarzellen oder *Stereozilien* tief im Inneren des Ohrs. Man unterscheidet beim Ohr 3 Bereiche: Außen-, Mittel- und Innenohr. Wir beginnen unsere Beschreibung mit dem äußeren Ohr.

11.3.1 Äußeres Ohr

Wenn wir im alltäglichen Sprachgebrauch von Ohren reden, so meinen wir damit meistens die **Ohrmuscheln**. Die Teile des Ohrs, die die eigentliche Verarbeitung leisten, liegen nicht sichtbar im Inneren des Kopfs.

Die Schallwellen durchlaufen zunächst das Außenohr, das aus den Ohrmuscheln oder **Pinnae**, die sich an beiden Seiten des Kopfs befinden und dem **äußeren Gehörgang** besteht (◧ Abb. 11.11). Der äußere Gehörgang ist bei Erwachsenen eine etwa 3 cm lange Röhre. Obwohl die Ohrmuscheln der auffälligste Teil des Ohrs sind und sie bei der Lokalisierung von Geräuschen eine Rolle spielen, wie wir

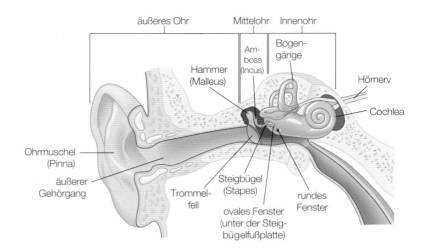

Abb. 11.11 Das Ohr mit seinen 3 Abschnitten, dem äußeren Ohr, dem Mittelohr und dem Innenohr. (Adaptiert nach Lindsay & Norman, 1977. Reprinted with permission from Elsevier.)

11

in ▶ Kap. 12 sehen werden, könnten wir auf diesen Teil des Ohrs am ehesten verzichten. Van Gogh wurde nicht taub dadurch, dass er sich 1888 mit einem Rasiermesser das Ohr abschnitt.

Der äußere Gehörgang schirmt die empfindlichen Strukturen des Mittelohrs vor schädlichen Einflüssen der Außenwelt ab. Das Mittelohr ist also etwas zurückgesetzt; dies schützt gemeinsam mit dem Ohrenschmalz das empfindliche **Trommelfell** am Ende des äußeren Gehörgangs und hält Trommelfell und Mittelohr auf einer relativ konstanten Temperatur.

Außer dieser Schutzfunktion hat der äußere Gehörgang noch eine weitere Aufgabe: Er verstärkt bestimmte Frequenzen aufgrund des physikalischen Prinzips der Resonanz. **Resonanz** tritt auf, wenn Schallwellen vom geschlossenen Ende des Gehörgangs reflektiert werden und sich mit hereinkommenden Schallwellen überlagern, sodass sich durch Welleninterferenz einige Frequenzen verstärken. Dabei hängt es von der Länge des Gehörgangs ab, welche Frequenz die größte Verstärkung erfährt. Diese am meisten verstärkte Frequenz ist die **Resonanzfrequenz** des Gehörgangs.

Messungen des Schalldrucks innerhalb des Ohrs haben gezeigt, dass die Resonanzen im Gehörgang im Frequenzbereich zwischen etwa 2000 und 5000 Hz einen leichten Verstärkungseffekt beim Schalldruckpegel haben. In diesem Frequenzbereich ist die Hörempfindlichkeit, wie die Hörschwellenkurve in ◻ Abb. 11.8 zeigt, am höchsten.

11.3.2 Mittelohr

Wenn Schallwellen aus der Luft auf das Trommelfell am Ende des äußeren Gehörgangs treffen, versetzen sie es in Schwingung, und diese Schwingung überträgt sich auf die Strukturen im Mittelohr, das sich an das Trommelfell anschließt. Das **Mittelohr** ist ein kleiner Hohlraum mit einem Volumen von etwa 2 cm³, der zwischen dem äußeren Gehörgang und dem Innenohr liegt (◻ Abb. 11.12). Dieser

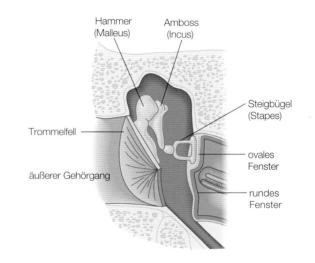

Abb. 11.12 Das Mittelohr. Die 3 Gehörknöchelchen übertragen die Schwingungen des Trommelfells in das Innenohr

Hohlraum enthält die **Gehörknöchelchen**, die 3 kleinsten Knochen im menschlichen Körper. Das erste dieser Knöchelchen, der **Hammer** (**Malleus**), wird direkt vom angrenzenden Trommelfell in Schwingung versetzt und gibt diese an den **Amboss** (**Incus**) weiter, der sie wiederum an den **Steigbügel** (**Stapes**) überträgt. Der Steigbügel leitet die Schwingung durch Druck auf eine Membran, die das **ovale Fenster** abdeckt, in das Innenohr weiter.

Wozu sind die Gehörknöchelchen nötig? Diese Frage lässt sich wie folgt beantworten: Der äußere Gehörgang und das Mittelohr sind mit Luft gefüllt, das Innenohr jedoch mit einer wässrigen Flüssigkeit, die eine viel höhere Dichte als Luft aufweist (◻ Abb. 11.13). Die Diskrepanz zwischen der geringen Dichte der Luft und der hohen Dichte der Innenohrflüssigkeit führt zu dem Problem, dass die Druckschwankungen in der Luft nur schlecht an die viel dichtere Innenohrflüssigkeit weitergegeben werden. Diese Diskrepanz lässt sich anhand der Schwierigkeit verstehen, die man bekommt, wenn man einem Gespräch von Per-

äußeres Ohr	Mittelohr	Innenohr
Luft	Luft	cochleare Flüssigkeit

Abb. 11.13 Umgebungsbedingungen innerhalb des äußeren Ohrs, des Mittelohrs und des Innenohrs. Die Tatsache, dass das Innenohr mit Flüssigkeit gefüllt ist, stellt ein Problem bei der Übertragung von Schallwellen aus der Luft des Mittelohrs dar

sonen zuhören will, aber selbst unter Wasser getaucht ist, während sie oberhalb des Wasserspiegels reden.

Müssten die Schwingungen direkt aus der Luft an die Flüssigkeit übertragen werden, so würden weniger als 1 % von ihnen weitergegeben (Durrant & Lovrinic, 1977). Die Gehörknöchelchen tragen auf zweierlei Weise zur Lösung dieses Problems bei:

1. Sie konzentrieren die Schwingung des großflächigen Trommelfells auf den viel kleineren Steigbügel (▪ Abb. 11.14a).
2. Sie funktionieren nach dem Hebelprinzip, ähnlich wie wenn ein geringes Gewicht auf der längeren Seite einer Wippe ein größeres Gewicht auf der kurzen Seite der Wippe hochhebt (▪ Abb. 11.14b).

Diesen Verstärkungseffekt der Gehörknöchelchen können wir uns durch die Tatsache vor Augen führen, dass bei Patienten mit chirurgisch irreparabel geschädigten Gehörknöchelchen der Schalldruckpegel um 10–50 dB erhöht

werden muss, um dasselbe Hörvermögen zu erreichen wie bei intakten Gehörknöchelchen (Bess & Humes, 2008).

Nicht alle Spezies benötigen diese Verstärkung durch Gehörknöchelchen so wie der Mensch. Fische beispielsweise können auf die Verstärkung verzichten, denn es besteht nur eine geringe Diskrepanz zwischen der Dichte des Wassers, das in der Lebensumwelt der Fische Schall überträgt, und ihrer Innenohrflüssigkeit. Daher haben Fische kein äußeres Ohr und kein Mittelohr.

Das Mittelohr enthält außerdem die **Mittelohrmuskeln**, die kleinsten Skelettmuskeln im menschlichen Körper. Diese Muskeln setzen an den Gehörknöchelchen an und kontrahieren bei sehr hohen Schallintensitäten, um die Schwingung der Gehörknöchelchen zu dämpfen. Das verringert die Übertragung von Schall mit niedrigen Frequenzen und trägt dazu bei, dass relativ starke Schallkomponenten mit niedrigen Frequenzen nicht mit der Wahrnehmung hoher Frequenzen interferieren. Insbesondere wird durch die Kontraktion der Gehörknöchelmuskeln unsere eigene Stimme oder Kaugeräusche abgeschirmt, sodass sie nicht die Wahrnehmung gesprochener Sprache im Gespräch mit anderen Personen stört – was beispielsweise in einem lauten Restaurant wichtig ist.

11.3.3 Innenohr

Wir werden zunächst den Aufbau des Innenohrs beschreiben und dann, was passiert, wenn Teile des Innenohrs in Schwingung versetzt werden.

Die Struktur des Innenohrs

Die wichtigste Struktur des **Innenohrs** ist die flüssigkeitsgefüllte **Cochlea**, die Hörschnecke, die in ▪ Abb. 11.11 grün dargestellt und in ▪ Abb. 11.15a als Ausschnittvergrößerung teilweise entrollt gezeigt ist. Die Cochlea ist in ▪ Abb. 11.15b vollständig entrollt und ähnelt einem Schlauch. Das auffälligste Merkmal der entrollten Cochlea ist die Trennwand zwischen der oberen Hälfte, der *Scala vestibuli* (Vorhoftreppe), und der unteren Hälfte, der *Scala tympani* (Paukentreppe). Diese **cochleäre Trennwand** erstreckt sich fast über die gesamte Länge der Cochlea, von der **Basis** nahe den Gehörknöchelchen bis zum **Apex** am anderen Ende. Beachten Sie, dass diese Zeichnung nicht maßstabsgetreu ist und daher nicht die echten Proportionen der Cochlea wiedergibt. In Wirklichkeit wäre die entrollte Cochlea ein Zylinder von 2 mm Durchmesser und 35 mm Länge.

Die cochleäre Trennwand erscheint in ▪ Abb. 11.15b als dünne Linie, ist aber tatsächlich vergleichsweise groß und enthält die Rezeptoren, die die Schwingungen in der Cochlea in elektrische Signale umwandeln. Wir können den Aufbau der cochleären Trennwand erkennen, wenn wir die Cochlea vom Ende her und im Querschnitt betrachten, wie in ▪ Abb. 11.16a dargestellt. Dabei sehen wir, dass sich in der cochleären Trennwand das **Corti'sche Organ**

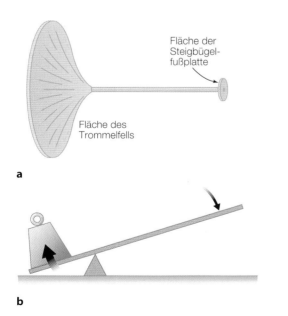

Abb. 11.14 **a** Schematische Darstellung des Trommelfells und des Steigbügels, die die Größendifferenz veranschaulicht. **b** Ein kleines Gewicht kann durch Hebelwirkung ein großes Gewicht bewegen. Die Hebelwirkung der Gehörknöchelchen verstärkt die Übertragung der Schwingung des Trommelfells auf das Innenohr. (Aus Schubert, 1980)

Abb. 11.15 **a** Eine teilweise entrollte Cochlea. **b** Eine vollständig entrollte Cochlea. Die cochleäre Trennwand, die hier durch eine *Linie* dargestellt ist, enthält in Wirklichkeit die Basilarmembran und das Corti'sche Organ, die in ◻ Abb. 11.16 dargestellt sind

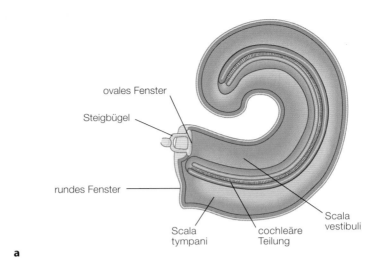

ovales Fenster

Steigbügel

rundes Fenster

Scala tympani

cochleäre Teilung

Scala vestibuli

a

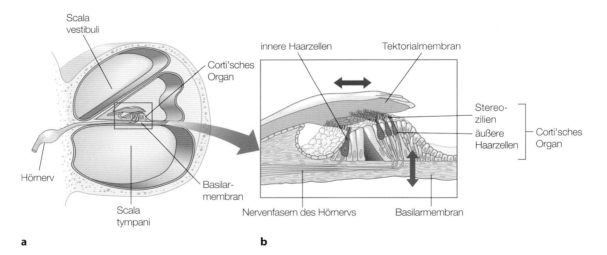

Steigbügel   ovales Fenster

cochleäre Teilung

Scala vestibuli (Vorhoftreppe)

Basis

Scala tympani (Paukentreppe)

rundes Fenster

Schnittebene zu Abbildung 11.16

Apex

b

11

Scala vestibuli

innere Haarzellen   Tektorialmembran

Corti'sches Organ

Stereozilien

äußere Haarzellen

Corti'sches Organ

Hörnerv

Scala tympani

Basilarmembran

Nervenfasern des Hörnervs

Basilarmembran

a

b

◻ **Abb. 11.16** **a** Ein Querschnitt durch die Cochlea. **b** Eine Ausschnittvergrößerung des Corti'schen Organs. Man sieht deutlich, wie es auf der Basilarmembran aufliegt. Die *Pfeile* stellen die Bewegungen der Basilarmembran und der Tektorialmembran dar, die durch die Schwingung der cochleären Trennwand verursacht werden. Obwohl in dieser Abbildung nicht ersichtlich, sind die Stereozilien der äußeren Haarzellen in die Tektorialmembran eingebettet, die Stereozilien der inneren Haarzellen jedoch nicht. (Adaptiert nach Denes & Pinson, 1993)

befindet, das die Haarzellen enthält – die Rezeptoren für das Hören. Beachten Sie, dass ◻ Abb. 11.16 nur eine Stelle des Corti'schen Organs zeigt, aber wie in ◻ Abb. 11.16 dargestellt, erstreckt sich die cochleäre Trennwand, die das Corti'sche Organ enthält, über die gesamte Länge der Cochlea. Entsprechend gibt es über die gesamte Länge der

Cochlea Haarzellen. Außerdem sehen wir 2 Membranen, die **Basilarmembran** und die **Tektorialmembran** (blau), die bei der Aktivierung der Haarzellen eine entscheidende Rolle spielen.

Die **Haarzellen** sind in ◻ Abb. 11.16b rot dargestellt und in ◻ Abb. 11.17 gelb. Vom oberen Ende der Haarzellen

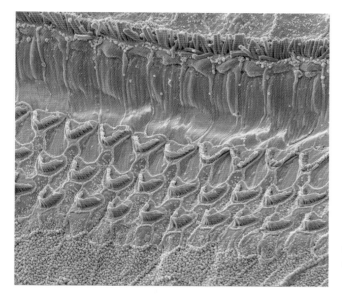

Abb. 11.17 Elektronenmikroskopische Aufnahme der inneren Haarzellen (*oben*) und der in 3 Reihen angeordneten äußeren Haarzellen (*unten*). Die Haarzellen sind zur Verdeutlichung *eingefärbt*. (© Steve Gschmeissner/Science Photo Library)

gehen feine Fortsätze aus, die **Stereozilien**, die auf Druckschwankungen reagieren. Beim Menschen enthält das Corti'sche Organ eine Reihe innerer Haarzellen und meist in 3 Reihen angeordnete äußere Haarzellen, wobei die Gesamtzahl der inneren Haarzellen ungefähr bei 3500 und die der äußeren Haarzellen bei ungefähr 12.000 liegt. Die höchste Reihe der Stereozilien auf den äußeren Haarzellen ist in die Tektorialmembran eingebettet. Die Stereozilien der inneren Haarzellen haben dagegen keinen Kontakt mit der Tektorialmembran (Møller, 2006).

Auslenkung der Haarzellen durch Schwingungen

Das Corti'sche Organ, das auf der Basilarmembran sitzt und von der Tektorialmembran überdeckt wird, ist Schauplatz der Ereignisse, die sich abspielen, sobald der Steigbügel im Mittelohr Schwingungen auf das ovale Fenster überträgt. Das Vor- und Zurückschwingen des ovalen Fensters überträgt sich auf die Flüssigkeit im Inneren der Cochlea und bringt so die cochleäre Trennwand in eine Auf- und Abbewegung, wie durch den blauen Pfeil in ◻ Abb. 11.16b dargestellt. Diese Auf- und Abbewegung der cochleären Trennwand hat 2 Auswirkungen: Zum einen versetzt sie das Corti'sche Organ in eine Auf- und Abbewegung, zum anderen führt sie zu einer Hin- und Herbewegung der Tektorialmembran, wie durch den roten Pfeil dargestellt. Diese beiden Bewegungen führen dazu, dass die Tektorialmembran genau oberhalb der inneren Haarzellen hin- und hergleitet. Diese Schwingung führt zur Auslenkung der Stereozilien auf den äußeren Haarzellen, die in die Tektorialmembran eingebettet sind. Die Stereozilien der anderen, nicht in die Membran eingebetteten äußeren Haarzellen

und der inneren Haarzellen werden ebenfalls ausgelenkt, allerdings durch die Druckwellen in der sie umgebenden Flüssigkeit (Dallos, 1996).

Erzeugung des elektrischen Signals durch Auslenkung

Wir haben nun den Punkt erreicht, an dem die Schwingungen, die das Innenohr erreicht haben, in elektrische Signale umgewandelt werden. Diesen Prozess der Transduktion haben wir in ▶ Kap. 2 für die visuelle Wahrnehmung beschrieben, bei dem der lichtempfindliche Teil eines Sehpigments Licht absorbiert und seine Molekülstruktur verändert. Diese Veränderung stößt eine Kette von chemischen Reaktionen an, die schließlich die Ionenströme durch die Membranen der visuellen Rezeptoren verändern. Bei der Beschreibung dieses Prozesses für das Hören konzen-

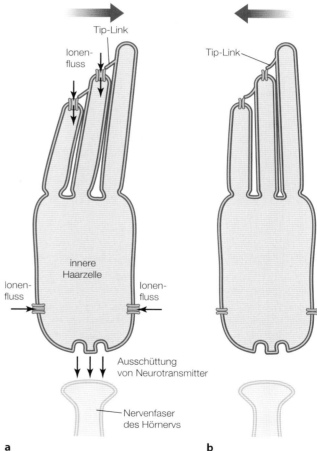

Abb. 11.18 Wie die Auslenkung der Stereozilien in der Haarzelle eine elektrische Veränderung hervorruft. **a** Wenn die Stereozilien in Pfeilrichtung ausgelenkt werden, werden die als Tip-Links bezeichneten Verbindungen an ihrer Spitze gedehnt und dadurch Ionenkanäle geöffnet. Jetzt strömen positive geladenen Kaliumionen (K^+) in die Haarzelle und führen im Inneren zu einer positiveren Ladung. **b** Wenn die Stereozilien in die entgegengesetzte Richtung ausgelenkt werden, entspannen sich die Tip-Links und die Kanäle schließen sich. (Nach Plack, 2005)

trieren wir uns auf die inneren Haarzellen, da diese die Hauptrezeptoren und verantwortlich für die Erzeugung von Signalen sind, die über Nervenfasern des Hörnervs an den Kortex gesendet werden. Auf die äußeren Haarzellen werden wir später in diesem Kapitel zurückkommen.

Auch beim Hören ist ein Ionenfluss beteiligt. Zunächst werden die Stereozilien in die eine Richtung gebogen (◘ Abb. 11.18a). Durch diese Biegung werden kleine Verbindungen an ihrer Spitze, sogenannte **Tip-Links**, gedehnt, was dann winzige Ionenkanäle in der Stereozilienmembran öffnet – diese Verbindungen ziehen gleichsam eine Klappe über dem Kanal auf. Wenn die Ionenkanäle geöffnet sind, strömen positiv geladene Kaliumionen (K^+) in die Haarzelle, und es entsteht ein elektrisches Signal. Werden die Stereozilien in die entgegengesetzte Richtung ausgelenkt (◘ Abb. 11.18b), entspannen sich die Tip-Links wieder und die Ionenkanäle schließen sich – der Ionenfluss kommt zum Erliegen. Insgesamt führt die Auslenkung der Stereozilien der Haarzellen abwechselnd zu elektrischen Signalen in Form von Ionenströmen (wenn die Stereozilien in die eine Richtung schwingen) und zu Signalpausen (wenn die Stereozilien in die entgegengesetzte Richtung ausgelenkt werden). Die Ionenströme in die Haarzelle führen zur Ausschüttung von Neurotransmittern, die über den synaptischen Spalt die Nervenfaser des Hörnervs erreichen und so das Feuern einer Nervenfaser auslösen.

Synchronisierung der elektrischen Signale mit den Druckschwankungen eines reinen Sinustons

◘ Abb. 11.19 zeigt, wie die Auslenkungen der Stereozilien den Schalldruckschwankungen eines reinen Sinustons folgen. Während der Schalldruck zunimmt, werden die Stereozilien so ausgelenkt, dass die Haarzellen aktiviert werden und die mit ihnen synaptisch verbundenen Nervenfasern des Hörnervs feuern. Wenn der Druck abfällt, werden die Stereozilien in entgegengesetzter Richtung ausgelenkt und es kommt nicht zum Feuern. Insgesamt führt das dazu, dass die Nervenfasern synchron zu den Druckschwankungen eines reinen Sinustons feuern.

Dieses synchrone Feuern mit dem Schallstimulus bezeichnet man als **Phasenkopplung**. Bei hochfrequenten Tönen wird eine Nervenfaser nicht bei jedem Druckmaximum feuern, weil es eine Erholungszeit nach dem Feuern braucht (die in ▶ Kap. 2 beschriebene Refraktärzeit). Aber wenn die Faser feuert, dann geschieht das immer zu einem Zeitpunkt, an dem die Schallschwingung eine bestimmte Amplitude erreicht – die Phasenbeziehung zwischen Feuern und Tonstimulus bleibt konstant, wie ◘ Abb. 11.20 verdeutlicht. Da viele Fasern auf den Ton (◘ Abb. 11.20a) mit Feuern antworten, ist es wahrscheinlich, dass einige davon eine einzelne Druckschwankung „auslassen", während andere auf diese Schwingungsphase mit Feuern antworten (◘ Abb. 11.20b). Wenn wir jedoch die Aktivierung vieler Nervenfasern betrachten, die alle nur bei einem Maximum

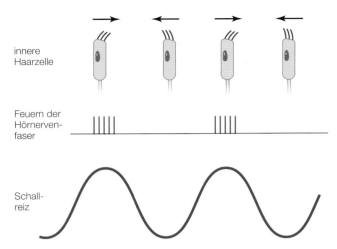

◘ Abb. 11.19 Die Aktivierung der Haarzellen und das Feuern der Nervenfasern des Hörnervs erfolgt synchron zu den Druckschwankungen des Tons. Die Nervenfasern, die mit einer Haarzelle verbunden sind, feuern, wenn die Stereozilien bei hohem Druck in eine bestimmte Richtung ausgelenkt sind; sie feuern nicht, wenn die Stereozilien bei niedrigem Druck in die Gegenrichtung ausgelenkt sind

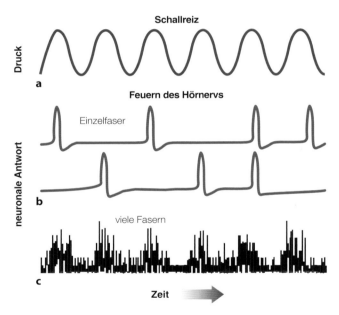

◘ Abb. 11.20 a Druckschwankungen bei einem 250-Hz-Ton. **b** Aktivierungsmuster zweier Nervenfasern mit Spikes, die immer zu einem Zeitpunkt auftreten, an dem die Druckamplitude ihr Maximum erreicht. **c** Überlagerung der Aktivierungsmuster von 500 Nervenfasern. Obwohl die Einzelantworten variieren, gibt die Gesamtaktivierung einer großen Gruppe von Neuronen die Periodizität des 250-Hz-Tons wieder. (Nach Plack, 2005)

der Schallwelle feuern, dann spiegelt das Aktivierungsmuster die Frequenz des Schallreizes wider (◘ Abb. 11.20c). Das bedeutet, dass die Wiederholfrequenz eines Schallreizes ein Aktivierungsmuster von Nervenfasern erzeugt, bei dem der Zeitpunkt der Aktionspotenziale mit dem zeitlichen Verlauf des Schallreizes übereinstimmt.

11.4 Umwandlung der Frequenz des Schallreizes in Nervensignale

Nachdem wir nun wissen, wie elektrische Signale erzeugt werden, stellt sich folgende Frage: „Wie geben diese Signale die Frequenz eines Schallreizes weiter?" Die Beantwortung der Frage, wie die Frequenz durch die Aktivierung der Nervenfasern angezeigt wird, fokussierte sich auf die Bestimmung der Schwingungen der Basilarmembran bei unterschiedlichen Frequenzen. Georg von Békésy, der 1961 den Nobelpreis für seine Forschung zur Physiologie des Hörens erhielt, leistete zur Beantwortung dieser Frage Pionierarbeit.

11.4.1 Békésys Untersuchungen zur Schwingung der Basilarmembran

Békésy untersuchte die Schwingungen der Basilarmembran bei verschiedenen Frequenzen, indem er die Schwingungen in der Basilarmembran beobachtete. Dazu präparierte er Cochleae aus menschlichen und tierischen Leichen weitgehend intakt heraus und versetzte die Basilarmembran mit Schall unterschiedlicher Frequenz in Schwingung. Durch eingebohrte Löcher nahm er die Schwingungen mit einer Art Stroboskopkamera auf, um die Membranpositionen zu verschiedenen Zeitpunkten zu fotografieren (von Békésy, 1960). Als er untersuchte, welche Position die Membran zu verschiedenen Zeitpunkten einnahm, kam er zu dem Ergebnis, dass die Schwingung der Basilarmembran die Form einer **Wanderwelle** zeigt, ähnlich wie die eines Seils, dass man an einem Ende festhält und wie eine Peitsche auf den Boden schlagen lässt.

■ Abb. 11.21a zeigt diese Wanderwelle aus einer seitlichen Perspektive, ■ Abb. 11.21b zeigt sie im Längsschnitt an 3 aufeinanderfolgenden Zeitpunkten. Die durchgezogene waagerechte Linie stellt die Basilarmembran in Ruhe dar. Kurve 1 zeigt ihre Stellung zu einem bestimmten Zeitpunkt ihrer Schwingung, und die Kurven 2 und 3 zeigen ihre Stellung zu 2 darauffolgenden Zeitpunkten. Wie sich aus Békésys Messungen ergibt, schwingt ein Großteil der Membran, manche Abschnitte schwingen jedoch stärker als andere.

Wenn die Schwingung der Basilarmembran einer Wanderwelle entspricht, dann stellt sich die Frage, was an den einzelnen Orten entlang der Membran passiert. Würden wir uns an einer bestimmten Stelle der Basilarmembran befinden, würden wir sehen, wie sich die Membran mit der Frequenz des Tons hebt und senkt. Wenn wir die gesamte Membran beobachten, sehen wir, dass die Schwingungen über weite Teile der Membran auftreten, es allerdings einen Ort gibt, an dem die Schwingung am größten ist.

Békésys wichtigste Erkenntnis war, dass der Ort, an dem die Schwingungsamplitude am größten ist, von der Frequenz des Tons abhängt, wie in ■ Abb. 11.22 darge-

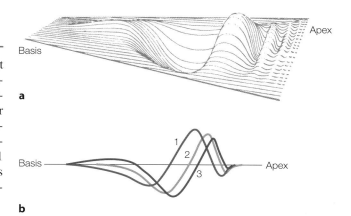

a

b

■ **Abb. 11.21** **a** Eine perspektivische Darstellung der Bewegung der Basilarmembran in Form einer Wanderwelle. Dieses Bild zeigt, wie die Schwingung aussähe, wenn sie nach etwa 2/3 des Wegs entlang der Basilarmembran „eingefroren" würde. **b** Die momentane Form der Basilarmembran während ihrer Schwingung zu 3 aufeinanderfolgenden Zeitpunkten, dargestellt im Querschnitt durch die Linien in *Blau*, *Grün* und *Rot*. (a: Adaptiert nach Tonndorf, 1960. Reprinted with permission. Copyright 1960, Acoustic Society of America; b: adaptiert nach von Békésy, 1960, © McGraw-Hill)

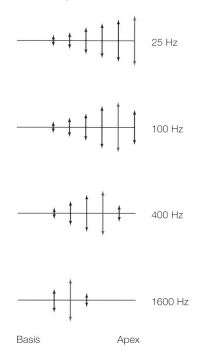

■ **Abb. 11.22** Die Schwingungsmaxima der Basilarmembran (*rote Pfeile*) liegen bei verschiedenen Frequenzen des Tonreizes an verschiedenen Orten. Die *kürzeren Pfeile* repräsentieren geringere Auslenkungen. Bei einer Frequenz von 25 Hz tritt das Schwingungsmaximum am Apex der cochleären Trennwand auf. Mit zunehmender Frequenz verlagert sich dieses Maximum zur Basis hin. (Nach Daten von von Békésy, 1960)

stellt. Die Pfeile verdeutlichen das Ausmaß der Auf- und Abbewegung der Membran an unterschiedlichen Orten. Die roten Pfeile stehen für die maximalen Auslenkungen bei der jeweiligen Frequenz. Beachten Sie, dass sich die Orte maximaler Schwingung mit zunehmender Frequenz vom **Apex** am Ende der Cochlea zur **Basis** am ovalen Fenster verschieben. Das Schwingungsmaximum, das bei einem 25-Hz-Ton am Apex, in der Nähe des Scheitelpunkts der Basilarmembran, auftritt, verlagert sich bei einem 1600-Hz-Ton deutlich in Richtung Basis. Da der Ort der maximalen Schwingung von der Frequenz abhängt, bedeutet dies, dass die Schwingung der Basilarmembran als ein effektiver Filter fungiert, der die Töne nach Frequenz gliedert.

11.4.2 Filterfunktion der Cochlea

Die Filterfunktion der Cochlea, bei der Schallreize nach Frequenzen sortiert werden, können wir uns vorstellen, wenn wir für einen Moment nicht an das Hören denken und ▣ Abb. 11.23a betrachten, die zeigt, wie Kaffeebohnen nach Größe sortiert werden. Bohnen unterschiedlicher Größe werden auf eine Seite eines Siebrosts gelegt, das an der Einschüttstelle kleine Löcher und zur anderen Seite hin größere Löcher aufweist. Die Bohnen wandern das Sieb hinunter, wobei zunächst die kleineren Bohnen durch die kleinen Löcher und dann die größeren Bohnen durch die größeren Löcher des Siebs fallen. So können mithilfe eines Siebs Kaffeebohnen nach Größe sortiert werden.

So wie die unterschiedlich großen Löcher entlang des Siebs die Kaffeebohnen nach ihrer Größe sortieren, unterscheiden die verschiedenen Orte maximaler Schwingungen entlang der Länge der Basilarmembran die Schallreize nach ihrer Frequenz (▣ Abb. 11.23b). Hohe Frequenzen verursachen mehr Schwingungen in der Nähe der Basis der Cochlea, niedrige Frequenzen mehr Schwingungen am Apex der Cochlea. Die Schwingung der Basilarmembran „sortiert" oder „filtert" also nach Frequenzen, sodass die Haarzellen an verschiedenen Stellen der Cochlea bei unterschiedlichen Frequenzen aktiviert werden.

▣ Abb. 11.24 zeigt die Ergebnisse von Messungen, bei denen Elektroden an verschiedenen Stellen entlang der Cochlea eines Meerschweinchens platziert wurden, um die neuronalen Antworten auf verschiedene Frequenzen zu registrieren (Culler, 1935; Culler et al., 1943). Die Anwendung dieser Methode führt zu einer Karte der Cochlea, die die Sortierung der Frequenzen illustriert. Die Basis der Cochlea antwortet am stärksten auf hohe Frequenzen, der Apex auf tiefe Frequenzen. Diese Karte der Frequenzen wird als **tonotope Karte** bezeichnet.

Eine weitere Möglichkeit, den Zusammenhang zwischen Frequenz und Ort zu demonstrieren, ist die Aufzeichnung der Antworten einzelner Nervenfasern, die sich an verschiedenen Stellen der Cochlea befinden. Die Messung der Antwort der Hörnervenfasern auf die Frequenz wird durch die neuronale *Frequenz-Tuningkurve* dargestellt (Methode 11.2).

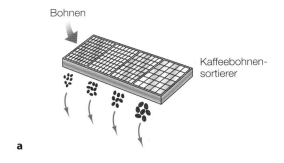

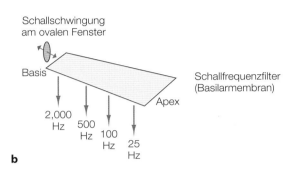

▣ **Abb. 11.23** Zwei Möglichkeiten der Sortierung. **a** Kaffeebohnen unterschiedlicher Größe werden auf die linke Seite des Siebs gelegt. Durch Schütteln und die Wirkung der Schwerkraft werden die Bohnen auf dem Sieb weiter transportiert. Kleinere Kaffeebohnen fallen durch die kleinen Löcher auf der *linken* Seite des Siebs, größere durch die größeren Löcher auf der *anderen Seite*. **b** Schallschwingungen verschiedener Frequenzen, die am ovalen Fenster *links* auftreten, setzen die Schwingung der Basilarmembran in Gang. Höhere Frequenzen erzeugen Schwingungen an der Basis, nahe dem ovalen Fenster; niedrige Frequenzen erzeugen Schwingungen nahe dem Apex

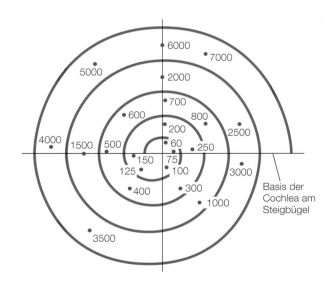

▣ **Abb. 11.24** Tonotope Karte der Cochlea des Meerschweinchens. Die Zahlen bezeichnen den Ort der maximalen elektrischen Antwort für jede Frequenz. (Aus Culler et al., 1943. Copyright 1943 by the Board of Trustees of the University of Illinois. Used with permission of the University of Illinois Press.)

Neuronale Frequenz-Tuningkurven

Die **Frequenz-Tuningkurve** des Neurons wird bestimmt, indem man reine Sinustöne unterschiedlicher Frequenz darbietet und misst, bei welchem Schalldruckpegel das Neuron oberhalb der Spontanrate zu feuern beginnt. Dieser Schalldruckpegel ist die Schwelle für die entsprechende Frequenz. Trägt man dann die Schwellenpegel für jede Nervenfaser gegen die Frequenz ab, so erhält man Frequenz-Tuningkurven (◘ Abb. 11.25). Die Pfeile unter einigen Kurven bezeichnen die Frequenz, für die das Neuron die maximale Empfindlichkeit aufweist. Diese Frequenz ist die sogenannte **charakteristische Frequenz** der betreffenden Nervenfaser im Hörnerv.

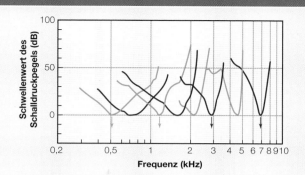

◘ **Abb. 11.25** Frequenz-Tuningkurven von Hörnervenfasern der Katze. Die charakteristische Frequenz jeder Nervenfaser wird durch die *Pfeile* entlang der Abszisse angezeigt. Die Frequenz ist in Kilohertz (1 kHz = 1000 Hz) angegeben. Jede der 3500 inneren Haarzellen hat ihre eigene Tuningkurve, und da jede innere Haarzelle Signale an etwa 20 Hörnervenfasern sendet, wird jede Frequenz durch mehrere Neuronen repräsentiert, die sich an der entsprechenden Stelle entlang der Basilarmembran befinden. (Nach Miller et al., 1987. Reprinted with permission. Copyright 1987, Acoustic Society of America.)

Die Filterwirkung der Cochlea spiegelt sich in der Tatsache wider, dass einerseits die Neuronen am besten auf eine bestimmte Frequenz antworten und dass andererseits jede Frequenz mit Nervenfasern verbunden ist, die an einer bestimmten Stelle entlang der Basilarmembran angeordnet sind. Dabei haben Fasern, die nahe der Basis der Cochlea entspringen, hohe charakteristische Frequenzen und die Fasern, die in der Nähe des Apex ihren Ursprung haben, niedrige charakteristische Frequenzen.

11.4.3 Cochleäre Verstärkung durch die äußeren Haarzellen

Békésys ermittelte anhand seiner Messungen nicht nur die Orte, an denen bestimmte Frequenzen maximale Schwingungen entlang der Basilarmembran erzeugen, sondern er stellte auch fest, dass diese Schwingungen über einen großen Teil der Membran verteilt waren. Spätere Forscher erkannten, dass Békésy eine relativ „großräumige" Schwingung der Basilarmembran beobachtet hatte, weil seine Messungen an „toten" Cochleae durchgeführt wurden, die er aus menschlichen oder tierischen Leichen entnommen hatte und die isoliert vom übrigen Körper untersucht wurden. Als moderne Forscher eine fortschrittlichere Technologie einsetzten, die es ihnen ermöglichte, Schwingungen in lebenden Cochleae mit sensitiveren Methoden zu messen, zeigten sie, dass diese Schwingung bei einer bestimmten Frequenz auf einen viel kleineren Bereich der Basilarmembran beschränkt ist, als es Békésy beobachtet hatte (Khanna & Leonard, 1982; Rhode, 1971, 1974). Doch was war für diese stärker fokussierten Schwingungen

verantwortlich? 1983 veröffentlichte Hallowell Davis einen Aufsatz mit dem Titel „An Active Process in Cochlear Mechanics" (Ein aktiver Prozess in der Cochlea-Mechanik), der mit der aufsehenerregenden Aussage begann: „Wir befinden uns mitten in einem großen Durchbruch in der Hörphysiologie." Er schlug einen Mechanismus vor, den er **cochleärer Verstärker** nannte und der erklärte, warum die neuronalen Tuningkurven schmaler waren, als man es aufgrund von Békésys Messungen der Basilarmembranschwingungen erwarten würde. Davis vertrat die These, dass der Cochleaverstärker als aktiver mechanischer Prozess in den äußeren Haarzellen auftritt. Dieser Prozess wird uns bewusst, wenn wir beschreiben, wie die äußeren Haarzellen auf die Schwingungen der Basilarmembran reagieren und diese beeinflussen.[1]

Die Hauptaufgabe der äußeren Haarzellen besteht darin, die Schwingungen der Basilarmembran zu beeinflussen, indem sie ihre Länge verändern (Ashmore, 2008; Ashmore et al., 2010). Während der Ionenfluss in den inneren Haarzellen eine elektrische Reaktion in den Hörnervenfasern verursacht, bewirkt er in den äußeren Haarzellen mechanische Veränderungen innerhalb der Zelle, die eine Ausdehnung und eine Kontraktion der Zelle bewirken, wie in ◘ Abb. 11.26 gezeigt. Die äußeren Haarzellen werden gedehnt, wenn sie in eine Richtung abgelenkt werden (◘ Abb. 11.26a), und sie werden gestaucht, wenn sie in die andere Richtung ausgelenkt werden (◘ Abb. 11.26b).

---

1 Theodore Gold (1948), der später ein bekannter Kosmologe und Astronom werden sollte, hatte als Erster vorgeschlagen, dass es in der Cochlea einen aktiven Prozess gibt. Aber erst viele Jahre später führten weitere Entwicklungen in der Hörforschung zu der Annahme des cochleären Verstärkermechanismus (siehe Gold, 1989).

◻ **Abb. 11.26** Der cochleäre Verstärker tritt als Mechanismus in den äußeren Haarzellen auf, wenn sich die Haarzellen **a** dehnen, während die Stereozilien in eine Richtung ausgelenkt werden, und **b** zusammenziehen, während die Stereozilien in die andere Richtung ausgelenkt werden. Dadurch werden die Schwingungen der Basilarmembran verstärkt

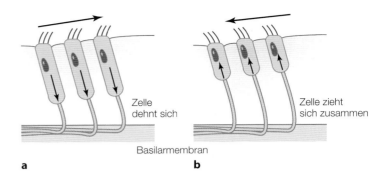

Zelle dehnt sich

Zelle zieht sich zusammen

Basilarmembran

a   **b**

Diese mechanische Reaktion in Form von Expansion und Kontraktion wirkt als Druck oder Zug auf die Basilarmembran, der ihre Bewegung verstärkt und zu einer schärferen Abstimmung der Antwort für bestimmte Frequenzen führt.

Wie wichtig der Verstärkungseffekt der äußeren Haarzellen ist, verdeutlichen die Frequenz-Tuningkurven in ◻ Abb. 11.27. Die durchgezogene blaue Kurve ist die Frequenz-Tuningkurve für eine Nervenfaser im Hörnerv einer Katze, die selektiv auf eine Frequenz von 8000 Hz antwortet. Die gestrichelte rote Kurve zeigt, was passiert, wenn die äußeren Haarzellen mit einer Chemikalie zerstört werden, die die inneren Haarzellen jedoch nicht schädigt. Während die Nervenfaser anfangs bei 8000 Hz eine niedrige Schwelle aufwies, antwortet sie nach der Schädigung

erst bei einem erheblich höheren Schalldruckpegel auf eine Frequenz von 8000 Hz oder benachbarte Frequenzen (Fettiplace & Hackney, 2006; Liberman & Dodds, 1984).

Die Schlussfolgerung aus diesem Versuch und den Ergebnissen anderer Experimente ist, dass der cochleäre Verstärker das Tuning an jeder Stelle der Cochlea deutlich schärft.

Bei unseren bisherigen Ausführungen haben wir uns auf physikalische Vorgänge im Innenohr konzentriert. Dabei ging es um physikalische Vorgänge wie das Öffnen von Klappen und Ionenströme, das Feuern von Nervenfasern, das mit dem Schallreiz synchronisiert ist, und die Schwingungen der Basilarmembran entsprechend der verschiedenen Frequenzen entlang der Cochlea. All diese Informationen sind entscheidend für das Verständnis der Funktionsweise des Ohrs. Der nächste Abschnitt befasst sich mit der Verbindung zwischen diesen physikalischen Prozessen und der Wahrnehmung.

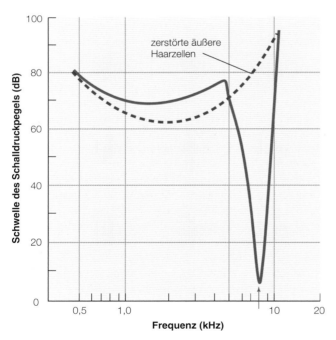

◻ **Abb. 11.27** Die Folgen einer Schädigung der äußeren Haarzellen zeigen sich in diesen Frequenz-Tuningkurven. Die *blaue* durchgezogene Kurve gibt die Frequenz-Tuningkurve eines Neurons mit einer charakteristischen Frequenz von 8000 Hz bei intakten Haarzellen wieder (*Pfeil*). Die *rote gestrichelte* Kurve zeigt die Frequenz-Tuningkurve für dasselbe Neuron nach der chemischen Zerstörung der äußeren Haarzellen. (Adaptiert nach Fettiplace & Hackney, 2006)

Übungsfragen 11.2

1. Beschreiben Sie den Aufbau des Ohrs und konzentrieren Sie sich dabei auf die Rolle jedes einzelnen Teils bei der Übertragung von Schallsignalen aus dem äußeren Ohr zu den auditorischen Rezeptoren im Innenohr.

2. Beschreiben Sie beim Innenohr, (1) was die Auslenkung der Stereozilien der Haarzellen hervorruft und (2) was bei der Auslenkung der Stereozilien passiert und (3) wie die Phasenkopplung bewirkt, dass das elektrische Signal dem zeitlichen Verlauf des Stimulus folgt.

3. Beschreiben Sie Békésys Entdeckung der Schwingungsform der Basilarmembran. Wie genau hängen Schallfrequenz und die Schwingungsform der Basilarmembran zusammen?

4. Was bedeutet die Aussage, die Cochlea wirkt wie ein Filter? Wie wird dies durch die tonotope Karte und durch neuronale Frequenz-Tuningkurven unterstützt? Was ist die charakteristische Frequenz eines Neurons?

5. Wie fungieren die äußeren Haarzellen als cochleäre Verstärker?

11.5 Die Physiologie der Tonhöhenwahrnehmung: Die Cochlea

Wir haben nun den Punkt erreicht, an dem wir beginnen können zu beschreiben, wie physiologische Vorgänge in Wahrnehmungen von Tonhöhen transformiert werden. Wir knüpfen dabei an die bereits beschriebenen physiologischen Strukturen des Ohrs an und wenden uns dann den Vorgängen im Gehirn zu.

11.5.1 Ort und Tonhöhe

Unser Ausgangspunkt ist der Zusammenhang zwischen Physiologie und Wahrnehmung. Da niedrige Frequenzen mit niedrigen Tonhöhen und höhere Frequenzen mit höheren Tonhöhen assoziiert werden, wurde vermutet, dass die Tonhöhenwahrnehmung durch das Feuern von Neuronen bestimmt wird, die am stärksten auf bestimmte Frequenzen ansprechen. Diese These geht auf die Entdeckung von Békésy zurück, dass bestimmte Frequenzen maximale Schwingungen an bestimmten Orten entlang der Basilarmembran erzeugen, wodurch eine tonotope Karte entsteht, wie sie in ◘ Abb. 11.24 dargestellt ist.

Die Assoziation von Frequenz und Ort führte zu folgender Erklärung der Physiologie der Tonhöhenwahrnehmung: Ein reiner Sinuston erzeugt ein Schwingungsmaximum an einem bestimmten Ort der Basilarmembran, die an diesem Ort befindlichen Neuronen feuern maximal, wie die Frequenz-Tuningkurven der Hörnervenfasern in ◘ Abb. 11.25 zeigen, und diese Information wird über den Hörnerv zum Gehirn gesendet. Das Gehirn identifiziert die Neuronen, die am stärksten feuern, und nutzt diese Information, um die Tonhöhe zu bestimmen. Diese Erklärung der Physiologie der Tonhöhenwahrnehmung wird als **Ortstheorie des Hörens** bezeichnet, weil sie auf der Beziehung zwischen der Frequenz eines Tons und dem Ort entlang der Basilarmembran, an dem die neuronale Antwort am stärksten ist, beruht.

Diese Erklärung ist elegant in ihrer Schlichtheit und wurde zur Standarderklärung für die Physiologie der Tonhöhe. Allerdings zweifelten einige Hörforscher an der Gültigkeit der Ortstheorie. Ein Hinweis darauf, dass die Tonhöhe nicht allein durch den Ort bestimmt wird, stützte sich auf den Effekt des fehlenden Grundtons, bei dem das Entfernen der Grundfrequenz einer komplexen Wellenform nicht die Tonhöhe verändert. So hat der Ton in ◘ Abb. 11.16a, der eine Grundfrequenz von 200 Hz hat, die gleiche Tonhöhe, nachdem die 200-Hz-Grundfrequenz entfernt wurde, wie in ◘ Abb. 11.16b. Das bedeutet, dass es kein Schwingungsmaximum mehr an der Stelle gibt, die mit 200 Hz verbunden ist. Wenn die 1. Harmonische fehlt, ändert sich, wie wir gesehen haben, zwar die Wellenform, aber nicht ihre Wiederholungsfrequenz (◘ Abb. 11.6). Entsprechend fehlt bei der Schwingung der Basilarmembran das Maximum am Ort der Grundfrequenz.

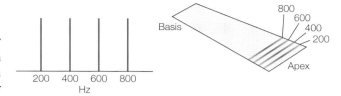

a Frequenzspektrum   **b** Basilarmembran

◘ **Abb. 11.28 a** Frequenzspektrum einer komplexen Wellenform mit einer Grundfrequenz von 200 Hz, das die Grundfrequenz und 3 Harmonische zeigt. **b** Basilarmembran. Die *schattierten* Bereiche zeigen die ungefähre Lage der Schwingungsmaxima, die mit jeder Harmonischen der komplexen Wellenform verbunden sind

Eine abgewandelte Version der Ortstheorie erklärt dieses Ergebnis, indem sie die Schwingung der Basilarmembran bei komplexen Wellenformen berücksichtigt. ◘ Abb. 11.28 zeigt, dass komplexe Wellenformen Schwingungsmaxima bei der Grundfrequenz (200 Hz) und bei jeder Harmonischen erzeugen. Wenn also die Grundfrequenz entfernt wird, entfällt das Schwingungsmaximum bei 200 Hz, aber es verbleiben Hochpunkte bei 400, 600 und 800 Hz. Dieses Aktivierungsmuster von Orten im Abstand von 200 Hz stimmt mit der Grundfrequenz überein und kann daher zur Bestimmung der Tonhöhe verwendet werden.

Es stellt sich jedoch heraus, dass die Vorstellung, die Tonhöhe könnte durch Harmonische bestimmt werden (◘ Abb. 11.28), nur für niedrige Harmonische funktioniert, also für Harmonische, die nahe an der Grundfrequenz liegen. Warum das so ist, sehen wir an dem in ◘ Abb. 11.29a dargestellten Ton mit einer Grundfrequenz von 440 Hz. ◘ Abb. 11.29b zeigt die Filterbänke der Cochlea, die den Frequenzkurven in ◘ Abb. 11.25 entsprechen. Wenn der 440-Hz-Ton präsentiert wird, wird der rot hervorgehobene Filter am stärksten aktiviert. Die 2. Harmonische von 880 Hz ist grün hervorgehoben.

Gehen wir nun zu den höheren Harmonischen über. Die 13. Harmonische von 5720 Hz und die 14. Harmonische von 6160 Hz aktivieren gemeinsam die beiden violett markierten, sich überlappenden Filter. Das bedeutet, dass niedrige Harmonische unterschiedliche Filter aktivieren, während hohe Harmonische dieselben Filter aktivieren können. Unter Berücksichtigung der Eigenschaften der Filterbänke ergibt sich die Aktivierungskurve in ◘ Abb. 11.29c, die im Wesentlichen ein Bild der Amplitude der Schwingung der Basilarmembran darstellt, die durch die einzelnen Harmonischen des Tons verursacht wird (Oxenham, 2013).

An der Aktivierungskurve ist auffällig, dass die unteren Harmonischen des Tons jeweils einen deutlichen Knick in der Erregungskurve erzeugen. Da jede dieser unteren Harmonischen durch ein Schwingungsmaximum unterschieden werden kann, werden sie als **aufgelöste Harmonische** bezeichnet, und es sind Frequenzinformationen für die Wahrnehmung der Tonhöhe verfügbar. Im Gegensatz dazu erzeugen die von den höheren Harmonischen

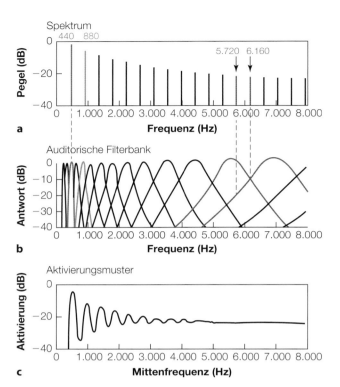

a Spektrum

b Auditorische Filterbank

c Aktivierungsmuster

■ Abb. 11.29 a Frequenzspektrum der ersten 18 Harmonischen für einen Ton mit 440 Hz Grundfrequenz. **b** Filterbank der Cochlea. Beachten Sie, dass die Filter bei niedrigeren Frequenzen schmaler sind. Der *rote* Filter wird durch die 440-Hz-Harmonische aktiviert, der *grüne* durch die 880-Hz-Harmonische, der *violette* durch die 5720- und 6160-Hz-Harmonischen. Die Filter entsprechen den Frequenz-Tuningkurven von Nervenfasern in der Cochlea, wie sie in ■ Abb. 11.25 dargestellt sind. **c** Aktivierungsmuster auf der Basilarmembran, das einzelne Schwingungsmaxima für die frühen (aufgelösten) Harmonischen und keine für die späteren (unaufgelösten) Harmonischen zeigt. (Adaptiert nach Oxenham, 2013. Reprinted with permission from Elsevier.)

erzeugten Aktivierungen eine glatte Funktion, aus der die einzelnen Harmonischen nicht ersichtlich sind. Diese höheren Harmonischen werden als **unaufgelöste Harmonische** bezeichnet.

Das Wichtige an aufgelösten und unaufgelösten Harmonischen ist, dass eine Reihe von aufgelösten Harmonischen zu einer deutlichen Tonhöhenwahrnehmung führt, während unaufgelöste Harmonische zu einer schwachen Wahrnehmung der Tonhöhe führen. So führt ein Ton mit der spektralen Zusammensetzung 400, 600, 800 und 1000 Hz zu einer deutlichen Wahrnehmung der Tonhöhe, die dem 200-Hz-Grundton entspricht. Dagegen führt das verwischte Muster, das durch höhere Harmonische des 200-Hz-Grundtons wie 2000, 2200, 2400, und 2600 Hz erzeugt wird, zu einer schwachen Wahrnehmung der Tonhöhe von 200 Hz. Dies alles bedeutet, dass die Ortsinformationen eine unvollständige Erklärung für die Tonhöhenwahrnehmung liefern.

Abgesehen von der Tatsache, dass unaufgelöste Harmonische zu einer schlechten Tonhöhenwahrnehmung führen,

ergaben weitere Untersuchungen andere Phänomene, die selbst mit dieser modifizierten Version der Ortstheorie schwer zu erklären waren. Edward Burns und Neal Viemeister (1976) entwickelten einen Klangreiz, der nicht mit der Schwingung eines bestimmten Orts auf der Basilarmembran verbunden war, aber dennoch eine Wahrnehmung der Tonhöhe hervorrief. Dieser Stimulus wurde als **amplitudenmoduliertes Rauschen** bezeichnet. **Rauschen** ist ein Stimulus, der viele zufällige Frequenzen enthält, sodass er kein Schwingungsmuster auf der Basilarmembran erzeugt, das einer bestimmten Frequenz entspricht. **Amplitudenmodulation** bedeutet, dass der Pegel (oder die Intensität) des Rauschens verändert wurde, sodass die Lautstärke des Rauschens schnell auf und ab schwankte.

Burns und Viemeister fanden heraus, dass dieser akustische Stimulus zu einer Wahrnehmung der Tonhöhe führte, die sie verändern konnten, indem sie die Geschwindigkeit der Auf- und Abwärtsänderungen der Lautstärke variierten. Die Schlussfolgerung aus diesem Befund, dass Tonhöhen auch ohne Ortsinformationen wahrgenommen werden können, wurde in einer Vielzahl von Experimenten mit verschiedenen Arten von Stimuli nachgewiesen (Oxenham, 2013; Yost, 2009).

11.5.2 Zeitinformation und Tonhöhe

Wenn die Ortsinformation also nicht die ganze Antwort darstellt, was ist es dann? Eine Möglichkeit zur Beantwortung dieser Frage besteht darin, einen Blick auf ■ Abb. 11.6 zu werfen und zu beobachten, was passiert, wenn die 200-Hz-Grundfrequenz entfernt wird. Beachten Sie, dass sich zwar die Wellenform des Tons ändert, die Wiederholungsfrequenz jedoch gleich bleibt. Die zeitliche Abfolge eines Tonreizes enthält also Informationen, die mit dessen Tonhöhe einhergehen. Wir haben auch gesehen, dass der zeitliche Verlauf des neuronalen Feuerns auf einen Ton aufgrund der Phasenkopplung auftritt.

Bei der Erörterung der Phasenkopplung haben wir gesehen, dass der Ton ein Muster des Nervenfeuerns in Neuronengruppen erzeugt, das mit der Frequenz des Tonreizes übereinstimmt, weil Nervenfasern zur gleichen Zeit auf den Tonreiz feuern (■ Abb. 11.20). Der zeitliche Verlauf des neuronalen Feuerns liefert also Informationen über die Grundfrequenz eines komplexen Tons, und diese Informationen sind auch dann vorhanden, wenn die Grundfrequenz oder andere Harmonische fehlen.

Der Grund, warum die Phasenkopplung mit der Tonhöhenwahrnehmung in Verbindung gebracht wird, ist folgender: Sowohl die Tonhöhenwahrnehmung als auch die Phasenkopplung treten nur bei Frequenzen bis zu etwa 5000 Hz auf. Die Vorstellung, dass Töne nur bei Frequenzen bis 5000 Hz eine Tonhöhe haben, mag überraschen, vor allem wenn man bedenkt, dass die Hörschwellenkurve (■ Abb. 11.8) darauf hinweist, dass der Hörbereich bis 20.000 Hz reicht. Erinnern Sie sich jedoch an ► Abschn. 11.2.1, in dem die Tonhöhe als jener Aspekt der Hörempfindung definiert ist, dessen Variation mit musikalischen Melodien verbunden ist (Plack et al., 2014). Diese Definition beruht auf der Erkenntnis, dass wir, wenn Töne zeitlich aufeinanderfolgen, sie nur bei Frequenzen unter 5000 Hz als Melodie wahrnehmen (Attneave und Olson 1971). Es ist wohl kein Zufall, dass der höchste Ton, der im klassischen Orchester etwa von der Piccoloflöte gespielt wird, bei etwa 4500 Hz liegt. Bei höheren Frequenzen als 5000 Hz klingen Melodien fremd. Man kann zwar sagen, dass sich etwas verändert, aber es klingt nicht musikalisch vertraut. Es scheint, dass unser Sinn für Tonhöhen auf diejenigen Frequenzen beschränkt ist, bei denen Phasenkopplung erzeugt wird.

Die Tatsache, dass Phasenkopplung unterhalb von 5000 Hz auftritt, hat zusammen mit anderen Beweisen die meisten Forscher zu dem Schluss gebracht, dass die **zeitliche Codierung** der Hauptmechanismus für die Wahrnehmung der Tonhöhen ist.

11.5.3 Noch offene Fragen

An dieser Stelle wird Ihnen vielleicht klar, dass die Physiologie der Tonhöhenwahrnehmung nicht einfach ist. Die Komplexität des Problems der Tonhöhenwahrnehmung wird durch die Forschung von Andrew Oxenham et al. (2011) noch deutlicher, die die Frage stellten: „Kann die Tonhöhe bei Frequenzen über 5000 Hz wahrgenommen werden?" (was, wie gesagt, die obere Frequenzgrenze für die Wahrnehmung von Tonhöhen sein sollte). Sie beantworteten diese Frage, indem sie zeigten, dass Probanden tatsächlich eine Tonhöhe wahrnehmen, wenn eine große Anzahl hochfrequenter Harmonischer präsentiert wird. Wenn beispielsweise 7200, 8400, 9600, 10.800 und 12.000 Hz, also Harmonische eines Tons mit einer Grundfrequenz von 1200 Hz, dargeboten wurden, nahmen die Teilnehmer eine Tonhöhe wahr, die 1200 Hz entsprach, also dem Abstand zwischen den Harmonischen (obwohl die Wahrnehmung der Tonhöhe schwächer ausfiel als bei niedrigeren Harmonischen). Ein besonders interessanter Aspekt dieses Ergebnisses ist, dass, obwohl einzelne Harmonische für sich genommen nicht zu einer Tonhöhenwahrnehmung führten (da sie alle über 5000 Hz liegen), die Tonhöhe wahrgenommen wurde, wenn mehrere Harmonische zusammen präsentiert wurden.

Dieses Ergebnis wirft eine Reihe von Fragen auf. Ist es möglich, dass die Phasenkopplung oberhalb von 5000 Hz auftritt? Ist es möglich, dass eine Art Ortsmechanismus für die Tonhöhe verantwortlich ist, die die Probanden in Oxenhams Experiment hörten? Wir kennen die Antwort auf diese Fragen nicht, weil wir nicht wissen, wo die Grenzen der Phasenkopplung beim Menschen liegen. Und was die Sache noch interessanter macht: Man sollte sich darüber im Klaren sein, dass die Tonhöhenwahrnehmung zwar von den Informationen abhängt, die durch die Schwingung der Basilarmembran und durch das Feuern der Hörnervenfasern erzeugt werden, die die Informationen aus der Cochlea weiterleiten, aber die Tonhöhenwahrnehmung nicht von der Cochlea erzeugt wird. Sie wird vom Gehirn erzeugt.

11.6 Die Physiologie der Tonhöhenwahrnehmung: Das Gehirn

Denken Sie daran, dass das Sehen von den Informationen auf der Netzhaut abhängt, aber unsere Erfahrung des Sehens erst entsteht, wenn diese Informationen an den Kortex weitergeleitet werden. In ähnlicher Weise hängt das Hören von den Informationen ab, die von der Cochlea erzeugt werden, aber unsere Erfahrung des Hörens hängt von der Verarbeitung ab, die stattfindet, nachdem die Signale die Cochlea verlassen haben. Wir beginnen mit einer Beschreibung des Wegs, den die Nervenimpulse vom Hörnerv zum auditorischen Kortex zurücklegen.

11.6.1 Die Hörbahnen zum auditorischen Kortex

Die von den inneren Haarzellen erzeugten Signale verlassen über die Nervenfasern des Hörnervs die Cochlea, wie wir in ◻ Abb. 11.16 gesehen haben. Der Hörnerv vermittelt die Signale aus der Cochlea, die von den inneren Haarzellen erzeugt werden, über die Hörbahnen an den **primären auditorischen Kortex**, wie in ◻ Abb. 11.30 gezeigt. Die Nervenfasern des von der Cochlea ausgehenden Hörnervs haben synaptische Verbindungen zu einer Reihe **subkortikaler Strukturen** – Strukturen unterhalb des Kortex. Zunächst erreichen die Signale den *Nucleus cochlearis* (Schneckenkern), dann die *obere Olive* im Hirnstamm, den *Colliculus inferior* (unteres Hügelchen) im Mittelhirn und schließlich das *Corpus geniculatum mediale* (mittlerer Kniehöcker) im Thalamus. Vom Corpus geniculatum mediale ziehen Nervenfasern zum **primären auditorischen Kortex (A1)** im Temporallappen.

Während die Signale auf ihrem Weg von der Cochlea zum primären auditorischen Kortex die subkortikalen Strukturen durchlaufen, geschieht ein Großteil der auditorischen Verarbeitung. Die Verarbeitung in der oberen Olive ist für die Lokalisierung von Schall entscheidend, weil hier die Signale vom rechten und vom linken Ohr erstmals zusammentreffen (wie die blauen und roten Pfeile in ◻ Abb. 11.30 verdeutlichen). Wie die Signale der beiden Ohren uns dabei helfen, Schall zu lokalisieren, werden wir in ► Kap. 12 erörtern.

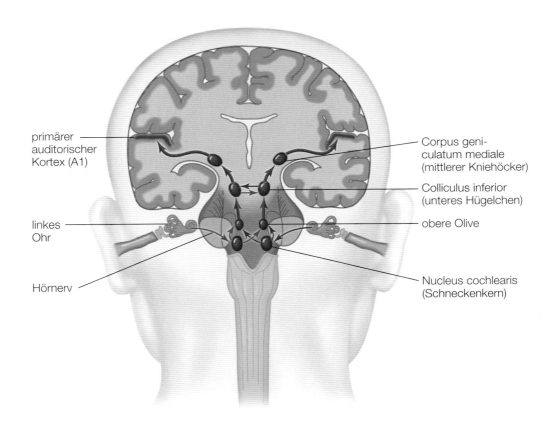

■ **Abb. 11.30** Schematische Darstellung der Bahnen des auditorischen Systems. Die Darstellung ist stark vereinfacht, da zahlreiche Verbindungen zwischen den Strukturen nicht gezeigt werden. Beachten Sie, dass auditorische Strukturen bilateral angelegt sind – sie sind jeweils auf der linken und der rechten Körperseite vorhanden – und dass beide Seiten Informationen austauschen können. (Adaptiert nach Wever, 1949)

11.6.2 Tonhöhe und Gehirn

Auf dem Weg der Nervenimpulse über die auditorischen Bahnen zum auditorischen Kortex geschieht etwas Interessantes. Die zeitliche Information, die die Codierung der Tonhöhen in der Cochlea und den Hörnervenfasern dominierte, verliert an Bedeutung. Das wichtigste Anzeichen dafür ist, dass die Phasenkopplung, die in den Hörnervenfasern bis zu etwa 5000 Hz auftrat, im Hörkortex nur noch bei 100–200 Hz liegt (Oxenham, 2013; Wallace et al., 2000). Doch während die zeitlichen Informationen abnehmen, je weiter die Nervenimpulse in Richtung Kortex gelangen, wurde in Experimenten mit Seidenäffchen die Existenz einzelner Neuronen aufgezeigt, die auf die Tonhöhe zu reagieren scheinen. Bei Experimenten mit Menschen konnten ebenfalls Bereiche im auditorischen Kortex lokalisiert werden, die auf die Tonhöhe zu reagieren scheinen.

Die Wahrnehmung von Tonhöhen beim Seidenäffchen

In einem Experiment von Daniel Bendor und Xiaoquin Wang (2005) wurde untersucht, wie Neuronen am Rand des primären auditorischen Kortex (A1) eines Seidenäffchens auf Töne mit etwas variierender harmonischer Struktur

ansprachen, die von Menschen als gleich hoch wahrgenommen werden. Dabei wurden Neuronen entdeckt, die auf Töne mit derselben Grundfrequenz trotz abweichender Zusammensetzung der Harmonischen ähnlich antworteten. ■ Abb. 11.31a zeigt die Frequenzspektren für einen Ton mit einer Grundfrequenz von 182 Hz. Beispielsweise setzte sich der Ton bei der neuronalen Antwort in der oberen Reihe aus der Grundfrequenz sowie der 2. und 3. Harmonischen zusammen; in der 2. Reihe folgt ein Ton aus den Harmonischen 4–6, und so setzt es sich weiter fort bis zu den Harmonischen 12–14. Obwohl sich alle diese Töne aus unterschiedlichen Frequenzen zusammensetzen (beispielsweise 182 Hz, 364 Hz und 546 Hz in der oberen Reihe oder 2184 Hz, 2366 Hz und 2548 Hz in der untersten Reihe), nimmt ein Mensch bei allen die gleiche Tonhöhe entsprechend der Grundfrequenz von 182 Hz wahr.

Die entsprechenden aufgezeichneten Aktivitätsmuster eines tonhöhenspezifischen Neurons sind in ■ Abb. 11.31b wiedergegeben. Sie zeigen, dass alle Tonreize die Feuerrate des Neurons erhöhen. Um zu zeigen, dass dieses Feuern nur dann ausgelöst wurde, wenn die Information zur Grundfrequenz im Reiz enthalten war, wiesen Bendor und Wang nach, dass das Neuron zwar deutlich auf einen reinen Sinuston mit der Grundfrequenz von 182 Hz ansprach, aber nicht auf irgendeine andere einzeln dargebotene Harmoni-

Abb. 11.31 Die Aufzeichnungen der Aktivität eines
Tonhöhenneurons im Hör-
kortex des Seidenäffchens.
a Frequenzspektren für Töne
unterschiedlicher harmonischer
Zusammensetzung bei gleicher
Grundfrequenz von 182 Hz. Jeder Ton enthält 3 Harmonische
zur Grundfrequenz von 182 Hz.
b Die Antwort des Kortexneurons
bei den verschiedenen Stimuli.
(Adaptiert nach Bendor & Wang,
2005)

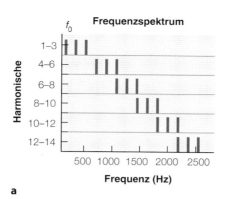

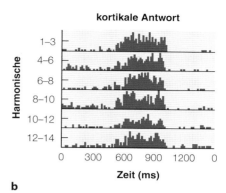

sche antwortete. Derartige kortikale Neuronen antworteten
nur auf Reize, die mit einer spezifischen Grundfrequenz
wie den 182 Hz verknüpft sind. Deshalb nannten Bendor
und Wang sie **Tonhöhenneuronen**.

Die Repräsentation der Tonhöhen im menschlichen Kortex

Bei der Erforschung der Verarbeitung von Tonhöhen im
menschlichen Kortex wurden Gehirnscans (fMRT-Aufnahmen) eingesetzt, um die Reaktion auf Reize zu messen,
die mit verschiedenen Tonhöhen verbunden sind. Dies ist
nicht so einfach, wie es scheinen mag, denn wenn ein Neuron auf einen Ton reagiert, bedeutet dies nicht unbedingt,
dass es an der Wahrnehmung der Tonhöhe beteiligt ist. Um
festzustellen, ob Bereiche des Gehirns auf die Tonhöhe reagieren, haben die Forscher nach Hirnregionen gesucht, die
auf einen Ton, der eine bestimmte Tonhöhe hervorruft, wie
z. B. ein komplexer Ton, aktiver antworten als auf einen
anderen Ton, z. B. auf ein Rauschen, das ähnliche physikalische Merkmale aufweist, aber keine Tonhöhe erzeugt.
Auf diese Weise hofften die Forscher, Hirnregionen ausfindig zu machen, die unabhängig von anderen Eigenschaften
des Klangs auf die Tonhöhe reagieren.

Ein Tonhöhenreiz und ein Geräuschreiz, die in einem
Experiment von Sam Norman-Haignere et al. (2013) verwendet wurden, sind in ◻ Abb. 11.32 dargestellt. Der blau
dargestellte Tonhöhenreiz besteht aus den Harmonischen 3,
4, 5 und 6 eines komplexen Tons mit einer Grundfrequenz
von 100 Hz (300, 400, 500 und 600 Hz); das Rauschen, das
in Rot dargestellt ist, besteht aus einem Frequenzband von
300 bis 600 Hz. Da der Rauschreiz denselben Bereich wie
der der Tonhöhe abdeckt, wird er als *frequenzangepasstes
Rauschen* bezeichnet.

Durch den Vergleich der fMRT-Antworten auf den Tonhöhenreiz mit den Antworten auf das frequenzangepasste
Rauschen konnte Norman-Haignere Bereiche im primären auditorischen Kortex und einige benachbarte Bereiche
ausfindig machen, die stärker auf den Tonhöhenreiz ansprachen. Die farbigen Bereiche in ◻ Abb. 11.33a zeigen
die Bereiche im menschlichen Kortex, die auf ihre Ant-

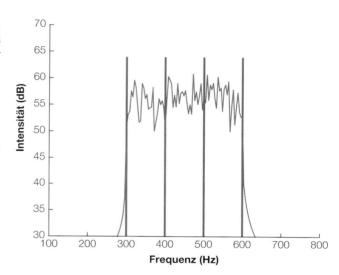

Abb. 11.32 *Blau*: Frequenzspektren für die 300-, 400-, 500- und 600-
Hz-Obertöne eines Tonhöhenreizes mit einer Grundfrequenz von 100 Hz.
Orange: frequenzangepasstes Rauschen, das denselben Bereich abdeckt,
aber ohne die Schwingungsmaxima, die die Tonhöhe erzeugen

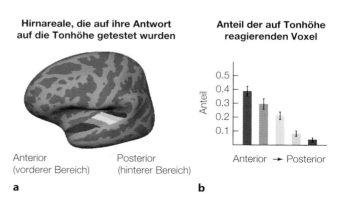

Abb. 11.33 **a** Menschlicher Kortex, mit *farbig markierten* Bereichen,
die von Norman-Haignere et al. getestet wurden (2013). **b** Diagramm, das
den Anteil der Voxel in jedem Gebiet darstellt, die auf die Tonhöhe reagierten. Die weiter anterior liegenden Bereiche (im *vorderen Teil* des Gehirns)
enthielten mehr Voxel, die auf die Tonhöhe reagierten

wort auf die Tonhöhe getestet wurden. ◨ Abb. 11.33b zeigt die Anteile der fMRT-Voxel in jedem Gebiet, in dem die Antwort auf den Tonhöhenreiz stärker war als die Antwort auf den Geräuschstimulus. Die Bereiche, die am stärksten auf die Tonhöhe reagieren, befinden sich im *anterioren auditorischen Kortex*, der nah der Vorderseite des Gehirns liegt. In anderen Experimenten stellte Norman-Haignere fest, dass die Regionen, die am stärksten auf die Tonhöhe reagierten, auf aufgelöste Harmonische ansprachen, aber nicht gut auf unaufgelöste Harmonische. Da aufgelöste Harmonische mit der Tonhöhenwahrnehmung verbunden sind, untermauert dieses Ergebnis die Schlussfolgerung, dass diese kortikalen Bereiche an der Tonhöhenwahrnehmung beteiligt sind.

Wie wir zu Beginn dieser Darstellung angedeutet haben, geht es bei der Bestimmung von Hirnregionen, die auf Tonhöhen reagieren, um mehr als nur darum, Töne zu präsentieren und ihre Antworten zu messen. Viele Forschungsgruppen haben auditorische Bereiche beim Menschen identifiziert, die auf Tonhöhen reagieren. Allerdings variieren die Ergebnisse aufgrund unterschiedlicher Stimuli und Verfahren etwas. Die genaue Lage der menschlichen Bereiche, die auf Tonhöhen reagieren, ist daher noch Gegenstand der Forschung (Griffiths, 2012; Griffiths & Hall, 2012; Saenz & Langers, 2014).

Während sich die frühe Hörforschung auf die Cochlea und den Hörnerv konzentrierte, ist der auditorische Kortex zu einem Hauptschwerpunkt der neueren Forschung geworden. Wir werden uns mit weiteren Untersuchungen zum Gehirn befassen, wenn wir die Mechanismen beschreiben, die für die Lokalisierung von Schall im Raum und für die Wahrnehmungsorganisation von Schall verantwortlich sind (▶ Kap. 12), und wenn wir die Wahrnehmung von Musik (▶ Kap. 13) und Sprache (▶ Kap. 14) darstellen.

11.7 Hörverlust

Etwa 17 % der erwachsenen Bevölkerung in den USA leidet an einer Form von Hörverlust (Svirsky, 2017). Diese Verluste treten aus einer Reihe von Gründen auf. Eine Ursache für Hörverlust ist Lärm in der Umgebung, da die Ohren oft lauten Geräuschen ausgesetzt sind wie sich unterhaltenden oder (bei Sportveranstaltungen) schreienden Menschen(gruppen), Baulärm und Verkehrslärm. Solche Geräusche sind die häufigste Ursache für einen Hörverlust. Der Hörverlust wird in der Regel mit einer Schädigung der äußeren Haarzellen in Verbindung gebracht, und neuere Erkenntnisse deuten darauf hin, dass auch eine Schädigung der Hörnervenfasern beteiligt sein kann. Wenn die äußeren Haarzellen geschädigt sind, haben die Schwingungen der Basilarmembran eine ähnlich hohe Frequenzbreite, wie sie Békésy bei toten Cochleae beobachtet hatte. Sie führen zu einer Abnahme der Hörempfindlichkeit (zur Unfähigkeit, leise Geräusche zu hören) und zu einem Verlust

der Frequenzschärfe, die das gesunde Ohr aufweist, wie ◨ Abb. 11.27 zeigt (Moore, 1995; Plack et al., 2004). Die hohe Frequenzbreite erschwert es hörgeschädigten Menschen, Schallreize – etwa Sprachlaute – von Hintergrundgeräuschen zu trennen.

Auch die Schädigung der inneren Haarzellen kann schwerwiegende Auswirkungen in Form reduzierter Hörempfindlichkeit haben. In beiden Fällen, sowohl bei inneren wie auch bei äußeren Haarzellen, tritt der Hörverlust genau bei den Frequenzen auf, auf die die geschädigten Haarzellen ansprechen. Manchmal sind die Haarzellen eines ganzen Cochleabereichs defekt („toter Bereich"), und die Sensitivität für die Frequenzen, die diese Haarzellen normalerweise aktivieren, sinkt gravierend.

Natürlich wird niemand seine Haarzellen vorsätzlich schädigen wollen, aber manchmal setzen wir uns Schallreizen aus, die auf Dauer unsere Haarzellen zerstören können. So trägt das Leben in einer industrialisierten Gesellschaft mit relativ hoher Lärmbelastung zu einem Hörverlust bei, den man als Altersschwerhörigkeit oder **Presbyakusis** bezeichnet.

11.7.1 Presbyakusis

Presbyakusis entsteht durch Schädigung der Haarzellen aufgrund der kumulativen Wirkung von Lärmexposition, gehörschädigenden Medikamenten oder altersabhängiger Degeneration. Die abnehmende Sensibilität bei dieser Schwerhörigkeit betrifft vor allem die hohen Frequenzen und ist bei Männern deutlicher ausgeprägt als bei Frauen. ◨ Abb. 11.34 zeigt die zunehmenden Hörverluste bei fortschreitendem Alter. Anders als bei Problemen der Alterssichtigkeit, der Presbyopie (◨ Abb. 2.5), die eine unvermeidliche Folge des zunehmenden Alters sind, ist die Schwerhörigkeit nicht allein auf das Alter zurückzuführen, sondern großenteils durch andere Faktoren verursacht. In ländlichen Kulturen ohne Industrialisierung, in denen die Menschen nicht den Lärmbelastungen oder gehörschädigenden Medikamenten der modernen Zivilisation ausgesetzt sind, ist oft auch bei sehr alten Menschen kein großer Hörverlust im Bereich hoher Frequenzen festzustellen. Vielleicht haben Männer, die traditionell mehr Lärm am Arbeitsplatz oder im Krieg ausgesetzt waren, deshalb größere Hörverluste bei hohen Frequenzen als Frauen.

Presbyakusis mag unvermeidlich sein, weil wir alle über lange Zeit tagtäglich mit den Geräuschen unserer modernen Umgebung leben müssen, aber es gibt auch Situationen, in denen Menschen sich hohen Schallpegeln aussetzen, obwohl diese Belastung für die Ohren vermeidbar wäre. Das kann dann zu Hörverlusten durch *Lärmbelastung* führen.

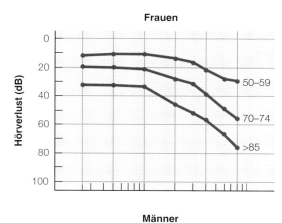

Frauen

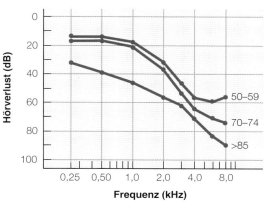

Männer

□ **Abb. 11.34** Die Hörverluste mit fortschreitendem Alter bei Presbyakusis. *Alle Kurven* ergeben sich aus der Differenz zu den Hörschwellen bei den einzelnen Frequenzen eines 20-Jährigen als Vergleichsstandard. (Adaptiert nach Bunch, 1929)

11.7.2 Hörverlust durch Lärmbelastung

Hörverlust durch Lärm entsteht, wenn hohe Schalldruckpegel zu einer Degeneration der Haarzellen führen. Diese Degeneration wurde bei pathologischen Untersuchungen an den Cochlea Verstorbener beobachtet, die in einer lärmbelasteten Umgebung gearbeitet und ihren Körper testamentarisch für die medizinische Forschung zur Verfügung gestellt hatten. Bei ihnen wurde häufig eine Schädigung des Corti'schen Organs festgestellt. Beispielsweise zeigte sich bei der Cochlea eines Mannes, der in einem Stahlwerk gearbeitet hatte, dass sein Corti'sches Organ zusammengefallen und keine Rezeptorzellen mehr vorhanden waren (Miller, 1974). Bei kontrollierten Experimenten mit Tieren, die laut beschallt wurden, ergaben sich weitere Hinweise darauf, dass hohe Lärmbelastung die inneren Haarzellen schädigen und ganz zerstören kann (Liberman & Dodds, 1984). Lärmexposition verursacht außerdem Schädigungen in den Nervenfasern des Hörnervs (Kujawa & Liberman, 2009).

Wegen der drohenden Schädigung der Haarzellen durch Lärm am Arbeitsplatz ist es in den USA und Europa vorgeschrieben, dass über eine 8-Stunden-Schicht gemittelt ein Lärmexpositionspegel von 85 dB nicht überschritten werden darf. Darüber hinaus schädigen Umwelt- und Freizeitlärm die Haarzellen des Innenohrs, für die in Deutschland verschiedene Vorschriften zum Lärmschutz greifen.

Wenn Sie Ihr Smartphone auf volle Lautstärke stellen, setzen Sie sich einer Schallbelastung aus, die als **Freizeitlärm** bezeichnet wird. Andere Formen von Freizeitlärm entstehen beim Schießsport, beim Motorradfahren, beim Spielen von Musikinstrumenten oder auch beim Handwerken mit elektrisch betriebenen Werkzeugen. Einige Studien haben Hörverluste bei Personen nachgewiesen, die oft MP3-Player hören (Okamoto et al., 2011, Peng et al., 2007), in Pop- oder Rockbands spielen (Schmuziger et al., 2006), laute Werkzeuge benutzen (Dalton et al., 2001) oder Sportstadien besuchen (Hodgetts & Liu, 2006). Das Ausmaß der Hörverluste hängt von den Schalldruckpegeln und der Expositionsdauer ab. Bei einem Lärmpegel von 90 dB, wie er bei verschiedenen Freizeitaktivitäten auftritt, z. B. bei einem 3-stündigen Eishockeyspiel (Hodgetts & Liu, 2006), oder 100 dB SPL für Musikveranstaltungen, in Clubs oder Konzerten (Howgate & Plack, 2011) oder beim Bearbeiten von Holz mit elektrischen Werkzeugen, ist es nicht überraschend, dass diese Freizeitaktivitäten mit zeitweiligen oder dauerhaften Hörverlusten einhergehen. Diese Befunde verdeutlichen, dass es ratsam ist, in lauten Umgebungen einen Ohr- bzw. Gehörschutz zu tragen und das Smartphone nicht zu laut zu stellen.

Das Risiko des Hörverlusts durch lang anhaltendes Hören lauter Musik lässt sich gar nicht hoch genug einschätzen, denn Smartphones erreichen bei voller Leistung Schalldruckpegel von 100 dB und mehr – das liegt weit über der Lärmschutzgrenze von 85 dB. Deshalb hat Apple seine iPods mit einer entsprechenden Einstellung versehen, die den Schalldruckpegel begrenzt, eine informelle Befragung meiner Studierenden bestätigte allerdings, dass wohl nur wenige diese Beschränkung nutzen.

11.7.3 Versteckter Hörverlust

Ist es möglich, ein normales Hörvermögen zu haben, wie es bei einem Standardhörtest gemessen wird, aber trotzdem Sprache in lauten Umgebungen schlecht zu verstehen? Die Antwort lautet für viele Menschen „ja". Menschen mit einem „normalen" Hörvermögen, die in lauten Umgebungen Probleme haben, Sprachäußerungen zu hören, leiden möglicherweise an einer kürzlich entdeckten Art von Hörverlust, dem sogenannten **versteckten Hörverlust** (Plack et al., 2014). Wir können verstehen, warum diese Art von Hörverlust nicht entdeckt wird, wenn wir überlegen, was der Standardhörtest misst.

Beim Standardhörtest wird die Hörschwelle für Töne aus dem gesamten Frequenzspektrum gemessen. Die Person sitzt in einem ruhigen Raum und wird angewiesen,

anzugeben, wann sie sehr leise Töne hört, die ihr präsentiert werden. Die Ergebnisse dieses Tests können als
Schwellenwerte für einen Frequenzbereich aufgezeichnet
werden (z. B. als Hörschwellenkurve, wie in ◘ Abb. 11.18
gezeigt, oder als Audiogramm, eine Darstellung des Hörverlusts in Abhängigkeit von der Frequenz, wie die Kurven
in ◘ Abb. 11.34). Ein „normales" Gehör wird durch eine horizontale Funktion bei 0 dB auf dem **Audiogramm**
angezeigt, was bedeutet, dass es keine Abweichung von
der Norm gibt. Dieser Hörtest, zusammen mit den Au-
diogrammen, die er erzeugt, wurde als Goldstandard der
Hörtestfunktion bezeichnet (Kujawa & Liberman, 2009).

Dieser Test ist deshalb so beliebt, weil er die Funktion der Haarzellen anzeigen soll. Aber für das Hören
komplexer Töne wie Sprache, insbesondere unter lauten
Bedingungen wie auf einer Party oder im Lärm des Stadt-
verkehrs, sind auch die Hörnervenfasern wichtig, die die
Signale aus der Cochlea übermitteln. Sharon Kujawa und
Charles Liberman (2009) untersuchten die Bedeutung intakter Hörnervenfasern mithilfe von Experimenten zu den
Auswirkungen von Lärm auf Haarzellen und Hörnervenfasern bei Mäusen.

Kujawa und Liberman setzten die Mäuse 2 h lang einem
Rauschen mit einem Schalldruckpegel von 100 dB SPL aus
und maßen dann die Funktion der Haarzellen und des Hörnervs mit physiologischen Techniken. ◘ Abb. 11.35a zeigt
die Ergebnisse für die Haarzellen bei der Präsentation eines 75-dB-Tons. Einen Tag nach der Lärmbelastung war
die Funktion der Haarzellen deutlich unter den Normalwert
gesunken (der Normalwert ist durch die gestrichelte Linie gekennzeichnet). Acht Wochen nach der Lärmbelastung
hatte sich die Funktion der Haarzellen jedoch fast wieder
normalisiert.

◘ Abb. 11.35b zeigt die Reaktion der Hörnervenfasern
auf den 75-dB-Ton. Ihre Funktion war unmittelbar nach

dem Lärm ebenfalls stark vermindert, aber im Gegensatz zu
den Haarzellen kehrte die Funktion der Hörnerven nie zum
Normalzustand zurück. Die Reaktion der Nervenfasern auf
leise Töne im Schwellenbereich erholte sich zwar vollständig, aber die Antwort auf laute Töne wie den 75-dB-Ton
blieb unter dem Normalwert. Diese fehlende Erholung
spiegelt die Tatsache wider, dass die Lärmbelastung einige
der Hörnervenfasern dauerhaft geschädigt hat, insbesondere diejenigen, die Informationen über hohe Schallpegel
vermitteln. Es wird vermutet, dass beim Menschen ähnliche
Effekte auftreten, sodass die geschädigten Hörnervenfasern
selbst bei normaler Empfindlichkeit für leise Töne und somit „klinisch normalem" Gehör für Probleme beim Hören
von Sprache in lauten Umgebungen verantwortlich sind
(Plack et al., 2014).

Dieses Ergebnis zeigt deutlich, dass die Hörschwel-
lentöne mit niedrigem Pegel wieder im Normbereich der
Hörtests lagen, obwohl einige Hörnervenfasern dauerhaft
geschädigt waren. Ein normales Audiogramm bedeutet also nicht zwangsläufig, dass das Gehör normal funktioniert.
Aus diesem Grund wird Hörverlust aufgrund von Nerven-
faserschäden auch als „versteckter" Hörverlust bezeichnet
(Schaette & McAlpine, 2011). Ein versteckter Hörverlust
mag unauffällig sein, aber er kann im Alltag ernsthafte
Probleme verursachen, wenn es um das Hören in lauter
Umgebung geht. Die weitere Forschung zu verstecktem
Hörverlust konzentriert sich auf die Ermittlung der Ursa-
chen und die Entwicklung von Tests zu dessen Erkennung,
damit diese Art von Hörverlust nicht mehr unerkannt bleibt
(Plack, 2014).

11.8 Weitergedacht: Einem 11-jährigen Kind das Hören erklären

Wie würden Sie die Frage „Was ist Klang?" in 300 Worten
oder weniger so beantworten, dass sie für 11-Jährige verständlich ist? Das war die Aufgabe der „Flame Challenge"
im Jahr 2016, die vom Alan Alda Center for Communicating Science an der Stony Brook University durchgeführt
wurde. Angesichts der begrenzten Wortzahl und der Jury
von 11-Jährigen (die über die Finalisten abstimmten, um
den Gewinner zu ermitteln) sollte man am besten technische Details auf ein Minimum beschränken und sich auf
allgemeine Prinzipien konzentrieren. Der folgende Beitrag
vom Autor dieses Buchs (Bruce Goldstein) hat den 1. Platz
gewonnen:

》 Ein Schlagzeuger schlägt auf eine Basstrommel. Sam, der
in der Nähe steht, hört ‚BUM'!
Wie wird aus dem Schlag auf die Trommel der Klang
‚BUM'?
Klänge sind Schwingungen, und das Hin- und Herschwingen des Trommelfells erzeugt Druckwellen in der Luft,
die Sams Trommelfelle in seinen Ohren in Schwingung
versetzen. Das Wunder des Klangs geschieht tiefer in

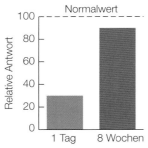
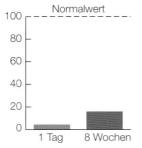

a Reaktion Haarzellen   **b Reaktion Hörnervenfasern**

◘ **Abb. 11.35 a** Antwort der Haarzellen von Mäusen auf einen 75-
dB-SPL-Ton, nachdem sie 2 h lang einem 100-dB-SPL-Ton exponiert
waren, in Prozent des Normalwerts. Die Reaktion ist im Vergleich zum
Normalwert (durch die *gestrichelte Linie* angezeigt) einen Tag nach der
Exposition stark vermindert, erhöht sich aber 8 Wochen nach der Exposition wieder auf den Normalwert. **b** Die Reaktion der Hörnervenfasern
ist einen Tag nach der Exposition ebenfalls vermindert, erholt sich aber
auch nach 8 Wochen nicht, was auf eine dauerhafte Schädigung hinweist.
(Nach Daten von Kujawa & Liberman, 2009)

Sams Ohren in einer hohlen, röhrenartigen Struktur, die Innenohr oder Cochlea genannt wird.

Stell Dir vor, Du bist so klein, dass Du in diese Röhre hineinschauen kannst. Dort drinnen siehst Du Tausende von winzigen Härchen, die in Reihen hintereinanderstehen. Plötzlich schlägt der Trommler auf die Trommel! Du spürst die Schwingungen und dann siehst du etwas Spektakuläres: Die Härchen bewegen sich im Takt der Schwingungen hin und her, und jede Bewegung erzeugt elektrische Signale! Diese Signale werden über den Hörnerv an das Gehirn weitergeleitet und einen Bruchteil einer Sekunde später, wenn sie die Hörbereiche des Gehirns erreichen, hört Sam ‚BUM'!

Warum erzeugen manche Schwingungen das tiefe BUM einer Trommel und andere das hohe Zwitschern eines Vogels? Langsame Schwingungen erzeugen tiefe Töne und schnellere Schwingungen erzeugen hohe Töne, sodass die Härchen für ein ‚BUM' langsamer und für Vogelgezwitscher schneller schwingen.

Aber Klänge sind mehr als ein ‚BUM' oder Zwitschern. Du erzeugst Klänge, wenn Du mit Freunden sprichst oder Musik spielst. Musik ist wirklich erstaunlich, denn wenn die winzigen Härchen zur Musik hin- und herschwingen, erreicht die Elektrizität die Hörbereiche des Gehirns und andere Gehirnbereiche, die uns in Bewegung bringen und Gefühle wie Freude oder Traurigkeit auslösen.

Töne sind also Schwingungen, damit wir hören können. Sie können auch dazu führen, dass man mit den Füßen wippt, tanzt, weint oder sogar vor Freude springt. Ziemlich erstaunlich, was winzige Härchen, die im Ohr schwingen, so alles bewirken können!

Bei der „Flame Challenge" wird jedes Jahr eine andere Frage gestellt. Wie würden Sie die Frage von 2014 beantworten: „Was ist Farbe?"

11.9 Der Entwicklungsaspekt: Hören bei Säuglingen

Was hören Neugeborene, und wie entwickelt sich das Hören mit zunehmendem Alter? Einige Psychologen glaubten früher, dass Neugeborene praktisch taub seien; neuere Forschungen zeigten, dass Neugeborene durchaus über Hörfähigkeiten verfügen und dass sich diese Fähigkeiten mit zunehmendem Alter weiterentwickeln (Werner & Bargones, 1992).

11.9.1 Die Schwelle für das Hören eines Tons

Wie sehen die Hörschwellenkurven bei Säuglingen aus, und wie unterscheiden sich ihre Hörschwellen von denen Erwachsener? Lynne Werner Olsho et al. (1988) wandten das folgende Verfahren an, um die Hörschwellenkurve von Säuglingen zu bestimmen: Ein Säugling bekommt Töne

über Kopfhörer dargeboten, während er auf dem Schoß eines Elternteils sitzt und von einem Beobachter außerhalb seines Blickfelds durch ein Fenster betrachtet wird. Ein aufblinkendes Licht zeigt den Beginn eines Versuchsdurchgangs an, und der Säugling bekommt einen Ton dargeboten oder nicht. Die Aufgabe des Beobachters besteht darin anzugeben, ob der Säugling den Ton gehört hat (Olsho et al., 1987).

Woran können die Beobachter erkennen, ob der Säugling einen Ton gehört hat? Sie fällen ihr Urteil anhand von Reaktionen wie Augenbewegungen, Veränderungen des Gesichtsausdrucks, Aufreißen der Augen, Drehen des Kopfs oder Veränderungen der allgemeinen Aktivität. Diese Beurteilungen der Beobachter liegen den Daten in ◘ Abb. 11.36a zugrunde (Olsho et al., 1988). Die Beobachter urteilten nur gelegentlich, dass die 3 Monate alten Säuglinge den dargebotenen 2000-Hertz-Ton gehört hatten, wenn dieser Ton mit geringem Schalldruckpegel dargeboten wurde. Bei einer Darbietung des Tons mit hohem Schalldruckpegel hingegen gelangten sie oft zu diesem Urteil. Aus der sich so ergebenden Kurve wurde die Hörschwelle der Säuglinge für Töne mit einer Frequenz von 2000 Hertz bestimmt, und dieses Ergebnis wurde mit denen für eine Reihe weiterer Frequenzen kombiniert, um die Hörschwellenkurven in ◘ Abb. 11.36b zu bestimmen. Die Kurven für 3 und 6 Monate alte Säuglinge und Erwachsene sehen ähnlich aus und zeigen, dass die Hörschwelle von Säuglingen im Alter von 6 Monaten bereits bis auf 10–15 dB an die Hörschwelle von Erwachsenen heranreicht.

11.9.2 Das Erkennen der Stimme der Mutter

Ein weiterer Ansatz bei der Untersuchung des frühkindlichen Hörens beruht auf dem Nachweis, dass Säuglinge zuvor gehörte Schallereignisse identifizieren können. Anthony DeCasper und William Fifer (1980) demonstrierten dies, indem sie nachwiesen, dass Säuglinge ihr Saugen an einem Schnuller verändern, um die Stimme ihrer Mutter zu hören. Die Forscher hatten zunächst beobachtet, dass Säuglinge gewöhnlich in rhythmischer Folge mit Zwischenpausen saugten. Sie setzten Säuglingen Kopfhörer auf und boten einem Säugling je nach Länge der Pausen, die er beim Saugen einlegte, entweder eine Aufzeichnung von der Stimme der Mutter oder von einer fremden Person dar (◘ Abb. 11.37). Bei der Hälfte der Säuglinge aktivierten lange Pausen die Darbietung der Stimme der Mutter und kurze Pausen die Darbietung der Stimme der fremden Person. Bei der anderen Hälfte der Säuglinge galt die umgekehrte Bedingung.

DeCasper und Fifer stellten fest, dass die Säuglinge die Pausen beim Saugen so wählten, dass sie die Stimme ihrer Mutter insgesamt länger hörten als die Stimme der fremden Person. Für 2 Tage alte Kinder ist dies eine bemerkenswerte Leistung, besonders wenn man bedenkt, dass die meisten

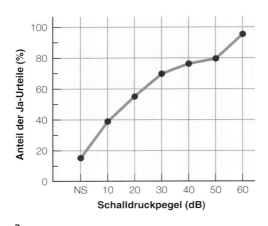

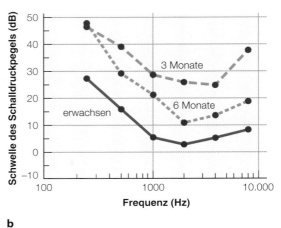

a   b

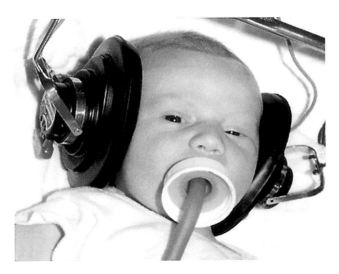

von ihnen seit ihrer Geburt nur ein paar Stunden mit der Mutter verbracht hatten.

Warum bevorzugten die Neugeborenen die Stimme der Mutter? DeCasper und Fifer vermuten, dass Neugeborene die Stimme ihrer Mutter deshalb von anderen unterscheiden können, weil sie sie bereits im Mutterleib gehört haben. Diese Vermutung wird durch die Ergebnisse eines anderen

Experiments von DeCasper und M. J. Spence (1986) mit schwangeren Frauen bestätigt. Eine Gruppe der Frauen hatte noch während der Schwangerschaft laut aus Dr. Seuss' Buch *The Cat in the Hat* vorgelesen; bei der anderen Gruppe wurden die Wörter „cat" und „hat" in der Geschichte gegen „dog" und „fog" ausgetauscht. Im Experiment nach der Geburt veränderten die Neugeborenen ihr Saugverhalten so, dass sie jeweils die Fassung der Geschichte hörten, die ihre Mutter vor der Geburt vorgelesen hatte. C. Moon et al. (1993) erhielten ein ähnliches Ergebnis bei 2 Tage alten Neugeborenen, die ihr Saugen so einrichteten, dass sie die Sprachaufzeichnung in ihrer Muttersprache hören konnten und nicht die fremdsprachige Aufzeichnung (vergleiche auch DeCasper et al., 1994).

Für die Vorstellung, dass ein Fetus bereits mit den Schallreizen, die er im Mutterleib hört, vertraut wird, sprechen die Befunde von Barbara Kisilevsky et al. (2003). Sie verwendeten 2 Aufzeichnungen von 2 min langen Textpassagen, die von der Mutter bzw. einer fremden Person aufgenommen worden waren, und gaben diese Aufzeichnungen über einen Lautsprecher 10 cm oberhalb des Bauchs der hochschwangeren Mutter wieder. Gleichzeitig wurden die Bewegungen und die Herzrate des Ungeborenen gemessen. Wie sich zeigte, bewegte sich das Ungeborene stärker und hatte eine höhere Herzrate, während es die Aufnahme mit der Mutter hörte, als bei der Aufnahme mit der fremden Person. Kisilevsky schloss aus diesen Befunden, dass die Stimmverarbeitung beim Fetus durch die Erfahrung beeinflusst wird, so wie es die Befunde früherer Experimente bereits nahegelegt hatten (vergleiche auch Kisilevsky et al., 2009).

Übungsfragen 11.3

1. Erläutern Sie die Ortstheorie.
2. Wie wird die Ortstheorie durch den Effekt des fehlenden Grundtons infrage gestellt? Wie kann eine Anpassung der Ortstheorie den Effekt des fehlenden Grundtons erklären?
3. Beschreiben Sie das Experiment von Burns und Viemeister mit amplitudenmoduliertem Rauschen. Welche Auswirkungen haben die Ergebnisse für die Ortstheorie?
4. Welche Belege gibt es für die Annahme, dass die Tonhöhenwahrnehmung von der zeitlichen Abfolge des Feuerns der Hörnerven abhängt?
5. Was sind aufgelöste und unaufgelöste Harmonische? Welcher Zusammenhang besteht zwischen aufgelösten Harmonischen und der Ortstheorie?
6. Welche Probleme werden durch das Experiment von Oxenham et al. (2011) für das Verständnis der Physiologie der Tonhöhenwahrnehmung aufgeworfen?
7. Beschreiben Sie die Hörbahn vom Ohr zum Gehirn.
8. Beschreiben Sie die Experimente, die einen Zusammenhang zwischen dem Feuern der Neuronen des auditorischen Kortex und der Wahrnehmung von Tonhöhe bei Tönen aus mehreren Harmonischen aufzeigt (a) bei Seidenäffchen (b) bei Menschen.
9. Wie hängen Schädigungen der Haarzellen und Hörverlust zusammen? Welche Lärmexposition am Arbeitsplatz und in der Freizeit kann die Haarzellen schädigen?
10. Was ist versteckter Hörverlust?
11. Wie würden Sie die Hauptaussage des Texts mit dem Thema „Was ist Klang", der für 11-Jährige geschrieben wurde, in 1 oder 2 Sätzen zusammenfassen?
12. Beschreiben Sie die Messung der Hörschwellenkurven bei Säuglingen. Wie sehen die Hörschwellenkurven von Säuglingen im Vergleich mit denen von Erwachsenen aus?
13. Beschreiben Sie die Experimente zum Nachweis, dass Neugeborene die Stimme ihrer Mutter erkennen und dass sich diese Fähigkeit bereits vor der Geburt entwickelt, während das Kind im Mutterleib deren Stimme hört.

11.10   Zum weiteren Nachdenken

1. Wir haben gesehen, dass man die extrem hohe Bandbreite der Schalldrücke in unserer Umgebung mithilfe des Pegelmaßes in Dezibel (dB) mit handlichen Zahlen ausdrücken kann. Dasselbe Prinzip wird bei der Richter-Skala für Erdbeben angewandt. Ziehen Sie eine Parallele.

2. Presbyakusis beginnt mit dem Hörverlust bei hohen Frequenzen und schreitet dann zu immer niedrigeren Frequenzen fort. Können Sie anhand dessen, was Sie über die Funktion der Cochlea wissen, erklären, warum die hohen Frequenzen besonders leicht verloren gehen?

11.11   Schlüsselbegriffe

- Abklingzeit
- Akustisches Prisma
- Amboss (Incus)
- Amplitude
- Amplitudenmodulation
- Amplitudenmoduliertes Rauschen
- Aperiodische Schallereignisse
- Apex
- Audiogramm
- Aufgelöste Harmonische
- Äußere Haarzellen
- Äußerer Gehörgang
- Außenohr
- Basilarmembran
- Basis (der Cochlea)
- Charakteristische Frequenz
- Cochlea (Hörschnecke)
- Cochleäre Trennwand
- Cochleärer Verstärker
- Corti'sches Organ
- Dezibel
- Einschwingzeit
- Erste Harmonische
- Fehlender Grundton
- Freizeitlärm
- Frequenz
- Frequenzspektren
- Frequenz-Tuningkurve
- Gehörknöchelchen
- Grundfrequenz
- Grundton
- Haarzellen
- Hammer (Malleus)
- Harmonische
- Hertz
- Höhere Harmonische
- Hörfläche
- Hörschwellenkurve
- Hörverlust durch Lärm
- Innenohr
- Innere Haarzellen
- Isophone
- Klangfarbe
- Kurven gleicher Lautheit
- Lautheit

- Lautstärkepegel
- Mittelohr
- Mittelohrmuskeln
- Nucleus cochlearis (Schneckenkern)
- Obere Olive
- Oberton
- Ohrmuscheln
- Oktave
- Ortstheorie des Hörens
- Ovales Fenster
- Partialton
- Periodisch
- Phasenkopplung
- Pinnae
- Presbyakusis
- Primärer auditorischer Kortex
- Rauschen
- Reine Töne
- Resonanz
- Resonanzfrequenz

- Schall
- Schalldruckpegel (SPL)
- Schallwelle
- Steigbügel (Stapes)
- Stereozilien
- Subkortikale Strukturen
- Teilton
- Tektorialmembran
- Timbre
- Tip-Links
- Tonchroma
- Tonhöhe
- Tonhöhenneuronen
- Tonigkeit
- Tonotope Karte
- Trommelfell
- Unaufgelöste Harmonische
- Wanderwelle
- Zeitliche Codierung

11

Hören in einer Umgebung

E. Bruce Goldstein und Laura Cacciamani

Inhaltsverzeichnis

E.B. Goldstein, L. Cacciamani, *Wahrnehmungspsychologie*, https://doi.org/10.1007/978-3-662-65146-9_12

Lernziele

Nachdem Sie dieses Kapitel bearbeitet haben, werden Sie in der Lage sein, ...

- Experimente zu beschreiben, die nachweisen, wie Menschen verschiedene Hinweisreize nutzen, um den Ort einer Schallquelle zu bestimmen,
- die physiologischen Prozesse zu beschreiben, die an der Lokalisation einer Schallquelle beteiligt sind,
- zu verstehen, wie wir eine Schallquelle lokalisieren, wenn wir weitere Geräusche in einem Raum hören,
- die auditive Szenenanalyse zu verstehen, die beschreibt, wie wir verschiedene Schallquellen, die gleichzeitig in der Umgebung auftreten, voneinander trennen,
- verschiedene Möglichkeiten zu beschreiben, wie Hören und Sehen in der Umwelt zusammenwirken,
- Zusammenhänge zwischen Sehen und Hören im Gehirn zu beschreiben.

Einige der in diesem Kapitel behandelten Fragen

- Wie können wir ein Schallereignis in der Hörumwelt auditiv lokalisieren?
- Weshalb klingt Musik in manchen Konzertsälen besser als in anderen?
- Wenn wir eine Anzahl von Musikinstrumenten zur selben Zeit spielen hören, wie können wir die Klänge der einzelnen Instrumente perzeptuell trennen?

Das letzte Kapitel befasste sich vor allem mit Laborstudien über die Tonhöhe, wobei wir uns hauptsächlich auf das Innenohr konzentriert und einen kurzen Abstecher zum Kortex unternommen haben. In diesem Kapitel geht es um andere, über die Wahrnehmung der Tonhöhe hinausgehende auditive Wahrnehmungsfähigkeiten, die überwiegend von Prozessen höherer Ordnung abhängen. Im Folgenden werden wir 3 „Szenarien" vorstellen, die jeweils ein Beispiel für eine der auditiven Wahrnehmungsfähigkeiten sind, die wir behandeln werden.

- **Szenario 1: Plötzlich passiert draußen etwas.**

Sie gehen gedankenverloren die Straße entlang, achten aber darauf, nicht mit entgegenkommenden Fußgängern zusammenzustoßen. Plötzlich hören Sie eine quietschende Bremse und eine schreiende Frau. Sie drehen sich schnell nach rechts und sehen, dass niemand verletzt wurde. Aber woher wussten Sie, dass Sie sich nach rechts umdrehen mussten und wohin Sie schauen sollten? Aus irgendeinem Grund war Ihnen bewusst, woher das Geräusch kam. Das ist die *Geräuschlokalisierung*.

- **Szenario 2: Geräusche im Innenbereich.**

Sie befinden sich in einem Feinkostladen, der eigentlich nur ein kleiner Raum mit einer Fleischtheke im hinteren Bereich ist. Sie ziehen eine Nummer und warten, bis Sie an der Reihe sind, während der Metzger eine Nummer nach der anderen aufruft. Warum hören Sie jede Nummer nur einmal, obwohl die Schallwellen, die der Metzger beim Sprechen erzeugt, über mehrere Wege zu Ihren Ohren gelangen: zum einen über einen direkten Weg von seinem Mund zu Ihren Ohren und zum anderen über viele andere Wege, weil der Schall von der Arbeitsplatte, den Wänden, der Decke und so weiter reflektiert wird. Wie Sie sehen werden, wird das, was Sie hören, hauptsächlich von den Schallwellen erzeugt, die über den ersten Weg zu Ihren Ohren gelangen, ein Phänomen, das man als *Präzedenzeffekt* bezeichnet.

- **Szenario 3: Ein Gespräch mit einem Freund.**

Sie sitzen in einem Café und unterhalten sich mit einem Freund. Um Sie herum führen allerdings noch viele andere Leute Gespräche, ab und zu brummt die Espressomaschine, Musik tönt aus einem Lautsprecher über Ihnen, draußen macht ein Auto eine Vollbremsung. Wie können Sie die Laute, die Ihr Freund von sich gibt, von all den anderen Geräuschen im Raum abgrenzen? Die Fähigkeit, alle Geräuschquellen perzeptuell räumlich voneinander zu trennen, wird durch einen Prozess erreicht, der *auditorische Klangstromanalyse* genannt wird. Während all dies geschieht, können Sie hören, was Ihr Freund sagt, und zwar Wort für Wort, und Sie können seine Wörter zu Sätzen zusammenzufassen. Das nennt man *perzeptuelle Gruppierung*.

Dieses Kapitel beleuchtet jede dieser Situationen. Wir beginnen mit der Beschreibung von Mechanismen, die es uns ermöglichen, die Schallquelle zu ermitteln (Szenario 1). Dann betrachten wir die Mechanismen, die uns helfen, nicht von Schallwellen irritiert zu werden, die von den Wänden eines Raums abprallen. Dabei machen wir einen Exkurs zum Thema Raumakustik (Szenario 2). Wir gehen dann zur Analyse der auditiven Szene über, bei der es darum geht, Töne im auditiven Raum perzeptuell zu trennen und zu ordnen und Töne zu gruppieren, die von einer einzigen Geräuschquelle stammen (Szenario 3).

Jedes Geräusch kommt von irgendwoher. Das klingt vielleicht wie eine Selbstverständlichkeit, denn natürlich muss jedes Geräusch von einem bestimmten Ort ausgehen. Wir achten oft darauf, wo sich sichtbare Objekte befinden, denn hier handelt es sich möglicherweise um Ziele, die es zu erreichen, Dinge, die es zu vermeiden, oder Szenen, die es zu beobachten gilt, aber wir achten oft weniger darauf, woher die Geräusche kommen. Aber die Lokalisierung von Geräuschquellen, insbesondere Geräusche, die eine Gefahr signalisieren könnten, kann für uns überlebenswichtig sein. Und auch wenn die meisten Geräusche keine Gefahr ankündigen, strukturieren Geräusche und ihr Ursprung doch ständig unsere auditive Umgebung. In diesem Abschnitt beschreiben wir, wie Sie Informationen herausfiltern können, die anzeigen, woher ein Geräusch stammt, und wie das Gehirn diese Informationen nutzt, um eine neuronale Repräsentation von Geräuschen im Raum zu erstellen.

12

12.1 Lokalisierung von Geräuschquellen

Lassen Sie uns zunächst einen Versuch machen. Schließen Sie für einen Moment die Augen und achten Sie darauf, welche Geräusche Sie hören und von wo sie ausgehen. Das funktioniert am besten, wenn Sie sich nicht in einer völlig stillen Umgebung befinden!

Mein Versuch, den ich in einem Café mache, ergibt eine Vielzahl von Geräuschen, die von verschiedenen Orten kommen. Ich höre Musik aus dem Lautsprecher über meinem Kopf etwas hinter mir, ich höre vor mir die Frau irgendetwas sagen und schließlich das zischende Geräusch der Espressomaschine links hinter mir.

Bei jeder Schallquelle – die Musik, die Gespräche und das Zischen der Maschine – höre ich, dass sie aus einer anderen Richtung im Raum kommt. Die Schallereignisse an verschiedenen Raumpositionen erzeugen einen **auditiven Raum**, den Hörraum, der immer vorhanden ist, wenn Schall auftritt. Die Lokalisierung einer Schallquelle im auditiven Raum wird als **auditive Lokalisierung** bezeichnet. Wir können uns das Problem, vor dem das auditorische System bei der Bestimmung der Raumpositionen dieser Schallquellen steht, klarmachen, indem wir die Informationen zur Raumposition beim Hören mit denen beim Sehen vergleichen (◨ Abb. 12.1).

Schauen Sie sich in ◨ Abb. 12.1 an, wie der zwitschernde Vogel und die miauende Katze wahrgenommen werden. Die visuelle Information zu den relativen Positionen von Vogel und Katze ist in den beiden getrennten Bildern von Vogel und Katze auf der Netzhaut enthalten. Beim Ohr ist es anders. Das Zwitschern des Vogels und das Miauen der Katze stimulieren die Cochlea aufgrund ihrer unterschiedlichen Schallfrequenzen, wobei diese Frequenzen, wie wir in ▶ Kap. 11 gesehen haben, zu Aktivierungsmustern der Nervenfasern des Hörnervs führen, die mit der Wahrnehmung von Tonhöhe und Klangfarbe verbunden sind. Aber die Aktivierung der Nervenfasern in der Cochlea wird durch die Frequenzkomponenten ausgelöst, nicht durch die Richtung, aus der der Schall kommt. Zwei reine Sinustöne derselben Frequenz, die aus unterschiedlichen Richtungen kommen, werden dieselben Haarzellen in der Cochlea aktivieren. Das auditorische System muss also eine andere Informationsquelle als die Position auf der Cochlea nutzen, um die Raumposition der Schallquelle zu bestimmen. Diese Information wird über **Positionsreize** geboten, die durch die Einflüsse von Kopf und Ohren des Hörers auf die eintreffenden Schallwellen entstehen.

Es gibt 2 Arten von Positionsreizen: *binaurale*, die von beiden Ohren bestimmt sind, und *spektrale*, die nur vom einzelnen Ohr abhängen. Forscher untersuchen die Positionsreize, indem sie bestimmen, wie gut Menschen die Position einer Schallquelle in Bezug auf 3 Raumkoordinaten lokalisieren können: den **Azimut**, der sich von links nach rechts erstreckt (◨ Abb. 12.2), die **Elevation**, die sich von unten nach oben erstreckt, und die **Entfernung**, die die Distanz einer Schallquelle vom Zuhörer angibt. Die Lokalisierung über die Entfernung ist weit weniger genau als der Azimut oder die Elevation. Sie funktioniert am besten, wenn die Schallquelle bekannt ist oder wenn es Hinweise durch Schallreflexionen im Raum gibt. In diesem Kapitel konzentrieren wir uns auf den Azimut und die Elevation.

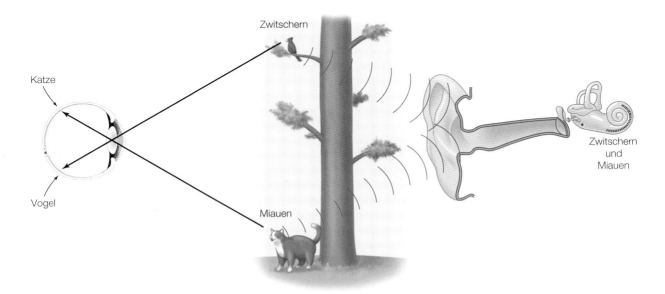

◨ **Abb. 12.1** Der Vergleich von Positionsinformationen im visuellen und im auditorischen System. *Visuelles System*: Der Vogel und die Katze befinden sich an verschiedenen Orten und werden an unterschiedlichen Positionen auf der Retina abgebildet. *Auditorisches System*: Die Frequenzen der Laute von beiden Tieren breiten sich gemeinsam entlang der Cochlea aus, unabhängig von ihren Positionen

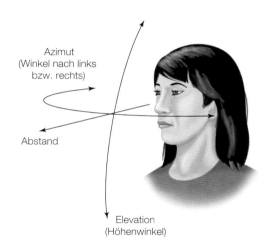

Azimut
(Winkel nach links
bzw. rechts)

Abstand

Elevation
(Höhenwinkel)

◻ **Abb. 12.2** Die 3 Raumkoordinaten zur Positionsbestimmung von Schallquellen: Azimut (der Winkel nach links oder rechts), Elevation (der Höhenwinkel) und Entfernung

12.1.1 Binaurale Positionsreize bei der auditiven Lokalisierung

Binaurale Positionsreize beinhalten die Informationen, die mit den Schallreizen in beiden Ohren ankommen. Mit ihnen kann der Azimut – die Links-rechts-Position des Schalls – bestimmt werden. Es gibt dabei 2 Positionsreize: die *interaurale Pegeldifferenz* und die *interaurale Zeitdifferenz*. Beide beruhen auf einem Vergleich der Schallsignale, die im rechten bzw. linken Ohr ankommen. Schall, der von der Seite kommt, ist für ein Ohr lauter als für das andere und erreicht das eine Ohr früher als das andere.

Interaurale Pegeldifferenz

Die **interaurale Pegeldifferenz** (interaural level difference, kurz ILD), basiert auf dem Unterschied der Schalldruckpegel des Schalls, der die beide Ohren erreicht. Die Pegeldifferenz zwischen beiden Ohren tritt auf, weil der Kopf ein Hindernis für die Schallausbreitung darstellt und einen **Schallschatten** erzeugt: Schallsignale, die das Ohr auf der von der Quelle abgewandten Seite – eben im „Schallschatten" – erreichen, sind abgeschwächt. Diese Reduktion des Schalldruckpegels beim von der Schallquelle abgewandten Ohr tritt nur bei hochfrequenten Schallwellen (von mehr als 3000 Hz beim Menschen) auf (◻ Abb. 12.3a), jedoch nicht bei niederfrequenten (◻ Abb. 12.3b).

Wir können uns verdeutlichen, weshalb die interaurale Pegeldifferenz nur bei hohen Frequenzen auftritt, indem wir eine Analogie zwischen Schall- und Wasserwellen ziehen. Betrachten Sie beispielsweise die kleinen Kräuselwellen in ◻ Abb. 12.3c, die auf ein Boot im Wasser treffen. Da der Abstand der einzelnen Kräuselwellen zueinander kleiner ist als die Länge des Boots, werden sie an der Längsseite des Boots zurückreflektiert. Dies verän-

dert die Ausbreitungseigenschaften der Kräuselwellen auf der anderen Seite des Boots. Stellen Sie sich nun vor, dass dieselben Wasserwellen auf Schilf treffen (◻ Abb. 12.3d). Da das Schilf im Verhältnis zu den Wellenabständen ein kleines Hindernis ist, laufen die Wellen hier fast ungehindert weiter. Diese beiden Beispiele verdeutlichen, dass ein Objekt eine Welle stark beeinflusst, wenn deren Wellenlänge im Verhältnis zum Objekt klein ist (wie es der Fall ist, wenn kurze hochfrequente Schallwellen auf den Kopf treffen). Aus diesem Grund ist die interaurale Pegeldifferenz nur ein wirksamer Positionsreiz für hochfrequente Geräusche.

Interaurale Zeitdifferenz

Der zweite binaurale Positionsreiz, die **interaurale Zeitdifferenz** (interaural time difference, kurz ITD) ist der Zeitunterschied zwischen dem Eintreffen eines Schallsignals in beiden Ohren (◻ Abb. 12.4). Wenn sich die Schallquelle direkt vor dem Hörer (am Punkt A) befindet, so ist die Entfernung zu beiden Ohren identisch und der Schall erreicht beide Ohren gleichzeitig. Wenn sich die Schallquelle jedoch seitlich befindet (wie am Punkt B), erreicht der Schall das rechte Ohr vor dem linken. Da die interaurale Zeitdifferenz umso größer ist, je weiter seitlich sich eine Schallquelle befindet, stellt sie einen Positionsreiz für die Lokalisation der Schallquelle dar.

Verhaltensexperimente bestätigen, dass die binaurale Zeitdifferenz am wirksamsten ist, um die Position niederfrequenter Schallwellen zu bestimmen (Yost & Zhong, 2014), und die interaurale Pegeldifferenz am besten bei hochfrequenten Schallwellen wirkt. Beide zusammen decken daher den gesamten Frequenzbereich für das Hören ab. Da jedoch die meisten Geräusche in der Umwelt niederfrequente Komponenten enthalten, ist die interaurale Zeitdifferenz der maßgebliche binaurale Positionsreiz für das Hören (Wightman & Kistler, 1992).

Der Konfusionskegel

Die interauralen Zeit- und Pegeldifferenzen liefern beide die Informationen, die eine Lokalisierung der Schallquelle in Bezug auf den Azimut ermöglichen, aber in Bezug auf die Elevation liefern sie keine eindeutigen Informationen. Warum das so ist, können Sie sich verdeutlichen, indem Sie eine Schallquelle in die Hand nehmen und mit ausgestrecktem Arm vor sich halten. Da die Schallquelle dann von beiden Ohren gleich weit entfernt ist, verschwinden die interauralen Zeit- und Pegeldifferenzen. Wenn Sie nun die Schallquelle hochheben und so die Elevation erhöhen, behält die Schallquelle weiterhin die gleichen Abstände zu den beiden Ohren, sodass wiederum die interauralen Zeit- und Pegeldifferenzen null betragen.

Da die Zeit- und Pegeldifferenz bei beiden Ohren für verschiedene Elevationen gleich sein kann, können sie nicht als verlässlicher Hinweis auf die vertikale Position der Schallquelle dienen. Auf ähnliche Weise fehlt die Eindeutigkeit der Informationen, wenn sich die Schallquelle

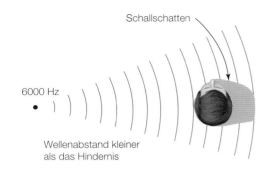

6000 Hz

Schallschatten

Wellenabstand kleiner
als das Hindernis

a

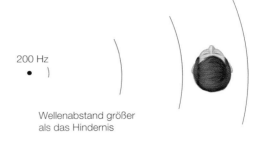

200 Hz

Wellenabstand größer
als das Hindernis

b

c

d

■ **Abb. 12.3** Die interaurale Pegeldifferenz tritt bei hohen Frequenzen auf, jedoch nicht bei niedrigen. **a** Hörer eines hochfrequenten Schalls mit kleiner Wellenlänge, der einen Schallschatten hervorruft. **b** Hörer eines Schalls mit niedriger Frequenz und großer Wellenlänge, der keinen Schallschatten erzeugt. **c** Wenn die Abstände der Wellenberge erheblich kleiner sind als das Hindernis, werden die Wellen aufgehalten – wie hier für Wasserwellen bei einem Boot gezeigt. Entsprechend werden hochfrequente

Schallwellen vom Kopf abgeschattet (**a**), sodass der Schalldruckpegel bei dem von der Schallquelle abgewandten Ohr geringer ist. **d** Wenn die Wellenlänge größer ist als das Objekt wie bei den Wasserwellen und dem Schilf, können die Wellen weitgehend ungestört weiterlaufen. Entsprechend wird bei Schallwellen niedriger Frequenz der Schalldruckpegel auf der schallabgewandten Seite des Kopfs nicht merklich beeinflusst

■ **Abb. 12.4** Das Prinzip hinter der interauralen Zeitdifferenz. Der Schall vom Ort *A* direkt vor dem Hörer erreicht dessen linkes und rechtes Ohr zur selben Zeit. Entsteht der Schall jedoch seitlich versetzt bei *B*, wird das rechte Ohr vor dem linken erreicht

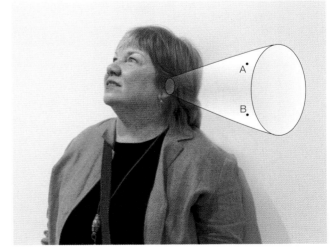

■ **Abb. 12.5** Der Konfusionskegel. Für *alle Punkte* auf dem Kegel ist die Differenz der Abstände zum linken und zum rechten Ohr gleich, sodass Schall von diesen Orten dieselben binauralen Pegel- und Zeitdifferenzen hervorruft. Es gibt neben diesem Kegel unzählig viele andere mit anderen Öffnungswinkeln. (© Bruce Goldstein)

an bestimmten Punkten seitlich des Kopfs befindet, wie der Konfusionskegel in ■ Abb. 12.5 illustriert. Alle Punkte, die auf dieser Oberfläche liegen, haben dieselbe interaurale Zeit- bzw. Pegeldifferenz. So ergibt sich bei A und B die gleiche interaurale Pegeldifferenz und die gleiche Zeitdifferenz, weil die Differenz der Abstände von A zum linken bzw. zum rechten Ohr genauso groß ist wie die Differenz der Abstände von B zum linken bzw. rechten Ohr. Ähnliches gilt für viele andere Punkte auf diesem Kegel, daneben gibt es zudem andere, schmalere oder breitere Kegel. Mit anderen Worten: Es gibt viele Positionen im Raum, für die sich die interauralen Zeit- und Pegeldifferenzen nicht unterscheiden.

12.1.2 Spektrale Positionsreize

Die Mehrdeutigkeit der Informationen aus interauraler Pegeldifferenz und interauraler Zeitdifferenz bei unterschiedlichen Elevationen bedeutet, dass zur Bestimmung der Elevation von Schallsignalen eine andere Informationsquelle benötigt wird. Diese Informationen gewinnen wir durch **spektrale Hinweisreize** – Reize, bei denen die Positionsinformation durch die Unterschiede in der Frequenzverteilung (dem Spektrum) vermittelt wird, die jedes Ohr von verschiedenen Orten aus erreichen. Diese Unterschiede entstehen dadurch, dass der Schall, bevor er in den Gehörgang gelangt, vom Kopf und von den Faltungen der Ohrmuschel (Pinna) reflektiert wird (◻ Abb. 12.6a). Diese Wirkung des Kopfs und der Pinna auf den Schall wurde mit kleinen, im Ohr des Hörers befindlichen Mikrofonen gemessen, die die Frequenzen der Schallwellen aus unterschiedlichen Richtungen registrierten.

Der Effekt ist in ◻ Abb. 12.6b dargestellt: Die Schallspektren wurden bei einem breitbandigen Schall (mit vielen Frequenzen) aus +15° Elevation über dem Kopf bzw. −15° Elevation unter dem Kopf mit dem Ohrmikrofon aufgenommen. Bei diesen beiden Elevationen unterschie-

den sich die interauralen Pegel- und Zeitdifferenzen nicht, weil die Positionen der Schallquelle den gleichen Abstand zum rechten bzw. linken Ohr aufwiesen, aber die Schallreflexionen in der Ohrmuschel erzeugten unterschiedliche Frequenzverteilungen für beide Elevationen (King et al., 2001). Die wichtige Bedeutung der Pinna für die Bestimmung der Elevation lässt sich daran demonstrieren, dass ein Glätten der Einfaltungen der Ohrmuschel durch das Einsetzen individuell angepasster Kunststoffformen es schwierig macht, die Höhe von Schallquellen zu lokalisieren (Gardner & Gardner, 1973).

Die Vorstellung, dass sich die auditive Lokalisierung durch eine eingesetzte Kunststoffform beeinflussen lässt, die die innere Kontur der Ohrmuscheln verändert, wurde auch von Hofmann et al. (1998) demonstriert. Die Forscher untersuchten, wie sich die auditive Lokalisierung verändert, wenn die Kunststoffeinsätze über mehrere Wochen getragen werden, und was geschieht, wenn die Einsätze wieder entfernt werden. Die Lokalisierungsleistung einer Person vor dem Einsetzen der Kunststoffformen ist in ◻ Abb. 12.7a dargestellt. Zur Untersuchung wurden Schallereignisse an Positionen dargeboten, die den Kreuzungspunkten des blauen Gitters entsprechen. Die durchschnittliche Lokalisierungsleistung wird durch das rote Gitter repräsentiert. Die Überlappung beider Gitter zeigt, dass die Lokalisierung sehr genau ausgeführt wurde.

Nach dieser Messung der ursprünglichen Lokalisierungsleistung statteten Hofmann et al. die Probanden mit Kunststoffformen aus, die die Form der Ohrmuscheln und somit auch die spektralen Hinweisreize veränderten. ◻ Abb. 12.7b zeigt, dass die Lokalisierungsleistung in Bezug auf den Elevationswinkel kurz nach dem Einsetzen der Kunststoffform schwach ist, der Azimut jedoch noch beur-

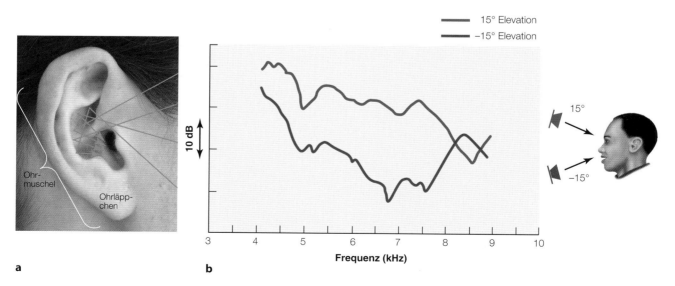

◻ **Abb. 12.6 a** Die Reflexionen der Schallwellen in der Ohrmuschel. **b** Die Frequenzspektren, die von einem kleinen Mikrofon im rechten Ohr des Hörers bei demselben Schallreiz für unterschiedliche Herkunftsorte aufgenommen wurde. Die Kurven, die bei frontalen Positionen der Schallquelle in einer Höhe von +15° (*blaue Kurve*) bzw. −15° (*rote Kurve*) aufgenommen wurden, unterscheiden sich allein deshalb, weil die Reflexionen in der Ohrmuschel je nach Einfallswinkel des Schalls unterschiedlich sind. (Adaptiert nach Plack, 2005; Foto: © Bruce Goldstein)

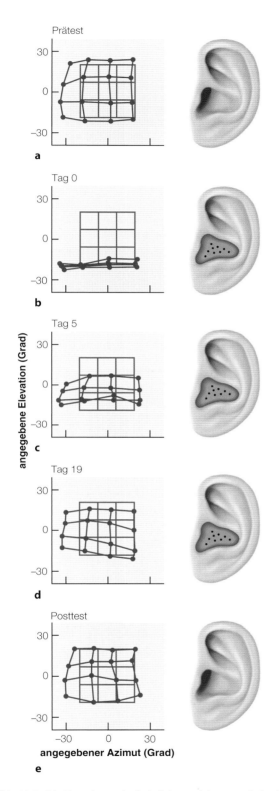

Prätest

Tag 0

Tag 5

angegebene Elevation (Grad)

Tag 19

Posttest

angegebener Azimut (Grad)

a
b
c
d
e

◘ Abb. 12.7 Die Veränderung der Lokalisierungsleistung nach dem Einsetzen einer Kunststoffform in die Ohren (Erläuterung siehe Text). (Aus King et al., 2001. Reprinted with permission from Elsevier.)

teilt werden kann. Dies ist genau das, was man erwarten würde, wenn binaurale Positionsreize für die Lokalisierung in Bezug auf den Azimut und spektrale Hinweisreize für die Lokalisierung in Bezug auf die Elevation verwendet werden.

Hofmann et al. testeten die Lokalisierungsleistung im Verlauf des Experiments weiter, während die Probanden die Kunststoffeinsätze kontinuierlich trugen. Wie Sie in ◘ Abb. 12.7c und 12.7d sehen, verbesserte sich die Lokalisierungsleistung zunehmend, bis sie nach 19 Tagen wieder einen brauchbaren Wert erreicht hatte. Offenbar hatte die Versuchsperson im Verlauf einiger Wochen gelernt, verschiedenen Raumrichtungen neue spektrale Hinweisreize zuzuordnen.

Was, glauben Sie nun, passierte nach der Entfernung der Kunststoffformen? Es scheint naheliegend zu erwarten, dass die Lokalisierungsleistung nach der Anpassung an die durch die Kunststoffformen verursachten neuen spektralen Hinweisreize im Anschluss an die Entfernung der Kunststoffformen abnehmen würde. Wie ◘ Abb. 12.7e jedoch zeigt, war die Lokalisierungsleistung unmittelbar nach der Entfernung der Kunststoffformen immer noch hervorragend. Offenbar hatte das Training mit den Kunststoffformen neue Korrelationen zwischen spektralen Hinweisreizen und der Position erzeugt, die alte Korrelation jedoch nicht ausgelöscht. Dies könnte z. B. dadurch ermöglicht worden sein, dass unterschiedliche Gruppen von Neuronen an der Antwort auf jede Gruppe von Hinweisreizen beteiligt sind, so wie bei Personen, die als Erwachsene eine zweite Sprache gelernt haben, unterschiedliche Hirnareale an der Verarbeitung unterschiedlicher Sprachen beteiligt sind (King et al., 2001; Wightman & Kistler, 1998; vergleiche auch Van Wanrooij & Van Opstal, 2005).

Wie wir gesehen haben, hat jeder der 3 Hinweisreize bei bestimmten Frequenzen und bestimmten Raumkoordinaten den größten Informationswert. Die interauralen Pegel- und Zeitdifferenzen ermöglichen die Beurteilung des Azimuts, wobei die Pegeldifferenz bei hohen Frequenzen und die Zeitdifferenz bei niedrigen Frequenzen am besten funktioniert. Spektrale Hinweisreize eignen sich am besten zur Beurteilung der Elevation, besonders bei Spektren, die sich auf höhere Frequenzen erstrecken. All diese Hinweisreize zusammen ermöglichen uns die Lokalisierung von Schallquellen. Darüber hinaus bewegen wir in alltäglichen Hörsituationen unsere Köpfe, wodurch wir weitere interaurale Pegel- und Zeitdifferenzen sowie spektrale Information gewinnen, die die Auswirkungen des Konfusionskegels minimieren und uns helfen, hinreichend lange andauernde Schallsignale zu orten. Auch das Sehen spielt eine Rolle bei der Lokalisierung von Schallsignalen, beispielsweise wenn Sie Sprache hören und dabei eine Person gestikulieren und Lippenbewegungen ausführen sehen, die zum Gehörten passen. Die Reichhaltigkeit der Umweltinformationen und unsere Fähigkeit zur aktiven Suche nach Informationen ermöglichen es uns, die Schallquellen zu lokalisieren.

12.2 Die Physiologie der auditiven Lokalisierung

Nachdem wir die Hinweisreize betrachtet haben, die mit der Lokalisierung des Schalls zu tun haben, wollen wir nun fragen, wie die Informationen aus diesen Hinweisreizen im Nervensystem repräsentiert werden. Gibt es im auditorischen System Neuronen, die die interaurale Zeitdifferenz oder die interaurale Pegeldifferenz signalisieren? Weil die interaurale Zeitdifferenz der wichtigste binaurale Positionsreiz für die meisten Hörsituationen ist, werden wir uns auf diesen Hinweis konzentrieren. Wir beginnen mit der Beschreibung eines neuronalen Schaltkreises, der 1948 Lloyd Jeffress als Modell vorgeschlagen wurde, um zu zeigen, wie die Signale des linken und des rechten Ohrs gemeinsam die interaurale Zeitdifferenz ergeben (Jeffress, 1948; Vonderschen & Wagner, 2014).

12.2.1 Das Jeffress-Modell der auditiven Lokalisierung

Das **Jeffress-Modell** der auditiven Lokalisierung beruht auf der Annahme, dass die Neuronen so verschaltet sind, dass jedes Neuron Signale von beiden Ohren erhält, wie in ▪ Abb. 12.8 gezeigt. Die Signale des linken Ohrs laufen über das blau gekennzeichnete Axon, Signale vom rechten Ohr über das rot gekennzeichnete Axon bei derselben Reihe von Neuronen.

Wenn sich die Schallquelle genau in der Mitte vor dem Hörer befindet, erreichen die Schallwellen das linke und das rechte Ohr gleichzeitig, sodass auch die Signale vom linken und vom rechten Ohr gleichzeitig starten (▪ Abb. 12.8a). Da jedes Signal über sein eigenes Axon läuft, stimuliert es der Reihe nach jedes Neuron. Zu Beginn erhalten die Neuronen 1, 2 und 3 nur Signale vom linken Ohr und die Neuronen 9, 8 und 7 nur die vom rechten Ohr, aber bei keinem der Neuronen gehen zu diesem Zeitpunkt Signale von beiden Ohren ein. Sobald beide Signale jedoch gleichzeitig bei Neuron 5 ankommen, wird dieses Neuron feuern (▪ Abb. 12.8b). Dieses Neuron bildet mit den übrigen Neuronen einen **Koinzidenzdetektor**, der nur beim gleichzeitigen Eintreffen – d. h. bei Koinzidenz – der Signale zum Feuern des einzelnen Neurons führt. Das Feuern von Neuron 5 signalisiert so, dass die binaurale Zeitdifferenz null beträgt (ITD = 0).

Wenn der Schall seitlich von rechts kommt, erreichen die Schallwellen zuerst das rechte Ohr. Dadurch startet jetzt das Signal vom rechten Ohr früher (▪ Abb. 12.8c), sodass es den gesamten Weg zu Neuron 3 zurücklegt, bevor es mit dem Signal des linken Ohres zusammentrifft. Neuron 3 registriert in diesem Diagramm die binaurale Zeitdifferenz für eine bestimmte Position der Schallquelle auf der rechten Seite. Die übrigen Neuronen im Schaltkreis feuern bei

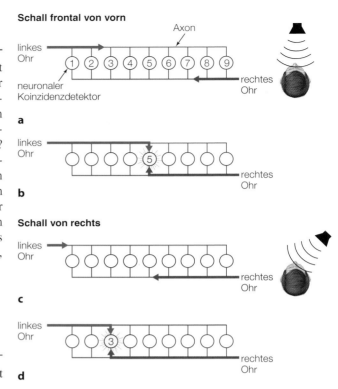

▪ **Abb. 12.8** Funktionsweise des neuronalen Schaltkreises beim Jeffress-Modell. Über 2 Axone laufen die Schallsignale vom rechten Ohr (*rot*) und vom linken Ohr (*blau*) bei den Neuronen ein. **a** Der Schall kommt von vorn, sodass die Signale von beiden Ohren gleichzeitig auf beiden Seiten des Detektors einlaufen. **b** Die Signale treffen gleichzeitig bei Neuron 5 ein, wobei diese Koinzidenz zum Feuern des Neurons führt. **c** Der Schall kommt seitlich von rechts. Jetzt läuft das Signal des rechten Ohrs früher beim Detektor ein. **d** Die beiden Signale kommen jetzt gleichzeitig bei Neuron 3 an, weshalb nun dieses Neuron feuert. (Adaptiert nach Plack, 2005)

Positionen, die anderen Zeitdifferenzen entsprechen. Wir können daher diese Koinzidenzdetektoren als **Zeitdifferenzdetektoren** bezeichnen, da jeder Detektor am besten auf eine bestimmte interaurale Zeitdifferenz feuert.

Das Jeffress-Modell beschreibt einen Schaltkreis mit einer Reihe von Zeitdifferenzdetektoren, die jeweils auf eine spezifische interaurale Zeitdifferenz abgestimmt sind, bei der sie am stärksten feuern. Entsprechend dieser Vorstellung sollte die interaurale Zeitdifferenz aus dem Feuern des jeweils zeitdifferenzspezifischen Neurons ersichtlich sein. Es handelt sich hierbei um einen „Ortscode", weil die Zeitdifferenz durch den Ort (der feuernden Neuronen) bestimmt wird, an dem die Aktivität entsteht.

Eine Möglichkeit, die Eigenschaften der zeitdifferenzspezifischen Neuronen zu messen, besteht darin, eine **Zeitdifferenz-Tuningkurve** zu bestimmen, die die Feuerrate eines Neurons in Abhängigkeit von der binauralen Zeitdifferenz wiedergibt. Aufzeichnungen der Aktivierung von Neuronen im Hirnstamm der Schleiereule, die über

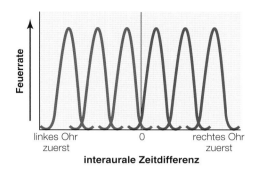

◘ Abb. 12.9 Die Zeitdifferenz-Tuningkurven für 6 Neuronen im Hirnstamm der Schleiereule, die auf einen schmalen Bereich von Zeitdifferenzen abgestimmt sind. Die Neuronen auf der linken Seite antworten am stärksten, wenn der Schall zuerst im linken Ohr eintrifft; die Neuronen auf der rechten Seite feuern am stärksten, wenn der Schall zuerst beim rechten Ohr eintrifft. Die Aktivität solcher Neuronen wurde im Gehirn der Schleiereule und verschiedener anderer Tiere bestimmt. Messungen bei Säugern ergaben allerdings ein anderes Bild, wie in ◘ Abb. 12.10 dargestellt. (Adaptiert nach McAlpine & Grothe, 2003. Reprinted with permission from Elsevier.)

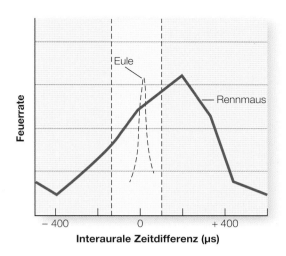

◘ Abb. 12.10 *Durchgezogene Linie*: Zeitdifferenz-Tuningkurve für ein Neuron in der oberen Olive der Rennmaus. *Gestrichelte Linie*: Zeitdifferenz-Tuningkurve für ein Neuron im Colliculus inferior der Schleiereule. Die Tuningkurve der Schleiereule zeigt sich extrem schmal, wie die waagerechten Skalen für den Zeitmaßstab im Vergleich zu ◘ Abb. 12.9 zeigen. Die Tuningkurve der Rennmaus hat eine deutlich größere Bandbreite als diejenige, die normalerweise für binaurale Zeitdifferenzen in der Umwelt auftritt. Diese Bandbreite ist durch den *hellen Bereich zwischen den gestrichelten Linien* gekennzeichnet

exzellente Fähigkeiten bei der auditiven Lokalisierung verfügt, haben Tuningkurven mit sehr schmalen Maxima für die einzelnen binauralen Zeitdifferenzen ergeben, wie ◘ Abb. 12.9 zeigt (Carr & Konishi, 1990; McAlpine, 2005). Die von den linken Kurven (blau) dargestellten Neuronen feuern, wenn der Schall zuerst beim linken Ohr eintrifft, und die von den rechten Kurven (rot) dargestellten Neuronen feuern, wenn der Schall zuerst beim rechten Ohr ankommt. Genau solche Tuningkurven lassen sich anhand des Jeffress-Modells voraussagen, bei dem jedes Neuron am stärksten auf eine spezifische binaurale Zeitdifferenz anspricht und die Feuerrate bei davon abweichenden Zeitdifferenzen rasch abnimmt. Der im Jeffress-Modell vorgeschlagene Ortscode mit seinen schmalen Zeitdifferenz-Tuningkurven ist für Eulen und andere Vögel geeignet, allerdings sieht die Situation bei Säugetieren etwas anders aus.

12.2.2 Breite Zeitdifferenz-Tuningkurven bei Säugern

Die Ergebnisse für die Tuningkurven, die für verschiedene binaurale Zeitdifferenzen bei Säugern aufgezeichnet wurden, scheinen auf den ersten Blick für das Jeffress-Modell zu sprechen. Beispielsweise zeigt ◘ Abb. 12.10 eine Zeitdifferenz-Tuningkurve für ein Neuron in der oberen Olive der Rennmaus (durchgezogene Linie; Pecka et al., 2008; vergleiche ◘ Abb. 11.30). Diese Kurve weist bei einer interauralen Zeitdifferenz von ca. 200 ms ein Maximum auf und fällt zu beiden Seiten ab. Wenn wir jedoch die Eulenkurve in das gleiche Diagramm übertragen (gestrichelte Linie), wird deutlich, dass die Rennmauskurve viel brei-

ter verläuft als die Schleiereulenkurve. Tatsächlich ist die Rennmauskurve so breit, dass sie weit über den (hell hervorgehobenen) Bereich der Zeitdifferenzen hinausreicht, den eine Rennmaus tatsächlich in der Natur hören würde (vergleiche auch Siveke et al., 2006)

Wegen der Breite der Zeitdifferenz-Tuningkurve bei Säugern wurde eine Lokalisierungscodierung vorgeschlagen, bei der die Neuronen wie in ◘ Abb. 12.11a auf einen breiten Bereich von binauralen Zeitdifferenzen abgestimmt sind (Grothe et al., 2010; McAlpine, 2005). Nach dieser Vorstellung gibt es auf einen breiten Bereich von Zeitdifferenzen abgestimmte Neuronen in der rechten Hirnhemisphäre, die auf Schall von der linken Seite ansprechen, und entsprechende, breit abgestimmte Neuronen in der linken Hirnhemisphäre, die auf Schall von rechts am stärksten antworten. Die Lokalisierung des Schalls ergibt sich dann daraus, in welchem Verhältnis die Feuerraten beider Neuronen stehen. Beispielsweise sollte ein von rechts kommender Schallreiz ein Antwortmuster erzeugen, wie es das linke Balkenpaar in ◘ Abb. 12.11b zeigt. Ein Schall, der genau von vorn eintrifft, sollte zu dem mittleren Balkenpaar und ein Schall von rechts zu dem Balkenpaar ganz rechts führen.

Diese Art der Codierung ähnelt einer Populationscodierung, wie wir sie in ▶ Kap. 2 beschrieben haben – die Information ergibt sich im Nervensystem aufgrund der neuronalen Antwortmuster. Tatsächlich codiert das visuelle System auf diese Weise die verschiedenen Wellenlängen des Lichts; dies wurde in ▶ Kap. 9 für die Farbwahrneh-

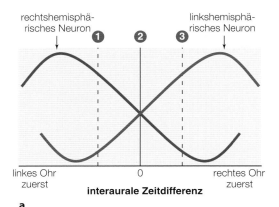

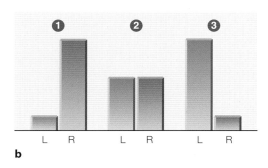

◘ Abb. 12.11　a Zeitdifferenz-Tuningkurven für breit abgestimmte Neuronen wie das in **◘** Abb. 12.10a gezeigte Neuron einer Rennmaus. Die linke (*rote*) Kurve gibt die Tuningkurve für Neuronen in der rechten Hirnhälfte wieder. Die rechte (*blaue*) Kurve zeigt die Tuningkurve für Neuronen in der linken Hemisphäre. **b** Antwortmuster der breit abgestimmten Neuronen für Schallreize von der linken Seite ①, von vorn ② und von rechts ③. (Adaptiert nach McAlpine, 2005, mit freundlicher Genehmigung von John Wiley and Sons)

mung beschrieben, bei der die Wellenlängen durch die Verhältnisse der Antwortmuster der 3 Zapfentypen signalisiert werden (**◘** Abb. 9.13).

Um die Forschungsergebnisse zu den Mechanismen der binauralen Lokalisierung zusammenzufassen, können wir festhalten, dass sie bei Vögeln auf Neuronen beruht, die auf einen engen Bereich von Zeitdifferenzen abgestimmt sind, während der Abstimmungsbereich der Neuronen bei Säugern breit ist. Der Code ist bei Vögeln ein *Ortscode*, weil die binaurale Zeitdifferenz durch das Feuern von Neuronen in einer bestimmten Region des Nervensystems codiert wird. Bei Säugern hingegen handelt es sich um einen *Populationscode*, weil sich die binaurale Zeitdifferenz aus dem Feuern vieler breit abgestimmter Neuronen ergibt, deren gemeinsames Aktivierungsmuster die Zeitdifferenz codiert. Wir werden nun die Positionswahrnehmung bei Säugern weiterverfolgen und dazu einen Schritt über die Betrachtung der Codierung der binauralen Zeitdifferenzen in den Neuronen hinausgehen, um zu untersuchen, wie die Informationen zur Schallquellenposition im Kortex organisiert werden.

12.2.3　Kortikale Mechanismen der Lokalisierung

Auf der Hörbahn von der Cochlea zum Gehirn beginnt die Verarbeitung der binauralen Lokalisierung. Zunächst erreichen die Signale die *obere Olive* im Hirnstamm, den *Colliculus inferior* (unteres Hügelchen) im Mittelhirn und schließlich das *Corpus geniculatum mediale* (**◘** Abb. 11.30). Die obere Olive ist dabei der Ort, an dem die Signale vom rechten und vom linken Ohr erstmals zusammentreffen. Obwohl ein Großteil der auditorischen Verarbeitung stattfindet, wenn die Signale vom Ohr zum Kortex laufen, werden wir uns auf den Kortex konzentrieren und dabei mit dem primären auditiven Kortex (A1) beginnen (**◘** Abb. 12.12).

Das A1-Areal und auditive Lokalisierung

In einer wegweisenden Studie setzten Dewey Neff et al. (1956) Katzen vor 2 Futterboxen, die knapp 2,5 m von ihnen entfernt waren. Eine Futterbox war etwa 1 m nach links, die andere etwa 1 m nach rechts versetzt. Die Katzen erhielten eine Futterbelohnung, sobald sie sich einem Summton näherten, der hinter einer der Boxen ertönte. Sobald die Katzen diese Lokalisierungsaufgabe gelernt hatten, wurde bei ihnen der auditorische Kortex außer Funktion gesetzt (siehe Methode 4.3 zu den Läsionsverfahren). Obwohl die Katzen im Anschluss mehr als 5 Monate lang trainiert wurden, waren sie nicht dazu in der Lage, die Lokalisierung der Geräusche wieder zu erlernen. Auf der Grundlage dieses Ergebnisses schloss Neff, dass ein intakter auditorischer Kortex für die genaue Lokalisierung von Geräuschen im Raum notwendig ist.

Spätere Studien, die mehr als 50 Jahre nach Neffs Forschung durchgeführt wurden, legten den Schwerpunkt noch stärker auf den primären auditiven Kortex (A1). Fernan-

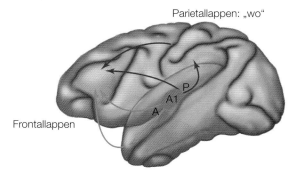

◘ Abb. 12.12 Auditorische Verarbeitungswege im Kortex des Affen. Ein Teil des primären auditiven Kortex (*A1*) ist sichtbar. Die hier dargestellten Ströme stellen die Verbindung zu den weiter vorn (anterior) bzw. weiter hinten (posterior) gelegenen Bereichen des Gürtels (Gyrus cinguli) her. *A* = anterior; *P* = posterior; *grün* = der Was-Strom beim Hören; *rot* = der Wo-Strom beim Hören. (Adaptiert nach Rauschecker & Scott, 2009)

◘ Tab. 12.1 Nachweis für die Beteiligung des primären auditiven Kortex (A1) an der Lokalisierung

Referenz	Was wurde gemacht	Ergebnis
Neff et al. (1956)	Zerstörung des auditiven Kortex der Katze	Verlust der Fähigkeit zur Lokalisierung
Nodal et al. (2010)	Zerstörung des auditiven Kortex des Frettchens	Eingeschränkte Fähigkeit zur Lokalisierung
Malhotra und Lomber (2007)	Deaktivierung des auditiven Kortex der Katze durch Kühlen	Eingeschränkte Fähigkeit zur Lokalisierung

do Nodal et al. (2010) wiesen nach, dass eine Zerstörung von A1 bei Frettchen die Fähigkeit zur Lokalisierung von Schall zwar verminderte, aber nicht vollständig beseitigte. Ein weiterer Nachweis, dass der auditive Kortex an der Lokalisierung beteiligt ist, wurde von Shveta Malhotra und Stephen Lomber (2007) erbracht. Sie deaktivierten das A1-Areal im Kortex einer Katze, indem sie den Kortex kühlten, was die Lokalisierung verschlechterte (vergleiche auch Malhotra et al., 2008). Die Studien zum auditiven Kortex und zur Lokalisierung von Schall sind in ◘ Tab. 12.1 zusammengefasst.

Nachzuweisen, dass der auditorische Kortex an der Lokalisierung beteiligt ist, ist eine Sache, zu erklären, auf welche Weise dies geschieht, eine völlig andere. Wir wissen, dass Informationen über die interaurale Zeit- und Pegeldifferenz den Kortex erreichen. Aber wie werden diese Informationen so kombiniert, dass eine Karte des auditiven Raums entsteht? Noch kennen wir die Antwort auf diese Frage nicht, und es wird weiter geforscht. Ein Forschungsansatz zur Lokalisierung befasst sich mit der Überlegung, dass es 2 auditorische Ströme gibt, die vom A1-Areal ausgehen, der Was- und der Wo-Strom.

Was- und Wo-Ströme für das Hören

Schauen wir uns noch einmal ◘ Abb. 12.12 an, die die Lage des primären auditiven Kortex (A1) zeigt. Dort sind auch 2 Bereiche auf beiden Seiten des auditiven Kortex mit den Bezeichnungen A und P eingezeichnet: A ist der anteriore (vordere), P der posteriore (hintere) Bereich des Gürtels (Gyrus cinguli). Beide Bereiche sind für das Hören zuständig, aber sie haben unterschiedliche Funktionen. Der **anteriore Gürtel** ist an der Wahrnehmung komplexer Klänge und Klangmuster, der **posteriore Gürtel** ist an der Lokalisierung des Schalls beteiligt.

Weitere Forschungen, auf die wir hier nicht eingehen werden, haben gezeigt, dass diese beiden Teile des Gürtels die Ausgangspunkte für 2 Hörströme sind, einen *Was*-Strom für das Hören, der sich vom anterioren Gürtel zum vorderen Teil des Temporallappens und dann zum frontalen Kortex (grüne Pfeile in ◘ Abb. 12.12) erstreckt, und einen Wo-Strom für das Hören, der sich vom posterioren Gürtel zum Parietallappen und dann ebenfalls zum frontalen Kortex erstreckt (rote Pfeile). Der Was-Strom ist für die Identifikation von Schallereignissen zuständig, dem Wo-Strom werden Funktionen für die Lokalisierung des Schalls zugeschrieben.

Wenn Ihnen die Was- und Wo-Ströme bekannt vorkommen, liegt das daran, dass wir sie bereits in ▶ Kap. 4 für das Sehen beschrieben haben (◘ Abb. 4.23). Die Idee, dass Ströme Was- und Wo-Funktionen erfüllen, ist also ein allgemeines Prinzip, das sowohl für das Hören als auch für das Sehen gilt. Auch wenn die von uns beschriebene Forschung an Frettchen, Katzen und Affen durchgeführt wurde, liegen anhand von Gehirnscans auch Befunde über auditive Was- und Wo-Funktionen beim Menschen vor, die zeigen, dass Wo- und Was-Aufgaben verschiedene Bereiche des menschlichen Gehirns aktivieren (Alain et al., 2001; De Santis et al., 2007; Wissinger et al., 2001).

Seit den frühen Experimenten wie die oben beschriebenen von Neff in den 1950er-Jahren, die darauf abzielten, die Funktion großer Areale des auditiven Kortex zu bestimmen, hat sich viel getan. Die Forschung von heute setzt im Gegensatz dazu ihren Schwerpunkt auf kleinere auditorische Bereiche. Sie hat außerdem gezeigt, dass die auditorische Verarbeitung über die auditorischen Areale im Temporallappen hinausgeht und sich auch auf andere Bereiche im Kortex erstreckt. Wir werden noch einmal auf die Was- und Wo-Ströme beim Hören zurückkommen, wenn wir uns in ▶ Kap. 14 mit der Sprachwahrnehmung beschäftigen.

12.3 Hören in geschlossenen Räumen

In diesem Kapitel haben wir wie schon in ▶ Kap. 11 gesehen, dass unsere Wahrnehmung von Schallereignissen von diversen Schalleigenschaften abhängt, unter anderem von der Frequenz, dem Schalldruck und der räumlichen Position. Was wir jedoch bislang ausgelassen haben, ist die Tatsache, dass wir Schall im täglichen Leben normalerweise in einer bestimmten Umgebung hören, etwa in einem kleinen Raum, einem großen Konzertsaal oder im Freien. Wenn wir diesen Aspekt des Hörens berücksichtigen, können wir verstehen, weshalb wir Schallereignisse draußen und drinnen unterschiedlich wahrnehmen und wie unsere Wahrnehmung von Klangqualität von bestimmten Eigenschaften geschlossener Räume abhängt.

◘ Abb. 12.13 zeigt, wie die Beschaffenheit des Schallsignals, das Ihre Ohren erreicht, von der Hörumgebung abhängt. Wenn Sie hören, wie jemand auf einer Open-Air-Bühne Gitarre spielt, basiert Ihre Wahrnehmung hauptsächlich auf **Direktschall**, der Ihre Ohren auf direktem Weg

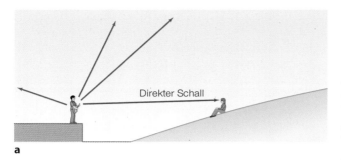

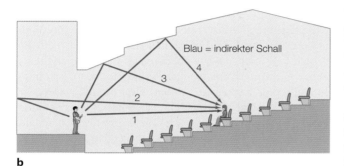

□ Abb. 12.13 **a** Wenn Sie ein Schallereignis im Freien hören, wird der Schall in alle Richtungen abgestrahlt (*blaue Pfeile*), aber Sie hören hauptsächlich den Direktschall (*roter Pfeil*). **b** In geschlossenen Räumen hören Sie sowohl Direktschall (*Weg 1*) als auch von Wänden, Boden und Decke reflektierten Raumschall (*Wege 2, 3* und *4*)

12

erreicht (□ Abb. 12.13a), auch wenn ein kleiner Teil des Schalls Ihre Ohren erst erreicht, nachdem er vom Boden oder von Objekten wie Bäumen reflektiert wurde. Wenn Sie jedoch dieselbe Gitarre in einem Konzertsaal hören, basiert Ihre Wahrnehmung auch auf Direktschall, der Ihre Ohren auf direktem Weg (Weg 1) erreicht, und außerdem auf **indirektem Schall** oder **Raumschall**, der von Wänden, Decke und Boden reflektiert wird, bevor er Ihre Ohren über Strecken wie 2, 3 und 4 erreicht (□ Abb. 12.13b).

Die Tatsache, dass Schall unsere Ohren auf direktem Wege von der Schallquelle aus und auf indirektem Wege aus anderen Richtungen erreichen kann, wirft ein Problem für die präzise Lokalisierung der Schallquelle auf. Obwohl Reflexionen von verschiedenen Oberflächen dazu führen, dass wir eine Abfolge von Schallsignalen aus vielen unterschiedlichen Richtungen hören können, nehmen wir den Schall im Allgemeinen als aus nur einer Richtung kommend wahr. Dies ist die Situation, die wir in Szenario 2 am Anfang des Kapitels beschrieben haben. Der Schall, der von der Stimme des Metzgers ausgeht, erreicht die Person zum Teil direkt und zum Teil indirekt, nachdem er von den Wänden reflektiert wird. Den Grund dafür, warum wir normalerweise nur den aus einer Richtung kommenden Schall wahrnehmen, können wir anhand von Forschungen verstehen, in denen Probanden Schallstimuli mit Zeitverzögerungen dargeboten wurden, wie sie bei Schall aus 2 unterschiedlichen Richtungen vorhanden sind.

12.3.1 Die Wahrnehmung von zwei Schallereignissen, die zu verschiedenen Zeitpunkten bei den Ohren eintreffen

Die Forschung zur Frage nach dem Zusammenhang zwischen Schallreflexionen und der auditiven Lokalisierung hat das Problem in den meisten Fällen vereinfacht, indem sie einen Schall simuliert, der direkt von einer Schallquelle zu den Ohren gelangt, gefolgt von einem verzögerten Schall durch eine Reflexion wie in □ Abb. 12.14 dargestellt. Dabei fungiert einer der Lautsprecher (links in □ Abb. 12.14) als Haupt- oder „führender" Lautsprecher (er repräsentiert die tatsächliche Schallquelle) und einer als „verzögerter" Lautsprecher (er repräsentiert eine einfache Schallreflexion).

Wird zuerst ein Schallreiz aus dem führenden Lautsprecher dargeboten, auf den nach einer Pause (von mehr als einer Zehntelsekunde) ein Schallreiz aus dem verzögerten Lautsprecher folgt, nehmen die Hörer normalerweise 2 getrennte Schallereignisse wahr – dem Schallsignal aus dem führenden Lautsprecher folgt das aus dem verzögerten Lautsprecher (□ Abb. 12.14a). Ist die Schallverzögerung zwischen den beiden Lautsprechern jedoch sehr viel klei-

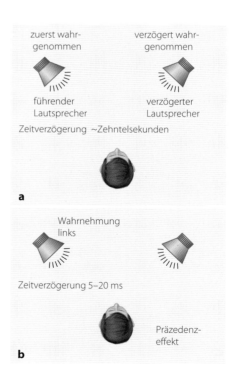

□ Abb. 12.14 **a** Wenn Schall zuerst aus einem (führenden) Lautsprecher und dann verzögert aus einem zweiten Lautsprecher dargeboten wird, werden beide Schallsignale bei hinreichend großer Verzögerungszeit als räumlich getrennte aufeinanderfolgende Schallreize wahrgenommen. **b** Bei hinreichend geringer Verzögerungszeit wird nur der Schall des führenden Lautsprechers wahrgenommen. Man bezeichnet dies als Präzedenzeffekt

ner, was in einem Raum häufig der Fall ist, passiert etwas anderes. Obwohl nach wie vor Schall aus beiden Lautsprechern kommt, nehmen die Hörer nur den Schall des führenden Lautsprechers wahr (◻ Abb. 12.14b).

Diese Situation, in der ein Schall aus der Nähe des führenden Lautsprechers allein zu kommen scheint, wird als **Präzedenzeffekt** (oder **Gesetz der ersten Wellenfront**) bezeichnet, da wir die Schallquelle dort wahrnehmen, von wo aus der Schall unsere Ohren zuerst erreicht (Brown et al., 2015; Wallach et al., 1949). Die Nummer, die der Metzger in unserem Szenario 2 ausruft, erreicht also zuerst direkt die Ohren des Hörers und etwas später nochmals durch den Schall auf dem indirekten Weg, dennoch hören wir seine Stimme nur einmal. Der Präzedenzeffekt bewirkt, dass eine Schallquelle und ihre zeitverzögerten Reflexionen zu einem einzigen Geräusch verschmelzen, es sei denn, die Verzögerung ist zu lang. In diesem Fall werden die verzögerten Schallsignale als Echo wahrgenommen.

Der Präzedenzeffekt steuert fast jede auditive Wahrnehmung, die im Inneren von Räumen stattfindet. Der von den Wänden reflektierte indirekte Schall hat einen geringeren Schalldruckpegel als der Direktschall und erreicht unsere Ohren in kleinen Räumen mit einer zeitlichen Verzögerung von etwa 5–10 ms; in großen Räumen wie Konzertsälen treten aber erheblich größere Verzögerung auf. Auch wenn unsere Wahrnehmung die Schallquelle in der Regel durch den ersten Schall ortet, der unsere Ohren erreicht, kann der indirekte Schall, der unsere Ohren nur wenig später erreicht, die Qualität des gehörten Schalls verändern. Die Tatsache, dass die Klangqualität sowohl vom direkten als auch vom indirekten Schall beeinflusst wird, ist ein zentrales Thema der Raumakustik, vor allem wenn es um die Gestaltung von Konzertsälen geht.

12.3.2 Raumakustik

Die **Raumakustik** befasst sich mit der Frage, wie dieser indirekte Schall die Wahrnehmungsqualität des Schalls verändert, den wir in geschlossenen Räumen hören. Der reflektierte Schall hängt vor allem davon ab, wie stark Schall von Wänden, Decke und Boden des Raums absorbiert wird. Wenn dadurch der größte Teil des Schalls „geschluckt" wird, gibt es kaum indirekten Schall. Wird hingegen der Hauptanteil des Direktschalls nicht absorbiert, gibt es entsprechend viel reflektierten Schall. Weitere Faktoren mit Einfluss auf den indirekten Schall sind die Größe und die Form des Raums. Diese Faktoren sind entscheidend für das Auftreffen von Schall auf Oberflächen und die Richtungen, in die er reflektiert wird.

Wie viel und wie lange indirekter Schall in einem Raum auftritt, wird durch die **Nachhallzeit** des Raums bestimmt; dies ist die Zeitspanne, nach der der Schalldruckpegel auf ein Tausendstel seines ursprünglichen Werts gefallen ist. Ist die Nachhallzeit eines Raums zu lang, klingt alles durcheinander, da der reflektierte Schall zu lange andauert. In ex-

tremen Fällen wie bei Kathedralen mit steinernen Wänden werden diese Verzögerungen in Form von Echos wahrgenommen, was die präzise Lokalisierung einer Schallquelle schwierig machen kann. Bei zu kurzer Nachhallzeit klingt Musik „tot", und es wird schwierig, Töne mit intensivem Klang zu erzeugen.

Aufgrund des Zusammenhangs zwischen Nachhallzeit und Wahrnehmung haben Raumakustiker versucht, Konzertsäle so zu konstruieren, dass die Nachhallzeit der von anderen Konzertsälen entspricht, die für ihre gute Akustik berühmt sind. Als derartige Vorbilder dienten beispielsweise die Symphony Hall in Boston und das Concertgebouw in Amsterdam, die beide Nachhallzeiten von etwa 2 s aufweisen. Eine „ideale" Nachhallzeit ist jedoch nicht der einzige Faktor, der über gute Akustik entscheidet. Dies zeigt sich deutlich an den Problemen, die beim Bau der New Yorker Philharmonie auftraten. Bei ihrer Eröffnung im Jahr 1962 hatte sie eine Nachhallzeit von fast genau 2 s, was dem Ideal sehr nahekommt. Dennoch wurde massive Kritik laut: Der Saal hätte eine Akustik, als ob die Nachhallzeit kürzer sei, und die Musiker des Orchesters beklagten sich, sie könnten einander nicht hören. Diese Kritik führte zu verschiedenen Umbauten, die sich über Jahre hinzogen, aber letztlich keine befriedigenden Ergebnisse brachten. Schließlich wurde der gesamte Innenausbau herausgerissen und 1992 von Grund auf neu gebaut und in Avery Fisher Hall umbenannt. Aber das ist noch nicht das Ende der Geschichte, denn auch nach dem Umbau hielt man die Akustik der Avery Fisher Hall immer noch nicht für zufriedenstellend. Der Konzertsaal wurde daraufhin in David Geffen Hall umbenannt, und es werden derzeit Konzepte entwickelt, wie sich die Akustik am wirkungsvollsten verbessern lässt.

Die Erfahrungen mit der New Yorker Philharmonie haben ebenso wie neue Erkenntnisse in der Raumakustik dazu geführt, dass heute über die Nachhallzeit hinaus weitere Faktoren bei der Innengestaltung von Konzertsälen berücksichtigt werden. Einige dieser Faktoren beschreibt Leo Beranek (1996), der zeigen konnte, dass die folgenden physikalischen Merkmale mit der Wahrnehmung von Musik in Konzertsälen zusammenhängen:

- *Präsenz- oder Intimitätsfaktor*: Dies ist die Zeit zwischen dem Eintreffen des Schalls direkt von der Bühne beim Zuhörer und dem Eintreffen der ersten Reflexion. Dieser Faktor ähnelt der Nachhallzeit, ist aber ein Maß für die Zeit zwischen dem direkten Schall und der ersten Reflexion und nicht für die Zeitdauer des Abklingens des reflektierten Schalls.
- *Bassverhältnis*: Hierbei handelt es sich um das Verhältnis der niedrigen Frequenzen zu den mittleren Frequenzen des von den Wänden und Oberflächen reflektierten Schalls.
- *Räumlichkeit*: Diese entspricht dem Anteil des reflektierten Schalls bezogen auf den gesamten Schall, der den Zuhörer erreicht.

Zur Bestimmung der optimalen Werte für diese physikalischen Parameter haben Raumakustiker 20 Opernhäuser und 25 Konzertsäle in 14 verschiedenen Ländern untersucht. Durch den Vergleich der Messungen mit Beurteilungen der Säle durch Dirigenten und Musiker konnten sie belegen, dass die besten Konzertsäle Nachhallzeiten von etwa 2 s aufwiesen und dass 1,5 s für Opernhäuser besser geeignet waren, da die kürzere Nachhallzeit notwendig ist, damit die Zuhörer die Gesangsstimmen klar hören können. Die Forscher fanden weiterhin heraus, dass Präsenzen von etwa 20 ms in Verbindung mit hohen Bassanteilen und hoher Räumlichkeit mit guter Akustik assoziiert wurden (Glanz, 2000). Sofern diese Faktoren bei der Konstruktion neuer Konzertsäle berücksichtigt wurden, ergab sich hieraus wie etwa bei der Walt Disney Concert Hall in Los Angeles eine Akustik, die mit den besten Konzertsälen der Welt konkurrieren kann. Bei der Innengestaltung der Walt Disney Hall haben die Raumakustiker nicht nur berücksichtigt, wie die Form, die Oberflächengestaltung und das Material der Wände und Decke die Saalakustik beeinflussen, sondern auch die Absorptionswirkung der Sitzpolster der 2273 Sitzplätzen beachtet. Ein weiteres Problem, das oft in Konzertsälen auftritt, ist der Einfluss des Publikums auf die Akustik – sie hängt von der Zahl der Besucher ab, weil der menschliche Körper Schall absorbiert. Eine Halle mit guter Akustik bei vollem Haus kann hallend klingen, wenn zu viele Sitze leer sind. Um dieses Problem zu lösen, wurden die Sitzbezüge so gestaltet, dass ihre Absorptionseigenschaften denen eines „gemittelten" Besuchers entsprechen. Das bedeutet, dass die voll besetzte Halle weitgehend die gleiche Akustik wie die leere Halle aufweist. Das ist für die Musiker ein großer Vorteil, weil sie zumeist in einem leeren Saal proben.

Ein weiterer Konzertsaal mit vorbildlicher Akustik ist der 2004 eröffnete Leighton-Konzertsaal im DeBartolo Performing Arts Center an der Universität von Notre Dame (Indiana, USA;  Abb. 12.15). Das innovative Konzept dieses Konzertsaals verfügt über ein variables Akustiksystem, mit der sich eine Nachhallzeit von 1,4 bis 2,6 s einstellen lässt. Dazu werden Motoren eingesetzt, die die Position des Baldachins über der Bühne und verschiedene Paneele und Banner im ganzen Saal steuern. Über diese Einstellungen kann der Saal auf verschiedene Arten von Musik „eingestellt" werden, und man erzielt kurze Nachhallzeiten für Gesang und längere Nachhallzeiten für Orchestermusik.

Nachdem wir uns angesehen haben, woher Schall kommt, wie wir die Schallrichtung auch bei Raumschall erkennen, der an Wänden und Decke reflektiert wird, und wie die Eigenschaften eines Raums das Hörerlebnis beeinflussen, können wir nun auf die Schallreize in unserer Umgebung eingehen und untersuchen, wie die auditive Wahrnehmung Töne aus verschiedenen Quellen organisiert.

Abb. 12.15 Leighton Concert Hall im DeBartolo Performing Arts Center an der Universität von Notre Dame. Die Nachhallzeit kann durch Veränderung der Position der Paneele und Banner an der Decke und der seitlichen Vorhänge an den Seiten angepasst werden. (© Matt Cashore/ University of Notre Dame)

Übungsfragen 12.1

1. Mit welchen 3 Koordinaten wird der auditive Raum beschrieben?

2. Wie unterscheidet sich die Lokalisierung einer Schallquelle von der Positionsbestimmung bei einem sichtbaren Objekt?

3. Beschreiben Sie die binauralen Positionsreize. Geben Sie an, welche dieser Hinweisreize bei welchen Frequenzen und bei welchen Richtungen in Bezug auf den Hörer informativ sind.

4. Beschreiben Sie den spektralen Positionsreiz.

5. Was passiert bei der auditiven Lokalisierung, wenn eine Kunststoffform ins Ohr gesetzt wird? Wie gut kann eine Person die Positionen von Schallquellen bestimmen, nachdem sie sich an die Kunststoffform gewöhnt hat? Und was passiert, wenn der Einsatz, nachdem die Person daran adaptiert ist, wieder entfernt wird?

6. Beschreiben Sie das Jeffress-Modell und den Unterschied der neuronalen Codierung bei der auditiven Lokalisierung, der zwischen Vögeln und Säugern zu beobachten ist.

7. Beschreiben Sie, wie die auditive Lokalisierung im Kortex organisiert ist. Was weist darauf hin, dass A1 bei der Lokalisierung wichtig ist?

8. Was sind die Wo- und Was-Ströme des Hörens? Wie hängen sie mit dem anterioren und posterioren Bereich des Gyrus cinguli zusammen?

9. Worin besteht der Unterschied zwischen dem Hören von Geräuschen im Freien und in Innenräumen? Warum stellt das Hören in Innenräumen ein Problem für das auditorische System dar?

10. Was ist der Präzedenzeffekt und wie beeinflusst er unser Hören?

11. Welche Grundprinzipien der Raumakustik werden beim Bau von Konzerthallen angewendet?

12. Beschreiben Sie einige technische Maßnahmen, die zur Optimierung der Akustik in einigen modernen Konzertsälen eingesetzt wurden.

12.4 Die Analyse der auditiven Szene

Wir haben uns bislang auf die Lokalisierung von Schall konzentriert – auf die Richtung, aus der er kommt. Wir haben gesehen, dass das auditorische System Pegel- sowie Zeitdifferenzen zwischen den beiden Ohren und spektrale Informationen von Schallreflexionen in den Ohrmuscheln nutzt, um Schallquellen zu lokalisieren. Wir beziehen nun noch eine wichtige Komplikation mit ein, die ständig in unserer Umgebung auftritt: Schall aus vielen verschiedenen Quellen.

In Szenario 3 zu Beginn dieses Kapitels haben wir 2 Personen beschrieben, die sich in einem lauten Café unterhielten, während im Hintergrund Musik aus einem Lautsprecher, die Gespräche anderer Personen und eine Espressomaschine zu hören sind. Die Anordnung verschiedener Schallquellen an unterschiedlichen Positionen in unserer Umgebung wird als **auditive Szene** bezeichnet, und der Prozess, durch den die Schallreize aus jeder dieser Quellen getrennt werden, heißt **auditive Szenenanalyse** (Bregman, 1990; Darwin, 2010; Yost, 2001).

Die auditive Szenenanalyse stößt auf eine grundlegende Schwierigkeit, weil der Schall aus verschiedenen Quellen als kombiniertes akustisches Signal die Ohren erreicht und deshalb anhand der Wellenform kaum bestimmt werden kann, welche Komponente des Signals auf welche Schallquelle in der Umgebung zurückzuführen ist. Wir können besser verstehen, was es bedeutet, dass sich die von den verschiedenen Quellen erzeugten Schallwellen im Ohr überlagern, wenn wir das Trio in ◻ Abb. 12.16 betrachten. Der Gitarrist, die Sängerin und der Pianist erzeugen jeweils eigene Schallsignale, die alle das Ohr des Hörers erreichen und sich dort zu einer komplexen Wellenform überlagern. Jede Frequenzkomponente in diesem Signal regt Schwingungen der Basilarmembran an. Dabei sind allerdings auf der Ebene der Cochlea keine Informationen über die Position der Schallquellen codiert, wie wir am Beispiel des Vogels und der Katze in ◻ Abb. 12.1 gesehen haben. Es ist alles andere als offensichtlich, welche Informationen im Schallsignal enthalten sein könnten, die erkennen ließen, welche Schwingungen der Basilarmembran durch welche Schallquelle erzeugt werden.

In der auditiven Szenenanalyse, bei der eine Aufschlüsselung der verschiedenen Schallquellen einer auditorischen Szene vorgenommen wird, werden 2 verschiedene Schallsituationen unterschieden. Bei der ersten Situation handelt

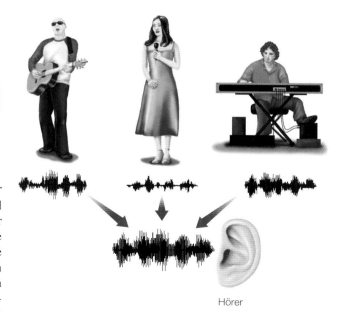

Hörer

◻ **Abb. 12.16** Die Musiker erzeugen jeweils Schallwellen, die sich überlagern und als komplexer Schallreiz beim Ohr eintreffen

es sich um eine **simultane Gruppierung**. Dies ist bei unserem Musikertrio der Fall, da alle Musiker gleichzeitig spielen bzw. singen. Die Frage, die sich bei simultaner Gruppierung stellt, lautet: „Wie können wir die Sängerin und die beiden Instrumente jeweils als getrennte Klangquellen hören?" Unser Beispiel in Szenario 3, in dem die vielen verschiedenen Schallereignisse, die die Ohren des Zuhörers in dem Café erreichen, so wahrgenommen werden, dass sie von verschiedenen Schallquellen stammen, ist ein weiteres Beispiel für eine simultane Gruppierung.

Die zweite Situation in der auditiven Szenenanalyse ist die **sequenzielle Gruppierung**, bei der die Töne zeitlich aufeinander folgen. Die Melodie, die vom Keyboard gespielt wird, wird als eine Folge von gruppierten Noten gehört. Dies ist ein Beispiel für sequenzielle Gruppierung, und das Gleiche gilt für das Gespräch mit der Person in einem Café, bei dem Sie die Sätze Ihres Gegenübers als einen Strom von Worten aus einer einzigen Schallquelle hören. Die Forschung zur auditiven Szenenanalyse hat sich darauf konzentriert, die Hinweisreize oder Informationen in diesen beiden Situationen zu identifizieren.

12.4.1 Simultane Gruppierung

Bei unseren Überlegungen zur simultanen Gruppierung kehren wir noch einmal zu dem Problem zurück, mit dem das auditorische System konfrontiert ist, wenn die Gitarre, das Keyboard und die Sängerin Änderungen des Luftdrucks erzeugen und durch diese Kombination aus Luftdruckveränderungen ein komplexes Muster von Schwingungen der Basilarmembran erzeugt wird.

Wie trennt das auditorische System die Frequenzkomponenten im Schallsignal, in die verschiedenen Schallwellen auf, die von der Gitarre, der Sängerin und dem Keyboard erzeugt werden, wenn alle zu gleichen Zeit spielen? In ▶ Kap. 5 haben wir eine analoge Frage im Zusammenhang mit dem Sehen gestellt, als wir diskutiert haben, wie einzelne Elemente einer visuellen Szenerie zu Objekten gruppiert werden. Eine Antwort für das visuelle System lieferten die Prinzipien der Wahrnehmungsorganisation, die die Gestaltpsychologen und ihre Nachfolger anhand von bestimmten Merkmalen der visuellen Reize, die häufig in unserer Umgebung vorkommen, vorgeschlagen haben (▶ Abschn. 5.2).

Jetzt stoßen wir beim Hören auf eine ähnliche Situation bei den auditiven Reizen, denn es gibt eine Reihe von Prinzipien, mit deren Hilfe wir die Elemente einer auditiven Szene organisieren und gruppieren können. Diese Prinzipien beruhen darauf, dass die Schallreize in unserer Umgebung häufig eine strukturierte Organisation aufweisen. Wir wollen nun die verschiedenartigen Informationen betrachten, die für die Analyse einer auditiven Szene verwendet werden.

Herkunftsort

Eine Möglichkeit, eine auditive Szene in ihre Einzelkomponenten zu zerlegen, besteht darin, die Informationen zu den verschiedenen Positionen der Schallquellen heranzuziehen. Dementsprechend lässt sich der wahrgenommene Klang der Singstimme von dem der Gitarre oder des Pianos anhand von Positionshinweisen wie der binauralen Pegel- bzw. Zeitdifferenz trennen. Überdies wird eine Schallquelle, die sich bewegt, normalerweise ihre Position stetig verändern und nicht wahllos von einem Ort zum anderen springen. Diese Kontinuität der Bewegung eines Schallereignisses hilft uns beispielsweise, das Geräusch eines vorbeifahrenden Autos als von einer einzigen Schallquelle stammend wahrzunehmen.

Wenn wir allerdings bedenken, dass Schallereignisse getrennt wahrgenommen werden können, auch wenn sie alle aus derselben Position kommen, zeigt sich, dass nicht nur die Information zum Herkunftsort bedeutsam ist. Wir können z. B. viele verschiedene Instrumente in einer Komposition heraushören, die über ein Mikrofon aufgenommen wurde und über einen Lautsprecher abgespielt wird (Litovsky, 2012; Yost, 1997).

Synchroner Einsatz

Die Einsatzzeit ist einer der stärksten Reize, die eine Gliederung signalisieren. Wenn 2 Schallereignisse zu etwas unterschiedlichen Zeiten einsetzen, kommen sie, wie bereits erwähnt, mit hoher Wahrscheinlichkeit aus unterschiedlichen Quellen. In unserer natürlichen Umgebung entsteht Schall aus unterschiedlichen Quellen nämlich selten exakt zur gleichen Zeit (Shamma & Micheyl, 2010; Shamma et al., 2011).

Klangfarbe und Tonhöhe

Wenn in der Musik Töne eine ähnliche Klangfarbe oder einen ähnlichen Bereich von Tonhöhen aufweisen, entstammen sie oft derselben Quelle. Eine Flöte hat z. B. nicht plötzlich die Klangfarbe einer Posaune. Vielmehr unterscheiden sich Flöte und Posaune nicht nur durch ihre Klangfarbe, sondern auch durch ihren Tonumfang. Die Flöte kann eher in einem hohen, die Posaune in einem tiefen Tonhöhenbereich bespielt werden. Anhand dieser Unterschiede kann der Hörer erkennen, welche Klänge von welcher Quelle erzeugt wurden.

Harmonizität

In ▶ Kap. 11 haben Sie gelernt, dass periodische Klänge aus einer Grundfrequenz und mehreren Harmonischen bestehen, die ein Vielfaches der Grundfrequenz darstellen (◘ Abb. 11.5). Weil es unwahrscheinlich ist, dass mehrere unabhängige Schallquellen eine Grundfrequenz und das dazugehörige Muster aus Harmonischen erzeugen, folgern wir, wenn wir eine Obertonreihe hören, dass sie von einer einzigen Quelle stammt.

12.4.2 Sequenzielle Gruppierung

Bei der Frage, wie wir zeitlich aufeinanderfolgende Geräusche gruppieren, geht es auch um Gestaltgruppierungsprinzipien, die beeinflussen, wie Komponenten von Reizen gruppiert werden (▶ Abschn. 5.2.2).

Ähnlichkeit der Tonhöhe

Bei der Einführung des Begriffs der simultanen Gruppierung haben wir erläutert, wie die unterschiedlichen Tonhöhen einer Flöte und einer Posaune dazu beitragen, dass wir sie als getrennte Schallquellen wahrnehmen können. Die Tonhöhe hilft uns auch, den Klang einer einzelnen Schallquelle zeitlich einzuordnen. Hier kommt die Ähnlichkeit der Tonhöhe ins Spiel, weil aufeinanderfolgende Klänge, die von der gleichen Schallquelle erzeugt werden, in der Regel eine ähnliche Tonhöhe haben. Das heißt, sie springen normalerweise nicht wild von einer Tonhöhe zu einer völlig anderen.

Wenn wir in ▶ Kap. 13 die Musik behandeln, werden wir feststellen, dass musikalische Sequenzen in der Regel kleine Intervalle zwischen den Noten aufweisen. Diese kleinen Intervalle führen dazu, dass die Noten gruppiert werden, und zwar nach dem Gestaltgesetz der Nähe (▶ Abschn. 5.2.2). Wenn wir eine Tonfolge als zusammengehörig wahrnehmen, spricht man von einer **auditiven Sequenzgliederung** (Bregman, 1990; Micheyl & Oxenham, 2010).

Albert Bregman und Jeffrey Campbell (1971) demonstrierten die auditive Sequenzgliederung anhand der Tonhöhe, indem sie abwechselnd hohe und tiefe Töne darboten (◘ Abb. 12.17). Wenn die hohen und tiefen Töne sich langsam abwechselten (◘ Abb. 12.17a), wurden sie von

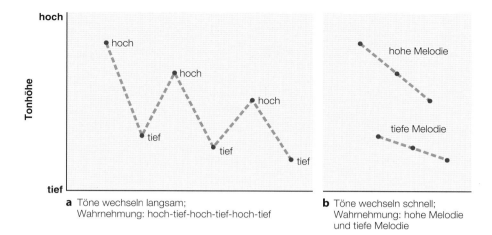

Abb. 12.17 a Wechseln sich hohe und tiefe Töne langsam ab, kommt es nicht zur auditiven Sequenzgliederung; der Hörer nimmt also abwechselnd hohe und tiefe Noten wahr. **b** Wechseln die Töne schneller, kommt es zur auditiven Sequenzgliederung in hohe und tiefe Melodien

a Töne wechseln langsam; Wahrnehmung: hoch-tief-hoch-tief-hoch-tief

b Töne wechseln schnell; Wahrnehmung: hohe Melodie und tiefe Melodie

den Probanden als Teil einer einzigen auditiven Sequenz wahrgenommen, wie die gestrichelte Linie verdeutlicht. Wechselten die Töne sich jedoch sehr schnell ab, wurden die hohen und die tiefen Töne in 2 unterschiedliche auditive Sequenzen aufgegliedert (■ Abb. 12.17b), sodass die Probanden 2 getrennte Melodien wahrnahmen, eine hohe und eine tiefe (für eine frühe Demonstration auditiver Sequenzgliederung vergleiche Heise & Miller, 1951; Miller & Heise, 1950). Die auditive Sequenzgliederung hängt somit nicht nur von der Tonhöhe, sondern auch vom Zeitabstand, mit dem die Töne präsentiert werden, ab.

■ Abb. 12.18 illustriert eine Gruppierung nach ähnlichen Tonhöhen für 2 Tonsequenzen, die nicht mehr getrennt wahrgenommen werden, sobald sich die Tonhöhen angleichen. Bei der einen Sequenz wird wiederholt derselbe Ton gespielt (rot) und bei der anderen eine aufsteigende Tonleiter (blau; ■ Abb. 12.18a). Wie dieser Reiz wahrgenommen wird, wenn die Töne schnell aufeinander folgen, zeigt ■ Abb. 12.18b. Anfangs werden die Sequenzen getrennt wahrgenommen, sodass die Hörer gleichzeitig einen sich wiederholenden Ton und eine aufsteigende Tonleiter wahrnehmen. Sobald jedoch die Töne beider Sequenzen ähnliche Frequenzen aufweisen, passiert etwas Interessantes: Jetzt tritt eine Gruppierung nach Tonhöhe ein, und die Wahrnehmung wechselt zu einer Art galoppierendem Springen zwischen den Tonsequenzen. Anschließend werden, wenn sich die Tonfrequenzen wieder deutlich unterscheiden, erneut 2 getrennte Sequenzen wahrgenommen.

Ein weiteres Beispiel dafür, wie die Ähnlichkeit der Tonhöhe eine Gruppierung bewirkt, ist die sogenannte **Tonleiterillusion**, auch als **Einbindung in eine Melodie** bezeichnet. Diana Deutsch (1975, 1996) wies diesen Effekt nach, indem sie 2 Melodien, eine aufsteigende und eine absteigende, gleichzeitig darbot (■ Abb. 12.19a). Die Melodien wurden über Kopfhörer dargeboten, wobei aufeinanderfolgende Noten aus beiden Melodien jeweils abwechselnd mit dem linken Ohr (blaue Noten) und dem rechten Ohr (rote Noten) dargeboten wurden. Wie Sie ■ Abb. 12.19a entnehmen können, wechselten die Töne

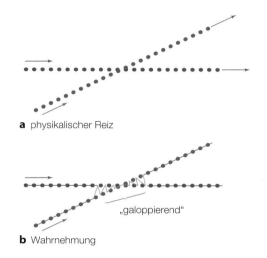

a physikalischer Reiz

„galoppierend"

b Wahrnehmung

■ **Abb. 12.18 a** Zwei Tonsequenzen: ein sich wiederholender Ton (*rot*) und eine aufsteigende Tonleiter (*blau*). **b** Die Wahrnehmung dieser Reize: Die Sequenzen werden getrennt wahrgenommen, solange die Tonhöhen weit auseinanderliegen, bei ähnlicher Frequenz scheinen die Töne allerdings zwischen den Sequenzen hin- und herzuspringen

auf dem linken Ohr von tief zu hoch zu tief (blaue Noten) und auf dem rechten Ohr von hoch zu tief zu hoch (rote Noten). Die Probanden von Deutsch nahmen jedoch auf beiden Ohren stetig auf- und absteigende Melodien wahr, wobei die hohen Töne mit dem rechten Ohr und die tiefen mit dem linken wahrgenommen wurden (■ Abb. 12.19b). Obwohl auf beiden Ohren hohe und tiefe Töne dargeboten worden waren, führte die Gruppierung nach der Ähnlichkeit der Tonhöhe dazu, dass die tiefen Töne auf dem linken Ohr (auf dem der erste Ton tief gewesen war) und die hohen Töne auf dem rechten Ohr (auf dem der erste Ton hoch gewesen war) gruppiert wurden.

Im Experiment von Deutsch wendet das Wahrnehmungssystem das Prinzip der Gruppierung durch Ähnlichkeit auf die künstlichen Stimuli an, die über Kopfhörer dargeboten werden, und erzeugt die Illusion, dass jedem

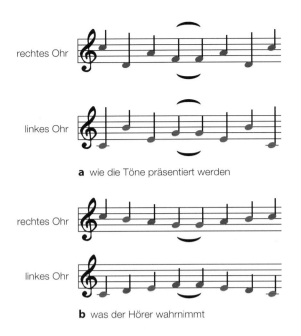

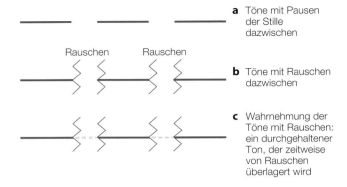

Abb. 12.20 Eine Demonstration zum guten Verlauf bei Tönen, die durch Pausen bzw. Rauschen unterbrochen werden

Abb. 12.19 **a** Die Stimuli, die den Probanden im Experiment von Deutsch (1975) zur Tonleiterillusion auf dem linken (*blau*) und dem rechten Ohr (*rot*) dargeboten wurden. Beachten Sie, dass die auf jedem Ohr dargebotenen Töne zwischen hoch und tief wechseln. **b** Die Hörwahrnehmung der Versuchspersonen. Obwohl die Töne auf jedem Ohr zwischen hoch und tief wechseln, wird auf beiden Ohren jeweils eine glatte Melodie wahrgenommen. Dies ist die Tonleiterillusion oder auch Einbindung in eine Melodie. (Aus Deutsch, 1975. Reprinted with permission. Copyright 1975, Acoustic Society of America.)

Ohr eine gleichmäßige Tonfolge dargeboten wird. In den meisten Fällen helfen uns jedoch die Prinzipien der auditorischen Gruppierung wie die Gleichartigkeit der Tonhöhe, ähnliche Töne so zu deuten, dass sie von derselben Schallquelle erzeugt wurden, denn genau das geschieht normalerweise in unserer Umgebung.

Guter Verlauf

Schallsignale, deren zeitlicher Verlauf konstant bleibt oder die sich nur langsam verändern, werden oft von derselben Schallquelle erzeugt. Dies entspricht dem Prinzip der guten Fortführung beim Sehen (► Abschn. 5.2.2). Schallsignale mit derselben Frequenz oder einer sich langsam verändernden Frequenz werden als kontinuierlich wahrgenommen, selbst wenn sie durch einen anderen Stimulus unterbrochen werden (Deutsch, 1999).

Richard Warren et al. (1972) veranschaulichten die Wirkung des guten Verlaufs, indem sie Töne darboten, die zeitweise durch kurze Phasen der Stille unterbrochen wurden (■ Abb. 12.20a). Die Probanden nahmen wahr, dass die Töne während der Pausen aufhörten. Wenn diese Phasen jedoch mit einem Rauschsignal ausgefüllt wurden (■ Abb. 12.20b), nahmen die Probanden den Ton als kontinuierlich wahr (■ Abb. 12.20c). Diese Demonstration entspricht der Demonstration des visuellen guten Verlaufs mit dem verschlungenen Seil in ■ Abb. 5.15. So wie die

einzelnen Schlingen als kontinuierliches Seil wahrgenommen werden, obwohl sie einander überlappen, kann ein Ton als kontinuierlich wahrgenommen werden, obwohl er durch Rauschsignale unterbrochen wird.

Erfahrung

Wie in der Vergangenheit gemachte Erfahrungen die perzeptuelle Gruppierung auditorischer Stimuli beeinflussen, lässt sich demonstrieren, indem man bekannte Lieder in einer Version präsentiert, wie es in ■ Abb. 12.21a für das amerikanische Kinderlied „Three Blind Mice" gezeigt ist: mit Oktavsprüngen bei den aufeinanderfolgenden Tönen. Personen, die diese Version mit den Oktavsprüngen erstmals hören, finden es zumeist schwierig, das Lied zu identifizieren. Aber nachdem sie die Originalfassung (■ Abb. 12.21b) gehört haben, können Sie der Melodie auch bei der Version mit den Oktavsprüngen folgen.

Dies ist ein Beispiel für ein **melodisches Schema**, das als Repräsentation der vertrauten Melodie im Gedächtnis gespeichert ist. Wenn die Hörer nicht wissen, dass in einer Tonfolge eine bestimmte Melodie enthalten ist, können sie nicht auf das Gedächtnisschema zugreifen und haben demzufolge auch keine Möglichkeit, die unbekannte Melodie mit irgendeinem Schema zu vergleichen. Wird ihnen jedoch gesagt, um welche Melodie es sich handelt, so vergleichen sie das Gehörte mit ihrem Gedächtnisschema und können daraufhin die Melodien erkennen (Deutsch, 1999; Dowling & Harwood, 1986).

Jedes der beschriebenen Prinzipien der auditorischen Gruppierung liefert Informationen, die uns dabei helfen zu bestimmen, wie Töne im zeitlichen Verlauf gruppiert werden. Wir können aus diesen Prinzipien 2 wichtige Erkenntnisse ziehen. Da die Prinzipien auf unseren früheren Erfahrungen beruhen und auf dem, was normalerweise in der Umgebung passiert, ist ihre Umsetzung erstens ein Beispiel dafür, wie Vorhersagen funktionieren.

In ► Abschn. 7.7 „Weitergedacht: Vorhersage ist alles" haben wir festgestellt, wie Vorhersage an der Wahrnehmung von Objekten beteiligt ist, indem wir Rückschlüsse auf das Bild auf der Retina ziehen (► Kap. 5); eine Szene

◻ Abb. 12.21 Zwei Versionen von „Three Blind Mice". **a** Die Version mit Oktavsprüngen bei aufeinanderfolgenden Tönen. **b** Die Melodie in üblicher Notation

statisch sehen, während wir unsere Augen bewegen, um sie abzutasten; voraussehen, wohin unsere Aufmerksamkeit zu richten ist, wenn wir uns ein Erdnussbutterbrot machen oder die Straße entlangfahren (► Kap. 6); Ketchup auf den Burger geben und die Absichten anderer Menschen vorhersagen (► Kap. 7); und eine Szene stabil halten, während wir einem sich bewegenden Objekt mit unseren Augen folgen (► Kap. 8).

Da die Vorhersage für das Sehen so wichtig ist, verwundert es nicht, dass sie auch beim Hören eine Rolle spielt (man hat Sie ja bereits in ► Kap. 7 gewarnt, dass die Vorhersage noch einmal auftauchen wird). Obwohl wir die Vorhersage in diesem Kapitel nicht ausdrücklich erwähnt haben, können wir feststellen, dass – genau wie die Prinzipien der visuellen Organisation Informationen darüber liefern, was *wahrscheinlich* in einer visuellen Szene passiert – die Prinzipien der auditiven Organisation Informationen über das *wahrscheinliche* Geschehen in einer auditorischen Szene liefern. Dies führt zu unserer zweiten Erkenntnis, nämlich der, dass jedes Wahrnehmungsprinzip für sich allein nicht fehlerfrei ist.

Wenn wir also unsere Wahrnehmungen auf nur ein Prinzip stützen, kann dies zu Fehlern führen, wie z. B. im Fall der Tonleiterillusion, die absichtlich so gestaltet ist, dass die Ähnlichkeit der Tonhöhe eine fehlerhafte Wahrnehmung erzeugt. In den meisten natürlichen Situationen stützen wir unsere Wahrnehmungen auf das Zusammenspiel aus mehreren dieser Hinweisreize. Die Vorhersagen darüber, was „da draußen" ist, werden zudem sicherer, wenn sie durch verschiedene Informationsquellen gestützt werden.

12.5 Weitergedacht: Interaktionen zwischen Sehen und Hören

Die verschiedenen Sinne arbeiten selten isoliert. Wir sehen Lippenbewegungen, wenn wir Menschen sprechen hören; wir fühlen, wie unsere Finger die Klaviertasten berühren, während sie die Töne anschlagen, die wir hören; wir hören das kreischende Geräusch auf der Straße und sehen das abrupt zum Stehen kommende Auto. All diese Kombinationen von Hören und anderen Sinneswahrnehmungen sind

Beispiele für **multisensorische Interaktionen**. Wir werden uns hier auf die Interaktionen zwischen Hören und Sehen konzentrieren.

Ein Teil der Forschung zur multisensorischen Interaktion beschäftigt sich mit der Dominanz eines Sinns gegenüber einem anderen. Wenn wir fragen, ob das Sehen oder das Hören dominant ist, müssen wir feststellen, dass es von der jeweiligen Situation abhängt. Als Nächstes werden wir sehen, wie in manchen Fällen das Sehen über das Hören dominiert.

12.5.1 Der Bauchrednereffekt

Ein Beispiel für eine Dominanz des Sehens über das Hören ist der **Bauchrednereffekt**. Er tritt auf, wenn der von einem Ort (dem Mund) ausgehende Schall von einem anderen Ort (dem Mund der Puppe) auszugehen scheint. Die gesehenen Bewegungen des Munds der Puppe binden den Schall daran (Soto-Faraco et al., 2002, 2004).

Ein alltägliches Beispiel für diese visuelle Bindung konnte man früher im Kino beobachten, vor Einführung des Digital-Surround-Sounds. Die Stimme eines Schauspielers kam aus einem Lautsprecher rechts von der Leinwand, während sich das Bild des sprechenden Schauspielers mehrere Meter von der Schallquelle entfernt in der Mitte der Leinwand befand. Trotz dieser räumlichen Trennung nahmen die Kinogänger die Stimme so wahr, als würde sie von dem Schauspieler (in der Mitte der Leinwand) stammen und nicht von der eigentlichen Schallquelle (dem Lautsprecher rechts). Geräusche, die von einem Ort stammten, der außerhalb des Blickfelds lag, wurden von der visuellen Wahrnehmung vereinnahmt.

12.5.2 Die Doppelblitzillusion

Das Sehen gewinnt allerdings nicht immer die Oberhand über das Hören. Ein Beispiel dafür ist ein verblüffender Effekt, die **Doppelblitzillusion**. Wenn ein einzelner Lichtpunkt auf einem Bildschirm aufleuchtet (◻ Abb. 12.22a), wird er als ein Blitz wahrgenommen. Wenn mit dem Lichtpunkt gleichzeitig ein einzelnes Tonsignal einhergeht, wird er immer noch als ein Blitz wahrgenommen. Geht

◻ Abb. 12.22 Die Doppelblitzillusion. **a** Ein einzelner Lichtpunkt
leuchtet auf dem Bildschirm auf.
b Wenn der Lichtpunkt ein Mal
aufleuchtet, aber mit 2 Tonsignalen einhergeht, nimmt der Proband
einen Doppelblitz wahr

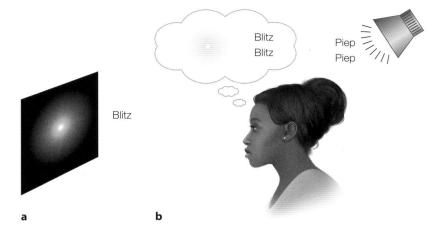

der einzelne Lichtpunkt jedoch mit 2 Tonsignalen einher, wird er von dem Probanden als Doppelblitz gesehen
(◻ Abb. 12.22b), auch wenn der Lichtpunkt nur ein einziges Mal aufleuchtet. Der für diesen Effekt verantwortliche
Mechanismus wird noch erforscht, aber die wichtige Erkenntnis für unsere Zwecke ist, dass Töne eine Wirkung
auf das Sehen haben (de Haas et al., 2012).

Der Bauchredner effekt und die Doppelblitzillusion sind
zwar 2 beeindruckende Beispiele für die Interaktion von
Sehen und Hören, sie führen jedoch zu einer Wahrnehmung, die nicht mit der Realität übereinstimmt. In realen
Situationen treten Ton und Bild ständig gemeinsam auf und
dabei ergänzen sie sich oft, z. B. während eines Gesprächs.

12.5.3 Sprache verstehen

Wenn Sie sich mit jemandem unterhalten, hören Sie nicht
nur, was die Person sagt, sondern beobachten vielleicht
auch ihre Lippen. Schaut man auf die Lippenbewegungen der Menschen, kann man leichter verstehen, was die
Person sagt, vor allem in einer lauten Umgebung. Aus
diesem Grund richten Lichtgestalter im Theater oft besonderes Augenmerk darauf, dass die Gesichter der Schauspieler beleuchtet werden. Die Bewegungen des Munds,
ob in Alltagsgesprächen oder im Theater, geben Aufschluss
darüber, welche Laute erzeugt werden. Nach diesem Prinzip funktioniert auch das Lippenlesen, das es Gehörlosen
ermöglicht, das Gesprochene anhand der visuellen Wahrnehmung der Lippenbewegungen zu erfassen. Im Kapitel
über die Sprachwahrnehmung werden wir einige weitere
Beispiele für Interaktionen zwischen Sehen und Sprache
kennenlernen.

12.5.4 Interaktionen im Gehirn

Die Vorstellung, dass es Verbindungen zwischen Sehen
und Hören gibt, spiegelt sich auch in den Vernetzungen

der verschiedenen sensorischen Areale des Gehirns wider
(Murray & Spierer, 2011). Diese Verbindungen zwischen
den Arealen tragen zu koordinierten rezeptiven Feldern bei,
wie sie in ◻ Abb. 12.23 für ein Neuron im Parietallappen
eines Affen gezeigt sind, das sowohl auf visuelle Reize
als auch auf auditive Stimuli antwortet (Bremmer, 2011;
Schlack et al., 2005). Dieses Neuron antwortet, wenn ein
Schallreiz dargeboten wird, der aus einem Raumbereich
links unten vor dem Hörer kommt (◻ Abb. 12.23a) oder
wenn ein visueller Reiz in demselben Raumbereich auftritt
(◻ Abb. 12.23b). ◻ Abb. 12.23c zeigt, dass es zwischen
den rezeptiven Feldern im auditiven und im visuellen Feld
einen großen Überlappungsbereich gibt.

Es ist leicht zu sehen, dass Neuronen wie dieses in einer
multisensorischen Umgebung nützlich sein können. Wenn
wir Schall aus einem bestimmten Raumbereich hören und
den Verursacher des Schalls auch sehen – ein Musiker, der
spielt, oder ein Mensch, der redet –, können multisensorische Neuronen mit ihrer Aktivierung durch auditive und
visuelle Reize dazu beitragen, eine kohärente Repräsentation des Raums mit beiden Stimuli zu erzeugen.

Ein weiteres Beispiel für die Interaktion zwischen verschiedenen Arealen des Gehirns zeigt sich bei sinnesspezifischen Kortexarealen, die durch Reize aktiviert werden,
die mit einer anderen Sinnesmodalität assoziiert sind. So
verwenden einige Blinde eine als *Echoortung* bezeichnete Technik, um Objekte und Strukturen in ihrer Umgebung
wahrzunehmen.

12.5.5 Echoortung bei Blinden

Daniel Kish erblindete mit 13 Monaten. Er findet sich
zurecht, indem er mit seiner Zunge schnalzt und auf
die Echos hört, die von den Objekten in der Umgebung zurückgeworfen werden. Dank dieser sogenannten
Echoortung kann Kish die Position und Größe von Objekten erkennen, wenn er unterwegs ist. ◻ Abb. 12.24
zeigt Kish auf einer Wanderung in Island. Er verwen-

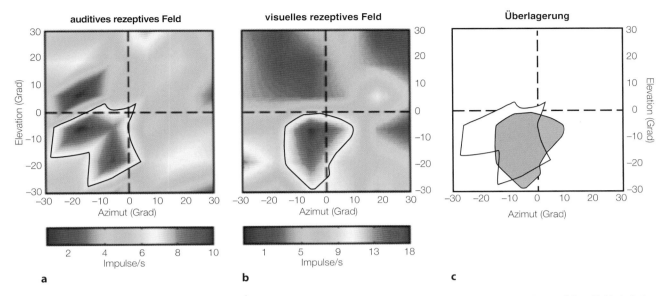

auditives rezeptives Feld | visuelles rezeptives Feld | Überlagerung

Elevation (Grad) / Azimut (Grad)

Impulse/s

a   b   c

◘ **Abb. 12.23** Rezeptive Felder von Neuronen im Parietallappen eines Affen, die **a** auf Hörreize *im linken unteren Quadranten* des Hörraums antworten und **b** auf visuelle Reize *im linken unteren Quadranten* des visuellen Felds ansprechen. **c** Die Überlagerung der beiden rezeptiven Felder zeigt, dass es zwischen dem visuellen und dem auditiven Feld ein hohes Maß an Überlappung gibt. (a, b: Aus Bremmer, 2011, mit freundlicher Genehmigung von John Wiley and Sons)

◘ **Abb. 12.24** Daniel Kish auf einer Wanderung in Island. Kish ist blind und benutzt Stöcke zum Erkennen von Geländedetails und die Echoortung zur Lokalisierung von Objekten in der Nähe. (© Daniel Kish)

det die Schnalztechnik zum Orten von Objekten in der Nähe und die Stöcke, um Geländedetails zu erfassen (siehe Kishs TED-Vortrag „How I Use Sonar to Navigate the World" unter: ▶ https://www.ted.com/talks/daniel_kish_how_i_use_sonar_to_navigate_the_world).

Um die Auswirkungen der Echoortung auf das Gehirn zu untersuchen, haben Lore Thaler et al. (2011) 2 Echoortungsexperten in der Nähe bestimmter Objekte Klicklaute produzieren lassen und diese Laute sowie die Echos mit kleinen Mikrofonen in den Ohren der Probanden aufgenommen. Um herauszufinden, wie diese Klicks das Gehirn aktivieren würden, zeichneten Thaler et al. mittels funktio-

neller Magnetresonanztomografie (fMRT) die Gehirnaktivität auf, während ihre Probanden – blinde Echoorter und eine Kontrollgruppe sehender Probanden – die Aufnahmen der Klicks und ihrer Echos hörten. Wenig überraschend zeigte sich sowohl bei den Blinden als auch bei den Sehenden eine erhöhte Aktivität im auditiven Kortex, aber bei den blinden Echoortern war die Aktivität auch im visuellen Kortex stark erhöht, während er bei den Sehenden der Kontrollgruppe nicht aktiviert wurde.

Offenbar wurde der visuelle Kortex aktiviert, weil die blinden Echoorter über eine Wahrnehmung verfügen, die sie als „Raumerleben" beschreiben. Tatsächlich schenken einige Echoorter den Klicks gar keine Aufmerksamkeit mehr, sondern konzentrieren sich auf die Rauminformation, die die Echos bieten (Kish, 2012). Dieser Befund, dass Echos in Raumerleben umgewandelt werden, veranlasste Liam Norman und Lore Thaler (2019), mithilfe von fMRT-Aufnahmen die Aktivität im visuellen Kortex von Echoortungsexperten zu messen, während diese auf Echos hörten, die von verschiedenen Positionen kamen. Sie fanden heraus, dass Echos, die von einer bestimmten Position im Raum ausgingen, auch tendenziell ein bestimmtes Areal im visuellen Kortex aktivierten. Dieser Zusammenhang zwischen dem Ausgangspunkt eines Echos und der Lokalisierung auf dem visuellen Kortex trat bei Kontrollgruppen aus Blinden, die keine Echoortung einsetzten, und bei sehenden Probanden nicht auf.

Laut Norman und Thaler zeigt ihr Forschungsergebnis, dass das Lernen von Echoortung eine Umstrukturierung des Gehirns bewirkt und dass der visuelle Bereich daran beteiligt ist, weil er normalerweise eine „retinotope Karte" enthält, auf der jeder Punkt auf der Retina an einem bestimmten Ort im visuellen Kortex abgebildet ist

(► Abschn. 4.3.1). Die Karten für die Echoortung im visuellen Kortex eines Echoorters ähneln daher den retinotopen Karten im visuellen Kortex von Sehenden. Wenn also Schall benutzt wird, um Raumerleben zu erreichen, wird der visuelle Kortex aktiv.

12.5.6 Eine Geschichte hören oder lesen

Die Vorstellung, dass das Gehirn nicht nur auf die Art der Energie, die es über die Augen oder die Ohren erreicht, reagiert, sondern auch auf das Resultat, das diese Energie erzeugt, lässt sich auch an einem Experiment von Mor Regev et al. (2013) veranschaulichen. Sie zeichneten die fMRT-Reaktion von Probanden auf, während diese entweder eine 7-minütige Geschichte hörten oder die Geschichte lasen, die in exakt der gleichen Geschwindigkeit präsentiert wurde wie der vorgelesene Text. Es überrascht nicht, dass das Hören der Geschichte den Temporallappen, den Empfangsbereich der auditiven Informationen, aktivierte, und das Lesen der schriftlichen Version den Okzipitallappen, den Empfangsbereich der visuellen Informationen. Folgte man jedoch dem Verarbeitungsweg bis zum Gyrus temporalis superior im Temporallappen, der an der Sprachverarbeitung beteiligt ist, konnte man feststellen, dass die Reaktionen auf das Hören und das Lesen zeitgleich verliefen (◨ Abb. 12.25). Dieser Bereich des Gehirns reagiert also nicht auf „Hören" oder „Sehen", sondern auf die Bedeutung der Informationen, die durch das Hören oder das Sehen transportiert wird (bei einer Kontrollgruppe, denen man unverständliche Buchstabenfolgen oder Klangmuster darbot, trat diese synchrone Reaktion nicht auf). Im Kapitel über die Sprachwahrnehmung werden wir uns eingehender mit dem Gedanken beschäftigen, dass Schall Bedeutung erzeugen kann, und wir werden weitere Zusammenhänge zwischen Schall und Sehen sowie Schall und Bedeutung aufzeigen.

Übungsfragen 12.2

1. Was ist die auditive Szenenanalyse und weshalb stellt sie das auditive System vor ein Problem?
2. Was ist simultane Gruppierung?
3. Beschreiben Sie die folgenden Informationsarten, mit denen das Problem der simultanen Gruppierung gelöst werden kann: Herkunftsort, synchroner Einsatz, Klangfarbe, Tonhöhe und Harmonizität.
4. Was ist sequenzielle Gruppierung?
5. Beschreiben Sie, wie folgende Phänomene mit dem Problem der sequenziellen Gruppierung zusammenhängen: auditive Sequenzgliederung, die Tonleiterillusion, guter Verlauf und Erfahrung.
6. Inwiefern schließen die Prinzipien der auditiven Szenenanalyse Vorhersagen mit ein?
7. Beschreiben Sie die Art, wie (1) das Sehen das Hören, (2) das Hören das Sehen dominiert.
8. Beschreiben Sie, wie es zwischen den rezeptiven Feldern im visuellen und im auditiven Bereich zu Überlappungen kommen kann. Welche Funktion hat diese Überlappung?
9. Welche Bedeutung hat Echoortung für blinde Menschen?
10. Wie wirkt sich die Echoortung auf das Gehirn aus?
11. Beschreiben Sie das Experiment, in dem die Gehirnaktivität im Gyrus temporalis superior des Temporallappens gemessen wurde, während die Probanden eine Geschichte hörten und während sie sie lasen. Was sagt der Befund dieses Experiments darüber aus, worauf dieses Gehirnareal reagiert?

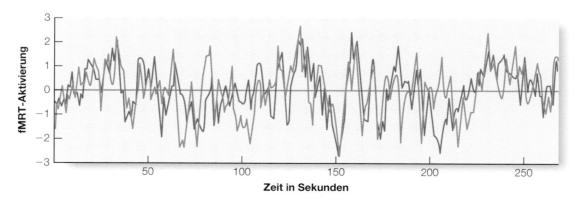

◨ **Abb. 12.25** fMRT-Reaktionen des Gyrus temporalis superior, eines Gehirnareals für die Sprachverarbeitung. *Rote Kurve*: Aktivität auf das Hören einer vorgelesenen Geschichte. *Grüne Kurve*: Aktivität auf das Lesen der Geschichte in exakt der gleichen Geschwindigkeit, in der sie vorgelesen wurde. Die Antworten stimmen nicht genau überein, weisen jedoch eine hohe Korrelation auf (Korrelation = 0,47). (Aus Regev et al., 2013, Copyright © 2013 the authors 0270-6474/13/3315978-11$15.00/0)

12.6 Zum weiteren Nachdenken

1. Wir können den Raum visuell wahrnehmen, wie wir in ▶ Kap. 9 zur Tiefenwahrnehmung gesehen haben, und auch durch das Hören, wie in diesem Kapitel beschrieben. Was sind die Gemeinsamkeiten und was die Unterschiede dieser beiden Arten der Raumwahrnehmung?

2. Wie gut ist die Akustik in Ihren Hörsälen? Können Sie den Professor gut verstehen? Spielt es eine Rolle, wo Sie sitzen? Werden Sie durch Geräusche im Raum oder durch Lärmeinwirkung von außen abgelenkt?

3. Auf welche Weise entspricht die Objektwahrnehmung beim Sehen der auditiven Sequenzgliederung?

4. In welchen Situationen benutzen Sie (1) nur eine isolierte Sinnesmodalität und (2) eine Kombination aus 2 oder mehr Sinnen, um eine Aufgabe zu lösen?

12.7 Schlüsselbegriffe

- Anteriorer Bereich des Gürtels (Gyrus cinguli)
- Auditive Lokalisierung
- Auditive Sequenzgliederung
- Auditive Szene
- Auditive Szenenanalyse
- Auditiver Raum
- Azimut
- Bauchrednereffekt
- Binauraler Positionsreiz
- Direktschall
- Doppelblitzillusion
- Echoortung
- Einbindung in eine Melodie
- Elevation
- Entfernung
- Gesetz der ersten Wellenfront
- Indirekter Schall
- Interaurale Pegeldifferenz
- Interaurale Zeitdifferenz
- Jeffress-Modell
- Koinzidenzdetektoren
- Konfusionskegel
- Lippenlesen
- Melodisches Schema
- Multisensorische Interaktionen
- Nachhallzeit
- Positionsreize
- Posteriorer Bereich des Gürtels (Gyrus cinguli)
- Präzedenzeffekt
- Raumakustik
- Raumschall
- Schallschatten
- Sequenzielle Gruppierung
- Simultane Gruppierung
- Spektraler Hinweisreiz
- Tonleiterillusion
- Was-Strom für das Hören
- Wo-Strom für das Hören
- Zeitdifferenzdetektor
- Zeitdifferenz-Tuningkurve

Musikwahrnehmung

E. Bruce Goldstein und Laura Cacciamani

Inhaltsverzeichnis

Nachdem Sie dieses Kapitel bearbeitet haben, werden Sie in der Lage sein, …

- die Fragen zu beantworten, was Musik ist, ob Musik eine adaptive Funktion hat und welcher Nutzen Musik zukommt,
- die verschiedenen Aspekte des musikalischen Timings, einschließlich Beat, Metrum, Rhythmus und Synkope, zu verstehen,
- zu beschreiben, wie der Geist die Wahrnehmung des Metrums beeinflussen kann,
- die verschiedenen Eigenschaften von Melodien zu verstehen,
- verhaltensbezogene und physiologische Erkenntnisse zu beschreiben, die den Zusammenhang zwischen Musik und Emotion erklären,
- die Beweise für und gegen die These zu verstehen, dass bei Musik und Sprache die gleichen Mechanismen im Gehirn ablaufen,
- Experimente zu beschreiben, die untersucht haben, wie Babys auf Takte reagieren,
- zu verstehen, was es heißt, dass Musik „etwas Besonderes" ist.

Einige der in diesem Kapitel behandelten Fragen

- Was ist Musik, und was ist ihr Zweck?
- Wie können wir die Gehirnmechanismen von Musik und Sprache vergleichen?
- Können Babys auf Takt reagieren?

Musik ist eine besondere Art von Klang. Wie wir bereits in ▶ Kap. 11 festgestellt haben, stellt sie etwas Besonderes dar, weil musikalische Tonhöhen ein sich regelmäßig wiederholendes Muster von Druckveränderungen aufweisen, im Gegensatz zu den eher zufälligen Druckveränderungen vieler Umweltgeräusche, z. B. dem Geräusch der Meeresbrandung. Das wirklich Besondere an der Musik ist jedoch ihre Popularität. Es ist kaum anzunehmen, dass jemand seine Zeit damit verbringen würde, einzelnen Tönen zuzuhören. Handelt es sich aber um Tonfolgen, die aneinandergereiht Lieder, Melodien oder längere Kompositionen ergeben, verbringen Menschen sehr viel Zeit damit, ihr zuzuhören. Aber, wie wir sehen werden, hat Musik nicht nur eine Melodie, sondern auch einen Rhythmus, einen Takt, der die Menschen in Bewegung bringt. Außerdem weckt Musik Erinnerungen, Gefühle und Emotionen.

13.1 Was ist Musik?

Die meisten Menschen wissen, was Musik ist. Wie aber würden Sie Musik jemandem beschreiben, der sie noch nie gehört hat? Eine Antwort auf diese Frage könnte die folgende Definition von Leonard Meyer (1956), einem der ersten Musikforscher, sein, der sagte, dass Musik „eine Form der emotionalen Konversation" ist. Der französische Komponist Edgar Varèse definierte Musik als „organisierten Klang" (Levitin & Tirovolas, 2009). Wikipedia definiert in Anlehnung an Varèse Musik als „eine Kunstgattung, deren Werke aus organisierten Schallereignissen bestehen".

Diese Definitionen von Musik sind vielleicht sinnvoll für jemanden, der bereits weiß, was Musik ist, aber eine Person, die mit Musik nicht vertraut ist, wäre wahrscheinlich immer noch im Unklaren. Vermutlich ist es hilfreicher, sich die folgenden grundlegenden Merkmale von Musik anzuschauen:

- **Tonhöhe:** die Eigenschaften der Töne von „hoch" zu „tief", die oft in einer Tonleiter angeordnet sind; der Aspekt der Wahrnehmung, der mit musikalischen Melodien in Verbindung gebracht wird (□ Abb. 13.1a; siehe ▶ Abschn. 11.2.2)
- **Melodie:** eine Folge von Tonhöhen, die als zusammengehörig wahrgenommen werden (□ Abb. 13.1b)
- **Zeitliche Anordnung:** die zeitliche Dimension der Musik, die aus einem regelmäßigen Beat (Taktschlag), der vom Taktsystem (Metrum) geordneten Betonungsverhältnisse und dem durch die Noten erzeugten Zeitmuster (Rhythmus) besteht
- **Klangfarbe:** die verschiedenen Klangeigenschaften, die die Musikinstrumente voneinander unterscheidet
- **Harmonie, Konsonanz, Dissonanz:** der positive oder negative Zusammenklang, der entsteht, wenn 2 oder mehr Tonhöhen zusammen gespielt werden

Diese Begriffe beschreiben die verschiedenen Eigenschaften, wie Musik klingt. Ein Lied hat eine erkennbare Melodie, die durch Tonfolgen mit unterschiedlichen Tonhöhen erzeugt wird. Es hat einen Rhythmus, bei dem die Dauer eines Tons länger ist als die eines anderen und bei dem manche Töne stärker betont werden. Die Klangfarbe wird durch die Instrumente, die das Lied spielen, oder durch die Singstimme bestimmt. Und der Klang wird dadurch beeinflusst, ob einzelne Noten oder eine Reihe von Akkorden gespielt werden.

□ **Abb. 13.1** **a** Eine Tonleiter, in der die Noten in der Tonhöhe von tief nach hoch angeordnet sind. **b** Eine Melodie, in der die Noten als zusammengehörig wahrgenommen werden. Der Rhythmus der Melodie baut auf die Ordnung der Noten im Takt auf

Aber Musik ist mehr als die Summe von Eigenschaften wie Tonhöhe, Rhythmus und Klangfarbe. Sie ruft auch Reaktionen bei den Menschen hervor, von denen die Emotionen zu den wichtigsten gehören. Immerhin verweist Meyers Definition von Musik als „emotionale Konversation" darauf, dass Emotionen ein zentrales Element der Musik sind, und wie wir sehen werden, wurde der Zusammenhang zwischen Musik und Emotionen sehr gut erforscht.

Eine weitere Reaktion auf Musik ist Bewegung, z. B. wenn wir mit den Füßen wippen, zur Musik tanzen oder ein Musikinstrument spielen, und die Erinnerung, wenn Musik neue Erinnerungen weckt oder Erinnerungen aus der Vergangenheit aufleben lässt. Musik ruft also Reaktionen hervor, die sich auf viele Aspekte unseres Lebens auswirken. Vielleicht ist es das, was im 19. Jahrhundert der Philosoph Friedrich Nietzsche meinte, als er sagte, „Ohne Musik wäre das Leben ein Irrtum."

13.2 Hat Musik eine adaptive Funktion?

Wie würden Sie die Frage beantworten: „Was ist der Sinn von Musik?" Eine mögliche Antwort lautet: „Sie soll den Menschen helfen, Spaß zu haben." Eine andere lautet: „Sie soll den Menschen ein gutes Gefühl geben." Denn schließlich ist Musik in unserem Umfeld allgegenwärtig – die Menschen hören ständig Musik, elektronisch oder auf Konzerten, und viele Menschen machen Musik, indem sie singen oder Musikinstrumente spielen.

Ein Skeptiker könnte auf diese Antwort erwidern, dass es schön und gut ist, wenn Musik Spaß macht und die Leute sie hören wollen, wir uns aber fragen müssen, warum Musik Teil des menschlichen Lebens quer durch alle Gesellschaften geworden ist und welche biologische Funktion sie haben könnte. Sehen und Hören ermöglichen es uns, uns sicher und effizient in unserer Umwelt zu bewegen, aber welchen Wert hat Musik? Bei dieser Frage geht es um die Überlegung, ob Musik in der Evolution einen Zweck zu erfüllen hatte. Das heißt, hat Musik eine adaptive Funktion, die die Überlebensfähigkeit des Menschen verbessert hat?

Eine **evolutionäre Anpassung** ist eine Fähigkeit, die sich herausgebildet hat, um das Überleben und die Fortpflanzung zu sichern. Kann Musik hierfür infrage kommen? Charles Darwins (1871) Antwort auf diese Frage war, dass die Menschen sangen, bevor sie sprachen, und dass die Musik somit den wichtigen Zweck erfüllte, die Grundlage für die Sprache zu schaffen. Außerdem sah Darwin in der Musik eine Möglichkeit, Sexualpartner anzuziehen (Miller, 2000; Peretz, 2006). Im Gegensatz dazu beschrieb Steven Pinker (1997) Musik als „Käsekuchen für die Ohren". Er war der Meinung, dass Musik aus Mechanismen aufgebaut ist, die Funktionen wie Emotionen und Sprache erfüllen sollen.

Das vielleicht stärkste Argument, das für Musik als eine evolutionäre Anpassung spricht, ist ihre Rolle für die soziale Bindung und den Gruppenzusammenhalt, durch die die Zusammenarbeit von Menschen in einer Gruppe erleichtert wird (Koelsch, 2011). Denn nur Menschen können lernen, Musikinstrumente zu spielen und gemeinsam in einer Gruppe zu musizieren, und die Fähigkeit, Bewegungen in einer Gruppe auf einen externen Impuls hin aufeinander abzustimmen, zeichnet ausschließlich den Menschen aus und stärkt das Gefühl der sozialen Bindung (Koelsch, 2018; Stupacher et al., 2017; Tarr et al., 2014; 2016).

Die Frage, ob die Musik eine adaptive Funktion hatte, lässt sich kaum eindeutig beantworten, denn man müsste Rückschlüsse auf etwas ziehen, das vor langer Zeit geschah (Fitch, 2015; Peretz, 2006). Unbestritten ist jedoch, welche Bedeutung der Musik für den Menschen zukommt. Musik hat im Laufe der Geschichte eine wichtige Rolle in den menschlichen Kulturen gespielt. Es wurden alte Musikinstrumente – Flöten aus Geierknochen – gefunden, die 30.000–40.000 Jahre alt sind, und vermutlich reicht die Musik bis in die Anfänge der Menschheit vor 100.000–200.000 Jahren zurück (Jackendoff, 2009; Koelsch, 2011). Außerdem gibt es Musik weltweit in jeder bekannten Kultur (Trehub et al., 2015). Eine aktuelle Analyse der Musik in 315 Kulturen ergab, dass es zwar viele Unterschiede in der Musik der verschiedenen Kulturen gibt, aber auch Gemeinsamkeiten, die auf zugrunde liegenden psychologischen Mechanismen basieren (Mehr et al., 2019). Obwohl es also eine große Bandbreite von Musikstilen in den verschiedenen Kulturen gibt, von westlicher klassischer Musik, über indischen Raga, traditionelle chinesische Musik bis hin zum amerikanischen Jazz, weisen alle Musikrichtungen kulturübergreifend die folgenden Merkmale auf (Thompson et al., 2019):

- Durch eine Oktave getrennte Noten werden als ähnlich wahrgenommen.
- Musik weckt Emotionen.
- Tonfolgen, die in der Tonhöhe nahe beieinander liegen, werden als Teil einer Gruppe wahrgenommen.
- Bezugspersonen singen ihren Babys vor.
- Zuhörer bewegen sich synchron zur Musik.
- Musik wird in sozialen Kontexten aufgeführt.

13.3 Die Wirkung von Musik

Musik ist nicht nur universell verbreitet und erfüllt wichtige soziale Funktionen, sie hat auch eine Reihe von positiven Auswirkungen.

13.3.1 Musikerziehung verbessert die Leistung in anderen Bereichen

Der Effekt von Musikerziehung kommt zum Tragen, weil das Gehirn plastisch ist, seine Neuronen und Verbindungen also durch Erfahrung geformt werden können (Reybrouck et al., 2018) (► Abschn. 4.2.2). Musikerziehung wurde mit besseren Leistungen in Mathematik, höherer emotionaler Sensibilität, verbesserter Sprachfähigkeiten und größerer Sensibilität für zeitliche Koordination (Chobert et al., 2011; Kraus & Chanderasekaran, 2010; Zatorre, 2013) in Verbindung gebracht. In einer Studie, in der Ärzte und Medizinstudenten auf ihre Fähigkeit getestet wurden, Unregelmäßigkeiten im Herzschlag zu erkennen, wurde festgestellt, dass Ärzte, die ein Musikinstrument spielten, besser abschnitten als die Probanden ohne musikalische Ausbildung (Mangione & Nieman, 1997).

13.3.2 Musik erzeugt positive Gefühle

Am offensichtlichsten zeigt sich der positive Effekt von Musik wohl darin, dass wir uns mit ihr besser fühlen. Fragt man Menschen, warum sie Musik hören, sind die beiden wichtigsten Gründe, die sie nennen, die emotionale Wirkung und das Regulieren ihrer Emotionen (Chanda & Levitin, 2013; Rentfro & Greenberg, 2019). Es ist daher nicht überraschend, dass die Mehrzahl der Menschen sehr viel Zeit mit dem Hören von Musik verbringt und es als eine der angenehmsten Beschäftigungen im Leben betrachtet (Dube & Le Bel, 2003). Musik sorgt nicht nur dafür, dass wir uns besser fühlen, sondern löst manchmal auch Gefühle von Transzendenz und Staunen aus oder erzeugt ein angenehmes „Gänsehautgefühl" (Blood & Zatorre, 2001; Koelsch, 2014).

Diese Beziehung zwischen Musik und Gefühlen hat dazu geführt, dass Musik in der Medizin eingesetzt wird. Kürzlich haben z. B. Musiker virtuelle Konzerte für Patienten und medizinisches Personal auf COVID-19 Krankenstationen gegeben. Die Reaktion einer Pflegekraft auf diese Konzerte, dass „nur die Musik diese Atmosphäre der Verzweiflung durchbrechen könne", bringt die heilende Kraft der Musik sehr treffend zum Ausdruck (Weiser, 2020).

13.3.3 Musik weckt Erinnerungen

Musik hat die Macht, Erinnerungen zu wecken. Wenn bei Ihnen jemals ein Musikstück eine Erinnerung an etwas wachgerufen hat, das Sie in der Vergangenheit erlebt haben, dann haben Sie eine **musikinduzierte autobiografische Erinnerung** (music-evoked autobiographical memory, MEAM) erlebt. Musikinduzierte autobiografische Erinnerungen sind oft mit starken Emotionen wie Glück und Nostalgie verbunden (Belfi et al., 2016; Janata et al., 2007), können aber auch mit traurigen Emotionen einhergehen.

Da die Musik fähig ist, Erinnerungen zu wecken, wurde sie als therapeutischem Mittel für Menschen mit Alzheimer-Krankheit eingesetzt, die im Allgemeinen unter großen Gedächtnislücken leiden. Mohamad El Haj et al.

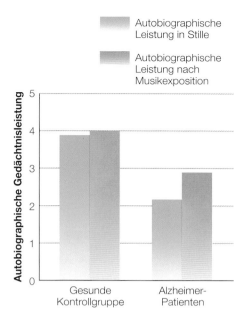

Autobiographische Leistung in Stille

Autobiographische Leistung nach Musikexposition

□ **Abb. 13.2** Die Ergebnisse des Experiments von El Haj et al. (2013). Gesunde Kontrollteilnehmer (*linkes Balkenpaar*) hatten ein besseres autobiografisches Gedächtnis als Alzheimer-Patienten (*rechtes Balkenpaar*). Das autobiografische Gedächtnis der Alzheimer-Patienten verbesserte sich durch das Hören von Musik, die für sie eine besondere Bedeutung hatte. (Aus El Haj et al., 2013. Reprinted with permission from Elsevier.)

(2013) baten gesunde Kontrollteilnehmer und Teilnehmer mit Alzheimer-Krankheit, detailliert ein Ereignis aus Ihrem Leben zu beschreiben, nachdem sie entweder 2 min in Stille verbracht oder 2 min selbst ausgewählte Musik gehört hatten. Die gesunden Kontrollpersonen konnten autobiografische Erinnerungen (Erinnerungen an vergangene Lebensereignisse) unter beiden Bedingungen gleich gut beschreiben, aber das Gedächtnis der Alzheimer-Patienten war besser, nachdem sie die Musik gehört hatten (□ Abb. 13.2).

Dass Musik bei Alzheimer-Patienten autobiografische Erinnerungen wachrufen kann, inspirierte zu dem Film „Die Musik meines Lebens" („Alive Inside"; Rossato-Bennet, 2014), der 2014 auf dem Sundance Film Festival mit dem Publikumspreis ausgezeichnet wurde. Dieser Film dokumentiert die Arbeit einer gemeinnützigen Organisation namens Music & Memory (► https://musicandmemory.org/), die MP3-Player an Hunderte von Langzeitpflegeeinrichtungen verteilt hat, damit sie für Alzheimer-Patienten eingesetzt werden konnten. Eine denkwürdige Szene zeigt Henry, der an schwerer Demenz leidet, wie er unbeweglich dasitzt und nicht auf Fragen und Geschehnisse um ihn herum reagiert (□ Abb. 13.3a). Doch als der Therapeut Henry einen Kopfhörer aufsetzt und die Musik anstellt, erwacht Henry zum Leben. Er beginnt, sich im Takt zu bewegen. Er singt mit zur Musik (□ Abb. 13.3b). Und, was das Wichtigste ist, Erinnerungen, die durch Henrys Demenz verschüttet waren, werden wachgerufen, und er ist

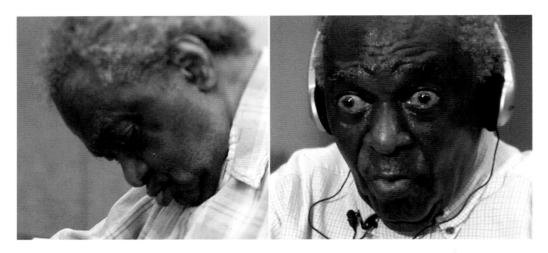

Abb. 13.3 Szenen aus dem Film „Die Musik meines Lebens". **a** Henry in seinem üblichen, nicht ansprechbaren Zustand. **b** Henry, wie er Musik hört, die für ihn von Bedeutung war, und mitsingt. Wenn Henry Musik hörte, konnte er auch besser mit seinen Pflegern kommunizieren. (© AliveInside.Org)

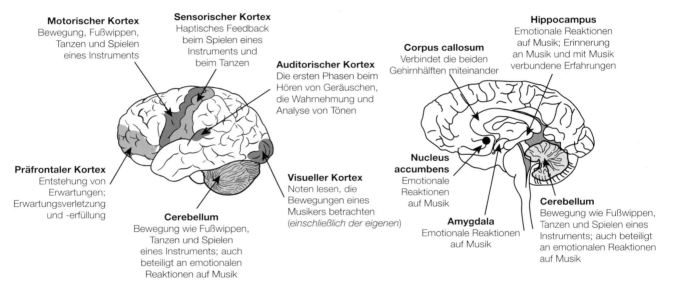

Motorischer Kortex
Bewegung, Fußwippen, Tanzen und Spielen eines Instruments

Sensorischer Kortex
Haptisches Feedback beim Spielen eines Instruments und beim Tanzen

Auditorischer Kortex
Die ersten Phasen beim Hören von Geräuschen, die Wahrnehmung und Analyse von Tönen

Corpus callosum
Verbindet die beiden Gehirnhälften miteinander

Hippocampus
Emotionale Reaktionen auf Musik; Erinnerung an Musik und mit Musik verbundene Erfahrungen

Präfrontaler Kortex
Entstehung von Erwartungen; Erwartungsverletzung und -erfüllung

Cerebellum
Bewegung wie Fußwippen, Tanzen und Spielen eines Instruments; auch beteiligt an emotionalen Reaktionen auf Musik

Visueller Kortex
Noten lesen, die Bewegungen eines Musikers betrachten (*einschließlich der eigenen*)

Nucleus accumbens
Emotionale Reaktionen auf Musik

Amygdala
Emotionale Reaktionen auf Musik

Cerebellum
Bewegung wie Fußwippen, Tanzen und Spielen eines Instruments; auch beteiligt an emotionalen Reaktionen auf Musik

Abb. 13.4 Die wichtigsten Hirnregionen, die mit musikalischer Aktivität in Zusammenhang stehen

in der Lage, über Dinge zu sprechen, an die er sich aus seiner Vergangenheit erinnert (siehe auch Baird & Thompson, 2018, 2019; Heaton, 2009; Kogutek et al., 2016 für weitere Informationen über die therapeutische Wirkung von Musik).

Ein Grund für diese vielen positiven Wirkungen von Musik liegt darin, dass sie viele Bereiche des Gehirns anspricht. ■ Abb. 13.4 zeigt die Gehirnareale, die aktiviert werden, wenn man sich mit Musik auseinandersetzt (Levitin & Tirovolas, 2009). Daniel Levitin (2013) stellt fest, dass eine „Beschäftigung mit der Musik fast jede Region des Gehirns aktiviert, die bisher kartiert wurde". In ■ Abb. 13.4 ist die Beteiligung des auditorischen Kortex zu erkennen, in dem die Töne zunächst verarbeitet werden. Aber viele „nichtauditive" Bereiche werden ebenfalls durch Musik aktiviert, darunter die Amygdala und

der Nucleus accumbens (Erzeugung von Emotionen), der Hippocampus (Auslösen von Erinnerungen), das Kleinhirn (Cerebellum) und der motorische Kortex (Auslösen von Bewegungen), der visuelle Kortex (Noten lesen, eine Musikdarbietung besuchen), der sensorische Kortex (haptisches Feedback beim Abspielen von Musik) und der präfrontale Kortex (Erzeugen von Erwartungen darüber, was in einer musikalischen Komposition als Nächstes passiert). Da die Musik derart viele Gehirnbereiche anspricht, überrascht es nicht, dass ihre Wirkung breit gefächert ist. Sie reicht von einer Verbesserung der Stimmung und einer Steigerung der Gedächtnisleistung bis hin zu einer Synchronizität von Menschen in ihren Bewegungen. Wir wollen nun erläutern, wie Musik funktioniert, und beginnen zunächst mit der Beschreibung von 2 grundlegenden Eigenschaften von Musik, dem Timing und der Melodie.

13.4 Musikalisches Timing

Wir beginnen mit der Beschreibung der zeitlichen Dimension der Musik. Es lassen sich viele verschiedene Eigenschaften unterscheiden, die eine Verbindung zwischen Musik und Zeit herstellen.

13.4.1 Beat

In jeder Kultur gibt es eine Form von Musik, die einen **Beat** hat (Patel, 2008). Der Beat kann im Vordergrund stehen und deutlich hervortreten wie in der Rockmusik oder subtiler sein wie in einem ruhigen Wiegenlied, aber er ist immer da. Manchmal wirkt er für sich, aber meistens schafft er einen Rahmen für die Noten, die ein rhythmisches Muster und eine Melodie erzeugen. Der Beat wird oft von Bewegung begleitet, wenn Musiker und Zuhörer beim Spielen oder Zuhören mit den Füßen wippen oder wenn Menschen aufstehen und tanzen.

Der Zusammenhang zwischen Beat und Bewegung zeigt sich nicht nur durch Aktionen wie Klatschen oder Schwingen im Takt, sondern auch durch Antworten der motorischen Bereiche des Gehirns. Jessica Grahn und James Rowe (2009) wiesen eine Verbindung zwischen dem Beat und den *Basalganglien* nach, einer Gruppe subkortikaler Strukturen in den Hirnhemisphären, die in früherer Forschung mit Bewegung in Verbindung gebracht wurde. Ihre Versuchsteilnehmer hörten Beatmuster, bei denen starke Taktschläge auf kurze Noten fielen, wodurch der Beat für den Hörer sehr präsent war. Anschließend hörten sie ein Muster aus längeren Noten, bei denen sich die Probanden den Beat vorstellen mussten.

Während die Teilnehmer unbeweglich in einem fMRT-Scanner lagen und der Musik lauschten, zeigte ihre Gehirnaktivität, dass die Reaktion der Basalganglien auf Stimuli aus einem sehr präsenten Beat stärker war als auf Reize ohne Beat. Darüber hinaus stellten sie fest, dass die neuronale Konnektivität zwischen den subkortikalen Strukturen und den kortikalen motorischen Bereichen bei einem Reiz in der Beatbedingung höher war als bei einem Reiz ohne Beat (Abb. 13.5). Diese Konnektivität wurde berechnet, indem sie ermittelten, wie gut die Antwort einer Hirnstruktur aus der Reaktion einer mit ihr verbundenen Struktur interpoliert werden kann (Abb. 2.20; Friston et al., 1997).

Ein weiterer Zusammenhang zwischen Beat und Bewegung wurde von Joyce Chen et al. (2008) nachgewiesen, die die Aktivität im prämotorischen Kortex unter 3 Bedingungen gemessen haben:
1. Klopfen: Die Teilnehmer klopften bei der Sequenz den Takt mit.
2. Antizipierendes Zuhören: Die Teilnehmer hörten sich die Sequenz an, wussten aber, dass man sie später auffordern würde, zu dieser Sequenz den Takt zu klopfen.

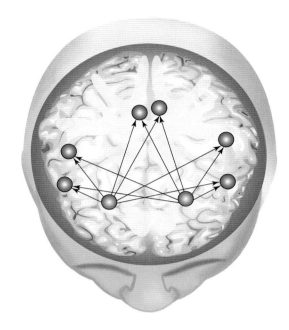

 Abb. 13.5 Grahn und Rowe (2009) fanden heraus, dass die Konnektivität zwischen subkortikalen Strukturen (*rot*) und kortikalen motorischen Arealen (*blau*) bei einem Reiz in der Beatbedingung im Vergleich zu einem Reiz in der Nichtbeatbedingung erhöht war

3. Passives Zuhören: Die Teilnehmer hörten passiv eine rhythmische Sequenz.

Es überrascht nicht, dass das Taktklopfen die größte Reaktion hervorrief, da der prämotorische Kortex an der Erzeugung von Bewegungen beteiligt ist. Aber auch in der Bedingung des Zuhörens (die 70 % der Reaktion auf das Klopfen erreichte) und des passiven Zuhörens (55 % der Reaktion auf Klopfen), bei der die Teilnehmer nur zuhörten, ohne sich zu bewegen, trat eine Reaktion auf. Genauso wie Grahn und Rowe herausfanden, dass bereits das bloße Zuhören von Beatstimuli die Basalganglien aktiviert, fanden Chen et al. heraus, dass motorische Bereiche im Kortex schon durch das Hören eines Beats aktiviert werden, was, wie Chen vermutet, vermutlich den unwiderstehlichen Drang erklärt, beim Hören von Musik im Takt zu klopfen.

Takako Fujioka et al. (2012) gingen bei der Erforschung dieser auditiv-motorischen Verbindung noch einen Schritt weiter und haben die Gehirnwellen gemessen, während die Testpersonen Taktfolgen in verschiedenen Tempi hörten. Ihre Ergebnisse zeigen, dass die Gehirnwellen im Takt des Beats oszillieren (Abb. 13.6). Die Spitze der Welle tritt mit dem Beat auf, dann nimmt die Welle ab und kehrt zurück, wenn sich der nächste Beat ankündigt. Diese Reaktion ist auf Neuronen zurückzuführen, die auf bestimmte Zeitintervalle abgestimmt sind (siehe auch Schaefer et al., 2014).

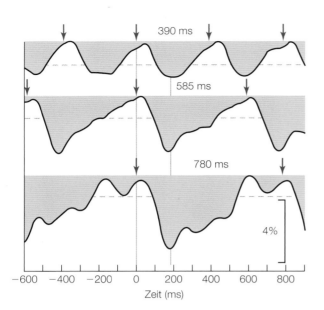

◻ Abb. 13.6 Zeitlicher Ablauf der Hirnaktivität, gemessen an der Kopfhaut als Reaktion auf in gleichmäßigen Abständen gespielte Beatsequenzen. Diese sind durch die *Pfeile* angezeigt. Die *Zahlen* geben die Abstände in Millisekunden zwischen den einzelnen Beats an. Das schnellste Tempo (etwa 152 Schläge pro Minute) ist *oben* dargestellt, das langsamste (ca. 77 Schläge pro Minute) *unten*. Die Gehirnwellen stimmen in ihrem Ablauf mit den Beats überein, sie erreichen kurz nach dem Beat ihren Höhepunkt, nehmen ab und steigen dann wieder an, wenn sich der nächste Beat ankündigt. (Aus Fujioka et al., 2012, Copyright © 2012 the authors 0270-6474/12/321791-12$15.00/0)

13.4.2 Metrum

Das **Metrum** organisiert die Beats in Taktschläge oder Notenwerte, wobei der 1. Taktschlag in jedem Takt oft akzentuiert (stark) ist (Lerdahl & Jackedoff, 1983; Plack, 2014; Tan et al., 2013). In der westlichen Musik gibt es 2 elementare Metren: das **Zweiermetrum** (z. B. der Zweivierteltakt, bei dem auf einen betonten Schlag jeweils 1 unbetonter Schlag folgt, nämlich 12 12 12 oder 1234 1234 1234, beispielsweise bei einem Marsch); oder das **Dreiermetrum** (z. B. der Dreivierteltakt, bei dem auf einen betonten Schlag jeweils 2 unbetonte Schläge folgen, beispielsweise beim Walzer).

Metrische Struktur kann auch erreicht werden, wenn Musiker manche Noten durch den Tonansatz, die Lautstärke oder auch die Tondauer stärker akzentuieren. Bei der metrischen Struktur, die am häufigsten vorkommt, dem Viervierteltakt, wird jeweils der 1. von 4 Grundschlägen betont. Dies ist sehr einfach zu verstehen, wenn man jeweils 1-2-3-4-1-2-3-4 zählt. Konzentriert man sich auf die betonten Noten, erhält man eine Art Gerüst für den zeitlichen Fluss eines Musikstücks, bei dem die betonten Noten den Beat bilden.

Durch die Betonung bestimmter Beats können Musiker der Musik Ausdruckskraft verleihen, die über das einfache Aneinanderreihen von Noten hinausgeht. Die Partitur ist zwar der Ausgangspunkt für eine musikalische Darbietung, aber das Publikum hört die *Interpretation* dieser Partitur durch die Musiker, wobei die Akzentuierung der Noten das wahrgenommene Metrum der Komposition beeinflussen kann (Ashley, 2002; Palmer, 1997; Sloboda, 2000).

13.4.3 Rhythmus

Musik *strukturiert* die Zeit, indem sie einen **Rhythmus** schafft, d. h. die durch die Tondauer erzeugte zeitliche Ordnung (Tan et al., 2013; Thompson, 2015). Doch obwohl wir Rhythmus als die durch die Tondauer erzeugte zeitliche Ordnung definieren, ist hier nicht die Dauer der *Noten* wichtig, sondern der **Einsatzabstand** (inter-onset interval) zwischen den Noten. Dies wird in ◻ Abb. 13.7 veranschaulicht. Hier sind die die ersten Takte der amerikanischen Nationalhymne aufgeführt. Die Noteneinsätze werden durch die blauen Punkte über der Musik dargestellt, die Abstände zwischen diesen Punkten definieren den Rhythmus des Liedes. Da die *Noteneinsätze* den Rhythmus definieren, ist es möglich, dass 2 Versionen dieses Liedes den gleichen Rhythmus haben: eine Version, bei der die Noten kurz, mit zeitlichen Abständen gespielt werden (wie beim Zupfen der Noten auf einer Gitarre) und eine andere, bei der die Noten gehalten werden, sodass die Zwischenräume gefüllt sind (wie beim Streichen der Noten auf einer Geige).

Aber unabhängig vom Rhythmus kommen wir immer wieder auf den Pulsschlag der Musik zurück, dem Beat, der durch die roten Pfeile in ◻ Abb. 13.7 angezeigt wird. Obwohl der Beat in diesem Beispiel auf bestimmte Noten verweist, kennzeichnet er zeitlich gleichmäßig verteilte Pulsschläge und tritt daher auch dann auf, wenn keine Noten gespielt werden (Grahn, 2009).

Musik ist also laut unserer Beschreibung Bewegung in der Zeit, angetrieben durch Beats, die ihrerseits durch das Metrum organisiert sind, das einen Rahmen für rhythmische Muster bildet, die von den Noten erzeugt werden. Durch diese zeitliche Ebene wird etwas geschaffen, und zwar Vorhersehbarkeit. Wir wissen, dass eine bestimmte Komposition durch einen regelmäßigen Beat vorangetrieben wird, und das Wichtigste daran ist, dass es sich nicht um ein abstraktes intellektuelles Konzept handelt: Der Beat ist ein Merkmal, das sich in Verhalten äußert, wie mit den Füßen zu wippen, sich im Takt zu wiegen und zu tanzen.

Dass die zeitlichen Komponenten der Musik – Beat, Rhythmus und Metrum – oft Bewegung auslösen, ist eine wichtige Erkenntnis. Wir haben jedoch etwas Wichtiges außer Acht gelassen: Wir haben festgestellt, dass der Beat zeitlich gleichmäßig verteilte Pulsschläge kennzeichnet und daher auch dann auftritt, wenn keine Noten zu hören sind. Wir gehen jetzt in unseren Überlegungen noch einen Schritt weiter und stellen die These auf, dass Noten manchmal als Offbeat, also nicht auf dem Schlag, auftreten. Dieses Phänomen nennt man *Synkopierung* oder *Synkopation*.

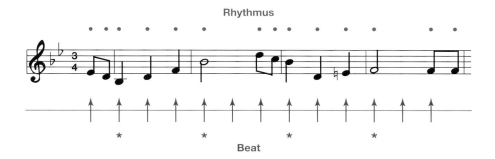

◼ Abb. 13.7 Die Anfangstakte der amerikanischen Nationalhymne. Die *blauen Punkte* oberhalb der Noten geben die Noteneinsätze an, die den Rhythmus definieren. Den Beat verdeutlichen die *roten Pfeile*. Die *roten Sternchen* stehen für betonte Taktschläge, die das Metrum definieren

13.4.4 Synkopierung

Schauen Sie sich noch einmal die amerikanische National-hymne an (◼ Abb. 13.7). Sie werden feststellen, dass jeder Beat mit dem Einsatz einer Note zusammenfällt. Weite-re Beispiele sind in ◼ Abb. 13.8a (alles Viertelnoten) und ◼ Abb. 13.8b (die Viertelnoten werden durch verbunde-ne Achtelnoten) dargestellt. Es ist offensichtlich, dass hier Metrum und Noten übereinstimmen, denn der Beat fällt ge-nau auf den Einsatz jeder Viertelnote, da wir 1-und, 2-und, 3-und, 4-und zählen.

◼ Abb. 13.8c zeigt jedoch eine Situation, in der dieses synchrone Verhältnis zwischen dem Beat und den No-ten aufgehoben ist. In diesem Beispiel verändert die am Anfang hinzugefügte Achtelnote das Betonungsverhältnis zwischen dem Beat und den Noten, da der Beat jeweils auf die mittlere der Viertelnoten fällt. Diese Noten set-zen außerhalb des Beats im Offbeat ein, man zählt dann auf „und". Das erzeugt eine gewisse „Sprunghaftigkeit" der Passage, die **Synkopierung** oder Synkopation genannt wird.

Synkopierte Rhythmen sind das Fundament von Jazz und Popmusik. Betrachten Sie z. B. ◼ Abb. 13.9, die Mu-sik zu „Let It Be" von den Beatles. Wie in ◼ Abb. 13.8c beginnen einige der Noten vor dem Beat. Die Anfänge der Noten für die Wörter „self" und „Mary", gekennzeichnet durch die gestrichelten Pfeile bei (a) und (b), gehen dem Beat voraus, der durch die roten Pfeile markiert ist. Diese leichte Abweichung zwischen dem Beat und einigen Noten soll bewirken, dass die Menschen den Drang haben zu tan-zen, „im Groove zu sein" (Janata et al., 2011; Levitin et al., 2018).

◼ Abb. 13.10 zeigt, dass die Reaktion des Gehirns auf eine Notenfolge mit weniger vorhersehbaren Synkopen stärker ist als auf eine eher vorhersehbare nichtsynkopierte Notenfolge (Vuust et al., 2009). Wenn wir das Thema Emo-tionen besprechen, werden wir sehen, dass diese stärkere Antwort des Gehirns auf Synkopen damit zusammenhängt, dass eine Diskrepanz besteht zwischen dem, was der Hörer in der Musik erwartet, und dem, was tatsächlich passiert.

◼ Abb. 13.8 Der Begriff Synkopierung. **a** Die *obere* Notenzeile zeigt eine einfache Melodie, die aus 4 Viertelnoten im 1. Takt besteht. **b** Die gleiche Melodie, bei der aus jeder Viertelnote 2 verbundene Achtelnoten geworden sind. Das Zählschema unter den beiden Notenzeilen zeigt an, dass jede Viertelnote zusammen mit dem Beat beginnt. Diese Passage ist daher nicht synkopiert. **c** Eine Synkope entsteht, wenn eine Achtelnote am Anfang hinzugefügt wird. Das Zählschema zeigt an, dass die 3 Viertelno-ten außerhalb des Beats einsetzen (auf „und")

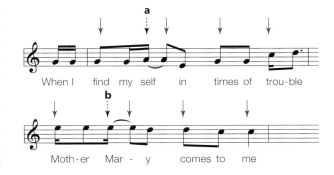

◼ Abb. 13.9 „Let It Be" von den Beatles enthält Synkopen. Der Beat ist durch die *roten Pfeile* gekennzeichnet. Der *gestrichelte Pfeil* bei (a) zeigt, dass der Anfang des Wortes „self" dem Beat vorausgeht. Ähnlich verhält es sich bei (b), auch „Mary" beginnt vor dem Beat

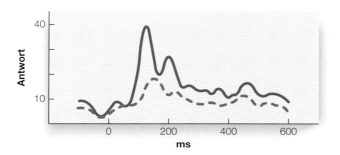

Abb. 13.10 Reaktion des Gehirns auf eine nichtsynkopierte Melodie (*gestrichelte Linie*) und eine synkopierte Melodie (*durchgezogene Linie*)

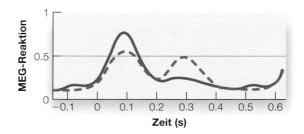

Abb. 13.11 Ergebnisse des Experiments von Iversen et al. (2009, mit freundlicher Genehmigung von John Wiley and Sons). *Blau*: MEG-Daten, wenn die Probanden sich eine Betonung auf der 1. Note vorstellten; *rot*: MEG-Daten, wenn die Probanden sich eine Betonung auf der 2. Note vorstellten

13.4.5 Die Kraft der Gedanken

Wir haben gelernt, dass das Metrum den Beat in Taktschläge oder Notenwerte organisiert, wobei der 1. Taktschlag in jedem Takt oft betont wird. Dies erweckt den Anschein, das Metrum würde ausschließlich über das Zeitmaß einer Komposition definiert. Es erweist sich aber, dass das Metrum eine kognitive Funktion ist, die mental vom Hörer erzeugt werden kann (Honig & Bouwer, 2019).

Geist über Metrum

Wie kann der menschliche Geist die metrische Struktur erzeugen? Obwohl die Schläge eines Metronoms identische Grundschläge in exakt gleichem Zeitabstand erzeugen, sind wir dazu in der Lage, diese spontan zu gruppieren. Wir können beispielsweise die Schläge eines Metronoms als ein Zweiermetrum (TICK-tack) wahrnehmen oder, mit etwas Anstrengung, auch als ein Dreiermetrum (TICK-tack-tack; Nozaradan et al., 2011).

John Iversen et al. (2009) untersuchten mithilfe der Magnetenzephalografie (MEG), wie das Metrum gedanklich erzeugt wird. Sie spielten den Versuchsteilnehmern rhythmische Sequenzen vor, um die Gehirnreaktionen der Teilnehmer zu messen. Der Magnetenzephalograf misst die Gehirnreaktionen, indem er die magnetischen Felder aufzeichnet, die durch die Hirnaktivierung erzeugt werden. Diese Aufzeichnungen erfolgen sehr schnell, sodass die Reaktionen auf einzelne Noten in einem rhythmischen Muster ermittelt werden können.

Die Teilnehmer hörten Zweitonsequenzen und wurden aufgefordert, sich vorzustellen, dass der Taktschlag entweder auf der 1. oder auf der 2. Note einer Sequenz auftritt. ◘ Abb. 13.11 zeigt, dass die MEG-Reaktion davon abhing, welcher Taktschlag in der Vorstellung des Hörers betont war: Die blaue Kurve bildet die Werte für die vorgestellte Betonung auf der 1. Note ab; die rote Kurve ergibt sich aus den Werten, bei denen die Testpersonen eine Betonung auf der 2. Note imaginierten. Unsere Fähigkeit, das Metrum über unsere Gedanken zu ändern, spiegelt sich somit direkt durch eine Aktivierung im Gehirn wider.

Bewegung beeinflusst das Metrum

Das Metrum eines Musikstücks, wie das Eins-zwei-drei eines Walzers, hat Einfluss darauf, wie sich ein Tänzer bewegt. Aber die Beziehung zwischen Musik und Bewegung kann auch in umgekehrter Richtung bestehen, denn die Bewegung kann die wahrgenommene Gruppierung oder metrische Struktur des Beats beeinflussen. Dies wurde in einem Experiment untersucht, bei dem der Experimentator einen Probanden an den Händen hielt und sich mit ihm in einem Zweiertakt (auf den 1. von 2 Taktschlägen) oder einem Dreiertakt (auf den 1. von 3 Taktschlägen) auf und ab bewegte (Phillips-Silver & Trainor, 2007). Nach der Bewegung wurden den Probanden die Rhythmen mit metrischer Zweier- und Dreiergruppierung vorgespielt, und sie sollten angeben, welches Rhythmusmuster sie beim Tanzen gehört hatten. Die Probanden wählten in 86 % der Fälle das Rhythmusmuster, das dem Bewegungsmuster entsprach. An diesem Ergebnis änderte sich auch nichts, wenn den Probanden die Augen verbunden wurden oder wenn sie lediglich zusahen, wie sich der Experimentator bewegte.

Aufgrund dieser Ergebnisse und anderer Befunde schlossen Phillips-Silver und Trainor, dass ein entscheidender Faktor beim Einfluss der Bewegung auf die Wahrnehmung metrischer Strukturen die Stimulation des **vestibulären Systems** ist, das das Gleichgewicht und die Wahrnehmung der körpereigenen Positionen steuert. Um diese Vorstellung zu prüfen, ließen Trainor et al. (2009) Erwachsene eine uneindeutige Folge von Grundschlägen hören, während gleichzeitig über Elektroden hinter den Ohren das vestibuläre System mit einem metrischen Zweier- oder Dreiermuster stimuliert wurde. Diese Stimulation bewirkte, dass die Probanden, obwohl sie ihren Kopf ruhig hielten, das Gefühl hatten, als würde sich ihr Kopf vor- und zurückbewegen. Die Ergebnisse entsprachen den früheren Befunden: Die Probanden gaben in 78 % der Fälle an, jeweils das Muster zu hören, das der metrischen Gruppierung bei der Stimulation des vestibulären Systems entsprach.

13

Betonungsmuster einer Sprache beeinflussen die Wahrnehmung des Metrums

Die Wahrnehmung der metrischen Struktur wird nicht nur von der Bewegung beeinflusst, sondern auch durch eine über einen längeren Zeitraum gemachte Erfahrung, und zwar durch die Erfahrung mit den Betonungsmustern im Rhythmus einer Sprache. Dabei haben verschiedene Sprachen unterschiedliche Betonungsmuster, je nachdem, wie die Sprachen aufgebaut sind. Beispielsweise stehen im Englischen und Deutschen Funktionswörter wie die Artikel (*the*, *a*; *das*, *ein*) vor bedeutungshaltigen Wörtern wie Nomina (*the dog*; *der Hund*), wobei dann das Nomen (*dog* bzw. *Hund*) beim Sprechen betont wird. Im Japanischen hingegen stehen die Funktionswörter hinter den bedeutungshaltigen Wörtern, sodass *das Buch* im Deutschen (mit Betonung auf *Buch*) im Japanischen zu *hon-ga* mit Betonung auf *hon* wird. Entsprechend ist das dominierende Betonungsmuster im Englischen und Deutschen kurz-lang (unbetont-betont) und im Japanischen lang-kurz (betont-unbetont).

Wenn man vergleicht, wie Menschen mit unterschiedlichen Muttersprachen – etwa Englisch und Japanisch – die metrische Gruppierung wahrnehmen, bestätigt sich die Vorstellung, dass die metrischen Betonungsmuster einer Sprache die Wahrnehmung metrischer Strukturen beeinflussen können. John Iversen und Aniruddh Patel (2008) ließen ihre Probanden eine Folge von abwechselnd langen und kurzen Schlägen hören (◾ Abb. 13.12a) und anschließend angeben, ob es sich um eine Lang-kurz- oder eine Kurz-lang-Struktur handelte. Das Ergebnis zeigte, dass die Englisch sprechenden Probanden häufiger die Gruppierung kurz-lang wahrnahmen (◾ Abb. 13.12b), während die Japanisch sprechenden Probanden öfter lang-kurz zu hören glaubten (◾ Abb. 13.12c).

Ein solcher Befund ergab sich auch bei Experimenten zur Hörpräferenz von 7–8 Monate alten Säuglingen, in deren Umgebung Englisch bzw. Japanisch gesprochen wurde, während bei nur 5–6 Monate alten Säuglingen noch keine Präferenz festzustellen war (Yoshida et al., 2010). Man hat vermutet, dass diese Veränderung im Alter zwischen 6 und 8 Monaten auftritt, weil dann die Kinder anfangen, ihre Sprachfähigkeit zu entwickeln.

Zum Abschluss unseres Themas möchte ich noch 2 Textzeilen aus der Musik zitieren. Die erste, „The beat goes on", ist der Titel und die erste Zeile eines Liedes von Sonny Bono aus dem Jahr 1966. Diese Vorstellung stimmt mit unserer Beschreibung des Beats überein. Er treibt als ein wesentlicher Bestandteil der Musik ein Musikstück voran. Der Beat einer Musik wurde auch mit unserem Herzschlag verglichen, denn genau wie unser Herzschlag uns am Leben hält, ist der Beat für die Musik unabdingbar.

Das führt uns zu unserem zweiten Zitat, diesmal von Carlos Santana, der auf eine andere Weise eine Verbindung zwischen der Musik und dem Herz schafft: „In allem steckt eine Melodie. Und wenn du die Melodie einmal fühlst, dann baut sich sofort eine Verbindung zum Herz auf ... manchmal ... steht einem die Sprache im Weg. Aber nichts berührt das Herz schneller als die Melodie." Wenden wir uns also der Melodie zu.

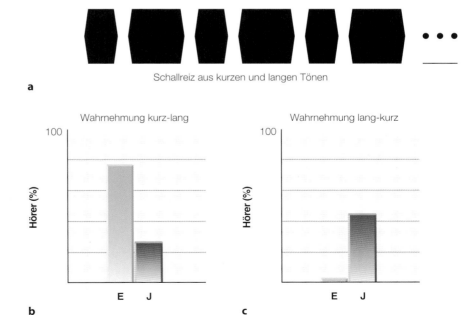

◾ **Abb. 13.12** Unterschiede zwischen Japanern und US-Amerikanern in der Wahrnehmung metrischer Strukturen. **a** Eine Sequenz aus kurzen und langen Tönen, wie sie im Experiment von Iversen und Patel den Hörern dargeboten wurde. Bei der Hälfte der Durchgänge war der 1. Ton der Sequenz lang, bei der anderen Hälfte war der 1. Ton kurz. Die Tondauern variierten (bei den verschiedenen Versuchsbedingungen) zwischen 150 und 500 ms; die beiden Töne wiederholten sich alle 5 s. **b** Probanden mit Englisch als Muttersprache (*E*) nahmen den Stimulus häufiger als Kurz-lang-Struktur wahr als die Probanden mit Japanisch als Muttersprache (*J*). **c** Die japanischen Probanden nahmen häufiger eine Lang-kurz-Struktur wahr. (Nach Daten von Iversen & Patel, 2008)

Schallreiz aus kurzen und langen Tönen

Wahrnehmung kurz-lang

Wahrnehmung lang-kurz

13.5 Hören von Melodien

Nachdem wir nun die Timing-Mechanismen betrachtet haben, die nicht nur die Musik zeitlich strukturieren, sondern auch beeinflussen, wie manche Teile einer Komposition betont werden, richten wir nun unsere Aufmerksamkeit auf die Noten. Wir haben gelernt, dass Noten einen Rhythmus erzeugen, der von der Anordnung und Tondauer der Noten abhängt. Wir wissen auch, dass Noten so angeordnet werden können, dass eine Synkopierung erzeugt wird, die zu einem interessanten „Groove" führen kann. Wir konzentrieren uns nun allerdings darauf, wie Noten Melodien erzeugen, denn, wie Mozart erklärte, „die Melodie ist das Wesen der Musik".

Wir werden die folgenden Kriterien von Melodien untersuchen:

1. Wie müssen Noten angeordnet sein, um eine Melodie zu erzeugen?
2. Wie nehmen wir einzelne Noten wahr?
3. Wie können wir sicher vorhersagen, welche Noten als Nächstes kommen werden?

13.5.1 Angeordnete Noten

Melodie ist definiert als die *Erfahrung, eine Abfolge von Tonhöhen als zusammengehörig zu empfinden* (Tan et al., 2010). Wenn Sie also darüber nachdenken, wie Noten in einem Lied oder einer musikalischen Komposition aufeinander folgen, denken Sie an die Melodie. Erinnern Sie sich an die Definition der Tonhöhe aus ▶ Kap. 11, *dass die Tonhöhe der Aspekt der auditiven Empfindung ist, dessen Variation mit musikalischen Melodien verbunden ist* (Plack, 2014), und an die Erläuterung, dass man bei einer Melodie, die mit einer Frequenz von über 5000 Hz (wobei 4166 Hz die höchste Note auf dem Klavier ist) gespielt wird, feststellen kann, dass sich etwas verändert, es aber nicht melodisch klingt. Melodien sind also mehr als nur eine Abfolge von Noten – sie sind Abfolgen von Noten, die zusammengehören und melodisch klingen.

Erinnern wir uns auch an unsere Ausführungen über die auditive Sequenzgliederung in ▶ Kap. 12. Dort haben wir einige Eigenschaften beschrieben, die zu einer sequenziellen Gruppierung führen – Ähnlichkeit der Tonhöhe, Kontinuität und Erfahrung. Diese Prinzipien gelten nicht nur für Musik, sondern auch für andere Töne, insbesondere für Sprache.

Wir nehmen die Ausführungen zur Gruppierung aus ▶ Kap. 12 wieder auf, weil wir nun erfahren möchten, wie eine Gruppierung von Noten entsteht, wählen aber einen etwas anderen Ansatz, da wir uns auf Musik konzentrieren. Angenommen, Sie sind ein Komponist und möchten eine Melodie kreieren. Sie können dieses Problem angehen, indem Sie überlegen, wie andere Komponisten Noten arrangiert haben. Wir beginnen mit Intervallen.

13.5.2 Intervalle

Ein Merkmal, das die Gruppierung von Noten in der westlichen Musik erleichtert, ist das **Intervall** zwischen den Noten. Kleine Intervalle sind in musikalischen Sequenzen üblich, in Übereinstimmung mit dem Gestaltprinzip der Nähe, das wir in ▶ Abschn. 5.2.2 beschrieben haben und das besagt, dass Dinge, die sich nahe beieinander befinden, als zusammengehörig erscheinen (Bharucha & Krumhansl, 1983; Divenyi & Hirsh, 1978). Große Intervalle treten seltener auf, weil große Sprünge die Wahrscheinlichkeit erhöhen, dass die melodische Linie in einzelne Melodien zerfällt (Plack, 2014). Die Prävalenz von kleinen Intervallen wird durch die Untersuchungsergebnisse einer großen Anzahl von Kompositionen aus verschiedenen Kulturen bestätigt. Es zeigt sich, dass das vorherrschende Intervall 1–2 Halbtöne sind, wobei ein **Halbton** das kleinste in der westlichen Musik verwendete Intervall ist, in etwa der Abstand zwischen 2 Noten in einer Tonleiter, z. B. zwischen C und Cis, wobei 12 Halbtöne eine Oktave umfassen (◻ Abb. 13.13; Vos & Troost, 1989).

Sie können selbst überprüfen, dass kleine Intervalle überwiegend vorherrschen, indem Sie beim Musikhören auf die Abstände zwischen aufeinanderfolgenden Tonhöhen achten. Im Allgemeinen werden Sie feststellen, dass die meisten Intervalle klein sind. Aber es gibt auch Ausnahmen, z. B. die ersten beiden Noten von „Somewhere Over the Rainbow" (*Some – where*): Zwischen ihnen liegt eine ganze Oktave (12 Halbtöne), wodurch sie als ähnlich wahrgenommen werden. Normalerweise kehrt die Melodie nach einem melodischen Sprung die Bewegungsrichtung um, sodass sie die Lücke füllt, ein Phänomen, das als „**Gap Fill**" bezeichnet wird (Meyer, 1956; Von Hipple & Huron, 2000).

Eine andere Möglichkeit zu beschreiben, wie Tonhöhen als zusammengehörig wahrgenommen werden, besteht darin, sich **musikalische Phrasen** anzuschauen. In einer

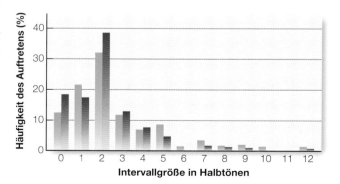

◻ **Abb. 13.13** Häufigkeit des Auftretens von Intervallen laut einer Untersuchung zahlreicher musikalischer Kompositionen. *Grüne Balken*: klassische Komponisten und die Beatles. *Rote Balken*: ethnische Musik aus verschiedenen Kulturen. Das häufigste Intervall umfasst 1–2 Halbtöne. (Aus Vos & Troost, 1989, © University of California Press)

Abb. 13.14 Die erste Zeile
von „Heute kommt der Weihnachtsmann"

musikalischen Phrase werden Noten als Segmente bildend wahrgenommen, ähnlich wie Phrasen in der Sprache (Deutsch, 2013a; Sloboda & Gregory, 1980). Um zu verstehen, was eine Phrase ist, versuchen Sie, sich eines Ihrer Lieblingslieder in Erinnerung zu rufen (oder besser noch, hören Sie sich eines an). Können Sie die Melodie in Segmente unterteilen, wenn Sie eine Note nach der anderen hören? Die übliche Aufgliederung von Melodien in kurze Segmente sind die musikalischen Phrasen, die den Phrasen (Sätzen) in der Sprache ähneln.

Nehmen wir z. B. die erste Zeile des Liedes in **Abb. 13.14** „Heute kommt der Weihnachtsmann, kommt mit seinen Gaben". Wir können diesen Satz in 2 Phrasen unterteilen, die durch das Komma zwischen „-mann" und „kommt" getrennt werden. Aber auch wenn wir den Text nicht kennen und nur auf die Musik hören würden, würden wir wahrscheinlich die Melodie in dieselben beiden Phrasen aufteilen. Werden Menschen Melodien vorgespielt und sie erhalten den Auftrag, das Ende einer Einheit und den Beginn der nächsten Einheit anzugeben, sind sie in der Lage, die Melodien in Phrasen zu unterteilen (Deliège, 1987; Deutsch, 2013a).

Der stärkste Hinweisreiz für die Wahrnehmung von Phrasengrenzen sind Pausen, dabei trennen längere Intervalle eine Phrase von einer anderen (Deutsch, 2013a; Frankland & Cohen, 2004). Ein weiterer Anhaltspunkt für die Phrasenwahrnehmung sind die Tonhöhenintervalle zwischen den Noten. Das Intervall zwischen dem Ende einer Phrase und dem Beginn einer anderen ist oft größer als das Intervall zwischen 2 Noten innerhalb einer Phrase.

Als David Huron (2006) 4600 Volkslieder auf Intervalle (in Halbtönen) zwischen den Noten untersuchte, zählte er ungefähr 200.000 Intervalle und stellte fest, dass der durchschnittliche Abstand innerhalb der Phrasen 2,0 Halbtöne betrug, während das durchschnittliche Intervall zwischen dem Ende einer Phrase und dem Beginn der nächsten 2,9 Halbtöne betrug. Es gibt auch Hinweise darauf, dass längere Noten eher am Ende einer Phrase auftreten (Clarke & Krumhansl, 1990; Deliège, 1987; Frankland & Cohen, 2004).

13.5.3 Bewegungsverläufe

Manche *Bewegungsverläufe* von Noten sind in der Musik häufig anzutreffen. Der **bogenförmige Bewegungsverlauf** – Anstieg und Fall – kommt häufig vor (siehe den Anfang von „Morgen kommt der Weihnachtsmann" in **Abb. 13.14** als Beispiel für diesen Bewegungsverlauf).

Üblicherweise treten weniger große Tonhöhenänderungen als kleine auf, wenn jedoch große Änderungen auftreten, dann handelt es sich eher um einen Anstieg (wie in den ersten beiden Noten von „Somewhere Over the Rainbow"), während bei kleinen Änderungen eher ein Abstieg auftritt (Huron, 2006).

13.5.4 Tonalität

Ein weiteres Element, das die Aufeinanderfolge von Noten definiert, ist die **Tonalität**. Tonalität bezieht sich darauf, wie die verschiedenen Töne in der Musik zwischen „sehr stabil" und „sehr instabil" zu variieren scheinen. Außerdem gibt sie den Hörern eine Orientierung, welche Noten als Nächstes zu erwarten sind, wenn ein Musikstück gespielt wird. Der stabilste Ton innerhalb einer Tonart wird **Tonika** oder Hauptklang genannt, das ist die Note, nach der die Tonart benannt ist. Wir erwarten normalerweise, dass eine Melodie auf der Tonika beginnt und endet. Dieser Effekt, der als **Rückkehr zur Tonika** bezeichnet wird, tritt auch in „Morgen kommt der Weihnachtsmann" auf, denn das Lied beginnt und endet auf einem C.

Jede Tonart wird durch eine Tonleiter dargestellt. In der westlichen Musik ist die gängigste Tonleiter die Durtonleiter, die aus sieben verschiedenen Noten besteht. Die verschiedenen Töne der Tonleiter werden vom Hörer als unterschiedlich stabil wahrgenommen, und er hat eine bestimmte Erwartung, wie häufig eine Note auftritt, Es lässt sich eine **tonale Hierarchie** festlegen, die angibt, wie stabil jeder Ton ist und wie gut er in eine Tonleiter passt. Die Tonika hat die größte Stabilität, die 5. Note (Quinte) hat die zweithöchste, und die 3. Note (Terz) die dritthöchste Stabilität. Bei einer Tonleiter in der Tonart C, die durch Tonleiter C, D, E, F, G, A, H, C (in den romanischen Ländern *do, re, mi, fa, so, la, ti, do*) dargestellt wird, wären die 3 stabilsten Noten C, G und E, die zusammen den dreistimmigen C-Dur-Akkord bilden. Noten, die nicht in der Tonleiter enthalten sind, haben eine sehr geringe Stabilität und kommen daher in der konventionellen westlichen Musik nur selten vor.

Carol Krumhansl und Edward Kessler führten 1982 ein klassisches Experiment zur Tonalität durch. Sie maßen die Wahrnehmung von Tonalität, indem sie eine Tonleiter in Dur und Moll und anschließend eine Tonleiter mit einem Testton präsentierten. Die Hörer hatten die Aufgabe anzugeben, wie gut der Testton zu der zuvor dargebotenen Tonleiter passte und sollten ihn auf einer Skala von 1 bis 7 (mit 7 als höchster Bewertung) bewerten. **Abb. 13.15**

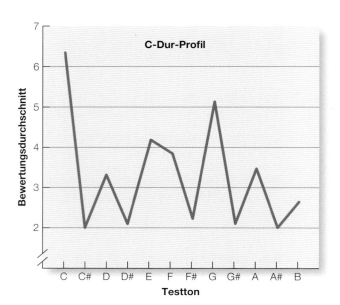

C-Dur-Profil

Bewertungsdurchschnitt

Testton

Abb. 13.15 Versuchsergebnisse des Testtonexperiments von Krumhansl und Kessler (1982. Copyright © 1982, American Psychological Association). Die Bewertungen geben an, wie gut Testtöne in eine Tonleiter passen, wobei 7 die höchste Einstufung darstellt (Einzelheiten siehe Text)

stellt die Versuchsergebnisse dar, wobei die rote Linie angibt, dass die Tonika, das C, die höchste Bewertung erhielt, gefolgt von G und E, also die 1., 5. und 3. Note der C-Dur-Tonleiter (beachten Sie, dass neben der Tonart C auch weitere Tonarten in das Experiment einbezogen wurden; dieses Diagramm fasst die Ergebnisse aus allen Tonarten zusammen). Die Noten der Tonleiter D, F, A, H erhielten die nächsthöhere Bewertung, nicht in der Tonleiter enthaltene Noten, wie Cis und Fis, wurden am niedrigsten eingestuft. Das Experiment von Krumhansl hat also die tonale Hierarchie vieler verschiedener Tonleitern gemessen.

Krumhansl (1985) untersuchte dann die Frage, ob ein Zusammenhang besteht zwischen der tonalen Hierarchie und der Art und Weise, wie Noten in einer Melodie eingesetzt werden, indem sie statistische Analysen über die Häufigkeit oder Dauer von Noten in Musikstücken von Komponisten wie Mozart, Schubert und Mendelssohn (Hughes, 1977; Knopoff & Hutchinson, 1983; Youngblood, 1958) zurate zog. Als sie diese Analysen mit ihrer tonalen Hierarchie verglich, ergab sich eine durchschnittliche Korrelation von 0,89. Diese Übereinstimmung bedeutet laut Krumhansl, dass Hörer und Komponisten die statistischen Merkmale von Musik verinnerlicht haben und ihre Best-Fit-Bewertungen danach ausrichten, wie oft sie eine bestimmte Tonalität in Kompositionen schon gehört haben.

Im Experiment von Krumhansl und Kessler sollten die Hörer bewerten, wie gut Töne in eine Tonleiter passen. Die Idee, dass bestimmte Noten in einer Komposition mit größerer Wahrscheinlichkeit aufeinander folgen, wurde auch mithilfe einer **Fortsetzungsaufgabe** nachgewiesen. Unter *Fortsetzungswahrscheinlichkeit* (cloze probability) ist die

Wahrscheinlichkeit zu verstehen, mit der eine musikalische Phrase mit einer bestimmten Note beendet wird. Der Versuch ist so aufgebaut, dass einem Hörer eine Melodie präsentiert wird, die plötzlich stoppt. Die Aufgabe des Hörers besteht darin, die Note zu singen, von der er glaubt, dass sie als Nächstes folgt. Ein Experiment mit dieser Technik zeigte, dass Hörer eine neue Melodie in durchschnittlich 81 % der Versuche fortführten, indem sie die Tonika sangen. Dieses Ergebnis fiel bei Hörern mit einer formalen Musikausbildung noch höher aus (Fogel et al., 2015). Wenn wir Musik hören, konzentrieren wir uns also auf die Noten, die wir gerade hören, während wir gleichzeitig eine Erwartung hinsichtlich der folgenden Noten aufbauen. Diese Erwartung, die ein gutes Beispiel für Vorhersage ist, wirkt sich auf die Gruppierung aus, da sich die von uns erwarteten Noten leichter mit anderen Noten gruppieren lassen, um eine Melodie zu erzeugen.

Tab. 13.1 fasst Merkmale zusammen, die mit einer musikalischen Gruppierung verbunden sind. Diese Eigenschaften sind nicht absolut, d. h., sie kommen nicht immer in jeder Melodie vor. Im Großen und Ganzen beschreiben sie jedoch Merkmale, die in der Musik häufig vorkommen, und sind daher vergleichbar mit der Vorstellung von *Regelmäßigkeiten in der Umgebung*, die wir in unserer Erläuterung über die Wahrnehmung visueller Szenen in ▶ Abschn. 5.4.2 und der auditiven Vorhersage in ▶ Abschn. 12.4.2 besprochen haben. So wie das Wissen aus lebenslanger Erfahrung beim Betrachten der Umgebung unsere Wahrnehmung von Szenen und Objekten im visuellen Bereich beeinflussen kann, kann eine ähnliche Situation bei Musik auftreten, wenn die Hörer ihr Wissen über Regelmäßigkeiten wie in Tab. 13.1 einsetzen, um vorherzusagen, was in einer musikalischen Komposition passieren wird.

Tab. 13.1 Häufig vorkommende Merkmale von musikalischen Phrasen und Melodien

Gruppierung	Gemeinsame Merkmale
Phrasen	– Große Zeitintervalle zwischen dem Ende einer Phrase und dem Beginn der nächsten Phrase – Größere Tonhöhenintervalle zwischen den Phrasen im Vergleich zu Intervallen innerhalb der Phrasen
Melodie	– Melodien haben meist kurze Tonhöhenintervalle – Große Änderungen der Tonhöhe äußern sich eher durch einen Anstieg – Kleinere Änderungen der Tonhöhe äußern sich eher durch einen Abstieg – Nach dem Abstieg einer Tonhöhe folgt oft ein starker Anstieg – Melodien bestehen meist aus einer Tonart, die zur Tonalität der Melodie passt – Häufig kehrt die Melodie am Ende eines Abschnitts zur Tonika zurück

13

Übungsfragen 13.1

1. Wie wurde Musik definiert?
2. Beschreiben Sie 5 grundlegende Eigenschaften von Musik.
3. Was ist der Zweck von Musik? Ist Musik eine evolutionäre Anpassung? Welche Merkmale der Musik sind kulturübergreifend?
4. Beschreiben Sie den Nutzen von Musik in Bezug auf Leistung, Gefühle und Erinnerungen.
5. Beschreiben Sie den Beat. Was ist seine Aufgabe in der Musik, und welche Reaktionen löst er im Verhalten und im Gehirn aus?
6. Inwiefern sind die Ergebnisse von Merchants „Experiment mit oszillierenden Gehirnwellen" für die Vorhersage relevant?
7. Was ist das Metrum? Was ist die metrische Struktur?
8. Was ist Rhythmus? Wie hängt er mit den Noten zusammen?
9. Was ist Synkopierung, und welche Auswirkungen hat sie?
10. Wie wird das Metrum durch (a) den menschlichen Geist, (b) die Bewegung und (c) die Sprachmuster einer Person beeinflusst?
11. Was ist eine Melodie?
12. Was beweist, dass kleine Intervalle mit Gruppierungen einhergehen, die eine Melodie erzeugen?
13. Wie hängen Bewegungsverläufe mit Melodien zusammen?
14. Erläutern Sie Tonalität, Tonika, Rückkehr zur Tonika sowie tonale Hierarchie.
15. Beschreiben Sie die Fortsetzungsaufgabe. Wie setzte man sie ein, um Erwartung in der Musik nachzuweisen?
16. Welche Beziehung besteht zwischen Regelmäßigkeiten in der Umgebung und der Musik und der Fähigkeit des Hörers vorherzusagen, was als Nächstes in einer musikalischen Komposition passieren wird?

13.6 Erzeugen von Emotionen

Bisher haben wir die Elemente der Musik analytisch unter die Lupe genommen, und das hat uns Aufschluss darüber gegeben, wie das Timing und die Anordnung der Tonhöhen die organisierten Klänge der Musik erzeugen. Dieser Ansatz steht im Einklang mit Varèses Beschreibung von Musik als „organisiertem Klang" zu Beginn dieses Kapitels. Aber um die Musik in ihrer ganzen Tragweite zu erfassen, müssen wir auch Einflüsse berücksichtigen, die über die Wahrnehmung hinausgehen. Wir müssen uns auf Meyers Beschreibung von Musik als „emotionale Kommunikation" konzentrieren.

Warum interessieren wir uns in einem Buch über Wahrnehmung für Emotionen? Weil Emotionen das sind, was der Musik ihre Kraft verleiht und weil sie ein zentraler Grund dafür sind, warum in der gesamten Menschheitsgeschichte in jeder Kultur musiziert und Musik gehört wurde. Emotionen zu ignorieren, hieße also, eine wesentliche Komponente der Musik zu ignorieren, und deshalb wurden neben der Musikwahrnehmung auch immer Emotionen untersucht.

Es gibt 2 Forschungsansätze zur Untersuchung der emotionalen Reaktion auf Musik: zum einen den **kognitiven Ansatz**, in dem davon ausgegangen wird, dass die Hörer zwar die emotionale Bedeutung eines Musikstücks wahrnehmen können, die Emotionen aber nicht wirklich fühlen; zum anderen den **emotionalen Ansatz**, in dem davon ausgegangen wird, dass die emotionale Reaktion eines Hörers auf Musik das tatsächliche Fühlen der Emotionen beinhaltet (Thompson, 2015).

Eine Möglichkeit, sich diesen beiden Ansätzen zu nähern, ist die Überlegung, wie Musik die Erfahrung der Menschen beeinflusst, wenn sie einen Film anschauen. Stellen Sie sich eine Kameraeinstellung vor, bei der 2 Menschen händchenhaltend die Straße entlanggehen. Es ist ein schöner Tag, und sie scheinen glücklich zu sein. Aber dann wird, während sie weitergehen, eine Musikuntermalung eingespielt, eine getragene Musik mit unheilvollem Klang, und Sie sagen sich: „Diesen Menschen wird etwas Schlimmes zustoßen." In diesem Fall kann die Musik als Hinweis auf eine bevorstehende Bedrohung wahrgenommen werden, aber sie löst nicht unbedingt Emotionen beim Zuschauer aus.

Es gibt aber auch Situationen, in denen intensive Musik bei den Zuschauern Emotionen hervorrufen kann. Ein Beispiel ist die Duschszene in Alfred Hitchcocks „Psycho", in der Norman Bates, gespielt von Anthony Perkins, in der Dusche mehrfach auf Janet Leigh einsticht, begleitet von kreischenden Streichern und einer Reihe langsamer, tiefer Akkorde, während die sterbende Janet Leigh langsam an der Duschwand hinunterrutscht. Für manche Leute mag diese Musik nur Spannung in die Szene bringen, andere empfinden vielleicht starke Gefühle, die nicht aufgetreten wären, wenn die Szene ohne Soundtrack gedreht worden wäre (interessanterweise hatte Hitchcock die Duschszene zunächst ohne Tonspur geplant; doch zum Glück konnte der Musikdirektor des Films, Bernard Herrmann, Hitchcock von einer Vertonung überzeugen).

Der emotionale Ansatz konnte durch Laborexperimente nachgewiesen werden, in denen die Teilnehmer gebeten werden, ihre Gefühle zu beschreiben, nachdem sie verschiedene Musikstücke gehört haben. Avram Goldstein (1980) bat die Teilnehmer anzugeben, wann sie beim Hören von Musik über Kopfhörer einen „Nervenkitzel" erlebt hatten, wobei der Duden den Begriff als „(mit angenehmen Gefühlen verbundene) Erregung der Nerven durch die Gefährlichkeit, Spannung einer Situation" definiert (▶ www.duden.de). Die Ergebnisse zeigten, dass viele Teilnehmer von einem Nervenkitzel berichteten, der zeitgleich mit den emotionalen Höhen und Tiefen der Musik einsetzte. In einer anderen Studie fand John Sloboda (1991) heraus, dass Musiker, die nach ihren körperlichen Reaktionen auf die Musik befragt wurden, als häufigste Reaktionen Zittern, Lachen, Kloß im Hals und Tränen nannten.

Wir wollen hier untersuchen, wie Musik wahrgenommene oder gefühlte Emotionen hervorruft. Wenn wir diese Frage bezogen auf andere Lebensbereiche stellen würden, z. B. bezogen auf Reaktionen auf Ereignisse im Leben oder auf das Lesen von Literatur, könnte die Antwort lauten, dass Emotionen oft durch Ereignisse oder Geschichten ausgelöst werden: eine persönliche Beziehung beginnt oder endet, ein Haustier stirbt, man bekommt eine gute Note in einer Prüfung. Ereignisse dieser Art lösen oft Emotionen aus. Aber es gibt einen Unterschied zwischen Emotionen, die durch ein Ereignis oder eine Geschichte ausgelöst werden, und Emotionen, die durch Musik ausgelöst werden. Keith Oatley und Phillip Johnson-Laird (2014) betonen in Bezug auf Belletristik: „Geschichten können wahre Emotionen über fiktive Ereignisse hervorrufen. Man kann über etwas lachen oder weinen, auch wenn man weiß, dass es Fiktion ist. Musik ist rätselhafter, denn sie kann einen bewegen, auch wenn sie sich auf nichts bezieht." Was hat es also mit dem Klang der Musik auf sich, dass er starke Emotionen hervorrufen kann, auch wenn er sich auf nichts bezieht?

13.6.1 Strukturelle Verbindungselemente zwischen Musik und Emotionen

Bei der Besprechung der Melodie haben wir gesehen, wie verschiedene Eigenschaften von Musik zur Entstehung von Melodien beitragen (◻ Tab. 13.1). Forscher haben denselben Ansatz für Emotionen gewählt, indem sie nach Verbindungen zwischen Merkmalen von Musik und Emotionen suchten. Thomas Eerola et al. (2013) spielten Versuchsteilnehmern Musikkompositionen vor, die sich in Hinsicht auf verschiedene Kriterien unterschieden:

- Tonart: Dur oder Moll
- Tempo: langsam bis schnell
- Tonumfang: von tiefer bis hoher Tonlage

Die Probanden beurteilten jedes Musikstück anhand von 4 Kategorien: beängstigend, traurig, fröhlich und friedlich. ◻ Abb. 13.16 zeigt die Ergebnisse für die Kriterien, die den größten Einfluss auf die Emotionen hatten: Tonart und Tempo. Die Dur-Tonarten wurden mit glücklich und friedlich; die Moll-Tonarten mit beängstigend und traurig in Verbindung gebracht (◻ Abb. 13.16a); langsames Tempo mit traurig und friedlich; schnelles Tempo mit glücklich (◻ Abb. 13.16b). Andere Kriterien hatten ebenfalls Auswirkungen: Das Erhöhen der Lautstärke verstärkte das Gefühl von Beklemmung und schwächte das Empfinden

13

◻ **Abb. 13.16** Die emotionalen Reaktionen beängstigend, traurig, fröhlich und friedlich, die mit strukturellen Merkmalen der Musik verbunden sind. **a** Dur- und Moll-Tonarten. Dur-Tonarten werden mit fröhlich und friedlich, Moll-Tonarten hingegen mit beängstigend und traurig assoziiert. **b** Langsame und schnelle Tempi. Langsames Tempo wird mit traurig und friedlich assoziiert, schnelle Tempi hingegen mit fröhlich. (Adaptiert nach Eerola et al., 2013)

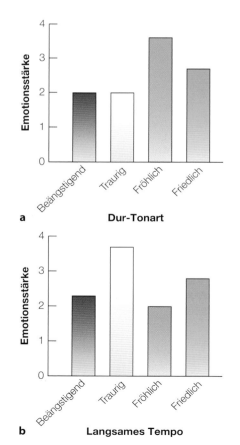

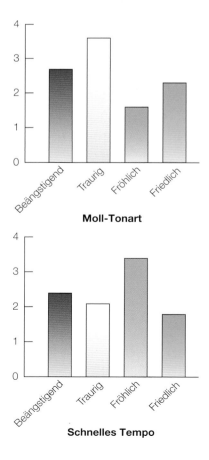

einer friedlichen Stimmung ab. Erhöhte man den Tonumfang, sodass die Kompositionen in einer höheren Tonlage gespielt wurden, wurden sie als weniger beängstigend und fröhlicher empfunden.

Ein klassisches Beispiel für ein Musikstück, das traurig stimmt, eine Kombination aus Moll-Tonart, langsamem Tempo und tiefer Lage, ist das „Adagio für Streicher" von Samuel Barber, das 2004 bei einer Befragung der British Broadcasting Company nach der „traurigsten Musik der Welt" mit großem Abstand gewonnen hat (Larson, 2010). Barbers „Adagio" untermalt eine Szene am Ende des Vietnamkriegsfilms „Platoon" von 1986, in der Soldaten müde vom Kampf langsam über ein Feld stapfen. Die Gesamtwirkung dieser ergreifenden Szene in Verbindung mit der Musik erzeugt ein fast unerträgliches Gefühl von Traurigkeit.

Es konnten noch andere strukturelle Eigenschaften von Musik, die Emotionen auslösen, bestimmt werden. Zum Beispiel erzeugt eine ansteigende Dissonanz (die auftritt, wenn Notensequenzen nicht harmonisch klingen) eine erhöhte Spannung (Koelsch, 2014). Laute Musik erzeugt Erregung, mit der das Gehirn uns in Alarmbereitschaft versetzt (Thompson, 2015). Alle diese Ergebnisse assoziieren bestimmte Eigenschaften von Musikklängen mit bestimmten Emotionen.

13.6.2 Erwartung und Emotionen in der Musik

Erwartung ist das Gefühl, zu wissen, was in der Musik als Nächstes kommt. Es ist daher ein weiteres Beispiel für Vorhersage. Der Beat erzeugt eine zeitliche Erwartung, die besagt: „Das geht so weiter, so ist der Beat, du weißt also, wie du den Takt klopfen musst" (Zatorre et al., 2007). Was aber, wenn sich der Beat plötzlich ändert, wenn z. B. ein anhaltender Trommelschlag aufhört? Oder wenn die Beziehung zwischen dem Beat und den Noten weniger vorhersehbar wird, wie es bei der Synkopierung der Fall ist? Wie wir in ◻ Abb. 13.10 gesehen haben, führt ein weniger vorhersehbarer synkopierter Rhythmus zu einer stärkeren Gehirnreaktion als ein leichter vorhersehbarer Rhythmus. Einige Auswirkungen eines Musikwechsels, bei dem die Erwartungen des Hörers verletzt werden, sind Überraschung, Spannung und Emotionen sowie das Erregen der Aufmerksamkeit des Hörers.

Ein weiteres Beispiel für eine Erwartung ist, wenn ein musikalisches Thema immer und immer wieder aufgegriffen wird. Zum Beispiel folgen auf den berühmten Beginn von Beethovens 5. Sinfonie („Da Da Da Daaah") viele Wiederholungen dieses Themas, das die Hörer während des gesamten 1. Satzes der Sinfonie antizipieren. So bemerken Stefan Koelsch et al. (2019): „Beim Hören von Musik stellen wir laufend plausible Hypothesen darüber auf, was als Nächstes passieren wird."

Die Erwartung kann auch auf einer weniger bewussten Ebene entstehen. Dies ist notwendig, weil Musik, wie auch Sprache, oft schnell vergeht und wenig Zeit für bewusstes Nachdenken lässt (Ockelford, 2008). In der Sprache geschieht das, wenn wir vorhersehen, welche Wörter wahrscheinlich als Nächstes in einem Satz kommen werden, und in der Musik, wenn wir wie bei der Cloze-Probability-Aufgabe (▶ Abschn. 13.5.4) antizipieren, welche Noten als Nächstes kommen werden (Fogel et al., 2015; Koelsch, 2011).

Die Vorstellung, dass wir eine **Erwartung** haben, also ständig vorhersagen, was als Nächstes kommt, wirft eine Frage auf, vergleichbar mit der, die wir über einen unvorhersehbaren Beat gestellt haben. Was passiert, wenn die Erwartungen verletzt werden, wir also eine Phrase oder Note erwarten, aber etwas anderes hören? Die Antwort ist, dass Erwartungsverletzungen bei Tönen sowohl physiologische als auch verhaltensrelevante Auswirkungen haben (Huron, 2006; Meyer, 1956).

Die Forschung zur Erwartung von Tönen basiert auf der Idee einer **musikalischen Syntax** – „Regeln", die festlegen, wie Noten und Akkorde in der Musik angeordnet werden sollten. Der Begriff **Syntax** wird eher mit Sprache als mit Musik in Verbindung gebracht. Syntax in der Sprache bezieht sich auf Grammatikregeln, die den korrekten Satzbau festlegen. Zum Beispiel folgt der englische Satz „The cats won't eat" den Regeln der Syntax, nicht aber der Satz „The cats won't eating". Bevor wir uns mit dem Konzept einer musikalischen Syntax befassen, werden wir zunächst eine Methode beschreiben, mit der die Syntax in der Sprache mithilfe einer neuronalen Reaktion, dem *ereigniskorrelierten* oder *ereignisbezogenen Potenzial* (EKP; event-related potential, ERP), untersucht wurde (Methode 13.1).

Ausgangspunkt für die Idee, die P600-Reaktion könne Syntaxverletzungen in der Sprache anzeigen, war, dass man das EKP bereits in ähnlicher Weise eingesetzt hatte, um festzustellen, wie das Gehirn auf Syntaxverletzungen in der Musik reagiert. Aniruddh Patel et al. (1998) nutzten die nachfolgend beschriebene Verletzung der musikalischen Syntax, um zu untersuchen, ob die P600-Reaktion in der Musik auftritt. Sie spielten den Probanden eine musikalische Phrase vor, wie sie in ◻ Abb. 13.18a dargestellt ist. Diese enthielt einen Zielakkord, angezeigt durch den Pfeil über dem Dreiklang. Es gab 3 verschiedene Vorgaben: ein Akkord

1. „in der Tonart", der genau zur musikalischen Phrase auf dem Notenblatt passte;
2. „in benachbarter Tonart", der nicht genau passte; und
3. „in entfernter Tonart", der noch weniger gut passte.

In Teil 1 des Experiments beurteilten die Hörer die Phrase in 80 % der Fälle als angemessen, wenn sie den Akkord in der Tonart enthielt; in 49 % der Fälle, wenn sie den Akkord in benachbarter Tonart enthielt, und in 28 % der Fälle, wenn sie den Akkord in entfernter Tonart enthielt. Die Hörer bewerteten offensichtlich, wie „grammatikalisch korrekt" jede Version war.

Methode 13.1

Untersuchung der sprachlichen Syntax mithilfe des ereigniskorrelierten Potenzials

Das **ereigniskorrelierte Potenzial (EKP)** wird mit kleinen Scheibenelektroden aufgezeichnet, die auf die Kopfhaut einer Person geklebt werden (◻ Abb. 13.17a). Jede Elektrode empfängt Signale von Neuronengruppen, die gemeinsam feuern. Das EKP ist für die Untersuchung von Sprache (oder Musik) besonders geeignet, weil es sich um eine schnelle Reaktion handelt, die innerhalb von Sekundenbruchteilen ausgelöst wird, wie die Reaktionen in ◻ Abb. 13.17b zeigen. Das EKP sind Wellenformen im Elektroenzephalogramm, die mit unterschiedlicher Verzögerung nach der Darbietung eines Reizes auftreten. Die Welle, mit der wir uns beschäftigen wollen, wird als P600-Reaktion bezeichnet, wobei P für „positiv" steht und 600 bedeutet, dass sie etwa 600 ms nach der Darbietung des Reizes auftritt. Wir interessieren uns für die P600-Reaktion, weil sie Syntaxverletzungen anzeigt (Kim & Osterhout, 2005; Osterhout et al., 1997). Diese Reaktion wird durch die beiden Kurven in ◻ Abb. 13.17b veranschaulicht. Die blaue Kurve zeigt die Reaktion, die nach dem Wort „eat" in dem Satz „The cats won't eat" auftritt. Als Reaktion auf dieses grammatikalisch korrekte Wort zeigt sich keine P600-Antwort. Die rote Kurve, die Reaktion auf das Wort „eating", das in dem Satz „The cats won't eating" grammatikalisch falsch ist, führt jedoch zu einer starken P600-Antwort. Auf diese Weise meldet das Gehirn eine Syntaxverletzung.

a

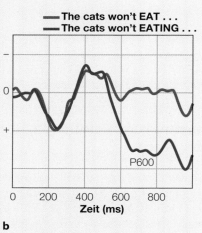

b

◻ **Abb. 13.17** **a** Eine Testperson mit Elektroden zur Aufzeichnung des ereigniskorrelierten Potenzials (EKP). **b** EKP-Reaktionen auf das grammatikalisch korrekte „eat" (*blaue Kurve*) und auf „eating" (*rote Kurve*), das grammatikalisch nicht korrekt ist und daher eine P600-Antwort erzeugt. Beachten Sie, dass bei dieser Aufzeichnung *positiv* nach unten abgetragen ist. (b: Aus Osterhout et al., 1997; Courtesy Natasha Tokowicz. Reprinted with permission from Elsevier.)

Patel setzte dann das EKP ein, um festzustellen, wie das Gehirn auf diese Syntaxverletzungen reagiert. ◻ Abb. 13.18b zeigt, dass keine P600-Reaktion auftrat, wenn die Phrase den Akkord „in Tonart" enthielt (schwarze Kurve), dass es aber P600-Reaktionen auf die beiden anderen Akkorde gab, wobei die stärkere Reaktion auf den Akkord „in entfernter Tonart" (rote Kurve) erfolgte. Patel folgerte aus diesem Befund, dass Musik, ähnlich wie Sprache, eine Syntax hat, die unsere Reaktion auf ein Musikstück beeinflusst. Weitere Untersuchungen, die auf Patels Studie folgten, bestätigten das Auftreten elektrischer Reaktionen wie der P600-Reaktion bei Verstößen gegen die

musikalische Syntax (Koelsch, 2005; Koelsch et al., 2000; Maess et al., 2001; Vuust et al., 2009).

Eine Syntaxverletzung erzeugt eine „Überraschungsreaktion" im Gehirn. Wenn etwas eine interessante oder ungewöhnliche Wendung nimmt, wird das Gehirn munter. Das ist interessant, aber was haben unerfüllte Erwartungen, die uns überraschen, mit Emotionen in der Musik zu tun? Um diese Frage zu beantworten, sollten wir untersuchen, was passiert, wenn die Musik nicht zur Tonika zurückkehrt (▶ Abschn. 13.5.3). Kompositionen kehren bekanntlich oft zur Tonika zurück, und die Hörer erwarten das auch. Was aber, wenn dies nicht der Fall ist? Versuchen Sie, die erste

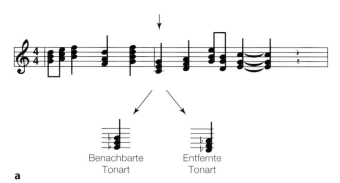

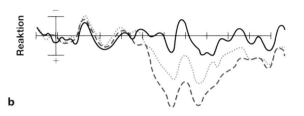

Abb. 13.18 **a** Die musikalische Phrase, die den Probanden im Experiment von Patel et al. (1998, © 1998 by the Massachusetts Institute of Technology) vorgespielt wurde. Der Zielakkord ist durch den nach unten zeigenden *Pfeil* gekennzeichnet. Der Akkord auf der Notenlinie ist der Akkord „in der Tonart". Für die Bedingungen „in benachbarter Tonart" und „in entfernter Tonart" wurden die beiden anderen Akkorde an dieser Stelle eingefügt. **b** ERP-Reaktionen auf den Zielakkord: *schwarz* = in der Tonart; *grün* = in benachbarter Tonart; *rot* = in entfernter Tonart

Abb. 13.19 Auszüge aus Mozarts 31. Symphonie. Die letzte Note in der *oberen* Notenzeile wird erwartet, weil sie die Tonleiter nach oben fortsetzt. Der Schlusston in der *unteren* Notenzeile ist unerwartet, weil er nicht die Tonleiter fortsetzt

Zeile von „Morgen kommt der Weihnachtsmann" zu singen, aber bei „Ga-" aufzuhören, bevor das Lied zur Tonika zurückgekehrt ist. Diese Pause kurz vor Ende der Phrase, die man als Verstoß gegen die musikalische Syntax bezeichnen könnte, hat eine verstörende Wirkung, und wir sehnen die letzte Note herbei, die uns zur Tonika zurückbringt.

Die Vorstellung, dass es einen Zusammenhang zwischen der Erwartung und der emotionalen Reaktion auf Musik gibt, führte zu der These, dass Komponisten absichtlich die Erwartungen des Hörers verletzen können, um Emotionen, Spannung oder einen dramatischen Effekt zu erzeugen. Leonard Meyer vertrat diese Ansicht in seinem Buch *Emotion and Meaning in Music* (1956). Er meinte, dass die entscheidende emotionale Komponente in der Musik durch ein geschicktes Wechselspiel von Spannungsaufbau und -auflösung komponiert wird (siehe auch Huron, 2006; Huron & Margulis, 2010). Und genau wie Musik, die die Erwartungen des Hörers erfüllt, ihren Reiz hat, so kann Musik, die gegen die Erwartungen verstößt, die emotionale Wirkung von Musik verstärken (Margulis, 2014). Mozart z. B. nutzte das Neuartige, um die Aufmerksamkeit des Hörers zu erregen.

Abb. 13.19 zeigt Auszüge aus Mozarts 31. Sinfonie. Die oberste Phrase aus der Eröffnung der Symphonie ist ein Beispiel für eine Komposition, die der Vorhersage des Hö-

rers entspricht, denn die ersten Noten sind Ds, gefolgt von einer schnell ansteigenden Tonleiter, die auf D endet. Dieses Ende ist völlig erwartungsgemäß, sodass Hörer, die mit westlicher Musik vertraut sind, das D vorhersagen würden, wenn die Tonleiter kurz vor dem Ende abbrechen würde. Etwas anderes tritt jedoch in der unteren Phrase auf, die später in der Sinfonie vorkommt. In dieser Phrase sind die ersten Noten As, auf die wie in der anderen Phrase eine schnell ansteigende Tonleiter folgt. Aber am Ende der Tonleiter, wenn die Hörer ein A erwarten, erklingt stattdessen ein H, das im Klang nicht zu der Note passt, die durch die Rückkehr zur Tonika vorhergesagt wird (Koelsch et al., 2019). Dass diese Note nicht genau passt, ist jedoch kein Fehler. Es ist Mozarts Art, dem Hörer zu sagen: „Aufgepasst. Jetzt passiert etwas Interessantes!"

13.6.3 Physiologische Vorgänge bei musikinduzierten Emotionen

Der Zusammenhang zwischen Emotionen, die durch Musik ausgelöst werden, und physiologischen Reaktionen ist auf verschiedene Weise untersucht worden. Dazu gehören das Aufzeichnen neuronaler Reaktionen, Gehirnscans zur Identifizierung der daran beteiligten Hirnareale sowie zur Identifizierung chemischer Prozesse und neuropsychologische Studien, in denen untersucht wird, wie sich Hirnschäden auf durch Musik erzeugte Emotionen auswirken.

Aufzeichnung elektrischer Signale
Wir haben bereits das Experiment von Patel (1998) erläutert, mit dem nachgewiesen wurde, dass das Gehirn auf Verletzungen der musikalischen Syntax mit einer P600-Reaktion antwortet. In vielen Experimenten, die dem von Patel folgten, wurden ähnliche Reaktionen auf Noten aufgezeichnet, die die Erwartung nicht erfüllen. Zum Beispiel löst die unerwartete Note in Mozarts Sinfonie eine bestimmte Reaktion hervor, eine **ERAN (early right anteri-**

or negativity), die in der rechten Hemisphäre etwas früher als die von Patel aufgezeichnete P600-Reaktion auftritt (Koelsch et al., 2019). Beide „Überraschungsreaktionen" sind physiologische Signale, die mit dem Überraschungserlebnis der Hörer in Zusammenhang stehen.

Gehirnbildgebung

Eine weitere Möglichkeit, sich der Physiologie der durch Musik hervorgerufenen Emotionen anzunähern, ist die Untersuchung der Strukturen, die mit diesen Emotionen in Verbindung gebracht werden können. Wie wir gesehen haben, aktiviert Musik Bereiche im gesamten Gehirn (◘ Abb. 13.4) und dasselbe gilt für die Strukturen, die an der emotionalen Verarbeitung von Musik beteiligt sind. Mit bildgebenden Untersuchungsverfahren wurden eine Reihe von Gehirnstrukturen identifiziert, die mit musikassoziierten Emotionen verbunden sind (Peretz, 2006). ◘ Abb. 13.20 zeigt die Lage von 3 dieser Areale: die Amygdala, die auch an der Verarbeitung von Emotionen beteiligt ist, die nicht durch Musik ausgelöst werden, der Nucleus accumbens, der mit angenehmen Erfahrungen in Verbindung gebracht wird, wie auch dem „wohligen Schauer" beim Hören von Musik, der sich oft durch leichtes Frösteln und Gänsehaut äußert, und schließlich der Hippocampus, eine der zentralen Strukturen für die Verarbeitung und Speicherung von Erinnerungen (Koelsch, 2014; Mori & Iwanaga, 2017).

In einer frühen Studie, bei der Gehirnscans eingesetzt wurden, baten Anne Blood und Robert Zatorre (2001) die Versuchsteilnehmer, eine Musikauswahl zu treffen, die ausschließlich angenehme emotionale Reaktionen auslösen sollte, auch wohlige Schauer. Diese Musikstücke führten

im Vergleich zur Kontrollmusik, die kein Gänsehautgefühl auslöste, zu einem Anstieg der Herzfrequenz und der Gehirnwellen. Hörten sie ihre Musikauswahl während einer Positronenemissionstomografie (PET), so zeigten sich erhöhte Aktivitäten in der Amygdala, dem Hippocampus und weiteren Strukturen, die mit anderen euphorisierenden Reizen wie Essen, Sex und Drogenkonsum in Verbindung gebracht werden.

◘ Abb. 13.21, die ebenfalls auf bildgebende Studien zurückgeht, zeigt, dass es ein Netzwerk von Hirnstrukturen gibt, die bei musikinduzierten Emotionen eine Rolle spielen. Wir können uns also vorstellen, dass Musik nicht nur viele Hirnstrukturen, sondern ein ganzes Netzwerk von miteinander kommunizierenden Strukturen aktiviert (siehe auch ▶ Abschn. 2.3.2 zur verteilten Repräsentation).

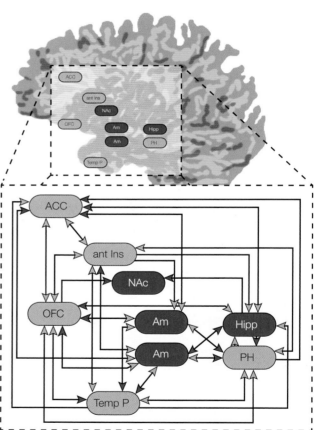

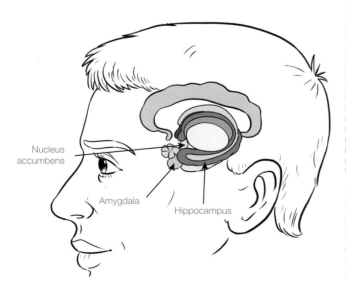

◘ **Abb. 13.20** Die 3 wichtigsten Strukturen im Innern des Gehirns, die am Erkennen von Emotionen beteiligt sind (weitere Strukturen siehe ◘ Abb. 3.21)

◘ **Abb. 13.21** Verbindungen zwischen Gehirnarealen, die an der emotionalen Verarbeitung von Musik beteiligt sind. Der Hippocampus (*Hipp*), 2 Bereiche in der Amygdala (*Am*) und der Nucleus accumbens (*NAc*) aus ◘ Abb. 13.20 sind hervorgehoben. Die Art und Weise, wie diese und andere Areale zu einem Netzwerk verbunden sind, deckt sich mit der Vorstellung, dass musikinduzierte Emotionen wie andere psychologische Reaktionen nicht nur darauf zurückzuführen sind, welche Areale beteiligt sind, sondern auch darauf, wie die Areale miteinander kommunizieren. *ACC* = anteriorer zingulärer Kortex; *Am* = Amygdala; *ant Ins* = anteriore Insula; *Hipp* = Hippocampus; *NAc* = Nucleus accumbens; *OFC* = orbitofrontaler Kortex; *PH* = Parahippocampus; *Temp P* = Temporalpol

Chemische Vorgänge

Da musikinduzierte Emotionen äußerst angenehm sind, überrascht es nicht, dass sie dieselben Gehirnstrukturen aktivieren, die auch beim Essen, beim Sex und bei dem Konsum von Freizeitdrogen involviert sind. Eine dieser Strukturen, der **Nucleus accumbens** (◻ Abb. 13.20), ist eng mit dem Neurotransmitter **Dopamin** verbunden, der als Reaktion auf belohnungsassoziierte Reize im Nucleus accumbens freigesetzt wird (◻ Abb. 13.22a).

Als Valorie Salimpoor et al. (2011) Studienteilnehmer baten, die Intensität von Gänsehautgefühl und Vergnügen beim Hören von Musik zu bewerten, stellten sie fest, dass stärkere Gefühlsäußerungen dieser Art mit einer höheren Aktivität im Nucleus accumbens einhergingen (◻ Abb. 13.22b).

Sie schlossen aus diesem Ergebnis, dass das intensive Vergnügen beim Hören von Musik mit der Dopaminaktivität im Belohnungssystem des Gehirns zusammenhängt.

Eine weitere Studie chemischer Vorgänge bei musikinduzierten Emotionen zeigte, dass die emotionalen Reaktionen auf Musik abnahmen, wenn Teilnehmern das Medikament Naltrexon verabreicht wurde, das die Wirkung von euphorisierenden Opioiden neutralisiert (Mallik et al., 2017). Sie schlossen daraus, dass das Opioidsystem eines der chemischen Systeme ist, die positive und negative Reaktionen auf Musik auslösen. Dies passt zu unserer Überlegung über Dopamin, denn es konnte nachgewiesen werden, dass die Blockierung des Opioidsystems die Dopaminaktivität reduziert. Sollten wir aus diesen Ergebnissen schließen, dass Musik eine Droge ist? Vielleicht, doch wir sollten es präzisieren: Musik kann die Freisetzung körpereigener bewusstseinsverändernder Drogen auslösen (Ferreri et al., 2019).

Neuropsychologie

Die neuropsychologische Forschung schlussendlich hat einen Zusammenhang zwischen Hirnschäden und Defiziten bei musikinduzierten Emotionen festgestellt. Menschen mit einer Schädigung der Amygdala erleben beim Hören von Musik nicht den angenehmen wohligen Schauer (Griffiths et al., 2004) und empfinden nicht die Emotionen, die normalerweise mit schauriger Musik verbunden sind (Gosselin et al., 2005). Patienten mit einer Schädigung des Parahippocampus (ein Areal, das den Hippocampus umgibt) bewerteten dissonante Musik, die normale Kontrollpersonen als unangenehm empfanden, als eher angenehm (Gosselin et al., 2006).

Ein Fazit können wir aus der Forschung über Gehirnstrukturen und ihrer Rolle bei musikinduzierten Emotionen ziehen: Es gibt Überschneidungen zwischen den Hirnarealen, die an musikinduzierten Emotionen und Alltagsemotionen beteiligt sind. Im Folgenden werden wir sehen, dass diese Überschneidung von „Musik-" und „Nichtmusikarealen" im Gehirn nicht auf Emotionen beschränkt ist.

13.7 Weitergedacht: Ein Vergleich der Verarbeitung von Sprache und Musik im Gehirn

Einer der wichtigsten Forschungsbereiche zum Thema Musik und Gehirn konzentriert sich auf den Vergleich von Musik und Sprache. Diese Forschung ist dadurch begründet, dass sowohl Sprache als auch Musik (Slevc, 2012)
1. miteinander verbundene Folgen von Tönen darstellen,
2. einzigartig menschliche Fähigkeiten sind,
3. kulturübergreifend existieren,
4. in Liedern kombiniert werden können,
5. Erwartungen über das, was kommen wird, erzeugen,
6. einen Rhythmus haben,
7. nach Syntaxregeln organisiert sind (Regeln, nach denen Wörter oder Noten kombiniert werden sollten),
8. eine Zusammenarbeit von Menschen erfordern – Konversation für Sprache auf der einen, gemeinsames Musizieren auf der anderen Seite.

Musik und Sprache haben zwar viele Gemeinsamkeiten, aber es gibt auch Unterschiede:
1. Sprache kann bestimmte Gedanken vermitteln, die auf der Bedeutung der Wörter und deren Anordnung beruhen. Musik hat diese Fähigkeit nicht.
2. Musik ruft Emotionen hervor. Das kann auch Sprache leisten, allerdings nicht derart ausgeprägt.

Dopamin

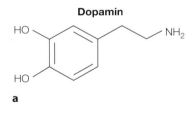

a

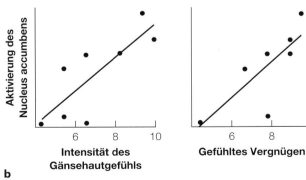

b

◻ **Abb. 13.22** **a** Die Strukturformel von Dopamin, das eine wichtige Rolle bei der Erzeugung musikinduzierter Emotionen spielt. **b** Die Versuchsergebnisse von Salimpoor et al. (2011). Sie zeigen, dass ein intensiveres Gefühl von Gänsehaut und Vergnügen mit einer höheren Aktivität im Nucleus accumbens verbunden ist, der eng mit der Freisetzung von Dopamin zusammenhängt

3. Musik wiederholt sich oft. Dies ist bei Sprache weniger der Fall.
4. Man musiziert oft gemeinsam, während Sprache in der Regel von einem einzelnen Sprecher gesprochen wird.

Spiegeln sich diese Ähnlichkeiten und Unterschiede im Verarbeitungsmechanismus im Gehirn wider? Interessanterweise gibt es einerseits physiologische Befunde, die bestätigen, dass Musik und Sprache durch gemeinsame Mechanismen erzeugt werden, andererseits existieren aber auch Belege dafür, dass sie auf getrennten Verarbeitungswegen im Gehirn entstehen.

13.7.1 Belege für gemeinsame Mechanismen

Wir haben gesehen, dass Syntaxverletzungen sowohl in der Musik als auch in der Sprache zu einer neuronalen „Überraschungsreaktion" im Gehirn führen (◘ Abb. 13.18). Das ist ein Hinweis darauf, dass sich anhand wesentlicher Merkmale sowohl von Musik als auch von Sprache vorhersagen lässt, was passieren wird, und sie sich möglicherweise ähnlicher Mechanismen bedienen. Aber wir können nicht allein auf Grundlage dieser Erkenntnis sagen, dass Musik und Sprache Gehirnareale nutzen, die sich überlappen.

Um einen genaueren Blick auf das Gehirn zu werfen, untersuchten Patel und seine Mitarbeiter (2008) eine Gruppe von Schlaganfallpatienten mit einer Schädigung des Broca-Areals im frontalen Kortex, der, wie wir im nächsten Kapitel sehen werden, wichtig für die Sprachwahrnehmung ist (◘ Abb. 14.17). Diese Schädigung führt zur **Broca-Aphasie**, der Schwierigkeit, Sätze mit komplexer Syntax zu verstehen (▶ Abschn. 14.6). Diesen Patienten und einer Gruppe von Kontrollpersonen wurde

1. eine sprachliche Aufgabe gestellt, die das Verstehen syntaktisch komplexer Sätze prüfte; und
2. eine Musikaufgabe, bei der falsche Akkorde in einer Akkordfolge erkannt werden sollten.

◘ Abb. 13.23 zeigt die Ergebnisse dieser Tests: Die Patienten schnitten bei der Sprachaufgabe schlechter ab als die Kontrollgruppe (linkes Balkenpaar) und erzielten auch bei der Musikaufgabe ein schlechteres Ergebnis (rechtes Balkenpaar). Diese Ergebnisse sind in zweierlei Hinsicht erwähnenswert: Zum einen besteht ein Zusammenhang zwischen schlechten Leistungen bei der Sprachaufgabe und bei der Musikaufgabe, was auf einen Zusammenhang zwischen Sprache und Musik hindeutet. Zum anderen waren die Defizite bei der Musikaufgabe bei den Aphasiepatienten gering im Vergleich zu den Defiziten bei den Sprachaufgaben. Diese Ergebnisse sprechen für einen Zusammenhang zwischen den an Musik und Sprache beteiligten Gehirnmechanismen, es muss sich aber nicht zwingend um einen engen Zusammenhang handeln.

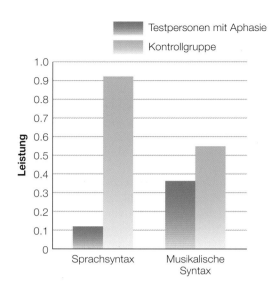

◘ **Abb. 13.23** Leistung bei sprachlichen und musikalischen Syntaxaufgaben von Testpersonen mit Aphasie und einer Kontrollgruppe

Die Mechanismen im Gehirn wurden auch in Neuroimaging-Studien untersucht. Einige dieser Studien haben ergeben, dass verschiedene Gehirnareale an Musik und Sprache beteiligt sind (Fedorenko et al., 2012). Andere Studien haben gezeigt, dass Musik und Sprache überlappende Bereiche des Gehirns aktivieren. Zum Beispiel wird das Broca-Areal, das an der Sprachsyntax beteiligt ist, auch durch Musik aktiviert (Fitch & Martins, 2014; Koelsch, 2005, 2011; Kunert et al., 2015; Peretz & Zatorre, 2005).

Man muss sich jedoch über die Grenzen von Ergebnissen bildgebender Verfahren im Klaren sein. Nur weil mithilfe der bildgebenden Diagnostik ein Bereich identifiziert werden kann, der sowohl durch Musik als auch durch Sprache aktiviert wird, bedeutet das nicht unbedingt, dass Musik und Sprache die gleichen Neuronen in diesem Bereich aktivieren. Es gibt Hinweise darauf, dass selbst wenn

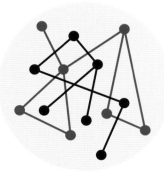

◘ **Abb. 13.24** Schematische Darstellung, wie 2 unterschiedliche Fähigkeiten wie Sprache und Musik dieselbe Struktur im Gehirn (symbolisiert durch den *Kreis*) aktivieren können. Bei genauer Betrachtung ist jedoch zu erkennen, dass jede Fähigkeit unterschiedliche Netzwerke (*rot* oder *schwarz*) innerhalb der Struktur aktiviert. Die *kleinen Kreise* stellen Neuronen dar, die *Linien* die Verbindungen zwischen ihnen

Musik und Sprache denselben Bereich aktivieren, an dieser Aktivierung unterschiedliche neuronale Netzwerke beteiligt sein können (◘ Abb. 13.24; Peretz et al., 2015).

13.7.2 Belege für getrennte Mechanismen

Im vorherigen Abschnitt haben wir gesehen, dass Studien mit hirngeschädigten Patienten einige Hinweise auf gemeinsame Mechanismen liefern. Aber die Auswirkungen von Hirnschäden liefern auch Beweise für getrennte Mechanismen. Eine Technik zur Bestimmung unterschiedlicher Mechanismen ist die Untersuchung von doppelten Dissoziationen (Methode 4.3). Auf Musik und Sprache bezogen würde das bedeuten, dass man eine Person finden müsste, die ein Defizit in der Wahrnehmung von Musik, aber normale Sprachfähigkeiten hat, sowie eine andere Person, die Sprachdefizite aufweist, aber über normale musikalische Fähigkeiten verfügt.

Menschen mit einer **angeborenen Amusie** können Töne nicht als Töne erkennen, Tonfolgen erfahren sie daher nicht als Musik (Peretz, 2006). Oliver Sacks schildert in seinem Buch *Liebe zur Musik: Geschichten von Musik und dem Gehirn* (2007) den Fall von D. L., einer 76-jährigen Frau, die Schwierigkeiten hatte, Melodien zu singen und zu erkennen. Sie konnte nicht sagen, ob eine Note höher als eine andere war, und auf die Frage, was sie hörte, wenn Musik gespielt wurde, antwortete sie: „Ich höre sie so, als würden Sie in meiner Küche alle Teller und Pfannen auf den Boden werfen." Aber trotz ihrer Amusie hatte sie keine Probleme damit, andere Klänge, wie auch der Sprache, zu hören, sich an diese zu erinnern oder sich an diesen zu erfreuen. Der gegenteilige Effekt wurde bei Patienten beobachtet, die im Erwachsenenalter eine Hirnschädigung erlitten und die Fähigkeit verloren hatten, Wörter zu verstehen, Musik jedoch noch erkennen konnten (Fitch & Martins, 2014; Peretz, 2006).

Ein neueres Laborexperiment, in dem sowohl verhaltensbezogene als auch physiologische Unterschiede zwischen Musik und Sprache untersucht wurden, führten Philippe Albouy et al. (2020) durch. Den Testpersonen wurden A-cappella-Lieder (eine unbegleitete Solostimme) vorgespielt. Sie hörten 2 Liedvarianten, und ihre Aufgabe war es zu entscheiden, ob die Wörter gleich oder unterschiedlich waren und – in einer anderen Aufgabe – ob die Melodie gleich oder unterschiedlich war. Die Aufgabe war einfach, wenn den Hörern Lieder dargeboten wurden, die man nicht verändert hatte. Sie wurde jedoch schwieriger, wenn die Tonbeispiele verzerrt wurden.

Das Besondere an diesem Experiment ist, dass die Lieder auf 2 verschiedene Arten verfälscht wurden. Einmal wurden *Details der zeitlichen Struktur* entfernt und dadurch das Tempo (schnell/langsam) der Melodie verändert. Das andere Mal wurden *Details der Tonfrequenz* entfernt und dadurch die Tonhöhe (hoch/tief) verfälscht. Welche Ver-

fälschung bereitete Ihrer Meinung nach den Testpersonen Schwierigkeiten, die Wörter zu erkennen?

Die Antwort lautet, dass das Erkennen von Wörtern oft vom Timing des Sprachsignals abhängt, das in Sekundenbruchteilen verarbeitet werden muss. Es hilft uns beispielsweise, den Unterschied zwischen ähnlich klingenden Wörtern wie „Bären" und „Beeren" zu erkennen. Eine Änderung der Frequenz hat jedoch kaum Auswirkungen auf die Worterkennung, was auch sinnvoll ist, wenn man bedenkt, dass wir Wörter erkennen müssen, die sowohl mit hoher als auch mit tiefer Stimme gesprochen werden.

Im Gegensatz dazu wirken sich auf Melodien Änderungen des Frequenzspektrums sehr wohl aus, Änderungen des Tempos jedoch kaum. Das ergibt ebenfalls Sinn, wenn man bedenkt, wie Melodien durch die vertikale (hoch/tief) Position der Noten in der Partitur definiert werden. Wenn wir jedoch verschiedene Interpretationen von Liedern hören, bei denen oft das Tempo oder das Timing die Länge der Noten verändert, können wir die Melodie immer noch erkennen.

Die Versuchsergebnisse sind in ◘ Abb. 13.25 dargestellt. Es ist festzustellen, dass Änderungen der Information über die zeitliche Struktur (◘ Abb. 13.25a) nur geringe Auswirkungen auf die Fähigkeit haben, Melodien zu erkennen, aber große Auswirkungen auf das Erkennen von Wörtern. Das Gegenteil war der Fall, wenn die Information über die Frequenz verändert wurde (◘ Abb. 13.25b).

Dieser Unterschied zwischen Sprache und Musik wird noch aufschlussreicher, wenn wir uns den zweiten Teil des Versuchs von Albouy anschauen, in dem mithilfe von funktioneller Magnetresonanztomografie (fMRT) ermittelt wurde, welchen Einfluss eine zeitliche oder spektrale Verfälschung auf die Gehirnaktivität ausübt. Albouy et al. (2020) fanden heraus, dass Veränderungen des zeitlichen Musters, die sich auf die Satzerkennung auswirkten, einen großen Einfluss auf die Reaktion der linken Hemisphäre hatten, während Veränderungen des spektralen Musters sich vor allem auf die Reaktion der rechten Hemisphäre auswirkten.

Aufgrund dieser Unterschiede kamen Albouy et al. zu dem Schluss, dass der Mensch 2 Formen der auditiven Kommunikation entwickelt hat, und zwar Sprache und Musik, und dass jede Form von einem spezialisierten neuronalen System gesteuert wird, das jeweils in einer Hemisphäre arbeitet. Diese Trennung hat den Vorteil, dass für die Codierung der verschiedenen Arten von Klängen in Musik und Sprache getrennte Gehirnareale zuständig sind. Im nächsten Kapitel werden wir uns mit dem Sprachsignal beschäftigen und was wir darunter verstehen.

Das Fazit aus all diesen verhaltensbezogen und physiologischen Studien ist Folgendes: Es gibt zwar Hinweise darauf, dass Musik und Sprache gemeinsame Mechanismen haben, aber es gibt auch Belege für getrennte Mechanismen. Die Prozesse im Gehirn, die an Musik und Sprache beteiligt sind, scheinen miteinander in Beziehung zu stehen, sich aber nicht vollständig zu überschneiden, was nicht

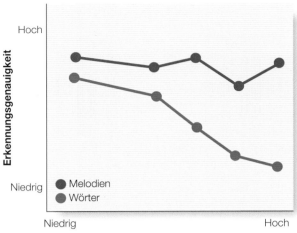

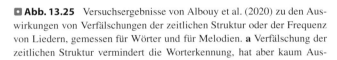

a

b

Abb. 13.25 Versuchsergebnisse von Albouy et al. (2020) zu den Auswirkungen von Verfälschungen der zeitlichen Struktur oder der Frequenz von Liedern, gemessen für Wörter und für Melodien. **a** Verfälschung der zeitlichen Struktur vermindert die Worterkennung, hat aber kaum Auswirkungen auf die Melodieerkennung. **b** Verfälschung der Frequenzen vermindert die Melodieerkennung, hat aber kaum Auswirkungen auf die Worterkennung

unerwartet ist, wenn man den Unterschied zwischen dem Lesen eines Buches oder dem Zuhören eines Gesprächs und dem Hören von Musik betrachtet. Unser Wissen über die Beziehung zwischen Musik und Sprache steckt allerdings nach wie vor in den Anfängen (Eggermont, 2014).

13.8 Der Entwicklungsaspekt: Wie Babys auf den Beat reagieren

Babys lieben Musik! Die Wiegenlieder der Mutter beruhigen sie (Cirelli et al., 2019), und das Hören von Musik bewahrt sie vor Ängsten (Corbeil et al., 2016; Trehub et al., 2015). Aber wie reagieren Säuglinge und Kleinkinder auf die beiden Komponenten von Musik, das Timing und die Melodie?

13.8.1 Die Reaktion von Neugeborenen auf den Beat

Wie können wir feststellen, ob ein Neugeborenes den Beat in der Musik erkennen kann? István Winkler et al. (2009) gingen dieser Frage nach, indem sie die elektrischen Hirnströme von 2–3 Tage alten Säuglingen gemessen haben, während sie kurze Klangsequenzen von einem Schlagzeug hörten (□ Abb. 13.26). Das „Standardmuster" bestand aus einem gleichmäßigen Beat von 1 2 3 4 1 2 3 4 durch ein Becken, unterstützt durch Schläge von Trommel und Basstrommel. Durch das gelegentliche Weglassen des Downbeats (des 1. Beats in einem Takt) wurde eine neuronale Aktivität ausgelöst, die mit Erwartungsverletzungen einherging. Es scheint also so zu sein, dass Neugeborene den Beat wahrnehmen können.

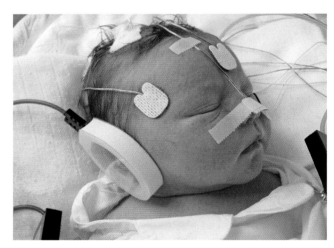

Abb. 13.26 Bei einem 2 Tage alte Säugling wird die Gehirnaktivität aufgezeichnet, während er „den Beat" hört. Die Reaktionen des Gehirns werden durch Elektroden aufgezeichnet, die auf die Kopfhaut geklebt sind. Die Elektrode an der Nase ist die Referenzelektrode. (© Dr. Gábor Stefanics, mit freundlicher Genehmigung von István Winkler und Gábor Stefanics)

13.8.2 Bewegung zum Beat von älteren Babys

Neugeborene bewegen sich nicht im Beat, aber es gibt Hinweise darauf, dass ältere Babys es tun. Als man Videoaufzeichnungen von 5 bis 24 Monate alten Babys machte, während sie rhythmische klassische Musik oder Sprache hörten, stellte man fest, dass sie ihre Arme, Hände, Beine und auch den Oberkörper und Kopf als Reaktion auf die Musik stärker bewegten, als wenn sie Sprache hörten. Die Babys saßen bei diesem Experiment auf dem Schoß ihrer

Mütter, die Kinder, die schon stehen konnten, „tanzten" daher nicht. Aber ihre Bewegungen waren in einem gewissen Maße synchron zur Musik, und die Forscher weisen darauf hin, dass die Babys sich wahrscheinlich noch synchroner zur Musik bewegt hätten, wenn man ihnen Stücke mit einem ausgeprägten Rhythmus vorgespielt hätte (schauen Sie sich auf YouTube einige unterhaltsame Videos mit „tanzenden Babys" an).

13.8.3 Die Reaktion von Babys auf das Bewegen zum Beat

Reaktionen auf den Beat wurden auch auf andere Weise bei Babys nachgewiesen. Sie bewegten sich synchron zum Beat auf und ab, ähnlich wie Erwachsene in dem in ▶ Abschn. 13.5.2 beschriebenen Bewegungsexperiment, das gezeigt hat, dass Bewegung die Wahrnehmung des Metrums beeinflussen kann. Man spielte 7 Monate alten Kindern einen sich regelmäßig wiederholenden, unbetonten Rhythmus vor, während sie in den Armen der Experimentatoren regelmäßig auf und ab bewegt wurden (◘ Abb. 13.27; Phillips-Silver & Trainor, 2005). Diese geführten Bewegungen erfolgten entweder in einem Takt auf jeden 2. Schlag oder auf jeden 3. Schlag. Nach 2 min dieser Bewegungen wurden die Kinder getestet, um zu prüfen, ob die Bewegung beim Hören der Grundschläge zu einer Gruppierung der Schläge in Zweier- oder Dreiergruppen geführt hat. Die Forscherinnen wandten dabei eine Präferenzmethode (Methode 13.2) an, bei der das Wegdrehen des Kopfs die Präferenz signalisiert, ob die Babys einen Rhythmus bevorzugten, der dem entsprach, wie sie bewegt worden waren.

Phillips-Silver und Trainor stellten fest, dass die Kinder dem Muster, das dem Hüpfrhythmus entsprach, im Mittel 8 s lang zuhörten, während dem anderen Muster im Mittel nur 6 s zugehört wurde. Die Kinder bevorzugten also den Rhythmus, in dem sie zuvor bewegt worden waren. Um auszuschließen, dass diese Präferenz durch das

Hörpräferenz

Bei dieser Präferenzmethode sitzt der Säugling auf dem Schoß der Mutter und sieht vor sich eine visuelle Szene mit einem Blinklicht, das seine Aufmerksamkeit auf sich zieht. Wenn das Kind auf das Blinklicht schaut, bleibt das Licht an, und es ertönt ein Schlagrhythmus, bei dem die Betonung entweder auf jedem 2. oder auf jedem 3. Schlag liegt. Das Kind hört das jeweilige Muster, solange es auf das Blinklicht schaut. Wenn es zur Seite schaut, hört der Rhythmus auf. Nach wenigen Durchgängen hat das Kind gelernt, dass es beim Blick auf das Blinklicht den Rhythmus hören kann. Die Frage, ob das Kind das Zweier- oder Dreiermuster bevorzugt, lässt sich mit dieser Methode beantworten, indem man misst, welchem Muster das Kind länger zuhört.

Sehen beeinflusst wird, wurden den Kindern beim Bewegen die Augen verbunden (wovon die Kinder weniger begeistert waren als von der Bewegung). Das Ergebnis beim Präferenztest war das gleiche wie bei der Bewegung mit ungehindertem Sehen. Demnach ist das Sehen kein Einflussfaktor. Auch wenn die Kinder zusahen, wie die Experimentatoren sich bewegten, trat keine Präferenz auf. Mithin scheint die *Bewegung* der entscheidende Einfluss bei der metrischen Gruppierung zu sein.

Die von uns beschriebenen Experimente befassten sich mit den Anfängen der kindlichen Fähigkeiten, auf Beat zu reagieren. Diese Entwicklung setzt sich in der Kindheit fort, bis manche Menschen durch Tanzen oder Musizieren schließlich zu Experten im Umgang mit dem Rhythmus werden. Und so gut wie jeder wird ein Experte darin, auf den Rhythmus zu hören und zu reagieren.

◘ **Abb. 13.27** Eine Mutter (und Mitautorin dieses Buches) bewegt ihren Sohn auf und ab, wie in dem Experiment von Phillips-Silver und Trainor (2005), bei dem Säuglinge im Takt entweder auf jeden 2. Schlag oder jeden 3. Schlag bewegt wurden. (© Zackery Pierce)

13.9 Resümee: Musik ist „etwas Besonderes"

Dieses Kapitel befasst sich wie alle anderen Kapitel dieses Buches mit der Wahrnehmung. In der Musik geht es bei der Wahrnehmung darum, wie Töne, die in einem bestimmten Muster und mit einem bestimmten Timing angeordnet sind, als „Musik" wahrgenommen werden. Eine Möglichkeit, sich der Frage anzunähern, wie Töne in Musikwahrnehmung umgesetzt werden, besteht darin, Parallelen zwischen der Wahrnehmung von Musik und der Wahrnehmung von visuellen Reizen zu ziehen. Die Wahrnehmung von Musik hängt sowohl davon ab, wie Töne angeordnet sind, als auch von unseren Erwartungen aus früheren Erfahrungen mit Klängen in der Musik. Die visuelle Wahrnehmung läuft nach dem gleichen Muster ab: Sie beruht darauf, wie visuelle Reize angeordnet sind und welche Erwartungen wir aufgrund früherer Erfahrungen an visuelle Reize haben.

Aber trotz dieser Ähnlichkeiten ist Musik etwas Besonderes, denn die Wahrnehmung ist zwar der erste Schritt, aber es laufen noch weitere Vorgänge ab, die über die Wahrnehmung hinausgehen, und hier stehen Bewegung und Emotionen an oberster Stelle. Denken Sie einmal darüber nach, was es bedeutet, wenn wir Musik mit dem Sehen vergleichen. Wir wissen, dass Bewegung ein wichtiger Aspekt des Sehens ist. Wir nehmen nicht nur Bewegung wahr (▶ Kap. 8), sondern das Sehen hängt auch von unseren Körper- und Augenbewegungen ab, über die unsere Aufmerksamkeit gelenkt wird (▶ Kap. 6), außerdem hilft uns das Sehen dabei, Bewegungen zu steuern, die notwendig sind, damit wir handeln und mit unserer Umwelt interagieren können (▶ Kap. 7). Tatsächlich haben wir am Anfang von ▶ Kap. 7 die Idee eingeführt, dass der primäre Zweck des Gehirns darin besteht, „Organismen mit der Fähigkeit auszustatten, anpassungsfähig mit ihrer Umwelt zu interagieren".

Was leistet also die Bewegung, die Musik begleitet, im Vergleich zu der eindrucksvollen Liste von Bewegungsfunktionen des Sehens? Eine mögliche Antwort dürfte sein, dass der Sehsinn es uns *ermöglicht*, unsere Bewegungen zu steuern, die Musik uns dagegen dazu *zwingt*, uns zu bewegen, vor allem wenn die Musik einen starken Rhythmus oder Synkopen hat.

Ein weiterer Aspekt der Musik – die Emotion – äußert sich auch als Reaktion des Sehsinns, wenn wir beim Betrachten eines schönen Sonnenuntergangs oder von Kunst oder als Zeuge eines freudigen oder beunruhigenden Ereignisses Emotionen empfinden, allerdings geschieht dies nur gelegentlich. Wir sehen meistens nur, was da draußen ist, ohne zwangsläufig Emotionen zu empfinden, während bei Musik Emotionen ein *zentrales Element* sind.

Im Vergleich zum Sehen scheint die Musik also etwas Besonderes zu sein, weil sie stärker mit Bewegung und Emotionen verbunden ist. Andere Wahrnehmungsqualitäten, die mit Emotionen einhergehen, sind Schmerz (▶ Kap. 15) sowie Geschmack und Geruch (▶ Kap. 16). Doch im Gegensatz zur Musik geht man davon aus, dass die mit Schmerz, Geschmack und Geruch verbundenen Emotionen einen adaptiven Wert haben, da sie uns helfen, gefährliche Reize zu vermeiden oder – im Fall von Geschmack und Geruch – nach Belohnungsreizen zu suchen.

Damit sind wir wieder bei der Frage, wozu Musik da ist, die wir zu Beginn des Kapitels gestellt haben. Bemühen wir in diesem Zusammenhang einmal Charles Darwin. Er meinte zwar, Musik könnte die Grundlage für die Sprache gelegt haben und sie sei hilfreich, um Sexualpartner anzuziehen (▶ Abschn. 13.2), er schien aber unsicher über das „Warum" der Musik zu sein, wie die folgende Bemerkung aus seinem berühmten Buch *The descent of man* (deutsch: *Die Abstammung des Menschen*) zeigt (Darwin, 1871, S. 365):

» Da sowohl das Vergnügen an Musik als auch das Vermögen, musikalische Noten zu erzeugen, Fähigkeiten von geringstem direkten Nutzen für den Menschen darstellen [...], müssen sie zu den rätselhaftesten Fähigkeiten gezählt werden, mit denen er ausgestattet ist.

Robert Zatorre (2018) wies jedoch in einem Vortrag mit dem Titel „Von der Wahrnehmung zum Vergnügen: Musikalische Verarbeitung im Gehirn" darauf hin, dass Darwin in seiner Autobiografie, die er 10 Jahre nach *Der Abstammung des Menschen* geschrieben hatte, folgende Aussage über Musik macht:

» Wenn ich mein Leben noch einmal leben dürfte, würde ich es mir zur Regel machen, mindestens einmal in der Woche Gedichte zu lesen und Musik zu hören, dann wären die Teile meines Gehirns, die jetzt verkümmert sind, vielleicht durch den Gebrauch aktiv geblieben [...]. Eine solche Vorliebe aufzugeben, bedeutet Glück aufzugeben und ist möglicherweise schädlich für den Intellekt und den moralischen Charakter, weil es den emotionalen Teil unserer Natur schwächt.

Was bedeutet das? Zatorre vermutet, dass Darwin wohl über den Zweck der Musik im Unklaren gewesen sein mag, er aber zu der Erkenntnis gekommen war, dass ein Leben ohne Musik unerfreulich und leer ist. Die Musik wirft also viele Fragen auf, die darüber hinausgehen, wie sie wahrgenommen wird. Und genau das macht sie zu etwas Besonderem.

Übungsfragen 13.2

1. Vergleichen Sie den kognitiven und den emotionalen Ansatz bei Emotionen, die durch Musik ausgelöst werden.
2. Beschreiben Sie den Zusammenhang zwischen strukturellen Merkmalen von Musik und Emotionen.
3. Was verursacht in der Musik Erwartungen?

4. Beschreiben Sie das ereigniskorrelierte Potenzial. Wie reagiert es in der Sprache und in der Musik auf Syntaxverletzungen?

5. Warum wollen Komponisten manchmal die Erwartungen der Hörer verletzen?

6. Beschreiben Sie, wie physiologische Mechanismen von musikinduzierten Emotionen nachgewiesen wurden: (a) indem neuronale Reaktionen gemessen wurden; (b) indem ermittelt wurde, welche Strukturen aktiviert werden; (c) indem die chemischen Vorgänge der durch Musik ausgelösten Emotionen untersucht wurden; (d) durch die neuropsychologische Forschung.

7. Vergleichen Sie Musik und Sprache und nennen Sie Gemeinsamkeiten und Unterschiede.

8. Was stützt die These, dass bei Musik und Sprache getrennte Gehirnmechanismen zum Einsatz kommen?

9. Was belegt die These von gemeinsamen Mechanismen für Musik und Sprache? Beschreiben Sie das Experiment von Patel, das Aphasie-Experiment von Broca und die Erkenntnisse aus Neuroimaging-Studien.

10. Was ist das abschließende Fazit, wenn man die Belege für und gegen gemeinsame Mechanismen von Musik und Sprache in Betracht zieht?

11. Was beweist, dass Neugeborene und Babys auf den Beat reagieren können?

12. Inwiefern ist Musik im Vergleich zum Sehsinn „etwas Besonderes"?

13. Welche Aussage von Darwin über Musik deutet darauf hin, dass sie etwas Besonderes ist?

13.10 Zum weiteren Nachdenken

1. Es ist bekannt, dass junge Menschen lieber Popmusik mögen als klassische Musik und dass die Popularität der klassischen Musik zunimmt, je älter die Hörer werden. Warum ist das Ihrer Meinung nach so?

2. Wenn Sie auf einer einsamen Insel gestrandet wären und nur ein Dutzend Musikstücke hören könnten, welche würden Sie auswählen? Was hat Sie an diesen Kompositionen dazu veranlasst, sie auf Ihre Liste zu setzen?

3. Machen Sie selber Musik oder haben Sie jemals selber Musik gemacht, also ein Instrument gespielt oder gesungen? Was bedeutet es für Sie, Musik zu machen? Welcher Zusammenhang besteht für Sie zwischen „Musik machen" und „Musik hören"?

13.11 Schlüsselbegriffe

- Angeborene Amusie
- Beat
- Bogenförmiger Bewegungsverlauf
- Broca-Aphasie
- Fortsetzungsaufgabe
- Dissonanz
- Dopamin
- Dreiermetrum
- Einsatzabstand
- Emotionaler Ansatz (zu musikinduzierter Emotion)
- ERAN (early right anterior negativity)
- Ereigniskorreliertes Potenzial (EKP)
- Evolutionäre Anpassung
- Gap Fill
- Halbton
- Harmonie
- Intervall
- Klangfarbe
- Kognitiver Ansatz (zu musikinduzierter Emotion)
- Konsonanz
- Melodie
- Metrische Struktur
- Metrum
- Musik
- Musikalische Phrase
- Musikalische Syntax
- Musikinduzierte autobiografische Erinnerung
- Nucleus accumbens
- Rhythmus
- Rückkehr zur Tonika
- Synkopation
- Synkopierung
- Syntax
- Tonale Hierarchie
- Tonalität
- Tonhöhe
- Tonika
- Vestibuläres System
- Zeitliche Anordnung
- Zweiermetrum

Sprachwahrnehmung

E. Bruce Goldstein und Laura Cacciamani

Inhaltsverzeichnis

E.B. Goldstein, L. Cacciamani, *Wahrnehmungspsychologie*, https://doi.org/10.1007/978-3-662-65146-9_14

🔵 Lernziele

Nachdem Sie dieses Kapitel bearbeitet haben, werden Sie in der Lage sein, …

- zu beschreiben, wie das akustische Signal durch den Vorgang der Artikulation entsteht und durch Phoneme repräsentiert wird,
- die Prozesse zu verstehen, die für die Variabilität des akustischen Signals verantwortlich sind,
- die motorische Theorie der Sprachwahrnehmung sowie Belege für und gegen diese Theorie zu erläutern,
- die verschiedenen Informationsquellen für die Sprachwahrnehmung zu beschreiben,
- zu verstehen, wie Menschen verstümmelte Sätze wahrnehmen,
- zu beschreiben, wie die Forschung zu Hirnschäden und neuronale Aufzeichnungen dazu beigetragen haben, dass wir verstehen, wie unser Gehirn Sprache verarbeitet,
- zu verstehen, wie Cochlea-Implantate funktionieren und wie sie bei Kindern eingesetzt werden,
- kindzentrierte Sprache und ihre Wirkung auf Kinder zu erklären.

Einige der in diesem Kapitel behandelten Fragen

- Können Computer Sprache genauso gut verstehen wie Menschen?
- Ist mit jedem Wort, das wir hören, ein eindeutiges Muster von Luftdruckschwankungen assoziiert?
- Warum klingt eine unvertraute Sprache oft wie ein kontinuierlicher Strom von Lauten, ohne Pausen zwischen einzelnen Wörtern?
- Was hört eine Person mit einem Cochlea-Implantat im Vergleich zu einer Person mit normalem Gehör?

Obwohl uns die Sprachwahrnehmung normalerweise leicht fällt, sind die im Hintergrund ablaufenden Prozesse ebenso komplex wie bei der visuellen Wahrnehmung. Dies zeigt sich unter anderem daran, wie schwierig es ist, Computern das Sprachverstehen beizubringen, ein Verfahren, das als **automatische Spracherkennung** bezeichnet wird.

Die Versuche, automatische Spracherkennungssysteme zu entwickeln, begannen in den 1950er-Jahren, als die Bell Laboratories das Spracherkennungssystem „Audrey" entwickelten, das einzelne gesprochene Ziffern erkennen konnte. Jahrzehntelange Arbeit in Verbindung mit einer stark verbesserten Computertechnologie führten zur Einführung von Systemen wie „Siri" von Apple, „Alexa" von Amazon und „Voice Match" von Google, die gesprochene Befehle gut erkennen können.

Doch trotz der guten Spracherkennung dieser Systeme reicht die Bandbreite der Leistung moderner Spracherkennungssysteme von „sehr gut" unter idealen Bedingungen (zum Teil kann die Transkription von gesprochener Sprache mit einer Genauigkeit von bis zu 95 % erstellt werden; Spille et al., 2018) bis zu „weniger gut" unter nicht idealen Bedingungen. Adam Miner et al. (2020) ließen z. B. eine Person eine Aufnahme eines Gesprächs von 2 Personen anhören, bei der das Mikrofon nicht optimal platziert und es im Raum sehr laut war. Trotz der Mikrofonplatzierung und der Nebengeräusche war die Person in der Lage, eine genaue schriftliche Transkription des Gesprächs zu erstellen. Ein Spracherkennungsgerät, das aus derselben Aufnahme eine Abschrift erstellte, machte jedoch Fehler, z. B. wurden Wörtern falsch identifiziert, es fehlten Wörter und es wurden Wörter eingefügt, die nicht gesagt worden waren, sodass nur 75 % der Wörter korrekt waren. Andere Experimente haben gezeigt, dass automatische Spracherkennungssysteme Fehler machen, wenn sie mit einem Akzent oder nicht standardisierten Sprachmustern konfrontiert werden (Koenecke et al., 2020).

Obwohl die Spracherkennungssysteme seit den 1950er-Jahren deutlich weiterentwickelt worden sind, ist ihre Erkennungsleistung immer noch nicht so gut wie die des Menschen. Menschen können Sprache auch dann noch verstehen, wenn sie mit Sätzen konfrontiert werden, die sie noch nie gehört haben, und dies unter weit ungünstigeren Bedingungen wie vielfältigen Hintergrundgeräuschen, Variationen der Aussprache, Sprecher mit diversen Dialekten und Akzenten und bei oft lebhaften Wortwechseln in alltäglichen Unterhaltungen (Sinha, 2002; Zue & Glass, 2000). Dieses Kapitel wird Ihnen dabei helfen, sich der komplexen perzeptuellen Probleme bei der Sprachwahrnehmung bewusst zu werden. Weiterhin wird es Forschung behandeln, die uns geholfen hat, ansatzweise zu verstehen, wie das menschliche Sprachwahrnehmungssystem diese perzeptuellen Probleme löst.

14.1 Der Sprachreiz

In ▶ Kap. 11 haben wir den Schall einführend für reine Sinustöne beschrieben – einfache sinusförmige Wellen mit verschiedenen Frequenzen und Amplituden. Anschließend haben wir komplexere Wellenformen betrachtet, die sich aus mehreren Sinuskomponenten zusammensetzen, den sogenannten Harmonischen, deren Frequenzen jeweils ganzzahlige Vielfache einer Grundfrequenz sind. Auch gesprochene Sprache lässt sich als Schall anhand von Frequenzen beschreiben, aber nun kommen auch abruptes Einsetzen oder Abbrechen, Pausen sowie Artikulationsgeräusche hinzu, die beim Formen der Wörter entstehen. Und mit diesen Wörtern können Sprecher Bedeutungen ausdrücken, wenn sie Wörter artikulieren und zu Sätzen zusammenfügen. Diese Bedeutungen wiederum beeinflussen die Wahrnehmung der Sprachreize: Was wir wahrnehmen, hängt nicht nur vom physikalischen Schallreiz ab, sondern wird auch von kognitiven Prozessen beeinflusst, die uns zum Verstehen des Gehörten verhelfen. Wir beginnen dieses Kapitel mit der Beschreibung des physikalischen Schallreizes, dem *akustischen Sprachsignal*.

14.1.1 Das akustische Sprachsignal

Sprachliche Laute werden durch bestimmte Positionen oder die Bewegungen von Strukturen innerhalb des Stimm- oder Vokaltrakts erzeugt. Diese erzeugen ein Muster von Luftdruckschwankungen, das als **akustischer Reiz** oder **akustisches Sprachsignal** bezeichnet wird. Bei den meisten Sprachlauten wird Luft aus den Lungen gepresst und gelangt an den Stimmbändern vorbei in den Vokaltrakt. Welcher Laut entsteht, hängt von der Form des Vokaltrakts ab, während die Luft, die aus der Lunge entweicht, hindurchströmt. Die Form des Vokaltrakts wird durch Bewegungen der **Artikulatoren** verändert; dies sind Strukturen wie Zunge, Lippen, Zähne, Kiefer und weicher Gaumen (◌ Abb. 14.1).

Betrachten wir zunächst die Erzeugung von Vokalen. Vokale werden durch die Schwingungen der Stimmbänder erzeugt, wobei der spezifische Klang jedes Vokals durch eine Veränderung der gesamten Form des Vokaltrakts hervorgebracht wird. Die Veränderung der Form verändert auch die Resonanzfrequenz des Vokaltrakts, und dies führt zu Luftdruckmaxima bei einzelnen Frequenzen (◌ Abb. 14.2). Die Frequenzen, bei denen diese Maximalwerte auftreten, nennt man **Formanten**.

Die Abfolge von Formanten ist bei jedem Vokal charakteristisch. Der 1. Formant hat die niedrigste Frequenz, der 2. die nächsthöhere und so weiter. Die Formanten für den Vokal /ae/ (sprachliche Laute werden dadurch gekennzeichnet, dass man sie zwischen Schrägstriche schreibt) sind in dem **Schallspektrogramm** in ◌ Abb. 14.3 dargestellt. In einem Schallspektrogramm ist das Muster der Frequenzen und der Intensitäten gegen die Zeit abgetragen; in seiner Gesamtheit bildet dieses Muster das akustische Sprachsignal. Die Frequenz ist auf der Ordinate abgetragen, die Zeit auf der Abszisse und die Intensität wird durch den Grad der Schwärzung dargestellt. Wir sehen in ◌ Abb. 14.3, dass der Vokal /ae/ Formanten bei 500 Hz, 1700 Hz und 2500 Hz aufweist. Die vertikalen Linien im Schallspektrogramm sind periodische Druckschwankungen, die durch die Vibrationen der Stimmbänder hervorgerufen werden.

Konsonanten werden durch Zusammenziehen oder Verschließen des Vokaltrakts erzeugt. Um zu veranschaulichen, wie unterschiedliche Konsonanten hervorgebracht werden, betrachten wir die Laute /g/, /d/ und /b/. Sprechen Sie diese Laute aus und beobachten Sie dabei, was mit der Zunge, den Zähnen und den Lippen passiert. Um den Laut /d/ zu bilden, legen Sie die Zunge an die Alveolaren (den Wulst hinter den oberen Schneidezähnen) und lassen Sie dann einen Luftschub hindurch, während Sie die Zunge von den Alveolaren lösen (probieren Sie es aus). Um den Laut /b/ zu erzeugen, schließen Sie die Lippen und blockieren Sie so den Luftstrom, dann stoßen Sie die Luft schnell zwischen Unter- und Oberlippe hindurch.

Die Art und Weise, wie Sprachlaute erzeugt werden, wird durch Merkmale wie die Art der Artikulation und den Ort der Artikulation beschrieben. Die **Art der Artikulation** beschreibt, wie die Artikulatoren – Mund, Zunge,

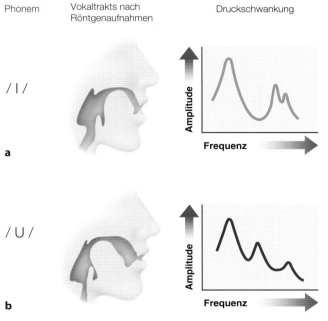

Phonem	Querschnittbild des Vokaltrakts nach Röntgenaufnahmen	Druckschwankung
/I/ a		
/U/ b		

◌ **Abb. 14.2** Die Form des Vokaltrakts bei den Vokalen /I/ (**a**) und /U/ (**b**) und die zugehörigen Muster der Druckschwankungen (*rechts*). Die Maximalwerte in den Kurven sind die Formanten. Jeder Vokal besitzt ein charakteristisches Muster von Formanten, das von der Form des Vokaltrakts abhängt. (Aus Denes & Pinson, 1993. Reprinted by permission of Waveland Press, Inc., © 1993; reissued 2015, all rights reserved.)

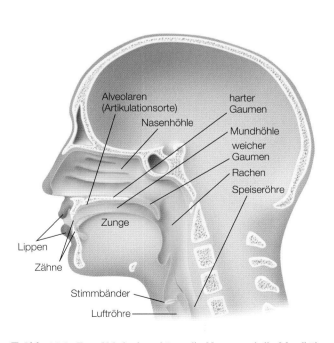

◌ **Abb. 14.1** Zum Vokaltrakt gehören die Nasen- und die Mundhöhle und der Rachen sowie bewegliche Strukturen wie Zunge, Lippen und Stimmbänder

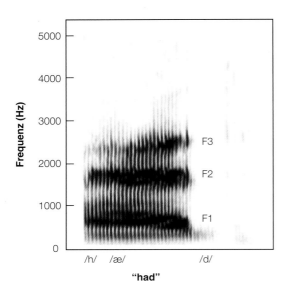

☐ Abb. 14.3 Spektrogramm des englischen Worts „had". Die Zeit ist auf der *waagerechten Achse* abgetragen. *Die dunklen horizontalen Streifen* entsprechen den ersten 3 Formanten F1, F2 und F3 beim Vokal /ae/. (© Kerry Green)

Zähne und Lippen – bei der Erzeugung eines Sprachlauts zusammenwirken. Zum Beispiel wird /b/ erzeugt, indem der Luftstrom zunächst blockiert und dann schnell ausgestoßen wird. Der **Ort der Artikulation** beschreibt die Orte, an denen die Artikulation im Mundraum erfolgt. Beachten Sie z. B., wie sich der Artikulationsort beim Aussprechen von /g/, /d/ und /b/ von hinten nach vorne verschiebt.

Die Bewegungen von Zunge, Lippen und anderen Artikulatoren erzeugen das spezifische Frequenz- und Intensitätsmuster des akustischen Sprachsignals, das wir im Spektrogramm beobachten können. Im Spektrogramm für den Satz „Roy read the will" („Roy hat das Testament gelesen") in ☐ Abb. 14.4 sehen wir beispielsweise bestimmte

Aspekte des Signals, die mit Vokalen und Konsonanten assoziiert sind. Die 3 horizontalen Bänder mit den Beschriftungen F1, F2 und F3 sind die 3 Formanten des Lauts /ae/ in „read". Rasche Frequenzänderungen am Anfang oder am Ende von Formanten werden als **Formanttransienten** bezeichnet und sind mit Konsonanten assoziiert. So sind z. B. die Formanttransienten T2 und T3 mit dem /r/ in „read" verbunden.

Wir haben nun die physikalischen Merkmale des *akustischen Signals* beschrieben. Um zu verstehen, wie dieses akustische Signal zur *Sprachwahrnehmung* führt, müssen wir die grundlegenden Elemente der gesprochenen Sprache betrachten.

14.1.2 Phoneme: Die Grundeinheiten der gesprochenen Sprache

Zur Untersuchung der Sprachwahrnehmung muss der akustische Sprachstrom in linguistische Einheiten zerlegt werden, die die Wahrnehmungserfahrung des Hörers widerspiegeln. Was sind diese Einheiten? Ganze Sätze? Ein Wort? Eine Silbe? Der Klang einzelner Buchstaben? Ein Satz ist zu groß für die Analyse, und manche Buchstaben werden überhaupt nicht gesprochen. Obwohl es einige Argumente dafür gibt, die Silben als kleinste Spracheinheit zu betrachten (Mehler, 1981; Segui, 1984), stützt sich die Sprachforschung auf eine Einheit namens **Phonem**. Ein Phonem ist die kleinste lautliche Einheit, deren Veränderung die Bedeutung eines Worts beeinflusst. Betrachten Sie beispielsweise das Wort „Rat", das die Laute /r/, /a:/ und /t/ enthält. Dass /r/, /a:/ und /t/ Phoneme sind, wird daran deutlich, dass eine Veränderung jedes einzelnen Phonems zu einer Veränderung der Bedeutung des Worts führt. „Rat" wird zu „Tat", wenn das /r/ zu /t/ wird; „Rat" wird zu „Rot", wenn das /a:/ zu /o:/ wird; „Rat" wird zu „Rad", wenn das /t/ zu /d/ wird.

☐ Abb. 14.4 Spektrogramm des englischen Satzes „Roy read the will". Dargestellt sind die Formanten *F1*, *F2* und *F3* sowie die Formanttransienten *T2* und *T3*. (© Kerry Green)

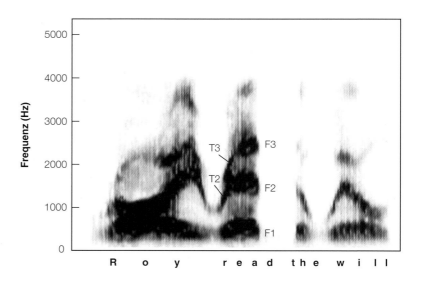

Tab. 14.1 Einige Konsonanten und Vokale des Deutschen und ihre phonetischen Symbole (Bünting, 1972)

Konsonanten				Vokale	
/b/	Baum	/s/	Was	/a/	Fall
/p/	Papst	/ʃ/	Schach	/a:/	Bahn
/d/	Dir	/j/	Jahr	/ɛ/	Bett
/t/	Tatze	/ç/	Dich	/e:/	Meer
/g/	Gier	/x/	Dach	/ɛ:/	Mär
/k/	Koks	/h/	Hast	/i/	Binär
/v/	Wach	/l/	Last	/i:/	Biest
/f/	Fach	/m/	Muss	/ɪ/	Bist
/z/	Sache	/n/	Nuss	/o/	Offen
				/o:/	Ofen
				/œ/	Öffnen
				/ø/	Öfen
				/y:/	Hütte

In **Tab.** 14.1 sind einige Laute der deutschen Sprache und ihre phonetischen Symbole aufgelistet; diese phonetischen Symbole repräsentieren jeweils einzelne Sprachlaute. Im Deutschen werden 17–19 Laute als Vokale gesprochen, 21 als Konsonanten. An dieser Stelle überrascht es Sie vielleicht, dass es mehr Vokale geben soll als die üblichen 5, nämlich a, e, i, o und u. Der Grund dafür ist, dass einige Vokale auf verschiedene Weisen ausgesprochen werden. Daher gibt es mehr gesprochene Vokale als Vokalbuchstaben. Der Vokal *i* klingt in „Schiff" beispielsweise anders als in „schief". Phoneme beziehen sich also nicht auf Buchstaben, sondern auf sprachliche Laute, mit deren Hilfe Bedeutungen unterschieden werden.

Da in verschiedenen Sprachen verschiedene Laute gebraucht werden, kann die Anzahl von Phonemen zwischen den Sprachen variieren. Im Hawaiianischen gibt es lediglich 11 Phoneme, im amerikanischen Englisch 47, im Deutschen je nach Zählweise 38–42 und in manchen afrikanischen Dialekten bis zu 60. Die Phoneme werden somit anhand der Laute definiert, die in einer bestimmten Sprache zur Bildung von Wörtern benutzt werden.

Es könnte der Eindruck entstehen, als könnten wir mit Phonemen als kleinster Einheit der gesprochenen Sprache die Sprachwahrnehmung anhand von Phonemfolgen beschreiben. Demnach sollten wir einfach eine Folge von Schallsegmenten entsprechend den Phonemen wahrnehmen, die zu Silben werden, die wir zu Wörtern verbinden. Die Silben und Wörter scheinen aneinandergereiht wie die Perlen auf einer Schnur. So nehmen wir den Satz „Wahrnehmung ist einfach" als Folge der Einheiten „Waar-nee-mung-ist-ein-fach" wahr.

Es mag den Anschein haben, Sprachwahrnehmung sei lediglich die Verarbeitung einer Abfolge einzelner Schallsignale, aber tatsächlich sind die Dinge komplizierter. Anstatt eine diskrete Abfolge zu bilden, in der das Schallsignal bei einem Phonem oder einen Laut endet, bevor das nächste beginnt – wie bei den Buchstaben auf einer Seite –, gibt es bei den benachbarten Phonemen eine Überlappung der Schallsignale. Darüber hinaus kann das Muster der Druckschwankungen in der Luft für ein bestimmtes Wort stark variieren, je nachdem ob der Sprecher männlich oder weiblich ist, jung oder alt, ob er schnell spricht oder langsam oder einen Akzent hat. Daraus ergibt sich das **Problem der Variabilität**, denn es gibt keine eindeutige Beziehung zwischen einem bestimmten Phonem und dem akustischen Signal. Mit anderen Worten: Das akustische Signal für ein bestimmtes Phonem ist variabel. Wir werden nun eine Reihe von Möglichkeiten beschreiben, wie diese Variabilität auftritt, und einen frühen Versuch erörtern, wie man mit dieser Variabilität umgehen kann.

14.2 Die Variabilität des akustischen Signals

Das Hauptproblem beim Verständnis der Sprachwahrnehmung sind die extrem komplexen Beziehungen zwischen dem akustischen Sprachsignal und der Wahrnehmung dieses Signals. Das heißt, ein bestimmtes Phonem kann in Verbindung mit verschiedenen akustischen Signalen auftreten. Lassen Sie uns die Ursachen dieser Variabilität genauer betrachten.

14.2.1 Variabilität durch den Kontext

Das mit einem Phonem assoziierte akustische Sprachsignal verändert sich abhängig von seinem Kontext. Betrachten Sie beispielsweise **Abb.** 14.5, in der die Spektrogramme für die Silben /di/ und /du/ dargestellt sind. Es handelt sich hierbei um handgezeichnete, vereinfachte Spektrogramme, die die beiden wichtigsten Eigenschaften der Laute darstellen: die Formanten (rot) und die Formanttransienten (blau). Da Formanten mit Vokalen assoziiert sind, wissen wir, dass die Formanten bei 200 und 2600 Hz das akustische Sprachsignal des Vokals /i/ in /di/ und die Formanten bei etwa 200 und 600 Hz das akustische Sprachsignal des Vokals /u/ in /du/ darstellen.

Weil die Formanten die akustischen Sprachsignale für die Vokale in /di/ und /du/ darstellen, müssen die vorausgehenden Formanttransienten das Signal für den Konsonanten /d/ bilden. Beachten Sie jedoch, dass die Formanttransienten des 2. (höherfrequenten) Formanten sich voneinander unterscheiden. Beim Laut /di/ beginnt der höherfrequente Formanttransient bei etwa 2200 Hz und steigert sich bis auf etwa 2600 Hz. Beim Laut /du/ hingegen beginnt der 2. Formanttransient bei einer Frequenz von etwa 1100 Hz

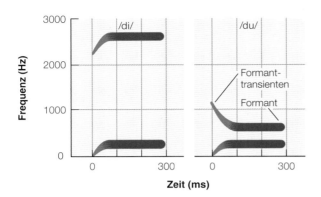

und sinkt dann bis auf etwa 600 Hz. Obwohl wir in /di/ und /du/ denselben Laut /d/ wahrnehmen, sind die akustischen Sprachsignale in beiden Fällen unterschiedlich. Der Kontext, in dem ein bestimmter Laut auftritt, kann das akustische Signal verändern, das mit diesem Laut verbunden ist (McRoberts, 2020).

Dieser Kontexteffekt hängt damit zusammen, wie Sprache erzeugt wird. Aufgrund der ständigen Bewegung der Artikulatoren beim Sprechen wird die Form des Vokaltrakts für ein bestimmtes Phonem durch die Form für die vorausgehenden und nachfolgenden Phoneme beeinflusst. Diese Überlappung zwischen den Artikulationen benachbarter Phoneme bezeichnet man als **Koartikulation**. Sie können sich diesen Effekt vor Augen führen, indem Sie darauf achten, wie Sie Phoneme in unterschiedlichen Kontexten erzeugen. Sprechen Sie beispielsweise die Wörter „Bad" und „Boot" aus. Sie werden feststellen, dass Ihre Lippen bei „Bad" nicht gerundet sind, während sie bei „Boot" selbst bei dem Anlaut /b/ gerundet sind. Obwohl das /b/ in beiden Wörtern gleich ist, artikulieren Sie es unterschiedlich. In diesem Beispiel überschneidet sich die Artikulation des /o/ in „Boot" mit der Artikulation des /b/, wodurch die Lippen schon gerundet sind, bevor der Laut /o/ erzeugt wird.

Das Phänomen, dass Phoneme immer gleich wahrgenommen werden, obwohl die Koartikulation das akustische Sprachsignal verändert, ist ein Beispiel für *Wahrnehmungskonstanz*. Das wird Ihnen vertraut vorkommen, denn wir haben Konstanz bereits beim Sehen ausführlich behandelt – beispielsweise Farbkonstanz (die chromatische Farbe eines Objekts wird als konstant wahrgenommen, selbst wenn sich die Wellenlängenverteilung der Beleuchtung ändert; ▶ Abschn. 9.7.1) und Größenkonstanz (die Größe eines Objekts wird als gleichbleibend wahrgenommen, selbst wenn sich die Größe seines Bilds auf der Netzhaut ändert; ▶ Abschn. 10.7.2). Die Wahrnehmungskonstanz in der Sprachwahrnehmung ist hierzu analog: Ein bestimmtes Phonem wird als konstant

wahrgenommen, auch wenn es in verschiedenen Kontexten auftritt, die sein akustisches Sprachsignal verändern.

14.2.2 Variabilität der Aussprache

Menschen sprechen dieselben Wörter sehr unterschiedlich aus. Es gibt Unterschiede in der Art und Weise, wie *verschiedene* Menschen Wörter aussprechen. Manche haben eine hohe Stimme, manche eine tiefe; manche Menschen sprechen mit verschiedenen Akzenten; manche sehr schnell, andere wieder seeeehr laaangsaaam. Diese große Variationsbreite beim Sprechen bedeutet, dass ein bestimmtes Phonem oder Wort bei verschiedenen Sprechern aus sehr unterschiedlichen akustischen Signalen bestehen kann. Eine Analyse der tatsächlichen Sprechweise in Bezug auf das Englische enthüllte, dass es 50 verschiedene Arten gibt, den englischen Artikel „the" zu bilden (Waldrop, 1988).

Es gibt auch Unterschiede, wie ein *einzelner* Mensch Wörter ausspricht. Wenn Sie sich z. B. mit einer Freundin unterhalten, kann es sein, dass Sie in der Frage „Hast du heute Zeit?" statt „hast du" eher „hasdu" gesagt haben, wobei Sie das /t/ von „hast" vielleicht weggelassen haben. Oder aus einem „Ich gehe heute ins Kino" kann „Ich geheute ins Kino" werden, wobei das gehauchte /h/ nur einmal gesprochen wird. Und schließlich folgt das Beispiel „Wir haben keine Butter mehr": Haben Sie „haben" oder „ham" gesagt?

In den Spektrogrammen in ▶ Abb. 14.6 zeigt sich, dass Menschen beim alltäglichen Sprechen gewöhnlich nicht jedes Wort einzeln aussprechen. ▶ Abb. 14.6a zeigt das Spektrogramm für die Frage „What are you doing?" („Was machst du da?"), wenn sie langsam und deutlich ausgesprochen wird, während ▶ Abb. 14.6b das Spektrogramm für dieselbe Frage zeigt, jedoch mit alltäglicher Aussprache. In diesem Fall wird daraus „Whad aya do in?" Dieser Unterschied schlägt sich auch im Spektrogramm deutlich nieder: Das erste und das letzte Wort („what" und „doing") erzeugen zwar in beiden Spektrogrammen ähnliche Muster, doch im 2. Spektrogramm (▶ Abb. 14.6b) fehlen die Pausen zwischen den Wörtern oder sie sind sehr viel schwerer zu erkennen und der Mittelteil sieht völlig anders aus – hier fehlen mehrere Sprachlaute völlig.

Die Variabilität der akustischen Sprachsignale, die durch Koartikulation, durch verschiedene Sprecher und durch die unterschiedliche Aussprache eines Sprechers hervorgerufen wird, stellt den Zuhörer vor ein Problem, da es nicht für jedes Phonem ein „Standardsignal" gibt. Im nächsten Abschnitt werden wir einen frühen Versuch zur Lösung dieses Problems betrachten.

14

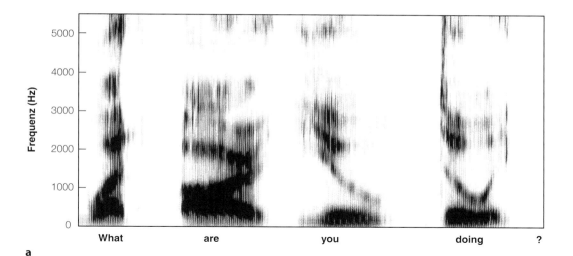

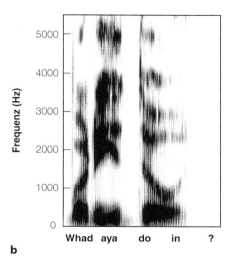

Abb. 14.6 **a** Spektrogramm des englischen Satzes „What are you doing?" bei langsamer und deutlicher Aussprache. **b** Spektrogramm desselben Satzes bei alltäglicher Aussprache. (© David Pisoni)

14.3 Ein geschichtlicher Rückblick: Die Motor-Theorie der Sprachwahrnehmung

In den 1960er-Jahren arbeiteten Forscher am Haskins Laboratory in New York an der Entwicklung einer Lesemaschine für Blinde. Diese Maschine sollte die akustischen Signale erfassen, die mit den Buchstaben in jedem Wort verbunden sind, und diese Signale in Töne umwandeln, um daraus Wörter zu erzeugen (Whalen, 2019). Im Rahmen des Projekts entwickelten die Haskins-Forscher ein Gerät, den sogenannten **Spektrografen**, mit dem Aufzeichnungen wie die Spektrogramme in den ◘ Abb. 14.3 und 14.4 erstellt werden konnten. Die Haskins-Forscher hofften, mithilfe des Spektrografen das akustische Signal zu identifizieren, das zu jedem Phonem gehört.

Zu ihrer großen Überraschung stellte sich jedoch heraus, dass sich kein einheitliches Muster herausbilden ließ, da ein und dasselbe Phonem in verschiedenen Kontexten unterschiedliche akustische Muster aufweisen kann. Das klassische Beispiel hierfür ist die Koartikulation, die in ◘ Abb. 14.5 dargestellt ist, bei der der Laut /d/ in /di/ und /du/ sehr unterschiedliche akustische Signale aufweist, obwohl das /d/ in beiden Fällen gleich klingt. Die /di/- und /du/-Spektrogramme sind ein Beispiel für das Variabilitätsproblem – ein und dasselbe Phonem kann in verschiedenen Kontexten unterschiedliche akustische Muster haben.

Nachdem sie herausgefunden hatten, dass es keine Eins-zu-eins-Entsprechung zwischen akustischen Signalen und Phonemen gibt, entschieden sich die Wissenschaftler von Haskins, ihre Forschung zu vertiefen, und widmeten sich den Grundlagen der Sprachwahrnehmung und den Fragen, welche Eigenschaft der Sprache weniger variabel ist und näher an eine exakte Entsprechung der Phoneme herankommt.

Die Antwort auf diese Fragen wurde in den Arbeiten von Alvin Liberman et al. mit den Titeln „A Motor Theory of Speech Perception" (1963) und „Perception of the Speech Code" (1967) beschrieben. Sie schlugen in der *Motor-Theorie der Sprachwahrnehmung* vor, dass motorische Signale eine Eins-zu-Eins-Beziehung zu Phonemen haben und dadurch das Variabilitätsproblem vermieden wird.

14.3.1 Die These von einem Zusammenhang zwischen Sprachproduktion und Sprachwahrnehmung

Nach der **Motor-Theorie der Sprachwahrnehmung** löst das Hören eines Klangs beim Hörer motorische Prozesse aus, die mit der Produktion des Klangs verbunden sind. Dieser Zusammenhang zwischen Sprach*produktion* und der Sprach*wahrnehmung* erschien den Wissenschaftlern von Haskins sinnvoll, da Hörer auch Sprecher sind. Daher war es naheliegend anzunehmen, dass Sprachproduktion und Sprachwahrnehmung miteinander verbunden sind.

In den Augen anderer Wissenschaftler war es bei dieser Theorie allerdings unklar, welche motorischen Mechanismen durch ein Phonem in Gang gesetzt werden oder wo sie stattfinden sollten. Später wurde die motorische Theorie dahingehend korrigiert, dass diese motorischen Mechanismen im Gehirn stattfinden (Liberman & Mattingly, 1989). Aber wo genau laufen diese Mechanismen ab und wie funktionieren sie? Diese Fragen konnten nicht beantwortet werden.

Die Motor-Theorie wurde kontrovers diskutiert und führte in den folgenden Dekaden zu umfangreichen Forschungen, wobei einige Ergebnisse die Theorie stützten, aber viele andere sie infrage stellten. Mit dieser Theorie lässt sich beispielsweise nur schwer erklären, wie Menschen mit einer Hirnschädigung, die ihre Sprechmotorik lähmt, trotzdem noch Sprache verstehen können (Lotto et al., 2009; Stasenko et al., 2013), oder wie Kleinkinder Sprache verstehen können, bevor sie sprechen können (Eimas et al., 1987). Wegen solcher Hinweise und der Tatsache, dass die eigentliche Quelle der motorischen Informationen nie eindeutig bestimmt werden konnte, lehnen viele Sprachpsychologen heute überwiegend die Vorstellung ab, dass unser Sprachverstehen auf der Aktivierung motorischer Mechanismen beruht (Lane, 1965; Whalen, 2019).

14.3.2 Die These „Sprache ist besonders"

Neben der Verbindung zwischen Sprachproduktion und -wahrnehmung wurde im Kontext der Motor-Theorie auch vorgeschlagen, dass die Sprachwahrnehmung auf einem besonderen Mechanismus beruht, der sich von anderen Hörmechanismen unterscheidet. Diese Schlussfolgerung basierte auf Experimenten, mit deren Hilfe ein Phänomen untersucht wurde, das als **kategoriale Wahrnehmung** bezeichnet wird. Sie tritt auf, wenn ein kontinuierliches Spektrum an Reizen zur Wahrnehmung zu einer begrenzten Anzahl von Wahrnehmungskategorien führt.

Die Wissenschaftler bei Haskins wiesen die kategoriale Wahrnehmung anhand einer physikalischen Variablen nach, die als **Stimmeinsatzzeit** (voice onset time, kurz VOT) bezeichnet wird. Dies ist die Zeitverzögerung zwischen dem Einsetzen eines Lauts bis zum Beginn der Schwingung der Stimmbänder. In ❏ Abb. 14.7 sind die Spektrogramme für die Silben /da/ und /ta/ dargestellt, an denen die Verzögerung deutlich wird. Wir sehen, dass die Zeit zwischen dem Einsetzen des Lauts und dem Beginn der Schwingung der Stimmbänder (erkennbar an den vertikalen Bändern im Spektrogramm) bei /da/ 17 ms, bei /ta/ hingegen 91 ms beträgt. Somit hat /da/ eine kurze Stimmeinsatzzeit und /ta/ eine lange.

Die Wissenschaftler erzeugten in Experimenten zunächst Schallreize mit einer kurzen Stimmeinsatzzeit, die in kleinen Schritten immer weiter verlängert wurde. Die Probanden sollten bei der Darbietung von Reizen wie denen in ❏ Abb. 14.7 benennen, welche Silbe sie hörten. Sie gaben dabei immer entweder /da/ oder /ta/ an, obwohl eine große Anzahl von Reizen mit unterschiedlichen Stimmeinsatzzeiten dargeboten wurde.

Das Ergebnis ist in ❏ Abb. 14.8a dargestellt (Eimas & Corbit, 1973). Bei kurzen Stimmeinsatzzeiten geben die

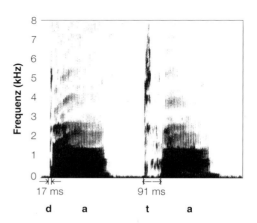

❏ **Abb. 14.7** Spektrogramme für die Silben /da/ und /ta/. Die Stimmeinsatzzeit nach einem Konsonanten – die Zeit zwischen dem Anfang des Lauts und dem Beginn der Stimmbandschwingungen – ist am Anfang jedes Spektrogramms angegeben. (© Ron Cole)

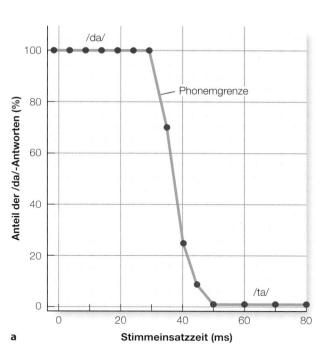

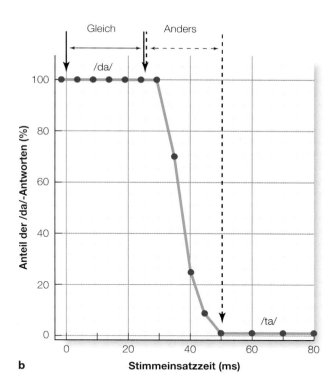

a   **Stimmeinsatzzeit (ms)**

b   **Stimmeinsatzzeit (ms)**

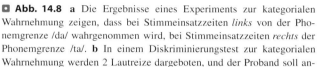

Abb. 14.8 a Die Ergebnisse eines Experiments zur kategorialen Wahrnehmung zeigen, dass bei Stimmeinsatzzeiten *links* von der Phonemgrenze /da/ wahrgenommen wird, bei Stimmeinsatzzeiten *rechts* der Phonemgrenze /ta/. **b** In einem Diskriminierungstest zur kategorialen Wahrnehmung werden 2 Lautreize dargeboten, und der Proband soll angeben, ob sie gleich oder verschieden sind. In der Regel werden 2 Reize mit Stimmeinsatzzeiten auf derselben Seite der Phonemgrenze als gleich wahrgenommen (*durchgezogene Pfeile*), 2 Reize auf verschiedenen Seiten der Phonemgrenze als verschieden (*gestrichelte Pfeile*). (a: Aus Eimas & Corbit, 1973. Reprinted with permission from Elsevier.)

Probanden an, /da/ gehört zu haben. Erreicht die Stimmeinsatzzeit jedoch einen Wert von etwa 35 ms, ändert sich die Wahrnehmung abrupt und bei mehr als 40 ms hören die Probanden /ta/. Die **Phonemgrenze** ist die Stimmeinsatzzeit, an der die Wahrnehmung von einer Kategorie zur anderen wechselt.

Das entscheidende Ergebnis der Experimente zur kategorialen Wahrnehmung liegt darin, dass trotz der kontinuierlichen Veränderung der Stimmeinsatzzeit über einen weiten Bereich hinweg nur 2 Kategorien wahrgenommen werden, nämlich /da/ auf der einen Seite der Phonemgrenze und /ta/ auf der anderen. Zudem wurde bei diesen Experimenten festgestellt, dass bei der Darbietung von 2 Reizen, die sich auf derselben Seite der Phonemgrenze befinden und sich in der Stimmeinsatzzeit um 25 ms unterscheiden, z. B. Reize mit einer Stimmeinsatzzeit von 0 bzw. 25 ms, die beiden Reize für die Versuchsperson normalerweise gleich klingen (Abb. 14.8b). Wenn wir jedoch 2 Stimuli darbieten, die auf verschiedenen Seiten der Phonemgrenze liegen, beispielsweise bei 25 und 50 ms, nimmt die Versuchsperson sie als unterschiedlich wahr. Die Einordnung aller Reize auf derselben Seite der Phonemgrenze in dieselbe Kategorie ist ein Beispiel für Wahrnehmungskonstanz.

Vielleicht erinnern Sie sich an die Wahrnehmungskonstanz aus der Darstellung der Farb- und Helligkeitskonstanz in ▶ Kap. 9. Bei der Farbkonstanz nehmen wir die Farbe von Objekten als gleich wahr, auch wenn sich die Beleuchtung ändert. Bei der Helligkeitskonstanz werden weiße, graue und schwarze Farbtöne bei unterschiedlichen Beleuchtungen als gleich wahrgenommen (ein weißer Hund sieht sowohl bei gedämpfter Innenbeleuchtung als auch bei intensivem Sonnenlicht im Freien weiß aus). Bei der Wahrnehmungskonstanz von Sprachlauten identifizieren wir Laute als dasselbe Phonem, auch wenn sich die Stimmeinsatzzeit über einen großen Bereich hinweg ändert.

Liberman et al. (1967) schlugen vor, dass die kategoriale Wahrnehmung ein Beweis für einen speziellen Mechanismus zur Sprachentschlüsselung ist, der sich von dem Mechanismus unterscheidet, der beim Hören von nichtsprachlichen Lauten zum Einsatz kommt. Andere Wissenschaftler verwarfen diese Idee jedoch, als die kategoriale Wahrnehmung für nichtsprachliche Laute (Cutting & Rosner, 1974) bei noch nicht sprechenden Kleinkindern (Eimas et al., 1971), bei Chinchillas (Kuhl & Miller, 1978) und bei Wellensittichen (Dooling et al., 1989) nachgewiesen wurde.

Warum war die Motor-Theorie der Sprachwahrnehmung wichtig? Ein Grund besteht in dem Versuch, das Hauptproblem beim Verständnis der Sprachwahrnehmung – die variable Beziehung zwischen dem akustischen Signal und den Phonemen – zu lösen. Die Motor-Theorie löste zwar nicht das Problem der Variabilität, aber sie regte weitergehende Forschung zu diesem Problem an und beförderte die Forschung über den Zusammenhang zwischen Sprachproduktion und -wahrnehmung. Auch wenn die Belege dagegen sprechen, dass die motorische Aktivierung für das Sprachverstehen *notwendig* ist, weist einiges auf einen *Zusammenhang* zwischen motorischen Mechanismen und Sprachverstehen hin, was wir im nächsten Abschnitt betrachten werden.

Wie steht es schließlich um die kategoriale Wahrnehmung? Auch wenn sie die Idee eines speziellen Sprachmechanismus nicht bestätigt, ist sie dennoch interessant und wichtig, denn sie hilft zu erklären, wie wir Sprachlaute wahrnehmen können, die schnell hintereinander auftreten und dabei Geschwindigkeiten von bis zu 15–30 Phonemen pro Sekunde erreichen können (Liberman et al., 1967). Die kategoriale Wahrnehmung trägt zur Vereinfachung bei, indem durch sie viele Stimmeinsatzzeiten in 2 Kategorien eingeteilt werden. Das System muss also nicht die genaue Stimmeinsatzzeit eines bestimmten Lauts registrieren, sondern den Laut nur in eine der beiden Kategorien einordnen, die viele Einsatzzeiten enthält.

Diese Geschichte der frühen Sprachwahrnehmungsforschung und -theorien ist wichtig, weil sie den Beginn der modernen Sprachwahrnehmungsforschung einläutete und eine Vielzahl von Forschungen anregte, mit deren Hilfe eine sehr breite Palette der Informationsquellen ermittelt wurde, die Hörer bei der Wahrnehmung von Sprache berücksichtigen. Wir werden diese Informationen im nächsten Abschnitt beschreiben.

Übungsfragen 14.1

1. Beschreiben Sie den akustischen Sprachreiz. Stellen Sie sicher, dass Sie verstanden haben, wie das akustische Sprachsignal als Schallspektrogramm dargestellt werden kann.
2. Was sind Phoneme? Warum ist es nicht möglich, die Sprache als eine Kette von Phonemen zu beschreiben?
3. Was sind die beiden Hauptursachen der Variabilität, die die Beziehung zwischen dem akustischen Sprachsignal und dem gehörten Laut bestimmen? Vergewissern Sie sich, dass Sie die Koartikulation verstanden haben.
4. Beschreiben Sie die Motor-Theorie der Sprachwahrnehmung. Welcher Zusammenhang wurde zwischen Sprachproduktion und Sprachwahrnehmung vorgeschlagen?
5. Was ist kategoriale Wahrnehmung? Vergewissern Sie sich, dass Sie verstanden haben, wie kategoriale Wahrnehmung durch eine Messung belegt werden kann und warum die Befürworter der Motor-Theorie sie für wichtig hielten.
6. Wie wird die Motor-Theorie heute gesehen?

14.4 Informationen für die Sprachwahrnehmung

Wir haben gesehen, dass die Variabilität des Sprachsignals es schwierig macht, genau zu bestimmen, welche Informationen ein Hörer verwendet, um Sprache wahrzunehmen. Diese Situation ähnelt der, die wir bei der Wahrnehmung von visuellen Objekten gesehen haben. Erinnern Sie sich, dass das Problem beim Sehen darin bestand, dass das Bild eines Objekts auf der Netzhaut mehrdeutig ist (▶ Abschn. 5.1.1). Die von Hermann von Helmholtz vorgeschlagene Lösung besteht in einem Prozess, der als Theorie der unbewussten Schlüsse bezeichnet wird, und bei dem wir auf der Grundlage aller verfügbaren Informationen darauf schließen, welches Objekt am wahrscheinlichsten ein bestimmtes Bild auf der Netzhaut erzeugt hat (▶ Abschn. 5.4.3).

Viele Sprachpsychologen haben einen ähnlichen Ansatz für Sprache gewählt, indem sie vorschlagen, dass Hörer mehrere Informationsquellen zur Wahrnehmung eines mehrdeutigen Sprachreizes nutzen (Devlin & Aydelott, 2009; Skipper et al., 2017). Eine der Informationsquellen sind motorische Prozesse.

14.4.1 Motorische Mechanismen

Obwohl die motorische Aktivierung nicht das Herzstück der Sprachwahrnehmung ist, wie es die Motor-Theorie vorschlägt, weist einiges auf einen Zusammenhang zwischen motorischen Mechanismen und Sprachverstehen hin.

Alessandro D'Ausilio et al. (2009) verwendeten die Technik der transkraniellen Magnetstimulation (TMS; Methode 8.1), um zu zeigen, dass eine Stimulation motorischer Bereiche, die mit der Erzeugung bestimmter Laute verbunden ist, die Wahrnehmung dieser Laute verbessern kann. ◘ Abb. 14.9 zeigt die Stimulationsorte auf dem motorischen Kortex. Eine Stimulation des Lippenareals führte zu einer schnelleren Knopfdruckantwort bei den Labiallauten (/b/ und /p/); wurde das Zungenareal stimuliert, beschleunigte das die Antwort auf Dentallaute (/t/ und /d/). Aufgrund dieser Ergebnisse vermutet D'Ausilio, dass eine Aktivität im motorischen Kortex die Sprachwahrnehmung beeinflussen kann.

Der Zusammenhang zwischen der Sprachproduktion und der Sprachwahrnehmung wurde auch mithilfe von funktioneller Magnetresonanztomografie (fMRT) untersucht. Lauren Silbert et al. (2014) haben die fMRT-Reaktion auf 2 Geschichten mit einer Länge von 15 min unter den folgenden beiden Bedingungen gemessen: zum einen wenn die Person im Scanner die Geschichte *erzählte* (Produktionsbedingung), zum anderen wenn die Person im Scanner der Geschichte *zuhörte* (Verstehensbedingung). ◘ Abb. 14.10 zeigt verschiedene Hirnareale, die nach den Ergebnissen von Silbert et al. (2014) entweder auf die

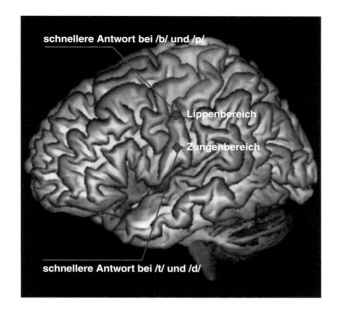

Abb. 14.9 Die Stimulationsorte in den motorischen Arealen für Lippen und Zunge im Experiment mit transkranieller magnetischer Stimulation (TMS). Unmittelbar nach der Stimulation des Lippenareals wurde auf die Labiallaute /b/ und /p/ schneller mit Knopfdruck geantwortet; wurde das Zungenareal stimuliert, beschleunigte das die Antwort bei den Dentallauten /t/ und /d/. (Aus D'Ausilio et al., 2009. Reprinted with permission from Elsevier.)

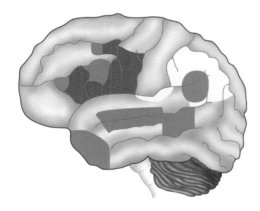

Abb. 14.10 Linke Hemisphäre des Kortex mit Arealen, die bei der Sprachproduktion aktiv waren (*rot*), solche, die auf Sprachverstehen ansprachen (*gelb*), sowie Areale, die sowohl bei der Sprachproduktion als auch beim Sprachverstehen reagierten (*blau*). (Aus Silbert et al., 2014, mit freundlicher Genehmigung)

Sprachproduktion (rot) oder das Sprachverstehen (gelb) ansprachen. Sie fanden aber auch Regionen, die sowohl bei der Sprachproduktion als auch beim Sprachverstehen reagierten (blau).

Nur weil dieselben Hirnregionen sowohl bei der Spracherzeugung als auch beim Sprachverstehen reagieren, bedeutet dies nicht unbedingt, dass sie auch dieselben Verarbeitungsmechanismen nutzen. Es ist möglich, dass in diesen Regionen für diese beiden verschiedenen Aufga-

ben unterschiedliche Verarbeitungsprozesse ablaufen. Aber die Annahme, dass bei der Sprachproduktion und beim Sprachverstehen die gleichen Verarbeitungsmechanismen genutzt werden, wird durch die Ergebnisse von Silbert et al. dahingehend gestützt, dass die Reaktion des Gehirns auf Sprachproduktion und Verstehen miteinander „gekoppelt" war. Das heißt, der zeitliche Ablauf der neuronalen Reaktionen auf diese beiden Prozesse war ähnlich.

Ein weiteres Argument für einen Zusammenhang zwischen Sprachproduktion und -wahrnehmung basiert auf der Vernetzung verschiedener Schaltkreise im Gehirn. Mark Schomers und Friedemann Pulvermüller (2016) verwenden die Diagramme in ◘ Abb. 14.11, um 2 Thesen zu der Frage, wie das Gehirn an der Sprachwahrnehmung beteiligt ist, zu vergleichen. Das Diagramm auf der linken Seite zeigt zunächst die Sprachproduktions- und die Sprachwahrnehmungsnetzwerke als voneinander getrennt. Im rechten Diagramm sind die beiden Netzwerke miteinander verbunden und stehen auch in Verbindung mit dem dorsalen Handlungsnetzwerk und dem ventralen Netzwerk für die visuelle Wahrnehmung (► Abschn. 4.4.1). Anschließend präsentieren sie Beweise für das rechte Netzwerkmodell.

Die Idee, dass motorische Mechanismen Informationen liefern, die zum Verstehen von Sprache verwendet werden, ist weiterhin Gegenstand der Forschung, wobei einige Sprachpsychologen den motorischen Prozessen lediglich eine untergeordnete Rolle bei der Sprachwahrnehmung zuweisen (Hickock, 2009; Stokes et al., 2019), während ihnen andere durchaus eine größere Bedeutung beimessen (Schomers & Pulvermüller, 2016; Skipper et al., 2017; Wilson, 2009). Als Nächstes werden wir zeigen, wie das Gesicht und die Bewegungen der Lippen Informationen für die Sprachwahrnehmung liefern.

14.4.2 Gesicht und Lippenbewegungen

Eine weitere wichtige Eigenschaft der Sprachwahrnehmung besteht darin, dass sie **multimodal** ist. Das bedeutet, dass unsere Sprachwahrnehmung durch Information aus anderen Sinnen wie Sehen oder Fühlen beeinflusst werden kann. ◘ Abb. 14.12 verdeutlicht, wie Sprachwahrnehmung durch visuelle Information beeinflusst wird. Die Frau, die auf dem Monitor zu sehen ist, sagt die Silben /ba-ba/, aber die Lippenbewegungen der Frau entsprechen dem Laut /fa-fa/. Der Hörer hört daher den Klang als /fa-fa/ und gleicht den gehörten Klang den Lippenbewegungen an, die er sieht, auch wenn das akustische Signal den Silben /ba-ba/ entspricht (man beachte, dass die Wahrnehmung des Hörers bei geschlossenen Augen nicht mehr von dem beeinflusst wird, was er sieht, sodass er dann /ba-ba/ hört).

Diese Verschiebung der Lautwahrnehmung wird nach den Erstbeschreibern dieses Effekts, Harry McGurk und John MacDonald, als **McGurk-Effekt** (McGurk & MacDonald, 1976) bezeichnet. Er zeigt, dass auditive Information zwar bei der Sprachwahrnehmung überwiegt, visuelle In-

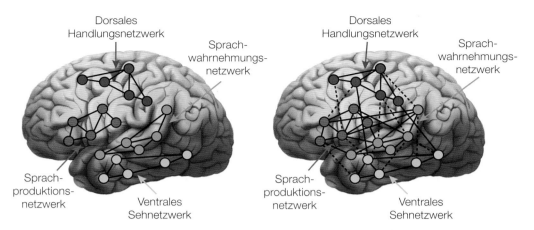

Dorsales
Handlungsnetzwerk

Sprach-
wahrnehmungs-
netzwerk

Dorsales
Handlungsnetzwerk

Sprach-
wahrnehmungs-
netzwerk

Sprach-
produktions-
netzwerk

Ventrales
Sehnetzwerk

Sprach-
produktions-
netzwerk

Ventrales
Sehnetzwerk

◘ Abb. 14.11 Zwei Möglichkeiten, die Beziehung zwischen Sprach-produktion und Sprachwahrnehmung zu betrachten. Das Diagramm auf der *linken* Seite zeigt die Sprachproduktions- und die Sprachwahrneh-mungsnetzwerke als voneinander getrennt. Im *rechten* Diagramm sind die beiden Netzwerke miteinander verbunden und stehen auch in Verbindung mit dem dorsalen Handlungsnetzwerk und dem ventralen Sehnetzwerk (▶ Abschn. 4.4.1). Schomers und Pulvermüller (2016) präsentieren Bele-ge für das Netzwerkdiagramm auf der *rechten* Seite, in dem die Netzwerke zusammenhängend dargestellt sind

Wahrnehmung   fa-fa   ba-ba   Schallreiz

Lippenbewegungen: fa-fa

◘ Abb. 14.12 Der McGurk-Effekt. Die Lippen der Frau bewegen sich, als ob sie /fa-fa/ sagen würde, doch tatsächlich wurde akustisch /ba-ba/ dargeboten. Der Zuhörer gibt an, er habe /fa-fa/ gehört. Wenn er die Augen schließt und die Lippen der Frau nicht mehr sieht, hört er /ba-ba/

formation auf das Gehörte aber ebenfalls einen starken Ein-fluss ausüben kann (▶ Abschn. 12.5). Dieser Einfluss des Sehens auf die Sprachwahrnehmung wird als **audiovisuel-le Sprachwahrnehmung** bezeichnet. Ein weiteres Beispiel audiovisueller Sprachwahrnehmung neben dem McGurk-Effekt ist die Tatsache, dass Menschen wie selbstverständ-lich Informationen aus den Lippenbewegungen eines Spre-chers benutzen, um Sprache in einer lauten Umgebung zu verstehen (vergleiche auch Sumby & Pollack, 1954).

Die Verbindung zwischen Sehen und Sprechen hat nachweislich eine physiologische Grundlage. Gemma Cal-vert et al. (1997) zeichneten mittels fMRT die Hirnaktivität auf, während die Beobachter ein Video ohne Ton sahen,

bei dem eine Person Zahlen sagte und dabei die Lip-pen bewegte. Die Beobachter wiederholten die Zahlen stumm, während sie zusahen, sodass diese Aufgabe dem Lippenlesen ähnlich war. In einer Kontrollbedingung sa-hen die Beobachter ein statisches Gesicht, während sie stumm Zahlen wiederholten. Ein Vergleich der Gehirnak-tivität zwischen diesen beiden Bedingungen zeigte, dass die Beobachtung der Lippenbewegung einen Bereich im auditorischen Kortex aktivierte, von dem Calvert in einem anderen Experiment gezeigt hatte, dass er aktiviert wird, wenn Menschen Sprache wahrnehmen. Calvert vermutet, dass die Aktivierung identischer Bereiche beim Lippenle-sen und bei der Sprachwahrnehmung ein Beweis für einen neuronalen Mechanismus im Zusammenhang mit dem Mc-Gurk-Effekt ist.

Die Verbindung zwischen Sprach- und Gesichtswahr-nehmung haben Katharina von Kriegstein et al. (2005) in einem anderen Experiment gezeigt. Dabei wurde mit fMRT die Gehirnaktivierung von Probanden gemessen, die im Zu-sammenhang mit verschiedenen Aufgaben Sätze hörten, die von vertrauten Sprechern (Kollegen aus dem Labor) bzw. fremden Sprechern (unbekannten Personen, die die Probanden nie zuvor gehört hatten) zu hören waren.

Bloßes Zuhören bei gesprochener Sprache aktiviert die obere Furche im Temporallappen, den Sulcus temporalis superior (STS; ◘ Abb. 5.42), einen Bereich, der mit der Sprachwahrnehmung assoziiert ist, wie frühere Untersu-chungen gezeigt haben (Belin et al., 2000). Wenn die Hörer eine Aufgabe ausführen sollten, die Aufmerksamkeit für die vertrauten Stimmen beanspruchte, wurde auch das fusi-forme Gesichtsareal aktiviert. Dagegen führte das Beachten unvertrauter Stimmen nicht zur Aktivierung des fusiformen Gesichtsareals. Offenbar führt das Hören einer vertrauten Stimme, die Menschen mit einer bestimmten Person asso-ziieren, nicht nur zur Aktivierung von Gehirnbereichen, die bei der Sprachwahrnehmung beteiligt sind, sondern auch zur Aktivierung von Gesichtsarealen.

Die Verbindung zwischen der Sprachwahrnehmung und der Wahrnehmung von Gesichtern, die in Verhaltensexperimenten und physiologischen Experimenten nachgewiesen wurde, hilft uns beim Umgang mit der Variabilität der Phoneme (für weitere Untersuchungen zum Zusammenhang zwischen dem Beobachten einer sprechenden Person und der Sprachwahrnehmung siehe auch Hall et al., 2005; van Wassenhove et al., 2005).

14.4.3 Wissen über Sprache

Wie umfangreiche Forschung gezeigt hat, können Phoneme in einem bedeutungshaltigen Kontext leichter wahrgenommen werden. Philip Rubin et al. (1976) beispielsweise boten den Probanden Serien kurzer englischer Wörter dar, wie „sin" („Sünde"), „bat" („Fledermaus") und „leg" („Bein"), oder Serien von Nichtwörtern, wie „jum", „baf" und „teg"; die Probanden sollten so schnell wie möglich einen Knopf drücken, wenn sie ein Wort hörten, das mit /b/ begann. Im Durchschnitt benötigten sie 631 ms für die Reaktion auf die Nichtwörter und 580 ms für die Reaktion auf die alltäglichen Wörter. Ein Phonem am Beginn eines umgangssprachlichen Worts wurde somit um etwa 8 % schneller identifiziert als eines am Beginn einer bedeutungslosen Silbe.

Die Auswirkung der Bedeutung auf die Wahrnehmung von Phonemen wurde auf andere Weise von Richard Warren (1970) demonstriert, der seinen Probanden eine Tonbandaufzeichnung des Satzes „The state governors met with their respective legislatures convening in the capital city" („Die Gouverneure trafen mit ihren jeweiligen Legislativkörperschaften zusammen, die sich in der Hauptstadt versammelten") vorspielte. Warren ersetze das erste /s/ in „legislatures" durch ein Hustgeräusch und forderte seine Probanden auf, die Position des Hustens im Satz zu benennen. Keiner der Probanden war hierzu in der Lage; noch interessanter ist jedoch, dass kein Proband bemerkt hatte, dass das /s/ in „legislatures" fehlte. Dieser von Warren als **Phonemergänzung** bezeichnete Effekt trat sogar bei Studierenden und Lehrkräften an seinem psychologischen Institut auf, die wussten, dass das /s/ fehlte.

Warren demonstrierte nicht nur die Phonemergänzung, sondern zeigte auch, dass sie durch die Bedeutung von Wörtern beeinflusst werden kann, die auf das fehlende Phonem folgen. Beispielsweise konnte das letzte Wort des Satzes „There was time to *ave …" (wobei das * für ein Hustgeräusch oder etwas Ähnliches steht) „shave", „save", „wave" oder „rave" sein. Die Probanden hörten jedoch „wave" (der Satz lautete dann „Nun kam der Augenblick zu winken …"), wenn der Rest des Satzes davon handelte, sich von einem Freund zu verabschieden.

Arthur Samuel (1990) zeigte auch, dass bei längeren Wörtern eine Top-down-Verarbeitung auftritt, indem

er nachwies, dass mit zunehmender Wortlänge die Wahrscheinlichkeit der Phonemergänzung steigt. Offenbar nutzten die Probanden die reichhaltigere Kontextinformation des längeren Worts, um das Phonem trotz der maskierten Laute zu identifizieren. Ein weiterer Beleg für den Einfluss des Kontexts ist Samuels Befund, dass Phonemergänzung eher bei alltäglichen Wörtern wie „prOgress" („Fortschritt") erfolgt (wobei der Großbuchstabe das maskierte Phonem anzeigt) als bei Nichtwörtern wie „crOgress" (Samuel, 1990, siehe auch Samuel, 1997, 2001 für weitere Belege einer Top-down-Verarbeitung bei der Phonemergänzung).

14.4.4 Zur Bedeutung von Wörtern in Sätzen

Es heißt, „alle Sprache beginnt mit dem Sprechen" (Chandler, 1950), aber wir können auch sagen, dass unsere Wahrnehmung von Wörtern durch unsere Sprachkenntnis unterstützt wird. Dies kann anhand der folgenden Demonstration verdeutlicht werden, die zeigt, dass Wörter auch dann korrekt gelesen werden können, wenn sie nur unvollständig dargeboten werden.

Obwohl bis zu 50 % der Buchstaben entfernt wurden, können Sie die Sätze in Demonstration 14.1 lesen, da Ihnen Ihre Kenntnis der Wortbedeutungen, sowie grammatikalische Kenntnisse, wie Wörter zu Sätzen aneinandergereiht werden, zu Hilfe kommen (Denes & Pinson, 1993).

Eine ähnliche Auswirkung von Bedeutung tritt bei gesprochenen Wörtern auf. George Miller und Steven Isard (1963) haben in einem klassischen Experiment gezeigt, wie die Bedeutung von Wörtern die Wahrnehmung von gesprochenen Worten erleichtert, indem sie nachwiesen, dass Wörter im Kontext eines grammatikalisch korrekten Satzes leichter erkannt werden konnten, als wenn sie in einer Liste unzusammenhängender Wörter gehört wurden. Sie verwendeten 3 Arten von Stimuli:

1. Normale grammatikalisch korrekte Sätze (z. B. „Gadgets simplify work around the house")
2. Anormale Sätze, die zwar grammatikalisch korrekt, aber sinnlos sind (z. B. „Gadgets kill passengers from the eyes").
3. Ungrammatische Wortfolgen (z. B. „Between gadgets highway passengers the steal")

Demonstration 14.1

Wahrnehmen von verstümmelten Sätzen

Lesen Sie die folgenden Sätze:
1. H*UT* SC*E*N* D*E S*NN*.
2. DI* S*RA*S* I*T L*E*.
3. D*S J*H* H*T Z*Ö*F MO*A*E.

Miller und Isard verwendeten eine Technik namens **Beschattung (Shadowing)**, bei der die Probanden diese Sätze über Kopfhörer dargeboten bekamen und laut nachsprechen sollten, was sie hörten. Die Probanden konnten dabei normale Sätze mit einer Genauigkeit von 89 % korrekt wiedergeben, anormale Sätze jedoch nur mit einer Genauigkeit von 79 % und ungrammatische Wortfolgen nur mit einer Genauigkeit von 56 %. Die 3 Arten von Reizen führten zu noch unterschiedlicheren Ergebnissen, wenn sie in Gegenwart von Nebengeräuschen dargeboten wurden. Bei moderat lauten Nebengeräuschen sank die Genauigkeit bereits auf 63 % für die normalen Sätze, auf 22 % für die anormalen Sätze und auf nur 3 % für die ungrammatischen Wortfolgen.

Diese Ergebnisse zeigen uns, dass wir in einem bedeutungshaltigen Muster angeordnete Wörter leichter wahrnehmen können. Den meisten Leuten ist jedoch nicht bewusst, dass ihre Sprachkenntnisse ihnen bei der Ergänzung von schwer zu hörenden Lauten und Wörtern helfen. Unser Wissen über zulässige Wortstrukturen sagt uns beispielsweise, dass ANT, TAN und NAT allesamt zulässige Buchstabenfolgen sind, TQN oder NQT jedoch nicht.

Auf der Satzebene sagt uns unser Wissen über grammatikalische Regeln, dass „Es ist keine Zeit für Fragen" ein zulässiger Satz ist, „Zu fragen keine Zeit dafür ist" hingegen nicht (es sei denn, Sie sind Yoda – der Satz stammt aus „Star Wars: Episode III"). Da wir es meistens mit bedeutungshaltigen Wörtern und grammatikalisch korrekten Sätzen zu tun haben, verwenden wir ständig unser Wissen über erlaubte Strukturen in unserer Sprache, um das Gehörte zu verstehen. Dies ist unter schlechten akustischen Bedingungen besonders wichtig, wie etwa in lauten Umgebungen oder wenn der Sprecher besonders undeutlich oder mit starkem Akzent spricht (siehe auch Salasoo & Pisoni, 1985).

Die Auswirkung von Bedeutung auf die Wahrnehmung zeigt sich auch darin, dass wir in der Regel wenig Probleme haben, einzelne Wörter wahrzunehmen, wenn wir uns mit einer anderen Person unterhalten, obwohl das akustische Signal von gesprochenen Sätzen kontinuierlich ist und entweder gar keine physikalischen Unterbrechungen aufweist oder nicht dort unterbrochen ist, wo wir Übergänge zwischen Wörtern wahrnehmen (◘ Abb. 14.13). Man be-

Die Organisation von Phonemfolgen

Lesen Sie die folgenden englischen Wörter laut vor, schnell und ohne auf die Unterbrechungen zu achten: „Anna Mary Candy Lights". Was denken Sie, was sie bedeuten?

zeichnet diese Trennung der Sprache in einzelne Segmente als **Sprachsegmentierung**.

Die Tatsache, dass zwischen Wörtern im akustischen Signal häufig keine Unterbrechungen auftreten, wird deutlich beim Hören einer Fremdsprache, die wir nicht beherrschen. Die Wörter dieser Sprache verschwinden in einem ununterbrochenen Sprachfluss. Für jemanden, der die Sprache beherrscht, erscheinen die Wörter natürlich getrennt, genau wie bei der Muttersprache. Irgendwie lösen wir offenbar das Problem der Sprachsegmentierung und zerlegen das kontinuierlich verlaufende akustische Signal in eine Folge aus einzelnen Wörtern.

Unsere Fähigkeit, bei einem Gespräch trotz der fehlenden Unterbrechungen des akustischen Signals einzelne Wörter wahrnehmen zu können, bedeutet, dass unsere Wortwahrnehmung nicht allein auf der Stimulation der Rezeptoren durch die Schallenergie beruht. Ein Hinweis darauf, wo ein Wort endet und ein anderes beginnt, ergibt sich aus unserer Kenntnis von Wörtern und ihrer Bedeutung. Der Zusammenhang zwischen Sprachsegmentierung und Bedeutung wird in Demonstration 14.2 deutlich.

Wenn es Ihnen gelungen ist, die Formulierung „An American Delights" aus diesen unzusammenhängenden Wörtern herauszulesen, haben Sie das durch Veränderung der Wahrnehmungsorganisation beim Schallsignal erreicht, wobei die Veränderung aufgrund Ihres Wissens über die Bedeutungen der Phonemgruppen erreicht wurde.

Ein weiteres Beispiel dafür, wie Bedeutung sowie Vorwissen und Erfahrung die Organisation von Sprachsignalen in Wörter bewirken, liefern die folgenden Sätze:

- Jamie's mother said: „Be a big girl and eat your vegetables."
- The thing Big Earl loved most in the world was his car.

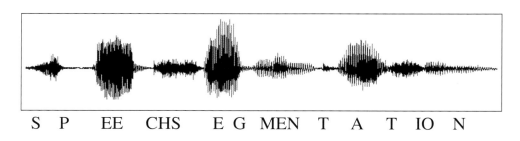

◘ **Abb. 14.13** Schallspektrogramm für die englischen Wörter „speech segmentation" („Sprachsegmentierung"). Beachten Sie, dass es schwierig ist, anhand des akustischen Signals zu bestimmen, wo ein Wort endet und ein neues beginnt. (© Lisa Sanders)

„Big girl" und „Big Earl" werden identisch ausgesprochen. Welche Interpretation Sie auswählen, hängt also von dem Kontext ab, in dem diese Worte auftauchen (geringfügige Unterschiede in der Betonung können hier ebenfalls eine Rolle spielen). Ein ähnliches Beispiel ist der bekannte Chris-Barber-Titel „I scream, you scream, we all scream for ice cream". Die akustischen Sprachsignale von „I scream" und „ice cream" sind identisch, demzufolge muss die unterschiedliche Einheitenbildung durch die Bedeutung der umgebenden Sätze hervorgerufen werden.

Obwohl die Sprachsegmentierung durch das Wissen über die Wortbedeutungen und die Kenntnis des Kontexts erleichtert wird, verwenden Hörer auch andere Information. So lernen wir beispielsweise, dass manche Laute mit größerer Wahrscheinlichkeit innerhalb eines Worts aufeinanderfolgen und andere Laute eher durch den Raum zwischen 2 Wörtern getrennt sind.

14.4.5 Das Lernen von Wörtern in einer Sprache

Betrachten Sie als Beispiel die englische Wortkombination „pretty baby". Im Englischen ist die Wahrscheinlichkeit hoch, dass „pre" und „ty" in einem Wort („*pre-tty*") auftauchen und zwischen „ty" und „ba" eine Wortgrenze liegt, weshalb diese Laute in separierten Worten organisiert werden („pret *ty ba* by"). Im Artikulationsfluss der Phrase „prettybaby" wird mit höchster Wahrscheinlichkeit die Wortgrenze zwischen „pretty" und „baby" gezogen.

Psychologen beschreiben die Lautfolgen einer Sprache anhand der **Übergangswahrscheinlichkeiten**, mit denen ein Laut in den nachfolgenden übergeht. In jeder Sprache gibt es solche Wahrscheinlichkeiten für die jeweiligen Laute, und beim Erlernen einer Sprache lernen wir nicht nur, wie wir Wörter und Sätze verwenden und verstehen können, sondern auch die Übergangswahrscheinlichkeiten für die jeweilige Sprache. Das Erlernen der Übergangswahrscheinlichkeiten gehört wie das Lernen einiger weiterer Sprachmerkmale zum **statistischen Lernen**. Wie wir aus der Säuglingsforschung wissen, sind bereits 8 Monate alte Säuglinge in der Lage, statistisch zu lernen.

Jennifer Saffran et al. (1996) haben ein frühes Experiment zum statistischen Lernen bei Säuglingen durchgeführt. ◻ Abb. 14.14a zeigt den Aufbau dieses Experiments. In der Lernphase hörten die Kinder sinnlose Wörter wie „bidaku", „padoti", „golabu" und „tupiro". Diese Wörter wurden dann in zufälliger Reihenfolge zu einem kontinuierlichen Sprachreiz von 2 min Dauer kombiniert. Beispielsweise konnte der Sprachreiz wie folgt beginnen: „bidaku*padoti*golabu*tupiro*padoti*bidaku* . . ." – wobei jedes 2. Wort der Folge hier kursiv hervorgehoben ist, um das Wiedererkennen zu erleichtern. Die Kinder hörten die Wörter jedoch alle mit gleicher Betonung ohne Unterbrechungen, sodass jeder Hinweis auf die Wortgrenzen fehlte.

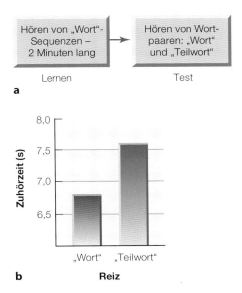

◻ **Abb. 14.14   a** Das Experiment von Saffran et al. (1996), bei dem Säuglinge in ununterbrochener Folge sinnlos aneinandergereihte Silben hörten und anschließend darauf getestet wurden, welche Silben sie als zusammengehörig wahrgenommen hatten. **b** Die Ergebnisse zeigten, dass die Säuglinge den Teilwortreizen länger zuhörten

Da die Wörter in zufälliger Reihenfolge ohne Pausen präsentiert wurden, hörte sich der 2 min lange Sprachreiz wie ein Wirrwarr aus Lauten an. Allerdings enthielten die Wortfolgen Informationen zu den Übergangswahrscheinlichkeiten, die möglicherweise von den Kindern genutzt werden konnten, um zu bestimmen, welche Lautgruppen ein Wort waren. Die Übergangswahrscheinlichkeiten zwischen 2 Silben innerhalb eines Worts betrugen immer 1. Beispielsweise folgte auf die Silbe „bi" immer „da" in Verbindung mit dem Wort „bidaku", und entsprechend folgte jedem präsentierten Sprachsignal „da" immer ein „ku". Anders ausgedrückt, traten die 3 Schallsegmente immer zusammen und in der gleichen Reihenfolge auf, entsprechend den Silben im Wort „bidaku". Allerdings betrugen die Übergangswahrscheinlichkeiten zwischen der Endsilbe eines Worts und der Anfangssilbe des nachfolgenden Wortes nur 1/3. Entsprechend bestand eine Chance von rund 33 %, dass beispielsweise auf die Endsilbe „ku" des Worts „bidaku" die Anfangssilbe „pa" aus „padoti" folgte und ebenso jeweils eine Chance von 33 % für „tu" aus „tupiro" bzw. für „go" aus „golabu".

Sofern die Säuglinge in Saffrans Experiment für die Übergangswahrscheinlichkeiten sensitiv waren, sollten Stimuli wie „bidaku" oder „padoti" von ihnen als Wörter wahrgenommen werden, weil die 3 Silben durch Übergangswahrscheinlichkeiten von 100 % verbunden waren. Dagegen sollten Reizen wie „tibida" (aus der Endsilbe „ti" von „padoti" und den beiden Anfangssilben von „bidaku") nicht als Wörter wahrgenommen werden, weil die Übergangswahrscheinlichkeiten viel kleiner waren.

Um zu bestimmen, ob die Säuglinge tatsächlich Reize wie „bidaku" und „padoti" als Wörter wahrnahmen, wurden ihnen beim Test Paare von Dreisilbenreizen dargeboten: Der 1. Reiz war ein bereits in der Lernphase präsentiertes Fantasiewort wie „bidaku" oder „padoti" – das war der Ganzwortreiz; der 2. Reiz war aus dem Anfang eines „Worts" und dem Ende eines anderen „Worts" zusammengesetzt wie „tibida" – das war der Teilwortreiz.

Entsprechend der Vorhersage sollten die Säuglinge bei einem Präferenztest länger auf die Teilwortreize hören als auf die Wortreize, denn Säuglinge verlieren, wie die Forschung gezeigt hat, im Allgemeinen schnell das Interesse an sich wiederholenden Reizen, mit denen sie vertraut sind, und richten ihre Aufmerksamkeit eher auf neue Reize, die sie noch nicht erlebt haben (▶ Abschn. 9.9). Wenn also die Säuglinge die Wortreize als Wörter identifizieren konnten, die ihnen in der 2 min langen Lernphase immer wieder präsentiert worden waren, dann sollten sie weniger Aufmerksamkeit auf diese vertrauten Ganzwortreize verwenden als auf die eher neuen Teilwortreize.

Saffran maß, wie lange die Säuglinge jedem Reiz zuhörten, indem sie ein Blinklicht neben den Lautsprecher stellte, aus dem der Schallreiz kam. Sobald das Licht die Aufmerksamkeit – und die Blicke – des Säuglings auf sich zog, begann der Schallreiz und blieb erhalten, bis das Kind wegsah. Die Kinder steuerten also mit ihren Blicken, wie lange sie jeden Schall hörten.

Wie ◪ Abb. 14.14b zeigt, hörten sich die Säuglinge die Teilwortreize länger an – wie vorhergesagt. Dieses Ergebnis ist eindrucksvoll, weil die Säuglinge die Wörter nie zuvor gehört hatten, weil es keine Pausen im Schallsignal gab und weil sie die Reize nur 2 min lang gehört hatten. Aus Befunden wie diesen können wir schließen, dass sich die Fähigkeit, Übergangswahrscheinlichkeiten zur Segmentierung des Sprachsignals in Wörter heranzuziehen, bereits in frühem Alter entwickelt.

Übungsfragen 14.2

1. Wie wurde die Sprachforschung von Helmholtz' Theorie der unbewussten Schlüsse beeinflusst?
2. Wie wurden die transkranielle Magnetstimulation (das Experiment von D'Ausilio et al.) und die fMRT (das Experiment von Silbert et al.) verwendet, um einen Zusammenhang zwischen Sprachproduktion und Sprachwahrnehmung nachzuweisen?
3. Welche Ergebnisse ergaben die Messungen von Netzwerken im Gehirn über den möglichen Zusammenhang zwischen Sprachproduktion und Sprachwahrnehmung?
4. Was ist der McGurk-Effekt? Was verdeutlicht er im Hinblick auf Sprachwahrnehmung und den Einfluss der visuellen Wahrnehmung auf diese? Welche

physiologischen Befunde zeigen den Zusammenhang zwischen visueller Verarbeitung und Sprachwahrnehmung?

5. Beschreiben Sie die Belege für den Einfluss des Kontexts auf die Phonemwahrnehmung. Beschreiben Sie die Phonemergänzung und die Belege für die Bottom-up- und Top-down-Prozesse, die zu diesem Effekt führen.
6. Was beweist, dass die Wortbedeutung die Sprachwahrnehmung beeinflussen kann?
7. Welche Mechanismen helfen uns, Pausen zwischen Wörtern wahrzunehmen?
8. Beschreiben Sie das Experiment von Saffran und das Grundprinzip des statistischen Lernens.

14.5 Sprachwahrnehmung unter erschwerten Bedingungen

Inzwischen haben Sie sicher festgestellt, dass der Ausgangspunkt für die Sprachwahrnehmung das eingehende akustische Signal ist. Aber der Hörer setzt bei der Sprachwahrnehmung auch eine Top-down-Verarbeitung ein, die sein Wissen über die Bedeutung und die Eigenschaften der Sprache einbezieht. Diese zusätzlichen Informationen helfen ihm, mit der Variabilität der von verschiedenen Sprechern produzierten Sprache umzugehen. Aber in unserer alltäglichen Umgebung sind wir mit mehr Herausforderungen als nur mit verschiedenen Sprechweisen konfrontiert. Wir müssen auch mit Hintergrundgeräuschen, schlechter Raumakustik und mit Smartphones mit schlechten Empfangsbedingungen umgehen, die alle verhindern, dass ein klares akustisches Signal unsere Ohren erreicht.

Wie gut können wir Sprache unter erschwerten Bedingungen verstehen? Forschungsarbeiten zur Beantwortung dieser Frage haben gezeigt, dass sich Hörer an ungünstige Bedingungen anpassen können, indem sie das schlechtere akustische Signal mithilfe der Top-down-Verarbeitung „entschlüsseln". Matthew Davis et al. (2005) testeten die Teilnehmer auf ihre Fähigkeit, Sprache wahrzunehmen, die mithilfe eines **Vocoders** (Zusammenfügung aus den englischen Wörtern voice und encoder) mit einem Rauschen verzerrt wurde. Dabei wird das Sprachsignal in verschiedene Frequenzbänder aufgeteilt und dann jedem Band ein Rauschen hinzugefügt. Durch diesen Prozess wird das Spektrogramm des ursprünglichen Sprachstimulus auf der linken Seite in ◪ Abb. 14.15 in das verrauschte Spektrogramm auf der rechten Seite umgewandelt. Der Verlust von Frequenzdetails verwandelt die klare Sprache in ein schwer verständliches, verrauschtes Flüstern.

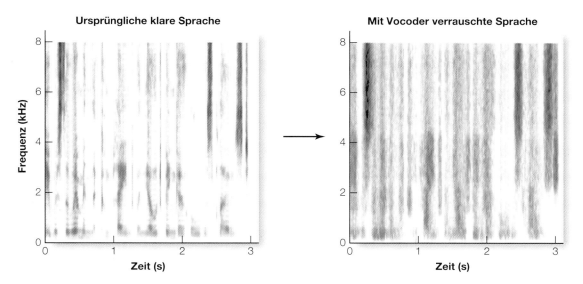

Ursprüngliche klare Sprache

Mit Vocoder verrauschte Sprache

○ **Abb. 14.15** Wie das Sprachsignal für das Experiment von Davis et al. (2005) mit einem Vocoder verändert wurde. Das Spektrogramm des ursprünglichen Sprachstimulus ist *links* und die verrauschte Version *rechts* zu sehen (Details siehe Text)

Die Teilnehmer an Davis Experiment hörten sich einen Satz an, der mithilfe eines Vocoders verrauscht wurde, und schrieben dann so viel von diesem Satz auf, wie sie konnten. Dies wurde für insgesamt 30 Sätze wiederholt. ○ Abb. 14.16 zeigt den durchschnittlichen Anteil der Wörter, die von 6 Teilnehmern für jeden der 30 Sätze richtig wiedergegeben wurden. Beachten Sie, dass die Leistung bei den ersten 3 Sätzen nahe null lag und dann zunahm, bis die Teilnehmer beim 30. Satz die Hälfte oder mehr der Wörter nennen können (die Schwankungen sind darauf zurückzuführen, dass einige der mit dem Vocoder veränderten Sätze schwieriger zu verstehen sind als andere). Der in ○ Abb. 14.16 gezeigte Leistungsanstieg ist wichtig, weil die Teilnehmer einfach nur einen Satz nach dem anderen gehört haben.

In einem anderen Experiment hörten Davis Teilnehmer zunächst einen verrauschten Satz und schrieben auf, was sie hörten. Dann hörten sie eine klare, unverzerrte Version des Satzes, dem wieder eine Präsentation des verrauschten Satzes folgte (Hören des verrauschten Satzes → Hören des klaren Satzes → nochmaliges Hören des verrauschten Satzes). Die Teilnehmer berichteten, dass sie bei der 2. Präsentation des verrauschten Satzes einige Wörter hörten, die sie beim 1. Mal nicht gehört hatten. Davis nennt diese Fähigkeit, zuvor unverständliche Wörter zu hören, den Pop-out-Effekt.

Der Pop-out-Effekt zeigt, dass Informationen auf höherer Ebene, z. B. das Vorwissen der Hörer, die Sprachwahrnehmung verbessern können. Dieses Ergebnis wird noch interessanter, wenn man bedenkt, dass die Teilnehmer nach dem Pop-out-Effekt auch andere verrauschte Sätze, die sie zum ersten Mal hörten, besser verstehen konnten. Noch bemerkenswerter ist es, dass der Pop-out-Effekt und die

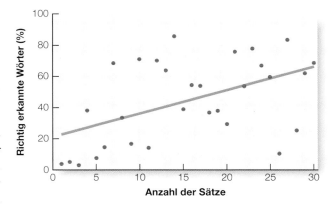

○ **Abb. 14.16** Wahrnehmung der richtig erkannten Wörter, die mithilfe eines Vocoders verrauscht worden waren, für eine Reihe von 30 verschiedenen Sätzen. Jeder Datenpunkt ist die durchschnittliche Leistung der 6 Probanden im Experiment von Davis et al. (2005. Copyright © 2005, American Psychological Association)

spätere Leistungsverbesserung auch bei einer Gruppe von Teilnehmern auftraten, die den Satz nach dem Hören der verrauschten Version lasen (Hören des verrauschten Satzes → Lesen des geschriebenen Satzes → erneutes Hören des verrauschten Satzes). Das bedeutet, dass nicht das Hören des unverzerrten Klangs wichtig war, sondern das Wissen um den Inhalt des Gehörten (die Sprachlaute und Wörter). Dieses Experiment ist somit ein weiterer Beweis dafür, dass Hörer zusätzlich zum akustischen Signal weitere Informationen nutzen können, um Sprache zu verstehen.

Welche Informationen können den Hörern noch helfen, schwer verständliche Sätze zu verstehen? Eine weitere Informationsquelle ist das zeitliche Muster – die zeitliche

Abfolge oder der Rhythmus der Sprache. Robert Shannon et al. (1995) haben anhand von Sprache, die mit einem Vocoder verändert wurde, die Bedeutung von langsamen zeitlichen Schwankungen nachgewiesen. Sie zeigten, dass Hörer auch dann noch in der Lage waren, Sprache zu verstehen, wenn der größte Teil der Tonhöheninformation aus einem Sprachsignal entfernt wurde, indem sie sich auf Hinweise der zeitlichen Abfolge wie den Rhythmus des Satzes konzentrierten.

Sie können ein Gefühl für die Informationen bekommen, die durch zeitliche Hinweisreize vermittelt werden, wenn Sie sich vorstellen, wie Sprache klingt, wenn Sie ein Gespräch durch eine geschlossene Tür mithören und die Stimmen von der anderen Seite gedämpft hören. Obwohl das Gespräch dann nur schwer zu verstehen ist, gibt es Informationen im Rhythmus des Sprechens, die zum Verständnis des Gesprochenen führen können. Viele dieser Informationen stammen aus Ihrem Wissen über Sprache, das Sie durch jahrelange Erfahrung erworben haben.

Ein Beispiel für das Lernen aus Erfahrung ist das Lernen von statistischen Regelmäßigkeiten, das wir im Zusammenhang mit Saffrans Experimenten mit Säuglingen weiter oben beschrieben haben. Wir haben die Idee des Lernens aus Erfahrung auch in ▶ Abschn. 5.4.2 erörtert, als wir beschrieben haben, wie die visuelle Wahrnehmung durch unser Wissen über Regelmäßigkeiten in der Umwelt unterstützt wird. Erinnern Sie sich an das Experiment zur „multiplen Persönlichkeit eines Flecks", bei dem die Wahrnehmung einer klecksähnlichen Form von der Art der Szene abhing, in der sie erschien (siehe auch ◘ Abb. 5.37; eine ähnliche Erörterung zur Musikwahrnehmung finden Sie in ▶ Abschn. 13.6.2). Demonstrationen wie diese verdeutlichen, wie das Wissen darüber, was normalerweise in der visuellen Umgebung passiert, das beeinflusst, was wir sehen. In ähnlicher Weise kann unser Wissen darüber, wie bestimmte Sprachlaute normalerweise aufeinander folgen, uns helfen, Wörter in Sätzen wahrzunehmen, selbst wenn die einzelnen Laute verzerrt oder unvollständig sind.

Wenn Sie schon einmal jemandem mit einem fremden Akzent zugehört haben, war es anfangs vielleicht schwierig, ihn zu verstehen, aber nach einiger Zeit wurde es einfacher, und vielleicht haben Sie dabei die Erfahrung gemacht, dass man auch bei ungewohnten Klangfolgen noch verstehen kann, was gesagt wird. Wahrscheinlich haben Sie dabei eher auf die Gesamtbedeutung des Gesagten geachtet und weniger auf den Klang der einzelnen Wörter. Und wenn Sie dann die Gesamtbedeutung erfasst haben, ist es Ihnen auch leichter gefallen, die Bedeutung der einzelnen Wörter zu verstehen, was es wiederum leichter gemacht hat, die Gesamtbedeutung zu verstehen. Die Umwandlung von „Klang" in „sinnvolle Sprache" beinhaltet eine Kombination aus Bottom-up-Verarbeitung, basierend auf dem eingehenden akustischen Signal, und einer Top-down-Verarbeitung, die auf dem Wissen über Bedeutungen und die Natur der Sprachlaute beruht.

14.6 Sprachwahrnehmung und das Gehirn

Die Untersuchung der physiologischen Grundlage der Sprachwahrnehmung geht mindestens bis ins 19. Jahrhundert zurück, aber erst in jüngerer Zeit gelangen entscheidende Fortschritte beim Verständnis der physiologischen Grundlagen der Sprachwahrnehmung und beim Worterkennen bei gesprochener Sprache. Wir beginnen mit den klassischen Untersuchungen von Paul Broca (1824–1880) und Carl Wernicke (1848–1905), die zeigten, dass Schädigungen bestimmter Hirnareale zu bestimmten Sprachproblemen führten, die als **Aphasien** bezeichnet werden (◘ Abb. 14.17). Als Broca Patienten testete, die einen Schlaganfall erlitten hatten, bei dem ein bestimmter Bereich des Frontallappens, das Broca-Areal, geschädigt worden ist, stellte er fest, dass sie angestrengt und schleppend sprachen und nur kurze Sätze bilden konnten (vergleiche ▶ Abschn. 2.3 und 13.7). Hier folgt ein Beispiel für die Rede eines heutigen Patienten, der versucht zu beschreiben, wann er seinen Schlaganfall hatte, der sich ereignete, als er in einem Whirlpool war.

» Alright.... Uh... stroke and un.... I... huh tawanna guy.... H... h... hot tub and.... And the.... Two days when uh.... Hos... uh.... Huh hospital and uh... amet... am... ambulance. (Dick et al. 2001, S. 760)

» Also .... äh... Schlag und ... na .... war...ich... äh war.... H... h... heißes Bad und... und die.... zwei Tage als ... mmh.... Kr... äh.... krank Krankenhaus und äh... krank... kranken... Krankenwagen. (Übersetzung des Herausgebers)

Diese Probleme – langsames, mühsames, Sprechen mit eingeschränkter Grammatik aufgrund einer Schädigung des Broca-Areals – werden als **Broca-Aphasie** diagnostiziert. Spätere Forschungen haben gezeigt, dass Patienten mit

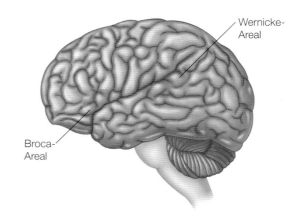

◘ **Abb. 14.17** Den als Broca-Areal und Wernicke-Areal bezeichneten Bereichen wurden zu Beginn der Sprachforschung spezielle Funktionen für die Sprachproduktion und das Sprachverstehen zugeordnet

Broca-Aphasie nicht nur Schwierigkeiten haben, vollständige Sätze zu bilden, sondern auch bestimmte Arten von Sätzen zu verstehen. Nehmen wir z. B. die beiden folgenden Sätze:

- Der Apfel wurde von dem Mädchen gegessen.
- Der Junge wurde von dem Mädchen geschubst.

Patienten mit Broca-Aphasie haben keine Probleme, den 1. Satz zu verstehen, haben aber Schwierigkeiten mit dem 2. Satz. Bei dem 2. Satz können sie nicht unterscheiden, ob das Mädchen den Jungen geschubst hat oder umgekehrt. Während Sie vielleicht denken, dass es offensichtlich ist, dass das Mädchen den Jungen geschubst hat, haben Patienten mit Broca-Aphasie Schwierigkeiten bei der Verarbeitung von Verbindungswörtern wie „war" und „von", und das macht es schwierig zu bestimmen, wer wen geschubst hat (beachten Sie, was mit dem Satz passiert, wenn diese beiden Wörter weggelassen werden). Der 1. Satz kann dagegen nicht auf 2 Arten interpretiert werden. Es ist klar, dass das Mädchen den Apfel gegessen hat, denn es ist nicht möglich, dass der Apfel das Mädchen isst, außer in dem unwahrscheinlichen Szenario eines Science-Fiction-Films (Dick et al., 2001; Novick et al., 2005). Da Broca-Patienten sowohl bei der Produktion als auch beim Verstehen von Sprache Schwierigkeiten haben, sind sich Forscher heute darin einig, dass eine Schädigung des Broca-Areals im Frontallappen zu Problemen bei der Verarbeitung der Struktur von Sätzen führt.

Wernicke untersuchte Patienten, bei denen ein Bereich im Schläfenlappen, das **Wernicke-Areal**, geschädigt war. Sie sprechen zwar flüssig, jedoch sind ihre sprachlichen Äußerungen extrem unstrukturiert und haben keine Bedeutung. Hier ist ein neueres Beispiel für die Sprache eines Patienten mit **Wernicke-Aphasie**.

> » Ein Fußball ich auch, ja. Hab ja alles wehgetan und wehgetrieben. Und habe die gesagt, die haben mir gesagt immer: Sie, das muß man ja doch was machen können. Nicht? Der Arzt. Der Arzt hat da, ist wenige dazu für uns, für unsere Füße ihm so etwas gesetzen haben. Aber wir wurden weiter nichts. (Goldenberg 1998, S. 79)

Solche Patienten produzieren nicht nur bedeutungslose Sätze, sondern sind auch nicht in der Lage, Sprache und Schrift zu verstehen. Während Patienten mit Broca-Aphasie Schwierigkeiten haben, Sätze zu verstehen, bei denen die Bedeutung von der Wortfolge abhängt (z. B. „der Junge wurde von dem Mädchen geschubst"), haben Patienten mit Wernicke-Aphasie umfassendere Verständnisschwierigkeiten und wären auch nicht in der Lage, den Satz „der Apfel wurde von dem Mädchen gegessen" zu verstehen. Bei der extremsten Form der Wernicke-Aphasie leiden die Patienten an der sogenannten **Worttaubheit**, bei der sie keine Wörter erkennen können, selbst wenn ihre Fähigkeit zum Hören reiner Töne intakt bleibt (Kolb & Whishaw, 2003).

Die moderne Forschung zum Thema Sprache und Gehirn hat sich von der Fokussierung auf das Broca- und das Wernicke-Areal gelöst und bezieht weitere Hirnareale ein, die an Sprachwahrnehmung beteiligt und von denen einige auf bestimmte Sprachfunktionen spezialisiert sind. In ► Kap. 2 haben wir z. B. gesehen, dass Pascal Belin et al. (2000) mithilfe von fMRT-Bildgebung im Sulcus temporalis superior (STS) ein „Stimmareal" identifiziert hat, das durch menschliche Stimmen stärker aktiviert wird als durch alle anderen Schallreize. Catherine Perrodin et al. (2011) leiteten das Antwortverhalten von Neuronen im Temporallappen eines Affen ab und fanden sogenannte **Stimmneuronen**, die durch aufgenommene Affenrufe stärker aktiviert wurden als durch Rufe anderer Tiere oder nicht stimmartiger Hörreize.

Das „Stimmareal" und die „Stimmzellen" befinden sich im Temporallappen, der zum Was-Strom der in ► Kap. 12 beschriebenen auditorischen Verarbeitung gehört (■ Abb. 12.12) und für das Erkennen von Tönen zuständig ist – während der dorsale oder Wo-Strom für die räumliche Zuordnung der Töne wichtig ist. Auf dieses Modell eines dualen Verarbeitungsstroms des Hörens stützt sich das **Modell des dualen Stroms bei der Sprachverarbeitung**. Nach diesem Modell ist der ventrale Strom für die Spracherkennung verantwortlich, während der dorsale Strom für die Verbindung des akustischen Signals mit den Bewegungen und damit die Sprachproduktion wichtig ist (■ Abb. 14.18; Hickock & Poeppel, 2015; Rauschecker, 2011).

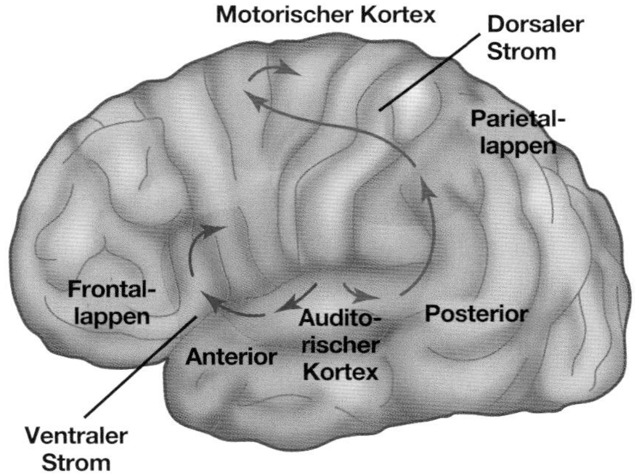

■ **Abb. 14.18** Das Modell des dualen Verarbeitungsstroms der Sprachwahrnehmung zeigt den ventralen Strom, der für das Spracherkennen zuständig ist, und den dorsalen Strom, der das akustische Signal mit Bewegungen verknüpft. Der ventrale Strom sendet Signale aus dem anterioren auditorischen Kortex an den frontalen Kortex. Der dorsale Strom sendet Signale aus dem posterioren auditorischen Kortex an den Parietallappen und an motorische Bereiche. (Adaptiert nach Rauschecker, 2011. Reprinted with permission from Elsevier.)

Neben der Betrachtung der möglichen Funktionen der ventralen und dorsalen Ströme wurde in anderen Forschungsarbeiten untersucht, wie Phoneme im Gehirn repräsentiert werden. Nima Mesgarani et al. (2014) nutzten hierzu das Standardverfahren der Gehirnchirurgie bei Epilepsie, bei dem mithilfe von im Gehirn angebrachten Elektroden die funktionelle Organisation des Gehirns einer Person bestimmt wird. ◘ Abb. 14.19a zeigt die Lage der Elektroden auf dem Temporallappen. Jeder Punkt ist eine Elektrode; die dunkler gefärbten Punkte zeigen die Stellen an, an denen die Neuronen am stärksten bei Sprache feuerten, als die Teilnehmer 500 Sätze hörten, die von 400 verschiedenen Personen gesprochen wurden.

Jede Spalte in ◘ Abb. 14.19b zeigt die Ergebnisse für eine einzelne Elektrode. Rot und dunkelrot markiert sind die neuronalen Antworten in den ersten 0,4 s nach dem Stimmeinsatz für jedes der Phoneme, die auf der linken Seite aufgelistet sind. Jede dieser Elektroden zeichnet Antworten für eine bestimmte Gruppe von Phonemen auf. Elektrode 1 reagiert z. B. auf Konsonanten wie /d/, /b/, /g/, /k/ und /t/, und Elektrode 3 reagiert auf Vokale wie /a/ und /ae/.

Während Mesgarani et al. (2014) Elektrodenreaktionen beobachteten, die einzelnen Phonemen entsprechen, fanden sie auch Reaktionen, die **phonetischen Merkmalen** entsprechen, wie die *Art der Artikulation*, die beschreibt, wie die Artikulatoren bei der Erzeugung eines Sprachlauts interagieren, und den *Ort der Artikulation*, der beschreibt, wo der Laut artikuliert wird. Bestimmte Elektroden waren dabei mit spezifischen phonetischen Merkmalen verbunden. Zum Beispiel reagierte eine Elektrode auf Laute, bei denen sich der Artikulationsort im hinteren Teil des Munds befand wie /g/, während eine andere Elektrode auf Laute reagierte, die mit Orten nahe der Vorderseite verbunden waren wie /b/.

Das neuronale Feuern kann also sowohl mit Phonemen verbunden sein, die für bestimmte Laute kennzeichnend sind, als auch mit bestimmten Merkmalen, die mit der Art und Weise zusammenhängen, wie diese Laute produziert werden. Wenn man die Aktivierung auf ein bestimmtes Phonem oder ein bestimmtes Merkmal über alle Elektroden hinweg betrachtet, so stellt man fest, dass jedes Phonem oder Merkmal einem Aktivierungsmuster über diese Elektroden hinweg entspricht. Der neuronale Code für Phoneme und phonetische Merkmale entspricht also der Populationscodierung, die in ► Kap. 2 beschrieben wurde (◘ Abb. 2.13).

Wichtig an Studien wie dieser ist, dass sie über die bloße Feststellung hinausgehen, wo Sprache im Kortex verarbeitet wird. Diese und viele andere Studien haben Informationen darüber geliefert, wie grundlegende Einheiten der Sprache wie Phoneme und die mit diesen Phonemen verbundenen phonetischen Merkmale durch neuronale Aktivierungsmuster dargestellt werden.

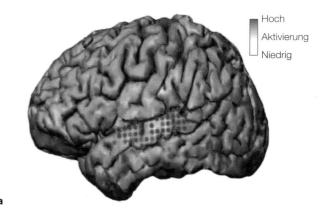

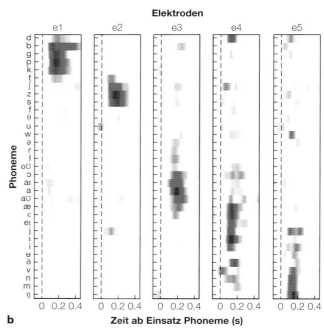

◘ **Abb. 14.19** **a** Die *roten Punkte* zeigen die Platzierung der Elektroden im Temporallappen für das Experiment von Mesgarani et al. (2014) an. *Dunklere Punkte* zeigen stärkere Antworten auf Sprachlaute. **b** Durchschnittliche neuronale Antworten auf die Phoneme auf der *linken* Seite, die Aktivität in *rot* für 5 Elektroden während der ersten 0,4 s nach der Präsentation der Phoneme

14.7 Weitergedacht: Cochlea-Implantate

Unsere Fähigkeit, Sprache zu hören, hängt natürlich sowohl von den Vorgängen im Gehirn ab, über die wir gerade gesprochen haben, als auch von den Haarzellen in der Cochlea, die, wie wir in ► Kap. 11 gesehen haben, die elektrischen Signale erzeugen, die an das Gehirn gesendet werden. Eine Schädigung der Haarzellen führt zu einem **sensomotorischen Hörverlust**, der die Fähigkeit, Sprache zu hören und wahrzunehmen, beeinträchtigt. Wenn das Gehör nicht vollständig verloren gegangen ist, kann es teilweise mithilfe von Hörgeräten wiederhergestellt werden, die die

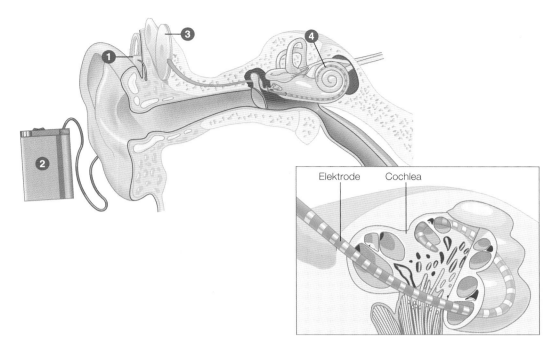

Abb. 14.20 Cochlea-Implantat (Erläuterung siehe Text)

verbleibende Schallwahrnehmung verstärken. Ist das Gehör jedoch stark beeinträchtigt oder besteht sogar ein vollständiger Hörverlust, können Hörgeräte nicht mehr helfen.

Bis 1957 wurde Menschen mit schwerer sensomotorischer Schwerhörigkeit gesagt, dass man nichts gegen ihren Zustand tun könne. Doch 1957 gelang es Andre Djourno und Charles Eyries durch Stimulation der Haarzellen in der Hörschnecke (Cochlea) eines Menschen mit einer im Innenohr platzierten Elektrode Lautempfindungen zu wecken. Dies war das erste **Cochlea-Implantat** (CI). Später wurden CIs mit mehreren Elektroden entwickelt, wobei die modernen CIs 12–22 Elektroden haben. Inzwischen gibt es mehr als eine halbe Million Menschen, die chirurgisch mit CIs versorgt wurden (Svirsky, 2017).

Das Funktionsprinzip von CIs ist in ◻ Abb. 14.20 dargestellt. Es besteht aus (1) einem Mikrofon, das die Schallreize aufnimmt, (2) einem Prozessor, der die Signale des Mikrofons empfängt und auf eine Anzahl von Frequenzbändern aufteilt, und (3) einem Sender, der die Signale des Prozessors (4) an das CI mit den 22 Elektroden entlang der Cochlea übermittelt. Diese Elektroden stimulieren die Cochlea an verschiedenen Orten, entsprechend den Frequenzanteilen im Schallreiz, die das Mikrofon aufgenommen hat. Diese Stimulation aktiviert Nervenfasern entlang der Cochlea, die über den Hörnerv Signale an das Gehirn übermitteln.

Die Platzierung der Elektroden basiert auf der von Békésy (▶ Abschn. 11.4) beschriebenen tonotopen Karte der Cochlea, wonach die Aktivierung der Haarzellen in der Nähe der Basis der Cochlea mit hohen Frequenzen und die

Aktivierung in der Nähe der Spitze mit niedrigen Frequenzen verbunden ist (◻ Abb. 11.24).

◻ Abb. 14.21a zeigt ein Sprachspektrogramm für das englische Wort „choice" („Wahl"). ◻ Abb. 14.21b zeigt das Muster der elektrischen Signale von den Elektroden des CI als Antwort auf dasselbe Wort. Beachten Sie, dass „Frequenz" auf der vertikalen Achse des Spektrogramms durch die „Elektrodennummer" auf der vertikalen Achse der CI-Stimulationsaufzeichnung ersetzt wird.

Zwei Dinge sind an der Aufzeichnung der CI-Stimulation bemerkenswert. Erstens gibt es eine Übereinstimmung zwischen dem Spektrogramm und der CI-Aufzeichnung. Der im Spektrogramm aufgezeichnete hochfrequente Stimulus zwischen 3500 und 5000 Hz, der dem Klang [Ch] entspricht, wird durch Reaktionen der Elektroden 13–22 signalisiert. Auch die Frequenzen unter 3000 Hz, die zwischen 0,55 und 0,8 s auf dem Spektrogramm auftreten, was dem Klang [oice] entspricht, werden durch Reaktionen in den Elektroden 1–11 signalisiert. Diese Übereinstimmung zwischen dem vom Spektrogramm angezeigten Signal und den vom CI aktivierten Haarzellen führt zur Wahrnehmung eines Klangs, der dem Wort „choice" entspricht.

Allerdings sind die Harmonischen zwischen 0,55 und 0,8 s im Spektrogramm im CI-Signal verwischt. Es besteht also eine Übereinstimmung zwischen dem vom Spektrogramm angezeigten Audiosignal und dem CI-Signal – allerdings ist sie nicht perfekt. Die Übereinstimmung ist auch deshalb unvollständig, weil die CI-Elektroden von den Haarzellen durch eine Knochenwand getrennt sind, die

◻ Abb. 14.21 **a** Spektrogramm, das die Antwort auf das gesprochene englische Wort „choice" (*CH O I CE*) darstellt. **b** Muster der elektrisch stimulierten Impulse, die an die Elektroden eines Cochlea-Implantats als Antwort auf dasselbe Wort gesendet werden. Beachten Sie, dass das Gesamtmuster der Aufzeichnung für *O I* in **b** mit dem Spektrogramm in **a** übereinstimmt, aber dass Details des Spektrogramms, z. B. die Harmonischen zwischen 0,55 und 0,80 s, fehlen. (Aus Svirsky, 2017, © AIP Publishing)

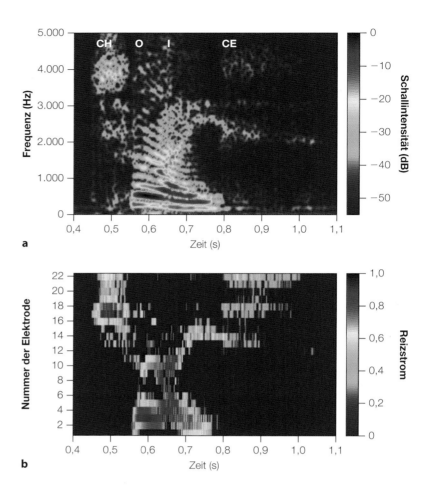

die Stimulation streut. Daher stimuliert eine bestimmte CI-Elektrode viele Neuronen, was zu einer Überlappung der Stimulation durch benachbarte Elektroden führen kann.

Aufgrund dieser Verzerrungen hören CI-Träger nicht dasselbe wie Menschen mit normalem Hörsinn. Menschen, die vor der Versorgung mit einem CI ein gewisses Hörvermögen hatten, beschreiben, dass sich das, was sie hören, beispielsweise wie ein verstimmtes Radio, Mickey Mouse oder (seltener) wie Darth Vader klingt. Glücklicherweise ist das Gehirn plastisch und kann sich an verzerrte Signale anpassen. Anfangs hört sich der Ehepartner vielleicht noch wie eine Comicfigur an, aber die Qualität und die Verständlichkeit der Stimme verbessert sich in der Regel innerhalb von wenigen Wochen oder Monaten (Svirsky, 2017).

In der klinischen Praxis gibt es große Unterschiede zwischen Menschen, die ein CI erhalten haben. Es gibt Patienten, die 100 % der Wörter in Sätzen wahrnehmen und sogar ein Telefon benutzen, während andere nichts wahrnehmen (Macherey & Carlyon, 2014). In einer Untersuchung wurden Menschen mit einem gewissen präoperativen Hörvermögen auf ihre Fähigkeit getestet, Wörter in Sätzen wahrzunehmen (Parkinson et al., 2002). Ihr präoperativer Wert lag bei 11 %, der postoperative bei 78 %. Allerdings erschweren Hintergrundgeräusche das Erkennen von Wör-

tern, und CI-Träger berichten oft, dass Musik verzerrt oder „unmusikalisch" klingt (Svirsky, 2017).

Eine äußerst wichtige Anwendung von CIs ist der Einsatz bei Kindern, insbesondere bei solchen, die taub geboren wurden. Mithilfe einer speziellen Technik zur Messung der Gehirnaktivität bei Säuglingen konnte Heather Bortfeld (2019) nachweisen, dass bei einem Säugling vor der Implantation eines CIs keine Reaktion im auditorischen Kortex messbar war, wohl aber nach der Implantation (◻ Abb. 14.22).

Ein Schlüssel zum Erfolg beim Einsatz von CI bei Kindern ist die frühzeitige Implantation. Eine Studie hat gezeigt, dass die Sprech- und die Sprachfähigkeiten von Kindern im Alter von 4,5 Jahren nahezu normal sein können, wenn das CI kurz vor dem 1. Geburtstag implantiert wird, und eine andere Studie ergab, dass 75 % der Grundschulkinder mit CIs eine Regelschule besuchen konnten (Geers & Nicholas, 2013; Sharma et al., 2020).

Aufgrund von Ergebnissen wie diesen sind CIs heute das klinische Standardverfahren bei taub geborenen Kindern (Macherey & Carlyon, 2014). Eine frühe Implantation ist möglich, weil die menschliche Cochlea bei der Geburt fast die Größe der Cochlea eines Erwachsenen hat, sodass die Kinder nicht aus der Anordnung der Elektroden

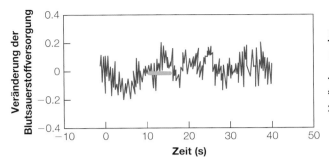

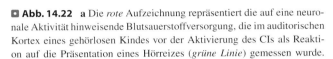

a Vor der Aktivierung des Cochlea-Implantats

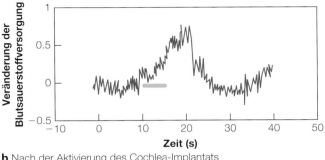

b Nach der Aktivierung des Cochlea-Implantats

☐ **Abb. 14.22** **a** Die *rote* Aufzeichnung repräsentiert die auf eine neuronale Aktivität hinweisende Blutsauerstoffversorgung, die im auditorischen Kortex eines gehörlosen Kindes vor der Aktivierung des CIs als Reaktion auf die Präsentation eines Hörreizes (*grüne Linie*) gemessen wurde. Beachten Sie, dass es keine Reaktion auf die Stimulation gibt. **b** Die Aufzeichnung als Reaktion auf den Hörreiz nach der Aktivierung des CIs. (Aus Bortfeld, 2019, mit freundlicher Genehmigung von John Wiley and Sons)

in ihrem Ohr „herauswachsen". Die Entwicklung von CIs ist ein Beispiel dafür, wie Grundlagenforschung zu sinnvoller praktischer Anwendung führen kann. Hier hat sie geholfen, die Funktionsweise eines sensorischen Systems zu verstehen, beispielsweise Békésys Erfassung der Frequenzen entlang der Cochlea. In diesem Fall verwandeln CIs eine Welt der Stille in eine Welt, in der Sprache gehört und verstanden und so zur Kommunikation mit anderen genutzt werden kann.

14.8 Der Entwicklungsaspekt: Kindzentrierte Sprache

In ▶ Abschn. 11.9 haben wir gesehen, dass Neugeborene hören können (wenn auch nicht so gut wie Erwachsene) und, da sie dies schon im Mutterleib können, die Stimme ihrer Mutter erkennen (DeCasper & Fifer, 1980). Das Wahrnehmen und Verstehen von Sprache geht jedoch über das bloße „Hören" hinaus, denn die Geräusche, die Neugeborene wahrnehmen, müssen in Wörter und dann in sinnvolle Sprache umgewandelt werden.

Wie also schafft ein Neugeborenes den Weg vom Hören von Lauten zum Verstehen einer Sprache? Säuglinge können schon im Alter von 1 bis 4 Monaten zwischen verschiedenen Konsonanten wie /ba/ und /ga/ oder /ma/ und /na/ (Eimas et al., 1971) und zwischen verschiedenen Vokalen wie /a/ und /i/ unterscheiden, z. B. in „hat" oder „mit" (Trehub, 1973).

Zur Sprachwahrnehmung gehört jedoch mehr als nur die Unterscheidung von Phonemen. Es geht auch darum, sowohl einzelne Wörter als auch Wörter, die in Sätzen aneinandergereiht sind, zu lernen und außerdem dazu in der Lage zu sein, die Gedanken zu verstehen, die durch Wortfolgen übermittelt werden.

Der Schlüssel zum Lernerfolg ist ein Lehrer. Häufig ist die Mutter die erste Lehrerin, in der Regel sind aber auch der Vater und andere Personen beteiligt. Dieser „Unterricht" findet statt, wenn das Kleinkind andere Menschen sprechen hört, aber vor allem, wenn Menschen direkt mit dem Kind sprechen, was uns zur Überschrift dieses Abschnitts führt, zur kindzentrierten Sprache.

Die **kindzentrierte Sprache** (infant-directed speech, IDS), die auch als „Elternsprache" oder „Babysprache" bezeichnet wird, weist besondere Merkmale auf, die die Aufmerksamkeit eines Säuglings erregen und es ihm erleichtern sollen, einzelne Wörter zu erkennen. Die kindzentrierte Sprache unterscheidet sich von der **Erwachsenensprache** (adult-directed speech, ADS) durch folgende Merkmale:

1. Höhere Tonlage
2. Größerer Tonumfang
3. Langsameres Sprechen
4. Stärkere Trennung von Wörtern oder einzeln gesprochene Wörter
5. Häufige Wiederholung von Wörtern

Außerdem unterstützt diese Art zu sprechen die Bindung zwischen Eltern und Kind.

Die Forschung hat gezeigt, dass die höhere Tonlage, der größere Tonumfang und die Bindung die Aufmerksamkeit der Säuglinge fesseln, sodass sie bis zum Alter von mindestens 14 Monaten kindzentrierte Sprache der Erwachsenensprache vorziehen (Fernald & Kuhl, 1987; McRoberts et al., 2009; Soderstrom, 2007). Die größere Bandbreite der Tonhöhen bei kindzentrierter Sprache wird in dem „Vokaldreieck" in ☐ Abb. 14.23 dargestellt. Wenn der 1. und der 2. Formant der Laute in kindzentrierter Sprache /i/ wie in „Sieb", /a/ wie in „Sahne", und /u/ wie in „suchen" abgetragen werden, bilden sie ein größeres Dreieck als die gleichen Laute in Erwachsenensprache; dieser größere Bereich macht es leichter, den Unterschied zwischen den Lauten zu erkennen (Golinkoff et al., 2015; Kuhl et al., 1997).

Die größeren Unterschiede zwischen Lauten und eine stärkere Trennung der Wörter helfen Säuglingen, Wörter

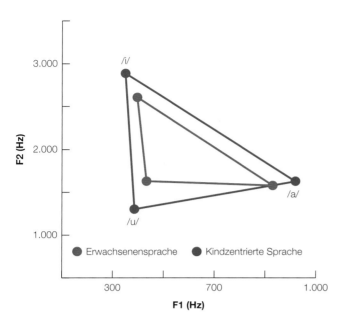

◻ Abb. 14.23 Ein „Vokaldreieck", in dem die Frequenzen des 1. Formanten (*F1*) und des 2. Formanten (*F2*) für 3 Vokallaute, /i/, /a/ und /u/, abgetragen sind. Der blaue Datensatz bezieht sich auf Erwachsenensprache. Die rote Aufzeichnung gilt für kindzentrierte Sprache. (Aus Golinkoff et al., 2015, mit freundlicher Genehmigung von Sage Publications)

zu unterscheiden. Ebenso hilft es, Schlüsselwörter an das Satzende zu stellen, was ein weiteres Merkmal von kindzentrierter Sprache ist, da diese Wörter auf diese Weise hervorgehoben werden. Wenn man z. B. sagt: „Siehst du das Hündchen?", wird „Hündchen" stärker hervorgehoben als in dem Satz „Das Hündchen frisst einen Knochen", sodass „Hündchen" am Satzende eher in Erinnerung bleibt (Liang, 2016). Ebenfalls ist es hilfreich, Wörter einzeln zu sagen. Ein erheblicher Teil der ersten 30–50 Wörter, die ein Säugling lernt, wurden in der Regel von der Mutter als einzelne Wörter gesagt, wie etwa „Mama" oder „Papa" (Brendt & Siskind, 2001).

Wenn Eltern mit ihren Kindern sprechen, tun sie das z. B., um ihren Kindern nah zu sein, um liebevoll zu sein, aber auch um eine Verbindung zwischen Worten und Dingen herzustellen. Doch unabhängig von diesen Beweggründen ist das Gespräch immer auch eine Gelegenheit, dem Kind etwas beizubringen. Diese Lerngelegenheiten sind von Kind zu Kind sehr unterschiedlich. Das durchschnittliche Kind hört 20.000–38.000 Wörter pro Tag, aber die Spanne liegt zwischen 2000 und 50.000 Wörtern pro Tag (Hart & Risley, 1995; Shneidman et al., 2013; Weisleder & Fernald, 2013).

Es macht einen großen Unterschied, wie viele Wörter ein Kind täglich hört, denn es gibt einen Zusammenhang zwischen der Anzahl der in der frühen Entwicklungsphase gehörten Wörter und dem späteren Umfang des Wortschatzes, dem Lesenlernen und den schulischen Leistungen (Montag et al., 2018; Rowe, 2012). Mit Kleinkindern zu

sprechen ist also gut, und es ist noch besser, wenn sie dabei aufmerksam sind, was durch kindzentrierte Sprache gefördert wird.

Abschließend wollen wir noch einmal auf unseren Abschnitt über Cochlea-Implantate (CI) bei Kindern zurückkommen, in dem wir festgestellt haben, dass es wichtig ist, diese Implantation frühzeitig vorzunehmen, damit der Säugling lernen kann, Sprache wahrzunehmen und zu verstehen. Die Bedeutung von kindzentrierter Sprache ist bei Säuglingen mit einem CI noch größer, da diese Säuglinge im Vergleich zu normal hörenden Säuglingen in der Regel eine geringere Aufmerksamkeit für Sprache zeigen (Horn et al., 2007). In einer Studie, in der gemessen wurde, inwieweit Säuglinge mit CI auf kindzentrierte Sprache reagierten, fanden Yuayan Wang et al. (2017) heraus, dass kindzentrierte Sprache die Aufmerksamkeit dieser Säuglinge für Sprache und für Wörter erhöhte und ihnen zu einem besseren Sprachverständnis verhalf. Es stellte sich heraus, dass kindzentrierte Sprache besonders gut dazu geeignet war, das Interesse von Kindern zu wecken, deren Aufmerksamkeit durch einen Hörverlust beeinträchtigt war.

Übungsfragen 14.3

1. Wie hat Davis eine vom Vocoder verrauschte Sprache verwendet, um zu zeigen, wie Hörer andere Informationen als das akustische Signal nutzen, um Sprache zu verstehen?
2. Beschreiben Sie das Experiment von Robert Shannon zum zeitlichen Muster der Sprache.
3. Was entdeckten Broca und Wernicke in Bezug auf die Physiologie der Sprachwahrnehmung?
4. Beschreiben Sie das „Stimmareal" und die „Stimmneuronen".
5. Erläutern Sie das Modell der dualen Verarbeitungsströme bei der Sprachverarbeitung.
6. Beschreiben Sie das Experiment von Mesgarani, in dem Neuronenantworten mithilfe von Elektroden aufgezeichnet wurden. Was hat es über die neuronale Antwort auf Phoneme und auf phonetische Merkmale gezeigt?
7. Erklären Sie, wie Cochlea-Implantate funktionieren und warum die von ihnen erzeugten Laute von dem abweichen, was normal hörende Menschen hören.
8. Warum ist es wichtig, gehörlose Kinder schon früh mit Cochlea-Implantaten zu versorgen?
9. Was versteht man unter kindzentrierter Sprache? Wie unterscheidet sie sich von Erwachsenensprache?
10. Beschreiben Sie, wie die Merkmale der kindzentrierten Sprache Kleinkindern beim Sprachlernen helfen.

14

14.9 Zum weiteren Nachdenken

1. Wie gut sind Computer bei der Spracherkennung? Sie können es selbst herausfinden, indem Sie einen anrufen: Suchen Sie sich einen Service, der Kundenanfragen mit einem automatischen Telefonsystem annimmt, und sprechen Sie dann nicht unnatürlich klar und deutlich, sondern im normalen Gesprächsstil (aber so, dass ein Mensch Sie noch verstehen würde). Achten Sie darauf, wo die Grenzen des Computers beim Sprachverstehen liegen.

2. Was glauben Sie, wie sich Ihre Sprachwahrnehmung verändern würde, wenn es das Phänomen der kategorialen Wahrnehmung nicht gäbe?

14.10 Schlüsselbegriffe

- Akustischer Reiz
- Akustisches Sprachsignal
- Aphasie
- Art der Artikulation
- Artikulatoren
- Audiovisuelle Sprachwahrnehmung
- Automatische Spracherkennung
- Beschattung (Shadowing)
- Broca-Aphasie
- Broca-Areal
- Cochlea-Implantat
- Duale Verarbeitungsströme der Sprachwahrnehmung
- Erwachsenensprache
- Formanttransienten
- Formanten
- Kategoriale Wahrnehmung
- Kindzentrierte Sprache
- Koartikulation
- McGurk-Effekt
- Motor-Theorie der Sprachwahrnehmung
- Multimodal
- Musterwiedergabe
- Ort der Artikulation
- Phonem
- Phonemergänzung
- Phonemgrenze
- Phonetische Merkmale
- Problem der Variabilität
- Schallspektrogramm
- Sensomotorischer Hörverlust
- Sprachsegmentierung
- Statistisches Lernen
- Stimmeinsatzzeit
- Stimmneuronen
- Übergangswahrscheinlichkeit
- Vocoder
- Wernicke-Aphasie
- Wernicke-Areal
- Worttaubheit

Die Hautsinne

E. Bruce Goldstein und Laura Cacciamani

Inhaltsverzeichnis

Lernziele

Nachdem Sie dieses Kapitel bearbeitet haben, werden Sie in der Lage sein, ...

- die Funktionen der Hautsinne zu verstehen,
- die Grundzüge der Anatomie und Funktion der Bestandteile der Hautsinne, von der Haut bis zum Kortex, zu beschreiben,
- die Bedeutung der taktilen Exploration für die Wahrnehmung von Details, Vibrationen, Textur und Objekten zu beschreiben,
- zu verstehen, wie die Rezeptoren in der Haut, die Konnektivität des Gehirns und das Wissen, das eine Person in eine Situation einbringt, an sozialer Berührung beteiligt sind,
- die verschiedenen Arten von Schmerz und die Gate-Control-Theorie über den Schmerz zu beschreiben,
- zu beschreiben, wie Top-down-Prozesse den Schmerz beeinflussen,
- den Zusammenhang zwischen Gehirn und Schmerz zu verstehen,
- zu beschreiben, wie Schmerzen durch soziale Berührungen und soziale Zuwendung beeinflusst werden können,
- den Zusammenhang zwischen Schmerz und Gehirnplastizität zu verstehen.

Einige der in diesem Kapitel behandelten Fragen

- Gibt es unterschiedliche Arten von Rezeptoren in der Haut, die auf die Wahrnehmung unterschiedlicher taktiler Qualitäten spezialisiert sind?
- Welches ist die empfindlichste Körperstelle?
- Kann man das Schmerzempfinden durch Gedanken reduzieren?
- Welchen Nachweis gibt es dafür, dass das Halten der Hand Schmerzen lindern kann?

Bei der Frage, auf welchen Sinn sie am ehesten verzichten könnten – Sehen, Hören oder Tasten –, wählen einige Menschen den Tastsinn. Das ist nachvollziehbar angesichts des hohen Werts, den wir dem Sehen und dem Hören beimessen, aber es wäre ein schwerer Fehler, auf den Tastsinn zu verzichten. Während Blinde und Taube im Alltag relativ gut zurechtkommen, erleiden Menschen mit einem – seltenen – Verlust der Fähigkeit, über die Haut Berührungen wahrzunehmen, oft Prellungen, Verbrennungen und Knochenbrüche, weil die Warnsignale durch den Tastsinn oder das Schmerzempfinden fehlen (Melzack & Wall, 1988; Rollman, 1991; Wall & Melzack, 1994).

Aber der Verlust des Tastsinns erhöht nicht nur das Verletzungsrisiko, sondern erschwert auch unsere Interaktion mit der Umwelt, weil die Rückmeldungen der Haut fehlen, die viele unserer Handlungen begleiten. Während ich dies schreibe, drücke ich die Tasten meines Computers mit einer bestimmten Kraft, weil ich den Druck beim Berühren der Tasten fühlen kann. Ohne diese Rückmeldung wären das Tippen und viele andere Handlungen mit einem Feedback des Tastsinns erheblich erschwert. Experimente, bei denen die Hände der Probanden vorübergehend betäubt wurden, zeigen, dass der Verlust des Gefühls in Hand und Fingern dazu führt, dass mehr Kraft als nötig beim Ausführen von Aufgaben mit Hand und Fingern aufgewendet wird (Avenanti et al., 2005; Monzée et al., 2003).

Ein besonders gravierendes Beispiel, welche Auswirkungen der Verlust der Berührempfindlichkeit der Haut haben kann, ist der Fall von Ian Waterman (im Folgenden I. W. genannt), den wir bereits in ▶ Kap. 7 beschrieben haben. Nach einer Autoimmunreaktion, durch die die meisten Neuronen zerstört worden waren, die Signale von der Haut, den Gelenken, den Muskeln und den Sehnen zum Gehirn weiterleiten, hatte er die Fähigkeit verloren, Hautreize wahrzunehmen. Er konnte also seinen Körper nicht fühlen, wenn er im Bett lag, und wenn er nach Gegenständen griff, schätzte er die Kraft, die er anzuwenden hatte, nicht richtig ein. Manchmal griff er zu fest zu und manchmal zu schwach, sodass die Gegenstände herunterfielen.

Was sich für I. W. noch schwerwiegender auswirkte, war die Zerstörung der Nervenverbindungen von den Muskeln, den Sehnen und den Gelenken. I. W. verlor dadurch sein Körpergefühl für die Position der Arme, der Beine und des Rumpfs. Die einzige Möglichkeit, Bewegungen auszuführen, bestand darin, dass er die Positionen seiner Gliedmaßen und seines Körpers mithilfe des Sehsinns ständig kontrollierte.

Die Probleme von I. W. wurden durch den Zusammenbruch seines **somatosensorischen Systems** verursacht, das folgende Komponenten umfasst:

- **Hautsinne**, die für Wahrnehmungen wie Berührung und Schmerz verantwortlich sind, die üblicherweise durch Stimulation der Haut entstehen
- **Propriozeption**, die Wahrnehmung der Lage des eigenen Körpers und seiner Gliedmaßen
- **Kinästhesie**, das Empfinden der Bewegungen von Körper und Gliedmaßen

In diesem Kapitel werden wir uns vorwiegend auf die Hautsinne konzentrieren, die nicht nur beim Greifen von Gegenständen oder beim Schutz vor Verletzungen wichtig sind, sondern auch bei der Motivation sexueller Aktivitäten (ebenfalls ein Grund, warum man den Tastsinn nicht unterschätzen sollte).

Die Wahrnehmungen über unsere Haut sind nicht nur entscheidend, um im Alltag handeln zu können und uns vor Verletzungen zu schützen, sondern sie können unter den richtigen Voraussetzungen auch gute Gefühle auslösen! Diese guten Gefühle fallen unter das Stichwort „soziale Berührungen", die, wie wir noch sehen werden, weit mehr bewirken können als nur ein wohliges Empfinden. Diese vielfältigen Aufgaben der Hautsinne liefern uns genug überzeugende Argumente für die Erkenntnis, dass die über die Haut empfundenen Wahrnehmungen genauso wichtig für das Alltagsleben und Überleben sind wie Sehen und Hören.

15.1 Wahrnehmung über Haut und Hände

Die Hautsinne umfassen alles, was wir über die Haut spüren. Obwohl Berührung und Schmerz die offensichtlichsten Empfindungen sind, die die Haut betreffen, gibt es noch viele andere, darunter Druck, Vibration, Kitzeln, Temperatur und Wohlbefinden. Wir wollen zunächst die Anatomie des Hautsystems beschreiben und uns dann auf den Tastsinn konzentrieren, der es uns ermöglicht, Eigenschaften von Oberflächen und Objekten wie Details, Vibrationen, Textur und Formen wahrzunehmen. In der 2. Hälfte des Kapitels werden wir uns mit der Wahrnehmung von Schmerz befassen.

15.1.1 Die Hautsinne im Überblick

In diesem Abschnitt werden wir einige Grundlagen über Anatomie und Funktionsweisen verschiedener Teile der Hautsinne behandeln.

Die Haut

M. Comel (1953) bezeichnet die Haut aus gutem Grund als „die monumentale Fassade des menschlichen Körpers". Sie ist das schwerste Organ des Menschen und wenn auch nicht das größte (die Oberflächen des Verdauungstrakts und der Lungenbläschen übertreffen die der Haut), so doch das auffälligste. Dies trifft besonders beim Menschen zu, bei dem der Blick auf die Haut nicht durch Fell oder starke Behaarung verdeckt wird (Montagna & Parakkal, 1974).

Über die lebensnotwendige Warnfunktion hinaus erfüllt die Haut noch 2 weitere wichtige Funktionen: Sie hält Körperflüssigkeiten im Körperinneren und Bakterien, gefährliche Substanzen und Schmutz draußen. Die Haut hält das Körperinnere zusammen und schützt uns vor äußeren Einflüssen, aber sie liefert uns auch Informationen über die vielfältigen Stimuli, mit denen sie in Kontakt kommt. Wenn Sonnenstrahlen die Haut erwärmen, fühlen wir die Wärme, ein Nadelstich verursacht Schmerzen und wenn uns jemand berührt, so spüren wir Druck oder andere Empfindungen.

Die Hautoberfläche ist eine Schicht fester, abgestorbener Hautzellen (kleben Sie einmal ein Stück Klebeband in Ihre Handfläche und ziehen es dann ab; das, was an dem Klebeband haftet, sind abgestorbene Hautzellen). Diese Hautzellen sind Teil der äußeren Hautschicht, die als **Epidermis** (Oberhaut) bezeichnet wird. Darunter befindet sich eine weitere Schicht, die **Dermis** (Lederhaut), an die sich die **Subkutis** (Unterhaut) anschließt (◘ Abb. 15.1). In die-

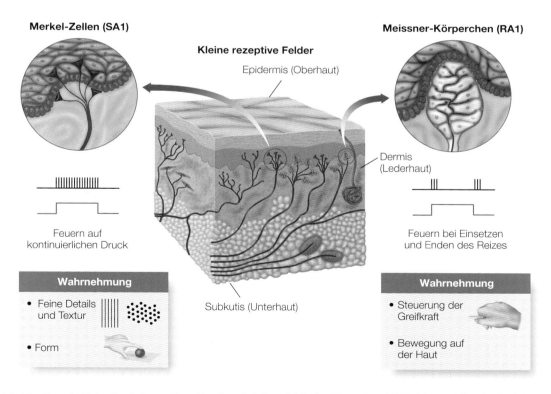

◘ **Abb. 15.1** Ein Querschnitt durch unbehaarte Haut. Zu sehen sind die Hautschichten und die Strukturen und Feuermuster von 2 dicht unter der Hautoberfläche sitzenden Rezeptoren: den Merkel-Zellen (*SA1*) und den Meissner-Körperchen (*RA1*). *RA* = rapidly adapting/schnell adaptierend; *SA* = slowly adapting/langsam adaptierend

sen Hautschichten befinden sich die **Mechanorezeptoren**, die auf mechanische Stimulation durch Druck, Dehnung und Vibration antworten.

Mechanorezeptoren

Viele der taktilen Wahrnehmungen, die wir empfinden, lassen sich direkt mit Mechanorezeptoren in der Haut in Verbindung bringen. Zwei Arten von Mechanorezeptoren befinden sich in der Nähe der Hautoberfläche, d. h. nahe der Epidermis: die **Merkel-Zelle** und das **Meissner-Körperchen**. Diese Rezeptoren haben kleine rezeptive Felder, weil sie dicht unter der Oberfläche liegen. Wie beim visuellen rezeptiven Feld, bei der die *Retina* der Bereich ist, der durch Stimulation ein Neuron zum Feuern bringt (▶ Abschn. 3.4.2), ist das **kutane rezeptive Feld** der Bereich der *Haut*, dessen Stimulation bei einem bestimmten Neuron ein Feuern auslöst.

◘ Abb. 15.1 zeigt die Merkel- und Meissner-Rezeptoren in der Hautstruktur und ihr Signalmuster beim Feuern, wenn ein Druckreiz einsetzt bzw. endet (blaue Rechteckkurve). Weil die mit der langsam adaptierenden Merkel-Zelle verbundene Nervenfaser kontinuierlich feuert, solange der Reiz anhält, heißen sie **langsam adaptierende Rezeptoren** oder kurz **SA1-Rezeptoren** (slowly adapting type 1 mechanoreceptors). Weil die mit dem schnell adaptierenden Meissner-Körperchen assoziierte Nervenfaser nur zu den Zeitpunkten feuert, an denen der Reiz ein- bzw. aussetzt, heißen sie **schnell adaptierende Rezeptoren** oder kurz **RA1-Rezeptoren** (rapidly adapting type 1 mechanoreceptors). Mit der Merkel-Zelle/den SA1-Rezeptoren ist eine Wahrnehmung von Details, Formen und Textur verbunden, während das Meissner-Körperchen/die RA1-Rezeptoren mit Wahrnehmungen assoziiert ist, die bei der Steuerung des Greifens und bei der Wahrnehmung von Bewegung auf der Haut eine wichtige Rolle spielen.

Wie die Merkel-Rezeptoren ist das **Ruffini-Körperchen** ein langsam adaptierender Rezeptor (**SA2-Rezeptor**), der kontinuierlich auf Stimulation antwortet. Das **Pacini-Körperchen** ist ein schnell adaptierender Rezeptor (**RA2-** oder **PC-Rezeptor**), das beim Einsetzen und Beenden eines Druckreizes antwortet. Beide, das Ruffini- und das Pacini-Körperchen, liegen tiefer in der Haut (◘ Abb. 15.2) und haben deshalb größere rezeptive Felder. Das Ruffini-Körperchen ist mit der Wahrnehmung von Hautdehnung verbunden, das Pacini-Körperchen mit der Wahrnehmung von Vibrationen und feinen Texturen.[1]

Wir haben mit unserer Beschreibung jedem Rezeptor/Nervenfasertyp eine spezifische Art der Stimulation zugeordnet. Wenn wir jedoch untersuchen, wie Neuronen feuern, wenn man mit den Fingern über natürliche Texturen fährt, werden wir sehen, dass die Wahrnehmung von Texturen oft eine koordinierte neuronale Aktivität der verschiedenen Neuronentypen erfordert, die dann zusammenarbeiten.

Neuronale Bahnen von der Haut zum Kortex und im Kortex

Während Rezeptoren der anderen Sinnessysteme nur an einer Stelle des Körpers auf engem Raum konzentriert sind – etwa im Auge (visuelles System), im Ohr (auditorisches System), in der Nase (olfaktorisches System) oder im Mund (gustatorisches System) –, sind die Hautrezeptoren über den gesamten Körper verteilt. Die Stimulation der Haut kann erst wahrgenommen werden, wenn die entsprechenden Signale das Gehirn erreichen, und die weiträumige Verteilung führt oft zu langen Signalwegen, sodass wir von einer „weiten Reise der Nervenimpulse" sprechen können, insbesondere wenn Signale von der Fingerkuppe oder den Zehen zum Kortex gelangen.

Die Signale der Mechanorezeptoren in der Haut werden von allen Körperbereichen zum Rückenmark weitergeleitet, das aus 31 Segmenten besteht, wobei die Signale über Bündel aus Nervenfasern ins Rückenmark eintreten, die man als *Hinterwurzel* bezeichnet (◘ Abb. 15.3). Nach dem Eintritt in das Rückenmark ziehen die Nervenfasern in 2 Bahnen das Rückenmark hinauf: im **Hinterstrang** (*Lemniscus medialis*) und im **Vorderseitenstrang** (*Tractus spinothalamicus*). Der Hinterstrang besteht aus dicken Fasern und leitet Signale weiter, die die Positionen der Gliedmaßen (Propriozeption) und Berührung codieren. Diese Fasern leiten die Signale sehr schnell, was für die Reaktion auf Berührung wichtig ist. Der Vorderseitenstrang besteht aus dünnen Fasern und übermittelt Signale der Temperatur- und der Schmerzwahrnehmung. Diese Trennung der Funktionen zeigt sich im Fall von I. W. daran, dass er zwar die Fähigkeit verloren hatte, Berührungen und die Lage seiner Gliedmaßen zu spüren (Hinterstrang), aber noch Schmerz und Temperaturen empfinden konnte (Vorderseitenstrang).

Die Fasern aus beiden Strängen wechseln auf ihrem Weg zum Thalamus auf die andere Körperseite hinüber (erinnern Sie sich daran, dass Fasern aus der Retina und der Cochlea ebenfalls synaptische Verbindungen im Thalamus haben, und zwar im *Corpus geniculatum laterale* beim Sehen bzw. im *Corpus geniculatum mediale* beim Hören). Die meisten der Fasern im Hautsystem haben synaptische Verbindungen im **ventrolateralen Thalamuskern**. Da die Signale auf ihrem Weg im Rückenmark die Körperseite gewechselt haben, gelangen Signale von der linken Körperseite in den Thalamus auf der rechten Seite des Gehirns und Signale von der rechten Körperseite in den linkshemisphärischen Thalamus.

Da die Signale der Haut über 2 Bahnen zum Thalamus und dann zum somatosensorischen Kortex geleitet werden, liegt der Gedanke nahe, dass verschiedene Bahnen für die Verarbeitung verschiedener Sinnesempfindungen zuständig sind. Die neuronalen Bahnen und Strukturen innerhalb des

---

1   Michel Paré et al. (2002) berichten zwar, dass Affen in den Fingerkuppen keine Ruffini-Körperchen haben, aber die meisten Aufstellungen zu den Rezeptoren in unbehaarter Haut beinhalten dennoch diesen Rezeptortyp, sodass wir ihn hier ebenfalls einbeziehen.

15

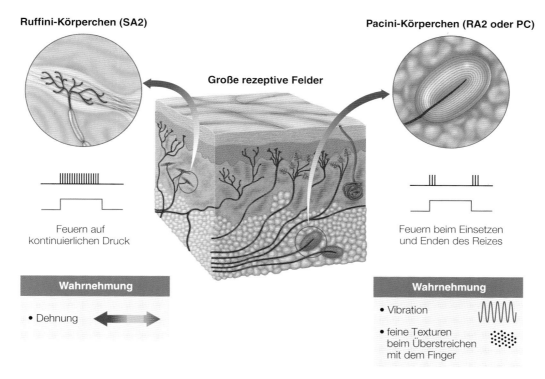

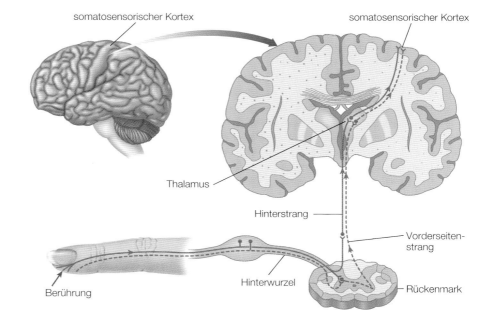

Abb. 15.2 Ein Querschnitt durch unbehaarte Haut. Zu sehen sind die Strukturen und Feuermuster von 2 tief unter der Hautoberfläche sitzenden Rezeptoren: dem Ruffini-Körperchen (*SA2*-Rezeptor) und dem Pacini-Körperchen (*RA2* oder *PC*). *PC* = pacinian corpuscle; *RA* = rapidly adapting/schnell adaptierend; *SA* = slowly adapting/langsam adaptierend

Abb. 15.3 Die neuronalen Bahnen von den Rezeptoren in der Haut zum somatosensorischen Kortex. Die Faser, die Signale von einem Rezeptor im Finger übermittelt, tritt über die Hinterwurzel in das Rückenmark ein und zieht dann in 2 Bahnen zum Kortex hinauf: dem Hinterstrang und dem Vorderseitenstrang. Diese Bahnen haben synaptische Verbindungen im Thalamus, von wo aus Fasern zum somatosensorischen Kortex im Parietallappen ziehen

Gehirns für die Verarbeitung der somatosensorischen Stimuli sind jedoch weitaus komplexer als in ◘ Abb. 15.3 dargestellt. Diese Komplexität wird in ◘ Abb. 15.4 deutlich, die mehrere Hirnareale zeigt, die mit den Funktionen der Hautsinne in Verbindung gebracht werden können (Bushnell et al., 2013).

Somatosensorische Bereiche im Kortex

Zwei Areale, die Signale vom Thalamus erhalten, sind der **primäre somatosensorische Kortex** (S1) im Parietallappen und der **sekundäre somatosensorische Kortex** (S2; Rowe et al., 1996; Turman et al., 1998). Außerdem gibt es Signalwege zwischen S1 und S2 sowie zu einem Netzwerk

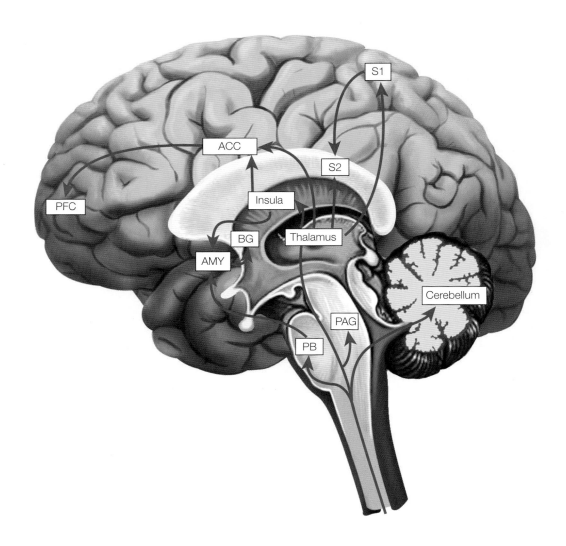

Abb. 15.4 Darstellung von Gehirnstrukturen, die mit dem Hautsystem in Verbindung stehen. Wir konzentrieren uns bei unserer Betrachtung auf folgende Strukturen: den primären somatosensorischen Kortex (*S1*), den sekundären somatosensorischen Kortex (*S2*), den anterioren zingulären Kortex (*ACC*) und die Insula. *ACC* = anteriorer zingulärer Kortex; *AMY* = Amygdala; *BG* = Basalganglien; *PAG* = periaquäduktales Grau; *PB* = Nucleus parabrachialis; *PFC* = Präfrontalkortex; *S1* = primärer somatosensorischer Kortex; *S2* = sekundärer somatosensorischer Kortex. (Adaptiert nach Bushnell et al., 2013)

weiterer Gehirnareale über zusätzliche Bahnen, die hier nicht abgebildet sind (Avanzini et al., 2016; Rullman et al., 2019). Zwei weitere in ◻ Abb. 15.4 gezeigte Strukturen, die wir neben S1 und S2 im Verlauf des Kapitels kennenlernen werden, sind die *Insula* (auch Cortex insularis, Inselrinde oder Reilsche Insel), die für die Wahrnehmung von leichten Berührungen wichtig ist, und der *anteriore zinguläre Kortex*, der bei Schmerzen eine Rolle spielt.

Ein wichtiges Merkmal des somatosensorischen Kortex ist seine Organisation in Karten, die mit Körperregionen korrespondieren. Die Geschichte der Entdeckung dieser

Karten hat einen interessanten Hintergrund. Sie beginnt in den 1860er-Jahren, als der britische Neurologe Hughlings Jackson beobachtete, dass sich die Epilepsieanfälle bei einigen seiner Patienten in einer gewissen Ordnung fortschreitend über den Körper ausbreiteten. Dabei folgt auf einen Anfall in einem körperstammfernen Areal ein Anfall zum Körperstamm hin (Jackson, 1870). Diese Abfolge, die als „Jackson'scher Marsch" bekannt wurde, deutete darauf hin, dass die Anfälle die Ausbreitung der neuronalen Aktivität über Karten im motorischen Bereich des Gehirns widerspiegeln (Berkowitz, 2018; Harding-Forrester &

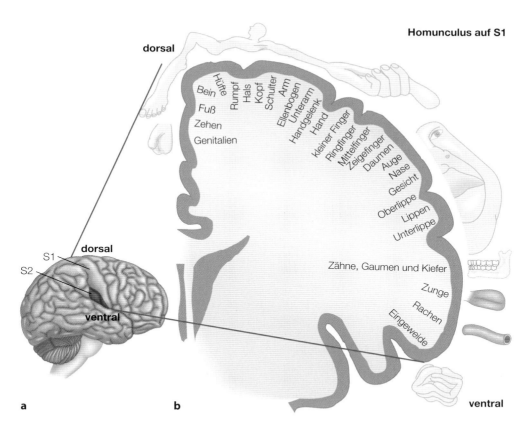

Homunculus auf S1

Abb. 15.5 **a** Der somatosensorische Kortex im Parietallappen. Der primäre somatosensorische Kortex (*S1, hellviolett* dargestellt) erhält Inputs vom ventrolateralen Thalamuskern. Der sekundäre somatosensorische Kortex (*S2, dunkelviolett* dargestellt) ist teilweise durch den Temporal-lappen verdeckt. **b** Der Homunkulus auf dem somatosensorischen Kortex. Die Körperteile mit der höchsten taktilen Unterscheidungsfähigkeit werden durch überproportional große Bereiche des Kortex repräsentiert. (Adaptiert nach Penfield & Rasmussen, 1950)

Feldman, 2018). Siebenundsechzig Jahre später vermaßen Wilder Penfield und Edwin Boldrey (1937) die Karte des somatosensorischen Kortex, indem sie bei wachen Patienten während eines chirurgischen Eingriffs zur Linderung ihrer Epilepsie Punkte im Gehirn stimulierten (Penfield & Rasmussen, 1950). Da das Gehirn keine Schmerzrezeptoren aufweist, können die Patienten den Eingriff nicht spüren.

Als Penfield einzelne Punkte auf dem S1 stimulierte und die Patienten daraufhin ihre Empfindungen beschreiben ließ, gaben diese Patienten an, ein Kribbeln oder Berührungen an den unterschiedlichsten Körperstellen zu fühlen. Penfield fand heraus, dass die Stimulation des ventralen Teils von S1 (im unteren Bereich des Parietallappens) Empfindungen an den Lippen und im Gesicht hervorrief, während die Stimulation höher gelegener Teile von S1 Empfindungen in Händen und Fingern und die Stimulation des dorsalen Teils von S1 Empfindungen in Beinen und Füßen zur Folge hatte.

Die sich daraus ergebende Karte des Körpers, die in Abb. 15.5 dargestellt ist, wird als **Homunkulus** („Menschlein") bezeichnet. Der Homunkulus zeigt, dass benachbarte Hautbereiche auf benachbarte Kortexbereiche projizieren und dass manche Bereiche der Haut in einem

überproportional großen Bereich des Kortex repräsentiert werden. So ist der Bereich für den Daumen beispielsweise ebenso groß wie der Bereich für den gesamten Unterarm. Dieses Ergebnis ist analog zum Vergrößerungsfaktor im visuellen System (Abb. 4.13). Dort wird den Rezeptoren in der Fovea, die für die Wahrnehmung feiner Details zuständig sind, ein überproportional großer Teil des visuellen Kortex zugeordnet. Ähnlich ist auch Körperteilen wie den Fingern, mit denen Details über den Tastsinn wahrgenommen werden, ein überproportional großer Teil des somatosensorischen Kortex zugeordnet (Duncan & Boynton, 2007). Eine ähnliche Karte des Körpers ergibt sich für den S2.

Diese Beschreibung durch die Areale S1 und S2 sowie den Homunkulus ist korrekt, aber vereinfacht. Neuere Forschung hat gezeigt, dass sich der S1 in 4 miteinander verbundene Areale gliedert, die jeweils eine eigene Karte des Körpers haben und eigene Funktionen erfüllen (Keysers et al., 2010). So gibt es im S1 z. B. ein Areal, das mit der Berührungswahrnehmung assoziiert ist, und ein damit verbundenes weiteres Areal, das bei der *haptischen* Wahrnehmung (beim Ergreifen und Ertasten von Objekten mit der Hand) beteiligt ist. Und es gibt weitere somatosensorische Kortexareale, auf die wir im Zusammenhang mit dem Schmerzempfinden im Laufe dieses Kapitels zurückkommen werden. Es überrascht nicht, dass am Hautsystem zahlreiche Gehirnareale beteiligt sind, die über viele Bahnen miteinander kommunizieren, wenn man die vielen verschiedenen Aufgaben betrachtet, die von der Haut wahrgenommen werden.

Nachdem wir die Hautrezeptoren und einige Gehirnbereiche beschrieben haben, die durch die von den Rezeptoren ausgehenden Signale aktiviert werden, untersuchen wir im Folgenden, wie wir Eigenschaften wie Details, Vibrationen und Textur wahrnehmen.

15.1.2 Taktile Detailwahrnehmung

Zu den eindrucksvollsten Beispielen für die Detailwahrnehmung über die Hautsinne gehört die Brailleschrift, das Schriftsystem aus kleinen, erhabenen Punkten im Papier, das es Blinden ermöglicht, mit den Fingerspitzen lesen zu können (◨ Abb. 15.6). Ein Buchstabe in Brailleschrift besteht aus 1–6 erhabenen Punkten in einer 2 × 3-Anordnung. Verschiedene Kombinationen von erhabenen Punkten und Leerstellen in der Anordnung repräsentieren die Buchstaben des Alphabets; darüber hinaus gibt es Braillezeichen für Zahlen, Satzzeichen sowie häufige Sprachlaute und Wörter.

Erfahrene Brailleschriftleser können etwa 100 Wörter pro Minute lesen. Dies ist zwar langsamer als die normale Lesegeschwindigkeit beim Sehen, die durchschnittlich etwa 250–300 Wörtern pro Minute beträgt. Dennoch ist diese Leistung beeindruckend, wenn man bedenkt, dass ein Brailleschriftleser eine Anordnung erhabener Punkte in Informationen umwandelt, die weit über die üblichen taktilen Informationen auf der Haut hinausgehen.

Die Fähigkeiten von Brailleschriftlesern, die Muster aus kleinen erhabenen Punkten ertasten, beruhen auf taktiler Detailwahrnehmung. Um zu beschreiben, wie diese Detailwahrnehmung erforscht wird, müssen wir zunächst

betrachten, wie unsere taktile Unterscheidungsfähigkeit – die Detailwahrnehmung bei Reizen, die die Haut stimulieren – gemessen wird (Methode 15.1).

Wenn wir die Rollen betrachten, die Rezeptormechanismen und kortikale Mechanismen für die taktile Unterscheidungsfähigkeit spielen, werden wir sehen, dass es zahlreiche Parallelen zwischen dem System der Hautsinne und dem visuellen System gibt.

Rezeptormechanismen für die taktile Unterscheidungsfähigkeit

Die Eigenschaften der Mechanorezeptoren sind mit entscheidend dafür, was wir empfinden, wenn unsere Haut stimuliert wird. Wir werden dies zunächst anhand des Zusammenhangs zwischen der Merkel-Zelle samt zugehöriger SA1-Faser und der taktilen Unterscheidungsfähigkeit veranschaulichen.

◨ Abb. 15.8a zeigt, wie die mit einer Merkel-Zelle assoziierte Nervenfaser feuert, wenn die Haut mit einem Streifenmuster aus Einkerbungen stimuliert wird. Es wird deutlich, dass das Feuern der Nervenfaser das Muster der Einkerbungen widerspiegelt. Das heißt, das Feuern der mit der Merkel-Zelle verbundenen Faser signalisiert Details (Johnson, 2002; Phillips & Johnson, 1981). Zum Vergleich ist in ◨ Abb. 15.8b das Feuern einer mit einem Pacini-Körperchen assoziierten Faser wiedergegeben, bei dem es keine Übereinstimmung mit dem Muster der Einkerbungen gibt. Die fehlende Übereinstimmung zeigt, dass dieser Rezeptor für Details im Streifenmuster, das auf die Haut gedrückt wurde, nicht empfindlich ist.

Es überrascht nicht, dass die Fingerkuppen eine hohe Dichte an Merkel-Zellen aufweisen, da dies die Körperstelle mit der höchsten taktilen Detailempfindlichkeit ist (Vallbo & Johansson, 1978). Die Beziehung zwischen verschiedenen Körperstellen und der Detailauflösung wurde psychophysisch durch die Messung der Zweipunktschwelle an verschiedenen Stellen bestimmt. Versuchen Sie dies anhand von Demonstration 15.1 einmal selbst.

◨ **Abb. 15.6** Das Brailleschriftalphabet besteht aus erhabenen Punkten in einer 2 × 3-Matrix. Die *großen Punkte* repräsentieren die Positionen der erhabenen Punkte für jeden Buchstaben. Blinde Menschen lesen diese Punktmuster, indem sie sie mit den Fingerkuppen abtasten

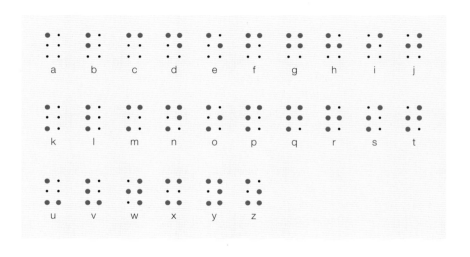

15

Methode 15.1

Messung der taktilen Unterscheidungsfähigkeit

Genauso wie es verschiedene Sehtafeln zur Bestimmung der Sehschärfe gibt, existieren auch verschiedene Möglichkeiten zur Bestimmung der **taktilen Unterscheidungsfähigkeit**. Die klassische Methode zur Messung der taktilen Unterscheidungsfähigkeit ist die Bestimmung der **Zweipunktschwelle**, also des kleinsten Abstands zwischen 2 Punkten auf der Haut, bei dem die Punkte gerade noch als 2 einzelne Punkte wahrgenommen werden (◘ Abb. 15.7a). Zur Bestimmung dieser Schwelle wird die Haut an 2 Punkten leicht berührt und die betreffende Person soll angeben, ob sie 1 oder 2 Berührungspunkte fühlt.

Die taktile Unterscheidungsfähigkeit wurde in den frühen Forschungen zum Tastsinn in der Regel anhand der Zweipunktschwelle bestimmt; in jüngerer Zeit wurden jedoch neuere Messmethoden entwickelt. Die taktile **Linienauflösung** wird gemessen, indem man einen Stimulus mit Einkerbungen in Form eines Streifenmusters (wie dem in ◘ Abb. 15.7b) auf die Haut drückt und die Versuchsperson die Orientierung des Streifenmusters angeben lässt. Hierbei wird die taktile Unterscheidungsfähigkeit anhand des Streifenmusters mit dem kleinsten Abstand zwischen den ein-

zelnen Einkerbungen gemessen, bei dem die Orientierung noch zuverlässig wahrgenommen werden kann. Schließlich lässt sich die taktile Unterscheidungsfähigkeit auch durch das Aufsetzen von erhabenen Mustern auf einer Oberfläche wie Buchstaben auf die Haut messen, wobei die minimale Größe eines Musters oder Buchstabens bestimmt wird, bei der es der Versuchsperson noch möglich ist, den Stimulus zu identifizieren (Cholewaik & Collins, 2003; Craig & Lyle, 2001, 2002).

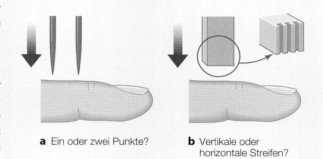

a Ein oder zwei Punkte? **b** Vertikale oder horizontale Streifen?

◘ **Abb. 15.7** Möglichkeiten zur Bestimmung der taktilen Unterscheidungsfähigkeit: **a** die Bestimmung der Zweipunktschwelle; **b** die Bestimmung der Linienauflösung

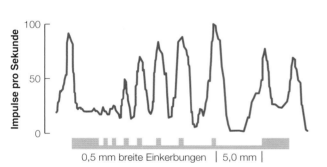

a Merkel-Zelle/SA1

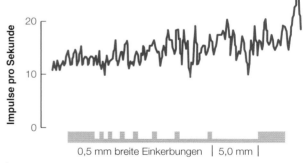

b Pacini-Körperchen/FA2

◘ **Abb. 15.8** Das Feuern auf das Streifenmuster der Einkerbungen im Stimulus **a** bei einer Faser, die mit einer Merkel-Zelle assoziiert ist, und **b** bei einer Faser, die mit einem Pacini-Körperchen verbunden ist. Die Antwort auf die verschiedenen Kerbenbreiten wurde während eines 1 s

lang andauernden Drucks der Kerben gemessen, wobei die Kurven den Mittelwert mehrerer solcher Messungen wiedergeben. (Adaptiert nach Phillips & Johnson, 1981, © The American Physiological Society)

Demonstration 15.1

Verschiedene Zweipunktschwellen

Um Zweipunktschwellen an verschiedenen Körperstellen zu messen, halten Sie 2 Bleistifte so nebeneinander, dass ihre Spitzen etwa 12 mm voneinander entfernt sind (noch besser eignet sich hierfür ein Zirkel). Setzen Sie dann die beiden Spitzen gleichzeitig auf die Kuppe Ihres Daumens und achten Sie darauf, ob Sie 2 Punkte fühlen. Wenn Sie nur 1 Punkt fühlen, vergrößern Sie den Abstand der Bleistift- oder Zirkel-

spitzen, bis Sie 2 Punkte fühlen. Notieren Sie dann den Abstand der Punkte. Bewegen Sie die Spitzen anschließend zur Unterseite Ihres Unterarms. Setzen Sie diese mit einem Abstand von etwa 12 mm (oder dem kleinsten Abstand, bei dem Sie auf dem Daumen 2 Punkte fühlen konnten) auf die Haut und achten Sie darauf, ob Sie 1 oder 2 Punkte fühlen können. Wenn Sie nur 1 Punkt fühlen, wie weit müssen Sie dann den Abstand vergrößern, bis Sie 2 Punkte fühlen können?

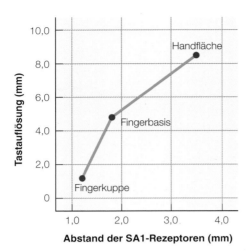

□ Abb. 15.9 Der Zusammenhang zwischen der Dichte der Merkel-Zellen und der taktilen Unterscheidungsfähigkeit. (Nach Daten aus Craig & Lyle, 2002)

Beim Vergleich der an verschiedenen Stellen der Hand gemessenen Linienauflösungen in Demonstration 15.1 zeigt sich, dass die Linienauflösung dort am höchsten ist, wo der Abstand zwischen den Merkel-Zellen am geringsten ist (□ Abb. 15.9). Aber der Abstand der Rezeptoren kann nicht alles erklären, denn auch der Kortex hat einen Einfluss auf die taktile Unterscheidungsfähigkeit (Duncan & Boynton, 2007).

Kortikale Mechanismen für die taktile Unterscheidungsfähigkeit

Die taktile Unterscheidungsfähigkeit an verschiedenen Körperstellen weist Parallelen zur Rezeptordichte in der Haut, aber auch zur Repräsentation des Körpers im Ge-

□ Tab. 15.1 Zweipunktschwellen für verschiedene Körperteile am männlichen Körper. (Nach Daten von Weinstein, 1968)

Körperteil	Schwelle (mm)
Finger	4
Oberlippe	8
Großzehe	9
Oberarm	46
Rücken	42
Oberschenkel	44

hirn auf. □ Tab. 15.1 zeigt die Zweipunktschwellen für verschiedene Körperteile am männlichen Körper. Wenn wir diese Zweipunktschwellen mit der Repräsentation der verschiedenen Körperbereiche auf dem Kortex vergleichen (□ Abb. 15.5a), können wir sehen, dass Regionen hoher taktiler Unterscheidungsfähigkeit (wie Finger und Lippen) durch größere Bereiche im Kortex repräsentiert werden. Diese schon weiter oben im Text erwähnte „Vergrößerung" der kortikalen Repräsentation mancher Körperregionen ist analog zum Vergrößerungsfaktor im Fall des Sehens (□ Abb. 4.13). Die Verzerrung der Proportionen in der Karte des Körpers stellt zusätzliche neuronale Verarbeitungskapazitäten für die Finger und andere Körperstellen bereit, sodass dort feine Details mit hoher Genauigkeit wahrgenommen werden können.

Eine weitere Möglichkeit zur Demonstration der Verbindung zwischen kortikalen Mechanismen und taktiler Unterscheidungsfähigkeit besteht in der Bestimmung der rezeptiven Felder in verschiedenen Bereichen des kortikalen Homunkulus. □ Abb. 15.10 zeigt die Größen der rezeptiven Felder kortikaler Neuronen für Finger, Hand und

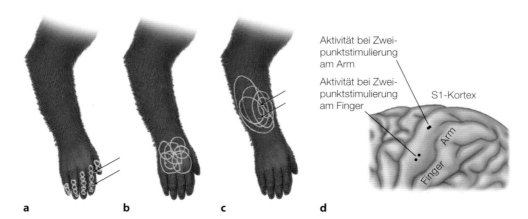

□ Abb. 15.10 Die rezeptiven Felder kortikaler Neuronen eines Affen, die feuern, wenn **a** die Finger, **b** die Hand und **c** der Unterarm stimuliert werden. **d** Stimulation von 2 dicht beieinander liegenden Punkten auf dem Finger führen zur Aktivierung von 2 getrennten Stellen im Fingerareal des Kortex, während eine Stimulation mit identischem Abstand der Punkte am Arm eine Aktivität an überlappenden Stellen des Armareals auslöst. (Adaptiert nach Kandel & Jessell, 1991. Reprinted with permission from Elsevier.)

Arm eines Affen. Wir sehen, dass die kortikalen Neuronen für Körperstellen mit besserer taktiler Unterscheidungsfähigkeit kleinere rezeptive Felder aufweisen. Das bedeutet, dass 2 dicht nebeneinanderliegende Punkte auf den Fingern zu verschiedenen rezeptiven Feldern gehören können, die sich nicht überlappen (schwarze Pfeile in ◘ Abb. 15.10a), und deshalb 2 getrennte Neuronen im Kortex zum Feuern anregen (◘ Abb. 15.10d). Allerdings führt die Stimulation von 2 gleich weit entfernten Punkten auf dem Arm, die in überlappende rezeptive Felder fallen (schwarze Pfeile in ◘ Abb. 15.10c), zum Feuern von nicht voneinander getrennten Kortexneuronen (◘ Abb. 15.10d). Die hervorragende Detailauflösung an den Fingern wird also dadurch erreicht, dass die kortikalen Neuronen, die die Finger repräsentieren, kleine rezeptive Felder haben und damit die Abstände der mit diesen Feldern assoziierten Neuronen auf dem Kortex größer sind.

15.1.3 Wahrnehmung von Vibrationen und Textur

Die Haut kann nicht nur räumliche Details von Objekten registrieren, sondern auch andere Qualitäten. Wenn Sie Ihre Hand auf ein technisches Gerät legen, das Vibrationen erzeugt (wie ein Auto, einen Rasenmäher oder eine elektrische Zahnbürste), so können Sie die Vibrationen mit der Hand fühlen.

Vibration der Haut

Der Mechanorezeptor, der primär für das Registrieren von Vibrationen verantwortlich ist, ist das Pacini-Körperchen. Ein Hinweis auf diesen Zusammenhang zwischen dem Pacini-Körperchen und der Wahrnehmung von Vibrationen ergibt sich daraus, dass die mit dem Pacini-Körperchen assoziierten Fasern nur schwach auf langsame oder geringe Druckänderungen ansprechen, aber bei hochfrequenten Vibrationen deutlich antworten.

Warum antworten die mit den Pacini-Körperchen assoziierten Nervenfasern so stark auf hochfrequente Vibrationen? Die Antwort lautet, dass das Pacini-Körperchen, das diese Nervenfaser umgibt, bestimmt, welche Druckreize tatsächlich zur Stimulation der Faser führen. Das Pacini-Körperchen, das wie eine Zwiebel aus vielen Schichten mit eingelagerter Flüssigkeit dazwischen aufgebaut ist, überträgt schnelle Druckänderungen, wie sie bei Vibrationen auftreten, an die Faser (◘ Abb. 15.11a); kontinuierlich einwirkender Druck wird hingegen nicht übertragen, wie ◘ Abb. 15.11b zeigt. Auf diese Weise bewirkt das Pacini-Körperchen, dass die Faser schnelle Druckänderungen aufnimmt, aber nicht auf gleichbleibenden Druck anspricht.

Da das Pacini-Körperchen gleichbleibende Druckeinwirkung nicht auf die Faser überträgt, sollte ein konstanter Druck nicht zum Feuern der Faser führen. Und genau das hat Werner Loewenstein (1960) in einem klassischen Expe-

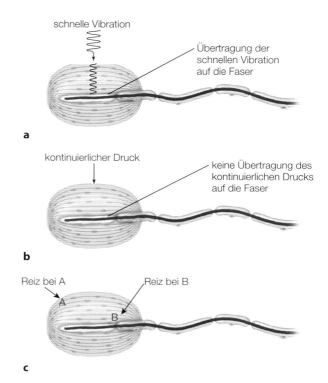

◘ **Abb. 15.11** Der Einfluss des Pacini-Körperchens. **a** Wenn ein hochfrequenter Vibrationsreiz gegeben wird, überträgt das Pacini-Körperchen diese Druckschwankungen auf die Nervenfaser. **b** Bei konstanter Druckeinwirkung wird der Reiz nicht auf die Faser übertragen. **c** Loewenstein stimulierte im Experiment bei *A* das Pacini-Körperchen oder bei *B* direkt die Faser, was zu einem unterschiedlichen Feuern der Faser führte. (Adaptiert nach Loewenstein, 1960)

riment beobachtet, bei dem das Pacini-Körperchen einem kontinuierlichen Druck (am Punkt A in ◘ Abb. 15.11c) ausgesetzt wurde: Die Faser feuerte nur beim Einsetzen und beim Aussetzen des Druckreizes, nicht bei gleichbleibendem Druck. Als Loewenstein jedoch das Körperchen entfernte und der Druck direkt auf die Nervenfaser ausgeübt wurde (am Punkt B in ◘ Abb. 15.11c), antwortete die Faser, solange der Druck wirkte. Loewenstein schloss daraus, dass die Nervenfaser aufgrund der Eigenschaften des Pacini-Körperchens auf einen konstanten Reiz wie gleichbleibenden Druck kaum, auf eine sich ändernde Stimulation wie beim Ein- oder Aussetzen des Druckreizes oder bei hochfrequenten Vibrationen allerdings gut anspricht. Wenn wir nun die Wahrnehmung von Oberflächentexturen betrachten, werden wir sehen, dass Vibrationen bei der Wahrnehmung feiner Texturen eine Rolle spielen.

Oberflächenstrukturen

Als **Oberflächentextur** bezeichnet man physikalische Strukturen in einer Oberfläche, die durch Erhebungen oder Vertiefungen entstehen. Wie ◘ Abb. 15.12 illustriert, ist es keine gute Methode, diese Textur durch bloßen Augenschein bestimmen zu wollen, denn es hängt vom Einfallswinkel des Lichts ab, welches Hell-Dunkel-Muster wir

a

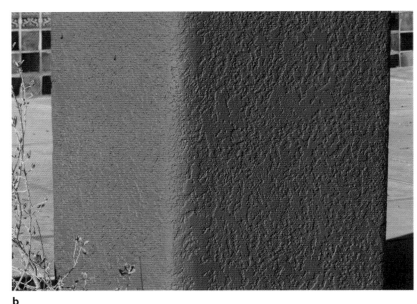

b

⬛ Abb. 15.12 **a** Der Pfeiler wird von *links* beleuchtet. **b** In der Ausschnittvergrößerung wird deutlich, wie der Lichteinfall die visuelle Wahrnehmung der Oberflächenstrukturen beeinflusst. Auf der *linken* Seite sieht der Putz zwar glatter aus als auf der *rechten*, aber die Textur ist tatsächlich auf beiden Seiten gleich. (© Bruce Goldstein)

sehen. Visuell nehmen wir die Textur auf beiden Seiten des Pfeilers in ⬛ Abb. 15.12 sehr unterschiedlich wahr, während wir sie beim Betasten mit den Fingern als gleich erkennen.

Die Forschung zur Texturwahrnehmung hat eine interessante Geschichte, die bis in das Jahr 1925 zurückreicht und uns lehren kann, wie die Psychophysik zum Verständnis von Wahrnehmungsmechanismen beiträgt. David Katz entwickelte 1925 eine Theorie, die heute als **Duplextheorie der Texturwahrnehmung** bezeichnet wird. Sie besagt, dass unserer Wahrnehmung von Oberflächenstrukturen räumliche und zeitliche Hinweisreize zugrunde liegen (Hollins & Risner, 2000; Katz, 1925/1989).

Räumliche Oberflächenreize sind durch Größe, Form und Verteilung von relativ großen Oberflächenelementen wie Ausbuchtungen und Einkerbungen gegeben und können sowohl beim Streichen über die Oberfläche als auch bei statischem Hautkontakt erfühlt werden. Diese Hinweisreize ermöglichen die Wahrnehmung grober Oberflächenstrukturen wie der Punktmuster der Brailleschriftbuchstaben oder der Zähne eines Kamms.

Zeitliche Oberflächenreize treten beim Bewegen der Finger über fein strukturierte Oberflächen wie Schmirgelpapier auf und werden durch die Frequenz der Vibrationen vermittelt. Diese Oberflächenreize sind verantwortlich für die Wahrnehmung feiner Oberflächentexturen, die nicht durch das statische Berühren einer Oberfläche ohne Bewegen der Finger registriert werden können.

Obwohl bereits Katz darauf hinwies, dass diese beiden Hinweisreize die Wahrnehmung von Oberflächenstrukturen beeinflussen, konzentrierte sich die Forschung erst in jüngerer Zeit auch auf die zeitlichen Oberflächenreize, nachdem zuvor größtenteils die räumlichen Oberflächenreize Gegenstand der Forschung gewesen waren. Mark Hollins und Ryan Risner (2000) lieferten jedoch Belege für die Beteiligung zeitlicher Oberflächenreize. Die Forscher ließen Probanden die Rauigkeit von Oberflächen anhand der Methode der direkten Größenschätzung beurteilen (▶ Abschn. 1.5.2; Anhang B) und konnten zeigen, dass die Versuchspersonen beim bloßen Berühren der Oberflächen ohne Bewegung der Finger kaum einen Unterschied zwischen 2 feinen Oberflächenstrukturen (mit Korngrößen von 10 und 100 μm) wahrnehmen konnten. Waren sie jedoch in der Lage, die Finger über die Oberfläche zu bewegen, konnten sie den Unterschied zwischen den beiden Oberflächenstrukturen erkennen. Erst die Bewegung der Oberfläche über die Haut führte zu Vibrationen, die ein Wahrnehmen der Rauigkeit fein strukturierter Oberflächen ermöglichten.

Diese Ergebnisse stützen ebenso wie die einiger weiterer Verhaltensexperimente (Hollins et al., 2002) die Duplextheorie der Texturwahrnehmung von Oberflächenstrukturen, der zufolge die Wahrnehmung grober Oberflächenstrukturen durch räumliche Oberflächenreize und die Wahrnehmung feiner Oberflächenstrukturen durch zeitliche Oberflächenreize (Vibrationen) bestimmt werden (siehe auch Weber et al., 2013).

Weitere Belege für die Bedeutung zeitlicher Oberflächenreize ergaben sich aus Forschungsbefunden, denen zufolge Vibrationen nicht nur beim direkten Abtasten einer Oberfläche mit den Fingern für die Wahrnehmung von Oberflächenstrukturen wichtig sind, sondern auch beim indirekten Kontakt mit einer Oberfläche, wie beim Gebrauch von Werkzeugen. Sie können dies anhand von Demonstration 15.2 selbst ausprobieren.

15

Die Wahrnehmung von Oberflächenstrukturen mit einem Stift

Halten Sie einen Stift mit dem hinteren Ende nach vorn oder setzen Sie die Kappe auf die Spitze, sodass Sie ihn als „Sonde" benutzen können, ohne Farbspuren zu hinterlassen. Bewegen Sie dann das Ihnen abgewandte Ende über eine glatte Oberfläche wie Ihren Schreibtisch oder ein Blatt Papier. Beachten Sie, dass Sie hierbei die Glätte der Seite spüren können, selbst wenn Sie diese nicht direkt berühren. Wiederholen Sie den Vorgang dann auf einer raueren Oberfläche wie Stoff, Tapete oder Beton.

Dass Sie Unterschiede der Oberflächenstrukturen erkennen können, indem Sie einen Stift (oder irgendein anderes „Werkzeug" wie einen Stock) darübergleiten lassen, basiert darauf, dass Vibrationen durch dieses Werkzeug an Ihre Haut übertragen werden (Klatzky et al., 2003). Das Bemerkenswerteste an der Wahrnehmung von Oberflächenstrukturen mit einem Werkzeug ist die Tatsache, dass Sie nicht die Vibrationen des Werkzeugs wahrnehmen, sondern die Oberflächenstruktur – selbst wenn Sie diese nur indirekt mit der Spitze des Werkzeugs berühren (Carello & Turvey, 2004).

Kortikale Antworten auf Oberflächentexturen Justin Lieber und Sliman Bensmaia (2019) untersuchten, wie Texturen im Gehirn repräsentiert werden, indem sie Affen trainierten, ihre Finger auf eine rotierende Trommel zu legen, wie in ◨ Abb. 15.13a dargestellt. Die Texturen reichten von sehr fein (Alcantara) bis grob (Punkte im Abstand von 5 mm). ◨ Abb. 15.13b zeigt, wie eine Oberflächenstruktur über die Fingerkuppe eines Affen bewegt wird. ◨ Abb. 15.13c zeigt die Reaktionen 5 verschiedener Neuronen im somatosensorischen Kortex auf 6 unterschiedliche Texturen. Diese Muster zeigen, dass einerseits verschiedene Texturen auch verschiedene Feuermuster in einem bestimmten Neuron auslösen (Antworten von links nach rechts für ein bestimmtes Neuron) und andererseits verschiedene Neuronen unterschiedlich auf dieselbe Oberflächenstruktur reagieren (Antworten von oben nach unten für eine bestimmte Textur).

Diese Ergebnisse demonstrieren, dass Oberflächenstrukturen im Kortex durch das Feuermuster vieler Neuronen repräsentiert werden. Darüber hinaus fanden Lieber und Bensmaia heraus, dass kortikale Neuronen, die am stärksten auf grobe Texturen reagierten, Informationen von SA1-Neuronen in der Haut (Merkel-Rezeptoren) erhielten, und Neuronen, die am stärksten auf feine Texturen ansprachen, Informationen von PC-Rezeptoren (Pacini-Körperchen) erhielten.

a

b

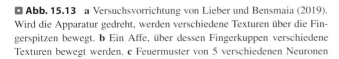

c

◨ **Abb. 15.13 a** Versuchsvorrichtung von Lieber und Bensmaia (2019). Wird die Apparatur gedreht, werden verschiedene Texturen über die Fingerspitzen bewegt. **b** Ein Affe, über dessen Fingerkuppen verschiedene Texturen bewegt werden. **c** Feuermuster von 5 verschiedenen Neuronen (*links* von *1* bis *5* durchnummeriert) auf 6 Texturen. (a: Copyright © 2019 the Authors. Published by PNAS. This open access article is distributed under Creative Commons Attribution-NonCommercial-NoDerivatives License 4.0 (CC BY-NC-ND).)

Übungsfragen 15.1

1. Beschreiben Sie die 4 Arten von Mechanorezeptoren in der Haut, einschließlich (1) ihres Aussehens, (2) ihrer Position in der Haut, (3) ihrer Antwort auf Druck, (4) der Größe ihrer rezeptiven Felder, (5) der mit ihnen assoziierten Wahrnehmung und (6) der mit ihnen assoziierten Nervenfaser.

2. Wo befindet sich das primäre kortikale Areal für den Tastsinn, und wie sieht die darauf abgebildete Karte des Körpers aus? Wie kann sich diese Karte durch Erfahrung verändern?

3. Wie wird taktile Unterscheidungsfähigkeit gemessen? Welche Rezeptor- und kortikalen Mechanismen liegen der taktilen Unterscheidungsfähigkeit zugrunde?

4. Welcher Rezeptor ist primär für die Wahrnehmung von Vibration verantwortlich? Beschreiben Sie das Experiment, das gezeigt hat, dass das Vorhandensein dieses Rezeptors das Feuerverhalten der Nervenfaser bestimmt.

5. Was beinhaltet die Duplextheorie der Texturwahrnehmung? Beschreiben Sie (1) die Verhaltensexperimente, die darauf schließen lassen, dass die Wahrnehmung feiner Oberflächenstrukturen auf Vibrationen beruht, und (2) die Beobachtungen zur Wahrnehmung beim taktilen Untersuchen eines Objekts mit einer Tastsonde.

6. Beschreiben Sie das Experiment, mit dem nachgewiesen wurde, wie die kortikalen Neuronen eines Affen auf Texturen reagieren. Was sagen die Ergebnisse darüber aus, wie Texturen im Kortex repräsentiert werden?

15.1.4 Wahrnehmung von Objekten

Stellen Sie sich vor, Sie sitzen am Strand mit einem Freund, der etwas von Muscheln versteht und sich über die Jahre eine kleine Sammlung zugelegt hat, und Sie beschließen, in einem kleinen Experiment zu testen, ob er die in seiner Sammlung vertretenen Muschelarten auch allein durch Tasten erkennt. Wenn Ihr Freund mit verbundenen Augen nach der Schale eines Krebses oder dem Gehäuse einer Schnecke tastet, hat er keine Probleme, die Schalen von Schnecke und Krebs zu identifizieren. Wenn Sie ihm jedoch 2 ähnliche Schneckengehäuse von 2 verschiedenen Arten in die Hand drücken, wird er es schwierig finden, sie allein durch Tasten zu identifizieren.

Geerat Vermeij, der infolge einer Augenerkrankung seit seinem 4. Lebensjahr blind ist, ist heute Professor für Meeresökologie und Paläoökologie an der University of California in Davis. Er hat seine Erfahrung mit einer derartigen Aufgabe geschildert. Es handelt sich dabei um eine Aufgabe, die ihm beim Aufnahmegespräch für die Zulassung zur Graduiertenausbildung im Fachbereich Biologie an der Yale University von Edgar Boell gestellt wurde. Boell fragte sich, ob Geerat in der Lage war, mit seiner Sehbehinderung ein Studium zu absolvieren. Er ging mit Vermeij in das naturhistorische Museum, stellte ihn dem Kurator vor und gab ihm eine Muschel in die Hand. Die weiteren Geschehnisse beschreibt Vermeij (1997) wie folgt:

> » „Nehmen Sie das bitte einmal in die Hand. Können Sie erkennen, was es ist?", fragte mich Boell und übergab mir ein Exemplar.
> Meine Finger tasteten aufgeregt über die Muschel, und meine Gedanken rasten im Kopf. Deutlich getrennte Rippen parallel zum Rand; eine große Öffnung; keine ausgeprägte Spitze; völlig glatt; die Rippen innen spürbar. „Es ist eine *Harpa*", antwortete ich zögernd. „Es muss eine *Harpa major* sein." So weit, so gut.
> „Wie ist es mit dieser?" Boell gab mir eine andere glatte Muschel in die Hand. Glatt, schnittig, vertiefte Naht, kleine Öffnung; könnte eine Muschel aus der Gattung der Olividae sein.
> „Es ist eine *Oliva*. Ich bin ziemlich sicher, dass es eine *Oliva sayana* ist, die in Florida vorkommt. Allerdings sehen alle Arten ähnlich aus."
> Beide Männer waren einen Moment lang sprachlos. Sie hatten diese Aufgaben ausgesucht, um mir die Unmöglichkeit meines Vorhabens zu demonstrieren. Nun hatte ich aber bestanden, und Boells Verhalten mir gegenüber änderte sich völlig. Er lebte förmlich auf und versprach mir in aller Herzlichkeit jede Unterstützung von seiner Seite. (Vermeij, 1997, S. 79 f.)

Vermeij promovierte an der Yale University und gehört zu den renommiertesten Experten auf dem Gebiet der marinen Mollusken. Seine Fähigkeit, Gegenstände und ihre Merkmale zu ertasten, ist ein Beispiel für **aktives Berühren** – ein Objekt wird aktiv durch Betasten mit den Fingern oder Berühren mit der Hand untersucht. Im Gegensatz dazu wird bei **passivem Berühren** ein Berührungsreiz auf die Haut ausgeübt, beispielsweise wenn 2 Punkte der Haut zur Messung der Zweipunktschwelle mit feinen Testnadeln berührt werden. Die Demonstration 15.3 zeigt, wie Sie Ihre Fähigkeiten, Objekte durch aktives bzw. passives Berühren zu identifizieren, vergleichen können.

Vielleicht bemerken Sie, dass Sie beim aktiven Berühren, bei dem Sie Ihre Finger über das Objekt bewegen, viel stärker an dem Vorgang beteiligt sind als beim passiven Berühren, und Sie können besser kontrollieren, welche Teile des jeweiligen Objekts Sie berühren. Der aktive Teil von Demonstration 15.3 ist ein Beispiel für **haptische Wahrnehmung** – Wahrnehmung, die auf dem Explorieren von dreidimensionalen Objekten mit der Hand basiert.

15

Erkennen von Objekten durch aktives und passives Berühren

Bitten Sie eine andere Person, 5 oder 6 kleine Objekte für Sie zum Identifizieren auszuwählen. Schließen Sie die Augen und lassen Sie sich jedes Objekt in die Hand legen. Im aktiven Teil der Demonstration müssen Sie nun jedes Objekt nur durch Ihren Tastsinn identifizieren, indem Sie die Finger und die Hand darüber bewegen. Achten Sie dabei genau auf das, was Sie wahrnehmen: Ihre Bewegungen von Fingern und Hand, Ihre Tastempfindungen und Ihre Gedanken. Tun Sie dies mit 3 Objekten. Dann, im passiven Teil der Demonstration, halten Sie Ihre Hand mit ausgestreckten Fingern vor sich und lassen Sie die andere Person jedes der verbleibenden Objekte über Ihre Hand bewegen, wobei Konturen und Oberflächen des Objekts in Kontakt mit der Haut kommen. Ihre Aufgabe bleibt dieselbe: das Objekt zu identifizieren und auf Ihr Erleben zu achten, während das Objekt über Ihre Hand bewegt wird.

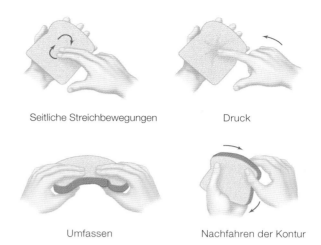

Seitliche Streichbewegungen　　Druck

Umfassen　　Nachfahren der Kontur

◼ **Abb. 15.14** Einige der im Experiment von Lederman und Klatzky beobachteten exploratorischen Prozeduren, die die Probanden bei der Objektidentifikation einsetzten. (Adaptiert nach Lederman & Klatzky, 1987. Reprinted with permission from Elsevier.)

Objektidentifikation durch haptische Exploration

Haptische Wahrnehmung ist ein Beispiel für eine Situation, in der mehrere verschiedene Systeme zusammenwirken. Während Sie die Objekte im ersten Teil von Demonstration 15.3 manipulierten, benutzen Sie insgesamt 3 verschiedene Systeme für die Objektidentifikation:

1. Das *sensorische System*, das Ihnen Eindrücke der Hautsinne wie Berührung, Temperatur und Oberflächenstruktur sowie Bewegungen und Positionen von Fingern und Händen vermittelt
2. Das *motorische System*, durch das Sie Ihre Finger und Hände bewegen können
3. Das *kognitive System*, mit dessen Hilfe Sie die Information aus dem sensorischen und dem motorischen System zu einem berichtbaren Wahrnehmungseindruck verarbeiten

Haptische Wahrnehmung ist ein extrem komplexer Prozess, da diese 3 Systeme koordiniert zusammenarbeiten müssen. So wird die Steuerung der Finger- und der Handbewegungen durch das motorische System ihrerseits durch mehrere Faktoren gelenkt: durch Eindrücke der Hautsinne in Fingern und Händen, durch die Wahrnehmung der Positionen von Fingern und Händen und durch kognitive Prozesse, die darüber bestimmen, welche Informationen bei einem Objekt für dessen Identifikation benötigt werden.

Das Zusammenwirken dieser 3 Prozesse erzeugt beim aktiven Berühren ein Erleben, das sich sehr stark von dem beim passiven Berühren unterscheidet. J. J. Gibson (1962), der die Bedeutung von Bewegung für die Wahrnehmung betont hat (▶ Abschn. 7.1 und 8.3), unterscheidet das Erle-

ben beim aktiven und passiven Berühren danach, dass wir passives Berührtwerden in der Regel als Empfindung an der Haut erfahren, während wir beim aktiven Berühren eine Verbindung zum berührten Objekt herstellen. Wenn Ihnen beispielsweise jemand ein spitzes Objekt auf die Haut drückt, würden Sie ein Stechen auf der Haut fühlen. Wenn Sie sich jedoch selbst mit der Spitze des Objekts berühren, würden Sie wahrscheinlich ein spitzes Objekt fühlen (Kruger, 1970). Beim passiven Berühren nehmen Sie somit eine Stimulation der Haut wahr, während Sie beim aktiven Berühren die Objekte wahrnehmen, die Sie berühren.

Psychophysische Forschungen haben gezeigt, dass Menschen die meisten vertrauten Objekte innerhalb von 1 oder 2 s mithilfe des Tastsinns korrekt identifizieren können (Klatzky et al., 1985). Durch die Beobachtung der Handbewegungen der Probanden während solcher Objektidentifikationen fanden Susan Lederman und Roberta Klatzky (1987, 1990) heraus, dass Menschen mehrere Kategorien von Handbewegungen ausführen. Sie werden als **exploratorische Prozeduren** bezeichnet. Die Art der eingesetzten exploratorischen Prozeduren hängt davon ab, welche Eigenschaften des Gegenstands die Probanden beurteilen sollen.

◼ Abb. 15.14 zeigt 4 der exploratorischen Prozeduren, die von Lederman und Klatzky beobachtet wurden. In der Regel benutzen Menschen nur 1 oder 2 davon für die Beurteilung bestimmter Oberflächenmerkmale, beispielsweise hauptsächlich seitliche Streichbewegungen für die Beurteilung der Textur oder Umfassen und Nachfahren der Kontur für die Bestimmung der Form.

Die kortikale Physiologie der taktilen Objektwahrnehmung

Das Ertasten von Objekten mit unseren Fingern und Händen aktiviert Mechanorezeptoren, die Signale zum Kortex senden. Wenn diese Signale den Kortex erreichen, aktivieren sie irgendwann spezialisierte Neuronen.

Kortikale Neuronen sind spezialisiert

Folgen wir dem Verlauf der Nervenfasern der Mechanorezeptoren von den Fingern weiter zum und im Gehirn, so sehen wir, dass die Neuronen in immer höherem Maße spezialisiert sind. Dies ähnelt der Organisation des visuellen Systems. Neuronen im Thalamus des Affen (im Nucleus ventralis posterior), der für die Tastwahrnehmung zuständig ist, haben rezeptive Felder mit einer Zentrum-Umfeld-Struktur (Abb. 15.15), die der Zentrum-Umfeld-Struktur der rezeptiven Felder von Neuronen im visuellen Teil des Thalamus (dem Corpus geniculatum laterale) ähneln (Mountcastle & Powell, 1959). Im Kortex finden wir ebenfalls einige Neuronen, deren rezeptive Felder eine Zentrum-Umfeld-Struktur aufweisen, sowie andere, die auf speziellere Stimulationen der Haut antworten. Abb. 15.16 zeigt einige Stimuli, die Neuronen im somatosensorischen Kortex des Affen zum Feuern bringen. Es gibt Neuronen, die auf bestimmte Orientierungen antworten (Abb. 15.16a), und Neuronen, die auf Bewegung in bestimmter Richtung über die Haut antworten (Abb. 15.16b; Hyvärinin & Poranen, 1978; vergleiche auch Bensmaia et al., 2008; Pei et al., 2011; Yau et al., 2009).

Im somatosensorischen Kortex des Affen existieren darüber hinaus Neuronen, die antworten, wenn der Affe ein bestimmtes Objekt ergreift (Sakata & Iwamura, 1978). Abb. 15.17 zeigt die Antworten eines dieser Neuronen auf 2 verschiedene Reize. Wie wir sehen, antwortet das Neuron, wenn der Affe ein Lineal ergreift, jedoch nicht, wenn der Affe ein zylindrisches Objekt ergreift (vergleiche auch Iwamura, 1998).

Die kortikale Antwort wird durch Aufmerksamkeit beeinflusst

Kortikale Neuronen werden nicht nur durch Eigenschaften eines Objekts beeinflusst, sondern auch dadurch, ob einem Reiz Aufmerksamkeit gewidmet wird. Steven Hsiao et al. (1993, 1996) zeichneten die Antworten von Neuronen in den kortikalen Arealen S1 und S2 auf, während Reliefbuchstaben über die Fingerkuppe eines Affen geführt wurden. In der Taktile-Aufmerksamkeit-Bedingung musste der Affe eine Aufgabe ausführen, die es erforderte, seine Aufmerksamkeit auf die taktile Darbietung der Buchstaben zu richten. In der Visuelle-Aufmerksam-

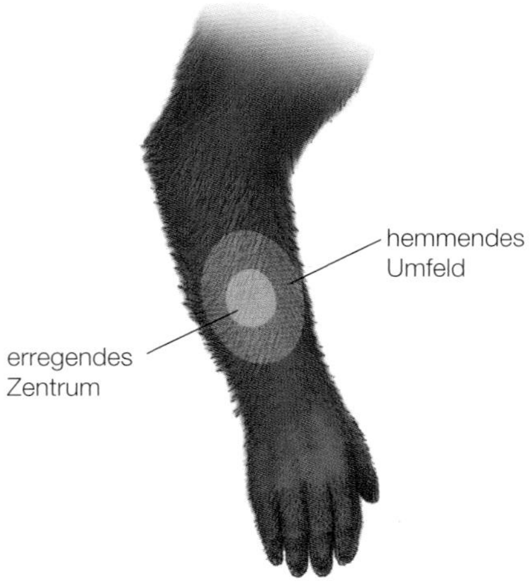

Abb. 15.15 Das rezeptive Feld eines Neurons im Thalamus des Affen mit erregendem Zentrum und hemmendem Umfeld

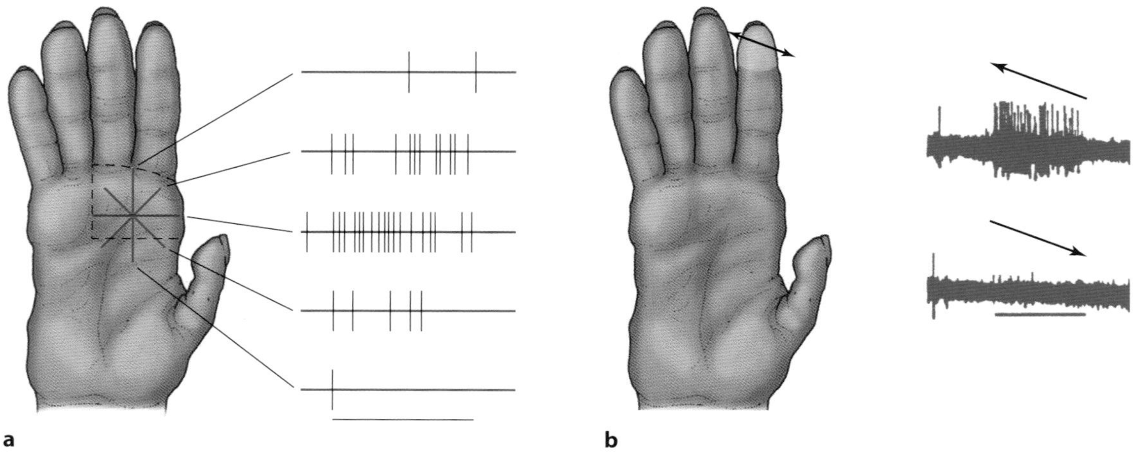

Abb. 15.16 Rezeptive Felder von Neuronen im somatosensorischen Kortex des Affen. **a** Die Feuermuster *rechts* von der Hand wurden bei den durch die *farbigen Striche* auf der Hand angedeuteten Orientierungen des Stimulus aufgezeichnet. Dieses Neuron antwortet am stärksten, wenn eine Kante mit horizontaler Orientierung auf die Hand gesetzt wird. **b** Die Feuermuster wurden aufgezeichnet, während sich ein Reiz von rechts nach links (*oben*) bzw. von links nach rechts (*unten*) über die Fingerkuppe bewegte. Dieses Neuron antwortet am stärksten, wenn sich ein Reiz von rechts nach links über die Fingerkuppe bewegt. (Adaptiert nach Hyvärinen & Poranen, 1978, mit freundlicher Genehmigung von John Wiley and Sons)

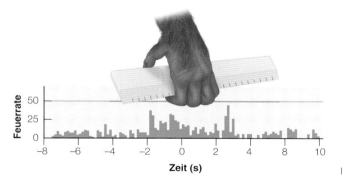

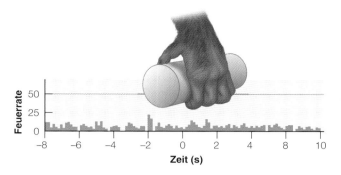

Abb. 15.17 Antworten eines Neurons im parietalen Kortex eines Affen. Es feuert, wenn der Affe ein Lineal ergreift, jedoch nicht, wenn der Affe ein zylindrisches Objekt ergreift. Der Affe ergreift das Objekt zum Zeitpunkt *0*. (Adaptiert nach Sakata & Iwamura, 1978. Reprinted with permission from Elsevier.)

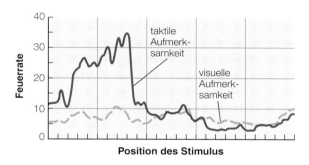

Abb. 15.18 Das Feuern eines Neurons im kortikalen Areal S1 eines Affen, während ein Buchstabe über die Fingerkuppe gerollt wird. Das Neuron antwortet nur, wenn der Affe dem taktilen Reiz Aufmerksamkeit widmet. (Adaptiert nach Hsiao et al., 1993, © The American Physiological Society)

15.1.5 Soziale Berührung

Was passiert, wenn Sie von einem anderen Menschen berührt werden? Das Berühren eines Menschen durch einen anderen, die **interpersonelle** oder **soziale Berührung**, ist in der letzten Zeit zu einem brandaktuellen Thema in verschiedenen Forschungsbereichen geworden (Gallace & Spence, 2010). ◘ Abb. 15.19 zeigt, mit welchen Fragen sich die Forschung über soziale Berührung beschäftigt. Wir werden uns auf die Fragen in den Feldern der Kognitions- und Neurowissenschaften konzentrieren: Welche Reize werden als angenehm, welche als unangenehm empfunden? Welche Rezeptoren und Hirnareale sind für die sozialen Aspekte der Berührung verantwortlich?

Das Spüren von Berührungen

Zu Beginn des Kapitels haben wir 4 Rezeptortypen beschrieben, die in unbehaarter Haut vorkommen. Wir konzentrieren uns nun auf die behaarte Haut, die Nervenfasern enthält, die als **CT-afferent** bezeichnet werden, wobei CT für C-taktil steht. Diese Fasern sind nicht myelinisiert, d. h., sie sind nicht von einer Myelinscheide (oder Markscheide) umgeben, die die Nervenfasern ummantelt, die mit den Rezeptoren in unbehaarter Haut verbunden sind. Nicht myelinisierte Fasern leiten Nervenimpulse sehr viel langsamer weiter als myelinisierte Fasern. Wir werden sehen, dass diese Eigenschaft einen Einfluss darauf hat, auf welche Art Reize sie reagieren. Die Aktivität dieser langsam leitenden CT-Fasern wurde erstmals mit einer Technik namens Mikroneurografie aufgezeichnet. Dabei wird eine Metallelektrode mit einer sehr feinen Spitze direkt unter die Haut gestochen (◘ Abb. 15.20; Vallbo & Hagbarth, 1968; Vallbo et al., 1993).

Bis ins Jahr 2002 war die Funktion der C-taktilen Afferenzen nicht bekannt. Hakan Olausson et al. (2002) kamen jedoch der Lösung dieses Rätsels näher, als sie die Patientin G. L. untersuchten. Diese 54-jährige Frau litt an einer Krankheit, die alle myelinisierten Fasern zerstörte,

keit-Bedingung musste der Affe seine Aufmerksamkeit hingegen auf einen visuellen Reiz richten, der nichts mit der taktilen Darbietung zu tun hatte. Die Ergebnisse sind in ◘ Abb. 15.18 dargestellt. Obwohl der Affe in beiden Fällen exakt dieselbe Stimulation an den Fingerkuppen erhält, ist die neuronale Antwort in der Taktile-Aufmerksamkeit-Bedingung deutlich stärker. Die Stimulation von Rezeptoren kann somit zwar eine neuronale Antwort hervorrufen, die Stärke dieser Antwort kann jedoch durch Aufmerksamkeit, kognitive Prozesse und andere Verhaltensweisen des Wahrnehmenden beeinflusst werden.

Dass nicht nur die Stimulation der Rezeptoren die Wahrnehmung beeinflussen kann, ist Ihnen bereits vertraut, denn beim Sehen (▶ Abschn. 6.4) und Hören ist die Situation ähnlich. Die aktive Mitwirkung einer Person am Wahrnehmungsprozess beeinflusst die Wahrnehmung, und zwar nicht allein durch den Einfluss darauf, welche Reize die Rezeptoren stimulieren, sondern auch durch den Einfluss auf die neuronale Verarbeitung im Anschluss an die Stimulation. Später werden wir sehen, dass sich dies eindeutig für die Schmerzerfahrung nachweisen lässt, die durch Verarbeitungsprozesse stark beeinflusst wird – und nicht nur durch die Stimulation der Rezeptoren.

Abb. 15.19 Disziplinen, die sich mit der Erforschung sozialer Berührungen beschäftigen, und Fragestellungen der jeweiligen Disziplin. (Nach Gallace & Spence, 2010. Reprinted with permission from Elsevier.)

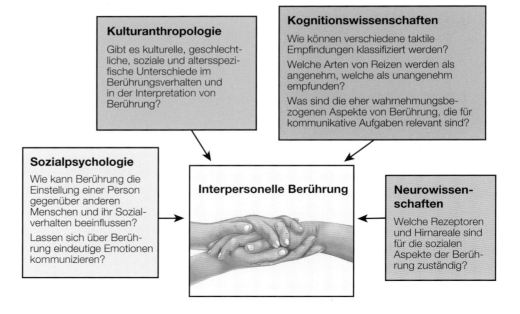

Kulturanthropologie

Gibt es kulturelle, geschlechtliche, soziale und altersspezifische Unterschiede im Berührungsverhalten und in der Interpretation von Berührung?

Kognitionswissenschaften

Wie können verschiedene taktile Empfindungen klassifiziert werden?

Welche Arten von Reizen werden als angenehm, welche als unangenehm empfunden?

Was sind die eher wahrnehmungsbezogenen Aspekte von Berührung, die für kommunikative Aufgaben relevant sind?

Sozialpsychologie

Wie kann Berührung die Einstellung einer Person gegenüber anderen Menschen und ihr Sozialverhalten beeinflussen?

Lassen sich über Berührung eindeutige Emotionen kommunizieren?

Interpersonelle Berührung

Neurowissenschaften

Welche Rezeptoren und Hirnareale sind für die sozialen Aspekte der Berührung zuständig?

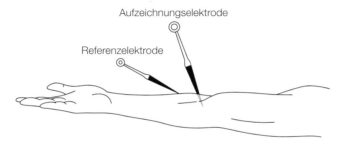

Aufzeichnungselektrode

Referenzelektrode

Abb. 15.20 Bei der Mikroneurografie werden Metallelektroden mit sehr feinen Spitzen (eine Aufnahme- und eine Referenzelektrode) direkt unter die Haut gestochen, um Aktionspotenziale von Nervenfasern der Haut abzuleiten. Wird die Haut am Unterarm gestreichelt, nehmen die Elektroden die Signale auf, die über die Nervenfasern zum Gehirn gesendet werden

wodurch sie ihren Angaben nach ihren Tastsinn vollständig verloren hatte. Eine eingehende Untersuchung ergab jedoch, dass sie leichtes Streicheln mit einer Bürste auf dem behaarten Bereich ihres Unterarms fühlen konnte, eine Region, die C-taktile Afferenzen enthält. Darüber hinaus wurde bei leichten Berührungen die *Insula* aktiviert, die, wie wir noch sehen werden, Signale von C-taktilen Afferenzen empfängt. Durch diese Befunde kam Olausson zu dem Schluss, dass C-taktile Afferenzen an „liebevollen zärtlichen Berührungen von Haut zu Haut zwischen Individuen" beteiligt sind – die Art von Stimulation, die später als soziale Berührung bezeichnet werden sollte.

Die soziale Berührungshypothese

Die Forschung, die auf den Untersuchungsergebnissen der Patientin G. L. aufbaute, führte zur **sozialen Berührungshypothese**, der zufolge CT-Afferenzen und ihre zentralen

Projektionen entscheidend für die soziale Berührung sind. Sie wurde als ein neues Berührungssystem anerkannt, das sich von den Systemen unterscheidet, die wir zuvor in diesem Kapitel beschrieben haben, die in erster Linie **diskriminierende Funktionen der Berührung** – Wahrnehmung von Details, Textur, Vibrationen und Objekten – umfassen. Das CT-System hingegen ist die Grundlage für die **affektive Funktion von Berührung** – das Erleben von Wohlbefinden und somit häufig das Auslösen positiver Emotionen.

Line Loken et al. (2009) konzentrierten sich auf den angenehmen Aspekt der sozialen Berührung, indem sie mithilfe der Mikroneurografie aufzeichneten, wie die Fasern in der Haut auf das Streicheln mit einer weichen Bürste reagierten. Loken fand heraus, dass das Streicheln sowohl ein Feuern in CT-afferenten Fasern als auch in den myelinisierten Fasern von SA1 und SA2 auslöste, denen Diskriminationsfunktionen nachgewiesen werden konnten. Es bestand jedoch zwischen beiden Fasertypen ein entscheidender Unterschied. Während die Reaktion der SA1- und SA2-Fasern mit zunehmender Geschwindigkeit bis auf 30 cm/s anstieg (■ Abb. 15.21a), erreichte die Reaktion der CT-afferenten Fasern ihren Höhepunkt bei 3–10 cm/s und nahm dann ab (■ Abb. 15.21b). Die CT-afferenten Fasern sind also auf langsames Streichen spezialisiert. Und was vielleicht ebenso wichtig ist: Loken et al. befragten die Probanden auch, als wie angenehm sie das Gefühl bewerteten, das durch dieses langsame Streicheln erzeugt wurde. Sie entdeckten, dass es eine Beziehung zwischen wohligem Gefühl und dem Feuern der CT-afferenten Fasern gab (■ Abb. 15.21c). Weitere Untersuchungen zeigten, dass das Wohlgefühl bei den Streichelgeschwindigkeiten am höchsten bewertet wurde, die mit optimalem Feuern der CT-afferenten Fasern einhergingen (Pawling et al., 2017).

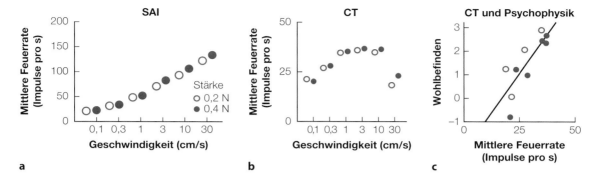

○ **Abb. 15.21** Line Löken et al. (2009) setzten die Mikroneurografie ein, um die Feuerungsraten von **a** SA1-Fasern (assoziiert mit Merkel-Rezeptoren) und **b** CT-afferenten Fasern abzuleiten. Dabei wurde in unterschiedlicher Geschwindigkeit und mit einem Bürstenandruck in 2 verschiedenen Stärken eine weiche Bürste über die Haut bewegt: niedriger Druck (*blau*) und hoher Druck (*rot*). Die Feuerungsrate der SA1-Fasern nimmt mit zu-

nehmender Geschwindigkeit weiter zu, aber das Feuern der CT-Fasern erreicht seinen Höhepunkt bei einer Geschwindigkeit von etwa 3 cm/s und nimmt dann ab. **c** Die Bewertung des Wohlbefindens korreliert mit der Feuerfrequenz der CT-Fasern, d. h. höhere Feuerraten gehen mit einer höheren Bewertung des Wohlbefindens einher

Soziale Berührung und das Gehirn

So wichtig die CT-Afferenzen für die soziale Berührung auch sind, die Wahrnehmung von Berührungen erfolgt erst, wenn die Signale der CT-Afferenzen das Gehirn erreichen. Der wichtigste Bereich, der diesen Input erhält, ist die Insula (○ Abb. 15.4), die bekanntlich an positiven Emotionen beteiligt ist. Monika Davidovic et al. (2019) bestimmten die funktionelle Konnektivität zwischen verschiedenen Teilen der Insula, die durch angenehme Berührungen ausgelöst wird (zur funktionellen Konnektivität siehe ▶ Abschn. 2.3.3). Sie fanden heraus, dass durch langsames Streicheln Verbindungen aufgebaut werden zwischen dem hinteren Teil der Insula, der die sensorischen Informationen empfängt, und dem vorderen Teil, in dem sich die Areale zur Verarbeitung von Emotionen befinden. Offenbar tragen diese Verbindungen zu emotionalen Arealen dazu bei, bei sozialen Berührungen ein Gefühl des Wohlbefindens zu erzeugen.

Top-down-Einflüsse auf soziale Berührung

Bisher beschäftigten wir uns in unseren Überlegungen damit, dass ein langsames Streicheln des Arms (und anderer Körperteile) angenehm ist. Die Wirkung des Streichelns wird aber nicht allein dadurch beeinflusst, wo und wie man gestreichelt wird. Zum Beispiel spielt es eine entscheidende Rolle, wer uns streichelt, ob wir diese Berührung als angenehm oder als unangenehm wahrnehmen.

Dan-Mikael Ellingsen et al. (2016) wiesen diesen Zusammenhang nach, indem sie heterosexuelle männliche Probanden baten, auf einer Skala von 1 („sehr unangenehm") bis 20 („sehr angenehm") eine sinnliche Liebkosung ihres Arms zu bewerten. Man teilte ihnen mit, die zärtliche Berührung würde einmal von einer Frau und einmal von einem Mann ausgehen. Obwohl das Streicheln in beiden Fällen gleich war, lag die Bewertung bei 9,2, wenn sie dachten, sie würden von einem Mann gestreichelt, und

bei 14,2, wenn sie dachten, dass das Streicheln von einer Frau ausging.

Befunde wie diese zeigen, dass langsames Streicheln zwar oft als angenehm empfunden wird, diese angenehme Interaktion jedoch davon abhängt, wie der Betroffene die Situation bewertet, sodass sie in eine weniger angenehme oder sogar eine negative Interaktion umschlagen kann. Dass Menschen durch die Vorstellung, wer sie berührt, beeinflusst werden können, ob sie eine Berührung als angenehm empfinden oder nicht, ist ein Beispiel dafür, wie die **Top-down-Verarbeitung** (auch **wissensbasierte Verarbeitung**; ▶ Abschn. 1.4.5) die Wahrnehmung von sozialen Berührungen beeinflussen kann. Wenn wir im nächsten Abschnitt das Thema Schmerz behandeln, werden wir viele Beispiele finden, wie Schmerz durch Top-down-Prozesse beeinflusst werden kann.

15.2 Schmerzwahrnehmung

Wie wir zu Beginn dieses Kapitels beschrieben haben, hat die Schmerzwahrnehmung vor allem die Funktion, uns vor potenziell gefährlichen Situationen zu warnen und so Schnittverletzungen, Verbrennungen und Knochenbrüche zu vermeiden. Menschen, die ohne Schmerzempfinden geboren wurden, bemerken den Kontakt mit einem heißen Ofen nur durch den Geruch ihres eigenen verbrannten Fleischs oder spüren Knochenbrüche, Entzündungen oder innere Verletzungen nicht – was schnell lebensbedrohlich werden kann (Watkins & Maier, 2003). Diese Warnfunktion ist auch in der Definition des Schmerzes durch die International Association for the Study of Pain enthalten: „Schmerz ist ein unangenehmes Sinnes- und Gefühlserlebnis, das mit aktueller oder potenzieller Gewebeschädigung verknüpft ist oder mit Begriffen einer solchen Schädigung beschrieben wird" (Merskey, 1991).

◘ Abb. 15.22 Nozizeptiver Schmerz entsteht durch Aktivierung der Nozizeptoren in der Haut, die auf verschiedene Arten der Stimulation antworten. Die Signale der Nozizeptoren werden zum Rückenmark und von dort zum Gehirn weitergeleitet

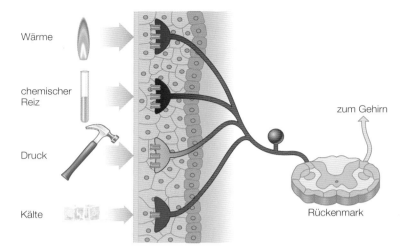

Wärme

chemischer Reiz

Druck

Kälte

zum Gehirn

Rückenmark

Joachim Scholz und Clifford Woolf (2002) unterscheiden 3 Arten von Schmerz: **Entzündungsschmerz** wird durch Gewebeschädigungen und Gelenkentzündungen sowie Tumorzellen hervorgerufen. **Neuropathischer Schmerz** wird durch Läsionen oder andere Schädigungen des Nervensystems verursacht. Beispiele hierfür sind das Karpaltunnelsyndrom, das durch sich wiederholende manuelle Tätigkeit wie Tippen Schmerzen der Hand und des Unterarms hervorruft, sowie Verletzungen des Rückenmarks und durch Schlaganfall bedingte Hirnschädigungen.

Nozizeptiver Schmerz wird durch die Aktivierung von speziellen Schmerzrezeptoren in der Haut, den **Nozizeptoren**, verursacht, die speziell auf aktuelle oder drohende Gewebeverletzungen ansprechen (Perl, 2007). Es gibt mehrere unterschiedliche Arten von Nozizeptoren, die auf verschiedene Stimuli antworten wie Hitze, Chemikalien, starken Druck oder Kälte (◘ Abb. 15.22). Wir werden uns auf diesen nozizeptiven Schmerz konzentrieren – und dabei auch einige Beispiele von Schmerz betrachten, der ohne Stimulation der Haut auftreten kann.

15.2.1 Die Gate-Control-Theorie des Schmerzes

Wir beginnen unsere Diskussion zum Schmerz mit den Überlegungen, die frühere Forscher dazu entwickelt haben, und den Modifikationen dieser frühen Vorstellungen seit den 1960er-Jahren. In den 1950er-Jahren bis hinein in die 1960er-Jahre wurde Schmerz mit einem Modell **direkter Schmerzbahnen** erklärt. Demnach tritt Schmerz auf, wenn Nozizeptoren in der Haut stimuliert werden und ihre Signale auf direktem Wege von der Haut zum Gehirn senden (Melzack & Wall, 1965). Aber in den 1960er-Jahren begannen einige Forscher, auf Situationen aufmerksam zu werden, in denen Schmerz auch durch andere Faktoren als die Stimulation der Haut beeinflusst wurde.

Ein Beispiel dafür war der Bericht von H. K. Beecher (1959) über amerikanische Soldaten, die während des Zweiten Weltkriegs bei der Schlacht um Anzio an der italienischen Westküste verwundet wurden. Die meisten dieser Verwundeten „bestritten komplett, Schmerzen durch ihre schweren Verletzungen zu haben, oder nur so geringe, dass sie keine schmerzlindernden Medikamente haben wollten" (Beecher, 1959, S. 165). Ein Grund dafür lag darin, dass die Verwundung eine positive Seite hatte: Sie ermöglichte es, aus dem gefährlichen Schlachtfeld zu entkommen und im Lazarett hinter der Front Sicherheit zu finden.

Ein anderes Beispiel war, dass Schmerz auch ohne Übertragung von Rezeptorsignalen an das Gehirn auftreten kann: Dieses Phänomen tritt bei **Phantomgliedern** auf – Gliedmaßen, die amputiert wurden, aber weiterhin als vorhanden erlebt werden (◘ Abb. 15.23). Diese Wahrnehmung ist so überzeugend, dass Amputierte mitunter versuchen, mit ihren Phantomfüßen oder -beinen aus dem Bett aufzustehen oder auch eine Tasse mit der Phantomhand zu ergreifen. Für viele dieser Patienten scheint der amputierte Arm beim Gehen mitzuschwingen. Vor allem aber kommt es nicht selten vor, dass Amputierte Schmerzen in ihren Phantomgliedern empfinden (Jensen & Nikolajsen, 1999; Katz & Gagliese, 1999; Melzack, 1992; Ramachandran & Hirstein, 1998).

Als eine mögliche Ursache für den Schmerz bei Phantomgliedern wird diskutiert, dass Signale von dem erhaltenen Teil der Gliedmaßen ausgehen. Allerdings haben Forscher festgestellt, dass weder das Phantomglied noch der Phantomschmerz verschwinden, wenn diejenigen Nerven durchtrennt sind, über die die Signale normalerweise von dem Körperglied zum Gehirn gelangen. Sie zogen daraus den Schluss, dass der Schmerz nicht in der Haut, sondern im Gehirn entsteht. Das Modell der direkten Schmerzbahnen kann zudem nicht erklären, dass trotz erheblicher Wunden kein Schmerz empfunden wird oder dass Schmerz in einem Körperbereich wahrgenommen wird, von dem keine Signale zum Gehirn gelangen. Ronald Melzack und

◘ Abb. 15.23 Ein amputierter Arm kann als Phantomglied (*hell* dargestellt) wahrgenommen werden, obwohl er physikalisch nicht vorhanden ist

Patrick Wall (1965, 1983, 1988) entwickelten daher die *Gate-Control-Theorie* des Schmerzes.

Die **Gate-Control-Theorie** ist ein Modell der Schmerzwahrnehmung, das an die Vorstellung anknüpft, dass die Schmerzsignale der Rezeptoren im Körper zum Rückenmark gelangen und von dort zum Gehirn weitergeleitet werden. Darüber hinaus wird angenommen, dass es weitere Bahnen gibt, die die Signale auf ihrem Weg über das Rückenmark zum Gehirn beeinflussen. Die Grundvorstellung dabei ist, dass Signale dieser zusätzlichen Bahnen bewirken, dass sich eine Art Tor oder Gatter – eben das

Gate – im Rückenmark öffnet oder schließt, das die Stärke des zum Gehirn übermittelten Signals regelt.

◘ Abb. 15.24 zeigt den Schaltkreis, den Melzack und Wall (1965) vorgeschlagen haben. Das System besteht aus Zellen im Hinterhorn des Rückenmarks (◘ Abb. 15.24a). Diese Zellen im Hinterhorn werden in ◘ Abb. 15.24b durch rote und grüne Kreise repräsentiert. Diesen Schaltkreis können wir verstehen, indem wir die am Gate einlaufenden Signale entlang dreier Bahnen verfolgen:

- *Nozizeptoren*: Über die Nervenfasern der Nozizeptoren werden Verbindungen aktiviert, die ausschließlich erregende Synapsen enthalten und deshalb erregende Signale an eine **Transmissionszelle** weiterleiten: Erregende Signale der (+)-Neuronen im Hinterhorn öffnen das Gate und erhöhen die Feuerraten der Transmissionszellen. Die erhöhten Feuerraten dieser Transmissionszellen verstärken den Schmerz.
- *Mechanorezeptoren*: Die von den Mechanorezeptoren ausgehenden Nervenfasern leiten Informationen über nicht schmerzhafte taktile Reize weiter – ein Beispiel dafür wären Signale, die durch Streichen über die Haut ausgelöst werden. Wenn die Aktivierung der Mechanorezeptoren bei den (−)-Neuronen im Hinterhorn ankommt, gehen von dort hemmende Signale aus, die das Gate schließen und die Feuerrate der Übertragungszellen senken. Diese Abnahme der Feuerrate verringert die Schmerzintensität.
- *Zentrale Steuerung*: Über weitere Fasern werden vom Kortex Informationen abwärts in das Rückenmark übermittelt. Diese Informationen sind mit kognitiven Funktionen wie Erwartung, Aufmerksamkeit oder Ablenkung assoziiert. Wie bei den Mechanorezeptoren führt

◘ Abb. 15.24 a Ein Querschnitt durch das Rückenmark. Dargestellt sind Nervenfasern, die durch die Hinterwurzel eintreten. **b** Der von Melzack und Wall (1965, 1988) im Rahmen der Gate-Control-Theorie vorgeschlagene neuronale Schaltkreis bei der Schmerzwahrnehmung (Erläuterung siehe Text)

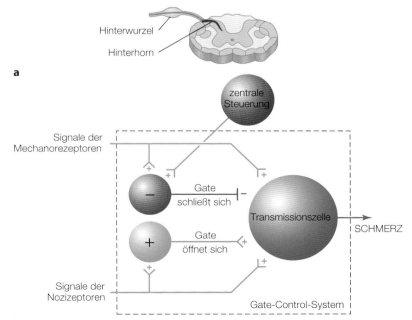

eine Aktivierung, die vom Gehirn eintrifft, zum Schließen des Gate, was die Aktivität der Transmissionszellen reduziert und den Schmerz verringert.

Seit der Einführung der Gate-Control-Theorie im Jahre 1965 haben Forscher festgestellt, dass die für die Schmerzregulierung verantwortlichen neuronalen Schaltkreise viel komplexer sind als durch die Theorie vorhergesagt (Perl & Kruger, 1996; Sufka & Price, 2002). Allerdings war die Vorstellung, dass wahrgenommener Schmerz aus einer Balance zwischen Input von Nozizeptoren in der Haut und nichtnoziszeptivem Input aus Haut und Gehirn resultiert, äußerst fruchtbar für die weitere Forschung. Diese hat an vielen Beispielen gezeigt, dass die Schmerzwahrnehmung auch von Eingangssignalen solcher Fasern abhängt, die nichts mit der Stimulation der Haut zu tun haben (Fields & Basbaum, 1999; Sufka & Price, 2002; Turk & Flor, 1999; Weissberg, 1999). Wir wollen nun einige Beispiele für den Einfluss der Kognition auf die Schmerzwahrnehmung betrachten.

15.2.2 Top-down-Prozesse

Wie die moderne Forschung gezeigt hat, kann Schmerz dadurch beeinflusst werden, was jemand erwartet, worauf er seine Aufmerksamkeit richtet, durch welche Art von Reizen er abgelenkt wird und welchen suggestiven Einflüssen er etwa unter Hypnose ausgesetzt ist (Rainville et al., 1999; Wiech et al., 2008).

Erwartung

In einer klinischen Studie, in der Chirurgiepatienten über die zu erwartenden Schmerzen aufgeklärt und instruiert wurden, sich zur Linderung der Schmerzen zu entspannen, verlangten die Teilnehmer nach der Operation weniger Schmerzmedikation und wurden durchschnittlich 2,7 Tage eher entlassen als Patienten, die diese Informationen nicht erhalten hatten (Egbert et al., 1964). Darüber hinaus zeigten klinische Studien, dass ein signifikanter Anteil von Patienten mit chronischen Schmerzzuständen Linderung durch ein **Placebo** erfährt – durch ein Scheinmedikament, das nach Ansicht der Patienten schmerzstillend wirkt, tatsächlich jedoch keine medizinischen Wirkstoffe enthält (Finniss & Benedetti, 2005; Weisenberg, 1977). Die schmerzstillende Wirkung einer Substanz ohne pharmakologische Wirkung wird als **Placeboeffekt** bezeichnet: Entscheidend für diesen Effekt ist die Überzeugung der Patienten, dass das Placebo eine wirksame Therapie darstellt. Diese Überzeugung führt dazu, dass Patienten eine Schmerzlinderung erwarten, die dann auch tatsächlich eintritt. Viele Experimente haben gezeigt, dass Erwartung zu den einflussreicheren Faktoren des Placeboeffekts gehört (Colloca & Benedetti, 2005).

Ulrike Bingel et al. (2011) zeigten den Einfluss der Erwartung bei einer schmerzhaften Hitzestimulation durch

◻ Tab. 15.2 Einfluss der Erwartung auf Schmerzbewertungen (Bingel et al., 2011)

Bedingung	Medikament?	Schmerzbewertung
Baseline	Nein	66
Keine Erwartung	Ja	55
Positive Erwartung	Ja	39
Negative Erwartung	Ja	64

eine Elektrode an der Wade des Probanden. Die Hitze wurde so eingestellt, dass der Teilnehmer einen Schmerzwert von 70 angab, wobei 0 „keinem Schmerz" und 100 „unerträglichem Schmerz" entspricht. Die Teilnehmer bewerteten dann den Schmerz, nachdem ihnen eine Kochsalzlösung per Infusion verabreicht wurde (*Baseline*), im Anschluss, nachdem ihnen das Analgetikum Remifentanil unter 3 verschiedenen Bedingungen verabreicht wurde. Dabei wurden die Probanden darüber informiert, dass

1. sie weiterhin die Kochsalzlösung erhielten (*keine Erwartung*);
2. das Medikament verabreicht wurde (*positive Erwartung*);
3. das Medikament abgesetzt wurde, um die mögliche Schmerzsteigerung zu untersuchen (*negative Erwartung*).

Die in ◻ Tab. 15.2 dargestellten Ergebnisse zeigen, dass der Schmerz zu Beginn der Infusionstherapie, als die Teilnehmer keine Erwartungen in Richtung einer Schmerzänderung hatten, leicht von 66 auf 65 reduziert wurde, bei positiver Erwartung auf 39 abfiel und dann bei negativer Erwartung auf 64 anstieg. Das Entscheidende an diesen Befunden ist, dass der Proband nach der Kochsalzlösung (Baseline) kontinuierlich die gleiche Dosis des Medikaments erhielt. Es änderte sich allein seine Erwartung, und diese Änderung der Erwartungshaltung veränderte sein Schmerzempfinden.

Die Schmerzlinderung bei einer positiven Erwartung ist ein Placeboeffekt, bei dem die Anweisungen für eine positive Erwartung als Placebo wirken. Umgekehrt wird der negative Effekt, der durch die Anweisungen für eine negative Erwartung hervorgerufen wird, als **Noceboeffekt** bezeichnet, der einem negativen Placeboeffekt entspricht (siehe auch Tracey, 2010).

In dieser Studie wurde auch die Gehirnaktivität der Teilnehmer gemessen. Es zeigte sich, dass der Placeboeffekt mit einer Zunahme der Aktivität in einem Netzwerk von Arealen verbunden war, die mit der Schmerzwahrnehmung in Zusammenhang stehen, während der Noceboeffekt mit einem Anstieg der Aktivität im Hippocampus verbunden war. Die Erwartung einer Person beeinflusst also sowohl die Wahrnehmung als auch die physiologische Reaktion.

Aufmerksamkeit

Bei der Beschreibung, wie Texturen mit den Fingern wahrgenommen werden, haben wir gelernt, dass die Antwort der kortikalen Neurone durch Aufmerksamkeit beeinflusst werden kann (◻ Abb. 15.18). Eine ähnliche Wirkung gibt es auch bei der Schmerzwahrnehmung. Beispiele für den Einfluss der Aufmerksamkeit auf das Schmerzerleben wurden in den 1960er-Jahren bekannt, als Melzack und Wall 1965 ihre Gate-Control-Theorie des Schmerzes entwickelt haben. Die folgende Beschreibung dieses Einflusses stammt von einem meiner Studenten:

» Ich war etwa fünf oder sechs Jahre alt und spielte Videospiele, als mein Hund angelaufen kam und das Kabel aus der Spielkonsole herauszog. Als ich aufstand, um es wieder reinzustecken, stolperte ich und stieß mir den Kopf an der Heizung unter dem Wohnzimmerfenster. Nachdem ich mich wieder aufgerappelt hatte, taumelte ich zur Konsole, stöpselte den Controller wieder ein und dachte mir nichts über meinen kleinen Unfall [...] Während ich weiterspielte, spürte ich plötzlich, wie mir eine Flüssigkeit die Stirn hinunterlief, und als ich sie mit der Hand berührte, wurde mir klar, dass es Blut war. Ich drehte mich um und sah im Spiegel an der Schranktür, dass ich eine Platzwunde auf der Stirn hatte, aus der Blut lief. Da begann ich zu schreien, und der Schmerz setzte ein. Meine Mutter kam hereingerannt und brachte mich ins Krankenhaus, wo die Wunde genäht wurde. (Ian Kalinowski)

Die wichtigste Aussage in dieser Schilderung ist, dass Ians Schmerz nicht auftrat, als er sich verletzte, sondern als ihm die Verletzung *bewusst* wurde. Man könnte aus diesem Beispiel den Schluss ziehen, dass eine Möglichkeit zur Schmerzlinderung darin besteht, die Aufmerksamkeit von der Schmerzursache abzuwenden. Diese Methode wurde in Krankenhäusern genutzt, die virtuelle Realität als Instrument einsetzten, um von Schmerzreizen abzulenken. Betrachten Sie hierzu den Fall des Patienten James Pokorny, der Verbrennungen 3. Grads auf 42 % seiner Körperoberfläche davongetragen hatte, als der Tank eines Autos bei Reparaturarbeiten explodierte. Beim Wechseln seiner Verbände im Burn Center an der University of Washington trug er einen schwarzen Plastikhelm mit einem darin enthaltenen Computermonitor, auf dem er eine farbige dreidimensionale virtuelle Grafikwelt sah. In dieser künstlichen Welt befand er sich in einer virtuellen Küche, in der auch eine virtuelle Spinne saß, und er konnte die Spinne ins Waschbecken jagen und sie in den virtuellen Abfluss befördern (Robbins, 2000).

Der Nutzen dieses „Spiels" für Pokorny bestand darin, seine Schmerzen zu lindern, indem seine Aufmerksamkeit von den Verbänden weg auf die virtuelle Welt gelenkt wurde. Wie Pokorny berichtet, „konzentriert man sich auf andere Dinge als den Schmerz. Die Schmerzintensität nimmt dadurch deutlich ab." Studien an anderen Patienten zeigten, dass Verbrennungsopfer durch eine derartige virtuelle Realität beim Wechseln der Verbände deutlich stärkere Schmerzlinderung erfuhren als Patienten in einer Kontrollgruppe, die durch Videospiele abgelenkt wurden (Hoffman et al., 2000) bzw. gar keine Ablenkung erfuhren (Hoffman et al., 2008; vgl. auch Buhle et al., 2012).

Emotionen

Vieles deutet darauf hin, dass die Schmerzwahrnehmung durch den emotionalen Zustand einer Person beeinflusst werden kann. Zahlreiche Experimente belegen, dass positive Emotionen mit weniger Schmerzen verbunden sind (Bushnell et al., 2013). In diesen Tests ließ man Probanden beispielsweise Bilder betrachten oder Musik hören.

Minet deWied und Marinis Verbaten (2001) zeigten den Teilnehmern Bilder, die zuvor als positiv (Sportdarstellungen und attraktive Frauen), neutral (Haushaltsgegenstände, Naturaufnahmen und Personen) oder negativ (Verbrennungs- und Unfallopfer) beurteilt worden waren. Die Probanden betrachteten die Bilder, während eine ihrer Hände in sehr kaltes Wasser (2 °C) getaucht wurde, und erhielten die Instruktion, die Hand so lange wie möglich im Wasser zu lassen, sie jedoch herauszuziehen, wenn sie zu schmerzen beginne.

Wie die Ergebnisse zeigten, hing die Zeitdauer, für die die Probanden ihre Hände im Wasser behielten, vom Inhalt der Bilder ab: Probanden, die positiv bewertete Bilder sahen, behielten die Hand im Mittel 120 s im Wasser, während in den anderen Gruppen die Hände schneller herausgezogen wurden (bei neutralen Bildern im Mittel nach 80 s und bei negativen nach 70 s). Da alle Probanden unmittelbar nach dem Herausziehen der Hände den Grad des Schmerzes gleich eingestuft hatten, schlossen deWied und Verbaten aus ihren Ergebnissen, dass der Inhalt der in den 3 Gruppen gezeigten Bilder die Zeit bis zum Erreichen desselben Schmerzgrads beeinflusst hat. In einem anderen Experiment fanden Jamie Rhudy et al. (2005) heraus, dass Probanden den Schmerz bei einem Elektroschock als geringer einstuften, wenn sie dabei angenehme Bilder sahen als beim Anblick unangenehmer Bilder. Sie zogen den Schluss, dass positive oder negative Emotionen das Schmerzerleben beeinflussen.

Musik ist eine weitere Möglichkeit, positive und negative Emotionen zu wecken (Altenmüller et al., 2014; Fritz et al., 2009; Koelsch, 2014). Diese emotionalen Effekte sind einer der Hauptgründe, warum wir Musik hören, aber es gibt auch Hinweise darauf, dass die positiven Emotionen, die mit Musik verbunden sind, Schmerzen lindern können. Mathieu Roy et al. (2008) haben gemessen, wie Musik die Wahrnehmung eines schmerzhaften Hitzereizes am Unterarm beeinflusst, indem sie die Teilnehmer baten, die Intensität und das unangenehme Gefühl des Schmerzes auf einer Skala von 0 („kein Schmerz") bis 100 („extrem intensiv" oder „extrem unangenehm") in einer der 3 folgenden Testsituationen zu bewerten: Hören von unangenehmer Musik (Beispiel: „Pendulum Music" von der Band Sonic Youth), Hören von angenehmer Musik (Beispiel: Rossini, „Wilhelm Tell Ouvertüre") sowie Stille.

◻ Tab. 15.3 Auswirkung von angenehmer und unangenehmer Musik auf den Schmerz (Roy et al., 2008)

Bedingung	Bewertung der Intensität	Bewertung des unangenehmen Gefühls
Stille	69,7	60,0
Unangenehme Musik	68,6	60,1
Angenehme Musik	**57,7**	**47,8**

Roys Testergebnisse für die höchste verwendete Temperatur (48 °C), dargestellt in ◻ Tab. 15.3, zeigen, dass das Hören von unangenehmer Musik im Vergleich zu Stille keinen Einfluss auf den Schmerz hatte, dass aber das Hören von angenehmer Musik sowohl die Intensität als auch das unangenehme Gefühl des Schmerzes verringerte. Tatsächlich war die Schmerzlinderung durch die angenehme Musik vergleichbar mit der Wirkung von gängigen Schmerzmitteln wie Ibuprofen.

Übungsfragen 15.2

1. Welche Prozesse sind an der Objektidentifikation durch haptische exploratorische Prozeduren beteiligt?
2. Beschreiben Sie, wie die kortikalen Areale auf Berührung spezialisiert sind und wie Aufmerksamkeit die kortikale Reaktion auf Berührung beeinflusst.
3. Was ist soziale Berührung?
4. Welche Rezeptoren in der Haut sind für soziale Berührung verantwortlich?
5. Was ist die soziale Berührungshypothese?
6. Welche Hirnareale sind an sozialer Berührung beteiligt?
7. Wie wirken sich „situative Einflüsse" auf soziale Berührung aus?
8. Beschreiben Sie die 3 Arten von Schmerz.
9. Was besagt das Modell der direkten Schmerzbahnen? Welche Befunde stellten dieses Modell infrage?
10. Was ist die Gate-Control-Theorie? Vergewissern Sie sich, dass Sie die Rolle der Nozizeptoren, der Mechanorezeptoren und der zentralen Kontrollmechanismen verstanden haben.
11. Erläutern Sie die Befunde, die belegen, dass Schmerz von Erwartung, Aufmerksamkeit und Emotionen beeinflusst wird.

15.2.3 Das Gehirn und die Schmerzwahrnehmung

Die Forschung zur Physiologie des Schmerzes hat sich auf die Identifizierung der Gehirnareale und der chemischen Substanzen konzentriert, die an der Wahrnehmung von Schmerz beteiligt sind.

Durch Schmerz aktivierte Gehirnareale

Viele Studien unterstützen die Vorstellung, dass Schmerzwahrnehmung mit Aktivierungen in weiten Teilen des Gehirns verbunden ist. ◻ Abb. 15.25 zeigt einige Strukturen, die bei Schmerz aktiviert werden. Dazu gehören subkortikale Strukturen wie der Hypothalamus, die Amygdala und der Thalamus sowie kortikale Areale wie der primäre somatosensorische Kortex (S1), der anteriore zinguläre Kortex, der präfrontale Kortex und die Insula (Chapman, 1995; Derbyshire et al., 1997; Price, 2000, Rainville, 2002; Tracey, 2010). Schmerz ist zwar mit dem Aktivierungsmuster in diesen vielen Strukturen assoziiert, aber es gibt auch Hinweise darauf, dass bestimmte Areale für spezifische Komponenten des Schmerzerlebens verantwortlich sind.

Die internationale Definition von Schmerz als „unangenehmes Sinnes- und Gefühlserlebnis" bezieht sich sowohl auf die sensorische Empfindung als auch auf das emotionale Erleben von Schmerz. Sie spiegelt damit die **multimodale Natur des Schmerzes** wider, die sich auch darin ausdrückt, wie Menschen Schmerzen beschreiben. Wenn von pochendem, stechendem, brennendem oder dumpfem Schmerz die Rede ist, bezieht sich das auf die **sensorischen**

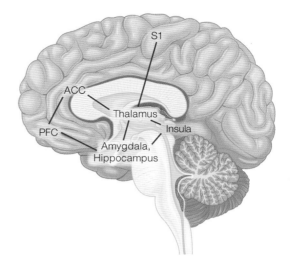

◻ Abb. 15.25 Die Wahrnehmung von Schmerz wird von der Aktivierung mehrerer unterschiedlicher Gehirnareale begleitet, deren Positionen nur angedeutet sind. Einige Strukturen wie der Hypothalamus, die Amygdala und der Hippocampus liegen unterhalb des Kortex, die übrigen sind Kortexareale. Die *blauen Linien* geben Verbindungen zwischen den Komponenten der Schmerzmatrix wieder. *ACC* = anteriorer zingulärer Kortex, *PFC* = präfrontaler Kortex, *S1* = primärer somatosensorischer Kortex

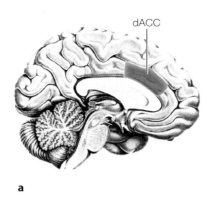

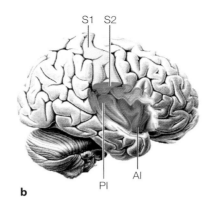

Abb. 15.26 Zwei Ansichten des Gehirns mit den Bereichen, die an den affektiven und sensorischen Komponenten des Schmerzes beteiligt sind. Affektive Komponente (*grün*): ACC = anteriorer zingulärer Kortex; AI = anteriorer Teil der Insula. Sensorische Komponente (*blau*): S1 und S2 = somatosensorische Areale; PI = posteriorer Teil der Insula. (Adaptiert nach Eisenberger, 2015. Reproduced with permission from the Annual Review of Psychology, Volume 66 © 2015 by Annual Reviews, ▶ http://www.annualreviews.org)

Schmerzkomponenten. Wenn der Schmerz als quälend, zermürbend, fürchterlich oder übel und krankmachend beschrieben wird, bezieht sich das auf die **affektive** oder **emotionale Schmerzkomponente** (Melzack, 1999).

Die sensorische und die affektive Komponente des Schmerzes können voneinander abgegrenzt werden, indem die Probanden potenziell schmerzhaften Stimuli ausgesetzt wurden und dabei beschreiben sollten, (1) wie stark die subjektive Schmerzintensität (die sensorische Schmerzkomponente) und (2) wie unangenehm der Schmerz (die emotionale Schmerzkomponente) war, so wie es in der im vorigen Abschnitt beschriebenen Studie mithilfe von Musik geschah. R. K. Hofbauer et al. (2001) nutzten hypnotische Suggestion, um für jede dieser beiden Komponenten das Schmerzerleben abschwächen oder verstärken zu können. Sie fanden heraus, dass Veränderungen in der sensorischen Komponente mit einer Aktivität im somatosensorischen Kortex und dass Veränderungen der affektiven Komponente mit Veränderungen im anterioren zingulären Kortex einhergingen. Abb. 15.26 zeigt diese beiden und weitere Bereiche, denen in anderen Experimenten sensorische (blau) und affektive (grün) Schmerzerfahrungen zugeordnet werden konnten (Eisenberger, 2015).

Chemische Substanzen und das Gehirn

Eine weitere wichtige Entwicklung für unser Verständnis des Einflusses zentralnervöser Faktoren auf die Schmerzwahrnehmung ergab sich aus der Entdeckung, dass es einen Zusammenhang zwischen der Schmerzwahrnehmung und bestimmten chemischen Verbindungen, den sogenannten **Opioiden**, gibt. Diese Forschung begann in den 1970er-Jahren mit Untersuchungen an Opiaten wie Opium und Heroin, die seit dem Beginn der Geschichtsschreibung zur Schmerzlinderung und zur Euphorisierung verwendet werden.

In den 1970er-Jahren wurde entdeckt, dass Opiate an Rezeptoren im Gehirn wirken, die auf Stimulation durch Moleküle mit spezifischen Strukturen antworten. Dass spezifische Molekülstrukturen zur Aktivierung dieser „Opiatrezeptoren" führen, ist eine wichtige Erklärung dafür, warum Menschen mit einer Heroinüberdosis durch eine rechtzeitige, fast augenblicklich wirkende Injektion mit dem Medikament **Naloxon** am Leben erhalten werden können. Die Molekülstruktur von Naloxon ähnelt der von Heroin, daher bindet es sich an die Opiatrezeptoren und blockiert diese für das Heroin (Abb. 15.27a).

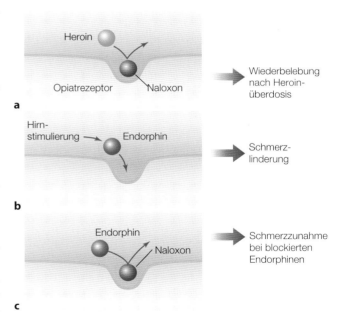

Abb. 15.27 **a** Naloxon schwächt die Wirkung von Heroin ab, indem es sich selbst an die normalerweise durch die Bindung von Heroin stimulierten Rezeptoren setzt. **b** Endorphine, die durch die Stimulation bestimmter Gehirnareale ausgeschüttet werden, aktivieren die Opiatrezeptoren, wodurch eine Schmerzreduktion erreicht wird. **c** Naloxon schwächt die schmerzlindernde Wirkung der Endorphine ab, indem es diese vom Opiatrezeptor verdrängt

□ Tab. 15.4 Wirkung der Scheinbehandlung mit Salbe auf verschiedenen Körperteilen (Benedetti et al., 1999)

Bedingung	Einstufung des Schmerzes an verschiedenen Körperteilen			
	Linke Hand	Rechte Hand	Linker Fuß	Rechter Fuß
Ohne Scheinbehandlung	6,6	5,5	6,0	5,4
Scheinbehandlung mit Salbe auf linker Hand	**3,0**	6,4	5,3	6,0
Scheinbehandlung mit Salbe auf rechter Hand und linkem Fuß	5,4	**3,0**	**3,8**	6,3

Warum existieren diese Opiatrezeptoren im Gehirn? Schließlich waren sie mit Sicherheit schon lange vorhanden, bevor Menschen Heroin konsumiert haben. Die Forscher vermuteten, dass es im Körper natürliche Substanzen geben müsse, die an diesen Rezeptoren wirken. Im Jahre 1975 wurden dann Neurotransmitter entdeckt, die an den gleichen Rezeptoren wirken, die durch Opium und Heroin aktiviert werden; eine Gruppe dieser Neurotransmitter sind die schmerzlindernden **Endorphine** – eine Kurzform für *endogene Morphine*, d. h. körpereigene Morphine.

Seit der Entdeckung der Endorphine haben Forscher zahlreiche Belege für einen Zusammenhang zwischen Endorphinen und Schmerzlinderung gesammelt. Beispielsweise lässt sich Schmerz reduzieren, indem man im Gehirn die Stellen stimuliert, an denen Endorphine ausgeschüttet werden (□ Abb. 15.27b), und umgekehrt wird der Schmerz stärker, wenn man durch Injektion von Naloxon die Endorphine daran hindert, an den Rezeptoren anzudocken (□ Abb. 15.27c).

Naloxon schwächt aber nicht nur die schmerzlindernde Wirkung der Endorphine ab, sondern reduziert darüber hinaus auch die schmerzlindernde Wirkung von Placebos – den oben beschriebenen Scheinmedikamenten (▶ Abschn. 15.1.5). Dieser und andere Befunde weisen darauf hin, dass die schmerzlindernde Wirkung von Placebos darauf beruht, dass Placebos zur Freisetzung von Endorphinen führen. Es gibt zwar nachweislich auch einige Situationen, in denen es ohne Endorphinausschüttung zu einem Placeboeffekt kommt. Aber wir wollen uns hier auf den mit Endorphinausschüttung verbundenen Placeboeffekt konzentrieren und eine Frage diskutieren, die von Benedetti et al. (1999) gestellt wurde: Wo im Nervensystem werden die mit dem Placeboeffekt verbundenen Endorphine freigesetzt?

Benedetti ging der Frage nach, ob die Erwartung der Schmerzlinderung durch ein Placebo zur Endorphinausschüttung im gesamten Gehirn führt, was einen Placeboeffekt für den gesamten Körper zur Folge hätte, oder ob diese Erwartung nur an bestimmten Stellen des Körpers zur Freisetzung von Endorphinen führt. Um das herauszufinden, injizierte Benedetti seinen Probanden an 4 Körperstellen (an beiden Händen und beiden Füßen) *Capsaicin* unter die Haut – Capsaicin ist unter anderem in Chilischoten enthalten und für deren Schärfe verantwortlich –, was an den Injektionsstellen ein Brennen hervorrief.

In einer Experimentalgruppe stuften die Probanden den Schmerz im Minutenabstand für jede Injektionsstelle auf einer Skala von 0 („kein Schmerz") bis 10 („unerträglicher Schmerz") ein, und zwar über insgesamt 15 min nach der Injektion. Die Zeile „ohne Scheinbehandlung" in □ Tab. 15.4 zeigt, dass die Probanden angaben, an allen 4 Stellen Schmerz zu empfinden (Schmerzbeurteilungen zwischen 5,4 und 6,6). In einer 2. Gruppe wurden die gleichen Injektionen verabreicht, aber vor dem Einstich trug der Experimentator an 1 oder 2 der Hautstellen etwas Salbe auf und erklärte dem Probanden, dies sei ein wirksames Mittel gegen den brennenden Schmerz durch das Capsaicin. Tatsächlich war die Salbe ein Placebo ohne schmerzstillende Inhaltsstoffe.

Die 2. Zeile □ Tab. 15.4 zeigt, dass die Schmerzbeurteilung eines Probanden, bei dem die linke Hand mit Salbe scheinbehandelt wurde, um 3,0 gefallen war, und die 3. Zeile zeigt das Ergebnis für einen Probanden, dessen rechte Hand und linker Fuß mit Salbe scheinbehandelt wurden. Das Ergebnis ist eindeutig: Der Placeboeffekt war nur an den Stellen wirksam, an denen die Salbe aufgetragen worden war. Um nachzuweisen, dass dieser Placeboeffekt mit Endorphinen zusammenhing, injizierte Benedetti Naloxon, was den Placeboeffekt verschwinden ließ.

Benedetti interpretiert die Ergebnisse so, dass Probanden ihre Aufmerksamkeit auf bestimmte Stellen des Körpers richten, an denen sie Schmerzlinderung erwarten, und dann Nervenbahnen aktiviert werden, die zur Endorphinausschüttung an diesen spezifischen Stellen führen. Die Mechanismen der körpereigenen Schmerzlinderung durch Endorphine sind also viel raffinierter, als einfach global diese Substanzen in den Körperkreislauf auszuschütten. Gehirnprozesse können Schmerz also nicht nur durch Ausschüttung chemischer Wirkstoffe reduzieren, sondern buchstäblich die Wirkstoffe an die Stellen dirigieren, an denen die Schmerzen entstehen könnten. Die Forschung zum Placeboeffekt im Zusammenhang mit Endorphinen liefert damit eine physiologische Erklärungsgrundlage für einen zuvor rein psychologisch beschriebenen Effekt.

15.2.4 Soziale Aspekte von Schmerz

Wir haben soziale Aspekte der Berührung beschrieben, bei denen die Aktivierung der CT-Afferenzen mit dem angenehmen Gefühl verbunden ist, das oft mit langsamem Streicheln der Haut einhergeht. In diesem Abschnitt werden wir 3 Zusammenhänge zwischen „sozial" und Schmerz beschreiben,

1. wie soziale Berührungen Schmerzen reduzieren können;
2. wie die Beobachtung, dass ein anderer Schmerz empfindet, den Beobachter beeinflussen kann; und
3. mögliche Zusammenhänge zwischen dem Schmerz durch soziale Zurückweisung und dem körperlichen Schmerz.

Schmerzreduzierung durch soziale Berührung

Wir haben gesehen, dass es oft als angenehm empfunden wird, soziale Berührungen zu erfahren (▶ Abschn. 15.1.5). Im Folgenden beschreiben wir ein Experiment von Pascal Goldstein et al. (2018). Auslöser für dieses Experiment war Goldsteins Erfahrung, dass er die Schmerzen seiner Frau während der Geburt seiner Tochter lindern konnte, indem

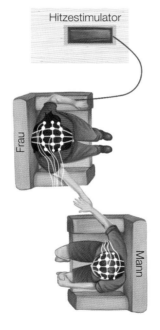

◻ Abb. 15.28 Versuchsaufbau für das Experiment von Goldstein et al. (2018). Details siehe Text

Hitzestimulator

Frau

Mann

er ihre Hand hielt. ◻ Abb. 15.28 zeigt die Position der 2 Probanden während des Experiments, durch das diese Beobachtung im Labor untersucht wurde.

Liebespaaren wurden Elektroden-Arrays auf den Kopf gesetzt, um das Elektroenzephalogramm (EEG) aufzuzeichnen, d. h. die Reaktion Tausender von Neuronen unter den Elektroden. Die Paare saßen sich gegenüber, durften aber nicht miteinander sprechen. Die Frau erhielt einen Hitzereiz auf ihrem Arm, der mäßig schmerzhaft war, und sollte ihr Schmerzempfinden bewerten, kurz bevor die Hitzestimulation abgestellt wurde. Bei einer Testreihe durften sich die Paare nicht berühren, sondern sich lediglich anschauen; bei der anderen Testreihe hielt der Mann die Hand der Frau. Es gab außerdem Tests, bei denen der Mann abwesend war.

Die Ergebnisse zeigten, dass die Schmerzbeurteilung der Frau geringer war, wenn der Partner ihre Hand hielt (Bewertung 25,0), verglichen mit der Situation, in der er sie nicht hielt (37,8) oder in der er abwesend war (52,4). Dass die Schmerzen durch das Halten der Hand als geringer empfunden werden, bestätigte die Erfahrung von Goldsteins Frau im Kreißsaal. Verglich man jedoch die EEG-Reaktionen der Frau und des Mannes zeigte sich etwas anderes, das im Kreißsaal nicht offensichtlich war. Die Gehirne der Frau und des Mannes waren stark „gekoppelt" oder synchronisiert, wenn sie sich an den Händen hielten (◻ Abb. 15.29a), und weniger synchron, wenn sie sich nicht an den Händen hielten (◻ Abb. 15.29b). Die Autoren vermuten, dass die Unterstützung durch das Halten der Hand zu synchronisierten Gehirnwellen führt, die sich in einer Verringerung der Schmerzen auswirken. Andere Untersuchungen haben gezeigt, dass das Halten der Hand neben diesem Synchronisationseffekt die Aktivität in Hirnregionen reduziert, die mit Schmerzen in Verbindung gebracht werden (Lopez-Sola et al., 2019). Diese Experimente führen uns zu 2 wichtigen Erkenntnissen: Bietet man jemandem, der unter Schmerzen leidet, Unterstützung, indem man für ihn da ist, kann dies die Schmerzen verringern, stellt man außerdem noch Körperkontakt durch das Halten der Hand her, kann dies Schmerzen noch weiter reduzieren.

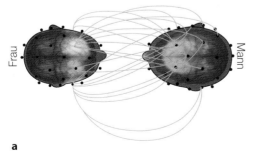

a

b

◻ Abb. 15.29 Kopplung zwischen den EEG-Gehirnwellen der Frau und des Mannes im Experiment von Goldstein et al. (2018), als die Frau Schmerzen empfand. Die *orangefarbenen Linien* stellen synchronisierte Antworten zwischen den Hirnarealen dar, **a** während das Paar sich an der Hand hielt, **b** während das Paar sich nicht an der Hand hielt

Wie die Beobachtung von Schmerz anderer auf uns wirkt

Goldsteins Experiment hat gezeigt, dass man den Schmerz eines anderen Menschen lindern kann, wenn man seine Hand hält. Dies wurde als Wirkung von Empathie beschrieben, der Fähigkeit, die Gefühle eines anderen zu teilen und sich in ihn hineinversetzen zu können. In dem Experiment mit dem Halten der Hand erfuhr die Person, der Empathie entgegengebracht wurde, eine Linderung ihrer Schmerzen. Wir können Empathie auch aus einem anderen Blickwinkel betrachten, indem wir überlegen, was mit dem „Empathen" geschieht, also mit der Person, die Empathie für die Person empfindet, die Schmerzen hat.

In ▶ Kap. 7 haben wir den Gedanken eingeführt, dass das Beobachten einer Handlung Aktivität im Gehirn des Beobachters auslösen kann, die mit dieser Handlung in Zusammenhang steht. Dies wurde in Experimenten nachgewiesen, in denen Spiegelneuronen im prämotorischen Kortex des Affen untersucht wurden, die sowohl feuerten, wenn der Affe einen Gegenstand, z. B. Futter, aufhob, als auch, wenn der Affe sah, wie jemand anderes das Essen aufhob.

Ähnliche Phänomene wurden bei der Erforschung des somatosensorischen Systems für Berührung und Schmerz entdeckt. Um dieses Phänomen einzuführen, betrachten wir zunächst ein Experiment, bei dem es um Berührung geht. Keysers et al. (2004) haben mittels funktioneller Magnetresonanztomografie (fMRT) die Aktivität des Kortex bei Probanden gemessen, während diese selbst am Bein berührt wurden und während sie Filmszenen sahen, in denen andere Menschen am Bein berührt wurden. Das Berühren des Beins führte zur Aktivierung des primären (S1) und des sekundären somatosensorischen Areals (S2). Zu sehen, wie jemand berührt wurde, löste in S2 eine Reaktion aus, die sich teilweise mit der Reaktion deckte, als wenn man selbst berührt wurde. Keysers schloss aus dieser Überlappung der Areale, dass das Beobachten einer Berührung Areale im Gehirn aktiviert, die an unserem eigenen Berührungserleben beteiligt sind (vergleiche auch Keysers et al., 2010).

Mit anderen Worten: Keysers Erkenntnisse besagen, dass wir, wenn wir erleben, wie jemand anderes berührt wird, nicht nur die Berührung sehen, sondern eine empathische Reaktion zeigen. Wir bringen also ein Verständnis für die Reaktion der anderen Person auf Berührung auf, da eine Verbindung mit *unserer eigenen Erfahrung* von Berührung besteht. Entscheidend ist dabei, dass durch das Beobachten, wie eine andere Person berührt wird, Gehirnmechanismen ausgelöst werden, die uns helfen können, die Reaktion der anderen Person auf Berührung zu verstehen, denn es gibt auch Hinweise darauf, dass bei Schmerz ähnliche Mechanismen wirksam sind.

Tania Singer et al. (2004) wiesen diese Verbindung zwischen Gehirnreaktionen auf Schmerz und Empathie nach, indem sie verliebte Paare ins Labor holten und den Frauen während der Messung ihrer Gehirnaktivität

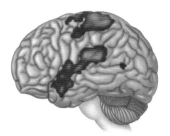
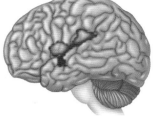

a Selbst erlebte Elektroschocks   **b** Beobachtete Elektroschocks beim Partner

☐ **Abb. 15.30** Singer et al. (2004) bestimmten mittels fMRT diejenigen Hirnareale, die **a** durch das Erhalten von Elektroschocks und **b** beim Zuschauen, während der Partner Elektroschocks erhält, aktiviert werden. Die Forscher vertreten die These, dass die Aktivierungen in **b** mit Empathie für die betreffende Person in Zusammenhang stehen. Empathie aktivierte nicht den somatosensorischen Kortex, aber andere schmerzassoziierte Hirnarealen, wie die Insula (tief zwischen dem parietalen und temporalen Kortex) und den anterioren zingulären Kortex (☐ Abb. 15.25 und 15.26). (Adaptiert nach Holden, 2004)

in einem fMRT-Scanner entweder Elektroschocks verabreichten oder sie dabei zusehen ließen, wie ihr männlicher Partner Elektroschocks erhielt. Die Ergebnisse zeigen, dass mehrere Gehirnareale aktiviert wurden, wenn die Frauen selbst die Elektroschocks bekamen (☐ Abb. 15.30a), und dass einige derselben Areale aktiviert wurden, wenn die Frauen dabei zusahen, wie ihr Partner Elektroschocks erhielt (☐ Abb. 15.30b). Die beiden Bereiche, die hauptsächlich aktiviert wurden, waren der anteriore zinguläre Kortex und der anteriore Teil der Insula, die beide mit der affektiven Komponente des Schmerzes verbunden sind (☐ Abb. 15.26).

Um die Verbindung zwischen der durch die Beobachtung des Partners ausgelösten Gehirnaktivität und Empathie aufzuzeigen, ließen Singer et al. die Frauen einen Empathiefragebogen ausfüllen, mit dem die Tendenz zur Empathie mit anderen Menschen gemessen wurde. Wie von den Forschern vorhergesagt, zeigten Frauen mit höheren Empathiewerten im Fragebogen auch stärkere Aktivierungen im **anterioren zingulären Kortex**.

In einem anderen Experiment unterzogen Olga Klimecki et al. (2014) die Probanden einem Training, das ihre Empathie anderen gegenüber verbessern sollte. Sie zeigten ihnen Videos mit Menschen, die durch Verletzungen oder Naturkatastrophen Leid erfuhren. Die Teilnehmer der Empathietrainingsgruppe zeigten mehr Empathie im Vergleich zu einer Kontrollgruppe, die das Training nicht erhalten hatte. Auch wurde bei ihnen der anteriore zinguläre Kortex stärker aktiviert. Obwohl der Schmerz beim Beobachten des Schmerzes anderer durch völlig andere Stimuli hervorgerufen wird als physischer Schmerz, haben diese beiden Arten von Schmerz offenbar einige physiologische Mechanismen gemeinsam (vergleiche auch Avenanti et al., 2005; Lamm et al., 2007; Singer & Klimecki, 2014).

„Schmerz" durch soziale Zurückweisung

In unseren Überlegungen über den Zusammenhang zwischen „sozial" und „Schmerz" haben wir uns bisher mit Wirkungen befasst, die mit physischem Schmerz verbunden sind – Schmerzen, die der Haut durch Hitzestimulation oder Schocks zugefügt werden. Wir wenden uns nun etwas ganz anderem zu – Schmerzen, die durch soziale Situationen wie soziale Zurückweisung erzeugt werden. Wir gehen dabei der Frage nach, was dieser **soziale Schmerz** – Schmerz, der durch soziale Interaktionen hervorgerufen wird – mit körperlichen Schmerzen gemeinsam hat.

Soziale Zurückweisung schmerzt, das ist allgemein bekannt. Wenn wir Gefühlsreaktionen auf negative soziale Erfahrungen beschreiben, werden häufig Wörter verwendet, die mit körperlichem Schmerz assoziiert werden, z. B. *gebrochene* Herzen, *verletzte* Gefühle oder seelische *Narben* (Eisenberger, 2012, 2015). Im Jahr 2003 veröffentlichten Naomi Eisenberger et al. eine Studie mit dem Titel „Does Rejection Hurt? An fMRI Study of Social Exclusion" („Tut Zurückweisung weh? Eine fMRT-Studie über soziale Ausgrenzung"), in der sie zu dem Schluss kamen, dass Gefühle des sozialen Ausschlusses zu einer gesteigerten Aktivität im dorsalen anterioren zingulären Kortex

führen (■ Abb. 15.26). Sie wiesen dies nach, indem die Probanden ein Videospiel namens „Cyberball" spielten. Man erklärte ihnen, sie würden ein Ballwurfspiel mit 2 anderen Teilnehmern spielen, die durch 2 Figuren am oberen Bildschirmrand des Computers, sie selbst hingegen durch eine Hand am unteren Bildschirmrand des Computers angezeigt würden (■ Abb. 15.31).

Zunächst beteiligten die beiden anderen Spieler den Probanden an ihrem Zuspiel (■ Abb. 15.31a), dann schlossen sie ihn aber plötzlich aus und warfen sich den Ball nur noch gegenseitig zu (■ Abb. 15.31b). Dieser Ausschluss führte zu einer Aktivität im dorsalen anterioren zingulären Kortex des Probanden (■ Abb. 15.31c). Diese Aktivität wurde zu dem vom Teilnehmer angegebenen Grad der sozialen Belastung in Beziehung gesetzt: Höhere Belastung führte zu höherer Aktivität im dorsalen anterioren zingulären Kortex (■ Abb. 15.31d).

In weiteren Studien konnten ähnliche physiologische Reaktionen auf negative soziale Erfahrungen und körperliche Schmerzen nachgewiesen werden. Als Reaktion auf eine drohende negative soziale Bewertung (Eisenberger et al., 2011) und bei der Erinnerung an einen Liebespartner, der die Person kürzlich zurückgewiesen hatte (Kross

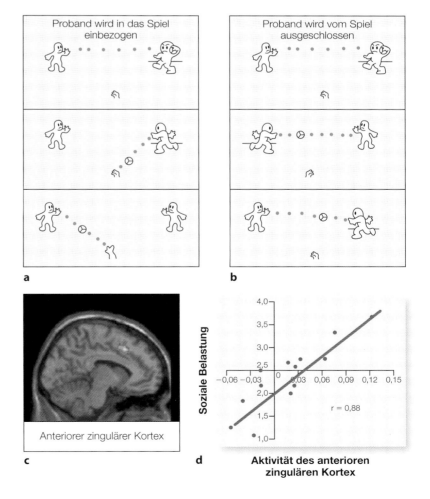

■ **Abb. 15.31** Das Cyberball-Experiment. **a** Dem Probanden wird gesagt, dass die beiden Figuren auf dem oberen Rand des Bildschirms von 2 anderen Teilnehmern gesteuert werden. Diese beiden Figuren werfen dem Teilnehmer im 1. Teil des Experiments den Ball zu. **b** Im 2. Teil des Experiments wird der Proband vom Spiel ausgeschlossen. **c** Der Ausschluss führt zu einer Aktivität im anterioren zingulären Kortex (*orangefarbener* Bereich) **d** Die vom Probanden empfundene soziale Belastung (*y-Achse*) im Verhältnis zur Aktivierung des anterioren zingulären Kortex (*x-Achse*). (Aus Eisenberger & Lieberman, 2004. Reprinted with permission from Elsevier.)

et al., 2011), erfolgte eine Aktivierung des dorsalen anterioren zingulären Kortex und des anterioren Teils der Insula. Auch die Einnahme eines Schmerzmittels wie Paracetamol lindert nicht nur körperliche Schmerzen, sondern reduziert auch verletzte Gefühle und die Aktivität beider Hirnareale (DeWall et al., 2010).

Ergebnisse wie diese haben zur **These von der Überlappung körperlich und sozial verursachter Schmerzen** geführt, die besagt, dass Schmerzen aufgrund von negativen sozialen Erfahrungen über die gleichen neuronalen Schaltkreise verarbeitet werden wie körperliche Schmerzen (Eisenberger, 2012, 2015; Eisenberger & Lieberman, 2004). Diese Idee ist jedoch nicht unumstritten. Ein Teil der Kritik fußt auf der Annahme, dass die Aktivität im anterioren zingulären Kortex möglicherweise andere Faktoren als Schmerz widerspiegelt. So wurde z. B. die These aufgestellt, dass der anteriore zinguläre Kortex vermutlich auf viele Arten von emotionalen und kognitiven Aktivitäten reagiert und nicht auf Schmerz spezialisiert ist (Krishnan et al., 2016; Wager et al., 2016) oder dass er auf Salienz reagiert, also darauf, wie sehr sich ein Stimulus von seiner Umgebung abhebt (Iannetti et al., 2013).

Als eine weitere Frage wurde aufgeworfen, ob die Aktivierung des anterioren zingulären Kortex sowohl durch sozialen als auch körperlichen Schmerz bedeutet, dass die gleichen neuronalen Schaltkreise aktiviert werden. Diese Frage ähnelt einer Frage, die wir in ▶ Kap. 13 bei der Überlegung untersucht haben, ob Musik und Sprache gemeinsame neuronale Mechanismen zugrunde liegen. In dieser Diskussion wurde unter anderem ein Punkt angesprochen, der auch hier relevant ist: Nur weil 2 Funktionen dasselbe Gehirnareal aktivieren, heißt das nicht, dass diese beiden Funktionen die gleichen Neuronen innerhalb dieses Bereichs aktivieren (siehe dazu ◻ Abb. 13.24, die veranschaulicht, dass an der Aktivierung in einem bestimmten Hirnareal verschiedene neuronale Netzwerke beteiligt sein können).

Choong-Wan Woo et al. (2014) verwendeten eine besondere Technik, die *Multi-Voxel-Musteranalyse (MVPA)*, um zu untersuchen, was in den Gehirnstrukturen passiert, die an sozialem und körperlichem Schmerz beteiligt sind. MVPA wurde für das in ▶ Kap. 5 beschriebene Experiment zum neuronalen Gedankenlesen verwendet, bei dem das Aktivierungsmuster von Voxeln auf orientierte Linien bestimmt wurde, um einen entsprechend programmierten Decodierer für visuelle Reize zu erstellen (Methode 5.1). Woo et al. fanden heraus, dass das Aktivierungsmuster der Voxel, das durch die Erinnerung an die soziale Ablehnung durch einen Lebensgefährten erzeugt wurde, anders war als das Muster, das durch einen schmerzhaften Hitzereiz auf dem Unterarm hervorgerufen wurde. Daher trägt seine Arbeit den Titel „Separate Neural Representations for Physical Pain and Social Rejection" („Unterschiedliche neuronale Repräsentationen für körperlichen Schmerz und soziale Zurückweisung").

Welche These ist nun richtig? Haben sozialer Schmerz und körperlicher Schmerz gemeinsame neuronale Mechanismen, oder handelt es sich um 2 getrennte Phänomene, die beide unter den Begriff „Schmerz" fallen? Es gibt Belege für die These von der Überlappung körperlicher und sozialer Schmerzen, aber vieles spricht auch gegen diese These. Denn sozialer Schmerz und körperlicher Schmerz sind sicherlich unterschiedlich. Es lässt sich leicht ein Unterschied zwischen dem Gefühl, abgelehnt zu werden, und dem Gefühl, sich den Finger zu verbrennen, aufzeigen. Es ist wenig wahrscheinlich, dass beide Mechanismen vollständig überlappen. Die These von der Überlappung körperlich und sozial verursachter Schmerzen geht davon aus, dass es *gewisse* Überschneidungen gibt. Aber in welchem Ausmaß überschneiden sie sich? Nur ein wenig oder nahezu vollständig? Die Beantwortung dieser Frage steht noch aus.

15.3 Weitergedacht: Plastizität und das Gehirn

Wir haben gelernt, dass es im somatosensorischen Kortex strukturierte Karten des Körpers gibt, in dem die sensibleren und oft benutzten Körperteile wie Lippen, Hände und Finger durch große Areale im Gehirn repräsentiert werden (◻ Abb. 15.5).

Diese Karten können sich jedoch verändern, je nachdem wie stark ein Körperteil eingesetzt wird oder auch als Reaktion auf eine Verletzung. Eine frühe Studie, die belegte, dass sich die Karte durch den Gebrauch verändert, wurde von William Jenkins und Michael Merzenich (1987) durchgeführt. Sie vermaßen zunächst die kortikalen Bereiche, die sich jedem Finger eines Affen zuordnen lassen (◻ Abb. 15.32a). Dann gaben sie dem Affen eine Aufgabe, die die Kuppe von seinem 2. Finger über einen Zeitraum von 3 Monaten stark stimulierte (◻ Abb. 15.32b). Im Anschluss maßen sie dann erneut die Bereiche, die den Fingern zugeordnet sind (◻ Abb. 15.32c). Ein Vorher-nachher-Vergleich der kortikalen Karten ergab, dass der Bereich der stimulierten Fingerkuppe nach dem Training stark vergrößert war.

Diese Veränderung der Gehirnkarte ist ein Beispiel für *erfahrungsabhängige Plastizität*, die in ▶ Kap. 4 eingeführt wurde, als wir erfahren haben, dass beim Aufziehen eines Kätzchens in einer Umgebung, die nur aus vertikal ausgerichteten Streifen bestand, die orientierungssensitiven Neuronen der Katze veranlasst wurden, hauptsächlich auf vertikale Streifen zu reagieren (◻ Abb. 4.11). Eine Auswirkung der erfahrungsabhängigen Plastizität wurde beim Menschen durch Messung der Gehirnkarten von Musikern nachgewiesen. Stellen Sie sich z. B. Musiker vor, die Saiteninstrumente spielen. Ein Rechtshänder streicht mit der rechten Hand den Bogen und greift mit den Fingern der

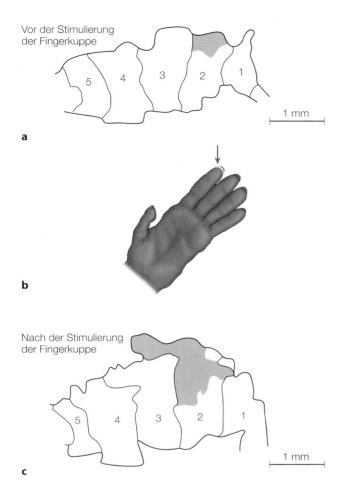

Vor der Stimulierung der Fingerkuppe

5 4 3 2 1

1 mm

a

b

Nach der Stimulierung der Fingerkuppe

5 4 3 2 1

1 mm

c

◻ **Abb. 15.32 a** Jede nummerierte Zone repräsentiert den Bereich im somatosensorischen Kortex, der einem der 5 Finger des Affen entspricht. Die *blau* unterlegte Fläche in der Zone für Finger 2 ist der Teil des Kortex, der den kleinen Bereich an der Fingerkuppe repräsentiert, der in **b** mit einem *Pfeil* markiert ist. **c** Die *blau* unterlegte Fläche zeigt, wie sich der Bereich, der die Fingerkuppe repräsentiert, vergrößert hat, nachdem dieser Bereich über einen Zeitraum von 3 Monaten stark stimuliert wurde. (Aus Merzenich et al., 1988. Used with permission of Wiley. Permission conveyed through Copyright Clearance Center, Inc.)

linken Hand auf die Saiten. Diese taktile Erfahrung führt unter anderem dazu, dass diese Musiker eine überdurchschnittlich starke kortikale Repräsentation für die Finger der linken Hand haben (Elbert et al., 1995). Wie bei Affen hat die Plastizität einen größeren kortikalen Bereich für Körperteile geschaffen, die häufiger benutzt werden.

Es können auch Veränderungen in der kortikalen Karte auftreten, wenn ein Körperteil beeinträchtigt ist. Wenn z. B. ein Affe einen Finger verliert, erhält das Gehirnareal, das diesen Finger repräsentiert, keinen Input mehr von diesem Finger, sodass dieser Bereich im Laufe der Zeit von den benachbarten Fingern übernommen wird (Byl et al., 1996).

Ein besonders interessantes Beispiel für eine Veränderung des kortikalen Mapping in Verbindung mit einer

Dysfunktion ist der Fall des weltberühmten Konzertpianisten Leon Fleisher, der im Alter von 36 Jahren an einer **Handdystonie** erkrankte. Dieses Leiden führte dazu, dass sich die Finger seiner rechten Hand nach innen zur Handfläche hin krümmten und er mit dieser Hand nicht mehr Klavierspielen konnte. Fleisher eignete sich ein Repertoire von Klavierkompositionen für Linkshänder an. Nach 30 Jahren Therapie erlangte er schließlich den Gebrauch seiner rechten Hand zurück und konnte seine Karriere als beidhändiger Pianist fortsetzen.

Fleishers Dystonie könnte auf eine Reihe von Ursachen zurückzuführen sein. Er selbst kam zu der Überzeugung, dass sein Problem durch übermäßiges Üben verursacht wurde, das er als „7 oder 8 Stunden am Tag in die Tasten hauen" beschrieb (Kozinn, 2020). Es könnte sein, dass sich durch dieses intensive Üben, bei dem die Finger ständig im Einsatz waren und in enger Verbindung zueinander standen, ihre Kartierung im Kortex verändert hatte. Dieser Effekt der Handdystonie wurde von William Bara-Jimenez et al. (1998) nachgewiesen, die zeigten, dass die Karte der Finger im Areal S1 bei einigen Patienten mit Dystonie abnormal organisiert ist.

◻ Abb. 15.33 zeigt die Ergebnisse ihres Experiments, bei dem sie die Lage der Areale in S1 ermittelt haben, die den Daumen und den kleinen Finger in einer Gruppe von 6 normalen Teilnehmern (◻ Abb. 15.33a) und 6 Teilnehmern mit Handdystonie ◻ Abb. 15.33b) repräsentieren. Die Orte für diese beiden Finger, die durch Stimulation der Finger und Messung der Hirnaktivität durch Elektroden auf der Kopfhaut erfasst wurden, liegen bei den normalen Teilnehmern auseinander, aber bei den Patienten mit Dystonie eng zusammen.

Das Faszinierende an somatosensorischen Karten ist, dass die plastischen Veränderungen, die durch Stimulation oder Verletzung auftreten, leicht zu visualisieren sind. Und diese leicht zu visualisierenden Veränderungen sind wieder ein weiteres Beispiel für ein Prinzip der Gehirnfunktion, das uns in diesem Buch schon oft begegnet ist: Struktur und Funktion des Gehirns werden durch unsere Erfahrungen und durch unsere Umwelt geformt. Dank dieser Veränderungen haben wir die Fähigkeit, Reize, mit denen wir in der Umwelt in Berührung kommen, zu verstehen und in dieser Umwelt zu handeln. Einige Beispiele, für die Plastizität erforderlich ist, haben wir in vorangegangenen Kapiteln bereits kennengelernt:

— Wahrnehmen von Orientierung (▶ Abschn. 4.2.2)
— Sensitivität gegenüber Regelmäßigkeiten in der Umgebung (▶ Abschn. 5.4.2)
— Aufmerksamkeitskontrolle bei Szenenschemata (▶ Abschn. 6.4.3)
— Affordanzen (▶ Abschn. 7.1.4)
— Kognitive Karten (▶ Abschn. 7.3.2)
— Gehirne von Londoner Taxifahrern (▶ Abschn. 7.3.3)
— Bewegungsantworten auf statische Bilder (▶ Abschn. 8.9)

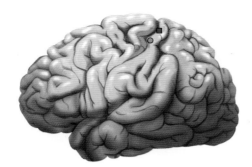

a   Kontrollteilnehmer

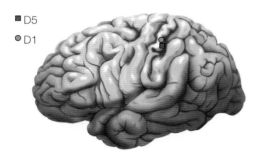

■ D5
● D1

b   Teilnehmer mit Handdystonie

▣ **Abb. 15.33** Anordnung der Repräsentation im Gehirn von Finger *D5* (kleiner Finger) und *D1* (Daumen) der linken Hand bei **a** Kontrollpersonen und **b** Patienten mit Handdystonie. (Nach Bara-Jimenez et al., 1998, mit freundlicher Genehmigung von John Wiley and Sons)

- Farbkonstanz (▶ Abschn. 9.7.1)
- Größe von vertrauten Objekten (▶ Abschn. 10.3.1)
- Erkennen der Stimme der Mutter durch Babys (▶ Abschn. 11.9.2)
- Auditive Szenenanalyse (▶ Abschn. 12.4)
- Echoortung bei Blinden (▶ Abschn. 12.5.5)
- Veränderungen des Gehirns durch Musik (▶ Abschn. 13.3)
- Erwartung in der Musik (▶ Abschn. 13.6.2)
- Sprachsegmentierung (▶ Abschn. 14.4.4)
- Statistische Eigenschaften von Sprachstimuli (▶ Abschn. 14.4.5)

Wenn wir in ▶ Kap. 16 über die chemischen Sinne das Thema Wahrnehmung fortführen, werden wir erneut Wahrnehmungen kennenlernen, die mit der Plastizität des Gehirns zu tun haben. Wir werden erfahren, wie wir riechen und wie unsere Wahrnehmung von Aromen durch Kognition beeinflusst wird.

15.4 Der Entwicklungsaspekt: Soziale Berührung bei Säuglingen

Soziale Berührung ist für Erwachsene wichtig, nicht nur weil sie sich gut anfühlt (▶ Abschn. 15.1.5), sondern weil sie auch die wichtige Funktion hat, Schmerzen zu lindern (▶ Abschn. 15.2.4). Man kann sich daher vorstellen, dass soziale Berührung auch eine bedeutende Rolle für die Erfahrung eines Säuglings spielt und weitreichende Auswirkungen auf die Entwicklung bis ins Kleinkind- und Erwachsenenalter haben kann.

Tasten ist die erste Sinnesmodalität, die sich ausbildet. Sie entsteht bereits 8 Wochen nach der Empfängnis, entwickelt sich im Mutterleib weiter und ist bei der Geburt einsatzbereit (Cascio et al., 2019). Berührung und Sprache sind die frühesten Formen der Eltern-Kind-Interaktion, aber im Gegensatz zur Sprache, die zu Beginn eine einseitige Kommunikation darstellt, ist die Berührung zweiseitig. Dies zeigt sich an der Reaktion des Säuglings, mit seiner Hand automatisch alles zu umschließen (z. B. die Finger der Eltern), was in seine Handfläche gelegt wird (Bremner & Spence, 2017).

Besonders interessant ist dabei, dass die kindliche Berührung bereits im Mutterleib beginnt. Ab der 26. Schwangerschaftswoche reagiert der Fötus auf Erschütterungen, indem sich seine Herzfrequenz erhöht. Später kann er schon eine Hand zum Gesicht führen, und in den letzten 4–5 Wochen vor der Geburt beginnt er, seine Füße anzufassen. Viola Marx und Emese Nagy (2017) zeigten anhand von Ultraschallvideos, dass der Fötus im letzten Schwangerschaftsdrittel reagiert, wenn der Bauch der Mutter berührt wird.

Noch interessanter ist die Geschichte bei Zwillingsföten. Sie sind im Mutterleib ganz nah beieinander und können sich daher unbeabsichtigt berühren. Ultraschallvideos haben sogar einen Fötus aufgenommen, der nicht nur die Hände zu seinem Mund führt, sondern auch den Kopf seines Zwillings „streichelt" (Castiello et al., 2010; ▣ Abb. 15.34).

Die Fähigkeit, Körperberührungen zu geben und zu empfangen, wird für das Kind nach der Geburt noch wichtiger, denn ab diesem Zeitpunkt setzt die soziale Berührung ein. Ein Großteil (65 %) der Face-to-Face-Interaktionen zwischen Betreuungsperson und Säugling beinhaltet Berührungen (Cascio et al., 2019). Daneben gibt es Hinweise darauf, dass ein Zusammenhang zwischen der von Säuglingen empfundenen Berührung und der von Erwachsenen erlebten sozialen Berührung besteht, an der CT-Afferenzen beteiligt sind (▶ Abschn. 15.1.5). So fanden Merle Fairhurst et al. (2014) heraus, dass sich bei 9 Monate alten Säuglingen die Herzfrequenz verringerte (was auf eine Abnahme von Erregung hindeutet), wenn sie mit einer Bürste entlang ihres Arms in einer Geschwindigkeit von 3 cm/s gestreichelt wurden. Dies liegt in dem Bereich, der die CT-Afferenzen aktiviert. Streicheln in geringerer

15

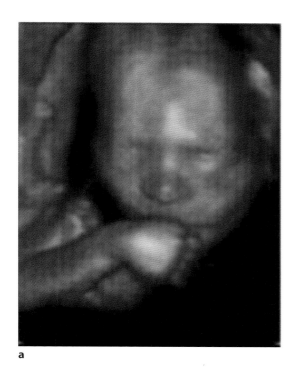

a

b

◨ **Abb. 15.34** Ausschnitte aus Ultraschallvideos von Föten im Mutterleib. **a** Fötus, der die Hand zum Mund bewegt hat. **b** Interaktion zwischen Zwillingen, bei der ein Fötus die Hände nach dem Rücken seines Geschwisters ausstreckt und ihn „streichelt". (Aus Castiello et al., 2010, © 2010 Castiello et al. This is an open-access article distributed under the terms of the Creative Commons Attribution License, which permits unrestricted use, distribution, and reproduction in any medium, provided the original author and source are credited.)

(0,3 cm/s) oder höherer (30 cm/s) Geschwindigkeit löste diese Wirkung nicht aus.

Jetro Tuulari et al. (2019) haben nachgewiesen, dass CT-Afferenzen bereits kurz nach der Geburt beteiligt sein können. Sie fanden heraus, dass weiche Pinselstriche an den Beinen von 11–16 Tage alten Säuglingen den posterioren Teil der Insula aktivieren (◨ Abb. 15.26). Diese wird bei Erwachsenen mit sozialen Berührungen in Verbindung gebracht.

Genauso wie soziale Berührungen bei Erwachsenen Schmerzen lindern können, kann bei Neugeborenen, bei denen eine Fersenlanze zur Blutentnahme verwendet wird, der Haut-zu-Haut-Kontakt mit der Mutter („Kangaroo Care") nachweislich ihr Schreien um 82 % verringern (Gray et al., 2000; siehe auch Ludington-Hoe & Hosseini, 2005).

Die wichtigste Erkenntnis, die wir aus den Untersuchungen zur sozialen Berührung bei Säuglingen gewinnen können, besteht darin, in welch hohem Ausmaß diese Berührung ihre soziale, kommunikative und kognitive Entwicklung für die folgenden Monate, ja sogar Jahre prägt (Cascio et al., 2019). Welche verheerende Wirkung das Fehlen von sozialer Berührung hat, zeigt sich bei Frühgeborenen, denen soziale Berührung verwehrt ist, wenn sie von ihren Müttern getrennt und in einen Inkubator gelegt werden. Werden diese Frühgeborenen massiert, nehmen sie schneller zu, entwickeln bessere kognitive und motorische Fähigkeiten und schlafen besser als Frühgeborene, die nicht massiert werden (Field, 1995; Wang et al., 2013).

Zu Beginn dieses Abschnitts über den Entwicklungsaspekt haben wir festgestellt, dass Berührung und Sprache die erste Eltern-Kind-Interaktion sind. In ▶ Kap. 14 haben wir gesehen, dass kindzentrierte Sprache (infant-directed speech, IDS) viele positive Auswirkungen auf die Entwicklung des Säuglings hat (▶ Abschn. 14.8). Nun haben wir erfahren, dass soziale Berührung ebenfalls positive Auswirkungen hat. Alles weist darauf hin, dass die Verwendung von kindzentrierter Sprache in Verbindung mit sozialer Berührung eine wirkungsvolle Kombination ist, um den Entwicklungsverlauf eines Säuglings positiv zu beeinflussen.

Übungsfragen 15.3

1. Was bedeutet die Aussage, dass Schmerz multimodal ist? Beschreiben Sie die Hypnoseexperimente, mit deren Hilfe die an der Wahrnehmung der sensorischen Schmerzkomponente und der emotionalen Schmerzkomponente beteiligten Gehirnareale identifiziert wurden.

2. Beschreiben Sie die Rolle chemischer Substanzen bei der Schmerzwahrnehmung. Vergewissern Sie sich, dass Sie die Wirkungen von Endorphinen und Naloxon auf die Rezeptoren und die entsprechenden Mechanismen der Schmerzlinderung durch Placebos verstanden haben.

3. Beschreiben Sie das Experiment, mit dem nachgewiesen wurde, dass ein Placeboeffekt an verschiedenen Stellen des Körpers lokal wirkt.

4. Beschreiben Sie das Experiment, das den Nachweis erbracht hat, dass soziale Berührung eine Schmerzlinderung bewirken kann.

5. Beschreiben Sie die Experimente, die gezeigt haben, dass das Beobachten, wie jemand berührt wird oder Schmerzen empfindet, die Aktivität im Gehirn des Beobachters beeinflussen kann. Was können wir daraus über Empathie lernen?

6. Welche Belege gibt es für die Annahme, dass soziale und körperliche Schmerzen einige Mechanismen gemeinsam haben? Welche Erkenntnisse sprechen gegen diese Annahme?

7. Wie wurde die Plastizität des somatosensorischen Kortex (1) am Affen und (2) am Menschen nachgewiesen? Was ist Dystonie der Hand? In welchem Zusammenhang steht diese mit der Gehirnplastizität?

8. Nennen Sie Beispiele für Gehirnplastizität beim Sehen und beim Hören aus vorangegangenen Kapiteln.

9. Wann entwickelt sich der Tastsinn bei Säuglingen? Womit lässt sich belegen, dass soziale Berührung Auswirkungen auf die spätere Entwicklung hat?

15.5 Zum weiteren Nachdenken

1. Ein wiederkehrendes Thema dieses Buches ist, dass Forscher anhand der Ergebnisse psychophysischer Experimente Theorien über die Funktionsweise physiologischer Mechanismen aufstellen oder Zusammenhänge zwischen physiologischen Mechanismen und der Wahrnehmung aufklären können. Nennen Sie für jeden der bisher behandelten Sinne – Sehen, Hören und die Hautsinne – ein Beispiel für eine derartige Verwendung der psychophysischen Ergebnisse.

2. Manche Menschen berichten von Situationen, in denen sie verletzt wurden, aber keinen Schmerz verspürten, bis sie sich ihrer Verletzungen bewusst wurden. Wie würden Sie diese Situationen anhand von Top-down- und Bottom-up-Prozessen erklären? Und wie würden Sie diese Situationen mit den oben beschriebenen Studien (▶ Abschn. 15.2.2) in Zusammenhang bringen?

3. Obwohl das Sehen und die Wahrnehmung über die Hautsinne in vielen Bereichen sehr unterschiedlich sind, gibt es doch einige Gemeinsamkeiten. Nennen Sie einige Beispiele für Gemeinsamkeiten zwischen visueller Wahrnehmung und Wahrnehmung über die Hautsinne (Berührung und Schmerz) in Bezug auf die folgenden Stichwörter: „abgestimmte" Rezeptoren, Mechanismen der Detailwahrnehmung, rezeptive Felder und

Top-down-Verarbeitung. Können Sie sich Situationen vorstellen, in denen Sehen und Tastsinn miteinander interagieren?

15.6 Schlüsselbegriffe

- Affektive Funktion von Berührung
- Affektive Schmerzkomponente
- Aktives Berühren
- CT-Afferenzen
- Dermis
- Direkte Schmerzbahnen
- Diskriminierende Funktion der Berührung
- Duplextheorie der Texturwahrnehmung
- Dystonie der Hand
- Emotionale Schmerzkomponente
- Empathie
- Endorphine
- Entzündungsschmerz
- Epidermis
- Exploratorische Prozeduren
- Gate-Control-Theorie
- Haptische Wahrnehmung
- Hautsinne
- Hinterstrang
- Homunkulus
- Interpersonelle Berührung
- Kinästhesie
- Kutanes rezeptives Feld
- Langsam adaptierende Rezeptoren
- Linienauflösung
- Mechanorezeptoren
- Meissner-Körperchen (RA1)
- Merkel-Zelle (SA1)
- Mikroneurografie
- Multimodale Natur des Schmerzes
- Naloxon
- Neuropathischer Schmerz
- Noceboeffekt
- Nozizeptiver Schmerz
- Nozizeptor
- Oberflächenstruktur
- Oberflächentextur
- Opioide
- Pacini-Körperchen (RA2, PC)
- Passives Berühren
- Phantomglieder
- Placebo
- Placeboeffekt
- Primärer somatosensorischer Kortex (S1)
- Propriozeption
- RA-Rezeptoren (rapidly adapting receptors)
- RA1-Rezeptor
- RA2-Rezeptor

- Räumliche Oberflächenreize
- Ruffini-Körperchen (SA2)
- SA-Rezeptoren (slowly adapting receptors)
- SA1-Rezeptor
- SA2-Rezeptor
- Schnell adaptierende Rezeptoren
- Sekundärer somatosensorischer Kortex (S2)
- Sensorische Schmerzkomponente
- Somatosensorisches System
- Soziale Berührung
- Soziale Berührungshypothese
- Sozialer Schmerz
- Subkutis
- Taktile Unterscheidungsfähigkeit
- These von der Überlappung körperlich und sozial verursachter Schmerzen
- Top-down-Verarbeitung
- Transmissionszelle
- Ventrolateraler Thalamuskern
- Vorderseitenstrang
- Wissensbasierte Verarbeitung
- Zeitliche Oberflächenreize
- Zweipunktschwelle

Die chemischen Sinne

E. Bruce Goldstein und Laura Cacciamani

Inhaltsverzeichnis

Lernziele

Nachdem Sie dieses Kapitel bearbeitet haben, werden Sie in der Lage sein, …

- das gustatorische System zu beschreiben und zu erklären, wie die Aktivierung der Neuronen in diesem System mit der Geschmacksqualität zusammenhängt,
- die genetische Forschung über individuelle Geschmacksunterschiede zu erläutern,
- folgende grundlegende Aspekte der Geruchsfähigkeit zu beschreiben: Erkennen und Identifizieren von Gerüchen, individuelle Unterschiede im Geruchssinn und die Beeinträchtigung des Geruchssinns durch COVID-19 und die Alzheimer-Krankheit,
- zu beschreiben, wie Gerüche von den Schleimhäuten und dem Riechkolben erfasst werden,
- zu verstehen, wie Gerüche im Kortex repräsentiert werden,
- den Zusammenhang zwischen Geruchssinn und Gedächtnis zu verstehen.

Einige der in diesem Kapitel behandelten Fragen

- Gibt es Unterschiede zwischen Menschen in der Art, wie sie den Geschmack von Speisen wahrnehmen?
- Wie wird der Geruchssinn von anderen Sinnen wie Sehen und Hören beeinflusst?
- Wie wirkt sich das, was eine schwangere Frau isst, auf die Geschmacksvorlieben ihres Babys aus?

Katherine Hansen hatte schon immer einen so ausgeprägten Geruchssinn, dass sie jedes Gericht, das sie in einem Restaurant gegessen hatte, zu Hause ohne Rezept nachkochen konnte, indem sie sich einfach an die einzelnen Düfte und Geschmäcker erinnerte (Rabin, 2021). Doch im März 2020 verschwand ihr Geruchssinn – ein Zustand, der **Anosmie** genannt wird –, danach ihr Geschmackssinn und sie erkrankte an dem Coronavirus (COVID-19). Bei mehr als der Hälfte der Menschen, die an COVID-19 erkranken, kommt es zu einem teilweisen oder vollständigen Verlust des Geruchs- und Geschmackssinns (Parma et al., 2020; Pinna et al., 2020), der durch Mechanismen verursacht wird, auf die wir später in diesem Kapitel eingehen werden. Die meisten COVID-19-Patienten erlangen ihren Geruchs- und Geschmackssinn innerhalb kurzer Zeit wieder zurück, aber einige wenige wie Katherine müssen für lange Zeit darauf verzichten. In Katherines Fall waren ihr Geruchs- und Geschmackssinn noch 10 Monate nach ihrem Verlust nicht wiederhergestellt.

Obwohl Geruch und Geschmack oft als „weniger wichtige" Sinne angesehen werden, sprechen die Auswirkungen des Verlusts von Geruch und Geschmack gegen diese Einschätzung, da dieser Verlust die Lebensqualität einer Person deutlich einschränkt (Croy et al., 2013). In einer Studie über die Erfahrungen von 9000 COVID-19-Patienten, die ihren Geruchs- und Geschmackssinn verloren hatten, gaben viele an, sie hätten nicht nur die Freude am Essen verloren, sondern auch die Freude an sozialen Kontakten, und sie berichteten, dass sie sich isoliert und von der Realität losgelöst fühlten. Eine Betroffene drückte es so aus:

> Ich fühle mich von mir selbst entfremdet und irgendwie einsam in meiner Umgebung. Es ist, als ob ein Teil von mir fehlt, weil ich die Gerüche und die damit verbundenen Gefühle des alltäglichen und normalen Lebens nicht mehr wahrnehmen und erleben kann. (Rabin, 2021)

Menschen, die ihren Geruchs- und Geschmackssinn verloren haben, sei es aufgrund von COVID-19 oder aus anderen Gründen, verlieren nicht nur die Lust am Essen, was zu gesundheitlichen Problemen führen kann (Beauchamp & Mennella, 2011), sondern erkennen auch Gefahren wie verdorbene Lebensmittel (Lebensmittelvergiftungen), Feuer oder austretendes Erdgas deutlich schlechter. In einer Studie haben 45 % der Menschen mit Anosmie mindestens eine solche Gefahrensituation erlebt, verglichen mit 19 % der Menschen mit normaler Geruchsfunktion (Cameron, 2018; Santos et al., 2004).

Molly Birnbaum (2011) verlor, nachdem sie beim Überqueren der Straße von einem Auto angefahren worden war, ihren Geruchssinn, den sie zuvor für selbstverständlich gehalten hatte. Sie beschrieb ihre Stadt New York ohne Geruch „als leere Tafel ohne das Aroma aus Auspuffgasen, Hotdog- und Kaffeegerüchen". Und als sie dann nach und nach die Fähigkeit zu riechen wiedererlangte, schwelgte sie in jedem Geruch. „Der Duft von Gurken", schrieb sie, „früher ein gewöhnlicher und unbedeutender Geruch – jetzt ist er berauschend, beinahe himmlisch. Der Geruch einer Melone rührt mich fast zu Tränen" (Birnbaum, 2011, S. 110). Beschreibungen wie diese verdeutlichen, dass der Geruchssinn im Leben wichtiger ist, als wir uns gewöhnlich bewusst machen. Er mag für uns vielleicht nicht überlebenswichtig sein, aber er steigert die Lebensqualität und macht das Leben ein wenig sicherer, indem er als Warnsystem funktioniert.

16.1 Eigenschaften der chemischen Sinne

Die chemischen Sinne umfassen 3 Komponenten: den **Geschmack** oder **Gustation**, den wir wahrnehmen, wenn Moleküle – oft aus der Nahrung – in fester oder flüssiger Form in den Mund gelangen und Rezeptoren auf der Zunge stimulieren (◌ Abb. 16.1); den **Geruch** oder die **Olfaktion**, die wir wahrnehmen, wenn Moleküle aus der Luft in die Nase gelangen und Rezeptorneuronen in der Riechschleimhaut in der Nasenhöhle stimulieren; und das **Aroma**. Das ist der Gesamteindruck, den wir durch die Kombination von Geschmack und Geruch erleben.

Eine Eigenschaft, die die chemischen Sinne von den anderen Sinnen, dem Sehen, dem Hören und den Hautsinnen, unterscheidet, tritt gleich zu Beginn des Wahrnehmungsprozesses auf, wenn die Rezeptoren stimuliert werden.

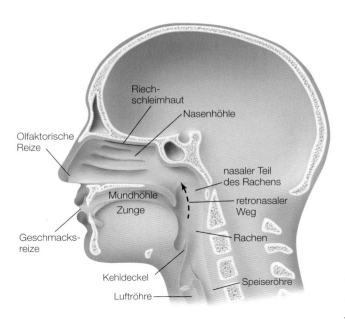

◘ Abb. 16.1 Geruchsmoleküle, die aus der Nahrung in der Mundhöhle und im Rachen freigesetzt werden, können auf dem Weg durch den nasalen Teil des Rachens an die Riechschleimhaut in der Nasenhöhle gelangen (*gestrichelte Linie*). Dies ist der retronasale Weg zu den Geruchsrezeptoren, die später in diesem Kapitel beschrieben werden

Beim Sehen werden die Stäbchen- und die Zapfenrezeptoren im Augapfel durch das Licht stimuliert. Beim Hören werden Druckveränderungen an die Haarzellen tief in der Cochlea weitergeleitet. Bei den Hautsinnen werden Reize, die auf die Haut einwirken, an Rezeptoren oder Nervenenden unter der Haut weitergeleitet. Beim Geschmacks- und Geruchssinn hingegen stimulieren Moleküle Rezeptoren, die mit der Umwelt in Kontakt stehen.

Da die Rezeptoren für Geschmack und Geruch nicht nur den Substanzen, die sie entdecken sollen, sondern ständig auch schädlichen Einflüssen wie Bakterien und Schmutz ausgesetzt sind, durchlaufen sie einen ständigen Zyklus des Entstehens, Reifens und Absterbens. Dieser Zyklus dauert bei Riechsinneszellen etwa 5–7 Wochen, bei Geschmackssinneszellen 1–2 Wochen. Diese fortlaufende Rezeptorerneuerung, die **Neurogenese**, ist ein einzigartiges Phänomen in den Sinnessystemen.

Da die Stoffe, die Geschmack und Geruch auslösen, meist kurz davorstehen, in den Körper eingeschleust zu werden, werden die entsprechenden Sinne oft als „Torwächter" bezeichnet, die 2 wichtige Aufgaben erfüllen:

1. Identifikation von Stoffen, die für das Überleben wichtig sind und deshalb aufgenommen werden sollten
2. Aussonderung von Stoffen, die für den Körper schädlich sind

Diese Torwächterfunktion von Riechen und Schmecken wird durch eine starke affektive oder emotionale Komponente unterstützt – schädliche Substanzen riechen oder schmecken oft unangenehm, während nützliche Substanzen

angenehme Wahrnehmungen hervorrufen. Neben diesem Hinweis auf „nützlich" oder „schädlich" kann ein Geruch, der mit einem Ort oder Ereignis aus der eigenen Lebensgeschichte verbunden ist, auch Erinnerungen wachrufen, die wiederum emotionale Reaktionen auslösen können.

Wir werden in diesem Kapitel erst das Schmecken und dann das Riechen behandeln, wobei wir psychophysische und anatomische Aspekte jedes dieser Sinnessysteme und anschließend die Codierung verschiedener Geschmacks- und Geruchsqualitäten im Nervensystem behandeln werden. Zum Schluss werden wir uns dem Aroma zuwenden, das aus einer Kombination von Geruch und Geschmack entsteht.

16.2 Geschmacksqualitäten

Jeder weiß, was Geschmack ist. Wir erleben Geschmack jedes Mal, wenn wir etwas essen (auch wenn das, was wir beim Essen wahrnehmen, eigentlich, wie wir noch sehen werden, ein *Aroma* ist, das durch Kombination von Geschmack [*Gustation*] und Geruch [*Olfaktion*] wahrgenommen wird). Geschmack entsteht, wenn in der festen oder flüssigen Nahrung Moleküle in den Mund gelangen, die Geschmacksrezeptoren der Zunge stimulieren. Die aus dieser Stimulation resultierenden Wahrnehmungen werden mit 5 grundlegenden Geschmacksqualitäten beschrieben.

Das Geschmacksempfinden wird von den meisten Forschern anhand von 5 Grundqualitäten beschrieben: *salzig*, *sauer*, *süß*, *bitter* und *umami* (diese 5. Geschmacksqualität ist als fleischig, herzhaft oder wohlschmeckend beschrieben worden und wird oft mit den geschmacksverstärkenden Eigenschaften von Mononatriumglutamat assoziiert).

16.2.1 Grundqualitäten der Geschmackswahrnehmung

Donald McBurney (1969) ließ in einer frühen Untersuchung die Probanden Lösungen mit bestimmten Geschmacksqualitäten trinken und dabei für jede der 4 grundlegenden Geschmacksqualitäten die Geschmacksintensität anhand von Größenschätzungen angeben (die Methode der Größenschätzung wurde in ▶ Kap. 1 eingeführt; siehe dazu auch Anhang B). Er fand heraus, dass manche Substanzen einen vorherrschenden Geschmack aufweisen und andere durch Kombinationen der 4 Geschmacksqualitäten beschrieben werden. So sind Natriumchlorid (salzig), verdünnte Salzsäure (sauer), Saccharose (süß) und Chinin (bitter) diejenigen Verbindungen, die jeweils einer der 4 Grundqualitäten am nächsten kommen. Kaliumchlorid hat hingegen deutliche salzige und bittere Geschmackskomponenten; ähnlich ergibt Natriumnitrat eine geschmackliche Kombination von salzig, sauer und bitter (◘ Abb. 16.2).

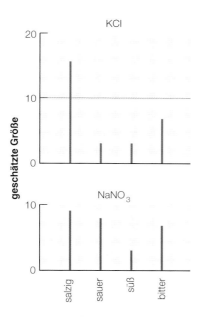

◘ Abb. 16.2 Der Anteil jeder der 4 grundlegenden Geschmacksqualitäten zu den Geschmackswahrnehmungen von Kaliumchlorid (KCl) und Natriumnitrat (NaNO₃), die mit der Methode der direkten Größenschätzung bestimmt wurden. Die Höhe der *Linie* spiegelt die Größenschätzung für jede Geschmacksqualität wider. (Adaptiert nach McBurney, 1969, © Rockefeller University Press)

Befunde wie dieser brachten die meisten Forscher dazu, die Annahme grundlegender Geschmacksqualitäten zu akzeptieren. Wie wir bei unserer Diskussion der neuronalen Codierung von Geschmacksqualitäten sehen werden, setzen die meisten Forscher eben diese Existenz grundlegender Geschmacksqualitäten voraus (allerdings präsentiert Erickson [2000] einige Argumente gegen die Vorstellung grundlegender Geschmacksqualitäten).

16.2.2 Der Zusammenhang zwischen Geschmacksqualität und der Wirkung einer Substanz

Zu Beginn dieses Kapitels haben wir angemerkt, dass man sich den Geschmacks- und den Geruchssinn als „Torwächter" vorstellen kann. Dies trifft besonders auf den Geschmackssinn zu, da wir oft etwas erst probieren, bevor wir uns entscheiden, ob wir es essen sollten oder nicht (Breslin, 2001). Der Geschmackssinn erfüllt seine Torwächterfunktion, indem die Geschmacksqualität mit der Wirkung einer Substanz verbunden wird.

So ist Süße oft mit nahrhaften oder kalorienreichen Nahrungsbestandteilen assoziiert, die für das Überleben wichtig sind. Süße Nahrungsbestandteile rufen eine automatische Aufnahmebereitschaft für die betreffende Nahrung hervor und lösen antizipatorische Reaktionen im Stoffwechsel aus, die das Verdauungssystem auf die Verarbeitung dieser Substanzen vorbereiten.

Bittere Nahrungsbestandteile haben den gegenteiligen Effekt – sie lösen automatische Vermeidungsreaktionen aus, um den Organismus bei der Vermeidung schädlicher Substanzen zu unterstützen. Beispiele für bitter schmeckende schädliche Substanzen sind die Gifte Strychnin, Arsen und Zyankali.

Salzige Geschmacksqualitäten zeigen oft einen Gehalt von Natrium an. Wenn Menschen zu wenig Natrium im Körper haben oder durch Schwitzen viel davon verlieren, wählen sie oft Nahrungsmittel mit salzigem Geschmack, um das dem Körper fehlende Salz (Natriumchlorid) zu ersetzen.

Es gibt zwar viele Beispiele für Zusammenhänge zwischen dem Geschmack einer Substanz und ihrer Funktion im Körper, aber diese Zusammenhänge sind nicht immer eindeutig. Menschen essen oft wohlschmeckende, aber giftige Pilze, und es gibt künstliche Süßstoffe wie Saccharin und Sucralose, die für den Stoffwechsel keinen Nutzen haben. Es gibt auch bittere Nahrungsmittel, die ungefährlich und metabolisch verwertbar sind. Menschen können auch lernen, ihre Reaktion auf bestimmte Geschmacksqualitäten zu modifizieren – wie in dem Fall, dass man bei einem Nahrungsmittel, das man anfänglich nicht mochte, „auf den Geschmack kommt", wie etwa den bitteren Geschmack von Bier oder Kaffee.

16.3 Die neuronale Codierung von Geschmacksqualitäten

Eine der zentralen Anliegen bei der Forschung zum Geschmackssinn besteht darin, die physiologische Codierung von Geschmacksqualitäten zu entschlüsseln. Wir werden hier zunächst den Aufbau des gustatorischen Systems beschreiben und anschließend 2 Vorschläge dazu betrachten, wie Geschmacksqualitäten in diesem System codiert werden.

16.3.1 Die Struktur des gustatorischen Systems

Der Prozess des Schmeckens beginnt auf der Zunge (◘ Abb. 16.3a und ◘ Tab. 16.1) mit der Stimulation von Rezeptoren durch Geschmacksreize. Die Oberfläche der Zunge weist viele Unebenheiten auf, die von den **Zungenpapillen** herrühren. Diese lassen sich in folgende 4 Kategorien einteilen:

1. Fadenpapillen, die wie Zapfen geformt sind und über die gesamte Zungenoberfläche hinweg vorkommen, wodurch diese rau erscheint
2. Pilzpapillen, die wie Pilzhüte aussehen und an der Zungenspitze und den Zungenrändern besonders häufig vorkommen (◘ Abb. 16.4)

◻ Abb. 16.3 a Die Zunge mit den 4 Arten von Zungenpapillen. **b** Eine Pilzpapille auf der Zunge; jede Papille enthält mehrere Geschmacksknospen. **c** Querschnitt durch eine Geschmacksknospe mit der Geschmackspore, durch die die Geschmacksstoffe eintreten. **d** Die Geschmackssinneszelle; die Spitzen (Mikrovilli) der Zelle befinden sich genau unter der Geschmackspore. **e** Vergrößerte Darstellung der obersten Membran der Geschmackssinneszelle mit den Rezeptoren für bittere, saure, salzige und süße Substanzen. Wie im Text beschrieben, löst die Stimulation dieser Rezeptoren eine Reihe verschiedener Vorgänge innerhalb der Zelle aus (hier nicht dargestellt), die zu einer Änderung des Ionenstroms durch die Membran führen, was ein elektrisches Signal in der Geschmackssinneszelle erzeugt

3. Blätterpapillen, die eine Reihe von Einfaltungen entlang der Ränder der Zungenwurzel bilden
4. Wallpapillen, die wie flache Hügel geformt und von einem Graben umgeben sind und sich an der Zungenwurzel befinden

Außer den Fadenpapillen enthalten alle Zungenpapillen **Geschmacksknospen** (◻ Abb. 16.3b und 16.3c), die Gesamtzahl dieser Geschmacksknospen auf der Zunge liegt bei etwa 10.000 (Bartoshuk, 1971). Da die Fadenpapillen keine Geschmacksknospen enthalten, löst die Stimulation der Zungenmitte, wo sich ausschließlich Fadenpapillen befinden, keine Geschmacksempfindungen aus. Die Stimulation der hinteren Zunge oder des umlaufenden Rands der Zunge führt dagegen zu vielfältigen Geschmacksempfindungen.

Jede Geschmacksknospe (◻ Abb. 16.3c) enthält 50–100 **Geschmackssinneszellen**, deren Spitzen in die **Geschmackspore** hineinragen (◻ Abb. 16.3c und 16.3d). Wenn chemische Substanzen an die **Geschmacksrezepto-**

◻ Tab. 16.1 Die Zunge und ihre Rezeptoren

Struktur	Beschreibung
Zunge	Rezeptorfläche für die Geschmackssinneszellen. Sie enthält mehrere Arten von Papillen und alle anderen unten beschriebenen Strukturen
Papillen	Diese Strukturen geben der Zunge die raue Oberfläche. Man unterscheidet 4 Arten von Papillen; jede davon hat eine andere Form
Geschmacksknospen	Sie sind in den Papillen enthalten. Es gibt etwa 10.000 Geschmacksknospen
Geschmackssinneszellen	Mehrere dieser Sinneszellen bilden eine Geschmacksknospe. Von den Spitzen der Sinneszellen ragen die Mikrovilli in die Geschmackspore hinein. Mit jeder Sinneszelle sind eine oder mehrere Nervenfasern verbunden
Geschmacksrezeptoren	Rezeptoren auf den Mikrovilli der Geschmackssinneszellen. Es gibt verschiedene Arten von Rezeptoren, jeweils für unterschiedliche Substanzen. Moleküle, die an die Rezeptoren binden, verändern den Ionenstrom durch die Membran der Geschmackssinneszelle und bewirken dadurch eine Transduktion

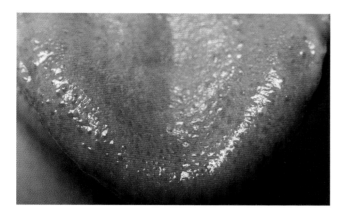

◻ Abb. 16.4 Die Zungenoberfläche mit Pilzpapillen. (© Photo Researchers/Science Photo Library)

ren an der Spitze dieser Geschmackssinneszellen gelangen, kommt es zur Transduktion (◻ Abb. 16.3d und 16.3e). Die in den Geschmackssinneszellen erzeugten elektrischen Signale werden von der Zunge über mehrere Nervenbahnen weitergeleitet, und zwar über

1. die *Chorda tympani* (von Geschmackssinneszellen an der Zungenspitze und den Zungenrändern),
2. den *Nervus glossopharyngeus* (vom hinteren Teil der Zunge),
3. den *Nervus vagus* bzw. Vagusnerv (von den Geschmacksrezeptoren in Mund und Rachen) und
4. den *Nervus petrosus major* (vom weichen Gaumen oben im Mund).

◻ Abb. 16.5 zeigt, dass von Zunge, Mund und Hals ausgehende Nervenfasern synaptische Verbindungen im **Nucleus solitarius** im Hirnstamm haben und dass die Signale von dort aus zum Thalamus und anschließend zu Strukturen im Frontalhirn weitergeleitet werden – der **Insula** und dem **Operculum frontale** –, die zusammen den primären gustatorischen Kortex bilden und beide teilweise vom Temporallappen verdeckt werden (Finger, 1987; Frank & Rabin, 1989).

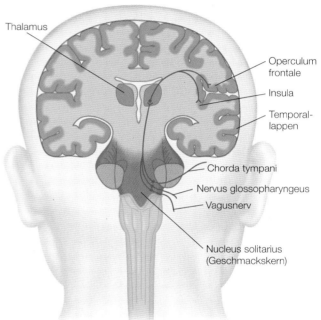

◻ Abb. 16.5 Die zentrale Bahn für Geschmackssignale mit dem Nucleus solitarius in der Medulla an der Unterseite des Gehirns, in dem Nervenfasern von der Zunge und vom Mund synaptisch verschaltet sind. Vom Nucleus solitarius aus ziehen die Fasern in den Thalamus und den Frontallappen des Kortex. (Adaptiert nach Frank & Rabin, 1989. Reprinted with permission from Sage Publications Inc. Journals)

16.3.2 Populationscodierung

In ► Kap. 2 haben wir 2 Arten der Codierung unterschieden: die *Einzelzellcodierung*, bei der Qualitäten durch die Aktivität in darauf abgestimmten Neuronen angezeigt werden, und die *Populationscodierung*, bei der Qualitäten durch über viele Neuronen verteilte Aktivitätsmuster signalisiert werden. In dieser Diskussion und an vielen anderen Stellen dieses Buches haben wir im Allgemeinen der Populationscodierung den Vorzug gegeben. In Bezug auf den Geschmackssinn ist die Sachlage jedoch nicht eindeutig ge-

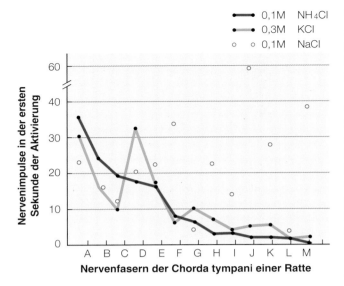

■ **Abb. 16.6** Die faserübergreifenden Antwortmuster von 13 Nervenfasern in der Chorda tympani der Ratte auf 3 Salze. Jeder Buchstabe auf der *x*-Achse bezeichnet eine einzelne Nervenfaser. *KCl* = Kaliumchlorid; *NaCl* = Natriumchlorid; *NH₄Cl* = Ammoniumchlorid. (Adaptiert nach Erickson, 1963)

klärt, und es gibt für jede dieser beiden Codierungsarten gute Argumente (Frank et al., 2008).

Betrachten wir zunächst einige Belege für Populationscodierung. Robert Erickson (1963) führte eines der ersten Experimente durch, in denen diese Art der Codierung demonstriert wurde. Er gab verschiedene Geschmacksstoffe auf die Zunge einer Ratte und leitete die neuronale Antwort der Chorda tympani ab. ■ Abb. 16.6 zeigt die Antworten von 13 Nervenfasern auf Ammonium-, Kalium- und Natriumchlorid. Erickson bezeichnete diese Antwortmuster als **faserübergreifende Antwortmuster**, was nur eine andere Bezeichnung für Populationscodierung ist. Die rote und die grüne Kurve zeigen, dass die faserübergreifenden Antwortmuster für Ammonium- und Kaliumchlorid einander ähneln, sich jedoch vom Antwortmuster für Natriumchlorid unterscheiden, das durch die leeren Kreise dargestellt ist.

Erickson schloss daraus Folgendes: Wenn die Wahrnehmung der Geschmacksqualität bei der Ratte auf dem faserübergreifenden Antwortmuster basiert, dann sollten 2 Substanzen mit ähnlichen Antwortmustern auch ähnlich schmecken. Die elektrophysiologischen Ergebnisse sagen also vorher, dass Ammonium- und Kaliumchlorid ähnlich schmecken und dass sich der Geschmack beider Substanzen von dem von Natriumchlorid unterscheidet. Um diese Hypothese zu testen, verabreichte Erickson den Ratten einen Elektroschock, während die Tiere eine Kaliumchloridlösung tranken, und ließ sie dann anschließend zwischen Ammonium- und Natriumchlorid wählen. Falls Kalium- und Ammoniumchlorid für Ratten ähnlich schmecken, müssten die Ratten bei diesem Experiment die Ammoniumchloridlösung vermeiden. Genau das taten die

Tiere. Zudem vermieden Ratten, denen beim Trinken der Ammoniumchloridlösung Elektroschocks verabreicht wurden, anschließend die Kaliumchloridlösung, wie durch die Ergebnisse der elektrophysiologischen Untersuchung vorhergesagt.

Wie ist es jedoch mit der menschlichen Geschmackswahrnehmung? Susan Schiffman und Robert Erickson (1971) ließen menschliche Probanden die geschmackliche Ähnlichkeit verschiedener Lösungen beurteilen und fanden heraus, dass die als ähnlich schmeckend wahrgenommenen Substanzen in Zusammenhang mit den neuronalen Antwortmustern der Ratten bei diesen Substanzen standen. Die psychophysisch als ähnlicher beurteilten Lösungen gingen einher mit ähnlichen neuronalen Antwortmustern, wie man es bei einer Populationscodierung erwarten würde.

16.3.3 Einzelzellcodierung

Die meisten Belege für eine Populationscodierung stammen aus Forschung, die sich auf die Geschmacksrezeptoren und die frühe neuronale Aktivität im gustatorischen System konzentrierte. Wir beginnen hier ebenfalls bei den Rezeptoren und beschreiben die Experimente, in denen Rezeptoren für süß, bitter und umami gefunden wurden.

Die Hinweise auf die Existenz von Rezeptoren, die spezifisch auf einen bestimmten Geschmack antworten, wurden an Mäusen gewonnen, bei denen durch Klonen spezifische Rezeptoren entfernt oder hinzugefügt worden waren. Ken Mueller et al. (2005) führten eine Serie von Experimenten mit einer chemischen Substanz namens Phenylthiocarbamid (PTC) durch, die für die meisten Menschen bitter schmeckt, für Mäuse jedoch nicht. Dass PTC für Mäuse nicht bitter schmeckt, wurde in diesem Fall aus der Beobachtung geschlossen, dass Mäuse in Verhaltensexperimenten selbst hohe Konzentrationen von PTC nicht vermeiden (die blaue Kurve in ■ Abb. 16.7). Innerhalb der Familie von Rezeptoren für bitteren Geschmack war ein bestimmter Rezeptor als Grund für den bitteren Geschmack von PTC beim Menschen identifiziert worden, und so waren Mueller et al. an der folgenden Frage interessiert: Was würde geschehen, wenn durch Klonen eine Population von Mäusen erzeugt würde, die diesen menschlichen „PTC-bitter-Rezeptor" besaß? Die so genetisch veränderten Mäuse vermieden in Verhaltensexperimenten tatsächlich hohe Konzentrationen von PTC (rote Kurve in ■ Abb. 16.7; siehe a. in ■ Tab. 16.2).

In einem weiteren Experiment erzeugten Mueller et al. (2005) eine Population von Mäusen, denen ein bestimmter Rezeptor für bitter *fehlte*; dieser Rezeptor antwortet auf eine Verbindung namens Cyclohexamid (Cyx). Mäuse besitzen diesen Rezeptor normalerweise und vermeiden Cyx. Die Mäuse, denen der entsprechende Rezeptor fehlte, vermieden Cyx jedoch nicht (siehe b. in ■ Tab. 16.2). Darüber hinaus verursachte Cyx bei diesen Mäusen keinerlei neuronale Antwort mehr in den Nerven, die Signale von der

16

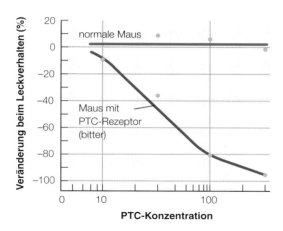

Abb. 16.7 Das Verhalten von Mäusen bei Darbietung von PTC. Die *blaue Kurve* zeigt, dass eine normale Maus auch hohe Konzentrationen von PTC zu sich nimmt. Eine Maus mit einem menschlichen PTC-bitter-Rezeptor hingegen vermeidet PTC, besonders in hohen Konzentrationen (*rote Kurve*). (Adaptiert nach Mueller et al., 2005)

Tab. 16.2 Ergebnisse aus dem Experiment von Mueller et al. (2005)

Geruchsstoff	Maus	Geklonte Maus
a. PTC	Kein PTC-Rezeptor, vermeidet PCT nicht	PCT-Rezeptor, vermeidet PCT
b. Cyx	Cyx-Rezeptor, vermeidet Cyx	Kein Cyx-Rezeptor, vermeidet Cyx nicht

Zunge erhalten. Wenn also der Geschmacksrezeptor für eine Substanz eliminiert wird, zeigt sich das sowohl am Feuern der Nervenfasern als auch am Verhalten der Tiere.

Bei diesen Experimenten ist wichtig, dass das Entfernen oder Hinzufügen von Rezeptoren für bitter keine Auswirkungen auf die neuronale Antwort oder das Verhalten bei der Darbietung süßer, saurer, salziger oder umami Stimuli hatte. In anderen Untersuchungen mit ähnlichen Techniken wurden Rezeptoren für Zucker und umami identifiziert (Zhao et al., 2003).

Die Ergebnisse der Experimente, bei denen ein Rezeptor hinzugefügt wurde, der die Tiere für eine bestimmte Geschmacksqualität sensitiv machte bzw. bei denen ein Rezeptor eliminiert wurde, werden als Beleg für Einzelzellcodierung angeführt. Einfach ausgedrückt zeigen sie, dass es Rezeptoren gibt, die spezifisch auf süß, bitter und umami abgestimmt sind. Aber nicht alle Forscher akzeptieren diese einfache Sichtweise. Beispielsweise haben Eugene Delay et al. (2006) mit verschiedenen Verhaltenstests gezeigt, dass Mäuse, die durch Entfernen eines Süßrezeptors eigentlich unempfindlich für Süßes sein sollten, durchaus eine Präferenz für Zucker zeigen können. Aufgrund dieses Befunds vermutet Delay, dass möglicherweise verschiedene Rezeptoren auf bestimmte Substanzen wie Zucker antworten.

Sucrose-empfindliches Neuron

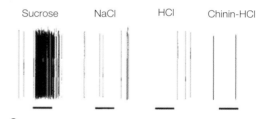

a

NaCl-empfindliches Neuron

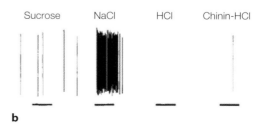

b

Neuron antwortet auf NaCl, HCl und Chinin-HCl

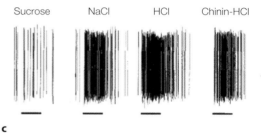

c

Abb. 16.8 Die Antworten von 3 Neuronen mit Nervenfasern in der Chorda tympani der Ratte, die im Somabereich des Neurons während der gustatorischen Stimulierung abgeleitet wurden. Dabei wurden jeweils Lösungen von Saccharose (Sucrose), Natriumchlorid (NaCl), verdünnte Salzsäure (HCl) und Chininhydrochlorid (Chinin-HCl) 15 s lang auf die Zunge gegeben, wie die *waagerechten Striche* unter den Feuermustern andeuten, wobei die einzelnen Nervenimpulse durch die *senkrechten schwarzen Linien* dargestellt sind. **a** Das Neuron antwortet selektiv auf den süßen Geschmacksstoff. **b** Das Neuron antwortet selektiv auf NaCl. **c** Das Neuron antwortet auf die 3 Geschmacksreize durch NaCl, HCl und Chinin-HCl. (Aus Lundy & Contreras, 1999, mit freundlicher Genehmigung der American Physiological Society)

Andererseits gibt es weitere Belege für die Einzelzellcodierung beim Geschmackssinn aus Untersuchungen dazu, wie einzelne Neuronen auf Geschmacksreize antworten. Durch Ableiten von Neuronen auf einer niedrigen Stufe im gustatorischen System wurde bei verschiedenen Tieren (von der Ratte bis zum Affen) herausgefunden, dass bestimmte Neuronen auf sehr spezifische Stimuli antworten, während andere Neuronen auf mehrere Reiztypen ansprechen (Lundy & Contreras, 1999; Sato et al., 1994; Spector & Travers, 2005).

Abb. 16.8 zeigt die Aktivierungsmuster von 3 Neuronen im gustatorischen System der Ratte, die auf Sucrose (schmeckt für Menschen süß), Natriumchlorid (salzig), stark verdünnte Salzsäure (sauer) und Chininhydrochlorid (bitter) ansprechen (Lundy & Contreras, 1999). Das Neuron in ◘ Abb. 16.8a antwortet selektiv auf Sucrose, das in ◘ Abb. 16.8b nur auf Natriumchlorid, aber das 3. Neuron in ◘ Abb. 16.8c feuert sowohl bei Sucrose als auch bei Natriumchlorid oder Chininhydrochlorid. Die selektiv auf Sucrose bzw. verdünnte Salzsäure antwortenden Neuronen in ◘ Abb. 16.8a und 16.8b sind Belege für eine Einzelzellcodierung. Es wurden auch Neuronen gefunden, die selektiv auf sauren (verdünnte Salzsäure) bzw. bitteren Geschmack (Chininhydrochlorid) ansprechen (Spector & Travers, 2005).

Ein anderer Befund, der in Richtung Einzelzellcodierung weist, ergibt sich aus der Wirkung einer Substanz namens **Amilorid** auf das gustatorische System, die das Einströmen von Natriumionen in Geschmacksrezeptoren blockiert. Die Verabreichung von Amilorid auf die Zunge führt zu einer Abschwächung der Antwort von Neuronen im Hirnstamm der Ratte (im Nucleus solitarius), die am stärksten auf Salz antworten (◘ Abb. 16.9a), hat jedoch kaum Auswirkungen auf Neuronen, die am stärksten auf eine Kombination aus salzig und bitter antworten (◘ Abb. 16.9b; Scott & Giza, 1990). Die Blockade des Natriumstroms durch die Membran löscht also selektiv die Antwort von salzsensitiven Neuronen aus, die am stärksten auf Salz antworten, beeinflusst jedoch nicht das Antwortverhalten von Neuronen, die am stärksten auf andere Geschmacksqualitäten antworten. Wie sich zeigt, ist der durch Amilorid blockierte Natriumkanal bei Ratten und anderen Spezies wichtig für die Bestimmung der Intensität von salzigem Geschmack, bei Menschen jedoch nicht. In neueren Forschungen wurde ein weiterer Ionenkanal identifiziert, der für die Wahrnehmung von salzigem Geschmack beim Menschen wichtig ist (Lyall et al., 2004, 2005).

Was bedeuten diese Befunde insgesamt? Die Ergebnisse, die experimentell mit Methoden der Klonierung, des Ableitens von Neuronen und der blockierenden Wirkung von Amilorid erreicht wurden, scheinen die Debatte zur Populationscodierung versus Einzelzellcodierung in Richtung der Einzelzellcodierung zu verschieben (Chandrashekar et al., 2006). Allerdings ist damit der Ausgang dieser Debatte längst noch nicht entschieden. David Smith und Thomas Scott (2003) argumentieren zugunsten der Populationscodierung, dass Neuronen mit zunehmend zentraler Position im gustatorischen System immer weniger spezifisch abgestimmt seien und viele davon auf mehr als eine Geschmacksqualität antworteten. Wie Smith et al. (2000) betonen, bedeutet die Existenz von Neuronen mit einer spezifischen Abstimmung auf salzig oder sauer nicht notwendigerweise, dass diese Geschmacksqualitäten lediglich von *einer* Art von Neuron signalisiert werden. Die Forscher veranschaulichen dies anhand einer Analogie zwischen der Geschmackswahrnehmung und dem neuronalen Mechanismus für das Farbensehen. Die Darbietung eines als rot wahrgenommenen langwelligen Lichtreizes kann zwar die

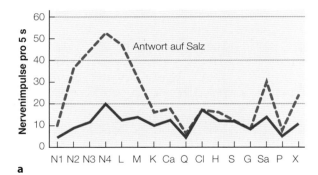

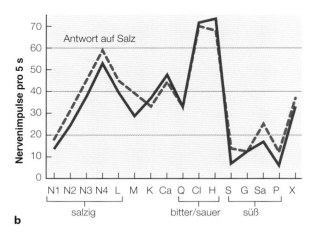

◘ **Abb. 16.9** Die *blaue gestrichelte Kurve* zeigt die Antworten von 2 Neuronen im Nucleus solitarius der Ratte auf mehrere Geschmacksstimuli (diese sind entlang der *x*-Achse angeordnet). **a** Das Neuron antwortet stark auf Verbindungen, die mit salzigem Geschmack assoziiert sind. **b** Dieses Neuron antwortet auf ein breites Spektrum an Verbindungen. Die *rote Kurve* zeigt das Antwortverhalten beider Neuronen nach Verabreichung des Natriumkanalblockers Amilorid auf die Zunge. Diese Substanz hemmt die Antwort vom Neuron in **a** auf Salz, hat jedoch kaum Auswirkungen auf das Neuron in **b**. (Adaptiert nach Scott & Giza, 1990. Reprinted with permission from AAAS.)

stärkste Aktivierung im langwelligen Zapfenpigment hervorrufen (◘ Abb. 9.15), aber unsere Wahrnehmung von Rot hängt dennoch von der kombinierten Antwort der auf lang- und mittelwelliges Licht ansprechenden Zapfenpigmente ab. Ähnlich könnten salzige Stimuli zwar hohe Feuerraten in Neuronen hervorrufen, die am stärksten auf Salz reagieren, aber es sind vielleicht auch noch andere Neuronen an der Erzeugung einer salzigen Geschmacksqualität beteiligt.

Aufgrund von Argumenten wie diesem glauben einige Forscher, dass trotz der starken Belege zugunsten der Existenz spezifischer Geschmacksrezeptoren auch die Populationscodierung eine Rolle bei der Geschmackswahrnehmung spielt, insbesondere auf höheren Ebenen des gustatorischen Systems. Vorgeschlagen wurde in diesem Zusammenhang, dass grundlegende Geschmacksqualitäten zwar durch einen spezifischen Code im Rahmen der Einzelzellcodierung bestimmt werden könnten, die Populationscodierung jedoch über die subtilen Unterschiede zwischen Geschmacksqualitäten innerhalb einer Kategorie entscheiden würden (Pfaff-mann, 1974; Scott & Plata-Salaman, 1991). Dies könnte helfen zu erklären, warum nicht alle Substanzen in einer bestimmten Kategorie denselben Geschmack haben. So haben beispielsweise keineswegs alle süßen Substanzen einen identischen Geschmack (Lawless, 2001).

16.4 Individuelle Unterschiede bei der Geschmackswahrnehmung

Die „Geschmackswelten" von Menschen und Tieren sind nicht unbedingt gleich. Beispielsweise bevorzugen Katzen anders als andere Säugetiere nicht den süßen Geschmack von Zucker, auch wenn sie ansonsten bei anderen Geschmacksqualitäten das übliche Verhalten zeigen und beispielsweise wie Menschen bittere oder sehr saure Komponenten meiden. Wie die genetische Forschung gezeigt hat, beruht diese „Geschmacksblindheit" für Süßes bei Katzen darauf, dass ihnen ein funktionales Gen für die Ausbildung eines Süßrezeptors fehlt und ohne den passenden Rezeptor kein Mechanismus zum Wahrnehmen von Süße vorhanden ist Li et al., 2005).

Dieser interessante Befund bei Katzen sagt auch einiges über die menschliche Geschmackswahrnehmung aus, denn es hat sich herausgestellt, dass bei Menschen ebenfalls genetische Unterschiede existieren, die die Wahrnehmungsfähigkeit beim Schmecken bestimmter Substanzen beeinflussen. Ein Effekt, der in diesem Zusammenhang am besten dokumentiert wurde, ist die der Fähigkeit zur Wahrnehmung des bitteren PTC, das wir bereits weiter oben erwähnt haben. Linda Bartoshuk (1980) beschreibt die Entdeckung dieses PTC-Effekts:

» Die unterschiedlichen Reaktionen auf PTC wurden im Jahre 1932 durch Zufall von Arthur J. Fox entdeckt, einem Chemiker der E. I. DuPont de Nemours Company in Wilmington, Delaware, USA. Fox hatte PTC hergestellt, und als er die Verbindung in eine Flasche schüttete, gelangte einiges von dem Staub in die Luft. Einer seiner Kollegen beklagte sich über den bitteren Geschmack des Staubs, Fox jedoch bemerkte diesen nicht, obwohl er der Substanz viel näher war. Albert F. Blakeslee, ein bedeutender Genetiker dieser Ära, ging dieser Beobachtung sofort nach. Bei einem Treffen der American Association for the Advancement of Science (AAAS) im Jahre 1934 führte Blakeslee ein Experiment vor, bei dem 2500 Konferenzteilnehmern PTC-Kristalle verabreicht wurden. Das Ergebnis: 28 % beschrieben es als geschmacklos, 66 % als bitter und 6 % gaben andere Geschmackswahrnehmungen an. (Bartoshuk,1980, S. 55)

Die Menschen, die PTC schmecken können, werden als *Schmecker* bezeichnet, und die anderen als *Nichtschmecker*. Weitere Experimente wurden mit einer Substanz namens 6-n-Propylthiouracil (PROP) durchgeführt, die ähnliche Eigenschaften aufweist wie PTC (Lawless, 1980, 2001). Forscher haben herausgefunden, dass etwa 1/3 aller US-Amerikaner PROP als geschmacklos bezeichnen und die anderen 2/3 es schmecken können. Was verursacht diese Unterschiede in der Fähigkeit zur Wahrnehmung des Geschmacks von PROP? Eine Erklärung für diese Unterschiede besteht darin, dass Menschen, die PROP schmecken können, eine höhere Dichte an Geschmacksknospen auf der Zunge haben als Menschen, die die Substanz nicht schmecken können (◘ Abb. 16.10).

Neben der Rezeptordichte spielt auch die Art der vorhandenen Rezeptoren eine Rolle bei individuellen Unterschieden im Geschmacksempfinden. Dank der Fortschritte in der Genetik ist es möglich, die Lage und die Eigenschaften von Genen auf menschlichen Chromosomen zu bestimmen, die mit Geschmacks- und Geruchsrezeptoren in Verbindung stehen. Solche Untersuchungen haben gezeigt, dass PROP- und PTC-Schmecker spezielle Rezep-

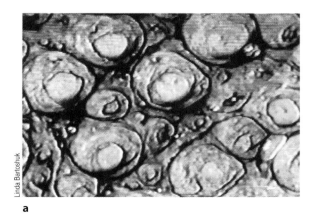

a

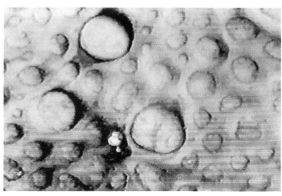

b

◘ **Abb. 16.10** **a** Videomikrografie der Zunge eines „Superschmeckers" – einer Person mit einer sehr hohen Empfindlichkeit für den Geschmack von PROP. Die Pilzpapillen sind deutlich zu sehen. **b** Die Papillen eines „Nichtschmeckers", also einer Person, die PROP nicht schmecken kann. Der Superschmecker hat sowohl mehr Papillen als auch mehr Geschmacksknospen als der Nichtschmecker. (© Linda Bartoshuk)

Linda Bartoshuk

toren besitzen, die den Nichtschmeckern fehlen (Bufe et al., 2005; Kim et al., 2003).

Was bedeutet dies für das alltägliche Geschmacksempfinden? Wenn PROP-Schmecker auch bei anderen Verbindungen einen stärkeren bitteren Geschmack wahrnehmen als Nichtschmecker, so würde dies darauf hindeuten, dass manche Nahrungsmittel für die Schmecker ebenfalls bitterer schmecken könnten. Die Belege hierfür sind jedoch nicht eindeutig. In manchen Studien ergaben sich Unterschiede in Bezug auf die Beurteilung der Bitterkeit anderer Verbindungen durch Schmecker und Nichtschmecker (Bartoshuk, 1979; Hall et al., 1975), in anderen wiederum nicht (Delwiche et al., 2001b). Es zeigte sich jedoch, dass für den Geschmack von PROP besonders empfindliche Menschen, die als *Superschmecker* bezeichnet werden, auch tatsächlich eine höhere Empfindlichkeit für die meisten bitteren Substanzen haben – so als ob die Verstärkung im System für die Wahrnehmung von bitterem Geschmack bei allen bitteren Verbindungen „voll aufgedreht" wäre (Delwiche et al., 2001a).

Die Forschung zu PROP-Nichtschmeckern und -Superschmeckern ist jedoch nur ein kleiner Teilbereich im Hinblick auf individuelle Unterschiede. So wurden beispielsweise auch genetische Unterschiede zwischen Individuen damit in Verbindung gebracht, wie sie die Süße von Saccharose wahrnehmen (Fushan et al., 2009).

Wenn Sie also das nächste Mal den Geruch eines Duftstoffs oder den Geschmack eines bestimmten Nahrungsmittels nicht so beurteilen wie andere, gehen Sie nicht automatisch davon aus, dass diese Unterschiede nur auf verschiedenen Präferenzen beruhen. Der Grund beruht möglicherweise nicht auf verschiedenen *Vorlieben* für etwas (Sie mögen Süßes lieber als andere), sondern ist auf Unterschiede des *Geschmackserlebens* zurückzuführen (Sie erleben süße Geschmäcker intensiver als andere), das individuell durch unterschiedliche Arten und eine variierende Anzahl von Geschmacksrezeptoren auf den Zungen hervorgerufen wird.

Übungsfragen 16.1

1. Was ist Anosmie? Wie verändert sie das Leben der davon Betroffenen?
2. Wodurch unterscheiden sich die chemischen Sinne vom Sehen, dem Tastsinn und von den Hautsinnen?
3. Was ist Neurogenese, und welche Funktion hat sie?
4. Welches sind die 5 grundlegenden Geschmacksqualitäten?
5. Wie hängt die Geschmacksqualität mit der physiologischen Wirkung einer Substanz zusammen?
6. Beschreiben Sie die Anatomie des gustatorischen Systems, einschließlich der Rezeptoren und der zentralen Projektionsorte im Kortex.

7. Welche Belege gibt es jeweils für Populations- und Einzelzellcodierung in Bezug auf die Geschmackswahrnehmung? Lässt sich sagen, ob die eine oder die andere Theorie zutrifft?
8. Welche Befunde stützen die Idee, dass verschiedene Menschen ein unterschiedliches Geschmackserleben aufweisen? Welche Mechanismen könnten hierfür verantwortlich sein?

16.5 Die Bedeutung der Geruchswahrnehmung

Zu Beginn des Kapitels haben wir festgestellt, dass der Geschmackssinn und der Geruchssinn, die **Olfaktion**, oft als weniger wichtig als das Sehen und das Hören angesehen werden. Auch in vielen Lehrbüchern wird der Geruchssinn als unbedeutend dargestellt, indem der Geruchssinn für Menschen als **mikrosmatisch** beschrieben wird (d. h., der Geruchssinn ist schwach ausgeprägt und für das Überleben nicht entscheidend), während der Geruchssinn von Tieren, insbesondere von Hunden, als **makrosmatisch**, also als gut entwickelt gilt (McGann, 2017).

Neuere Messungen der Empfindlichkeit von Menschen und Tieren für verschiedene Gerüche zeigen jedoch, dass Menschen für viele Gerüche empfindlicher sind als eine Vielzahl von Tieren, darunter Mäuse, Affen, Kaninchen und Robben. Und obwohl Hunde für viele Gerüche deutlich empfindlicher sind als Menschen, ist die Empfindlichkeit des Menschen bei anderen Gerüchen vergleichbar mit der des Hunds (Laska, 2017).

Caroline Bushdid et al. (2014) haben Untersuchungen durchgeführt, um festzustellen, wie viele Bestandteile einer Substanz sie verändern konnten, bevor die Studienteilnehmer den Unterschied zwischen 2 Substanzen erkennen konnten. Auf der Grundlage ihrer Ergebnisse und einer Schätzung der Anzahl möglicher Gerüche schlugen sie vor, dass Menschen mehr als eine Billion Geruchsreize unterscheiden können. Andere Forscher haben diese Zahl infrage gestellt und halten sie für zu hoch (Gerkin & Castro, 2015; Meister, 2015). Aber selbst wenn diese Zahl zu hoch angesetzt sein sollte, ist der menschliche Geruchssinn äußerst beeindruckend, vor allem im Vergleich zum Sehen (wir können mehrere Millionen verschiedene Farben unterscheiden) und zum Hören (wir können fast eine halbe Million verschiedene Töne unterscheiden). Die Ergebnisse einer Studie belegen die Fähigkeiten des menschlichen Geruchssinns noch überzeugender und zeigen, dass Menschen Gerüche sogar ebenso wie Hunde in der Natur nachverfolgen können (Porter et al., 2007).

Diese jüngsten Erkenntnisse haben einen Geruchsforscher zu der Feststellung veranlasst, dass „... entgegen der traditionellen Lehrbuchweisheit die Geruchsempfindlichkeit des Menschen im Vergleich zu der von Tieren nicht generell geringer ist" (Laska, 2017). Ein anderer stellte fest, dass „unser Geruchssinn viel wichtiger ist, als wir denken" (McGann, 2017). Im nächsten Abschnitt werden wir uns einige unserer olfaktorischen Fähigkeiten genauer ansehen.

16.6 Olfaktorische Fähigkeiten

Wie gut können wir riechen? Wir haben bereits festgestellt, dass die menschliche Geruchsempfindlichkeit mit der vieler Tiere mithalten kann. Wir werden uns nun die Empfindlichkeit genauer ansehen und dann prüfen, wie gut wir Gerüche identifizieren können.

16.6.1 Das Entdecken von Gerüchen

Mit unserem Geruchssinn können wir selbst extrem geringe Konzentrationen mancher Geruchsstoffe entdecken. Die **Riechschwelle** ist die niedrigste Konzentration, bei der ein Geruchsstoff gerade eben entdeckt werden kann. Eine Möglichkeit zur Bestimmung der Riechschwelle ist das sogenannte **Zwangswahlverfahren**, in dem Probanden Versuchsdurchgänge durchführen, die aus jeweils 2 Intervallen bestehen. In einem der Intervalle wird ein schwacher Geruchsstoff dargeboten und in dem anderen keiner. Die Aufgabe der Probanden besteht in der Beurteilung, welches der beiden Intervalle eine stärkere Geruchsprobe enthält. Die Schwelle kann gemessen werden, indem die Konzentration bestimmt wird, die in 75 % der Durchgänge zu einer richtigen Antwort führt (50 % richtige Antworten entsprechen einer Ratewahrscheinlichkeit).

In ◻ Tab. 16.3 sind die Riechschwellen für einige Substanzen aufgelistet. Beachten Sie die enorme Bandbreite der Riechschwellen. Butylmercaptan, der Geruchsstoff, der Erdgas beigesetzt wird, kann in der Luft bereits in Konzentrationen von weniger als 1 ppb (parts per billion, die Anzahl der Moleküle einer bestimmten Substanz in der Anzahl 1 Mrd. Moleküle eines Trägermediums, in diesem

◻ **Tab. 16.3** Menschliche Riechschwellen. (Aus Devos et al., 1990)

Verbindung	Riechschwelle in der Luft (ppb)
Methanol	141.000
Aceton	15.000
Formaldehyd	870
Menthol	40
Butylmercaptan	0,3

Fall Luft) wahrgenommen werden. Im Gegensatz dazu muss die Konzentration von Acetonmolekülen (Aceton ist der Hauptbestandteil von Nagellackentferner) in der Luft 15.000 ppb betragen, bevor man davon etwas riecht, und die Konzentration von Methanolmolekülen sogar 141.000 ppb.

16.6.2 Das Identifizieren von Gerüchen

Es ist interessant, dass Menschen zwar Millionen, vielleicht sogar Billionen verschiedene Gerüche unterscheiden können, jedoch oft Schwierigkeiten haben, einen bestimmten Geruch genau zu identifizieren. Bietet man Menschen beispielsweise die Gerüche vertrauter Substanzen wie Kaffee, Bananen und Motoröl dar, so können sie diese mit Leichtigkeit unterscheiden. Wenn sie jedoch die mit dem jeweiligen Geruch assoziierte Substanz *identifizieren* sollen, gelingt ihnen dies nur in etwa der Hälfte der Fälle (Desor & Beauchamp, 1974; Engen & Pfaffmann, 1960). Aber Untersuchungsteilnehmer konnten darin geschult werden, Gerüche zu identifizieren, indem ihnen die Namen der Substanzen genannt wurden, wenn sie sie zum ersten Mal benennen sollten, und indem sie bei einer nicht korrekten Benennung der Substanzen in den aufeinanderfolgenden Versuchsdurchgängen nochmals auf die korrekten Bezeichnungen hingewiesen wurden. Nach einiger Übung konnten die Probanden die Substanzen in 98 % aller Fälle korrekt identifizieren (Desor & Beauchamp, 1974).

Zu den beeindruckendsten Phänomenen bei der Wahrnehmung von Gerüchen gehört, dass die Kenntnis der korrekten Bezeichnung eines Geruchs unsere Geruchswahrnehmung der entsprechenden Substanz zu verwandeln scheint. Ich selbst habe solch eine Erfahrung gemacht, nachdem ein Freund mir eine Flasche Aquavit geschenkt hatte, einen dänischen Branntwein mit einem sehr interessanten Geruch. Während ich diesen Schnaps mit einigen Freunden probierte, versuchten wir, seinen Geruch zu beschreiben. Hierzu wurden viele Vorschläge gemacht („Anis", „Orange", „Limone"), aber erst als jemand die Aufschrift auf dem Etikett hinten auf der Flasche vorlas, kam die Wahrheit ans Licht: „Aquavit (Lebenswasser) ist das dänische Nationalgetränk – ein köstlicher, kristallklarer Branntwein aus Getreide mit einem Hauch von Kümmel." Nachdem wir das Wort *Kümmel* gehört hatten, wurden die Vorschläge von Anis, Orange und Limone verworfen und der Geruch verwandelte sich in den von Kümmel. Wenn wir also Schwierigkeiten haben, einen bestimmten Geruch zu identifizieren, liegt dies nicht an Unzulänglichkeiten unseres olfaktorischen Systems, sondern an der Unfähigkeit, den Namen des Geruchs aus dem Gedächtnis abzurufen (Cain, 1979, 1980; Demonstration 16.1).

Benennung und Erkennen von Gerüchen

Sie können den Effekt der Benennung von Geruchsstoffen auf die Wahrnehmung von Gerüchen selbst ausprobieren, indem Sie einen Freund bitten, eine Anzahl vertrauter Objekte mit charakteristischem Geruch für Sie zu sammeln, und dann ohne Hinsehen versuchen, die Gerüche zu identifizieren. Sie werden sehen, dass Sie nicht alle identifizieren können; wenn Ihr Freund Ihnen dann die richtige Antwort verrät, werden Sie sich wundern, weshalb Sie einen so vertrauten Geruch nicht erkannt haben. Lasten Sie diese Fehler jedoch nicht Ihrem Geruchssinn an, sondern Ihrem Gedächtnis!

16.6.3 Individuelle Unterschiede bei der Geruchswahrnehmung

Am Anfang des Kapitels haben wir bereits erwähnt, dass es Menschen mit Anosmie gibt, die ihren Geruchssinn verloren haben. Aber auch genetische Veranlagung kann dazu führen, dass bestimmte Gerüche nicht wahrgenommen werden können. Zum Beispiel wird ein Abschnitt des menschlichen Chromosoms 11 mit Rezeptoren in Verbindung gebracht, die empfindlich auf die Chemikalie β-Jonon reagieren, die häufig Lebensmitteln und Getränken zugesetzt wird, um ihnen eine angenehme, blumige Note zu verleihen. Personen, die empfindlich auf β-Jonon reagieren, beschreiben Paraffin, dem in geringer Konzentration β-Jonon zugefügt wurde, als „wohlriechend" oder „blumig", während Personen mit einer geringeren Empfindlichkeit für β-Jonon denselben Reiz als „sauer" oder „scharf" beschreiben (Jaeger et al., 2013). Genetisch bedingte Unterschiede in der Empfindlichkeit treten auch bei vielen anderen Chemikalien auf, sodass wir davon ausgehen können, dass jeder Mensch seine eigene einzigartige „Welt von Aromen" erlebt (McRae et al., 2013).

Ein weiteres Beispiel für individuelle Geruchsunterschiede ist der Geruch des Steroidhormons Androsteron, das sich von Testosteron ableitet und das von einigen Menschen negativ („schweißig", „urinartig"), von anderen positiv („süß", „blumig") und von wieder anderen als geruchlos beschrieben wird (Keller et al., 2007). Oder denken Sie an die Tatsache, dass der Urin mancher Menschen nach dem Verzehr von Spargel einen Geruch annimmt, der als schwefelhaltig beschrieben wird, ähnlich wie gekochter Kohl (Pelchat et al., 2011). Manche Menschen können diesen Geruch jedoch nicht wahrnehmen.

Wie bereits zu Beginn des Kapitels erwähnt, ist die Abnahme des Geruchsinns eines der Symptome der Virusinfektion COVID-19. Darüber hinaus ist es ein Prädiktor für die Alzheimer-Krankheit.

16.6.4 Verlust des Geruchsinns durch COVID-19 und die Alzheimer-Krankheit

Während ich diese Zeilen im Herbst 2020 schreibe, wütet die COVID-19-Pandemie in der ganzen Welt. Eines der Symptome einer Coronaerkrankung ist der Verlust von Geruch und Geschmack bei vielen Patienten (Joffily et al., 2020; Sutherland, 2020). Der Grund für diesen Verlust wird derzeit intensiv untersucht.

Ein Erklärungsansatz geht davon aus, dass COVID-19-Moleküle an ein Enzym namens ACE2 (angiotensin-converting enzyme 2) binden, das im Darm, in der Lunge, in den Arterien und im Herzen vorkommt und das kürzlich auch in der Nase gefunden wurde. ◘ Abb. 16.11 zeigt, dass sich ACE2 auf der Oberfläche von **Sustentakularzellen** oder Stützzellen befindet, die die sensorischen Geruchsneuronen strukturell und metabolisch unterstützen (Bilinska et al., 2020). Es wird vermutet, dass der Geruchsinn nicht geschädigt wird, indem das COVID-19-Virus direkt die sensorischen Neuronen angreift, sondern indem es ihre Stützzellen beeinträchtigt. Wie dies zu einem Geruchsverlust führt, wird noch untersucht.

Der Geruchsverlust tritt bei COVID-19-Patienten so häufig auf, dass einige Forscher empfehlen, ihn als Diagnoseinstrument einzusetzen, da er ein zuverlässigerer Indikator für die Krankheit sein kann als Fieber oder andere Symptome (Sutherland, 2020).

Der Verlust des Geruchsinns wird auch mit Alzheimer in Verbindung gebracht, einer Krankheit, die zu einem schweren Verlust des Gedächtnisses und anderer kognitiver Funktionen führt, denen oft eine **leichte kognitive Beeinträchtigung** (LKB oder mild cognitive impairment, MCI) vorausgeht, und von der weltweit 50 Mio. Menschen betroffen sind (Bathini et al., 2019). Ein wichtiger Unterschied zwischen dem olfaktorischen Verlust bei Alzheimer und COVID-19 besteht darin, dass bei Alzheimer der Verlust des Geruchsinns bereits Jahrzehnte vor dem Auftreten klinischer Symptome wie Gedächtnisverlust und Schwierigkeiten beim logischen Denken auftritt (Bathini et al., 2019; Devanand et al., 2015). In ◘ Abb. 16.12 werden das zeitliche Fortschreiten des Verlusts der kognitiven Fähigkeiten, der das Hauptsymptom der Alzheimer-Krankheit ist (lila Kurve) und das Fortschreiten der mit Alzheimer assoziierten „Biomarker" dargestellt (Bathini et al., 2019). Beachten Sie, dass die Kurven für die Biomarker viel früher ansteigen als die Kurve für den Verlust der Kognition. Die Biomarker-Kurve, die am steilsten ansteigt, zeigt die Zunahme von Amyloid B (rote Kurve), das mit der Bildung von Plaques im Gehirn in Verbindung gebracht wird, und die gestrichelte Kurve, die fast ebenso steil ansteigt, zeigt den Verlust des Geruchsinns.

Die abnorme Riechfunktion nimmt in der präklinischen Phase (gelbe Schattierung) sehr schnell zu und ist sehr aus-

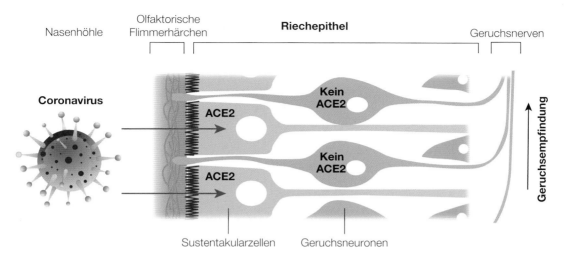

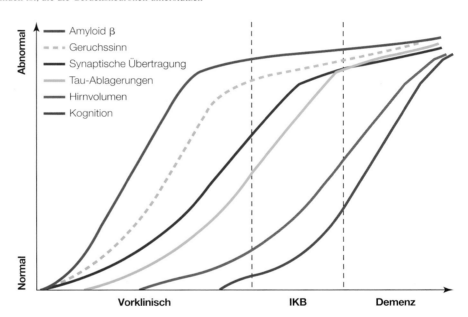

☑ **Abb. 16.11** Aktuelle Forschungen über das Coronavirus deuten darauf hin, dass es sich an das Enzym ACE2 (angiotensin-converting enzyme 2) anlagert, das in den Sustentakularzellen zu finden ist, die die Geruchsneuronen unterstützen

☑ **Abb. 16.12** Biomarker für das Fortschreiten der mit der Alzheimer-Krankheit verbundenen Demenz. Die *violette Linie* stellt das Fortschreiten des kognitiven Verfalls im Laufe der Zeit dar. Die *gestrichelte Linie* zeigt das Fortschreiten des Verlusts des Geruchsinns, der dem kognitiven Verfall vorausgeht. Der *gelb schraffierte Bereich* zeigt das präklinische Stadium an, in dem es noch keine Symptome des kognitiven Verfalls gibt. (Aus Bathini et al., 2019. Reprinted with permission from Elsevier.)

geprägt, bevor kognitive Beeinträchtigungen und Demenz auftreten. Daher wird die Messung der Riechfunktion als eine Möglichkeit zur Frühdiagnose der Alzheimer-Krankheit eingesetzt, was einen früheren Behandlungsbeginn ermöglichen kann (zwar gibt es keine Heilung für Alzheimer, derzeit werden aber Therapien entwickelt, die das Fortschreiten der klinischen Symptome verlangsamen können).

Ein weiterer Unterschied zwischen dem Verlust des Geruchsinns bei Alzheimer und bei COVID-19 besteht darin, dass das Geruchssystem bei Alzheimer möglicherweise stärker betroffen ist. Es gibt Hinweise darauf, dass bei der Alzheimer-Krankheit nicht nur der Riechkolben angegriffen wird, sondern auch zentralere Strukturen. Die wichtigste Schlussfolgerung ist, dass das olfaktorische System viel empfindlicher auf neuronale Störungen zu reagieren scheint als das visuelle oder das auditive System. Obwohl also ein gewisser Verlust des Sehvermögens den klinischen Alzheimer-Symptomen vorausgeht, ist der Verlust der Riechfunktion der wichtigste sensorische Biomarker für die Vorhersage der Entwicklung von Alzheimer.

Damit zusammen hängt die Erkenntnis, dass der Verlust des Geruchsinns auch mit einem höheren Sterberisiko verbunden ist. Jayant Pinto et al. (2014) fanden heraus, dass in einer Gruppe älterer Erwachsener (57–87 Jahre), die für die allgemeine US-Bevölkerung repräsentativ war, Menschen mit Anosmie (Verlust des Geruchsinns) ein 3 Mal höheres Risiko hatten, innerhalb von 5 Jahren zu sterben als Menschen mit normalem Geruchsinn.

16.7 Die Analyse der Geruchsstoffe in der Riechschleimhaut und im Riechkolben

Bisher haben wir die Funktionen des Geruchsinns und die Erfahrungen beschrieben, die auftreten, wenn Geruchsreize, also Moleküle in der Luft, in die Nase gelangen. Wir gehen nun der Frage nach, woher das olfaktorische System weiß, welche Moleküle in die Nase gelangen. Ein erster Schritt zur Beantwortung dieser Frage besteht darin, sich einige der Schwierigkeiten vor Augen zu halten, vor denen Forscher stehen, wenn sie den Zusammenhang zwischen Molekülen und Wahrnehmung herausfinden wollen.

16.7.1 Das Rätsel der Geruchsqualitäten

Wir wissen zwar, dass wir eine enorme Zahl von Gerüchen unterscheiden können, aber bei der Erforschung der Mechanismen hinter dieser Fähigkeit stoßen wir auf die Schwierigkeit, eine Systematik für die Beschreibung von Geruchsqualitäten zu entwickeln. Für andere Sinne gibt es derartige Beschreibungssysteme; beispielsweise können wir visuelle Reize anhand ihrer Farbe beschreiben und unsere Farbwahrnehmung in Beziehung zu Lichtwellenlängen setzen. Wir können akustische Reize anhand ihrer Tonhöhe beschreiben und diese in Beziehung zur Frequenz der Schallwellen setzen. Alle Versuche, Gerüche zu klassifizieren und Geruchsqualitäten in Beziehung zu Moleküleigenschaften zu setzen, haben sich jedoch als extrem schwierig erwiesen.

Ein Grund für diese Schwierigkeit ist das Fehlen spezifischer sprachlicher Bezeichnungen für Geruchsqualitäten. Wenn Menschen beispielsweise β-Jonon riechen, so geben sie normalerweise an, es röche nach Veilchen. Diese Beschreibung trifft recht gut zu, aber wenn man den Geruch von β-Jonon mit dem von echten Veilchen vergleicht, riechen beide doch ziemlich unterschiedlich. In der Parfümindustrie wurde dieses Problem gelöst, indem Bezeichnungen wie „holziges Veilchen" oder „süßes Veilchen" zur Unterscheidung einzelner Veilchendüfte verwendet werden. Dieses Verfahren führt jedoch nicht weiter, wenn es darum geht zu untersuchen, wie der Geruchssinn arbeitet.

Eine weitere Schwierigkeit bei dem Versuch, Gerüche mit Moleküleigenschaften zu verknüpfen, liegt darin, dass manche Moleküle mit ähnlichen Strukturen unterschiedlich riechen (◨ Abb. 16.13a), andere Moleküle mit völlig verschiedenen Strukturen jedoch fast identisch (◨ Abb. 16.13b). Aber es wird eine richtige Herausforderung, wenn wir die verschiedenartigen Gerüche betrachten, denen wir im Alltag begegnen und die durch Mischungen sehr vieler chemischer Substanzen entstehen. Wenn Sie beispielsweise in die Küche gehen und frisch aufgebrühten Kaffee riechen, dann entsteht das Kaffeearoma durch mehr als 100 verschiedene Moleküle. Ein Molekül kann dabei

◨ **Abb. 16.13   a** Zwei Moleküle mit fast identischen Strukturen, von denen jedoch das eine nach Moschus riecht, während das andere geruchlos ist. **b** Zwei Moleküle mit verschiedenen Strukturen, jedoch ähnlichen Gerüchen

zwar vielleicht einen eigenen Geruch hervorrufen, aber was wir wahrnehmen, ist Kaffeegeruch.

Welche Leistung die Wahrnehmung von Kaffeegeruch tatsächlich ist, wird deutlich, wenn wir bedenken, dass Gerüche gewöhnlich nicht isoliert auftreten. So kann der Kaffeegeruch aus der Küche zusammen mit frisch gepresstem Orangensaft und gebratenem Schinkenspeck auftreten. Jeder dieser Gerüche entsteht durch Dutzende oder Hunderte von verschiedenen Molekülen, die alle in der Küche durcheinanderfliegen, und doch organisieren wir unsere Wahrnehmung in 3 Gerüche aus 3 Quellen: Kaffee, gebratener Schinkenspeck und Orangensaft (◨ Abb. 16.14). Geruchsquellen wie Kaffee, Schinkenspeck und Orangensaft oder auch nicht essbare Objekte wie eine Rose, ein Hund oder Autoabgase werden als **Geruchsobjekte** bezeichnet. Unser Ziel besteht also nicht nur darin zu erklären, wie wir verschiedene Geruchsqualitäten wahrnehmen, sondern auch darin zu verstehen, wie wir verschiedene Geruchsobjekte identifizieren.

Die Wahrnehmung von Geruchsobjekten schließt eine olfaktorische Verarbeitung ein, die auf 2 Stufen erfolgt. Zunächst findet diese Verarbeitung am Eingang des olfaktorischen Systems in der *Riechschleimhaut* und dem *Riechkolben (Bulbus olfactorius)* in Form einer ersten Analyse statt. Auf dieser 1. Stufe analysiert das olfaktorische System die verschiedenen chemischen Komponenten der Geruchsstoffe und transformiert diese Geruchskomponenten in neuronale Aktivität an ganz bestimmten Stellen des Riechkolbens (◨ Abb. 16.15). Die 2. Stufe der Verarbeitung findet im olfaktorischen Kortex und in darüber hinausgehenden Gehirnregionen statt und beinhaltet eine *Synthese* der dort eingehenden Informationen. Auf dieser Stufe synthetisiert das olfaktorische System aus den vom Riechkolben eingehenden Informationen über die Geruchskomponenten die Repräsentationen von Geruchsobjekten. Wie wir sehen werden, vermutet man, dass bei dieser Verar-

◻ **Abb. 16.14** Hunderte von Molekülen gelangen aus dem Kaffee, dem gebratenem Speck und dem Orangensaft in die Luft und vermischen sich dort, aber man nimmt den Geruch von Kaffee, Speck und Orangensaft wahr. Diese Wahrnehmung von 3 Geruchsobjekten aufgrund von Hunderten von Molekülen ist eine enorme Leistung der Wahrnehmungsorganisation

beitung auch Lernen und Gedächtnis einbezogen sind. Aber wir wollen mit dem Anfang beginnen: mit dem Eintritt der Geruchsstoffe in die Nase und der Stimulation der Rezeptoren in der Riechschleimhaut.

16.7.2 Riechschleimhaut

Die **Riechschleimhaut** ist ein etwa 5 cm^2 großer Bereich hoch oben in der Nasenhöhle, der die Rezeptoren des Geruchssinns enthält. ◻ Abb. 16.15a zeigt die Lage der Riechschleimhaut an der Oberseite der Nasenhöhle, direkt unterhalb des **Riechkolbens (Bulbus olfactorius)**. Die Moleküle von Geruchsstoffen gelangen mit dem Luftstrom in die Nase und kommen mit der Schleimschicht über der Riechschleimhaut (Mukosa) in Kontakt, in der sich die **Riechsinneszellen** (farbig) innerhalb einer (braun dargestellten) Schicht aus Stützzellen befinden (◻ Abb. 16.15b). Die Riechsinneszellen werden auch als olfaktorische Rezeptorneuronen bezeichnet.

Ähnlich wie die Stäbchen und Zapfen in der Netzhaut als Rezeptoren mit lichtempfindlichem Sehpigment ausgestattet sind, enthalten die Riechsinneszellen in der Riechschleimhaut Moleküle, die auf bestimmte Geruchsstoffe ansprechen und als **Geruchsrezeptoren** bezeichnet werden (◻ Abb. 16.15c). Zwischen den visuellen und olfaktorischen Rezeptoren gibt es insofern eine gewisse Parallele, als sie jeweils auf spezifische Reizbereiche ansprechen. Die visuellen Rezeptoren sind jeweils für ein einen bestimmten, aber relativ breiten, Spektralbereich sensitiv (◻ Abb. 9.13), während die olfaktorischen Rezeptoren jeweils für einen kleinen, eng umgrenzten Bereich von Geruchsstoffen empfindlich sind.

Ein wichtiger Unterschied zwischen dem visuellen System und dem olfaktorischen System besteht darin, dass es nur 4 verschiedene Sehpigmente gibt (1 Stäbchenpigment und 3 Zapfenpigmente), aber 400 verschiedene Typen von Geruchsrezeptoren, die jeweils auf eine bestimmte Gruppe von Geruchsstoffen ansprechen. Die Entdeckung, dass es 350–400 Typen olfaktorischer Rezeptoren beim Menschen gibt und sogar 1000 Typen bei der Maus gelang Linda Buck und Richard Axel (1991), die 2004 für ihre Forschungsarbeiten über das olfaktorische System mit dem Nobelpreis für Physiologie oder Medizin ausgezeichnet wurden (siehe auch Buck, 2004).

Diese große Anzahl an Rezeptortypen erhöhen die Herausforderung, wenn man verstehen will, wie das olfaktorische System funktioniert. Was die Sache dann aber wieder etwas einfacher macht, ist eine weitere Parallele zum visuellen System: So wie Stäbchen und Zapfen jeweils nur ein bestimmtes Sehpigment enthalten, weisen auch die Riechsinneszellen nur einen spezifischen Geruchsrezeptortyp auf.

16.7.3 Aktivierung von Geruchsrezeptoren in der Riechschleimhaut

◻ Abb. 16.16a zeigt einen kleinen Ausschnitt der Riechschleimhaut, in der 2 Arten von Geruchsrezeptoren durch blaue und rote Punkte hervorgehoben sind. Beachten Sie, dass es in der menschlichen Riechschleimhaut ungefähr 350 verschiedene Rezeptortypen gibt. Jeder Typ ist in der Riechschleimhaut etwa 10.000 Mal vertreten, sodass bei 350 Typen insgesamt einige Millionen Riechsinneszellen darin enthalten sind.

Um zu verstehen, wie wir verschiedene Geruchsstoffe wahrnehmen, müssen wir als zunächst die Frage stellen, wie das Aufgebot der Millionen Riechsinneszellen, die die Riechschleimhaut überziehen, auf verschiedene Geruchsstoffe antworten. Zur Beantwortung dieser Frage hat sich die Methode der **Kalziumbildgebung** (*Calcium Imaging*) als hilfreich erwiesen (Methode 16.1).

Bettina Malnic et al. (1999) ermittelten im Labor von Linda Buck mittels Kalziumbildgebung die neuronalen

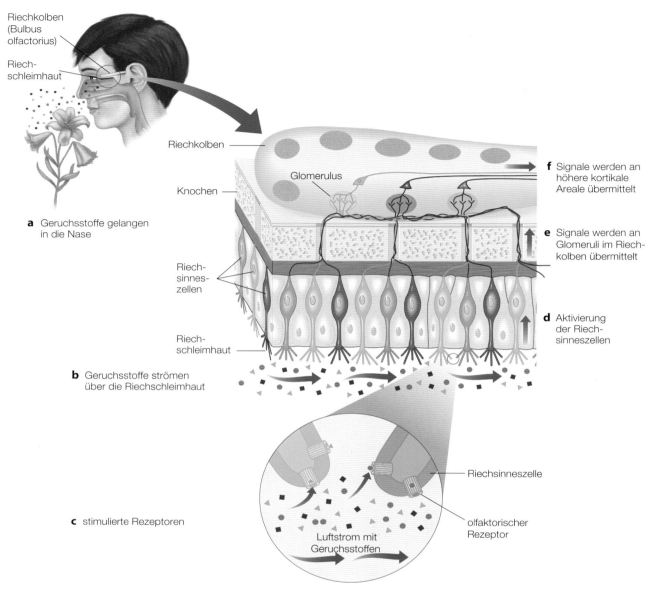

Riechkolben (Bulbus olfactorius)

Riechschleimhaut

Riechkolben

Glomerulus

Knochen

f Signale werden an höhere kortikale Areale übermittelt

e Signale werden an Glomeruli im Riechkolben übermittelt

d Aktivierung der Riechsinneszellen

Riechsinneszellen

Riechschleimhaut

a Geruchsstoffe gelangen in die Nase

b Geruchsstoffe strömen über die Riechschleimhaut

Riechsinneszelle

c stimulierte Rezeptoren

olfaktorischer Rezeptor

Luftstrom mit Geruchsstoffen

◘ **Abb. 16.15** Die Struktur des olfaktorischen Systems. **a** Die Moleküle der Geruchsstoffe gelangen in die Nase. **b** Sie gelangen dann mit dem Luftstrom an die Riechschleimhaut, die 350 verschiedene Typen von Riechsinneszellen (olfaktorische Rezeptorneuronen) enthält. **c** Die Stimulation der Rezeptoren in den Riechsinneszellen aktiviert diese. **d** Hier sind 3 Typen olfaktorischer Rezeptorneuronen durch die verschiedenen Farben angedeutet. Jeder Typ hat seine eigenen spezialisierten Rezeptoren. **e** Die Signale aus den olfaktorischen Rezeptorneuronen werden dann an die Glomeruli im Riechkolben und **f** anschließend an höhere kortikale Bereiche weitergeleitet

---

Methode 16.1

Kalziumbildgebung

Wenn ein Geruchsrezeptor antwortet, so steigt die Konzentration positiv geladener Kalziumionen (Ca^{++}) im Rezeptorinneren an. Dieser Zustrom an Kalziumionen lässt sich mithilfe der Kalziumbildgebung sichtbar machen. Dazu reichert man die Riechsinneszellen mit einer Chemikalie an, die grün fluoresziert, wenn man sie ultraviolettem Licht (mit einer Wellenlänge von 380 nm) aussetzt. Dieses grüne Leuchten lässt sich als Maß dafür verwenden, wie viel Kalzium ins Innere des Rezeptors gelangt ist, weil eine Zunahme der Kalziumkonzentration zu einer *Abnahme* der Fluoreszenz führt. Anhand der Abnahme der Fluoreszenz lässt sich also messen, wie stark die Kalziumkonzentration gestiegen und der Rezeptor aktiviert ist.

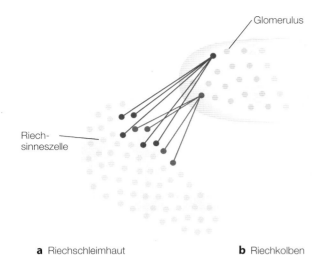

a Riechschleimhaut   **b** Riechkolben

■ **Abb. 16.16 a** Ein Ausschnitt aus der Riechschleimhaut, die 350 verschiedene Typen von Riechsinneszellen und von jedem Typ ungefähr 10.000 Zellen enthält. Die *roten* und *blauen Punkte* stellen jeweils Vertreter von 2 der 350 Typen dar, wobei jeweils nur wenige der 10.000 vorhandenen Zellen gezeigt sind. **b** Die Riechsinneszellen desselben Typs senden ihre Signale an 1 oder 2 Glomeruli im Riechkolben

schwachen Antwort von Rezeptor 79 und starken Antworten der Rezeptoren 1, 18, 19, 41, 46, 51 und 83, das Geruchsprofil für Oktanol hingegen aus starken Antworten der Rezeptoren 18, 19, 41 und 51.

Diesen Geruchsprofilen können wir entnehmen, dass jeder Geruchsstoff ein anderes Feuermuster in den Rezeptoren verursacht. Geruchsstoffe wie Oktansäure und Nonansäure, die ähnliche Molekülstrukturen aufweisen (dargestellt in ■ Abb. 16.17), zeigen oft ähnliche Geruchsprofile; jedoch ist dies nicht immer der Fall (vergleichen Sie die Muster von Bromhexansäure und Bromoktansäure, die ebenfalls ähnliche Molekülstrukturen aufweisen).

Wie bereits erwähnt, ist die Tatsache, dass Moleküle mit ähnlicher Struktur oft unterschiedlich riechen (■ Abb. 16.13a), einer der erstaunlichsten Befunde bei der Erforschung des Geruchsinns. Als Malnic et al. derartige Moleküle verglichen, fanden sie unterschiedliche Geruchsprofile. So unterscheiden sich Oktansäure und Oktanol nur durch ein Sauerstoffatom, aber der Geruch von Oktanol wird als süß, rosenartig und frisch beschrieben, während der Geruch von Oktansäure mit Begriffen wie ranzig, sauer und abstoßend charakterisiert wird. Dieser Unterschied in der Wahrnehmung spiegelt sich in unterschiedlichen Antwortprofilen wider. Obwohl wir nach wie vor nicht voraussagen können, welcher Geruch aus bestimmten neuronalen Antwortmustern resultiert, wissen wir dennoch, dass 2 unterschiedlich riechende Geruchsstoffe auch unterschiedliche Geruchsprofile aufweisen.

Wir können die Vorstellung, dass ein Geruch mit einem bestimmten Geruchsprofil des jeweiligen Geruchsstoffs zusammenhängt, mit der Dreifarbentheorie des Farbensehens vergleichen, die wir in ▶ Kap. 9 behandelt haben. Erinnern Sie sich, dass jede Lichtwellenlänge durch ein anderes Aktivierungsmuster in den 3 Arten von Zapfen repräsentiert wird und ein bestimmter Zapfentyp auf viele unterschiedliche Wellenlängen antwortet. Bei Gerüchen verhält es sich ähnlich: Jeder Geruchsstoff wird durch ein unterschiedliches Aktivierungsmuster von Geruchsrezeptoren codiert, und ein bestimmter Geruchsrezeptor antwortet auf viele

Antworten auf zahlreiche Geruchsstoffe. Die Ergebnisse für einige davon finden sich in ■ Abb. 16.17, in der jeweils für 10 Riechsinneszellen die Aktivierung durch die verschiedenen Geruchsstoffe dargestellt ist (beachten Sie, dass jede Riechsinneszelle nur einen Rezeptortyp enthält).

Die Antwort der verschiedenen Rezeptoren auf einen bestimmten Geruchsstoff ist jeweils durch die roten Punkte wiedergegeben. Betrachtet man die Spalten für die verschiedenen Rezeptoren, so sieht man, dass jeder Rezeptor auf einige Geruchsstoffe anspricht und auf andere nicht (mit Ausnahme der Rezeptoren 19 und 41, die auf alle aufgelisteten Geruchsstoffe antworten). In den Zeilen ergibt sich für jeden Geruchsstoff ein Aktivierungsmuster, das als **Geruchsprofil** bezeichnet wird. So besteht das Geruchsprofil von Oktansäure beispielsweise aus einer

■ **Abb. 16.17** Die Geruchsprofile einiger Geruchsstoffe. *Große Punkte* bedeuten, dass der Geruchsstoff eine hohe Feuerrate in dem *oben* aufgeführten Rezeptor verursacht; *kleine Punkte* bedeuten geringere Feuerraten. Die Molekülstrukturen der Geruchsstoffe sind *rechts* dargestellt. (Adaptiert nach Malnic et al., 1999. Reprinted with permission from Elsevier.)

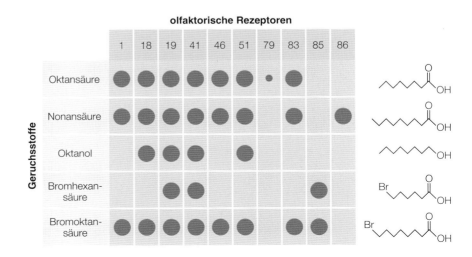

Geruchsstoffe. Die Anzahl der verschiedenen Rezeptortypen unterscheidet sich allerdings deutlich: Beim Riechen sind es 350–400 Geruchsrezeptoren, beim Sehen nur 3 Zapfenrezeptoren.

16.7.4 Die Suche nach Ordnung im Riechkolben

Eine Aktivierung der Geruchsrezeptoren in der Riechschleimhaut verursacht elektrische Signale in den Riechsinneszellen. Diese Zellen senden ihre Signale zu Strukturen im Riechkolben, die als **Glomeruli** bezeichnet werden. ◘ Abb. 16.16b verdeutlicht die grundlegende Art der Beziehung zwischen den Riechsinneszellen und den Glomeruli: Alle 10.000 Riechsinneszellen desselben Rezeptortyps senden ihre Signale an 1 oder 2 Glomeruli, sodass jeder Glomerulus die Information über das Feuermuster der Riechsinneszellen eines bestimmten Typs sammelt.

Indem einzelne Bereiche des Riechkolbens durch bestimmte Rezeptoren aktiviert wurden, konnte gezeigt werden, dass verschiedene Geruchsstoffe unterschiedlichen Aktivierungsmustern des Riechkolbens entsprechen. Die ◘ Abb. 16.18 und 16.19, die auf Messungen der Aktivierung des Riechkolbens von Ratten mit 2 verschiedenen Techniken beruhen (auf die wir nicht näher eingehen), zeigen beide, dass verschiedene chemische Substanzen zu unterschiedlichen Aktivierungsmustern im Riechkolben führen.

◘ Abb. 16.18 zeigt, dass 2 verschiedene Arten von Verbindungen, nämlich Carbonsäuren und aliphatische Alkohole, unterschiedliche Bereiche des Riechkolbens aktivieren, und dass sich mit zunehmender Länge der Kohlenstoffkette jeder Verbindung der Bereich der Aktivierung immer weiter nach links verschiebt. ◘ Abb. 16.19 zeigt auch, dass verschiedene Geruchsstoffe unterschiedliche Aktivierungsmuster hervorrufen.

Die verschiedenen Aktivierungsmuster für die unterschiedlichen Geruchsstoffe lassen sich auf dem Riechkolben kartieren – jeweils entsprechend den chemischen Moleküleigenschaften der Geruchsstoffe wie der Länge der Kohlenstoffkette oder der funktionellen Gruppen. Man bezeichnet diese Karten als **chemotopische Karten** (Johnson & Leon, 2007; Johnson et al., 2010; Murthy, 2011), **Geruchskarten** (Restrepo et al., 2009; Soucy et al., 2009; Uchida et al., 2000) und **odotopische Karten** (Nikonov et al., 2005).

Die Vorstellung, dass Geruchsstoffe mit verschiedenen chemischen Eigenschaften in einer chemotopischen Karte auf dem Riechkolben abgebildet werden, ähnelt dem, was wir schon bei anderen Sinnen beschrieben haben. Es gibt eine retinotope Karte beim Sehen, die die Positionen auf der Netzhaut auf dem Kortex abbildet (▶ Kap. 4); eine tonotopische Karte beim Hören, die die Schallfrequenzen auf verschiedene Strukturen im auditorischen System abbildet (◘ Abb. 11.24); und eine somatotopische Karte für die Hautsinne, die verschiedene Körperstellen auf dem somatosensorischen Kortex abbildet (◘ Abb. 15.5).

Die Erforschung der olfaktorischen Karte hat jedoch gerade erst begonnen, sodass wir noch viel darüber her-

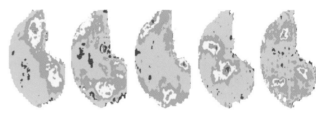

α-Phellandren Benzaldehyd L-Carvon   Decanal Valeriansäure

◘ **Abb. 16.19** Aktivierungsmuster im Riechkolben der Ratte bei 5 verschiedenen Geruchsstoffen. *Rote, orange* und *gelbe Bereiche* zeigen eine erhöhte Aktivierung im Vergleich zu einem Luftstrom ohne Geruchsstoff an. Jeder Geruchsstoff erzeugt sein eigenes spezifisches Aktivierungsmuster. (Mit freundlicher Genehmigung von Michael Leon)

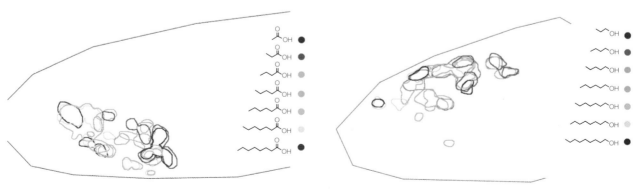

a Carbonsäuren   **b** aliphatische Alkohole

◘ **Abb. 16.18** Die Bereiche im Riechkolben der Ratte, die durch verschiedene chemische Substanzen aktiviert werden: **a** einige Carbonsäuren, **b** einige aliphatische Alkohole. (Aus Uchida et al., 2000)

ausfinden müssen, wie Gerüche im Riechkolben repräsentiert werden. Bislang wissen wir, dass die Geruchsstoffe aufgrund ihrer chemischen Eigenschaften auf dem Riechkolben zumindest grob repräsentiert werden. Allerdings sind wir weit davon entfernt, eine Karte auf der Grundlage der Wahrnehmung von Gerüchen zu erstellen. Eine solche Karte müsste verschiedene Geruchswahrnehmungen auf dem Riechkolben abbilden (Arzi & Sobel, 2011). Der Riechkolben repräsentiert jedoch eine frühe Stufe der olfaktorischen Verarbeitung und ist nicht der Ort, wo die Geruchswahrnehmung entsteht. Um die Geruchswahrnehmung zu verstehen, müssen wir die Ausgangssignale des Riechkolbens bis zum olfaktorischen Kortex verfolgen.

Übungsfragen 16.2

1. Warum ist es unzutreffend, den menschlichen Geruchssinn als mikrosmatisch zu bezeichnen?

2. Was ist der Unterschied zwischen dem Erkennen und der Identifizierung von Gerüchen?

3. Wie gut sind Menschen beim Identifizieren von Gerüchen? Welche Rolle spielt das Gedächtnis beim Erkennen von Gerüchen?

4. Beschreiben Sie einige genetisch bedingte individuelle Unterschiede in der Geruchswahrnehmung. Welche Folgen hat der Verlust des Geruchssinns?

5. Wie wird der Geruchssinn durch COVID-19 und die Alzheimer-Krankheit beeinträchtigt? Warum ist es wichtig zu wissen, dass der Verlust des Geruchssinns viele Jahre vor den Hauptsymptomen der Alzheimer-Krankheit auftritt?

6. Warum war es so schwierig, Gerüche zu klassifizieren und Gerüche mit physikalischen Eigenschaften von Molekülen in Verbindung zu bringen?

7. Was ist ein Geruchsobjekt? Welches sind die beiden Phasen der Wahrnehmung eines Geruchsobjekts?

8. Beschreiben Sie die folgenden Komponenten des olfaktorischen Systems: die Geruchsrezeptoren, die Riechsinneszellen, den Riechkolben und die Glomeruli. Vergewissern Sie sich, dass Sie die Beziehung zwischen den Geruchsrezeptoren und den Riechsinneszellen bzw. zwischen den Riechsinneszellen und den Glomeruli verstanden haben.

9. Wie antworten die Riechsinneszellen auf verschiedene Geruchsstoffe, wenn man die Befunde mit Kalziumbildgebung zugrunde legt? Was ist ein Geruchsprofil?

10. Erläutern Sie den Nachweis für eine chemotopische Karte im Riechkolben. Worin besteht der Unterschied zwischen einer chemotopischen Karte und einer Wahrnehmungskarte?

16.8 Die Repräsentation von Gerüchen im Kortex

Zu Beginn unserer Ausführungen darüber, wie Gerüche im Kortex repräsentiert werden, wollen wir betrachten, wohin die Signale, die vom Riechkolben ausgehen, übermittelt werden. ◾ Abb. 16.20a zeigt die beiden wichtigsten olfaktorischen Kortexbereiche: (1) den **primären olfaktorischen Kortex** oder **piriformen Kortex**, ein kleines Areal unterhalb des Temporallappens, und (2) den **sekundären olfaktorischen Kortex** oder **orbitofrontalen Kortex** im Frontallappen nahe den Augen. ◾ Abb. 16.20b stellt das olfaktorische System als Flussdiagramm dar, in dem auch die **Amygdala** erscheint, die nicht nur an der Bestimmung emotionaler Reaktionen auf Gerüche, sondern auch auf Gesichter und Schmerz beteiligt ist. Wir schauen uns zunächst den piriformen Kortex an.

16.8.1 Repräsentation von Geruchsstoffen im piriformen Kortex

Auf unserer Reise durch das Geruchssystem von den Geruchsneuronen bis zum Riechkolben gab es bisher eine gewisse Ordnung: Verschiedene Gerüche führen zu unterschiedlichen Feuermustern der Geruchsrezeptoren (◾ Abb. 16.17). Auf dem Weg zum Riechkolben lösen verschiedene Chemikalien eine Aktivierung in bestimmten Bereichen aus, sodass odotopische Karten erstellt werden können (◾ Abb. 16.18 und 16.19).

Aber wenn wir zum piriformen Kortex kommen, geschieht etwas Überraschendes: Die Karte verschwindet! Geruchsstoffe, die bestimmte Stellen im Riechkolben aktivieren, verursachen nun ein weit verteiltes Aktivitätsmuster im piriformen Kortex, und es gibt Überschneidungen zwischen den Aktivierungen, die durch verschiedene Geruchsstoffe ausgelöst werden.

Diese Verlagerung der Organisation vom Riechkolben zum piriformen Kortex wird in einer Studie von Bruno-Félix Osmanski et al. (2014) veranschaulicht, die eine Technik namens funktionelle Ultraschallbildgebung verwendet haben, die wie die funktionelle Magnetresonanztomografie (fMRT) die neuronale Aktivität durch Veränderungen des zerebralen Blutflusses misst. ◾ Abb. 16.21a zeigt, dass Hexanal und Pentylacetat unterschiedliche Aktivitätsmuster im Riechkolben der Ratte hervorrufen. Allerdings verursachen diese beiden Stoffe eine Aktivierung im gesamten piriformen Kortex, wie in ◾ Abb. 16.21b gezeigt.

Diese weit verteilte Aktivität im piriformen Kortex wurde auch durch Ableitungen von einzelnen Neuronen nachgewiesen. ◾ Abb. 16.22 zeigt die Ergebnisse eines Experiments von Robert Rennaker et al. (2007), bei dem die Aktivierung im piriformen Kortex mit einer Anordnung aus vielen Einzelelektroden gemessen wurde. ◾ Abb. 16.22 zeigt das Aktivierungsmuster, das durch den Duftstoff

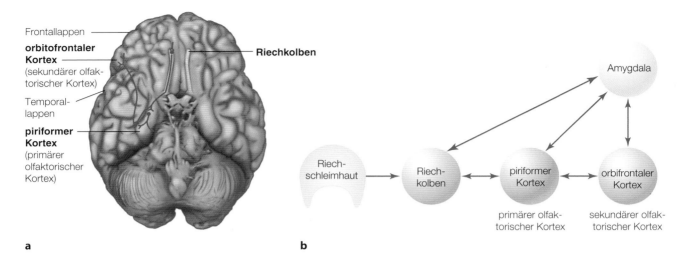

a

b

◻ **Abb. 16.20   a** Die Unterseite des Gehirns mit den neuronalen Bahnen (*blau*) für die olfaktorische Wahrnehmung. **b** Flussdiagramm zur olfaktorischen Wahrnehmung. (a: Adaptiert nach Frank & Rabin, 1989. Reprinted with permission from Sage Publications Inc. Journals; b: Adaptiert nach Wilson & Stevenson, 2006, © Johns Hopkins University Press)

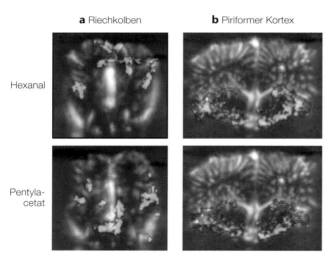

a Riechkolben   **b** Piriformer Kortex

Hexanal

Pentyla-
cetat

◻ **Abb. 16.21**   Antwort des Riechkolbens der Ratte (**a**) und des piriformen Kortex (**b**) auf Hexanal und Pentylacetat, gemessen mit funktioneller Ultraschallbildgebung (Details siehe Text). (Aus Osmanski et al., 2014. Reprinted with permission from Elsevier.)

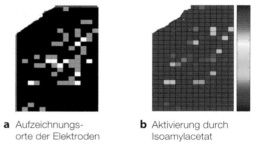

a Aufzeichnungs-
orte der Elektroden

b Aktivierung durch
Isoamylacetat

◻ **Abb. 16.22   a** Aufzeichnungsorte bei der Aktivitätsmessung von Rennaker et al. (2007) zur Bestimmung der Neuronenantwort im piriformen Kortex der Ratte. **b** Das Aktivitätsmuster, das durch Isoamylacetat ausgelöst wurde. (Aus Rennaker et al., 2007, © 2007 Society for Neuroscience 0270-6474/07/271534-09$15.00/0)

16.8.2 Repräsentation von Geruchsobjekten im piriformen Kortex

Isoamylacetat im Bereich der Elektroden verursacht wurde. Auch andere chemische Verbindungen erzeugen eine ausgedehnte Aktivierung, und die Bereiche, die durch verschiedene Verbindungen aktiviert werden, überlappen sich.

Diese Ergebnisse belegen, dass das geordnete Aktivitätsmuster im Riechkolben auf der Ebene des piriformen Kortex nicht mehr vorhanden ist. Dies ist darauf zurückzuführen, dass die Projektionen vom Riechkolben über große Kortexbereiche gestreut werden, sodass das mit einem einzigen Grundstoff verbundene Aktivierungsmuster über ein großes Areal verteilt ist. Noch interessanter wird die Sache, wenn wir uns die Aktivierungsmuster von Geruchsobjekten wie Kaffee anschauen.

Wie kompliziert die Repräsentation von Geruchsobjekten ist, wird deutlich, wenn man sich die Aktivierungsmuster vorstellt, die beispielsweise durch die rund 100 chemischen Komponenten von Kaffee ausgelöst werden könnten. Diese Muster dürften nicht nur ziemlich komplex sein, sondern auch die Frage aufwerfen, wie es das olfaktorische System bewerkstelligt, die Identität des geheimnisvollen Geruchs anhand der Informationen im Aktivierungsmuster zu bestimmen, das beim ersten Kontakt mit dem Geruchsobjekt ausgelöst wird. Einige Forscher haben zur Beantwortung eine Parallele zwischen Geruchserkennung und Gedächtnis gezogen.

◻ Abb. 16.23 zeigt, was bei der Gedächtnisbildung vorgeht. Wenn eine Person ein Ereignis erlebt, wird eine Reihe von Neuronen aktiviert (◻ Abb. 16.23a). Auf dieser Stu-

Kortexareale

a   **b**   **c**

☐ **Abb. 16.23** Ein Modell für die Gedächtnisbildung im Kortex. **a** Zu Beginn werden einzelne Bereiche (*rote Punkte*) in verschiedenen Kortexbereichen (*sandfarbene Rechtecke*) durch ein Ereignis aktiviert. **b** Mit wiederholt auftretender Aktivierung bauen sich im Laufe der Zeit Verbindungen zwischen den aktivierten Bereichen auf. **c** Schließlich sind alle Bereiche verbunden, und das Gedächtnis für die jeweilige Erinnerung stabilisiert sich

fe ist aber das Gedächtnis für dieses Ereignis noch nicht voll im Gehirn ausgebildet – es ist noch instabil, und das Ereignis kann leicht wieder vergessen werden, oder ein Trauma wie ein Schlag auf den Kopf kann das Gedächtnis zerstören. Aber zwischen den Neuronen, die durch das Ereignis aktiviert wurden, entwickeln sich Verbindungen, wenn ein solches Ereignis immer wieder erlebt wird (☐ Abb. 16.23b); das Gedächtnis stabilisiert sich und wird weniger zerstörungsanfällig (☐ Abb. 16.23c). Der Prozess der Gedächtnisbildung besteht also im Aufbau von Verbindungen zwischen Neuronen.

Wendet man dieses Konzept der Ausbildung von Neuronenverbindungen für die Geruchswahrnehmung an, so lässt sich das Entstehen der Geruchsobjekte im Rahmen eines Lernprozesses verstehen, bei dem Verbindungen zwischen den verstreuten Aktivierungen durch ein bestimmtes Geruchsobjekt aufgebaut werden. Wie das funktioniert, können wir uns anhand des Geruchs einer Blüte vorstellen, den wir zum ersten Mal riechen. Der Geruch dieser Blüte wird, ähnlich wie beim Kaffee und anderen Substanzen, durch sehr viele chemische Verbindungen erzeugt (☐ Abb. 16.24a). Diese chemischen Komponenten aktivieren zunächst die Geruchsrezeptoren in der Riechschleimhaut und erzeugen dann ein Aktivierungsmuster im Riechkolben, das durch die chemotopische Karte strukturiert ist. Dieses Muster ergibt sich jedes Mal, wenn die Geruchsstoffe der Blüte zur Riechschleimhaut gelangen (☐ Abb. 16.24b). Wie wir gesehen haben, werden die Signale des Riechkolbens zum piriformen Kortex übermittelt,

wo sie ein weit verteiltes Aktivierungsmuster hervorrufen (☐ Abb. 16.24c).

Da es sich um die erste Erfahrung mit dem Geruch der Blüte handelt, gibt es noch keine Verbindungen zwischen den aktivierten Neuronen. Das entspricht der Situation bei Neuronen, die ein neues Gedächtnisobjekt repräsentieren, aber noch nicht assoziativ verbunden sind (☐ Abb. 16.23a). An diesem Punkt werden wir Schwierigkeiten haben, den neuen Geruch zu identifizieren, und ihn leicht mit anderen Gerüchen verwechseln. Aber wenn wir die Blüte viele Male riechen und dabei immer wieder dasselbe Aktivierungsmuster ausgelöst wird, bilden sich assoziative Verbindungen zwischen den Neuronen aus (☐ Abb. 16.24d). Wenn das einmal erreicht ist, repräsentiert das so gebildete Aktivierungsmuster den Geruch der Blüte. Demnach werden Geruchsobjekte ähnlich wie die Objekte im Gedächtnis, die durch assoziative Verbindungen zwischen den aktivierten Neuronen gebildet werden, dadurch erzeugt, dass das Erleben von Geruchsobjekten zu Verbindungen zwischen den jeweils aktivierten Neuronen im piriformen Kortex führt. Nach dieser Vorstellung passiert in der Küchenszene in ☐ Abb. 16.14 Folgendes: Die Hunderte von Molekülen in der Luft aktivieren im piriformen Kortex der Person drei miteinander verbundene Neuronennetze, deren Aktivierung jeweils für den Geruch von Kaffee, Orangensaft bzw. gebratenen Schinkenspeck steht.

Die Forschung unterstützt die Vorstellung, dass Lernen bei der Geruchswahrnehmung eine wichtige Rolle spielt. Beispielsweise hat Donald Wilson (2003) die Antwort

Moleküle des Geruchsstoffs

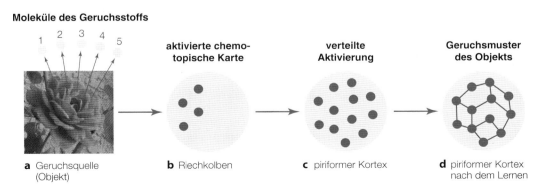

1 2 3 4 5

aktivierte chemotopische Karte

verteilte Aktivierung

Geruchsmuster des Objekts

a Geruchsquelle (Objekt)   **b** Riechkolben   **c** piriformer Kortex   **d** piriformer Kortex nach dem Lernen

☐ **Abb. 16.24** Gedächtnisbildung für den Geruch einer Blüte, der im piriformen Kortex repräsentiert ist (Erläuterung siehe Text; © Bruce Goldstein)

von Neuronen im piriformen Kortex bei Ratten für 2 Geruchsstoffe gemessen: (1) eine Mischung aus Amylacetat, das nach Banane riecht, und Pfefferminz sowie (2) reines Amylacetat. Wilson wollte herausfinden, wie gut die Neuronen im Rattenkortex den Unterschied zwischen der Mischung und dem reinen Amylacetat erkennen konnten, nachdem der Ratte die Mischung präsentiert worden war.

Wilson bot den Ratten die Mischung unterschiedlich lang dar, entweder kurz (während 10 s, entsprechend ca. 20 Atem- bzw. Schnupperzügen) oder lang (während 50 s, entsprechend ca. 100 Schnupperzügen). Nach einer Pause maß er die Antwort, die die Mischung bzw. das reine Amylacetat auslöste. Nach 10 s langem Schnuppern antworteten die Neuronen im piriformen Kortex ähnlich auf die Mischung und auf das reine Amylacetat. Aber nach 50 s Schnupperzeit zum Kennenlernen der Mixtur konnten die Neuronen den Unterschied zwischen der Mischung und der reinen Komponente erkennen. Ähnliche Messungen bei Neuronen im Riechkolben zeigten keinen derartigen Unterschied.

Wilson zog aus diesen Ergebnissen den Schluss, dass die Neuronen des piriformen Kortex nach hinreichender Expositionszeit den Unterschied zwischen verschiedenen Geruchsstoffen lernen können und dass unsere Fähigkeit, zwischen verschiedenen Geruchsstoffen in unserer Umgebung unterscheiden zu können, auf einem solchen neuronalen Lernen beruht. Zahlreiche weitere Experimente stützen die Annahme, dass Mechanismen des Gedächtnisses und des Lernens beteiligt sind, wenn Aktivierungsmuster im piriformen Kortex mit Geruchsobjekten assoziiert werden (Choi et al., 2011; Gottfried, 2010; Sosulski et al., 2011; Wilson, 2003; Wilson & Sullivan, 2011; Wilson et al., 2004, 2014).

16.8.3 Gerüche können Erinnerungen auslösen

Wie wir gesehen haben, ist das Gedächtnis an der Identifizierung von Geruchsobjekten beteiligt. Aber es gibt noch eine weitere Verbindung zwischen Geruchssinn und Gedächtnis. Unter bestimmten Umständen kann der Geruchssinn Erinnerungen hervorrufen. Diese Verbindung zwischen den chemischen Sinnen und der Erinnerung wurde von dem französischen Schriftsteller Marcel Proust (1871–1922) beschrieben, als er erzählt, was passierte, als er ein Gebäckstück, eine „Madeleine", in eine Tasse Tee eintauchte:

» Und mit einem Mal war die Erinnerung da. Der Geschmack war der jenes kleinen Stücks einer Madeleine [...] Und so ist denn, sobald ich den Geschmack jenes Madeleine-Stücks wiedererkannt hatte, das meine Tante mir, in Lindenblütentee getaucht, zu geben pflegte [...] das graue Haus mit seiner Straßenfront, an der ihr Zimmer sich befand, wie ein Stück Theaterdekoration, zu

dem kleinen Pavillon an der Gartenseite hinzugetreten, der für meine Eltern nach hintenheraus angebaut worden war [...] und mit dem Haus die Stadt, vom Morgen bis zum Abend und bei jeder Witterung, der Platz, auf den man mich vor dem Mittagessen schickte, die Straßen, in denen ich Einkäufe machte, die Wege, die wir gingen, wenn schönes Wetter war. Und [...] ebenso stiegen jetzt alle Blumen unseres Gartens [...] und all die Leute aus dem Dorf und ihre kleinen Häuser und die Kirche und ganz Combray und seine Umgebung, all das, was nun Form und Festigkeit annahm, Stadt und Gärten, stieg aus meiner Tasse Tee. (Marcel Proust, *Auf der Suche nach der verlorenen Zeit*, 1913)

Prousts eindrückliche Beschreibung darüber, wie der Geschmack eines Gebäckstücks Erinnerungen in ihm auslöste, an die er jahrelang nicht gedacht hatte, wird **Proust-Effekt** oder auch **Madeleine-Effekt** genannt. Diese Passage fasst einige Merkmale der Erinnerungen von Proust zusammen:
1. Die Erinnerungen wurden nicht durch das Sehen des Gebäckstücks, sondern durch das Schmecken hervorgerufen.
2. Die Erinnerung war lebhaft und versetzte Proust zurück an verschiedene Orte aus seiner Vergangenheit.
3. Die Erinnerung stammte aus Prousts früher Kindheit.

Psychologen nennen diese Proust'schen Erinnerungen heute **geruchsinduzierte autobiografische Erinnerungen**, die durch Gerüche ausgelöst werden und an Ereignisse aus der Lebensgeschichte einer Person erinnern. Aber geruchsinduzierte autobiografische Erinnerungen werden nicht nur in der Literatur beschrieben. Ein Experiment, das die von Proust angedeuteten Zusammenhänge zwischen Gerüchen und bestimmten Aspekten des Gedächtnisses bestätigte und weiterentwickelte, wurde von Rachel Herz und Jonathan Schooler (2002) durchgeführt. Sie baten ihre Probanden zu beschreiben, mit welchen persönlichen Erinnerungen für sie Dinge wie Bleistifte, Sonnenmilch oder Babypuder bekannter Marken verbunden sind. Nachdem die Probanden ihre Erinnerungen geschildert hatten, wurden ihnen die jeweiligen Objekte präsentiert, und zwar entweder visuell in Form von Fotos oder aber in Form von Geruchsproben. Die Aufgabe bestand darin, die im Zusammenhang mit den Objekten geschilderten Ereignisse anhand verschiedener Ratingskalen zu bewerten. Probanden, die den Geruch wahrgenommen hatten, bewerteten die geschilderten Ereignisse emotionaler als Probanden, die das Foto gesehen hatten. Auch fühlten sich die Probanden der olfaktorischen Gruppe stärker in die erinnerte Zeit „zurückversetzt" als die Probanden der visuellen Gruppe (vergleiche auch Willander & Larsson, 2007).

Die Tatsache, dass Proust eine Erinnerung aus seiner Kindheit beschrieb, ist kein Zufall, denn ein Experiment, bei dem autobiografische Erinnerungen von 65- bis 80-jährigen Teilnehmern gesammelt wurden, die durch Gerüche, Wörter oder Bilder ausgelöst wurden, führte zu den

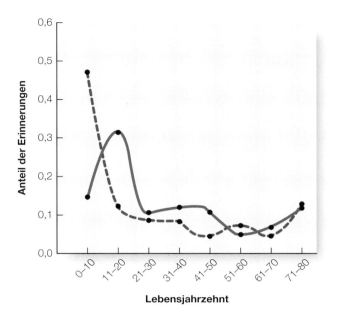

Abb. 16.25 Verteilung über die Lebenszeit der Erlebnisse, deren Erinnerung durch Gerüche (*gestrichelte Kurve*) und durch Wörter (*durchgezogene Kurve*) ausgelöst wurden. Die Ereignisse, an die die Teilnehmer sich durch Gerüche erinnern, erreichen ihren Höhepunkt in der 1. Lebensdekade, während die Ereignisse, die durch Wörter erinnert werden, ihren Höhepunkt in der 2. Lebensdekade erreichen

in Abb. 16.25 dargestellten Ergebnissen (Larsson & Willander, 2009). Geruchsbasierte Erinnerungen bezogen sich eher auf Erlebnisse, die im 1. Lebensjahrzehnt stattfanden, während wortbasierte Erinnerungen eher Erlebnisse aus dem 2. Lebensjahrzehnt betrafen. Die Teilnehmer dieses Experiments beschrieben außerdem, dass ihre durch Gerüche ausgelösten Erinnerungen mit starken Emotionen und dem Gefühl verbunden waren, in der Zeit zurückversetzt zu werden.

Was passiert im Gehirn bei geruchsinduzierten autobiografischen Erinnerungen? Ein Hinweis auf die Antwort liegt darin begründet, dass die Amygdala, die an der Erzeugung von Gefühlen und emotionalen Erinnerungen beteiligt ist, nur 2 Synapsen vom Geruchsnerv entfernt ist, und der Hypothalamus, der an der Speicherung und dem Abrufen von Erinnerungen beteiligt ist, nur 3 Synapsen entfernt ist. Es ist daher nicht überraschend, dass fMRT-Gehirnscans ergeben haben, dass durch Geruch ausgelöste Erinnerungen eine höhere Aktivität in der Amygdala verursachen als Erinnerungen, die durch Wörter ausgelöst werden (Arshamian et al., 2013; Herz et al., 2004).

Proust war also zu einer besonderen Erkenntnis gelangt, als er beschrieb, wie der Geschmack eines Gebäckstücks ihn in die Vergangenheit zurückversetzte. Die von Prousts Beobachtung inspirierte Forschung zeigt, dass Geruchserinnerungen tatsächlich etwas Besonderes sind. Wichtig ist auch, dass Proust zwar das *Schmecken* der Madeleines beschrieb, in Wirklichkeit aber über das *Aroma* schrieb, das eine Kombination aus Geschmack und Geruch ist.

Demonstration 16.2

„Schmecken" mit und ohne Nase

Halten Sie sich die Nase zu und trinken Sie dabei ein Getränk mit einem charakteristischen Geschmack wie Traubensaft, Kirschsaft oder Kaffee. Achten Sie beim Trinken sowohl auf die Geschmacksqualität als auch auf die Geschmacksintensität. Nehmen Sie nur 1–2 Schlucke, da Schlucken mit zugehaltener Nase zu Druckaufbau in Ihren Ohren führen kann. Lassen Sie nach einem Schluck Ihre Nase los und achten Sie darauf, ob Sie ein Aroma wahrnehmen. Trinken Sie dann einen Schluck, ohne sich die Nase zuzuhalten, und achten auf das Aroma. Sie können diesen Versuch auch mit Nahrungsmitteln wie Obst oder gekochten Speisen durchführen.

16.9 Die Wahrnehmung des Aromas

Was wir beim Essen als Geschmack erleben – und bisweilen mit einem „das schmeckt aber gut" ausdrücken – ist in der Regel eine kombinierte Wahrnehmung aus Geschmack und Geruch, bei der die gustatorischen Rezeptoren in der Zunge und die olfaktorischen Rezeptoren der Riechschleimhaut in der Nase stimuliert werden. Diese Kombination von Geruch und Geschmack wird als **Aroma** bezeichnet und ist als der Gesamteindruck definiert, den wir bei der Kombination nasaler und oraler Stimulation erleben (Lawless, 2001; Shepherd, 2012). Den Einfluss des Riechens auf die Aromawahrnehmung können Sie sich anhand von Demonstration 16.2 veranschaulichen.

Bei diesem Versuch werden Sie bemerken, dass es mit zugehaltener Nase schwierig ist zu erkennen, was Sie gerade trinken oder essen. Der Grund liegt darin, dass wir Aroma nur wahrnehmen, wenn wir eine Kombination von Geschmack und Geruch erleben. Sobald die Nase zugehalten wird, wird die Geruchskomponente eliminiert. Das Zusammenwirken von Geschmack und Geruch spielt sich auf 2 Ebenen ab: zunächst in Mund und Nase und dann im Kortex.

16.9.1 Aromawahrnehmung in Mund und Nase

Chemische Stoffe in unserer Nahrung lösen eine Geschmackswahrnehmung aus, wenn die Geschmacksrezeptoren auf der Zunge aktiviert werden. Aber aus Speisen und Getränken gelangen auch gasförmige Substanzen in Mund und Nase, wobei sie die Riechschleimhaut auf dem **retronasalen Weg** durch die **retronasale Öffnung** im **nasalen Teil des Rachens** (Epipharynx) erreichen, die die Mund- und die Nasenhöhle miteinander verbindet (Abb. 16.1). Obwohl das Zuhalten der Nase die retronasale Öffnung nicht verschließt, unterbindet es dennoch die Luftzirkulation durch diese hindurch und verhindert deshalb weitgehend, dass gasförmige Substanzen an die Geruchsrezeptoren gelangen (Murphy & Cain, 1980). Das Gleiche passiert bei einer Erkältung – weniger Luftstrom bedeutet, dass der Geschmack von Lebensmitteln stark beeinträchtigt wird.

Die Tatsache, dass der Geruch eine entscheidende Komponente des Aromas ist, mag überraschen, weil wir die Aromen vor allem als Geschmack im Mund erleben. Erst wenn wir verhindern, dass Aromastoffe die Riechschleimhaut erreichen, bemerken wir, wie wichtig der Geruchssinn beim Schmecken ist. Dass wir die Aromen mit einem im Mund lokalisierten Geschmack verbinden, liegt unter anderem daran, dass Speisen und Getränke tatsächlich taktile Rezeptoren im Mund stimulieren, die unsere Aufmerksamkeit auf den Mund lenken (oral capture) und uns dazu bringen, die Empfindungen durch unsere Geruchs- und Geschmacksrezeptoren allein dem Mund zuzuschreiben (Small, 2008). Wenn Sie also Nahrungsmittel „schmecken", nehmen Sie tatsächlich Aromen wahr, und Ihr Eindruck, dass das alles im Mund passiert, ist eine Illusion (Todrank & Bartoshuk, 1991).

Die Bedeutung des Riechens für die Aromawahrnehmung wurde sowohl für gelöste chemische Substanzen als auch für typische Nahrungsmittel experimentell nachgewiesen. Im Allgemeinen lassen sich Lösungen mit geschlossener Nase schlechter identifizieren (Mozell et al., 1969) und werden oft als geschmacklos wahrgenommen. ◻ Abb. 16.26a zeigt beispielsweise, dass Natriumoleat bei offener Nase ein stark seifiges Aroma aufweist, bei geschlossener Nase jedoch geschmacklos erscheint. Ähnlich hat Eisensulfat (◻ Abb. 16.26b) normalerweise ein metallisches Aroma, bei geschlossener Nase erscheint es jedoch vorwiegend geschmacklos (Hettinger et al., 1990). Andererseits wird das Aroma bei manchen chemischen Verbindungen nicht durch die Geruchswahrnehmung beeinflusst. So hat beispielsweise Mononatriumglutamat (monosodium glutamate, MSG) bei offener und geschlossener Nase fast denselben Geschmack (◻ Abb. 16.26c); in diesem Fall überwiegt also der Geschmackssinn bei der Aromawahrnehmung.

16.9.2 Aromawahrnehmung im Nervensystem

Geschmacks- und Geruchsreize treten zwar in unmittelbarer Nähe von Mund und Nase auf, aber sie werden erst durch die Interaktion im Kortex in Kombination wahrgenommen. ◻ Abb. 16.27 verknüpft die olfaktorischen Bahnen (blau) aus dem Flussdiagramm für den Geruchssinn in ◻ Abb. 16.20b mit den gustatorischen Bahnen (rot), sodass die Verbindungen zwischen Geruch und Geschmack sichtbar werden (Rolls et al., 2010; Small, 2012). Zusätzlich tragen Seh- und Tastsinn zur Aromawahrnehmung bei, indem visuelle Signale zur Amygdala gesendet werden, taktile Signale zu Strukturen innerhalb der gustatorischen Bahn gelangen und der orbitofrontale Kortex sowohl visuelle als auch taktile Signale erhält.

All diese Interaktionen zwischen Geschmack, Geruch, Sehen und Tasten unterstreichen die multimodale Natur der Aromawahrnehmung. Aroma schließt nicht nur das ein, was wir gewöhnlich mit Geschmack bezeichnen, sondern auch die Wahrnehmung von Nahrungsmitteleigenschaften wie Oberflächenstrukturen oder Temperatur (Verhagen et al., 2004), Farbe (Spence, 2015; Spence et al., 2010) oder auch Geräusche, die beim Verzehr etwa von Kartoffelchips oder rohen Karotten entstehen (Zampini & Spence, 2010).

Aufgrund der Konvergenz von Neuronen aus unterschiedlichen Sinnessystemen im orbitofrontalen Kortex gibt es dort zahlreiche **bimodale Neuronen**, die auf Signale aus mehr als einem Sinnessystem reagieren. So antworten manche bimodale Neuronen im orbitofrontalen Kortex auf geschmackliche und olfaktorische Reize, andere auf geschmackliche und visuelle Stimuli. Eine wichtige Eigenschaft dieser bimodalen Neuronen besteht darin, dass sie oft auf ähnliche Wahrnehmungsqualitäten antworten. Ein Neuron, das auf den Geschmack von süßen Früchten antwortet, antwortet auch auf den Geruch dieser Früchte. Aufgrund dieser Eigenschaft und der Tatsache, dass der orbitofrontale Kortex das erste Areal ist, in dem geschmackliche und geruchliche Information kombiniert werden, betrachten einige Forscher den orbitofrontalen Kortex als kortikales Zentrum für die Aromawahrnehmung und die

	Natriumoleat		Eisensulfat		Mono-Natrium-Glutamat (MSG)	
	verschlossen	offen	verschlossen	offen	verschlossen	offen
süß	x		x			
salzig	x				xxxxxxxx	xxxxxxx
sauer			xx	x	xxx	xxx
bitter		x	x		xx	x
seifig	xx	xxxxxxxx	x	xx		
metallisch		xx	x	xxxxxxxx		
schweflig				x	x	xx
geschmacklos	xxxxxxxx		xxxxxx	x		
sonstiges	x	x	x		x	xxx
	a		**b**		**c**	

◻ **Abb. 16.26** Die von einigen Personen beschriebenen Aromawahrnehmungen bei der Aufnahme von 3 Substanzen, jeweils mit geschlossener und offener Nase. Jedes *X* repräsentiert die Aromawahrnehmung einer Person. (Aus Hettinger et al., 1990, by permission of Oxford University Press)

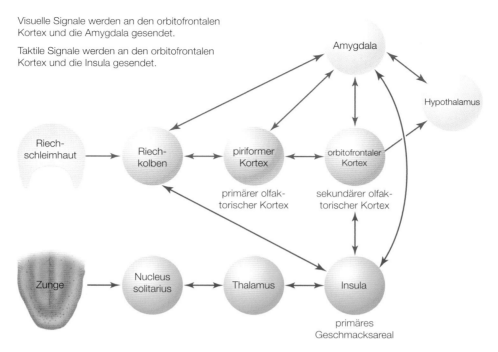

Visuelle Signale werden an den orbitofrontalen Kortex und die Amygdala gesendet.

Taktile Signale werden an den orbitofrontalen Kortex und die Insula gesendet.

◻ Abb. 16.27 Die Aromawahrnehmung entsteht durch Interaktionen zwischen den Signalen, die von den Rezeptoren für Geschmack, Geruch, Sehen und Tastempfindungen ausgehen. Die olfaktorische Bahn (*blau*) und die gustatorische Bahn (*rot*) interagieren, indem Signale zwischen beiden Bahnen übermittelt werden. Außerdem gelangen aus beiden Bahnen Signale zum orbitofrontalen Kortex, bei dem auch taktile und visuelle Signale eingehen. Taktile Signale werden darüber hinaus auch an die gustatorische Bahn übermittelt. Die Amygdala (*grün*) ist für emotionale Antworten zuständig und hat viele Verbindungen zu Strukturen in der olfaktorischen und der gustatorischen Bahn. Sie erhält ihrerseits überdies visuelle Signale sowie Signale aus dem Hypothalamus (ebenfalls *grün*), der bei der Regulation des Hungers beteiligt ist

kortikale Repräsentation von Nahrungsmitteln (Rolls & Baylis, 1994; Rolls et al., 2010). Andere Untersuchungen haben gezeigt, dass auch die Insula, ein Teil des primären gustatorischen Kortex, bei der Aromawahrnehmung beteiligt ist (de Araujo et al., 2012; Veldhuizen et al., 2010).

Aroma ist aber keine starre Antwort auf die chemischen Eigenschaften eines Nahrungsmittels. Zwar können dieselben chemischen Stoffe in einem bestimmten Nahrungsmittel immer wieder dieselben Aktivierungsmuster der Geschmacksrezeptoren in der Riechschleimhaut erzeugen, aber sobald die Signale den Kortex erreichen, können viele andere Einflüsse auf sie einwirken, darunter auch die Erwartungen eines Menschen oder die Menge des jeweiligen Nahrungsmittels, die er bereits verzehrt hat.

16.9.3 Einfluss von kognitiven Faktoren auf die Aromawahrnehmung

Ihre Erwartungen können sowohl Ihre Wahrnehmung als auch die neuronale Antwort beeinflussen. Das haben Hilke Plassmann et al. (2008) demonstriert, als sie Probanden Weinproben beurteilen ließen, während diese im Gehirnscanner beobachtet wurden. Die Probanden sollten eine Auswahl von 5 Weinen probieren, die mit verschiedenen Preisen gekennzeichnet waren, und angeben, wie gut sie die Weine jeweils fanden. Tatsächlich gab es nur 3 verschiedene Weine, wobei 2 davon mit verschiedenen Preisangaben verkostet wurden. Das Ergebnis zeigt ◻ Abb. 16.28 für einen Wein, bei dem einmal ein Preis von 10 Dollar und einmal von 90 Dollar angegeben wurde. Solange die beiden Proben des Weins ohne Preisangaben präsentiert wurden, waren die Geschmacksurteile in beiden Fällen gleich (◻ Abb. 16.28a, links). Wurde vor dem Probieren jedoch ein Preis mitgeteilt, so erhielt der 90-Dollar-Wein eine höhere Bewertung als der 10-Dollar-Wein. Die Preisangaben beeinflussten aber nicht nur die Geschmacksurteile der Probanden, sondern auch die Antwort im orbitofrontalen Kortex – in dem der 90-Dollar-Wein zu einer deutlich höheren Reaktion führte (◻ Abb. 16.28b).

Was hier passiert, ist eine Antwort des orbitofrontalen Kortex auf Signale, die durch die Stimulation der Geschmacks- und der Geruchsrezeptoren ausgelöst werden, *und* durch Signale, die durch die Erwartungen eines Menschen erzeugt werden. In einem anderen Experiment stuften die Probanden einen Geruch, wenn er als „Cheddar-Käse" dargeboten wurde, als angenehmer ein, als wenn derselbe Geruch als Körpergeruch präsentiert wurde, und auch der orbitofrontale Kortex antwortete auf den angeblichen Cheddar-Käse stärker (de Araujo et al., 2005).

Viele andere Experimente haben gezeigt, dass nicht nur die verzehrten Lebensmittel selbst den Geschmack beeinflussen, sondern noch viele weitere Faktoren. Rotes,

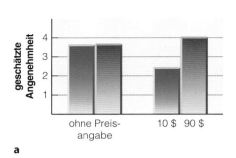

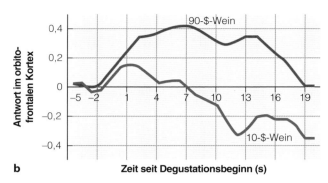

Zeit seit Degustationsbeginn (s)

■ **Abb. 16.28** Der Einfluss der Erwartung auf die Aromawahrnehmung im Experiment von Hilke Plassmann (2008). **a** Die Einstufung der Geschmacksqualität von Wein, der 2 Mal unter verschiedenen Bedingungen dargeboten wurde (ohne dass die Probanden wussten, dass es sich um denselben Wein handelte). Die beiden *linken Balken* geben die Geschmacksbeurteilungen für die beiden Proben desselben Weins wieder, wenn kein Preis für die Proben genannt wurde. Die beiden Balken auf der *rechten* Seite zeigen, dass die Probanden denselben Wein als wohlschmeckender einstuften, wenn ein Preis von 90 Dollar angegeben wurde, als für einen Preis von 10-Dollar. **b** Die prozentuale Änderung der Antwortstärke im orbitofrontalen Kortex während der Verkostung des Weins bei Angabe eines Preises von 10 Dollar bzw. 90 Dollar. (b: Aus Plassmann et al., 2008, Copyright (2008) National Academy of Sciences, U.S.A.)

gefrorenes Erdbeerdessert wurde als 10 % süßer und 15 % geschmackvoller empfunden, wenn es auf einem weißen Teller präsentiert wurde als auf einem schwarzen Teller (Piqueras-Fiszman et al., 2012). Die Süße von Milchkaffee wurde als fast doppelt so süß empfunden, wenn er aus einem blauen Becher getrunken wurde als aus einem weißen Becher (Van Doorn et al., 2014). Und zurück zum Wein: Experimente haben gezeigt, dass die Wahrnehmung des Geschmacks von Wein nicht nur durch Informationen zum Preis, sondern auch durch die Form des Weinglases beeinflusst werden kann (Hummel et al., 2003).

16.9.4 Einfluss von Nahrungsaufnahme und Sättigung auf die Aromawahrnehmung

Haben Sie schon einmal bemerkt, dass bei einer Mahlzeit die erste Gabel einer Speise besser schmeckt als die letzte? Wenn man eine Speise bis zur Sättigung verzehrt (und an den Punkt gelangt, an dem man nichts mehr essen möchte), wird sie zuletzt als weniger schmackhaft erlebt als zu Beginn, wenn man hungrig ist.

John O'Doherty et al. (2000) haben gezeigt, dass es von der Sättigung abhängen kann, wie angenehm der Geschmack oder der Geruch einer Speise empfunden wird und wie das Gehirn antwortet. Die Probanden wurden unter 2 Bedingungen getestet: (1) wenn sie hungrig waren und (2) wenn sie bis zur Sättigung Bananen gegessen hatten. Die Probanden wurden im Gehirnscanner beobachtet, während sie den Wohlgeruch von 2 mit Nahrung zusammenhängenden Duftreizen beurteilten, die nach Banane bzw. Vanille rochen. Vor dem Essen wurden beide Gerüche von den Probanden als gleich angenehm eingestuft. Aber nach dem Verzehr von Bananen bis zur Sättigung nahm die Bewertung beim Vanillegeruch leicht ab (blieb aber im positiven Bereich) und fiel beim Bananengeruch auf negative Werte ab (■ Abb. 16.29a). Dieser starke Einfluss auf die Geruchsbewertung im Zusammenhang mit Nahrung, an der man sich sattgegessen hat, die **sinnesspezifische Sattheit**, zeigt sich auch in der Antwort des orbitofrontalen Kortex, die beim Bananengeruch stark abnahm und beim Vanillegeruch weitgehend gleich blieb (■ Abb. 16.29b). Ähnliche Effekte traten bei einigen (aber nicht allen) Probanden bei den Antworten in der Amygdala und der Insula auf.

Man kann den Befund, dass die Aktivität im orbitofrontalen Kortex mit dem Wohlgefallen eines Geruchs oder Geschmacks zusammenhängt, auch anders ausdrücken: Der orbitofrontale Kortex ist beteiligt, wenn der *Belohnungswert* einer Nahrung bestimmt wird. Nahrung ist eine umso größere Belohnung, je hungriger wir sind, und verliert an Belohnungswert, je mehr wir uns daran satt gegessen haben, bis sie bei Sättigung keine Belohnung mehr darstellt und wir aufhören zu essen. Diese Veränderungen des Belohnungswerts von Aromen sind wichtig, weil sie für die Regulierung der Nahrungsaufnahme eine ähnliche Bedeutung haben wie die Warnfunktion von Geruch und Geschmack. Und beachten Sie in ■ Abb. 16.27 die Signalverbindung zwischen dem orbitofrontalen Kortex und dem Hypothalamus, in dem Neuronen gefunden wurden, die bei Hunger auf das Aussehen, den Geschmack oder den Geruch von Nahrung antworten (Rolls et al., 2010).

Wie wir auf allen Stufen der chemischen Sinnessysteme für Geschmack, Geruch und Aroma festgestellt haben, dienen die chemischen Sinne zu weit mehr als nur zur Wahrnehmung von Geruch, Geschmack und Aroma. Sie tragen vielmehr auch dazu bei, unser Verhalten zu steuern – gefährliche Substanzen zu meiden, Nahrung zu finden und die Nahrungsaufnahme zu regulieren. Sogar die Neuronen im Riechkolben sind empfindlich für Signale, die der Körper über Hunger und Sättigung erzeugt. So reagieren

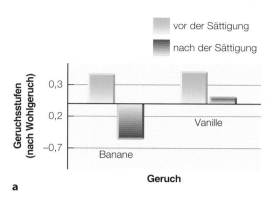
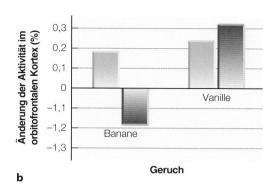
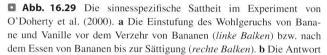

Abb. 16.29 Die sinnesspezifische Sattheit im Experiment von O'Doherty et al. (2000). **a** Die Einstufung des Wohlgeruchs von Banane und Vanille vor dem Verzehr von Bananen (*linke Balken*) bzw. nach dem Essen von Bananen bis zur Sättigung (*rechte Balken*). **b** Die Antwort auf Bananen- bzw. Vanillegeruch, die im orbitofrontalen Kortex vor bzw. nach dem Verzehr von Bananen gemessen wurde. (Aus O'Doherty et al., 2000, mit freundlicher Genehmigung von Wolters Kluwer Health, Inc.)

sie in Abhängigkeit von körperlichen Signalen darüber, wie hungrig man ist, auf Essensgerüche.

Klingt dieser Zusammenhang zwischen Wahrnehmung und Verhalten vertraut? Vielleicht erinnern Sie sich an die Darlegung in ▶ Kap. 7 zum Handeln aufgrund visueller Wahrnehmung. Die frühe Forschung betrachtete das visuelle System zunächst vor allem im Hinblick auf die Entstehung der visuellen Wahrnehmungen, erst später wurde der Hauptzweck des visuellen Systems darin gesehen, uns überlebenswichtige Handlungen zu ermöglichen. Auch die chemischen Sinne dienen letztlich dazu, uns zu Handlungen anzuregen und Handlungen zu steuern, die für unser Überleben notwendig sind. Wir essen, um zu leben, und unsere Aromawahrnehmung motiviert unser Essverhalten (leider, so muss man hinzufügen, werden die Sättigungsmechanismen durch moderne Lebensmittel und andere Faktoren oft ausgehebelt – aber das ist eine andere Geschichte).

16.10 Weitergedacht: Das Zusammenspiel der Sinne

Wir leben in einer Welt, die nicht wie die Kapitel in einem Lehrbuch über Wahrnehmung in einzelne Sinne gegliedert ist. Vielmehr ist unsere Welt wie ein Teppich, der aus vielen einzelnen Bestandteilen gewebt ist, aus beweglichen und unbeweglichen Objekten, Räumen, Geräuschen, Gerüchen und Handlungsmöglichkeiten, um nur einige zu nennen. Dieser Teppich ist wunderschön verziert mit Farben und Formen, Tonhöhen und Rhythmen, rauen und glatten Texturen. All diese Dinge zusammen bilden unsere Erfahrung mit der Umwelt.

Nehmen wir z. B. den Vogel, der gerade an mir vorbeigeflogen ist. Er war klein, grau und hatte ein gepunktetes, glattes Gefieder. Mit ein paar schnellen Flugbewegungen

setzte er sich auf einen schattigen Ast, wo er sein Lied anstimmte, ein Zwitschern aus schnellen, hohen Tönen. Ich empfand diese Kombination aus Aussehen, Verhalten und Zwitschern als charakteristisch für diesen Vogel, und da ich die Eigenschaften dieses Vogels kannte, konnte ich bestimmte Dinge über ihn vorhersagen. Hätte er ein tiefes „Krächz-krächz" von sich gegeben, das man normalerweise mit viel größeren Vögeln assoziiert, wäre ich sehr überrascht gewesen. Bestimmte Eigenschaften – Größe, Klang, Bewegungen – passen in bestimmten Situationen zusammen.

Aber genug von Vögeln. Wie wäre es mit etwas wirklich Wichtigem wie Baseball. Sie sehen, wie der Pitcher den Ball wirft. Der Schlagmann holt aus, und am lauten Knacken des Schlägers erkennt man, dass der Ball höchstwahrscheinlich durch die Strike Zone fliegt. Aber ein Schlag ohne dieses Geräusch, gefolgt von dem „dumpfen" Aufprall des Balls auf den Handschuh des Fängers, signalisiert einen Strike. Sie sind sich dessen vielleicht nicht bewusst, während Sie das Spiel verfolgen, aber Sehen und Hören arbeiten zusammen, um Informationen über das Geschehen zu liefern.

Für **multimodale Interaktionen** (Interaktionen, die mehr als einen Sinn oder eine Eigenschaft einbeziehen) gibt es unendlich viele Beispiele, denn sie sind in unserer Umgebung allgegenwärtig. Wenn Sie einen Toast aussprechen und mit den Weingläsern anstoßen, hören und sehen Sie, wie die Gläser aneinanderstoßen und dabei klingen. Wenn Sie sich mit jemandem in einer Umgebung mit vielen Nebengeräusche unterhalten, können Sie Ihren Gesprächspartner leichter verstehen, wenn Sie sehen, wie sich seine Lippen bewegen, während er mit Ihnen spricht. Sie sehen Menschen im Fernsehen, auf Ihrem Smartphone oder Computer, die zu Musik tanzen. Wenn Sie den Ton ausschalten, sehen Sie sie immer noch tanzen, aber es fehlt etwas. Wenn der Ton eingeschaltet ist, wirken ihre Bewegungen nicht nur synchroner, sondern Sie haben vielleicht auch Lust, sich selbst zu bewegen. Und wenn Sie selbst mit jemandem tanzen, kommen zur Musik, zum Sehen und zur Aktion noch die Modalitäten der Berührung und des Drucks hinzu.

Zwei visuell-auditive Interaktionen, die wir in diesem Buch besprochen haben, sind der Bauchredneffekt (▶ Abschn. 12.5.1), bei dem der wahrgenommene Ort der Schallquelle durch das Sehen bestimmt wird, und der McGurk-Effekt (▶ Abschn. 14.4.2), bei dem die Bewegung der Lippen eines Sprechers den Klang, den der Zuhörer hört, beeinflussen kann.

Und wie verhält es sich mit Geschmack und Geruch? Sie sind multimodal, wenn sie gemeinsam ein Aroma erzeugen. Aber Geschmack und Geruch interagieren auch auf zahlreiche Weise mit nichtchemischen Sinnen, denn wenn wir etwas riechen, ist zumeist auch ein Objekt beteiligt, z. B. ein Essen auf einem Teller oder eine Flüssigkeit in einem Glas. Geruch und Geschmack sind auch mit bestimmten Situationen verbunden: Essensgerüche in einer Küche, ein Rauchmelder, der Rauch in einem Haus anzeigt, der Geruch von gegrilltem Fleisch in einem Park. Im Folgenden zeigen wir einige Experimente, die die Wechselwirkungen zwischen den chemischen Sinnen und den anderen Sinnen untersuchten, unterteilt in 2 Kategorien: Korrespondenzen und Einflüsse.

16.10.1   Korrespondenzen

Korrespondenzen beziehen sich darauf, wie eine Eigenschaft eines chemischen Sinns (Geschmack, Geruch oder Aroma) mit einer Eigenschaft eines anderen Sinns assoziiert ist.

Assoziation von Gerüchen und Geschmäckern mit verschiedenen Tonhöhen und Instrumenten

Als Studienteilnehmern Gerüche wie Mandel-, Zeder-, Zitrone-, Himbeer- und Vanilleduft dargeboten wurden, wurden sie aufgefordert, die zum Duft passende Tonhöhe zu wählen. ◘ Abb. 16.30a zeigt, dass der Duft von Früchten mit hohen Tonhöhen und Aromen wie Rauch, Moschus und dunkle Schokolade mit tieferen Tonhöhen assoziiert wurden (Crisinel & Spence, 2012). In einer Studie mit Geschmacksreizen wurden die Geschmäcker von Zitronensäure und Saccharose mit hohen Tönen und Kaffee und Mononatriumglutamat mit tiefen Tönen in Verbindung gebracht (Crisinel & Spence, 2010). Diese Studie trug den Titel „So bitter wie eine Posaune", denn als man die Geschmäcker auch mit Musikinstrumenten in Verbindung bringen sollte, wurden bittere Substanzen wie Koffein eher mit den Klängen von Blechbläsern in Verbindung gebracht und süße Substanzen wie Zucker eher mit Klavier- oder Streicherklängen (◘ Abb. 16.30b).

Assoziation von Gerüchen mit verschiedenen Farben

Als Probanden eine breite Palette von Gerüchen erschnupperten und dazu passende Farben auswählten, ordneten sie Gerüche bestimmten Farben zu (Maric & Jacquot, 2013). Zum Beispiel wurde Ananas mit Rot, Gelb, Rosa, Orange und Lila assoziiert, während Karamell mit Braun, Orange und Blassorange in Verbindung gebracht wurde. Der Geruch von Walderdbeeren wurde mit den Farben Rot, Rosa und Violett assoziiert, der Geruch von Geräuchertem mit Braun, Dunkelrot, Schwarz und Grau.

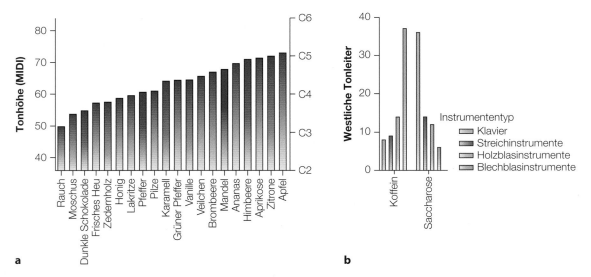

◘ **Abb. 16.30** **a** Tonhöhen, die mit verschiedenen Gerüchen assoziiert werden. Die vertikale Achse zeigt die westliche Musikskala an. Zwischen *C3* und *C4* und zwischen *C4* und *C5* ist jeweils eine Oktave Unterschied. **b** Die Höhe der Balken gibt die Anzahl der Teilnehmer an, die verschiedene Instrumente mit Koffein und Saccharose in Verbindung brachten. Man beachte, dass Blechblasinstrumente am häufigsten mit Koffein in Verbindung gebracht wurden, während Klavier mit süßen Substanzen assoziiert wurde. (a: Aus Crisinel & Spence, 2012; b: Aus Crisinel & Spence, 2010)

Assoziation von Gerüchen mit verschiedenen Texturen

Als Studienteilnehmer die Texturen von Stoffen beurteilten und ihnen gleichzeitig verschiedene Gerüche präsentiert wurden, fanden sie die Stoffe etwas weicher, wenn sie einen angenehmen Zitronengeruch rochen, als wenn ihnen ein unangenehmer, tierähnlicher Geruch präsentiert wurde (Dematte et al., 2006). Andere Untersuchungen haben ebenfalls gezeigt, dass verschiedene Gerüche mit bestimmten Texturen verbunden sind. So werden beispielsweise Zimt- und Zwiebelgeruch mit rauen Texturen assoziiert, während Veilchen- und Pfefferminzgeruch mit glatten Texturen in Verbindung gebracht werden (Spector & Maurer, 2012).

16.10.2 Einflüsse

Wenn ein Sinn durch bestimmte Reize stimuliert wird, kann dies auch die Wahrnehmung oder Leistung eines anderen Sinns beeinflussen.

Einfluss von Musik auf das Aroma

In einem Restaurant oder einer Bar wird das Essen oft von Hintergrundmusik begleitet, die in einem Gourmetrestaurant eine entspannende oder in einer Bar eine beschwingte Stimmung erzeugt. Gleichzeitig kann sie auch den Geschmack der Speisen beeinflussen. Felipe Reinoso Carvalho et al. (2017) wiesen dies nach, indem sie Probanden Schokoladenproben verkosten ließen, während sie 2 verschiedene Musikstücke hörten. Ein weich fließendes Musikstück bestand aus langen, konsonanten Intervallen (wobei sich konsonant auf Intervalle bezieht, die für uns harmonisch klingen), während ein harter, rauer Musiktitel stakkatoartige dissonante Noten enthielt. Die Ergebnisse waren eindeutig: Wenn die Teilnehmer die Schokolade gegessen hatten, während sie die weiche, harmonische Musik hörten, bewerteten sie die Schokolade als cremiger und süßer, als wenn sie sie während der harten, schnellen Musik gegessen hatten. Diese und andere Forschungen haben gezeigt, dass Musik unsere Wahrnehmung des Geschmacks eines Lebensmittels beeinflussen kann (Crisinel et al., 2012; Wang & Spence, 2018).

Einfluss von Farbe auf das Aroma

Studienteilnehmer halten ein Getränk mit Kirschgeschmack für ein Getränk mit Orangengeschmack, wenn es orange gefärbt ist (DuBose et al., 1980), und bewerten ein Getränk mit Erdbeergeschmack als weniger angenehm, wenn es orange statt rot gefärbt ist (Zellner et al., 1991).

Charles Spence (2020) stellt in einem Überblick über die „Weinpsychologie" fest, dass es zahlreiche Belege dafür gibt, dass die Farbe das Aroma, den Geschmack und den Geruch von Wein beeinflusst. Er stellt auch fest, dass selbst Weinexperten durch eine absichtlich falsche Färbung

des Weins getäuscht werden können. Dies wurde in einer Studie mit dem Titel „Drinking Through Rosé-Colored Glasses" von Qian Wang und Spence (2019) gezeigt, in der Weinexperten gebeten wurden, das Aroma und den Geschmack eines Weißweins, eines Roséweins und eines „falschen Roséweins" zu bewerten, d. h. eines Weißweins, der mit Lebensmittelfarbe gefärbt wurde, damit er der Farbe des echten Roséweins entsprach. Die Lebensmittelfarbe bewirkte, dass die Experten das Aroma und den Geschmack des unechten Rosés als sehr ähnlich zum echten Rosé und sehr unterschiedlich zum Weißwein beschrieben. Besonders bemerkenswert ist, dass das Aroma und der Geschmack des gefälschten Roséweins und des echten Rosés mit einer starken Note nach „roten Früchten" charakterisiert wurde, während rote Früchte bei dem Weißwein nur selten als Geruch oder Geschmack genannt wurden.

Einfluss von Gerüchen auf Aufmerksamkeit und Leistung

Bei einer Studie saßen die Teilnehmer in einer kleinen Kabine und hatten die Aufgabe, so schnell wie möglich festzustellen, ob es sich bei einer Buchstabenfolge um ein echtes Wort (z. B. „Fahrrad") oder um ein Kunstwort (z. B. „Poetsen") handelt. Sechs der echten Wörter hatten mit Reinigung zu tun (z. B. „Hygiene"). Als der Duft von Zitrusfrüchten, der oft mit Reinigungsmitteln in Verbindung gebracht wird, in den Raum gebracht wurde, reagierten die Teilnehmer schneller auf die Reinigungswörter, aber der Duft hatte keinen Einfluss auf Wörter, die nichts mit Reinigung zu tun hatten (Holland et al., 2005). In einem anderen Experiment erwarteten die Teilnehmer, dass sie bei einer Aufgabe zum analytischen Denken besser abschneiden würden (was auch tatsächlich der Fall war), wenn der Testraum nach Kaffee roch, verglichen mit einer Umgebung ohne Duft (Madzharov et al., 2018). (Warum glauben Sie, verursacht der Kaffeegeruch diesen Effekt? In ▶ Abschn. 16.12 „Zum weiteren Nachdenken" finden Sie die Antwort.)

Die Ergebnisse in den Kategorien „Korrespondenzen" und „Einflüsse" zeigen, dass Geschmack, Geruch und Aroma nicht isoliert wirken. Sie haben Korrespondenzen mit anderen Sinnen, interagieren mit ihnen, beeinflussen sie und werden wiederum von ihnen beeinflusst. Aber warum treten diese Wechselwirkungen auf? Eine Antwort lautet „durch Lernen". Viele Assoziationen werden durch alltägliche Erfahrungen gebildet. Zum Beispiel wird Zitronengeschmack mit Gelb assoziiert und Erdbeeren mit Rot. Auch Gerüche von essbaren Substanzen werden eher mit Gelb in Verbindung gebracht, während Gerüche oder Geschmäcker, die ungenießbar erscheinen, eher mit Blau assoziiert werden, da Nahrung nur sehr selten blau ist. Analog z. B. des Vogelgezwitschers am Anfang dieses Abschnitts lehrt uns unsere Erfahrung, dass das Bellen eines großen Hunds wahrscheinlich einen tieferen Klang hat als das Kläffen eines kleinen Hunds.

Einige Korrespondenzen lassen sich durch Freude oder Emotionen erklären. Helle Farben, die oft mit Glück assoziiert werden, werden mit angenehmen Gerüchen in Verbindung gebracht. Ebenso werden angenehme Gerüche mit den angenehmen Gefühlen beim Streicheln weicher Stoffe assoziiert.

Obwohl das Lernen aus Alltagserfahrungen und die Berücksichtigung von Emotionen nicht alle Korrespondenzen und Einflüsse erklären können, steht außer Frage, dass ein Großteil der Wahrnehmung multimodal ist, und dass es richtig ist zu sagen, die verschiedenen Sinne sind im Zusammenspiel und nicht isoliert voneinander zu sehen.

16.11 Der Entwicklungsaspekt: Die chemischen Sinne bei Säuglingen

Nehmen Neugeborene Geruchs- und Geschmacksstoffe wahr? Eine Möglichkeit, diese Frage zu beantworten, besteht darin, die Mimik von Neugeborenen zu erfassen. ☐ Abb. 16.31 zeigt die Reaktion eines Neugeborenen auf den süßen Geschmack von Saccharose (links) und den bitteren Geschmack von Chinin (rechts; Rosenstein & Oster, 1988). Es wurde auch gezeigt, dass 3–7 Tage alte Säuglinge auf Bananen- oder Vanilleextrakt mit Saugen reagieren und dabei einen Gesichtsausdruck zeigen, der einem Lächeln ähnelt. Auf konzentrierten Fischgeruch und einen Geruch, der faulen Eiern ähnelt, reagieren sie mit Ablehnung oder Ekel (Steiner, 1974, 1979).

Untersuchungen zur Reaktion von Neugeborenen und Säuglingen auf salzigen Geschmack belegen, dass zwischen der Geburt und dem 4. bis 8. Monat Salzlösungen zunehmend akzeptiert werden – eine Verschiebung, die sich in der weiteren Kindheit fortsetzt (Beauchamp et al., 1994). Eine Erklärung führt diese Verschiebung darauf zurück, dass sich die salzsensitiven Rezeptoren in der frühen Kindheit entwickeln. Aber es gibt auch Hinweise darauf, dass die Präferenzen durch Erfahrungen vor der Geburt und im frühen Säuglingsalter geformt werden.

☐ Abb. 16.32 zeigt, wie unterschiedliche Erfahrungen die Reaktion auf Aromen beeinflussen können, von der Schwangerschaft bis zur Phase, wenn das Kind feste Nahrung zu sich nimmt (Forestell, 2017). Was die Mutter während der Schwangerschaft isst, verändert das Geschmacksprofil des Fruchtwassers. Dies wirkt sich auf den sich entwickelnden Fötus aus, denn im letzten Trimester der Schwangerschaft sind die Geschmacks- und die Geruchsrezeptoren bereits aktiv und der Fötus schluckt zwischen 500 und 1000 ml Fruchtwasser pro Tag (Forestell, 2017; Ross & Nijland, 1997). Belege dafür, dass das Aroma des Fruchtwassers die Präferenzen des Kindes beeinflussen kann, ergeben sich aus einem Experiment von Julie Mennella et al. (2001).

Bei Mennellas Experiment gab es bei den Müttern 3 Untersuchungsgruppen (☐ Tab. 16.4). In Gruppe 1 tranken die Frauen während der letzten 3 Schwangerschaftsmonate Karottensaft und in den ersten beiden Monaten nach der Geburt, in denen sie ihre Kinder stillten, Wasser. In Gruppe 2 wurde während der Schwangerschaft Wasser und in der Stillzeit Karottensaft getrunken. Und in Gruppe 3 wurde in allen 5 Monaten nur Wasser getrunken. Schließlich wurde die Präferenz für Karottengeschmack anhand von geschmacklosem Brei bzw. Brei mit Karot-

☐ Tab. 16.4 Der Einfluss dessen, was die Mutter isst, auf die Präferenzen des Kindes

Gruppe	Letzte 3 Schwangerschaftsmonate	Stillzeit	Aufnahme von Brei mit Karottenaroma
1	Karottensaft	Wasser	0,62
2	Wasser	Karottensaft	0,57
3	Wasser	Wasser	0,51

Beachten Sie, dass ein Wert über 0,5 eine Präferenz für Brei mit Karottenaroma widerspiegelt

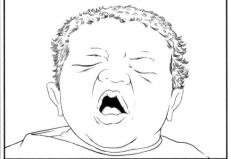

☐ Abb. 16.31 Gesichtsausdrücke von Neugeborenen als Reaktion auf den süßen Geschmack von Saccharose (**a**) und auf den bitteren Geschmack von Chinin (**b**). Die Säuglinge wurden etwa 2 h nach der Geburt und vor der ersten Brust- oder Flaschenmahlzeit getestet. (Aus Rosenstein & Oster, 1988. Used with permission of John Wiley & Sons. Permission conveyed through Copyright Clearance Center, Inc.)

a   **b**

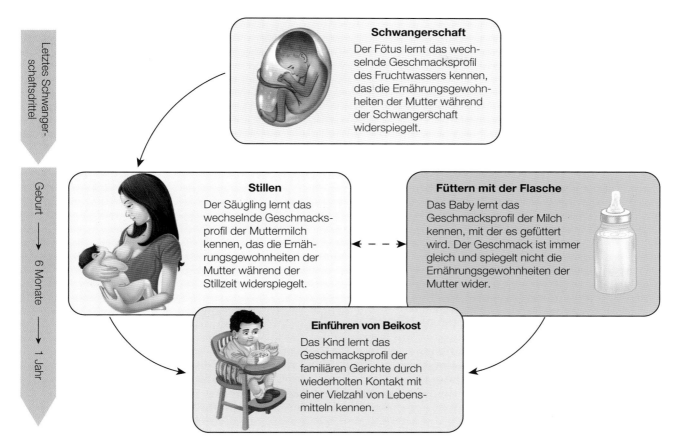

Schwangerschaft
Der Fötus lernt das wechselnde Geschmacksprofil des Fruchtwassers kennen, das die Ernährungsgewohnheiten der Mutter während der Schwangerschaft widerspiegelt.

Stillen
Der Säugling lernt das wechselnde Geschmacksprofil der Muttermilch kennen, das die Ernährungsgewohnheiten der Mutter während der Stillzeit widerspiegelt.

Füttern mit der Flasche
Das Baby lernt das Geschmacksprofil der Milch kennen, mit der es gefüttert wird. Der Geschmack ist immer gleich und spiegelt nicht die Ernährungsgewohnheiten der Mutter wider.

Einführen von Beikost
Das Kind lernt das Geschmacksprofil der familiären Gerichte durch wiederholten Kontakt mit einer Vielzahl von Lebensmitteln kennen.

Letztes Schwangerschaftsdrittel

Geburt —→ 6 Monate —→ 1 Jahr

Abb. 16.32 Was Säuglinge während der verschiedenen Phasen der Nahrungsaufnahme lernen (Erklärungen siehe Text). (Aus Forestell, 2017, © S. Karger AG, Basel)

tenaroma getestet, nachdem die Kinder bereits 4 Wochen mit Brei auf Getreidebasis gefüttert worden waren, ohne durch Säfte oder Breinahrung mit Karottengeschmack in Berührung gekommen zu sein. Die Ergebnisse sind in der rechten Spalte von ☐ Tab. 16.4 aufgeführt und zeigen, dass die Kinder, die Karottenaroma im Mutterleib oder in der Muttermilch erlebt hatten, den Brei mit Karottenaroma gegenüber dem ohne Aroma bevorzugten (die Breiaufnahme entsprach beim Brei mit Karottenaroma mehr als 50 %). Bei Kindern, deren Mütter nur Wasser getrunken hatten, war hingegen keine bedeutsame Präferenz zu beobachten.

Kehren wir zu ☐ Abb. 16.32 zurück und betrachten wir den Unterschied zwischen Stillen und Flaschenernährung. Der Vorteil des Stillens besteht darin, dass der Geschmack der Muttermilch von dem beeinflusst wird, was die Mutter isst. Wenn eine Mutter also viel Gemüse isst, trinkt der Säugling Muttermilch mit „Gemüsegeschmack" und wird mit diesem Geschmack vertraut. Das Kind wird dann, wenn es älter wird, Gemüse und damit eine gesunde Ernährung eher akzeptieren – etwas, das Kinder nicht unbedingt von sich aus bevorzugen. Bei der Flaschenfütterung lernt der Säugling hingegen den Geschmack der in der Flasche enthaltenen Milch kennen und teilt nicht die Ernährungsgewohnheiten der Mutter.

Wenn das Kind schließlich an feste Nahrung gewöhnt wird, werden seine Vorlieben zunächst durch die Erfahrungen im Mutterleib, dann während der Stillzeit und schließlich dadurch beeinflusst, welche Nahrungsmittel die Familie des Kindes zu sich nimmt. Die kindlichen Reaktionen auf den Geschmack, Geruch oder das Aroma sind demnach sowohl durch *angeborene Faktoren* bestimmt, wofür die Tatsache spricht, dass die meisten Neugeborenen positiv auf Süßes und negativ auf Bitteres reagieren als auch durch *Erfahrung*, denn die Art und Weise, wie sich die Mutter ernährt, kann die Vorlieben des Kindes beeinflussen. Der erste Schritt, einem Kind gesundes Essverhalten beizubringen, besteht also darin, dass sich die Mutter während der Schwangerschaft und Stillzeit gesund ernährt.

Übungsfragen 16.3
1. Was sind die wichtigsten Strukturen im olfaktorischen System oberhalb des Riechkolbens?
2. Wie sind Gerüche im piriformen Kortex repräsentiert? Wie unterscheidet sich diese Repräsentation von der im Riechkolben?

3. Wie lässt sich die Entstehung der Repräsentationen von Geruchsobjekten als Folge von Erfahrung beschreiben? Welche Parallelen gibt es zur Gedächtnisbildung?

4. Was ist der Proust-Effekt? Welche Eigenschaften zeichnen Prousts Erinnerungen aus?

5. Was ist Aromawahrnehmung? Beschreiben Sie, wie Geschmack und Geruch in Mund, Nase und auf höheren Ebenen im Nervensystem interagieren.

6. Beschreiben Sie anhand des Experiments mit Weinproben, wie Erwartungen die Geschmacksbewertung und die Gehirnantwort beeinflussen können.

7. Beschreiben Sie das Experiment zur sinnesspezifischen Sattheit.

8. Was bedeutet es, wenn man sagt, dass die Sinne im Zusammenspiel wirken?

9. Nennen Sie Beispiele für Verbindungen zwischen chemischen Sinnen und (a) Tonhöhen und Instrumenten, (b) Farben, (c) Texturen sowie (d) Aufmerksamkeit und Leistung.

10. Welche Belege gibt es dafür, dass Neugeborene verschiedene Geruchs- und Geschmacksqualitäten unterscheiden können? Beschreiben Sie das Karottensaftexperiment und wie es zeigt, dass die Geschmackspräferenzen eines Neugeborenen durch das, was die Mutter isst, beeinflusst werden können.

16.12 Zum weiteren Nachdenken

1. Betrachten Sie einmal die Nahrungsmittel, die Sie vermeiden, weil Sie den Geschmack nicht mögen. Haben diese Nahrungsmittel irgendetwas gemeinsam, wodurch Sie Ihre geschmacklichen Vorlieben anhand der Aktivitäten bestimmter Geschmacksrezeptoren erklären könnten?

2. Haben Sie Situationen erlebt, in denen ein bestimmter Geruch die Erinnerung an Ereignisse oder Orte auslöste, an die Sie zuvor jahrelang nicht gedacht hatten? Meinen Sie, dass Ihre Erfahrung eine ähnliche Erinnerung war, wie Proust sie beschrieben hat?

Antwort auf die Frage am Ende von ▶ Abschn. 16.10.2: Möglicherweise kann Kaffeeduft dazu führen, dass man bessere Leistung von sich erwartet und oft tatsächlich mehr leisten kann, weil man eine Umgebung mit Kaffeeduft häufig mit einer anregenden Arbeitsatmosphäre verbindet.

16.13 Schlüsselbegriffe

- Alzheimer-Krankheit
- Amilorid
- Amygdala
- Anosmie
- Aroma
- Autobiografische Erinnerungen
- Bimodale Neuronen
- Chemotopische Karte
- COVID-19
- Faserübergreifende Antwortmuster
- Geruchskarte
- Geruchsobjekte
- Geruchsprofil
- Geruchsrezeptoren
- Geschmack
- Geschmacksknospen
- Geschmackspore
- Geschmacksrezeptoren
- Geschmackssinneszellen
- Glomeruli
- Gustatorisches System
- Insula
- Kalziumbildgebung
- Leichte kognitive Beeinträchtigung (LKB)
- Makrosmatisch
- Mikrosmatisch
- Multimodale Interaktionen
- Nasaler Teil des Rachens
- Neurogenese
- Nucleus solitarius
- Odotopische Karte
- Olfaktion
- Olfaktometer
- Operculum frontale
- Orbitofrontaler Kortex
- Piriformer Kortex
- Primärer olfaktorischer Kortex
- Proust-Effekt
- Retronasale Öffnung
- Retronasaler Weg
- Riechkolben (Bulbus olfactorius)
- Riechschleimhaut
- Riechschwelle
- Riechsinneszellen
- Sinnespezifische Sattheit
- Sekundärer olfaktorischer Kortex
- Sustentakularzellen
- Zungenpapillen
- Zwangswahlverfahren

Serviceteil

Anhang A: Die Unterschiedsschwelle

Als Fechner die *Elemente der Psychophysik* veröffentlichte, beschrieb er darin nicht nur seine eigenen Methoden zur Messung der absoluten Schwelle, sondern auch die Arbeiten von Ernst Weber (1795–1878), einem Physiologen, der einige Jahre vor der Veröffentlichung von Fechners Buch eine andere Art von Schwelle bestimmt hatte, die sogenannte **Unterschiedsschwelle**. Diese Schwelle ist der minimale Unterschied, der zwischen 2 verschiedenen Stimuli bestehen muss, damit sie gerade noch unterschieden werden können. Die Unterschiedsschwelle wurde von Weber und Fechner auch als *Differenzlimen* (DL) bezeichnet.

Messinstrumente wie die altmodische Balkenwaage können sehr geringe Gewichtsunterschiede anzeigen. Wenn auf den Waagschalen 4 Geldrollen mit je 50 1-Cent-Münzen liegen, dann können diese Waagen schon die Gewichtszunahme einer einzigen zusätzlichen 1-Cent-Münze in einer Schale anzeigen. Das menschliche Wahrnehmungssystem ist zu so feinen Gewichtsunterscheidungen wie der zwischen 200 und 201 1-Cent-Münzen nicht fähig. Die menschliche Unterscheidungsschwelle für Gewichte liegt bei 2 %, sodass wir 4 weitere Münzen dazulegen müssten, um die beiden Münzgewichte unterscheiden zu können. Weber entdeckte, dass die Unterschiedsschwelle durch die relativen Unterschiede zwischen den Reizen bestimmt wird, und er schlug vor, sie durch das Verhältnis aus dem eben noch merklichen Reizunterschied ΔS (Differenzlimen) und der Standardgröße S auszudrücken, weil dieses Verhältnis eine Konstante ist. Das heißt, wenn wir die Anzahl der 1-Cent-Münzen auf 400 verdoppeln, verdoppelt sich auch der eben merkliche Reizunterschied auf 8 1-Cent-Münzen. Das Verhältnis aus Reizunterschied $\Delta S/S$ beträgt in beiden Fällen 0,02. Die Forschung hat bei vielen Sinnesmodalitäten gezeigt, dass das Verhältnis der Unterschiedsschwelle ΔS zu einem Vergleichs- oder Standardreiz S über einen sehr weiten Intensitätsbereich konstant bleibt. Diese auf Webers Forschungen basierende Beziehung wurde von Fechner mathematisch als $\Delta S/S = K$ formuliert und **Weber'sches Gesetz** genannt. K ist hierbei eine als *Weber-Bruch* bezeichnete Konstante. Tatsächlich haben zahlreiche Forscher in unserer Zeit bestätigt, dass das Weber'sche Gesetz für die meisten Sinne gilt, solange die Reizintensität nicht zu nahe an der Schwelle liegt (Engen 1972; Gescheider 1976).

Bei jeder einzelnen Sinnesmodalität bleibt der Weber-Bruch relativ konstant, allerdings hat jede Art von sensorischem Urteil ihren eigenen Weber-Bruch. In ◻ Tab. A.1 sehen wir beispielsweise, dass Menschen bereits eine 1%ige Veränderung in der Intensität eines Elektroschocks wahrnehmen können, dass aber die Intensität im Falle von Licht um 8 % erhöht werden muss, bevor sie eine Veränderung der Lichtintensität wahrnehmen können.

◻ **Tab. A.1**   Weber-Bruch für einige unterschiedliche Sinnesmodalitäten (Teghtsoonian 1971)

Sinnesmodalität	Weber-Bruch
Elektroschock	0,01
Angehobenes Gewicht	0,02
Schallintensität	0,04
Lichtintensität	0,08
Geschmack (salzig)	0,08

Anhang B: Direkte Größenschätzung und die Potenzfunktion

Die Ergebnisse eines Experiments zur direkten Größenschätzung wurde in ▶ Abschn. 1.5.2 beschrieben. ◘ Abb. B.1 zeigt ein Diagramm, das die Ergebnisse eines Experiments zur Schätzung von Helligkeit darstellt, bei dem die Teilnehmer Zahlen entsprechend ihrer Wahrnehmung der Lichtintensität angaben. Dieses Diagramm gibt die Mittelwerte aus den Größenschätzungen einer Gruppe von Versuchspersonen wieder. Die Kurve zeigt, dass eine Verdoppelung der Reizintensität nicht notwendigerweise zu einer Verdoppelung der wahrgenommenen Helligkeit führt. Beispielsweise wird eine Lichtintensität von 20 als Helligkeit 28 wahrgenommen, aber eine Verdoppelung auf 40 lässt die Helligkeit nicht auf 56 steigen, sondern nur auf 36. Dieses langsamere Anwachsen der wahrgenommenen Reizstärke im Vergleich zur tatsächlichen Intensität wird als **Verdichtung der Antwortdimension** bezeichnet.

◘ Abb. B.1 zeigt ebenfalls die Ergebnisse eines Experiments zur direkten Größenschätzung für die Empfindung eines verabreichten elektrischen Schocks und für die Wahrnehmung der Länge einer Linie. Die Elektroschockkurve krümmt sich aufwärts, was verdeutlicht, dass eine Verdoppelung der Reizintensität die wahrgenommene Intensität mehr als verdoppelt. Ein Anstieg der Reizintensität von 20 auf 40 führt zu einem Anstieg der empfundenen Stärke des Elektroschocks von 6 auf 49. Dies wird als **Spreizung der Antwortdimension** bezeichnet. Wenn die Schockintensität zunimmt, steigt die wahrgenommene Intensität schneller als die Reizintensität selbst. Die Kurve für die Schätzung der Länge einer Linie ist eine Gerade mit einer Steigung um 1,0, sodass die Zunahme der Reizintensität fast genau der Zunahme der wahrgenommenen Intensität entspricht (wenn also beispielsweise die Länge der Linie verdoppelt würde, so würde eine Versuchsperson angeben, sie erschiene nun 2 Mal so lang).

Das Schöne an den aus Größenschätzungen abgeleiteten Beziehungen ist, dass die Zusammenhänge zwischen der Intensität eines Stimulus und unserer Wahrnehmung seiner Größe in jeder Sinnesmodalität derselben allgemeinen Gleichung folgen. Es handelt sich dabei um **Potenzfunktionen**, die durch die Gleichung $W = KS^n$ beschrieben werden. Die wahrgenommene Reizintensität W entspricht einer Konstanten K multipliziert mit der n-fach potenzierten Reizintensität S. Diese Beziehung heißt **Stevens'sches Potenzgesetz**.

Zum Beispiel ergibt sich bei einem Exponenten $n = 2$ und einer Konstanten $K = 1$ eine quadratische Gleichung, sodass eine Verdoppelung der Intensität von 10 auf 20 die wahrgenommene Reizintensität von $10^2 = 100$ auf $20^2 = 400$ vervierfacht. Dies ist ein Beispiel für die Spreizung der Antwortdimension.

Der Exponent n sagt uns etwas Wichtiges über die Veränderung der wahrgenommenen Reizstärke bei zunehmender Stimulusintensität. Liegt n unter 1,0, entspricht dies einer Verdichtung der Antwortdimension (wie im Fall der Lichtintensitäten); ein n über 1,0 kennzeichnet eine Spreizung der Antwortdimension (wie im Fall der Elektroschocks).

Die Verdichtung und die Spreizung der Antwortdimension verdeutlichen, wie die Arbeitsweise jedes Sinnes daran angepasst ist, wie Organismen in ihrer Umwelt funktionieren. Betrachten Sie beispielsweise Ihr Helligkeitsempfinden. Stellen Sie sich vor, Sie sitzen an Ihrem Schreibtisch und blicken auf eine Buchseite, die von einer Lampe hell erleuchtet wird. Nun stellen Sie sich vor, Sie schauen aus dem Fenster auf einen Bürgersteig, der vom Sonnenlicht hell erleuchtet wird. Ihre Augen könnten 1000 Mal mehr Licht von dem Bürgersteig als von der Buchseite empfangen, aber der Bürgersteig erscheint nicht 1000 Mal heller – er wirkt zwar heller, aber Sie werden von dem sonnenbeschienenen Bürgersteig nicht geblendet.[1]

Der umgekehrte Fall tritt beim Elektroschock ein, der einen Exponenten von 3,5 besitzt, wodurch bereits kleine Steigerungen der Intensität zu großen Steigerungen der empfundenen Schmerzen führen. Diese rasche Zunahme der empfundenen Schmerzen selbst bei geringen Steigerungen der Stärke der Elektroschocks dient dazu, uns vor drohender Gefahr zu warnen, und daher neigen wir dazu, auch vor schwachen Elektroschocks zurückzuschrecken.

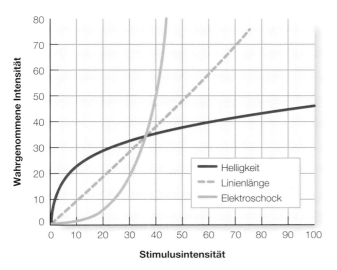

◘ **Abb. B.1** Die Beziehung zwischen wahrgenommener Intensität und Stimulusintensität für Elektroschocks, Linienlängen und Helligkeiten. (Adaptiert nach Stevens 1962)

---

[1] Ein weiterer Mechanismus, der verhindert, dass Sie von hohen Lichtintensitäten geblendet werden, besteht in der Anpassung der Empfindlichkeit Ihrer Augen als Reaktion auf verschiedene Umgebungshelligkeiten (▶ Abschn. 3.3).

Anhang C: Der Ansatz der Signalentdeckung

In ► Kap. 1 haben wir gesehen, dass sich mithilfe der Konstanzmethode die Wahrnehmungsschwelle einer Person bestimmen lässt, indem man Reize verschiedener Intensität in zufälliger Reihenfolge präsentiert und die Intensität bestimmt, bei der die Person in 50 % der Fälle angibt, den Reiz gesehen oder gehört zu haben. Was bestimmt diesen Schwellenwert? Zweifellos sind all die physiologischen Prozesse des visuellen Systems in Auge und Gehirn einer Person wesentlich, aber auch andere persönliche Merkmale könnten, wie verschiedene Forscher betont haben, den genauen Schwellenwert beeinflussen.

Um diese Vorstellung zu erläutern, wollen wir ein fiktives Experiment betrachten, bei dem mit der Konstanzmethode bestimmt wurde, bei welchen Schwellenwerten Lucy und Cathy ein Licht wahrnehmen. Wir wählen 5 Lichtintensitäten aus, die wir in zufälliger Reihenfolge präsentieren, und bitten Lucy und Cathy, mit Ja zu antworten, wenn sie das Licht sehen, und mit Nein, wenn sie nichts sehen. Lucy denkt über diese Instruktion nach und entscheidet sich, sichergehen zu wollen, keine Präsentation zu verpassen, und beschließt deshalb, immer dann mit Ja zu antworten, wenn sie auch nur die kleinste Andeutung eines möglichen Lichts sieht. Cathy jedoch antwortet konservativer, weil sie sichergehen will, dass sie ein Licht auch erkennt, bevor sie mit Ja antwortet, und so antwortet sie nur, dass sie das Licht gesehen hat, wenn sie sich ganz sicher ist.

Die Ergebnisse dieses hypothetischen Experiments sind in ◘ Abb. C.1 gezeigt. Lucy gibt weit mehr Ja-Antworten als Cathy und hat deshalb am Ende die niedrigere Schwelle. Aber nach all dem, was wir über das Antwortverhalten von Lucy und Cathy wissen, können wir wirklich den Schluss ziehen, dass Lucys visuelles System eine höhere Sensitivität für Licht aufweist als Cathys? Möglicherweise ist die tatsächliche Empfindlichkeit bei beiden dieselbe und Lucys scheinbar niedrigere Schwelle lediglich ein Ergebnis ihrer größeren Bereitschaft, mit Ja zu antworten. Eine Möglichkeit, diesen Unterschied zwischen beiden Versuchspersonen zu beschreiben, liegt in der Annahme, dass jede Probandin ein anderes **Antwortkriterium** hat. Lucys Antwortkriterium ist niedrig (sie antwortet mit Ja, wenn auch nur die kleinste Möglichkeit besteht, dass sie das Licht gesehen hat), wohingegen Cathys Antwortkriterium hoch ist (sie antwortet nur dann mit Ja, wenn sie sicher ist, das Licht gesehen zu haben).

Welche Folgen hat die Tatsache, dass Personen verschiedene Antwortkriterien haben? Wenn wir wissen wollen, wie eine bestimmte Person auf verschiedene Reize antwortet (und möglicherweise messen wollen, wie die persönliche Schwelle bei der Wahrnehmung von Licht verschiedener Farben variiert), dann brauchen wir uns nicht um das Antwortkriterium zu kümmern, denn wir vergleichen Antworten derselben Person. Das Antwortkriterium

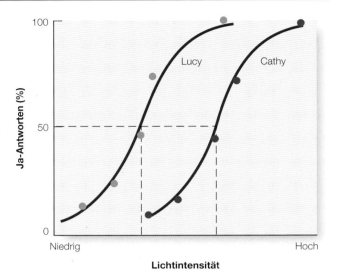

◘ **Abb. C.1** Daten aus einem hypothetischen Experiment, in dem die Schwellen für das Sehen eines Lichts bei Lucy (*grüne Punkte*) und Cathy (*rote Punkte*) mit der Konstanzmethode bestimmt wurden. Die Daten deuten darauf hin, dass Lucy eine niedrigere Schwelle als Cathy hat. Aber ist Lucy wirklich empfindlicher für die Wahrnehmung des Lichts, oder entsteht dieser Eindruck nur aufgrund der Tatsache, dass sie ein liberaleres Antwortkriterium als Cathy hat?

ist auch dann nicht sehr einflussreich, wenn wir viele Personen testen und die Mittelwerte aus ihren Antworten bilden. Allerdings können dann, wenn wir die Antworten von 2 Personen vergleichen wollen, die unterschiedlichen Antwortkriterien die Ergebnisse beeinflussen. Zum Glück kann ein Forschungsansatz, die sogenannte **Signalentdeckungstheorie** verwendet werden, um unterschiedliche Antwortkriterien zu berücksichtigen. Wir werden zunächst ein Experiment zur Signalentdeckung beschreiben und dann die diesem Experiment zugrunde liegende Theorie erläutern.

Ein Signalentdeckungsexperiment

Erinnern Sie sich, dass bei der Anwendung psychophysischer Verfahren wie der Konstanzmethode ein Stimulus mindestens 5 Mal mit unterschiedlicher Intensität dargeboten wird, wobei in jedem Versuchsdurchgang ein Stimulus präsent ist. In einem Signalentdeckungsexperiment zur Entdeckung von Tönen ist die Stimulusintensität auf niedrigem Niveau konstant; wir benutzen also beispielsweise einen leisen Ton, der schwierig zu hören ist. Dieser Ton wird dann in manchen Versuchsdurchgängen dargeboten, in anderen hingegen nicht.

Das Basisexperiment

Ein Signalentdeckungsexperiment unterscheidet sich also in Bezug auf 2 Arten von einem klassischen psychophysischen Experiment: (1) Es wird nur eine einzige Stimulusintensität verwendet, und (2) in manchen Versuchsdurchgängen wird kein Stimulus dargeboten. Betrachten wir nun die Ergebnisse eines solchen Experiments mit Lucy als Versuchsperson. In 100 Versuchsdurchgängen wird der Ton dargeboten, in 100 weiteren Versuchsdurchgängen nicht, wobei die „Ton-" und „Kein-Ton"-Versuchsdurchgänge zufällig gemischt werden.

Wenn der Ton dargeboten wird, so antwortet Lucy wie folgt:

- In 90 Versuchsdurchgängen mit Ja. Diese korrekte Art der Antwort – Ja zu sagen, wenn ein Stimulus dargeboten wird – bezeichnet man in der Terminologie der Signalentdeckungstheorie als **Treffer** (hit).
- In 10 Versuchsdurchgängen mit Nein. Diese inkorrekte Art der Antwort – Nein zu sagen, obwohl ein Stimulus dargeboten wird – nennt man **Verpasser** (miss).
- Wenn der Ton nicht dargeboten wird, so antwortet Lucy wie folgt:
- In 40 Versuchsdurchgängen mit Ja. Diese inkorrekte Art der Antwort – Ja zu sagen, wenn kein Stimulus dargeboten wird – ist ein sogenannter **falscher Alarm** (false alarm).
- In 60 Versuchsdurchgängen mit Nein. Diese korrekte Art der Antwort – Nein zu sagen, wenn tatsächlich kein Stimulus dargeboten wird – nennt man eine **korrekte Zurückweisung** (correct rejection).

Diese Ergebnisse sind nicht überraschend, wenn man bedenkt, dass Lucy ein niedriges Antwortkriterium hat und oft Ja sagt. Dies beschert ihr eine hohe Trefferrate von 90 %, führt jedoch auch dazu, dass sie in vielen Versuchsdurchgängen Ja sagt, obwohl der Ton nicht dargeboten wird. Ihre 90%ige Trefferrate wird deshalb von einer 40%igen Rate für falschen Alarm begleitet. Wenn wir dasselbe Experiment mit Cathy durchführen, die aufgrund ihres höheren Antwortkriteriums viel weniger oft Ja sagt, erzielt sie zwar eine niedrigere Trefferrate (sagen wir 60 %), aber auch eine niedrigere Rate für falschen Alarm (sagen wir 10 %). Obwohl Lucy und Cathy in vielen Versuchsdurchgängen Ja sagen, in denen kein Stimulus dargeboten wurde, wäre ein solches Ergebnis niemals durch die klassische Schwellentheorie vorhergesagt worden. In dieser Theorie gilt der Grundsatz „kein Stimulus – keine Antwort", aber das ist hier eindeutig nicht der Fall. Wenn wir unser Signalentdeckungsexperiment um einen weiteren Aspekt ergänzen, erhalten wir ein weiteres Ergebnis, das nicht durch die klassische Schwellentheorie vorhergesagt werden würde.

Payoffs

Wir können ohne jegliche Veränderung der Intensität des Tons dafür sorgen, dass sich die Verteilung von Treffern und falschen Alarmen bei Lucy und Cathy verändert. Dies erreichen wir, indem wir die Motivation der Versuchspersonen mittels **Payoffs** manipulieren. Betrachten wir zunächst, wie Payoffs Cathys Antwortverhalten beeinflussen können. Cathy ist eine konservative Versuchsperson, die nur zögerlich Ja-Antworten gibt. Wir können sie jedoch durch einen finanziellen Anreiz dazu bringen, dies häufiger zu tun. Cathy erhält also die Instruktion, dass wir sie für korrekte Antworten belohnen und inkorrekte Antworten bestrafen würden, indem wir die folgenden Payoffs verwenden:

Treffer:	100 € Gewinn
Korrekte Zurückweisung:	10 € Gewinn
Falscher Alarm:	10 € Verlust
Verpasser:	10 € Verlust

Was würden Sie an Cathys Stelle tun? Sie sehen sich natürlich die Payoffs an und erkennen, dass sie durch häufigere Ja-Antworten Geld verdienen können. Wenn eine Ja-Antwort zu einem falschen Alarm führt, verlieren Sie zwar 10 €, aber dies wird durch die 100 € Gewinn für einen Treffer mehr als ausgeglichen. Obwohl Sie nicht in jedem Versuchsdurchgang Ja sagen möchten – letztlich wollen Sie den Versuchsleiter nicht darüber belügen, ob Sie den Ton gehört haben –, entscheiden Sie sich dennoch, nicht mehr so konservativ zu antworten. Sie verändern also Ihr Antwortkriterium für die Ja-Antwort, was zu interessanten Ergebnissen führt: Cathy wird zu einer liberalen Versuchsperson und sagt viel häufiger Ja, wodurch sie eine 98%ige Trefferrate und eine 90%ige Rate für falsche Alarme erzielt.

In ◼ Abb. C.2 die prozentuellen Anteile von Treffern gegen die von falschen Alarmen aufgetragen, und die neuen Ergebnisse von Cathy werden durch den mit L (für „liberales Antwortverhalten") beschrifteten Punkt dargestellt. Die durch den Punkt L verlaufende Kurve ist eine sogenannte **Isosensitivitätskurve** (receiver operating characteristic curve, **ROC-Kurve**). Bevor wir die Bedeutung der ROC-Kurve behandeln, müssen wir wissen, wie die anderen Punkte in der Kurve zustande kommen. Es ist ganz einfach: Wir müssen lediglich die Payoffs verändern, um diese Punkte zu erhalten. Mit den folgenden Payoffs können wir Cathy dazu veranlassen, ihr Antwortkriterium wieder zu erhöhen und dadurch konservativer zu antworten:

Treffer:	10 € Gewinn
Korrekte Zurückweisung:	100 € Gewinn
Falscher Alarm:	10 € Verlust
Verpasser:	10 € Verlust

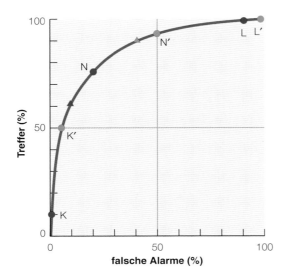

◼ Abb. C.2 Eine Isosensitivitätskurve (ROC-Kurve), die anhand der Untersuchung von Cathy (*rote Datenpunkte*) und Lucy (*grüne Datenpunkte*) unter drei verschiedenen Versuchsbedingungen gewonnen wurde – liberal (*L*, *L′*), neutral (*N*, *N′*) und konservativ (*K*, *K′*). Dass Cathys und Lucys Datenpunkte alle auf derselben Kurve liegen, bedeutet, dass sie beide dieselbe Empfindlichkeit für das Hören des Tons besitzen. Die beiden *Dreiecke* zeigen die Ergebnisse von Lucy und Cathy in einem Experiment mit identischer Stimulusintensität, jedoch ohne die Verwendung von Payoffs

Diese Payoff-Matrix bietet einen großen Anreiz für konservatives Antwortverhalten, da es eine hohe Belohnung dafür gibt, in Abwesenheit des Tons mit Nein zu antworten. Cathys Antwortkriterium wird dadurch auf ein viel höheres Niveau gehoben, und sie antwortet nur noch mit Ja, wenn sie sich wirklich sicher ist, den Ton gehört zu haben; andernfalls antwortet sie mit Nein. Das Ergebnis dieses wiedergefundenen konservativen Antwortverhaltens sind eine Trefferrate von nur noch 10 % und eine minimale Rate für falsche Alarme von lediglich 1 %, was in der ROC-Kurve in ◼ Abb. C.2 durch den Punkt K dargestellt wird (für „konservatives Antwortverhalten"). Besonders wichtig ist, dass Cathy zwar nur in 10 % der Fälle, in denen der Ton dargeboten wird, einen Treffer erzielt, aber ganze 99 % korrekter Zurückweisungen, wenn der Ton nicht dargeboten wird. (Dies folgt aus der Tatsache, dass bei 100 Versuchsdurchgängen ohne Darbietung des Tons gilt, dass sich korrekte Zurückweisungen und falsche Alarme zu 100 aufsummieren müssen. Da es einen falschen Alarm gab, müssen es also 99 korrekte Zurückweisungen sein.)

Cathy hat zu diesem Zeitpunkt bereits eine erhebliche Menge Geld gewonnen und möchte sich als Erstes ein neues Elektroauto kaufen, von dem sie geträumt hat. (Sie hat bis jetzt 8980 € im 1. und 9090 € im 2. Experiment gewonnen, was insgesamt 18.070 € ergibt! Um sicherzugehen, dass Sie das Payoff-System verstanden haben, rechnen Sie diese Gewinnsumme einmal nach. Bedenken Sie, dass das Signal in 100 Versuchsdurchgängen dargeboten wurde,

in 100 Versuchsdurchgängen nicht.) Wir weisen sie darauf hin, dass sie sich mit etwas mehr Geld noch den Laptop kaufen kann, über den sie schon lange nachgedacht hat, und sie entscheidet sich daraufhin für die Teilnahme an einem weiteren Experiment. Wir verwenden nun die folgende, neutrale Payoff-Matrix:

Treffer:	10 € Gewinn
Korrekte Zurückweisung:	10 € Gewinn
Falscher Alarm:	10 € Verlust
Verpasser:	10 € Verlust

Dadurch erhalten wir den Punkt N (für „neutral") in der ROC-Kurve, der aus 75 % Treffern und 20 % falschen Alarmen besteht. Cathy gewinnt weitere 1100 € und wird stolze Besitzerin eines neuen Elektroautos und eines neuen Laptops, während wir unsererseits stolze Besitzer der teuersten ROC-Kurve der Welt sind. (Bevor Sie jetzt die Aushänge am psychologischen Institut Ihrer Universität auf der Suche nach dem nächsten Signalentdeckungsexperiment durchstöbern, sollten Sie wissen, dass die Payoffs in der alltäglichen Forschungswelt ziemlich weit unter denen in unserem hypothetischen Experiment liegen.)

Welche Bedeutung hat die ROC-Kurve?

Cathys ROC-Kurve zeigt, dass außer der Empfindlichkeit für einen Stimulus auch noch andere Faktoren das Antwortverhalten einer Person beeinflussen. Erinnern Sie sich, dass die Intensität des Tons in allen unseren Experimenten stets konstant war. Obwohl wir nur das Antwortkriterium dieser Versuchsperson verändert haben, gelang es uns, ihr Antwortverhalten drastisch zu beeinflussen.

Welche Bedeutung hat die ROC-Kurve außer der Demonstration der Tatsache, dass Versuchspersonen ihr Antwortverhalten bei Darbietung eines konstanten Stimulus verändern können? Erinnern Sie sich daran, was wir zu Beginn dieses Kapitels erwähnt haben: Ein Signalentdeckungsexperiment gibt uns Aufschluss darüber, ob Cathy und Lucy gleich empfindlich für das Hören des Tons sind. Das Schöne an der Signalentdeckungstheorie ist, dass die Empfindlichkeit einer Person durch die Form der ROC-Kurve dargestellt wird; wenn also Experimente mit 2 Personen identische ROC-Kurven ergeben, müssen ihre Empfindlichkeiten ebenfalls identisch sein. (Diese Schlussfolgerung geht über unsere bisherigen Überlegungen hinaus; wir werden später erörtern, weshalb die Form der ROC-Kurve im Zusammenhang mit der Empfindlichkeit einer Person steht.) Eine Wiederholung der obigen Experimente mit Lucy als Versuchsperson liefert die folgenden Ergebnisse (die Datenpunkte L′, N′ und K′ in ◼ Abb. C.2):

■■ **Liberaler Payoff:**

| Treffer: | 99 % |
| Falsche Alarme: | 95 % |

■■ **Neutraler Payoff:**

| Treffer: | 92 % |
| Falsche Alarme: | 50 % |

■■ **Konservativer Payoff:**

| Treffer: | 50 % |
| Falsche Alarme: | 6 % |

Die Datenpunkte für die Ergebnisse von Lucy sind in ■ Abb. C.2 durch die grünen Punkte dargestellt. Beachten Sie, dass diese Punkte sich zwar von denen von Cathy unterscheiden, aber dennoch auf derselben ROC-Kurve liegen. Auch die Datenpunkte aus den Experimenten ohne Payoffs mit Lucy (grüne Dreiecke) und Cathy (rote Dreiecke) sind in der Abbildung dargestellt. Diese liegen ebenfalls auf der ROC-Kurve.

Das Zusammentreffen der Daten von Cathy und Lucy auf derselben ROC-Kurve zeigt ihre identische Empfindlichkeit für das Hören des Tons und bestätigt so unsere Vermutung, dass die Konstanzmethode uns die größere Empfindlichkeit von Lucy nur vorgaukelt hat: In Wirklichkeit ist der Grund für ihre scheinbar größere Empfindlichkeit lediglich ihr niedrigeres Antwortkriterium für die Ja-Antwort.

Bevor wir uns jetzt von unserem Signalentdeckungsexperiment abwenden, müssen wir noch erwähnen, dass Signalentdeckungsmethoden auch ohne die bei Cathy und Lucy beschriebenen, komplizierten Payoff-Matrizen angewandt werden können. Wir werden noch einige viel zeitsparendere Verfahren erörtern, mit denen bestimmt werden kann, ob Unterschiede im Antwortverhalten von Personen auf unterschiedliche Schwellen oder unterschiedliche Antwortkriterien zurückzuführen sind.

Welche Bedeutung hat die Signalentdeckungstheorie in Bezug auf Funktionen wie die spektrale Hellempfindlichkeitskurve (■ Abb. 3.15) und die Hörschwellenkurve (■ Abb. 11.8), die ja normalerweise mit einer der klassischen psychophysischen Methoden bestimmt werden? Die Anwendung dieser Methoden basiert auf der Annahme, dass das Antwortkriterium der Person während des gesamten Experiments konstant bleibt, sodass die gemessene Funktion nicht auf einer Veränderung des Antwortkriteriums basiert, sondern auf einer Veränderung der Wellenlänge oder einer sonstigen physikalischen Eigenschaft des Stimulus. Diese Annahme ist sinnvoll, da eine Veränderung der Wellenlänge eines Stimulus vermutlich wenig

oder keinen Effekt auf Faktoren wie die Motivation hat, die das Antwortkriterium der Person verschieben könnten. Weiterhin wird bei Experimenten wie dem zur Bestimmung der spektralen Hellempfindlichkeitskurve normalerweise auf sehr erfahrene Versuchspersonen zurückgegriffen, die darauf trainiert sind, stabile Resultate zu erbringen. Aus diesem Grund sind die klassischen psychophysischen Methoden bei einer Anwendung unter gut kontrollierten Bedingungen nach wie vor ein wichtiges Werkzeug für die Untersuchung der Beziehung zwischen Stimulus und Wahrnehmung, selbst wenn die Annahme einer „absoluten Schwelle" nicht zu 100 % zutreffen sollte.

Die Signalentdeckungstheorie

Wir werden nun den theoretischen Hintergrund der oben beschriebenen Signalentdeckungsexperimente diskutieren. Unser Ziel dabei ist die Erklärung der theoretischen Grundlagen zweier Ideen: (1) Die prozentuelle Verteilung von Treffern und falschen Alarmen hängt vom Antwortkriterium einer Person ab, (2) die Empfindlichkeit einer Person für die Wahrnehmung eines Stimulus wird durch die Form ihrer ROC-Kurve dargestellt. Wir beginnen hier mit der Beschreibung zweier Schlüsselkonzepte der Signalentdeckungstheorie: **Signal** und **Rauschen** (vgl. Swets 1964).

Signal und Rauschen

Das **Signal** ist der einer Person dargebotene Stimulus, in den oben beschriebenen Experimenten also der Ton. Das **Rauschen** ist die Gesamtheit aller anderen Stimuli in der Umwelt, und da das Signal normalerweise sehr schwach ist, kann Rauschen mit dem Signal verwechselt werden. Ein Beispiel für visuelles Rauschen ist das Sehen von etwas, das – in einem völlig dunklen Raum – wie ein kurz aufflackerndes schwaches Licht aussieht. Licht zu sehen, wo keines ist, ist gemäß der Signalentdeckungstheorie ein Beispiel für falschen Alarm; und falsche Alarme werden durch Rauschen hervorgerufen. In dem oben beschriebenen Experiment ist das Hören des Tons in einem Versuchsdurchgang, in dem der Ton nicht dargeboten wurde, ein Beispiel für auditorisches Rauschen.

Betrachten wir nun ein typisches Signalentdeckungsexperiment, in dem ein Signal in manchen Versuchsdurchgängen dargeboten wird, in anderen hingegen nicht. Dieses Verfahren wird in der Terminologie der Signalentdeckungstheorie nicht als Darbietung eines Signals oder keine Darbietung eines Signals beschrieben, sondern als Darbietung von Signal plus Rauschen (S + R) oder Rauschen (R). Das bedeutet, dass das Rauschen immer vorhanden ist und in manchen Versuchsdurchgängen ein Signal hinzugefügt wird. Jede Versuchsbedingung kann zu der perzeptuellen Erfahrung des Hörens des Tons führen. Ein falscher Alarm tritt auf, wenn die Versuchsperson in einem Versuchsdurchgang, in dem nur Rauschen dargeboten wird, mit Ja antwortet; ein Treffer hingegen, wenn die Versuchsperson in einem Versuchsdurchgang, in dem Signal und Rauschen dargeboten werden, mit Ja antwortet. Nun haben wir Signal und Rauschen definiert und können uns die Wahrscheinlichkeitsverteilungen in Bezug auf Rauschen und Signal plus Rauschen näher ansehen.

Wahrscheinlichkeitsverteilungen

In ◨ Abb. C.3 sind 2 Wahrscheinlichkeitsverteilungen dargestellt. Die linke repräsentiert die Wahrscheinlichkeit, dass ein bestimmter perzeptueller Effekt durch Rauschen (R) hervorgerufen wird; die rechte hingegen die Wahrscheinlichkeit, dass ein bestimmter perzeptueller Effekt durch Signal plus Rauschen (S + R) hervorgerufen wird. Wichtig ist der auf der x-Achse abgetragene Wert des perzeptuellen Effekts (der Lautheit), der die Erfahrung der Versuchsperson in jedem Versuchsdurchgang widerspiegelt. In einem Experiment, in dem die Versuchsperson das Vorhandensein eines Tons angeben soll, besteht der perzeptuelle Effekt in der wahrgenommenen Lautheit dieses Tons. Beachten Sie, dass der Ton in einem Signalentdeckungsexperiment immer dieselbe *Intensität* (denselben Schalldruck) hat. Die *Lautheit* hingegen, die bei der jeweiligen Intensität wahrgenommen wird, kann von Versuchsdurchgang zu Versuchsdurchgang variieren. Diese Schwankungen der Lautheit beruhen auf Aufmerksamkeitsveränderungen zwischen den Versuchsdurchgängen oder Veränderungen im Zustand des auditorischen Systems der Versuchsperson.

Die Wahrscheinlichkeitsverteilungen geben uns Aufschluss darüber, mit welcher Wahrscheinlichkeit eine bestimmte Lautheit durch Rauschen (R) oder Signal plus Rauschen (S + R) hervorgerufen wurde. Nehmen wir beispielsweise an, dass eine Versuchsperson in einem Versuchsdurchgang einen Ton mit einer Lautheit von 10 auf einer subjektiven Ratingskala beurteilt. Indem wir von 10 auf der Achse für den perzeptuellen Effekt (der x-Achse) eine gestrichelte Linie nach oben ziehen, sehen wir eine extrem niedrige Wahrscheinlichkeit dafür, dass eine Lautheit von 10 durch (S + R) hervorgerufen wird (der Wert der Verteilung für Signal plus Rauschen ist bei dieser Lautheit effektiv null). Es gibt jedoch eine ziemlich hohe Wahrscheinlichkeit dafür, dass eine Lautheit von 10 durch Rauschen (R) hervorgerufen wurde, da die (R)-Verteilung an diesem Punkt ziemlich hoch ist.

Nehmen wir nun an, dass die Versuchsperson in einem anderen Versuchsdurchgang eine Lautheit von 20 wahrnimmt. Die Wahrscheinlichkeitsverteilungen zeigen, dass es bei einer wahrgenommenen Lautheit von 20 gleich wahrscheinlich ist, dass sie durch (R) oder (S + R) hervorgerufen wurde. Wir sehen in ◨ Abb. C.3 ebenfalls, dass ein Ton mit einer wahrgenommenen Lautheit von 30 eine hohe Wahrscheinlichkeit dafür aufweist, durch (S + R) verursacht worden zu sein, während eine Verursachung allein durch (R) wenig wahrscheinlich ist.

Nun haben wir die Kurven in ◨ Abb. C.3 eingehend betrachtet und verstehen das Problem, dem sich die Versuchsperson gegenübersieht. Sie muss in jedem Versuchsdurchgang entscheiden, ob der Ton dargeboten wurde (S + R) oder nicht (R). Die Überlappung in den Wahrscheinlichkeitsverteilungen für (S + R) und (R) bedeutet jedoch, dass diese Beurteilung bei manchen Lautheiten schwierig ist. Wie wir oben gesehen haben, ist es gleich wahrscheinlich, dass ein Ton mit einer Lautheit von 20 durch (R) oder (S + R) hervorgerufen wurde. Wenn die Versuchsperson also einen Ton mit einer Lautheit von 20 hört, wie soll sie dann entscheiden, ob das Signal dargeboten wurde oder nicht? Gemäß der Signalentdeckungstheorie hängt das Urteil der Person von der Position ihres Antwortkriteriums ab.

Das Antwortkriterium

In ◨ Abb. C.4 erkennen wir den Einfluss des Antwortkriteriums auf das Antwortverhalten der Versuchsperson. Die 3 dargestellten Antwortkriterien sind liberal (L), neutral (N) und konservativ (K). Erinnern Sie sich, dass wir Menschen durch verschiedene Payoffs dazu bringen können, sich ein bestimmtes Antwortkriterium zu eigen zu machen. Laut der Signalentdeckungstheorie benutzt die Versuchsperson nach der Annahme eines Antwortkriteriums die folgende Regel, um in einem bestimmten Versuchsdurchgang zu einem Urteil zu gelangen: Wenn der perzeptuelle Effekt oberhalb des Antwortkriteriums (im Diagramm rechts davon) liegt, wird die Antwort Ja gegeben; liegt der perzeptuelle Effekt unter dem Antwortkriterium (im Diagramm links davon), lautet die Antwort Nein. Betrachten wir nun den Einfluss unterschiedlicher

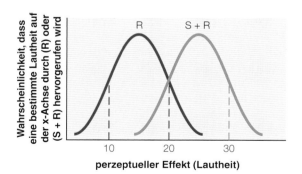

◨ **Abb. C.3** Wahrscheinlichkeitsverteilungen für Rauschen (R, *rote Kurve*) und Signal plus Rauschen (S + R, *grüne Kurve*). Die Wahrscheinlichkeit dafür, dass ein beliebiger perzeptueller Effekt durch Rauschen (ohne Darbietung eines Signals) oder durch Signal plus Rauschen hervorgerufen wird, lässt sich bestimmen, indem man den entsprechenden Wert des perzeptuellen Effekts auf der x-Achse sucht und dann eine *vertikale Linie* nach oben zieht. Die *Schnittpunkte* dieser Linie mit den (R) und (S + R)-Verteilungen sind die Wahrscheinlichkeiten dafür, dass der perzeptuelle Effekt durch (R) oder (S + R) hervorgerufen wurde

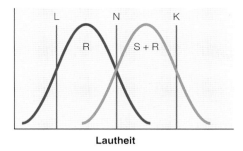

◻ Abb. C.4 Die Wahrscheinlichkeitsverteilungen aus ◻ Abb. C.3 mit drei unterschiedlichen Antwortkriterien: liberal (*L*), neutral (*N*) und konservativ (*K*). Wenn eine Person ein Antwortkriterium übernimmt, benutzt sie die folgende Entscheidungsregel: Antworte mit Ja („ich nehme den Stimulus wahr"), wenn der perzeptuelle Effekt über dem Kriterium liegt, und mit Nein („ich nehme den Stimulus nicht wahr"), wenn er unter dem Kriterium liegt

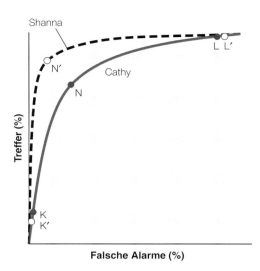

◻ Abb. C.5 Die ROC-Kurven für Cathy (*durchgezogene Kurve*) und Shanna (*gestrichelte Kurve*) bei liberalen (*L, L′*), neutralen (*N, N′*) und konservativen (*K, K′*) Antwortkriterien

Antwortkriterien auf die Treffer und die falschen Alarme der Versuchsperson.

Um den Einfluss der einzelnen Antwortkriterien auf die Trefferrate und die Rate der falschen Alarme einer Versuchsperson zu bestimmen, betrachten wir nun, was bei der Darbietung von (R) und (S + R) passiert.

▪▪ Liberales Antwortkriterium

1. Darbietung von (R): Da der größte Teil der Wahrscheinlichkeitsverteilung für (R) rechts des Antwortkriteriums liegt, wird die Darbietung von (R) mit hoher Wahrscheinlichkeit zu einer wahrgenommenen Lautheit rechts des Kriteriums führen. Dies bedeutet, dass die Wahrscheinlichkeit einer Ja-Antwort bei Darbietung von R hoch ist; demzufolge ist die Wahrscheinlichkeit für einen falschen Alarm hoch.

2. Darbietung von (S + R): Die gesamte Wahrscheinlichkeitsverteilung für (S + R) liegt rechts des Kriteriums, also wird die Darbietung von (S + R) höchstwahrscheinlich zu einer wahrgenommenen Lautheit rechts des Kriteriums führen. Die Wahrscheinlichkeit einer Ja-Antwort bei Darbietung des Signals ist hoch, also ist auch die Wahrscheinlichkeit für einen Treffer hoch. Da das Antwortkriterium L zu einer hohen Rate falscher Alarme und einer hohen Trefferrate führt, ergibt die Annahme dieses Antwortkriteriums den Punkt L in der ROC-Kurve in ◻ Abb. C.5.

▪▪ Neutrales Antwortkriterium

— Darbietung von (R): Die Versuchsperson wird bei Darbietung von (R) nur selten mit Ja antworten, da nur ein kleiner Teil der (R)-Verteilung rechts des Antwortkriteriums liegt. Die Rate für falsche Alarme wird deshalb ziemlich niedrig ausfallen.

— Darbietung von (S + R): Die Person wird häufig mit Ja antworten, da der größte Teil der (S + R)-Verteilung rechts des Kriteriums liegt. Die Trefferrate wird hoch

ausfallen, jedoch nicht so hoch wie beim liberalen Antwortkriterium. Antwortkriterium N ergibt den Punkt N in der ROC-Kurve in ◻ Abb. C.5.

▪▪ Konservatives Antwortkriterium

— Darbietung von (R): Es wird sehr wenige falsche Alarme geben, da die (R)-Verteilung gänzlich links des Antwortkriteriums liegt.

— Darbietung von (S + R): Die Trefferrate wird ebenfalls sehr niedrig sein, da nur ein kleiner Teil der (S + R)-Verteilung rechts des Kriteriums liegt. Antwortkriterium K ergibt den Punkt K in der ROC-Kurve in ◻ Abb. C.5.

Wie Sie sehen, führt die Anwendung unterschiedlicher Antwortkriterien auf die Wahrscheinlichkeitsverteilungen zu der durchgezogenen ROC-Kurve in ◻ Abb. C.5. Aber weshalb sind diese Wahrscheinlichkeitsverteilungen notwendig? Schließlich haben wir die ROC-Kurven bei den Experimenten mit Cathy und Lucy auch einfach anhand der Ergebnisse bestimmt. Der Grund dafür, dass die (R)- und (S + R)-Verteilungen wichtig sind, ist der folgende: Gemäß der Signalentdeckungstheorie wird die Empfindlichkeit einer Person für einen Stimulus durch die Distanz d′ zwischen den Maximalwerten der (R)- und (S + R)-Verteilungen angezeigt, und diese Distanz beeinflusst die Form der ROC-Kurve. Wir wollen im Folgenden näher betrachten, wie die Empfindlichkeit einer Person die Form der ROC-Kurve beeinflusst.

Der Einfluss der Empfindlichkeit auf die ROC-Kurve

Den Einfluss der Empfindlichkeit einer Person auf die Form der ROC-Kurve können wir uns am besten anhand der Wahrscheinlichkeitsverteilungen für Shanna verdeutlichen, die über ein extrem empfindliches Gehör verfügt. Ihr Gehör ist so gut, dass ihr ein für Cathy kaum hörbarer Ton bereits sehr laut vorkommt. Wenn die Darbietung von (S + R) bei Shanna zum Hören eines lauten Tons führt, so sollte ihre (S + R)-Verteilung weit rechts liegen, wie in ◻ Abb. C.6 dargestellt. In der Terminologie der Signalentdeckungstheorie würden wir sagen, dass Shannas hohe Empfindlichkeit durch den großen Abstand (d') zwischen den (R)- und (S + R)-Verteilungen angezeigt wird. Den Einfluss dieses Abstands zwischen den Wahrscheinlichkeitsverteilungen verdeutlichen wir uns anhand ihres Antwortverhaltens bei der Annahme liberaler, neutraler und konservativer Antwortkriterien.

■■ **Liberales Antwortkriterium**
— Darbietung von (R): Viele falsche Alarme.
— Darbietung von (S + R): Viele Treffer.

Das liberale Antwortkriterium ergibt den Punkt L' in der ROC-Kurve in ◻ Abb. C.4.

■■ **Neutrales Antwortkriterium**
— Darbietung von (R): Wenig falsche Alarme. Hier ist wichtig, dass Shannas Rate für falsche Alarme bei Annahme des neutralen Antwortkriteriums niedriger sein wird als die von Cathy. Der Grund ist, dass nur ein kleiner Teil von Shannas (R)-Verteilung rechts des Antwortkriteriums liegt, hingegen ein größerer Teil von Cathys (R)-Verteilung (◻ Abb. C.4).
— Darbietung von (S + R): Viele Treffer.

Die Trefferrate von Shanna wird über der von Cathy liegen, da der größte Teil von Shannas (S + R)-Verteilung rechts des Antwortkriteriums liegt, aber nur ein im Vergleich kleinerer Teil von Cathys (S + R)-Verteilung (◻ Abb. C.4). Das neutrale Antwortkriterium ergibt also den Punkt N' in der ROC-Kurve in ◻ Abb. C.5.

■■ **Konservatives Antwortkriterium**
— Darbietung von (R): Wenig falsche Alarme.
— Darbietung von (S + R): Wenige Treffer.

Das konservative Antwortkriterium ergibt also den Punkt K' in der ROC-Kurve in ◻ Abb. C.5.
Der Unterschied zwischen den beiden ROC-Kurven in ◻ Abb. C.5 ist offensichtlich, da Shannas Kurve stärker gekrümmt aussieht. Hieraus sollten Sie jedoch nicht den Schluss ziehen, dass der Unterschied zwischen diesen beiden ROC-Kurven etwas damit zu tun hätte, wo wir Shannas

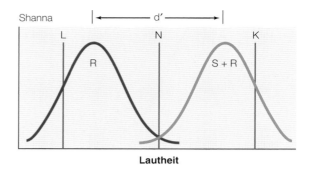

◻ **Abb. C.6** Wahrscheinlichkeitsverteilungen für Shanna, eine Versuchsperson mit sehr hoher Empfindlichkeit für das Signal. Im Vergleich mit den Verteilungen von Cathy in ◻ Abb. C.4 ist die (R)-Verteilung dieselbe, die (S + R)-Verteilung jedoch nach rechts verschoben. Die liberalen (L), neutralen (N) und konservativen (K) Antwortkriterien sind ebenfalls eingezeichnet

liberale, neutrale und konservative Antwortkriterien platziert haben. Zur Verdeutlichung versuchen Sie einmal, eine ROC-Kurve wie die von Shanna aus den beiden Wahrscheinlichkeitsverteilungen in ◻ Abb. C.4 zu erzeugen. Sie werden sehen, dass Sie unabhängig von der Platzierung der Antwortkriterien keine Möglichkeit haben, einen Punkt wie N' (mit sehr hoher Trefferrate und sehr niedriger Rate für falsche Alarme) zu erhalten. Um eine sehr hohe Trefferrate und gleichzeitig eine sehr niedrige Rate für falsche Alarme zu erzielen, müssen die beiden Wahrscheinlichkeitsverteilungen weit auseinander liegen wie in ◻ Abb. C.6.

Eine Steigerung des Abstands (d') zwischen der (R)- und der (S + R)-Verteilung verändert somit die Form der ROC-Kurve. Bei einer hohen Empfindlichkeit (d') der Person ist die ROC-Kurve stärker gekrümmt. Tatsächlich kann d' bestimmt werden, indem man die experimentell bestimmte ROC-Kurve mit standardisierten ROC-Kurven vergleicht (vergleiche Gescheider 1976) oder indem man das Verhältnis der experimentell beobachteten Treffer und falschen Alarme in ein mathematisches Verfahren einbringt, das wir hier nicht detailliert behandeln werden. Dieses mathematische Verfahren zur Berechnung von d' ermöglicht es, die Empfindlichkeit einer Person durch die Bestimmung eines einzigen Datenpunkts auf einer ROC-Kurve zu errechnen; dies bedeutet, ein Signalentdeckungsverfahren anzuwenden, ohne viele Versuchsdurchgänge durchzuführen.

Glossar[1]

#TheDress Der Hashtag für ein Bild eines Kleides, das von einigen Personen als blau-schwarz gestreift und von anderen als weiß-gold gestreift wahrgenommen wird. (9)

A-priori-Wahrscheinlichkeit *(prior probability; prior)* In der Bayes'schen Inferenz die ursprüngliche Annahme, mit welcher Wahrscheinlichkeit ein Ergebnis eintritt. Siehe auch Bayes'sche Inferenz. (5)

Aberrationen *(aberrations)* Unregelmäßigkeiten auf der Hornhaut und der Linse des Auges, die das Licht auf seinem Weg zur Retina verzerren. (9)

Abklingen des Aktionspotenzials *(falling phase of the action potential)* Der Anstieg der negativen Ladung im Axon oder in der Nervenfaser von $+40\,mV$ zurück auf $-70\,mV$ (das Niveau des Ruhezustands), der während des Aktionspotenzials auftritt. Dieser Anstieg der negativen Ladung ist mit dem Strom positiv geladener Kaliumionen (K^+) aus dem Axon verbunden. (2)

Abklingzeit *(decay time)* Die Zeit, in der ein Ton verklingt. Siehe auch Ausklingen. (11)

Absolute Disparität *(absolute disparity)* Das Ausmaß, in dem die Positionen der beiden retinalen Bilder von korrespondierenden Netzhautpunkten abweichen. Die absolute Disparität zeigt den Abstand zum Horopter. (10)

Absolute Schwelle *(absolute threshold)* Die minimale Reizintensität, die notwendig ist, damit ein Beobachter diesen Stimulus in 50 % der Fälle entdeckt. (1)

Absorptionsspektrum *(absorption spectrum)* Die Darstellung der von einem Sehpigmentmolekül absorbierten Menge an Licht in Relation zur Wellenlänge des Lichts. (3)

Achromatische Farben *(achromatic colors)* Unbunte Farben, die alle Wellenlängen über das gesamte Spektrum hinweg gleichmäßig reflektieren, so wie Schwarz, Weiß und alle Grauschattierungen dazwischen. (9)

Achromatopsie, zerebrale *(cerebral achromatopsia)* Ein durch Hirnschädigung im Kortex verursachter Verlust des Farbensehens. (9)

Adaptive Optik für die Bildgebung *(adaptive optical imaging)* Eine Technik, die es ermöglicht, in das Auge einer Person zu schauen und Bilder zu machen, die zeigen, wie die Zapfen auf der Oberfläche der Netzhaut angeordnet sind. (9)

Additive Farbmischung *(additive color mixing)* Die Farbmischung durch das Überlagern von Licht unterschiedlicher farbiger Lichtquellen. (9)

Affektive Funktion von Berührung *(affective function of touch)* Das Hervorrufen von Emotionen durch Berührung. (15)

Affektive Schmerzkomponente *(affective component of pain)* Die mit Schmerz assoziierte emotionale Erfahrung, beispielsweise wenn Schmerz als zermürbend, lästig, scheußlich oder krankmachend beschrieben wird. Siehe auch sensorische Schmerzkomponente. (15)

Affordanz *(affordance)* Die durch ein Stimulusmuster bereitgestellte Information über mögliche Verwendungen des Stimulus. Beispiele für Affordanzen wären, einen Stuhl als etwas zum Sitzen und eine Treppe als etwas zum Hinaufsteigen zu sehen. (7)

Agnosie *(agnosia)* Siehe visuelle Agnosie.

Akinetopsie *(akinetopsia)* Bewegungsblindheit durch Schädigung eines Kortexbereichs, der am Bewegungssehen beteiligt ist. (8)

Akkommodation *(accommodation)* Das Fokussieren von Objekten in unterschiedlichen Entfernungen durch Anpassung der Linsenform an die Entfernung des Objekts. (3)

Aktionspotenzial *(action potential)* Ein von einem Neuron ausgehendes elektrisches Spannungspotenzial, das als Nervenimpuls über das Axon zu anderen Neuronen fortgeleitet wird, ohne an Amplitude zu verlieren. Siehe auch Entstehungs- bzw. Endphase des Aktionspotenzials und Nervenimpuls. (2)

Aktives Berühren *(active touch)* Eine Form der Berührung, bei der der Berührende ein Objekt aktiv taktil erkundet, üblicherweise mit den Händen. (15)

Akustischer Reiz *(acoustic stimulus)* Siehe akustisches Sprachsignal. (14)

Akustisches Sprachsignal *(acoustic signal)* Das Muster der Frequenzen und Intensitäten des Schallstimulus. Beim Hören von Sprache handelt es sich um ein akustisches Sprachsignal. (14)

---

1 Die Zahl in Klammern am Ende eines jeden Eintrags gibt das Kapitel an, in dem der Begriff zum ersten Mal verwendet wird.

Altersweitsichtigkeit *(presbyopia)* Siehe Presbyopie. (2)

Alzheimer-Krankheit *(Alzheimer's disease)* Schwerer Gedächtnisverlust und anderer kognitiver Funktionen, denen oft eine leichte kognitive Beeinträchtigung (LKB) bzw. mild cognitive impairment (MCI) vorausgeht. (16)

Amakrinzelle *(amacrine cell)* Ein Neuron der Retina, das Signale lateral überträgt. Amakrinzellen haben synaptische Verbindungen zu Bipolar- und Ganglienzellen. (3)

Amboss *(incus)* Das 2. der 3 Gehörknöchelchen im Mittelohr. Der Amboss überträgt Schwingungen vom Hammer zum Steigbügel. (11)

Ames'scher Raum *(Ames room)* Ein verzerrter Raum, der von Adalbert Ames konstruiert wurde und eine falsche Wahrnehmung der Größe von Personen hervorruft. Der Raum ist so konstruiert, dass 2 Personen an der hinteren Wand scheinbar in derselben Distanz vom Betrachter stehen; eine der Personen ist jedoch in Wirklichkeit weiter entfernt und wirkt somit kleiner als die andere Person. (10)

Amilorid *(amiloride)* Eine chemische Substanz, die Natriumkanäle blockiert und somit den Einstrom von Natriumionen in die Geschmacksrezeptoren verhindert. (16)

Amplitude *(amplitude)* Maximale Auslenkung einer periodischen Schwingung oder einer Welle. Im Fall einer Schallwelle oder eines reinen Sinustons entspricht die Amplitude dem Druckunterschied zwischen dem Atmosphärendruck und dem Maximaldruck der Schallwelle. (11)

Amplitudenmodulation *(amplitude modulation)* Einstellen des Pegels (oder der Intensität) eines Klangreizes, sodass er nach oben und unten schwingt. (11)

Amplitudenmoduliertes Rauschen *(amplitude-modulated noise)* Amplitudenmodulierter Schallreiz. (11)

Amygdala *(amygdala)* Eine auch als Mandelkern bezeichnete subkortikale Struktur, die der Verarbeitung affektiver und olfaktorischer Reize unterliegt. (16)

Angeborene Amusie *(congenital amusia)* Ein Zustand, in dem eine Person Töne nicht als Töne erkennt und daher Tonfolgen nicht als Musik empfindet. (13)

Anomaler Trichromat *(anomalous trichromat)* Eine Person, die zwar 3 Zapfentypen hat, wovon einer jedoch eine veränderte spektrale Empfindlichkeit aufweist. Wie ein normaler Trichromat muss sie Licht von mindestens 3 Wellenlängen mischen, um Übereinstimmung mit jeder anderen Farbe des Spektrums herzustellen; diese Wellenlängen mischt sie jedoch in anderen Mischungsverhältnissen als ein normaler Trichromat. (9)

Anosmie *(anosmia)* Der auch als Geruchsblindheit bezeichnete Verlust des Geruchssinns infolge von Verletzungen oder Infektionen. (16)

Anstiegsphase des Aktionspotenzials *(rising phase oft the action potential)* Im Axon (Nervenfaser) des Neurons steigt die Spannung von −70 auf +40 mV, weil positiv geladene Natriumionen (Na⁺) in das Axon einströmen. Bei +40 mV ist die Maximalspannung des Aktionspotenzials erreicht. (2)

Anteriorer Bereich des Gürtels (Gyrus cinguli) *(anterior belt area)* Der vordere Teil des hinteren Gürtels im Schläfenlappen, der an der Wahrnehmung von Geräuschen beteiligt ist. (12)

Antwortkriterium *(response criterion)* Die minimale wahrgenommene Größe eines Reizes, ab der eine Versuchsperson in einem Signalentdeckungsexperiment angibt, den Stimulus wahrgenommen zu haben. (Anhang C)

Aperiodisches Schallereignis *(aperiodic sound)* Schallwellen, die sich nicht wiederholen. Siehe auch periodisches Schallereignis. (11)

Aperturproblem *(aperture problem)* Eine Situation, in der durch eine kleine Öffnung nur ein Ausschnitt eines sich bewegenden Stimulus gesehen werden kann, sodass die Bewegungsrichtung mehrdeutig ist. Dies führt zu einer falschen Wahrnehmung der Bewegungsrichtung des Stimulus. (8)

Apex *(apex)* Das Ende der Basilarmembran in der Cochlea, also die „Spitze" der Cochlea. (11)

Aphasie *(aphasia)* Schwierigkeiten beim Sprechen oder Verstehen von Sprache aufgrund einer Hirnschädigung. (14)

Areal V1 *(visual receiving area)* Das erste visuelle Areal des visuellen Kortex, das auch als Area striata (Streifenfeld) bezeichnet wird. (4)

Aroma *(flavor)* Die sich aus der Kombination von Geruch und Geschmack ergebende Wahrnehmung. (16)

Art der Artikulation *(manner of articulation)* Die Art und Weise, wie ein Sprachlaut durch das Zusammenspiel der Artikulatoren – Mund, Zunge und Lippen – bei der Produktion des Lauts erzeugt wird. (14)

Artikulator *(articulator)* Eine an der Sprachproduktion beteiligte Struktur, beispielsweise Zunge, Lippen, Zähne, Kiefer und/oder Gaumen. (14)

Atmosphärische Perspektive *(atmospheric perspective)* Ein Tiefenreiz. Weiter entfernte Objekte erscheinen weniger scharf und haben oft einen leicht bläulichen Farbstich, da sich bei größerer Distanz mehr Luft und feine Partikel zwischen Betrachter und Objekt befinden, die Unschärfe erzeugen. (10)

Attentive Verarbeitungsphase *(focused attention stage [of perceptual processing])* In der Merkmalsintegrationstheorie die Verarbeitungsstufe, in der die Merkmale von Objekten kombiniert werden. Diese Verarbeitungsstufe erfordert nach Treisman fokussierte Aufmerksamkeit. (6)

Audiogramm *(audiogram)* Darstellung des Hörverlusts in Abhängigkeit von der Frequenz. (11)

Audiovisuelle Spiegelneuronen *(audiovisual mirror neurons)* Ein Neuron, das auf Handlungen antwortet, die Geräusche hervorrufen. Ein solches Neuron feuert, wenn ein Affe eine manuelle Handlung ausführt oder das Geräusch hört, das mit dieser Handlung assoziiert ist. Siehe auch Spiegelneuron. (7)

Audiovisuelle Sprachwahrnehmung *(audiovisual speech perception)* Die Integration von auditiven und visuellen Informationen bei der Sprachwahrnehmung. Ein Beispiel ist der McGurk-Effekt: Eine Videoaufzeichnung einer Person bei der Äußerung des Lauts „ga", in der der produzierte Laut durch „ba" ersetzt wird, führt beim Hörer zur Wahrnehmung von „da". (11)

Auditive Lokalisation *(auditory localization)* Die Wahrnehmung der räumlichen Position einer Schallquelle. (12)

Auditive Sequenzgliederung *(auditory stream segregation)* Die Gliederung von Tönen (z. B. Musik) in simultane, aber separate Wahrnehmungsströme. Dies tritt beim Abspielen von mehreren Tönen unterschiedlicher Tonhöhen und/oder Klangfarben auf. (12)

Auditive Szene *(auditory scene)* Die akustische Umgebung, einschließlich der Positionen und Qualitäten individueller Schallquellen. (12)

Auditive Szenenanalyse *(auditory scene analysis)* Der Organisationsprozess der auditiven Wahrnehmung, mit dem Schall aus unterschiedlichen Quellen einer auditiven Szene verschiedenen Schallquellen räumlich zugeordnet und in verschiedene Verarbeitungsströme aufgeteilt wird. (12)

Auditiver Raum *(auditory space)* Die Wahrnehmung der räumlichen Position von Schallquellen. Der auditive Raum erstreckt sich in alle Richtungen um den Kopf eines Hörers. (12)

Aufdecken *(accretion)* Siehe fortschreitendes Aufdecken. (10)

Aufgabenbezogene fMRT *(task-related fMRT)* Messung der Hirnaktivität mithilfe der funktionellen Magnetresonanztomografie (fMRT), während der Proband mit einer bestimmten Aufgabe beschäftigt ist. (2)

Aufgelöste Harmonische *(resolved harmonics)* Harmonische eines komplexen Tons, die getrennte Spitzen in der Basilarmembranschwingung erzeugen und sich dadurch voneinander unterscheiden lassen. Für gewöhnlich handelt es sich um die untere Harmonische eines komplexen Tons. (11)

Aufmerksamkeit *(attention)* Das Beachten bestimmter Stimuli auf Kosten anderer Stimuli. Die Aufmerksamkeit für ein bestimmtes Objekt kann zu einer tieferen Verarbeitung dieses Objekts führen. (6)

Aufmerksamkeitsfesselung *(attentional capture)* Tritt auf, wenn ein auffälliger Stimulus eine Verschiebung der Aufmerksamkeit bewirkt. So kann z. B. eine plötzliche Bewegung die Aufmerksamkeit auf sich ziehen. (6)

Augen *(oculus, eyes)* Der Augapfel mit allen darin enthaltenen anatomischen Strukturen, einschließlich der lichtbrechenden Elemente, der Retina und der Stützstrukturen. (3)

Ausgabeeinheit *(output unit)* Eine Komponente des Reichardt-Detektors, die die Signale von 2 oder mehr Neuronen vergleicht. Nach dem Modell von Reichardt ist Aktivität in der Ausgabeeinheit die Voraussetzung für die Wahrnehmung von Bewegung. (8)

Ausklingen *(decay)* Die Abschwächung des Schallsignals, kontinuierliche Abnahme der Schallwellenamplitude. (11)

Außensegment der Fotorezeptoren *(outer segment)* Ein Teil der Stäbchen- und Zapfenrezeptoren, der die lichtempfindlichen Sehpigmentmoleküle enthält. (3)

Äußere Haarzellen *(outer hair cells)* Auditorischer Rezeptor im Innenohr, der die Antwort der inneren Haarzellen verstärkt. (11)

Äußerer Gehörgang *(auditory canal)* Der im äußeren Ohr beginnende Kanal, durch den Luftdruckschwankungen aus der Umwelt zum Trommelfell gelangen. (11)

Äußeres Ohr *(outer ear)* Ohrmuschel (Pinna) und äußerer Gehörgang. (11)

Automatische Spracherkennung *(automatic speech recognition, ASR)* Einsatz von Computern zur Spracherkennung. (14)

Axiale Myopie *(axial myopia)* Myopie (Kurzsichtigkeit), bei der der Augapfel zu lang ist. Siehe auch refraktive Myopie. (3)

Axon *(axon)* Der Teil eines Neurons, der Nervenimpulse weiterleitet, wird auch als Nervenfaser bezeichnet. (2)

Azimut *(azimuth)* Beim Richtungshören die horizontale Winkelkoordinate für die Richtungen rechts und links bzw. vorn und hinten relativ zum Zuhörer. (12)

Basilarmembran *(basilar membrane)* Die Membran, die sich im Inneren der Cochlea erstreckt und beim Hören in verschiedenen Bereichen der Cochlea unterschiedlich stark schwingt, wobei der Ort maximaler Schwingung von den Frequenzen der Schallwellen abhängt. (11)

Basis der Cochlea *(base of the cochlea)* Der Teil der Basilarmembran, der dem Mittelohr am nächsten ist. (11)

Bauchrednereffekt *(ventriloquism effect, visual capture)* Der Effekt, dass ein Schallsignal als von einem gesehenen Ursprung kommend wahrgenommen wird, selbst wenn der tatsächliche Ursprung an einem anderen Ort liegt. (12)

Bayes'sche Inferenz *(Bayesian inference)* Ein statistischer Ansatz zur Beurteilung von Ereignissen oder Wahrnehmungen anhand von Wahrscheinlichkeiten. Die Wahrscheinlichkeit dafür, dass ein Ereignis unter gegebenen Bedingungen eintritt, wird anhand von Erfahrung mit den Ereignissen und ihren Kontexten aus statistischen Eintretenswahrscheinlichkeiten erschlossen. (5)

Bedeutung einer Szene *(gist of a scene)* Siehe Szenenbedeutung. (5)

Beleuchtungskante *(illumination edge)* Die durch unterschiedliche Beleuchtungsintensitäten in einer Oberfläche erzeugte Kante. (9)

Beschattung *(shadowing)* Das unmittelbare Nachsprechen von gehörter akustischer Information. (6)

Besitz der Kontur *(border ownership)* Weisen 2 Flächen eine gemeinsame Kontur auf, so wie es manchmal bei Kippfiguren der Fall ist, wird die Kontur üblicherweise als der Figur zugehörig angesehen. (5)

Bewegungsagnosie Siehe Akinetopsie. (8)

Bewegungsgradient *(gradient)* Räumliche Unterschiede im optischen Fluss, der durch die Bewegung des Betrachters entsteht: Das Geschwindigkeitsmuster (der Gradient) des Flusses ist dadurch bestimmt, dass der Fluss mit zunehmendem Abstand zum Betrachter langsamer ist und der Vordergrund schneller zu fließen scheint. (7)

Bewegungsnacheffekt *(motion aftereffect)* Eine Bewegungstäuschung, bei der eine Person zunächst einen sich bewegenden Stimulus längere Zeit betrachtet und bei der anschließenden Betrachtung eines statischen Stimulus eine Bewegung in die entgegengesetzte Richtung wahrnimmt. Siehe auch Wasserfalltäuschung. (8)

Bewegungsparallaxe *(motion parallax)* Hinweisreiz für Tiefe, der darauf basiert, dass sich bei einer Bewegung des Betrachters die Objekte in geringerer Entfernung schneller zu bewegen scheinen als die weiter entfernten Objekte. (10)

Bewegungstäuschung *(illusory motion)* Wahrnehmung von Bewegung, wenn tatsächlich keine vorhanden ist. Siehe auch Scheinbewegung. (8)

Bildbezogene Faktoren *(figural cue)* Hinweisreize, die bestimmen, wie ein Bild in Figur und Grund segmentiert wird. (5)

Bildbezogene Tiefenhinweis *(pictorial cue)* Hinweis auf räumliche Tiefe in zweidimensionalen Bildern, etwa Verdeckung, relative Höhe und relative Größe. Diese Tiefenreize wirken auch beim monokularen Sehen. (10)

Bildgebende Verfahren in der Hirnforschung *(brain imaging)* Verfahren, die die visuelle Darstellung von Arealen des menschlichen Gehirns ermöglichen, die durch bestimmte Stimuli, Aufgaben oder Verhaltensweisen aktiviert werden. Die beiden in der Wahrnehmungsforschung am weitesten verbreiteten Verfahren sind Positronenemissionstomografie (PET) und funktionelle Magnetresonanztomografie (fMRT). (4, 13)

Bimodales Neuron *(bimodal neuron)* Ein Neuron, das auf Stimuli antwortet, die mit mehr als einem Sinn assoziiert sind. (16)

Binauraler Positionsreiz *(binaural cue)* Ein Hinweisreiz auf die Position der Schallquelle, der auf der Auswertung der Informationen von beiden Ohren beruht. (12)

Bindung *(binding)* Der Vorgang, durch den Merkmale wie Farbe, Form, Bewegung und Position kombiniert werden, um unsere Wahrnehmung eines zusammenhängenden Objekts zu erzeugen. (6)

Bindungsstelle *(receptor site)* In einem postsynaptischen Neuron die Stelle, an die bestimmte Neurotransmitter spezifisch binden. (2)

Binokulare Disparität *(binocular disparity)* Siehe Querdisparität. (10)

Binokulare Rivalität *(binocular rivalry)* Eine Situation, in der gleichzeitig unterschiedliche Bilder auf dem linken und dem rechten Auge dargeboten werden und bei der die Wahrnehmung zwischen diesen beiden Bildern hin und her springt. (5)

Binokulare Tiefenzelle *(binocular depth cell)* Ein Neuron im visuellen Kortex, das am stärksten auf Stimulation an nicht-korrespondierenden, durch eine spezifische Querdisparität getrennten Positionen auf den Retinae der beiden Augen antwortet. Es wird auch als Querdisparitätsneuron bezeichnet. (10)

Binokulares Fixieren *(binocularly fixate)* Die Ausrichtung beider Foveae auf exakt denselben Punkt im Gesichtsfeld. (10)

Biologische Bewegung *(biological motion)* Das Bewegungsmuster biologischer Organismen. In den meisten Experimenten zur biologischen Bewegung werden Stimuli von gehenden Menschen verwendet, an deren Gelenken und Gliedmaßen kleine Lichter befestigt waren. Siehe auch Lichtpunktläuferstimulus. (8)

Bipolarzelle *(bipolar cell)* Ein retinales Neuron, das Input von den visuellen Rezeptoren erhält und Signale an die retinalen Ganglienzellen sendet. (3)

Bleichung *(bleaching)* Die Farbveränderung eines Fotorezeptorpigments, wenn seine Sehpigmentmoleküle durch Lichteinwirkung ihre Form verändern. Siehe auch Isomerisation. (3)

Blickwinkelinvarianz *(viewpoint invariance)* Die Wahrnehmungsleistung, ein Objekt bei der Betrachtung aus unterschiedlichen Blickwinkeln zu identifizieren. Diese Wahrnehmungsleistung ermöglicht es, Objekte wiederzuerkennen. (5)

Blinder Fleck *(blind spot)* Der kleine Bereich auf der Retina, in dem der Sehnerv das Auge verlässt. Im blinden Fleck gibt es keine Rezeptoren; demzufolge können kleine Objekte, deren Bild auf den blinden Fleck fällt, nicht gesehen werden. (3)

Blinktäuschung *(two-flash illusion)* Die Wahrnehmung von 2 Lichtblitzen, wenn während der Präsentation eines einzelnen Lichtblitzes 2 Tonsignale dargeboten werden – die beiden Töne erzeugen die Illusion der 2 Lichtblitze. (12)

Bogenförmiger Bewegungsablauf *(arch trajectory)* Der Anstieg und das anschließende Abfallen der Tonhöhe in der Musik. (13)

Bottom-up-Verarbeitung *(bottom-up processing, data-based processing)* Verarbeitungsprozess, in dem eine Person eine Wahrnehmung durch die Analyse der von den Rezeptoren signalisierten Informationen konstruiert. Auch reizgesteuerte Verarbeitung genannt. (1)

Broca-Aphasie *(Broca's aphasia)* Sprachbeeinträchtigungen, die durch Schädigungen im Broca-Areal im Frontallappen hervorgerufen werden und sich durch angestrengtes und abgehacktes Sprechen in kurzen Sätzen äußern. (13)

Broca-Areal *(Broca's area)* Ein Areal im Frontallappen, das für Sprachproduktion und Sprachverstehen wichtig ist. Eine Folge von Schädigungen in diesem Areal sind Schwierigkeiten bei der Sprachproduktion. (13)

Bunte Farben *(chromatic colors)* Siehe chromatische Farben. (9)

Charakteristische Frequenz *(characteristic frequency)* Die Frequenz, bei der ein Neuron im auditorischen System die niedrigste Wahrnehmungsschwelle aufweist. (11)

Chemotopische Karte *(chemotopic map)* Eine Karte des Aktivierungsmusters im olfaktorischen System, die Orte der Aktivierung für chemische Substanzen mit verschiedenen Eigenschaften darstellt. Zum Beispiel gibt es Hinweise darauf, dass Kohlenstoffverbindungen im Riechkolben anhand der Länge der Kohlenstoffketten kartiert werden. Die chemotopische Karte wird auch als Geruchskarte oder olfaktorische Karte bezeichnet. (16)

Chevreul-Täuschung *(Chevreul illusion)* Die Illusion von Hell-Dunkel-Kanten, wenn Bereiche mit unterschiedlicher Helligkeit nebeneinander angeordnet werden. Die Illusion ist die Wahrnehmung eines helleren Streifens auf der hellen Seite der Kante und eines dunkleren Streifens auf der dunklen Seite der Kante, auch wenn die Lichtintensität gleich bleibt. (3)

Chiasma opticum *(optic chiasm)* Ein x-förmiges Faserbündel an der Unterseite des Gehirns, an der sich durch Stimulation aktivierte Nervenfasern von einer Seite des Gesichtsfelds zu der gegenüberliegenden Seite des Gehirns kreuzen. (4)

Chromatische Farben *(chromatic color)* Bunte Farben, die einen Farbton (hue) aufweisen, z. B. Blau, Gelb, Rot und Grün. (9)

Cloze-Probability-Aufgabe *(cloze-probability-task)* Aufgabe, bei der dem Zuhörer eine Melodie präsentiert wird, die plötzlich stoppt. Die Aufgabe des Zuhörers ist es, die Note zu singen, von der er glaubt, dass sie als Nächstes folgt. Diese Aufgabe wird auch in der Sprachforschung verwendet, wobei ein Teil eines Satzes präsentiert wird und der Hörer das nächste Wort vorhersagen soll. (13)

Cochlea *(cochlea)* Das schneckenförmige, flüssigkeitsge-füllte Organ, das auch als Schnecke bezeichnet wird. Es beherbergt die Strukturen des Innenohrs. Die wichtigsten dieser Strukturen sind die Basilarmembran, die Tektorial-membran und die Haarzellen. (11)

Cochlea-Implantat *(cochlear implant)* Ein Implantat, bei dem Elektroden in die Cochlea eingeführt werden, um durch elektrische Stimulation der Nervenfasern des Hör-nervs eine Hörwahrnehmung auszulösen. Dieses Implantat wird benutzt, um Personen mit Hörverlust infolge einer Schädigung der Haarzellen wieder ein Hören zu ermögli-chen. (14)

Cochleäre Trennwand *(cochlear partition)* Eine Trennwand in der Cochlea, die sich fast über deren gesamte Länge erstreckt und die Scala tympani und die Scala vestibuli von-einander trennt. Das Corti'sche Organ, das die Haarzellen enthält, gehört zur cochleären Trennwand. (11)

Cochleäre Verstärkung *(cochlear amplifier)* Die Expansion und Kontraktion der äußeren Haarzellen verstärken Bewe-gungen der Basilarmembran, die von Schallwellen je nach Frequenz ausgelöst werden. Diese Verstärkung spielt bei der Bestimmung der frequenzselektiven Reaktion der audi-torischen Nervenfasern eine wichtige Rolle. (11)

Cocktailparty-Effekt *(cocktail party effect)* Die Fähigkeit, sich auf einen Reiz zu konzentrieren und dabei andere Reize auszublenden. Sie wird so genannt, weil man sich auf lauten Partys auf das konzentrieren kann, was eine Person sagt, auch wenn viele Gespräche gleichzeitig statt-finden. (6)

Codierung *(coding)* Siehe Einzelzellcodierung, semanti-sche Codierung, sensorische Codierung, sparsame Codie-rung, strukturelle Codierung, zeitliche Codierung.

Colliculus inferior *(inferior colliculus)* Hörkern des Mittel-hirns in der Hörbahn zwischen Cochlea und auditorischem Kortex. Auch unteres Hügelchen genannt. Dort werden die meisten Hörbahnfasern verschaltet und zum Corpus geni-culatum mediale weitergeleitet. (11)

Colliculus superior *(superior colliculus)* Ein Mittelhirnkern, der an der Kontrolle von Augenbewegungen und anderen Verhaltensweisen mit Bezug zum Sehen beteiligt ist. In den Colliculus superior münden etwa 10 % der Axone retinaler Ganglienzellen, die das Auge im Sehnerv verlassen. (4)

Cornea *(cornea)* Die transparente, lichtbrechende Hornhaut des Auges, das das Licht als Erstes passiert, wenn es in das Auge einfällt. Die Cornea ist das wichtigste lichtbrechende Element. (3)

Corpus geniculatum laterale (CGL) *(lateral geniculate nu-cleus)* Der seitliche Kniehöcker im Thalamus, der Input vom Sehnerv erhält und im Gegenzug Fasern an den pri-mären visuellen Kortex sendet. (4)

Corpus geniculatum mediale (CGM) *(medial geniculate nu-cleus)* Ein Hörkern im Thalamus, der in der Hörbahn zwischen Cochlea und Kortex liegt und Signale vom Col-liculus inferior erhält und zum Hörkortex sendet. Auch mittlerer Kniehöcker genannt. (11)

Corti'sches Organ *(organ of Corti)* Die größte Struktur in-nerhalb der cochleären Trennwand, die die Basilarmem-bran, die Tektorialmembran und die Gehörsinneszellen enthält. (11)

COVID-19 *(COVID-19)* Eine akute Atemwegserkrankung beim Menschen, die durch ein Coronavirus verursacht wird, das ursprünglich 2019 in China entdeckt wurde und sich 2020 zu einer Pandemie entwickelt hat. (16)

CT-Afferenz *(CT afferents)* Unmyelinisierte Nervenfasern in der behaarten Haut, die nachweislich an der sozialen Be-rührung beteiligt sind. (15)

Datengesteuerte Verarbeitung *(data-based processing)* Siehe Bottom-up-Verarbeitung. Bezieht sich auf eine Ver-arbeitung, die auf eingehenden Daten basiert, im Gegensatz Top-Down- oder wissensbasierten Verarbeitung, die auf Vorwissen beruht. (1)

Decodierer *(decoder)* Computerprogramm, das auf der Grundlage der in der Kalibrierungsphase beobachteten Voxelaktivierungsmuster den wahrscheinlichsten Reiz vor-hersagen kann. (5)

Dendriten *(dendrites)* Nervenfortsätze am Zellkörper, die Signale von anderen Neuronen erhalten. (2)

Depolarisation *(depolarization)* Änderung des Membran-potenzials eines Neurons, wenn das Innere eines Neurons eine positivere Ladung annimmt; dies geschieht unter ande-rem in der Frühphase der Entstehung eines Aktionspoten-zials. Depolarisation ist oft mit der Wirkung exzitatorischer Neurotransmitter assoziiert. (2)

Dermis *(dermis)* Die innere Schicht der Haut, die Nerven-enden und Rezeptoren enthält. (15)

Deuteranopie *(deuteranopia)* Eine Form der Rot-Grün-Farbfehlsichtigkeit, die durch einen Mangel an mittelwel-ligem Zapfenpigment verursacht wird. (9)

Dezibel *(decibel, dB)* Eine Einheit des Pegelmaßes, das den Schalldruck eines Tons relativ zu einem Bezugsschalldruck angibt: $dB = 20 \times \log(p/p_0)$, wobei p der Schalldruck des Stimulus und p_0 ein standardisierter Bezugsschalldruck ist. (11)

Dichotisches Hören *(dichotic listening)* Aufmerksamkeitsexperimentelle Technik mit dem Gehör, wobei dichotisch bedeutet, dass dem linken und dem rechten Ohr unterschiedliche Reize dargeboten werden. (6)

Dichromat *(dichromat)* Eine Person mit einer Farbfehlsichtigkeit. Ein Dichromat kann alle Farben des Spektrums anhand der Mischungen von 2 verschiedenen Wellenlängen herstellen. (9)

Dichromatismus *(dichromatism)* Eine Form der Farbfehlsichtigkeit, bei der eine Person nur 2 Arten von Zapfenpigmenten hat und daher zwar chromatische Farben sehen kann, aber einige Farben verwechselt, die Trichromaten unterscheiden können. (9)

Direkte Schmerzbahnen *(direct pathway of pain)* Nach dem Modell der direkten Schmerzbahn tritt Schmerz auf, wenn Nozizeptoren in der Haut stimuliert werden und ihre Signale auf direktem Wege von der Haut zum Gehirn senden. (15)

Direktschall *(direct sound)* Schall, der von einer Schallquelle direkt zu den Ohren übertragen wird. (12)

Dishabituation *(dishabituation)* Eine Zunahme der Betrachtungsdauer nach der Veränderung eines Stimulus. Dieses Phänomen wird bei der Untersuchung von Säuglingen genutzt, um zu bestimmen, ob die Kinder 2 Stimuli unterscheiden können. (9)

Diskriminierende Funktion der Berührung *(discriminative function of touch)* Funktionen des Berührungssystems wie die Wahrnehmung von Details, Texturen/Oberflächenstrukturen, Vibrationen und Objekten. (15)

Disparität *(disparity)* Siehe Querdisparität. (10)

Disparität, gekreuzte *(crossed disparity)* Disparität, die auftritt, wenn ein Objekt fixiert wird und sich daher auf dem Horoptor befindet, während sich ein anderes Objekt vor dem Horoptor näher am Beobachter befindet. (10)

Disparität, ungekreuzte *(uncrossed disparity)* Disparität, die auftritt, wenn ein Objekt fixiert wird und sich daher auf dem Horoptor befindet, während sich das andere Objekt weiter weg vom Beobachter hinter dem Horopter befindet. (10)

Disparitäts-Tuningkurve *(disparity tuning curve)* Ein Diagramm der Reaktion eines Neurons in Abhängigkeit vom Grad der Disparität eines visuellen Reizes. Die Disparität, auf die ein Neuron am besten reagiert, ist eine wichtige Ei-

genschaft der disparitätsempfindlichen Neuronen, die auch als binokulare Tiefenzellen bezeichnet werden. (10)

Disparitätsempfindliches Neuron *(disparity-selective neuron)* Ein Neuron im visuellen Kortex, das am stärksten auf Stimuli antwortet, deren Abbilder auf beiden Retinae durch ein bestimmtes Maß an Querdisparität getrennt sind. Auch als binokulare Tiefenzelle bezeichnet. (10)

Disparitätswinkel *(angle of disparity)* Der visuelle Winkel zwischen den Bildern eines Objekts auf den beiden Retinae. Wenn die Bilder eines Objekts auf übereinstimmende Punkte fallen, ist der Disparitätswinkel gleich null. Wenn die Bilder auf nicht übereinstimmende Punkte fallen, gibt der Disparitätswinkel den Grad der Nichtübereinstimmung an. (10)

Dissonanz *(dissonance)* Die negative Klangqualität, die entsteht, wenn 2 oder mehr Tonhöhen gemeinsam gespielt werden. (13)

Distaler Stimulus *(distal stimulus)* Der Stimulus „da draußen", in der Umgebung. (1)

Dopamin *(dopamine)* Neurotransmitter, der bei belohnungsmotiviertem Verhalten eine Rolle spielt. Dopamin wird mit der belohnenden Wirkung von Musik in Verbindung gebracht. (13)

Doppelte Dissoziation *(double dissociation)* Die Situation, dass infolge von Hirnschädigungen bei einer Person Funktion A vorhanden und Funktion B beeinträchtigt oder ausgefallen ist, während bei einer anderen Person Funktion A beeinträchtigt oder ausgefallen, Funktion B hingegen noch vorhanden ist. Die Existenz einer doppelten Dissoziation belegt, dass die beiden betreffenden Funktionen unterschiedliche Mechanismen beinhalten und unabhängig voneinander arbeiten. (4)

Dorsaler Verarbeitungsstrom *(dorsal pathway)* Ein Verarbeitungsstrom, der Signale vom striären Kortex zum Parietallappen überträgt. Auch als Wo-Strom, Wie-Strom oder Handlungsstrom bezeichnet, um seiner Funktion Rechnung zu tragen. (4)

Dreifarbentheorie des Farbensehens *(trichromatic theory of color vision)* Eine Theorie, der zufolge unsere Farbwahrnehmung auf dem Verhältnis der Aktivitäten in den 3 Rezeptormechanismen mit unterschiedlichen spektralen Empfindlichkeiten basiert. (9)

Dreiermetrum *(triple meter)* Das Metrum in westlicher Musik, bei dem auf 1 betonten Schlag jeweils 2 unbetonte Schläge folgen, wie 123, 123 bei einem Walzer. (13)

Dualer Strom der Sprachverarbeitung *(dual stream of speech perception)* Nach einem Modell der Sprachverarbeitung gibt es einen ventralen Strom, ausgehend vom Temporallappen, der für die Spracherkennung verantwortlich ist, und einen dorsalen Strom, ausgehend vom Parietallappen, für die Verknüpfung akustischer Signale mit den Artikulationsbewegungen bei der Sprachproduktion. (14)

Dunkeladaptation *(dark adaptation)* Ein visueller Adaptationsprozess, durch den bei längerem Aufenthalt in vollständiger Dunkelheit die Lichtempfindlichkeit zunimmt. Diese Empfindlichkeitszunahme hängt mit der Regeneration von Stäbchen- und Zapfenpigmenten zusammen. (3)

Dunkeladaptationskurve *(dark adaptation curve)* Die Funktion, die den Zeitverlauf der Zunahme der Helligkeitsempfindlichkeit während der Dunkeladaptation beschreibt. (3)

Duplextheorie der Wahrnehmung von Oberflächentexturen *(duplex theory of texture perception)* Die Theorie, dass haptische Texturwahrnehmung sowohl durch räumliche als auch durch zeitliche Oberflächenreize bestimmt wird, die von 2 verschiedenen Arten von Rezeptoren wahrgenommen werden. Ursprünglich von David Katz aufgestellt und später von Mark Hollins als Duplextheorie bezeichnet. (15)

Dystonie der Hand *(hand dystonie)* Ein Leiden, das dazu führt, dass sich die Finger der Hand nach innen zur Handfläche hin krümmen. (15)

ERAN *(early right anterior negativity)* Physiologische „Überraschungsreaktion" des Hörers, die in der rechten Hemisphäre als Reaktion auf Verstöße gegen die sprachliche oder musikalische Syntax auftreten. (13)

EBA Siehe extrastriäres Körperareal. (4)

Echoortung *(echolocation)* Das Biosonar etwa von Fledermäusen oder Delfinen, die Objekte orten, indem sie hochfrequente Laute ausstoßen und anhand des Echos dieser Schallwellen, die an Objekten der Umgebung reflektiert werden, die Objekte orten. (10)

Efferenzkopie *(corollary discharge signal, CDS)* Eine Kopie des Signals, das vom motorischen Kortex an die Augenmuskeln gesendet wird. Die Efferenzkopie wird an die hypothetische Struktur namens Komparator gesendet. (6)

Einbindung in eine Melodie *(melodic channeling)* Siehe Tonleiterillusion. (12)

Einfache Gegenfarbenzelle *(single-opponent cell)* Siehe Gegenfarbenzelle. (9)

Einfache Kortexzelle *(simple cortical cell)* Ein Neuron im visuellen Kortex, das am stärksten auf Balken mit einer bestimmten Ausrichtung und Position antwortet. (4)

Einfachheit *(simplicity)* Siehe Prägnanz. (5)

Einsatzzeit *(onset time)* Der Zeitpunkt, an dem ein bestimmter Schall einsetzt. Wenn 2 Geräusche zu unterschiedlichen Zeiten einsetzen, weist dies darauf hin, dass sie von verschiedenen Schallquellen ausgehen. (12)

Einsatzabstand *(inter-onset interval)* In der Musik die Zeit zwischen dem Einsetzen jeder Note. (13)

Einschwingzeit *(attack time)* Die Aufbauphase eines Tons während der Einschwingzeit der Schallwelle. (11)

Einzelzellcodierung *(specificity coding)* Eine Art der neuronalen Codierung, bei der unterschiedliche Wahrnehmungen durch Aktivierungen von einzelnen Neuronen signalisiert werden. Siehe auch verteilte Codierung. (2)

Elektromagnetisches Spektrum *(electromagnetic spectrum)* Das Kontinuum elektromagnetischer Wellen, das sich von der extrem kurzwelligen Gammastrahlung bis zu sehr langwelligen Radiowellen erstreckt. Das sichtbare Licht ist ein schmales Frequenzband innerhalb dieses Spektrums. (1)

Elevation *(elevation)* Siehe Höhenwinkel. (12)

Emmert'sches Gesetz *(Emmert's law)* Ein Gesetz, dem zufolge die Größe eines Nachbilds davon abhängt, in welcher Entfernung sich die Oberfläche befindet, vor der das Nachbild gesehen wird. Je weiter entfernt die Oberfläche ist, desto größer erscheint das Nachbild. (10)

Empathie *(empathy)* Die Fähigkeit, die Gefühle eines anderen zu teilen und sich in ihn hineinversetzen zu können. (15)

Empfindlichkeit des dunkeladaptierten Auges *(dark-adapted sensitivity)* Die Lichtempfindlichkeit nach vollständiger Dunkeladaptation. (32)

Empfindlichkeit des helladaptierten Auges *(light-adapted sensitivity)* Die Lichtempfindlichkeit des Auges in helladaptiertem Zustand. Üblicherweise als Startpunkt für die Dunkeladaptationskurve genutzt. (3)

Empfindung *(sensation)* Häufig mit elementaren Prozessen gleichzusetzen, die am Anfang eines sensorischen Systems auftreten. Siehe auch Strukturalismus. (1)

Endinhibierte Zelle *(end-stopped cell)* Ein Neuron im visuellen Kortex, das am stärksten auf Balken mit einer bestimmten Länge antwortet, die sich in eine bestimmte Richtung bewegen. (4)

Endorphine *(endorphin)* Eine Gruppe körpereigener Substanzen, die auf natürlichem Weg im Kortex produziert werden und eine schmerzstillende Wirkung haben. (15)

Entfernung *(distance)* Der Abstand zur Quelle eines visuellen oder akustischen Stimulus – die Entfernung der Licht- oder Schallquelle vom Wahrnehmenden. (12)

Entsättigt *(desaturated)* Geringe Sättigung von chromatischen Farben, wie sie bei der Zugabe von Weiß zu einer Farbe auftritt. Zum Beispiel ist Rosa nicht so stark gesättigt wie Rot. (9)

Entzündungsschmerz *(inflammatory pain)* Siehe inflammatorischer Schmerz. (15)

Epidermis *(epidermis)* Die Oberhaut, die aus den äußeren Hautschichten besteht, einschließlich einer Schicht abgestorbener Hautzellen. (15)

Ereignis *(event)* Ein zu einer bestimmten Zeit an einem bestimmten Ort geschehender Vorgang mit einem beobachtbaren Anfang und Ende. (8)

Ereignisgrenze *(event boundary)* Der Zeitpunkt, an dem ein Ereignis endet und ein neues Ereignis beginnt. (8)

Ereigniskorreliertes Potenzial *(event related potential)* Neuronale Reaktion auf ein bestimmtes Ereignis, z. B. das Aufleuchten eines Bilds oder die Darbietung eines Tons, die mit kleinen, auf die Kopfhaut einer Person geklebten Scheibenelektroden aufgezeichnet werden. (13)

Erfahrungsabhängige Plastizität *(experience-dependant plasticity)* Ein Prozess, durch den sich das Gehirn an die spezifische Lebensumwelt eines Menschen oder Tiers anpasst. Siehe auch neuronale Plastizität, selektive Aufzucht. (4)

Erfahrungsstichprobe *(experience sampling)* Technik zur Messung der Gedanken, Gefühle und Verhaltensweisen von Menschen zu verschiedenen zufälligen Zeitpunkten während des Tages. Diese Technik wurde verwendet, um die Häufigkeit des Umherschweifens der Gedanken zu messen. (6)

Erkennen *(recognition)* Die Fähigkeit, ein Objekt in eine Kategorie einzuordnen, die diesem Bedeutung verleiht; beispielsweise das Erkennen eines bestimmten roten Objekts als Tomate. (1)

Emotionaler Ansatz (zu musikinduzierter Emotion) *(emotivist approach [to musical emotion])* Ansatz, in dem davon ausgegangen wird, dass die emotionale Reaktion eines Hörers auf Musik das tatsächliche Fühlen der Emotionen beinhaltet. (13)

Erregender Bereich *(excitatory area)* Bei einem rezeptiven Feld der Bereich (+), in dem ein Reiz zu erhöhter Feuerrate führt. (3)

Erste Harmonische *(first harmonic)* Siehe Grundfrequenz. (11)

Erwachsenensprache *(adult-directed speech)* Sprechweise, die an Erwachsene gerichtet ist. (14)

Evolutionäre Anpassung *(evolutionary adaption)* Fähigkeit, die sich herausbildete, um das Überleben und die Fortpflanzung zu sichern. (13)

Expansionspunkt *(focus of expansion, FOE)* Der Punkt innerhalb des durch die Bewegung des Betrachters erzeugten optischen Flusses, in dem keine Expansion stattfindet. Nach J. J. Gibson verbleibt der Expansionspunkt stets am Zielpunkt der Bewegung des Betrachters. (7)

Expertise-Hypothese *(expertise hypothesis)* Die Annahme, dass sich unsere Fähigkeit zur Wahrnehmung bestimmter Dinge mit Gehirnveränderungen durch lange Erfahrung, Praxis oder Übung erklären lässt. (5)

Exploratorische Prozeduren *(exploratory procedures, EPs)* Die Bewegungen der Hände und Finger von Personen, während sie dreidimensionale Objekte durch Berührung beurteilen. (15)

Extinktion *(extinction)* Ein Zustand im Zusammenhang mit Hirnschäden, bei dem ein Mangel an Aufmerksamkeit für das, was auf einer Seite des Gesichtsfelds geschieht, vorliegt. (6)

Extrastriäres Körperareal *(extrastriate body area, EBA)* Ein Areal im Temporallappen, das durch den Anblick von Körpern und Körperteilen aktiviert wird. (4)

Exzitatorische Antwort *(excitatory response)* Die Zunahme der Feuerrate eines Neurons. (2)

Eyetracking mit mobilem Gerät *(head-mounted eye tracking)* Eyetrackingtechnik, bei der die wahrnehmende Person mit 2 Geräten ausgestattet ist: (1) eine am Kopf montierte Szenenkamera, die die Ausrichtung des Kopfs der wahrnehmenden Person und ihr allgemeines Blickfeld anzeigt, und (2) eine Augenkamera, die die genaue Position anzeigt, auf die die Person innerhalb dieses Blickfelds schaut. (6)

Falscher Alarm *(false alarm)* Die Angabe, einen Stimulus in einem Versuchsdurchgang eines Signalentdeckungsexperiments entdeckt zu haben, in dem dieser jedoch nicht vorhanden war (eine inkorrekte Antwort). (Anhang C)

Fälschlich angewandte Größen-Konstanz-Skalierung *(misapplied size constancy scaling)* Ein von Richard Gregory vorgeschlagenes Prinzip, dem zufolge die Anwendung von Mechanismen für Größenkonstanz in der dreidimensionalen Umgebung auf zweidimensionale Bilder manchmal zu Größentäuschungen führt. (10)

Farbabgleich *(color-matching)* Ein Verfahren zur Diagnose von Farbfehlsichtigkeiten, bei dem Versuchspersonen die Farbe in einem „Vergleichsfeld" durch das Mischen von 2 oder mehr farbigen Lichtern mit der in einem „Testfeld" dargebotenen Farbe in Übereinstimmung bringen. (9)

Farbadaptation *(chromatic adaptation)* Die länger andauernde Exposition in Licht mit einer bestimmten Wellenlänge innerhalb des sichtbaren Spektrums führt zur Adaptation der für diese Wellenlänge empfindlichen Rezeptoren, da eine selektive Bleichung eines bestimmten Sehpigments stattfindet. Durch diese Adaptation kann die Empfindlichkeit für diese Wellenlängen abgesenkt werden. (9)

Farbtonaufhebung *(hue cancellation)* Verfahren, bei dem einer Versuchsperson ein monochromatisches Referenzlicht gezeigt wird und sie aufgefordert wird, eine der Farben im Referenzlicht durch Hinzufügen einer 2. Wellenlänge zu entfernen oder „aufzuheben". Dieses Verfahren wurde von Hurvich und Jameson in ihrer Forschung über die Gegenfarbentheorie verwendet. (9)

Farbenblindheit *(color blindness)* Ein Zustandsbild, bei dem eine Person keine chromatischen Farben wahrnimmt. Farbenblindheit kann durch fehlende oder nicht funktionstüchtige Zapfenrezeptoren sowie durch Hirnschädigungen ausgelöst werden. (9)

Farbfehlsichtigkeit *(color deficiency)* Personen mit diesem Zustandsbild (manchmal fälschlicherweise als „Farbenblindheit" bezeichnet) sehen weniger Farben als Personen mit normalem Farbensehen und benötigen weniger Wellenlängen zur Herstellung der Farbübereinstimmung mit einer beliebigen anderen Wellenlänge. (9)

Farbkonstanz *(color constancy)* Der Effekt, dass die wahrgenommene Farbe eines Objekts auch dann konstant bleibt, wenn sich die Beleuchtung und somit die Intensitätsverteilung über die reflektierten Wellenlängen ändert. Dagegen verändert sich bei partieller Farbkonstanz die wahrgenommene Farbe bei veränderter Beleuchtung noch in geringem Maß, jedoch nicht so stark, wie es aufgrund der Veränderung der Wellenlänge des zum Auge gelangenden Lichts normalerweise zu erwarten wäre. (9)

Farbkreis *(color cirle)* Ähnlich wahrgenommene Farben, die kreisförmig nebeneinander angeordnet sind. (9)

Farbmischung *(color mixture)* Siehe additive Farbmischung, subtraktive Farbmischung. (9)

Farbraum *(color solid)* Dreidimensionaler Raum, in dem Farben auf Basis ihres Farbtons, ihrer Sättigung und ihres Werts um einen Zylinder herum angeordnet sind. (9)

Farbton *(hue)* Siehe chromatische Farben. (9)

Farbtonskalierung *(hue scaling)* Verfahren, bei dem den Teilnehmern Farben aus dem Farbkreis vorgelegt werden und sie aufgefordert werden, die Anteile von Rot, Gelb, Blau und Grün anzugeben, die sie in jeder Farbe wahrnehmen. (9)

Faserübergreifendes Antwortmuster *(across-fiber pattern)* Das Aktivitätsmuster mehrerer feuernder Neuronen, das von einem Stimulus verursacht wird. Identisch mit Ensemble- oder verteilter Codierung. (16)

Fehlende Grundfrequenz *(missing fundamental)* Die Entfernung der Grundfrequenz – d. h. ein fehlender Grundton – oder anderer niedriger Harmonischer aus einem Ton verändert die Tonhöhe nicht. Siehe auch Tonhöhe. (11)

FFA Siehe fusiformes Gesichtsareal. (5)

Figur *(figure)* Wenn ein Objekt als getrennt von seinem Hintergrund (dem „Grund") gesehen wird, so wird es als Figur bezeichnet. Siehe auch Figur-Grund-Unterscheidung. (5)

Figur-Grund-Unterscheidung *(figure-ground segregation)* Die perzeptuelle Trennung eines Objekts von seinem Hintergrund. (5)

Fixation *(fixation)* Der kurze Stillstand des Auges, der beim Betrachten einer Szenerie zwischen Augenbewegungen auftritt. (6)

FMRT Siehe funktionelle Magnetresonanztomografie. (4)

Formant *(formant)* Ein im Schallspektrogramm horizontal gelegenes Frequenzband maximaler Druckamplituden, das mit Vokalen assoziiert ist. (14)

Formanttransient *(formant transition)* Im akustischen Sprachsignal die rasche Frequenzverschiebung, die einem Formanten vorausgeht. (14)

Fortgeleitete Reaktion *(propagated response)* Eine Reaktion (beispielsweise ein Aktionspotenzial), die sich über die gesamte Länge der Nervenfaser ausbreitet, ohne an Amplitude zu verlieren. (2)

Fortschreitendes Aufdecken von Flächen *(accretion)* Ein Tiefenreiz, der Informationen über die relative Entfernung zweier Oberflächen liefert. Fortschreitendes Aufdecken von Flächen tritt auf, wenn ein durch ein näher gelegenes Objekt verdecktes, weiter entferntes Objekt bei seitwärts gerichteter Bewegung des Betrachters aufgedeckt wird. Siehe auch fortschreitendes Zudecken von Flächen. (10)

Fortschreitendes Zudecken von Flächen *(deletion)* Ein Tiefenreiz, der Informationen über die relative Entfernung zweier Oberflächen liefert. Fortschreitendes Zudecken von Flächen tritt auf, wenn ein weiter entferntes Objekt bei seitwärts gerichteter Bewegung des Betrachters durch ein näher gelegenes Objekt verdeckt wird. Siehe auch fortschreitendes Aufdecken von Flächen. (10)

Fortsetzungsaufgabe *(cloze probability task)* Bei diesem Versuch wird Testpersonen eine Melodie präsentiert, die plötzlich stoppt. Die Teilnehmer haben die Aufgabe, die Note zu singen, von der sie glauben, dass sie als Nächstes folgt. Die Fortsetzungswahrscheinlichkeit (cloze probability) ist die Wahrscheinlichkeit, mit der eine musikalische Phrase mit einer bestimmten Note beendet wird. (13)

Fotorezeptoren *(photoreceptors)* Die Rezeptoren für das Sehen (3)

Fovea *(fovea)* Der auch als Sehgrube oder gelber Fleck bezeichnete Bereich des schärfsten Sehens innerhalb der menschlichen Retina, der nur Zapfenrezeptoren enthält. Die Fovea befindet sich genau innerhalb der Sichtlinie – wenn also eine Person ein Objekt betrachtet, so fällt das Bild dieses Objekts auf die Fovea. (3)

Freizeitlärm *(leisure noise)* Lärmbelastung durch Freizeitaktivitäten wie Musikhören, Jagen oder Holzbearbeitung. Ständiger Freizeitlärm kann eine gehörschädigende Belastung sein. (11)

Frequenz *(frequency)* Im Fall einer periodischen Schwingung und insbesondere bei reinen Sinustönen ist die Frequenz die Anzahl der Wiederholungen der Schwingung pro Sekunde. (11)

Frequenzspektrum *(frequency spectrum)* Eine Kurve, die die Amplituden der verschiedenen Obertöne (Harmonischen) eines Tons entlang der Frequenzachse darstellt. Jede Harmonische hat bei einer bestimmten Frequenz ihr Amplitudenmaximum. (11)

Frequenz-Tuningkurve *(frequency tuning curve)* Eine Kurve, die Frequenz und Feuerrate eines auditorischen Neurons zueinander in Beziehung setzt. (11)

Frontallappen *(frontal lobe)* Der auch Stirnlappen genannte Kortexbereich, der Signale aus allen Sinnessystemen erhält und bei multimodalen Wahrnehmungen eine entscheidende Rolle spielt, bei denen Information von 2 oder mehreren Sinnen verarbeitet werden muss. Der Frontallappen ist auch bei Funktionen wie Sprache, Denken, Gedächtnis und Motorik beteiligt. (1, 3)

Frontal liegende Augen *(frontal eyes)* Augen, die auf der Vorderseite des Kopfs liegen und überlappende Gesichtsfelder haben. (10)

Funktionelle Konnektivität *(functional connectivity)* Neuronale Verbindung von 2 Hirnarealen, die bei der Ausführung einer bestimmten Funktion aktiviert werden. (2)

Funktionelle Konnektivität im Ruhezustand *(resting state functional connectivity)* Eine Methode, bei der fMRT im Ruhezustand angewandt wird, um die funktionelle Konnektivität zu bestimmen. (2)

Funktionelle Magnetresonanztomografie *(functional magnetic resonance imaging, fMRT)* Ein bildgebendes Verfahren, bei dem die Gehirnaktivierung durch bestimmte Stimuli bei wachen Versuchspersonen gemessen wird. Das Messprinzip beruht auf einer durch Magnetfelder erzeugten Kernspinresonanz, die Veränderungen im Blutfluss widerspiegelt. (2)

Fusiformes Gesichtsareal *(fusiform face area, FFA)* Ein Areal innerhalb des inferotemporalen Kortex (IT-Kortex) des Menschen, das Neuronen enthält, die auf Gesichter spezialisiert sind. (5)

Ganglienzelle *(ganglia cell)* Ein retinales Neuron, das Input von Bipolar- und Amakrinzellen erhält. Die Axone der Ganglienzellen bilden den Sehnerv. (3)

Gap Fill *(gap fill)* In der Musik, wenn die Melodie nach einem melodischen Sprung die Bewegungsrichtung umkehrt, sodass sie die Lücke füllt. (13)

Gate-Control-Theorie *(gate control model)* Nach Melzack und Wall wird die Schmerzwahrnehmung durch einen neuronalen Schaltkreis gesteuert, der den relativen Aktivitäten von Nozizeptoren, Mechanorezeptoren und zentralen Signalen Rechnung trägt. Dieses Modell wird herangezogen, um die Einflussfaktoren zu untersuchen, die neben den Stimulationen der Rezeptoren in der Haut zur Schmerzwahrnehmung beitragen. (15)

Gedächtnisfarben *(memory color)* Die Theorie, dass die charakteristische Farbe eines Objekts unsere Wahrnehmung der Farbe dieses Objekts beeinflusst. (9)

Gegenfarbentheorie des Farbensehens *(opponent-process theory of color vision)* Eine ursprünglich von Hering aufgestellte Theorie, der zufolge unsere Farbwahrnehmung durch die Aktivität von 2 gegensätzlichen Mechanismen bestimmt wird: eines Blau-Gelb-Mechanismus und eines Rot-Grün-Mechanismus. Die Antworten auf die beiden Farben in jedem der Mechanismen sind gegensätzlich, wobei die eine exzitatorisch und die andere inhibitorisch ist. Zusätzlich beinhaltet diese Theorie einen Schwarz-Weiß-Mechanismus, der mit der Helligkeitswahrnehmung assoziiert ist. Siehe auch Gegenfarbenzelle. (9)

Gegenfarbenzelle *(opponent neuron)* Ein Neuron mit einer exzitatorischen Antwort auf Wellenlängen in einem Teil des Spektrums und einer inhibitorischen Antwort auf Wellenlängen in einem anderen Teil des Spektrums. (9)

Gehörknöchelchen *(ossicles)* Die Knöchelchen im Mittelohr, die Schallschwingungen vom äußeren Ohr ins Innenohr übertragen. (11)

Gelber Fleck Siehe Fovea. (3)

Gemeinsame Region *(common region)* Einem modernen Gestaltprinzip zufolge werden Elemente in derselben Raumregion als zusammengehörig wahrgenommen. (5)

Gemeinsames Schicksal *(common fate)* Dinge, die sich in dieselbe Richtung bewegen, werden nach dem Gestaltprinzip des gemeinsamen Schicksals perzeptuell zusammengruppiert. (5)

Geone *(geons)* Nach der Theorie der Wiedererkennung durch Komponenten (RBC-Theorie) bestehen Objekte aus einzelnen geometrischen Komponenten. Siehe auch Theorie der Wiedererkennung durch Komponenten. (5)

Geräusch *(sound)* Der Höreindruck, den ein Schallstimulus hervorruft. (11)

Geruch Siehe Olfaktion. (16)

Geruchsinduzierte autobiografische Erinnerung *(odor-evoked autobiographical memory)* Durch Gerüche ausgelöste Erinnerungen an Ereignisse im Leben einer Person. (16)

Geruchskarte Siehe chemotopische Karte. (16)

Geruchsobjekt *(odor object)* Siehe Geruchsquelle. (16)

Geruchsprofil *(odorant's recognition profile)* Das durch einen bestimmten Geruchsstoff in den Geruchsrezeptoren hervorgerufene Aktivierungsmuster. (16)

Geruchsquelle *(odor object)* Substanzen wie Kaffee, Speck, Rosen oder Auspuffgase, die einen Geruch haben. (16)

Geruchsrezeptoren *(olfactory receptors)* Proteinketten, die auf olfaktorische Stimuli reagieren. (16)

Geruchssinn *(olfaction)* Siehe Olfaktion. (16)

Geschmack *(taste)* Siehe gustatorisches System. (16)

Geschmacksknospe *(taste bud)* Eine Struktur innerhalb einer Zungenpapille, die Geschmackssinneszellen enthält. (16)

Geschmackspore *(taste pore)* Eine Öffnung in der Geschmacksknospe, durch die die Mikrovilli an der Spitze der Geschmackssinneszellen herausragen. Wenn chemische Substanzen in eine Geschmackspore eindringen, stimulieren sie die Geschmacksrezeptoren und bewirken Transduktion. (16)

Geschmackssinneszelle *(taste cell)* Eine Zelle innerhalb einer Geschmacksknospe, die zur Transduktion von chemischer in elektrische Energie führt, wenn chemische Substanzen in Kontakt mit Rezeptoren oder Ionenkanälen an ihrer Spitze kommen. (16)

Gesetz der ersten Wellenfront Siehe Präzedenzeffekt. (12)

Gestaltprinzipien *(organizing principles)* Eine Reihe von Prinzipien, die zum größten Teil von den Gestaltpsychologen aufgestellt wurden und angeben, wie wir kleine Elemente in der Wahrnehmung zu einem Ganzen organisieren. Einige dieser Prinzipien sind die des gemeinsamen Schicksals, der Vertrautheit, der Prägnanz (gute Gestalt, Einfachheit) und der Nähe. Zu den von den Gestaltpsychologen stammenden Prinzipien wurden von der modernen Forschung noch weitere hinzugefügt. Siehe auch guter Verlauf, Verbundenheit von Elementen. (5)

Gestaltpsychologie *(Gestalt psychology)* Ein Ansatz in der Psychologie, der sich auf die Formulierung von Prinzipien der Wahrnehmungsorganisation konzentriert und dabei die Annahme zugrunde legt, dass „das Ganze mehr ist als die Summe seiner Teile". (5)

Gitterzellen *(grid cells)* Zellen im entorhinalen Kortex, deren rezeptive Felder in regelmäßigen, gitterartigen Mustern angeordnet sind und die feuern, wenn sich ein Tier an einem bestimmten Ort in der Umgebung befindet. (7)

Gleichgewichtsorgan *(vestibular system)* Siehe vestibuläres System. (13)

Globale Bildmerkmale *(global image features)* Bildinformation, die dem Betrachter ermöglichen, den Inhalt einer Szene schnell zu erfassen. Merkmale verschiedener Szenentypen sind Natürlichkeitsgrad, Offenheit, Rauheit, Ausdehnung und Farbigkeit. (5)

Globaler optischer Fluss *(global optical flow)* Bewegungsinformation, die auftritt, wenn sich alle Elemente einer Szenerie bewegen. Die Wahrnehmung des globalen optischen Flusses zeigt an, dass sich nicht die Szenerie, sondern der Betrachter bewegt. (8)

Glomeruli *(glomeruli)* Kleine Strukturen innerhalb des Bulbus olfactorius, die Signale von Geruchsrezeptoren empfangen. Eine Funktion jedes Glomerulus besteht darin, Information über eine kleine Gruppe von Geruchsstoffen zu sammeln. (16)

Grenzmethode *(method of limits)* Eine psychophysische Methode zur Schwellenbestimmung, bei der der Versuchsleiter Stimuli abwechselnd in aufsteigender und absteigender Reihenfolge darbietet. Von Fechner als Methode der eben merklichen Unterschiede bezeichnet. (1)

Größen-Gewichts-Täuschung *(size-weight illusion)* Wenn bei der Betrachtung von 2 unterschiedlich großen Objekten fälschlicherweise davon ausgegangen wird, dass das größere Objekt schwerer ist, sodass wir mehr Kraft aufwenden, um es anzuheben. Daher wird es höher gehoben und fühlt sich überraschenderweise leichter an. (7)

Größenkonstanz *(size constancy)* Tritt auf, wenn die Größe eines Objekts aus unterschiedlichen Betrachtungsabständen als identisch wahrgenommen wird. (10)

Größen-Distanz-Skalierung *(size-distance scaling)* Ein hypothetischer Mechanismus, der die Größenkonstanz unterstützt, indem er die wahrgenommene Distanz eines Objekts berücksichtigt. Gemäß der Theorie wird die wahrgenommene Größe G_W des Objekts aus der Multiplikation der Bildgröße G_R auf der Retina mit der wahrgenommenen Distanz (D) des Objekts bestimmt. (10)

Größenschätzung *(magnitude estimation)* Eine psychophysische Methode zur Skalierung der subjektiv wahrgenommenen Reizstärke, bei der die Probanden die subjektiv wahrgenommene Stärke eines Stimulus durch eine Zahl bewerten. (1)

Großmutterzelle *(grandmother cell)* Eine hypothetische Art von Neuron, das nur auf einen sehr spezifischen Stimulus antwortet, so wie die Großmutter einer Person. Siehe auch Einzelzellcodierung. (2)

Grund *(ground)* In Bezug auf die Objektwahrnehmung wird der Hintergrund als „Grund" bezeichnet. Siehe auch Figur. (5)

Grundfrequenz *(fundamental frequency)* Siehe Grundton. (11)

Grundschlag *(beat)* Siehe Metrum. (11)

Grundton *(first harmonic)* Normalerweise die tiefste Frequenz im Frequenzspektrum eines Tons. Der Grundton ist gleichzeitig die erste Harmonische. Die Frequenzen der anderen Tonkomponenten, der sogenannten höheren Harmonischen, sind ganzzahlige Vielfache der Frequenz des Grundtons. (11)

Gruppierung *(grouping)* Ein Prozess der Wahrnehmungsorganisation, durch den visuelle Reize zu Objekten, Einheiten oder Ereignissen „zusammengefasst" – eben gruppiert – werden. (5)

Gustatorisches System *(gustatory system)* Der chemische Sinn, der aktiv wird, wenn Moleküle – oft in Verbindung mit Essen – in fester oder flüssiger Form in den Mund gelangen und Rezeptoren auf der Zunge stimulieren. (16)

Gute Fortsetzung *(good continuation)* Siehe guter Verlauf. (5)

Gute Gestalt *(good figure)* Siehe Prägnanz. (5)

Guter Verlauf *(good continuation)* Punkte, die in Verbindung eine gerade oder leicht gekrümmte Linie ergeben würden, werden nach dem Gestaltprinzip des guten Verlaufs als zusammengehörig wahrgenommen. Weiterhin werden gemäß diesem Prinzip Linien so wahrgenommen, als folgten sie dem glattesten möglichen Verlauf. (5)

Haarzellen *(cilia)* Neuronen in der Cochlea, von deren oberem Ende kleine Härchen (sogenannte Stereozilien) ausgehen, die durch Schwingungen der Basilarmembran und Flüssigkeiten im Innenohr ausgelenkt werden. Es gibt 2 Arten von Haarzellen: innere und äußere. Die Auslenkung der Stereozilien von inneren Haarzellen führt zur Transduktion. Die äußeren Haarzellen modulieren die Schwingungen der Basilarmembran und damit die Reaktion der inneren Haarzellen. (11)

Habituationsmethode *(habituation procedure)* Eine Form der Gewöhnung, bei der ein sich wiederholender Stimulus mit abnehmender Aufmerksamkeit beachtet wird. Beispielsweise zeigt sich Habituation bei Säuglingen daran, dass sie den jeweiligen Stimulus nach jeder Wiederholung etwas weniger lange ansehen. Siehe auch Dishabituation. (9)

Halbschatten *(penumbra)* Der unscharfe Rand eines Schattens. (9)

Halbton *(semitone)* Das kleinste Intervall in westlicher Musik, im Prinzip der Unterschied zwischen 2 Noten einer Tonleiter, beispielsweise zwischen C und Cis. Eine Oktave umfasst 12 Halbtöne. (13)

Hammer *(malleus)* Das 1. der 3 Gehörknöchelchen im Mittelohr. Der Hammer empfängt Schwingungen vom Trommelfell und überträgt diese an den Amboss. (11)

Handlung *(action)* Motorische Aktivitäten als Antwort auf einen Stimulus. (1)

Handlungsaffordanz *(action affordance)* Eine Reaktion auf ein Objekt, die sowohl seine Affordanz (wozu es dient) und die damit verbundene Handlung einschließt. (7)

Handlungsspezifische Wahrnehmungshypothese *(action-specific perception hypothesis)* Hypothese, dass Menschen ihre Umwelt im Hinblick auf ihre Handlungsfähigkeit wahrnehmen. (7)

Handlungsstrom *(action pathway)* Siehe dorsaler Verarbeitungsstrom. (4)

Haptische Wahrnehmung *(haptic perception)* Die Wahrnehmung von dreidimensionalen Objekten durch Berühren und/oder Ertasten. (15)

Harmonie *(harmony)* Die Qualitäten des Klangs (positiv oder negativ), die entstehen, wenn 2 oder mehr Tonhöhen zusammen gespielt werden. (13)

Harmonische *(harmonics)* Frequenzkomponenten eines aus verschiedenen Obertonschwingungen zusammengesetzten Tons, dessen Frequenzen ganzzahlige Vielfache der Grundfrequenz sind. Der Grundton entspricht der 1. Harmonischen; der 1. Oberton bzw. der 1. Partialton entspricht der 2. Harmonischen. (11)

Hautsinne *(cutaneous senses)* Sinne wie Tastsinn und Schmerzempfinden, die auf der Stimulation von Rezeptoren in der Haut beruhen. (15)

Helligkeit *(lightness)* Die wahrgenommene Stärke des von reflektierenden Objekten ins Auge fallenden Lichts. (Unbuntes) Reflexionslicht mit hoher Helligkeit wird normalerweise als Weiß wahrgenommen, mit sinkender Helligkeit verschiebt sich die Wahrnehmung zu Grau oder Schwarz. (9)

Helligkeit *(value)* Siehe Wert.

Helligkeitskonstanz *(lightness constancy)* Die Konstanz der wahrgenommenen Helligkeit unter verschiedenen Beleuchtungsbedingungen. (9)

Hemmender Bereich *(inhibitory area)* Bei einem rezeptiven Feld der Bereich (−), in dem ein Reiz zur Abnahme der Feuerrate führt. (3)

Herings Primärfarben *(Hering's primary colors)* Die Farben Rot, Gelb, Grün und Blau im Farbkreis. (9)

Herstellungsmethode *(adjustment method)* Eine psychophysische Methode, bei der der Versuchsleiter oder die Versuchsperson die Stimulusintensität kontinuierlich reguliert, bis die Versuchsperson den Stimulus entdeckt. Von Fechner als Methode der mittleren Fehler bezeichnet. (1)

Hertz (Hz) *(Hertz, Hz)* Die Einheit für die Angabe der Frequenz eines Tons. 1 Hz entspricht einer Schwingungsperiode pro Sekunde. (11)

Hinterstrang (Lemniscus medialis) *(lemniscal pathway)* Eine neuronale Bahn im Rückenmark, über die neuronale Signale von der Haut zum Thalamus übertragen werden. (15)

Hinweisreizverfahren *(precueing)* Ein Verfahren, bei dem ein Hinweisreiz dargeboten wird, um die Aufmerksamkeit einer Versuchsperson auf einen bestimmten Ort zu lenken, an dem dann mit hoher Wahrscheinlichkeit ein Teststimulus dargeboten werden wird. Posner zeigte mit diesem Verfahren, dass Aufmerksamkeit die Verarbeitung eines Stimulus verbessert, der an derselben Position wie der Hinweisreiz dargeboten wird. (6)

Hippocampus Subkortikale Struktur im Gehirn, die an der Entstehung und der Speicherung von Erinnerungen beteiligt ist. (4)

Höhenwinkel *(elevation)* Winkelkoordinate, insbesondere für den Ort einer Schallquelle oberhalb oder unterhalb des Hörers. (12)

Höhere Harmonische *(higher harmonics)* Reine Sinustöne mit Frequenzen, die ganzzahlige (2, 3, 4 usw.) Vielfache der Grundfrequenz sind. Siehe auch Grundton, Grundfrequenz, Harmonische. (11)

Homunkulus *(homunculus)* Der lateinische Begriff für „Menschlein" bezieht sich auf die Karten des Körpers im somatosensorischen und motorischen Kortex. (14)

Hörfläche *(auditory response area)* Die psychophysisch gemessene Fläche, die die Frequenzen und die Schalldruckpegel definiert, bei denen Hören möglich ist. Die Hörfläche erstreckt sich zwischen der Hörschwellenkurve und der Fühlschwelle. (11)

Hörverlust, versteckter *(hearing loss, hidden)* Schwerhörigkeit, die bei hohen Schallpegeln auftritt, auch wenn die im

Audiogramm angezeigten Schwellenwerte der Person normal sind. (11)

Horizontalzelle *(horizontal cell)* Ein retinales Neuron, das Signale lateral durch die Retina überträgt. Horizontalzellen haben synaptische Verbindungen mit Rezeptoren und Bipolarzellen. (3)

Hornhaut *(des Auges)* Siehe Cornea. (3)

Horopter *(horopter)* Eine gedachte Kugelfläche um den Betrachter im Abstand des Fixationspunkts. Visuelle Stimuli, die von Punkten auf dieser Oberfläche ausgehen, erzeugen Bilder auf korrespondierenden Punkten der beiden Retinae. (10)

Hörschwellenkurve *(audibility curve)* Eine Kurve, die den Schalldruckpegel an der Hörschwelle für alle Frequenzen innerhalb des hörbaren Spektrums beschreibt. (11)

Hörverlust durch Lärm *(noise-induced hearing loss)* Durch hohe Lärmpegel können die Haarzellen im Innenohr degenerieren und eine Form sensoneuraler Taubheit hervorrufen. (11)

Hyperopie *(hyperopia)* Auch als Weitsichtigkeit bezeichnete Fehlsichtigkeit, bei der in der Ferne scharf gesehen wird, nicht aber in der Nähe. (3)

Hyperpolarisation *(hyperpolarization)* Der Vorgang, bei dem das Innere eines Neurons eine negativere Ladung annimmt. Hyperpolarisation ist oft mit der Wirkung inhibitorischer Neurotransmitter assoziiert. (2)

Hypersäule *(hypercolumn)* Struktur im striären Kortex, die von Hubel und Wiesel als Detektor für die kombinierte Verarbeitung des Orts, der Orientierung und der okularen Dominanz für einen spezifischen Netzhautbereich vorgeschlagen wurden. (4)

Hypothese der räumlichen Anordnung *(spatial layout hypothesis)* Vorschlag, dass der parahippocampale Kortex auf die Oberflächengeometrie oder die geometrische Anordnung einer Szene reagiert. (5)

Illusionäre Verknüpfung *(illusionary conjunction)* Die scheinbare Verknüpfung von Merkmalen, die bei kurzer Darbietung einer Reihe von Stimuli mit mehreren Merkmalen dann wahrgenommen wird, wenn die Ausrichtung von Aufmerksamkeit schwierig ist. So könnte die Darbietung eines roten Quadrats und eines blauen Dreiecks zur Wahrnehmung eines roten Dreiecks führen. (6)

Implizite Bewegung *(implied motion)* Ein statisches Bild, das eine Handlung darstellt, die Bewegung impliziert, kann beim Betrachter bewirken, dass er die dargestellte Handlung aufgrund der am wahrscheinlichsten folgenden Geschehnisse in Gedanken fortsetzt. (8)

Incus *(incus)* Siehe Amboss. (11)

Indirekter Schall Siehe Raumschall (12)

Induzierte Bewegung *(induced motion)* Die scheinbare Bewegung eines Objekts, die durch die Bewegung eines anderen nahe gelegenen Objekts hervorgerufen wird. (8)

Inferotemporaler Kortex *(inferotemoral cortex)* Ein Teil des temporalen Kortex, der außerhalb des Areals V1 im extrastriären Kortex liegt und an der visuellen Informationsverarbeitung, vor allem der Objektwahrnehmung, beteiligt ist. (4)

Inflammatorischer Schmerz *(inflammatory pain)* Schmerz, der durch Gewebeschädigung, Gelenkentzündungen oder Tumorzellen entsteht, wenn das geschädigte Gewebe ähnliche Chemikalien freisetzt wie bei einem entzündlichen Prozess, die Nozizeptoren aktivieren. (15)

Inhibitorische Antwort *(inhibitory response)* Die Antwort einer Nervenfaser, in der die Feuerrate durch den hemmenden Einfluss eines anderen Neurons sinkt. (2)

Innenohr *(inner ear)* Der innere Teil des Ohrs, der die Cochlea samt Basilarmembran und Hörrezeptoren enthält. (11)

Innere Haarzellen *(inner hair cells)* Auditorischer Rezeptor im Innenohr, der primär für die auditorische Transduktion und die Wahrnehmung der Tonhöhe verantwortlich ist. (11)

Insula *(insula)* Ein Areal innerhalb des Frontallappens, das Signale vom gustatorischen System empfängt und außerdem an der affektiven Schmerzwahrnehmung beteiligt ist. (16)

Interaktion der Sinnessysteme *(multisensory interaction)* Das Zusammenwirken der Sinne. Beispielsweise interagieren Hören und Sehen, wenn wir bei einer sprechenden Person die Lippenbewegungen im Blick haben. (12)

Interaurale Pegeldifferenz *(interaural level difference, ILD)* Der Unterschied zwischen dem höheren Schalldruck(pegel) am näher gelegenen Ohr und dem niedrigeren am entfernteren Ohr, wenn ein Schallereignis nicht in demselben Abstand von beiden Ohren stattfindet. Dieser Effekt tritt hauptsächlich bei hohen Tönen auf und ist ein Positionsreiz für die räumliche Ortung von Schallquellen. (12)

Interaurale Zeitdifferenz-Tuningkurve *(interaural time difference [ITD] tuning curve)* Die Funktionskurve, die die Feuerrate eines Neurons in Abhängigkeit von der interauralen Zeitdifferenz (ITD) wiedergibt. (12)

Interauraler Zeitdifferenzdetektor *(interaural time detector, ITD)* Neuronen im neuronalen Koinzidenzmodell von Jeffress, die feuern, wenn sie Signale vom linken und rechten Ohr erhalten. Jeder ITD-Detektor ist so eingestellt, dass er auf eine bestimmte Zeitverzögerung zwischen den beiden Signalen reagiert, und liefert so Informationen für die räumliche Ortung von Schallquellen. (12)

Interpersonelle Berührung *(interpersonal touching)* Eine Person berührt eine andere Person. Siehe auch soziale Berührung. (15)

Intervall *(interval)* In der Musik: der Abstand zwischen den Noten. (13)

Invariante Information *(invariant information)* Konstante Eigenschaften der Umwelt, die sich nicht verändern, wenn sich der Betrachter relativ zu einem Objekt oder einer Szenerie bewegt. So verändert sich beispielsweise der Abstand der Elemente in einem Texturgradienten nicht, während sich der Betrachter relativ dazu fortbewegt. Daher liefert der Texturgradient invariante Informationen für die Tiefenwahrnehmung. Siehe auch Blickwinkelinvarianz, Texturgradient. (7)

Inverse Projektion *(inverse projection)* Die Umkehrung der Beziehung zwischen einem bestimmten Netzhautbild und den jeweils abgebildeten Objekten. Da dasselbe Netzhautbild durch viele verschiedene visuelle Stimuli hervorgerufen worden sein könnte, spezifiziert das Netzhautbild einen Stimulus nicht eindeutig. (5)

Ion *(ion)* Ein positiv oder negativ elektrisch geladenes Atom, wie es auch in der Flüssigkeit zu finden ist, die Nervenfasern umgibt. (2)

Ishihara-Tafel *(Ishihara plate)* Eine Darstellung aus farbigen Punkten für das Testen auf Farbfehlsichtigkeit. Die Punkte sind so gefärbt, dass Personen mit normalem (trichromatischem) Farbensehen Zahlen in der Darstellung erkennen, Personen mit Farbfehlsichtigkeit jedoch keine oder andere Zahlen. (9)

Isomerisation *(isomerization)* Eine chemische Strukturveränderung eines Moleküls; beim Sehpigment eine Veränderung des Retinalbestandteils des Sehpigmentmoleküls, die bei der Absorption eines Lichtquants durch das Molekül auftritt. Die Isomerisation des Retinals löst die Enzymkaskade aus, die in den Rezeptoren auf der Retina zur Transduktion von Lichtenergie in elektrische Energie führt. (3)

Isophone *(isophone)* Siehe Kurve gleicher Lautheit. (11)

Isosensitivitätskurve (ROC-Kurve) *(receiver operating characteristic curve)* Eine Kurve zur Darstellung der Ergebnisse eines Signalentdeckungsexperiments, in der der Anteil der richtigen Antworten (Treffer) gegen den Anteil der falschen Alarme für verschiedene Antwortkriterien aufgetragen ist. (Anhang C)

IT-Kortex *(IT cortex)* Siehe inferotemporaler Kortex. (4)

Jeffress-Modell *(Jeffress modell)* Ein Modell des neuronalen Mechanismus der Lokalisierung von Schallquellen, dem zufolge Neuronen so durch Nervenfasern mit beiden Ohren verbunden sind, dass sie jeweils auf spezifische interaurale Zeitdifferenzen ansprechen – verschiedene Neuronen feuern bei unterschiedlichen interauralen Zeitdifferenzen. (12)

Kalziumbildgebung *(calcium imaging)* Ein Bildgebungsverfahren zum Identifizieren der Geruchsrezeptoren, die durch einen Geruchsstoff aktiviert werden. (16)

Kantenverstärkung *(edge enhancement)* Eine Zunahme des wahrgenommenen Kontrasts an den Grenzen zwischen Regionen des Gesichtsfelds. (3)

Kategoriale Wahrnehmung *(categorical perception)* Ein bei der Sprachwahrnehmung auftretendes Phänomen, bei dem der Hörer eine Kategorie bei kurzen Stimmeinsatzzeiten wahrnimmt und eine andere bei längeren Einsatzzeiten. Der Hörer nimmt über die gesamte Bandbreite der Stimmeinsatzzeiten nur 2 Kategorien wahr. (14)

Kategorisieren *(categorize)* Einordnen von Objekten in Kategorien wie „Baum“, „Vogel“, „Auto“. (1)

Kinästhesie *(kinesthesis)* Der Sinn, der uns die Wahrnehmung der Bewegungen und der Position von Gliedmaßen und Körper ermöglicht. (15)

Kindzentrierte Sprache *(infant-directed speech, IDS)* Auch „Elternsprache“ oder „Babysprache“ genannt; ein Sprachmuster, das sowohl die Aufmerksamkeit eines Säuglings erregen als es ihm auch erleichtern soll, einzelne Wörter zu erkennen. (14)

Kippfigur *(reversable figure-ground)* Ein Muster aus Figur und Grund, bei dem diese während der Betrachtung wechseln können, sodass die Figur zum Grund wird und umgekehrt. Die bekannteste Kippfigur ist die Gesichter-Vase-Kippfigur von Rubin. (5)

Klang *(sound)* Siehe Ton, Geräusch und Schall. (11)

Klangfarbe *(timbre)* Die Qualität, die 2 Töne gleicher Lautheit, Tonhöhe und Dauer unterscheidet. Unterschiede in der Klangfarbe zeigen sich beispielsweise in den Klängen verschiedener Musikinstrumente. (11)

Koartikulation *(coarticulation)* Die gegenseitige Beeinflussung von aufeinanderfolgenden Phonemen. Aufgrund dieses Effekts kann dasselbe Phonem je nach Kontext unterschiedlich artikuliert werden. So ist beispielsweise die Artikulation des /b/ in Bad eine andere als in Boot. (14)

Kognitive Karte *(cognitive map)* Eine mentale Karte der räumlichen Anordnung eines Bereichs der Umgebung. (7)

Kognitivistischer Ansatz (zu musikinduzierter Emotion) *(cognitivist approach [to musical emotion])* Ansatz zur Beschreibung der emotionalen Reaktion auf Musik, in dem davon ausgegangen wird, dass die Hörer zwar die emotionale Bedeutung eines Musikstücks wahrnehmen können, die Emotionen aber nicht wirklich fühlen. (13)

Kohärenz *(coherence)* In der Forschung zur Bewegungswahrnehmung die Korrelation zwischen den Bewegungsrichtungen von Objekten. In bewegten Punktmustern bedeutet eine Kohärenz von 0, dass sich alle Punkte zufällig bewegen, und eine Kohärenz von 1, dass sich alle Punkte in dieselbe Richtung bewegen. (8)

Kohlrausch-Knick *(rod-cone-break)* Der Punkt auf der Dunkeladaptationskurve, an dem das Sehen vom Zapfensehen zum Stäbchensehen übergeht. (3)

Koinzidenzdetektoren *(coincidence detectors)* Im Jeffress-Modell diejenigen Neuronen, die bei gleichzeitigem Eintreffen – d. h. Koinzidenz – von Signalen aus beiden Ohren feuern. Koinzidenzdetektoren sprechen auf gleichzeitig auftretende Signale an. Siehe auch Jeffress-Modell. (12)

Komparator *(comparator)* Innerhalb des Reafferenzprinzips eine hypothetische Struktur, in der das Signal über Bewegung auf der Retina und die Efferenzkopie miteinander verglichen werden, um festzustellen, ob Bewegung wahrgenommen wird. (8)

Komplexe Zelle *(complex cell)* Ein Neuron im visuellen Kortex, das am stärksten auf bewegte Balken mit einer bestimmten Ausrichtung antwortet. (4)

Konfusionskegel *(cone of confusion)* Die kegelförmige Fläche, die von jedem Ohr ausgeht und alle Punkte im Raum enthält, von denen Schall mit der gleichen interauralen Zeit- und Pegeldifferenz in beiden Ohren eintrifft. Deshalb ist für alle Positionen auf dem Kegel keiner der Hinweisreize für die Lokalisierung der Schallquelle eindeutig. (12)

Konjunktionssuche *(conjunction search)* Eine Aufgabe zur visuellen Suche, bei der eine Konjunktion (eine „Und-Verknüpfung") zwischen 2 oder mehr Merkmalen bei demselben Stimulus gefunden werden muss. Ein Beispiel für Konjunktionssuche ist die Suche nach einer horizontalen grünen Linie unter vertikalen grünen Linien und horizontalen roten Linien. (6)

Konsonanz *(consonance)* Der positive Zusammenklang, der entsteht, wenn 2 oder mehr Tonhöhen zusammengespielt werden. (13)

Konstanzmethode *(method of constant stimuli)* Eine psychophysische Methode, bei der eine Reihe von Stimuli unterschiedlicher Intensität wiederholt in zufällig gewählter Reihenfolge dargeboten wird. Von Fechner als Methode der richtigen und falschen Fälle bezeichnet. (1)

Kontextuelle Modulation *(contextual modulation)* Veränderung der Reaktion auf einen Reiz, der innerhalb des rezeptiven Felds eines Neurons dargeboten wird, durch eine Stimulation außerhalb des rezeptiven Felds. (4)

Kontinuitätsfehler *(continuity error)* Unstimmigkeiten in einem Film in Bezug auf Objekte oder die räumliche Position, die von einer Einstellung zur nächsten auftreten. (6)

Kontralateral *(ontralateral)* Körperseite, die der Seite gegenüberliegt, an der ein bestimmter Zustand auftritt. (4)

Kontrastschwelle *(contrast threshold)* Die Intensitätsdifferenz zwischen 2 benachbarten Arealen, die gerade eben wahrgenommen werden kann. Die Kontrastschwelle wird üblicherweise anhand von Streifenmustern aus alternierenden hellen und dunklen Balken gemessen. (4)

Konvergenz (bei Tiefenreizen) *(convergence)* Siehe perspektivische Konvergenz. (10)

Konvergenz, neuronale *(neural convergence)* Siehe neuronale Konvergenz.

Korrekte Zurückweisung *(correct rejection)* Die Angabe, einen Stimulus in einem Versuchsdurchgang eines Signalentdeckungsexperiments nicht entdeckt zu haben, in dem dieser auch nicht vorhanden war (eine korrekte Antwort). (Anhang C)

Korrespondenzproblem *(correspondence problem)* Das Problem des visuellen Systems, in den Netzhautbildern des rechten und des linken Auges die korrespondierenden retinalen Bilder zu identifizieren. Anders formuliert: Wie kann das visuelle System die Bilder desselben Objekts in beiden Augen vergleichen? Dieser Vergleich ist im Spiel, wenn die Tiefe anhand der Querdisparität als Hinweisreiz bestimmt wird. (10)

Korrespondierende Netzhautpunkte *(corresponding retinal points)* Die Punkte auf den Retinae, die exakt übereinanderliegen würden, wenn man die Netzhäute beider Augen aufeinanderlegen würde. Die Rezeptoren an korrespondierenden Netzhautpunkten senden ihre Signale an dieselben Orte im Gehirn. (10)

Kortex *(cerebral cortex)* Die ungefähr 2 mm dicke Großhirnrinde, die insbesondere für Mechanismen der Wahrnehmung und Funktionen des Denkens, der Sprache und des Gedächtnisses wesentlich ist. (3)

Kurve gleicher Lautheit *(equal loudness curve)* Eine auch als Isophone bezeichnete Kurve, die für das gesamte Spektrum der hörbaren Tonfrequenzen die Schalldruckpegel darstellt, die mit gleicher Lautheit wahrgenommen werden. (11)

Kurzsichtigkeit *(nearsightedness)* Siehe Myopie. (2)

Kutanes rezeptives Feld *(cutaneous receptive field)* Bereich der Haut, der bei Stimulation das Feuern der Neuronen beeinflusst. (15)

Landmarke *(landmark)* Markantes Objekt entlang einer Route, an der man sich als Hinweis orientieren kann, um richtig abzubiegen; eine Informationsquelle beim Wegfinden. (7)

Langsam adaptierender Rezeptor (SA-Rezeptor) *(slowly adapting [SA] receptor)* Ein Mechanorezeptor in der Haut, der auf anhaltenden Druck auf die Haut mit Feuern reagiert. Zu den langsam adaptierenden Rezeptoren gehören die Merkel-Zellen und die Ruffini-Körperchen. (15)

Lärmschädigung Siehe Hörverlust durch Lärm. (11)

Läsionsverfahren *(lesion methods)* Operatives Abtragen von Kortexbereichen des Gehirns, meist in Tierexperimenten, zur Erforschung der Funktion eines bestimmten Areals durch die Ausfallerscheinungen aufgrund der Läsion. Auch Ablation genannt. (4)

Lateral *(lateral)* Seitlich. (10)

Laterale Inhibition *(lateral inhibition)* Hemmung, die sich in einem neuronalen Schaltkreis seitlich ausbreitet. In der Retina wird laterale Inhibition durch die Horizontal- und Amakrinzellen übertragen. (3)

Lateraler Okzipitalkomplex *(lateral occipital complex, LOC)* Bereich des Gehirns, der aktiv ist, wenn eine Person irgendeine Art von Objekt betrachtet, z. B. ein Tier, ein Gesicht, ein Haus oder ein Werkzeug, aber nicht, wenn sie eine Oberfläche oder ein Objekt mit durcheinandergebrachten Teilen betrachtet. (5)

Lautheit *(loudness)* Die wahrgenommene Qualität eines Schallereignisses zwischen leise und laut. Für einen Ton

mit einer bestimmten Frequenz steigt die Lautheit üblicherweise mit zunehmendem Schalldruckpegel. (11)

Lautstärke *(volume)* Siehe Schalldruckpegel. (11)

Leichte kognitive Beeinträchtigung (LKB) *(mild cognitve impairment, MCI)* Kognitive Beeinträchtigungen, die über die mit dem normalen Alterungsprozess verbundenen Beeinträchtigungen hinausgehen, die aber häufig die Aktivitäten des täglichen Lebens nicht beeinträchtigen. Oft ist dies eine Vorstufe zu ernsteren Erkrankungen wie der Alzheimer-Krankheit. (16)

Leib-Seele-Problem *(mind-body problem)* Eines der wichtigsten Probleme der Wissenschaft: Wie werden aus körperlichen physikalischen Prozessen wie Nervenimpulsen oder Natrium- und Kalziumionen, die durch Membranen wandern (Leib-Seite), geistig bewusste Wahrnehmungen (Seele-Seite)? (2)

Licht *(light)* Die für Menschen sichtbare Energie des elektromagnetischen Spektrums bei Wellenlängen zwischen 400 und 700 nm.

Lichtpunktläuferstimulus *(point-light walker stimulus)* Ein Stimulus für biologische Bewegung, der dadurch erzeugt wird, dass Lichter an verschiedenen Punkten des Körpers einer Person befestigt werden und sich die Person dann im Dunkeln bewegt. (8)

Licht-von-oben-Heuristik *(light-from-above assumption)* Die Annahme, dass Licht normalerweise von oben kommt, was unsere situative Formwahrnehmung beeinflusst. (5)

Linienauflösung *(grating acuity)* Der kleinste Abstand zwischen 2 Linien auf einer Oberfläche, für den die Orientierungen der Linien noch präzise unterschieden werden können. Bei der taktilen Wahrnehmung der kleinste Abstand von 2 auf die Haut gedrückte Linienreize, der noch wahrgenommen werden kann. Siehe auch Zweipunktschwelle. (15)

Linse *(lens)* Das transparente lichtbrechende Element des Auges, das das Licht passiert, nachdem es die Cornea und das Kammerwasser durchquert hat. Die Formveränderung der Linse zum Zweck des scharfen Sehens von Objekten in unterschiedlicher Entfernung wird als Akkommodation bezeichnet. (3)

Lippenlesen *(speechreading)* Ermöglicht es Gehörlosen, das Gesprochene anhand der visuellen Wahrnehmung der Lippenbewegungen zu erfassen. (12)

Lokale Störung im optischen Feld *(local disturbance in the optic array)* Tritt auf, wenn sich ein Objekt relativ zur Umgebung bewegt, sodass der statische Hintergrund durch das sich bewegende Objekt verdeckt bzw. aufgedeckt wird. Diese lokal fortschreitende Verdeckung zeigt, dass sich das Objekt relativ zur Umgebung bewegt. (8)

Mach'sche Bänder *(Mach bands)* Die Wahrnehmung eines dünnen dunklen Bands auf der dunklen Seite einer Hell-Dunkel-Kante sowie eines dünnen hellen Bands auf der hellen Seite einer Hell-Dunkel-Kante. (3)

Magnetresonanztomografie *(magnetic resonance imaging, MRI)* Technik zur Untersuchung des Gehirns, die es ermöglicht, Bilder von Strukturen innerhalb des Gehirns zu erstellen. (2)

Makrosmatisch *(macrosmatic)* Mit einem empfindlichen Geruchssinn ausgestattet – ein feiner Geruchssinn ist für viele Tiere überlebenswichtig. Lebewesen, die über einen feinen Geruchssinn verfügen, werden auch als Makrosmaten bezeichnet. (16)

Makuladegeneration *(macular degeneration)* Ein Krankheitsbild, das eine Degeneration der Makula auslöst. Die Makula ist ein Gebiet auf der Retina, das aus der Fovea und einem kleinen Bereich um die Fovea besteht. (3)

Maskierungsreiz, visueller *(visual masking stimulus)* Ein visuelles Reizmuster, das die Fähigkeit von Versuchspersonen zur Wahrnehmung anderer visueller Stimuli verschlechtert, wenn es unmittelbar im Anschluss daran dargeboten wird. Diese Darbietung beendet die Persistenz des Sehens und begrenzt somit die effektive Darbietungsdauer des Stimulus. (5)

McGurk-Effekt *(McGurk effect)* Siehe audiovisuelle Sprachwahrnehmung. (14)

Mechanorezeptor *(mechanoreceptor)* Ein Rezeptor, der auf mechanische Stimulation der Haut antwortet, beispielsweise auf Druck, Dehnung und Vibrationen. (15)

Meditation *(meditation)* Praxis, die ihren Ursprung in der buddhistischen und hinduistischen Kultur hat. Sie umfasst verschiedene Wege, den Geist zu beschäftigen. Siehe Meditation der fokussierten Aufmerksamkeit (6)

Meditation der fokussierten Aufmerksamkeit *(focused attention meditation)* Übliche Form der Meditation, bei der sich eine Person auf ein bestimmtes Objekt konzentriert, das der Atem, ein Klang, ein Mantra (eine Silbe, ein Wort oder eine Wortgruppe) oder ein visueller Reiz sein kann. (6)

Meissner-Körperchen *(Meissner corpuscle)* Ein Rezeptor in der Haut, der mit RA1-Mechanorezeptoren assoziiert ist. Einige Forscher gehen davon aus, dass das Meissner-Körperchen für die Kontrolle der zum Ergreifen von Objekten nötigen Kraft wichtig ist. (15)

Melodie *(melody)* Erfahrung, dass eine Folge von Tonhöhen als zusammengehörig wahrgenommen werden. Bezieht sich normalerweise auf die Art und Weise, wie Noten in einem Lied oder einer musikalischen Komposition aufeinander folgen. (13)

Melodisches Schema *(melody scheme)* Eine Repräsentation einer vertrauten Melodie im Gedächtnis. Die Existenz eines Gedächtnisschemas für Melodien macht es wahrscheinlicher, dass die mit einer Melodie assoziierten Töne perzeptuell gruppiert werden. (12)

Merkel-Zelle *(Merkel receptor)* Ein scheibenförmiger Rezeptor in der Haut, der mit langsam adaptierenden SA1-Fasern und der Wahrnehmung feiner Details assoziiert ist. (14)

Merkmaldetektor *(feature detector)* Ein Neuron, das selektiv auf eine bestimmte Eigenschaft eines Stimulus antwortet. (4)

Merkmalsintegrationstheorie *(feature integration theory)* Eine von Treisman vorgeschlagene Abfolge von Einzelschritten zur Erklärung, wie Objekte in Merkmale zerlegt werden, die daraufhin wieder kombiniert werden, um zu einer Wahrnehmung des Objekts zu führen. (6)

Merkmalssuche *(feature search)* Eine Aufgabe zur visuellen Suche, bei der eine Person ein bestimmtes Objekt finden kann, indem sie nach einem einzigen Merkmal Ausschau hält. Ein Beispiel ist die Suche nach einer horizontalen grünen Linie unter vertikalen grünen Linien. (6)

Metamere *(metamers)* Zwei Lichter mit unterschiedlicher spektraler Zusammensetzung, die perzeptuell identisch sind. (9)

Metamerie *(metamerism)* Die Situation, in der 2 physikalisch unterschiedliche Stimuli als identisch wahrgenommen werden. Im Falle des Farbensehens sind dies 2 Lichter mit unterschiedlicher spektraler Zusammensetzung, die als gleichfarbig wahrgenommen werden. (9)

Metrum *(meter)* In der Musik die Einteilung der Schläge in Takte oder Notenwerte, wobei der 1. Schlag in jedem Takt oft akzentuiert wird. In der westlichen Musik gibt es 2 elementare Metren: das Zweiermetrum, bei dem auf 1 betonten Schlag jeweils 1 unbetonter Schlag folgt, nämlich 12 12 12 oder 1234 1234 1234 (beispielsweise bei einem Marsch); oder das Dreiermetrum, bei dem auf 1 betonten Schlag jeweils 2 unbetonte Schläge folgen (wie beim Walzer). (13)

Metrische Struktur *(metrical structure)* Das Muster von Schlägen, das durch eine musikalische Taktart wie ein Zweiviertel-, Viertviertel- oder Dreivierteltakt angegeben wird. Musiker akzentuieren oft die 1. Note eines Takts durch den Tonansatz, die Lautstärke oder auch die Tondauer. (13)

Mikroelektrode *(microelectrode)* Ein dünner Draht, der klein genug ist, um die elektrischen Signale eines einzelnen Neurons aufzuzeichnen. (2)

Mikroneurografie *(microneurography)* Technik zur Aufzeichnung von Nervensignalen, bei der eine Metallelektrode mit einer sehr feinen Spitze direkt unter die Haut gestochen wird. (15)

Mikrosmatisch *(microsmatic)* Mit einem schwach ausgeprägten Geruchssinn ausgestattet. Lebewesen mit einem schwach ausgeprägten Geruchssinn werden auch als Mikrosmaten bezeichnet. (15)

Mikrospektrofotometrie *(microspectrophotometry)* Eine Technik, bei der ein schmaler Lichtstrahl auf einen einzelnen Zapfenrezeptor gerichtet wird. Mit dieser Technik lassen sich die Absorptionsspektren von Zapfenpigmenten bestimmen. (9)

Mikrostimulation *(microstimulation)* Ein Verfahren, bei dem eine kleine Elektrode in den Kortex eingeführt und eine elektrische Ladung hindurchgeschickt wird, die Neuronen im Umfeld der Elektrode aktiviert. Dieses Verfahren wurde oft angewandt, um den Einfluss der Aktivierung spezifischer Gruppen von Neuronen auf die Wahrnehmung zu untersuchen. (8)

Mind-Wandering *(mind wandering)* Nicht aufgabenbezogene geistige Aktivität. Wird auch als Tagträumen bezeichnet. (6)

Mittelohr *(middle ear)* Der kleine luftgefüllte Hohlraum zwischen dem Gehörgang und der Cochlea, in dem sich die Gehörknöchelchen befinden. (11)

Mittelohrmuskeln *(middle-ear muscles)* An den Gehörknöchelchen im Mittelohr ansetzende Muskeln. Dies sind die kleinsten Skelettmuskeln im menschlichen Körper; sie kontrahieren als Antwort auf sehr intensive Schallereignisse und dämpfen so in diesem Fall die Schwingung der Gehörknöchelchen. (11)

Mittlerer temporaler Kortex (MT-Areal) *(middle temporal [MT] area)* Gehirnregion im Schläfenlappen, die viele richtungsselektive Zellen enthält. (8)

Modul *(module)* Eine Struktur, die Informationen über eine bestimmte Verhaltensweise oder Wahrnehmungsqualität verarbeitet. Oft als Struktur identifiziert, die einen großen Anteil von Neuronen enthält, die selektiv auf eine bestimmte Wahrnehmungsqualität antworten. (4)

Modularität *(modularity)* Die Idee, dass bestimmte Bereiche des Kortex darauf spezialisiert sind, auf bestimmte Arten von Reizen zu reagieren. (2)

Monauraler Positionsreiz *(monaural location cue)* Ein Positionsreiz, der mit einem Ohr ausgewertet wird. (12)

Mondtäuschung *(moon illusion)* Die Täuschung, dass der Mond am oder nahe dem Horizont größer zu sein scheint als hoch am Himmel. (10)

Monochromat *(monochromat)* Eine komplett farbenblinde Person, die alles in Schwarz, Weiß oder Grauschattierungen sieht. Ein Monochromat kann Farbübereinstimmung mit jeder Farbe des Spektrums herstellen, indem er die Intensität irgendeiner anderen Wellenlänge variiert. Monochromaten verfügen nur über einen Typ von funktionstüchtigen Rezeptoren, normalerweise Stäbchen. (9)

Monochromatisches Licht *(monochromatic light)* Licht, das nur eine einzige Wellenlänge enthält. (3)

Monochromatismus *(monochromatism)* Seltene Form der Farbenblindheit. Die Betroffenen haben keine Zapfenrezeptoren und sehen somit alles in Schwarz, Weiß und Grauschattierungen und keine chromatischen Farben. (9)

Monokularer Tiefenhinweis *(monocular depth cue)* Ein Tiefenreiz wie Verdecken, relative Höhe, relative Größe, bekannte Größe, lineare Perspektive, Bewegungsparallaxe und Akkommodation, der auch beim Sehen mit nur einem Auge wirksam ist. (10)

Motorisches Signal *(motor signal)* Innerhalb des Reafferenzprinzips dasjenige Signal, das an die Augenmuskeln gesendet wird, wenn der Betrachter seine Augen bewegt oder dies versucht. (6)

Motortheorie der Sprachwahrnehmung *(motor theory of speech perception)* Eine Theorie, der zufolge eine enge Verbindung zwischen der Sprachwahrnehmung und der Sprachproduktion besteht. Die Grundidee ist, dass das Hören eines bestimmten Sprachlauts die motorischen Mechanismen für die Produktion dieses Sprachlauts aktiviert und eben diese Aktivierung uns zur Wahrnehmung des Sprachlauts befähigt. (14)

Müller-Lyer-Täuschung *(Müller-Lyer illusion)* Eine Täuschung aus 2 gleich langen Linien, die unterschiedlich lang erscheinen, weil Pfeilspitzen an den Enden der Linien hinzugefügt wurden. (10)

Multimodal *(multimodal)* Die Beteiligung einer Reihe verschiedener Sinnessysteme an der Wahrnehmung. Sprachwahrnehmung beispielsweise kann durch Informationen aus vielen anderen Sinnen (z. B. Hören, Sehen und Tastsinn) beeinflusst werden. (14)

Multimodale Interaktionen *(multimodal interactions)* Interaktionen, die mehr als einen Sinn oder eine Eigenschaft betreffen. (16)

Multimodaler Charakter des Schmerzes *(multimodal nature of pain)* Die Tatsache, dass die Erfahrung von Schmerz sowohl sensorische als auch emotionale Komponenten beinhaltet. (14)

Multisensorische Interaktionen *(multisensory interactions)* Zusammenwirken verschiedener Sinnesmodalitäten, etwa von Hören und Sehen. (12)

Multivoxel-Musteranalyse (MVPA) *(multivoxel pattern analysis)* Eine Technik beim neuronalen „Gedankenlesen", bei der das Muster der aktivierten Voxel verwendet wird, um festzustellen, was eine Person wahrnimmt oder denkt. (5)

Munsell-Farbsystem *(Munsell color system)* Darstellung von Farbton, Sättigung und Wert, entwickelt von Albert Munsell in den frühen 1900er-Jahren, bei der verschiedene Farbtöne um den Umfang eines Zylinders angeordnet sind und als ähnlich wahrgenommene Farbtöne nebeneinander angeordnet werden. (9)

Musik *(music)* Klang, der in der traditionellen westlichen Musik auf eine Weise organisiert ist, dass er eine Melodie erzeugt. (13)

Musikinduzierte autobiografische Erinnerung *(music-evoked autobiographical memory, MEAM)* Erinnerung, die durch das Hören von Musik ausgelöst werden. Musikinduzierte autobiografische Erinnerungen sind oft mit starken Emotionen wie Glück und Nostalgie verbunden, können aber auch mit traurigen Emotionen verbunden sein. (13)

Musikalische Phrasen *(musical phrases)* Wahrnehmung von Noten als Segmente, ähnlich wie Sätze in der Sprache. (13)

Musikalische Syntax *(musical syntax)* Regeln, die festlegen, wie Noten und Akkorde in der Musik kombiniert werden. (13)

Musterwiedergabe *(speech spectrograph)* Gerät zum Aufzeichnen von Zeit und Häufigkeitsmustern akustischer Signale. Die Bezeichnung als Musterwiedergabe oder Sprachspektrograf bezieht sich auch auf die Aufzeichnungen dieses Geräts. (14)

Myopie *(myopia)* Kurzsichtigkeit, d. h. Unfähigkeit, Objekte in der Ferne scharf zu sehen. Die sogenannte axiale Myopie (axial myopia) entsteht durch einen zu großen Augapfel. Eine zu hohe Brechkraft von Hornhaut und Linse kann zu refraktiver Myopie (refractive myopia) führen. (3)

Nachhallzeit *(reverberation time)* Die Zeit, innerhalb der ein in einem geschlossenen Raum erzeugter Schall auf ein Tausendstel des ursprünglichen Schalldrucks absinkt. (12)

Nähe *(proximity)* Einander nahe Objekte werden nach dem Gestaltprinzip der Nähe als zusammengehörig wahrgenommen. (5)

Naloxon *(Naloxone)* Eine Substanz, die die Wirkung von Opiaten hemmt. Es wird vermutet, dass Naloxon auch die Aktivität von Endorphinen hemmt und daher einen Einfluss auf die Schmerzwahrnehmung haben kann. (15)

Nasaler Teil des Rachens *(nasal pharynx)* Siehe retronasaler Weg. (16)

Nasopharynx *(nasal pharynx)* Der hinter der Nasenhöhle und oberhalb des Gaumensegels liegende Teil des Rachens, der Mund- und Nasenhöhle verbindet. (16)

Nervenfaser *(nerve fiber)* Bei den meisten sensorischen Neuronen das Axon, das elektrische Impulse weiterleitet. (2)

Nervenimpuls *(nerve impulse)* Die rapide Zunahme an positiver Ladung, die sich entlang der Nervenfaser ausbreitet. Auch als Aktionspotenzial bezeichnet. (2)

Nervenzelle *(neuron)* Siehe Neuron. (2)

Netzhaut *(retina)* Siehe Retina. (3)

Netzhautablösung *(detached retina)* Ablösung der Retina vom Pigmentepithel, an dem sie normalerweise dicht anliegt – ein Zustand, der ohne unmittelbare ärztliche Behandlung zu erheblichen Beeinträchtigungen des Sehens führt. (3)

Neuheitspräferenzverfahren *(novelty-preference procedure)* Ein Verfahren zur Untersuchung des Farbensehens von Säuglingen, bei dem 2 nebeneinanderliegende Quadrate von unterschiedlicher Farbe dargeboten werden und die Blickdauer des Säuglings auf die farbigen Flächen gemessen wird, um zu bestimmen, ob sie den Farbunterschied wahrnehmen können. (9)

Neurogenese *(neurogenesis)* Der Lebenszyklus eines Neurons von der Entstehung bis zum Absterben. Dieser Prozess findet bei den Rezeptoren des Geruchs- und des Geschmackssinns ständig statt. (16)

Neuron *(neuron)* Eine Zelle im Nervensystem, die elektrische Signale erzeugt und übermittelt, auch Nervenzelle genannt. (2)

Neuronale Konvergenz *(neural convergence)* Die Verschaltung mehrerer Neuronen auf ein Neuron, deren Nervenfasern mit diesem Neuron synaptisch verbunden sind. (3)

Neuronale Plastizität *(neural plasticity)* Die Fähigkeit des Nervensystems, sich in Reaktion auf unterschiedliche Erfahrungen zu verändern. Ein Beispiel hierfür ist die Veränderung der Orientierungsselektivität von Neuronen im visuellen Kortex als Antwort auf frühe visuelle Erfahrungen. Auch die Veränderung der Größe von kortikalen Arealen, die unterschiedliche Körperstellen repräsentieren, als Reaktion auf taktile Erfahrungen ist die Folge neuronaler Plastizität. Siehe auch erfahrungsabhängige Plastizität, selektive Aufzucht. (3)

Neuronale Verarbeitung *(neural processing)* Prozesse, die elektrische Signale innerhalb eines Netzwerks von Neuronen transformieren oder das Antwortverhalten einzelner Neuronen verändern. (1)

Neuronaler Schaltkreis *(neural circuit)* Eine Gruppe von durch Synapsen verbundenen Neuronen. (2)

Neuronales „Gedankenlesen" *(neural mind reading)* Mithilfe einer neuronalen Reaktion, in der Regel durch eine mit funktioneller Magnetresonanztomografie (fMRT) gemessene Gehirnaktivierung, wird ermittelt, was eine Person wahrnimmt oder denkt. (5)

Neuropathischer Schmerz *(neuropathic pain)* Schmerz durch Läsionen oder andere pathologische Veränderungen im Nervensystem. (14)

Neuropsychologie *(neuropsychology)* Die Wissenschaft von den verhaltensbezogenen Auswirkungen von Prozessen und insbesondere Schädigungen des menschlichen Gehirns. (2)

Neurotransmitter *(neurotransmitters)* Eine chemische Substanz, die in den synaptischen Vesikeln gespeichert ist und infolge eintreffender Nervenimpulse ausgeschüttet wird. Neurotransmitter üben eine erregende oder hemmende Wirkung auf das „Empfängerneuron" aus. (2)

Neutraler Punkt *(neutral point)* Die Wellenlänge, bei der ein Dichromat Grau wahrnimmt. (9)

Nichtkorrespondierende Netzhautpunkte *(noncorresponding retinal points)* Zwei Punkte, einer auf jeder Retina, die sich nicht überlappen, würde man die Netzhäute physikalisch übereinanderlegen. (10)

Nichtspektralfarben *(Nonspectral colors)* Farben, die nicht im Spektrum erscheinen, weil sie Mischungen aus anderen Farben sind, z. B. Magenta (eine Mischung aus Blau und Rot). (9)

Noceboeffekt *(nocebo effect)* Negativer Placeboeffekt, gekennzeichnet durch eine negative Reaktion aufgrund negativer Erwartungen. (15)

Nozizeptiver Schmerz *(nociception)* Der durch Nozizeptoren – etwa in der Haut – verursachte Schmerz. (15)

Nozizeptor *(nociceptor)* Eine freie Nervenfaser, die auf schädigende Gewebeveränderungen antwortet. (15)

Nucleus accumbens *(nucleus accumbens)* Gehirnstruktur, die eng mit dem Neurotransmitter Dopamin verbunden ist, der als Reaktion auf belohnungsassoziierte Reize im Nucleus accumbens freigesetzt wird. (13)

Nucleus cochlearis *(cochlear nucleus)* Der Hörkern, in dem die Nervenfasern von der Cochlea zum ersten Mal zusammentreffen. (11)

Nucleus solitarius – genauer: Nucleus tractus solitarii *(nucleus of the solitary tract)* Der Geschmackskern im Hirnstamm, der Signale von Zunge, Mund und Rachen empfängt, die von der Chorda tympani, dem Nervus glossopharyngeus und dem Nervus vagus übertragen werden. (16)

Obere Olive *(superior olivary nucleus)* Ein Hörkern in der Hörbahn zwischen Cochlea und Gehirn, der Signale vom Nucleus cochlearis erhält. (11)

Oberflächentextur *(surface texture)* Die visuell oder taktil erfassbaren Strukturen einer Fläche, etwa Wölbungen und Kerben oder Farb- und Helligkeitsmuster. (15)

Oberton Siehe Harmonische. (11)

Objekterkennung *(object recognition)* Die Fähigkeit, Objekte zu erkennen. (5)

Objektidentitätsvorteil *(same-object advantage)* Eine Verkürzung der Reaktionszeiten innerhalb eines Objekts, auf das Aufmerksamkeit gerichtet ist. Die Reaktion erfolgt auch dann schneller, wenn der Zielreiz innerhalb desselben Objekts nicht an dem Punkt innerhalb des Objekts erscheint, auf den der Blick des Probanden gerichtet ist. (6)

Objektunterscheidungsaufgabe *(object discrimination task)* Die verhaltensbezogene Aufgabe im Experiment von Ungerleider und Mishkin, in dem die Forscher Belege für die Existenz des ventralen Stroms (oder Was-Stroms) fanden. In dieser Aufgabe mussten Affen auf ein Objekt mit einer bestimmten Form reagieren. (4)

Oblique-Effekt *(oblique effect)* Erhöhte Empfindlichkeit für vertikal und horizontal ausgerichtete Stimuli im Vergleich zu „schräg" ausgerichteten. Der Oblique-Effekt wurde sowohl durch Messungen der Wahrnehmung wie auch durch Messungen der neuronalen Antworten bestätigt. (1)

Odotoptische Karte *(odotoptic map)* Siehe chemotopische Karte. (16)

Offene (overte) Aufmerksamkeit *(overt attention)* Aufmerksamkeit, die mit Augenbewegungen beim Anblicken eines Objekts einhergeht, also offen sichtbar (overt) ist. (6)

Ohrmuschel siehe Pinna. (11)

Okklusion *(occlusion)* Siehe Verdeckung. (10)

Ökologischer Ansatz der Wahrnehmungsforschung *(ecological approach to perception)* Dieser Ansatz konzentriert sich darauf, die Informationen aus der natürlichen Umgebung zu spezifizieren, die für die Wahrnehmung genutzt werden. Insbesondere wird untersucht, welche Informationen die Eigenbewegung des Betrachters für die Wahrnehmung liefert, um zu bestimmen, wie die perzeptuelle Information Wahrnehmungen verursacht und die weitere Bewegung beeinflusst. (7)

Oktave *(octave)* Abstand von Tönen mit Frequenzen, die ganzzahlige binäre Vielfache voneinander sind (2, 4 etc.). Beispielsweise liegt ein 800-Hz-Ton eine Oktave über einem 400-Hz-Ton. (11)

Okuläre Dominanz *(ocular dominance)* Das Überwiegen des Einflusses eines der Augen bei der Stimulation eines Neurons. Eine hohe okuläre Dominanz liegt vor, wenn das Neuron nur auf Stimulation eines einzigen Auges antwortet. Demgegenüber liegt keine okuläre Dominanz vor, wenn das Neuron in gleichem Ausmaß auf eine Stimulation beider Augen antwortet. (4)

Okulomotorische Tiefenhinweise *(oculomotor cues)* Tiefenreize, die auf unserer Fähigkeit zur Wahrnehmung der Ausrichtung unserer Augen und der Spannung in unseren Augenmuskeln basieren. Akkommodation und Konvergenz sind okulomotorische Tiefenreize. (10)

Okzipitallappen *(occipital lobe)* Ein auch als Hinterhauptslappen bezeichneter Hirnlappen an der Rückseite des Gehirns, der das primäre Areal für das Sehen enthält. (1)

Olfaktion *(olfaction)* Geruchswahrnehmung, die meist durch Stimulation der Rezeptoren in der Riechschleimhaut hervorgerufen wird. (16)

Olfaktorisches System *(olfactory system)* Wahrnehmungssystem der Olfaktion. (16)

Ommatidium *(omatidium)* Eine Struktur im Auge des Pfeilschwanzkrebses (Limulus), in der sich eine Linse direkt über einem visuellen Rezeptor befindet. Das Auge des Pfeilschwanzkrebses besteht aus Hunderten solcher Ommatidien. Es wurde bevorzugt für Forschungen zur lateralen Inhibition benutzt, da die einzelnen Rezeptoren groß genug sind, um sie individuell stimulieren zu können. (3)

Operculum frontale *(frontal operculum)* Ein Areal innerhalb des Frontallappens, das unter anderem Signale vom gustatorischen System empfängt. (16)

Opioide *(opioid)* Eine chemische Stoffgruppe, die Substanzen wie Opium, Heroin und andere ähnliche Betäubungsmittel umfasst, die die Schmerzwahrnehmung abschwächen und Euphorie auslösen. Die Opiate gehören zur Stoffgruppe der Opioide. (15)

Opsin *(opsin)* Der lange Teil des Sehpigmentmoleküls. (3)

Optischer Fluss *(optic flow)* Der Fluss der Stimuli in der Umgebung, der bei der Bewegung eines Betrachters relativ zur Umgebung auftritt. Vorwärtsgerichtete Bewegung erzeugt einen expandierenden optischen Fluss, rückwärtsgerichtete Bewegung hingegen einen kontrahierenden optischen Fluss. (7)

Optisches Feld *(optic array)* Das Muster strukturierten Lichts, das durch die Gegenwart von Objekten, Oberflächen und Texturen in der Umgebung erzeugt wird. (8)

Oral capture *(oral capture)* Empfindungen durch Geruch und Geschmack, die unsere Aufmerksamkeit auf den Mund lenken und uns dazu bringen, sie allein dem Mund zuzuschreiben. (16)

Orbitofrontaler Kortex *(orbitofrontal cortex)* Siehe sekundärer olfaktorischer Kortex. (16)

Orientierungssäule *(orientation column)* Eine Säulenstruktur im visuellen Kortex, die Neuronen mit einer Präferenz für dieselbe Orientierung beinhaltet. (4)

Orientierungs-Tuningkurve *(orientation tuning curve)* Eine Funktion, die die Feuerrate eines Neurons zur Orientierung eines Stimulus in Beziehung setzt. (4)

Ort der Artikulation *(place of articulation)* Bei der Spracherzeugung die Orte, an denen die Artikulation im Mundraum erfolgt. Siehe auch Art der Artikulation. (14)

Ortstheorie des Hörens *(place theory of hearing)* Die Theorie, dass die Frequenz eines Tons oder Klangs durch den Ort auf dem Corti'schen Organ angezeigt wird, an dem das neuronale Feuern am stärksten ist. Die moderne Ortstheorie basiert auf Békésys Theorie der Wanderwelle. (11)

Ortsunterscheidungsaufgabe *(landmark discrimination problem)* Die verhaltensbezogene Aufgabe im Experiment von Ungerleider und Mishkin, in dem die Forscher Belege für die Existenz des dorsalen Stroms (oder Wo-Stroms) fanden. In dieser Aufgabe mussten Affen auf eine zuvor bezeichnete Position reagieren. (4)

Ortszellen *(place cells)* Neuronen, die nur feuern, wenn sich ein Tier an einem bestimmten Ort in der Umgebung befindet. (7)

Ovales Fenster *(oval window)* Eine kleine, membranbedeckte Öffnung in der Cochlea, die Vibrationen vom Steigbügel empfängt. (11)

Pacini-Körperchen *(Pacinian corpuscle)* Ein Rezeptor mit einer charakteristischen ellipsoiden Form, der mit FA2-Mechanorezeptoren assoziiert ist. Er reagiert auf Druck, überträgt die entsprechenden Signale jedoch nur zu Beginn oder am Ende der Stimulation an die innen liegende Nervenfaser. Das Pacini-Körperchen ist für die Wahrnehmung von Vibrationen und feinen Oberflächenstrukturen (Texturen) verantwortlich, die man beim Überstreichen der Oberfläche mit den Fingern ertasten kann. (15)

Parahippocampales Ortsareal *(parahippocampal place area, PPA)* Ein Areal im Temporallappen, das durch den Anblick von Szenerien in geschlossenen Räumen und im Freien aktiviert wird. (5)

Parietale Greifregion *(parietal reach region, PRR)* Ein Netzwerk von Arealen im parietalen Kortex, das Neuronen enthält, die am Greifverhalten beteiligt sind. (7)

Parietallappen *(Lobus parietalis, parietal lobe)* Ein auch als Scheitellappen bezeichneter Hirnlappen an der Oberseite des Kortex, der das primäre Areal für den Tastsinn enthält und der der Endpunkt des dorsalen Stroms (oder Wo- bzw. Wie-Stroms) der visuellen Informationsverarbeitung ist. (1)

Parkettierung *(tiling)* Die dichte Packung der Positionssäulen im visuellen Kortex, die das gesamte visuelle Feld abdecken, vergleichbar mit dem Parkett, das den Boden lückenlos überdeckt. (4)

Partialton *(partial)* Siehe Harmonische. (11)

Partielle Farbkonstanz *(partial color constancy)* Eine Konstanzleistung bei wechselnder Beleuchtung, durch die sich der wahrgenommene Farbton nur wenig verändert – deutlich weniger, als es aufgrund der veränderten Wellenlänge des zum Auge gelangenden Lichts zu erwarten wäre. (9)

Passives Berühren *(passive touch)* Die Situation, dass eine Person passiv taktile Stimulation empfängt, die von einer anderen Person dargeboten wird. (15)

Payoff *(payoff)* Ein System von Belohnungen und Bestrafungen, mit dem die Motivation von Teilnehmern in Signalentdeckungsexperimenten beeinflusst werden kann. (Anhang C)

Pegel *(level)* Kurzform für Schalldruckpegel. Gibt den Schalldruck eines Schallstimulus im Pegelmaß Dezibel (dB) an. (11)

Periodisches Schallereignis *(periodic sound)* Ein Schallreiz, bei dem sich das Muster der Druckveränderung wiederholt. (11)

Periodische Wellenform *(periodic waveform)* Ein Muter sich wiederholender Druckänderungen beim Hörreiz. (11)

Periphere Retina *(peripheral retina)* Die gesamte Retina mit Ausnahme der Fovea und eines kleinen Bereichs um die Fovea. (3)

Permeabilität *(permeability)* Die Durchlässigkeit einer Membran für bestimmte Moleküle oder Atome. Wenn die Permeabilität für ein Molekül hoch ist, kann dieses die Membran leicht passieren. (2)

Persistenz des Sehens *(persistence of vision)* Das Phänomen, dass die visuelle Wahrnehmung eines jeden Stimulus noch für ungefähr 250 ms nach dem physikalischen Ende der Stimulusdarbietung fortbesteht. (5)

Perspektivische Konvergenz *(perspective convergence)* Die Wahrnehmung, dass 2 parallele Linien mit zunehmender Distanz vom Betrachter scheinbar konvergieren. (10)

Phänomenologische Methode *(phenomenological method)* Eine Methode zur Bestimmung der Beziehung zwischen Reiz und Wahrnehmung, bei der eine Versuchsperson ihre Wahrnehmungen beschreibt. (1)

Phantomglied *(phantom limb)* Ein trotz Amputation weiterhin gefühltes Körperteil wie ein Arm oder ein Bein. (15)

Phasenkopplung *(phase locking)* Das Feuern von auditorischen Neuronen synchron mit der Phase eines auditorischen Stimulus. (11)

Phonem *(phoneme)* Die kleinste lautliche Einheit, deren Veränderung die Bedeutung eines Worts beeinflusst. (14)

Phonemergänzung *(phonemic restoration effect)* Ein bei der Sprachwahrnehmung auftretender Effekt, durch den Hörer ein Phonem innerhalb eines Worts selbst dann wahrnehmen, wenn das akustische Signal dieses Phonems durch ein anderes Schallereignis überdeckt wird, z. B. durch weißes Rauschen oder Husten. (14)

Phonemgrenze *(phonetic boundary)* Die Stimmeinsatzzeit, bei der sich die Wahrnehmung von einer sprachlichen Phonemkategorie in eine andere verlagert. (14)

Phonetische Merkmale *(phonetic feature)* Hinweisreize, wie ein Phonem durch die Artikulatoren erzeugt wird. (14)

Phrenologie *(phrenology)* Der Glaube, verschiedene geistige Fähigkeiten könnten verschiedenen Gehirnbereichen aufgrund der äußeren Form des menschlichen Kopfs zugeordnet werden. (2)

Physikalische Gesetzmäßigkeiten *(physical regularities)* Regelmäßig auftretende physikalische Merkmale in der Umgebung. Zum Beispiel kommen horizontale und vertikale Orientierungen in der Umgebung häufiger vor als schräge Orientierungen. (5)

Physiologie-Verhalten-Beziehung *(physiology–behavior relationship)* Beziehung zwischen physiologischen Reaktionen und Verhaltensreaktionen. (1)

Pigmentregeneration *(visual pigment regeneration)* Diese tritt auf, nachdem die beiden Bestandteile des Sehpigmentmoleküls – Opsin und Retinal – durch Lichteinwirkung getrennt wurden. Die Pigmentregeneration führt zu einer erneuten Verbindung der beiden Moleküle. Der gesamte Prozess ist von Enzymen im Pigmentepithel abhängig. Siehe auch Bleichung. (3)

Pinna *(pinna)* Die Ohrmuschel, also der Teil des Ohrs, der außen am Kopf sichtbar ist. (11)

Piriformer Kortex *(piriform cortex)* Siehe primärer olfaktorischer Kortex. (16)

Placebo *(placebo)* Ein Scheinmedikament aus einer medizinisch wirkungslosen Substanz, von dem eine Person glaubt, dass es Symptome wie Schmerz lindern würde. (15)

Placeboeffekt *(placebo effect)* Die heilende Wirkung eines pharmakologisch wirkungslosen Scheinmedikaments, d. h. eines Placebos. (15)

Ponzo-Täuschung *(Ponzo illusion)* Eine Größentäuschung, bei der 2 gleich große Objekte zwischen konvergierenden Linien platziert werden und daraufhin als unterschiedlich groß erscheinen. (10)

Populationscodierung *(population coding)* Repräsentation bestimmter Objekte oder Eigenschaften durch das Aktivitätsmuster einer großen Zahl von feuernden Neuronen (2)

Positionsreiz *(location cue)* Die Eigenschaften des den Zuhörer erreichenden Schallsignals, die Informationen zur Position der Schallquelle liefern. (12)

Positionssäule *(location column)* Eine Säulenstruktur im visuellen Kortex, die Neuronen mit einem rezeptiven Feld an demselben Ort auf der Retina enthält. (4)

Positronen-Emissions-Tomografie *(positron emission tomography, PET)* Ein bildgebendes Verfahren, mit dem bei wachen Versuchspersonen bestimmt werden kann, welche Hirnareale durch verschiedene Aufgaben aktiviert werden. (4)

Posteriorer Bereich des Gürtels (Gyrus cinguli) *(posterior belt area)* Der hintere Teil des Gürtels im Schläfenlappen, der an der Verarbeitung von Geräuschen beteiligt ist. (12)

Potenzfunktion *(power function)* Eine mathematische Funktion, die von Potenzen einer Variablen abhängt. Ein Beispiel ist die Funktion $W = KS^n$, wobei W die wahrgenommene Reizintensität, K eine Konstante, S die physikalische Reizintensität und n ein Exponent ist. (Anhang B)

PPA Siehe parahippocampales Ortsareal. (4)

Präattentive Phase *(preattentive stage)* In der Merkmalsintegrationstheorie nach Treisman eine automatisierte und rasch ablaufende Verarbeitungsstufe, während der ein Stimulus in individuelle Merkmale zerlegt wird. (6)

Präattentive Verarbeitung *(preattentive processing)* Verdeckte Verarbeitung, die unterbewusst innerhalb eines Sekundenbruchteils abläuft. (6)

Prädiktive Aufmerksamkeitsverlagerung *(predictive remapping of attention)* Vorgang, bei dem sich die Aufmerksamkeit bereits dem Ziel zuwendet, bevor das Auge beginnt, sich darauf zuzubewegen, sodass der Wahrnehmende eine stabile, kohärente Szene sehen kann. Auch als prädiktives Remapping bezeichnet. (6)

Prädiktive Codierung *(predictive coding)* Theorie, die beschreibt, wie das Gehirn unsere früheren Erfahrungen nutzt, um vorherzusagen, was wir wahrnehmen werden. (5)

Präferenzmethode *(preferential looking technique)* Ein Verfahren zur Messung der Wahrnehmung bei Säuglingen. Bei Darbietung von 2 Stimuli wird das Blickverhalten der Kinder in Bezug auf die Zeit analysiert, die die Kinder mit dem Betrachten jedes der beiden Stimuli zubringen. (3)

Prägnanz *(pragnanz)* Jedes Stimulusmuster wird nach dem Gestaltgesetz der Prägnanz so gesehen, dass die resultierende Struktur so einfach wie möglich ist. Dieses Prinzip wird auch als Gesetz der guten Gestalt oder der Einfachheit bezeichnet. (5)

Präzedenzeffekt *(precedence effect)* Der Effekt, der auftritt, wenn 2 identische oder sehr ähnliche Schallereignisse die Ohren eines Hörers mit einem zeitlichen Abstand von weniger als etwa 50–100 ms erreichen und der Hörer daraufhin das Schallereignis hört, das die Ohren zuerst erreicht. Wird auch als Gesetz der ersten Wellenfront bezeichnet. (12)

Presbyakusis *(presbycusis)* Altersschwerhörigkeit, die typischerweise mit einem Hörverlust im Bereich hoher Frequenzen beginnt. Ein Hörverlust bei hohen Frequenzen muss nicht altersbedingt sein, sondern kann auch durch Lärmbelastung in der sozialen Umwelt entstehen (Soziakusis). (11)

Presbyopie *(presbyopia)* Die Altersweitsichtigkeit durch eine mit dem Alter zunehmende Unfähigkeit des Auges zu akkommodieren, weil sich die Linse verhärtet und die Ziliarmuskeln schwächer werden. (3)

Primäre sensorische Kortexareale *(primary receiving areas)* Areale im zerebralen Kortex, die den größten Teil der von den Rezeptoren eines bestimmten Sinnessystems ausgesandten Signale zuerst erhalten. So ist der Okzipitallappen beispielsweise der Sitz des primären Areals für das Sehen und der Temporallappen der Sitz des primären Areals für das Hören. (1)

Primärer auditorischer Kortex (A1) *(primary auditory cortex)* Das im Temporallappen gelegene Areal, das das primäre sensorische Areal für das Hören darstellt. (12)

Primärer olfaktorischer Kortex *(primary olfactory area)* Ein kleines Areal unterhalb des Temporallappens, das Signale von den Glomeruli im Bulbus olfactorius empfängt. Teil des piriformen Kortex. (16)

Primärer somatosensorischer Kortex (S1) *(somatosensory receiving area)* Ein Areal im Parietallappen, das Signale von der Haut und den inneren Organen erhält, die mit somatischen Empfindungen wie Tastempfindungen sowie Temperatur- und Schmerzwahrnehmung assoziiert sind. Siehe auch sekundärer somatosensorischer Kortex. (14, 15)

Primärer visueller Kortex *(primary visual cortex)* Der Kortexbereich im Okzipitallappen, in dem die visuellen Eingangssignale von Auge und Corpus geniculatum laterale (CGL) empfangen werden. (3)

Prinzipien der Wahrnehmungsorganisation *(principles of perceptual organization)* Siehe gemeinsame Region, gemeinsames Schicksal, guter Verlauf, Nähe, Prägnanz (gute Gestalt) und Synchronizität. (5)

Problem der Variabilität *(variability problem)* In der Sprachwahrnehmung die Tatsache, dass es keine einfache Beziehung zwischen einem bestimmten Phonem und dem akustischen Signal gibt. (14)

Propriozeption *(proprioception)* Die Wahrnehmung des eigenen Körpers, insbesondere der Position der Gliedmaßen. (7)

Prosopagnosie *(prosopagnosia)* Eine Form der visuellen Agnosie, bei der die Gesichtererkennung beeinträchtigt ist. (5)

Protanopie *(protanopia)* Eine Form der Rot-Grün-Dichromasie, die durch einen Mangel an langwelligem Zapfenpigment verursacht wird. (9)

Proust-Effekt *(Proust effect)* Das Auslösen von Erinnerungen durch Geruch und Geschmack. Der Effekt wurde nach Marcel Proust benannt, der beschrieben hatte, wie der Geruch und der Geschmack einer in Tee gestippten Madeleine Kindheitserinnerungen in ihm weckten. (16)

Proximaler Stimulus *(proximal stimulus)* Der Stimulus auf den Rezeptoren. Beim Sehsinn wäre dies das Bild auf der Retina. (1)

Psychophysik *(psychophysics)* Traditionellerweise bezeichnet der Begriff Psychophysik quantitative Methoden zur Messung der Beziehung zwischen physikalischen Eigenschaften des Stimulus und der subjektiven Erfahrung der Versuchsperson. In diesem Buch werden übergreifend alle Methoden als psychophysisch bezeichnet, mit denen Zusammenhänge zwischen Stimuli und Wahrnehmung bestimmt werden. (1)

Psychophysische Methoden, klassische *(classical psychophysical methods)* Die von Fechner beschriebenen Methoden zur Schwellenbestimmung; im Einzelnen die Grenzmethode, die Herstellungsmethode und die Konstanzmethode. (1)

Pupille *(pupil)* Die dunkel erscheinende runde Öffnung des Auges, durch die Licht auf die Retina fällt. (3)

Purkinje-Effekt *(Purkinje shift)* Der Übergang vom Zapfensehen zum Stäbchensehen während der Dunkeladaptation. Siehe auch spektrale Empfindlichkeit. (3)

Querdisparität *(angle of disparity)* Winkeldifferenz der Sehwinkel beider Augen beim binokularen Sehen. Tritt auf, wenn die Bilder eines Objekts auf den beiden Retinae auf disparate Punkte fallen. (10)

Querdisparitäts-Tuningkurve *(disparity tuning curve)* Eine Kurve, die die neuronale Antwort in Abhängigkeit von der Querdisparität eines visuellen Stimulus darstellt. Die Querdisparität mit maximaler neuronaler Antwort ist ein wichtiges Merkmal der binokularen Tiefenzellen. (10)

RA1-Rezeptor *(RA1 receptor)* Schnell adaptierende Rezeptoren in Verbindung mit dem Meissner-Körperchen in der Hautstruktur, die nur feuern, wenn ein Druckreiz einsetzt bzw. endet. (15)

RA2-Rezeptor *(RA2 receptor)* Rezeptoren in Verbindung mit dem Pacini-Körperchen, die tiefer in der Haut liegen als die RA1-Rezeptoren. (15)

Ratte-Mann-Bild *(rat-man demonstration)* Die Demonstration, in der die Darbietung eines rattenähnlichen oder gesichtsähnlichen Bilds die Wahrnehmung eines 2. Bilds beeinflusst, das entweder als Ratte oder als Gesicht gesehen werden kann. Diese Demonstration verdeutlicht den Einfluss der Top-down-Verarbeitung auf die Wahrnehmung. (1)

Raumakustik *(architectural acoustics)* Die Wissenschaft, die die Reflexion von Schallwellen in geschlossenen Räumen untersucht. Ein zentrales Thema innerhalb der Raumakustik ist, wie diese reflektierten Schallwellen die Wahrnehmungsqualität von in Räumen gehörten Schallwellen verändern. (12)

Räumliche Aktualisierung *(spatial updating)* Der Prozess, mit dem Menschen und Tiere ihre Position in der Umgebung im Auge behalten, während sie sich bewegen. (7)

Räumliche Aufmerksamkeit *(spatial attention)* Aufmerksamkeit für einen bestimmten Ort. (6)

Räumliche Oberflächenreize *(spatial cues)* Bei der taktilen Wahrnehmung diejenigen Informationen über die Textur einer Oberfläche, die durch Größe, Form und Verteilung von Oberflächenmerkmalen sowie Ausbuchtungen und Einkerbungen, bestimmt wird. (15)

Räumlicher Neglect *(spatial neglect)* Neurologische Erkrankung, bei der Patienten mit einer geschädigten Hemisphäre des Gehirns die Gesichtsfeldhälfte vernachlässigen, die dieser Hemisphäre gegenüberliegt. (6)

Rauschen *(noise)* In der Signalentdeckungstheorie ist Rauschen die Gesamtheit aller Stimuli, die nicht das Signal selbst sind. (Anhang C)

Reafferenzprinzip *(corollary discharge theory)* Gemäß dieser Theorie der Bewegungswahrnehmung wird eine Efferenzkopie (eine Kopie des motorischen Signals) an eine Struktur namens Komparator gesendet. Im Komparator werden das Signal über Bewegung auf der Retina und die Efferenzkopie miteinander verglichen. Löschen sich die

Signale nicht gegenseitig aus, so wird Bewegung wahrgenommen. Siehe auch Efferenzkopie. (8)

Reaktionszeit *(reaction time)* Die Zeit zwischen dem Beginn der Darbietung eines Stimulus und der Antwort einer Versuchsperson. Die Reaktionszeit wird in Experimenten oft als Maß für die Verarbeitungsgeschwindigkeit verwendet. (1)

Reale Bewegung *(real motion)* Die physikalische Bewegung eines Stimulus – im Unterschied zur Scheinbewegung. (8)

Reflektanz *(reflectance)* Der Anteil des von einer Oberfläche reflektierten Lichts, der auch als Reflexionsvermögen oder Reflexionsgrad bezeichnet wird. (9)

Reflektanzkante *(reflectance edge)* Eine Kante zwischen 2 unterschiedlich stark reflektierenden Oberflächen, an der sich das Reflexionsvermögen der Flächen ändert. (9)

Reflektanzkurve *(reflectance curve)* Ein Diagramm, das den prozentualen Anteil des reflektierten Lichts eines Objekts gegen die Wellenlänge zeigt. (9)

Refraktärphase *(refractory period)* Die Zeitperiode mit einer Dauer von etwa 1 ms, die ein Bereich einer Nervenfaser benötigt, um sich von der Weiterleitung eines Nervenimpulses zu „erholen". In dieser Zeit kann kein neuer Nervenimpuls in der Faser entstehen. (2)

Refraktionsfehler *(refractive error)* Fehler, die die Fähigkeit der Hornhaut und/oder Linse beeinträchtigen können, das einfallende Licht auf die Netzhaut zu fokussieren. (3)

Refraktive Myopie *(refractive myopia)* Myopie (Kurzsichtigkeit), bei der die Hornhaut und/oder die Linse das Licht zu stark bricht. Siehe auch axiale Myopie. (3)

Regel des kürzesten Wegs *(shortest path constraint)* Das Prinzip, dass Scheinbewegung entlang des kürzesten Wegs zwischen 2 Stimuli auftritt, wenn diese im richtigen Zeitabstand nacheinander dargeboten werden. (8)

Regelmäßigkeiten in der Umgebung *(regularities in the environment)* Merkmale in der Umgebung, die regelmäßig und in vielen unterschiedlichen Situationen auftreten. (5)

Reichardt-Detektor *(Reichardt detector)* Ein neuronaler Schaltkreis, der dazu führt, dass Neuronen auf Bewegungen in bestimmter Richtung feuern und nicht in die Gegenrichtung. (8)

Reiner Ton *(pure tone)* Ein Ton, der einer Überlagerung aus sinusförmigen Schalldruckschwankungen entspricht. Ein

Ton, der durch eine einzige Sinusschwingung beschrieben werden kann, ist ein reiner Sinuston. (11)

Reiz-Physiologie-Beziehung *(stimulus-physiology-relationship)* Die Beziehung zwischen Reizen und physiologischen Antworten. (1)

Reiz-Verhalten-Beziehung *(stimulus-behavior-relationship)* Die Beziehung zwischen Reizen und Verhaltensreaktionen, wobei Verhaltensreaktionen Wahrnehmung, Erkennen oder Handeln sein können. (1)

Relative Disparität *(relative disparity)* Die Differenz zwischen den absoluten Disparitäten von Objekten in einer Szene. (10)

Relative Größe *(relative size)* Ein Tiefenreiz. Von 2 gleich großen Objekten in unterschiedlicher Entfernung wird das weiter entfernte weniger Raum im Gesichtsfeld einnehmen. (10)

Relative Höhe *(relative height)* Ein Tiefenreiz. Objekte, deren tiefster Punkt unterhalb des Horizonts liegt, erscheinen weiter entfernt, wenn sie im Gesichtsfeld höher liegen. Objekte, deren tiefster Punkt oberhalb des Horizonts liegt, erscheinen weiter entfernt, wenn sie im Gesichtsfeld tiefer liegen. (10)

Repräsentationaler Impuls *(representational momentum)* Tritt auf, wenn nacheinander 2 Bilder betrachtet werden, in denen dieselbe Bewegung dargestellt wird, und die betrachtende Person anschließend angeben soll, ob das 2. Bild sich vom 1. unterscheidet. Repräsentationaler Impuls ist dann gegeben, wenn das 2. Bild eine spätere Phase der Bewegung im 1. Bild darstellt, vom Betrachter jedoch als identisch mit dem 1. Bild identifiziert wird. (8)

Repräsentationsprinzip *(principle of representation)* Ein Wahrnehmungsprinzip, dem zufolge das, was wahrgenommen wird, nicht durch direkten Kontakt mit einem verfügbaren Stimulus zustande kommt, sondern durch Stimulusrepräsentationen in den Rezeptoren der Sinnessysteme und im Nervensystem. (1)

Resonanz *(resonance)* Ein physikalisches Phänomen, durch das sich Schallwellen bestimmter Frequenzen verstärken, wenn sie in einer geschlossenen Röhre oder einem Klangkörper reflektiert werden. Die Resonanz im Gehörgang verstärkt Frequenzen zwischen etwa 2000 und 5000 Hz. (11)

Resonanzfrequenz *(resonance frequency)* Die Frequenz, die in einem bestimmten Objekt durch Resonanz am meisten verstärkt wird. Die Resonanzfrequenz einer geschlossenen Röhre hängt von der Länge der Röhre ab. (11)

Retina *(retina)* Ein komplexes neuronales Netzwerk, das den Augenhintergrund (die innere Rückseite des Auges) auskleidet. Diese Netzhaut enthält die visuellen Rezeptoren (auch als Fotorezeptoren bezeichnet), die einfallendes Licht in elektrische Signale umwandeln, sowie Horizontal-, Bipolar-, Amakrin- und Ganglienzellen. (3)

Retinopathia pigmentosa *(retinopathia pigmentosa)* Eine Netzhautdegeneration, die zu einem allmählichen Verlust der Sehkraft führt. Früher als „Retinitis pigmentosa" bezeichnet, obwohl es sich nicht um einen entzündlichen Prozess handelt. (3)

Retinotope Karte *(retinotopic map)* Eine Karte auf der Oberfläche einer Struktur im visuellen System, beispielsweise auf dem Corpus geniculatum laterale oder dem Kortex, die Punkte auf der Struktur bezeichnet, die mit bestimmten Punkten auf der Retina korrespondieren. In retinotopen Karten benachbarte Punkte werden auf der jeweiligen Oberfläche gewöhnlich durch ebenfalls benachbarte Neuronen repräsentiert. (4)

Retronasaler Weg *(retronasal route)* Die Öffnung, die den nasalen Teil des Rachens mit der Nasenhöhle verbindet. Dieser Weg bildet die Grundlage für die Kombination von Geruch und Geschmack bei der Aromawahrnehmung. (16)

Rezeptives Feld *(receptive field)* Das rezeptive Feld eines Neurons ist das Gebiet auf der Rezeptoroberfläche (beispielsweise der Retina im Fall des Sehens und der Haut im Fall des Tastsinns), dessen Stimulation die Feuerrate des Neurons beeinflusst. (3)

Rezeptives Feld mit erregendem Zentrum und hemmendem Umfeld *(excitatory-center, inhibitory-surround structure)* Eine Struktur eines rezeptiven Felds, bei dem die Stimulation des Zentrums eine erregende Reaktion und die Stimulation der Umgebung eine hemmende Reaktion hervorruft. Siehe auch Zentrum-Umfeld-Struktur. (3)

Rezeptives Feld mit hemmendem Zentrum und erregendem Umfeld *(inhibitory-center, excitatory-surround structure)* Eine Struktur eines rezeptiven Felds, bei dem die Stimulation des Zentrums eine hemmende Reaktion und die Stimulation der Umgebung eine erregende Reaktion hervorruft. Siehe auch Zentrum-Umfeld-Struktur. (3)

Rezeptor *(receptor)* Ein sensorischer Rezeptor ist ein Neuron, das empfindlich für Energie aus der Umwelt ist und diese Energie in elektrische Signale umwandelt, die dann im Nervensystem weitergeleitet werden. (2)

Rhythmus *(rhythm)* In der Musik die Abfolge von Veränderungen im Zeitablauf (eine Abfolge aus kürzeren und längeren Noten) in einem zeitlichen Muster. (13)

Riechkolben (Bulbus olfactorius) *(obfactory bulb)* Eine Struktur im Gehirn, die Teil der Riechbahn ist. Der Riechkolben enthält Glomeruli, die direkt Signale von den Riechrezeptoren empfangen. (16)

Riechschleimhaut *(olfactory mucosa)* Die Region in der Nase, die die Rezeptoren des Geruchssinns enthält. (16)

Riechsinneszellen *(olfactory receptor neurons, ORNs)* Ein sensorisches Neuron innerhalb der Riechschleimhaut, das die Geruchsrezeptoren enthält. (16)

ROC-Kurve Siehe Isosensitivitätskurve. (Anhang C)

Rückkehr zur Tonika *(return to the tonic)* Tritt auf, wenn ein Lied mit der Tonika beginnt und endet, wobei die Tonika die Tonhöhe ist, die am besten zur Tonart einer Komposition passt. (13)

Ruffini-Körperchen *(Ruffini cylinder)* Ein Rezeptor in der Haut, der mit langsam adaptierenden Fasern assoziiert ist. Manche Forscher meinen, dass das Ruffini-Körperchen an der Wahrnehmung von Dehnung beteiligt ist. (15)

Ruhepotenzial *(resting potential)* Der Ladungsunterschied zwischen der Innen- und der Außenseite eines Neurons, wenn das Neuron inaktiv ist. Die meisten Nervenfasern haben ein Ruhepotenzial von etwa $-70\,\mathrm{mV}$, was bedeutet, dass das Innere des Neurons einen Überschuss an negativen Ladungsträgern aufweist. (2)

Ruhezustands-fMRT *(resting-state fMRI)* Das mit der funktionellen Magnetresonanztomografie (fMRT) aufgezeichnete Signal, wenn das Gehirn nicht mit einer bestimmten Aufgabe beschäftigt ist. (2)

SA1-Rezeptor *(slowly adapting 1 fibre)* Diese langsam adaptierende Faser antwortet auf Stimuli mit feinen Details auf der Haut, so wie eingekerbte Oberflächen. Sie ist mit der Merkel-Zelle assoziiert. Siehe auch langsam adaptierender Rezeptor. (15)

SA2-Rezeptor *(slowly adapting 2 fibre)* Diese langsam adaptierende Faser antwortet auf andauernde Druckreize und ist an der Wahrnehmung von Hautdehnung beteiligt. Sie ist mit dem Ruffini-Körperchen assoziiert. (15)

Sakkadische Augenbewegungen *(saccadic eye movement)* Kurze, schnelle Augenbewegung zwischen Fixierungen beim Scannen einer Szene mit den Augen. (6)

Salienzkarte *(saliency map)* Eine „Karte" einer visuellen Darstellung, die aufmerksamkeitsrelevante Eigenschaften wie Farbe, Kontrast und Orientierungen berücksichtigt. Diese Karte liefert eine Vorhersage dafür, welchen Berei-

chen der Darstellung eine Person mit höchster Wahrscheinlichkeit Aufmerksamkeit widmen wird. (6)

Sättigung *(saturation)* Bei Farbsättigung der relative Anteil von Weiß in einer chromatischen Farbe. Je weniger Weiß eine Farbe enthält, desto gesättigter ist sie. (9)

Schall *(sound)* Der physikalische Stimulus für das Hören. (11)

Schalldruckpegel *(sound pressure level, SPL)* Eine Notation, die den Schalldruck eines Schallereignisses angibt. Der Bezugsschalldruck für die Berechnung des Dezibelwerts eines Tons wurde mit 20 Mikropascal (μPa) angesetzt, nahe der Hörschwelle im empfindlichsten Frequenzbereich des Hörens. (11)

Schallpegel *(sound level)* Siehe Pegel, Schalldruckpegel. (11)

Schallschatten *(acoustic shadow)* Der durch den Kopf verursachte „Schatten" für Schall, der zu einem Absinken des Pegels hochfrequenter Schallsignale auf der vom Schall abgewandten Seite des Kopfs führt. Der akustische Schatten ist die Grundlage der interauralen Pegeldifferenz. (12)

Schallspektrogramm *(sound spectrogram)* In einem Schallspektrogramm ist das Muster der Frequenzanteile eines Schallsignals oder Lauts gegen die Zeit abgetragen. Auch als Sonagramm bezeichnet. (14)

Schallwelle *(sound wave)* Ein Muster von Druckänderungen in einem Medium. Die meisten der von uns gehörten Schallereignisse beruhen auf Druckveränderungen in der Luft, jedoch kann Schall auch durch Wasser und Festkörper übertragen werden. (11)

Scheinbewegung *(apparent motion oder apparent movement)* Eine Illusion von Bewegung, die insbesondere zwischen 2 räumlich getrennten Objekten auftritt, wenn die Objekte durch ein kurzes Zeitintervall getrennt nacheinander aufblinken. (5)

Scheinkontur *(illusionary contour)* Eine Kontur, die wahrgenommen wird, obwohl sie im physikalischen Stimulus nicht enthalten ist. (5)

Schnell adaptierender Rezeptor (FA-Rezeptor) *(fast adapting receptor)* Ein druckempfindlicher Mechanorezeptor, der schnell an fortdauernde Stimulation der Haut adaptiert. Schnell adaptierende Fasern sind mit dem Meissner-Körperchen und dem Pacini-Körperchen assoziiert. (15)

Schwelle *(threshold)* Die minimale Stimulusenergie, die notwendig ist, damit ein Beobachter einen Stimulus erkennt. Siehe auch absolute Schwelle, Hörschwellenkurve, Kontrastschwelle, Unterschiedsschwelle, Zweipunkt-schwelle. (1)

Seed-Position *(seed location)* Ort im Gehirn, der an der Ausführung einer bestimmten Aufgabe beteiligt ist und als Referenzpunkt bei der Messung der funktionellen Konnektivität im Ruhezustand dient. (2)

Segmentierung *(segregation)* Siehe Figur-Grund-Unterscheidung. (5)

Segregation *(segregation)* Der Verarbeitungsprozess, der Flächen oder Objekte trennt und gliedert. Siehe auch Figur-Grund-Unterscheidung. (5)

Sehgrube *(fovea)* Siehe Fovea. (2)

Sehnerv (Nervus opticus) *(optic nerve)* Ein Bündel von Nervenfasern, das Nervenimpulse von der Retina zum Corpus geniculatum laterale und anderen Strukturen weiterleitet. Der Nervus opticus enthält pro Auge jeweils etwa 1 Mio. Nervenfasern von Ganglienzellen. (3)

Sehpigment *(visual pigment)* Ein lichtempfindliches Molekül, das in den Außensegmenten der Stäbchen- und Zapfenrezeptoren enthalten ist. Die chemische Reaktion dieses Moleküls auf Lichteinwirkung erzeugt eine elektrische Antwort in den Rezeptoren. (3)

Sehschärfe *(visual acuity)* Die Fähigkeit zur visuellen Wahrnehmung feiner Details. (3)

Sehwinkel *(visual angle)* Der Winkel eines Objekts in Relation zu den Augen des Betrachters. Der Sehwinkel kann bestimmt werden, indem man vom Auge aus 2 Linien zu den äußersten Punkten des Objekts zieht. Da der Sehwinkel eines Objekts immer relativ zu einem Betrachter bestimmt wird, verändert er sich mit der Distanz. (10)

Sehwinkelkontrast *(angular size contrast)* Eine Erklärung der Mondtäuschung, in der davon ausgegangen wird, dass die wahrgenommene Größe des Mondes dadurch bestimmt wird, wie groß die Objekte in seinem Umfeld sind. Der Mond wirkt also klein, wenn er im Zenit steht und vom Himmel als großem Objekt umgeben ist. (10)

Seitlicher Kniehöcker *(lateral geniculate nucleus)* Siehe Corpus geniculatum laterale. (3)

Sekundärer olfaktorischer Kortex *(secondary olfactory area)* Ein Areal im Frontallappen nahe den Augen, das Signale empfängt, die ihren Ursprung in den Geruchsrezeptoren haben. Teil des orbitofrontalen Kortex. (16)

Sekundärer somatosensorischer Kortex (S2) *(secondary somatosensory cortex)* Das Areal im Parietallappen, das an

den primären somatosensorischen Kortex (S1) angrenzt und neuronale Signale verarbeitet, die mit Tastempfindungen, Temperatur- und Schmerzwahrnehmung assoziiert sind. (15)

Selektive Adaptation *(selective adaptation)* Ein Verfahren, bei dem eine Versuchsperson oder ein Versuchstier selektiv einem Stimulus ausgesetzt und der Effekt dieser Stimulusdarbietung anschließend durch die Darbietung eines breiten Spektrums an Stimuli untersucht wird. Untersucht wird, inwieweit die Abnahme der Sensitivität für den adaptierten Stimulus auf andere Reize generalisiert. (4)

Selektive Aufmerksamkeit *(selective attention)* Tritt auf, wenn eine Person ihre Aufmerksamkeit selektiv auf einen bestimmten Ort oder eine bestimmte Eigenschaft eines Stimulus richtet. (6)

Selektive Aufzucht *(selective rearing)* Ein Verfahren, bei dem Tiere in Umgebungen mit veränderten Gesetzmäßigkeiten aufgezogen werden. Ein Beispiel ist das bekannte Experiment, in dem Kätzchen ausschließlich in einer Umgebung mit vertikalen Streifen aufgezogen wurden, um die Auswirkungen auf die Orientierungsselektivität kortikaler Neuronen zu untersuchen. (4)

Selektive Reflexion *(selectice reflection)* Das Phänomen, dass ein Objekt manche Wellenlängen des Spektrums stärker reflektiert als andere. (9)

Selektive Transmission *(selective transmission)* Das Phänomen, dass manche Wellenlängen mehr und andere weniger durch ein Objekt oder eine Substanz dringen. Selektive Transmission kann zur Wahrnehmung chromatischer Farbe führen. Siehe auch selektive Reflexion. (9)

Semantische Codierung *(semantic encoding)* Methode zur Entschlüsselung der Kategorie einer Szene anhand der Aktivierungsmuster im Gehirn. Mit fMRT-Bildgebung werden die Aktivierungsmuster, die bei vielen verschiedenen Bildern entstehen, gemessen und verschiedenen Szenenkategorien zugeordnet, um einen Decodierer zu kalibrieren, mit dessen Hilfe dann aus den Bildvorlagen der Szenentyp vorhergesagt werden kann. (5)

Semantische Regelmäßigkeiten *(semantic regularities)* Die aus Erfahrung gelernten Zusammenhänge zwischen den Funktionen und Merkmalen bestimmter Szenen, etwa den Tätigkeiten und Gerätschaften in einer Küche. (5)

Sensomotorischer Hörverlust *(sensorimotor hearing loss)* Beeinträchtigung des Hörvermögens und der Sprachwahrnehmung aufgrund einer Schädigung der Haarzellen in der Cochlea. (14)

Sensorische Codierung *(sensory coding)* Die verschlüsselte Repräsentation verschiedener Merkmale der Umgebung im Feuern der Neuronen, die im Aktivierungsmuster codiert ist. Siehe auch Einzelzellcodierung, Populationscodierung, sparsame Codierung, verteilte Codierung. (2)

Sensorische Rezeptoren *(sensory receptors)* Sinneszellen, die spezifisch auf Umweltstimuli einer bestimmten Energieform reagieren, wobei jedes Sinnessystem auf eine Energieform spezialisiert ist. (1)

Sensorische Schmerzkomponente *(sensory component of pain)* Schmerzwahrnehmung, die als klopfend, stechend, heiß oder dumpf beschrieben wird. Siehe auch affektive Schmerzkomponente. (15)

Sequenzielle Gruppierung *(sequential grouping)* In der auditiven Szenenanalyse die Gruppierung, die vorgenommen wird, wenn Schallereignisse zeitlich aufeinander folgen. (12)

Shadowing (Beschattung) *(shadowing)* Die Zuhörer wiederholen laut, was sie hören, während sie es hören. (6)

Sichtbares Licht *(visible light)* Das Frequenzband elektromagnetischer Energie, das das menschliche visuelle System aktiviert und das wir deshalb wahrnehmen können. Das für Menschen sichtbare Licht hat Wellenlängen zwischen 400 und 700 nm. (3)

Signal *(signal)* Der einer Versuchsperson in einem Signalentdeckungsexperiment – im Gegensatz zum Rauschen – dargebotene Stimulus. Ein Begriff aus der Signalentdeckungstheorie. (Anhang C)

Signalentdeckungstheorie *(signal detection theory, SDT)* Eine Theorie, der zufolge die Angabe, einen Stimulus wahrgenommen zu haben, sowohl von der Empfindlichkeit der Versuchsperson als auch von ihrem Antwortkriterium abhängt. Siehe auch Antwortkriterium, falscher Alarm, Geräusch, Isosensitivitätskurve, korrekte Zurückweisung, Payoff, Signal, Treffer, Verpasser. (Anhang C)

Signal für eine retinale Bildverschiebung *(image displacement signal, IDS)* In der Reafferenztheorie das afferente Signal, das entsteht, wenn sich das Bild auf der Retina über die Rezeptoren bewegt. (6)

Simultane Gruppierung *(simultaneous grouping)* Wenn verschiedene Schallereignisse, die zeitgleich auftreten, so wahrgenommen werden, dass sie von verschiedenen Schallquellen stammen. (12)

Simultankontrast *(simultaneous contrast)* Simultankontrast tritt dann auf, wenn unsere Wahrnehmung der Helligkeit oder der Farbe eines Areals durch die Helligkeit oder Farbe eines angrenzenden oder umgebenden Areals beeinflusst wird. Der Begriff Simultankontrast bezieht sich im Allgemeinen auf die Helligkeit; in Bezug auf Farbe wird von simultanem Farbkontrast gesprochen. (3, 9)

Sinnesspezifische Sattheit *(sensory-specific satiety)* Die Auswirkung der Wahrnehmung des Geruchs von Nahrungsmitteln, an denen man sich gerade satt gegessen hat. Beispielsweise fanden Probanden nach Bananenverzehr bis zur Sattheit Vanilleduft etwas weniger angenehm als zuvor, aber bei Bananen nahm die Angenehmheit erheblich ab und schlug ins Negative um. (16)

Soma *(soma)* Siehe Zellkörper.

Somatosensorisches System *(somatosensory system)* Das gesamte System der Hautsinne, der Propriozeption (Sinn für die Position der Gliedmaßen) und der Kinästhesie (Sinn für Bewegungen der Gliedmaßen). (15)

Soziale Berührung *(social touch)* Wenn eine Person eine andere berührt. Siehe auch interpersonelle Berührung. (15)

Soziale Berührungshypothese *(social touch hypothesis)* Die These, dass CT-Afferenzen und ihre zentralen Projektionen für soziale Berührung verantwortlich sind. (15)

Sozialer Schmerz *(social pain)* Schmerz, der durch negative soziale Situationen wie Ablehnung erzeugt wird. (15)

Sparsame Codierung *(sparse coding)* Ein Konzept, dem zufolge ein einzelnes Objekt durch ein Aktivierungsmuster möglichst weniger feuernder Neuronen codiert wird. (2)

Spektrale Empfindlichkeit *(spectral sensitivity)* Die Empfindlichkeit der visuellen Rezeptoren in verschiedenen Frequenzbereichen des sichtbaren Spektrums. Siehe auch spektrale Hellempfindlichkeitskurve. (3)

Spektrale Empfindlichkeitskurve der Stäbchen *(rod spectral sensitivity curve)* Die Kurve, die die visuelle Empfindlichkeit in Abhängigkeit von der Wellenlänge für das Stäbchensehen darstellt. Diese Funktion wird in der Regel gemessen, wenn das Auge mit einem Testlicht, das auf die periphere Netzhaut gerichtet ist, dunkeladaptiert wird. (3)

Spektrale Empfindlichkeitskurve der Zapfen *(cone spectral sensitivity curve)* Eine Kurve der visuellen Empfindlichkeit in Abhängigkeit von der Wellenlänge für das Zapfensehen, die häufig anhand eines Lichtpunkts auf der Fovea gemessen wird, die nur Zapfen enthält. Kann auch gemessen werden, wenn das Auge an das Licht angepasst ist, sodass die Zapfen die empfindlichsten Rezeptoren sind. (3)

Spektrale Hellempfindlichkeitskurve *(spectral sensitivity curve)* Die Funktion, die die Lichtempfindlichkeit einer

Person mit der Wellenlänge des Lichts verbindet. Die spektralen Hellempfindlichkeitskurven für Stäbchen- und Zapfensehen zeigen maximale Empfindlichkeit bei 500 nm (Stäbchen) und 560 nm (Zapfen). Siehe auch Purkinje-Effekt. Die Hellempfindlichkeit von Zapfen wird häufig anhand eines Lichtpunkts auf der Fovea gemessen, die nur Zapfen enthält; bei den Stäbchen wird die Messung beim dunkeladaptierten Auge mit Testreizen auf der peripheren Retina durchgeführt. (3)

Spektrale Reflektanzkurve *(reflectance curve)* Eine Kurve, die das Reflexionsvermögen einer reflektierenden Fläche in Abhängigkeit von der Wellenlänge darstellt. (9)

Spektraler Hinweisreiz *(spectral cue)* Beim Hören die das Ohr erreichende Frequenzverteilung, die mit einer bestimmten räumlichen Position einer Schallquelle assoziiert ist. Die Frequenzverteilung ist in beiden Ohren aufgrund der Interaktion des Schalls mit Kopf und Ohrmuscheln des Zuhörers unterschiedlich. (12)

Spektralfarben *(spectral colors)* Farben, die im sichtbaren Spektrum erscheinen. Siehe auch Nichtspektralfarben. (9)

Spiegelneuron *(mirror neuron)* Ein Neuron im prämotorischen Areal des Kortex des Affen, das sowohl antwortet, wenn der Affe ein Objekt ergreift als auch wenn er jemand anderes (einen anderen Affen oder den Versuchsleiter) beim Ergreifen des Objekts beobachtet. Siehe auch audiovisuelle Spiegelneuronen. (7)

Spiegelneuronensystem *(mirror neuron system)* Netzwerk von Neuronen, von denen angenommen wird, dass sie eine Rolle bei der Bildung von Spiegelneuronen spielen. (7)

SPL Siehe Schalldruckpegel. (11)

Spontanaktivität *(spontaneous activity)* Neuronales Feuern ohne Stimulation aus der Umwelt. (2)

Sprachsegmentierung *(speech segmentation)* Das perzeptuelle Gliedern des kontinuierlichen akustischen Stimulus in einzelne Wörter. (14)

Spreizung der Antwortdimension *(response expansion)* Form der Beziehung zwischen wahrgenommener Reizstärke und physikalischer Stimulusintensität, bei der eine Verdopplung der physikalischen Stimulusintensität die wahrgenommene Reizstärke mehr als verdoppelt. (Anhang B)

Stäbchen *(rod)* Stäbchenförmige Rezeptoren in der Retina, die vorwiegend für das Sehen unter schlechten Beleuchtungsbedingungen (Dämmerungssehen) verantwortlich sind. Das Stäbchensystem ist im Dunkeln extrem empfindlich, kann aber keine feinen Details auflösen. Siehe auch spektrale Hellempfindlichkeitskurve. (3)

Stäbchenmonochromat *(rod monochromat)* Eine Person, bei der die einzigen funktionstüchtigen Rezeptoren auf der Retina die Stäbchen sind. (3)

Statistisches Lernen *(statistical learning)* Das Lernen von Übergangswahrscheinlichkeiten und anderen statistischen Merkmalen der Umwelt. Statistisches Lernen bei der Sprachwahrnehmung wurde bereits bei Krabbelkindern nachgewiesen. (14)

Steigbügel *(stapes)* Das letzte der 3 Gehörknöchelchen im Mittelohr. Der Steigbügel nimmt die Schwingungen vom Amboss auf und überträgt diese an das ovale Fenster des Innenohrs. (11)

Stereopsis *(stereopsis)* Das binokulare räumliche Sehen. Wegen der Querdisparität der beiden Netzhautbilder – der unterschiedlichen Position der Bilder desselben Objekts auf beiden Retinae – entsteht der Eindruck räumlicher Tiefe. (10)

Stereoskop *(stereoscope)* Ein Gerät, das dem rechten und dem linken Auge unterschiedliche Bilder derselben Szenerie darbietet, um die Querdisparität zu simulieren, die beim Betrachten der abgebildeten realen Szenerie auftreten würde. (10)

Stereoskopische Tiefenwahrnehmung *(stereoscopic depth perception)* Tiefenwahrnehmung, die aus den Unterschieden der Eingangssignale beider Augen berechnet wird. Siehe auch binokulare Disparität. (10)

Stereoskopisches Sehen *(stereoscopic vision)* Sehen, das stereoskopische Tiefenwahrnehmung erzeugt, die aus den Eingangssignalen der beiden Augen berechnet wird. (10)

Stereozilien *(stereocilia)* Kleine Härchen am oberen Ende der inneren und äußeren Haarzellen des auditorischen Systems. Die Auslenkung der Stereozilien der inneren Haarzellen führt zur Transduktion. (11)

Stevens'sches Potenzgesetz *(Stevens's power law)* Eine Beziehung zwischen der physikalischen Intensität eines Stimulus und unserer Wahrnehmung seiner Intensität. Das Gesetz besagt, dass $W = KS^n$ beträgt, wobei W die wahrgenommene Reizintensität, K eine Konstante, S die physikalische Reizintensität und n ein Exponent ist. (Anhang B)

Stimmeinsatzzeit *(voice onset time, VOT)* Die bei der Sprachproduktion auftretende zeitliche Verzögerung zwischen dem Beginn eines akustischen Sprachsignals und dem Beginn der Vibrationen der Stimmbänder. (14)

Stimmsensitive Zellen *(voice cells)* Neuronen im Temporallappen, die auf Stimmlaute der eigenen Spezies stärker ansprechen als auf Laute anderer Arten oder nichtstimmliche Geräusche. (14)

Strabismus *(strabismus)* Auch Schielen genannt. Fehlstellung der Augen, die zur Schwächung eines Auges führt, weil das Sehsystem durch Unterdrückung der visuellen Information eines der Augen Doppelbilder vermeidet. Dadurch wird die Umgebung immer nur mit einem (eventuell wechselnden) Auge gesehen. (10)

Striärer Kortex *(striate cortex, visual receiving area)* Der primäre visuelle Kortex innerhalb des Okzipitallappens, in dem die Signale von der Retina und dem Corpus geniculatum laterale zuerst den Kortex erreichen. (4)

Strukturalismus *(structuralism)* Ein in der Psychologie des späten 19. und frühen 20. Jahrhunderts populärer Ansatz, dem zufolge Wahrnehmungen das Ergebnis der Summation zahlreicher elementarer Empfindungen sein sollten. Die Gestaltpsychologie nahm ihren Ursprung zum Teil in einer Reaktion auf den Strukturalismus. (5)

Strukturelle Codierung *(structural encoding)* Eine Methode, aus dem Aktivierungsmuster der Voxel im Gehirn des Betrachters einer Szene Rückschlüsse auf die Strukturmerkmale der betrachteten Szene zu ziehen, die dieses Muster hervorgerufen haben, etwa Linien, Kontraste, Formen und Texturen. (5)

Strukturelle Konnektivität *(structural connectivity)* Die strukturelle „Straßenkarte" aus Nervenfasern, die die verschiedenen Gehirnareale verbindet. (2)

Subkortikale Struktur *(subcortical structure)* Eine Struktur unterhalb der Oberfläche des zerebralen Kortex. Beispielsweise ist im visuellen System der Colliculus superior eine subkortikale Struktur. Der Nucleus cochlearis und die obere Olive sind 2 der subkortikalen Strukturen im auditorischen System. (11)

Subkutis *(subcutis)* Unterhaut unter der Dermis. (15)

Subtraktive Farbmischung *(substractive color mixture)* Die Farbmischung durch das Mischen von Pigmentfarben. Sie wird als subtraktiv bezeichnet, weil sie durch die selektive Absorption einzelner Farbpigmente dem Reflexionslicht Farbkomponenten entzieht. (9)

Sustentakularzellen *(sustentacular cell)* Zellen, die die sensorischen Geruchsneuronen strukturell und metabolisch unterstützen. (16)

Synapse *(synapse)* Der kleine Zwischenraum zwischen dem Axonende eines Neurons (dem präsynaptischen Neuron) und dem Zellkörper eines anderen Neurons (dem postsynaptischen Neuron). (2)

Synästhesie *(synesthesia)* Eine verschiedene Sinnesmodalitäten umfassende Wahrnehmung, bei der ein Stimulus eine weitere Sinneserfahrung der gleichen oder einer anderen Modalität auslöst. So könnte ein Synästhet beim Betrachten von Buchstaben diese als farbig empfinden. (14)

Synchronizität *(synchrony)* Nach einem modernen Gestaltprinzip werden gleichzeitig stattfindende visuelle Ereignisse als zusammengehörig wahrgenommen. (5)

Synkopierung *(syncopation)* Wenn als „und" gezählte Musiknoten außerhalb des Beats im Offbeat einsetzen, wodurch die Musik eine gewisse „Sprunghaftigkeit" erhält. (13)

Synkopation *(syncopation)* Siehe Synkopierung. (13)

Syntax *(syntax)* Grammatikregeln in der Sprache, die festlegen, wie Sätze korrekt zu konstruieren sind. Siehe auch musikalische Syntax. (13)

Szene *(scene)* Der Anblick der Umgebung eines Betrachters mit Hintergrundelementen und vielfältigen Objekten in unterschiedlichen Beziehungen zueinander und zum Hintergrund, die durch Wahrnehmungsorganisation in ihren Bedeutungen gruppiert werden. (5)

Szenenbedeutung *(gist of a scene)* Die allgemeine Beschreibung des wesentlichen Inhalts einer Szene. Menschen können die meisten Szenen innerhalb von Sekundenbruchteilen inhaltlich einordnen, ähnlich wie beim Zappen durch Fernsehprogramme. Um die Details einer Szene zu identifizieren, braucht man jedoch mehr Zeit. (5)

Szenenschema *(scene schema)* Das Wissen einer Person darüber, welche Elemente in typischen Szenerien enthalten sind. Ein Beispiel für ein Szenenschema ist das Wissen, dass ein Büro normalerweise einen Computer, Bücher und einen Schreibtisch enthält. Dieses Wissen kann in bestimmten Situationen bei der Ausrichtung der Aufmerksamkeit helfen. (6)

Taktile Unterscheidungsfähigkeit *(tactile acuity)* Die kleinsten Details, die auf der Haut noch wahrgenommen werden können. (15)

Taktschlag *(beat)* Siehe Metrum. (12)

Teilton *(partial tone)* Partialton. Siehe Harmonische. (11)

Tektorialmembran *(tectorial membrane)* Eine Membran, die sich im Inneren der Cochlea erstreckt und sich direkt oberhalb der Haarzellen befindet. Die Schwingungen der cochleären Trennwand führen dazu, dass die Tektorialmembran gegen die Haarzellen gedrückt wird und sie auslenkt. (11)

Temporallappen *(temporal lobe)* Ein auch als Schläfenlappen bezeichneter Hirnlappen an der Seite des Gehirns, der das primäre Areal für das Hören beinhaltet und der Endpunkt des ventralen Stroms (oder Was-Stroms) der visuellen Informationsverarbeitung ist. Es gibt zahlreiche Areale im Temporallappen wie das fusiforme Gesichtsareal und das extrastriäre Körperareal, die Funktionen im Zusammenhang mit dem Wahrnehmen und Erkennen von Objekten erfüllen. (1)

Testposition *(test position)* Ruhezustands-fMRT, das an einer anderen Position gemessen wird als an der Ausgangsposition (seed location). (2)

Texturgradient *(texture gradient)* Das visuelle Muster, das durch eine regelmäßig strukturierte Oberfläche geformt wird, die sich vom Betrachter weg erstreckt. Dieses Muster liefert Tiefeninformationen, da Elemente innerhalb eines Texturgradienten mit zunehmender Distanz vom Betrachter dichter gepackt erscheinen. Siehe auch Oberflächentextur. (10)

Theorie der unbewussten Schlüsse *(unconscious inference)* Nach einer von Helmholtz aufgestellten Theorie sind einige unserer Wahrnehmungen das Ergebnis unbewusster Schlüsse, die wir über unsere Umwelt ziehen. Siehe auch Wahrscheinlichkeitsprinzip der Wahrnehmung. (5)

Theorie der wahrgenommenen Entfernung *(apparent distance theory)* Eine Erklärung der Mondtäuschung, der zufolge der Mond am Horizont wegen der im Gelände enthaltenen Tiefeninformationen näher erscheint als am leeren Himmel. Bei identischem Sehwinkel des Mondes an beiden Positionen erscheint der Mond am Horizont dann größer. (10)

Theorie der Wahrnehmungskompromisse *(conflicting cues theory)* Eine von R. H. Day vorgeschlagene Theorie zur Erklärung optischer Täuschungen, der zufolge unsere Wahrnehmung der Länge einer Linie von der tatsächlichen Länge der Linie und der Gesamtlänge der Konfiguration abhängt. (10)

Theorie der Wiedererkennung durch Komponenten *(recognition by components theory, RBC)* Sie besagt, dass Objekte aus einzelnen geometrischen Komponenten, den Geonen, bestehen und dass wir Objekte aufgrund der Anordnung dieser Geone erkennen. Auch RBC-Theorie genannt. (5)

These von der Überlappung körperlich und sozial verursachter Schmerzen *(physical-social pain overlap hypothesis)* These, die besagt, dass Schmerzen aufgrund von negativen sozialen Erfahrungen über die gleichen neuronalen Schaltkreise verarbeitet werden, über die auch körperliche Schmerzen verarbeitet werden. (15)

Tiefenhinweise *(cue approach to depth perception)* Ausgangspunkt zur Untersuchung der Tiefenwahrnehmung anhand von Hinweisreizen. Danach beruht Tiefenwahrnehmung auf der Identifikation derjenigen Information im Netzhautbild, die mit räumlicher Tiefe in der Szenerie korreliert, sowie auf der Identifikation der Information aus dem Ausrichten und Fokussieren der Augen, die mit räumlicher Tiefe korreliert. Einige der Tiefenreize sind Überlappung, relative Höhe, relative Größe, atmosphärische Perspektive, Konvergenz und Akkommodation. (10)

Timbre *(timbre)* Siehe Klangfarbe. (11)

Tip-Link *(tip link)* Fortsatz auf den Stereozilien der Haarzellen, der durch Bewegung der Tektorialmembran gedehnt oder gestaucht wird, was zum Öffnen oder Schließen der Ionenkanäle führt. (11)

Ton *(tone)* Ein periodisch schwankender Schalldruck, dessen Frequenz als Tonhöhe wahrgenommen wird. Der einfachste Ton ist eine sinusförmige Schallschwingung. Musikalische Töne (reine Töne) entsprechen Überlagerungen von Sinuskomponenten (Harmonischen). Der Notenwert oder die Tonigkeit (Tonchroma) ist durch das Frequenzspektrum der Harmonischen festgelegt. Töne mit demselben Harmonischenspektrum haben denselben Notenwert und dieselbe Tonigkeit. (11)

Tonale Hierarchie *(tonal hierarchy)* Bewertungen, wie gut Noten in eine Tonleiter passen. Noten, die in einer Tonleiter „richtig" klingen, sind in der tonalen Hierarchie oben angesiedelt. Noten, die weniger gut in die Tonleiter zu passen scheinen, sind niedrig angesiedelt. (13)

Tonalität *(tonality)* Die Organisation von Tonhöhen anhand der Note, die mit der Tonlage/Tonhöhe der Komposition verbunden ist. (13)

Tonchroma *(tone chroma)* Siehe Tonigkeit. (11)

Tonhöhe *(pitch)* Die als Höhe oder Tiefe wahrgenommene Eigenschaft eines Tons, die proportional zur Frequenz ansteigt oder abfällt. (11)

Tonhöhensensible Neuronen *(pitch neurons)* Neuronen, die spezifisch auf Stimuli mit bestimmter Tonhöhe reagieren. Diese Neuronen feuern auch bei Tönen, in denen einzelne Harmonische wie der Grundton nicht vorhanden sind. (11)

Tonigkeit *(tone chroma)* Der wahrgenommene ähnliche Toncharakter bei Noten, die eine oder mehrere Oktaven auseinanderliegen. Auch Tonchroma genannt. (11)

Tonika *(tonic)* Die Tonart einer musikalischen Komposition. (13)

Tonleiterillusion *(scale illusion)* Eine akustische Täuschung, die auftritt, wenn auf dem linken und dem rechten Ohr Tonintervalle so dargeboten werden, dass die tiefsten und höchsten Töne einer aufsteigenden oder absteigenden Tonleiter entsprechen. Obwohl bei jedem Ohr die Tonhöhe auf- und abspringt, werden auf beiden Ohren gleichmäßig aufsteigende oder absteigende Tonfolgen gehört. Man spricht auch von der Einbindung in eine Melodie. (12)

Tonotope Karte *(tonotopic map)* Eine geordnete Karte von Frequenzen, die Antwortmuster von Neuronen im auditorischen System wiedergibt. Es gibt eine tonotope Karte entlang der Cochlea, bei der die Neuronen beim Apex am stärksten auf niedrige Frequenzen und die Neuronen an der Basis am stärksten auf hohe Frequenzen antworten. (11)

Top-down-Verarbeitung *(top-down processing)* Verarbeitungsprozess, der mit der Analyse von hochgradig abstrakter Information beginnt, etwa dem Wissen, das eine Person in eine Situation einbringt. Sie wird auch wissensbasierte Verarbeitung genannt und ist das Gegenteil von Bottom-up-Verarbeitung, die auch als datenbasiert bezeichnet wird und bei den eingehenden Informationen ansetzt. (1)

Transduktion *(transduction)* Die in den Sinnessystemen stattfindende Transformation von Energie aus der Umwelt in elektrische Energie. Beispielsweise wandeln die Rezeptoren in der Retina Lichtenergie in elektrische Energie um. (1, 2)

Transformationsprinzip *(principle of transformation)* Dieses Prinzip der Wahrnehmung beinhaltet, dass Stimuli und die von ihnen ausgelösten Antworten vom Umgebungsreiz bis zur Wahrnehmung umgewandelt werden. (1)

Transkranielle Magnetstimulation (TMS) *(transcranial magnetic stimulation)* Ein bestimmtes Gehirnareal einem starken magnetischen Wechselfeld aussetzen, das diese Struktur vorübergehend außer Funktion setzt. (8)

Transmissionskurven *(transmission curves)* Funktionskurven, die den Anteil des durchgelassenen Lichts in Abhängigkeit von der Wellenlänge wiedergeben. (9)

Transmissionszelle *(transmission cell, T-cell)* Nach der Gate-Control-Theorie die Zellen, die Plus- und Minus-Inputs von Zellen im Rückenmark erhalten. Die Aktivität der Transmissionszellen beeinflusst die Schmerzwahrnehmung. (15)

Treffer *(hit)* Die Angabe, einen Stimulus in einem Versuchsdurchgang eines Signalentdeckungsexperiments entdeckt zu haben, in dem dieser tatsächlich vorhanden war (eine korrekte Antwort). (Anhang C)

Trichromat *(trichromat)* Eine Person mit normalem Farbensehen. Ein Trichromat benötigt 3 Wellenlängen zur Herstellung der Farbübereinstimmung mit einer beliebigen anderen Wellenlänge. (9)

Trichromatismus des Farbensehens *(trichromacy of color vision)* Die Vorstellung, dass unsere Farbwahrnehmung durch das Verhältnis der Aktivität von 3 Rezeptoren mit unterschiedlicher spektraler Empfindlichkeit bestimmt wird. (9)

Tritanopie *(tritanopia)* Eine Form der Dichromasie, die vermutlich durch einen Mangel an kurzwelligem Zapfenpigment ausgelöst wird. Ein Tritanop sieht Blau bei kurzen Wellenlängen und Rot bei langen. (9)

Trommelfell *(eardrum, tympanic membrane)* Die Membran am Ende des äußeren Gehörgangs, die durch Schallwellen in Schwingung versetzt wird und diese Schwingungen an die Gehörknöchelchen im Mittelohr weitergibt. (11)

Tuningkurve *(tuning curve)* Siehe Frequenz-Tuningkurve, Orientierungs-Tuningkurve. (11)

Übergangswahrscheinlichkeiten *(transitional probability)* Beim Sprechen die Wahrscheinlichkeiten für die Übergänge zwischen verschiedenen Lauten. Jede Sprache hat unterschiedliche Wahrscheinlichkeiten für verschiedene Lautfolgen, die beim Spracherwerb gelernt werden. (14)

Unaufgelöste Harmonische *(unresolved harmonics)* Harmonische eines komplexen Tons, die nicht voneinander unterschieden werden können, weil sie nicht durch separate Hochpunkte auf der Basilarmembran angezeigt werden. Vor allem die höheren Harmonischen eines Tons sind eher unaufgelöste Harmonische. (11)

Unaufmerksamkeitsblindheit *(inattentional blindness)* Eine Situation, in der ein Stimulus, dem keine Aufmerksamkeit gewidmet wird, auch nicht wahrgenommen wird, selbst wenn eine Person ihn direkt ansieht. (6)

Unbunte Farben *(achromatic colors)* Siehe achromatische Farben. (9)

Unilateraler Dichromat *(unilateral dichromat)* Eine Person mit dichromatischem Sehen in einem Auge und trichromatischem Sehen im anderen Auge. Bei Personen mit diesem extrem seltenen Zustandsbild wurde die Farbwahrnehmung von Dichromaten anhand des Vergleichs ihrer Angaben zur Farbwahrnehmung mit dem dichromatischen und dem trichromatischen Auge untersucht. (9)

Univarianzprinzip *(principle of univariance)* Die Absorption eines Photons durch ein Sehpigmentmolekül verursacht unabhängig von der Wellenlänge immer denselben Effekt. (9)

Unterschiedsschwelle *(difference threshold)* Der kleinste wahrnehmbare Unterschied zwischen 2 Stimuli. (1)

Urfarben *(unique hues)* Die auf Ewald Hering zurückgehende Bezeichnung für die Primärfarben Rot, Gelb, Grün und Blau. (9)

Ventraler Verarbeitungsstrom *(ventral pathway)* Ein Verarbeitungsstrom, der Signale vom striären Kortex zum Temporallappen übermittelt. Auch als Was-Strom bezeichnet, da er an der Objekterkennung beteiligt ist. (4)

Ventrolateraler Thalamuskern (Nucleus ventralis posterior) *(ventrolateral nucleus)* Ein Kerngebiet im Thalamus, das Signale vom System der Hautsinne empfängt. (15)

Veränderungsblindheit *(change blindness)* Die Schwierigkeit beim Wahrnehmen von Unterschieden zwischen 2 visuellen Stimuli, insbesondere wenn zwischen diesen Stimuli ein neutraler Stimulus eingefügt wird. Veränderungsblindheit tritt auch dann auf, wenn ein Teil eines Stimulus sehr langsam verändert wird. (6)

Verbundenheit von Elementen *(uniform connectedness)* Nach einem modernen Gestaltprinzip werden zusammenhängende Regionen eines visuellen Stimulus als Einheit wahrgenommen. (5)

Verdeckte (coverte) Aufmerksamkeit *(covert attention)* Aufmerksamkeit ohne gezieltes Hinschauen. Ein Beispiel dafür ist die Situation, in der plötzlich etwas aus dem Augenwinkel auftaucht. (6)

Verdeckung *(occlusion)* Ein Tiefenreiz, bei dem ein Objekt ein anderes komplett oder teilweise verdeckt, wodurch das verdeckte Objekt als weiter entfernt wahrgenommen wird. (10)

Verdichtung der Antwortdimension *(response compression)* Form der Beziehung zwischen wahrgenommener Reizstärke und physikalischer Stimulusintensität, bei der eine Verdopplung der physikalischen Stimulusintensität die wahrgenommene Reizstärke weniger als verdoppelt. (1)

Vergrößerungsfaktor, kortikaler *(cortical magnification factor)* Durch die Stimulation eines kleinen Rezeptorbereichs wird ein überproportional großer Kortexbereich aktiviert. So belegt beispielsweise ein kleiner Bereich auf der Retina in und nahe der Fovea mehr Raum im Kortex als ein identisch großes Areal in der peripheren Retina. Ähnlich erhalten die Fingerspitzen mehr Raum im somatosensorischen Kortex als Unterarme oder Beine. (4)

Verhältnisprinzip *(ratio principle)* Nach dem Verhältnisprinzip sehen 2 Flächen, die unterschiedlich viel Licht reflektieren, gleich aus, wenn die reflektierten Lichtintensitäten im Verhältnis zu den Lichtintensitäten der jeweiligen Umgebungen gleich sind. (9)

Verpasser *(miss)* Die Angabe, einen Stimulus in einem Versuchsdurchgang eines Signalentdeckungsexperiments nicht entdeckt zu haben, in dem dieser jedoch vorhanden war (eine inkorrekte Antwort). (Anhang C)

Verteilte Codierung *(distributed coding)* Auch Ensemblecodierung. Eine Art der neuronalen Codierung, bei der unterschiedliche Wahrnehmungen durch das über zahlreiche Neurone verteilte Aktivitätsmuster repräsentiert werden. Sie ist das Gegenteil der Einzelzellcodierung, bei der das Aktivitätsmuster einzelner Neuronen gleichen Typs die spezifische Wahrnehmung codiert. (3)

Verteilte Repräsentation *(distributed representation)* Tritt auf, wenn ein Reiz eine neuronale Aktivität in einer Reihe von verschiedenen Hirnregionen auslöst, sodass die Aktivität über das gesamte Gehirn verteilt ist. (2)

Vertraute Größe *(familiar size)* Ein Tiefenreiz. Unser Wissen um die tatsächliche Größe eines Objekts beeinflusst in einigen Fällen die wahrgenommene Distanz des Objekts. Epsteins Experiment mit Münzen illustriert, dass die vertraute Größe einer Münze die wahrgenommene Entfernung der Münze beeinflusst. (10)

Verzögerungseinheit *(delay unit)* Eine Komponente des Reichardt-Detektors, die erklären soll, wie neuronales Feuern bei unterschiedlichen Bewegungsrichtungen erfolgt. Die Verzögerungseinheit verlangsamt die Übertragung von Nervenimpulsen auf ihrem Weg von den Rezeptoren zum Gehirn. (8)

Vestibuläres System *(vestibular system)* Das Gleichgewichtssystem, dessen Gleichgewichtsorgan im Innenohr für die Wahrnehmung und die Ausbalancierung von Körperhaltung und -lage entscheidend ist. (13)

Visuell evozierte Potenziale *(visual evoked potentials, VEP)* Eine elektrophysiologische Reaktion auf visuelle Stimulation, die von Elektroden an der Rückseite des Kopfs aufgezeichnet werden. Diese Potenziale spiegeln die Aktivität einer großen Zahl von Neuronen im visuellen Kortex wider. (3)

Visuelle Agnosie *(visual form agnosia)* Die Unfähigkeit zur Objekterkennung. (9)

Visuelle Richtungsstrategie *(visual direction strategy)* Eine Strategie von bewegten Betrachtern zum Erreichen eines Ziels, bei der der Körper stets in Richtung auf das Ziel ausgerichtet wird. (7)

Visuelle Salienz *(visual salience)* Merkmale wie leuchtende Farben, hoher Kontrast und eine gut sichtbare Position, die dazu führen, dass die Reize hervorstechen und somit Aufmerksamkeit erregen. (6)

Visuelle Suche *(visual search)* Ein Verfahren, bei dem eine Versuchsperson einen bestimmten Stimulus unter vielen anderen auffinden muss. (6)

Visuomotorische Greifzelle *(visuomotoric grip cell)* Ein Neuron, das zunächst nur antwortet, wenn ein bestimmtes Objekt gesehen wird, dann aber auch feuert, wenn das Objekt mit der Hand ergriffen wird. (7)

Vocoder *(noise vocoded speech)* Zusammenfügung aus den englischen Wörtern voice und encoder. Ein Verfahren, bei dem das Sprachsignal in verschiedene Frequenzbänder unterteilt wird und dann jedem Band ein Rauschen hinzugefügt wird. (14)

Vorderseitenstrang *(Tractus spinothalamicus, spinothalamic pathway)* Eine der neuronalen Bahnen im Rückenmark, über die Nervenimpulse aus der Haut zum somatosensorischen Areal des Thalamus übertragen werden. (15)

Wahrgenommene Größe *(perceived magnitude)* Ein Maß für die Intensität oder Stärke eines Stimulus wie Licht oder Schall, die wahrgenommen wird. (1)

Wahrgenommener Kontrast *(perceived contrast)* Die Beurteilung, wie stark der Unterschied zwischen hellen und dunklen Streifen empfunden wird. (6)

Wahrnehmung *(perception)* Bewusste sensorische Erfahrung. (1)

Wahrnehmungskompromisse Siehe Theorie der Wahrnehmungskompromisse. (8)

Wahrnehmungsorganisation *(perceptual organization)* Der Prozess, durch den kleine Elemente perzeptuell zu größeren Objekten zusammengruppiert werden. Siehe auch Gestaltprinzipien. (5)

Wahrnehmungsprozess *(perceptual process)* Eine Abfolge von Einzelschritten, die von der Umwelt über die Wahrnehmung eines Stimulus zum Erkennen des Stimulus und schließlich zur Handlung in Bezug auf den Stimulus führt. (1)

Wahrnehmungssegregation *(perceptual segregation)* Siehe Figur-Grund-Unterscheidung. (5)

Wahrscheinlichkeitsprinzip (Bayes) *(Likelihood principle, Bayes)* Bei der Bayes'schen Inferenz das Ausmaß, in dem die verfügbaren Fakten mit einem bestimmten Ergebnis übereinstimmen. (5)

Wahrscheinlichkeitsprinzip der Wahrnehmung (Helmholtz) *(likelihood principle, Helmholtz)* Nach der von Helmholtz aufgestellten Theorie, nehmen wir bei einem mehrdeutigen Reizmuster jeweils dasjenige Objekt wahr, das mit der größten Auftretenswahrscheinlichkeit als Ursache für das Reizmuster infrage kommt (Likelihood ist ein Maß für die Auftretenswahrscheinlichkeit eines bestimmten Einzelereignisses). (5)

Wanderwelle *(traveling wave)* Im auditorischen System eine Schwingung der Basilarmembran, deren Maximalwert von der Basis der Membran zum Apex wandert. (11)

Was-Strom *(what-pathway)* Siehe ventraler Verarbeitungsstrom. (4)

Was-Strom für das Hören *(auditory what-pathway)* Ein Verarbeitungsstrom, der sich vom anterioren Gürtel (Gyrus cinguli) zum vorderen Teil des Temporallappens erstreckt. Der Was-Strom ist für die Identifikation von Schallereignissen zuständig. (12)

Wasserfalltäuschung *(waterfall illusion)* Ein Bewegungsnacheffekt, der im Anschluss an das Betrachten einer Bewegung in eine bestimmte Richtung auftritt, z. B. bei einem Wasserfall. Das Betrachten des Wasserfalls führt dazu, dass kurz darauf betrachtete statische Objekte sich in die entgegengesetzte Richtung zu bewegen scheinen. Siehe auch Bewegungsnacheffekt. (8)

Weber'sches Gesetz *(Weber's law)* Gemäß dem Weber'schen Gesetz ist das Verhältnis der Unterschiedsschwelle ΔS zum Standardreiz S konstant. So hätte beispielsweise eine Verdopplung der Stimulusintensität eine Verdopplung der Unterschiedsschwelle zur Folge. Der Quotient $\Delta S/S$ wird als Weber-Bruch K bezeichnet. (Anhang A)

Weber-Bruch *(Weber fraction)* Das Verhältnis der Unterschiedsschwelle zum Standardreiz im Weber'schen Gesetz. (Anhang A)

Wegfindung *(wayfinding)* Die Navigation bei der Wegsuche in der Umgebung. Da bei der Wegfindung immer wieder entschieden wird, welcher Richtung man folgt, schließt die Routensuche das Wahrnehmen von Objekten der Umgebung ebenso ein wie die Erinnerung an diese Objekte und ihre Beziehungen innerhalb der Szenerie im Blickfeld. (7)

Weitsichtigkeit *(far sightedness)* Siehe Hyperopie. (2)

Wellenlänge *(wave length)* Der Abstand zwischen 2 Maxima einer Welle; bei Lichtwellen der Abstand der Energiemaxima der elektromagnetischen Welle. (3)

Wernicke-Aphasie *(Wernicke aphasia)* Die Unfähigkeit, Wörter zu verstehen oder Laute zu kohärenter Sprache zusammenzufügen, die durch Schädigungen des Wernicke-Areals hervorgerufen wird. (14)

Wernicke-Areal *(Wernicke's area)* Ein im Temporallappen gelegenes Areal, das an der Sprachwahrnehmung beteiligt ist. Schädigungen an diesem Areal rufen Wernicke-Aphasie hervor, die sich durch Schwierigkeiten beim Sprachverständnis äußert. (2)

Wert *(value)* Die Hell-Dunkel-Dimension der Farbe. (9)

Wie-Strom *(how-pathway)* Siehe dorsaler Verarbeitungsstrom. (4)

Wissen *(knowledge)* Jede Information, die der Wahrnehmende in eine Situation einbringt. Siehe auch Top-down-Verarbeitung. (1)

Wissensbasierte Verarbeitung *(knowledge-based processing)* Siehe Top-down-Verarbeitung. (1)

Worttaubheit *(word deafness)* Tritt im extremsten Fall der Wernicke-Aphasie auf und führt dazu, dass eine Person keine Wörter mehr hören kann, selbst wenn die Fähigkeit zum Hören reiner Töne weiterhin intakt ist. (14)

Wo-Strom *(where-pathway)* Siehe dorsaler Verarbeitungsstrom. (4)

Wo-Strom für das Hören *(auditory where-pathway)* Ein Verarbeitungsstrom, der sich vom posterioren Gürtel (Gyrus cinguli) zum Parietallappen und dann zum frontalen Kortex erstreckt. Der Wo-Strom ist für die Lokalisierung des Schalls zuständig. (12)

Young-Helmholtz-Farbentheorie *(Young-Helmholtz theory of color vision)* Siehe Dreifarbentheorie des Farbensehens. (9)

Zapfen *(cones)* Zapfenförmige Rezeptoren in der Retina, die vorwiegend für das Sehen unter guten Beleuchtungsbedingungen sowie für das Farbensehen und das Detailsehen verantwortlich sind. Siehe auch spektrale Hellempfindlichkeitskurve. (3)

Zapfenmosaik *(cone mosaic)* Anordnung von kurz-, mittel- und langwelligen Zapfen in einem bestimmten Bereich der Retina. (9)

Zeitdifferenz-Tuningkurve *(ITD tuning curve)* Siehe interaurale Zeitdifferenz-Tuningkurve. (12)

Zeitliche Anordnung *(temporal structure)* Die zeitliche Dimension der Musik, die aus einem regelmäßigen Takt, der vom Taktsystem (Metrum) geordneten Betonungsverhältnisse und dem durch die Noten erzeugten Zeitmuster (Rhythmus) besteht. (13)

Zeitliche Codierung *(temporal coding)* Der Zusammenhang zwischen den Frequenzen von Schallstimuli und den Feuerraten in den Nervenfasern des Hörnervs, im Gegensatz zur örtlichen Codierung anhand der Positionen in der Basilarmembran. (11)

Zeitliche Oberflächenreize *(temporal cues)* Bei der taktilen Wahrnehmung diejenige Information über die Textur einer Oberfläche, die durch die Frequenz der Vibration bestimmt wird, die bei der Bewegung der Finger über die Oberfläche auftritt. (15)

Zellkörper *(cell body)* Der auch als Soma bezeichnete Teil eines Neurons, der die Organellen zur Aufrechterhaltung des Metabolismus der Zelle enthält und Signale von anderen Neuronen empfängt. (2)

Zentrum-Umfeld-Antagonismus *(center-surround antagonism)* Der Widerstreit zwischen Zentrum und Umfeld eines rezeptiven Felds mit einer Zentrum-Umfeld-Struktur, der dadurch entsteht, dass ein Bereich erregend und der andere hemmend ist. Die gleichzeitige Stimulation von Zentrum und Umfeld führt zu einer niedrigeren Feuerrate des betreffenden Neurons im Vergleich zur alleinigen Stimulation des erregenden Bereichs. (3)

Zentrum-Umfeld-Struktur *(center-surround organization)* Die Anordnung der exzitatorischen und inhibitorischen Bereiche eines rezeptiven Felds in 2 konzentrischen Kreisen. Eine alleinige Stimulation im erregenden Bereich bewirkt eine stärkere Antwort als die Stimulation beider Bereiche des rezeptiven Felds. Zur Zentrum-Umfeld-Struktur siehe auch rezeptives Feld mit erregendem Zentrum und hemmendem Umfeld, rezeptives Feld mit hemmendem Zentrum und erregendem Umfeld. (3)

Zerebraler Kortex *(cerebral cortex)* Die 2 mm dicke Schicht, die die Oberfläche des Gehirns bedeckt und die Mechanismen für die Erzeugung von Wahrnehmung sowie für andere Funktionen wie Sprache, Gedächtnis und Denken enthält. (1)

Zudecken *(deletion)* Siehe fortschreitendes Zudecken von Flächen. (10)

Zufallspunktstereogramm *(random-dot stereogram)* Ein Paar aus zufälligen Punktmustern bestehender stereoskopischer Bilder. Wenn ein Bereich dieses Musters leicht in eine Richtung verschoben wird, führt die resultierende Querdisparität dazu, dass der verschobene Bereich bei der Betrachtung in einem Stereoskop vor oder hinter dem Rest gesehen wird. (10)

Zungenpapillen *(papillae)* Unebenheiten in der Zungenoberfläche, die Geschmacksknospen enthalten. Es gibt 4 Arten von Zungenpapillen: Fadenpapillen, Pilzpapillen, Blätterpapillen und Wallpapillen. (16)

Zwangswahlverfahren *(forced choice method)* Methode, bei der Probanden Versuchsdurchgänge durchführen, die aus jeweils 2 Intervallen bestehen. In einem der Intervalle wird ein schwacher Geruchsstoff dargeboten und in dem anderen keiner. Die Aufgabe der Probanden besteht in der Beurteilung, welches der beiden Intervalle eine stärkere Geruchsprobe enthält. (16)

Zweiermetrum *(duple meter)* In der westlichen Musik das Metrum, beispielsweise der Zweivierteltakt, bei dem auf 1 betonten Schlag jeweils 1 unbetonter Schlag folgt, nämlich 12 12 12 oder 1234 1234 1234 (z. B. bei einem Marsch). (13)

Zweipunktschwelle *(two-point threshold)* Der kleinste Abstand zwischen 2 Punkten auf der Haut, bei dem unter Stimulation dieser Punkte noch 2 Punkte wahrgenommen werden; ein Maß für die Unterscheidungsfähigkeit der Haut. Siehe auch Linienauflösung. (15)

Literatur

1. Aartolahti, E., Hakkinen, A., & Lonnroos, E. (2013). Relationship between functional vision and balance and mobility performance in community-dwelling older adults. *Aging Clinical and Experimental Research, 25*, 545–552.

2. Abell, F., Happé, F., & Frith, U. (2000). Do triangles play tricks? Attribution of mental states to animated shapes in normal and abnormal development. *Journal of Cognitive Development, 15*, 1–16.

3. Abramov, I., Gordon, J., Hendrickson, A., Hainline, L., Dobson, V., & LaBossiere, E. (1982). The retina of the newborn human infant. *Science, 217*, 265–267.

4. Ackerman, D. (1990). *A natural history of the senses*. New York: Vintage Books.

5. Addams, R. (1834). An account of a peculiar optical phenomenon seen after having looked at a moving body. *London and Edinburgh Philosophical Magazine and Journal of Science, 5*, 373–374.

6. Adelson, E. H. (1999). Light perception and lightness illusions. In M. Gazzaniga (Hrsg.), *The new cognitive neurosciences* (S. 339–351). Cambridge: MIT Press.

7. Adolph, K. E., & Hoch, J. E. (2019). Motor development: Embodied, embedded, enculturated, and enabling. *Annual Review of Psychology, 70*, 141–164.

8. Adolph, K. E., & Robinson, S. R. (2015). Motor development. In *Cognitive processes* 7. Aufl. Handbook of child psychology and developmental science, (Bd. 2, S. 114–157). New York: Wiley.

9. Adolph, K. E., & Tamis-LeMonda, C. S. (2014). The costs and benefits of development: The transition from crawling to walking. *Child Development Perspectives, 8*, 187–192.

10. Aguirre, G. K., Zarahn, E., & D'Esposito, M. (1998). An area within human ventral cortex sensitive to "building" stimuli: Evidence and implications. *Neuron, 21*, 373–383.

11. Alain, C., Arnott, S. R., Hevenor, S., Graham, S., & Grady, C. L. (2001). "What" and "where" in the human auditory system. *Proceedings of the National Academy of Sciences, 98*, 12301–12306.

12. Alain, C., McDonald, K. L., Kovacevic, N., & McIntosh, A. R. (2009). Spatiotemporal analysis of auditory "what" and "where" working memory. *Cerebral Cortex, 19*, 305–314.

13. Albouy, P., Benjamin, L., Morillon, B., & Zatorre, R. J. (2020). Distinct sensitivity to spectrotemporal modulation supports brain asymmetry for speech and melody. *Science, 367*, 1043–1047.

14. Alpern, M., Kitahara, K., & Krantz, D. H. (1983). Perception of color in unilateral tritanopia. *Journal of Physiology, 335*, 683–697.

15. Altenmüller, E., Siggel, S., Mohammadi, B., Samii, A., & Münte, T. F. (2014). Play it again Sam: Brain correlates of emotional music recognition. *Frontiers in Psychology, 5*, 1–8.

16. Aminoff, E. M., Kveraga, K., & Bar, M. (2013). The role of the parahippocampal cortex in cognition. *Trends in Cognitive Sciences, 17*, 379–390.

17. Anton-Erxleben, K., Henrich, C., & Treue, S. (2007). Attention changes perceived size of moving visual patterns. *Journal of Vision, 7*(11), 1–9.

18. Appelle, S. (1972). Perception and discrimination as a function of stimulus orientation: The "oblique effect" in man and animals. *Psychological Bulletin, 78*, 266–278.

19. Arshamian, A., Iannilli, E., Gerber, J. C., Willamder, J., Persson, J., Seo, H.-S., Hummel, T., & Larsson, M. (2013). The functional anatomy of odor evoked memories cued by odors and words. *Neuropsychologia, 51*, 123–131.

20. Arzi, A., & Sobel, N. (2011). Olfactory perception as a compass for olfactory and neural maps. *Trends in Cognitive Sciences, 10*, 537–545.

21. Ashley, R. (2002). Do[n't] change a hair for me: The art of jazz rubato. *Music Perception, 19*(3), 311–332.

22. Ashmore, J. (2008). Cochlear outer hair cell motility. *Physiological Review, 88*, 173–210.

23. Ashmore, J., Avan, P., Brownell, W. E., Dallos, P., Dierkes, K., Fettiplace, R., et al. (2010). The remarkable cochlear amplifier. *Hearing Research, 266*, 1–17.

24. Aslin, R. N. (1977). Development of binocular fixation in human infants. *Journal of Experimental Child Psychology, 23*, 133–150.

25. Attneave, F., & Olson, R. K. (1971). Pitch as a medium: A new approach to psychophysical scaling. *American Journal of Psychology, 84*, 147–166.

26. Austin, J. H. (2009). How does meditation train attention? *Insight Journal*, 16–22.

27. Avanzini, P., Abdollahi, R. O., Satori, I., et al. (2016). Four-dimensional maps of the human somatosensory system. *Proceedings of the National Academy of Sciences, 113*(13), E1936–E1943.

28. Avenanti, A., Bueti, D., Galati, G., & Aglioti, S. M. (2005). Transcranial magnetic stimulation highlights the sensorimotor side of empathy for pain. *Nature Neuroscience, 8*, 955–960.

29. Azzopardi, P., & Cowey, A. (1993). Preferential representation of the fovea in the primary visual cortex. *Nature, 361*, 719–721.

30. Baars, B. J. (2001). The conscious access hypothesis: Origins and recent evidence. *Trends in Cognitive Sciences, 6*, 47–52.

31. Bach, M., & Poloschek, C. M. (2006). Optical illusions. *Advances in Clinical Neuroscience and Rehabilitation, 6*, 20–21.

32. Baddeley, A. D., & Hitch, G. J. (1974). Working memory. In G. A. Bower (Hrsg.), *The psychology of learning and motivation* (S. 47–89). New York: Academic Press.

33. Baird, A., & Thompson, W. F. (2018). The impact of music on the self in dementia. *Journal of Alzheimer's Disease, 61*, 827–841.

34. Baird, A., & Thompson, W. F. (2019). When music compensates language: A case study of severe aphasia in dementia and the use of music by a spousal caregiver. *Aphasiology, 33*(4), 449–465.

35. Baird, J. C., Wagner, M., & Fuld, K. (1990). A simple but powerful theory of the moon illusion. *Journal of Experimental Psychology: Human Perception and Performance, 16*, 675–677.

36. Baldassano, C., Esteva, A., Fei-Fei, L., & Beck, D. M. (2016). Two distinct scene-processing networks connecting vision and memory. *eNeuro, 3*(5), 1–14.

37. Banks, M. S., & Bennett, P. J. (1988). Optical and photoreceptor immaturities limit the spatial and chromatic vision of human neonates. *Journal of the Optical Society of America, A5*, 2059–2079.

38. Banks, M. S., & Salapatek, P. (1978). Acuity and contrast sensitivity in 1-, 2-, and 3-month-old human infants. *Investigative Ophthalmology and Visual Science, 17*, 361–365.

39. Bara-Jimenez, W., Catlan, M. J., Hallett, M., & Gerloff, C. (1998). Abnormal somatosensory homunculus in dystonia of the hand. *Annals of Neurology, 44*(5), 828–831.

40. Bardy, B. G., & Laurent, M. (1998). How is body orientation controlled during somersaulting? *Journal of Experimental Psychology: Human Perception and Performance, 24*, 963–977.

41. Barks, A., Searight, R., & Ratwik, S. (2011). Effect of text messaging on academic performance. *Signum Temporis, 4*(1), 4–9.

42. Barlow, H. B. (1972). Single units and sensation: A neuron doctrine for perceptual psychology? *Perception, 1*(4), 371–394.

43. Barlow, H. B., & Hill, R. M. (1963). Evidence for a physiological explanation of the waterfall illusion. *Nature, 200*, 1345–1347.

44. Barlow, H. B., & Mollon, J. D. (Hrsg.). (1982). *The senses*. Cambridge: Cambridge University Press.

45. Barlow, H. B., Blakemore, C., & Pettigrew, J. D. (1967). The neural mechanism of binocular depth discrimination. *Journal of Physiology, 193*, 327–342.

46. Barlow, H. B., Fitzhigh, R., & Kuffler, S. W. (1957). Change of organization in the receptive fields of the cat's retina during dark adaptation. *Journal of Physiology, 137*, 338–354.

47. Barlow, H. B., Hill, R. M., & Levickm, W. R. (1964). Retinal ganglion cells responding selectively to direction and speed of image motion in the rabbit. *Journal of Physiology, 173*, 377–407.

48. Barrett, H. C., Todd, P. M., Miller, G. F., & Blythe, P. (2005). Accurate judgments of intention from motion alone: A cross-cultural study. *Evolution and Human Behavior, 26*, 313–331.

49. Barry, S. R. (2011). *Fixing my gaze*. New York: Basic Books.

50. Bartoshuk, L. M. (1971). The chemical senses: I. Taste. In J. W. Kling & L. A. Riggs (Hrsg.), *Experimental psychology* 3. Aufl. New York: Holt, Rinehart and Winston.

51. Bartoshuk, L. M. (1979). Bitter taste of saccharin: Related to the genetic ability to taste the bitter substance propylthioural (PROP). *Science, 205*, 934–935.

52. Bartoshuk, L. M. (1980). Separate worlds of taste. *Psychology Today, 243*, 48–56.

53. Bartoshuk, L. M., & Beauchamp, G. K. (1994). Chemical senses. *Annual Review of Psychology, 45*, 419–449.

54. Bartrip, J., Morton, J., & de Schonen, S. (2001). Responses to mother's face in 3-week- to 5-month-old infants. *British Journal of Developmental Psychology, 19*, 219–232.

55. Basso, J. C., McHale, A., Ende, V., Oberlin, D. J., & Suzuki, W. A. (2019). Brief, daily meditation enhances attention, memory, mood, and emotional regulation in non-experienced meditators. *Behavioural Brain Research, 356*, 208–220.

56. Bathini, P., Brai, E., & Ajuber, L. A. (2019). Olfactory dysfunction in the pathophysiological continuum of dementia. *Ageing Research Reviews, 55*, 100956.

57. Battelli, L., Cavanagh, P., & Thornton, I. M. (2003). Perception of biological motion in parietal patients. *Neuropsychologia, 41*, 1808–1816.

58. Bay, E. (1950). *Agnosie und Funktionswandel*. Berlin: Springer.

59. Baylor, D. (1992). Transduction in retinal photoreceptor cells. In P. Corey & S. D. Roper (Hrsg.), *Sensory transduction* (S. 151–174). New York: Rockefeller University Press.

60. Beauchamp, G. K., & Mennella, J. A. (2009). Early flavor learning and its impact on later feeding behavior. *Journal of Pediatric Gastroenterology and Nutrition, 48*, S25–S30.

61. Beauchamp, G. K., Cowart, B. J., Mennella, J. A., & Marsh, R. R. (1994). Infant salt taste: Developmental, methodological and contextual factors. *Developmental Psychobiology, 27*, 353–365.

62. Beauchamp, G. L., & Mennella, J. A. (2011). Flavor perception in human infants: Development and functional significance. *Digestion, 83*(suppl. 1), 1–6.

63. Beck, C. J. (1993). Attention means attention. *Tricycle: The Buddhist Review, 3*(1).

64. Beckers, G., & Homberg, V. (1992). Cerebral visual motion blindness: Transitory akinetopsia induced by transcranial magnetic stimulation of human area V5. *Proceedings of the Royal Society of London B, Biological Sciences, 249*, 173–178.

65. Beecher, H. K. (1959). *Measurement of subjective responses*. New York: Oxford University Press.

66. Beilock, S. (2012). *How humans learn: Lessons from the sea squirt*. Psychology Today. Posted July 11, 2012

67. von Békésy, G. (1960). *Experiments in hearing*. New York: McGraw-Hill.

68. Belfi, A. M., Karlan, B., & Tranel, D. (2016). Music evokes vivid autobiographical memories. *Memory, 24*(7), 979–989.

69. Belin, P., Zatorre, R. J., Lafaille, P., Ahad, P., & Pike, B. (2000). Voiceselective areas in human auditory cortex. *Nature, 403*(6767), 309–312.

70. Bendor, D., & Wang, X. (2005). The neuronal representation of pitch in primate auditory cortex. *Nature, 436*, 1161–1165.

71. Benedetti, F., Arduino, C., & Amanzio, M. (1999). Somatotopic activation of opioid systems by target-directed expectations of analgesia. *Journal of Neuroscience, 19*, 3639–3648.

72. Benjamin, L. T. (1997). *A history of psychology* (2. Aufl.). New York: Mc-Graw Hill.

73. Bensmaia, S. J., Denchev, P. V., Dammann III, J. F., Craig, J. C., & Hsiao, S. S. (2008). The representation of stimulus orientation in the early stages of somatosensory processing. *Journal of Neuroscience, 28*, 776–786.

74. Beranek, L. L. (1996). *Concert and opera halls: How they sound.* Woodbury: Acoustical Society of America.

75. Berger, K. W. (1964). Some factors in the recognition of timbre. *Journal of the Acoustical Society of America, 36*, 1881–1891.

76. Berkowitz, A. (2018). You can observe a lot by watching: Hughlings Jackson's underappreciated and prescient ideas about brain control of movement. *The Neuroscientist, 24*(5), 448–455.

77. Bess, F. H., & Humes, L. E. (2008). *Audiology: The fundamentals* (4. Aufl.). Philadelphia: Lippencott, Williams & Wilkins.

78. Bharucha, J., & Krumhansl, C. L. (1983). The representation of harmonic structure in music: Hierarchies of stability as a function of content. *Cognition, 13*, 63–102.

79. Biederman, I. (1987). Recognition-by-components: A theory of human image understanding. *Psychological Review, 94*(2), 115.

80. Bilalic´, M., Langner, R., Ulrich, R., & Grodd, W. (2011). Many faces of expertise: Fusiform face area in chess experts and novices. *Journal of Neuroscience, 31*, 10206–10214.

81. Bilinska, K., Jakubowska, P., Von Bartheld, C. S., & Butowt, R. (2020). Expression of the SARS-CoV-2 entry proteins, ACE2 and TMPRSS2, in cells of the olfactory epithelium: Identification of cell types and trends with age. *ACS Chemical Neuroscience, 11*, 1555–1562.

82. Bingel, U., Wanigesekera, V., Wiech, K., Mhuircheartaigh, R. N., Lee, M. C., Ploner, M., et al. (2011). The effect of treatment expectation on drug efficacy: Imaging the analgesic benefit of the opioid Remifentanil. *Science Translational Medicine, 3*, 70ra14.

83. Birnbaum, M. (2011). *Season to taste*. New York: Harper Collins.

84. Birnberg, J. R. (1988). *My turn*. Newsweek. 1988, March 21

85. Bisiach, E., & Luzzatti, G. (1978). Unilateral neglect of representational space. *Cortex, 14*, 129–133.

86. Biswal, B., Zerrin Yetkin, F., Haughton, V. M., & Hyde, J. S. (1995). Functional connectivity in the motor cortex of resting human brain using echo-planar MRI. *Magnetic Resonance in Medicine, 34*(4), 537–541.

87. Blake, R., & Hirsch, H. V. B. (1975). Deficits in binocular depth perception in cats after alternating monocular deprivation. *Science, 190*, 1114–1116.

88. Blakemore, C., & Cooper, G. G. (1970). Development of the brain depends on the visual environment. *Nature, 228*, 477–478.

89. Blaser, E., & Sperling, G. (2008). When is motion "motion"? *Perception, 37*, 624–627.

90. Block, N. (2009). Comparing the major theories of consciousness. In M. S. Gazzaniga (Hrsg.), *The cognitive neurosciences* 4. Aufl. Cambridge: MIT Press.

91. Blood, A. J., & Zatorre, R. J. (2001). Intensely pleasurable responses to music correlate with activity in brain regions implicated in reward and emotion. *Proceedings of the National Academy of Sciences, 98*(20), 11818–11823.

92. Bolya, D., Zhou, C., Xiao, F., & Lee, Y. J. (2019). YOLACT: Real-time instance segmentation. In *Proceedings of the IEEE International Conference on Computer Vision* (S. 9157–9166).

93. Boring, E. G. (1942). *Sensation and perception in the history of experimental psychology*. New York: Appleton-Century-Crofts.

94. Borji, A., & Itti, L. (2014). Defending Yarbus: Eye movements reveal observers' task. *Journal of Vision, 14*(3), 1–22.

95. Borjon, J. I., Schroer, S. E., Bambach, S., Slone, L. K., Abney, D. H., Crandall, D. J., & Smith, L. B. (2018). A view of their

own: Capturing the egocentric view of infants and toddlers with headmounted cameras. *Journal of Visualized Experiments, 140*, e58445. https://doi.org/10.3791/58445.

96. Bornstein, M. H., Kessen, W., & Weiskopf, S. (1976). Color vision and hue categorization in young human infants. *Journal of Experimental Psychology: Human Perception and Performance, 2*, 115–119.

97. Borst, A., & Egelhaaf, M. (1989). Principles of visual motion detection. *Trends in Neurosciences, 12*, 297–306.

98. Bortfeld, H. (2019). Functional near-infrared spectroscopy as a tool for assessing speech and spoken language processing in pediatric and adult cochlear implant users. *Developmental Psychobiology, 61*, 430–433.

99. Bosker, B. (2016). Tristan Harris believes Silicon Valley is addicting us to our phones. He's determined to make it stop. *The Atlantic, November*, 56–65.

100. Bosten, J. M., & Boehm, A. E. (2014). Empirical evidence for unique hues? *Journal of the Optical Society of America A, 31*(4), A365–A393.

101. Bouvier, S. E., & Engel, S. A. (2006). Behavioral deficits and cortical damage loci in cerebral achromatopsia. *Cerebral Cortex, 16*, 183–191.

102. Bowmaker, J. K., & Dartnall, H. J. A. (1980). Visual pigments of rods and cones in a human retina. *Journal of Physiology, 298*, 501–511.

103. Boynton, R. M. (1979). *Human color vision*. New York: Holt, Rinehart and Winston.

104. Brainard, D. H. (1998). Color constancy in the nearly natural image. 2. Achromatic loci. *Journal of the Optical Society of America, 15*(2), 307–325.

105. Brainard, D. H., & Hulbert, A. C. (2015). Colour vision: Understanding #TheDress. *Current Biology, 25*, R549–R568.

106. Brainard, D. H., Longere, P., Delahunt, P. B., Freeman, W. T., Kraft, J. M., & Xiao, B. (2006). Bayesian model of human color constancy. *Journal of Vision, 6*, 1267–1281.

107. Bregman, A. S. (1990). *Auditory scene analysis*. Cambridge: MIT Press.

108. Bregman, A. S. (1993). Auditory scene analysis: Hearing in complex environments. In S. McAdams & E. Bigand (Hrsg.), *Thinking in sound: The cognitive psychology of human audition* (S. 10–36). Oxford: Oxford University Press.

109. Bregman, A. S., & Campbell, J. (1971). Primary auditory stream segregation and perception of order in rapid sequence of tones. *Journal of Experimental Psychology, 89*, 244–249.

110. Bremmer, F. (2011). Multisensory space: From eye-movements to selfmotion. *Journal of Physiology, 589*, 815–823.

111. Bremner, A. J., & Spence, D. (2017). The development of tactile perception. *Advances in Child Development and Behavior, 52*, 227–268.

112. Brendt, M. R., & Siskind, J. M. (2001). The role of exposure to isolated words in early vocabulary development. *Cognition, 81*, B33–B34.

113. Breslin, P. A. S. (2001). Human gustation and flavour. *Flavour and Fragrance Journal, 16*, 439–456.

114. Breveglieri, R., De Vitis, M., Bosco, A., Galletti, C., & Fattori, P. (2018). Interplay between grip and vision in the monkey medial parietal lobe. *Cerebral Cortex, 28*, 2028–2042.

115. Britten, K. H., Shadlen, M. N., Newsome, W. T., & Movshon, J. A. (1992). The analysis of visual motion: A comparison of neuronal and psychophysical performance. *Journal of Neuroscience, 12*, 4745–4765.

116. Broadbent, D. E. (1958). *Perception and communication*. London: Pergamon Press.

117. Broca, P. (1861). Sur le volume et al forme du cerveau suivant les individus et suivant les races. *Bulletin Societé d'Anthropologie Paris, 2*, 139–446. See psychclassics.yorku.ca for translations of portions of this paper.

118. Brockmole, J. R., Davoli, C. C., Abrams, R. A., & Witt, J. K. (2013). The world within reach: Effects of hand posture and tool-use on visual cognition. *Current Directions in Psychological Science, 22*, 38–44.

119. Brown, A. E., Stecker, G. C., & Tollin, D. J. (2015). The precedence effect in sound localization. *Journal of the Association for Research in Otolaryngology, 16*(1), 1–28.

120. Brown, P. K., & Wald, G. (1964). Visual pigments in single rods and cones of the human retina. *Science, 144*, 45–52.

121. Brunec, I. K., Robin, J., Patai, E. Z., Ozubko, J. D., Javadi, A.-H., Barense, M. D., Spiers, H. J., & Moscovitch, M. (2019). Cognitive mapping style relates to posterior-anterior hippocampal volume ratio. *Hippocampus, 29*, 748–754.

122. Bruno, N., & Bertamini, M. (2015). Perceptual organization and the aperture problem. In J. Wagemans (Hrsg.), *Oxford handbook of perceptual organization* (S. 504–520). Oxford: Oxford University Press.

123. Buccino, G., Lui, G., Canessa, N., Patteri, I., Lagravinese, G., Benuzzi, F., et al. (2004). Neural circuits involved in the recognition of actions performed by nonconspecifics: An fMRI study. *Journal of Cognitive Neuroscience, 16*, 114–126.

124. Buck, L. B. (2004). Olfactory receptors and coding in mammals. *Nutrition Reviews, 62*, S184–S188.

125. Buck, L., & Axel, R. (1991). A novel multigene family may encode odorant receptors: A molecular basis for odor recognition. *Cell, 65*, 175–187.

126. Buckingham, G. (2014). Getting a grip on heaviness perception: A review of weight illusions and their possible causes. *Experimental Brain Research, 232*, 1623–1629.

127. Budd, K. (2017). *Keep your mental focus*. AARP Bulletin. November 27, 2017

128. Bufe, B., Breslin, P. A. S., Kuhn, C., Reed, D. R., Tharp, C. D., Slack, J. P., et al. (2005). The molecular basis of individual differences in phenylthiocarbamide and propylthiouracil bitterness perception. *Current Biology, 15*, 322–327.

129. Bugelski, B. R., & Alampay, D. A. (1961). The role of frequency in developing perceptual sets. *Canadian Journal of Psychology, 15*, 205–211.

130. Buhle, J. T., Stebens, B. L., Friedman, J. J., & Wager, T. D. (2012). Distraction and placebo: Two separate routes to pain control. *Psychological Science, 23*, 246–253.

131. Bukach, C. M., Gauthier, I., & Tarr, M. J. (2006). Beyond faces and modularity: The power of an expertise framework. *Trends in Cognitive Sciences, 10*, 159–166.

132. Bunch, C. C. (1929). Age variations in auditory acuity. *Archives of Otolaryngology, 9*, 625–636.

133. Burns, E. M., & Viemeister, N. F. (1976). Nonspectral pitch. *Journal of the Acoustical Society of America, 60*, 863–869.

134. Burton, A. M., Young, A. W., Bruce, V., Johnston, R. A., & Ellis, A. W. (1991). Understanding covert recognition. *Cognition, 39*, 129–166.

135. Bushdid, C., Magnasco, M. O., Vosshall, L. B., & Keller, A. (2014). Humans can discriminate more than 1 trillion olfactory stimuli. *Science, 343*, 1370–1372.

136. Bushnell, C. M., Ceko, M., & Low, L. A. (2013). Cognitive and emotional control of pain and its disruption in chronic pain. *Nature Reviews Neuroscience, 14*, 502–511.

137. Bushnell, I. W. R. (2001). Mother's face recognition in newborn infants: Learning and memory. *Infant and Child Development, 10*, 67–74.

138. Bushnell, I. W. R., Sai, F., & Mullin, J. T. (1989). Neonatal recognition of the mother's face. *British Journal of Developmental Psychology, 7*, 3–15.

139. Busigny, T., & Rossion, B. (2010). Acquired prosopagnosia abolishes the face inversion effect. *Cortex, 46*, 965–981.

140. Byl, N., Merzenich, M., & Jenkins, W. (1996). A primate genesis model of focal dystonia and repetitive strain injury. *Neurology, 47*, 508–520.

141. Caggiano, V., Fogassi, L., Rizzolatti, G., Thier, P., & Casile, A. (2009). Mirror neurons differentially encode the peripersonal and extrapersonal space of monkeys. *Science, 324*, 403–406.

142. Cain, W. S. (1979). To know with the nose: Keys to odor identification. *Science, 203*, 467–470.

143. Cain, W. S. (1980). Sensory attributes of cigarette smoking. In *Branbury Report: 3. A safe cigarette?* (S. 239–249). Cold Spring Harbor: Cold Spring Harbor Laboratory.

144. Calder, A. J., Beaver, J. D., Winston, J. S., Dolan, R. J., Jenkins, R., Eger, E., et al. (2007). Separate coding of different gaze directions in the superior temporal sulcus and inferior parietal lobule. *Current Biology, 17*, 20–25.

145. Calvert, G. A., Bullmore, E. T., Brammer, M. J., Campbell, R., Williams, S. C. R., McGuire, P. K., et al. (1997). Activation of auditory cortex during silent lipreading. *Science, 276*, 593–595.

146. Cameron, E. L. (2018). Olfactory perception in children. *World Journal of Othorhinolaryngology-Head Surgery, 4*, 57–66.

147. Campbell, F. W., Kulikowski, J. J., & Levinson, J. (1966). The effect of orientation on the visual resolution of gratings. *Journal of Physiology (London), 187*, 427–436.

148. Carello, C., & Turvey, M. T. (2004). Physics and psychology of the muscle sense. *Current Directions in Psychological Science, 13*, 25–28.

149. Carlson, N. R. (2010). *Psychology: The science of behavior* (7. Aufl.). New York: Pearson.

150. Carr, C. E., & Konishi, M. (1990). A circuit for detection of interaural time differences in the brain stem of the barn owl. *Journal of Neuroscience, 10*, 3227–3246.

151. Carrasco, M. (2011). Visual attention: The past 25 years. *Vision Research, 51*, 1484–1525.

152. Carrasco, M., & Barbot, A. (2019). Spatial attention alters visual appearance. *Current Opinion in Psychology, 29*, 56–64.

153. Carrasco, M., Ling, S., & Read, S. (2004). Attention alters appearance. *Nature Neuroscience, 7*, 308–313.

154. Cartwright-Finch, U., & Lavie, N. (2007). The role of perceptual load in inattentional blindness. *Cognition, 102*, 321–340.

155. Carvalho, F. R., Wang, Q. J., van E, R., Persoone, D., & Spence, C. (2017). "Smooth operator": Music modulates the perceived creaminess, sweetness, and bitterness of chocolate. *Appetite, 108*, 383–390.

156. Casagrande, V. A., & Norton, T. T. (1991). Lateral geniculate nucleus: A review of its physiology and function. In J. R. Coonley-Dillon & A. G. Leventhal (Hrsg.), *Vision and visual dysfunction: The neural basis of visual function* (Bd. 4, S. 41–84). London: Macmillan.

157. Cascio, C. J., Moore, D., & McGlone, F. (2019). Social touch and human development. *Developmental Cognitive Neuroscience, 35*, 5–11.

158. Caspers, S., Ziles, K., Laird, A. R., & Eickoff, S. B. (2010). ALE metaanalysis of action observation and imitation in the human brain. *NeuroImage, 50*, 1148–1167.

159. Castelhano, M. S., & Henderson, J. M. (2008a). Stable individual differences across images in human saccadic eye movements. *Canadian Journal of Psychology, 62*, 1–14.

160. Castelhano, M. S., & Henderson, J. M. (2008b). The influence of color on the perception of scene gist. *Journal of Experimental Psychology: Human Perception and Performance, 34*, 660–675.

161. Castelli, F., Happe, F., Frith, U., & Frith, C. (2000). Movement and mind: A functional imaging study of perception and interpretation of complex intentional movement patterns. *Neuroimage, 12*, 314–325.

162. Castiello, U., Becchio, C., Zoia, S., et al. (2010). Wired to be social: The ontogeny of human interaction. *PLoS One, 5*(10), e13199.

163. Cattaneo, L., & Rizzolatti, G. (2009). The mirror neuron system. *Archives of Neurology, 66*, 557–560.

164. Cavallo, A. K., Koul, A., Ansuini, C., Capozzi, F., & Becchio, C. (2016). Decoding intentions from movement kinematics. *Scientific Reports, 6*, 37036.

165. Cavanagh, P. (2011). Visual cognition. *Visual Research, 51*, 1538–1551.

166. Centelles, L., Assainte, C., Etchegoyen, K., Bouvard, M., & Schmitz, C. (2013). From action to inaction: Exploring the contribution of body motion cues to social understanding in typical development and in autism spectrum disorder. *Journal of Autism Developmental Disorder, 43*, 1140–1150.

167. Cerf, M., Thiruvengadam, N., Mormann, F., Kraskov, A., Quiroga, R. Q., Koch, C., et al. (2010). On-line voluntary control of human temporal lobe neurons. *Nature, 467*, 1104–1108.

168. Chanda, M. L., & Levitin, D. J. (2013). The neurochemistry of music. *Trends in Cognitive Sciences, 17*(4), 179–193.

169. Chandler, R. (1950). *The simple act of murder*. Atlantic Monthly.

170. Chandrashekar, J., Hoon, M. A., Ryba, N. J. P., & Zuker, C. S. (2006). The receptors and cells for mammalian taste. *Nature, 444*, 288–294.

171. Chapman, C. R. (1995). The affective dimension of pain: A model. In B. Bromm & J. Desmedt (Hrsg.), *Pain and the brain: From nociception to cognition: Advances in pain research and therapy* (Bd. 22, S. 283–301). New York: Raven.

172. Charpentier, A. (1891). Analyse expérimentale: De quelques éléments de la sensation de poids. [Experimental study of some aspects of weight perception]. *Archives de Physiologie Normales et Pathologiques, 3*, 122–135.

173. Chatterjee, S. H., Freyd, J., & Shiffrar, M. (1996). Configural processing in the perception of apparent biological motion. *Journal of Experimental Psychology: Human Perception and Performance, 22*, 916–929.

174. Chen, J. L., Penhune, V. B., & Zatorre, R. J. (2008). Listening to musical rhythms recruits motor regions of the brain. *Cerebral Cortex, 18*, 2844–2854.

175. Cheong, D., Zubieta, J.-K., & Liu, J. (2012). Neural correlates of visual motion perception. *PLoS One, 7*(6), e39854.

176. Cherry, E. C. (1953). Some experiments on the recognition of speech, with one and with two ears. *Journal of the Acoustical Society of America, 25*, 975–979.

177. Chiu, Y.-C., & Yantis, S. (2009). A domain-independent source of cognitive control for task sets: Shifting spatial attention and switching categorization rules. *Journal of Neuroscience, 29*, 3930–3938.

178. Chobert, J., Marie, C., Francois, C., Schon, D., & Bresson, M. (2011). Enhanced passive and active processing of syllables in musician children. *Journal of Cognitive Neuroscience, 23*(12), 3874–3887.

179. Choi, G. B., Stettler, D. D., Kallman, B. R., Bhaskar, S. T., Fleischmann, A., & Axel, R. (2011). Driving opposing behaviors with ensembles of piriform neurons. *Cell, 146*, 1004–1015.

180. Cholewaik, R. W., & Collins, A. A. (2003). Vibrotactile localization on the arm: Effects of place, space, and age. *Perception & Psychophysics, 65*, 1058–1077.

181. Chun, M. M., Golomb, J. D., & Turk-Browne, N. B. (2011). A taxonomy of external and internal attention. *Annual Review of Psychology, 62*, 73–101.

182. Churchland, P. S., & Ramachandran, V. S. (1996). Filling in: Why Dennett is wrong. In K. Akins (Hrsg.), *Perception* (S. 132–157). Oxford: Oxford University Press.

183. Cirelli, L. K., Jurewicz, Z. B., & Trehub, S. E. (2019). Effects of maternal singing style on mother-infant arousal and behavior. *Journal of Cognitive Neuroscience, 32*(7), 1213–1220.

184. Cisek, P., & Kalaska, J. F. (2010). Neural mechanisms for interacting with a world full of action choices. *Annual Review of Neuroscience, 33*, 269–298.

185. Clarke, F. F., & Krumhansl, C. L. (1990). Perceiving musical time. *Music Perception, 7*, 213–252.

186. Clarke, T. C., Barnes, P. M., Lindsey, I. B., Stussman, B. J., & Nahin, R. L. (2018). *Use of yoga, meditation, and chiropractors among U.S. adults aged 18 and over*. NCHS data brief, Bd. 325. U.S. Department of Health and Human Services.

187. Collett, T. S. (1978). Peering: A locust behavior pattern for obtaining motion parallax information. *Journal of Experimental Biology, 76*, 237–241.

188. Colloca, L., & Benedetti, F. (2005). Placebos and painkillers: Is mind as real as matter? *Nature Reviews Neuroscience, 6*, 545–552.

189. Colombo, M., Colombo, A., & Gross, C. G. (2002). Bartolomeo Panizza's observations on the optic nerve (1855). *Brain Research Bulletin, 58*(6), 529–539.

190. Coltheart, M. (1970). The effect of verbal size information upon visual judgments of absolute distance. *Perception and Psychophysics, 9*, 222–223.

191. Comel, M. (1953). *Fisiologia normale e patologica della cute umana*. Milan: Fratelli Treves Editori.

192. Connolly, J. D., Andersen, R. A., & Goodale, M. A. (2003). fMRI evidence for a "parietal reach region" in the human brain. *Experimental Brain Research, 153*, 140–145.

193. Conway, B. R. (2009). Color vision, cones, and color-coding in the cortex. *The Neuroscientist, 15*(3), 274–290.

194. Conway, B. R., Chatterjee, S., Field, G. D., Horwitz, D., Johnson, E. N., Koida, K., & Mancuso, K. (2010). Advances in color science: From retina to behavior. *Journal of Neuroscience, 30*(45), 14955–14963.

195. Cook, R., Bird, G., Catmur, C., Press, C., & Heyes, C. (2014). Mirror neurons: From origin to function. *Behavioral and Brain Sciences, 37*, 177–241.

196. Coppola, D. M., Purves, H. R., McCoy, A. N., & Purves, D. (1998). The distribution of oriented contours in the real world. *Proceedings of the National Academy of Sciences, 95*, 4002–4006.

197. Coppola, D. M., White, L. E., Fitzpatrick, D., & Purves, D. (1998). Unequal distribution of cardinal and oblique contours in ferret visual cortex. *Proceedings of the National Academy of Sciences, 95*, 2621–2623.

198. Corbeil, M., Trehub, S. E., & Peretz, I. (2016). Singing delays the onset of infant distress. *Infancy, 21*(3), 373–391.

199. Craig, J. C., & Lyle, K. B. (2001). A comparison of tactile spatial sensitivity on the palm and fingerpad. *Perception & Psychophysics, 63*, 337–347.

200. Craig, J. C., & Lyle, K. B. (2002). A correction and a comment on Craig and Lyle (2001). *Perception & Psychophysics, 64*, 504–506.

201. Crick, F. C., & Koch, C. (2003). A framework for consciousness. *Nature Neuroscience, 6*, 119–127.

202. Crisinel, A.-S., & Spence, C. (2010). As bitter as a trombone: Synesthetic correspondences in nonsynesthetes between tastes/flavors and musical notes. *Attention, Perception & Psychophysics, 72*(7), 1994–2002.

203. Crisinel, A.-S., & Spence, C. (2012). A fruity note: Crossmodal associations between odors and musical notes. *Chemical Senses, 37*, 151–158.

204. Crisinel, A.-S., Cosser, S., King, S., Jones, R., Petrie, J., & Spence, C. (2012). A bittersweet symphony: Systematically modulating the taste of food by changing the sonic properties of the soundtrack playing in the background. *Food Quality and Preference, 24*, 201–204.

205. Crouzet, S. M., Kirchner, H., & Thorpe, S. J. (2010). Fast saccades toward faces: Face detection in just 100 ms. *Journal of Vision, 10*(4), 1–17.

206. Croy, I., Bojanowski, V., & Hummel, T. (2013). Men without a sense of smell exhibit a strongly reduced number of sexual relationships, women exhibit reduced partnership security—a reanalysis of previously published data. *Biological Psychology, 92*, 292–294.

207. Csibra, G. (2008). Goal attribution to inanimate agents by 6.5-monthold infants. *Cognition, 107*, 705–717.

208. Çukur, T., Nishimoto, S., Huth, A. G., & Gallant, J. L. (2013). Attention during natural vision warps semantic representation across the human brain. *Nature Neuroscience, 16*, 763–770.

209. Culler, E. A. (1935). An experimental study of tonal localization in the cochlea of the guinea pig. *Annals of Otology, Rhinology & Laryngology, 44*, 807.

210. Culler, E. A., Coakley, J. D., Lowy, K., & Gross, N. (1943). A revised frequency-map of the guinea-pig cochlea. *American Journal of Psychology, 56*, 475–500.

211. Cutting, J. E., & Rosner, B. S. (1974). Categories and boundaries in speech and music. *Perception & Psychophysics, 16*, 564–570.

212. Cutting, J. E., & Vishton, P. M. (1995). Perceiving layout and knowing distances: The integration, relative potency, and contextual use of different information about depth. In W. Epstein & S. Rogers (Hrsg.), *Handbook of perception and cognition: Perception of space and motion* (S. 69–117). New York: Academic Press.

213. D'Ausilio, A., Pulvermuller, F., Salmas, P., Bufalari, I., Begliomini, C., & Fadiga, L. (2009). The motor somatotopy of speech perception. *Current Biology, 19*, 381–385.

214. Da Cruz, L., Coley, B. F., Dorn, J., Merlini, F., Filley, E., Christopher, P., & Humayun, M. (2013). The Argus II epiretinal prosthesis system allows letter and word reading and long-term function in patients with profound vision loss. *British Journal of Ophthalmology, 97*(5), 632–636.

215. Dallos, P. (1996). Overview: Cochlear neurobiology. In P. Dallos, A. N. Popper & R. R. Fay (Hrsg.), *The cochlea* (S. 1–43). New York: Springer.

216. Dalton, D. S., Cruickshanks, K. J., Wiley, T. L., Klein, B. E. K., Klein, R., & Tweed, T. S. (2001). Association of leisure-time noise exposure and hearing loss. *Audiology, 40*, 1–9.

217. Dannemiller, J. L. (2009). Perceptual development: Color and contrast. In E. B. Goldstein (Hrsg.), *Sage encyclopedia of perception* (S. 738–742). Thousand Oaks: SAGE.

218. Dapretto, M., Davies, M. S., Pfeifer, J. H., Scott, A. A., Sigman, M., Bookheimer, S. Y., et al. (2006). Understanding emotions in others: Mirror neuron dysfunction in children with autism spectrum disorders. *Nature Neuroscience, 9*, 28–30.

219. Dartnall, H. J. A., Bowmaker, J. K., & Mollon, J. D. (1983). Human visual pigments: Microspectrophotometric results from the eyes of seven persons. *Proceedings of the Royal Society of London B, 220*, 115–130.

220. Darwin, C. (1871). *The descent of man*. London: John Murray.

221. Darwin, C. J. (2010). Auditory scene analysis. In E. B. Goldstein (Hrsg.), *Sage encyclopedia of perception*. Thousand Oaks: SAGE.

222. Datta, R., & DeYoe, E. A. (2009). I know where you are secretly attending! The topography of human visual attention revealed with fMRI. *Vision Research, 49*, 1037–1044.

223. Davatzikos, C., Ruparel, K., Fan, Y., Shen, D. G., Acharyya, M., Loughead, J. W., & Langleben, D. D. (2005). Classifying spatial patterns of brain activity with machine learning methods: Application to lie detection. *Neuroimage, 28*(3), 663–668.

224. David, A. S., & Senior, C. (2000). Implicit motion and the brain. *Trends in Cognitive Sciences, 4*, 293–295.

225. Davidovic, M., Starck, G., & Olausson, H. (2019). Processing of affective and emotionally neutral tactile stimuli in the insular cortex. *Developmental Cognitive Neuroscience, 35*, 94–103.

226. Davis, H. (1983). An active process in cochlear mechanics. *Hearing Research, 9*, 79–90.

227. Davis, M. H., Johnsrude, I. S., Hervais-Adelman, A., Taylor, K., & McGettigan, C. (2005). Lexical information drives perceptual learning of distorted speech: Evidence from the comprehension of noise-vocoded sentences. *Journal of Experimental Psychology: General, 134*, 222–241.

228. Day, R. H. (1989). Natural and artificial cues, perceptual compromise and the basis of veridical and illusory perception. In D. Vickers & P. L. Smith (Hrsg.), *Human information processing: Measures and mechanisms* (S. 107–129). North Holland: Elsevier.

229. Day, R. H. (1990). The Bourdon illusion in haptic space. *Perception and Psychophysics, 47*, 400–404.

230. de Araujo, I. E., Geha, P., & Small, D. (2012). Orosensory and homeostatic functions of the insular cortex. *Chemical Perception, 5*, 64–79.

231. de Araujo, I. E., Rolls, E. T., Velazco, M. I., Margot, C., & Cayeux, I. (2005). Cognitive modulation of olfactory processing. *Neuron, 46*, 671–679.

232. de Haas, B., Kanai, R., Jalkanen, L., & Rees, G. (2012). Grey-matter volume in early human visual cortex predicts proneness to the sound-induced flash illusion. *Proceedings of the Royal Society B, 279*, 4955–4961.

233. De Santis, L., Clarke, S., & Murray, M. (2007). Automatic and intrinsic auditory "what" and "where" processing in humans revealed by electrical neuroimaging. *Cerebral Cortex, 17*, 9–17.

234. DeAngelis, G. C., Cumming, B. G., & Newsome, W. T. (1998). Cortical area MT and the perception of stereoscopic depth. *Nature, 394*, 677–680.

235. DeCasper, A. J., & Fifer, W. P. (1980). Of human bonding: Newborns prefer their mother's voices. *Science, 208*(4448), 1174–1176.

236. DeCasper, A. J., & Spence, M. J. (1986). Prenatal maternal speech influences newborns' perception of speech sounds. *Infant Behavior and Development, 9*, 133–150.

237. DeCasper, A. J., Lecanuet, J.-P., Busnel, M.-C., Deferre-Granier, C., & Maugeais, R. (1994). Fetal reactions to recurrent maternal speech. *Infant Behavior and Development, 17*, 159–164.

238. Delahunt, P. B., & Brainard, D. H. (2004). Does human color constancy incorporate the statistical regularity of natural daylight? *Journal of Vision, 4*, 57–81.

239. Delay, E. R., Hernandez, N. P., Bromley, K., & Margolskee, R. F. (2006). Sucrose and monosodium glutamate taste thresholds and discrimination ability of T1R3 knockout mics. *Chemical Senses, 31*, 351–357.

240. Deliege, I. (1987). Grouping conditions in listening to music: An approach to Lerdhal & Jackendoff's grouping preference rules. *Music Perception, 4*, 325–360.

241. DeLucia, P., & Hochberg, J. (1985). Illusions in the real world and in the mind's eye. *Proceedings of the Eastern Psychological Association, 56*, 38.

242. DeLucia, P., & Hochberg, J. (1986). Real-world geometrical illusions: Theoretical and practical implications. *Proceedings of the Eastern Psychological Association, 57*, 62.

243. DeLucia, P., & Hochberg, J. (1991). Geometrical illusions in solid objects under ordinary viewing conditions. *Perception and Psychophysics, 50*, 547–554.

244. Delwiche, J. F., Buletic, Z., & Breslin, P. A. S. (2001a). Covariation in individuals' sensitivities to bitter compounds: Evidence supporting multiple receptor/transduction mechanisms. *Perception & Psychophysics, 63*, 761–776.

245. Delwiche, J. F., Buletic, Z., & Breslin, P. A. S. (2001b). Relationship of papillae number to bitter intensity of quinine and PROP

within and between individuals. *Physiology and Behavior, 74*, 329–337.

246. Dematte, M. L., Sanabria, D., Sugarman, R., & Spence, C. (2006). Crossmodal interactions between olfaction and touch. *Chemical Senses, 31*, 291–300.

247. Denes, P. B., & Pinson, E. N. (1993). *The speech chain* (2. Aufl.). New York: Freeman.

248. Derbyshire, S. W. G., Jones, A. K. P., Gyulia, F., Clark, S., Townsend, D., & Firestone, L. L. (1997). Pain processing during three levels of noxious stimulation produces differential patterns of central activity. *Pain, 73*, 431–445.

249. Desor, J. A., & Beauchamp, G. K. (1974). The human capacity to transmit olfactory information. *Perception and Psychophysics, 13*, 271–275.

250. Deutsch, D. (2013b). The processing of pitch combinations. In D. Deutsch (Hrsg.), *The psychology of music* (3. Aufl. S. 249–325). New York: Elsevier.

251. Deutsch, D. (1975). Two-channel listening to musical scales. *Journal of the Acoustical Society of America, 57*, 1156–1160.

252. Deutsch, D. (1996). The perception of auditory patterns. In W. Prinz & B. Bridgeman (Hrsg.), *Handbook of perception and action* (Bd. 1, S. 253–296). San Diego: Academic Press.

253. Deutsch, D. (1999). *The psychology of music* (2. Aufl.). San Diego: Academic Press.

254. Deutsch, D. (2013a). Grouping mechanisms in music. In D. Deutsch (Hrsg.), *The psychology of music* (3. Aufl. S. 183–248). New York: Elsevier.

255. DeValois, R. L. (1960). Color vision mechanisms in monkey. *Journal of General Physiology, 43*, 115–128.

256. Devanand, D. P., Lee, S., Manly, J., et al. (2015). Olfactory deficits predict cognitive decline and Alzheimer dementia in an urban community. *Neurology, 84*, 182–189.

257. Devlin, J. T., & Aydelott, J. (2009). Speech perception: Motoric contributions versus the motor theory. *Current Biology, 19*(5), R198–R200.

258. DeWall, C. N., MacDonald, G., Webster, G. D., Masten, C. L., Baumeister, R. F., Powell, C., et al. (2010). Tylenol reduces social pain: Behavioral and neural evidence. *Psychological Science, 21*, 931–937.

259. deWied, M., & Verbaten, M. N. (2001). Affective pictures processing, attention, and pain tolerance. *Pain, 90*, 163–172.

260. Dick, F., Bates, E., Wulfeck, B., Utman, J. A., Dronkers, N., & Gernsbacher, M. A. (2001). Language deficits, localization, and grammar: Evidence for a distributive model of language breakdown in aphasic patients and neurologically intact individuals. *Psychological Review, 108*, 759–788.

261. Dingus, T. A., Klauer, S. G., Neale, V. L., Petersen, A., Lee, S. E., Sudweeks, J., et al. (2006). *The 100-car naturalistic driving study: Phase II. Results of the 100-car field experiment*. Washington: National Highway Traffic Safety Administration. Interim project report for DTNH22-00-C-07007, task order 6; report No. DOT HS 810 593

262. Divenyi, P. L., & Hirsh, I. J. (1978). Some figural properties of auditory patterns. *Journal of the Acoustical Society of America, 64*(5), 1369–1385.

263. Djourno, A., & Eyries, C. (1957). Prosthèse auditive par excitation électrique à distance du nerf sensoriel à l'aide d'un bobinage inclus à demeure. *Presse médicale, 65*(63).

264. Dobson, V., & Teller, D. (1978). Visual acuity in human infants: Review and comparison of behavioral and electrophysiological studies. *Vision Research, 18*, 1469–1483.

265. Dooling, R. J., Okanoya, K., & Brown, S. D. (1989). Speech perception by budgerigars (Melopsittacus undulates): The voiced-voiceless distinction. *Perception & Psychophysics, 46*, 65–71.

266. Dougherty, R. F., Koch, V. M., Brewer, A. A., Fischer, B., Modersitzki, J., & Wandell, B. A. (2003). Visual field representations and

locations of visual areas V1/2/3 in human visual cortex. *Journal of Vision, 3,* 586–598.

267. Dowling, J. E., & Boycott, B. B. (1966). Organization of the primate retina. *Proceedings of the Royal Society of London, 166B,* 80–111.

268. Dowling, W. J., & Harwood, D. L. (1986). *Music cognition.* New York: Academic Press.

269. Downing, P. E., Jiang, Y., Shuman, M., & Kanwisher, N. (2001). Cortical area selective for visual processing of the human body. *Science, 293,* 2470–2473.

270. Driver, J., & Vuilleumier, P. (2001). Perceptual awareness and its loss in unilateral neglect and extinction. *Cognition, 79,* 39–88.

271. Dube, L., & Le Bel, J. L. (2003). The content and structure of laypeople's concept of pleasure. *Cognition and Emotion, 17*(2), 263–295.

272. DuBose, C. N., Cardello, A. V., & Maller, O. (1980). Effects of colorants and flavorants on identification, perceived flavor intensity, and hedonic quality of fruit-flavored beverages and cake. *Journal of Food Science, 45,* 1393–1400.

273. Duncan, R. O., & Boynton, G. M. (2007). Tactile hyperacuity thresholds correlate with finger maps in primary somatosensory cortex (S1). *Cerebral Cortex, 17,* 2878–2891.

274. Durgin, F. H., & Gigone, K. (2007). Enhanced optic flow speed discrimination while walking: Multisensory tuning of visual coding. *Perception, 36,* 1465–1475.

275. Durgin, F. H., Baird, J. A., Greenburg, M., Russell, R., Shaughnessy, K., & Waymouth, S. (2009). Who is being deceived? The experimental demands of wearing a backpack. *Psychonomic Bulletin & Review, 16,* 964–969.

276. Durgin, F. H., Klein, B., Spiegel, A., Strawser, C. J., & Williams, M. (2012). The social psychology of perception experiments: Hills, backpacks, glucose and the problem of generalizability. *Journal of Experimental Psychology: Human Perception and Performance, 38,* 1582–1595.

277. Durrani, M., & Rogers, P. (1999). Physics: Past, present, future. *Physics World, 12*(12), 7–13.

278. Durrant, J., & Lovrinic, J. (1977). *Bases of hearing science.* Baltimore: Williams & Wilkins.

279. Eames, C. (1977). *Powers of ten.* Pyramid Films.

280. Eerola, T., Firberg, A., & Bresin, R. (2013). Emotional expression in music: Contribution, linearity, and additivity of primary musical cues. *Frontiers in Psychology, 4,* 487.

281. Egbert, L. D., Battit, G. E., Welch, C. E., & Bartlett, M. D. (1964). Reduction of postoperative pain by encouragement and instruction of patients. *New England Journal of Medicine, 270,* 825–827.

282. Eggermont, J. (2014). Music and the brain. In J. Eggermont (Hrsg.), *Noise and the brain* (S. 240–265). New York: Elsevier. Chapter 9.

283. Egly, R., Driver, J., & Rafal, R. D. (1994). Shifting visual attention between objects and locations: Evidence from normal and parietal lesion subjects. *Journal of Experimental Psychology: General, 123,* 161–177.

284. Ehrenstein, W. (1930). Untersuchungen über Figur-Grund Fragen [Investigations of more figure–ground questions]. *Zeitschrift für Psychologie, 117,* 339–412.

285. Eimas, P. D., & Corbit, J. D. (1973). Selective adaptation of linguistic feature detectors. *Cognitive Psychology, 4,* 99–109.

286. Eimas, P. D., & Quinn, P. C. (1994). Studies on the formation of perceptually based basic-level categories in young infants. *Child Development, 65,* 903–917.

287. Eimas, P. D., Miller, J. L., & Jusczyk, P. W. (1987). On infant speech perception and the acquisition of language. In S. Hamad (Hrsg.), *Categorical perception.* New York: Cambridge University Press.

288. Eimas, P. D., Siqueland, E. R., Jusczyk, P., & Vigorito, J. (1971). Speech perception in infants. *Science, 171,* 303–306.

289. Eisenberger, N. I. (2012). The pain of social disconnection: Examining the shared neural underpinnings of physical and social pain. *Nature Reviews Neuroscience, 13,* 421–434.

290. Eisenberger, N. I. (2015). Social pain and the brain: Controversies, questions, and where to go from here. *Annual Review of Psychology, 66,* 601–629.

291. Eisenberger, N. I., & Lieberman, M. D. (2004). Why rejection hurts: A common neural alarm system for physical and social pain. *Trends in Cognitive Sciences, 8,* 294–300.

292. Eisenberger, N. I., Inagaki, T. K., Muscatell, K. A., Haltom, K. E. B., & Leary, M. R. (2011). The neural sociometer: Brain mechanisms underlying state self-esteem. *Journal of Cognitive Neuroscience, 23,* 3448–3455.

293. Eisenberger, N. I., Lieberman, M. D., & Williams, K. D. (2003). Does rejection hurt? An fMRI study of social exclusion. *Science, 302,* 290–292.

294. Ekstrom, A. D., Kahana, M. J., Caplan, J. B., Fields, T. A., Isham, E. A., Newman, E. L., et al. (2003). Cellular networks underlying human spatial navigation. *Nature, 425,* 184–187.

295. El Haj, M., Clement, S., Fasotti, L., & Allain, P. (2013). Effects of music on autobiographical verbal narration in Alzheimer's disease. *Journal of Neurolinguistics, 26,* 691–700.

296. Elbert, T., Pantev, C., Wienbruch, C., Rockstroh, B., & Taub, E. (1995). Increased cortical representation of the fingers of the left hand in string players. *Science, 270,* 305–307.

297. Ellingsen, D.-M., Leknes, S., Loseth, G., Wessberg, J., & Olausson, H. (2016). The neurobiology shaping affective touch: Expectation, motivation, and meaning in the multisensory context. *Frontiers in Psychology, 6,* 1986.

298. Emmert, E. (1881). Größenverhältnisse der Nachbilder. *Klinische Monatsblätter für Augenheilkunde, 19,* 443–450.

299. Engen, T. (1972). Psychophysics. In J. W. Kling & L. A. Riggs (Hrsg.), *Experimental psychology* (3. Aufl. S. 1–46). New York: Holt, Rinehart and Winston.

300. Engen, T., & Pfaffmann, C. (1960). Absolute judgments of odor quality. *Journal of Experimental Psychology, 59,* 214–219.

301. Epstein, R. A. (2005). The cortical basis of visual scene processing. *Visual Cognition, 12,* 954–978.

302. Epstein, R. A. (2008). Parahippocampal and retrosplenial contributions to human spatial navigation. *Trends in Cognitive Sciences, 12,* 388–396.

303. Epstein, R. A., & Baker, C. I. (2019). Scene perception in the human brain. *Annual Review of Vision Science, 5,* 373–397.

304. Epstein, R. A., & Kanwisher, N. (1998). A cortical representation of the local visual environment. *Nature, 392,* 598–601.

305. Epstein, R., Harris, A., Stanley, D., & Kanwisher, N. (1999). The parahippocampal place area: Recognition, navigation, or encoding? *Neuron, 23,* 115–125.

306. Epstein, W. (1965). Nonrelational judgments of size and distance. *American Journal of Psychology, 78,* 120–123.

307. Erickson, R. (1975). *Sound structure in music.* Berkeley: University of California Press.

308. Erickson, R. P. (1963). Sensory neural patterns and gustation. In Y. Zotterman (Hrsg.), *Olfaction and taste* (Bd. 1, S. 205–213). Oxford: Pergamon Press.

309. Erickson, R. P. (2000). The evolution of neural coding ideas in the chemical senses. *Physiology and Behavior, 69,* 3–13.

310. Fairhurst, M. T., Loken, L., & Grossmann, T. (2014). Physiological and behavioral responses reveal 9-month-old infants' sensitivity to pleasant touch. *Psychological Science, 25*(5), 1124–1131.

311. Fajen, B. R., & Warren, W. H. (2003). Behavioral dynamics of steering, obstacle avoidance and route selection. *Journal of Experimental Psychology: Human Perception and Performance, 29,* 343–362.

312. Fantz, R. L., Ordy, J. M., & Udelf, M. S. (1962). Maturation of pattern vision in infants during the first six months. *Journal of Comparative and Physiological Psychology, 55*, 907–917.

313. Farah, M. J., Wilson, K. D., Drain, H. M., & Tanaka, J. R. (1998). What is "special" about face perception? *Psychological Review, 105*, 482–498.

314. Farroni, T., Chiarelli, A. M., Lloyd-Fox, S., Massaccesi, S., Merla, A., Di Gangi, V., & Johnson, M. H. (2013). Infant cortex responds to other humans from shortly after birth. *Scientific Reports, 3*(1), 1–5.

315. Fattori, P., Breveglieri, R., Raos, V., Boco, A., & Galletti, C. (2012). Vision for action in the Macaque medial posterior parietal cortex. *Journal of Neuroscience, 32*, 3221–3234.

316. Fattori, P., Raos, V., Breveglieri, R., Bosco, A., Marzocchi, N., & Galleti, C. (2010). The dorsomedial pathway is not just for reaching: Grasping neurons in the medial parieto-occipital cortex of the macaque monkey. *Journal of Neuroscience, 30*, 342–349.

317. Fechner, G. T. (1966). *Elements of psychophysics*. New York: Holt, Rinehart and Winston. Original work published 1860

318. Fedorenko, E., McDermott, J. H., Norman-Haignere, S., & Kanwisher, N. (2012). Sensitivity to musical structure in the human brain. *Journal of Neurophysiology, 108*, 3289–3300.

319. Fei-Fei, L., Iyer, A., Koch, C., & Perona, P. (2007). What do we perceive in a glance of a real-world scene? *Journal of Vision, 7*, 1–29.

320. Fernald, A., & Kuhl, P. (1987). Acoustic determinants of infant preference for motherese speech. *Infant Behavior and Development, 10*, 279–293.

321. Fernald, R. D. (2006). Casting a genetic light on the evolution of eyes. *Science, 313*, 1914–1918.

322. Ferrari, P. F., Gallese, V., Rizzolatti, G., & Fogassi, L. (2003). Mirror neurons responding to the observation of ingestive and communicative mouth actions in the monkey ventral premotor cortex. *European Journal of Neuroscience, 15*, 399–402.

323. Ferreri, L., Mas-Herrero, E., Zatorre, R. J., et al. (2019). Dopamine modulates the reward experiences elicited by music. *Proceedings of the National Academy of Sciences, 116*(9), 3793–3798.

324. Fettiplace, R., & Hackney, C. M. (2006). The sensory and motor roles of auditory hair cells. *Nature Reviews Neuroscience, 7*, 19–29.

325. Field, T. (1995). Massage therapy for infants and children. *Journal of Behavioral and Developmental Pediatrics, 16*, 105–111.

326. Fields, H. L., & Basbaum, A. I. (1999). Central nervous system mechanisms of pain modulation. In P. D. Wall & R. Melzak (Hrsg.), *Textbook of pain* (S. 309–328). New York: Churchill Livingstone.

327. Filimon, F., Nelson, J. D., Huang, R.-S., & Sereno, M. I. (2009). Multiple parietal reach regions in humans: Cortical representations for visual and proprioceptive feedback during on-line reaching. *Journal of Neuroscience, 29*, 2961–2971.

328. Finger, T. E. (1987). Gustatory nuclei and pathways in the central nervous system. In T. E. Finger & W. L. Silver (Hrsg.), *Neurobiology of taste and smell* (S. 331–353). New York: Wiley.

329. Finniss, D. G., & Benedetti, F. (2005). Mechanisms of the placebo response and their impact on clinical trials and clinical practice. *Pain, 114*, 3–6.

330. Fitch, W. T. (2015). Four principles of bio-musicology. *Philosophical Transactions of the Royal Society B, 370*, 20140091.

331. Fitch, W. T., & Martins, M. D. (2014). Hierarchical processing in music, language, and action: Lashley revisited. *Annals of the New York Academy of Sciences, 1316*, 87–104.

332. Fletcher, H., & Munson, W. A. (1933). Loudness: Its definition, measurement, and calculation. *Journal of the Acoustical Society of America, 5*, 82–108.

333. Fogassi, L., Ferrari, P. F., Gesierich, B., Rozzi, S., Chersi, F., & Rizzolatti, G. (2005). Parietal lobe: From action organization to intention understanding. *Science, 302*, 662–667.

334. Fogel, A. R., Rosenberg, J. C., Lehman, F. M., Kuperberg, G. R., & Patel, A. D. (2015). Studying musical and linguistic prediction in comparable ways: The melodic cloze probability method. *Frontiers in Psychology, 6*, 1718.

335. Forestell, C. A. (2017). Flavor perception and preference development in human infants. *Annals of Nutrition and Metabolism, 70*(suppl. 3), 17–25.

336. Formisano, E., De Martino, F., Bonte, M., & Goebel, R. (2008). "Who" is saying "what"? Brain-based decoding of human voice and speech. *Science, 322*(5903), 970–973.

337. Fortenbaugh, F. C., Hicks, J. C., Hao, L., & Turano, K. A. (2006). Highspeed navigators: Using more than what meets the eye. *Journal of Vision, 6*, 565–579.

338. Foster, D. H. (2011). Color constancy. *Vision Research, 51*, 674–700.

339. Fox, C. R. (1990). Some visual influences on human postural equilibrium: Binocular versus monocular fixation. *Perception and Psychophysics, 47*, 409–422.

340. Fox, K. C. R., Dixon, M. L., Nijeboer, S., Girn, M., Floman, J. L., Lifshitz, M., Ellamil, M., Sedlmeier, P., & Christoff, K. (2016). Functional neuroanatomy of meditation: A review and meta-analysis of 78 functional neuroimaging investigations. *Neuroscience and Biobehavioural Reviews, 65*, 208–228.

341. Fox, R., Aslin, R. N., Shea, S. L., & Dumais, S. T. (1980). Stereopsis in human infants. *Science, 207*, 323–324.

342. Franconeri, S. L., & Simons, D. J. (2003). Moving and looming stimuli capture attention. *Perception & Psychophysics, 65*, 999–1010.

343. Frank, M. E., & Rabin, M. D. (1989). Chemosensory neuroanatomy and physiology. *Ear, Nose and Throat Journal, 68*(291–292), 295–296.

344. Frank, M. E., Lundy, R. F., & Contreras, R. J. (2008). Cracking taste codes by tapping into sensory neuron impulse traffic. *Progress in Neurobiology, 86*, 245–263.

345. Frankland, B. W., & Cohen, A. J. (2004). Parsing of melody: Quantification and testing of the local grouping rules of Lerdahl and Jackendoff's A generative theory of tonal music. *Music Perception, 21*, 499–543.

346. Franklin, A., & Davies, R. L. (2004). New evidence for infant colour categories. *British Journal of Developmental Psychology, 22*, 349–377.

347. Franz, V. H., & Gegenfurtner, K. R. (2008). Grasping visual illusions: Consistent data and no dissociation. *Cognitive Neuropsychology, 25*(7), 920–950.

348. Freire, A., Lee, K., & Symons, L. A. (2000). The face-inversion effect as a deficit in the encoding of configural information: Direct evidence. *Perception, 29*, 159–170.

349. Freire, A., Lewis, T. L., Maurer, D., & Blake, R. (2006). The development of sensitivity to biological motion in noise. *Perception, 35*, 647–657.

350. Freyd, J. (1983). The mental representation of movement when static stimuli are viewed. *Perception & Psychophysics, 33*, 575–581.

351. Friedman, H. S., Zhou, H., & von der Heydt, R. (2003). The coding of uniform colour figures in monkey visual cortex. *Journal of Physiology, 548*, 593–613.

352. Friston, K. J., Buechel, C., Fink, G. R., Morris, J., Rolls, E., & Dolan, R. J. (1997). Psychophysiological and modulatory interactions in neuroimaging. *Neuroimage, 6*, 218–229.

353. Fritz, T., Jentschke, S., Gosselin, N., Sammler, D., Peretz, I., Turner, R., et al. (2009). Universal recognition of three basic emotions in music. *Current Biology, 19*, 573–576.

354. Fujioka, T., Trainor, L. J., Large, E. W., & Ross, B. (2012). Internalized timing of isochronous sounds is represented in neuromagnetic beta oscillations. *Journal of Neuroscience, 32,* 1791–1802.

355. Fuller, S., & Carrasco, M. (2006). Exogenous attention and color perception: Performance and appearance of saturation and hue. *Vision Research, 46,* 4032–4047.

356. Furmanski, C. S., & Engel, S. A. (2000). An oblique effect in human visual cortex. *Nature Neuroscience, 3,* 535–536.

357. Fushan, A. A., Simons, C. T., Slack, J. P., Manichalkul, A., & Drayna, D. (2009). Allelic polymorphism within the TAS1R3 promoter is associated with human taste sensitive to sucrose. *Current Biology, 19,* 1288–1293.

358. Fyhn, M., Hafting, T., Witter, M. P., Moser, E. I., & Moser, M.-B. (2008). Grid cells in mice. *Hippocampus, 18,* 1230–1238.

359. Gallace, A., & Spence, C. (2010). The science of interpersonal touch: A review. *Neuroscience and Biobehavioral Reviews, 34,* 246–259.

360. Gallese, V. (2007). Before and below "theory of mind": Embodied simulation and the neural correlates of social cognition. *Philosophical Transactions of the Royal Society B, 362,* 659–669.

361. Gallese, V., Fadiga, L., Fogassi, L., & Rizzolatti, G. (1996). Action recognition in the premotor cortex. *Brain, 119,* 593–609.

362. Ganel, T., Tanzer, M., & Goodale, M. A. (2008). A double dissociation between action and perception in the context of visual illusions. *Psychological Science, 19,* 221–225.

363. Gao, T., Newman, G. E., & Scholl, B. J. (2009). The psychophysics of chasing: A case study in the perception of animacy. *Cognitive Psychology, 59,* 154–179.

364. Gardner, M. B., & Gardner, R. S. (1973). Problem of localization in the median plane: Effect of pinnae cavity occlusion. *Journal of the Acoustical Society of America, 53,* 400–408.

365. Gauthier, I., Skudlarski, P., Gore, J. C., & Anderson, A. W. (2000). Expertise for cars and birds recruits brain areas involved in face recognition. *Nature Neuroscience, 3,* 191–197.

366. Gauthier, I., Tarr, M. J., Anderson, A. W., Skudlarski, P., & Gore, J. C. (1999). Activation of the middle fusiform face area increases with expertise in recognizing novel objects. *Nature Neuroscience, 2,* 568–573.

367. Geers, A. E., & Nicholas, J. G. (2013). Enduring advantages of early cochlear implantation for spoken language development. *Journal of Speech, Language, and Hearing Research, 56,* 643–653.

368. Gegenfurtner, K. R., & Kiper, D. C. (2003). Color vision. *Annual Review of Neuroscience, 26,* 181–206.

369. Gegenfurtner, K. R., & Rieger, J. (2000). Sensory and cognitive contributions of color to the recognition of natural scenes. *Current Biology, 10,* 805–808.

370. Geiger, A., Bente, G., Lammers, S., Tepest, R., Roth, D., Bzdok, D., & Vogeley, K. (2019). Distinct functional roles of the mirror neurons system and the mentalizing system. *Neuroimage, 202,* 116102.

371. Geirhos, R., Temme, C. R., Rauber, J., Schütt, H. H., Bethge, M., & Wichmann, F. A. (2018). Generalisation in humans and deep neural networks. In *Proceedings of the 32nd conference on neural information processing systems* (S. 7549–7561).

372. Geisler, W. S. (2008). Visual perception and statistical properties of natural scenes. *Annual Review of Psychology, 59,* 167–192.

373. Geisler, W. S. (2011). Contributions of ideal observer theory to vision research. *Vision Research, 51,* 771–781.

374. Gelbard-Sagiv, H., Mukamel, R., Harel, M., Malach, R., & Fried, I. (2008). Internally generated reactivation of single neurons in human hippocampus during free recall. *Science, 322,* 96–101.

375. Gerkin, R. C., & Castro, J. B. (2015). The number of olfactory stimuli that humans can discriminate is still unknown. *eLife, 4,* e8127.

376. Gescheider, G. A. (1976). *Psychophysics: Method and theory.* Hillsdale: Erlbaum.

377. Gibson, B. S., & Peterson, M. A. (1994). Does orientation-independent object recognition precede orientation-dependent recognition? Evidence from a cueing paradigm. *Journal of Experimental Psychology: Human Perception and Performance, 20,* 299–316.

378. Gibson, J. J. (1950). *The perception of the visual world.* Boston: Houghton Mifflin.

379. Gibson, J. J. (1962). Observations on active touch. *Psychological Review, 69,* 477–491.

380. Gibson, J. J. (1966). *The senses as perceptual systems.* Boston: Houghton Mifflin.

381. Gibson, J. J. (1979). *The ecological approach to visual perception.* Boston: Houghton Mifflin.

382. Gilaie-Dotan, S., Saygin, A. P., Lorenzi, L., Egan, R., Rees, G., & Behrmann, M. (2013). The role of human ventral visual cortex in motion perception. *Brain, 136,* 2784–2798.

383. Gilbert, C. D., & Li, W. (2013). Top-down influences on visual processing. *Nature Reviews Neuroscience, 14,* 350–363.

384. Gilchrist, A. (2012). Objective and subjective sides of perception. In S. Allred & G. Hatfield (Hrsg.), *Visual experience: Sensation, cognition and constancy.* New York: Oxford University Press.

385. Gilchrist, A. L. (Hrsg.). (1994). *Lightness, brightness, and transparency.* Hillsdale: Erlbaum.

386. Gilchrist, A., Kossyfidis, C., Bonato, F., Agostini, T., Cataliotti, J., Li, X., et al. (1999). An anchoring theory of lightness perception. *Psychological Review, 106,* 795–834.

387. Gill, S. V., Adolph, K. E., & Vereijken, B. (2009). Change in action: How infants learn to walk down slopes. *Developmental Science, 12,* 888–902.

388. Glanz, J. (2000). *Art 1 physics 5 beautiful music.* New York Times. (S. D1–D4). 2000, April 18

389. Glasser, D. M., Tsui, J., Pack, C. C., & Tadin, D. (2011). Perceptual and neural consequences of rapid motion adaptation. *PNAS, 108,* E1080–E1088.

390. Glickstein, M., & Whitteridge, D. (1987). Tatsuji Inouye and the mapping of the visual fields on the human cerebral cortex. *Trends in Neurosciences, 10*(9), 350–353.

391. Gobbini, M. I., & Haxby, J. V. (2007). Neural systems for recognition of familiar faces. *Neuropsychologia, 45,* 32–41.

392. Goffaux, V., Jacques, C., Mauraux, A., Oliva, A., Schynsand, P. G., & Rossion, B. (2005). Diagnostic colours contribute to the early stages of scene categorization: Behavioural and neurophysiological evidence. *Visual Cognition, 12,* 878–892.

393. Golarai, G., Ghahremani, G., Whitfield-Gabrieli, S., Reiss, A., Eberhardt, J. L., Gabrieli, J. E. E., et al. (2007). Differential development of highlevel cortex correlates with category-specific recognition memory. *Nature Neuroscience, 10,* 512–522.

394. Gold, J. E., Rauscher, K. J., & Hum, M. (2015). A validity study of selfreported daily texting frequency, cell phone characteristics, and texting styles among young adults. *BMC Research Notes, 8,* 120.

395. Gold, T. (1948). Hearing. II. The physical basis of the action of the cochlea. *Proceedings of the Royal Society London B, 135,* 492–498.

396. Gold, T. (1989). Historical background to the proposal, 40 years ago, of an active model for cochlear frequency analysis. In J. P. Wilson & D. T. Kemp (Hrsg.), *Cochlear mechanisms: Structure, function, and models* (S. 299–305). New York: Plenum.

397. Goldenberg, G. (1998). *Neuropsychologie* (2. Aufl.). Stuttgart: Gustav Fischer.

398. Goldstein, A. (1980). Thrills in response to music and other stimuli. *Physiological Psychology, 8*(1), 126–129.

399. Goldstein, E. B. (2001). Pictorial perception and art. In E. B. Goldstein (Hrsg.), *Blackwell handbook of perception* (S. 344–378). Oxford: Blackwell.

400. Goldstein, E. B. (2020). *The mind: Consciousness, prediction, and the brain*. Cambridge: MIT Press.

401. Goldstein, E. B., & Brockmole, J. (2019). *Sensation & perception* (10. Aufl.). Boston: Cengage.

402. Goldstein, E. B., & Fink, S. I. (1981). Selective attention in vision: Recognition memory for superimposed line drawings. *Journal of Experimental Psychology: Human Perception and Performance, 7*, 954–967.

403. Goldstein, P., Weissman-Fogel, I., Dumas, G., & Shamay-Tsoory, S. G. (2018). Brain-to-brain coupling during handholding is associated with pain reduction. *Proceedings of the National Academy of Sciences, 115*(11), E2528–E2537.

404. Golinkoff, R. M., Can, D. D., Soderstrom, M., & Hirsh-Pasek, K. (2015). (Baby)Talk to me: The social context of infant-directed speech and its effects on early language acquisition. *Current Directions in Psychological Science, 24*(5), 339–344.

405. Goncalves, N. R., & Welchman, A. E. (2017). "What not" detectors help the brain see in depth. *Current Biology, 27*, 1403–1412.

406. Goodale, M. A. (2011). Transforming vision into action. *Vision Research, 51*, 1567–1587.

407. Goodale, M. A. (2014). How (and why) the visual control of action differs from visual perception. *Proceedings of the Royal Society B, 281*, 20140337.

408. Goodale, M. A., & Humphrey, G. K. (1998). The objects of action and perception. *Cognition, 67*, 181–207.

409. Goodale, M. A., & Humphrey, G. K. (2001). Separate visual systems for action and perception. In E. B. Goldstein (Hrsg.), *Blackwell handbook of perception* (S. 311–343). Oxford: Blackwell.

410. Gosselin, N., Peretz, I., Noulhiane, M., Hasboun, D., Beckett, C., Baulac, M., & Samson, S. (2005). Impaired recognition of scary music following unilateral temporal lobe excision. *Brain, 128*, 628–640.

411. Gosselin, N., Samson, S., Adolphs, R., Noulhiane, M., Roy, M., Hasboun, D., Baulac, M., & Peretz, I. (2006). Emotional responses to unpleasant music correlates with damage to the parahippocampal cortex. *Brain, 129*, 2585–2592.

412. Gottfried, J. A. (2010). Central mechanisms of odour object perception. *Nature Reviews Neuroscience, 11*, 628–641.

413. Goyal, M., Singh, S., Sibinga, E. M., Gould, N. F., Royland-Seymour, A., Sharmam, R., Berger, Z., Sleicher, D., Maron, D. D., & Shihab, H. M. (2014). Meditation programs for psychological stress and well-being: A systematic review and meta-analysis. *JAMA Internal Medicine, 174*, 357–368.

414. Graham, C. H., Sperling, H. G., Hsia, Y., & Coulson, A. H. (1961). The determination of some visual functions of a unilaterally color-blind subject: Methods and results. *Journal of Psychology, 51*, 3–32.

415. Graham, D. M. (2017). A second shot at sight using a fully organic retinal prosthesis. *Lab Animal, 46*(6), 223–224.

416. Grahn, J. A. (2009). The role of the basal ganglia in beat perception. *Annals of the New York Academy of Sciences, 1169*, 35–45.

417. Grahn, J. A., & Rowe, J. B. (2009). Feeling the beat: Premotor and striatal interactions in musicians and nonmusicians during beat perception. *Journal of Neuroscience, 29*, 7540–7548.

418. Granrud, C. E., Haake, R. J., & Yonas, A. (1985). Infants' sensitivity to familiar size: The effect of memory on spatial perception. *Perception and Psychophysics, 37*, 459–466.

419. Gray, L., Watt, L., & Blass, E. M. (2000). Skin-to-skin contact is analgesic in healthy newborns. *Pediatrics, 105*(1), 1–6.

420. Gregory, R. L. (1966). *Eye and brain*. New York: McGraw-Hill.

421. Griffin, D. R. (1944). Echolocation by blind men and bats. *Science, 100*, 589–590.

422. Griffiths, T. D. (2012). Cortical mechanisms for pitch perception. *Journal of Neuroscience, 32*, 13333–13334.

423. Griffiths, T. D., & Hall, D. A. (2012). Mapping pitch representation in neural ensembles with fMRI. *Journal of Neuroscience, 32*, 13343–13347.

424. Griffiths, T. D., Warren, J. D., Dean, J. L., & Howard, D. (2004). "When the feeling's gone": A selective loss of musical emotion. *Journal of Neurology, Neurosurgery and Psychiatry, 75*, 344–345.

425. Grill-Spector, K. (2003). The neural basis of object perception. *Current Opinion in Neurobiology, 13*(2), 159–166.

426. Grill-Spector, K. (2009). Object perception: Physiology. In *Encyclopedia of perception*. SAGE.

427. Grill-Spector, K., & Weiner, K. S. (2014). The functional architecture of the ventral temporal cortex and its role in categorization. *Nature Reviews Neuroscience, 15*, 536–548.

428. Grill-Spector, K., Golarai, G., & Gabrieli, J. (2008). Developmental neuroimaging of the human ventral visual cortex. *Trends in Cognitive Sciences, 12*, 152–162.

429. Grill-Spector, K., Knouf, N., & Kanwisher, N. (2004). The fusiform face area subserves face perception, not generic within-category identification. *Nature Neuroscience, 7*, 555–562.

430. Grosbras, M. H., Beaton, S., & Eickhoff, S. B. (2012). Brain regions involved in human movement perception: A quantitative voxel-based meta-analysis. *Human Brain Mapping, 33*, 431–454.

431. Gross, C. G. (1972). Visual functions of inferotemporal cortex. In R. Jung (Hrsg.), *Part 3*. Handbook of sensory physiology, (Bd. 7, S. 451–482). Berlin: Springer.

432. Gross, C. G. (2002). Genealogy of the "grandmother cell". *The Neuroscientist, 8*(5), 512–518.

433. Gross, C. G. (2008). Single neuron studies of inferior temporal cortex. *Neuropsychologia, 46*, 841–852.

434. Gross, C. G., Bender, D. B., & Rocha-Miranda, C. E. (1969). Visual receptive fields of neurons in inferotemporal cortex of the monkey. *Science, 166*, 1303–1306.

435. Gross, C. G., Rocha-Miranda, C. E., & Bender, D. B. (1972). Visual properties of neurons in inferotemporal cortex of the macaque. *Journal of Neurophysiology, 5*, 96–111.

436. Grossman, E. D., & Blake, R. (2001). Brain activity evoked by inverted and imagined biological motion. *Vision Research, 41*, 1475–1482.

437. Grossman, E. D., & Blake, R. (2002). Brain areas active during visual perception of biological motion. *Neuron, 56*, 1167–1175.

438. Grossman, E. D., Batelli, L., & Pascual-Leone, A. (2005). Repetitive TMS over posterior STS disrupts perception of biological motion. *Vision Research, 45*, 2847–2853.

439. Grossman, E. D., Donnelly, M., Price, R., Pickens, D., Morgan, V., Neighbor, G., et al. (2000). Brain areas involved in perception of biological motion. *Journal of Cognitive Neuroscience, 12*, 711–720.

440. Grothe, R., Pecka, M., & McAlpine, D. (2010). Mechanisms of sound localization in mammals. *Physiological Review, 90*, 983–1012.

441. Gulick, W. L., Gescheider, G. A., & Frisina, R. D. (1989). *Hearing*. New York: Oxford University Press.

442. Gupta, G., Gross, N., Pastilha, R., & Hurlbert, A. (2020). *The time course of colour constancy by achromatic adjustment in immersive illumination: What looks white under coloured lights?* https://doi.org/10.1101/2020.03.10.984567. bioRiv preprint

443. Gurney, H. (1831). *Memoir of the life of Thomas Young, M.D., F.R.S.* London: John & Arthur Arch.

444. Gwiazda, J., Brill, S., Mohindra, I., & Held, R. (1980). Preferential looking acuity in infants from two to fifty-eight weeks of age. *American Journal of Optometry and Physiological Optics, 57*, 428–432.

445. Haber, R. N., & Levin, C. A. (2001). The independence of size perception and distance perception. *Perception & Psychophysics*, *63*, 1140–1152.

446. Hadad, B.-S., Maurer, D., & Lewis, T. L. (2011). Long trajectory for the development of sensitivity to global and biological motion. *Developmental Science*, *14*, 1330–1339.

447. Hafting, T., Fyhn, M., Molden, S., Moser, M.-B., & Moser, E. I. (2005). Microstructure of a spatial map in the entorhinal cortex. *Nature*, *436*, 801–806.

448. Haigney, D., & Westerman, S. J. (2001). Mobile (cellular) phone use and driving: A critical review of research methodology. *Ergonomics*, *44*, 132–143.

449. Hall, D. A., Fussell, C., & Summerfield, A. Q. (2005). Reading fluent speech from talking faces: Typical brain networks and individual differences. *Journal of Cognitive Neuroscience*, *17*, 939–953.

450. Hall, M. J., Bartoshuk, L. M., Cain, W. S., & Stevens, J. C. (1975). PTC taste blindness and the taste of caffeine. *Nature*, *253*, 442–443.

451. Hallemans, A., Ortibus, E., Meire, F., & Aerts, P. (2010). Low vision affects dynamic stability of gait. *Gait and Posture*, *32*, 547–551.

452. Hamer, R. D., Nicholas, S. C., Tranchina, D., Lamb, T. D., & Jarvinen, J. L. P. (2005). Toward a unified model of vertebrate rod phototransduction. *Visual Neuroscience*, *22*, 417–436.

453. Hamid, S. N., Stankiewicz, B., & Hayhoe, M. (2010). Gaze patterns in navigation: Encoding information in large-scale environments. *Journal of Vision*, *10*(12), 1–11.

454. Handford, M. (1997). *Where's Waldo?* Cambridge: Candlewick Press.

455. Hansen, T., Olkkonen, M., Walter, S., & Gegenfurtner, K. R. (2006). Memory modulates color appearance. *Nature Neuroscience*, *9*, 1367–1368.

456. Harding-Forrester, S., & Feldman, D. E. (2018). Somatosensory maps. In G. Vallar & H. B. Coslett (Hrsg.), *Handbook of clinical neurology* Bd. 151. New York: Elsevier.

457. Harmelech, T., & Malach, R. (2013). Neurocognitive biases and the patterns of spontaneous correlations in the human cortex. *Trends in Cognitive Sciences*, *17*(12), 606–615.

458. Harris, J. M., & Rogers, B. J. (1999). Going against the flow. *Trends in Cognitive Sciences*, *3*, 449–450.

459. Harris, L., Atkinson, J., & Braddick, O. (1976). Visual contrast sensitivity of a 6-month-old infant measured by the evoked potential. *Nature*, *246*, 570–571.

460. Hart, B., & Risley, T. R. (1995). *Meaningful differences in the everyday experiences of young American children*. Baltimore: Brookes.

461. Hartline, H. K. (1938). The response of single optic nerve fibers of the vertebrate eye to illumination of the retina. *American Journal of Physiology*, *121*, 400–415.

462. Hartline, H. K. (1940). The receptive fields of optic nerve fibers. *American Journal of Physiology*, *130*, 690–699.

463. Hartline, H. K., Wagner, H. G., & Ratliff, F. (1956). Inhibition in the eye of *Limulus*. *Journal of General Physiology*, *39*, 651–673.

464. Harvey, M., & Rossit, S. (2012). Visuospatial neglect in action. *Neuropsychologia*, *50*, 1018–1028.

465. Hasenkamp, W., Wilson-Mendenhall, C. D., Duncan, E., & Barsalou, L. W. (2012). Mind wandering and attention during focused meditation: A fine-grained temporal analysis of fluctuating cognitive states. *Neuroimage*, *59*, 750–760.

466. Haxby, J. V., Gobbini, M. I., Furey, M. L., Ishai, A., Schouten, J. L., & Pietrini, P. (2001). Distributed and overlapping representations of faces and objects in ventral temporal cortex. *Science*, *293*(5539), 2425–2430.

467. Hayhoe, M., & Ballard, C. (2005). Eye movements in natural behavior. *Trends in Cognitive Sciences*, *9*, 188–194.

468. Heaton, P. (2009). Music—Shelter for the frazzled mind? *The Psychologist*, *22*(12), 1018–1020.

469. Hecaen, H., & Angelerques, R. (1962). Agnosia for faces (prosopagnosia). *Archives of Neurology*, *7*, 92–100.

470. Heesen, R. (2015). *The Young-(Helmholtz)-Maxwell theory of color vision*. Pittsburgh: Carnegie Mellon University. http://philsci-archive.pitt.edu/11279/

471. Heider, F., & Simmel, M. (1944). An experimental study of apparent behavior. *American Journal of Psychology*, *13*, 243–259.

472. Heise, G. A., & Miller, G. A. (1951). An experimental study of auditory patterns. *American Journal of Psychology*, *57*, 243–249.

473. Held, R., Birch, E., & Gwiazda, J. (1980). Stereoacuity of human infants. *Proceedings of the National Academy of Sciences*, *77*, 5572–5574.

474. von Helmholtz, H. (1911). *Treatise on physiological optics* (3. Aufl.). Bd. 2 & 3. Rochester: Optical Society of America. J. P. Southall, Ed. & Trans.; Original work published 1866

475. von Helmholtz, H. (1860). *Handbuch der physiologischen Optik*. Bd. 2. Leipzig: Voss.

476. Henderson, J. M. (2017). Gaze control as prediction. *Trends in Cognitive Sciences*, *21*(1), 15–23.

477. Henderson, J. M., & Hollingworth, A. (1999). High-level scene perception. *Annual Review of Psychology*, *50*, 243–271.

478. Henderson, J. M., Shinkareva, S. V., Wang, J., Luke, S. G., & Olejarczyk, J. (2013). Predicting cognitive state from eye movements. *PLoS One*, *8*(5), e64937.

479. Henriksen, S., Tanabe, S., & Cumming, B. (2016). Disparity processing in primary visual cortex. *Philosophical Transactions of the Royal Society B*, *371*, 20150255.

480. Hering, E. (1878). *Zur Lehre vom Lichtsinn*. Vienna: Gerold.

481. Hering, E. (1964). *Outlines of a theory of the light sense*. Cambridge: Harvard University Press. L. M. Hurvich & D. Jameson, Trans.

482. Hershenson, M. (Hrsg.). (1989). *The moon illusion*. Hillsdale: Erlbaum.

483. Herz, R. S., & Schooler, J. W. (2002). A naturalistic study of autobiographical memories evoked by olfactory and visual cues: Testing the Proustian hypothesis. *American Journal of Psychology*, *115*, 21–32.

484. Herz, R. S., Eliassen, J. C., Beland, S. L., & Souza, T. (2004). Neuroimaging evidence for the emotional potency of odor-evoked memory. *Neuropsychologia*, *42*, 371–378.

485. Hettinger, T. P., Myers, W. E., & Frank, M. E. (1990). Role of olfaction in perception of nontraditional "taste" stimuli. *Chemical Senses*, *15*, 755–760.

486. Heywood, C. A., Cowey, A., & Newcombe, F. (1991). Chromatic discrimination in a cortically colour blind observer. *European Journal of Neuroscience*, *3*, 802–812.

487. Hickock, G. (2009). Eight problems for the mirror neuron theory of action understanding in monkeys and humans. *Journal of Cognitive Neuroscience*, *21*, 1229–1243.

488. Hickock, G., & Poeppel, D. (2007). The cortical organization of speech processing. *Nature Reviews Neuroscience*, *8*, 393–401.

489. Hickok, G., & Poeppel, D. (2015). Neural basis of speech perception. *Handbook of Clinical Neurology*, *129*, 149–160.

490. Hinton, G. E., McClelland, J. L., & Rumelhart, D. E. (1986). Distributed representations. In D. E. Rumelhart & J. L. McClelland (Hrsg.), *Parallel distributed processing: Explorations in the microstructure of cognition* Bd. 1. Cambridge: MIT Press.

491. Hochberg, J. E. (1987). Machines should not see as people do, but must know how people see. *Computer Vision, Graphics and Image Processing*, *39*, 221–237.

492. Hodgetts, W. E., & Liu, R. (2006). Can hockey playoffs harm your hearing? *Canadian Medical Association Journal*, *175*, 1541–1542.

493. Hofbauer, R. K., Rainville, P., Duncan, G. H., & Bushnell, M. C. (2001). Cortical representation of the sensory dimension of pain. *Journal of Neurophysiology*, *86*, 402–411.

494. Hoff, E. (2013). Interpreting the early language trajectories of children from low-SES and language minority homes: Implications for closing achievement gaps. *Developmental Psychology*, *49*(1), 4–14.

495. Hoffman, H. G., Doctor, J. N., Patterson, D. R., Carrougher, G. J., & Furness III, T. A. (2000). Virtual reality as an adjunctive pain control during burn wound care in adolescent patients. *Pain*, *85*, 305–309.

496. Hoffman, H. G., Patterson, D. R., Seibel, E., Soltani, M., Jewett-Leahy, L., & Sharar, S. R. (2008). Virtual reality pain control during burn wound debridement in the hydrotank. *Clinical Journal of Pain*, *24*, 299–304.

497. Hoffman, T. (2012). *The man whose brain ignores one half of his world*. The Guardian. November 23, 2012

498. Hofman, P. M., Van Riswick, J. G. A., & Van Opstal, A. J. (1998). Relearning sound localization with new ears. *Nature Neuroscience*, *1*, 417–421.

499. Holland, R. W., Hendriks, M., & Aarts, H. (2005). Smells like clean spirit. *Psychological Science*, *16*(9), 689–693.

500. Hollins, M., & Risner, S. R. (2000). Evidence for the duplex theory of texture perception. *Perception & Psychophysics*, *62*, 695–705.

501. Hollins, M., Bensmaia, S. J., & Roy, E. A. (2002). Vibrotaction and texture perception. *Behavioural Brain Research*, *135*, 51–56.

502. Holway, A. H., & Boring, E. G. (1941). Determinants of apparent visual size with distance variant. *American Journal of Psychology*, *54*, 21–37.

503. Honig, H., & Bouwer, F. L. (2019). Rhythm. In J. Rentfrow & D. Levitin (Hrsg.), *Foundations of music psychology: Theory and research* (S. 33–69). Cambridge: MIT Press.

504. Horn, D. L., Houston, D. M., & Miyamoto, R. T. (2007). Speech discrimination skills in deaf infants before and after cochlear implantation. *Audiological Medicine*, *5*, 232–241.

505. Howgate, S., & Plack, C. J. (2011). A behavioral measure of the cochlear changes underlying temporary threshold shifts. *Hearing Research*, *277*, 78–87.

506. Hsiao, S. S., Johnson, K. O., Twombly, A., & DiCarlo, J. (1996). Form processing and attention effects in the somatosensory system. In O. Franzen, R. Johannson & L. Terenius (Hrsg.), *Somesthesis and the neurobiology of the somatosensory cortex* (S. 229–247). Basel: Birkhäuser.

507. Hsiao, S. S., O'Shaughnessy, D. M., & Johnson, K. O. (1993). Effects of selective attention on spatial form processing in monkey primary and secondary somatosensory cortex. *Journal of Neurophysiology*, *70*, 444–447.

508. Huang, X., Baker, J., & Reddy, R. (2014). A historical perspective of speech recognition. *Communications of the ACM*, *57*, 94–103.

509. Hubel, D. H. (1982). Exploration of the primary visual cortex, 1955–1978. *Nature*, *299*, 515–524.

510. Hubel, D. H., & Wiesel, T. N. (1959). Receptive fields of single neurons in the cat's striate cortex. *Journal of Physiology*, *148*, 574–591.

511. Hubel, D. H., & Wiesel, T. N. (1961). Integrative action in the cat's lateral geniculate body. *Journal of Physiology*, *155*, 385–398.

512. Hubel, D. H., & Wiesel, T. N. (1965). Receptive fields and functional architecture in two non-striate visual areas (18 and 19) of the cat. *Journal of Neurophysiology*, *28*, 229–289.

513. Hubel, D. H., & Wiesel, T. N. (1970). Cells sensitive to binocular depth in area 18 of the macaque monkey cortex. *Nature*, *225*, 41–42.

514. Hubel, D. H., Wiesel, T. N., Yeagle, E. M., Lafer-Sousa, R., & Conway, B. R. (2015). Binocular stereoscopy in visual areas V-2, V-3, and V-3a of the macaque monkey. *Cerebral Cortex*, *25*, 959–971.

515. Hughes, M. (1977). A quantitative analysis. In M. Yeston (Hrsg.), *Readings in Schenker analysis and other approaches* (S. 114–164). New Haven: Yale University Press.

516. Humayun, M. S., de Juan Jr, E., & Dagnelie, G. (2016). The bionic eye: A quarter century of retinal prosthesis research and development. *Ophthalmology*, *123*(10), S89–S97.

517. Hummel, T., Delwihe, J. F., Schmidt, C., & Huttenbrink, K.-B. (2003). Effects of the form of glasses on the perception of wine flavors: A study in untrained subjects. *Appetite*, *41*, 197–202.

518. Humphrey, A. L., & Saul, A. B. (1994). The temporal transformation of retinal signals in the lateral geniculate nucleus of the cat: Implications for cortical function. In D. Minciacchi, M. Molinari, G. Macchi & E. G. Jones (Hrsg.), *Thalamic networks for relay and modulation* (S. 81–89). New York: Pergamon Press.

519. Humphreys, G. W., & Riddoch, M. J. (2001). Detection by action: Neuropsychological evidence for action-defined templates in search. *Nature Neuroscience*, *4*, 84–88.

520. Huron, D. (2006). *Sweet anticipation: Music and the psychology of expectation*. Cambridge: MIT Press.

521. Huron, D., & Margulis, E. H. (2010). Musical expectancy and thrills. In P. N. Juslin & J. Sloboda (Hrsg.), *Handbook of music and emotion: Theory, research, applications* (S. 575–604). New York: Oxford University Press.

522. Hurvich, L. M., & Jameson, D. (1957). An opponent-process theory of color vision. *Psychological Review*, *64*, 384–404.

523. Huth, A. G., De Heer, W. A., Griffiths, T. L., Theunissen, F. E., & Gallant, J. L. (2016). Natural speech reveals the semantic maps that tile human cerebral cortex. *Nature*, *532*(7600), 453–458.

524. Huth, A. G., Nishimoto, S., Vo, A. T., & Gallant, J. L. (2012). A continuous semantic space describes the representation of thousands of objects and action categories across the human brain. *Neuron*, *76*, 1210–1224.

525. Hyvärinin, J., & Poranen, A. (1978). Movement-sensitive and direction and orientation-selective cutaneous receptive fields in the hand area of the postcentral gyrus in monkeys. *Journal of Physiology*, *283*, 523–537.

526. Iacoboni, M., Molnar-Szakacs, I., Gallese, V., Buccino, G., Mazziotta, J. C., & Rizzolatti, G. (2005). Grasping the intentions of others with one's own mirror neuron system. *PLoS Biology*, *3*, 529–535.

527. Iannetti, G. D., Salomons, T. V., Moayedi, M., Mouraux, A., & Davis, K. D. (2013). Beyond metaphor: Contrasting mechanisms of social and physical pain. *Trends in Cognitive Sciences*, *17*, 371–378.

528. Ilg, U. J. (2008). The role of areas MT and MST in coding of visual motion underlying the execution of smooth pursuit. *Vision Research*, *48*, 2062–2069.

529. Ishai, A., Pessoa, L., Bikle, P. C., & Ungerleider, L. G. (2004). Repetition suppression of faces is modulated by emotion. *Proceedings of the National Academy of Sciences USA*, *101*, 9827–9832.

530. Ishai, A., Ungerleider, L. G., Martin, A., & Haxby, J. V. (2000). The representation of objects in the human occipital and temporal cortex. *Journal of Cognitive Neuroscience*, *12*, 35–51.

531. Ishai, A., Ungerleider, L. G., Martin, A., Schouten, J. L., & Haxby, J. V. (1999). Distributed representation of objects in the human ventral visual pathway. *Proceedings of the National Academy of Sciences USA*, *96*, 9379–9384.

532. Ittelson, W. H. (1952). *The Ames demonstrations in perception*. Princeton: Princeton University Press.

533. Itti, L., & Koch, C. (2000). A saliency-based search mechanism for overt and covert shifts of visual attention. *Vision Research*, *40*, 1489–1506.

534. Iversen, J. R., & Patel, A. D. (2008). Perception of rhythmic grouping depends on auditory experience. *Journal of the Acoustical Society of America, 124a*, 2263–2271.

535. Iversen, J. R., Repp, B. H., & Patel, A. (2009). Top-down control of rhythm perception modulates early auditory responses. *Annals of the New York Academy of Sciences, 1169*, 58–73.

536. Iwamura, Y. (1998). Representation of tactile functions in the somatosensory cortex. In J. W. Morley (Hrsg.), *Neural aspects of tactile sensation* (S. 195–238). New York: Elsevier.

537. Jackendoff, R. (2009). Parallels and nonparallels between language and music. *Music Perception, 26*(3), 195–204.

538. Jackson, J. H. (1870). A study of convulsions. *Transactions of St. Andrews Medical Graduate Association, III*, 8–36.

539. Jacobs, J., Weidman, C. T., Miller, J. F., Solway, A., Burke, J. F., Wei, X.-X., et al. (2013). Direct recordings of grid-like neuronal activity in human spatial navigation. *Nature Neuroscience, 9*, 1188–1190.

540. Jacobson, A., & Gilchrist, A. (1988). The ratio principle holds over a million-to-one range of illumination. *Perception and Psychophysics, 43*, 1–6.

541. Jaeger, S. R., McRae, J. F., Bava, C. M., Beresford, M. K., Hunter, D., Jia, Y., et al. (2013). A Mendelian trait for olfactory sensitivity affects odor experience and food selection. *Current Biology, 22*, 1601–1605.

542. James, W. (1981). *The principles of psychology*. Cambridge: Harvard University Press. Original work published 1890

543. Janata, P., Tomic, S. T., & Haberman, J. M. (2011). Sensorimotor coupling in music and the psychology of the groove. *Journal of Experimental Psychology: General, 14*, 54–75.

544. Janata, P., Tomic, S. T., & Rakowski, S. K. (2007). Characterization of music-evoked autobiographical memories. *Memory, 15*(8), 845–860.

545. Janzen, G. (2006). Memory for object location and route direction in virtual large scale space. *Quarterly Journal of Experimental Psychology, 59*, 493–508.

546. Janzen, G., & van Turennout, M. (2004). Selective neural representation of objects relevant for navigation. *Nature Neuroscience, 7*, 673–677.

547. Janzen, G., Janzen, C., & van Turennout, M. (2008). Memory consolidation of landmarks in good navigators. *Hippocampus, 18*, 40–47.

548. Jeffress, L. A. (1948). A place theory of sound localization. *Journal of Comparative and Physiological Psychology, 41*, 35–39.

549. Jenkins, W. M., & Merzenich, M. M. (1987). Reorganization of neocortical representations after brain injury: A neurophysiological model of the bases of recovery from stroke. *Progress in Brain Research, 71*, 249–266.

550. Jensen, T. S., & Nikolajsen, L. (1999). Phantom pain and other phenomena after amputation. In P. D. Wall & R. Melzak (Hrsg.), *Textbook of pain* (S. 799–814). New York: Churchill Livingstone.

551. Jiang, W., Liu, H., Zeng, L., Liao, J., Shen, H., Luo, A., & Wang, W. (2015). Decoding the processing of lying using functional connectivity MRI. *Behavioral and Brain Functions, 11*(1), 1.

552. Joffily, L., Ungierowicz, A., David, A. G., et al. (2020). The close relationship between sudden loss of smell and COVID-19. *Brizilian Journal of Otorhinolaryngology, 86*(5), 632–638.

553. Johansson, G. (1973). Visual perception of biological motion and a model for its analysis. *Perception & Psychophysics, 14*, 195–204.

554. Johansson, G. (1975). Visual motion perception. *Scientific American, 232*, 76–89.

555. Johnson, B. A., & Leon, M. (2007). Chemotopic odorant coding in a mammalian olfactory system. *Journal of Comparative Neurology, 503*, 1–34.

556. Johnson, B. A., Ong, J., & Michael, L. (2010). Glomerular activity patterns evoked by natural odor objects in the rat olfactory bulb and related to patterns evoked by major odorant components. *Journal of Comparative Neurology, 518*, 1542–1555.

557. Johnson, E. N., Hawken, M. J., & Shapley, R. (2008). The orientation selectivity of color-responsive neurons in macaque V1. *Journal of Neuroscience, 28*, 8096–8106.

558. Johnson, K. O. (2002). Neural basis of haptic perception. In H. Pashler & S. Yantis (Hrsg.), *Sensation and perception* 3. Aufl. Steven's handbook of experimental psychology, (Bd. 1, S. 537–583). New York: Wiley.

559. Jouen, F., Lepecq, J.-C., Gapenne, O., & Bertenthal, B. (2000). Optic flow sensitivity in neonates. *Infant Behavior & Development, 23*, 271–284.

560. Julesz, B. (1971). *Foundations of cyclopean perception*. Chicago: University of Chicago Press.

561. Julian, J. B., Keinath, A. T., Marchette, S. A., & Epstein, R. A. (2018). The neurocognitive basis of spatial reorientation. *Current Biology, 28*, R1059–R1073.

562. Kaiser, A., Schenck, W., & Moller, R. (2013). Solving the correspondence problem in stereo vision by internal simulation. *Adaptive Behavior, 21*, 239–250.

563. Kamitani, Y., & Tong, F. (2005). Decoding the visual and subjective contents of the human brain. *Nature Neuroscience, 8*, 679–685.

564. Kamps, F. S., Hendrix, C. L., Brennan, P. A., & Dilks, D. D. (2020). Connectivity at the origins of domain specificity in the cortical face and place networks. *Proceedings of the National Academy of Sciences*. https://doi.org/10.1073/pnas.1911359117.

565. Kandel, E. R., & Jessell, T. M. (1991). Touch. In E. R. Kandel, J. H. Schwartz & T. M. Jessell (Hrsg.), *Principles of neural science* (3. Aufl. S. 367–384). New York: Elsevier.

566. Kandel, F. I., Rotter, A., & Lappe, M. (2009). Driving is smoother and more stable when using the tangent point. *Journal of Vision, 9*(11), 1–11.

567. Kanizsa, G., & Gerbino, W. (1976). Convexity and symmetry in figureground organization. In M. Henle (Hrsg.), *Vision and artifact* (S. 25–32). New York: Springer.

568. Kanwisher, N. (2003). The ventral visual object pathway in humans: Evidence from fMRI. In L. M. Chalupa & J. S. Werner (Hrsg.), *The visual neurosciences* (S. 1179–1190). Cambridge: MIT Press.

569. Kanwisher, N. (2010). Functional specificity in the human brain: A window into the functional architecture of the mind. *Proceedings of the National Academy of Sciences, 107*(25), 11163–11170.

570. Kanwisher, N., McDermott, J., & Chun, M. M. (1997). The fusiform face area: A module in human extrastriate cortex specialized for face perception. *Journal of Neuroscience, 17*, 4302–4311.

571. Kapadia, M. K., Westheimer, G., & Gilbert, C. D. (2000). Spatial distribution of contextual interactions in primary visual cortex and in visual perception. *Journal of Neurophsiology, 84*, 2048–2062.

572. Kaplan, G. (1969). Kinetic disruption of optical texture: The perception of depth at an edge. *Perception and Psychophysics, 6*, 193–198.

573. Karpathy, A., & Fei-Fei, L. (2015). Deep visual-semantic alignments for generating image descriptions. In *Proceedings of the IEEE conference on computer vision and pattern recognition* (S. 3128–3137).

574. Katz, D. (1989). *The world of touch*. Hillsdale: Erlbaum. Trans. L. Kruger. Original work published 1925

575. Katz, J., & Gagliese, L. (1999). Phantom limb pain: A continuing puzzle. In R. J. Gatchel & D. C. Turk (Hrsg.), *Psychosocial factors in pain* (S. 284–300). New York: Guilford.

576. Kaufman, L., & Kaufman, J. H. (2000). Explaining the moon illusion. *Proceedings of the National Academy of Sciences, 97*(1), 500–505.

577. Kaufman, L., & Rock, I. (1962a). The moon illusion. *Science, 136*, 953–961.

578. Kaufman, L., & Rock, I. (1962b). The moon illusion. *Scientific American*, *207*, 120–132.

579. Kavšek, M., Granrud, C. E., & Yonas, A. (2009). Infants' responsiveness to pictorial depth cues in preferential-reaching studies: A meta-analysis. *Infant Behavior and Development*, *32*, 245–253.

580. Keller, A., Zhuang, H., Chi, Q., Vosshall, L. B., & Matsunami, H. (2007). Genetic variation in a human odorant receptor alters odour perception. *Nature*, *449*, 468–472.

581. Kersten, D., Mamassian, P., & Yuille, A. (2004). Object perception as Bayesian inference. *Annual Review of Psychology*, *55*, 271–304.

582. Keysers, C., Kaas, J., & Gazzola, V. (2010). Somatosensation in social perception. *Nature Reviews Neuroscience*, *11*, 417–428.

583. Keysers, C., Wicker, B., Gazzola, V., Anton, J.-L., Fogassi, L., & Gallese, V. (2004). A touching sight: SII/PV activation cueing the observation and experience of touch. *Neuron*, *42*, 335–346.

584. Khanna, S. M., & Leonard, D. G. B. (1982). Basilar membrane tuning in the cat cochlea. *Science*, *215*, 305–306.

585. Killingsworth, M. A., & Gilbert, D. T. (2010). A wandering mind is an unhappy mind. *Science*, *330*, 932.

586. Kim, A., & Osterhout, L. (2005). The independence of combinatory semantic processing: Evidence from event-related potentials. *Journal of Memory and Language*, *52*, 205–255.

587. Kim, U. K., Jorgenson, E., Coon, H., Leppert, M., Risch, N., & Drayna, D. (2003). Positional cloning of the human quantitative trait locus underlying taste sensitivity to phenylthiocarbamide. *Science*, *299*, 1221–1225.

588. King, A. J., Schnupp, J. W. H., & Doubell, T. P. (2001). The shape of ears to come: Dynamic coding of auditory space. *Trends in Cognitive Sciences*, *5*, 261–270.

589. King, W. L., & Gruber, H. E. (1962). Moon illusion and Emmert's law. *Science*, *135*, 1125–1126.

590. Kish, D. (2012). Sound vision: The consciousness of seeing with sound. In *Toward a Science of Consciousness, Tucson, AZ, 2012, April 13.*

591. Kisilevsky, B. S., Hains, S. M. J., Brown, C. A., Lee, C. T., Cowperthwaite, B., Stutzman, S. S., et al. (2009). Fetal sensitivity to properties of maternal speech and language. *Infant Behavior and Development*, *32*, 59–71.

592. Kisilevsky, B. S., Hains, S. M. J., Lee, K., Xie, X., Huang, H., Ye, H. H., et al. (2003). Effects of experience on fetal voice recognition. *Psychological Science*, *14*, 220–224.

593. Klatzky, R. L., Lederman, S. J., & Metzger, V. A. (1985). Identifying objects by touch: An "expert system". *Perception and Psychophysics*, *37*, 299–302.

594. Klatzky, R. L., Lederman, S. J., Hamilton, C., Grindley, M., & Swendsen, R. H. (2003). Feeling textures through a probe: Effects of probe and surface geometry and exploratory factors. *Perception & Psychophysics*, *65*, 613–631.

595. Kleffner, D. A., & Ramachandran, V. S. (1992). On the perception of shape from shading. *Perception and Psychophysics*, *52*, 18–36.

596. Klimecki, O. M., Leiberg, S., Ricard, M., & Singer, T. (2014). Differential pattern of functional brain plasticity after compassion and empathy training. *Social Cognitive and Affective Neuroscience*, *9*, 873–879.

597. Knill, D. C., & Kersten, D. (1991). Apparent surface curvature affects lightness perception. *Nature*, *351*, 228–230.

598. Knopoff, L., & Hutchinson, W. (1983). Entropy as a measure of style: The influence of sample length. *Journal of Music Theory*, *27*, 75–97.

599. Koelsch, S. (2005). Neural substrates of processing syntax and semantics in music. *Current Opinion in Neurobiology*, *15*, 207–212.

600. Koelsch, S. (2011). Toward a neural basis of music perception: A review and updated model. *Frontiers of Psychology*, *2*, 110.

601. Koelsch, S. (2014). Brain correlates of music-evoked emotions. *Nature Reviews Neuroscience*, *15*, 170–180.

602. Koelsch, S. (2018). Investigating the neural encoding of emotion with music. *Neuron*, *98*, 1075–1079.

603. Koelsch, S., Gunter, T., Friederici, A. D., & Schroger, E. (2000). Brain indices of music processing: "Nonmusicians" are musical. *Journal of Cognitive Neuroscience*, *12*, 520–541.

604. Koelsch, S., Vuust, P., & Friston, K. (2019). Predictive processes and the peculiar case of music. *Trends in Cognitive Sciences*, *23*(1), 63–77.

605. Koenecke, A., Nam, A., Lake, E., et al. (2020). Racial disparities in automatic speech recognition. *Proceedings of the National Academy of Sciences*, *117*, 7684–7689.

606. Koffka, K. (1935). *Principles of Gestalt psychology*. New York: Harcourt Brace.

607. Kogutek, D. L., Holmes, J. D., Grahn, J. A., Lutz, S. G., & Read, E. (2016). Active music therapy and physical improvements from rehabilitation for neurological conditions. *Advances in Mind, Body Medicine*, *30*(4), 14–22.

608. Kohler, E., Keysers, C., Umilta, M. A., Fogassi, L., Gallese, V., & Rizzolatti, G. (2002). Hearing sounds, understanding actions: Action representation in mirror neurons. *Science*, *297*, 846–848.

609. Kolb, N., & Whishaw, I. Q. (2003). *Fundamentals of neuropsychology* (5. Aufl.). New York: Worth.

610. Konkle, T., & Caramazza, A. (2013). Tripartite organization of the ventral stream by animacy and object size. *Journal of Neuroscience*, *33*(25), 10235–10242.

611. Konorski, J. (1967). *Integrative activity of the brain*. Chicago: University of Chicago Press.

612. Koppensteiner, M. (2013). Motion cues that make an impression. Predicting perceived personality by minimal motion information. *Journal of Experimental Social Psychology*, *49*, 1137–1143.

613. Koul, A., Soriano, M., Tversky, B., Becchio, C., & Cavallo, A. (2019). The kinematics that you do not expect: Integrating prior information and kinematics to understand intentions. *Cognition*, *182*, 213–219.

614. Kourtzi, Z., & Kanwisher, N. (2000). Activation of human MT/MST by static images with implied motion. *Journal of Cognitive Neuroscience*, *12*, 48–55.

615. Kozinn, A. (2020). *Leon Fleisher, 92, dies; spellbinding pianist using one hand or two*. New York Times, August 2, 2020.

616. Kraus, N., & Chanderasekaran, B. (2010). Music training for the development of auditory skills. *Nature Reviews Neuroscience*, *11*, 599–605.

617. Kretch, K. S., & Adolph, K. E. (2013). Cliff or step? Posture-specific learning at the edge of a drop-off. *Child Development*, *84*, 226–240.

618. Kretch, K. S., Franchak, J. M., & Adolph, K. E. (2014). Crawling and walking infants see the world differently. *Child Development*, *85*, 1503–1518.

619. Krishnan, A., Woo, C.-W., Chang, L. J., Ruzic, L., et al. (2016). Somatic and vicarious pain are represented by dissociable multivariate brain patterns. *eLife*, *5*, e15166.

620. Kristjansson, A., & Egeth, H. (2019). How feature integration theory integrated cognitive psychology, neurophysiology, and psychophysics. *Attention, Perception, & Psychophysics*. https://doi.org/10.3758/s13414-019-01803-7.

621. Kross, E., Berman, M. G., Mischel, W., Smith, E. E., & Wager, T. D. (2011). Social rejection shares somatosensory representations with physical pain. *Proceedings for the National Academy of Sciences*, *108*, 6270–6275.

622. Kruger, L. E. (1970). David Katz: Der Aufbau der Tastwelt [The world of touch: A synopsis]. *Perception and Psychophysics*, *7*, 337–341.

623. Krumhansl, C. L. (1985). Perceiving tonal structure in music. *American Scientist*, *73*, 371–378.

624. Krumhansl, C., & Kessler, E. J. (1982). Tracing the dynamic changes in perceived tonal organization in a spatial representation of musical keys. *Psychological Review, 4,* 334–368.

625. Kuffler, S. W. (1953). Discharge patterns and functional organization of mammalian retina. *Journal of Neurophysiology, 16,* 37–68.

626. Kuhl, P. K., & Miller, J. D. (1978). Speech perception by the chinchilla: Identification functions for synthetic VOT stimuli. *Journal of the Acoustical Society of America, 29,* 117–123.

627. Kuhl, P. K., Andruski, J. E., Chistovich, I. A., et al. (1997). Cross-language analysis of phonetic units in language addressed to infants. *Science, 277,* 684–686.

628. Kujawa, S. G., & Liberman, M. C. (2009). Adding insult to injury: Cochlear nerve degeneration after "temporary" noise-induced hearing loss. *Journal of Neuroscience, 45,* 14077–14085.

629. Kunert, R., Willems, R. M., Cassanto, D., Patel, A. D., & Hagoort, P. (2015). Music and language syntax interact in Broca's area: An fMRI Study. *PLoS One, 10*(11), e141069.

630. Kuznekoff, J. H., Munz, S., & Titsworth, S. (2015). Mobile phones in the classroom: Examining the effects of texting, twitter, and message content on student learning. *Communication Education, 64*(3), 344–365.

631. Kuznekoff, J. H., & Titsworth, S. (2013). The impact of mobile phone usage on student learning. *Communication Education, 62,* 233–252.

632. LaBarbera, J. D., Izard, C. E., Vietze, P., & Parisi, S. A. (1976). Four- and six-month-old infants' visual responses to joy, anger, and neutral expressions. *Child Development, 47,* 535–538.

633. Lafer-Sousa, R., Conway, B. R., & Kanwisher, N. G. (2016). Color-biased regions of the ventral visual pathway lie between face- and placeselective regions in humans, as in macaques. *Journal of Neurorscience, 36*(5), 1682–1697.

634. Lafer-Sousa, R., Hermann, K. L., & Conway, B. (2015). Striking individual differences in color perception uncovered by "the dress" photograph. *Current Biology, 25,* R523–R548.

635. Lamble, D., Kauranen, T., Laakso, M., & Summala, H. (1999). Cognitive load and detection thresholds in car following situations: Safety implications for using mobile (cellular) telephones while driving. *Accident Analysis and Prevention, 31,* 617–623.

636. Lamm, C., Batson, C. D., & Decdety, J. (2007). The neural substrate of human empathy: Effects of perspective-taking and cognitive appraisal. *Journal of Cognitive Neuroscience, 19,* 42–58.

637. Land, E. H. (1983). Recent advances in retinex theory and some implications for cortical computations: Color vision and the natural image. *Proceedings of the National Academy of Sciences, USA, 80,* 5163–5169.

638. Land, E. H. (1986). Recent advances in retinex theory. *Vision Research, 26,* 7–21.

639. Land, E. H., & McCann, J. J. (1971). Lightness and retinex theory. *Journal of the Optical Society of America, 61,* 1–11.

640. Land, M. F., & Hayhoe, M. (2001). In what ways do eye movements contribute to everyday activities? *Vision Research, 41,* 3559–3565.

641. Land, M. F., & Horwood, J. (1995). Which parts of the road guide steering? *Nature, 377,* 339–340.

642. Land, M. F., & Lee, D. N. (1994). Where we look when we steer. *Nature, 369,* 742–744.

643. Land, M., Mennie, N., & Rusted, J. (1999). The roles of vision and eye movements in the control of activities of daily living. *Perception, 28,* 1311–1328.

644. Lane, H. (1965). The motor theory of speech perception: A critical review. *Psychological Review, 72*(4), 275–309.

645. Larsen, A., Madsen, K. H., Lund, T. E., & Bundesen, C. (2006). Images of illusory motion in primary visual cortex. *Journal of Cognitive Neuroscience, 18,* 1174–1180.

646. Larson, T. (2010). *The saddest music ever written: The story of Samuel Barber's Adagio for Strings.* New York: Pegasus Books.

647. Larsson, M., & Willander, J. (2009). Autobiographical odor memory. *Annals of the New York Academy of Sciences, 1170,* 318–323.

648. Laska, M. (2017). Human and animal olfactory capabilities compared. In A. Buettner (Hrsg.), *Springer handbook of odor* (S. 678–689). New York: Springer.

649. Lawless, H. (1980). A comparison of different methods for assessing sensitivity to the taste of phenylthiocarbamide PTC. *Chemical Senses, 5,* 247–256.

650. Lawless, H. (2001). Taste. In E. B. Goldstein (Hrsg.), *Blackwell handbook of perception* (S. 601–635). Oxford: Blackwell.

651. Lederman, S. J., & Klatzky, R. L. (1987). Hand movements: A window into haptic object recognition. *Cognitive Psychology, 19,* 342–368.

652. Lederman, S. J., & Klatzky, R. L. (1990). Haptic classification of common objects: Knowledge-driven exploration. *Cognitive Psychology, 22,* 421–459.

653. Lee, D. N., & Aronson, E. (1974). Visual proprioceptive control of standing in human infants. *Perception and Psychophysics, 15,* 529–532.

654. LeGrand, Y. (1957). *Light, color and vision.* London: Chapman & Hall.

655. Lemon, R. (2015). Is the mirror cracked? *Brain, 138,* 2109–2111.

656. Lerdahl, F., & Jackedoff, R. (1983). *A generative theory of tonal music.* Cambridge: MIT Press.

657. Levitin, D. J. (2013). Neural correlates of musical behaviors: A brief overview. *Music Therapy Perspectives, 31,* 15–24.

658. Levitin, D. J., & Tirovolas, A. K. (2009). Current advances in the cognitive neuroscience of music. *Annals New York Academy of Sciences, 1156,* 211–231.

659. Levitin, D. J., Grahn, J. A., & London, J. (2018). The psychology of music: Rhythm and movement. *Annual Review of Psychology, 69,* 51–75.

660. Lewis, E. R., Zeevi, Y. Y., & Werblin, F. S. (1969). Scanning electron microscopy of vertebrate visual receptors. *Brain Research, 15,* 559–562.

661. Li, L., Sweet, B. T., & Stone, L. S. (2006). Humans can perceive heading without visual path information. *Journal of Vision, 6,* 874–881.

662. Li, P., Prieto, L., Mery, D., & Flynn, P. (2018). *Face recognition in low quality images: A survey.* rXiv preprint arXiv:1805.11519

663. Li, X., Li, W., Wang, H., Cao, J., Maehashi, K., Huang, L., et al. (2005). Pseudogenization of a sweet-receptor gene accounts for cats' indifference toward sugar. *PLoS Genetics, 1*(1), e3.

664. Liang, C. E. (2016). *Here's why "baby talk" is good for your baby.* theconversation.com. November 16, 2013.

665. Liberman, A. M., Cooper, F. S., Harris, K. S., & MacNeilage, P. F. (1963). A motor theory of speech perception. In *Proceedings of the Symposium on Speech Communication Seminar* Bd. II. Stockholm: Royal Institute of Technology. Paper D3.

666. Liberman, A. M., Cooper, F. S., Shankweiler, D. P., & Studdert-Kennedy, M. (1967). Perception of the speech code. *Psychological Review, 74,* 431–461.

667. Liberman, A. M., & Mattingly, I. G. (1989). A specialization for speech perception. *Science, 243,* 489–494.

668. Liberman, M. C., & Dodds, L. W. (1984). Single-neuron labeling and chronic cochlear pathology: III. Stereocilia damage and alterations of threshold tuning curves. *Hearing Research, 16,* 55–74.

669. Lieber, J. D., & Bensmaia, S. J. (2019). High-dimensional representation of texture in somatosensory cortex of primates. *Proceedings of the National Academy of Sciences, 116*(8), 3268–3277.

670. Lindsay, P. H., & Norman, D. A. (1977). *Human information processing* (2. Aufl.). New York: Academic Press.

671. Linhares, J. M. M., Pinto, P. D., & Nascimento, S. M. C. (2008). The number of discernible colors in natural scenes. *Journal of the Optical Society of America A, 25,* 2918–2924.

672. Lister-Landman, K. M., Domoff, S. E., & Dubow, E. F. (2015). The role of compulsive texting in adolescents' academic functioning. *Psychology of Popular Media Culture, 6*(4), 311–325.

673. Litovsky, R. Y. (2012). Spatial release from masking. *Acoustics Today, 8*(2), 18–25.

674. Liu, L., Ouyang, W., Wang, X., Fieguth, P., Chen, J., Liu, X., & Pietikäinen, M. (2020). Deep learning for generic object detection: A survey. *International Journal of Computer Vision, 128,* 261–318.

675. Liu, T., Abrams, J., & Carrasco, M. (2009). Voluntary attention enhances contrast appearance. *Psychological Science, 20,* 354–362.

676. Löken, L. S., Wessberg, J., Morrison, I., McGlone, F., & Olausson, H. (2009). Coding of pleasant touch by unmyelinated afferents in humans. *Nature Neuroscience, 12*(5), 547–548.

677. Loomis, J. M., & Philbeck, J. W. (2008). Measuring spatial perception with spatial updating and action. In R. L. Klatzky, B. MacWhinney & M. Behrmann (Hrsg.), *Embodiment, ego-space, and action* (S. 1–43). New York: Taylor and Francis.

678. Loomis, J. M., DaSilva, J. A., Fujita, N., & Fulusima, S. S. (1992). Visual space perception and visually directed action. *Journal of Experimental Psychology: Human Perception and Performance, 18,* 906–921.

679. Lopez-Sola, M., Geuter, S., Koban, L., Coan, J. A., & Wager, T. D. (2019). Brain mechanisms of social touch-induced analgesia in females. *Pain, 160,* 2072–2085.

680. Lord, S. R., & Menz, H. B. (2000). Visual contributions to postural stability in older adults. *Gerontology, 46,* 306–310.

681. Lorteije, J. A. M., Kenemans, J. L., Jellema, T., van der Lubbe, R. H. J., de Heer, F., & van Wezel, R. J. A. (2006). Delayed response to animate implied motion in human motion processing areas. *Journal of Cognitive Neuroscience, 18,* 158–168.

682. Lotto, A. J., Hickok, G. S., & Holt, L. L. (2009). Reflections on mirror neurons and speech perception. *Trends in Cognitive Sciences, 13,* 110–114.

683. Lowenstein, W. R. (1960). Biological transducers. *Scientific American, 203,* 98–108.

684. Ludington-Hoe, S. M., & Hosseini, R. B. (2005). Skin-to-skin contact analgesia for preterm infant heel stick. *AACN Clinical Issues, 16*(3), 373–387.

685. Lundy Jr., R. F., & Contreras, R. J. (1999). Gustatory neuron types in rat geniculate ganglion. *Journal of Neurophysiology, 82,* 2970–2988.

686. Lyall, V., Heck, G. L., Phan, T.-H. T., Mummalaneni, S., Malik, S. A., Vinnikova, A. K., et al. (2005). Ethanol modulates the VR-1 variant amiloride-insensitive salt taste receptor: I. Effect on TRC volume and Na1 flux. *Journal of General Physiology, 125,* 569–585.

687. Lyall, V., Heck, G. L., Vinnikova, A. K., Ghosh, S., Phan, T.-H. T., Alam, R. I., et al. (2004). The mammalian amiloride-insensitive nonspecific salt taste receptor is a vanilloid receptor-1 variant. *Journal of Physiology, 558,* 147–159.

688. Macherey, O., & Carlyon, R. P. (2014). Cochlear implants. *Current Biology, 24*(18), R878–R884.

689. Mack, A., & Rock, I. (1998). *Inattentional blindness.* Cambridge: MIT Press.

690. Macuga, K. L., Beall, A. C., Smith, R. S., & Loomis, J. M. (2019). Visual control of steering in curve driving. *Journal of Vision, 19*(5), 1–12.

691. Madzharov, A., Ye, N., Morrin, M., & Block, L. (2018). The impact of coffee-like scent on expectations and performance. *Journal of Environmental Psychology, 57,* 83–86.

692. Maess, B., Koelsch, S., Gunter, T. C., & Friederici, A. D. (2001). Musical syntax is processed in Broca's area: An MEG study. *Nature Neuroscience, 4*(5), 540–545.

693. Maguire, E. A., Wollett, K., & Spiers, H. J. (2006). London taxi drivers and bus drivers: A structural MRI and neuropsychological analysis. *Hippocampus, 16,* 1091–1101.

694. Malach, R., Reppas, J. B., Benson, R. R., Kwong, K. K., Jiang, H., Kennedy, W. A., & Tootell, R. B. (1995). Object-related activity revealed by functional magnetic resonance imaging in human occipital cortex. *Proceedings of the National Academy of Sciences, 92*(18), 8135–8139.

695. Malhotra, S., & Lomber, S. G. (2007). Sound localization during homotopic and hererotopic bilateral cooling deactivation of primary and nonprimary auditory cortical areas in the cat. *Journal of Neurophysiology, 97,* 26–43.

696. Malhotra, S., Stecker, G. C., Middlebrooks, J. C., & Lomber, S. G. (2008). Sound localization deficits during reversible deactivation of primary auditory cortex and/or the dorsal zone. *Journal of Neurophysiology, 99,* 1628–1642.

697. Mallik, A., Chanda, M. L., & Levitin, D. J. (2017). Anhedonia to music and mu-opioids: Evidence from the administration of naltrexone. *Scientific Reports, 7,* 41952.

698. Malnic, B., Hirono, J., Sata, T., & Buck, L. B. (1999). Combinatorial receptor codes for odors. *Cell, 96,* 713–723.

699. Mamassian, P. (2004). Impossible shadows and the shadow correspondence problem. *Perception, 33,* 1279–1290.

700. Mamassian, P., Knill, D., & Kersten, D. (1998). The perception of cast shadows. *Trends in Cognitive Sciences, 2,* 288–295.

701. Mangione, S., & Nieman, L. Z. (1997). Cardiac auscultatory skills of internal medicine and family practice trainees: A comparison of diagnostic proficiency. *Journal of the American Medical Association, 278,* 717–722.

702. Margulis, E. H. (2014). *On repeat: How music plays the mind.* New York: Oxford University Press.

703. Maric, Y., & Jacquot, M. (2013). Contribution to understanding odourcolour associations. *Food Quality and Preference, 27,* 191–195.

704. Marino, A. C., & Scholl, B. J. (2005). The role of closure in defining the "objects" of object-based attention. *Perception and Psychophysics, 67,* 1140–1149.

705. Marks, W. B., Dobelle, W. H., & Macnichol Jr., E. F. (1964). Visual pigments of single primate cones. *Science, 143,* 1181–1182.

706. Marr, D., & Poggio, T. (1979). A computation theory of human stereo vision. *Proceedings of the Royal Society of London B: Biological Sciences, 204,* 301–328.

707. Martin, A. (2007). The representation of object concepts in the brain. *Annual Review of Psychology, 58,* 25–45.

708. Martin, A., Wiggs, C. L., Ungerleider, L. G., & Haxby, J. V. (1996). Neural correlates of category-specific knowledge. *Nature, 379*(6566), 649–652.

709. Martorell, R., Onis, M., Martines, J., Black, M., Onyango, A., & Dewey, K. G. (2006). WHO motor development study: Windows of achievement for six gross motor development milestones. *Acta Paediatrica, 95*(S450), 86–95.

710. Marx, V., & Nagy, E. (2017). Fetal behavioral responses to the touch of the mother's abdomen: A frame-by-frame analysis. *Infant Behavior and Development, 14,* 83–91.

711. Mather, G., Verstraten, F., & Anstis, S. (1998). *The motion aftereffect: A modern perspective.* Cambridge: MIT Press.

712. Maule, J., & Franklin, A. (2019). Color categorization in infants. *Current Opinion in Behavioral Sciences, 30,* 163–168.

713. Maxwell, J. C. (1855). Experiments on colour, as perceived by the eye, with remarks on colour-blindness. *Transactions of the Royal Society of Edinburgh, 21,* 275–278.

714. Mayer, D. L., Beiser, A. S., Warner, A. F., Pratt, E. M., Raye, K. N., & Lang, J. M. (1995). Monocular acuity norms for the Teller

Acuity Cards between ages one month and four years. *Investigative Ophthalmology and Visual Science, 36*, 671–685.

715. McAlpine, D. (2005). Creating a sense of auditory space. *Journal of Physiology, 566*, 21–22.

716. McAlpine, D., & Grothe, B. (2003). Sound localization and delay lines: Do mammals fit the model? *Trends in Neurosciences, 26*, 347–350.

717. McBurney, D. H. (1969). Effects of adaptation on human taste function. In C. Pfaffmann (Hrsg.), *Olfaction and taste* (S. 407–419). New York: Rockefeller University Press.

718. McCarthy, G., Puce, A., Gore, J. C., & Allison, T. (1997). Face-specific processing in the human fusiform gyrus. *Journal of Cognitive Neuroscience, 9*, 605–610.

719. McCartney, P. (1970). *The long and winding road*. Apple Records.

720. McFadden, S. A. (1987). The binocular depth stereoacuity of the pigeon and its relation to the anatomical resolving power of the eye. *Vision Research, 27*, 1967–1980.

721. McFadden, S. A., & Wild, J. M. (1986). Binocular depth perception in the pigeon. *Journal of Experimental Analysis of Behavior, 45*, 149–160.

722. McGann, J. P. (2017). Poor human olfaction is a 19th-century myth. *Science, 356*, 598–602.

723. McGettigan, C., Fulkner, A., Altarelli, I., Obleser, J., Baverstock, H., & Scott, S. K. (2012). Speech comprehension aided by multiple modalities: Behavioural and neural interactions. *Neuropsychologia, 50*, 762–776.

724. McGurk, H., & MacDonald, T. (1976). Hearing lips and seeing voices. *Nature, 264*, 746–748.

725. McIntosh, R. D., & Lashley, G. (2008). Matching boxes: Familiar size influences action programming. *Neuropsychologica, 46*, 2441–2444.

726. McRae, J. F., Jaeger, S. R., Bava, C. M., Beresford, M. K., Hunter, D., Jia, Y., et al. (2013). Identification of region associated with variation in sensitivity to food-related odors in the human genome. *Current Biology, 23*, 1596–1600.

727. McRoberts, G. W. (2020). Speech perception. In *Encyclopedia of infant and early childhood development* 2. Aufl. (Bd. 3, S. 267–277).

728. McRoberts, G. W., McDonough, C., & Lakusta, L. (2009). The role of verbal repetition in the development of infant speech preferences from 4 to 14 months of age. *Infancy, 14*(2), 162–194.

729. Mehler, J. (1981). The role of syllables in speech processing: Infant and adult data. *Transactions of the Royal Society of London, B295*, 333–352.

730. Mehr, S. A., Singh, M., Knox, D., et al. (2019). Universality and diversity in human song. *Science, 366*, 970–987.

731. Meister, M. (2015). On the dimensionality of odor space. *Elife, 4*, e7865.

732. Melcher, D. (2007). Predictive remapping of visual features precedes saccadic eye movements. *Nature Neuroscience, 10*, 903–907.

733. Melzack, R. (1992). Phantom limbs. *Scientific American, 266*, 121–126.

734. Melzack, R. (1999). From the gate to the neuromatrix. *Pain, 82*(Suppl. 6), S121–S126.

735. Melzack, R., & Wall, P. D. (1965). Pain mechanisms: A new theory. *Science, 150*, 971–979.

736. Melzack, R., & Wall, P. D. (1983). *The challenge of pain*. New York: Basic Books.

737. Melzack, R., & Wall, P. D. (1988). *The challenge of pain*. New York: Penguin Books.

738. Melzer, A., Shafir, T., & Tsachor, R. P. (2019). How do we recognize emotion from movement? Specific motor components contribute to recognition of each emotion. *Frontiers of Psychology, 10*, 1389.

739. Mennella, J. A., Jagnow, C. P., & Beauchamp, G. K. (2001). Prenatal and postnatal flavor learning by human infants. *Pediatrics, 107*(6), 1–6.

740. Menzel, R., & Backhaus, W. (1989). Color vision in honey bees: Phenomena and physiological mechanisms. In D. G. Stavenga & R. C. Hardie (Hrsg.), *Facets of vision* (S. 281–297). Berlin: Springer.

741. Menzel, R., Ventura, D. F., Hertel, H., deSouza, J., & Greggers, U. (1986). Spectral sensitivity of photoreceptors in insect compound eyes: Comparison of species and methods. *Journal of Comparative Physiology, 158A*, 165–177.

742. Merchant, H., Grahn, J., Trainor, L., Rohmeier, M., & Fitch, W. T. (2015). Finding the beat: A neural perspective across humans and nonhuman primates. *Philosophical Transactions of the Royal Society B, 370*, 20140093.

743. Merigan, W. H., & Maunsell, J. H. R. (1993). How parallel are the primate visual pathways? *Annual Review of Neuroscience, 16*, 369–402.

744. Merskey, H. (1991). The definition of pain. *European Journal of Psychiatry, 6*, 153–159.

745. Merzenich, M. M., Recanzone, G., Jenkins, W. M., Allard, T. T., & Nudom, R. J. (1988). Cortical representational plasticity. In P. Rakic & W. Singer (Hrsg.), *Neurobiology of neurocortex* (S. 42–67). New York: John Wiley.

746. Mesgarani, N., Cheung, C., Johnson, K., & Chang, E. F. (2014). Phonetic feature encoding in human superior temporal gyrus. *Science, 343*, 1006–1010.

747. Meyer, L. B. (1956). *Emotion and meaning in music*. Chicago: University of Chicago Press.

748. Miall, R. C., Christensen, L. O. D., Owen, C., & Stanley, J. (2007). Disruption of state estimation in the human lateral cerebellum. *PLoS Biology, 5*, e316.

749. Micheyl, C., & Oxenham, A. J. (2010). Objective and subjective psychophysical measures of auditory stream integration and segregation. *Journal of the Association for Research in Otolaryngology, 11*, 709–724.

750. Miller, G. (2000). Evolution of music through sexual selection. In N. Wallin, B. Merker & S. Brown (Hrsg.), *The origins of music* (S. 329–360). Boston: MIT Press.

751. Miller, G. A., & Heise, G. A. (1950). The trill threshold. *Journal of the Acoustical Society of America, 22*, 637–683.

752. Miller, G. A., & Isard, S. (1963). Some perceptual consequences of linguistic rules. *Journal of Verbal Learning and Verbal Behavior, 2*, 212–228.

753. Miller, J. D. (1974). Effects of noise on people. *Journal of the Acoustical Society of America, 56*, 729–764.

754. Miller, J., & Carlson, L. (2011). Selecting landmarks in novel environments. *Psychonomic Bulletin & Review, 18*, 184–191.

755. Miller, R. L., Schilling, J. R., Franck, K. R., & Young, E. D. (1997). Effects of acoustic trauma on the representation of the vowel /e/ in cat auditory nerve fibers. *Journal of the Acoustical Society of America, 101*, 3602–3616.

756. Milner, A. D., & Goodale, M. A. (1995). *The visual brain in action*. New York: Oxford University Press.

757. Milner, A. D., & Goodale, M. A. (2006). *The visual brain in action*. New York: Oxford University Press.

758. Miner, A. S., Haque, A., Fries, J. A., et al. (2020). Assessing the accuracy of automatic speech recognition for psychotherapy. *Digital Medicine, 3*(82), 1–8.

759. Minini, L., Parker, A. J., & Bridge, H. (2010). Neural modulation by binocular disparity greatest in human dorsal visual stream. *Journal of Neurophysiology, 104*, 169–178.

760. Mishkin, M., Ungerleider, L. G., & Macko, K. A. (1983). Object vision and spatial vision: Two central pathways. *Trends in Neuroscience, 6*, 414–417.

761. Mitchell, M. (2019). *Artificial intelligence: A guide for thinking humans*. London: Penguin UK.

762. Mizokami, U. (2019). Three-dimensions. Stimuli and environment for studies of color constancy. *Current Opinion in Behavioral Sciences, 30*, 217–222.

763. Mizokami, Y., & Yaguchi, H. (2014). Color constancy influenced by unnatural spatial structure. *Journal of the Optical Society of America, 31*(4), A179–A185.

764. Molenberghs, P., Hayward, L., Mattingley, J. B., & Cunnington, R. (2012). Activation patterns during action observation are modulated by context in mirror system areas. *NeuroImage, 59*, 608–615.

765. Moller, A. R. (2006). *Hearing: Anatomy, physiology, and disorders of the auditory system* (2. Aufl.). San Diego: Academic Press.

766. Mollon, J. D. (1989). "Tho' she kneel'd in that place where they grew…". *Journal of Experimental Biology, 146*, 21–38.

767. Mollon, J. D. (1997). "Tho she kneel'd in that place where they grew…" The uses and origins of primate colour visual information. In A. Byrne & D. R. Hilbert (Hrsg.), *The science of color*. Readings on color, (Bd. 2, S. 379–396). Cambridge: MIT Press.

768. Mollon, J. D. (2003). Introduction: Thomas Young and the trichromatic theory of colour vision. In J. D. Mollon, J. Pokorny & K. Knoblauch (Hrsg.), *Normal and defective color vision*. Oxford: Oxford University Press.

769. Mon-Williams, M., & Tresilian, J. R. (1999). Some recent studies on the extraretinal contribution to distance perception. *Perception, 28*, 167–181.

770. Mondloch, C. J., Dobson, K. S., Parsons, J., & Maurer, D. (2004). Why 8-year-olds cannot tell the difference between Steve Martin and Paul Newman: Factors contributing to the slow development of sensitivity to the spacing of facial features. *Journal of Experimental Child Psychology, 89*, 159–181.

771. Mondloch, C. J., Geldart, S., Maurer, D., & LeGrand, R. (2003). Developmental changes in face processing skills. *Journal of Experimental Child Psychology, 86*, 67–84.

772. Montag, J. L., Jones, M. N., & Smith, L. B. (2018). Quantity and diversity: Simulating early word learning environments. *Cognitive Science, 42*, 375–412.

773. Montagna, B., Pestilli, F., & Carrasco, M. (2009). Attention trades off spatial acuity. *Vision Research, 49*, 735–745.

774. Montagna, W., & Parakkal, P. F. (1974). *The structure and function of skin* (3. Aufl.). New York: Academic Press.

775. Monzée, J., Lamarre, Y., & Smith, A. M. (2003). The effects of digital anesthesia on force control using a precision grip. *Journal of Neurophysiology, 89*, 672–683.

776. Moon, R. J., Cooper, R. P., & Fifer, W. P. (1993). Two-day-olds prefer their native language. *Infant Behavior and Development, 16*, 495–500.

777. Moore, A., & Malinowski, P. (2009). Meditation, mindfulness, and cognitive flexibility. *Consciousness and Cognition, 18*, 176–186.

778. Moore, B. C. J. (1995). *Perceptual consequences of cochlear damage*. Oxford: Oxford University Press.

779. Moray, N. (1959). Attention in dichotic listening: Affective cues and the influence of instructions. *Quarterly Journal of Experimental Psychology, 11*(1), 56–60.

780. Mori, K., & Iwanaga, M. (2017). Two types of peak emotional responses to music: The psychophysiology of chills and tears. *Scientific Reports, 7*, 46063.

781. Morton, J., & Johnson, M. H. (1991). CONSPEC and CONLEARN: A two-process theory of infant face recognition. *Psychological Review, 98*, 164–181.

782. Moser, E. I., Moser, M.-B., & Roudi, Y. (2014a). Network mechanisms of grid cells. *Philosophical Transactions of the Royal Society B, 369*, 20120511.

783. Moser, E. I., Roudi, Y., Witter, M. P., Kentros, C., Bonhoeffer, T., & Moser, M.-B. (2014b). Grid cells and cortical representation. *Nature Reviews Neuroscience, 15*, 466–481.

784. Mountcastle, V. B., & Powell, T. P. S. (1959). Neural mechanisms subserving cutaneous sensibility, with special reference to the role of afferent inhibition in sensory perception and discrimination. *Bulletin of the Johns Hopkins Hospital, 105*, 201–232.

785. Movshon, J. A., & Newsome, W. T. (1992). Neural foundations of visual motion perception. *Current Directions in Psychological Science, 1*, 35–39.

786. Mozell, M. M., Smith, B. P., Smith, P. E., Sullivan, R. L., & Swender, P. (1969). Nasal chemoreception in flavor identification. *Archives of Otolaryngology, 90*, 131–137.

787. Mueller, K. L., Hoon, M. A., Erlenbach, I., Chandrashekar, J., Zuker, C. S., & Ryba, N. J. P. (2005). The receptors and coding logic for bitter taste. *Nature, 434*, 225–229.

788. Mukamel, R., Ekstrom, A. D., Kaplan, J., Iacoboni, M., & Fried, I. (2010). Single neuron responses in humans during execution and observation of actions. *Current Biology, 20*, 750–756.

789. Mullally, S. L., & Maguire, E. A. (2011). A new role for the parahippocampal cortex in representing space. *Journal of Neuroscience, 31*, 7441–7449.

790. Murphy, C., & Cain, W. S. (1980). Taste and olfaction: Independence vs. interaction. *Physiology and Behavior, 24*, 601–606.

791. Murphy, K. J., Racicot, C. I., & Goodale, M. A. (1996). The use of visuomotor cues as a strategy for making perceptual judgements in a patient with visual form agnosia. *Neuropsychology, 10*, 396–401.

792. Murphy, P. K., Rowe, M. L., Ramani, G., & Silverman, R. (2014). Promoting critical-analytic thinking in children and adolescents at home and in school. *Educational Psychology Review, 26*(4), 561–578.

793. Murray, M. M., & Spierer, L. (2011). Multisensory integration: What you see is where you hear. *Current Biology, 21*, R229–R231.

794. Murthy, V. N. (2011). Olfactory maps in the brain. *Annual Review of Neuroscience, 34*, 233–258.

795. Myers, D. G. (2004). *Psychology*. New York: Worth.

796. Mythbusters (2007). *Episode 71: Pirate special. Program first aired on the Discovery Channel, January 17, 2007*

797. Nanez Sr., J. E. (1988). Perception of impending collision in 3- to 6-week-old human infants. *Infant Behavior & Development, 11*, 447–463.

798. Nardini, M., Bedford, R., & Mareschal, D. (2010). Fusion of visual cues is not mandatory in children. *Proceedings of the National Academy of Sciences, 107*, 17041–17046.

799. Nassi, J. J., & Callaway, E. M. (2009). Parallel processing strategies of the primate visual system. *Nature Reviews Neuroscience, 10*, 360–372.

800. Nathans, J., Thomas, D., & Hogness, D. S. (1986). Molecular genetics of human color vision: The genes encoding blue, green, and red pigments. *Science, 232*, 193–202.

801. Natu, V., & O'Toole, A. J. (2011). The neural processing of familiar and unfamiliar faces: A review and synopsis. *British Journal of Psychology, 102*, 726–747.

802. Neff, W. D., Fisher, J. F., Diamond, I. T., & Yela, M. (1956). Role of the auditory cortex in discrimination requiring localization of sound in space. *Journal of Neurophysiology, 19*, 500–512.

803. Neisser, U., & Becklen, R. (1975). Selective looking: Attending to visually specified events. *Cognitive Psychology, 7*, 480–494.

804. Newsome, W. T., & Paré, E. B. (1988). A selective impairment of motion perception following lesions of the middle temporal visual area (MT). *Journal of Neuroscience, 8*, 2201–2211.

805. Newsome, W. T., Shadlen, M. N., Zohary, E., Britten, K. H., & Movshon, J. A. (1995). Visual motion: Linking neuronal activity

to psychophysical performance. In M. S. Gazzaniga (Hrsg.), *The cognitive neurosciences* (S. 401–414). Cambridge: MIT Press.

806. Newton, I. (1704). *Optiks*. London: Smith and Walford.

807. Newtson, D., & Engquist, G. (1976). The perceptual organization of ongoing behavior. *Journal of Experimental Psychology: General, 130*, 29–58.

808. Nikonov, A. A., Finger, T. E., & Caprio, J. (2005). Beyond the olfactory bulb: An odotopic map in the forebrain. *Proceedings of the National Academy of Sciences, 102*, 18688–18693.

809. Nishimoto, S., Vu, A. T., Naselaris, T., Benjamini, Y., Yu, B., & Gallant, J. L. (2011). Reconstructing visual experiences from brain activity evoked by natural movies. *Current Biology, 21*(19), 1641–1646.

810. Nityananda, V., Tarawneh, G., Henriksen, S., Umeton, D., Simmons, A., & Read, J. (2018). A novel form of stereo vision in the praying mantis. *Current Biology, 28*, 588–593.

811. Nityananda, V., Tarawneh, G., Rosner, R., Nicolas, J., Crichton, S., & Read, J. (2016). Insect stereopsis demonstrated using a 3D insect cinema. *Scientific Reports*. https://doi.org/10.1038/srep18718.

812. Nodal, F. R., Kacelnik, O., Bajo, V. M., Bizley, J. K., Moore, D. R., & King, A. J. (2010). Lesions of the auditory cortex impair azimuthal sound localization and its recalibration in ferrets. *Journal of Neurophysiology, 103*, 1209–1225.

813. Norcia, A. M., & Tyler, C. W. (1985). Spatial frequency sweep VEP: Visual acuity during the first year of life. *Vision Research, 25*, 1399–1408.

814. Nordby, K. (1990). Vision in a complete achromat: A personal account. In R. F. Hess, L. T. Sharpe & K. Nordby (Hrsg.), *Night vision* (S. 290–315). Cambridge: Cambridge University Press.

815. Norman-Haignere, S., Kanwisher, N., & McDermott, J. H. (2013). Cortical pitch regions in humans respond primarily to resolved harmonics and are located in specific tonotopic regions of anterior auditory cortex. *Journal of Neuroscience, 33*, 19451–19469.

816. Norman, L. J., & Thaler, L. (2019). Retinotopic-like maps of spatial sound in primary "visual" cortex of blind human echolocators. *Proceedings of the Royal Society B, 286*, 20191910.

817. Noton, D., & Stark, L. W. (1971). Scanpaths in eye movements during pattern perception. *Science, 171*, 308–311.

818. Novick, J. M., Trueswell, J. C., & Thomson-Schill, S. L. (2005). Cognitive control and parsing: Reexamining the role of Broca's area in sentence comprehension. *Cognitive, Affective and Behavioral Neuroscience, 5*, 263–281.

819. Nozaradan, S., Peretz, I., Missal, M., & Mouraux, A. (2011). Tagging the neuronal entrainment to beat and meter. *Journal of Neuroscience, 31*(28), 10234–10240.

820. Nunez, V., Shapley, R. M., & Gordon, J. (2018). Cortical doubleopponent cells in color perception: Perceptual scaling and chromatic visual evoked potentials. *i-Perception, 9*(1), 2041669517752715.

821. O'Craven, K. M., Downing, P. E., & Kanwisher, N. (1999). fMRI evidence for objects as the units of attentional selection. *Nature, 401*, 584–587.

822. O'Doherty, J., Rolls, E. T., Francis, S., Bowtell, R., McGlone, F., Kobal, G., et al. (2000). Sensory-specific satiety-related olfactory activation of the human orbitofrontal cortex. *Neuroreport, 11*, 893–897.

823. O'Keefe, J., & Dostrovsky, J. (1971). The hippocampus as a spatial map. Preliminary evidence from unit activity in the freely-moving rat. *Brain Research, 34*, 171–175.

824. O'Keefe, J., & Nadel, L. (1978). *The hippocampus as a cognitive map*. Oxford: Clarendon Press.

825. Oatley, K., & Johnson-Laird, P. N. (2014). Cognitive approaches to emotions. *Trends in Cognitive Sciences, 18*(3), 134–140.

826. Oberman, L. M., Hubbard, E. M., McCleery, J. P., Altschuler, E. L., Ramachandran, V. S., & Pineda, J. (2005). EEG evidence for mirror neuron dysfunction in autism spectrum disorders. *Cognitive Brain Research, 24*, 190–198.

827. Oberman, L. M., Ramachandran, V. S., & Pineda, J. A. (2008). Modulation of mu suppression in children with autism spectrum disorders in response to familiar or unfamiliar stimuli: The mirror neuron hypothesis. *Neuropsychologia, 46*, 1558–1565.

828. Ocelak, R. (2015). The myth of unique hues. *Topoi, 34*, 513–522.

829. Ockelford, A. (2008). Review of D. Huron, Sweet anticipation: Music and the psychology of expectation. *Psychology of Music, 36*(3), 367–382.

830. Olausson, H., Lamarre, Y., Backlund, H., et al. (2002). Unmyelinated tactile afferents signal touch and project to insular cortex. *Nature Neuroscience, 5*(9), 900–904.

831. Oliva, A., & Schyns, P. G. (2000). Diagnostic colors mediate scene recognition. *Cognitive Psychology, 41*, 176–210.

832. Oliva, A., & Torralba, A. (2001). Modeling the shape of the scene: A holistic representation of the spatial envelope. *International Journal of Computer Vision, 42*, 145–175.

833. Oliva, A., & Torralba, A. (2006). Building the gist of a scene: The role of global image features in recognition. *Progress in Brain Research, 155*, 23–36.

834. Oliva, A., & Torralba, A. (2007). The role of context in object recognition. *Trends in Cognitive Sciences, 11*, 521–527.

835. Olkkonen, M., Witzel, C., Hansen, T., & Gegenfurtner, K. R. (2010). Categorical color constancy for real surfaces. *Journal of Vision, 10*(9), 1–22.

836. Olshausen, B. A., & Field, D. J. (2004). Sparse coding of sensory inputs. *Current Opinion in Neurobiology, 14*, 481–487.

837. Olsho, L. W., Koch, E. G., Carter, E. A., Halpin, C. F., & Spetner, N. B. (1988). Pure-tone sensitivity of human infants. *Journal of the Acoustical Society of America, 84*, 1316–1324.

838. Olsho, L. W., Koch, E. G., Halpin, C. F., & Carter, E. A. (1987). An observer-based psychoacoustic procedure for use with young infants. *Developmental Psychology, 23*, 627–640.

839. Olson, C. R., & Freeman, R. D. (1980). Profile of the sensitive period for monocular deprivation in kittens. *Experimental Brain Research, 39*, 17–21.

840. Olson, H. (1967). *Music, physics, and engineering* (2. Aufl.). New York: Dover.

841. Olson, R. L., Hanowski, R. J., Hickman, J. S., & Bocanegra, J. (2009). *Driver distraction in commercial vehicle operations*. U.S. Department of Transportation Report, Bd. FMCSA-RRR-09-042.

842. Orban, G. A., Vandenbussche, E., & Vogels, R. (1984). Human orientation discrimination tested with long stimuli. *Vision Research, 24*, 121–128.

843. Osmanski, B. F., Martin, C., Montaldo, G., Laniece, P., Pain, F., Tanter, M., & Gurden, H. (2014). Functional ultrasound imaging reveals different odor-evoked patterns of vascular activity in the main olfactory bulb and the anterior piriform cortex. *Neuroimage, 95*, 176–184.

844. Osterhout, L., McLaughlin, J., & Bersick, M. (1997). Event-related brain potentials and human language. *Trends in Cognitive Sciences, 1*, 203–209.

845. Oxenham, A. J. (2013). The perception of musical tones. In D. Deutsch (Hrsg.), *The psychology of music* (3. Aufl. S. 1–33). New York: Elsevier.

846. Oxenham, A. J., Micheyl, C., Keebler, M. V., Loper, A., & Santurette, S. (2011). Pitch perception beyond the traditional existence region of pitch. *Proceedings of the National Academy of Sciences, 108*, 7629–7634.

847. Pack, C. C., & Born, R. T. (2001). Temporal dynamics of a neural solution to the aperture problem in visual area MT of macaque brain. *Nature, 409*, 1040–1042.

848. Pack, C. C., Livingston, M. S., Duffy, K. R., & Born, R. T. (2003). Endstopping and the aperture problem: Two-dimensional motion signals in macaque V1. *Neuron, 59*, 671–680.

849. Palmer, C. (1997). Music performance. *Annual Review of Psychology, 48*, 115–138.

850. Palmer, S. E. (1975). The effects of contextual scenes on the identification of objects. *Memory and Cognition, 3*, 519–526.

851. Palmer, S. E. (1992). Common region: A new principle of perceptual grouping. *Cognitive Psychology, 24*, 436–447.

852. Palmer, S. E., & Rock, I. (1994). Rethinking perceptual organization: The role of uniform connectedness. *Psychonomic Bulletin and Review, 1*, 29–55.

853. Panichello, M. F., Cheung, O. S., & Bar, M. (2013). Predictive feedback and conscious visual experience. *Frontiers in Psychology, 3*, 620.

854. Paré, M., Smith, A. M., & Rice, F. L. (2002). Distribution and terminal arborizations of cutaneous mechanoreceptors in the glabrous finger pads of the monkey. *Journal of Comparative Neurology, 445*, 347–359.

855. Park, W. J., & Tadin, D. (2018). Motion perception. In J. Wixted (Hrsg.), *Stevens' handbook of experimental psychology and cognitive neuroscience* 4. Aufl. New York: Wiley.

856. Parker, A. J., Smith, J. E. T., & Krug, K. (2016). Neural architectures for stereo vision. *Philosophical Transactions of the Royal Society B, 371*, 2015026.

857. Parkhurst, D., Law, K., & Niebur, E. (2002). Modeling the role of salience in the allocation of overt visual attention. *Vision Research, 42*, 107–123.

858. Parkin, A. J. (1996). *Explorations in cognitive neuropsychology*. Oxford: Blackwell.

859. Parkinson, A. J., Arcaroli, J., Staller, S. J., Arndt, P. L., Cosgriff, A., & Ebinger, K. (2002). The Nucleus 24 Contour cochlear implant system: Adult clinical trial results. *Ear & Hearing, 23*(1S), 41S–48S.

860. Parma, V., Ohla, K., Veldhuizen, M. G., et al. (2020). More than smell— COVID-19 is associated with severe impairment of smell, taste, and chemesthesis. *Chemical Senses, 20*, 1–14.

861. Pascalis, O., de Schonen, S., Morton, J., Deruelle, C., & Fabre-Grenet, M. (1995). Mother's face recognition by neonates: A replication and an extension. *Infant Behavior and Development, 18*, 79–85.

862. Pasternak, T., & Merigan, E. H. (1994). Motion perception following lesions of the superior temporal sulcus in the monkey. *Cerebral Cortex, 4*, 247–259.

863. Patel, A. D. (2008). *Music, language, and the brain*. New York: Oxford University Press.

864. Patel, A. D., Gibson, E., Ratner, J., Besson, M., & Holcomb, P. J. (1998). Processing syntactic relations in language and music: An eventrelated potential study. *Journal of Cognitive Neuroscience, 10*, 717–733.

865. Patel, A. D., Iversen, J. R., Wassenaar, M., & Hagoort, P. (2008). Musical syntax processing in agrammatic Broca's aphasia. *Aphasiology, 22*(7–8), 776–789.

866. Pawling, R., Cannon, P. R., McGlone, F. P., & Walker, S. C. (2017). C-tactile afferent stimulating touch carries a positive affective value. *PLoS One*. https://doi.org/10.1371/journal.pone.0173457.

867. Peacock, G. (1855). *Life of Thomas Young MD, FRS*. London: John Murray.

868. Pecka, M., Bran, A., Behrend, O., & Grothe, B. (2008). Interaural time difference processing in the mammalian medial superior olive: The role of glycinergic inhibition. *Journal of Neuroscience, 28*, 6914–6925.

869. Pei, Y.-C., Hsiao, S. S., Craig, J. C., & Bensmaia, S. J. (2011). Neural mechanisms of tactile motion integration in somatosensory cortex. *Neuron, 69*, 536–547.

870. Pelchat, M. L., Bykowski, C., Duke, F. F., & Reed, D. R. (2011). Excretion and perception of a characteristic odor in urine after asparagus ingestion: A psychophysical and genetic study. *Chemical Senses, 36*, 9–17.

871. Pelphrey, K. A., Mitchell, T. V., McKeown, M. J., Goldstein, J., Allison, T., & McCarthy, G. (2003). Brain activity evoked by the perception of human walking: Controlling for meaningful coherent motion. *Journal of Neuroscience, 23*, 6819–6825.

872. Pelphrey, K., Morris, J., Michelich, C., Allison, T., & McCarthy, G. (2005). Functional anatomy of biological motion perception in posterior temporal cortex: An fMRI study of eye, mouth and hand movements. *Cerebral Cortex, 15*, 1866–1876.

873. Penfield, W., & Rasmussen, T. (1950). *The cerebral cortex of man*. New York: Macmillan.

874. Peng, J.-H., Tao, Z.-A., & Huang, Z.-W. (2007). Risk of damage to hearing from personal listening devices in young adults. *Journal of Otolaryngology, 36*, 181–185.

875. Peretz, I. (2006). The nature of music from a biological perspective. *Cognition, 100*, 1–32.

876. Peretz, I., & Zatorre, R. J. (2005). Brain organization for music processing. *Annual Review of Psychology, 56*, 89–114.

877. Peretz, I., Vivan, D., Lagrois, M.-E., & Armony, J. L. (2015). Neural overlap in processing music and speech. *Philosophical Transactions of the Royal Society, B370*, 20140090.

878. Perez, J. A., Deligianni, F., Ravi, D., & Yang, G.-Z. (2017). *Artificial intelligence and robotics*. UKRAS.ORG.

879. Perl, E. R. (2007). Ideas about pain, a historical view. *Nature Reviews Neuroscience, 8*, 71–80.

880. Perl, E. R., & Kruger, L. (1996). Nociception and pain: Evolution of concepts and observations. In L. Kruger (Hrsg.), *Pain and touch* (S. 180–211). San Diego: Academic Press.

881. Perrett, D. I., Rolls, E. T., & Caan, W. (1982). Visual neurons responsive to faces in the monkey temporal cortex. *Experimental Brain Research, 7*, 329–342.

882. Perrodin, C., Kayser, C., Logothetis, N. K., & Petkov, C. I. (2011). Voice cells in the primate temporal lobe. *Current Biology, 21*, 1408–1415.

883. Pessoa, L. (2014). Understanding brain networks and brain organization. *Physics of Life Reviews, 11*(3), 400–435.

884. Peterson, M. A. (1994). Object recognition processes can and do operate before figure-ground organization. *Current Directions in Psychological Science, 3*, 105–111.

885. Peterson, M. A. (2001). Object perception. In E. B. Goldstein (Hrsg.), *Blackwell handbook of perception* (S. 168–203). Oxford: Blackwell.

886. Peterson, M. A. (2019). Past experience and meaning affect object detection: A hierarchical Bayesian approach. *Psychology of Learning and Motivation, 70*, 223–257.

887. Peterson, M. A. (2019). Past experience and meaning affect object detection: A hierarchical Bayesian approach. *Knowledge and Vision, 70*, 223.

888. Peterson, M. A., & Kimchi, R. (2013). Perceptual organization. In D. Reisberg (Hrsg.), *Handbook of cognitive psychology* (S. 9–31). New York: Oxford University Press.

889. Peterson, M. A., & Salvagio, E. (2008). Inhibitory competition in figureground perception: Context and convexity. *Journal of Vision, 8*(16), 1–13.

890. Pew Research Center (2019). *Mobile fact sheet. June 12, 2019*. Washington: Pew Research Center. Pewinternet.org

891. Pfaffmann, C. (1974). Specificity of the sweet receptors of the squirrel monkey. *Chemical Senses, 1*, 61–67.

892. Philbeck, J. W., Loomis, J. M., & Beall, A. C. (1997). Visually perceived location is an invariant in the control of action. *Perception & Psychophysics, 59*, 601–612.

893. Phillips-Silver, J., & Trainor, L. J. (2005). Feeling the beat: Movement influences infant rhythm perception. *Science, 208*, 1430.

894. Phillips-Silver, J., & Trainor, L. J. (2007). Hearing what the body feels: Auditory encoding of rhythmic movement. *Cognition, 105,* 533–546.

895. Phillips, J. R., & Johnson, K. O. (1981). Tactile spatial resolution: II: Neural representation of bars, edges, and gratings in monkey primary afferent. *Journal of Neurophysiology, 46,* 1177–1191.

896. Pinker, S. (1997). *How the mind works.* New York: W.W. Norton.

897. Pinker, S. (2010). *Mind over mass media.* New York Times, June 10, 2010.

898. Pinna, F. R., Deusdedit, B. N., Fornazieri, M. A., & Voegels, R. L. (2020). Olfaction and COVID: The little we know and what else we need to know. *International Journal of Otorhinolaryngology, 24*(3), 386–387.

899. Pinto, J. M., Wroblewski, K. E., Kern, D. W., Schumm, L. P., & McClintock, M. K. (2014). Olfactory dysfunction predicts 5-year mortality in older adults. *PLoS One, 9*(Issue 10), e107541.

900. Piqueras-Fiszman, G., Alcaide, J., Roura, E., & Spence, C. (2012). Is it the plate or is it the food? Assessing the influence of the color (black or white) and shape of the plate on the perception of the food placed on it. *Food Quality and Preference, 24,* 205–208.

901. Pitcher, D., Dilks, D. D., Saxe, R. R., Triantafyllou, C., & Kanwisher, N. (2011). Differential selectivity for dynamic versus static information in face-selective cortical regions. *Neuroimage, 56*(4), 2356–2363.

902. Plack, C. J. (2005). *The sense of hearing.* New York: Psychology Press.

903. Plack, C. J. (2014). *The sense of hearing* (2. Aufl.). New York: Psychology Press.

904. Plack, C. J., Barker, D., & Hall, D. A. (2014). Pitch coding and pitch processing in the human brain. *Hearing Research, 307,* 53–64.

905. Plack, C. J., Barker, D., & Prendergast, G. (2014). Perceptual consequences of "hidden" hearing loss. *Trends in Hearing, 18,* 1–11.

906. Plack, C. J., Drga, V., & Lopez-Poveda, E. (2004). Inferred basilar-membrane response functions for listeners with mild to moderate sensorineural hearing loss. *Journal of the Acoustical Society of America, 115,* 1684–1695.

907. Plassmann, H., O'Doherty, J., Shiv, B., & Rangel, A. (2008). Marketing actions can modulate neural representations of experienced pleasantness. *Proceedings of the National Academy of Sciences, 105,* 1050–1054.

908. Ploner, M., Lee, M. C., Wiech, K., Bingel, U., & Tracey, I. (2010). Prestimulus functional connectivity determines pain perception in humans. *Proceedings of the National Academy of Sciences, 107*(1), 355–360.

909. Plug, C., & Ross, H. E. (1994). The natural moon illusion: A multifactor account. *Perception, 23,* 321–333.

910. Porter, J., Craven, B., Khan, R. M., et al. (2007). Mechanisms of scenttracking in humans. *Nature Neuroscience, 10*(1), 27–29.

911. Posner, M. I., Nissen, M. J., & Ogden, W. C. (1978). Attended and unattended processing modes: The role of set for spatial location. In H. L. Pick & I. J. Saltzman (Hrsg.), *Modes of perceiving and processing information.* Hillsdale: Erlbaum.

912. Potter, M. C. (1976). Short-term conceptual memory for pictures. *Journal of Experimental Psychology (Human Learning), 2,* 509–522.

913. Pressnitzer, D., Graves, J., Chambers, C., de Gardelle, V., & Egré, P. (2018). Auditory perception: *Laurel* and *Yanny* together at last. *Current Biology, 28,* R739–R741.

914. Price, D. D. (2000). Psychological and neural mechanisms of the affective dimension of pain. *Science, 288,* 1769–1772.

915. Prinzmetal, W., Shimamura, A. P., & Mikolinski, M. (2001). The Ponzo illusion and the perception of orientation. *Perception & Psychophysics, 63,* 99–114.

916. Proust, M. (1913). *Swann's way.* Remembrance of things past, Bd. 1. Paris: Grasset and Gallimard.

917. Proverbio, A. M., Adorni, R., & D'Aniello, G. E. (2011). 250 ms to code for action affordance during observation of manipulable objects. *Neuropsychologia, 49,* 2711–2717.

918. Puce, A., Allison, T., Bentin, S., Gore, J. C., & McCarthy, G. (1998). Temporal cortex activation in humans viewing eye and mouth movements. *Journal of Neuroscience, 18,* 2188–2199.

919. Quiroga, R. Q., Reddy, L., Kreiman, G., Koch, C., & Fried, I. (2005). Invariant visual representation by single neurons in the human brain. *Nature, 435,* 1102–1107.

920. Quiroga, R. Q., Reddy, L., Kreiman, G., Koch, C., & Fried, I. (2008). Sparse but not "grandmother-cell" coding in the medial temporal lobe. *Trends in Cognitive Sciences, 12,* 87–91.

921. Rabin, J., Houser, B., Talbert, C., & Patel, R. (2016). Blue-black or whitegold? Early stage processing and the color of "The Dress". *PLoS One.* https://doi.org/10.1371/journal.pone.0161090.

922. Rabin, R. C. (2021). *Some COVID survivors haunted by loss of smell and taste.* New York Times. January 2, 2021

923. Radwanick, S. (2012). *Five years later: A look back at the rise of the iPhone.* comScore. June 29, 2012

924. Rafel, R. D. (1994). Neglect. *Current Opinion in Neurobiology, 4,* 231–236.

925. Rainville, P. (2002). Brain mechanisms of pain affect and pain modulation. *Current Opinion in Neurobiology, 12,* 195–204.

926. Rainville, P., Hofbauer, R. K., Paus, T., Duncan, G. H., Bushnell, M. C., & Price, D. D. (1999). Cerebral mechanisms of hypnotic induction and suggestion. *Journal of Cognitive Neuroscience, 11,* 110–125.

927. Ramachandran, V. S. (1987). Interaction between colour and motion in human vision. *Nature, 328,* 645–647.

928. Ramachandran, V. S. (1992). Blind spots. *Scientific American, 5,* 86–91.

929. Ramachandran, V. S., & Hirstein, W. (1998). The perception of phantom limbs. *Brain, 121,* 1603–1630.

930. Rao, H. M., Mayo, J. P., & Sommer, M. A. (2016). Circuits for presaccadic visual remapping. *Journal of Neurophysiology, 116,* 2624–2636.

931. Rao, R. P., & Ballard, D. H. (1999). Predictive coding in the visual cortex: A functional interpretation of some extra-classical receptive-field effects. *Nature Neuroscience, 2*(1), 79–87.

932. Ratliff, F. (1965). *Mach bands: Quantitative studies on neural networks in the retina.* San Francisco: Holden-Day.

933. Ratner, C., & McCarthy, J. (1990). Ecologically relevant stimuli and color memory. *Journal of General Psychology, 117,* 369–377.

934. Rauschecker, J. P. (2011). An expanded role for the dorsal auditory pathway in sensorimotor control and integration. *Hearing Research, 271,* 16–25.

935. Rauschecker, J. P., & Scott, S. K. (2009). Maps and streams in the auditory cortex: Nonhuman primates illuminate human speech processing. *Nature Neuroscience, 12,* 718–724.

936. Rauschecker, J. P., & Tian, B. (2000). Mechanisms and streams for processing of "what" and "where" in auditory cortex. In *Proceedings of the National Academy of Sciences, USA, 97* (S. 11800–11806).

937. Recanzone, G. H. (2000). Spatial processing in the auditory cortex of the macaque monkey. *Proceedings of the National Academy of Sciences, 97,* 11829–11835.

938. Redmon, J., & Farhadi, A. (2018). *Yolov3: An incremental improvement.* arXiv preprint arXiv:1804.02767

939. Redmon, J., Divvala, S., Girshick, R., & Farhadi, A. (2016). You only look once: Unified, real-time object detection. In *Proceedings of the IEEE Conference on Computer Vision and Pattern Recognition* (S. 779–788).

940. Regev, M., Honey, C. J., Simony, E., & Hasson, U. (2013). Selective and invariant neural responses to spoken and written narratives. *Journal of Neuroscience, 33,* 15978–15988.

941. Reichardt, W. (1961). Autocorrelation, a principle for the evaluation of sensory information by the central nervous system. In W. A. Rosenblith (Hrsg.), *Sensory communication* (S. 303–317). New York: MIT Press.

942. Reichardt, W. (1987). Evaluation of optical motion information by movement detectors. *Journal of Comparative Physiology A, 161,* 533–547.

943. Rémy, F., Vayssière, N., Pins, D., Boucart, M., & Fabre-Thorpe, M. (2014). Incongruent object/context relationships in visual scenes: Where are they processed in the brain? *Brain and Cognition, 84*(1), 34–43.

944. Rennaker, R. L., Chen, C.-F. F., Ruyle, A. M., Sloan, A. M., & Wilson, D. A. (2007). Spatial and temporal distribution of odorant-evoked activity in the piriform cortex. *Journal of Neuroscience, 27,* 1534–1542.

945. Rensink, R. A. (2002). Change detection. *Annual Review of Psychology, 53,* 245–277.

946. Rensink, R. A., O'Regan, J. K., & Clark, J. J. (1997). To see or not to see: The need for attention to perceive changes in scenes. *Psychological Science, 8,* 368–373.

947. Rentfro, P. J., & Greenberg, D. M. (2019). The social psychology of music. In P. J. Rentfro & D. J. Levitin (Hrsg.), *Foundations in music psychology* (S. 827–855). Cambridge: MIT Press.

948. Restrepo, D., Doucette, W., Whitesell, J. D., McTavish, T. S., & Salcedo, E. (2009). From the top down: Flexible reading of a fragmented odor map. *Trends in Neurosciences, 32,* 525–531.

949. Reybrouck, M., Vuust, P., & Brattio, E. (2018). Music and brain plasticity: How sounds trigger neurogenerative adaptations. In V. V. Chaban (Hrsg.), *Neuroplasticity: Insights of neural reorganization* (S. 85–103). London: Intech Open.

950. Rhode, W. S. (1971). Observations of the vibration of the basilar membrane in squirrel monkeys using the Mössbauer technique. *Journal of the Acoustical Society of America, 49*(suppl.), 1218–1231.

951. Rhode, W. S. (1974). Measurement of vibration of the basilar membrane in the squirrel monkey. *Annals of Otology, Rhinology & Laryngology, 83,* 619–625.

952. Rhudy, J. L., Williams, A. E., McCabe, K. M., Thu, M. A., Nguyen, V., & Rambo, P. (2005). Affective modulation of nociception at spinal and supraspinal levels. *Psychophysiology, 42,* 579–587.

953. Risset, J. C., & Mathews, M. W. (1969). Analysis of musical instrument tones. *Physics Today, 22,* 23–30.

954. Rizzolatti, G., & Sinigaglia, C. (2010). The functional role of the parietofrontal mirror circuit: Interpretations and misinterpretations. *Nature Reviews Neuroscience, 11,* 264–274.

955. Rizzolatti, G., & Sinigaglia, C. (2016). The mirror mechanism: A basic principle of brain function. *Nature Reviews Neuroscience, 17,* 757–765.

956. Rizzolatti, G., Fogassi, L., & Gallese, V. (2006). Mirrors in the mind. *Scientific American, 295,* 54–61.

957. Rizzolatti, G., Forgassi, L., & Gallese, V. (2000). Cortical mechanisms subserving object grasping and action recognition: A new view on the cortical motor functions. In M. Gazzaniga (Hrsg.), *The new cognitive neurosciences* (S. 539–552). Cambridge: MIT Press.

958. Robbins, J. (2000). *Virtual reality finds a real place.* New York Times. 2000, July 4

959. Rocha-Miranda, C. (2011). *Personal communication*

960. Rolfs, M., Jonikatis, D., Deubel, H., & Cavanagh, P. (2011). Predictive remapping of attention across eye movements. *Nature Neuroscience, 14*(2), 252–258.

961. Rollman, G. B. (1991). Pain responsiveness. In M. A. Heller & W. Schiff (Hrsg.), *The psychology of touch* (S. 91–114). Hillsdale: Erlbaum.

962. Rolls, E. T. (1981). Responses of amygdaloid neurons in the primate. In Y. Ben-Ari (Hrsg.), *The amygdaloid complex* (S. 383–393). Amsterdam: Elsevier.

963. Rolls, E. T., & Baylis, L. L. (1994). Gustatory, olfactory, and visual convergence within the primate orbitofrontal cortex. *Journal of Neuroscience, 14,* 5437–5452.

964. Rolls, E. T., & Tovee, M. J. (1995). Sparseness of the neuronal representation of stimuli in the primate temporal visual cortex. *Journal of Neurophysiology, 73,* 713–726.

965. Rolls, E. T., Critchley, H. D., Verhagen, J. V., & Kadohisa, M. (2010). The representation of information about taste and odor in the orbitofrontal cortex. *Perception, 3,* 16–33.

966. Roorda, A., & Williams, D. R. (1999). The arrangement of the three cone classes in the living human eye. *Nature, 397,* 520–522.

967. Rosen, L. D., Carrier, L. M., & Cheever, N. A. (2013). Facebook and texting made me do it: Media-induced task-switching while studying. *Computers in Human Behavior, 29,* 948–958.

968. Rosenblatt, F. (1957). *The perceptron, a perceiving and recognizing automaton. Project Para.* Cornell Aeronautical Laboratory.

969. Rosenblatt, F. (1958). The perceptron: A probabilistic model for information storage and organization in the brain. *Psychological Review, 65*(6), 386.

970. Rosenstein, D., & Oster, H. (1988). Differential facial responses to four basic tastes in newborns. *Child Development, 59,* 1555–1568.

971. Ross, M. G., & Nijland, M. J. (1997). Fetal swallowing: Relation to amniotic fluid regulation. *Clinical Obstetrics and Gynecology, 40,* 352–365.

972. Ross, V. (2011). How did researchers manage to read movie clips from the brain? *Discover Newsletter,* September 28. https://www.discovermagazine.com/mind/how-did-researchers-manage-to-read-movie-clips-from-the-brain

973. Rossato-Bennet, M. (2014). *Alive inside.* Documentary film produced by *Music and Memory*

974. Rossel, S. (1983). Binocular stereopsis in an insect. *Nature, 302,* 821–822.

975. Rowe, M. (2012). A longitudinal investigation of the role of quantity and quality of child-directed speech in vocabulary development. *Child Development, 83*(5), 1762–1774.

976. Rowe, M. J., Turman, A. A., Murray, G. M., & Zhang, H. Q. (1996). Parallel processing in somatosensory areas I and II of the cerebral cortex. In O. Franzen, R. Johansson & L. Terenius (Hrsg.), *Somesthesis and the neurobiology of the somatosensory cortex* (S. 197–212). Basel: Birkhäuser.

977. Roy, M., Peretz, I., & Rainville, P. (2008). Emotional valence contribute to music-induced analgesia. *Pain, 134,* 140–147.

978. Rubin, E. (1958). Figure and ground. In D. C. Beardslee & M. Wertheimer (Hrsg.), *Readings in perception* (S. 194–203). Princeton: Van Nostrand. Original work published 1915.

979. Rubin, P., Turvey, M. T., & Van Gelder, P. (1976). Initial phonemes are detected faster in spoken words than in spoken nonwords. *Perception & Psychophysics, 19,* 394–398.

980. Rullman, M., Preusser, S., & Pleger, B. (2019). Prefrontal and posterior parietal contributions to the perceptual awareness of touch. *Scientific Reports, 9,* 16981.

981. Rushton, S. K., & Salvucci, D. D. (2001). An egocentric account of the visual guidance of locomotion. *Trends in Cognitive Sciences, 5,* 6–7.

982. Rushton, S. K., Harris, J. M., Lloyd, M. R., & Wann, J. P. (1998). Guidance of locomotion on foot uses perceived target location rather than optic flow. *Current Biology, 8,* 1191–1194.

983. Rushton, W. A. H. (1961). Rhodopsin measurement and dark adaptation in a subject deficient in cone vision. *Journal of Physiology, 156,* 193–205.

984. Rust, N. C., Mante, V., Simoncelli, E. P., & Movshon, J. A. (2006). How MT cells analyze the motion of visual patterns. *Nature Neuroscience, 9*, 1421–1431.

985. Sacks, O. (2007). *Musicophilia: Tales of music and the brain.* New York: Vintage Books.

986. Sacks, O. (1985). *The man who mistook his wife for a hat.* London: Duckworth.

987. Sacks, O. (1995). *An anthropologist on Mars.* New York: Vintage.

988. Sacks, O. (2006). *Stereo sue.* The New Yorker. (S. 64). 2006, June 19

989. Sacks, O. (2010). *The mind's eye.* New York: Knopf.

990. Sadaghiani, S., Poline, J. B., Kleinschmidt, A., & D'Esposito, M. (2015). Ongoing dynamics in large-scale functional connectivity predict perception. *Proceedings of the National Academy of Sciences, 112*(27), 8463–8468.

991. Saenz, M., & Langers, D. R. M. (2014). Tonotopic mapping of human auditory cortex. *Hearing Research, 307*, 42–52.

992. Saffran, J. R., Aslin, R. N., & Newport, E. L. (1996). Statistical learning by 8-month-old infants. *Science, 274*, 1926–1928.

993. Sakata, H., & Iwamura, Y. (1978). Cortical processing of tactile information in the first somatosensory and parietal association areas in the monkey. In G. Gordon (Hrsg.), *Active touch* (S. 55–72). Elmsford: Pergamon Press.

994. Sakata, H., Taira, M., Mine, S., & Murata, A. (1992). Hand-movement related neurons of the posterior parietal cortex of the monkey: Their role in visual guidance of hand movements. In R. Caminiti, P. B. Johnson & Y. Burnod (Hrsg.), *Control of arm movement in space: Neurophysiological and computational approaches* (S. 185–198). Berlin: Springer.

995. Salapatek, P., Bechtold, A. G., & Bushnell, E. W. (1976). Infant visual acuity as a function of viewing distance. *Child Development, 47*, 860–863.

996. Salasoo, A., & Pisoni, D. B. (1985). Interaction of knowledge sources in spoken word identification. *Journal of Memory and Language, 24*, 210–231.

997. Salimpoor, V. N., Benovoy, M., Larcher, K., Dagher, A., & Zatorre, R. J. (2011). Anatomically distinct dopamine release during anticipation and experience of peak emotion to music. *Nature Neuroscience, 14*(2), 257–264.

998. Salzman, C. D., Britten, K. H., & Newsome, W. T. (1990). Cortical microstimulation influences perceptual judgements of motion direction. *Nature, 346*(6280), 174–177.

999. Samuel, A. G. (1990). Using perceptual-restoration effects to explore the architecture of perception. In G. T. M. Altmann (Hrsg.), *Cognitive models of speech processing* (S. 295–314). Cambridge: MIT Press.

1000. Samuel, A. G. (1997). Lexical activation produces potent phonemic percepts. *Cognitive Psychology, 32*, 97–127.

1001. Samuel, A. G. (2001). Knowing a word affects the fundamental perception of the sounds within it. *Psychological Science, 12*, 348–351.

1002. Santos, D. V., Reiter, E. R., DiNardo, L. J., & Costanzo, R. M. (2004). Hazardous events associated with impaired olfactory function. *Archives of Otolaryngology Head and Neck Surgery, 130*, 317–319.

1003. Sato, M., Ogawa, H., & Yamashita, S. (1994). Gustatory responsiveness of chorda tympani fibers the cynomolgus monkey. *Chemical Senses, 19*, 381–400.

1004. Saygin, A. P. (2007). Superior temporal and premotor brain areas necessary for biological motion perception. *Brain, 130*, 2452–2461.

1005. Saygin, A. P. (2012). Biological motion perception and the brain: Neuropsychological and neuroimaging studies. In K. Johnson & M. Shiffrar (Hrsg.), *People watching: Social, perceptual, and neurophysiological studies of body perception.* Oxford series in visual cognition. Oxford University Press.

1006. Saygin, A. P., Wilson, S. M., Hagler Jr., D. J., Bates, E., & Sereno, M. I. (2004). Point-light biological motion perception activates human premotor cortex. *Journal of Neuroscience, 24*, 6181–6188.

1007. Schaefer, R. S., Morcom, A. M., Roberts, N., & Overy, K. (2014). Moving to music: Effects of heard and imagined musical cues on movement-related brain activity. *Frontiers in Human Neuroscience, 8*, 774.

1008. Schaette, R., & McAlpine, D. (2011). Tinnitus with a normal audiogram: Physiological evidence for hidden hearing loss and computational model. *Journal of Neuroscience, 31*, 13452–13457.

1009. Scherf, K. S., Behrmann, M., Humphreys, K., & Luna, B. (2007). Visual category-selectivity for faces, places and objects emerges along different developmental trajectories. *Developmental Science, 10*, F15–F30.

1010. Schiffman, H. R. (1967). Size-estimation of familiar objects under informative and reduced conditions of viewing. *American Journal of Psychology, 80*, 229–235.

1011. Schiffman, S. S., & Erickson, R. P. (1971). A psychophysical model for gustatory quality. *Physiology and Behavior, 7*, 617–633.

1012. Schiller, P. H., Logohetis, N. K., & Charles, E. R. (1990). Functions of the colour-opponent and broad-band channels of the visual system. *Nature, 343*, 68–70.

1013. Schinazi, V. R., & Epstein, R. A. (2010). Neural correlates of real-world route learning. *NeuroImage, 53*, 725–735.

1014. Schlack, A., Sterbing-D'Angelo, J., Hartung, K., Hoffmann, K.-P., & Bremmer, F. (2005). Multisensory space representations in the macaque ventral intraparietal area. *Journal of Neuroscience, 25*, 4616–4625.

1015. Schmuziger, N., Patscheke, J., & Probst, R. (2006). Hearing in nonprofessional pop/rock musicians. *Ear & Hearing, 27*, 321–330.

1016. Scholz, J., & Woolf, C. J. (2002). Can we conquer pain? *Nature Neuroscience, 5*, 1062–1067.

1017. Schomers, M. R., & Pulvermüller, F. (2016). Is the sensorimotor cortex relevant for speech perception and understanding? An integrative review. *Frontiers in Human Neuroscience, 10*, 435.

1018. Schubert, E. D. (1980). *Hearing: Its function and dysfunction.* Wien: Springer.

1019. Scott, T. R., & Giza, B. K. (1990). Coding channels in the taste system of the rat. *Science, 249*, 1585–1587.

1020. Scott, T. R., & Plata-Salaman, C. R. (1991). Coding of taste quality. In T. V. Getchell, R. L. Doty, L. M. Bartoshuk & J. B. Snow (Hrsg.), *Smell and taste in health and disease* (S. 345–368). New York: Raven Press.

1021. Scoville, W. B., & Milner, B. (1957). Loss of recent memory after bilateral hippocampus lesions. *Journal of Neurosurgery and Psychiatry, 20*, 11–21.

1022. Sedgwick, H. (2001). Visual space perception. In E. B. Goldstein (Hrsg.), *Blackwell handbook of perception* (S. 128–167). Oxford: Blackwell.

1023. Segui, J. (1984). The syllable: A basic perceptual unit in speech processing? In H. Bouma & D. G. Gouwhuis (Hrsg.), *Attention and performance X* (S. 165–181). Hillsdale: Erlbaum.

1024. Seiler, S. J. (2015). Hand on the wheel, mind on the mobile: An analysis of social factors contributing to texting while driving. *Cyberpsychology, Behavior, and Social Networking, 18*, 72–78.

1025. Sekuler, A. B., & Bennett, P. J. (2001). Generalized common fate: Grouping by common luminance changes. *Psychological Science, 12*(6), 437–444.

1026. Semple, R. J. (2010). Does mindfulness meditation enhance attention? A randomized controlled trial. *Mindfulness, 1*, 121–130.

1027. Senior, C., Barnes, J., Giampietro, V., Simmons, A., Bullmore, E. T., Brammer, M., et al. (2000). The functional neuroanatomy of implicit-motion perception or "representational momentum." *Current Biology, 10*, 16–22.

1028. Shadmehr, R., Smith, M. A., & Krakauer, J. W. (2010). Error correction, sensory prediction, and adaptation in motor control. *Annual Review of Neuroscience, 33*, 89–108.

1029. Shahbake, M. (2008). *Anatomical and psychophysical aspects of the development of the sense of taste in humans (Unpublished doctoral dissertation). University of Western Sydney, New South Wales, Australia*

1030. Shamma, S. A., & Micheyl, C. (2010). Behind the scenes of auditory perception. *Current Opinion in Neurobiology, 20*, 361–366.

1031. Shamma, S. A., Elhilali, M., & Micheyl, C. (2011). Temporal coherence and attention in auditory scene analysis. *Trends in Neurosciences, 34*, 114–123.

1032. Shannon, R. V., Zeng, F.-G., Kamath, V., Wygonski, J., & Ekelid, M. (1995). Speech recognition with primarily temporal cues. *Science, 270*, 303–304.

1033. Sharma, S. D., Cushing, S. L., Papsin, B. C., & Gordon, K. A. (2020). Hearing and speech benefits of cochlear implantation in children: A review of the literature. *International Journal of Pediatric Otorhinolarylgology, 133*, 1–5.

1034. Shea, S. L., Fox, R., Aslin, R. N., & Dumas, S. T. (1980). Assessment of stereopsis in human infants. *Investigative Ophthalmology and Visual Science, 19*(11), 1400–1404.

1035. Shek, D., Shek, L. Y., & Sun, R. C. F. (2016). Internet addiction. In D. W. Pfaff & N. D. Volkow (Hrsg.), *Neuroscience in the 21st century*. New York: Springer.

1036. Shepherd, G. M. (2012). *Neurogastronomy*. New York: Columbia University Press.

1037. Sherman, P. D. (1981). *Colour vision in the nineteenth century: The Young-Helmholtz-Maxwell theory*. Bristol: Adam Hilger.

1038. Sherman, S. M., & Koch, C. (1986). The control of retinogeniculate transmission in the mammalian lateral geniculate nucleus. *Experimental Brain Research, 63*, 1–20.

1039. Shiffrar, M., & Freyd, J. (1990). Apparent motion of the human body. *Psychological Science, 1*, 257–264.

1040. Shiffrar, M., & Freyd, J. (1993). Timing and apparent motion path choice with human body photographs. *Psychological Science, 4*, 379–384.

1041. Shimamura, A. P., & Prinzmetal, W. (1999). The mystery spot illusion and its relation to other visual illusions. *Psychological Science, 10*, 501–507.

1042. Shimojo, S., Bauer, J., O'Connell, K. M., & Held, R. (1986). Pre-stereoptic binocular vision in infants. *Vision Research, 26*, 501–510.

1043. Shinoda, H., Hayhoe, M. M., & Shrivastava, A. (2001). What controls attention in natural environments? *Vision Research, 41*, 3535–3545.

1044. Shneidman, L. A., Arroyo, M. E., Levince, S. C., & Goldin-Meadow, S. (2013). What counts as effective input for word learning? *Journal of Child Language, 40*, 672–686.

1045. Shuwairi, S. M., & Johnson, S. P. (2013). Oculomotor exploration of impossible figures in early infancy. *Infancy, 18*, 221–232.

1046. Sifre, R., Olson, L., Gillespie, S., Klin, A., Jones, W., & Shultz, S. (2018). A longitudinal investigation of preferential attention to biological motion in 2- to 24-month-old infants. *Scientific Reports, 8*, 2527.

1047. Silbert, L. J., Honey, C. J., Simony, E., Poeppel, D., & Hasson, U. (2014). Coupled neural systems underlie the production and comprehension of naturalistic narrative speech. *Proceedings of the National Academy of Sciences, 111*, E4687–E4696.

1048. Silver, M. A., & Kastner, S. (2009). Topographic maps in human frontal and parietal cortex. *Trends in Cognitive Sciences, 13*, 488–495.

1049. Simion, F., Regolin, L., & Bulf, H. (2008). A predisposition for biological motion in the newborn baby. *Proceedings of the National Academy of Sciences, 105*, 809–813.

1050. Simons, D. J., & Chabris, C. F. (1999). Gorillas in our midst: Sustained inattentional blindness for dynamic events. *Perception, 28*, 1059–1074.

1051. Singer, T., & Klimecki, O. M. (2014). Empathy and compassion. *Current Biology, 24*, R875–R878.

1052. Singer, T., Seymour, B., O'Doherty, J., Kaube, H., Dolan, R. J., & Frith, C. D. (2004). Empathy for pain involves the affective but not sensory components of pain. *Science, 303*, 1157–1162.

1053. Sinha, P. (2002). Recognizing complex patterns. *Nature Neuroscience, 5*, 1093–1097.

1054. Siveke, I., Pecka, M., Seidl, A. H., Baudoux, S., & Grothe, B. (2006). Binaural response properties of low-frequency neurons in the gerbil dorsal nucleus of the lateral lemniscus. *Journal of Neurophysiology, 96*, 1425–1440.

1055. Skelton, A. E., Catchpole, G., Abbott, J. T., Bosten, J. M., & Franklin, A. (2017). Biological origins of color categorization. *Proceedings of the National Academy of Sciences, 114*(21), 5545–5550.

1056. Skinner, B. F. (1938). *The behavior of organisms*. New York: Appleton Century.

1057. Skipper, J. I., Devlin, J. T., & Lametti, D. R. (2017). The hearing ear is always found close to the speaking tongue: Review of the role of the motor system in speech perception. *Brain & Language, 164*, 77–105.

1058. Slater, A. M., & Findlay, J. M. (1975). Binocular fixation in the newborn baby. *Journal of Experimental Child Psychology, 20*, 248–273.

1059. Slevc, L. R. (2012). Language and music: Sound, structure, and meaning. *WIREs Cognitive Science, 3*, 483–492.

1060. Sloan, L. L., & Wollach, L. (1948). A case of unilateral deuteranopia. *Journal of the Optical Society of America, 38*, 502–509.

1061. Sloboda, J. A. (1991). Music structure and emotional response: Some empirical findings. *Psychology of Music, 19*, 110–120.

1062. Sloboda, J. A. (2000). Individual differences in music performance. *Trends in Cognitive Sciences, 4*(10), 397–403.

1063. Sloboda, J. A., & Gregory, A. H. (1980). The psychological reality of musical segments. *Canadian Journal of Psychology, 34*(3), 274–280.

1064. Small, D. M. (2008). Flavor and the formation of category-specific processing in olfaction. *Chemical Perception, 1*, 136–146.

1065. Small, D. M. (2012). Flavor is in the brain. *Physiology and Behavior, 107*, 540–552.

1066. Smith, A. T., Singh, K. D., Williams, A. L., & Greenlee, M. W. (2001). Estimating receptive field size from fMRI data in human striate and extrastriate visual cortex. *Cerebral Cortex, 11*(12), 1182–1190.

1067. Smith, D. V., & Scott, T. R. (2003). Gustatory neural coding. In R. L. Doty (Hrsg.), *Handbook of olfaction and gustation* 2. Aufl. New York: Marcel Dekker.

1068. Smith, D. V., St. John, S. J., & Boughter Jr., J. D. (2000). Neuronal cell types and taste quality coding. *Physiology and Behavior, 69*, 77–85.

1069. Smith, M. A., Majaj, N. J., & Movshon, J. A. (2005). Dynamics of motion signaling by neurons in macaque area MT. *Nature Neuroscience, 8*, 220–228.

1070. Smithson, H. E. (2005). Sensory, computational and cognitive components of human colour constancy. *Philosophical Transactions of the Royal Society of London B, Biological Sciences, 360*, 1329–1346.

1071. Smithson, H. E. (2015). Perceptual organization of colour. In J. Wagemans (Hrsg.), *Oxford handbook of perceptual organization*. Oxford: Oxford University Press.

1072. Sobel, E. C. (1990). The locust's use of motion parallax to measure distance. *Journal of Comparative Physiology A, 167*, 579–588.

1073. Soderstrom, M. (2007). Beyond babytalk: Re-evaluating the nature and content of speech input to preverbal infants. *Developmental Review, 27*, 501–532.

1074. Sommer, M. A., & Wurtz, R. H. (2008). Brain circuits for the internal monitoring of movements. *Annual Review of Neuroscience, 31*, 317–338.

1075. Sosulski, D. L., Bloom, M. L., Cutforth, T., Axel, R., & Sandeep, R. D. (2011). Distinct representations of olfactory information in different cortical centres. *Nature, 472*, 213–219.

1076. Soto-Faraco, S., Lyons, J., Gazzaniga, M., Spence, C., & Kingstone, A. (2002). The ventriloquist in motion: Illusory capture of dynamic information across sensory modalities. *Cognitive Brain Research, 14*, 139–146.

1077. Soto-Faraco, S., Spence, C., Lloyd, D., & Kingstone, A. (2004). Moving multisensory research along: Motion perception across sensory modalities. *Current Directions in Psychological Science, 13*, 29–32.

1078. Soucy, E. R., Albenau, D. F., Fantana, A. L., Murthy, V. N., & Meister, M. (2009). Precision and diversity in an odor map on the olfactory bulb. *Nature Neuroscience, 12*, 210–220.

1079. Spector, A. C., & Travers, S. P. (2005). The representation of taste quality in the mammalian nervous system. *Behavioral and Cognitive Neuroscience Reviews, 4*, 143–191.

1080. Spector, F., & Maurer, D. (2012). Making sense of scents: The color and texture of odors. *Seeing and Perceiving, 25*, 655–677.

1081. Spence, C. (2015). Multisensory flavor perception. *Cell, 161*, 24–35.

1082. Spence, C. (2020). Wine psychology: Basic and applied. *Cognitive Research: Principles and Implications, 5*(1), 1–18.

1083. Spence, C., & Read, L. (2003). Speech shadowing while driving: On the difficulty of splitting attention between eye and ear. *Psychological Science, 14*, 251–256.

1084. Spence, C., Levitan, C. A., Shankar, M. U., & Zampini, M. (2010). Does food color influence taste and flavor perception in humans? *Chemical Perception, 3*, 68–84.

1085. Spille, C., Kollmeier, B., & Meyer, B. T. (2018). Comparing human and automatic speech recognition in simple and complex acoustic scenes. *Computer Speech & Language, 52*, 128–140.

1086. Sporns, O. (2014). Contributions and challenges for network models in cognitive neuroscience. *Nature Neuroscience, 17*(5), 652.

1087. Srinivasan, M. V., & Venkatesh, S. (Hrsg.). (1997). *From living eyes to seeing machines*. New York: Oxford University Press.

1088. Stasenko, A., Garcea, F. E., & Mahon, B. Z. (2013). What happens to the motor theory of perception when the motor system is damaged? *Language and Cognition, 5*(2–3), 225–238.

1089. Steiner, J. E. (1974). Innate, discriminative human facial expressions to taste and smell stimulation. *Annals of the New York Academy of Sciences, 237*, 229–233.

1090. Steiner, J. E. (1979). Human facial expressions in response to taste and smell stimulation. *Advances in Child Development and Behavior, 13*, 257–295.

1091. Stevens, J. A., Fonlupt, P., Shiffrar, M., & Decety, J. (2000). New aspects of motion perception: Selective neural encoding of apparent human movements. *NeuroReport, 111*, 109–115.

1092. Stevens, S. S. (1957). On the psychophysical law. *Psychological Review, 64*, 153–181.

1093. Stevens, S. S. (1961). To honor Fechner and repeal his law. *Science, 133*, 80–86.

1094. Stevens, S. S. (1962). The surprising simplicity of sensory metrics. *American Psychologist, 17*, 29–39.

1095. Stiles, W. S. (1953). Further studies of visual mechanisms by the two-color threshold method. In *Coloquio sobre problemas opticos de la vision* (Bd. 1, S. 65–103). Madrid: Union Internationale de Physique Pure et Appliquée.

1096. Stoffregen, T. A., Smart, J. L., Bardy, B. G., & Pagulayan, R. J. (1999). Postural stabilization of looking. *Journal of Experimental Psychology: Human Perception and Performance, 25*, 1641–1658.

1097. Stokes, R. C., Venezia, J. H., & Hickock, G. (2019). The motor system's [modest] contribution to speech perception. *Psychonomic Bulletin & Review, 26*, 1354–1366.

1098. Strayer, D. L., & Johnston, W. A. (2001). Driven to distraction: Dual-task studies of simulated driving and conversing on a cellular telephone. *Psychological Science, 12*, 462–466.

1099. Strayer, D. L., Cooper, J. M., Turrill, J., Coleman, J., Medeiros-Ward, N., & Biondi, F. (2013). *Measuring driver distraction in the automobile*. Washington: AAA Foundation for Traffic Safety.

1100. Stupacher, J., Wood, G., & Witte, M. (2017). Synchrony and sympathy: Social entrainment with music compared to a metronome. *Psychomusicology: Music, Mind and Brain, 27*(3), 158–166.

1101. Suarez-Rivera, C., Smith, L. B., & Chen, Y. (2019). Multimodal parent behaviors within joint attention support sustained attention in infants. *Developmental Psychology, 55*(1), 96–109.

1102. Subramanian, D., Alers, A., & Sommer, M. (2019). Corollary discharge for action and cognition. *Biological Psychiatry: Cognitive Neuroscience and Neuroimaging, 4*, 782–790.

1103. Sufka, K. J., & Price, D. D. (2002). Gate control theory reconsidered. *Brain and Mind, 3*, 277–290.

1104. Suga, N. (1990). Biosonar and neural computation in bats. *Scientific American, 262*, 60–68.

1105. Sugovic, M., & Witt, J. K. (2013). An older view on distance perception: Older adults perceive walkable extents and farther. *Experimental Brain Research, 226*, 383–391.

1106. Sumby, W. H., & Pollack, J. (1954). Visual contributions to speech intelligibility in noise. *Journal of the Acoustical Society of America, 26*, 212–215.

1107. Sumner, P., & Mollon, J. D. (2000). Catarrhine photopigments are optimized for detecting targets against a foliage background. *Journal of Experimental Biology, 23*, 1963–1986.

1108. Sun, H.-J., Campos, J., Young, M., Chan, G. S. W., & Ellard, C. G. (2004). The contributions of static visual cues, nonvisual cues, and optic flow in distance estimation. *Perception, 33*, 49–65.

1109. Sun, L. D., & Goldberg, M. E. (2016). Corollary discharge and oculomotor proprioception: Cortical mechanisms for spatially accurate vision. *Science, 2*, 61–84.

1110. Sutherland, S. (2020). *Mysteries of COVID smell loss finally yield some answers*. Scientific American.com. Nov. 18, 2020

1111. Svaetichin, G. (1956). Spectral response curves from single cones. *Acta Physiologica Scandinavica Supplementum, 134*, 17–46.

1112. Svirsky, M. (2017). Cochlear implants and electronic hearing. *Physics Today, 70*, 52–58.

1113. Taira, M., Mine, S., Georgopoulis, A. P., Murata, A., & Sakata, H. (1990). Parietal cortex neurons of the monkey related to the visual guidance of hand movement. *Experimental Brain Research, 83*, 29–36.

1114. Tan, S.-L., Pfordresher, P., & Harré, R. (2010). *Psychology of music*. New York: Psychology Press.

1115. Tan, S.-L., Pfordresher, P., & Harre', R. (2013). *Psychology of music: From sound to significance*. New York: Psychology Press.

1116. Tanaka, J. W., & Curran, T. (2001). A neural basis for expert object recognition. *Psychological Science, 12*(1), 43–47.

1117. Tanaka, J. W., & Presnell, L. M. (1999). Color diagnosticity in object recognition. *Perception & Psychophysics, 61*, 1140–1153.

1118. Tanaka, J., Weiskopf, D., & Williams, P. (2001). The role of color in highlevel vision. *Trends in Cognitive Sciences, 5*, 211–215.

1119. Tang, Y.-Y., Tang, Y., Tang, R., & Lewis-Peacock, J. A. (2017). Brief mental training reorganizes large-scale brain networks. *Frontiers in System Neuroscience, 11*, 6.

1120. Tarr, B., Launay, J., & Dunbar, R. I. M. (2014). Music and social bonding: "self-other" and neurohormonal mechanisms. *Frontiers in Psychology, 5*, 1096.

1121. Tarr, B., Luunay, J., & Dunmbar, R. I. M. (2016). Silent disco: Dancing in synchrony leads to elevated pain thresholds and social closeness. *Evolution and Human Behavior, 37*, 343–349.

1122. Tatler, B. W., Hayhoe, M. M., Land, M. F., & Ballard, D. H. (2011). Eye guidance in natural vision: Reinterpreting salience. *Journal of Vision, 11*(5), 1–23.

1123. Teller, D. Y. (1997). First glances: The vision of infants. *Investigative Ophthalmology and Visual Science, 38*, 2183–2199.

1124. Tenenbaum, J. B., Kemp, C., Griffiths, T. L., & Goodman, N. D. (2011). How to grow a mind: Statistics, structure, and abstraction. *Science, 331*, 1279–1285.

1125. Terwogt, M. M., & Hoeksma, J. B. (1994). Colors and emotions: Preferences and combinations. *Journal of General Psychology, 122*, 5–17.

1126. Thaler, L., Arnott, S. R., & Goodale, M. A. (2011). Neural correlates of natural human echolocation in early and late blind echolocation experts. *PLoS One, 6*(5), e20162. https://doi.org/10.1371/journal.pone.0020162.

1127. Theeuwes, J. (1992). Perceptual selectivity for color and form. *Perception & Psychophysics, 51*, 599–606.

1128. Thompson, W. F. (2015). *Music, thought, and feeling: Understanding the psychology of music* (2. Aufl.). New York: Oxford University Press.

1129. Thompson, W. F., & Quinto, L. (2011). Music and emotion: Psychological consideration. In E. Schellekens & P. Gold (Hrsg.), *The aesthetic mind: Philosophy and psychology* (S. 357–375). New York: Oxford.

1130. Thompson, W. F., Sun, Y., & Fritz, T. (2019). Music across cultures. In P. J. Rentfrow & D. J. Levitin (Hrsg.), *Foundations in music psychology: Theory and research* (S. 503–541). Cambridge: MIT Press.

1131. Thorstenson, C. A., Puzda, A. D., Young, S. G., & Elliot, A. J. (2019). Face color facilitates the disambiguation of confusing emotion expressions: Toward a social functional account of face color in emotional communication. *Emotion, 9*(5), 799–807.

1132. Timney, B., & Keil, K. (1999). Local and global stereopsis in the horse. *Vision Research, 39*, 1861–1867.

1133. Tindell, D. R., & Bohlander, R. W. (2012). The use and abuse of cell phones and text messaging in the classroom: A survey of college students. *College Teaching, 60*, 1–9.

1134. Todrank, J., & Bartoshuk, L. M. (1991). A taste illusion: Taste sensation localized by touch. *Physiology and Behavior, 50*, 1027–1031.

1135. Tolman, E. C. (1938). The determinants of behavior at a choice point. *Psychological Review, 45*, 1–41.

1136. Tolman, E. C. (1948). Cognitive maps in rats and men. *Psychological Review, 55*, 189–208.

1137. Tong, F., Nakayama, K., Vaughn, J. T., & Kanwisher, N. (1998). Binocular rivalry and visual awareness in human extrastriate cortex. *Neuron, 21*, 753–759.

1138. Tonndorf, J. (1960). Shearing motion in scalia media of cochlear models. *Journal of the Acoustical Society of America, 32*, 238–244.

1139. Torralba, A., Oliva, A., Castelhano, M. S., & Henderson, J. M. (2006). Contextual guidance of eye movements and attention in real-world scenes: The role of global features in object search. *Psychological Review, 113*, 766–786.

1140. Tracey, I. (2010). Getting the pain you expect: Mechanisms of placebo, nocebo and reappraisal effects in humans. *Nature Medicine, 16*, 1277–1283.

1141. Trainor, L. J., Gao, X., Lei, J.-J., Lehtovaara, K., & Harris, L. R. (2009). The primal role of the vestibular system in determining musical rhythm. *Cortex, 45*, 35–43.

1142. Trehub, S. E. (1973). Infants' sensitivity to vowel and tonal contrasts. *Developmental Psychology, 9*(1), 91–96.

1143. Trehub, S. E., Ghazban, N., & Corbeil, M. (2015). Musical affect regulation in infancy. *Annals of the New York Academy of Sciences, 1337*, 186–192.

1144. Treisman, A. (1985). Preattentive processing in vision. *Computer Vision, Graphics, and Image Processing, 31*, 156–177.

1145. Treisman, A., & Gelade, G. (1980). A feature-integration theory of attention. *Cognitive Psychology, 12*, 97–113.

1146. Treisman, A., & Schmidt, H. (1982). Illusory conjunctions in the perception of objects. *Cognitive Psychology, 14*, 107–141.

1147. Tresilian, J. R., Mon-Williams, M., & Kelly, B. (1999). Increasing confidence in vergence as a cue to distance. *Proceedings of the Royal Society of London, 266B*, 39–44.

1148. Troiani, V., Stigliani, A., Smith, M. E., & Epstein, R. A. (2014). Multiple object properties drive scene-selective regions. *Cerebral Cortex, 24*, 883–897.

1149. Truax, B. (1984). *Acoustic communication*. Ablex.

1150. Tsao, D. Y., Freiwald, W. A., Tootell, R. B., & Livingstone, M. S. (2006). A cortical region consisting entirely of face-selective cells. *Science, 311*, 670–674.

1151. Turano, K. A., Yu, D., Hao, L., & Hicks, J. C. (2005). Optic-flow and egocentric-directions strategies in walking: Central vs peripheral visual field. *Vision Research, 45*, 3117–3132.

1152. Turatto, M., Vescovi, M., & Valsecchi, M. (2007). Attention makes moving objects be perceived to move faster. *Vision Research, 47*, 166–178.

1153. Turk, D. C., & Flor, H. (1999). Chronic pain: A biobehavioral perspective. In R. J. Gatchel & D. C. Turk (Hrsg.), *Psychosocial factors in pain* (S. 18–34). New York: Guilford.

1154. Turman, A. B., Morley, J. W., & Rowe, M. J. (1998). Functional organization of the somatosensory cortex in the primate. In J. W. Morley (Hrsg.), *Neural aspects of tactile sensation* (S. 167–193). New York: Elsevier.

1155. Tuthill, J. C., & Azim, E. (2018). Proprioception. *Current Biology, 28*, R187–R207.

1156. Tuulari, J. J., Scheinin, N. M., Lehtola, S., et al. (2019). Neural correlates of gentle skin stroking in early infancy. *Developmental Cognitive Neuroscience, 35*, 36–41.

1157. Tyler, C. W. (1997a). Analysis of human receptor density. In V. Lakshminarayanan (Hrsg.), *Basic and clinical applications of vision science* (S. 63–71). Norwell: Kluwer Academic.

1158. Tyler, C. W. (1997b). *Human cone densities: Do you know where all your cones are?* Unpublished manuscript

1159. Uchida, N., Takahashi, Y. K., Tanifuji, M., & Mori, K. (2000). Odor maps in the mammalian olfactory bulb: Domain organization and odorant structural features. *Nature Neuroscience, 3*, 1035–1043.

1160. Uchikawa, K., Uchikawa, H., & Boynton, R. M. (1989). Partial color constancy of isolated surface colors examined by a color-naming method. *Perception, 18*, 83–91.

1161. Uddin, L. Q., Iacoboni, M., Lange, C., & Keenan, J. P. (2007). The self and social cognition: The role of cortical midline structures and mirror neurons. *Trends in Cognitive Sciences, 11*, 153–157.

1162. Uka, T., & DeAngelis, G. C. (2003). Contribution of middle temporal area to coarse depth discrimination: Comparison of neuronal and psychophysical sensitivity. *Journal of Neuroscience, 23*, 3515–3530.

1163. Ungerleider, L. G., & Haxby, J. V. (1994). "What" and "where" in the human brain. *Current Opinion in Neurobiology, 4*, 157–165.

1164. Ungerleider, L. G., & Mishkin, M. (1982). Two cortical visual systems. In D. J. Ingle, M. A. Goodale & R. J. Mansfield (Hrsg.), *Analysis of visual behavior* (S. 549–580). Cambridge: MIT Press.

1165. Valdez, P., & Mehribian, A. (1994). Effect of color on emotions. *Journal of Experimental Psychology: General, 123*, 394–409.

1166. Vallbo, A. B., & Hagbarth, K.-E. (1968). Activity from skin mechanoreceptors recorded percutaneously in awake human subjects. *Experimental Neurology, 21*, 270–289.

1167. Vallbo, A. B., & Johansson, R. S. (1978). The tactile sensory innervation of the glabrous skin of the human hand. In G. Gordon (Hrsg.), *Active touch* (S. 29–54). New York: Oxford University Press.

1168. Vallbo, A. B., Olausson, H., Wessberg, J., & Norrsell, U. (1993). A system of unmyelinated afferents for innocuous mechanoreception in the human skin. *Brain Research, 628*, 301–304.

1169. Vallortigara, G., Regolin, L., & Marconato, F. (2005). Visually inexperienced chicks exhibit spontaneous preference for biological motion patterns. *PLoS Biology, 3*, e208.

1170. Van Den Heuvel, M. P., & Pol, H. E. H. (2010). Exploring the brain network: A review on resting-state fMRI functional connectivity. *European Neuropsychopharmacology, 20*(8), 519–534.

1171. Van Doorn, G. H., Wuilemin, D., & Spence, C. (2014). Does the colour of the mug influence the taste of the coffee? *Flavour, 3*, 1–7.

1172. Van Essen, D. C., & Anderson, C. H. (1995). Information processing strategies and pathways in the primate visual system. In S. F. Zornetzer, J. L. Davis & C. Lau (Hrsg.), *An introduction to neural and electronic networks* (2. Aufl. S. 45–75). San Diego: Academic Press.

1173. Van Kemenade, B. M., Muggleton, N., Walsh, V., & Saygin, A. P. (2012). Effects of TMS over premotor and superior temporal cortices on biological motion perception. *Journal of Cognitive Neuroscience, 24*, 896–904.

1174. Van Wanrooij, M. M., & Van Opstal, A. J. (2005). Relearning sound localization with a new ear. *Journal of Neuroscience, 25*, 5413–5424.

1175. van Wassenhove, V., Grant, K. W., & Poeppel, D. (2005). Visual speech speeds up the neural processing of auditory speech. *Proceedings of the National Academy of Sciences, 102*, 1181–1186.

1176. Vecera, S. P., Vogel, E. K., & Woodman, G. F. (2002). Lower region: A new cue for figure–ground assignment. *Journal of Experimental Psychology: General, 131*, 194–205.

1177. Veldhuizen, M. G., Nachtigal, D., Teulings, L., Gitelman, D. R., & Small, D. M. (2010). The insular taste cortex contributes to odor quality coding. *Frontiers in Human Neuroscience, 4*, 1–11.

1178. Verhagen, J. V., Kadohisa, M., & Rolls, E. T. (2004). Primate insular/ opercular taste cortex: Neuronal representations of viscosity, fat texture, grittiness, temperature, and taste of foods. *Journal of Neurophysiology, 92*, 1685–1699.

1179. Vermeij, G. (1997). *Privileged hands: A scientific life*. New York: Freeman.

1180. Vingerhoets, G. (2014). Contribution of the posterior parietal cortex in reaching, grasping, and using objects and tools. *Frontiers in Psychology, 5*, 151.

1181. Violanti, J. M. (1998). Cellular phones and fatal traffic collisions. *Accident Analysis and Prevention, 28*, 265–270.

1182. Võ, M. L. H., & Henderson, J. M. (2009). Does gravity matter? Effects of semantic and syntactic inconsistencies on the allocation of attention during scene perception. *Journal of Vision, 9*(3), 1–15.

1183. von der Emde, G., Schwarz, S., Gomez, L., Budelli, R., & Grant, K. (1998). Electric fish measure distance in the dark. *Nature, 395*, 890–894.

1184. Von Hipple, P. V., & Huron, D. (2000). Why do skips precede reversals? The effect of tessitura on melodic structure. *Music Perception, 18*(1), 59–85.

1185. von Holst, E., & Mittelstaedt, H. (1950). Das Reafferenzprinzip. Wechselwirkungen zwischen Zentralnervensystem und Peripherie. *Naturwissenschaften, 37*, 464–476.

1186. von Kriegstein, K., Kleinschmidt, A., Sterzer, P., & Giraud, A. L. (2005). Interaction of face and voice areas during speaker recognition. *Journal of Cognitive Neuroscience, 17*, 367–376.

1187. Vonderschen, K., & Wagner, H. (2014). Detecting interaural time differences and remodeling their representation. *Trends in Neurosciences, 37*, 289–300.

1188. Vos, P. G., & Troost, J. M. (1989). Ascending and descending melodic intervals: Statistical findings and their perceptual relevance. *Music Perception, 6*(4), 383–396.

1189. Vuilleumier, P., & Schwartz, S. (2001a). Emotional facial expressions capture attention. *Neurology, 56*, 153–158.

1190. Vuilleumier, P., & Schwartz, S. (2001b). Beware and be aware: Capture of spatial attention by fear-related stimuli in neglect. *NeuroReport, 12*(6), 1119–1122.

1191. Vuust, P., Ostergaard, L., Pallesen, K. J., Bailey, C., & Roepstorff, A. (2009). Predictive coding of music—Brain responses to rhythmic incongruity. *Cortex, 45*, 80–92.

1192. Wager, T., Atlas, L. Y., Botvinick, M. M., et al. (2016). Pain in the ACC? *Proceedings of the National Academy of Sciences, 113*(18), E2474–E2475.

1193. Wald, G. (1964). The receptors of human color vision. *Science, 145*, 1007–1017.

1194. Wald, G. (1968). Molecular basis of visual excitation. *Science, 162*, 230–239. Nobel lecture.

1195. Wald, G., & Brown, P. K. (1958). Human rhodopsin. *Science, 127*, 222–226.

1196. Waldrop, M. M. (1988). A landmark in speech recognition. *Science, 240*, 1615.

1197. Wall, P. D., & Melzack, R. (Hrsg.). (1994). *Textbook of pain* (3. Aufl.). Edinburgh: Chruchill Livingstone.

1198. Wallace, G. K. (1959). Visual scanning in the desert locust Schistocerca Gregaria Forskal. *Journal of Experimental Biology, 36*, 512–525.

1199. Wallace, M. N., Rutowski, R. G., Shackleton, T. M., & Palmer, A. R. (2000). Phase-locked responses to pure tones in guinea pig auditory cortex. *Neuroreport, 11*, 3989–3993.

1200. Wallach, H. (1963). The perception of neutral colors. *Scientific American, 208*, 107–116.

1201. Wallach, H., Newman, E. B., & Rosenzweig, M. R. (1949). The precedence effect in sound localization. *American Journal of Psychology, 62*, 315–336.

1202. Wallisch, P. (2017). Illumination assumptions account for individual differences in the perceptual interpretation of a profoundly ambiguous stimulus in the color domain: "The dress. *Journal of Vision, 17*(4), 1–14.

1203. Walls, G. L. (1942). *The vertebrate eye*. New York: Hafner. Reprinted in 1967

1204. Wandell, B. A. (2011). Imaging retinotopic maps in the human brain. *Vision Research, 51*, 718–737.

1205. Wandell, B. A., Dumoulin, S. O., & Brewer, A. A. (2009). Visual areas in humans. In L. Squire (Hrsg.), *Encyclopedia of neuroscience*. New York: Academic Press.

1206. Wang, L., He, J. L., & Zhang, X. H. (2013). The efficacy of massage on preterm infants: A meta-analysis. *American Journal of Perinatology, 30*(9), 731–738.

1207. Wang, Q. J., & Spence, C. (2018). Assessing the influence of music on wine perception among wine professionals. *Food Science & Nutrition, 6*, 285–301.

1208. Wang, Q. J., & Spence, C. (2019). Drinking through rosé-colored glasses: Influence of wine color on the perception of aroma and flavor in wine experts and novices. *Food Research International, 126*, 108678.

1209. Wang, R. F. (2003). Spatial representations and spatial updating. In D. E. Irwin & B. H. Ross (Hrsg.), *The psychology of learning and motivation: Advances in research and theory* (Bd. 42, S. 109–156). San Diego: Elsevier.

1210. Wang, Y., Bergeson, T. R., & Houston, D. M. (2017). Infant-directed speech enhances attention to speech in deaf infants with cochlear implants. *Journal of Speech, Language, and Hearing Research, 60*(11), 1–13.

1211. Ward, A. F., Duke, K., Gneezy, A., & Bos, M. W. (2017). Brain drain: The mere presence of one's own smartphone reduces available cognitive capacity. *Journal of the Association for Consumer Research, 2*(2), 140–154.

1212. Warren, R. M. (1970). Perceptual restoration of missing speech sounds. *Science, 167*, 392–393.

1213. Warren, R. M., Obuseck, C. J., & Acroff, J. M. (1972). Auditory induction of absent sounds. *Science, 176*, 1149.

1214. Warren, W. H. (1995). Self-motion: Visual perception and visual control. In W. Epstein & S. Rogers (Hrsg.), *Handbook of perception and cognition: Perception of space and motion* (S. 263–323). New York: Academic Press.

1215. Warren, W. H. (2004). Optic flow. In L. M. Chalupa & J. S. Werner (Hrsg.), *The visual neurosciences* (S. 1247–1259). Cambridge: MIT Press.

1216. Warren, W. H., Kay, B. A., & Yilmaz, E. H. (1996). Visual control of posture during walking: Functional specificity. *Journal of Experimental Psychology: Human Perception and Performance, 22*, 818–838.

1217. Warren, W. H., Kay, B. A., Zosh, W. D., Duchon, A. P., & Sahuc, S. (2001). Optic flow is used to control human walking. *Nature Neuroscience, 4*, 213–216.

1218. Watkins, L. R., & Maier, S. F. (2003). Glia: A novel drug discovery target for clinical pain. *Nature Reviews Drug Discovery, 2*, 973–985.

1219. Weber, A. I., Hannes, P. S., Lieber, J. D., Cheng, J.-W., Manfredi, L. R., Dammann, J. F., & Bensmaia, S. J. (2013). Spatial and temporal codes mediate the tactile perception of natural textures. *Proceedings of the National Academy of Sciences, 110*, 17107–17112.

1220. Webster, M. (2018). Color vision. In J. Serences (Hrsg.), *Stevens' handbook of experimental psychology and cognitive neuroscience* (S. 1–23). New York: Wiley.

1221. Webster, M. A. (2011). Adaptation and visual coding. *Journal of Vision, 11*, 1–23.

1222. Weinstein, S. (1968). Intensive and extensive aspects of tactile sensitivity as a function of body part, sex, and laterality. In D. R. Kenshalo (Hrsg.), *The skin senses* (S. 195–218). Springfield: Thomas.

1223. Weisenberg, M. (1977). Pain and pain control. *Psychological Bulletin, 84*, 1008–1044.

1224. Weiser, B. (2020). *Concert for one: I.C.U. doctor brings classical music to coronavirus patients.* New York Times. (S. 14). May 4, 2020, Section A

1225. Weisleder, A., & Fernald, A. (2013). Talking to children matters. Early language experience strengthens processing and builds vocabulary. *Psychological Science, 24*, 2143–2152.

1226. Weissberg, M. (1999). Cognitive aspects of pain. In P. D. Wall & R. Melzak (Hrsg.), *Textbook of pain* (4. Aufl. S. 345–358). New York: Churchill Livingstone.

1227. Werner, L. A., & Bargones, J. Y. (1992). Psychoacoustic development of human infants. In C. Rovee-Collier & L. Lipsett (Hrsg.), *Advances in infancy research* (Bd. 7, S. 103–145). Norwood: Ablex.

1228. Wernicke, C. (1874). *Der aphasische Symptomenkomplex.* Breslau: Cohn.

1229. Wertheimer, M. (1912). Experimentelle Studien über das Sehen von Bewegung. *Zeitschrift für Psychologie, 61*, 161–265.

1230. Wever, E. G. (1949). *Theory of hearing.* New York: Wiley.

1231. Wexler, M., Panerai, I. L., & Droulez, J. (2001). Self-motion and the perception of stationary objects. *Nature, 409*, 85–88.

1232. Whalen, D. H. (2019). The motor theory of speech perception. In *Oxford research encyclopedia. Linguistics.* https://doi.org/10.1093/acrefore/9780199384655.013.404.

1233. Wiech, K., Ploner, M., & Tracey, I. (2008). Neurocognitive aspects of pain perception. *Trends in Cognitive Sciences, 12*, 306–313.

1234. Wiederhold, B. K. (2016). Why do people still text while driving? *Cyberpsychology, Behavior, and Social Networking, 19*(8), 473–474.

1235. Wightman, F. L., & Kistler, D. J. (1992). The dominant role of lowfrequency interaural time differences in sound localization. *Journal of the Acoustical Society of American, 91*, 1648–1661.

1236. Wightman, F. L., & Kistler, D. J. (1998). Of Vulcan ears, human ears and "earprints. *Nature Neuroscience, 1*, 337–339.

1237. Wilkie, R. M., & Wann, J. P. (2003). Eye-movements aid the control of locomotion. *Journal of Vision, 3*, 677–684.

1238. Willander, J., & Larsson, M. (2007). Olfaction and emotion: The case of autobiographical memory. *Memory and Cognition, 35*, 1659–1663.

1239. Williams, J. H. G., Whiten, A., Suddendorf, T., & Perrett, D. I. (2001). Imitation, mirror neurons and autism. *Neuroscience and Biobehavioral Reviews, 25*, 287–295.

1240. Wilson, D. A. (2003). Rapid, experience-induced enhancement in odorant discrimination by anterior piriform cortex neurons. *Journal of Neurophysiology, 90*, 65–72.

1241. Wilson, D. A., & Stevenson, R. J. (2006). *Learning to smell.* Baltimore: Johns Hopkins University Press.

1242. Wilson, D. A., & Sullivan, R. M. (2011). Cortical processing of odor objects. *Neuron, 72*, 506–519.

1243. Wilson, D. A., Best, A. R., & Sullivan, R. M. (2004). Plasticity in the olfactory system: Lessons for the neurobiology of memory. *Neuroscientist, 10*, 513–524.

1244. Wilson, D. A., Xu, W., Sadrian, B., Courtiol, E., Cohen, Y., & Barnes, D. (2014). Cortical odor processing in health and disease. *Progress in Brain Research, 208*, 275–305.

1245. Wilson, J. R., Friedlander, M. J., & Sherman, M. S. (1984). Ultrastructural morphology of identified X- and Y-cells in the cat's lateral geniculate nucleus. *Proceedings of the Royal Society, 211B*, 411–436.

1246. Wilson, S. M. (2009). Speech perception when the motor system is compromised. *Trends in Cognitive Sciences, 13*(8), 329–330.

1247. Winawer, J., Huk, A. C., & Boroditsky, L. (2008). A motion aftereffect from still photographs depicting motion. *Psychological Science, 19*, 276–283.

1248. Winkler, I., Haden, G. P., Landinig, O., Sziller, I., & Honing, H. (2009). Newborn infants detect the beat in music. *Proceedings of the National Academy of Sciences, 106*(7), 2468–2471.

1249. Winston, J. S., O'Doherty, J., Kilner, J. M., Perrett, D. I., & Dolan, R. J. (2007). Brain systems for assessing facial attractiveness. *Neuropsychologia, 45*, 195–206.

1250. Wissinger, C. M., VanMeter, J., Tian, B., Van Lare, J., Pekar, J., & Rauschecker, J. P. (2001). Hierarchical organization of the human auditory cortex revealed by functional magnetic resonance imaging. *Journal of Cognitive Neuroscience, 13*, 1–7.

1251. Witt, J. K. (2011a). Action's effect on perception. *Current Directions in Psychological Science, 20*, 201–206.

1252. Witt, J. K. (2011b). Tool use influences perceived shape and parallelism: Indirect measures of perceived distance. *Journal of Experimental Psychology: Human Perception and Performance, 37*, 1148–1156.

1253. Witt, J. K., & Dorsch, T. (2009). Kicking to bigger uprights: Field goal kicking performance influences perceived size. *Perception, 38*, 1328–1340.

1254. Witt, J. K., & Proffitt, D. R. (2005). See the ball, hit the ball: Apparent ball size is correlated with batting average. *Psychological Science, 16*, 937–938.

1255. Witt, J. K., & Sugovic, M. (2010). Performance and ease influence perceived speed. *Perception, 39*, 1341–1353.

1256. Witt, J. K., Linkenauger, S. A., Bakdash, J. Z., Augustyn, J. A., Cook, A. S., & Proffitt, D. R. (2009). The long road of pain: Chronic pain increases perceived distance. *Experimental Brain Research*, *192*, 145–148.

1257. Witt, J. K., Proffitt, D. R., & Epstein, W. (2010). When and how are spatial perceptions scaled? *Journal of Experimental Psychology: Human Perception and Performance*, *36*, 1153–1160.

1258. Witzel, C., Maule, J., & Franklin, A. (2019). Red, yellow, green, and blue are not particularly colorful. *Journal of Vision*, *19*(14), 1–26.

1259. Wolpert, D. M., & Flanagan, J. R. (2001). Motor prediction. *Current Biology*, *11*(18), R729–R732.

1260. Wolpert, D. M., & Ghahramani, Z. (2005). Bayes rule in perception, action and cognition. In *The oxford companion to the mind*. Oxford University Press.

1261. Womelsdorf, T., Anton-Erxleben, K., Pieper, F., & Treue, S. (2006). Dynamic shifts of visual receptive fields in cortical area MT by spatial attention. *Nature Neuroscience*, *9*, 1156–1160.

1262. Woo, C.-W., Koban, L., Kross, E., Lindquist, M. A., Banich, M. T., Ruzic, L., et al. (2014). Separate neural representations for physical pain and social rejection. *Nature Communications*, *5*, 5380. https://doi.org/10.1038/ncomms6380.

1263. Woods, A. J., Philbeck, J. W., & Danoff, J. V. (2009). The various perception of distance: An alternative view of how effort affects distance judgments. *Journal of Experimental Psychology: Human Perception and Performance*, *35*, 1104–1117.

1264. Wozniak, R. H. (1999). *Classics in psychology, 1855–1914: Historical essays*. Bristol: Thoemmes.

1265. Wurtz, R. H. (2013). Corollary discharge in primate vision. *Scholarpedia,*, *8*(10), 12335.

1266. Wurtz, R. H. (2018). Corollary discharge contributions to perceptual continuity across saccades. *Annual Review of Visual Science*, *4*, 215–237.

1267. Yang, J. N., & Shevell, S. K. (2002). Stereo disparity improves color constancy. *Vision Research*, *47*, 1979–1989.

1268. Yarbus, A. L. (1967). *Eye movements and vision*. New York: Plenum.

1269. Yau, J. M., Pesupathy, A., Fitzgerald, P. J., Hsiao, S. S., & Connon, C. E. (2009). Analogous intermediate shape coding in vision and touch. *Proceedings of the National Academy of Sciences*, *106*, 16457–16462.

1270. Yonas, A., & Granrud, C. E. (2006). Infants' perception of depth from cast shadows. *Perception and Psychophysics*, *68*, 154–160.

1271. Yonas, A., & Hartman, B. (1993). Perceiving the affordance of contact in four- and five-month old infants. *Child Development*, *64*, 298–308.

1272. Yonas, A., Pettersen, L., & Granrud, C. E. (1982). Infant's sensitivity to familiar size as information for distance. *Child Development*, *53*, 1285–1290.

1273. Yoshida, K. A., Iverson, J. R., Patel, A. D., Mazuka, R., Nito, H., Gervain, J., & Werker, J. F. (2010). The development of perceptual grouping biases in infancy: A Japanese-English cross-linguistic study. *Cognition*, *115*, 356–361.

1274. Yoshida, K., Saito, N., Iriki, A., & Isoda, M. (2011). Representation of others' action by neurons in monkey medial frontal cortex. *Current Biology*, *21*, 249–253.

1275. Yost, W. A. (1997). The cocktail party problem: Forty years later. In R. H. Kilkey & T. R. Anderson (Hrsg.), *Binaural and spatial hearing in real and virtual environments* (S. 329–347). Hillsdale: Erlbaum.

1276. Yost, W. A. (2001). Auditory localization and scene perception. In E. B. Goldstein (Hrsg.), *Blackwell handbook of perception* (S. 437–468). Oxford: Blackwell.

1277. Yost, W. A. (2009). Pitch perception. *Attention, Perception and Psychophysics*, *71*, 1701–1705.

1278. Yost, W. A., & Zhong, X. (2014). Sound source localization identification accuracy: Bandwidth dependencies. *Journal of the Acoustical Society of America*, *136*(5), 2737–2746.

1279. Young-Browne, G., Rosenfield, H. M., & Horowitz, F. D. (1977). Infant discrimination of facial expression. *Child Development*, *48*, 555–562.

1280. Young, R. S. L., Fishman, G. A., & Chen, F. (1980). Traumatically acquired color vision defect. *Investigative Ophthalmology and Visual Science*, *19*, 545–549.

1281. Young, T. (1802). The Bakerian Lecture: On the theory of light and colours. *Philosophical Transactions of the Royal Society of London*, *92*, 12–48.

1282. Youngblood, J. E. (1958). Style as information. *Journal of Music Therapy*, *2*, 24–35.

1283. Yu, C., & Smith, L. B. (2016). The social origins of sustained attention in one-year-old human infants. *Current Biology*, *26*(9), 1235–1240.

1284. Yu, C., Suanda, S. H., & Smith, L. B. (2018). Infant sustained attention but not joint attention to objects at 9 months predicts vocabulary at 12 and 15 months. *Developmental Science*, *22*(1), e12735.

1285. Yuille, A., & Kersten, D. (2006). Vision as Bayesian inference: Analysis by synthesis? *Trends in Cognitive Sciences*, *10*, 301–308.

1286. Yuodelis, C., & Hendrickson, A. (1986). A qualitative and quantitative analysis of the human fovea during development. *Vision Research*, *26*, 847–855.

1287. Zacks, J. M., & Swallow, K. M. (2007). Event segmentation. *Current Directions in Psychological Science*, *16*, 80–84.

1288. Zacks, J. M., & Tversky, B. (2001). Event structure in perception and conception. *Psychological Bulletin*, *127*(1), 3–27.

1289. Zacks, J. M., Braver, T. S., Sheridan, M. A., Donaldson, D. I., Snyder, A. Z., Ollinger, J. M., et al. (2001). Human brain activity time-locked to perceptual event boundaries. *Nature Neuroscience*, *4*, 651–655.

1290. Zacks, J. M., Kumar, S., Abrams, R. A., & Mehta, R. (2009). Using movement and intentions to understand human activity. *Cognition*, *112*, 201–206.

1291. Zampini, M., & Spence, C. (2010). Assessing the role of sound in the perception of food and drink. *Chemical Perception*, *3*, 57–67.

1292. Zatorre, R. J. (2013). Predispositions and plasticity in music and speech learning: Neural correlates and implications. *Science*, *342*, 585–589.

1293. Zatorre, R. J. (2018). From perception to pleasure: Musical processing in the brain. In *The Amazing Brain Symposium, Lunds University*. Presentation.

1294. Zatorre, R. J., Chen, J. L., & Penhune, V. B. (2007). When the brain plays music: Auditory-motor interactions in music perception and production. *Nature Reviews Neuroscience*, *8*, 547–558.

1295. Zeidan, F., & Vago, D. (2016). Mindfulness meditation-based pain relief: A mechanistic account. *Annals of the New York Academy of Sciences*, *1373*(1), 114–127.

1296. Zeidman, P., Mulally, S. L., Schwarzkopf, S., & Maguire, E. A. (2012). Exploring the parahippocampal cortex response to high and low spatial frequency spaces. *Neuroreport*, *23*, 503–507.

1297. Zeki, S. (1983a). Color coding in the cerebral cortex: The reaction of cells in monkey visual cortex to wavelengths and colours. *Neuroscience*, *9*, 741–765.

1298. Zeki, S. (1983b). Color coding in the cerebral cortex: The responses of wavelength-selective and color coded cells in monkey visual cortex to changes in wavelength composition. *Neuroscience*, *9*, 767–781.

1299. Zeki, S. (1990). A century of cerebral achromatopsia. *Brain*, *113*, 1721–1777.

1300. Zellner, D. A., Bartoli, A. M., & Eckard, R. (1991). Influence of color on odor identification and liking ratings. *American Journal of Psychology*, *104*, 547–561.

1301. Zhang, T., & Britten, K. H. (2006). The virtue of simplicity. *Nature Neuroscience, 9*, 1356–1357.

1302. Zhao, G. Q., Zhang, Y., Hoon, M., Chandrashekar, J., Erienbach, I., Ryba, N. J. P., et al. (2003). The receptors for mammalian sweet and umami taste. *Cell, 115*, 255–266.

1303. Zihl, J., von Cramon, D., & Mai, N. (1983). Selective disturbance of movement vision after bilateral brain damage. *Brain, 106*, 313–340.

1304. Zihl, J., von Cramon, D., Mai, N., & Schmid, C. (1991). Disturbance of movement vision after bilateral brain damage. *Brain, 114*, 2235–2252.

Stichwortverzeichnis

O

P

Printed by Wilco bv, the Netherlands